Wuesthoff · Leßmann · Würtenberger

Handbuch zum deutschen und europäischen Sortenschutz

Band 1   Gesetze und Erläuterungen

Handbuch zum deutschen und europäischen Sortenschutz

Band 1 Gesetze und Erläuterungen

von

Dr. Franz Wuesthoff †

Prof. Dr. Herbert Leßmann
Universität Marburg

Dr. Gert Würtenberger
Rechtsanwalt in München

Weinheim · New York · Chichester · Brisbane · Singapore · Toronto

Prof. Dr. Herbert Leßmann
Habichtstalgasse 30
35037 Marburg

Dr. Gert Würtenberger
Wuesthoff & Wuesthoff
Schweigerstr. 2
81541 München

Das vorliegende Werk wurde sorgfältig erarbeitet. Dennoch übernehmen Autoren und Verlag für die Richtigkeit von Angaben, Hinweisen und Ratschlägen sowie für eventuelle Druckfehler keine Haftung.

Die Deutsche Bibliothek – CIP Einheitsaufnahme

Wuesthoff, Franz:
Handbuch zum deutschen und europäischen Sortenschutz / von Franz Wuesthoff ; Herbert Leßmann ; Gert Würtenberger. – Weinheim ; New York ; Chichester ; Brisbane ; Singapore ; Toronto : Wiley-VCH
  ISBN 3-527-28810-4
  Bd. 1. Gesetze und Erläuterungen. – 1999
  Bd. 2. Weitere Materialien. – 1999

© WILEY-VCH Verlag GmbH, D-69469 Weinheim (Federal Republic of Germany), 1999

Gedruckt auf säurefreiem und chlorfrei gebleichtem Papier

Alle Rechte, insbesondere die der Übersetzung in andere Sprachen, vorbehalten. Kein Teil dieses Buches darf ohne schriftliche Genehmigung des Verlages in irgendeiner Form – durch Photokopie, Mikroverfilmung oder irgendein anderes Verfahren – reproduziert oder in eine von Maschinen, insbesondere von Datenverarbeitungsmaschinen, verwendbare Sprache übertragen oder übersetzt werden. Die Wiedergabe von Warenbezeichnungen, Handelsnamen oder sonstigen Kennzeichen in diesem Buch berechtigt nicht zu der Annahme, daß diese von jedermann frei benutzt werden dürfen. Vielmehr kann es sich auch dann um eingetragene Warenzeichen oder sonstige gesetzlich geschützte Kennzeichen handeln, wenn sie nicht eigens als solche markiert sind.
All rights reserved (including those of translation into other languages). No part of this book may be reproduced in any form – by photoprinting, microfilm, or any other means – nor transmitted or translated into a machine language without written permission from the publishers. Registered names, trademarks, etc. used in this book, even when not specifically marked as such, are not to be considered unprotected by law.

Satz: Fotosatz Froitzheim AG, D-53113 Bonn
Druck: Betzdruck, D-63291 Darmstadt
Bindung: Osswald & Co., D-67433 Neustadt (Weinstraße)

Printed in the Federal Republic of Germany

Vorwort

Das vorliegende Handbuch behandelt das deutsche und europäische Sortenschutzrecht, und zwar in drei Teilen, 1. Teil: Gesetzesteil, 2. Teil: Systematische Erläuterungen, 3. Teil: Weitere Materialien. Der 1. und der 2. Teil sind im 1. Band enthalten, der 3. Teil in Band 2.

Der *Gesetzesteil* enthält zur ersten Orientierung und als Grundlage für die späteren Erläuterungen zum deutschen Recht das Sortenschutzgesetz (SortG) und für den europäischen Bereich die EG-Verordnung über den gemeinschaftlichen Sortenschutz (EGSVO). Hintergrund für diese beiden rechtlichen Rahmenbedingungen ist das Internationale Übereinkommen zum Schutze von Pflanzenzüchtungen (UPOV-Übereinkommen), das daher den beiden Gesetzen nachfolgt. Im *Erläuterungsteil* werden anders als im Kommentar von *Wuesthoff/Leßmann/Wendt* zum vorhergehenden deutschen Sortenschutzgesetz, der zum Teil noch weiter benutzbar ist, die einzelnen gesetzlichen Vorschriften nicht nur kommentiert, sondern vor allem auch in systematischem Zusammenhang erläutert. Das geschieht, um deutsches und europäisches Sortenschutzrecht parallel und gleichwertig nebeneinander darstellen zu können. In diesem Sinne schreiten die Ausführungen vom Schutzanliegen und den Voraussetzungen zur Sortenschutzerteilung über den Inhalt und die Berechtigten aus dem Sortenschutz zum Sortenschutzerteilungsverfahren und den Sortenschutzverletzungen fort. Dabei werden die patentrechtlichen Berührungen, insbesondere der Patentschutz nach der Biotechnologischen Richtlinie, miteinbezogen. Im Teil über die *Weiteren Materialien* werden weitere Gesetze, Verordnungen, Bekanntmachungen, Empfehlungen, Mitteilungen, Formulare usw. zusammengestellt, die im Zusammenhang mit dem Sortenschutz von Bedeutung sind. Das Werk ist so an den Erfordernissen der Praxis ausgerichtet, will jedoch auch als systematisches Nachschlagewerk den Rechtsuchenden auf allen Gebieten des Sortenschutzes eine rasche Orientierung ermöglichen. Dem dient das an den Schluß des Buches gestellte Stichwortverzeichnis.

Die Bearbeitung ist von Prof. Dr. Herbert Leßmann, Universität Marburg, und Rechtsanwalt Dr. Gert Würtenberger, München, vorgenommen worden. Die Autoren danken allen, die an der Erstellung des Werkes mitgewirkt haben, und sind für Kritik und weiterführende Hinweise dankbar.

Marburg, München 1999   H. Leßmann, G. Würtenberger

Inhaltsverzeichnis*

	Vorwort	V
	Abkürzungsverzeichnis	XI
	Literaturverzeichnis	XV
Band 1		
Teil I:	**Textteil**	1
	1. Deutsches Sortenschutzgesetz	3
	2. Verordnung (EG) Nr. 2100/94 des Rates über den gemeinschaftlichen Sortenschutz	26
	3. Internationales Übereinkommen zum Schutz von Pflanzenzüchtungen	75
Teil II:	**Erläuterungen und Kommentierungen**	93
	1. Abschnitt: Schutzanliegen und Entwicklung und Rechtfertigung des Schutzes für Pflanzenzüchtungen	95
	2. Abschnitt: Voraussetzungen für die Erteilung des Sortenschutzes	113
	A Recht auf Sortenschutz	115
	B Materielle Voraussetzungen der Sorte	128
	C Formelle Schutzvoraussetzung: Die Sortenbezeichnung	156
	3. Abschnitt: Inhalt des Sortenschutzes und Schutzschranken	182
	A Schutzbereich des Sortenschutzes	183
	B Wirkungen des Sortenschutzes	185
	C Verwendung der Sortenbezeichnung	211
	4. Abschnitt: Berechtigte aus Sortenschutz	216
	A Ursprünglich Berechtigte	217
	B Rechtsnachfolge/Rechtsübergang	218
	5. Abschnitt: Schutzerteilungsverfahren	259
	A Das Sortenamt als Erteilungsbehörde	263
	B Das Erteilungsverfahren	289
	6. Abschnitt: Dauer und Beendigung des Sortenschutzes	430
	7. Abschnitt: Rechtsverletzungen und ihre Folgen	450
	A Überblick	452
	B Die Sortenschutzverletzung	453
	C Folgen der Rechtsverletzung	458
	D Prozessuale Durchsetzung	485
	E Straf- und Ordnungsrechtliche Folgen der Sortenschutzverletzung	511
	F. Sonstige Maßnahmen zur Bekämpfung von Sortenschutzverletzungen: Die Grenzbeschlagnahme	520

* In diesem Inhaltsverzeichnis wird auf Seiten verwiesen, in den erweiterten Inhaltsverzeichnissen in Teil II hingegen auf Randnummern.

VIII *Inhaltsverzeichnis*

Band 2

Teil III: Weitere Materialien (Gesetze, Verordnungen, Bekanntmachungen, Empfehlungen, Mitteilungen, Formulare usw.) 527

   1. Auszüge aus dem Verwaltungsverfahrensgesetz (VwVfG) in der Fassung der Bekanntmachung vom 21. September 1998 529

   2. Auszüge aus der Verwaltungsgerichtsordnung (VwGO) in der Fassung der Bekanntmachung vom 19. März 1991 539

   3. Auszüge aus dem Patentgesetz (PatG) in der Fassung der Bekanntmachung vom 16. Juli 1998 544

   4. Auszug aus dem Europäischen Patentübereinkommen (EPÜ) und der Ausführungsverordnung zum EPÜ (AusfOEPÜ) 549

   5. Richtlinie 98/44 (EG) des Europäischen Parlaments und des Rates vom 6. Juli 1988 über den rechtlichen Schutz biotechnologischer Erfindungen 552

   6. Auszug aus dem Budapester Vertrag (BV) vom 28. April 1977 . 563

   7. Verwaltungskostengesetz (VwKostG) vom 23. Juni 1970 mit Änderungen durch das Einführungsgesetz zur Abgabenverordnung (EGAO) 1977 mit dem PostneuordnungsG 1994 564

   8. Verordnung über das Verfahren vor dem Bundessortenamt (BSAVfV) vom 30. Dezember 1985 573

   9. Zweite Verordnung zur Änderung der Verordnung über Verfahren vor dem Bundessortenamt mit Gebührenverzeichnis (Anl. zur BSAVfV) vom 5. Oktober 1998 579

  10. Revidierte Fassung der allgemeinen Einführung zu den Richtlinien für die Durchführung der Prüfung auf Unterscheidbarkeit, Homogenität und Beständigkeit von neuen Pflanzensorten (UPOV-Dokument TG 1/2 (Prüfungsrichtlinien) aus UPOV News Letter No. 22 vom Juni 1980) 588

  11. Grundsätze des Bundessortenamtes für die Prüfung auf Unterscheidbarkeit, Homogenität und Beständigkeit von Pflanzensorten (Bl.f.S. 1980, 233 f.) 598

  12. Bekanntmachung Nr. 3/88 des Bundessortenamtes über Sortenbezeichnungen und vorläufige Bezeichnungen vom 15. April 1988 (Bl.f.S. 1988, 163 ff.) 602

  13. UPOV-Empfehlungen für Sortenbezeichnungen vom Rat der UPOV angenommen am 16. 10. 1987 und geändert am 25. 10. 1991 608

  14. Bekanntmachung Nr. 8/98 des Bundessortenamtes über Bestimmungen über den Beginn des Prüfungsanbaues und die Vorlage des Vermehrungsmaterials vom 15. Mai 1998 (Bl.f.S. 1998, 239 ff.) 616

Inhaltsverzeichnis IX

15. Bekanntmachung Nr. 14/98 des Bundessortenamtes betreffend 1. Änderung der Bekanntmachung Nr. 8/98 über Bestimmungen über den Beginn des Prüfungsanbaues und die Vorlage des Vermehrungsmaterials vom 15. August 1998 (Bl.f.S. 1998, 337) 635

16. Bekanntmachung Nr. 9/98 des Bundessortenamtes über mehrjährige Pflanzenarten, für die nach § 13 Abs. 2 BSAVfV im Aussaatjahr bzw. in Anwachsjahren die Hälfte der Prüfungsgebühren erhoben wird vom 15. Juni 1998 (Bl.f.S. 1998, 247 ff.) .. 636

17. UPOV Muster Verwaltungsvereinbarung für die internationale Zusammenarbeit bei der Prüfung von Sorten in der vom Rat am 29. Oktober 1993 angenommenen Fassung 638

18. Übersicht über den Stand der Mitglieder (Verbandstaaten) des internationalen Übereinkommens zum Schutz von Pflanzenzüchtungen (UPOV-Übereinkommen) vom 2. Dezember 1961, geändert durch Zusatzakte von Genf vom 10. November 1972, vom 23. Oktober 1978 und vom 19. März 1991 (Stand 30. September 1998) aus UPOV-Dokument C/32/3 vom 6. Oktober 1998 642

19. Saatgutverkehrsgesetz (SaatG) vom 20. August 1985, zuletzt geändert durch Gesetz vom 25. Oktober 1994 646

20. Verordnung über den Verkehr mit Saatgut landwirtschaftlicher Arten und von Gemüsearten (Saatgutverordnung = SaatGV) vom 21. Januar 1981, zuletzt geändert durch Verordnung vom 23. Juli 1997 680

21. Antragsformular für deutsche Sortenschutzanmeldungen 742

22. Verordnung (EG) Nr. 1238/95 der Kommission zur Durchführung der Verordnung (EG) Nr. 2100/94 des Rates in Hinblick auf die an das Gemeinschaftliche Sortenamt zu entrichtenden Gebühren vom 31. Mai 1995 749

23. Verordnung (EG) Nr. 1239/95 der Kommission zur Durchführung der Verordnung (EG) Nr. 2100/94 des Rates im Hinblick auf das Verfahren vor dem Gemeinschaftlichen Sortenamt vom 31. Mai 1995 757

24. Verordnung (EG) Nr. 1768/95 der Kommission über die Ausnahmeregelung gemäß Art. 14 Abs. 3 der Verordnung (EG) Nr. 2100/94 über den gemeinschaftlichen Sortenschutz vom 24. Juli 1995 792

25. Entscheidung des Verwaltungsrates des Gemeinschaftlichen Sortenamtes über Prüfungsrichtlinien Amtsblatt 1/95/67 803

26. Vorläufiger Beschluß des Verwaltungsrates über die Beauftragung der zuständigen Ämter in den Mitgliedstaaten der Europäischen Union mit der technischen Prüfung Amtsblatt 2/3/95/ 126 806

27. Bekanntmachung Nr. 2/98 des Gemeinschaftlichen Sortenamtes bezüglich der technischen Prüfung von Rosen Amtsblatt 2/98/ 55-57 808

28. Änderung der Verfahrensordnung des Gerichts I. Instanz der Europäischen Gemeinschaften vom 6. Juli 1995 (Rechtsstreitigkeiten betreffend die Rechte des geistigen Eigentums) .. 811

29. Antragsformular für gemeinschaftliche Sortenschutzanmeldung 817

Abkürzungsverzeichnis

aaO	am angegebenen Ort
Abs.	Absatz
AktG	Aktiengesetz
a.M.	anderer Meinung
amtl. Begr.	amtliche Begründung
Abl. od. ABl.Eur.Gem.	Amtsblatt der Europäischen Gemeinschaften
Anh.	Anhang
ArbnErfG	Gesetz über Arbeitnehmererfindungen
Art.	Artikel
Az.	Aktenzeichen
BAnz	Bundesanzeiger
BBG	Bundesbeamtengesetz
BDO	Bundesdisziplinarordnung
BGB	Bürgerliches Gesetzbuch
BGBl	Bundesgesetzblatt
BGH	Bundesgerichtshof
BGHSt	Entscheidungen des Bundesgerichtshofs in Strafsachen
BGHZ	Entscheidungen des Bundesgerichtshofs in Zivilsachen
Begr.	Begründung
BKA	Bundeskartellamt
Bktm.	Bekanntmachung
Bl.f.PMZ	Blatt für Patent-Muster-und Zeichenwesen
Bl.f.S.	Blatt für Sortenwesen
BLM	Bundesministerium für Ernährung, Landwirtschaft und Forsten
BMJ	Bundesministerium der Justiz
BPatG	Bundespatentgericht
BPatGE	Entscheidungen des Bundespatentgerichts
BRAGO	Bundesrechtsanwaltsgebührenordnung
BRAO	Bundesrechtsanwaltsordnung
BRD	Bundesrepublik Deutschland
BSA	Bundessortenamt
BSAGebVerz	BSA Gebührenverzeichnis 1985
BSAGebV	BSA Gebührenordnung 1976
BSAKostG	BSA Kostengesetz 1976
BT-Drs.	Bundestags-Drucksache
BVerfG	Bundesverfassungsgericht
BVerwG	Bundesverwaltungsgericht
DB	Der Betrieb
DBP	Deutsches Bundespatent
DPA	Deutsches Patentamt
DRP	Deutsches Reichspatent
DRiG	Deutsches Richtergesetz
DVBl	Deutsches Verwaltungsblatt
DVO	Durchführungsverordnung

EG	Europäische Gemeinschaft
EGAO	Einführungsgesetz zur Abgabenordnung
EGDVO	Verordnung (EG) Nr. 1239/95 der Kommission zur Durchführung der Verordnung (EG) Nr. 2100/94 des Rates im Hinblick auf das Verfahren vor dem Gemeinschaftlichen Sortenamt vom 31. 5. 1995
EGSVO	Verordnung (EG) Nr. 2100/94 des Rates vom 27. Juni 1994 über den gemeinschaftlichen Sortenschutz
EGV	Vertrag zur Gründung der Europäischen Gemeinschaft
EIPR	European Intellectual Property Review
EKG	Kommission der Europäischen Gemeinschaften
EPA	Europäisches Parlament
EuGH	Europäischer Gerichtshof
EWG	Europäische Wirtschaftsgemeinschaft
EWGV	EWG-Vertrag
EuZW	Europäische Zeitschrift für Wirtschaftsrecht
FGG	Gesetz über die Angelegenheiten der Freiwilligen Gerichtsbarkeit
FS	Festschrift
GebVerz.	Gebührenverzeichnis
GebrMG	Gebrauchsmustergesetz
GebührenVO	Verordnung (EG) Nr. 1238/95 der Kommission zur Durchführung der Verordnung (EG) Nr. 2100/94 des Rates im Hinblick auf die an das Gemeinschaftliche Sortenamt zu entrichtenden Gebühren
GFVO	Verordnung (EG) Nr. 240/96 der Kommission vom 31. 1. 1996 zur Anwendung von Art. 85 Abs. 3 des Vertrages auf Gruppen von „Technologietransfervereinbarungen"
GG	Grundgesetz
GKG	Gerichtskostengesetz
GMW	Verordnung über die Gemeinschaftsmarke
GRUR	Zeitschrift Gewerblicher Rechtsschutz und Urheberrecht
GRURInt.	Zeitschrift Gewerblicher Rechtsschutz und Urheberrecht (Auslands- und Internationaler Teil)
GSA	Gemeinschaftliches Sortenamt
GVBl.	Gesetz- und Verordnungsblatt
GVG	Gerichtsverfassungsgesetz
GWB	Gesetz gegen Wettbewerbsbeschränkungen
HGB	Handelsgesetzbuch
ICNCP-Regeln	International Code of Nomenclature of Cultivated Plants (Internationaler Code der Nomenklatur für Kulturpflanzen)
i. d. F.	in der Fassung
i. V. m.	in Verbindung mit
Ind. Prop.	Zeitschrift Industrial Property
i. S. d.	im Sinne des
InsO	Insolvenzordnung
JW	Juristische Wochenschrift
JZ	Juristenzeitung
KG	Kammergericht

KO	Konkursordnung
KostO	Kostenordnung
Lfrg.	Lieferung
LG	Landgericht
MarkenG	Markengesetz
Mitt	Mitteilungen der Deutschen Patentanwälte
MMA	Madrider Abkommen über die internationale Registrierung von Marken
MuW	Zeitschrift Markenschutz und Wettbewerb
n. F.	neue Fassung
NJW	Neue Juristische Wochenschrift
OHG	Offene Handelsgesellschaft
OLG	Oberlandesgericht
OWIG	Gesetz über Ordnungswidrigkeiten
PA	Patentamt
PatÄndG	Patentänderungsgesetz
PatAnwGebO	Patentanwaltsgebührenordnung
PatAnwO	Patentanwaltsordnung
PatG	Patentgesetz
PatGebG	Patentgebührengesetz
PflZÜ	Internationales Übereinkommen zum Schutze von Pflanzenzüchtungen
Präs.BSA	Präsident des Bundessortenamtes
Prop.Ind.	Zeitschrift La Propriété Industrielle
PVÜ	Pariser Verbandsübereinkunft (Pariser Konvention zum Schutz des gewerblichen Eigentums von 1883)
Rdn	Randnummer
RG	Reichsgericht
RGBl.	Reichsgesetzblatt
RGSt.	Entscheidungen des Reichsgerichts in Strafsachen
RGZ	Entscheidungen des Reichsgerichts in Zivilsachen
RiL	Richtlinie
RPA	Reichspatentamt
RPflG	Rechtspflegergesetz
RVO	Rechtsverordnung
SaatG	Saatgutverkehrsgesetz
SaatgG	Saatgutgesetz
SaatVG 68	Saatgutverkehrsgesetz von 1968
SaWi	Zeitschrift Saatgutwirtschaft
sog.	sogenannt
SortG	Sortenschutzgesetz von 1997
SortG 85	Sortenschutzgesetz 1985
SortSchG 68	Sortenschutzgesetz 1968
SortSchV 74	Sortenschutzverordnung 1974
StGB	Strafgesetzbuch
StPO	Strafprozeßordnung

UPOV	Union Internationale pour la Protection des Obtentions Végétales/International Union for Protection of new Varieties of Plants/Internationaler Verband zum Schutz von Pflanzenzüchtungen
UrhG	Urheberrechtsgesetz
UWG	Gesetz gegen den unlauteren Wettbewerb
VG	Verwaltungsgericht
VO	Verordnung
VwGO	Verwaltungsgerichtsordnung
VwKostG	Verwaltungskostengesetz
VwVfG	Verwaltungsverfahrensgesetz
VwZG	Verwaltungszustellungsgesetz
WIPO	World Intellectual Property Organization/Weltorganisation für geistiges Eigentum
WRP	Wettbewerb in Recht und Praxis
ZPO	Zivilprozeßordnung

Literaturverzeichnis

Baumbach, A./Hefermehl, W.: Wettbewerbsrecht, Kommentar, 20. Aufl. 1998
Benkard, G.: Patentgesetz-Gebrauchsmustergesetz, 9. Aufl. 1993
Bleckmann, A.: Europarecht, 6. Aufl. 1997
Bernhardt/Kraßer: Lehrbuch des Patentrechts, 4. Aufl. 1986
Bruchhausen, K.: Patent-, Sortenschutz- und Gebrauchsmusterrecht, Heidelberg 1985
Büchting, P.-E.: Sortenschutz und Patent. Die gewerblichen Schutzrechte für Pflanzenzüchtungsverfahren und Neuzüchtungen, Diss. Bonn 1962
Büttner, W.: Die Saatgutordnung, Hannover 1954
Dauses, M. A.: Handbuch des EU-Wirtschaftsrechts, Stand Dezember 1997
Fezer, K.-H.: Markenrecht 1997
Hubmann, H.: Gewerblicher Rechtsschutz, 5. Aufl. 1987
Immenga, M./Mestmäcker, E.-J.: EG-Wettbewerbsrecht, Kommentar 1997
Klauer-Möhring: Patentrechtskommentar, 2. Bde, 3. Aufl. 1971
Kopp, F. O.: Verwaltungsverfahrensgesetz, 6. Aufl. 1996
Krausse-Kathlun-Lindenmaier: Patentgesetz, 5. Aufl. 1970
Kropholler, J.: Europäisches Zivilprozeßrecht, 5. Aufl. 1996
Kunhart/Rutz: Sorten- und Saatgutrecht, 7. Aufl. 1997
Langen, E./Bunte, H.-J.: Kommentar zum deutschen und europäischen Kartellrecht, 7. Aufl. 1994
Lindenmaier, H.: Das Patentgesetz, 6. Aufl. 1973
Mast, H.: Sortenschutz, Patentschutz und Biotechnologie, Köln, Berlin, Bonn, München 1986
Mufang, R.: Genetische Erfindungen im Gewerblichen Rechtsschutz, Köln, Berlin, Bonn, München 1988
v. Münch, J.: Grundgesetzkommentar, 3. Aufl. 1985
Neumeier, H.: Sortenschutz und/oder Patentschutz für Pflanzenzüchtungen, Köln, Berlin, Bonn, München 1989
Nirk, R.: Gewerblicher Rechtsschutz 1981
Pagenberg, J./Geissler, B.: Lizenzverträge, 4. Aufl. 1997
Pietzcker, E.: Patentgesetz, Teil I 1929
Reimer: Patentgesetz und Gebrauchsmustergesetz, 3. Aufl. 1968
Schulte, R.: Patentgesetz, 4. Aufl., Köln, Berlin, Bonn, München 1987
Stelkens-Bonk-Sachs: Verwaltungsverfahrensgesetz, 5. Aufl. 1998
Strauss, J.: Gewerblicher Rechtsschutz für biotechnologische Erfindungen, 1987
Streinz, R.: Europarecht, 2. Aufl. 1995
Stumpf, H./Groß, M.: Der Linzenzvertrag, 7. Aufl. 1998
Teplitzky, O.: Wettbewerbsrechtliche Ansprüche, 7. Aufl. 1997
Tetzner, H.: Das materielle Patentrecht der Bundesrepublik Deutschland, Darmstadt 1972
van der Kooij, P.A.C.E.: Introduction to the EC Regulation on Plant Variety Protection, 1997
Wuesthoff/Leßmann/Wendt: Sortenschutzgesetz, Kommentar, 2. Aufl. 1990
Würtenberger, G.: Die Priorität im Sortenschutzrecht, Diss. Marburg 1992

Teil I Textteil

1. **Deutsches Sortenschutzgesetz**
2. **Verordnung (EG) Nr. 2100/94 des Rates über den gemeinschaftlichen Sortenschutz**
3. **Internationales Übereinkommen zum Schutz von Pflanzenzüchtungen**

1. Bekanntmachung der Neufassung des Sortenschutzgesetzes

Vom 19. Dezember 1997

Auf Grund des Artikels 2 des Gesetzes zur Änderung des Sortenschutzgesetzes vom 17. Juli 1997 (BGBl. I S. 1854) wird nachstehend der Wortlaut des Sortenschutzgesetzes in der seit dem 25. Juli 1997 geltenden Fassung bekanntgemacht. Die Neufassung berücksichtigt:

1. das am 18. Dezember 1985 in Kraft getretene Gesetz vom 11. Dezember 1985 (BGBl. I S. 2170),
2. den am 1. Juli 1990 in Kraft getretenen Artikel 7 des Gesetzes vom 7. März 1990 (BGBl. I S. 422),
3. den am 8. April 1992 in Kraft getretenen Artikel 1 des Gesetzes vom 27. März 1992 (BGBl. I S. 727),
4. den am 31. Juli 1992 in Kraft getretenen Artikel 2 des Gesetzes vom 23. Juli 1992 (BGBl. I S. 1367),
5. den am 1. Januar 1994 in Kraft getretenen Artikel 72 des Gesetzes vom 27. April 1993 (BGBl. I S. 512, 2436),
6. den teils am 1. Januar 2000, teils am 1. Januar 2005 in Kraft tretenden Artikel 18 des Gesetzes vom 2. September 1994 (BGBl. I S. 2278),
7. den am 1. Januar 1995 in Kraft getretenen Artikel 40 des Gesetzes vom 25. Oktober 1994 (BGBl. I S. 3082),
8. den am 25. Juli 1997 in Kraft getretenen Artikel 1 des eingangs genannten Gesetzes.

Bonn, den 19. Dezember 1997

Der Bundesminister
für Ernährung, Landwirtschaft und Forsten
Jochen Borchert

Sortenschutzgesetz

Abschnitt 1
Voraussetzungen und Inhalt des Sortenschutzes

§ 1
Voraussetzungen des Sortenschutzes

(1) Sortenschutz wird für eine Pflanzensorte (Sorte) erteilt, wenn sie

1. unterscheidbar,
2. homogen,
3. beständig,
4. neu und
5. durch eine eintragbare Sortenbezeichnung bezeichnet ist.

(2) Für eine Sorte, die Gegenstand eines gemeinschaftlichen Sortenschutzes ist, wird ein Sortenschutz nach diesem Gesetz nicht erteilt.

§ 2
Begriffsbestimmungen

Im Sinne dieses Gesetzes sind

1. Arten: Pflanzenarten sowie Zusammenfassungen und Unterteilungen von Pflanzenarten,
1a. Sorte: eine Gesamtheit von Pflanzen oder Pflanzenteilen, soweit aus diesen wieder vollständige Pflanzen gewonnen werden können, innerhalb eines bestimmten Taxons der untersten bekannten Rangstufe, die, unabhängig davon, ob sie den Voraussetzungen für die Erteilung eines Sortenschutzes entspricht,
    a) durch die sich aus einem bestimmten Genotyp oder einer bestimmten Kombination von Genotypen ergebende Ausprägung der Merkmale definiert,
    b) von jeder anderen Gesamtheit von Pflanzen oder Pflanzenteilen durch die Ausprägung mindestens eines dieser Merkmale unterschieden und
    c) hinsichtlich ihrer Eignung, unverändert vermehrt zu werden, als Einheit angesehen werden kann,
2. Vermehrungsmaterial: Pflanzen und Pflanzenteile einschließlich Samen, die für die Erzeugung von Pflanzen oder sonst zum Anbau bestimmt sind,
3. Inverkehrbringen: das Anbieten, Vorrätighalten zur Abgabe, Feilhalten und jedes Abgeben an andere,
4. Antragstag: der Tag, an dem der Sortenschutzantrag dem Bundessortenamt zugeht,
5. Vertragsstaat: Staat, der Vertragspartei des Abkommens über den Europäischen Wirtschaftsraum ist,
6. Verbandsmitglied: Staat, der oder zwischenstaatliche Organisation, die Mitglied des Internationalen Verbandes zum Schutz von Pflanzenzüchtungen ist.

§ 3
Unterscheidbarkeit

(1) Eine Sorte ist unterscheidbar, wenn sie sich in der Ausprägung wenigstens eines maßgebenden Merkmals von jeder anderen am Antragstag allgemein bekannten Sorte deutlich unterscheiden läßt. Das Bundessortenamt teilt auf Anfrage für jede Art die Merkmale mit, die es für die Unterscheidbarkeit der Sorten dieser Art als maßgebend ansieht; die Merkmale müssen genau erkannt und beschrieben werden können.

(2) Eine Sorte ist insbesondere dann allgemein bekannt, wenn
1. sie in ein amtliches Verzeichnis von Sorten eingetragen worden ist,
2. ihre Eintragung in ein amtliches Verzeichnis von Sorten beantragt worden ist und dem Antrag stattgegeben wird oder
3. Vermehrungsmaterial oder Erntegut der Sorte bereits zu gewerblichen Zwecken in den Verkehr gebracht worden ist.

§ 4
Homogenität

Eine Sorte ist homogen, wenn sie, abgesehen von Abweichungen auf Grund der Besonderheiten ihrer Vermehrung, in der Ausprägung der für die Unterscheidbarkeit maßgebenden Merkmale hinreichend einheitlich ist.

§ 5
Beständigkeit

Eine Sorte ist beständig, wenn sie in der Ausprägung der für die Unterscheidbarkeit maßgebenden Merkmale nach jeder Vermehrung oder, im Falle eines Vermehrungszyklus, nach jedem Vermehrungszyklus unverändert bleibt.

§ 6
Neuheit

(1) Eine Sorte gilt als neu, wenn Pflanzen oder Pflanzenteile der Sorte mit Zustimmung des Berechtigten oder seines Rechtsvorgängers vor dem Antragstag nicht oder nur innerhalb folgender Zeiträume zu gewerblichen Zwecken an andere abgegeben worden sind:
1. innerhalb der Europäischen Gemeinschaft ein Jahr,
2. außerhalb der Europäischen Gemeinschaft vier Jahre, bei Rebe (Vitis L.) und Baumarten sechs Jahre.

(2) Die Abgabe
1. an eine amtliche Stelle auf Grund gesetzlicher Regelungen,
2. an Dritte auf Grund eines zwischen ihnen und dem Berechtigten bestehenden Vertrages oder sonstigen Rechtsverhältnisses ausschließlich zum Zweck der Erzeugung, Vermehrung, Aufbereitung oder Lagerung für den Berechtigten,
3. zwischen Gesellschaften im Sinne des Artikels 58 Abs. 2 des Vertrages zur Gründung der Europäischen Gemeinschaft, wenn eine von ihnen vollständig der anderen gehört oder beide vollständig einer dritten Gesellschaft dieser Art gehören; dies gilt nicht für Genossenschaften,
4. an Dritte, wenn die Pflanzen oder Pflanzenteile zu Versuchszwecken oder zur Züchtung neuer Sorten gewonnen worden sind und bei der Abgabe nicht auf die Sorte Bezug genommen wird,

5. zum Zweck des Ausstellens auf einer amtlichen oder amtlich anerkannten Ausstellung im Sinne des Abkommens über Internationale Ausstellungen vom 22. November 1928 (Gesetz vom 5. Mai 1930, RGBl. 1930 II S. 727) oder auf einer von einem Vertragsstaat als gleichwertig anerkannten Ausstellung in seinem Hoheitsgebiet oder eine Abgabe, die auf solche Ausstellungen zurückgeht,

steht der Neuheit nicht entgegen.

(3) Vermehrungsmaterial einer Sorte, das fortlaufend für die Erzeugung einer anderen Sorte verwendet wird, gilt erst dann als abgegeben im Sinne des Absatzes 1, wenn Pflanzen oder Pflanzenteile der anderen Sorte abgegeben worden sind.

§ 7
Sortenbezeichnung

(1) Eine Sortenbezeichnung ist eintragbar, wenn kein Ausschließungsgrund nach Absatz 2 oder 3 vorliegt.

(2) Ein Ausschließungsgrund liegt vor, wenn die Sortenbezeichnung
1. zur Kennzeichnung der Sorte, insbesondere aus sprachlichen Gründen, nicht geeignet ist,
2. keine Unterscheidungskraft hat,
3. ausschließlich aus Zahlen besteht, soweit sie nicht für eine Sorte Verwendung findet, die ausschließlich für die fortlaufende Erzeugung einer anderen Sorte bestimmt ist,
4. mit einer Sortenbezeichnung übereinstimmt oder verwechselt werden kann, unter der in einem Vertragsstaat oder von einem anderen Verbandsmitglied eine Sorte derselben oder einer verwandten Art in einem amtlichen Verzeichnis von Sorten eingetragen ist oder war oder Vermehrungsmaterial einer solchen Sorte in den Verkehr gebracht worden ist, es sei denn, daß die Sorte nicht mehr eingetragen ist und nicht mehr angebaut wird und ihre Sortenbezeichnung keine größere Bedeutung erlangt hat,
5. irreführen kann, insbesondere wenn sie geeignet ist, unrichtige Vorstellungen über die Herkunft, die Eigenschaften oder den Wert der Sorte oder über den Ursprungszüchter, Entdecker oder sonst Berechtigten hervorzurufen,
6. Ärgernis erregen kann.

Das Bundessortenamt macht bekannt, welche Arten es als verwandt im Sinne der Nummer 4 ansieht.

(3) Ist die Sorte bereits
1. in einem anderen Vertragsstaat oder von einem anderen Verbandsmitglied oder
2. in einem anderen Staat, der nach einer vom Bundessortenamt bekanntzumachenden Feststellung in Rechtsakten der Europäischen Gemeinschaft Sorten nach Regeln beurteilt, die denen der Richtlinien über die Gemeinsamen Sortenkataloge entsprechen,

in einem amtlichen Verzeichnis von Sorten eingetragen oder ist ihre Eintragung in ein solches Verzeichnis beantragt worden, so ist nur die dort eingetragene oder angegebene Sortenbezeichnung eintragbar. Dies gilt nicht, wenn ein Ausschließungsgrund nach Absatz 2 entgegensteht oder der Antragsteller glaubhaft macht, daß ein Recht eines Dritten entgegensteht.

§ 8
Recht auf Sortenschutz

(1) Das Recht auf Sortenschutz steht dem Ursprungszüchter oder Entdecker der Sorte oder seinem Rechtsnachfolger zu. Haben mehrere die Sorte gemeinsam gezüchtet oder entdeckt, so steht ihnen das Recht gemeinschaftlich zu.

(2) Der Antragsteller gilt im Verfahren vor dem Bundessortenamt als Berechtigter, es sei denn, daß dem Bundessortenamt bekannt wird, daß ihm das Recht auf Sortenschutz nicht zusteht.

§ 9
Nichtberechtigter Antragsteller

(1) Hat ein Nichtberechtigter Sortenschutz beantragt, so kann der Berechtigte vom Antragsteller verlangen, daß dieser ihm den Anspruch auf Erteilung des Sortenschutzes überträgt.

(2) Ist einem Nichtberechtigten Sortenschutz erteilt worden, so kann der Berechtigte vom Sortenschutzinhaber verlangen, daß dieser ihm den Sortenschutz überträgt. Dieser Anspruch erlischt fünf Jahre nach der Bekanntmachung der Eintragung in die Sortenschutzrolle, es sei denn, daß der Sortenschutzinhaber beim Erwerb des Sortenschutzes nicht in gutem Glauben war.

§ 10
Wirkung des Sortenschutzes

(1) Vorbehaltlich der §§ 10a und 10b hat der Sortenschutz die Wirkung, daß allein der Sortenschutzinhaber berechtigt ist,

1. Vermehrungsmaterial der geschützten Sorte
   a) zu erzeugen, für Vermehrungszwecke aufzubereiten, in den Verkehr zu bringen, ein- oder auszuführen oder
   b) zu einem der unter Buchstabe a genannten Zwecke aufzubewahren,
2. Handlungen nach Nummer 1 vorzunehmen mit sonstigen Pflanzen oder Pflanzenteilen oder hieraus unmittelbar gewonnenen Erzeugnissen, wenn zu ihrer Erzeugung Vermehrungsmaterial ohne Zustimmung des Sortenschutzinhabers verwendet wurde und der Sortenschutzinhaber keine Gelegenheit hatte, sein Sortenschutzrecht hinsichtlich dieser Verwendung geltend zu machen.

(2) Die Wirkung des Sortenschutzes nach Absatz 1 erstreckt sich auch auf Sorten,

1. die von der geschützten Sorte (Ausgangssorte) im wesentlichen abgeleitet worden sind, wenn die Ausgangssorte selbst keine im wesentlichen abgeleitete Sorte ist,
2. die sich von der geschützten Sorte nicht deutlich unterscheiden lassen oder
3. deren Erzeugung die fortlaufende Verwendung der geschützten Sorte erfordert.

(3) Eine Sorte ist eine im wesentlichen abgeleitete Sorte, wenn

1. für ihre Züchtung oder Entdeckung vorwiegend die Ausgangssorte oder eine andere Sorte, die selbst von der Ausgangssorte abgeleitet ist, als Ausgangsmaterial verwendet wurde,
2. sie deutlich unterscheidbar ist und
3. sie in der Ausprägung der Merkmale, die aus dem Genotyp oder einer Kombination von Genotypen der Ausgangssorte herrühren, abgesehen von Unterschieden, die sich aus der verwendeten Ableitungsmethode ergeben, mit der Ausgangssorte im wesentlichen übereinstimmt.

§ 10a
Beschränkung der Wirkung des Sortenschutzes

(1) Die Wirkung des Sortenschutzes erstreckt sich nicht auf Handlungen nach § 10 Abs. 1

1. im privaten Bereich zu nicht gewerblichen Zwecken,
2. zu Versuchszwecken, die sich auf die geschützte Sorte beziehen,
3. zur Züchtung neuer Sorten sowie in § 10 Abs. 1 genannte Handlungen mit diesen Sorten mit Ausnahme der Sorten nach § 10 Abs. 2.

(2) Die Wirkung des Sortenschutzes erstreckt sich ferner nicht auf Erntegut, das ein Landwirt durch Anbau von Vermehrungsmaterial einer geschützten Sorte der in dem Verzeichnis der Anlage aufgeführten Arten mit Ausnahme von Hybriden und synthetischen Sorten im eigenen Betrieb gewonnen hat und dort als Vermehrungsmaterial verwendet (Nachbau), soweit der Landwirt seinen in den Absätzen 3 und 6

festgelegten Verpflichtungen nachkommt. Zum Zwecke des Nachbaus kann das Erntegut durch den Landwirt oder ein von ihm hiermit beauftragtes Unternehmen (Aufbereiter) aufbereitet werden.

(3) Ein Landwirt, der von der Möglichkeit des Nachbaus Gebrauch macht, ist dem Inhaber des Sortenschutzes zur Zahlung eines angemessenen Entgelts verpflichtet. Ein Entgelt gilt als angemessen, wenn es deutlich niedriger ist als der Betrag, der im selben Gebiet für die Erzeugung von Vermehrungsmaterial derselben Sorte auf Grund eines Nutzungsrechtes nach § 11 vereinbart ist.

(4) Den Vereinbarungen zwischen Inhabern des Sortenschutzes und Landwirten über die Angemessenheit des Entgelts können entsprechende Vereinbarungen zwischen deren berufsständischen Vereinigungen zugrunde gelegt werden. Sie dürfen den Wettbewerb auf dem Saatgutsektor nicht ausschließen.

(5) Die Zahlungsverpflichtung nach Absatz 3 gilt nicht für Kleinlandwirte im Sinne des Artikels 14 Abs. 3 dritter Anstrich der Verordnung (EG) Nr. 2100/94 des Rates vom 27. Juli 1994 über den gemeinschaftlichen Sortenschutz (ABl. EG Nr. L 227 S. 1).

(6) Landwirte, die von der Möglichkeit des Nachbaus Gebrauch machen, sowie von ihnen beauftragte Aufbereiter sind gegenüber den Inhabern des Sortenschutzes zur Auskunft über den Umfang des Nachbaus verpflichtet.

(7) Das Bundesministerium für Ernährung, Landwirtschaft und Forsten wird ermächtigt, durch Rechtsverordnung das Verzeichnis der in der Anlage aufgeführten Arten zu ändern, soweit dies im Interesse einer Anpassung an das Verzeichnis des gemeinschaftlichen Sortenschutzes erforderlich ist.

§ 10b
Erschöpfung des Sortenschutzes

Der Sortenschutz erstreckt sich nicht auf Handlungen, die vorgenommen werden mit Pflanzen, Pflanzenteilen oder daraus unmittelbar gewonnenen Erzeugnissen (Material) der geschützten Sorte oder einer Sorte, auf die sich der Sortenschutz nach § 10 Abs. 1 Nr. 1 ebenfalls erstreckt, das vom Sortenschutzinhaber oder mit seiner Zustimmung in den Verkehr gebracht worden ist, es sei denn, daß diese Handlungen
1. eine erneute Erzeugung von Vermehrungsmaterial beinhalten, ohne daß das vorgenannte Material bei der Abgabe hierzu bestimmt war, oder
2. eine Ausfuhr von Material der Sorte, das die Vermehrung der Sorte ermöglicht, in ein Land einschließen, das Sorten der Art, der die Sorte zugehört, nicht schützt; dies gilt nicht, wenn das ausgeführte Material zum Anbau bestimmt ist.

§ 10c
Ruhen des Sortenschutzes

Wird dem Inhaber eines nach diesem Gesetz erteilten Sortenschutzes für dieselbe Sorte ein gemeinschaftlicher Sortenschutz erteilt, so können für die Dauer des Bestehens des gemeinschaftlichen Sortenschutzes Rechte aus dem nach diesem Gesetz erteilten Sortenschutz nicht geltend gemacht werden.

§ 11
Rechtsnachfolge, Nutzungsrechte

(1) Das Recht auf Sortenschutz, der Anspruch auf Erteilung des Sortenschutzes und der Sortenschutz sind auf natürliche und juristische Personen oder Personenhandelsgesellschaften, die die Anforderungen nach § 15 erfüllen, übertragbar.

(2) Der Sortenschutz kann ganz oder teilweise Gegenstand ausschließlicher oder nichtausschließlicher Nutzungsrechte sein.

(3) Soweit ein Nutzungsberechtigter gegen eine Beschränkung des Nutzungsrechtes nach Absatz 2 verstößt, kann der Sortenschutz gegen ihn geltend gemacht werden.

§ 12
Zwangsnutzungsrecht

(1) Das Bundessortenamt kann auf Antrag, soweit es unter Berücksichtigung der wirtschaftlichen Zumutbarkeit für den Sortenschutzinhaber im öffentlichen Interesse geboten ist, ein Zwangsnutzungsrecht an dem Sortenschutz hinsichtlich der Berechtigungen nach § 10 zu angemessenen Bedingungen erteilen, wenn der Sortenschutzinhaber kein oder kein genügendes Nutzungsrecht einräumt. Das Bundessortenamt setzt bei der Erteilung des Zwangsnutzungsrechtes die Bedingungen, insbesondere die Höhe der an den Sortenschutzinhaber zu zahlenden Vergütung, fest.

(2) Nach Ablauf eines Jahres seit der Erteilung des Zwangsnutzungsrechtes kann jeder Beteiligte eine erneute Festsetzung der Bedingungen beantragen. Der Antrag kann jeweils nach Ablauf eines Jahres wiederholt werden; er kann nur darauf gestützt werden, daß sich die für die Festsetzung maßgebenden Umstände inzwischen erheblich geändert haben.

(3) Vor der Entscheidung über die Erteilung eines Zwangsnutzungsrechtes und die Neufestsetzung soll das Bundessortenamt die betroffenen Spitzenverbände hören.

(4) Ist ein Zwangsnutzungsrecht für eine Sorte einer dem Saatgutverkehrsgesetz unterliegenden Art erteilt worden, so kann der Sortenschutzinhaber von der zuständigen Behörde Auskunft darüber verlangen,

1. wer für Vermehrungsmaterial der geschützten Sorte die Anerkennung von Saatgut beantragt hat,
2. welche Größe der Vermehrungsflächen in dem Antrag auf Anerkennung angegeben worden ist,
3. welches Gewicht oder welche Stückzahl für die Partien angegeben worden ist.

§ 13
Dauer des Sortenschutzes

Der Sortenschutz dauert bis zum Ende des fünfundzwanzigsten, bei Hopfen, Kartoffel, Rebe und Baumarten bis zum Ende des dreißigsten auf die Erteilung folgenden Kalenderjahres.

§ 14
Verwendung der Sortenbezeichnung

(1) Vermehrungsmaterial einer geschützten Sorte darf, außer im privaten Bereich zu nichtgewerblichen Zwecken, nur in den Verkehr gebracht werden, wenn hierbei die Sortenbezeichnung angegeben ist; bei schriftlicher Angabe muß diese leicht erkennbar und deutlich lesbar sein. Dies gilt auch, wenn der Sortenschutz abgelaufen ist.

(2) Aus einem Recht an einer mit der Sortenbezeichnung übereinstimmenden Bezeichnung kann die Verwendung der Sortenbezeichnung für die Sorte nicht untersagt werden. Ältere Rechte Dritter bleiben unberührt.

(3) Die Sortenbezeichnung einer geschützten Sorte oder einer Sorte, für die von einem anderen Verbandsmitglied ein Züchterrecht erteilt worden ist, oder eine mit ihr verwechselbare Bezeichnung darf für eine andere Sorte derselben oder einer verwandten Art nicht verwendet werden.

§ 15
Persönlicher Anwendungsbereich

(1) Die Rechte aus diesem Gesetz stehen nur zu

1. Deutschen im Sinne des Artikels 116 Abs. 1 des Grundgesetzes sowie natürlichen und juristischen Personen und Personenhandelsgesellschaften mit Wohnsitz oder Niederlassung im Inland,
2. Angehörigen eines anderen Vertragsstaates oder Staates, der Verbandsmitglied ist, sowie natürlichen und juristischen Personen und Personenhandelsgesellschaften mit Wohnsitz oder Niederlassung in einem solchen Staat und
3. anderen natürlichen und juristischen Personen und Personenhandelsgesellschaften, soweit in dem Staat, dem sie angehören oder in dem sie ihren Wohnsitz oder eine Niederlassung haben, nach einer Bekanntmachung des Bundesministeriums für Ernährung, Landwirtschaft und Forsten im Bundesgesetzblatt deutschen Staatsangehörigen oder Personen mit Wohnsitz oder Niederlassung im Inland ein entsprechender Schutz gewährt wird.

(2) Wer in einem Vertragsstaat weder Wohnsitz noch Niederlassung hat, kann an einem in diesem Gesetz geregelten Verfahren nur teilnehmen und Rechte aus diesem Gesetz nur geltend machen, wenn er einen Vertreter mit Wohnsitz oder Geschäftsräumen in einem Vertragsstaat (Verfahrensvertreter) bestellt hat.

Abschnitt 2
Bundessortenamt

§ 16
Stellung und Aufgaben

(1) Das Bundessortenamt ist eine selbständige Bundesoberbehörde im Geschäftsbereich des Bundesministeriums für Ernährung, Landwirtschaft und Forsten.
(2) Das Bundessortenamt ist zuständig für die Erteilung des Sortenschutzes und die hiermit zusammenhängenden Angelegenheiten. Es führt die Sortenschutzrolle und prüft das Fortbestehen der geschützten Sorten nach.

§ 17
Mitglieder

(1) Das Bundessortenamt besteht aus dem Präsidenten und weiteren Mitgliedern. Sie müssen besondere Fachkunde auf dem Gebiet des Sortenwesens (fachkundige Mitglieder) oder die Befähigung zum Richteramt nach dem Deutschen Richtergesetz (rechtskundige Mitglieder) haben. Sie werden vom Bundesministerium für Ernährung, Landwirtschaft und Forsten für die Dauer ihrer Tätigkeit beim Bundessortenamt berufen.
(2) Als fachkundiges Mitglied soll in der Regel nur berufen werden, wer nach einem für die Tätigkeit beim Bundessortenamt förderlichen naturwissenschaftlichen Studiengang an einer Hochschule eine staatliche oder akademische Prüfung im Inland oder einen als gleichwertig anerkannten Studienabschluß im Ausland bestanden sowie mindestens drei Jahre auf dem entsprechenden Fachgebiet gearbeitet hat und die erforderlichen Rechtskenntnisse hat.
(3) Wenn ein voraussichtlich zeitlich begrenztes Bedürfnis besteht, kann der Präsident Personen als Hilfsmitglieder mit den Verrichtungen von Mitgliedern des Bundessortenamtes beauftragen. Der Auftrag kann auf eine bestimmte Zeit oder für die Dauer des Bedürfnisses erteilt werden und ist so lange nicht widerruflich. Im übrigen sind die Vorschriften über Mitglieder auch auf Hilfsmitglieder anzuwenden.

§ 18
Prüfabteilungen und Widerspruchsausschüsse

(1) Im Bundessortenamt werden gebildet
1. Prüfabteilungen,
2. Widerspruchsausschüsse für Sortenschutzsachen.

Der Präsident setzt ihre Zahl fest und regelt die Geschäftsverteilung.

(2) Die Prüfabteilungen sind zuständig für die Entscheidung über
1. Sortenschutzanträge,
2. Einwendungen nach § 25,
3. die Änderung der Sortenbezeichnung nach § 30,
4. (weggefallen)
5. die Erteilung eines Zwangsnutzungsrechtes und für Festsetzung der Bedingungen,
6. die Rücknahme und den Widerruf der Erteilung des Sortenschutzes.

(3) Die Widerspruchsausschüsse sind zuständig für die Entscheidung über Widersprüche gegen Entscheidungen der Prüfabteilungen.

§ 19
Zusammensetzung der Prüfabteilungen

(1) Die Prüfabteilungen bestehen jeweils aus einem vom Präsidenten bestimmten fachkundigen Mitglied des Bundessortenamtes.

(2) In den Fällen des § 18 Abs. 2 Nr. 2, 5 und 6 entscheidet die Prüfabteilung in der Besetzung von drei Mitgliedern des Bundessortenamtes, die der Präsident bestimmt und von denen eines rechtskundig sein muß.

§ 20
Zusammensetzung der Widerspruchsausschüsse

(1) Die Widerspruchsausschüsse bestehen jeweils aus dem Präsidenten oder einem von ihm bestimmten weiteren Mitglied des Bundessortenamtes als Vorsitzendem, zwei vom Präsidenten bestimmten weiteren Mitgliedern des Bundessortenamtes als Beisitzern und zwei ehrenamtlichen Beisitzern. Von den Mitgliedern des Bundessortenamtes müssen zwei fachkundig und eines rechtskundig sein.

(2) Die ehrenamtlichen Beisitzer werden vom Bundesministerium für Ernährung, Landwirtschaft und Forsten für sechs Jahre berufen; Wiederberufung ist zulässig. Scheidet ein ehrenamtlicher Beisitzer vorzeitig aus, so wird sein Nachfolger für den Rest der Amtszeit berufen. Die ehrenamtlichen Beisitzer sollen besondere Fachkunde auf dem Gebiet des Sortenwesens haben. Inhaber oder Angestellte von Zuchtbetrieben oder Angestellte von Züchterverbänden sollen nicht berufen werden. Für jeden ehrenamtlichen Beisitzer wird ein Stellvertreter berufen; die Sätze 1 bis 4 gelten entsprechend.

(3) Die Widerspruchsausschüsse sind bei Anwesenheit des Vorsitzenden und eines Beisitzers, von denen einer rechtskundig sein muß, sowie eines ehrenamtlichen Beisitzers beschlußfähig.

Abschnitt 3
Verfahren vor dem Bundessortenamt

§ 21
Förmliches Verwaltungsverfahren

Auf das Verfahren vor den Prüfabteilungen und den Widerspruchsausschüssen sind die Vorschriften der §§ 63 bis 69 und 71 des Verwaltungsverfahrensgesetzes über das förmliche Verwaltungsverfahren anzuwenden.

§ 22
Sortenschutzantrag

(1) Der Antragsteller hat im Sortenschutzantrag den oder die Ursprungszüchter oder Entdecker der Sorte anzugeben und zu versichern, daß seines Wissens weitere Personen an der Züchtung oder Entdeckung der Sorte nicht beteiligt sind. Ist der Antragsteller nicht oder nicht allein der Ursprungszüchter oder Entdecker, so hat er anzugeben, wie die Sorte an ihn gelangt ist. Das Bundessortenamt ist nicht verpflichtet, diese Angaben zu prüfen.

(2) Der Antragsteller hat die Sortenbezeichnung anzugeben. Für das Verfahren zur Erteilung des Sortenschutzes kann er mit Zustimmung des Bundessortenamtes eine vorläufige Bezeichnung angeben.

§ 23
Zeitrang des Sortenschutzantrags

(1) Der Zeitrang des Sortenschutzantrags bestimmt sich im Zweifel nach der Reihenfolge der Eintragungen in das Eingangsbuch des Bundessortenamtes.

(2) Hat der Antragsteller für die Sorte bereits in einem anderen Verbandsstaat ein Züchterrecht beantragt, so steht ihm innerhalb eines Jahres, nachdem der erste Antrag vorschriftsmäßig eingereicht worden ist, der Zeitrang dieses Antrags als Zeitvorrang für den Sortenschutzantrag zu. Der Zeitvorrang kann nur im Sortenschutzantrag geltend gemacht werden. Er erlischt, wenn der Antragsteller nicht innerhalb von drei Monaten nach dem Antragstag dem Bundessortenamt Abschriften der Unterlagen des ersten Antrags vorlegt, die von der für diesen Antrag zuständigen Behörde beglaubigt sind.

(3) Ist die Sortenbezeichnung für Waren, die Vermehrungsmaterial der Sorte umfassen, als Marke für den Antragsteller in der Zeichenrolle des Patentamts eingetragen oder zur Eintragung angemeldet, so steht ihm der Zeitrang der Anmeldung der Marke als Zeitvorrang für die Sortenbezeichnung zu. Der Zeitvorrang erlischt, wenn der Antragsteller nicht innerhalb von drei Monaten nach Angabe der Sortenbezeichnung dem Bundessortenamt eine Bescheinigung des Patentamts über die Eintragung oder Anmeldung der Marke vorlegt. Die Sätze 1 und 2 gelten entsprechend für Marken, die nach dem Madrider Abkommen vom 14. April 1891 über die internationale Registrierung von Marken in der jeweils geltenden Fassung international registriert worden sind und im Inland Schutz genießen.

§ 24
Bekanntmachung des Sortenschutzantrags

(1) Das Bundessortenamt macht den Sortenschutzantrag unter Angabe der Art, der angegebenen Sortenbezeichnung oder vorläufigen Bezeichnung, des Antragstages sowie des Namens und der Anschrift des Antragstellers, des Ursprungszüchters oder Entdeckers und eines Verfahrensvertreters bekannt.

(2) Ist der Antrag nach seiner Bekanntmachung zurückgenommen worden, gilt er nach § 27 Abs. 2 wegen Säumnis als nicht gestellt, oder ist die Erteilung des Sortenschutzes abgelehnt worden, so macht das Bundessortenamt dies ebenfalls bekannt.

§ 25
Einwendungen

(1) Gegen die Erteilung des Sortenschutzes kann jeder beim Bundessortenamt schriftlich Einwendungen erheben.

(2) Die Einwendungen können nur auf die Behauptung gestützt werden,

1. die Sorte sei nicht unterscheidbar, nicht homogen, nicht beständig oder nicht neu,
2. der Antragsteller sei nicht berechtigt oder
3. die Sortenbezeichnung sei nicht eintragbar.

(3) Die Einwendungsfrist dauert bei Einwendungen

1. nach Absatz 2 Nr. 1 bis zur Erteilung des Sortenschutzes,
2. nach Absatz 2 Nr. 2 bis zum Ablauf von drei Monaten nach der Bekanntmachung des Sortenschutzantrags,
3. nach Absatz 2 Nr. 3 bis zum Ablauf von drei Monaten nach der Bekanntmachung der angegebenen Sortenbezeichnung.

(4) Die Einwendungen sind zu begründen. Die Tatsachen und Beweismittel zur Rechtfertigung der Behauptung nach Absatz 2 sind im einzelnen anzugeben. Sind diese Angaben nicht schon in der Einwendungsschrift enthalten, so müssen sie bis zum Ablauf der Einwendungsfrist nachgereicht werden.

(5) Führt eine Einwendung nach Absatz 2 Nr. 2 zur Zurücknahme des Sortenschutzantrags oder zur Ablehnung der Erteilung des Sortenschutzes und stellt der Einwender innerhalb eines Monats nach der Zurücknahme oder nach Eintritt der Unanfechtbarkeit der Ablehnung für dieselbe Sorte einen Sortenschutzantrag, so kann er verlangen, daß hierfür als Antragstag der Tag des früheren Antrags gilt.

§ 26
Prüfung

(1) Bei der Prüfung, ob die Sorte die Voraussetzungen für die Erteilung des Sortenschutzes erfüllt, baut das Bundessortenamt die Sorte an oder stellt die sonst erforderlichen Untersuchungen an. Hiervon kann es absehen, soweit ihm frühere eigene Prüfungsergebnisse zur Verfügung stehen.

(2) Das Bundessortenamt kann den Anbau oder die sonst erforderlichen Untersuchungen durch andere fachlich geeignete Stellen, auch im Ausland, durchführen lassen und Ergebnisse von Anbauprüfungen oder sonstigen Untersuchungen solcher Stellen berücksichtigen.

(3) Das Bundessortenamt fordert den Antragsteller auf, ihm oder der von ihm bezeichneten Stelle innerhalb einer bestimmten Frist das erforderliche Vermehrungsmaterial und sonstige Material und die erforderlichen weiteren Unterlagen vorzulegen, die erforderlichen Auskünfte zu erteilen und deren Prüfung zu gestatten.

(4) Macht der Antragsteller einen Zeitvorrang nach § 23 Abs. 2 geltend, so hat er das erforderliche Vermehrungsmaterial und sonstige Material und die erforderlichen weiteren Unterlagen innerhalb von vier Jahren nach Ablauf der Zeitvorrangfrist vorzulegen. Nach der Vorlage darf er anderes Vermehrungsmaterial und anderes sonstiges Material nicht nachreichen. Wird vor Ablauf der Frist von vier Jahren der erste Antrag zurückgenommen oder die Erteilung des Züchterrechts abgelehnt, so kann das Bundes-

sortenamt den Antragsteller auffordern, das Vermehrungsmaterial und sonstige Material zur nächsten Vegetationsperiode sowie die weiteren Unterlagen innerhalb einer bestimmten Frist vorzulegen.

(5) Das Bundessortenamt kann Behörden und Stellen im Ausland Auskünfte über Prüfungsergebnisse erteilen, soweit dies zur gegenseitigen Unterrichtung erforderlich ist.

(6) Das Bundessortenamt fordert den Antragsteller auf, innerhalb einer bestimmten Frist schriftlich

1. eine Sortenbezeichnung anzugeben, wenn er eine vorläufige Bezeichnung angegeben hat,
2. eine andere Sortenbezeichnung anzugeben, wenn die angegebene Sortenbezeichnung nicht eintragbar ist.

Die §§ 24 und 25 gelten entsprechend.

§ 27
Säumnis

(1) Kommt der Antragsteller einer Aufforderung des Bundessortenamtes,

1. das erforderliche Vermehrungsmaterial oder sonstige Material oder erforderliche weitere Unterlagen vorzulegen,
2. eine Sortenbezeichnung anzugeben oder
3. fällige Prüfungsgebühren zu entrichten,

innerhalb der ihm gesetzten Frist nicht nach, so kann das Bundessortenamt den Sortenschutzantrag zurückweisen, wenn es bei der Fristsetzung auf diese Folge der Säumnis hingewiesen hat.

(2) Entrichtet ein Antragsteller oder Widerspruchsführer die fällige Gebühr für die Entscheidung über einen Sortenschutzantrag oder über einen Widerspruch nicht, so gilt der Antrag als nicht gestellt oder der Widerspruch als nicht erhoben, wenn die Gebühr nicht innerhalb eines Monats entrichtet wird, nachdem das Bundessortenamt die Gebührenentscheidung bekanntgegeben und dabei auf diese Folge der Säumnis hingewiesen hat.

§ 28
Sortenschutzrolle

(1) In die Sortenschutzrolle werden nach Eintritt der Unanfechtbarkeit der Erteilung des Sortenschutzes eingetragen

1. die Art und die Sortenbezeichnung,
2. die festgestellten Ausprägungen der für die Unterscheidbarkeit maßgebenden Merkmale; bei Sorten, deren Pflanzen durch Kreuzung bestimmter Erbkomponenten erzeugt werden, auch der Hinweis hierauf,
3. der Name und die Anschrift
    a) des Ursprungszüchters oder Entdeckers,
    b) des Sortenschutzinhabers,
    c) der Verfahrensvertreter,
4. der Zeitpunkt des Beginns und der Beendigung des Sortenschutzes sowie der Beendigungsgrund,
5. ein ausschließliches Nutzungsrecht einschließlich des Namens und der Anschrift seines Inhabers,
6. ein Zwangsnutzungsrecht und die festgesetzten Bedingungen.

(2) Die Eintragung der festgestellten Ausprägungen der für die Unterscheidbarkeit maßgebenden Merkmale und die Eintragung der Bedingungen bei einem Zwangsnutzungsrecht können durch einen Hinweis auf Unterlagen des Bundessortenamtes ersetzt werden. Die Eintragung kann hinsichtlich der Anzahl und Art der Merkmale sowie der festgestellten Ausprägungen dieser Merkmale von Amts wegen

geändert werden, soweit dies erforderlich ist, um die Beschreibung der Sorte mit den Beschreibungen anderer Sorten vergleichbar zu machen.

(3) Änderungen in der Person des Sortenschutzinhabers oder eines Verfahrensvertreters werden nur eingetragen, wenn sie nachgewiesen sind. Der eingetragene Sortenschutzinhaber oder Verfahrensvertreter bleibt bis zur Eintragung der Änderung nach diesem Gesetz berechtigt und verpflichtet.

(4) Das Bundessortenamt macht die Eintragungen bekannt.

§ 29
Einsichtnahme

(1) Jedem steht die Einsicht frei in

1. die Sortenschutzrolle,
2. die Unterlagen
    a) nach § 28 Abs. 2 Satz 1,
    b) eines bekanntgemachten Sortenschutzantrags sowie eines erteilten Sortenschutzes,
3. den Anbau
    a) zur Prüfung einer Sorte,
    b) zur Nachprüfung des Fortbestehens einer Sorte.

(2) Bei Sorten, deren Pflanzen durch Kreuzung bestimmter Erbkomponenten erzeugt werden, sind die Angaben über die Erbkomponenten auf Antrag desjenigen, der den Sortenschutzantrag gestellt hat, von der Einsichtnahme auszuschließen. Der Antrag kann nur bis zur Entscheidung über den Sortenschutzantrag gestellt werden.

§ 30
Änderung der Sortenbezeichnung

(1) Eine bei Erteilung des Sortenschutzes eingetragene Sortenbezeichnung ist zu ändern, wenn

1. ein Ausschließungsgrund nach § 7 Abs. 2 oder 3 bei der Eintragung bestanden hat und fortbesteht,
2. ein Ausschließungsgrund nach § 7 Abs. 2 Nr. 5 oder 6 nachträglich eingetreten ist,
3. ein entgegenstehendes Recht glaubhaft gemacht wird und der Sortenschutzinhaber mit der Eintragung einer anderen Sortenbezeichnung einverstanden ist,
4. dem Sortenschutzinhaber durch rechtskräftige Entscheidung die Verwendung der Sortenbezeichnung untersagt worden ist oder
5. einem sonst nach § 14 Abs. 1 zur Verwendung der Sortenbezeichnung Verpflichteten durch rechtskräftige Entscheidung die Verwendung der Sortenbezeichnung untersagt worden ist und der Sortenschutzinhaber als Nebenintervenient am Rechtsstreit beteiligt oder ihm der Streit verkündet war, sofern er nicht durch einen der in § 68 zweiter Halbsatz der Zivilprozeßordnung genannten Umstände an der Wahrnehmung seiner Rechte gehindert war.

Im Falle einer Änderung der Sortenbezeichnung nach Satz 1 Nr. 1 besteht ein Anspruch auf Ausgleich eines Vermögensnachteils nach § 48 Abs. 3 des Verwaltungsverfahrensgesetzes nicht.

(2) Das Bundessortenamt fordert, wenn es das Vorliegen eines Änderungsgrundes nach Absatz 1 feststellt, den Sortenschutzinhaber auf, innerhalb einer bestimmten Frist eine andere Sortenbezeichnung anzugeben. Nach fruchtlosem Ablauf der Frist kann es eine Sortenbezeichnung von Amts wegen festsetzen. Auf Antrag des Sortenschutzinhabers oder eines Dritten setzt das Bundessortenamt eine Sortenbezeichnung fest, wenn der Antragsteller ein berechtigtes Interesse glaubhaft macht. Für die Festsetzung der anderen Sortenbezeichnung und ihre Bekanntmachung gelten die §§ 24, 25 und 28 Abs. 1 Nr. 1 und Abs. 4 entsprechend.

§ 31
Beendigung des Sortenschutzes

(1) Der Sortenschutz erlischt, wenn der Sortenschutzinhaber hierauf gegenüber dem Bundessortenamt schriftlich verzichtet.

(2) Die Erteilung des Sortenschutzes ist zurückzunehmen, wenn sich ergibt, daß die Sorte bei der Sortenschutzerteilung nicht unterscheidbar oder nicht neu war. Ein Anspruch auf Ausgleich eines Vermögensnachteils nach § 48 Abs. 3 des Verwaltungsverfahrensgesetzes besteht nicht. Eine Rücknahme aus anderen Gründen ist nicht zulässig.

(3) Die Erteilung des Sortenschutzes ist zu widerrufen, wenn sich ergibt, daß die Sorte nicht homogen oder nicht beständig ist.

(4) Im übrigen kann die Erteilung des Sortenschutzes nur widerrufen werden, wenn der Sortenschutzinhaber

1. einer Aufforderung nach § 30 Abs. 2 zur Angabe einer anderen Sortenbezeichnung nicht nachgekommen ist,
2. eine durch Rechtsverordnung nach § 32 Nr. 1 begründete Verpflichtung hinsichtlich der Nachprüfung des Fortbestehens der Sorte trotz Mahnung nicht erfüllt hat oder
3. fällige Jahresgebühren innerhalb einer Nachfrist nicht entrichtet hat.

§ 32
Ermächtigung zum Erlaß von Verfahrensvorschriften

Das Bundesministerium für Ernährung, Landwirtschaft und Forsten wird ermächtigt, durch Rechtsverordnung
1. die Einzelheiten des Verfahrens vor dem Bundessortenamt einschließlich der Auswahl der für die Unterscheidbarkeit maßgebenden Merkmale, der Festsetzung des Prüfungsumfangs und der Nachprüfung des Fortbestehens der geschützten Sorten zu regeln,
2. das Blatt für Bekanntmachungen des Bundessortenamtes zu bestimmen.

§ 33
Kosten

(1) Das Bundessortenamt erhebt für seine Amtshandlungen nach diesem Gesetz und für die Prüfung von Sorten auf Antrag ausländischer oder supranationaler Stellen Kosten (Gebühren und Auslagen) und für jedes angefangene Jahr der Dauer des Sortenschutzes (Schutzjahr) eine Jahresgebühr.

(2) Das Bundesministerium für Ernährung, Landwirtschaft und Forsten wird ermächtigt, im Einvernehmen mit den Bundesministerien der Finanzen und für Wirtschaft durch Rechtsverordnung die gebührenpflichtigen Tatbestände und die Gebührensätze zu bestimmen und dabei feste Sätze oder Rahmensätze vorzusehen sowie den Zeitpunkt des Entstehens und der Erhebung der Gebühren zu regeln. Die Bedeutung, der wirtschaftliche Wert oder der sonstige Nutzen der Amtshandlung, auch für das Züchtungswesen und die Allgemeinheit, sind angemessen zu berücksichtigen. Die zu erstattenden Auslagen können abweichend vom Verwaltungskostengesetz geregelt werden.

(3) (weggefallen)

(4) Bei Gebühren für die Prüfung einer Sorte sowie für die ablehnende Entscheidung über einen Sortenschutzantrag wird keine Ermäßigung nach § 15 Abs. 2 des Verwaltungskostengesetzes gewährt.

(5) Hat ein Widerspruch Erfolg, so ist die Widerspruchsgebühr zu erstatten. Hat eine Beschwerde an das Patentgericht oder eine Rechtsbeschwerde Erfolg, so ist die Widerspruchsgebühr auf Antrag zu erstatten. Bei teilweisem Erfolg ist die Widerspruchsgebühr zu einem entsprechenden Teil zu erstatten. Die Erstattung kann jedoch ganz oder teilweise unterbleiben, wenn die Entscheidung auf Tatsachen beruht,

die früher hätten geltend gemacht oder bewiesen werden können. Für Auslagen im Widerspruchsverfahren gelten die Sätze 1 bis 4 entsprechend. Ein Anspruch auf Erstattung von Kosten nach § 80 des Verwaltungsverfahrensgesetzes besteht nicht.

Abschnitt 4
Verfahren vor Gericht

§ 34
Beschwerde

(1) Gegen die Beschlüsse der Widerspruchsausschüsse findet die Beschwerde an das Patentgericht statt.

(2) Innerhalb der Beschwerdefrist ist eine Gebühr nach dem Gesetz über die Gebühren des Patentamts und des Patentgerichts zu zahlen; wird sie nicht gezahlt, so gilt die Beschwerde als nicht erhoben.

(3) Die Beschwerde gegen die Festsetzung einer Sortenbezeichnung nach § 30 Abs. 2 und gegen einen Beschluß, dessen sofortige Vollziehung angeordnet worden ist, hat keine aufschiebende Wirkung.

(4) Der Präsident des Bundessortenamtes kann dem Beschwerdeverfahren beitreten.

(5) Über die Beschwerde entscheidet ein Beschwerdesenat. Er entscheidet in den Fällen des § 18 Abs. 2 Nr. 3 und 4 in der Besetzung mit drei rechtskundigen Mitgliedern, im übrigen in der Besetzung mit einem rechtskundigen Mitglied als Vorsitzendem, einem weiteren rechtskundigen Mitglied und zwei technischen Mitgliedern.

§ 35
Rechtsbeschwerde

(1) Gegen den Beschluß des Beschwerdesenats findet die Rechtsbeschwerde an den Bundesgerichtshof statt, wenn der Beschwerdesenat sie in dem Beschluß zugelassen hat.

(2) § 34 Abs. 3 gilt entsprechend.

§ 36
Anwendung des Patentgesetzes

Soweit in den §§ 34 und 35 nichts anderes bestimmt ist, gelten die Vorschriften des Patentgesetzes über das Beschwerdeverfahren vor dem Patentgericht und das Rechtsbeschwerdeverfahren vor dem Bundesgerichtshof sowie über die Verfahrenskostenhilfe in diesen Verfahren entsprechend.

Abschnitt 5
Rechtsverletzungen

§ 37
Anspruch auf Unterlassung, Schadensersatz und Vergütung

(1) Wer ohne Zustimmung des Sortenschutzinhabers

1. mit Material, das einem Sortenschutz unterliegt, eine der in § 10 Abs. 1 bezeichneten Handlungen vornimmt oder
2. die Sortenbezeichnung einer geschützten Sorte oder eine mit ihr verwechselbare Bezeichnung für eine andere Sorte derselben oder einer verwandten Art verwendet,

kann vom Verletzten auf Unterlassung in Anspruch genommen werden.

(2) Wer vorsätzlich oder fahrlässig handelt, ist dem Verletzten zum Ersatz des daraus entstandenen Schadens verpflichtet. Bei leichter Fahrlässigkeit kann das Gericht statt des Schadensersatzes eine Entschädigung festsetzen, deren Höhe zwischen dem Schaden des Verletzten und dem Vorteil liegt, der dem Verletzer erwachsen ist.

(3) Der Sortenschutzinhaber kann von demjenigen, der zwischen der Bekanntmachung des Antrags und der Erteilung des Sortenschutzes mit Material, das einem Sortenschutz unterliegt, eine der in § 10 Abs. 1 bezeichneten Handlungen vorgenommen hat, eine angemessene Vergütung fordern.

(4) Ansprüche aus anderen gesetzlichen Vorschriften bleiben unberührt.

§ 37a
Anspruch auf Vernichtung

(1) Der Verletzte kann in den Fällen des § 37 Abs. 1 verlangen, daß das im Besitz oder Eigentum des Verletzers befindliche Material, das Gegenstand der Verletzungshandlung ist, vernichtet wird, es sei denn, daß der durch die Rechtsverletzung verursachte Zustand auf andere Weise beseitigt werden kann und die Vernichtung für den Verletzer oder Eigentümer im Einzelfall unverhältnismäßig ist.

(2) Die Bestimmungen des Absatzes 1 sind entsprechend auf die im Eigentum des Verletzers stehende, ausschließlich oder nahezu ausschließlich zur widerrechtlichen Herstellung des Materials benutzte oder bestimmte Vorrichtung anzuwenden.

§ 37b
Anspruch auf Auskunft hinsichtlich Dritter

(1) Wer ohne Zustimmung des Sortenschutzinhabers eine der in § 10 bezeichneten, dem Sortenschutzinhaber vorbehaltenen Handlungen vornimmt oder die Sortenbezeichnung einer geschützten Sorte oder eine mit ihr verwechselbare Bezeichnung für eine andere Sorte derselben oder einer verwandten Art verwendet, kann vom Verletzten auf unverzügliche Auskunft über die Herkunft und den Vertriebsweg des Materials, das Gegenstand einer solchen Handlung ist, in Anspruch genommen werden, es sei denn, daß dies im Einzelfall unverhältnismäßig ist.

(2) Der nach Absatz 1 zur Auskunft Verpflichtete hat Angaben zu machen über Namen und Anschrift des Erzeugers, des Lieferanten und anderer Vorbesitzer des Materials, des gewerblichen Abnehmers oder Auftraggebers sowie über die Menge des erzeugten, ausgelieferten, erhaltenen oder bestellten Materials.

(3) In Fällen offensichtlicher Rechtsverletzung kann die Verpflichtung zur Erteilung der Auskunft im Wege der einstweiligen Verfügung nach den Vorschriften der Zivilprozeßordnung angeordnet werden.

(4) Die Auskunft darf in einem Strafverfahren oder in einem Verfahren nach dem Gesetz über Ordnungswidrigkeiten wegen einer vor der Erteilung der Auskunft begangenen Tat gegen den zur Auskunft Verpflichteten oder gegen einen in § 52 Abs. 1 der Strafprozeßordnung bezeichneten Angehörigen nur mit Zustimmung des zur Auskunft Verpflichteten verwertet werden.

(5) Weitergehende Ansprüche auf Auskunft bleiben unberührt.

§ 37c
Verjährung

Die Ansprüche wegen Verletzung eines nach diesem Gesetz geschützten Rechts verjähren in drei Jahren von dem Zeitpunkt an, in dem der Berechtigte von der Verletzung und der Person des Verpflichteten Kenntnis erlangt, ohne Rücksicht auf diese Kenntnis in dreißig Jahren von der Verletzung an. § 852 Abs. 2 des Bürgerlichen Gesetzbuchs ist entsprechend anzuwenden. Hat der Verpflichtete durch die Verletzung auf Kosten des Berechtigten etwas erlangt, so ist er auch nach Vollendung der Verjährung zur Herausgabe nach den Vorschriften über die Herausgabe einer ungerechtfertigten Bereicherung verpflichtet.

§ 38
Sortenschutzstreitsachen

(1) Für alle Klagen, durch die ein Anspruch aus einem der in diesem Gesetz geregelten Rechtsverhältnisse geltend gemacht wird (Sortenschutzstreitsachen), sind die Landgerichte ohne Rücksicht auf den Streitwert ausschließlich zuständig.

(2) ¹Die Landesregierungen werden ermächtigt, durch Rechtsverordnung die Sortenschutzstreitsachen für die Bezirke mehrerer Landgerichte einem von ihnen zuzuweisen, sofern dies der sachlichen Förderung oder schnelleren Erledigung der Verfahren dient. Die Landesregierungen können diese Ermächtigung auf die Landesjustizverwaltungen übertragen.

(3) Die Parteien können sich auch durch Rechtsanwälte vertreten lassen, die bei dem Gericht zugelassen sind, vor das die Klage oder Berufung ohne die Regelung nach Absatz 2 gehören würde.[2] Die Mehrkosten, die einer Partei dadurch erwachsen, daß sie sich durch einen nicht beim Prozeßgericht zugelassenen Rechtsanwalt vertreten läßt, sind nicht zu erstatten.

(4) Von den Kosten, die durch die Mitwirkung eines Patentanwalts entstehen, sind die Gebühren bis zur Höhe einer vollen Gebühr nach § 11 der Bundesgebührenordnung für Rechtsanwälte und die notwendigen Auslagen des Patentanwalts zu erstatten.

(5) Die Absätze 1 bis 4 gelten auch für alle Klagen, durch die ein Anspruch aus einem der in der Verordnung (EG) Nr. 2100/94 des Rates vom 27. Juli 1994 über den gemeinschaftlichen Sortenschutz (ABl. EG Nr. L 227 S. 1) in ihrer jeweils geltenden Fassung geregelten Rechtsverhältnisse geltend gemacht wird.

---

[1] Die Aufstellung der Länder, die hierzu Regelungen getroffen haben, findet sich in Rdnr. 1334

[2] § 38 Abs. 3 Satz 1 gilt gemäß Artikel 18 in Verbindung mit Artikel 22 Abs. 2 des Gesetzes vom 2. September 1994 (BGBl I S. 2278)
  1. in den Ländern Baden-Württemberg, Bayern, Berlin, Bremen, Hamburg, Hessen, Niedersachsen, Nordrhein-Westfalen, Rheinland-Pfalz, Saarland und Schleswig-Holstein ab 1. Januar 2000,
  2. in den übrigen Ländern ab 1. Januar 2005
  in folgender Fassung:
  „Wird gegen eine Entscheidung des Gerichts für Sortenschutzstreitsachen Berufung eingelegt, so können sich die Parteien vor dem Berufungsgericht auch von Rechtsanwälten vertreten lassen, die bei dem Oberlandesgericht zugelassen sind, vor das die Berufung ohne eine Regelung nach Absatz 2 gehören würde."

§ 39
Strafvorschriften

(1) Mit Freiheitsstrafe bis zu drei Jahren oder mit Geldstrafe wird bestraft, wer

1. entgegen § 10 Abs. 1, auch in Verbindung mit Abs. 2, Vermehrungsmaterial einer nach diesem Gesetz geschützten Sorte, eine Pflanze, ein Pflanzenteil oder ein Erzeugnis erzeugt, für Vermehrungszwecke aufbereitet, in den Verkehr bringt, einführt, ausführt oder aufbewahrt oder
2. entgegen Artikel 13 Abs. 1 in Verbindung mit Abs. 2 Satz 1, auch in Verbindung mit Abs. 4 Satz 1 oder Abs. 5, der Verordnung (EG) Nr. 2100/94 des Rates vom 27. Juli 1994 über den gemeinschaftlichen Sortenschutz (ABl. EG Nr. L 227 S. 1) Material einer nach gemeinschaftlichem Sortenschutzrecht geschützten Sorte vermehrt, zum Zwecke der Vermehrung aufbereitet, zum Verkauf anbietet, in den Verkehr bringt, einführt, ausführt oder aufbewahrt.

(2) Handelt der Täter gewerbsmäßig, so ist die Strafe Freiheitsstrafe bis zu fünf Jahren oder Geldstrafe.

(3) Der Versuch ist strafbar.

(4) In den Fällen des Absatzes 1 wird die Tat nur auf Antrag verfolgt, es sei denn, daß die Strafverfolgungsbehörde wegen des besonderen öffentlichen Interesses an der Strafverfolgung ein Einschreiten von Amts wegen für geboten hält.

(5) Gegenstände, auf die sich die Straftat bezieht, können eingezogen werden. § 74a des Strafgesetzbuches ist anzuwenden. Soweit den in § 37a bezeichneten Ansprüchen im Verfahren nach den Vorschriften der Strafprozeßordnung über die Entschädigung des Verletzten (§§ 403 bis 406c) stattgegeben wird, sind die Vorschriften über die Einziehung nicht anzuwenden.

(6) Wird auf Strafe erkannt, so ist, wenn der Verletzte es beantragt und ein berechtigtes Interesse daran dartut, anzuordnen, daß die Verurteilung auf Verlangen öffentlich bekanntgemacht wird. Die Art der Bekanntmachung ist im Urteil zu bestimmen.

§ 40
Bußgeldvorschriften

(1) Ordnungswidrig handelt, wer vorsätzlich oder fahrlässig

1. entgegen § 14 Abs. 1 Vermehrungsmaterial einer nach diesem Gesetz geschützten Sorte in den Verkehr bringt, wenn hierbei die Sortenbezeichnung nicht oder nicht in der vorgeschriebenen Weise angegeben ist,
2. entgegen § 14 Abs. 3 eine Sortenbezeichnung einer nach diesem Gesetz geschützten Sorte oder eine mit ihr verwechselbare Bezeichnung für eine andere Sorte derselben oder einer verwandten Art verwendet oder
3. entgegen Artikel 17 Abs. 1, auch in Verbindung mit Abs. 3, der Verordnung (EG) Nr. 2100/94 des Rates vom 27. Juli 1994 über den gemeinschaftlichen Sortenschutz (ABl. EG Nr. L 227 S. 1) die Bezeichnung einer nach gemeinschaftlichem Sortenschutzrecht geschützten Sorte nicht, nicht richtig, nicht vollständig oder nicht in der vorgeschriebenen Weise verwendet.

(2) Die Ordnungswidrigkeit kann mit einer Geldbuße bis zu zehntausend Deutsche Mark geahndet werden.

(3) Gegenstände, auf die sich die Ordnungswidrigkeit bezieht, können eingezogen werden. § 23 des Gesetzes über Ordnungswidrigkeiten ist anzuwenden.

(4) Verwaltungsbehörde im Sinne des § 36 Abs. 1 Nr. 1 des Gesetzes über Ordnungswidrigkeiten ist das Bundessortenamt.

§ 40a
Vorschriften über Maßnahmen der Zollbehörde

(1) Material, das Gegenstand der Verletzung eines im Inland erteilten Sortenschutzes ist, unterliegt auf Antrag und gegen Sicherheitsleistung des Sortenschutzinhabers bei seiner Einfuhr oder Ausfuhr der Beschlagnahme durch die Zollbehörde, sofern die Rechtsverletzung offensichtlich ist. Dies gilt für den Verkehr mit anderen Vertragsstaaten nur, soweit Kontrollen durch die Zollbehörden stattfinden.

(2) Ordnet die Zollbehörde die Beschlagnahme an, so unterrichtet sie unverzüglich den Verfügungsberechtigten sowie den Antragsteller. Dem Antragsteller sind Herkunft, Menge und Lagerort des Materials sowie Name und Anschrift des Verfügungsberechtigten mitzuteilen; das Brief- und Postgeheimnis (Artikel 10 des Grundgesetzes) wird insoweit eingeschränkt. Dem Antragsteller wird Gelegenheit gegeben, das Material zu besichtigen, soweit hierdurch nicht in Geschäfts- oder Betriebsgeheimnisse eingegriffen wird.

(3) Wird der Beschlagnahme nicht spätestens nach Ablauf von zwei Wochen nach Zustellung der Mitteilung nach Absatz 2 Satz 1 widersprochen, so ordnet die Zollbehörde die Einziehung des beschlagnahmten Materials an.

(4) Widerspricht der Verfügungsberechtigte der Beschlagnahme, so unterrichtet die Zollbehörde hiervon unverzüglich den Antragsteller. Dieser hat gegenüber der Zollbehörde unverzüglich zu erklären, ob er den Antrag nach Absatz 1 in bezug auf das beschlagnahmte Material aufrechterhält.
1. Nimmt der Antragsteller den Antrag zurück, hebt die Zollbehörde die Beschlagnahme unverzüglich auf.
2. Hält der Antragsteller den Antrag aufrecht und legt er eine vollziehbare gerichtliche Entscheidung vor, die die Verwahrung des beschlagnahmten Materials oder eine Verfügungsbeschränkung anordnet, trifft die Zollbehörde die erforderlichen Maßnahmen.

Liegen die Fälle der Nummer 1 oder 2 nicht vor, hebt die Zollbehörde die Beschlagnahme nach Ablauf von zwei Wochen nach Zustellung der Mitteilung an den Antragsteller nach Satz 1 auf; weist der Antragsteller nach, daß die gerichtliche Entscheidung nach Nummer 2 beantragt, ihm aber noch nicht zugegangen ist, wird die Beschlagnahme für längstens zwei weitere Wochen aufrechterhalten.

(5) Erweist sich die Beschlagnahme als von Anfang an ungerechtfertigt und hat der Antragsteller den Antrag nach Absatz 1 in bezug auf das beschlagnahmte Material aufrechterhalten oder sich nicht unverzüglich erklärt (Absatz 4 Satz 2), so ist er verpflichtet, den dem Verfügungsberechtigten durch die Beschlagnahme entstandenen Schaden zu ersetzen.

(6) Der Antrag nach Absatz 1 ist bei der Oberfinanzdirektion zu stellen und hat Wirkung für zwei Jahre, sofern keine kürzere Geltungsdauer beantragt wird; er kann wiederholt werden. Für die mit dem Antrag verbundenen Amtshandlungen werden vom Antragsteller Kosten nach Maßgabe des § 178 der Abgabenordnung erhoben.

(7) Die Beschlagnahme und die Einziehung können mit den Rechtsmitteln angefochten werden, die im Bußgeldverfahren nach dem Gesetz über Ordnungswidrigkeiten gegen die Beschlagnahme und Einziehung zulässig sind. Im Rechtsmittelverfahren ist der Antragsteller zu hören. Gegen die Entscheidung des Amtsgerichts ist die sofortige Beschwerde zulässig; über sie entscheidet das Oberlandesgericht.

Abschnitt 6
Schlußvorschriften

§ 41
Übergangsvorschriften

(1) Für Sorten, für die beim Inkrafttreten dieses Gesetzes Sortenschutz

1. nach dem Saatgutgesetz in der im Bundesgesetzblatt Teil III, Gliederungsnummer 7822-1, veröffentlichten bereinigten Fassung, zuletzt geändert durch Gesetz vom 23. Dezember 1966 (BGBl I S. 686), in Verbindung mit § 52 Abs. 1 des Sortenschutzgesetzes vom 20. Mai 1968 (BGBl I S. 429) in der Fassung der Bekanntmachung vom 4. Januar 1977 (BGBl I S. 105, 286) noch besteht oder
2. nach dem Sortenschutzgesetz vom 20. Mai 1968 in der jeweils geltenden Fassung erteilt oder beantragt worden ist,

gelten die Vorschriften dieses Gesetzes mit der Maßgabe, daß im Falle der Nummer 1 die Erteilung des Sortenschutzes nach § 31 Abs. 2 nur zurückgenommen werden kann, wenn sich ergibt, daß die Voraussetzungen des § 2 Abs. 2 des Saatgutgesetzes bei Erteilung des Sortenschutzes nicht vorgelegen haben.

(2) Ist für eine Sorte oder ein Verfahren zu ihrer Züchtung vor dem Zeitpunkt, in dem dieses Gesetz auf die sie betreffende Art anwendbar geworden ist, ein Patent erteilt oder angemeldet worden, so kann der Anmelder oder sein Rechtsnachfolger die Patentanmeldung oder der Inhaber des Patents das Patent aufrechterhalten oder für die Sorte die Erteilung des Sortenschutzes beantragen. Beantragt er die Erteilung des Sortenschutzes, so steht ihm der Zeitrang der Patentanmeldung als Zeitvorrang für den Sortenschutzantrag zu; § 23 Abs. 2 Satz 3 gilt entsprechend. Die Dauer des erteilten Sortenschutzes verkürzt sich um die Zahl der vollen Kalenderjahre zwischen der Einreichung der Patentanmeldung und dem Antragstag. Ist die Erteilung des Sortenschutzes unanfechtbar geworden, so können für die Sorte Rechte aus dem Patent oder der Patentanmeldung nicht mehr geltend gemacht werden; ein anhängiges Patenterteilungsverfahren wird nicht fortgeführt.

(3) Ist für eine Sorte ein gemeinschaftlicher Sortenschutz erteilt und durch Verzicht beendet worden, ohne daß die Voraussetzungen einer Nichtigerklärung oder Aufhebung vorlagen, so kann innerhalb von drei Monaten nach Wirksamwerden des Verzichts ein Antrag auf Erteilung eines Sortenschutzes nach diesem Gesetz gestellt werden. Für diesen Antrag steht dem Inhaber des gemeinschaftlichen Sortenschutzes oder seinem Rechtsnachfolger der Zeitrang des Antrags auf Erteilung des gemeinschaftlichen Sortenschutzes als Zeitvorrang für den Sortenschutzantrag nach diesem Gesetz zu. Der Zeitvorrang erlischt, wenn der Antragsteller nicht innerhalb der vorgenannten Frist die Unterlagen über den Antrag auf Erteilung des gemeinschaftlichen Sortenschutzes, seine Erteilung und den Verzicht auf ihn vorlegt. Wird für die Sorte der Sortenschutz nach diesem Gesetz erteilt, so verkürzt sich die Dauer des erteilten Sortenschutzes um die Zahl der vollen Kalenderjahre zwischen der Erteilung des gemeinschaftlichen Sortenschutzes und der Erteilung des Sortenschutzes nach diesem Gesetz.

(4) Sorten, für die der Schutzantrag bis zu einem Jahr nach dem Zeitpunkt gestellt wird, in dem dieses Gesetz auf die sie betreffende Art anwendbar geworden ist, gelten als neu, wenn Vermehrungsmaterial oder Erntegut der Sorte mit Zustimmung des Berechtigten oder seines Rechtsvorgängers nicht früher als vier Jahre, bei Rebe und Baumarten nicht früher als sechs Jahre vor dem genannten Zeitpunkt zu gewerblichen Zwecken in den Verkehr gebracht worden sind. Wird unter Anwendung des Satzes 1 Sortenschutz erteilt, so verkürzt sich seine Dauer um die Zahl der vollen Kalenderjahre zwischen dem Beginn des Inverkehrbringens und dem Antragstag.

(5) Abweichend von § 6 Abs. 1 gilt eine Sorte auch dann als neu, wenn Pflanzen oder Pflanzenteile der Sorte mit Zustimmung des Berechtigten oder seines Rechtsvorgängers vor dem Antragstag nicht oder nur innerhalb folgender Zeiträume zu gewerblichen Zwecken in den Verkehr gebracht worden sind:

1. im Inland ein Jahr,
2. im Ausland vier Jahre, bei Rebe (Vitis L.) und Baumarten sechs Jahre,

wenn der Antragstag nicht später als ein Jahr nach dem Inkrafttreten des Artikels 1 des Gesetzes vom 17. Juli 1997 (BGBl I S. 1854) liegt.

(6) Die Vorschrift des § 10 Abs. 1 ist nicht auf im wesentlichen abgeleitete Sorten anzuwenden, für die bis zum Inkrafttreten des Artikels 1 des Gesetzes vom 17. Juli 1997 (BGBl I S. 1854) Sortenschutz beantragt oder erteilt worden ist.

§ 42
(Inkrafttreten)

Anlage

Arten, von denen Vermehrungsmaterial nachgebaut werden kann:

1.	Getreide	
1.1	Avena sativa L.	Hafer
1.2	Hordeum vulgare L. sensu lato	Gerste
1.3	Secale cereale L.	Roggen
1.4	x Triticosecale Wittm.	Triticale
1.5	Triticum aestivum L. emend. Fiori et Paol.	Weichweizen
1.6	Triticum durum Desf.	Hartweizen
1.7	Triticum spelta L.	Spelz
2.	Futterpflanzen	
2.1	Lupinus luteus L.	Gelbe Lupine
2.2	Medicago sativa L.	Blaue Luzerne
2.3	Pisum sativum L. (partim)	Futtererbse
2.4	Trifolium alexandrinum L.	Alexandriner Klee
2.5	Trifolium resupinatum L.	Persischer Klee
2.6	Vicia faba L. (partim)	Ackerbohne
2.7	Vicia sativa L.	Saatwicke
3.	Öl- und Faserpflanzen	
3.1	Brassica napus L. (partim)	Raps
3.2	Brassica rapa L. var. silvestris (Lam.) Briggs	Rübsen
3.3	Linum usitatissimum L.	Lein, außer Faserlein
4.	Kartoffel	
4.1	Solanum tuberosum L.	Kartoffeln

Überleitungsregeln aus Anlaß der Herstellung der Einheit Deutschlands

Das Sortenschutzgesetz tritt gem. Anl. I, Kap. VI, Abschn. III, Nr. 5 des Einigungsvertrages (BGBl. 1990 II S. 889) mit dem Beitritt des in Art. 3 des Einigungsvertrages genannten Gebietes dort mit folgenden Maßgaben in Kraft:

a) Überleitung der Sortenschutzrechte

(1) Die nach dem Sortenschutzgesetz und die nach der Sortenschutzverordnung vom 22. März 1972 (GBl. II Nr. 18 S. 213) erteilten und am Tag des Wirksamwerdens des Beitritts nach bestehenden Sortenschutzrechte haben im gesamten Geltungsbereich des Sortenschutzgesetzes Wirkung.

(2) Die Dauer des Sortenschutzes bestimmt sich nach § 13 des Sortenschutzgesetzes.

(3) Ist ein Sortenschutz für eine Sorte sowohl nach dem Sortenschutzgesetz als auch nach der Sortenschutzverordnung erteilt worden, so ist die Dauer des Sortenschutzes vom Tage der ersten Erteilung an zu rechnen.

(4) Ist der Sortenschutz für eine Sorte nach dem Sortenschutzgesetz einer anderen Person erteilt worden als nach der Sortenschutzverordnung, so gilt als Sortenschutzinhaber der Ursprungszüchter oder Entdecker der Sorte oder sein erster Rechtsnachfolger. Der andere bisherige Sortenschutzinhaber hat für den Bereich, für den ihm bisher das Recht aus dem Sortenschutz zugestanden hat, gegenüber dem verbleibenden Sortenschutzinhaber einen Anspruch auf Erteilung eines ausschließlichen Nutzungsrechts. Solange dem Bundessortenamt nicht nachgewiesen ist, wenn der Sortenschutz künftig zusteht, steht er den bisherigen Sortenschutzinhabern gemeinschaftlich zu.

(5) Die nach der Sortenschutzverordnung erteilten und fortbestehenden Sortenschutzrechte werden in die Sortenschutzrolle nach § 28 des Sortenschutzgesetzes eingetragen; § 28 Abs. 2 Satz 2 des Sortenschutzgesetzes ist anzuwenden.

(6) Stimmen für eine nach dem Sortenschutzgesetz geschützte und für eine andere, nach der Sortenschutzverordnung geschützte Sorte die Sortenbezeichnungen überein, so ist hinsichtlich der Sorte, für die der Sortenschutz später erteilt worden ist, § 30 des Sortenschutzgesetzes anzuwenden. Diese Vorschrift ist auch auf Sortenbezeichnungen für Sorten anzuwenden, für die Sortenschutz nach der Sortenschutzverordnung erteilt worden ist, wenn ein Ausschließungsgrund nach § 7 Abs. 2 oder 3 des Sortenschutzgesetzes vorliegt.

(7) Ein Sortenschutz, der nach der Sortenschutzverordnung einem anderen Inhaber als einer natürlichen oder juristischen Person oder einer Personenhandelsgesellschaft erteilt worden ist, ist innerhalb von drei Monaten nach dem Tag des Wirksamwerdens des Beitritts oder innerhalb einer vom Bundessortenamt etwa gesetzten Nachfrist auf einen derartigen Berechtigten zu übertragen; bei Versäumung der Frist wird er widerrufen. Ein Sortenschutz wird nicht allein deshalb widerrufen, weil er einem Inhaber erteilt worden ist, der nicht Angehöriger eines der in § 15 des Sortenschutzgesetzes bezeichneten Staaten ist oder nicht in einem solchen Staat seinen Wohnsitz oder Sitz hat.

(8) Soweit für eine nach der Sortenschutzverordnung geschützte Sorte eine natürliche Person als Verfahrensvertreter nach § 15 Abs. 2 des Sortenschutzgesetzes zu bestellen, aber nicht bestellt ist, ist er innerhalb von drei Monaten nach dem Tag des Wirksamwerdens des Beitritts oder innerhalb einer vom Bundessortenamt etwa gesetzten Nachfrist zu bestellen; bei Versäumung der Frist wird der Sortenschutz widerrufen.

b) Umwandlung von Wirtschaftssortenschutz

(1) Soweit für Sorten nach der Sortenschutzverordnung ein Wirtschaftssortenschutz erteilt worden ist und am Tag des Wirksamwerdens des Beitritts noch besteht, gilt dieser als Sortenschutz nach dem Sortenschutzgesetz.

(2) Innerhalb von drei Monaten nach dem Tag des Wirksamwerdens des Beitritts hat der bisherige Inhaber des Wirtschaftssortenschutzes dem Bundessortenamt mitzuteilen, welche Person in Anwendung des § 8 des Sortenschutzgesetzes als Sortenschutzinhaber in die Sortenschutzrolle eingetragen werden soll. Geht diese Mitteilung nicht innerhalb der genannten Frist oder innerhalb einer vom Bundessortenamt etwa gesetzten Nachfrist dort ein, so kann der Sortenschutz widerrufen werden.

(3) Soweit am Tag des Wirksamwerdens des Beitritts Dritte auf Grund der für den Wirtschaftssortenschutz maßgebenden Bestimmungen zulässigerweise vegetatives Vermehrungsmaterial verwendet haben und den Aufwuchs zu wirtschaftlichen Zwecken nutzen, ohne hierfür zur Zahlung einer Vergütung an den Inhaber des Wirtschaftssortenschutzes verpflichtet worden zu sein, können sie diese Benutzung bis zum 30. Juni 1993 fortsetzen, ohne zur Zahlung einer Vergütung an den Sortenschutz verpflichtet zu sein.

c) Überleitung von Anträgen auf Erteilung des Sortenschutzes

(1) Anträge auf Erteilung des Sortenschutzes, die bis zum Tag des Wirksamwerdens des Beitritts nach der Sortenschutzverordnung gestellt worden sind, gelten als Anträge auf Erteilung des Sortenschutzes nach dem Sortenschutzgesetz. Der Tag des Eingangs bei der Zentralstelle für Sortenwesen gilt

als Antragstag. Die weitere Behandlung des Antrags richtet sich nach den Vorschriften des Sortenschutzgesetzes, soweit nachfolgend nichts anderes bestimmt ist. Buchstabe a Abs. 7 Satz 1 gilt entsprechend; bei Versäumung der Frist wird der Antrag zurückgewiesen.

(2) Für den Antragsteller eines als Wirtschaftssortenschutz angemeldeten Sortenschutzes gilt Buchstabe b Abs. 2 entsprechend; bei Versäumung der Frist kann der Antrag zurückgewiesen werden.

(3) Das Bundessortenamt macht die Anträge nach Absatz 1 sowie die dafür angegebenen Sortenbezeichnungen bekannt.

d) Überleitung von Rechtsbehelfen
Beschwerdeverfahren nach § 16 der Sortenschutzverordnung, die am Tag des Wirksamwerdens des Beitritts anhängig sind, werden als Widersprüche im Sinne des Sortenschutzgesetzes weiterbehandelt.

e) Übergangsvorschriften

(1) Abweichend von § 6 Abs. 1 Nr. 1 des Sortenschutzgesetzes ist eine Sorte auch dann neu, wenn

1. für sie bis zum Tag des Wirksamwerdens des Beitritts die Erteilung des Sortenschutzes bei der Zentralstelle für Sortenwesen beantragt worden ist und Vermehrungsmaterial oder Erntegut der Sorte mit Zustimmung des Berechtigten oder seines Rechtsvorgängers innerhalb von drei Jahren vor dem Antragstag auf dem Gebiet der Deutschen Demokratischen Republik oder im Geltungsbereich des Sortenschutzgesetzes gewerbsmäßig in den Verkehr gebracht worden ist oder

2. sie in dem in Artikel 3 des Vertrages genannten Gebiet gezüchtet worden ist und in diesem Gebiet Vermehrungsmaterial oder Erntegut der Sorte mit Zustimmung des Berechtigten oder seines Rechtsvorgängers innerhalb von weniger als drei Jahren vor dem Tag des Wirksamwerdens des Beitritts gewerbsmäßig in den Verkehr gebracht worden ist und der Antragstag innerhalb von drei Jahren nach dem erstmaligen Inverkehrbringen liegt.

(2) * Bei Sorten von Ackerbohne, Erbsen, Gemüsebohnen, Getreide, Kartoffel, Lupinen und Raps, für die Sortenschutz besteht, hat dieser über die Vorschrift des § 10 des Sortenschutzgesetzes hinaus die Wirkung, daß in dem in Artikel 3 des Vertrages genannten Gebiet in einem Unternehmen gewonnenes Erntegut bis auf weiteres nur mit Zustimmung des Sortenschutzinhabers im selben Unternehmen als Saatgut verwendet werden darf.

f) Rechtsverletzungen

(1) ** Die Vorschriften des Abschnitts 5 des Sortenschutzgesetzes sind auch auf Handlungen anzuwenden, die entgegen Buchstabe e Abs. 2 vorgenommen werden.

(2) § 37 Abs. 3 des Sortenschutzgesetzes ist nicht auf Sorten anzuwenden, für die am Tag des Wirksamwerdens des Beitritts Sortenschutz bei der Zentralstelle für Sortenwesen beantragt war.

(3) Vorschriften anderer Gesetze, die nach den Vorschriften des Abschnitts 5 des Sortenschutzgesetzes im Falle von Rechtsverletzungen anzuwenden sind, sind auch dann heranzuziehen, wenn die anderen Vorschriften als solche für das in Artikel 3 des Vertrages genannte Gebiet noch nicht allgemein in Kraft getreten sind.

g) Zuständige Stelle
Zuständige Stelle für die Durchführung der in § 16 Abs. 2 des Sortenschutzgesetzes genannten Aufgaben einschließlich der in dieser Nummer aufgeführten Überleitungsmaßnahmen ist das Bundessortenamt.

h) Gebühren
Gebühren, die im Jahr des Wirksamwerdens des Beitritts für Sorten entstehen, für die nach der Sortenschutzverordnung der Sortenschutz erteilt oder beantragt worden ist, werden nach Vorschriften erhoben, die in dem in Artikel 3 des Vertrages genannten Gebiet am Tag vor dem Wirksamwerden des Beitritts gegolten haben.

---

* Die in Buchstabe e Abs. 2 aufgeführten Maßgaben sind aufgrund des Gesetzes vom 27. 3. 1992 (BGBl. I S. 727) nicht mehr anzuwenden.

** Die in Buchstabe f Abs. 1 aufgeführten Maßgaben sind aufgrund des Gesetzes vom 27. 3. 1992 (BGBl. I S. 727) nicht mehr anzuwenden.

2. Verordnung (EG) Nr. 2100/94 des Rates über den gemeinschaftlichen Sortenschutz

vom 27. Juli 1994
(ABl. L 227 S. 1, geändert durch VO v. 25.10.1995, ABl. L 258/3)

DER RAT DER EUROPÄISCHEN UNION –

gestützt auf den Vertrag zur Gründung der Europäischen Gemeinschaften, insbesondere auf Artikel 235,
auf Vorschlag der Kommission,[1]
nach Stellungnahme des Europäischen Parlaments,[2]
nach Stellungnahme des Wirtschafts- und Sozialausschusses,[3] in Erwägung nachstehender Gründe:

Bei den Pflanzensorten stellen sich spezifische Probleme bei der jeweils geltenden Regelung für die gewerblichen Schutzrechte.

Die Regelungen für die gewerblichen Schutzrechte für Pflanzensorten sind auf Gemeinschaftsebene nicht harmonisiert worden; deshalb finden nach wie vor die inhaltlich verschiedenen Regelungen der Mitgliedstaaten Anwendung.

Dementsprechend ist es zweckmäßig, eine Gemeinschaftsregelung einzuführen, die zwar parallel zu den einzelstaatlichen Regelungen besteht, jedoch die Erteilung von gemeinschaftsweit geltenden gewerblichen Schutzrechten erlaubt.

Ferner ist es zweckmäßig, daß die Gemeinschaftsregelung nicht von den Behörden der Mitgliedstaaten, sondern von einem Amt der Gemeinschaft mit eigener Rechtspersönlichkeit, nämlich dem „Gemeinschaftlichen Sortenamt" umgesetzt und angewendet wird.

Es ist die Entwicklung neuer Züchtungsverfahren einschließlich solcher biotechnischer Art zu berücksichtigen. Zum Anreiz für die Züchtung oder die Entdeckung neuer Sorten muß daher eine Verbesserung des Schutzes für Pflanzenzüchter aller Art gegenüber den derzeitigen Verhältnissen vorgesehen werden, ohne jedoch dadurch den Zugang zum Schutz insgesamt oder bei bestimmten Züchtungsverfahren ungerechtfertigt zu beeinträchtigen.

Schutzgegenstand müssen Sorten aller botanischen Gattungen und Arten sein können.

Schützbare Sorten müssen international anerkannte Voraussetzungen erfüllen, d. h. unterscheidbar, homogen, beständig und neu sowie mit einer vorschriftsmäßigen Sortenbezeichnung gekennzeichnet sein.

Es ist wichtig, eine Begriffsbestimmung für die Pflanzensorte vorzusehen, um die ordnungsgemäße Wirkungsweise des Systems sicherzustellen.

Mit der Begriffsbestimmung sollen keine Definitionen geändert werden, die gegebenenfalls auf dem Gebiet des geistigen Eigentums, insbesondere des Patents, eingeführt sind, und auch nicht Rechtsvorschriften, die die Schützbarkeit von Erzeugnissen, einschließlich Pflanzen und Pflanzenmaterial, oder von Verfahren durch ein solches anderes gewerbliches Schutzrecht regeln, beeinträchtigen oder von der Anwendung ausschließen.

Es ist jedoch in hohem Maße wünschenswert, für beide Bereiche eine gemeinsame Begriffsbestimmung verfügbar zu haben. Daher sollten geeignete Bemühungen auf internationaler Ebene um eine solche gemeinsame Begriffsbestimmung unterstützt werden.

Für die Erteilung des gemeinschaftlichen Sortenschutzes kommt es auf die Feststellung der für die Sorte maßgebenden wichtigen Merkmale an, die aber nicht notwendigerweise an ihre wirtschaftliche Bedeutung anknüpfen.

Das System muß auch klarstellen, wem das Recht auf den gemeinschaftlichen Sortenschutz zusteht. Für eine Reihe von Fällen steht es nicht einem einzelnen, sondern mehreren Personen gemeinsam zu. Auch die formelle Berechtigung zur Antragstellung muß geregelt werden.

---

1 ABl. Nr. C 244 vom 28.9.1990, S. 1 und ABl. Nr. C 133 vom 23.4.1993, S. 7.
2 ABl. Nr. C 305 vom 23.11.1992, S. 55, und ABl. Nr. C 67 vom 16.3.1992, S. 148.
3 ABl. Nr. C 60 vom 8.3.1991, S. 45.

Das System muß auch den in dieser Verordnung verwendeten Begriff „Inhaber" definieren; sofern der Begriff „Inhaber" ohne nähere Angaben in dieser Verordnung, einschließlich in Artikel 29 Absatz 5, verwendet wird, ist er im Sinne von Artikel 13 Absatz 1 zu verstehen.

Da die Wirkung des gemeinschaftlichen Sortenschutzes für das gesamte Gebiet der Gemeinschaft einheitlich sein soll, müssen die Handlungen, die der Zustimmung des Inhabers unterliegen, genau abgegrenzt werden. So wird zwar einerseits der Schutzumfang gegenüber den meisten einzelstaatlichen Systemen auf bestimmtes Material der Sorte erweitert, um Bewegungen über schutzfreie Gebiete, außerhalb der Gemeinschaft zu berücksichtigen; andererseits muß die Einführung des Erschöpfungsgrundsatzes sicherstellen, daß der Schutz nicht ungerechtfertigt ausufert.

Das System bestätigt zum Zwecke des Züchtungsanreizes grundsätzlich die international geltende Regel des freien Zugangs zu geschützten Sorten, um daraus neue Sorten zu entwickeln und auszuwerten.

Für bestimmte Fälle, wenn die neue Sorte, obwohl unterscheidbar, im wesentlichen aus der Ausgangssorte gezüchtet wurde, ist allerdings eine gewisse Form der Abhängigkeit von dem Inhaber der zuletzt genannten Sorte zu schaffen.

Im übrigen muß die Ausübung des gemeinschaftlichen Sortenschutzes Beschränkungen unterliegen, die durch im öffentlichen Interesse erlassene Bestimmungen festgelegt sind.

Dazu gehört auch die Sicherung der landwirtschaftlichen Erzeugung. Zu diesem Zweck müssen die Landwirte die Genehmigung erhalten, den Ernteertrag unter bestimmten Bedingungen für die Vermehrung zu verwenden.

Es muß sichergestellt werden, daß die Voraussetzungen gemeinschaftlich festgelegt werden.

Auch Zwangsnutzungsrechte unter bestimmten Voraussetzungen sind im öffentlichen Interesse vorzusehen; hierzu kann die Notwendigkeit gehören, den Markt mit Pflanzenmaterial, das Besonderheiten aufweist, zu versorgen oder einen Anreiz zur ständigen Züchtung besserer Sorten aufrechtzuerhalten.

Die Verwendung der festgesetzten Sortenbezeichnung sollte grundsätzlich vorgeschrieben werden.

Der gemeinschaftliche Sortenschutz sollte grundsätzlich mindestens 25 Jahre, bei Rebsorten und Baumarten mindestens 30 Jahre dauern. Sonstige Beendigungsgründe des Schutzes müssen angegeben werden.

Der gemeinschaftliche Sortenschutz ist ein Vermögensgegenstand seines Inhabers. Seine Rolle im Verhältnis zu den nicht harmonisierten Rechtsvorschriften der Mitgliedstaaten, insbesondere denen des bürgerlichen Rechts, muß daher klargestellt werden. Dies gilt auch für die Regelung von Rechtsverletzungen und für die Geltendmachung von Rechten auf den gemeinschaftlichen Sortenschutz.

Es ist weiterhin sicherzustellen, daß die volle Anwendung der Grundsätze des Systems des gemeinschaftlichen Sortenschutzes durch Einwirkungen von anderen Systemen nicht beeinträchtigt wird. Zu diesem Zweck bedarf es für das Verhältnis zu anderen gewerblichen Schutzrechten gewisser Regeln, die mit bestehenden internationalen Verpflichtungen der Mitgliedstaaten in Einklang stehen.

Es ist in diesem Zusammenhang unerläßlich zu überprüfen, ob und in welchem Umfang die Bedingungen des nach anderen gewerblichen Schutzrechten wie dem Patentrecht gewährten Schutzes angepaßt oder in anderer Weise zum Zweck der Schlüssigkeit mit dem gemeinschaftlichen Sortenschutz geändert werden müssen. Soweit erforderlich, ist dies durch abgewogene Regeln in ergänzenden Rechtsvorschriften der Gemeinschaft vorzusehen.

Die Aufgaben und Befugnisse des Gemeinschaftlichen Sortenamtes, einschließlich seiner Beschwerdekammern, betreffend die Erteilung, Beendigung oder Nachprüfung des gemeinschaftlichen Sortenschutzes und die Bekanntmachung, sowie die Strukturen des Amtes und die Regeln, nach denen das Amt zu verfahren hat, das Zusammenwirken mit der Kommission und den Mitgliedstaaten, insbesondere über einen Verwaltungsrat, die Einbeziehung der Prüfungsämter in die technische Prüfung und die erforderlichen Haushaltsmaßnahmen sind so weit wie möglich nach dem Muster der für andere Systeme entwickelten Regeln auszugestalten.

Das Amt wird über den vorgenannten Verwaltungsrat, der sich aus Vertretern der Mitgliedstaaten und der Kommission zusammensetzt, unterstützt und überwacht.

Der Vertrag enthält nur in Artikel 235 Befugnisse für den Erlaß dieser Verordnung.

Diese Verordnung berücksichtigt die bestehenden internationalen Übereinkommen, wie z. B. das Internationale Übereinkommen zum Schutz von Pflanzenzüchtungen (UPOV-Übereinkommen) oder das Übereinkommen über die Erteilung Europäischer Patente (Europäisches Patentübereinkommen) oder das Abkommen über handelsbezogene Aspekte der Rechte des geistigen Eigentums, einschließlich des

Handels mit nachgeahmten Waren. Sie verbietet die Patentierung von Pflanzensorten daher nur in dem durch das Europäische Patentübereinkommen geforderten Umfang, d. h. nur bei Pflanzensorten als solchen.

Diese Verordnung wird gegebenenfalls infolge künftiger Entwicklungen bei den vorgenannten Übereinkommen im Hinblick auf Änderungen überprüft werden müssen –

HAT FOLGENDE VERORDNUNG ERLASSEN:

Erster Teil. Allgemeine Bestimmungen

Art. 1
Gemeinschaftlicher Sortenschutz.

Durch diese Verordnung wird ein gemeinschaftlicher Sortenschutz als einzige und ausschließliche Form des gemeinschaftlichen gewerblichen Rechtsschutzes für Pflanzensorten geschaffen.

Art. 2
Einheitliche Wirkung des gemeinschaftlichen Sortenschutzes.

Der gemeinschaftliche Sortenschutz hat einheitliche Wirkung im Gebiet der Gemeinschaft und kann für dieses Gebiet nur einheitlich erteilt, übertragen und beendet werden.

Art. 3
Nationale Schutzrechte für Sorten.

Vorbehaltlich des Artikels 92 Absatz 1 läßt diese Verordnung das Recht der Mitgliedstaaten unberührt, nationale Schutzrechte für Sorten zu erteilen.

Art. 4
Gemeinschaftliches Amt.

Für die Durchführung dieser Verordnung wird ein Gemeinschaftliches Sortenamt errichtet, im folgenden „Amt" genannt.

Zweiter Teil. Materielles Recht

Kapitel I.
Voraussetzungen für die Erteilung des gemeinschaftlichen Sortenschutzes

Art. 5
Gegenstand des gemeinschaftlichen Sortenschutzes.

(1) Gegenstand des gemeinschaftlichen Sortenschutzes können Sorten aller botanischen Gattungen und Arten, unter anderem auch Hybriden zwischen Gattungen oder Arten sein.

(2) Eine „Sorte" im Sinne dieser Verordnung ist eine pflanzliche Gesamtheit innerhalb eines einzigen botanischen Taxons der untersten bekannten Rangstufe, die, unabhängig davon, ob die Bedingungen für die Erteilung des Sortenschutzes vollständig erfüllt sind,
- durch die sich aus einem bestimmten Genotyp oder einer bestimmten Kombination von Genotypen ergebende Ausprägung der Merkmale definiert,
- zumindest durch die Ausprägung eines der erwähnten Merkmale von jeder anderen pflanzlichen Gesamtheit unterschieden und
- in Anbetracht ihrer Eignung, unverändert vermehrt zu werden, als Einheit angesehen

werden kann.

(3) Eine Pflanzengruppe besteht aus ganzen Pflanzen oder Teilen von Pflanzen, soweit diese Teile wieder ganze Pflanzen erzeugen können; beide werden im folgenden „Sortenbestandteile" genannt.

(4) Die Ausprägung der Merkmale nach Absatz 2 erster Gedankenstrich kann bei Sortenbestandteilen derselben Art variabel oder invariabel sein, sofern sich der Grad der Variation auch aus dem Genotyp oder der Kombination von Genotypen ergibt.

Art. 6
Schützbare Sorten.

Der gemeinschaftliche Sortenschutz wird für Sorten erteilt, die
a) unterscheidbar
b) homogen
c) beständig und
d) neu

sind.
    Zudem muß für jede Sorte gemäß Artikel 63 eine Sortenbezeichnung festgesetzt sein.

Art. 7
Unterscheidbarkeit.

(1) Eine Sorte wird als unterscheidbar angesehen, wenn sie sich in der Ausprägung der aus einem Genotyp oder einer Kombination von Genotypen resultierenden Merkmale von jeder anderen Sorte, deren Bestehen an dem gemäß Artikel 51 festgelegten Antragstag allgemein bekannt ist, deutlich unterscheiden läßt.

(2) Das Bestehen einer anderen Sorte gilt insbesondere dann als allgemein bekannt, wenn an dem gemäß Artikel 51 festgelegten Antragstag

a) für sie Sortenschutz bestand oder sie in einem amtlichen Sortenverzeichnis der Gemeinschaft oder eines Staates oder einer zwischenstaatlichen Organisation mit entsprechender Zuständigkeit eingetragen war;
b) für sie die Erteilung eines Sortenschutzes oder die Eintragung in ein amtliches Sortenverzeichnis beantragt worden war, sofern dem Antrag inzwischen stattgegeben wurde.

In der Durchführungsordnung gemäß Artikel 114 können beispielhaft weitere Fälle aufgezählt werden, bei denen von allgemeiner Bekanntheit ausgegangen werden kann.

Art. 8
Homogenität.

Eine Sorte gilt als homogen, wenn sie – vorbehaltlich der Variation, die aufgrund der Besonderheiten ihrer Vermehrung zu erwarten ist – in der Ausprägung derjenigen Merkmale, die in die Unterscheidbarkeitsprüfung einbezogen werden, sowie aller sonstigen, die zur Sortenbeschreibung dienen, hinreichend einheitlich ist.

Art. 9
Beständigkeit.

Eine Sorte gilt als beständig, wenn die Ausprägung derjenigen Merkmale, die in die Unterscheidbarkeitsprüfung einbezogen werden, sowie aller sonstigen, die zur Sortenbeschreibung dienen, nach wiederholter Vermehrung oder im Fall eines besonderen Vermehrungszyklus am Ende eines jeden Zyklus unverändert ist.

Art. 10
Neuheit.

(1) Eine Sorte gilt als neu, wenn an dem nach Artikel 51 festgelegten Antragstag Sortenbestandteile bzw. Erntegut dieser Sorte
a) innerhalb des Gebiets der Gemeinschaft seit höchstens einem Jahr,
b) außerhalb des Gebiets der Gemeinschaft seit höchstens vier Jahren oder bei Bäumen oder Reben seit höchstens sechs Jahren
vom Züchter oder mit Zustimmung des Züchters im Sinne des Artikels 11 verkauft oder auf andere Weise zur Nutzung der Sorte an andere abgegeben worden waren bzw. war.

(2) Die Abgabe von Sortenbestandteilen an eine amtliche Stelle aufgrund gesetzlicher Regelungen oder an andere aufgrund eines Vertrags oder sonstigen Rechtsverhältnissen zum ausschließlichen Zweck der Erzeugung, Vermehrung, Aufbereitung oder Lagerung gilt nicht als Abgabe an andere im Sinne von Absatz 1, solange der Züchter die ausschließliche Verfügungsbefugnis über diese und andere Sortenbestandteile behält und keine weitere Abgabe erfolgt. Werden die Sortenbestandteile jedoch wiederholt zur Erzeugung von Hybridsorten verwendet und findet eine Abgabe von Sortenbestandteilen oder Erntegut der Hybridsorte statt, so gilt diese Abgabe von Sortenbestandteilen als Abgabe im Sinne von Absatz 1.

Die Abgabe von Sortenbestandteilen durch eine Gesellschaft im Sinne von Artikel 58 Absatz 2 des Vertrags an eine andere Gesellschaft dieser Art gilt ebenfalls nicht als Abgabe an andere, wenn eine von ihnen vollständig der anderen gehört oder beide vollständig einer dritten Gesellschaft dieser Art gehören und solange nicht eine weitere Abgabe erfolgt. Diese Bestimmung gilt nicht für Genossenschaften.

(3) Die Abgabe von Sortenbestandteilen bzw. Erntegut dieser Sorte, die bzw. das aus zu den Zwecken des Artikels 15 Buchstaben b) und c) angebauten Pflanzen gewonnen und nicht zur weiteren Fortpflanzung oder Vermehrung verwendet werden bzw. wird, gilt nicht als Nutzung der Sorte, sofern nicht für die Zwecke dieser Abgabe auf die Sorte Bezug genommen wird.

Ebenso bleibt die Abgabe an andere außer Betracht, falls diese unmittelbar oder mittelbar auf die Tatsache zurückgeht, daß der Züchter die Sorte auf einer amtlichen oder amtlich anerkannten Ausstellung im Sinne des Übereinkommens über internationale Ausstellungen oder auf einer Ausstellung in einem Mitgliedstaat, die von diesem Mitgliedstaat als gleichwertig anerkannt wurde, zur Schau gestellt hat.

Kapitel II.
Berechtigte Personen

Art. 11
Recht auf den gemeinschaftlichen Sortenschutz.

(1) Das Recht auf den gemeinschaftlichen Sortenschutz steht der Person zu, die die Sorte hervorgebracht oder entdeckt und entwickelt hat bzw. ihrem Rechtsnachfolger; diese Person und ihr Rechtsnachfolger werden im folgenden „Züchter" genannt.

(2) Haben zwei oder mehrere Personen die Sorte gemeinsam hervorgebracht oder entdeckt und entwickelt, so steht ihnen oder ihren jeweiligen Rechtsnachfolgern dieses Sortenschutzrecht gemeinsam zu. Diese Bestimmung gilt auch für zwei oder mehrere Personen in den Fällen, in denen eine oder mehrere von ihnen die Sorte entdeckt und die andere bzw. die anderen sie entwickelt haben.

(3) Das Sortenschutzrecht steht dem Züchter und einer oder mehreren anderen Personen ebenfalls gemeinsam zu, falls der Züchter oder die andere Person bzw. die anderen Personen schriftlich ihre Zustimmung zu einem gemeinsamen Sortenschutzrecht erklären.

(4) Ist der Züchter ein Arbeitnehmer, so bestimmt sich das Recht auf den gemeinschaftlichen Sortenschutz nach dem nationalen Recht, das für das Arbeitsverhältnis gilt, in dessen Rahmen die Sorte hervorgebracht oder entdeckt und entwickelt wurde.

(5) Steht das Recht auf den gemeinschaftlichen Sortenschutz nach den Absätzen 2, 3 und 4 mehreren Personen gemeinsam zu, so kann eine oder mehrere von ihnen durch schriftliche Erklärung die anderen zu seiner Geltendmachung ermächtigen.

Art. 12
Berechtigung zur Stellung des Antrags auf gemeinschaftlichen Sortenschutz.

(1) Berechtigt zur Stellung des Antrags auf gemeinschaftlichen Sortenschutz sind natürliche und juristische Personen sowie Einrichtungen, die nach dem auf sie anwendbaren Recht wie juristische Personen behandelt werden, wenn sie
a) Staatsangehörige eines Mitgliedstaats oder Staatsangehörige eines Verbandsstaats des Internationalen Verbands zum Schutz von Pflanzenzüchtungen im Sinne des Artikels 1 Ziffer xi) des Internationalen Übereinkommens zum Schutz von Pflanzenzüchtungen sind oder in einem solchen Staat ihren Wohnsitz oder Sitz oder eine Niederlassung haben,
b) Staatsangehörige eines anderen Staates sind und die Anforderungen des Buchstaben a) bezüglich Wohnsitz, Sitz oder Niederlassung nicht erfüllen, soweit die Kommission nach Anhörung des in Artikel 36 genannten Verwaltungsrats dies entschieden hat. Diese Entscheidung kann davon abhängig gemacht werden, daß der andere Staat Staatsangehörigen aller Mitgliedstaaten für Sorten des gleichen botanischen Taxons einen Schutz gewährt, der dem nach dieser Verordnung gewährten Schutz entspricht; die Kommission stellt fest, ob diese Voraussetzung gegeben ist.

(2) Anträge können auch von mehreren Antragstellern gemeinsam gestellt werden.

Kapitel III.
Wirkungen des gemeinschaftlichen Sortenschutzes

Art. 13
Rechte des Inhabers des gemeinschaftlichen Sortenschutzes und verbotene Handlungen.

(1) Der gemeinschaftliche Sortenschutz hat die Wirkung, daß allein der oder die Inhaber des gemeinschaftlichen Sortenschutzes, im folgenden „Inhaber" genannt, befugt sind, die in Absatz 2 genannten Handlungen vorzunehmen.

(2) Unbeschadet der Artikel 15 und 16 bedürfen die nachstehend aufgeführten Handlungen in bezug auf Sortenbestandteile oder Erntegut der geschützten Sorte – beides im folgenden „Material" genannt – der Zustimmung des Inhabers:
a) Erzeugung oder Fortpflanzung (Vermehrung),
b) Aufbereitung zum Zweck der Vermehrung,
c) Anbieten zum Verkauf,
d) Verkauf oder sonstiges Inverkehrbringen,
e) Ausfuhr aus der Gemeinschaft,
f) Einfuhr in die Gemeinschaft,
g) Aufbewahrung zu einem der unter den Buchstaben a) bis f) genannten Zwecke.

Der Inhaber kann seine Zustimmung von Bedingungen und Einschränkungen abhängig machen.

(3) Auf Erntegut findet Absatz 2 nur Anwendung, wenn es dadurch gewonnen wurde, daß Sortenbestandteile der geschützten Sorte ohne Zustimmung verwendet wurden, und wenn der Inhaber nicht hinreichend Gelegenheit hatte, sein Recht im Zusammenhang mit den genannten Sortenbestandteilen geltend zu machen.

(4) In den Durchführungsvorschriften gemäß Artikel 114 kann vorgesehen werden, daß in bestimmten Fällen Absatz 2 des vorliegenden Artikels auch für unmittelbar aus Material der geschützten Sorte gewonnene Erzeugnisse gilt. Absatz 2 findet nur Anwendung, wenn solche Erzeugnisse durch die unerlaubte Verwendung von Material der geschützten Sorte gewonnen wurden und wenn der Inhaber nicht hinreichend Gelegenheit hatte, sein Recht im Zusammenhang mit dem Material geltend zu machen. Soweit Absatz 2 auf unmittelbar gewonnene Erzeugnisse Anwendung findet, gelten diese auch als „Material".

(5) Die Absätze 1 bis 4 gelten auch in bezug auf folgende Sorten:
a) Sorten, die im wesentlichen von der Sorte abgeleitet wurden, für die ein gemeinschaftlicher Sortenschutz erteilt worden ist, sofern diese Sorte selbst keine im wesentlichen abgeleitete Sorte ist,
b) Sorten, die von der geschützten Sorte nicht im Sinne des Artikels 7 unterscheidbar sind, und
c) Sorten, deren Erzeugung die fortlaufende Verwendung der geschützten Sorte erfordert.

(6) Für die Anwendung des Absatzes 5 Buchstabe a) gilt eine Sorte als im wesentlichen von einer Sorte, im folgenden „Ursprungssorte" genannt, abgeleitet, wenn
a) sie vorwiegend von der Ursprungssorte oder einer Sorte abgeleitet ist, die selbst vorwiegend von der Ursprungssorte abgeleitet ist,
b) sie von der Ursprungssorte im Sinne des Artikels 7 unterscheidbar ist und
c) sie in der Ausprägung der Merkmale, die aus dem Genotyp oder einer Kombination von Genotypen der Ursprungssorte resultiert, abgesehen von Unterschieden, die sich aus der Ableitung ergeben, im wesentlichen mit der Ursprungssorte übereinstimmt.

(7) In den Durchführungsvorschriften gemäß Artikel 114 können mögliche Handlungen zur Ableitung, die mindestens unter Absatz 6 fallen, näher bestimmt werden.

(8) Unbeschadet der Artikel 14 und 29 darf die Ausübung der Rechte aus dem gemeinschaftlichen Sortenschutz keine Bestimmungen verletzen, die aus Gründen der öffentlichen Sittlichkeit, Ordnung und Sicherheit, zum Schutz der Gesundheit und des Lebens von Menschen, Tieren oder Pflanzen, zum Schutz der Umwelt sowie zum Schutz des gewerblichen und kommerziellen Eigentums und zur Sicherung des Wettbewerbs, des Handels und der landwirtschaftlichen Erzeugung erlassen wurden.

Art. 14
Abweichung von gemeinschaftlichem Sortenschutz.

(1) Unbeschadet des Artikels 13 Absatz 2 können Landwirte zur Sicherung der landwirtschaftlichen Erzeugung zu Vermehrungszwecken im Feldanbau in ihrem eigenen Betrieb das Ernteerzeugnis verwenden, das sie in ihrem eigenen Betrieb durch Anbau von Vermehrungsgut einer unter den gemeinschaftlichen Sortenschutz fallenden Sorte gewonnen haben, wobei es sich nicht um eine Hybride oder eine synthetische Sorte handeln darf.

(2) Absatz 1 gilt nur für folgende landwirtschaftliche Pflanzenarten:
a) Futterpflanzen:
   Cicer arietinum L. – Kichererbse
   Lupinus luteus L. – Gelbe Lupine
   Medicago sativa L. – Blaue Luzerne
   Pisum sativum L. (partim) – Futtererbse
   Trifolium alexandrinum L. – Alexandriner Klee
   Trifolium resupinatum L. – Persischer Klee
   Vicia faba – Ackerbohne
   Vicia sativa L. – Saatwicke
   und, im Fall Portugals, für Lolium multiflorum Lam – Einjähriges und Welsches Weidelgras;
b) Getreide:
   Avena sativa – Hafer
   Hordeum vulgare L. – Gerste
   Oryza sativa L. – Reis
   Phalaris canariensis L. – Kanariengras
   Secale cereale L. – Roggen
   X Triticosecale Wittm. – Triticale
   Triticum aestivum L. emend.
   Fiori et Paol. – Weizen
   Triticum durum Desf. – Hartweizen
   Triticum spelta L. – Spelz;
c) Kartoffeln:
   Solanum tuberosum – Kartoffel;
d) Öl- und Faserpflanzen:
   Brassica napus L. (partim) – Raps
   Brassica rapa L. (parti) – Rübsen
   Linum usitatissimum – Leinsamen mit Ausnahme von Flachs.

(3) Die Bedingungen für die Wirksamkeit der Ausnahmeregelung gemäß Absatz 1 sowie für die Wahrung der legitimen Interessen des Pflanzenzüchters und des Landwirts werden vor dem Inkrafttreten dieser Verordnung in einer Durchführungsordnung gemäß Artikel 114 nach Maßgabe folgender Kriterien festgelegt:
– Es gibt keine quantitativen Beschränkungen auf der Ebene des Betriebs des Landwirts, soweit es für die Bedürfnisse des Betriebs erforderlich ist;
– das Ernteerzeugnis kann von dem Landwirt selbst oder mittels für ihn erbrachter Dienstleistungen für die Aussaat vorbereitet werden, und zwar unbeschadet einschränkender Bestimmungen, die die Mitgliedstaaten in bezug auf die Art und Weise, in der dieses Ernteerzeugnis für die Aussaat vorbe-

reitet wird, festlegen können, insbesondere um sicherzustellen, daß das zur Vorbereitung übergebene Erzeugnis mit dem aus der Vorbereitung hervorgegangenen Erzeugnis identisch ist;
- Kleinlandwirte sind nicht zu Entschädigungszahlungen an den Inhaber des Sortenschutzes verpflichtet. Als Kleinlandwirte gelten
  - im Fall von in Absatz 2 genannten Pflanzenarten, für die die Verordnung (EWG) Nr. 1765/92 des Rates vom 30. Juni 1992 zur Einführung einer Stützungsregelung für Erzeuger bestimmter landwirtschaftlicher Kulturpflanzen[4] gilt, diejenigen Landwirte, die Pflanzen nicht auf einer Fläche anbauen, die größer ist als die Fläche, die für die Produktion von 92 Tonnen Getreide benötigt würde; zur Berechnung der Fläche gilt Artikel 8 Absatz 2 der vorstehend genannten Verordnung;
  - im Fall anderer als der in Absatz 2 genannten Pflanzenarten diejenigen Landwirte, die vergleichbaren angemessenen Kriterien entsprechen;
- andere Landwirte sind verpflichtet, dem Inhaber des Sortenschutzes eine angemessene Entschädigung zu zahlen, die deutlich niedriger sein muß als der Betrag, der im selben Gebiet für die Erzeugung von Vermehrungsmaterial derselben Sorte in Lizenz verlangt wird; die tatsächliche Höhe dieser angemessenen Entschädigung kann im Laufe der Zeit Veränderungen unterliegen, wobei berücksichtigt wird, inwieweit von der Ausnahmeregelung gemäß Absatz 1 in bezug auf die betreffende Sorte Gebrauch gemacht wird;
- verantwortlich für die Überwachung der Einhaltung der Bestimmungen dieses Artikels oder der aufgrund dieses Artikels erlassenen Bestimmungen sind ausschließlich die Inhaber des Sortenschutzes; bei dieser Überwachung dürfen sie sich nicht von amtlichen Stellen unterstützen lassen;
- die Landwirte sowie die Erbringer vorbereitender Dienstleistungen übermitteln den Inhabern des Sortenschutzes auf Antrag relevante Informationen; auch die an der Überwachung der landwirtschaftlichen Erzeugung beteiligten amtlichen Stellen können relevante Informationen übermitteln, sofern diese Informationen im Rahmen der normalen Tätigkeit dieser Stellen gesammelt wurden und dies nicht mit Mehrarbeit oder zusätzlichen Kosten verbunden ist. Die gemeinschaftlichen und einzelstaatlichen Bestimmungen über den Schutz von Personen bei der Verarbeitung und beim freien Verkehr personenbezogener Daten werden hinsichtlich der personenbezogenen Daten von diesen Bestimmungen nicht berührt.

Art. 15
Einschränkung der Wirkung des gemeinschaftlichen Sortenschutzes.

Der gemeinschaftliche Sortenschutz gilt nicht für
a) Handlungen im privaten Bereich zu nichtgewerblichen Zwecken;
b) Handlungen zu Versuchszwecken;
c) Handlungen zur Züchtung, Entdeckung und Entwicklung anderer Sorten;
d) die in Artikel 13 Absätze 2, 3 und 4 genannten Handlungen in bezug auf solche anderen Sorten, ausgenommen die Fälle, in denen Artikel 13 Absatz 5 Anwendung findet bzw. in denen die andere Sorte oder das Material dieser Sorte durch ein Eigentumsrecht geschützt ist, das keine vergleichbare Bestimmung enthält und
e) Handlungen, deren Verbot gegen Artikel 13 Absatz 8 Artikel 14 oder Artikel 29 verstoßen würde.

Art. 16
Erschöpfung des gemeinschaftlichen Sortenschutzes.

Der gemeinschaftliche Sortenschutz gilt nicht für Handlungen, die ein Material der geschützten Sorte oder einer von Artikel 13 Absatz 5 erfaßten Sorte betreffen, das vom Inhaber oder mit seiner Zustim-

---
4 ABl. Nr. L 181 vom 1.7.1992, S. 12. Verordnung zuletzt geändert durch die Verordnung (EWG) Nr. 1552/93 (ABl. Nr. L 154 vom 26.6.1993, S. 19).

mung andernorts in der Gemeinschaft an Dritte abgegeben wurde, oder Material, das von dem genannten Material stammt, außer wenn diese Handlungen
a) eine weitere Vermehrung der betreffenden Sorte beinhalten, es sei denn, eine solche Vermehrung war beabsichtigt, als das Material abgegeben wurde, oder wenn sie
b) eine Ausfuhr von Sortenbestandteilen in ein Drittland beinhalten, in dem Sorten der Pflanzengattung oder -art, zu der die Sorte gehört, nicht geschützt werden; ausgenommen hiervon ist ausgeführtes Material, das zum Endverbrauch bestimmt ist.

Art. 17
Verwendung der Sortenbezeichnung.

(1) Wer im Gebiet der Gemeinschaft Sortenbestandteile einer geschützten oder von den Bestimmungen von Artikel 13 Absatz 5 abgedeckten Sorte zu gewerblichen Zwecken anbietet oder an andere abgibt, muß die Sortenbezeichnung verwenden, die nach Artikel 63 festgesetzt wurde; bei schriftlichem Hinweis muß die Sortenbezeichnung leicht erkennbar und deutlich lesbar sein. Erscheint ein Warenzeichen, ein Handelsname oder eine ähnliche Angabe zusammen mit der festgesetzten Bezeichnung, so muß diese Bezeichnung als solche leicht erkennbar sein.

(2) Wer solche Handlungen in bezug auf anderes Material der Sorte vornimmt, muß entsprechend anderen gesetzlichen Bestimmungen über diese Bezeichnung Mitteilung machen; dies gilt auch, wenn eine Behörde, der Käufer oder eine andere Person mit einem berechtigten Interesse um eine solche Mitteilung ersucht.

(3) Die Absätze 1 und 2 gelten auch nach Beendigung des gemeinschaftlichen Sortenschutzes.

Art. 18
Beschränkungen in der Verwendung der Sortenbezeichnung.

(1) Der Inhaber kann gegen die freie Verwendung einer Bezeichnung in Verbindung mit der Sorte aufgrund eines ihm zustehenden Rechts an einer mit der Sortenbezeichnung übereinstimmenden Bezeichnung auch nach Beendigung des gemeinschaftlichen Sortenschutzes nicht vorgehen.

(2) Ein Dritter kann gegen die freie Verwendung einer Bezeichnung aus einem ihm zustehenden Recht an einer mit der Sortenbezeichnung übereinstimmenden Bezeichnung nur dann vorgehen, wenn das Recht gewährt worden war, bevor die Sortenbezeichnung nach Artikel 63 festgesetzt wurde.

(3) Die festgesetzte Bezeichnung einer Sorte, für die ein gemeinschaftlicher Sortenschutz oder in einem Mitgliedstaat oder in einem Verbandsstaat des Internationalen Verbands zum Schutz von Pflanzenzüchtungen ein nationales Schutzrecht besteht, oder eine mit dieser Sortenbezeichnung verwechselbare Bezeichnung darf im Gebiet der Gemeinschaft im Zusammenhang mit einer anderen Sorte derselben botanischen Art oder einer Art, die gemäß Bekanntmachung nach Artikel 63 Absatz 5 als verwandt anzusehen ist, oder für ihr Material nicht verwendet werden.

Kapitel IV.
Dauer und Beendigung des gemeinschaftlichen Sortenschutzes

Art. 19
Dauer des gemeinschaftlichen Sortenschutzes.

(1) Der gemeinschaftliche Sortenschutz dauert bis zum Ende des fünfundzwanzigsten, bei Sorten von Reben und Baumarten des dreißigsten, auf die Erteilung folgenden Kalenderjahres.

(2)[5] Der Rat, der auf Vorschlag der Kommission mit qualifizierter Mehrheit beschließt, kann in bezug auf bestimmte Gattungen und Arten eine Verlängerung dieser Fristen bis zu weiteren fünf Jahren vorsehen.

(3) Der gemeinschaftliche Sortenschutz erlischt vor Ablauf der in Absatz 1 genannten Zeiträume oder gemäß Absatz 2, wenn der Inhaber hierauf durch eine an das Amt gerichtete schriftliche Erklärung verzichtet, mit Wirkung von dem Tag, der dem Tag folgt, an dem die Erklärung bei dem Amt eingegangen ist.

Art. 20
Nichtigkeitserklärung des gemeinschaftlichen Sortenschutzes.

(1) Das Amt erklärt den gemeinschaftlichen Sortenschutz für nichtig, wenn festgestellt wird, daß

a) die in Artikel 7 oder 10 genannten Voraussetzungen bei der Erteilung des gemeinschaftlichen Sortenschutzes nicht erfüllt waren, oder
b) in den Fällen, in denen der gemeinschaftliche Sortenschutz im wesentlichen aufgrund von Informationen und Unterlagen erteilt wurde, die der Antragsteller vorgelegt hat, die Voraussetzungen des Artikels 8 oder 9 zum Zeitpunkt der Erteilung des Sortenschutzes nicht erfüllt waren, oder
c) das Recht einer Person gewährt wurde, die keinen Anspruch darauf hat, es sei denn, daß das Recht auf die Person übertragen wird, die den berechtigten Anspruch geltend machen kann.

(2) Wird der gemeinschaftliche Sortenschutz für nichtig erklärt, so gelten seine in dieser Verordnung vorgesehenen Wirkungen als von Beginn an nicht eingetreten.

Art. 21
Aufhebung des gemeinschaftlichen Sortenschutzes.

(1) Das Amt hebt den gemeinschaftlichen Sortenschutz mit Wirkung ex nunc auf, wenn festgestellt wird, daß die in Artikel 8 oder 9 genannten Voraussetzungen nicht mehr erfüllt sind. Wird festgestellt, daß diese Voraussetzungen schon von einem vor der Aufhebung liegenden Zeitpunkt an nicht mehr erfüllt waren, so kann die Aufhebung mit Wirkung von diesem Zeitpunkt an erfolgen.

(2) Das Amt kann den gemeinschaftlichen Sortenschutz mit Wirkung ex nunc aufheben, wenn der Inhaber nach einer entsprechenden Aufforderung innerhalb der vom Amt gesetzten Frist

a) eine Verpflichtung nach Artikel 64 Absatz 3 nicht erfüllt hat, oder
b) im Fall des Artikels 66 keine andere vertretbare Sortenbezeichnung vorschlägt, oder
c) etwaige Gebühren, die für die Aufrechterhaltung des gemeinschaftlichen Sortenschutzes zu zahlen sind, nicht entrichtet, oder
d) als ursprünglicher Inhaber oder als Rechtsnachfolger aufgrund eines Rechtsübergangs gemäß Artikel 23 die in Artikel 12 und in Artikel 82 festgelegten Voraussetzungen nicht mehr erfüllt.

---

5 S. hierzu die VO 2470/96 des Rates vom 17.12.1996 (ABl. L 335/10) zur Verlängerung der Gültigkeitsdauer des gemeinschaftlichen Sortenschutzes für Kartoffeln.

Kapitel V.
Der gemeinschaftliche Sortenschutz als Vermögensgegenstand

Art. 22
Gleichstellung mit nationalem Recht.

(1) Soweit in den Artikeln 23 bis 29 nichts anderes bestimmt ist, wird der gemeinschaftliche Sortenschutz als Vermögensgegenstand im ganzen und für das gesamte Gebiet der Gemeinschaft wie ein entsprechendes Schutzrecht des Mitgliedstaats behandelt, in dem
a) gemäß der Eintragung im Register für gemeinschaftliche Sortenschutzrechte der Inhaber zum jeweils maßgebenden Zeitpunkt seinen Wohnsitz oder Sitz oder eine Niederlassung hatte oder,
b) wenn die Voraussetzungen des Buchstabens a) nicht erfüllt sind, der zuerst im vorgenannten Register eingetragene Verfahrensvertreter des Inhabers am Tag seiner Eintragung seinen Wohnsitz oder Sitz oder eine Niederlassung hatte.

(2) Sind die Voraussetzungen des Absatzes 1 nicht erfüllt, so ist der nach Absatz 1 maßgebende Mitgliedstaat der Mitgliedstaat, in dem das Amt seinen Sitz hat.

(3) Sind für den Inhaber oder den Verfahrensvertreter Wohnsitze, Sitze oder Niederlassungen in mehreren Mitgliedstaaten in dem in Absatz 1 genannten Register eingetragen, so ist für die Anwendung von Absatz 1 der zuerst eingetragene Wohnsitz oder Sitz oder die ersteingetragene Niederlassung maßgebend.

(4) Sind mehrere Personen als gemeinsame Inhaber in dem in Absatz 1 genannten Register eingetragen, so ist für die Anwendung von Absatz 1 Buchstabe a) derjenige Inhaber maßgebend, der in der Reihenfolge ihrer Eintragung als erster die Voraussetzungen erfüllt. Liegen die Voraussetzungen des Absatzes 1 Buchstabe a) für keinen der gemeinsamen Inhaber vor, so ist Absatz 2 anzuwenden.

Art. 23
Rechtsübergang.

(1) Der gemeinschaftliche Sortenschutz kann Gegenstand eines Rechtsübergangs auf einen oder mehrere Rechtsnachfolger sein.
(2) Der gemeinschaftliche Sortenschutz kann rechtsgeschäftlich nur auf solche Nachfolger übertragen werden, die die in Artikel 12 und in Artikel 82 festgelegten Voraussetzungen erfüllen. Die rechtsgeschäftliche Übertragung muß schriftlich erfolgen und bedarf der Unterschrift der Vertragsparteien, es sei denn, daß sie auf einem Urteil oder einer anderen gerichtlichen Entscheidung beruht. Andernfalls ist sie nichtig.
(3) Vorbehaltlich des Artikels 100 berührt ein Rechtsübergang nicht die Rechte Dritter, die vor dem Zeitpunkt des Rechtsübergangs erworben wurden.
(4) Ein Rechtsübergang wird gegenüber dem Amt erst wirksam und kann Dritten nur in dem Umfang, in dem er sich aus den in der Durchführungsverordnung vorgeschriebenen Unterlagen ergibt, und erst dann entgegengehalten werden, wenn er in das Register für gemeinschaftliche Sortenschutzrechte eingetragen ist. Jedoch kann ein Rechtsübergang, der noch nicht eingetragen ist, Dritten entgegengehalten werden, die Rechte nach dem Zeitpunkt des Rechtsübergangs erworben haben, aber zum Zeitpunkt des Erwerbs dieser Rechte von dem Rechtsübergang Kenntnis hatten.

Art. 24
Zwangsvollstreckung.

Der gemeinschaftliche Sortenschutz kann Gegenstand von Maßnahmen der Zwangsvollstreckung sowie Gegenstand einstweiliger Maßnahmen einschließlich solcher, die auf eine Sicherung gerichtet sind, im Sinne des Artikel 24 des am 16. September 1988 in Lugano unterzeichneten Übereinkommens über die gerichtliche Zuständigkeit und die Vollstreckung gerichtlicher Entscheidungen in Zivil- und Handelssachen, im folgenden „Lugano-Übereinkommen" genannt, sein.

Art. 25
Konkursverfahren oder konkursähnliche Verfahren.

Bis zum Inkrafttreten gemeinsamer Vorschriften für die Mitgliedstaaten auf diesem Gebiet wird ein gemeinschaftlicher Sortenschutz von einem Konkursverfahren oder einem konkursähnlichen Verfahren nur in dem Mitgliedstaat erfaßt, in dem nach seinen Rechtsvorschriften oder nach den geltenden einschlägigen Übereinkünften das Verfahren zuerst eröffnet wird.

Art. 26
Der Antrag auf gemeinschaftlichen Sortenschutz als Vermögensgegenstand.

Die Artikel 22 bis 25 gelten für Anträge auf gemeinschaftlichen Sortenschutz entsprechend. Im Zusammenhang mit den Anträgen gelten die Verweise in diesen Artikeln auf das Register für gemeinschaftliche Sortenschutzrechte als Verweise auf das Register für die Anträge auf Erteilung des gemeinschaftlichen Sortenschutzes.

Art. 27
Vertragliche Nutzungsrechte.

(1) Der gemeinschaftliche Sortenschutz kann ganz oder teilweise Gegenstand von vertraglich eingeräumten Nutzungsrechten sein. Ein Nutzungsrecht kann ausschließlich oder nicht ausschließlich sein.
(2) Gegen einen Nutzungsberechtigten, der gegen eine Beschränkung seines Nutzungsrechts nach Absatz 1 verstößt, kann der Inhaber das Recht aus dem gemeinschaftlichen Sortenschutz geltend machen.

Art. 28
Gemeinsame Inhaberschaft.

Die Artikel 22 bis 27 sind im Fall der gemeinsamen Inhaberschaft an einem gemeinschaftlichen Sortenschutz auf den jeweiligen Anteil entsprechend anzuwenden, soweit diese Anteile feststehen.

Art. 29
Zwangsnutzungsrechte.

(1) Das Amt gewährt einer oder mehreren Personen Zwangsnutzungsrechte auf Antrag dieser Person bzw. dieser Personen jedoch lediglich aus Gründen des öffentlichen Interesses und nach Anhörung des in Artikel 36 genannten Verwaltungsrats.
(2) Auf Antrag eines Mitgliedstaats, der Kommission oder einer auf Gemeinschaftsebene errichteten und von der Kommission eingetragenen Organisation kann entweder einer Kategorie von Personen, die spezifische Anforderungen erfüllen, oder Einzelpersonen in einem oder mehreren Mitgliedstaaten oder in der gesamten Gemeinschaft ein Zwangsnutzungsrecht erteilt werden. Diese Erteilung darf nur aus Gründen des öffentlichen Interesses und mit Billigung des Verwaltungsrats erfolgen.

(3) Das Amt setzt bei der Erteilung des Zwangsnutzungsrechts die Art der Handlungen fest und präzisiert einschlägige vertretbare Bedingungen sowie die spezifischen Anforderungen gemäß Absatz 2. Bei den vertretbaren Bedingungen werden die Interessen aller Inhaber von Sortenschutzrechten berücksichtigt, auf die sich die Erteilung des Zwangsnutzungsrechts auswirken würde. Die vertretbaren Bedingungen können eine mögliche zeitliche Begrenzung und die Zahlung einer entsprechenden Lizenzgebühr als angemessenes Entgelt an den Inhaber umfassen; ferner können dem Inhaber Verpflichtungen auferlegt werden, denen er nachkommen muß, damit das Zwangsnutzungsrecht genutzt werden kann.

(4) Im Rahmen der vorgenannten möglichen zeitlichen Begrenzung kann bei Ablauf jedes Einjahreszeitraums nach Erteilung des Zwangsnutzungsrechts jeder der Verfahrensbeteiligten eine Rücknahme oder Änderung dieser Entscheidung beantragen. Als Begründung für einen solchen Antrag kommt nur eine zwischenzeitliche Änderung der Umstände in Frage, aufgrund deren die Entscheidung getroffen wurde.

(5) Das Zwangsnutzungsrecht wird auf Antrag dem Inhaber für eine im wesentlichen abgeleitete Sorte erteilt, wenn die Voraussetzungen von Absatz 1 erfüllt sind. Die in Absatz 3 genannten vertretbaren Bedingungen umfassen die Zahlung einer entsprechenden Lizenzgebühr als angemessenes Entgelt an den Inhaber der Ausgangssorte.

(6) In der Durchführungsordnung gemäß Artikel 114 können bestimmte Fälle als Beispiele für das in Absatz 1 genannte öffentliche Interesse spezifiziert und darüber hinaus Einzelheiten für die Durchführung der Absätze 1 bis 5 festgelegt werden.

(7) Die Mitgliedstaaten können keine Zwangsnutzungsrechte an einem gemeinschaftlichen Sortenschutz erteilen.

Dritter Teil. Das gemeinschaftliche Sortenamt

Kapitel I.
Allgemeine Bestimmungen

Art. 30
Rechtsstellung, Dienststellen.

(1) Das Amt ist eine Einrichtung der Gemeinschaft. Es hat Rechtspersönlichkeit.
(2) Es besitzt in jedem Mitgliedstaat die weitestgehende Rechts- und Geschäftsfähigkeit, die juristischen Personen nach dessen Rechtsvorschriften zuerkannt ist. Es kann insbesondere bewegliches und unbewegliches Vermögen erwerben und veräußern und vor Gericht stehen.
(3) Das Amt wird von seinem Präsidenten vertreten.
(4) Mit Zustimmung des in Artikel 36 genannten Verwaltungsrats kann das Amt in den Mitgliedstaaten vorbehaltlich deren Zustimmung nationale Einrichtungen mit der Wahrnehmung bestimmter Verwaltungsaufgaben des Amtes beauftragen oder eigene Dienststellen des Amtes zu diesem Zweck einrichten.

Art. 31
Personal.

(1) Die Bestimmungen des Statuts der Beamten der Europäischen Gemeinschaften, der Beschäftigungsbedingungen für die sonstigen Bediensteten der Europäischen Gemeinschaften und der im gegenseitigen Einvernehmen der Organe der Europäischen Gemeinschaften erlassenen Regelungen zur Durchführung dieser Bestimmungen gelten für das Personal des Amtes, unbeschadet der Anwendung des Artikels 47 auf die Mitglieder der Beschwerdekammer.
(2) Das Amt übt unbeschadet von Artikel 43 die der Anstellungsbehörde im Statut und in den Beschäftigungsbedingungen für die sonstigen Bediensteten übertragenen Befugnisse gegenüber seinem Personal aus.

Art. 32
Vorrechte und Immunitäten.

Das Protokoll über die Vorrechte und Befreiungen der Europäischen Gemeinschaften gilt für das Amt.

Art. 33
Haftung.

(1) Die vertragliche Haftung des Amtes bestimmt sich nach dem Recht, das auf den betreffenden Vertrag anzuwenden ist.
(2) Für Entscheidungen aufgrund einer Schiedsklausel, die in einem vom Amt abgeschlossenen Vertrag enthalten ist, ist der Gerichtshof der Europäischen Gemeinschaften zuständig.
(3) Im Bereich der außervertraglichen Haftung ersetzt das Amt den durch seine Dienststellen oder Bediensteten in Ausübung ihrer Amtstätigkeit verursachten Schaden nach den allgemeinen Rechtsgrundsätzen, die den Rechtsordnungen der Mitgliedstaaten gemeinsam sind.

(4) Für Streitsachen über den Schadensersatz nach Absatz 3 ist der Gerichtshof zuständig.
(5) Die persönliche Haftung der Bediensteten gegenüber dem Amt bestimmt sich nach den Bestimmungen ihres Statuts oder der für sie geltenden Beschäftigungsbedingungen.

Art. 34
Sprachen.

(1) Die Bestimmungen der Verordnung Nr. 1 vom 15. April 1958 zur Regelung der Sprachenfrage für die Europäische Wirtschaftsgemeinschaft[6] sind auf das Amt anzuwenden.
(2) Anträge an das Amt, die zu ihrer Bearbeitung erforderlichen Unterlagen und alle sonstigen Eingaben sind in einer der Amtssprachen der Europäischen Gemeinschaften einzureichen.
(3) Bei Verfahren vor dem Amt im Sinne der Durchführungsordnung gemäß Artikel 114 haben die Beteiligten das Recht, alle schriftlichen und mündlichen Verfahren in jeder beliebigen Amtssprache der Europäischen Gemeinschaften zu führen, wobei die Übersetzung und bei Anhörungen die Simultanübertragung zumindest in jede andere Amtssprache der Europäischen Gemeinschaften gewährleistet wird, die von einem anderen Verfahrensbeteiligten gewählt wird. Die Wahrnehmung dieser Rechte ist für die Verfahrenbeteiligten nicht mit spezifischen Gebühren verbunden.
(4) Die für die Arbeit des Amtes erforderlichen Übersetzungen werden grundsätzlich von der Übersetzungszentrale für die Einrichtungen der Union angefertigt.

Art. 35
Entscheidungen des Amtes.

(1) Entscheidungen des Amtes, soweit sie nicht von der Beschwerdekammer gemäß Artikel 72 zu treffen sind, ergehen durch oder unter der Weisung des Präsidenten des Amtes.
(2) Vorbehaltlich des Absatzes 1 ergehen Entscheidungen nach Artikel 20, 21, 29, 59, 61, 62, 63, 66 oder 100 Absatz 2 durch einen Ausschuß von drei Bediensteten des Amtes. Die Qualifikationen der Mitglieder des Ausschusses, die Befugnisse der einzelnen Mitglieder in der Vorphase der Entscheidungen, die Abstimmungsregeln und die Rolle des Präsidenten gegenüber dem Ausschuß werden in der Durchführungsordnung nach Artikel 114 festgelegt. Die Mitglieder des Ausschusses sind bei ihren Entscheidungen im übrigen an keinerlei Weisungen gebunden.
(3) Andere als die in Absatz 2 genannten Entscheidungen des Präsidenten können, wenn der Präsident sie nicht selbst trifft, von einem Bediensteten des Amtes getroffen werden, dem eine entsprechende Befugnis gemäß Artikel 42 Absatz 2 Buchstabe h) übertragen wurde.

Kapitel II.
Der Verwaltungsrat

Art. 36
Errichtung und Befugnisse.

(1) Beim Amt wird ein Verwaltungsrat errichtet. Außer den Befugnissen, die dem Verwaltungsrat in anderen Vorschriften dieser Verordnung oder in den in den Artikeln 113 und 114 genannten Vorschriften übertragen werden, besitzt er gegenüber dem Amt die nachstehend bezeichneten Befugnisse:

---

6 ABl. Nr. 17 vom 6.10.1958, S. 385/58. Verordnung zuletzt geändert durch die Beitrittsakte von 1985.

a) Der Verwaltungsrat spricht Empfehlungen aus zu Angelegenheiten, für die das Amt zuständig ist, oder stellt allgemeine Leitlinien in dieser Hinsicht auf.
b) Der Verwaltungsrat prüft den Tätigkeitsbericht des Präsidenten; außerdem überwacht er, ausgehend von dieser Prüfung und anderen ihm vorliegenden Informationen die Tätigkeit des Amtes.
c) Der Verwaltungsrat legt auf Vorschlag des Amtes entweder die Anzahl der in Artikel 35 genannten Ausschüsse, die Arbeitsaufteilung und die Dauer der jeweiligen Aufgaben der Ausschüsse fest oder stellt allgemeine Leitlinien in dieser Hinsicht auf.
d) Der Verwaltungsrat kann Vorschriften über die Arbeitsmethoden des Amtes festlegen.
e) Der Verwaltungsrat kann Prüfungsrichtlinien gemäß Artikel 56 Absatz 2 erlassen.

(2) Außerdem gilt in bezug auf den Verwaltungsrat folgendes:
– Er kann, soweit er dies für notwendig erachtet, Stellungnahmen abgeben und Auskünfte vom Amt oder von der Kommission anfordern.
– Er kann der Kommission die ihm nach Artikel 42 Absatz 2 Buchstabe g) vorgelegten Entwürfe mit oder ohne Änderungen oder eigene Entwürfe zu Änderungen dieser Verordnung, zu den in den Artikeln 113 und 114 genannten Vorschriften oder zu jeder anderen Regelung betreffend den gemeinschaftlichen Sortenschutz zuleiten.
– Er ist gemäß Artikel 13 Absatz 4 und Artikel 114 Absatz 2 zu konsultieren.
– Er nimmt seine Funktionen in bezug auf den Haushalt des Amtes gemäß den Artikeln 109, 111 und 112 wahr.

Art. 37
Zusammensetzung.

(1) Der Verwaltungsrat besteht aus je einem Vertreter jedes Mitgliedstaats und einem Vertreter der Kommission sowie deren jeweiligen Stellvertretern.

(2) Die Mitglieder des Verwaltungsrats können nach Maßgabe der Geschäftsordnung des Verwaltungsrats Berater oder Sachverständige hinzuziehen.

Art. 38
Vorsitz.

(1) Der Verwaltungsrat wählt aus seinen Mitgliedern einen Vorsitzenden und einen stellvertretenden Vorsitzenden. Der stellvertretende Vorsitzende tritt im Fall der Verhinderung des Vorsitzenden von Amts wegen an dessen Stelle.

(2) Die Amtszeit des Vorsitzenden oder des stellvertretenden Vorsitzenden endet, wenn der Vorsitzende bzw. stellvertretende Vorsitzende nicht mehr dem Verwaltungsrat angehört. Unbeschadet dieser Bestimmung beträgt die Amtszeit des Vorsitzenden und des stellvertretenden Vorsitzenden drei Jahre, sofern vor Ablauf dieses Zeitraums nicht ein anderer Vorsitzender oder stellvertretender Vorsitzender gewählt wurde. Wiederwahl ist zulässig.

Art. 39
Tagungen.

(1) Der Verwaltungsrat wird von seinem Vorsitzenden einberufen.

(2) Der Präsident des Amtes nimmt an den Beratungen teil, sofern der Verwaltungsrat nicht etwas anderes beschließt. Er hat kein Stimmrecht.

(3) Der Verwaltungsrat hält jährlich eine ordentliche Tagung ab; außerdem tritt er auf Veranlassung seines Vorsitzenden oder auf Antrag der Kommission oder eines Drittels der Mitgliedstaaten zusammen.

(4) Der Verwaltungsrat gibt sich eine Geschäftsordnung; er kann in Übereinstimmung mit dieser Geschäftsordnung Ausschüsse einrichten, die seiner Weisung unterstehen.

(5) Der Verwaltungsrat kann Beobachter zur Teilnahme an seinen Sitzungen einladen.

(6) Das Sekretariat des Verwaltungsrates wird vom Amt zur Verfügung gestellt.

Art. 40
Ort der Tagungen.

Der Verwaltungsrat tagt am Sitz der Kommission, des Amtes oder eines Prüfungsamtes. Das Nähere bestimmt die Geschäftsordnung.

Art. 41
Abstimmungen.

(1) Der Verwaltungsrat faßt seine Beschlüsse vorbehaltlich des Absatzes 2 mit der einfachen Mehrheit der Vertreter der Mitgliedstaaten.

(2) Eine Dreiviertelmehrheit der Vertreter der Mitgliedstaaten ist für die Beschlüsse erforderlich, zu denen der Verwaltungsrat nach Artikel 12 Absatz 1 Buchstabe b), Artikel 29, Artikel 36 Absatz 1 Buchstaben a), b), d) und e), Artikel 43, Artikel 47, Artikel 109 Absatz 3 und Artikel 112 befugt ist.

(3) Jeder Mitgliedstaat hat eine Stimme.

(4) Die Beschlüsse des Verwaltungsrates sind nicht verbindlich im Sinne von Artikel 189 des Vertrags.

Kapitel III.
Leitung des Amtes

Art. 42
Aufgaben und Befugnisse des Präsidenten.

(1) Das Amt wird vom Präsidenten geleitet.

(2) Zu diesem Zweck hat der Präsident insbesondere folgende Aufgaben und Befugnisse:
a) Er ergreift in Übereinstimmung mit den Vorschriften dieser Verordnung, mit den in Artikel 113 und 114 genannten Vorschriften oder mit den vom Verwaltungsrat gemäß Artikel 36 Absatz 1 festgelegten Vorschriften bzw. Leitlinien alle für den ordnungsgemäßen Betrieb des Amtes erforderlichen Maßnahmen, einschließlich des Erlasses interner Verwaltungsvorschriften und der Veröffentlichung von Mitteilungen.
b) Er legt der Kommission und dem Verwaltungsrat jedes Jahr einen Tätigkeitsbericht vor.
c) Er übt gegenüber den Bediensteten die in Artikel 31 Absatz 2 niedergelegten Befugnisse aus.
d) Er unterbreitet die in Artikel 36 Absatz 1 Buchstabe c) und Artikel 47 Absatz 2 genannten Vorschläge.
e) Er stellt den Voranschlag der Einnahmen und Ausgaben des Amtes gemäß Artikel 109 Absatz 1 auf und führt den Haushaltsplan des Amtes gemäß Artikel 110 aus.
f) Er erteilt die vom Verwaltungsrat gemäß Artikel 36 Absatz 2 erster Gedankenstrich angeforderten Auskünfte.
g) Er kann dem Verwaltungsrat Entwürfe für Änderungen dieser Verordnung, der in den Artikeln 113 und 114 genannten Vorschriften sowie jeder anderen Regelung betreffend den gemeinschaftlichen Sortenschutz vorlegen.

h) Vorbehaltlich der in den Artikel 113 und 114 genannten Vorschriften kann er seine Aufgaben und Befugnisse anderen Bediensteten des Amtes übertragen.

(3) Der Präsident wird von einem oder mehreren Vizepräsidenten unterstützt. Ist der Präsident verhindert, wird er in Übereinstimmung mit dem Verfahren, das in den vom Verwaltungsrat gemäß Artikel 36 Absatz 1 festgelegten Vorschriften oder aufgestellten Leitlinien niedergelegt ist, von dem Vizepräsidenten oder einem der Vizepräsidenten vertreten.

Art. 43
Ernennung hoher Beamter.

(1) Der Präsident des Amtes wird aus einer Liste von Kandidaten, die die Kommission nach Anhörung des Verwaltungsrates vorschlägt, vom Rat ernannt. Der Rat ist befugt, den Präsidenten auf Vorschlag der Kommission nach Anhörung des Verwaltungsrates zu entlassen.

(2) Die Amtszeit des Präsidenten beträgt höchstens fünf Jahre. Wiederernennung ist zulässig.

(3) Der Vizepräsident oder die Vizepräsidenten des Amtes werden nach Anhörung des Präsidenten entsprechend dem Verfahren nach den Absätzen 1 und 2 ernannt und entlassen.

(4) Der Rat übt die Disziplinargewalt über die in den Absätzen 1 und 3 genannten Beamten aus.

Art. 44
Rechtsaufsicht.

(1) Die Kommission kontrolliert die Rechtmäßigkeit derjenigen Handlungen des Präsidenten, über die im Gemeinschaftsrecht keine Rechtsaufsicht durch ein anderes Organ vorgesehen ist, sowie der Handlungen des Verwaltungsrates, die sich auf den Haushalt des Amtes beziehen.

(2) Die Kommission verlangt die Änderung oder Aufhebung jeder Handlung nach Absatz 1, die das Recht verletzt.

(3) Jede ausdrückliche oder stillschweigende Handlung nach Absatz 1 kann von jedem Mitgliedstaat, jedem Mitglied des Verwaltungsrates oder jeder dritten Person, die hiervon unmittelbar und individuell betroffen ist, zur Kontrolle ihrer Rechtmäßigkeit vor die Kommission gebracht werden. Die Kommission muß innerhalb von zwei Monaten nach dem Zeitpunkt, zu dem der Beteiligte von der betreffenden Handlung Kenntnis erlangt hat, damit befaßt werden. Eine Entscheidung ist von der Kommission innerhalb von zwei Monaten zu treffen und mitzuteilen.

Kapitel IV.
Die Beschwerdekammern

Art. 45
Bildung und Zuständigkeiten.

(1) Im Amt werden eine oder mehrere Beschwerdekammern gebildet.

(2) Die Beschwerdekammer(n) ist (sind) für Entscheidungen über Beschwerden gegen die in Artikel 67 genannten Entscheidungen zuständig.

(3) Die Beschwerdekammer(n) wird (werden) bei Bedarf einberufen. Die Anzahl der Beschwerdekammern und die Arbeitsaufteilung werden in der Durchführungsordnung nach Artikel 114 festgelegt.

Art. 46
Zusammensetzung der Beschwerdekammern.

(1) Eine Beschwerdekammer besteht aus einem Vorsitzenden und zwei weiteren Mitgliedern.

(2) Der Vorsitzende wählt aus der gemäß Artikel 47 Absatz 2 erstellten Liste der qualifizierten Mitglieder für jeden einzelnen Fall die weiteren Mitglieder und deren jeweilige Stellvertreter aus.

(3) Die Beschwerdekammer kann zwei zusätzliche Mitglieder aus der in Absatz 2 erwähnten Liste hinzuziehen, wenn sie der Ansicht ist, daß die Beschaffenheit der Beschwerde dies erfordert.

(4) Die erforderlichen Qualifikationen der Mitglieder der Beschwerdekammern, die Befugnisse der einzelnen Mitglieder in der Vorphase der Entscheidungen sowie die Abstimmungsregeln werden in der Durchführungsordnung nach Artikel 114 festgelegt.

Art. 47
Unabhängigkeit der Mitglieder der Beschwerdekammern.

(1) Die Vorsitzenden der Beschwerdekammern und ihre jeweiligen Stellvertreter werden aus einer Liste von Kandidaten für jeden Vorsitzenden und jeden Stellvertreter, die die Kommission nach Anhörung des Verwaltungsrates vorschlägt, vom Rat ernannt. Ihre Amtszeit beträgt fünf Jahre. Wiederernennung ist zulässig.

(2) Bei den übrigen Mitgliedern der Beschwerdekammern handelt es sich um diejenigen, die gemäß Artikel 46 Absatz 2 vom Verwaltungsrat für einen Zeitraum von fünf Jahren aus der auf Vorschlag des Amtes erstellten Liste von qualifizierten Mitgliedern ausgewählt wurden. Die Liste wird für einen Zeitraum von fünf Jahren erstellt. Sie kann ganz oder teilweise für einen weiteren Zeitraum von fünf Jahren verlängert werden.

(3) Die Mitglieder der Beschwerdekammern genießen Unabhängigkeit. Bei ihren Entscheidungen sind sie an keinerlei Weisungen gebunden.

(4) Die Mitglieder der Beschwerdekammern dürfen nicht den in Artikel 35 genannten Ausschüssen angehören; ferner dürfen sie keine anderen Aufgaben im Amt wahrnehmen. Die Tätigkeit als Mitglied der Beschwerdekammern kann nebenberuflich ausgeübt werden.

(5) Die Mitglieder der Beschwerdekammern können während des betreffenden Zeitraums nicht ihres Amtes enthoben oder aus der Liste gestrichen werden, es sei denn aus schwerwiegenden Gründen durch entsprechenden Beschluß des Gerichtshofs der Europäischen Gemeinschaften auf Antrag der Kommission nach Anhörung des Verwaltungsrats.

Art. 48
Ausschließung und Ablehnung.

(1) Die Mitglieder der Beschwerdekammern dürfen nicht an einem Beschwerdeverfahren mitwirken, an dem sie ein persönliches Interesse haben oder in dem sie vorher als Vertreter eines Verfahrensbeteiligten tätig gewesen sind oder an dessen abschließender Entscheidung in der Vorinstanz sie mitgewirkt haben.

(2) Glaubt ein Mitglied einer Beschwerdekammer aus einem der in Absatz 1 genannten Gründen oder aus einem sonstigen Grund an einem Beschwerdeverfahren nicht mitwirken zu können, so teilt es dies der Beschwerdekammer mit.

(3) Die Mitglieder der Beschwerdekammern können von jedem Beteiligten am Beschwerdeverfahren aus einem der in Absatz 1 genannten Gründen oder wegen Besorgnis der Befangenheit abgelehnt werden. Die Ablehnung ist nicht zulässig, wenn der Beteiligte am Beschwerdeverfahren Anträge gestellt oder Stellungnahmen abgegeben hat, obwohl er bereits den Ablehnungsgrund kannte. Die Ablehnung darf nicht mit der Staatsangehörigkeit der Mitglieder begründet werden.

(4) Die Beschwerdekammern entscheiden in den Fällen der Absätze 2 und 3 ohne Mitwirkung des betroffenen Mitglieds. Das zurückgetretene oder abgelehnte Mitglied wird bei der Entscheidung durch seinen Stellvertreter in der Beschwerdekammer ersetzt.

Vierter Teil. Das Verfahren vor dem Amt

Kapitel I.
Der Antrag

Art. 49
Einreichung des Antrags.

(1) Ein Antrag auf gemeinschaftlichen Sortenschutz ist nach Wahl des Antragstellers einzureichen:
a) unmittelbar beim Amt oder
b) bei einer der eigenen Dienststellen oder nationalen Einrichtungen, die nach Artikel 30 Absatz 4 beauftragt wurden, sofern der Antragsteller das Amt unmittelbar innerhalb von zwei Wochen nach der Einreichung des Antrags darüber unterrichtet.

Einzelheiten über die Art und Weise, in der die unter Buchstabe b) genannte Unterrichtung zu erfolgen hat, können in der Durchführungsordnung gemäß Artikel 114 festgelegt werden. Eine Unterlassung der Unterrichtung des Amtes über einen Antrag gemäß Buchstabe b) berührt nicht die Gültigkeit des Antrags, sofern dieser innerhalb eines Monats nach Einreichung bei der eigenen Dienststelle oder der nationalen Einrichtung bei dem Amt eingegangen ist.

(2) Wird der Antrag bei einer der in Absatz 1 Buchstabe b) genannten nationalen Einrichtungen eingereicht, so trifft diese alle Maßnahmen, um den Antrag binnen zwei Wochen nach Einreichung an das Amt weiterzuleiten. Die nationalen Einrichtungen können vom Antragsteller eine Gebühr erheben, die die Verwaltungskosten für Entgegennahme und Weiterleitung des Antrags nicht übersteigen darf.

Art. 50
Bestimmungen betreffend den Antrag.

(1) Der Antrag auf gemeinschaftlichen Sortenschutz muß mindestens folgendes enthalten:
a) das Ersuchen um Erteilung des gemeinschaftlichen Sortenschutzes;
b) die Bezeichnung des botanischen Taxons;
c) Angaben zur Person des Antragstellers oder gegebenenfalls der gemeinsamen Antragsteller;
d) den Namen des Züchters und die Versicherung, daß nach bestem Wissen des Antragstellers weitere Personen an der Züchtung oder Entdeckung und Weiterentwicklung der Sorte nicht beteiligt sind; ist der Antragsteller nicht oder nicht allein der Züchter, so hat er durch Vorlage entsprechender Schriftstücke nachzuweisen, wie er den Anspruch auf den gemeinschaftlichen Sortenschutz erworben hat;
e) eine vorläufige Bezeichnung für die Sorte;
f) eine technische Beschreibung der Sorte;
g) die geographische Herkunft der Sorte;
h) Vollmachten für Verfahrensvertreter;
i) Angaben über eine frühere Vermarktung der Sorte;
j) Angaben über sonstige Anträge im Zusammenhang mit der Sorte.

(2) Die Einzelheiten der Bestimmungen gemäß Absatz 1, einschließlich der Mitteilung weiterer Angaben, können in der Durchführungsordnung gemäß Artikel 114 festgelegt werden.

(3) Der Antragsteller schlägt eine Sortenbezeichnung vor, die dem Antrag beigefügt werden kann.

Art. 51
Antragstag.

Antragstag eines Antrags auf gemeinschaftlichen Sortenschutz ist der Tag, an dem ein gültiger Antrag nach Artikel 49 Absatz 1 Buchstabe a) beim Amt oder nach Artikel 49 Absatz 1 Buchstabe b) bei einer Dienststelle oder nationalen Einrichtung eingeht, sofern er die Vorschriften des Artikels 50 Absatz 1 erfüllt und die Gebühren gemäß Artikel 83 innerhalb der vom Amt bestimmten Frist entrichtet worden sind.

Art. 52
Zeitvorrang.

(1) Der Zeitvorrang eines Antrags bestimmt sich nach dem Tag des Eingangs des Antrags. Gehen Anträge am selben Tag ein, bestimmt sich die Vorrangigkeit nach der Reihenfolge ihres Eingangs, soweit diese feststellbar ist. Wenn nicht, werden sie mit derselben Vorrangigkeit behandelt.

(2) Hat der Antragsteller oder sein Rechtsvorgänger für die Sorte bereits in einem Mitgliedstaat oder in einem Verbandsstaat des Internationalen Verbands zum Schutz von Pflanzenzüchtungen ein Schutzrecht beantragt und liegt der Antragstag innerhalb von zwölf Monaten nach der Einreichung des früheren Antrages, so genießt der Antragsteller hinsichtlich des Antrags auf gemeinschaftlichen Sortenschutz das Recht auf den Zeitvorrang des früheren Antrags, falls am Antragstag der frühere Antrag noch fortbesteht.

(3) Der Zeitvorrang hat die Wirkung, daß der Tag, an dem der frühere Antrag eingereicht wurde, für die Anwendung der Artikel 7, 10 und 11 als der Tag des Antrags auf gemeinschaftlichen Sortenschutz gilt.

(4) Die Absätze 2 und 3 gelten auch für frühere Anträge, die in einem anderen Mitgliedstaat eingereicht wurden, soweit für diese am Antragstag die in Artikel 12 Absatz 1 Buchstabe b) zweiter Satz genannte Voraussetzung für die Erteilung des gemeinschaftlichen Sortenschutzes in bezug auf diesen anderen Mitgliedstaat erfüllt war.

(5) Der Anspruch auf einen Zeitvorrang, der vor dem Zeitvorrang gemäß Absatz 2 liegt, erlischt, wenn der Antragsteller nicht innerhalb von drei Monaten nach dem Antragstag dem Amt Abschriften des früheren Antrags vorlegt, die von der für diesen Antrag zuständigen Behörde beglaubigt sind. Ist der frühere Antrag nicht in einer Amtssprache der Europäischen Gemeinschaften abgefaßt, so kann das Amt zusätzlich eine Übersetzung des früheren Antrags in eine dieser Sprache verlangen.

Kapitel II.
Die Prüfung

Art. 53
Formalprüfung des Antrags.

(1) Das Amt prüft, ob
a) der Antrag nach Artikel 49 wirksam eingereicht worden ist,
b) der Antrag den in Artikel 50 und den in den Durchführungsvorschriften gemäß diesem Artikel festgelegten Erfordernissen entspricht,
c) ein Anspruch auf Zeitvorrang gegebenenfalls die in Artikel 52 Absätze 2, 4 und 5 genannten Bedingungen erfüllt und
d) die nach Artikel 83 zu zahlenden Gebühren innerhalb der vom Amt bestimmten Frist gezahlt worden sind.

(2) Erfüllt der Antrag zwar die Voraussetzungen gemäß Artikel 51, entspricht er aber nicht den anderen Erfordernissen des Artikels 50, so gibt das Amt dem Antragsteller Gelegenheit, die festgestellten Mängel zu beseitigen.

(3) Erfüllt der Antrag die Voraussetzungen nach Artikel 51 nicht, so teilt das Amt dies dem Antragsteller, oder, sofern dies nicht möglich ist, in einer Bekanntmachung gemäß Artikel 89 mit.

Art. 54
Sachliche Prüfung.

(1) Das Amt prüft, ob die Sorte nach Artikel 5 Gegenstand des gemeinschaftlichen Sortenschutzes sein kann, ob die Sorte neu im Sinne des Artikels 10 ist, ob der Antragsteller nach Artikel 12 antragsberechtigt ist und ob die Bedingungen gemäß Artikel 82 erfüllt sind. Das Amt prüft auch, ob die vorgeschlagene Sortenbezeichnung nach Artikel 63 festsetzbar ist. Dabei kann es sich anderer Stellen bedienen.

(2) Der Erstantragsteller gilt als derjenige, dem das Recht auf den gemeinschaftlichen Sortenschutz gemäß Artikel 11 zusteht. Dies gilt nicht, falls das Amt vor einer Entscheidung über den Antrag feststellt bzw. sich aus einer abschließenden Beurteilung hinsichtlich der Geltendmachung des Rechts gemäß Artikel 98 Absatz 4 ergibt, daß dem Erstantragsteller nicht oder nicht allein das Recht auf den gemeinschaftlichen Sortenschutz zusteht. Ist die Identität der alleinberechtigten oder der anderen berechtigten Personen festgestellt worden, kann die Person bzw. können die Personen das Verfahren als Antragsteller einleiten.

Art. 55
Technische Prüfung.

(1) Stellt das Amt aufgrund der Prüfung nach den Artikeln 53 und 54 keine Hindernisse für die Erteilung des gemeinschaftlichen Sortenschutzes fest, so veranlaßt es die technische Prüfung hinsichtlich der Erfüllung der Voraussetzungen der Artikel 7, 8 und 9 durch das zuständige Amt oder die zuständigen Ämter in mindestens einem der Mitgliedstaaten, denen vom Verwaltungsrat die technische Prüfung von Sorten des betreffenden Taxons übertragen wurde, im folgenden „Prüfungsämter" genannt.

(2) Steht ein Prüfungsamt nicht zur Verfügung, so kann das Amt mit Zustimmung des Verwaltungsrats andere geeignete Einrichtungen mit der Prüfung beauftragen oder eigene Dienststellen des Amtes für diese Zwecke einrichten. Für die Anwendung der Vorschriften dieses Kapitels gelten diese Einrichtungen oder Dienststellen als Prüfungsämter. Diese können von den Einrichtungen Gebrauch machen, die ihnen vom Antragsteller zur Verfügung gestellt werden.

(3) Das Amt übermittelt den Prüfungsämtern Abschriften des Antrags gemäß der Durchführungsordnung nach Artikel 114.

(4) Das Amt bestimmt durch allgemeine Regelung oder Aufforderung im Einzelfall, wann, wo und in welcher Menge und Beschaffenheit das Material für die technische Prüfung sowie Referenzmuster vorzulegen sind.

(5) Beansprucht der Antragsteller einen Zeitvorrang nach Artikel 52 Absatz 2 oder 4, so legt er das erforderliche Material und die etwa erforderlichen weiteren Unterlagen innerhalb von zwei Jahren nach dem Antragstag gemäß Artikel 51 vor. Wird vor Ablauf der Frist von zwei Jahren der frühere Antrag zurückgenommen oder zurückgewiesen, so kann das Amt den Antragsteller auffordern, das Material oder weitere Unterlagen innerhalb einer bestimmten Frist vorzulegen.

Art. 56
Durchführung der technischen Prüfung.

(1) Soweit nicht eine andere Form der technischen Prüfung in bezug auf die Erfüllung der Voraussetzungen der Artikel 7, 8 und 9 vorgesehen ist, bauen die Prüfungsämter bei der technischen Prüfung die Sorte an oder führen die sonst erforderlichen Untersuchungen durch.

(2) Die technische Prüfung wird in Übereinstimmung mit den vom Verwaltungsrat erlassenen Prüfungsrichtlinien und den vom Amt gegebenen Weisungen durchgeführt.

(3) Bei der technischen Prüfung können sich die Prüfungsämter mit Zustimmung des Amtes anderer fachlich geeigneter Stellen bedienen und vorliegende Prüfungsergebnisse solcher Stellen berücksichtigen.

(4) Jedes Prüfungsamt beginnt die technische Prüfung, soweit das Amt nichts anderes bestimmt, spätestens zu dem Zeitpunkt, zu dem es eine technische Prüfung aufgrund eines Antrags auf ein nationales Schutzrecht begonnen hätte, der zu dem Zeitpunkt eingereicht worden wäre, an dem der vom Amt übersandte Antrag bei dem Prüfungsamt eingegangen ist.

(5) Im Falle des Artikels 55 Absatz 5 beginnt jedes Prüfungsamt, soweit das Amt nichts anderes bestimmt, die technische Prüfung spätestens zu dem Zeitpunkt, zu dem es eine Prüfung aufgrund eines Antrags auf ein nationales Schutzrecht begonnen hätte, wenn zu diesem Zeitpunkt das erforderliche Material und die etwa erforderlichen weiteren Unterlagen vorgelegt worden wären.

(6) Der Verwaltungsrat kann bestimmen, daß die technische Prüfung bei Sorten von Reben und Baumarten später beginnen kann.

Art. 57
Prüfungsbericht.

(1) Auf Anforderung des Amtes oder, wenn es das Ergebnis der technischen Prüfung zur Beurteilung der Sorte für ausreichend hält, übersendet das Prüfungsamt dem Amt einen Prüfungsbericht und im Falle, daß es die in den Artikeln 7, 8 und 9 festgelegten Voraussetzungen als erfüllt erachtet, eine Beschreibung der Sorte.

(2) Das Amt teilt dem Antragsteller das Ergebnis der technischen Prüfung und die Sortenbeschreibung mit und gibt ihm Gelegenheit zur Stellungnahme.

(3) Sieht das Amt den Prüfungsbericht nicht als hinreichende Entscheidungsgrundlage an, kann es von sich aus nach Anhörung des Antragstellers oder auf Antrag des Antragstellers eine ergänzende Prüfung vorsehen. Zum Zweck der Bewertung der Ergebnisse wird jede ergänzende Prüfung, die durchgeführt wird, bis eine gemäß den Artikeln 61 und 62 getroffene Entscheidung Rechtskraft erlangt, als Bestandteil der in Artikel 56 Absatz 1 genannten Prüfung betrachtet.

(4) Die Ergebnisse der technischen Prüfung unterliegen der alleinigen Verfügungsbefugnis des Amtes und können von den Prüfungsämtern nur insoweit anderweitig benutzt werden, als das Amt dem zustimmt.

Art. 58
Kosten der technischen Prüfung.

Das Amt zahlt den Prüfungsämtern für die technische Prüfung ein Entgelt nach Maßgabe der Durchführungsordnung nach Artikel 114.

Art. 59
Einwendungen gegen die Erteilung des Sortenschutzes.

(1) Jedermann kann beim Amt schriftlich Einwendungen gegen die Erteilung des gemeinschaftlichen Sortenschutzes erheben.

(2) Die Einwender sind neben dem Antragsteller am Verfahren zur Erteilung des gemeinschaftlichen Sortenschutzes beteiligt. Unbeschadet des Artikels 88 haben Einwender Zugang zu den Unterlagen sowie zu den Ergebnissen der technischen Prüfung und der Sortenbeschreibung nach Artikel 57 Absatz 2.

(3) Die Einwendungen können nur auf die Behauptung gestützt werden, daß
a) die Voraussetzungen der Artikel 7 bis 11 nicht erfüllt sind,
b) der Festsetzung einer vorgeschlagenen Sortenbezeichnung ein Hinderungsgrund nach Artikel 63 Absatz 3 oder 4 entgegensteht.

(4) Die Einwendungen können erhoben werden:
a) im Fall von Einwendungen nach Absatz 3 Buchstabe a) nach Stellung eines Antrags und vor einer Entscheidung gemäß Artikel 61 oder 62;
b) im Fall von Einwendungen nach Absatz 3 Buchstabe b) innerhalb von drei Monaten ab der Bekanntmachung des Vorschlags für die Sortenbezeichnung gemäß Artikel 89.

(5) Entscheidungen über die Einwendungen können zusammen mit den Entscheidungen gemäß den Artikeln 61, 62 oder 63 getroffen werden.

Art. 60
Zeitrang eines neuen Antrags bei Einwendungen.

Führt eine Einwendung wegen Nichterfüllung der Voraussetzungen des Artikels 11 zur Zurücknahme oder Zurückweisung des Antrags auf gemeinschaftlichen Sortenschutz und reicht der Einwender innerhalb eines Monats nach der Zurücknahme oder der Unanfechtbarkeit der Zurückweisung für dieselbe Sorte einen Antrag auf gemeinschaftlichen Sortenschutz ein, so kann er verlangen, daß hierfür als Antragstag der Tag des zurückgenommenen oder zurückgewiesenen Antrags gilt.

Kapitel III.
Die Entscheidung

Art. 61
Zurückweisung.

(1) Das Amt weist den Antrag auf gemeinschaftlichen Sortenschutz zurück, wenn und sobald es feststellt, daß der Antragsteller:
a) Mängel im Sinne des Artikels 53, zu deren Beseitigung dem Antragsteller Gelegenheit gegeben wurde, innerhalb einer ihm gesetzten Frist nicht beseitigt hat,
b) einer Regelung oder Aufforderung nach Artikel 55 Absatz 4 oder 5 nicht innerhalb der gesetzten Frist nachgekommen ist, es sei denn, daß das Amt die Nichtvorlage genehmigt hat, oder
c) keine nach Artikel 63 festsetzbare Sortenbezeichnung vorgeschlagen hat.

(2) Das Amt weist den Antrag auf gemeinschaftlichen Sortenschutz ferner zurück, wenn
a) es feststellt, daß die von ihm nach Artikel 54 zu prüfenden Voraussetzungen nicht erfüllt sind, oder
b) es aufgrund der Prüfungsberichte nach Artikel 57 zu der Auffassung gelangt, daß die Voraussetzungen der Artikel 7, 8 und 9 nicht erfüllt sind.

Art. 62
Erteilung.

Ist das Amt der Auffassung, daß die Ergebnisse der Prüfung für die Entscheidung über den Antrag ausreichen, und liegen keine Hindernisse nach Artikel 59 und 61 vor, so erteilt es den gemeinschaftlichen Sortenschutz. Die Entscheidung muß eine amtliche Beschreibung der Sorte enthalten.

Art. 63
Sortenbezeichnung.

(1) Bei der Erteilung des gemeinschaftlichen Sortenschutzes genehmigt das Amt für die Sorte die vom Antragsteller gemäß Artikel 50 Absatz 3 vorgeschlagene Sortenbezeichnung, wenn es sie aufgrund der nach Artikel 54 Absatz 1 Satz 2 durchgeführten Prüfung für geeignet befunden hat.

(2) Eine Sortenbezeichnung ist geeignet, wenn kein Hinderungsgrund nach den Absätzen 3 oder 4 vorliegt.

(3) Ein Hinderungsgrund für die Festsetzung einer Sortenbezeichnung liegt vor, wenn
a) ihrer Verwendung im Gebiet der Gemeinschaft das ältere Recht eines Dritten entgegensteht,
b) für ihre Verwender allgemein Schwierigkeiten bestehen, sie als Sortenbezeichnung zu erkennen oder wiederzugeben,
c) sie mit einer Sortenbezeichnung übereinstimmt oder verwechselt werden kann, unter der in einem Mitgliedstaat oder in einem Verbandsstaat des Internationalen Verbands zum Schutz von Pflanzenzüchtungen eine andere Sorte derselben oder einer verwandten Art in einem amtlichen Verzeichnis von Sorten eingetragen ist oder Material einer anderen Sorte gewerbsmäßig in den Verkehr gebracht worden ist, es sei denn, daß die andere Sorte nicht mehr fortbesteht und ihre Sortenbezeichnung keine größere Bedeutung erlangt hat,
d) sie mit anderen Bezeichnungen übereinstimmt oder verwechselt werden kann, die beim Inverkehrbringen von Waren allgemein benutzt werden oder nach anderen Rechtsvorschriften als freizuhaltende Bezeichnung gelten,
e) sie in einem der Mitgliedstaaten Ärgernis erregen kann oder gegen die öffentliche Ordnung verstößt,
f) sie geeignet ist, hinsichtlich der Merkmale, des Wertes oder der Identität der Sorte oder der Identität des Züchters oder anderer Berechtigter irrezuführen oder Verwechslungen hervorzurufen.

(4) Bei einer Sorte, die bereits
a) in einem Mitgliedstaat oder
b) in einem Verbandsstaat des Internationalen Verbands zum Schutz von Pflanzenzüchtungen oder
c) in einem anderen Staat, der nach einer Feststellung in einem gemeinschaftlichen Rechtsakt Sorten nach Regeln beurteilt, die denen der Richtlinien über die gemeinsamen Sortenkataloge entsprechen,

in einem amtlichen Verzeichnis von Sorten oder Material von ihnen eingetragen und zu gewerblichen Zwecken in den Verkehr gebracht worden ist, liegt ein Hinderungsgrund auch vor, wenn die vorgeschlagene Sortenbezeichnung abweicht von der dort eingetragenen oder verwendeten Sortenbezeichnung, es sei denn, daß dieser ein Hinderungsgrund nach Absatz 3 entgegensteht.

(5) Das Amt macht bekannt, welche Arten es als verwandt im Sinne des Absatzes 3 Buchstabe c) ansieht.

Kapitel IV.
Die Aufrechterhaltung des gemeinschaftlichen Sortenschutzes

Art. 64
Technische Nachprüfung.

(1) Das Amt prüft das unveränderte Fortbestehen der geschützten Sorten nach.
(2) Zu diesem Zweck wird eine technische Nachprüfung entsprechend den Bestimmungen der Artikel 55 und 56 durchgeführt.
(3) Der Inhaber hat dem Amt und den Prüfungsämtern, denen die technische Nachprüfung der Sorte übertragen wurde, alle für die Beurteilung des unveränderten Fortbestehens der Sorte erforderlichen Auskünfte zu erteilen. Er hat entsprechend den vom Amt getroffenen Bestimmungen Material der Sorte vorzulegen und die Nachprüfung zu gestatten, ob zur Sicherung des unveränderten Fortbestehens der Sorte die erforderlichen Maßnahmen getroffen wurden.

Art. 65
Bericht über die technische Nachprüfung.

(1) Auf Anforderung des Amtes oder wenn es feststellt, daß die Sorte nicht homogen oder nicht beständig ist, übersendet das mit der technischen Nachprüfung beauftragte Prüfungsamt dem Amt einen Bericht über die getroffenen Feststellungen.
(2) Haben sich bei der technischen Nachprüfung Mängel nach Absatz 1 ergeben, so teilt das Amt dem Inhaber das Ergebnis der technischen Nachprüfung mit und gibt ihm Gelegenheit zur Stellungnahme dazu.

Art. 66
Änderung der Sortenbezeichnung.

(1) Das Amt ändert eine nach Artikel 63 festgesetzte Sortenbezeichnung, wenn es feststellt daß die Bezeichnung den Anforderungen des Artikels 63 nicht oder nicht mehr entspricht und, im Fall eines älteren entgegenstehenden Rechts eines Dritten, der Inhaber des gemeinschaftlichen Sortenschutzes mit der Änderung einverstanden ist oder ihm oder einem anderen zur Verwendung der Sortenbezeichnung Verpflichteten aus diesem Grund die Verwendung der Sortenbezeichnung durch eine rechtskräftige Entscheidung untersagt worden ist.
(2) Das Amt gibt dem Inhaber Gelegenheit, eine geänderte Sortenbezeichnung vorzuschlagen und verfährt gemäß Artikel 63.
(3) Gegen den Vorschlag für eine geänderte Sortenbezeichnung können Einwendungen entsprechend Artikel 59 Absatz 3 Buchstabe b) erhoben werden.

Kapitel V.
Die Beschwerde

Art. 67[7]
Beschwerdefähige Entscheidungen.

(1) Die Entscheidungen des Amtes nach den Artikeln 20, 21, 59, 61, 62, 63 und 66 sowie Entscheidungen, die Gebühren nach Artikel 83, die Kosten nach Artikel 85, die Eintragung und Löschung von Angaben in dem in Artikel 87 genannten Register und Einsichtnahme nach Artikel 88 betreffen, sind mit der Beschwerde anfechtbar.

(2) Eine Beschwerde nach Absatz 1 hat aufschiebende Wirkung. Das Amt kann jedoch, wenn es dies den Umständen nach für nötig hält, anordnen, daß die angefochtene Entscheidung nicht ausgesetzt wird.

(3) Entscheidungen des Amtes nach Artikel 29 und Artikel 100 Absatz 2 sind mit der Beschwerde anfechtbar, es sei denn, es wird eine unmittelbare Klage nach Artikel 74 eingelegt. Die Beschwerde hat keine aufschiebende Wirkung.

(4) Eine Entscheidung, die ein Verfahren gegenüber einem Beteiligten nicht abschließt, ist nur zusammen mit der Endentscheidung beschwerdefähig, sofern nicht in der Entscheidung die gesonderte Beschwerde vorgesehen ist.

Art. 68
Beschwerdeberechtigte und Verfahrensbeteiligte.

Jede natürliche oder juristische Person kann vorbehaltlich des Artikels 82 gegen die an sie ergangenen Entscheidungen sowie gegen diejenigen Entscheidungen Beschwerde einlegen, die, obwohl sie als eine an eine andere Person gerichtete Entscheidung ergangen sind, sie unmittelbar und individuell betreffen. Die Verfahrensbeteiligten können an Beschwerdeverfahren beteiligt werden; das Amt ist stets an Beschwerdeverfahren beteiligt.

Art. 69
Frist und Form.

Die Beschwerde ist innerhalb von zwei Monaten nach Zustellung der Entscheidung, soweit sie an die beschwerdeführende Person gerichtet ist, oder anderenfalls innerhalb von zwei Monaten nach Bekanntmachung der Entscheidung schriftlich beim Amt einzulegen und innerhalb von vier Monaten nach dieser Zustellung oder Bekanntmachung der Entscheidung schriftlich zu begründen.

Art. 70
Abhilfe.

(1) Erachtet die Stelle des Amtes, die die Entscheidung vorbereitet hat, die Beschwerde als zulässig und begründet, so hat das Amt ihr abzuhelfen. Dies gilt nicht, wenn dem Beschwerdeführer ein anderer am Beschwerdeverfahren Beteiligter gegenübersteht.

(2) Wird der Entscheidung innerhalb eines Monats nach Eingang der Begründung nicht abgeholfen, so verfährt das Amt in bezug auf die Beschwerde unverzüglich wie folgt:

---

7 Art. 67 Abs. 3 geändert durch VO v. 25.10.1995 (ABl. L 258/3).

— es entscheidet, ob es gemäß Artikel 67 Absatz 2 zweiter Satz tätig wird und
— legt die Beschwerde der Beschwerdekammer vor.

Art. 71
Prüfung der Beschwerde.

(1) Ist die Beschwerde zulässig, so prüft die Beschwerdekammer, ob die Beschwerde begründet ist.
(2) Bei der Prüfung der Beschwerde fordert die Beschwerdekammer die am Beschwerdeverfahren Beteiligten so oft wie erforderlich auf, innerhalb von ihr bestimmter Fristen eine Stellungnahme zu ihren Bescheiden oder zu den Schriftsätzen der anderen am Beschwerdeverfahren Beteiligten einzureichen. Die am Beschwerdeverfahren Beteiligten haben das Recht, mündliche Erklärungen abzugeben.

Art. 72
Entscheidung über die Beschwerde.

Die Beschwerdekammer entscheidet über die Beschwerde aufgrund der Prüfung nach Artikel 71. Die Beschwerdekammer wird entweder im Rahmen der Zuständigkeit des Amtes tätig oder verweist die Angelegenheit zur weiteren Entscheidung an die zuständige Stelle des Amtes zurück. Diese ist durch die rechtliche Beurteilung der Beschwerdekammer, die der Entscheidung zugrunde gelegt ist, gebunden, soweit der Sachverhalt derselbe ist.

Art. 73[8]
Klage gegen Entscheidungen der Beschwerdekammern.

(1) Die Entscheidungen der Beschwerdekammern, durch die über eine Beschwerde entschieden wurde, sind mit der Klage beim Gerichtshof anfechtbar.
(2) Die Klage ist zulässig wegen Unzuständigkeit, Verletzung wesentlicher Formvorschriften, Verletzung des Vertrags, dieser Verordnung oder einer bei ihrer Durchführung anzuwendenden Rechtsnorm oder wegen Ermessensmißbrauchs.
(3) Der Gerichtshof kann die angefochtene Entscheidung aufheben oder abändern.
(4) Die Klage steht den an den Verfahren vor einer Beschwerdekammer Beteiligten zu, die mit ihren Anträgen ganz oder teilweise unterlegen sind.
(5) Die Klage ist innerhalb von zwei Monaten nach Zustellung der Entscheidung der Beschwerdekammern beim Gerichtshof zu erheben.
(6) Das Amt hat die notwendigen Maßnahmen zu ergreifen, um dem Urteil des Gerichtshofs Folge zu leisten.

Art. 74[9]
Unmittelbare Klage.

(1) Die Entscheidungen des Amtes nach Artikel 29 und Artikel 100 Absatz 2 sind mit der unmittelbaren Klage beim Gerichtshof anfechtbar.
(2) Die Bestimmungen von Artikel 73 gelten entsprechend.

---

8 Art. 73 neugefaßt durch VO v. 25.10.1955 (ABl. L 258/3).
9 Art. 74 geändert durch VO v. 25.10.1955 (ABl. L 258/3).

Kapitel VI.
Sonstige Verfahrensbestimmungen

Art. 75
Begründung der Entscheidungen, rechtliches Gehör.

Die Entscheidungen des Amtes sind mit Gründen zu versehen. Sie dürfen nur auf Gründe oder Beweise gestützt werden, zu denen die Verfahrensbeteiligten sich mündlich oder schriftlich äußern konnten.

Art. 76
Ermittlung des Sachverhalts von Amts wegen.

In den Verfahren vor dem Amt ermittelt das Amt den Sachverhalt von Amts wegen, soweit er nach den Artikeln 54 und 55 zu prüfen ist. Tatsachen und Beweismittel, die von den Beteiligten nicht innerhalb der vom Amt gesetzten Frist vorgebracht worden sind, werden vom Amt nicht berücksichtigt.

Art. 77
Mündliche Verhandlung.

(1) Das Amt ordnet von Amts wegen oder auf Antrag eines Verfahrensbeteiligten eine mündliche Verhandlung an.
(2) Die mündliche Verhandlung vor dem Amt ist unbeschadet Absatz 3 nicht öffentlich.
(3) Die mündliche Verhandlung vor der Beschwerdekammer einschließlich der Verkündung der Entscheidung ist öffentlich, sofern die Beschwerdekammer nicht in Fällen anders entscheidet, in denen insbesondere für einen am Beschwerdeverfahren Beteiligten die Öffentlichkeit des Verfahrens schwerwiegende und ungerechtfertigte Nachteile zur Folge haben könnte.

Art. 78
Beweisaufnahme.

(1) In den Verfahren vor dem Amt sind insbesondere folgende Beweismittel zulässig:
a) Vernehmung der Verfahrensbeteiligten,
b) Einholung von Auskünften,
c) Vorlegung von Urkunden und sonstigen Beweisstücken,
d) Vernehmung von Zeugen,
e) Begutachtung durch Sachverständige,
f) Einnahme des Augenscheins,
g) Abgabe einer schriftlichen Erklärung unter Eid.

(2) Soweit das Amt durch Ausschuß entscheidet, kann dieser eines seiner Mitglieder mit der Durchführung der Beweisaufnahme beauftragen.

(3) Hält das Amt die mündliche Vernehmung eines Verfahrensbeteiligten, Zeugen oder Sachverständigen für erforderlich, so wird
a) der Betroffene zu einer Vernehmung vor dem Amt geladen oder
b) das zuständige Gericht oder die zuständige Behörde des Staates, in dem der Betroffene seinen Wohnsitz hat, nach Artikel 91 Absatz 2 ersucht, den Betroffenen zu vernehmen.

(4) Ein vor das Amt geladener Verfahrensbeteiligter, Zeuge oder Sachverständiger kann beim Amt beantragen, daß er von einem zuständigen Gericht oder einer zuständigen Behörde in seinem Wohnsitzstaat vernommen wird. Nach Erhalt eines solchen Antrags oder in dem Fall, daß keine Äußerung auf

die Ladung erfolgt, kann das Amt nach Artikel 91 Absatz 2 das zuständige Gericht oder die zuständige Behörde ersuchen, den Betroffenen zu vernehmen.

(5) Hält das Amt die erneute Vernehmung eines von ihm vernommenen Verfahrensbeteiligten, Zeugen oder Sachverständigen unter Eid oder in sonstiger verbindlicher Form für zweckmäßig, so kann es das zuständige Gericht oder die zuständige Behörde im Wohnsitzstaat des Betroffenen hierum ersuchen.

(6) Ersucht das Amt das zuständige Gericht oder die zuständige Behörde um Vernehmung, so kann es das Gericht oder die Behörde ersuchen, die Vernehmung in verbindlicher Form vorzunehmen und es einem Bediensteten des Amtes zu gestatten, der Vernehmung beizuwohnen und über das Gericht oder die Behörde oder unmittelbar Fragen an die Verfahrensbeteiligten, Zeugen oder Sachverständigen zu richten.

Art. 79
Zustellung.

Das Amt stellt von Amts wegen alle Entscheidungen und Ladungen sowie die Bescheide und Mitteilungen zu, durch die eine Frist in Lauf gesetzt wird oder die nach anderen Vorschriften dieser Verordnung oder nach aufgrund dieser Verordnung erlassenen Vorschriften zuzustellen sind oder für die der Präsident des Amtes die Zustellung vorgeschrieben hat. Die Zustellungen können durch Vermittlung der zuständigen Sortenbehörden der Mitgliedstaaten bewirkt werden.

Art. 80
Wiedereinsetzung in den vorigen Stand.

(1) Der Antragsteller eines Antrags auf gemeinschaftlichen Sortenschutz, der Inhaber und jeder andere an einem Verfahren vor dem Amt Beteiligte, der trotz Beachtung aller nach den gegebenen Umständen gebotenen Sorgfalt verhindert gewesen ist, gegenüber dem Amt eine Frist einzuhalten, wird auf Antrag wieder in den vorigen Stand eingesetzt, wenn die Verhinderung nach dieser Verordnung dem Verlust eines Rechts oder eines Rechtsmittels zur unmittelbaren Folge hat.

(2) Der Antrag ist innerhalb von zwei Monaten nach Wegfall des Hindernisses schriftlich einzureichen. Die versäumte Handlung ist innerhalb dieser Frist nachzuholen. Der Antrag ist nur innerhalb eines Jahres nach Ablauf der versäumten Frist zulässig.

(3) Der Antrag ist zu begründen, wobei die zur Begründung dienenden Tatsachen glaubhaft zu machen sind.

(4) Dieser Artikel ist nicht anzuwenden auf die Fristen des Absatzes 2 sowie des Artikels 52 Absätze 2, 4 und 5.

(5) Wer in einem Mitgliedstaat in gutem Glauben Material einer Sorte, die Gegenstand eines bekanntgemachten Antrags auf Erteilung des gemeinschaftlichen Sortenschutzes oder eines erteilten gemeinschaftlichen Sortenschutzes ist, in der Zeit zwischen dem Eintritt eines Rechtsverlustes nach Absatz 1 an dem Antrag oder dem erteilten gemeinschaftlichen Sortenschutz und der Wiedereinsetzung in den vorigen Stand in Benutzung genommen oder wirkliche und ernsthafte Vorkehrungen zur Benutzung getroffen hat, darf die Benutzung in seinem Betrieb oder für die Bedürfnisse seines Betriebes unentgeltlich fortsetzen.

Art. 81
Allgemeine Grundsätze.

(1) Soweit in dieser Verordnung oder in aufgrund dieser Verordnung erlassenen Vorschriften Verfahrensbestimmungen fehlen, berücksichtigt das Amt die in den Mitgliedstaaten allgemein anerkannten Grundsätze des Verfahrensrechts.

(2) Artikel 48 gilt entsprechend für Bedienstete des Amtes, soweit sie mit Entscheidungen der in Artikel 67 genannten Art befaßt sind, und für Bedienstete der Prüfungsämter, soweit sie an Maßnahmen zur Vorbereitung solcher Entscheidungen mitwirken.

Art. 82
Verfahrensvertreter.

Personen, die im Gebiet der Gemeinschaft weder einen Wohnsitz noch einen Sitz oder eine Niederlassung haben, können als Beteiligte an dem Verfahren vor dem Amt nur teilnehmen, wenn sie einen Verfahrensvertreter benannt haben, der seinen Wohnsitz oder einen Sitz oder eine Niederlassung im Gebiet der Gemeinschaft hat.

Kapitel VII.
Gebühren, Kostenregelung

Art. 83
Gebühren.

(1) Das Amt erhebt für seine in dieser Verordnung vorgesehenen Amtshandlungen und jährlich während der Dauer eines gemeinschaftlichen Sortenschutzes Gebühren aufgrund der Gebührenordnung gemäß Artikel 113.

(2) Werden fällige Gebühren für die in Artikel 113 Absatz 2 genannten Amtshandlungen oder sonstige in der Gebührenordnung genannte Amtshandlungen, die nur auf Antrag vorzunehmen sind, nicht entrichtet, so gilt der Antrag als nicht gestellt oder die Beschwerde als nicht erhoben, wenn die für die Entrichtung der Gebühren erforderlichen Handlungen nicht innerhalb eines Monats vorgenommen werden, nachdem das Amt eine erneute Aufforderung zur Zahlung der Gebühren zugestellt und dabei auf diese Folge der Nichtentrichtung hingewiesen hat.

(3) Können bestimmte Angaben des Antragstellers auf Erteilung des gemeinschaftlichen Sortenschutzes nur durch eine technische Prüfung nachgeprüft werden, die außerhalb des festgelegten Rahmens der technischen Prüfung von Sorten des betreffenden Taxons liegt, so können Gebühren für die technische Prüfung nach Anhörung des Gebührenschuldners bis zur Höhe des tatsächlich entstehenden Aufwandes erhöht werden.

(4) Hat eine Beschwerde Erfolg, so sind die für die Beschwerde erhobenen Gebühren zurückzuerstatten, bei teilweisen Erfolg zu einem entsprechenden Teil. Die Rückerstattung kann jedoch ganz oder teilweise unterbleiben, wenn der Erfolg der Beschwerde auf Tatsachen beruht, die zum Zeitpunkt der ursprünglichen Entscheidung nicht bekannt waren.

Art. 84
Beendigung von Zahlungsverpflichtungen.

(1) Ansprüche des Amtes auf Zahlung von Gebühren erlöschen nach vier Jahren nach Ablauf des Kalenderjahres, in dem die Gebühr fällig geworden ist.

(2) Ansprüche gegen das Amt auf Rückerstattung von Gebühren oder von Geldbeträgen, die bei der Entrichtung einer Gebühr zuviel gezahlt worden sind, erlöschen nach vier Jahren nach Ablauf des Kalenderjahres, in dem der Anspruch entstanden ist.

(3) Die in Absatz 1 vorgesehene Frist wird durch eine Aufforderung zur Zahlung der Gebühr und die Frist des Absatzes 2 durch eine schriftliche und mit Gründen versehene Geltendmachung des Anspruchs unterbrochen. Diese Frist beginnt mit der Unterbrechung erneut zu laufen und endet spätestens sechs

Jahre nach Ablauf des Jahres, in dem sie ursprünglich zu laufen begonnen hat, es sei denn, daß der Anspruch zwischenzeitlich gerichtlich geltend gemacht worden ist; in diesem Fall endet die Frist frühestens ein Jahr nach der Rechtskraft der Entscheidung.

Art. 85
Kostenverteilung.

(1) Im Verfahren zur Rücknahme oder zum Widerruf des gemeinschaftlichen Sortenschutzes bzw. im Beschwerdeverfahren trägt der unterliegende Beteiligte die Kosten des anderen Verfahrensbeteiligten sowie die ihm aus dem Verfahren erwachsenden notwendigen Kosten, einschließlich der Reise- und Aufenthaltskosten sowie die Kosten der Bevollmächtigten, Beistände und Anwälte im Rahmen der Tabellen für die einzelnen Kosten nach Maßgabe der nach Artikel 114 festgelegten Durchführungsordnung.

(2) Erzielt jedoch jeder der Verfahrensbeteiligten Teilobsiege bzw. erscheint es aus Gründen der Billigkeit angeraten, so beschließt das Amt oder die Beschwerdekammer eine andere Verteilung der Kosten.

(3) Der Verfahrensbeteiligte, der die Verfahren durch die Rücknahme des Antrags auf Erteilung des gemeinschaftlichen Sortenschutzes, des Antrags auf Rücknahme oder Widerruf des Sortenschutzes oder der Beschwerde bzw. durch Verzicht auf den gemeinschaftlichen Sortenschutz beendet, trägt die dem anderen Verfahrensbeteiligten erwachsenden Kosten gemäß den Absätzen 1 und 2.

(4) Einigen sich die Verfahrensbeteiligten vor dem Amt oder der Beschwerdekammer auf eine Kostenverteilung, die von der in den vorstehenden Absätzen vorgesehenen abweicht, so wird dieser Vereinbarung Rechnung getragen.

(5) Das Amt oder die Beschwerdekammer legt auf Antrag die Höhe der Kosten fest, die nach Maßgabe der vorstehenden Absätze zu erstatten sind.

Art. 86
Vollstreckung der Entscheidungen, in denen Kosten festgesetzt werden.

(1) Jede Endentscheidung des Amtes, in der Kosten festgesetzt werden, ist ein vollstreckbarer Titel.

(2) Die Zwangsvollstreckung erfolgt nach den Vorschriften des Zivilprozeßrechts des Mitgliedstaats, in dessen Hoheitsgebiet sie stattfindet. Die Vollstreckungsklausel wird nach einer Prüfung, die sich lediglich auf die Echtheit des Titels erstrecken darf, von der staatlichen Behörde erteilt, welche die Regierung jedes Mitgliedstaats zu diesem Zweck bestimmt und dem Amt und dem Gerichtshof der Europäischen Gemeinschaften benennt.

(3) Sind diese Formvorschriften auf Antrag des die Vollstreckung betreibenden Beteiligten erfüllt, so kann dieser die Zwangsvollstreckung nach innerstaatlichem Recht betreiben, indem er die zuständige Stelle unmittelbar anruft.

(4) Die Zwangsvollstreckung kann nur durch eine Entscheidung des Gerichtshofes der Europäischen Gemeinschaften ausgesetzt werden. Für die Prüfung der Ordnungsmäßigkeit der Vollstreckungsmaßnahmen sind jedoch die einzelstaatlichen Rechtsprechungsorgane zuständig.

Kapitel VIII.
Register

Art. 87
Einrichtung der Register.

(1) Das Amt führt ein Register für die Anträge auf gemeinschaftlichen Sortenschutz, in das folgende Angaben eingetragen werden:
a) Anträge auf gemeinschaftlichen Sortenschutz unter Angabe des Taxons und der vorläufigen Bezeichnung der Sorte, des Antragstages sowie des Namens und der Anschrift des Antragstellers, des Züchters und eines etwaigen betroffenen Verfahrensvertreters;
b) Beendigung eines Verfahrens betreffend Anträge auf gemeinschaftlichen Sortenschutz mit den Angaben gemäß Buchstabe a);
c) Vorschläge für Sortenbezeichnungen;
d) Änderungen in der Person des Antragstellers oder seines Verfahrensvertreters;
e) Zwangsvollstreckungsmaßnahmen nach den Artikeln 24 und 26, sofern dies beantragt wird.

(2) Das Amt führt Register für gemeinschaftliche Sortenschutzrechte, in das nach Erteilung des gemeinschaftlichen Sortenschutzes folgende Angaben eingetragen werden:
a) die Art und die Sortenbezeichnung der Sorte;
b) die amtliche Sortenbeschreibung oder ein Hinweis auf die Unterlagen des Amtes, in denen die amtliche Sortenbeschreibung als Bestandteil des Registers enthalten ist;
c) bei Sorten, bei denen zur Erzeugung von Material fortlaufend Material bestimmter Komponenten verwendet werden muß, ein Hinweis auf die Komponenten;
d) der Name und die Anschrift des Inhabers, des Züchters und eines etwaigen betroffenen Verfahrensvertreters;
e) der Zeitpunkt des Beginns und der Beendigung des gemeinschaftlichen Sortenschutzes sowie der Beendigungsgrund;
f) ein ausschließliches vertragliches Nutzungsrecht oder ein Zwangsnutzungsrecht, einschließlich des Namens und der Anschrift des Nutzungsberechtigten, sofern dies beantragt wird;
g) Zwangsvollstreckungsmaßnahmen nach Artikel 24, sofern dies beantragt wird;
h) die Kennzeichnung der Sorten als Ursprungssorten und im wesentlichen abgeleitete Sorten einschließlich der Sortenbezeichnungen und der Namen der betroffenen Parteien, sofern dies sowohl von dem Inhaber einer Ursprungssorte als auch von dem Züchter einer im wesentlichen von der Ursprungssorte abgeleiteten Sorte beantragt wird. Ein Antrag einer der beiden betroffenen Parteien ist nur dann ausreichend, wenn sie entweder eine freiwillige Bestätigung der anderen Partei gemäß Artikel 99 oder eine Endentscheidung bzw. ein Endurteil im Sinne dieser Verordnung erhalten hat, aus der bzw. aus dem hervorgeht, daß es sich bei den betreffenden Sorten um Ursprungs- bzw. um im wesentlichen abgeleitete Sorten handelt.

(3) Sonstige Angaben oder Bedingungen für die Eintragung in beide Register können in der Durchführungsordnung gemäß Artikel 114 vorgesehen werden.

(4) Die amtliche Sortenbeschreibung kann nach Anhörung des Inhabers hinsichtlich der Anzahl und der Art der Merkmale sowie der festgestellten Ausprägungen dieser Merkmale von Amts wegen den jeweils geltenden Grundsätzen für die Beschreibung von Sorten des betreffenden Taxons angepaßt werden, soweit dies erforderlich ist, um die Beschreibung der Sorte mit den Beschreibungen anderer Sorten des betreffenden Taxons vergleichbar zu machen.

Art. 88
Einsichtnahme.

(1) Jedermann kann in die Register nach Artikel 87 Einsicht nehmen.

(2) Bei Vorliegen eines berechtigten Interesses kann jedermann nach Maßgabe der in der Durchführungsordnung gemäß Artikel 114 vorgesehenen Bedingungen Einsicht nehmen in
a) die Unterlagen eines Antrags auf Erteilung des gemeinschaftlichen Sortenschutzes;
b) die Unterlagen eines erteilten gemeinschaftlichen Sortenschutzes;
c) den Anbau zur technischen Prüfung einer Sorte;
d) den Anbau zur technischen Nachprüfung des Fortbestehens einer Sorte.

(3) Bei Sorten, bei denen zur Erzeugung von Material fortlaufend Material bestimmter Komponenten verwendet werden muß, sind auf Antrag des Antragstellers auf Erteilung des gemeinschaftlichen Sortenschutzes alle Angaben über Komponenten einschließlich ihres Anbaus von der Einsichtnahme auszuschließen. Der Antrag auf Ausschluß von Einsichtnahme kann nur bis zur Entscheidung über den Antrag auf Erteilung des gemeinschaftlichen Sortenschutzes gestellt werden.

(4) Material, das im Zusammenhang mit den Prüfungen nach Artikel 55 Absatz 4, Artikel 56 und Artikel 64 vorgelegt oder gewonnen wurde, darf von den nach dieser Verordnung zuständigen Stellen nicht an andere abgegeben werden, es sei denn, daß der Berechtigte einwilligt oder die Abgabe im Rahmen der in dieser Verordnung geregelten Zusammenarbeit bei der Prüfung aufgrund von Rechtsvorschriften erforderlich ist.

Art. 89
Regelmäßig erscheinende Veröffentlichungen.

Das Amt gibt mindestens alle zwei Monate eine Veröffentlichung mit den Angaben heraus, die gemäß Artikel 87 Absatz 2 Buchstaben a), d), e), f), g) und h) in das Register aufgenommen und noch nicht veröffentlicht wurden. Das Amt veröffentlicht außerdem einen jährlichen Bericht mit den Angaben, die das Amt als zweckdienlich erachtet, zumindest jedoch eine Liste der geltenden gemeinschaftlichen Sortenschutzrechte, ihrer Inhaber, der Zeitpunkte der Erteilung und des Erlöschens des Sortenschutzes und der zugelassenen Sortenbezeichnungen. Die Einzelheiten dieser Veröffentlichungen werden vom Verwaltungsrat bestimmt.

Art. 90
Gegenseitige Unterrichtung und Austausch von Veröffentlichungen.

(1) Das Amt und die zuständige Sortenbehörden der Mitgliedstaaten übermitteln einander auf entsprechendes Ersuchen unbeschadet der für die Ermittlung von Ergebnissen der technischen Prüfung getroffenen besonderen Regelungen kostenlos für ihre eigenen Zwecke ein oder mehrere Exemplare ihrer Veröffentlichungen sowie sonstige sachdienliche Angaben über beantragte oder erteilte Schutzrechte.

(2) Die in Artikel 88 Absatz 3 genannten Angaben sind von der Unterrichtung ausgeschlossen, es sei denn, daß
a) die Unterrichtung zur Durchführung der in den Artikeln 55 und 64 genannten Prüfungen erforderlich ist oder
b) der Antragsteller auf Erteilung des gemeinschaftlichen Sortenschutzes oder der Inhaber der Unterrichtung zustimmt.

Art. 91
Amts- und Rechtshilfe.

(1) Das Amt, die in Artikel 55 Absatz 1 genannten Prüfungsämter und die Gerichte oder Behörden der Mitgliedstaaten unterstützen einander auf Antrag durch die Erteilung von Auskünften oder die Gewährung von Einsicht in Unterlagen betreffend die Sorte, ihre Muster und ihren Anbau, soweit nicht Vorschriften dieser Verordnung oder einzelstaatliche Vorschriften dem entgegenstehen. Gewähren das Amt oder die Prüfungsämter Gerichten oder Staatsanwaltschaften Einsicht, so unterliegt diese nicht den Beschränkungen des Artikels 88; von den Prüfungsämtern gewährte Einsichtnahmen unterliegen nicht einer Entscheidung des Amtes im Sinne von Artikel 88.

(2) Die Gerichte oder andere zuständige Behörden der Mitgliedstaaten nehmen für das Amt auf dessen Ersuchen um Rechtshilfe Beweisaufnahmen oder andere damit in Zusammenhang stehende gerichtliche Handlungen innerhalb ihrer Zuständigkeit vor.

Fünfter Teil. Auswirkungen auf sonstiges Recht

Art. 92
Verbot des Doppelschutzes.

(1) Sorten, die Gegenstand eines gemeinschaftlichen Sortenschutzes sind, können nicht Gegenstand eines nationalen Sortenschutzes oder eines Patents für die betreffende Sorte sein. Ein entgegen dem ersten Satz erteiltes Schutzrecht hat keine Wirkung.

(2) Wurde dem Inhaber vor der Erteilung des gemeinschaftlichen Sortenschutzes für dieselbe Sorte ein sonstiges Schutzrecht der in Absatz 1 genannten Art erteilt, so kann er die Rechte aus einem solchen Schutz an der Sorte so lange nicht geltend machen, wie der gemeinschaftliche Sortenschutz daran besteht.

Art. 93
Anwendung nationalen Rechts.

Die Geltendmachung der Rechte aus dem gemeinschaftlichen Sortenschutz unterliegt Beschränkungen durch das Recht der Mitgliedstaaten nur insoweit, als in dieser Verordnung ausdrücklich darauf Bezug genommen worden ist.

Sechster Teil. Zivilrechtliche Ansprüche, Rechtsverletzungen, gerichtliche Zuständigkeit

Art. 94
Verletzung.

(1) Wer
a) hinsichtlich einer Sorte, für die ein gemeinschaftlicher Sortenschutz erteilt wurde, eine der in Artikel 13 Absatz 2 genannten Handlungen vornimmt, ohne dazu berechtigt zu sein, oder
b) die korrekte Verwendung einer Sortenbezeichnung im Sinne von Artikel 17 Absatz 1 oder die einschlägige Information im Sinne von Artikel 17 Absatz 2 unterläßt oder
c) entgegen Artikel 18 Absatz 3 die Sortenbezeichnung einer Sorte, für die ein gemeinschaftlicher Sortenschutz erteilt wurde, oder eine mit dieser Sortenbezeichnung verwechselbare Bezeichnung verwendet,
kann vom Inhaber auf Unterlassung der Verletzung oder Zahlung einer angemessenen Vergütung oder auf beides in Anspruch genommen werden.

(2) Wer vorsätzlich oder fahrlässig handelt, ist dem Inhaber darüber hinaus zum Ersatz des weiteren aus der Verletzung entstandenen Schadens verpflichtet. Bei leichter Fahrlässigkeit kann sich dieser Anspruch entsprechend dem Grad der leichten Fahrlässigkeit, jedoch nicht unter die Höhe des Vorteils, der dem Verletzer aus der Verletzung erwachsen ist, vermindern.

Art. 95
Handlungen vor Erteilung des gemeinschaftlichen Sortenschutzes.

Der Inhaber kann von demjenigen, der in der Zeit zwischen der Bekanntmachung des Antrags auf gemeinschaftlichen Sortenschutz und dessen Erteilung eine Handlung vorgenommen hatte, die ihm nach diesem Zeitraum aufgrund des gemeinschaftlichen Sortenschutzes verboten wäre, eine angemessene Vergütung verlangen.

Art. 96
Verjährung.

Die Ansprüche nach den Artikeln 94 und 95 verjähren in drei Jahren von dem Zeitpunkt an, in dem der gemeinschaftliche Sortenschutz endgültig erteilt worden ist und der Inhaber von der Handlung und der Person des Verpflichteten Kenntnis erlangt hat, oder, falls keine solche Kenntnis erlangt wurde, in dreißig Jahren von der Vollendung der jeweiligen Handlung an.

Art. 97
Ergänzende Anwendung des nationalen Rechts bei Verletzungen.

(1) Hat der nach Artikel 94 Verpflichtete durch die Verletzung auf Kosten des Inhabers oder eines Nutzungsberechtigen etwas erlangt, so wenden die nach den Artikeln 101 oder 102 zuständigen Gerichte hinsichtlich der Herausgabe ihr nationales Recht einschließlich ihres internationalen Privatrechts an.

(2) Absatz 1 gilt auch für sonstige Ansprüche, die sich aus der Vornahme oder der Unterlassung von Handlungen nach Artikel 95 in der Zeit zwischen der Bekanntmachung des Antrags auf Erteilung des gemeinschaftlichen Sortenschutzes und der Erledigung des Antrags ergeben können.

(3) Im übrigen bestimmt sich die Wirkung des gemeinschaftlichen Sortenschutzes allein nach dieser Verordnung.

Art. 98
Geltendmachung des Rechts auf den gemeinschaftlichen Sortenschutz.

(1) Ist der gemeinschaftliche Sortenschutz einer Person erteilt worden, die nach Artikel 11 nicht berechtigt ist, so kann der Berechtigte unbeschadet anderer nach dem Recht der Mitgliedstaaten bestehender Ansprüche vom nichtberechtigten Inhaber verlangen, daß der gemeinschaftliche Sortenschutz ihm übertragen wird.

(2) Steht einer Person das Recht auf den gemeinschaftlichen Sortenschutz nur teilweise zu, so kann sie nach Absatz 1 verlangen, daß ihr die Mitinhaberschaft daran eingeräumt wird.

(3) Die Ansprüche nach den Absätzen 1 und 2 können nur innerhalb einer Ausschlußfrist von fünf Jahren nach Bekanntmachung der Erteilung des gemeinschaftlichen Sortenschutzes geltend gemacht werden. Dies gilt nicht, wenn der Inhaber bei Erteilung oder Erwerb Kenntnis davon hatte, daß ihm das Recht auf den gemeinschaftlichen Sortenschutz nicht oder nicht allein zustand.

(4) Die Ansprüche nach den Absätzen 1 und 2 stehen dem Berechtigten entsprechend auch hinsichtlich eines Antrags auf Erteilung des gemeinschaftlichen Sortenschutzes zu, der von einem nicht oder nicht allein berechtigten Antragsteller gestellt worden ist.

Art. 99
Bestätigung der Sortenkennzeichnung.

Der Inhaber einer Ursprungssorte und der Züchter einer im wesentlichen von der Ursprungssorte abgeleiteten Sorte haben Anspruch auf Erhalt einer Bestätigung darüber, daß die betreffenden Sorten als Ursprungs- bzw. im wesentlichen abgeleitete Sorten gekennzeichnet werden.

Art. 100
Folgen des Wechsels der Inhaberschaft am gemeinschaftlichen Sortenschutz.

(1) Bei vollständigem Wechsel der Inhaberschaft am gemeinschaftlichen Sortenschutz infolge eines zur Geltendmachung der Ansprüche gemäß Artikel 98 Absatz 1 nach Artikel 101 oder 102 erwirkten rechtskräftigen Urteils erlöschen Nutzungsrechte und sonstige Rechte mit der Eintragung des Berechtigten in das Register für gemeinschaftliche Sortenschutzrechte.

(2) Hat vor Einleitung des Verfahrens gemäß den Artikeln 101 oder 102 der Inhaber oder ein zu diesem Zeitpunkt Nutzungsberechtigter hinsichtlich der Sorte im Gebiet der Gemeinschaft eine der in Artikel 13 Absatz 2 genannten Handlungen vorgenommen oder dazu wirkliche und ernsthafte Vorkehrungen getroffen, so kann er diese Handlungen fortsetzen oder vornehmen, wenn er bei dem neuen in das Register für gemeinschaftliche Sortenschutzrechte eingetragenen Inhaber die Einräumung eines nicht ausschließlichen Nutzungsrechts beantragt. Der Antrag muß innerhalb der in der Durchführungsverordnung vorgeschriebenen Frist gestellt werden. Das Nutzungsrecht kann in Ermangelung eines Einvernehmens zwischen den Parteien vom Amt gewährt werden. Artikel 29 Absätze 3 bis 7 gilt sinngemäß.

(3) Absatz 2 findet keine Anwendung, wenn der Inhaber oder Nutzungsberechtigte zu dem Zeitpunkt, zu dem er mit der Vornahme der Handlungen oder dem Treffen der Veranstaltungen begonnen hat, bösgläubig gehandelt hat.

Art. 101
Zuständigkeit und Verfahren für Klagen, die zivilrechtliche Ansprüche betreffen.

(1) Das Lugano-Übereinkommen sowie die ergänzenden Vorschriften dieses Artikels und der Artikel 102 bis 106 dieser Verordnung sind auf Verfahren für Klagen anzuwenden, die die in den Artikeln 94 bis 100 genannten Ansprüche betreffen.

(2) Verfahren der in Absatz 1 genannten Art sind anhängig zu machen bei den Gerichten
a) des Mitgliedstaats oder sonstigen Vertragsstaats des Lugano-Übereinkommens, in dem der Beklagte seinen Wohnsitz oder Sitz oder, in Ermangelung eines solchen, eine Niederlassung hat, oder,
b) falls diese Voraussetzung in keinem Mitgliedstaat oder Vertragsstaat gegeben ist, des Mitgliedstaats, in dem der Kläger seinen Wohnsitz oder Sitz oder, in Ermangelung eines solchen, eine Niederlassung hat, oder,
c) falls auch diese Voraussetzung in keinem Mitgliedstaat gegeben ist, des Mitgliedstaats, in dem das Amt seinen Sitz hat.
Die zuständigen Gerichte sind für die Entscheidung über die in einem jeden der Mitgliedstaaten begangenen Verletzungshandlungen zuständig.

(3) Verfahren für Klagen, die Ansprüche wegen Verletzungshandlungen betreffen, können auch beim Gericht des Ortes anhängig gemacht werden, an dem das schädigende Ereignis eingetreten ist. In diesem Fall ist das Gericht nur für die Verletzungshandlungen zuständig, die in dem Mitgliedstaat begangen worden sind, zu dem es gehört.

(4) Für das Verfahren und die Zuständigkeit der Gerichte gilt das Recht des nach den Absätzen 2 oder 3 bestimmten Staates.

Art. 102
Ergänzende Bestimmungen.

(1) Klagen, die den Anspruch auf das Recht nach Artikel 98 betreffen, unterliegen nicht der Anwendung von Artikel 5 Absätze 3 und 4 des Lugano-Übereinkommens.
(2) Ungeachtet des Artikels 101 sind Artikel 5 Absatz 1, Artikel 17 und Artikel 18 des Lugano-Übereinkommens anzuwenden.
(3) Für die Anwendung der Artikel 101 und 102 wird der Wohnsitz oder Sitz einer Partei nach den Artikeln 52 und 53 des Lugano-Übereinkommens bestimmt.

Art. 103
Anwendbares Verfahrensrecht.

Soweit nach den Artikels 101 und 102 die Zuständigkeit nationaler Gerichte gegeben ist, sind unbeschadet der Artikel 104 und 105 die Verfahrensvorschriften des betreffenden Staates für gleichartige Klagen anzuwenden, die entsprechende nationale Schutzrechte betreffen.

Art. 104
Klagebefugnis bei der Verletzungsklage.

(1) Die Verletzungsklage wird durch den Inhaber erhoben. Ein Nutzungsberechtigter kann die Verletzungsklage erheben, sofern solche Klagen im Fall eines ausschließlichen Nutzungsrechts nicht aus-

drücklich durch eine Vereinbarung mit dem Inhaber oder durch das Amt gemäß den Artikeln 29 bzw. 100 Absatz 2 ausgeschlossen sind.

(2) Jeder Nutzungsberechtigte kann der vom Inhaber erhobenen Verletzungsklage beitreten, um den Ersatz seines eigenen Schadens geltend zu machen.

Art. 105
Bindung des nationalen Gerichts oder der sonstigen Stelle.

Das nationale Gericht oder die sonstige Stelle, vor denen eine Klage betreffend einen gemeinschaftlichen Sortenschutz anhängig ist, hat von der Rechtsgültigkeit des gemeinschaftlichen Sortenschutzes auszugehen.

Art. 106
Aussetzung des Verfahrens.

(1) Betrifft die Klage Ansprüche gemäß Artikel 98 Absatz 4 und hängt die Entscheidung von der Schutzfähigkeit der Sorte nach Artikel 6 ab, so kann diese Entscheidung erst ergehen, wenn das Amt über den Antrag auf gemeinschaftlichen Sortenschutz entschieden hat.

(2) Betrifft die Klage einen erteilten gemeinschaftlichen Sortenschutz, hinsichtlich dessen ein Verfahren zur Rücknahme oder zum Widerruf nach den Artikeln 20 oder 21 eingeleitet worden ist, so kann, sofern die Entscheidung von der Rechtsgültigkeit des gemeinschaftlichen Sortenschutzes abhängt, das Verfahren ausgesetzt werden.

Art. 107
Ahndung der Verletzung des gemeinschaftlichen Sortenschutzes.

Die Mitgliedstaaten treffen alle geeigneten Maßnahmen, um sicherzustellen, daß für die Ahndung von Verletzungen eines gemeinschaftlichen Sortenschutzes die gleichen Vorschriften in Kraft treten, die für eine Verletzung entsprechender nationaler Rechte gelten.

Siebenter Teil. Haushalt, Finanzkontrolle, gemeinschaftsrechtliche Durchführungsvorschriften

Art. 108
Haushalt.

(1) Alle Einnahmen und Ausgaben des Amtes werden für jedes Haushaltsjahr veranschlagt und in den Haushaltsplan des Amtes eingesetzt; Haushaltsjahr ist das Kalenderjahr.

(2) Der Haushaltsplan ist in Einnahmen und Ausgaben auszugleichen.

(3) Die Einnahmen des Haushalts umfassen unbeschadet anderer Einnahmen das Aufkommen an Gebühren, die entsprechend Artikel 83 aufgrund der Gebührenordnung nach Artikel 113 zu zahlen sind, und, soweit erforderlich, einen Zuschuß aus dem Gesamthaushaltsplan der Europäischen Gemeinschaften.

(4) Die Ausgaben umfassen unbeschadet anderer Ausgaben die festen Kosten des Amtes sowie die aus dem normalen Betrieb des Amtes erwachsenden Kosten, einschließlich der an die Prüfungsämter zu zahlenden Beträge.

Art. 109
Aufstellung des Haushaltsplans.

(1) Der Präsident stellt jährlich für das folgende Haushaltsjahr einen Voranschlag der Einnahmen und Ausgaben des Amtes auf und übermittelt ihn zusammen mit einem Stellenverzeichnis und, soweit der Voranschlag einen Zuschuß nach Artikel 108 Absatz 3 vorsieht, einer einleitenden Begründung spätestens am 31. März jedes Jahres dem Verwaltungsrat.

(2) Sieht der Voranschlag einen Zuschuß nach Artikel 108 Absatz 3 vor, so übermittelt der Verwaltungsrat den Voranschlag sowie das Stellenverzeichnis und die genannte Begründung unverzüglich der Kommission, wobei er seine Stellungnahme beifügen kann. Die Kommission übermittelt diese Unterlagen der Haushaltsbehörde der Gemeinschaften; sie kann ihnen eine Stellungnahme sowie einen abweichenden Voranschlag beifügen.

(3) Der Verwaltungsrat stellt den Haushaltsplan fest, der auch das vom Amt erstellte Stellenverzeichnis umfaßt. Ist in dem Voranschlag ein Zuschuß nach Artikel 108 Absatz 3 enthalten, so wird der Haushaltsplan erforderlichenfalls an die Mittelansätze des Gesamthaushaltsplans der Europäischen Gemeinschaften angepaßt.

Art. 110
Ausführung des Haushaltsplans.

Der Haushaltsplan des Amtes wird vom Präsidenten ausgeführt.

Art. 111
Kontrolle.

(1) Die Kontrolle der Mittelbindung und der Auszahlung aller Ausgaben sowie die Kontrolle der Feststellung und der Einziehung aller Einnahmen des Amtes erfolgen durch den vom Verwaltungsrat bestellten Finanzkontrolleur.

(2) Der Präsident übermittelt der Kommission, dem Verwaltungsrat und dem Rechnungshof der Europäischen Gemeinschaften spätestens am 31. März jedes Jahres die Rechnung für alle Einnahmen und Ausgaben des Amtes im abgelaufenen Haushaltsjahr. Der Rechnungshof prüft die Rechnung gemäß den einschlägigen Bestimmungen für den Gesamthaushaltsplan der Europäischen Gemeinschaften.

(3) Der Verwaltungsrat erteilt dem Präsidenten des Amtes Entlastung für die Ausführung des Haushaltsplans.

Art. 112
Finanzvorschriften.

Der Verwaltungsrat legt nach Anhörung des Rechnungshofes interne Finanzvorschriften fest, die insbesondere das Verfahren zur Aufstellung und Ausführung des Haushaltsplans des Amtes regeln. Die Finanzvorschriften müssen weitgehend den Vorschriften der Haushaltsordnung für den Gesamthaushaltsplan der Europäischen Gemeinschaften entsprechen und dürfen von diesen nur abweichen, wenn dies wegen der besonderen Anforderungen der einzelnen Aufgaben des Amts notwendig ist.

Art. 113
Gebührenordnung.

(1) Die Gebührenordnung bestimmt insbesondere die Tatbestände, für die nach Artikel 83 Absatz 1 Gebühren zu entrichten sind, die Höhe der Gebühren und die Art und Weise, wie sie zu zahlen sind.

(2) Gebühren sind mindestens für folgende Tatbestände zu erheben:
a) die Bearbeitung eines Antrags auf Erteilung des gemeinschaftlichen Sortenschutzes; diese Gebühr umfaßt folgendes:
   – Formalprüfung (Artikel 53),
   – sachliche Prüfung (Artikel 54),
   – Prüfung der Sortenbezeichnung (Artikel 63),
   – Entscheidung (Artikel 61, 62),
   – entsprechende Veröffentlichung (Artikel 89);
b) die Veranlassung und Durchführung der technischen Prüfung;
c) die Bearbeitung einer Beschwerde bis zur Entscheidung darüber;
d) jedes Jahr der Geltungsdauer des gemeinschaftlichen Sortenschutzes.

(3) a) Unbeschadet der Buchstaben b) und c) ist die Höhe der Gebühren so zu bemessen, daß gewährleistet ist, daß die sich daraus ergebenden Einnahmen grundsätzlich zur Deckung aller Haushaltsaufgaben des Amtes ausreichen.
   b) Der Zuschuß nach Artikel 108 Absatz 3 kann jedoch innerhalb einer Übergangszeit, die am 31. Dezember des vierten Jahres nach dem in Artikel 118 Absatz 2 festgesetzten Zeitpunkt endet, die Ausgaben im Rahmen der Anlaufphase des Amtes decken. Nach dem Verfahren des Artikels 115 kann die Übergangszeit – soweit erforderlich – um höchstens ein Jahr verlängert werden.
   c) Ferner kann der Zuschuß nach Artikel 108 Absatz 3 während der vorgenannten Übergangszeit auch einige Ausgaben des Amtes für bestimmte Tätigkeiten decken, die nicht die Bearbeitung von Anträgen, die Vorbereitung und Durchführung der technischen Prüfungen oder die Bearbeitung von Beschwerden betreffen. Diese Tätigkeiten werden spätestens ein Jahr nach Annahme dieser Verordnung in den Durchführungsvorschriften nach Artikel 114 präzisiert.

(4) Die Gebührenordnung wird nach Anhörung des Verwaltungsrates zu dem Entwurf der zu treffenden Maßnahmen nach dem Verfahren des Artikels 115 erlassen.

Art. 114
Sonstige Durchführungsvorschriften.

(1) Die Einzelheiten der Anwendung dieser Verordnung werden in einer Durchführungsordnung geregelt. Sie muß insbesondere Bestimmungen
– über das Verhältnis zwischen Amt und den in den Artikeln 30 Absatz 4 und 55 Absätze 1 und 2 genannten Prüfungsämtern, Einrichtungen oder eigenen Dienststellen,
– über die in den Artikeln 36 Absatz 1 und 42 Absatz 2 genannten Angelegenheiten,
– über das Verfahren vor den Beschwerdekammern enthalten.

(2) Unbeschadet der Artikel 112 und 113 werden alle in dieser Verordnung genannten Durchführungsvorschriften nach Anhörung des Verwaltungsrates zu dem Entwurf der zu treffenden Maßnahmen nach dem Verfahren des Artikels 115 erlassen.

Art. 115
Verfahren.

(1) Die Kommission wird von einem Ausschuß unterstützt, der sich aus Vertretern der Mitgliedstaaten zusammensetzt und in dem der Vertreter der Kommission den Vorsitz führt.

(2) Ist das Verfahren dieses Artikels anzuwenden, so unterbreitet der Vertreter der Kommission dem Ausschuß einen Entwurf der zu treffenden Maßnahmen. Der Ausschuß gibt seine Stellungnahme zu diesem Entwurf innerhalb einer Frist ab, die der Vorsitzende unter Berücksichtigung der Dringlichkeit der betreffenden Frage festsetzen kann. Die Stellungnahme wird mit der Mehrheit abgegeben, die in Artikel 148 Absatz 2 des Vertrags für die Annahme der vom Rat auf Vorschlag der Kommission zu fassenden Beschlüsse vorgesehen ist. Bei der Abstimmung im Ausschuß werden die Stimmen der Vertreter der Mitgliedstaaten gemäß dem vorgenannten Artikel gewogen. Der Vorsitzende nimmt an der Abstimmung nicht teil.

(3) a) Die Kommission erläßt die beabsichtigten Maßnahmen, wenn sie mit der Stellungnahme des Ausschusses übereinstimmen.
  b) Stimmen die beabsichtigten Maßnahmen mit der Stellungnahme des Ausschusses nicht überein oder liegt keine Stellungnahme vor, so unterbreitet die Kommission dem Rat unverzüglich einen Vorschlag für die zu treffenden Maßnahmen. Der Rat beschließt mit qualifizierter Mehrheit.

Hat der Rat nach Ablauf einer Frist von drei Monaten von der Befassung des Rates an keinen Beschluß gefaßt, so werden die vorgeschlagenen Maßnahmen von der Kommission erlassen, es sei denn, daß der Rat sich mit einfacher Mehrheit gegen diese Maßnahmen ausgesprochen hat.

Achter Teil. Übergangs- und Schlußbestimmungen

Art. 116
Ausnahmebestimmungen.

(1) Abweichend von Artikel 10 Absatz 1 Buchstabe a) und unbeschadet der Bestimmungen von Artikel 10 Absätze 2 und 3 gilt eine Sorte auch dann als neu, wenn Sortenbestandteile oder Sortenerntegut vom Züchter oder mit seiner Zustimmung höchstens vier Jahre, bei Sorten von Reben und Baumarten höchstens sechs Jahre vor Inkrafttreten dieser Verordnung im Gebiet der Gemeinschaft verkauft oder auf andere Weise zur Nutzung der Sorte an andere abgegeben worden sind, wenn der Antragstag innerhalb eines Jahres nach diesem Zeitpunkt liegt.

(2) Die Bestimmungen von Absatz 1 gelten für solche Sorten auch in den Fällen, in denen vor Inkrafttreten dieser Verordnung in einem oder mehreren Migliedstaaten ein nationaler Sortenschutz erteilt wurde.

(3) Abweichend von den Artikeln 55 und 56 nimmt das Amt die technische Prüfung dieser Sorten so weit wie möglich auf der Grundlage der verfügbaren Ergebnisse von Verfahren zur Erteilung eines nationalen Sortenschutzes im Einvernehmen mit der Behörde vor, bei der das betreffende Verfahren stattgefunden hat.

(4) Wurde ein gemeinschaftlicher Sortenschutz gemäß Absatz 1 oder 2 erteilt, so
– gilt Artikel 13 Absatz 5 Buchstabe a) nicht in bezug auf im wesentlichen abgeleitete Sorten, deren Bestehen vor dem Zeitpunkt des Inkrafttretens dieser Verordnung in der Gemeinschaft allgemein bekannt war;
– ist Artikel 14 Absatz 3 vierter Gedankenstrich nicht auf Landwirte anwendbar, die eine eingeführte Sorte im Einklang mit Artikel 14 Absatz 1 weiterhin verwenden, wenn sie die Sorte bereits vor Inkrafttreten dieser Verordnung zu den in Artikel 14 Absatz 1 genannten Zwecken ohne Entschädigungszahlung verwendet haben; diese Bestimmung gilt bis zum 30. Juni des siebten auf das Jahr des Inkrafttretens dieser Verordnung folgenden Jahres. Vor diesem Zeitpunkt wird die Kommission einen Bericht über die Lage jeder einzelnen eingeführten Sorte vorlegen. Der vorstehend genannte Zeitraum kann im Rahmen der Durchführungsvorschriften nach Artikel 114 verlängert werden, sofern der von der Kommission vorgelegte Bericht dies rechtfertigt;
– gelten die Bestimmungen von Artikel 16 unbeschadet der Rechte aufgrund eines nationalen Schutzes sinngemäß für Handlungen, die Material betreffen, das vom Züchter selbst oder mit seiner Zustimmung vor dem Zeitpunkt des Inkrafttretens dieser Verordnung an Dritte abgegeben wurde, sowie für Handlungen, die von Personen ausgeführt wurden, die bereits vor diesem Zeitpunkt solche Handlungen vorgenommen oder dazu wirkliche und ernsthafte Vorkehrungen getroffen haben.
Haben solche früheren Handlungen eine weitere Vermehrung beinhaltet, die im Sinne von Artikel 16 Buchstabe a) beabsichtigt war, so ist die Genehmigung des Inhabers für eine weitere Vermehrung nach Ablauf des zweiten Jahres, bei Sorten von Reben und Baumarten nach Ablauf des vierten Jahres nach dem Zeitpunkt des Inkrafttretens dieser Verordnung erforderlich.
– Abweichend von Artikel 19 verringert sich die Dauer des gemeinschaftlichen Sortenschutzes
  – im Fall von Absatz 1 um den längsten Zeitraum, in dem entsprechend den Ergebnissen des Verfahrens zur Erteilung des gemeinschaftlichen Sortenschutzes Sortenbestandteile oder Sortenerntegut vom Züchter selbst oder mit seiner Zustimmung im Gebiet der Gemeinschaft verkauft oder auf andere Weise zur Nutzung der Sorte an andere abgegeben wurden;
  – im Fall von Absatz 2 um den längsten Zeitraum, in dem ein nationaler Sortenschutz bestand;
keinesfalls jedoch um mehr als fünf Jahre.

Art. 117
Übergangsbestimmungen.

Das Amt ist so rechtzeitig zu errichten, daß es vom 27. April 1995 an die ihm nach dieser Verordnung obliegenden Aufgaben vollständig wahrnehmen kann.

Art. 118
Inkrafttreten.

(1) Diese Verordnung tritt am Tag ihrer Veröffentlichung im Amtsblatt der Europäischen Gemeinschaften in Kraft.[10]

(2) Die Artikel 1, 2, 3 und 5 bis 29 sowie 49 bis 106 gelten ab dem 27. April 1995.

---

10 Die Verordnung wurde im Amtsblatt L 227 vom 1.9.1994 veröffentlicht.

Gesetz

zu der in Genf am 19. März 1991 unterzeichneten Fassung des Internationalen Übereinkommens zum Schutz von Pflanzenzüchtungen

Vom 25. März 1998
Der Bundestag hat das folgende Gesetz beschlossen:

Artikel 1

Dem in Genf am 19. März 1991 von der Bundesrepublik Deutschland unterzeichneten Internationalen Übereinkommen zum Schutz von Pflanzenzüchtungen vom 2. Dezember 1961[11], revidiert in Genf am 10. November 1972, am 23. Oktober 1978[12] und am 19. März 1991, wird zugestimmt. Das Übereinkommen wird nachstehend veröffentlicht.

Artikel 2

(1) Dieses Gesetz tritt am Tage nach seiner Verkündung in Kraft.
(2) Der Tag, an dem das Übereinkommen nach seinem Artikel 37 für die Bundesrepublik Deutschland in Kraft tritt, ist im Bundesgesetzblatt bekanntzugeben.
Die verfassungsmäßigen Rechte des Bundesrates sind gewahrt.
Das vorstehende Gesetz wird hiermit ausgefertigt und wird im Bundesgesetzblatt verkündet.

Berlin, den 25. März 1998

Der Bundespräsident
Roman Herzog

Der Bundeskanzler
Dr. Helmut Kohl

Der Bundesminister für Ernährung, Landwirtschaft und Forsten
Jochen Borchert

Der Bundesminister des Auswärtigen
Kinkel

Der Bundesminister der Justiz
Schmidt-Jortzig

1243/2E1 – 4.3.1. – Bd. XII 445
Bundesgesetzblatt II Nr. 8 vom 1. April 1998, 258

---

11 Bl. f. PMZ 1968, 250 ff.
12 Bl. f. PMZ 1984, 351 ff.

3. Internationales Übereinkommen zum Schutz von Pflanzenzüchtungen

vom 2. Dezember 1961, revidiert in Genf am 10. November 1972, am 23. Oktober 1978 und am 19. März 1991

Verzeichnis der Artikel

Kapitel I – **Begriffsbestimmungen**
Artikel 1: – Begriffsbestimmungen

Kapitel II – **Allgemeine Verpflichtungen der Vertragsparteien**
Artikel 2: – Grundlegende Verpflichtung der Vertragsparteien
Artikel 3: – Gattungen und Arten, die geschützt werden müssen
Artikel 4: – Inländerbehandlung

Kapitel III – **Voraussetzungen für die Erteilung des Züchterrechts**
Artikel 5: – Schutzvoraussetzungen
Artikel 6: – Neuheit
Artikel 7: – Unterscheidbarkeit
Artikel 8: – Homogenität
Artikel 9: – Beständigkeit

Kapitel IV – **Antrag auf Erteilung des Züchterrechts**
Artikel 10: – Einreichung von Anträgen
Artikel 11: – Priorität
Artikel 12: – Prüfung des Antrags
Artikel 13: – Vorläufiger Schutz

Kapitel V – **Die Rechte des Züchters**
Artikel 14: – Inhalt des Züchterrechts
Artikel 15: – Ausnahmen vom Züchterrecht
Artikel 16: – Erschöpfung des Züchterrechts
Artikel 17: – Beschränkungen in der Ausübung des Züchterrechts
Artikel 18: – Maßnahmen zur Regelung des Handels
Artikel 19: – Dauer des Züchterrechts

Kapitel VI – **Sortenbezeichnung**
Artikel 20: – Sortenbezeichnung

Kapitel VII – **Nichtigkeit und Aufhebung des Züchterrechts**
Artikel 21: – Nichtigkeit des Züchterrechts
Artikel 22: – Aufhebung des Züchterrechts

Kapitel VIII – **Der Verband**

Artikel 23: – Mitglieder
Artikel 24: – Rechtsstellung und Sitz
Artikel 25: – Organe
Artikel 26: – Der Rat
Artikel 27: – Das Verbandsbüro
Artikel 28: – Sprachen
Artikel 29: – Finanzen

Kapitel IX – **Anwendung des Übereinkommens; andere Abmachungen**

Artikel 30: – Anwendung des Übereinkommens
Artikel 31: – Beziehungen zwischen den Vertragsparteien und den durch eine frühere Akte gebundenen Staaten
Artikel 32: – Besondere Abmachungen

Kapitel X – **Schlußbestimmungen**

Artikel 33: – Unterzeichnung
Artikel 34: – Ratifikation, Annahme oder Genehmigung; Beitritt
Artikel 35: – Vorbehalte
Artikel 36: – Mitteilungen über die Gesetzgebung und die schutzfähigen Gattungen und Arten; zu veröffentlichende Informationen
Artikel 37: – Inkrafttreten; Unmöglichkeit, einer früheren Akte beizutreten
Artikel 38: – Revision des Übereinkommens
Artikel 39: – Kündigung
Artikel 40: – Aufrechterhaltung wohlerworbener Rechte
Artikel 41: – Urschrift und amtliche Wortlaute des Übereinkommens
Artikel 42: – Verwahreraufgaben

Kapitel I
Begriffsbestimmungen

Artikel 1
Begriffsbestimmungen.

Im Sinne dieser Akte sind:
i) dieses Übereinkommen: diese Akte (von 1991) des Internationalen Übereinkommens zum Schutz von Pflanzenzüchtungen;
ii) Akte von 1961/1972: das Internationale Übereinkommen zum Schutz von Pflanzenzüchtungen vom 2. Dezember 1961 in der durch die Zusatzakte vom 10. November 1972 geänderten Fassung;
iii) Akte von 1978: die Akte vom 23. Oktober 1978 des Internationalen Übereinkommens zum Schutz von Pflanzenzüchtungen;
iv) Züchter:
– die Person, die eine Sorte hervorgebracht oder sie entdeckt und entwickelt hat,
– die Person, die der Arbeitgeber oder Auftraggeber der vorgenannten Person ist, falls die Rechtsvorschriften der betreffenden Vertragspartei entsprechendes vorsehen, oder
– der Rechtsnachfolger der erst- oder zweitgenannten Person;
v) Züchterrecht: das in diesem Übereinkommen vorgesehene Recht des Züchters;
vi) Sorte: eine pflanzliche Gesamtheit innerhalb eines einzigen botanischen Taxons der untersten bekannten Rangstufe, die, unabhängig davon, ob sie voll den Voraussetzungen für die Erteilung eines Züchterrechts entspricht,
– durch die sich aus einem bestimmten Genotyp oder einer bestimmten Kombination von Genotypen ergebende Ausprägung der Merkmale definiert werden kann,
– zumindest durch die Ausprägung eines der erwähnten Merkmale von jeder anderen pflanzlichen Gesamtheit unterschieden werden kann und
– in Anbetracht ihrer Eignung, unverändert vermehrt zu werden, als Einheit angesehen werden kann;
vii) Vertragspartei: ein Vertragsstaat dieses Übereinkommens oder eine zwischenstaatliche Organisation, die eine Vertragsorganisation dieses Übereinkommens ist;
viii) Hoheitsgebiet, im Zusammenhang mit einer Vertragspartei: wenn diese ein Staat ist, das Hoheitsgebiet dieses Staates, und wenn diese eine zwischenstaatliche Organisation ist, das Hoheitsgebiet, in dem der diese zwischenstaatliche Organisation gründende Vertrag Anwendung findet;
ix) Behörde: die in Artikel 30 Absatz 1 Nummer ii erwähnte Behörde;
x) Verband: der durch die Akte von 1961 gegründete und in der Akte von 1972, der Akte von 1978 sowie in diesem Übereinkommen weiter erwähnte Internationale Verband zum Schutz von Pflanzenzüchtungen;
xi) Verbandsmitglied: ein Vertragsstaat der Akte von 1961/1972 oder der Akte von 1978 sowie eine Vertragspartei.

Kapitel II
Allgemeine Verpflichtungen der Vertragsparteien

Artikel 2
Grundlegende Verpflichtung der Vertragsparteien.

Jede Vertragspartei erteilt und schützt Züchterrechte.

Artikel 3
Gattungen und Arten, die geschützt werden müssen.

(1) [*Staaten, die bereits Verbandsmitglieder sind*] Jede Vertragspartei, die durch die Akte von 1961/1972 oder die Akte von 1978 gebunden ist, wendet dieses Übereinkommen
i) von dem Zeitpunkt an, in dem sie durch dieses Übereinkommen gebunden wird, auf alle Pflanzengattungen und -arten, auf die sie zu diesem Zeitpunkt die Akte von 1961/1972 oder die Akte von 1978 anwendet, und
ii) spätestens vom Ende einer Frist von fünf Jahren nach diesem Zeitpunkt an auf alle Pflanzengattungen und -arten
an.

(2) [*Neue Verbandsmitglieder*] Jede Vertragspartei, die nicht durch die Akte von 1961/1972 oder die Akte von 1978 gebunden ist, wendet dieses Übereinkommen
i) von dem Zeitpunkt an, in dem sie durch dieses Übereinkommen gebunden wird, auf alle Pflanzengattungen und -arten, auf die sie zu diesem Zeitpunkt die Akte von 1961/1972 oder die Akte von 1978 anwendet, und
ii) spätestens vom Ende einer Frist von fünf Jahren nach diesem Zeitpunkt an auf alle Pflanzengattungen und -arten
an.

(3) [*Neue Verbandsmitglieder*] Jede Vertragspartei, die nicht durch die Akte von 1961/1972 oder die Akte von 1978 gebunden ist, wendet dieses Übereinkommen
i) von dem Zeitpunkt an, in dem sie durch dieses Übereinkommen gebunden wird, auf mindestens 15 Pflanzengattungen oder -arten und
ii) spätestens vom Ende einer Frist von zehn Jahren nach diesem Zeitpunkt an auf alle Pflanzengattungen und -arten an.

Artikel 4
Inländerbehandlung.

(1) [*Behandlung*] Die Angehörigen einer Vertragspartei sowie die natürlichen Personen, die ihren Wohnsitz, und die juristischen Personen, die ihren Sitz im Hoheitsgebiet dieser Vertragspartei haben, genießen im Hoheitsgebiet jeder anderen Vertragspartei in Bezug auf die Erteilung und den Schutz von Züchterrechten die Behandlung, die nach den Rechtsvorschriften dieser anderen Vertragspartei deren eigene Staatsangehörige gegenwärtig oder künftig genießen, unbeschadet der in diesem Übereinkommen vorgesehenen Rechte, vorausgesetzt, daß die genannten Angehörigen und natürlichen oder juristischen Personen die Bedingungen und Förmlichkeiten erfüllen, die den Angehörigen der genannten anderen Vertragspartei auferlegt sind.

(2) [„*Angehörige*"] Im Sinne des vorstehenden Absatzes sind Angehörige, wenn die Vertragspartei ein Staat ist, die Angehörigen dieses Staates und, wenn die Vertragspartei eine zwischenstaatliche Organisation ist, die Angehörigen der Mitgliedstaaten dieser Organisation.

Kapitel III
Voraussetzungen für die Erteilung des Züchterrechts

Artikel 5
Schutzvoraussetzungen.

(1) [*Zu erfüllende Kriterien*] Das Züchterrecht wird erteilt, wenn die Sorte
i) neu,
ii) unterscheidbar,
iii) homogen und
iv) beständig
ist.

(2) [*Andere Voraussetzungen*] Die Erteilung des Züchterrechts darf nicht von weiteren oder anderen als den vorstehenden Voraussetzungen abhängig gemacht werden, vorausgesetzt, daß die Sorte mit einer Sortenbezeichnung nach Artikel 20 gekennzeichnet ist und daß der Züchter die Förmlichkeiten erfüllt, die im Recht der Vertragspartei vorgesehen sind, bei deren Behörde der Antrag auf Erteilung des Züchterrechts eingereicht worden ist, und er die festgesetzten Gebühren bezahlt hat.

Artikel 6
Neuheit.

(1) [*Kriterien*] Die Sorte wird als neu angesehen, wenn am Tag der Einreichung des Antrags auf Erteilung eines Züchterrechts Vermehrungsmaterial oder Erntegut der Sorte
i) im Hoheitsgebiet der Vertragspartei, in der der Antrag eingereicht worden ist, nicht früher als ein Jahr und
ii) im Hoheitsgebiet einer anderen Vertragspartei als der, in der der Antrag eingereicht worden ist, nicht früher als vier Jahre oder im Fall von Bäumen und Reben nicht früher als sechs Jahre
durch den Züchter oder mit seiner Zustimmung zum Zwecke der Auswertung der Sorte verkauft oder auf andere Weise an andere abgegeben wurde.

(2) [*Vor kurzem gezüchtete Sorten*] Wendet eine Vertragspartei dieses Übereinkommen auf eine Pflanzengattung oder -art an, auf die sie dieses Übereinkommen oder eine frühere Akte nicht bereits angewendet hat, so kann sie vorsehen, daß eine Sorte, die im Zeitpunkt dieser Ausdehnung der Schutzmöglichkeit vorhanden ist, aber erst kurz zuvor gezüchtet worden ist, die in Absatz 1 bestimmte Voraussetzung der Neuheit erfüllt, auch wenn der in dem genannten Absatz erwähnte Verkauf oder die dort erwähnte Abgabe vor den dort bestimmten Fristen stattgefunden hat.

(3) [*"Hoheitsgebiet" in bestimmten Fällen*] Zum Zwecke des Absatzes 1 können alle Vertragsparteien, die Mitgliedstaaten derselben zwischenstaatlichen Organisation sind, gemeinsam vorgehen, um Handlungen in Hoheitsgebieten der Mitgliedstaaten dieser Organisation mit Handlungen in ihrem jeweiligen eigenen Hoheitsgebiet gleichzustellen, sofern dies die Vorschriften dieser Organisation erfordern; gegebenenfalls haben sie dies dem Generalsekretär zu notifizieren.

Artikel 7
Unterscheidbarkeit.

Die Sorte wird als unterscheidbar angesehen, wenn sie sich von jeder anderen Sorte deutlich unterscheiden läßt, deren Vorhandensein am Tag der Einreichung des Antrags allgemein bekannt ist. Insbesondere gilt die Einreichung eines Antrags auf Erteilung eines Züchterrechts für eine andere Sorte oder auf Eintragung einer anderen Sorte in ein amtliches Sortenregister in irgendeinem Land als Tatbestand, der diese andere Sorte allgemein bekannt macht, sofern dieser Antrag auf Erteilung des Züchterrechts oder zur Eintragung dieser anderen Sorte in das amtliche Sortenregister führt.

Artikel 8
Homogenität.

Die Sorte wird als homogen angesehen, wenn sie hinreichend einheitlich in ihren maßgebenden Merkmalen ist, abgesehen von Abweichungen, die auf Grund der Besonderheiten ihrer Vermehrung zu erwarten sind.

Artikel 9
Beständigkeit.

Die Sorte wird als beständig angesehen, wenn ihre maßgebenden Merkmale nach aufeinanderfolgenden Vermehrungen oder, im Falle eines besonderen Vermehrungszyklus, am Ende eines jeden Zyklus unverändert bleiben.

Kapitel IV
Antrag auf Erteilung des Züchterrechts

Artikel 10
Einreichung von Anträgen.

(1) [*Ort des ersten Antrags*] Der Züchter kann die Vertragspartei wählen, bei deren Behörde er den ersten Antrag auf Erteilung eines Züchterrechts einreichen will.

(2) [*Zeitpunkt der weiteren Anträge*] Der Züchter kann die Erteilung eines Züchterrechts bei den Behörden anderer Vertragsparteien beantragen, ohne abzuwarten, bis ihm die Behörde der Vertragspartei, bei der er den ersten Antrag eingereicht hat, ein Züchterrecht erteilt hat.

(3) [*Unabhängigkeit des Schutzes*] Keine Vertragspartei darf auf Grund der Tatsache, daß in einem anderen Staat oder bei einer anderen zwischenstaatlichen Organisation für dieselbe Sorte kein Schutz beantragt worden ist, oder daß ein solcher Schutz verweigert worden oder abgelaufen ist, die Erteilung eines Züchterrechts verweigern oder die Schutzdauer einschränken.

Artikel 11
Priorität.

(1) [*Das Recht; seine Dauer*] Hat der Züchter für eine Sorte einen Antrag auf Schutz in einer Vertragspartei ordnungsgemäß eingereicht („erster Antrag"), so genießt er für die Einreichung eines Antrags auf Erteilung eines Züchterrechts für dieselbe Sorte bei der Behörde einer anderen Vertragspartei („weiterer Antrag") während einer Frist von zwölf Monaten ein Prioritätsrecht. Diese Frist beginnt am Tage nach der Einreichung des ersten Antrags.

(2) [*Beanspruchung des Rechtes*] Um in den Genuß des Prioritätsrechts zu kommen, muß der Züchter in dem weiteren Antrag die Priorität des ersten Antrags beanspruchen. Die Behörde, bei der der Züchter den weiteren Antrag eingereicht hat, kann ihn auffordern, binnen einer Frist, die nicht kürzer sein darf als drei Monate vom Zeitpunkt der Einreichung des weiteren Antrags an, die Abschriften der Unter-

lagen, aus denen der erste Antrag besteht, sowie Muster oder sonstige Beweise vorzulegen, daß dieselbe Sorte Gegenstand beider Anträge ist; die Abschriften müssen von der Behörde beglaubigt sein, bei der dieser Antrag eingereicht worden ist.

(3) [*Dokumente und Material*] Dem Züchter steht eine Frist von zwei Jahren nach Ablauf der Prioritätsfrist oder, wenn der erste Antrag zurückgewiesen oder zurückgenommen worden ist, eine angemessene Frist vom Zeitpunkt der Zurückweisung oder Zurücknahme an, zur Verfügung, um der Behörde der Vertragspartei, bei der er den weiteren Antrag eingereicht hat, jede nach den Vorschriften dieser Vertragspartei für die Prüfung nach Artikel 12 erforderliche Auskunft und Unterlage sowie das erforderliche Material vorzulegen.

(4) [*Innerhalb der Prioritätsfrist eintretende Ereignisse*] Die Ereignisse, die innerhalb der Frist des Absatzes 1 eingetreten sind, wie etwa die Einreichung eines anderen Antrags, die Veröffentlichung der Sorte oder ihre Benutzung, sind keine Gründe für die Zurückweisung des weiteren Antrags. Diese Ereignisse können kein Recht zugunsten Dritter begründen.

Artikel 12
Prüfung des Antrags.

Die Entscheidung, ein Züchterrecht zu erteilen, bedarf einer Prüfung auf das Vorliegen der Voraussetzungen nach den Artikeln 5 bis 9. Bei der Prüfung kann die Behörde die Sorte anbauen oder die sonstigen erforderlichen Untersuchungen anstellen, den Anbau oder die Untersuchungen durchführen lassen oder Ergebnisse bereits durchgeführter Anbauprüfungen oder sonstiger Untersuchungen berücksichtigen. Für die Prüfung kann die Behörde von dem Züchter alle erforderlichen Auskünfte und Unterlagen sowie das erforderliche Material verlangen.

Artikel 13
Vorläufiger Schutz.

Jede Vertragspartei trifft Maßnahmen zur Wahrung der Interessen des Züchters in der Zeit von der Einreichung des Antrags auf Erteilung eines Züchterrechts oder von dessen Veröffentlichung an bis zur Erteilung des Züchterrechts. Diese Maßnahmen müssen zumindest die Wirkung haben, daß der Inhaber eines Züchterrechts Anspruch auf eine angemessene Vergütung gegen jeden hat, der in der genannten Zeit eine Handlung vorgenommen hat, für die nach der Erteilung des Züchterrechts die Zustimmung des Züchters nach Artikel 14 erforderlich ist. Eine Vertragspartei kann vorsehen, daß diese Maßnahmen nur in bezug auf solche Personen wirksam sind, denen der Züchter die Hinterlegung des Antrags mitgeteilt hat.

Kapitel V
Die Rechte des Züchters

Artikel 14
Inhalt des Züchterrechts.

(1) [*Handlungen in bezug auf Vermehrungsmaterial*]
a) Vorbehaltlich der Artikel 15 und 16 bedürfen folgende Handlungen in bezug auf Vermehrungsmaterial der geschützten Sorte der Zustimmung des Züchters:
   i) die Erzeugung oder Vermehrung,
   ii) die Aufbereitung für Vermehrungszwecke,

iii) das Feilhalten,
iv) der Verkauf oder ein sonstiger Vertrieb,
v) die Ausfuhr,
vi) die Einfuhr,
vii) die Aufbewahrung zu einem der unter den Nummern i bis vi erwähnten Zwecke.
b) Der Züchter kann seine Zustimmung von Bedingungen und Einschränkungen abhängig machen.

(2) [*Handlungen in bezug auf Erntegut*] Vorbehaltlich der Artikel 15 und 16 bedürfen die in Absatz 1 Buchstabe a unter den Nummern i bis vii erwähnten Handlungen in bezug auf Erntegut, einschließlich ganzer Pflanzen und Pflanzenteile, das durch ungenehmigte Benutzung von Vermehrungsmaterial der geschützten Sorte erzeugt wurde, der Zustimmung des Züchters, es sei denn, daß der Züchter angemessene Gelegenheit hatte, sein Recht mit Bezug auf das genannte Vermehrungsmaterial auszuüben.

(3) [*Handlungen in bezug auf bestimmte Erzeugnisse*] Jede Vertragspartei kann vorsehen, daß vorbehaltlich der Artikel 15 und 16 die in Absatz 1 Buchstabe a unter den Nummern i bis vii erwähnten Handlungen in bezug auf Erzeugnisse, die durch ungenehmigte Benutzung von Erntegut, das unter die Bestimmungen des Absatzes 2 fällt, unmittelbar aus jenem Erntegut hergestellt wurden, der Zustimmung des Züchters bedürfen, es sei denn, daß der Züchter angemessene Gelegenheit hatte, sein Recht mit Bezug auf das genannte Erntegut auszuüben.

(4) [*Mögliche zusätzliche Handlungen*] Jede Vertragspartei kann vorsehen, daß vorbehaltlich der Artikel 15 und 16 auch andere als die in Absatz 1 Buchstabe a unter den Nummern i bis vii erwähnten Handlungen der Zustimmung des Züchters bedürfen.

(5) [*Abgeleitete und bestimmte andere Sorten*]
a) Die Absätze 1 bis 4 sind auch anzuwenden auf
   i) Sorten, die im wesentlichen von der geschützten Sorte abgeleitet sind, sofern die geschützte Sorte selbst keine im wesentlichen abgeleitete Sorte ist,
   ii) Sorten, die sich nicht nach Artikel 7 von der geschützten Sorte deutlich unterscheiden lassen, und
   iii) Sorten, deren Erzeugung die fortlaufende Verwendung der geschützten Sorte erfordert.
b) Im Sinne des Buchstabens a Nummer i wird eine Sorte als im wesentlichen von einer anderen Sorte („Ursprungssorte") abgeleitet angesehen, wenn sie
   i) vorwiegend von der Ursprungssorte oder von einer Sorte, die selbst vorwiegend von der Ursprungssorte abgeleitet ist, unter Beibehaltung der Ausprägung der wesentlichen Merkmale, die sich aus dem Genotyp oder der Kombination von Genotypen der Ursprungssorte ergeben, abgeleitet ist,
   ii) sich von der Ursprungssorte deutlich unterscheidet und,
   iii) abgesehen von den sich aus der Ableitung ergebenden Unterschieden, in der Ausprägung der wesentlichen Merkmale, die sich aus dem Genotyp oder der Kombination von Genotypen der Ursprungssorte ergeben, der Ursprungssorte entspricht.
c) Im wesentlichen abgeleitete Sorten können beispielsweise durch die Auslese einer natürlichen oder künstlichen Mutante oder eines somaklonalen Abweichers, die Auslese eines Abweichers in einem Pflanzenbestand der Ursprungssorte, die Rückkreuzung oder die gentechnische Transformation gewonnen werden.

Artikel 15
Ausnahmen vom Züchterrecht.

(1) [*Verbindliche Ausnahmen*] Das Züchterrecht erstreckt sich nicht auf
i) Handlungen im privaten Bereich zu nichtgewerblichen Zwecken,
ii) Handlungen zu Versuchszwecken und
iii) Handlungen zum Zweck der Schaffung neuer Sorten sowie in Artikel 14 Absätze 1 bis 4 erwähnte Handlungen mit diesen Sorten, es sei denn, daß Artikel 14 Absatz 5 Anwendung findet.

(2) [*Freigestellte Ausnahme*] Abweichend von Artikel 14 kann jede Vertragspartei in angemessenem Rahmen und unter Wahrung der berechtigten Interessen des Züchters das Züchterrecht in bezug auf jede Sorte einschränken, um es den Landwirten zu gestatten, Erntegut, das sie aus dem Anbau einer geschützten Sorte oder einer in Artikel 14 Absatz 5 Buchstabe a Nummer i oder ii erwähnten Sorte im eigenen Betrieb gewonnen haben, im eigenen Betrieb zum Zwecke der Vermehrung zu verwenden.

Artikel 16
Erschöpfung des Züchterrechts.

(1) [*Erschöpfung des Rechtes*] Das Züchterrecht erstreckt sich nicht auf Handlungen hinsichtlich des Materials der geschützten Sorte oder einer in Artikel 14 Absatz 5 erwähnten Sorte, das im Hoheitsgebiet der betreffenden Vertragspartei vom Züchter oder mit seiner Zustimmung verkauft oder sonstwie vertrieben worden ist, oder hinsichtlich des von jedem abgeleiteten Materials, es sei denn, daß diese Handlungen
i) eine erneute Vermehrung der betreffenden Sorte beinhalten oder
ii) eine Ausfuhr von Material der Sorte, das die Vermehrung der Sorte ermöglicht, in ein Land einschließen, das die Sorten der Pflanzengattung oder -art, zu der die Sorte gehört, nicht schützt, es sei denn, daß das ausgeführte Material zum Endverbrauch bestimmt ist.

(2) [*Bedeutung von „Material"*] Im Sinne des Absatzes 1 ist Material in bezug auf eine Sorte
i) jede Form von Vermehrungsmaterial,
ii) Erntegut, einschließlich ganzer Pflanzen und Pflanzenteile,
und
iii) jedes unmittelbar vom Erntegut hergestellte Erzeugnis.

(3) [*„Hoheitsgebiet" in bestimmten Fällen*] Zum Zwecke des Absatzes 1 können alle Vertragsparteien, die Mitgliedsstaaten derselben zwischenstaatlichen Organisation sind, gemeinsam vorgehen, um Handlungen in Hoheitsgebieten der Mitgliedstaaten dieser Organisation mit Handlungen in ihrem jeweiligen eigenen Hoheitsgebiet gleichzustellen, sofern dies die Vorschriften dieser Organisation erfordern; gegebenenfalls haben sie dies dem Generalsekretär zu notifizieren.

Artikel 17
Beschränkungen in der Ausübung des Züchterrechts.

(1) [*Öffentliches Interesse*] Eine Vertragspartei darf die freie Ausübung eines Züchterrechts nur aus Gründen des öffentlichen Interesses beschränken, es sei denn, daß dieses Übereinkommen ausdrücklich etwas anderes vorsieht.

(2) [*Angemessene Vergütung*] Hat diese Beschränkung zur Folge, daß einem Dritten erlaubt wird, eine Handlung vorzunehmen, die der Zustimmung des Züchters bedarf, so hat die betreffende Vertragspartei alle Maßnahmen zu treffen, die erforderlich sind, daß der Züchter eine angemessene Vergütung erhält.

Artikel 18
Maßnahmen zur Regelung des Handels.

Das Züchterrecht ist unabhängig von den Maßnahmen, die eine Vertragspartei zur Regelung der Erzeugung, der Überwachung und des Vertriebs von Material von Sorten in ihrem Hoheitsgebiet sowie der Einfuhr oder Ausfuhr solchen Materials trifft. Derartige Maßnahmen dürfen jedoch die Anwendung dieses Übereinkommens nicht beeinträchtigen.

Artikel 19
Dauer des Züchterrechts.

(1) [*Schutzdauer*] Das Züchterrecht wird für eine bestimmte Zeit erteilt.
(2) [*Mindestdauer*] Diese Zeit darf nicht kürzer sein als 20 Jahre vom Tag der Erteilung des Züchterrechts an. Für Bäume und Rebe darf diese Zeit nicht kürzer sein als 25 Jahre von diesem Zeitpunkt an.

Kapitel VI
Sortenbezeichnung

Artikel 20
Sortenbezeichnung.

(1) [*Bezeichnung der Sorten; Benutzung der Sortenbezeichnung*] a) Die Sorte ist mit einer Sortenbezeichnung als Gattungsbezeichnung zu kennzeichnen.
 b) Jede Vertragspartei stellt sicher, daß, vorbehaltlich des Absatzes 4, keine Rechte an der als Sortenbezeichnung eingetragenen Bezeichnung den freien Gebrauch der Sortenbezeichnung in Verbindung mit der Sorte einschränken, auch nicht nach Beendigung des Züchterrechts.
(2) [*Eigenschaften der Bezeichnung*] Die Sortenbezeichnung muß die Identifizierung der Sorte ermöglichen. Sie darf nicht ausschließlich aus Zahlen bestehen, außer soweit dies eine feststehende Praxis für die Bezeichnung von Sorten ist. Sie darf nicht geeignet sein, hinsichtlich der Merkmale, des Wertes oder der Identität der Sorte oder der Identität des Züchters irrezuführen oder Verwechslungen hervorzurufen. Sie muß sich insbesondere von jeder Sortenbezeichnung unterscheiden, die im Hoheitsgebiet einer Vertragspartei eine bereits vorhandene Sorte derselben Pflanzenart oder einer verwandten Art kennzeichnet.
(3) [*Eintragung der Bezeichnung*] Die Sortenbezeichnung wird der Behörde vom Züchter vorgeschlagen. Stellt sich heraus, daß diese Bezeichnung den Erfordernissen des Absatzes 2 nicht entspricht, so verweigert die Behörde die Eintragung und verlangt von dem Züchter, daß er innerhalb einer bestimmten Frist eine andere Sortenbezeichnung vorschlägt. Im Zeitpunkt der Erteilung des Züchterrechts wird die Sortenbezeichnung eingetragen.
(4) [*Ältere Rechte Dritter*] Ältere Rechte Dritter bleiben unberührt. Wird die Benutzung der Sortenbezeichnung einer Person, die nach Absatz 7 zu ihrer Benutzung verpflichtet ist, auf Grund eines älteren Rechtes untersagt, so verlangt die Behörde, daß der Züchter eine andere Sortenbezeichnung vorschlägt.
(5) [*Einheitlichkeit der Bezeichnung in allen Vertragsparteien*] Anträge für eine Sorte dürfen in allen Vertragsparteien nur unter derselben Sortenbezeichnung eingerichtet werden. Die Behörde der jeweiligen Vertragspartei trägt die so vorgeschlagene Sortenbezeichnung ein, sofern sie nicht feststellt, daß diese Sortenbezeichnung im Hoheitsgebiet der betreffenden Vertragspartei ungeeignet ist. In diesem Fall verlangt sie, daß der Züchter eine andere Sortenbezeichnung vorschlägt.
(6) [*Gegenseitige Information der Behörden der Vertragsparteien*] Die Behörde einer Vertragspartei stellt sicher, daß die Behörden der anderen Vertragsparteien über Angelegenheiten, die Sortenbezeichnungen betreffen, insbesondere über den Vorschlag, die Eintragung und die Streichung von Sortenbezeichnungen, unterrichtet werden. Jede Behörde kann der Behörde, die eine Sortenbezeichnung mitgeteilt hat, Bemerkungen zu der Eintragung dieser Sortenbezeichnung zugehen lassen.
(7) [*Pflicht zur Benutzung der Bezeichnung*] Wer im Hoheitsgebiet einer Vertragspartei Vermehrungsmaterial einer in diesem Hoheitsgebiet geschützten Sorte feilhält oder gewerbsmäßig vertreibt, ist verpflichtet, die Sortenbezeichnung auch nach Beendigung des Züchterrechts an dieser Sorte zu benutzen, sofern nicht gemäß Absatz 4 ältere Rechte dieser Benutzung entgegenstehen.
(8) [*Den Bezeichnungen hinzugefügte Angaben*] Beim Feilhalten oder beim gewerbsmäßigen Vertrieb der Sorte darf eine Fabrik- oder Handelsmarke, eine Handelsbezeichnung oder eine andere, ähnliche Angabe der eingetragenen Sortenbezeichnung hinzugefügt werden. Auch wenn eine solche Angabe hinzugefügt wird, muß die Sortenbezeichnung leicht erkennbar sein.

Kapitel VII
Nichtigkeit und Aufhebung des Züchterrechts

Artikel 21
Nichtigkeit des Züchterrechts.

(1) [*Nichtigkeitsgründe*] Jede Vertragspartei erklärt ein von ihr erteiltes Züchterrecht für nichtig, wenn festgestellt wird,
j) daß die in Artikel 6 oder 7 festgelegten Voraussetzungen bei der Erteilung des Züchterrechts nicht erfüllt waren,
ii) daß, falls der Erteilung des Züchterrechts im wesentlichen die vom Züchter gegebenen Auskünfte und eingereichten Unterlagen zugrunde gelegt wurden, die in Artikel 8 oder 9 festgelegten Voraussetzungen bei der Erteilung des Züchterrechts nicht erfüllt waren oder
iii) daß das Züchterrecht einer nichtberechtigten Person erteilt worden ist, es sei denn, daß es der berechtigten Person übertragen wird.

(2) [*Ausschluß anderer Gründe*] Aus anderen als den in Absatz 1 aufgeführten Gründen darf das Züchterrecht nicht für nichtig erklärt werden.

Artikel 22
Aufhebung des Züchterrechts.

(1) [*Aufhebungsgründe*] a) Jede Vertragspartei kann ein von ihr erteiltes Züchterrecht aufheben, wenn festgestellt wird, daß die in Artikel 8 oder 9 festgelegten Voraussetzungen nicht mehr erfüllt sind.
b) Jede Vertragspartei kann außerdem ein von ihr erteiltes Züchterrecht aufheben, wenn innerhalb einer bestimmten Frist und nach Mahnung
i) der Züchter der Behörde die Auskünfte nicht erteilt oder die Unterlagen oder das Material nicht vorlegt, die zur Überwachung der Erhaltung der Sorte für notwendig gehalten werden,
ii) der Züchter die Gebühren nicht entrichtet hat, die gegebenenfalls für die Aufrechterhaltung seines Reches zu zahlen sind,
oder
iii) der Züchter, falls die Sortenbezeichnung nach Erteilung des Züchterrechts gestrichen wird, keine andere geeignete Bezeichnung vorschlägt.

(2) [*Ausschluß anderer Gründe*] Aus anderen als in Absatz 1 aufgeführten Gründen darf das Züchterrecht nicht aufgehoben werden.

Kapitel VIII
Der Verband

Artikel 23
Mitglieder.

Die Vertragsparteien sind Mitglieder des Verbandes.

Artikel 24
Rechtsstellung und Sitz.

(1) [*Rechtspersönlichkeit*] Der Verband hat Rechtspersönlichkeit.

(2) [*Geschäftsfähigkeit*] Der Verband genießt im Hoheitsgebiet jeder Vertragspartei gemäß den in diesem Hoheitsgebiet geltenden Gesetzen die zur Erreichung seines Zweckes und zur Wahrnehmung seiner Aufgaben erforderliche Rechts- und Geschäftsfähigkeit.

(3) [*Sitz*] Der Sitz des Verbandes und seiner ständigen Organe ist in Genf.

(4) [*Sitzabkommen*] Der Verband hat mit der Schweizerischen Eidgenossenschaft ein Abkommen über den Sitz.

Artikel 25
Organe.

Die ständigen Organe des Verbandes sind der Rat und das Verbandsbüro.

Artikel 26
Der Rat.

(1) [*Zusammensetzung*] Der Rat besteht aus den Vertretern der Verbandsmitglieder. Jedes Verbandsmitglied ernennt einen Vertreter für den Rat und einen Stellvertreter. Den Vertretern oder Stellvertretern können Mitarbeiter oder Berater zur Seite stehen.

(2) [*Vorstand*] Der Rat wählt aus seiner Mitte einen Präsidenten und einen Ersten Vizepräsidenten. Er kann weitere Vizepräsidenten wählen. Der Erste Vizepräsident vertritt den Präsidenten bei Verhinderungen. Die Amtszeit des Präsidenten beträgt drei Jahre.

(3) [*Tagungen*] Der Rat tritt auf Einberufung durch seinen Präsidenten zusammen. Er hält einmal jährlich eine ordentliche Tagung ab. Außerdem kann der Präsident von sich aus den Rat einberufen; er hat ihn binnen drei Monaten einzuberufen, wenn mindestens ein Drittel der Verbandsmitglieder dies beantragt.

(4) [*Beobachter*] Staaten, die nicht Verbandsmitglieder sind, können als Beobachter zu den Sitzungen des Rates eingeladen werden. Zu diesen Sitzungen können auch andere Beobachter sowie Sachverständige eingeladen werden.

(5) [*Aufgaben*] Der Rat hat folgende Aufgaben:
i) Er prüft Maßnahmen, die geeignet sind, den Bestand des Verbandes sicherzustellen und seine Entwicklung zu fördern.
ii) Er legt seine Geschäftsordnung fest.
iii) Er ernennt den Generalsekretär und, falls er es für erforderlich hält, einen Stellvertretenden Generalsekretär und setzt deren Einstellungsbedingungen fest.
iv) Er prüft den jährlichen Bericht über die Tätigkeit des Verbandes und stellt das Programm für dessen künftige Arbeit auf.
v) Er erteilt dem Generalsekretär alle erforderlichen Richtlinien für die Durchführung der Aufgaben des Verbandes.
vi) Er legt die Verwaltungs- und Finanzordnung des Verbandes fest.
vii) Er prüft und genehmigt den Haushaltsplan des Verbandes und setzt den Beitrag jedes Verbandsmitglieds fest.
viii) Er prüft und genehmigt die von dem Generalsekretär vorgelegten Abrechnungen.
ix) Er bestimmt den Zeitpunkt und den Ort der in Artikel 38 vorgesehenen Konferenzen und trifft die zu ihrer Vorbereitung erforderlichen Maßnahmen.
x) Allgemein faßt er alle Beschlüsse für ein erfolgreiches Wirken des Verbandes.

(6) [*Abstimmungen*] a) Jedes Verbandsmitglied, das ein Staat ist, hat im Rat eine Stimme.

b) Jedes Verbandsmitglied, das eine zwischenstaatliche Organisation ist, kann in Angelegenheiten, für die es zuständig ist, die Stimmrechte seiner Mitgliedstaaten, die Verbandsmitglieder sind, ausüben. Eine solche zwischenstaatliche Organisation kann die Stimmrechte ihrer Mitgliedstaaten nicht ausüben, wenn ihre Mitgliedstaaten ihr jeweiliges Stimmrecht selbst ausüben, und umgekehrt.

(7) [*Mehrheiten*] Ein Beschluß des Rates bedarf der einfachen Mehrheit der abgegebenen Stimmen; jedoch bedarf ein Beschluß des Rates nach Absatz 5 Nummer ii, vi oder vii, Artikel 28 Absatz 3, Artikel 29 Absatz 5 Buchstabe *b* oder Artikel 38 Absatz 1 einer Dreiviertelmehrheit der abgegebenen Stimmen. Enthaltungen gelten nicht als Stimmabgabe.

Artikel 27
Das Verbandsbüro.

(1) [*Aufgaben und Leitung des Verbandsbüros*] Das Verbandsbüro erledigt alle Aufgaben, die ihm der Rat zuweist. Es wird vom Generalsekretär geleitet.

(2) [*Aufgaben des Generalsekretärs*] Der Generalsekretär ist dem Rat verantwortlich; er sorgt für die Ausführung der Beschlüsse des Rates. Er legt dem Rat den Haushaltsplan zur Genehmigung vor und sorgt für dessen Ausführung. Er legt dem Rat Rechenschaft über seine Geschäftsführung ab und unterbreitet ihm Berichte über die Tätigkeit und die Finanzlage des Verbandes.

(3) [*Personal*] Vorbehaltlich des Artikels 26 Absatz 5 Nummer iii werden die Bedingungen für die Einstellung und Beschäftigung des für die ordnungsgemäße Erfüllung der Aufgaben des Verbandsbüros erforderlichen Personals in der Verwaltungs- und Finanzordnung festgelegt.

Artikel 28
Sprachen.

(1) [*Sprachen des Büros*] Das Verbandsbüro bedient sich bei der Erfüllung seiner Aufgaben der deutschen, der englischen, der französischen und der spanischen Sprache.

(2) [*Sprachen in bestimmten Sitzungen*] Die Sitzungen des Rates und die Revisionskonferenzen werden in diesen vier Sprachen abgehalten.

(3) [*Weitere Sprachen*] Der Rat kann die Benutzung weiterer Sprachen beschließen.

Artikel 29
Finanzen.

(1) [*Einnahmen*] Die Ausgaben des Verbandes werden gedeckt aus
i) den Jahresbeiträgen der Verbandsstaaten,
ii) der Vergütung für Dienstleistungen,
iii) sonstige Einnahmen.

(2) [*Beiträge: Einheiten*] a) Der Anteil jedes Verbandsstaats am Gesamtbetrag der Jahresbeiträge richtet sich nach dem Gesamtbetrag der Ausgaben, die durch Beiträge der Verbandsstaaten zu decken sind, und nach der für diesen Verbandsstaat nach Absatz 3 maßgebenden Zahl von Beitragseinheiten. Dieser Anteil wird nach Absatz 4 berechnet.

b) Die Zahl der Beitragseinheiten wird in ganzen Zahlen oder Bruchteilen hiervon ausgedrückt; dabei darf ein Bruchteil nicht kleiner als ein Fünftel sein.

(3) [*Beiträge: Anteil jedes Verbandsmitglieds*] a) Für jedes Verbandsmitglied, das zum Zeitpunkt, zu dem es durch dieses Übereinkommen gebunden wird, eine Vertragspartei der Akte von 1961/1972 oder der Akte von 1978 ist, ist die maßgebende Zahl der Beitragseinheiten gleich der für dieses Verbandsmitglied unmittelbar vor diesem Zeitpunkt maßgebenden Zahl der Einheiten.

b) Jeder andere Verbandsstaat gibt bei seinem Beitritt zum Verband in einer an den Generalsekretär gerichteten Erklärung die für ihn maßgebende Zahl von Beitragseinheiten an.

c) Jeder Verbandsstaat kann jederzeit in einer an den Generalsekretär gerichteten Erklärung eine andere als die nach den Buchstaben *a* oder *b* maßgebende Zahl von Beitragseinheiten angeben. Wird eine solche Erklärung während der ersten sechs Monate eines Kalenderjahrs abgegeben, so wird sie zum Beginn des folgenden Kalenderjahrs wirksam; andernfalls wird sie zum Beginn des zweiten auf ihre Abgabe folgenden Kalenderjahrs wirksam.

(4) [*Beiträge: Berechnung der Anteile*] *a)* Für jede Haushaltsperiode wird der Betrag, der einer Beitragseinheit entspricht, dadurch ermittelt, daß der Gesamtbetrag der Ausgaben, die in dieser Periode aus Beiträgen der Verbandsstaaten zu decken sind, durch die Gesamtzahl der von diesen Verbandsstaaten aufzubringenden Einheiten geteilt wird.

b) Der Betrag des Beitrags jedes Verbandsstaats ergibt sich aus dem mit der für diesen Verbandsstaat maßgebenden Zahl der Beitragseinheiten vervielfachten Betrag einer Beitragseinheit.

(5) [*Rückständige Beiträge*] *a)* Ein Verbandsstaat, der mit der Zahlung seiner Beiträge im Rückstand ist, kann, vorbehaltlich des Buchstaben *b*, sein Stimmrecht im Rat nicht ausüben, wenn der rückständige Betrag den für das vorhergehende volle Jahr geschuldeten Beitrag erreicht oder übersteigt. Die Aussetzung des Stimmrechts entbindet diesen Verbandsstaat nicht von den sich aus diesem Übereinkommen ergebenden Pflichten und führt nicht zum Verlust der anderen sich aus diesem Übereinkommen ergebenden Rechte.

b) Der Rat kann einem solchen Verbandsstaat jedoch gestatten, sein Stimmrecht weiter auszuüben, wenn und solange der Rat überzeugt ist, daß der Zahlungsrückstand eine Folge außergewöhnlicher und unabwendbarer Umstände ist.

(6) [*Rechnungsprüfung*] Die Rechnungsprüfung des Verbandes wird nach Maßgabe der Verwaltungs- und Finanzordnung von einem Verbandsstaat durchgeführt. Dieser Verbandsstaat wird mit seiner Zustimmung vom Rat bestimmt.

(7) [*Beiträge zwischenstaatlicher Organisationen*] Ein Verbandsmitglied, das eine zwischenstaatliche Organisation ist, ist nicht zur Zahlung von Beiträgen verpflichtet. Ist es dennoch bereit, Beiträge zu zahlen, so gelten die Absätze 1 bis 4 entsprechend.

Kapitel IX
Anwendung des Übereinkommens; andere Abmachungen

Artikel 30
Anwendung des Übereinkommens.

(1) [*Anwendungsmaßnahmen*] Jede Vertragspartei trifft alle für die Anwendung dieses Übereinkommens notwendigen Maßnahmen, insbesondere
i) sieht sie geeignete Rechtsmittel vor, die eine wirksame Wahrung der Züchterrechte ermöglichen,
ii) unterhält sie eine Behörde für die Erteilung von Züchterrechten oder beauftragt die bereits von einer anderen Vertragspartei unterhaltene Behörde mit der genannten Aufgabe und
iii) stellt sie sicher, daß die Öffentlichkeit durch die periodische Veröffentlichung von Mitteilungen über
– die Anträge auf und Erteilung von Züchterrechten sowie
– die vorgeschlagenen und genehmigten Sortenbezeichnungen unterrichtet wird.

(2) [*Vereinbarkeit der Rechtsvorschriften*] Es wird vorausgesetzt, daß jeder Staat und jede zwischenstaatliche Organisation bei Hinterlegung seiner oder ihrer Ratifikations-, Annahme-, Genehmigungs- oder Beitrittsurkunde entsprechend seinen oder ihren Rechtsvorschriften in der Lage ist, diesem Übereinkommen Wirkung zu verleihen.

Artikel 31
Beziehungen zwischen den Vertragsparteien und den durch eine frühere
Akte gebundenen Staaten.

(1) [*Beziehungen zwischen den durch dieses Übereinkommen gebundenen Staaten*] Zwischen den Verbandsstaaten, die sowohl durch dieses Übereinkommen als auch durch eine frühere Akte des Übereinkommens gebunden sind, ist ausschließlich dieses Übereinkommen anwendbar.

(2) [*Möglichkeit von Beziehungen mit den durch dieses Übereinkommen nicht gebundenen Staaten*] Jeder Verbandsstaat, der nicht durch dieses Übereinkommen gebunden ist, kann durch eine an den Generalsekretär gerichtete Notifikation erklären, daß er die letzte Akte dieses Übereinkommens, durch die er gebunden ist, in seinen Beziehungen zu jedem nur durch dieses Übereinkommen gebundenen Verbandsmitglied anwenden wird. Während eines Zeitabschnitts, der einen Monat nach dem Tag einer solchen Notifikation beginnt und mit dem Zeitpunkt endet, zu dem der Verbandsstaat, der die Erklärung abgegeben hat, durch dieses Übereinkommen gebunden wird, wendet dieses Verbandsmitglied die letzte Akte an, durch die es gebunden ist, in seinen Beziehungen zu jedem Verbandsmitglied, das nur durch dieses Übereinkommen gebunden ist, während dieses Verbandsmitglied dieses Übereinkommen in seinen Beziehungen zu jenem anwendet.

Artikel 32
Besondere Abmachungen.

Die Verbandsmitglieder behalten sich das Recht vor, untereinander zum Schutz von Sorten besondere Abmachungen zu treffen, soweit diese Abmachung diesem Übereinkommen nicht zuwiderlaufen.

Kapitel X
Schlußbestimmungen

Artikel 33
Unterzeichnung.

Dieses Übereinkommen wird für jeden Staat, der zum Zeitpunkt seiner Annahme ein Verbandsmitglied ist, zur Unterzeichnung aufgelegt. Es liegt bis zum 31. März 1992 zur Unterzeichnung auf.

Artikel 34
Ratifikation, Annahme oder Genehmigung; Beitritt.

(1) [*Staaten und bestimmte zwischenstaatliche Organisationen*] a) Jeder Staat kann nach diesem Artikel eine Vertragspartei dieses Übereinkommens werden.
b) Jede zwischenstaatliche Organisation kann nach diesem Artikel eine Vertragspartei dieses Übereinkommens werden, sofern sie
i) für die in diesem Übereinkommen geregelten Angelegenheiten zuständig ist,
ii) über ihr eigenes, für alle ihre Mitgliedstaaten verbindliches Recht über die Erteilung und den Schutz von Züchterrechten verfügt und
iii) gemäß ihrem internen Verfahren ordnungsgemäß befugt worden ist, diesem Übereinkommen beizutreten.

(2) [*Einwilligungsurkunde*] Jeder Staat, der dieses Übereinkommen unterzeichnet hat, wird Vertragspartei dieses Übereinkommens durch die Hinterlegung einer Urkunde über die Ratifikation, An-

nahme oder Genehmigung dieses Übereinkommens. Jeder Staat, der dieses Übereinkommen nicht unterzeichnet hat, sowie jede zwischenstaatliche Organisation werden Vertragspartei dieses Übereinkommens durch die Hinterlegung einer Urkunde über den Beitritt zu diesem Übereinkommen. Die Ratifikations-, Annahme-, Genehmigungs- und Beitrittsurkunden werden beim Generalsekretär hinterlegt.

(3) [*Stellungnahme des Rates*] Jeder Staat, der dem Verband nicht angehört, sowie jede zwischenstaatliche Organisation ersuchen vor Hinterlegung ihrer Beitrittsurkunde den Rat um Stellungnahme, ob ihre Rechtsvorschriften mit diesem Übereinkommen vereinbar sind. Ist der Beschluß über die Stellungnahme positiv, so kann die Beitrittsurkunde hinterlegt werden.

Artikel 35
Vorbehalte.

(1) [*Grundsatz*] Vorbehaltlich des Absatzes 2 sind Vorbehalte zu diesem Übereinkommen nicht zulässig.

(2) [*Möglichkeit einer Ausnahme*] a) Abweichend von Artikel 3 Absatz 1 kann jeder Staat, der zum Zeitpunkt, in dem er Vertragspartei dieses Übereinkommens wird, Vertragspartei der Akte von 1978 ist und in bezug auf vegetativ vermehrte Sorten Schutz unter der Form eines gewerblichen Schutzrechts vorsieht, das einem Züchterrecht nicht entspricht, diese Schutzform weiterhin vorsehen, ohne dieses Übereinkommen auf die genannten Sorten anzuwenden.
b) Jeder Staat, der von dieser Möglichkeit Gebrauch macht, notifiziert dies dem Generalsekretär zu dem Zeitpunkt, in dem er seine Ratifikations-, Annahme-, Genehmigungs- oder Beitrittsurkunde zu diesem Übereinkommen hinterlegt. Dieser Staat kann jederzeit die genannte Notifikation zurücknehmen.

Artikel 36
Mitteilungen über die Gesetzgebung und die schutzfähigen Gattungen und Arten; zu veröffentlichende Informationen.

(1) [*Erstmalige Notifikation*] Jeder Staat und jede zwischenstaatliche Organisation notifizieren bei der Hinterlegung ihrer Ratifikations-, Annahme-, Genehmigungs- oder Beitrittsurkunde zu diesem Übereinkommen dem Generalsekretär
i) ihre Rechtsvorschriften über das Züchterrecht und
ii) die Liste der Pflanzengattungen und -arten, auf die dieses Übereinkommen zum Zeitpunkt anwenden werden, zu dem sie durch dieses Übereinkommen gebunden werden.

(2) [*Notifikation der Änderungen*] Jede Vertragspartei notifiziert unverzüglich dem Generalsekretär
i) jede Änderung ihrer Rechtsvorschriften über das Züchterrecht und
ii) jede Ausdehnung der Anwendung dieses Übereinkommens auf weitere Pflanzengattungen und -arten.

(3) [*Veröffentlichung von Informationen*] Der Generalsekretär veröffentlicht auf der Grundlage der Notifikationen seitens der Vertragsparteien Informationen über
i) die Rechtsvorschriften über das Züchterrecht und jede Änderung dieser Rechtsvorschriften sowie
ii) die in Absatz 1 Nummer ii erwähnte Liste der Pflanzengattungen und -arten und jede in Absatz 2 Nummer ii erwähnte Ausdehnung.

Artikel 37
Inkrafttreten; Unmöglichkeit, einer früheren Akte beizutreten.

(1) [*Erstmaliges Inkrafttreten*] Dieses Übereinkommen tritt eine Monat nach dem Zeitpunkt in Kraft, in dem fünf Staaten ihre Ratifikations-, Annahme-, Genehmigungs- oder Beitrittsurkunde hinterlegt haben, wobei mindestens drei der genannten Urkunden von Vertragsstaaten der Akte von 1961/1972 oder der Akte von 1978 hinterlegt sein müssen.

(2) [*Weiteres Inkrafttreten*] Jeder Staat, auf den Absatz 1 nicht zutrifft, oder jede zwischenstaatliche Organisation werden durch dieses Übereinkommen einen Monat nach dem Zeitpunkt gebunden, in dem sie ihre Ratifikations-, Annahme-, Genehmigungs- oder Beitrittsurkunde hinterlegt haben.

(3) [*Unmöglichkeit, der Akte von 1978 beizutreten*] Nach dem Inkrafttreten dieses Übereinkommens nach Absatz 1 kann keine Urkunde über den Beitritt zur Akte von 1978 hinterlegt werden; jedoch kann jeder Staat, der gemäß der feststehenden Praxis der Vollversammlung der Vereinten Nationen ein Entwicklungsland ist, eine solche Urkunde bis zum 31. Dezember 1995 hinterlegen, und jeder andere Staat kann eine solche Urkunde bis zum 31. Dezember 1993 hinterlegen, auch wenn dieses Übereinkommen zu einem früheren Zeitpunkt in Kraft getreten ist.

Artikel 38
Revision des Übereinkommens.

(1) [*Konferenz*] Dieses Übereinkommen kann von einer Konferenz der Verbandsmitglieder revidiert werden. Die Einberufung einer solchen Konferenz wird vom Rat beschlossen.

(2) [*Quorum und Mehrheit*] Die Konferenz ist nur dann beschlußfähig, wenn mindestens die Hälfte der Verbandsstaaten auf ihr vertreten ist. Eine revidierte Fassung des Übereinkommens bedarf zu ihrer Annahme der Dreiviertelmehrheit der anwesenden und abstimmenden Verbandsstaaten.

Artikel 39
Kündigung.

(1) [*Notifikationen*] Jede Vertragspartei kann dieses Übereinkommen durch eine an den Generalsekretär gerichtete Notifikation kündigen. Der Generalsekretär notifiziert unverzüglich allen Vertragsparteien den Eingang dieser Notifikation.

(2) [*Frühere Akten*] Die Notifikation der Kündigung dieses Übereinkommens gilt auch als Notifikation der Kündigung der früheren Akte, durch die die Vertragspartei, die dieses Übereinkommen kündigt, etwa gebunden ist.

(3) [*Datum des Wirksamwerdens*] Die Kündigung wird zum Ende des Kalenderjahrs wirksam, das auf das Jahr folgt, in dem die Notifikation beim Generalsekretär eingegangen ist.

(4) [*Wohlerworbene Rechte*] Die Kündigung läßt Rechte unberührt, die auf Grund dieses Übereinkommens oder einer früheren Akte an einer Sorte vor dem Tag des Wirksamwerdens der Kündigung erworben worden sind.

Artikel 40
Aufrechterhaltung wohlerworbener Rechte.

Dieses Übereinkommen schränkt keine Züchterrechte ein, die auf Grund des Rechtes der Vertragsparteien oder einer früheren Akte oder infolge anderer Übereinkünfte zwischen Verbandsmitgliedern als dieses Übereinkommen erworben worden sind.

Artikel 41
Urschrift und amtliche Wortlaute des Übereinkommens.

(1) [*Urschrift*] Dieses Übereinkommen wird in einer Urschrift in deutscher, englischer und französischer Sprache unterzeichnet; bei Unstimmigkeiten zwischen den verschiedenen Wortlauten ist der französische Wortlaut maßgebend. Die Urschrift wird beim Generalsekretär hinterlegt.

(2) [*Amtliche Wortlaute*] Der Generalsekretär stellt nach Konsultierung der Regierungen der beteiligten Staaten und der beteiligten zwischenstaatlichen Organisationen amtliche Wortlaute in arabischer, italienischer, japanischer, niederländischer und spanischer Sprache sowie in denjenigen anderen Sprachen her, die der Rat gegebenenfalls bezeichnet.

Artikel 42
Verwahreraufgaben.

(1) [*Übermittlung von Abschriften*] Der Generalsekretär übermittelt den Staaten und den zwischenstaatlichen Organisationen, die auf der Diplomatischen Konferenz, die dieses Übereinkommen angenommen hat, vertreten waren, sowie jedem anderen Staat und jeder anderen zwischenstaatlichen Organisation auf deren Ersuchen beglaubigte Abschriften dieses Übereinkommens.

(2) [*Registrierung*] Der Generalsekretär läßt dieses Übereinkommen beim Sekretariat der Vereinten Nationen registrieren.

Ich beglaubige hiermit, daß der vorstehende Wortlaut eine wahrheitsgetreue Abschrift des Internationalen Übereinkommens zum Schutz von Pflanzenzüchtungen vom 2. Dezember 1961, revidiert in Genf am 10. November 1972, am 23. Oktober 1978 und am 19. März 1991, ist, das auf der Genfer Diplomatischen Konferenz zur Revision des Internationalen Übereinkommens zum Schutz von Pflanzenzüchtungen vom 4. bis 19. März 1991 angenommen und am 19. März 1991 in Genf zur Unterzeichnung aufgelegt wurde.

Arpach Bogsch

Generalsekretär
Internationaler Verband
zum Schutz von
Pflanzenzüchtungen
1. Juli 1991

Teil II: Erläuterungen und Kommentierungen

1. Abschnitt:
Schutzanliegen, Entwicklung und Rechtfertigung des Schutzes für Pflanzenzüchtungen

    I.   Schutzinteressen 1
    II. Besonderer Schutz für Pflanzenzüchtungen 3
         1. Erste Ansätze und Ersatzschutzmöglichkeiten 4
         2. Eigenständiger Sortenschutz 5
            a) Gesetz über Sortenschutz und Saatgut von Kulturpflanzen,
               UPOV-Übereinkommen 1961, SortSchG 68, SortG 85 6
            b) Entwicklung bis zum UPOV-Übereinkommen 1991, UPOV-
               Übereinkommen 1991 und die weitere Entwicklung 9
         3. Patentschutz 10
            a) Verhältnis zum Sortenschutz 10
            b) Biotechnologische Richtlinie 14
    III. Rechtfertigung des Schutzes 22
    IV. Rechtssystem 25
    V.   Deutscher und europäischer Sortenschutz 27
    VI. Verhältnis zum Saatgutverkehrsgesetz 32
         1. Sortenschutzgesetz/Saatgutverkehrsgesetz 32
         2. Inhalt des Saatgutverkehrsgesetzes 37
         3. Gegenseitige Verzahnung 46

I. Schutzinteressen

Ebenso wie die Schaffung eines Urheberwerks (z.B. eines neuen Romans, eines Theaterstücks) oder die Hervorbringung einer gewerblichen Erfindung (einer neuen Maschine, eines neuen chemischen Stoffes) erfordert auch die *Züchtung einer neuen Pflanzensorte* (z.B. einer neuen Mais-, Weizen-, Kartoffel-, Wein-, Baum- oder Rosensorte) eine erhebliche geistige und wirtschaftliche Leistung. Der Züchter, der ein neues Züchtungsverfahren entwickelt oder eine bisher nicht bekannte Pflanzenform züchtet – heute allerdings nicht mehr nur auf den bekannten biologischen Wegen, sondern auch mit Hilfe der Verfahren der Biotechnik und Gentechnik bis hin zu der Möglichkeit der Genübertragung bei bestimmten Pflanzenarten – braucht dazu nicht nur individuelle, über das rein handwerkliche Schaffen hinaus gehende geistige Fähigkeiten und Gaben, sondern auch viel Zeit, Arbeit und finanzielle Mittel. Es dauert durchschnittlich mindestens 10 Jahre, um eine neue Pflanzensorte zu schaffen. Durch moderne Züchtungsmethoden kann der Zeitraum kürzer, häufig aber auch länger sein. Das bedeutet Investierung großer Kapitalien und das Aufsichnehmen des Risikos, was das Endresultat betrifft. 1

Dieser geistigen Leistung und dem finanziellen sowie zeitlichen Aufwand entspricht daher ein gewisses privates Schutzinteresse, das dem Züchter die Ergebnisse seines Schaffens zuordnet und ihm gegenüber Dritten eine bestimmte Ausschließlichkeitsstellung verschafft. Ohne Schutz gegen die Ausbeutung seines Leistungsergebnisses liefe der Züchter Gefahr, daß Dritte an dem Züchtungserfolg teilhaben, indem sie sich Pflanzen der neuen Sorte be- 2 schaffen, gewerbsmäßig vermehren und den Züchter um den wirtschaftlichen Erfolg seiner Tätigkeit bringen. Bereits *Freda Wuesthoff*, eine Pionierin des Pflanzenschutzes stellte fest, daß jeder, der auf dem Gebiet der industriellen Entwicklung Erfahrung hat, weiß, daß vom wirtschaftlichen Standpunkt aus für neue Pflanzensorten ein Schutz notwendig ist, wenn die Entwicklung auf diesem Gebiet gefördert werden soll. Dieser Schluß wird noch einleuchtender, wenn man in Betracht zieht, daß der Züchter, wenn er ein Exemplar einer neuen Sorte oder eine Tüte Samen verkauft, jeweils auch die „Fabrik" mitverkauft, in der man weitere Pflanzen dieser Sorte herstellen kann. Das Produkt seiner Erfindung, das ist die neue Pflanze, trägt ja in sich selbst die Anlage zur Vermehrung. Ein Kilo eines neuen chemischen Stoffes bleibt ein Kilo. Ein Kilo einer neuen Pflanze Kartoffelsorte aber kann die Vermehrungsgrundlage sein für ungezählte Vermehrungsstufen.[13] Ferner kann es keinem Zweifel unterliegen, daß am Schutz der Saatgutverbraucher sowie der Sicherung der Versorgung der Landwirtschaft und des Gartenbaues mit qualitativ hochwertigem Saatgut zur Erzielung eines größtmöglichen und besten Ernteertrags (Stichworte: Sicherstellung der menschlichen Ernährung durch hochwertige Nahrungsmittel und Schaffung pflanzlicher Rohstoffe für die industrielle Verarbeitung) ein erhebliches öffentliches Interesse besteht. Der Saatgutverbraucher ist interessiert daran, *die* Zuchtsorten herauszufinden und anzubauen, die seinen Anbaubedingungen und Produktionszielen entsprechen, es soll ihm kein der Beschaffenheit nach minderwertiges Saatgut unter unzutreffender Sortenbezeichnung oder ein Sortengemisch als Sortensaatgut angeboten werden, und das Saatgut soll frei von wertlosen und schädlichen Beimengungen sein. Zum privatrechtlichen Schutzinteresse des Züchters kommt also das Interesse an einer öffentlich-rechtlichen Verkehrsregelung des Saatguts.

II. Besonderer Schutz für Pflanzenzüchtungen

3 Gleichwohl bestand für den Schöpfer neuer Pflanzenzüchtungen lange Zeit keine Schutzmöglichkeit. Jeder konnte jede fremde Neuzüchtung für sich nutzen und sie wirtschaftlich verwerten. Während gewerbliche Erfindungen und Urheberwerke in allen Kulturstaaten seit über 100 Jahren Schutz finden, der sich in einem Recht zur alleinigen Verwertung als Äquivalent für die aufgewendete Mühe darstellt, fehlten für Pflanzenzüchtungen zunächst Schutzmöglichkeiten und die Bemühungen um ein Schutzrecht setzten erst Ende der zwanziger Jahre des 20. Jahrhunderts ein.

1. Erste Ansätze und Ersatzschutzmöglichkeiten

4 Über erste Entwurfsfassungen zu einem Spezialgesetz für Saat- und Pflanzgut kam man jedoch zunächst nicht hinaus; man begnügte sich mit mehr verkehrsrechtlichen Bestimmungen, die eine öffentlich-rechtliche Regelung der Erzeugung und des gewerbsmäßigen Vertriebs von Saatgut zum Inhalt hatten, dem privaten Züchter aber nicht mehr als allenfalls eine reflexartige Begünstigung aus diesen Vorschriften boten. Wer einen wirklichen privaten Rechtsschutz haben wollte, war auf Privatverträge angewiesen, in denen – allerdings höchst unvollkommen – Pflichten in bezug auf den Vermehrungsnachwuchs festgelegt werden

---

13 Vgl. *Freda Wuesthoff*, GRUR 1957, 49–56.

konnten, oder mußte versuchen, für seine Züchtungen Wettbewerbs- bzw. Patent- oder Warenzeichenschutz zu erlangen. So hat das Reichspatentamt in mehreren grundlegenden Entscheidungen die Patentfähigkeit von Pflanzenzüchtungen anerkannt und auch der Bundesgerichtshof hat z.B. ein Verfahrenspatent für Rosenzüchtungen erteilt.[14]

2. Eigenständiger Sortenschutz

Alle diese Schutzmöglichkeiten mußten jedoch unvollkommen bleiben, weil sie entweder wie die ersteren einen echten Sachschutz nicht entfernt ersetzen konnten oder wie der Patentschutz zu sehr durch die typische Ausrichtung seiner Rechtsregeln auf das Gebiet der Technik gekennzeichnet waren. Insbesondere das als Notbehelf angewandte Patentgesetz paßte in mehrfacher Hinsicht nicht auf diesen Leistungszweig, beispielsweise bezüglich der Durchführung der Sachprüfung auf Neuheit und Erfindungshöhe, bezüglich der Laufdauer und wegen der Schwierigkeiten eindeutiger Kennzeichnungsmöglichkeiten zwecks Identifizierung von Verletzungsformen der neuen Züchtung.

a) Gesetz über Sortenschutz und Saatgut von Kulturpflanzen, UPOV-Übereinkommen 1961, SortSchG 68, SortG 85

So nimmt es nicht Wunder, daß die Bemühungen um die Schaffung eines Spezialgesetzes für Pflanzenzüchtungen weitergingen und es im Jahre 1953 zum Erlaß eines eigenständigen *„Gesetzes über Sortenschutz und Saatgut von Kulturpflanzen"* (sog. Saatgutgesetz)[15] kam, das die beiden Ordnungsbereiche – privater Rechtsschutz für den Züchter und öffentlich-rechtliche Verkehrsregelung – in sich verband. Das Saatgutgesetz enthielt erstmals materiell-rechtliche Regelungen, insbesondere in bezug auf Voraussetzungen, Wirkungen und Beendigung eines speziellen privaten Schutzrechtes für Pflanzenzüchtungen (Sortenschutzrecht) sowie organisations- und verfahrensrechtliche Vorschriften im Hinblick auf die Erteilung des Schutzrechtes.

Aber auch dieses Gesetz konnte noch nicht befriedigen, da nur ein Teil der Pflanzenarten, die meist dem Sektor der Ernährungs- und Nutzpflanzen angehörten, erfaßt wurde, während ein Großteil der anderen Pflanzenarten schutzlos blieb (insbesondere Zierpflanzen) und weil die Erteilung eines Sortenschutzrechts nach diesem Gesetz vom Nachweis des landeskulturellen Wertes der betreffenden Neuzüchtung abhing. Diese Mängel wurden in dem *„Internationalen Übereinkommen zum Schutze von Pflanzenzüchtungen* vom 2.12.1961" (sog. UPOV-Abkommen[16]), welches das Ergebnis der gleichzeitig mit dem Bestrebungen in der Bundesrepublik einsetzenden Bemühungen um ein umfassendes Schutzrecht ist, beseitigt, indem der Bereich der geschützten Pflanzen erheblich erweitert wurde und vor allem die Erteilung des Sortenschutzes nicht mehr vom Vorhandensein eines landeskulturellen Wertes der Sorte abhängig war. Da die BRD diesem Übereinkommen beigetreten ist, war eine Än-

---
14 Vgl. zur historischen Entwicklung des Pflanzenschutzes *Wuesthoff/Leßmann/Wendt*, Kommentar, 2. A. S. 27 ff.; *Würtenberger*, S. 7–16.
15 BGBl I, 450; dazu ausführlich *Büttner*, Die Saatgutordnung, 1954.
16 GRUR Int. 1962, 348 ff.

derung der gesetzlichen Grundlagen notwendig, die in ihren Hauptkomponenten zwar beibehalten werden konnten, aber an die Verbesserungen der Konvention angepaßt werden mußten. Dies geschah im „*Gesetz über den Sortenschutz vom Pflanzensorten (Sortenschutzgesetz)*" von 20.5.1968[17] sowie im „*Gesetz über den Verkehr mit Saatgut (Saatgutverkehrsgesetz)*" vom selben Tage,[18] die damit das privatrechtliche ausgestattete Recht des Züchters von den öffentlich-rechtlichen Verkehrsregeln des Saatguts wieder trennten, weil nach der Erteilung des Sortenschutzes ohne Rücksicht auf den landeskulturellen Wert einer neuen Sorte kein zwingender Grund mehr für eine Zusammenfassung der beiden Ordnungsbereiche in einem Gesetz bestand.

8   Mehrere Revisionen des UPOV-Abkommens in den Jahren 1974 und 1978 machten danach auch eine Änderung des deutschen Sortenschutzrechtes erforderlich, die zum „Sortenschutzgesetz" (SortG)[19] aus dem Jahre 1985 führten. Die durch die internationalen Neuregelungen hervorgerufenen Änderungen bezogen sich hauptsächlich auf die Erweiterung des Schutzgegenstandes und auf die Ausgestaltung der Sortenbezeichnung. Daneben wurde aus Gründen der Verwaltungsvereinfachung und -vereinheitlichung das Sortenschutzgesetz an das geltende Verwaltungsverfahrensgesetz angeglichen und es sind verfahrensrechtliche Sondervorschriften aufgehoben worden. Diese Gesetze brachten einen echten Sachschutz, indem sie dem Züchter einer neuen Pflanzensorte ein privates Schutzrecht gewährten, das zwar ein patentähnliches, aber auf die Besonderheiten der biologischen Natur zugeschnittenes eigenständiges Schutzrecht „nach Maß" darstellt.[20]

b) *Entwicklung bis zum UPOV-Übereinkommen 1991, das UPOV-Übereinkommen und die weitere Entwicklung*

9   In der Folgezeit gingen die Aktivitäten auf internationaler und europäischer Ebene weiter. Das UPOV-Abkommen wurde 1991 erneut revidiert,[21] um der auf dem Gebiete der Pflanzenzüchtung eingetretenen Entwicklung, insbesondere durch neue Züchtungsmethoden und in Anbetracht der Forderung der Züchter auf eine Verbesserung des Schutzes für ihre Innovationen, Rechnung zu tragen. Ferner wurde in inhaltlicher Entsprechung zu dem neuen UPOV-Abkommen, gestützt auf Art. 235 EG-Vertrag, eine europäische „*Verordnung (EG) über den gemeinschaftlichen Sortenschutz*"[22] vom 27.7.1994 mit einer Durchführungsverordnung im Hinblick auf das Verfahren vor dem gemeinschaftlichen Sortenamt[23] vom 31.5.1995 erlassen, die mangels bisheriger Harmonisierung der Schutzrechte für Pflanzensorten eine Gemeinschaftsregelung eingeführt hat, die zwar parallel zu den einzelstaatlichen Regelungen steht, jedoch die Erteilung von gemeinschaftsweit geltenden gewerblichen Schutzrechten erlaubt; ferner setzt sie Maßstäbe für die Ausgestaltung der Sortenschutzrechte der Mitgliedstaaten. Daher war eine Anpassung des deutschen Sorten-

---

17 BGBl I, 429.
18 BGBl I, 444.
19 BGBl I, 2170.
20 Vgl. zusammenfassend *Leßmann*, GRUR 1986, 279 ff. sowie zum förmlichen Verwaltungsverfahren GRUR 1986, 19 ff.
21 GRUR Int. 1991, 538 ff.
22 Abl. Nr. L 227 = BGBl I, 3164, Teil I.
23 Abl. Nr. L 121/37.

schutzgesetzes an das gemeinschaftliche Sortenschutzrecht erforderlich, die inzwischen erfolgt ist. Das deutsche Sortenschutzrecht gilt daher jetzt in der Fassung vom 19.12.1997.[24] Hauptsächlichste Regelungspunkte sind neben redaktionellen Anpassungen an das UPOV-Abkommen und die Verordnung über den gemeinschaftlichen Sortenschutz eine Sortendefinition; ferner eine Regelung für Sorten, die im wesentlichen von einer geschützten Sorte (Ursprungssorte) abgeleitet worden sind; schließlich eine Nachbauregelung für Rechtsansprüche der Sortenschutzinhaber für den Fall, daß Saatgut geschützter Sorten zur Wiederaussaat im landwirtschaftlichen Betrieb verwendet wird.

3. Patentschutz

a) Verhältnis zum Sortenschutz

Obwohl mit dem Sortenschutz ein spezieller Rechtsschutz für Pflanzenzüchtungen vorhanden ist, war und ist es – vor allem heute durch die modernen Züchtungsverfahren – die Frage, ob und inwieweit daneben auch ein Patentschutz in Betracht kommt.

Solange und soweit sich in Ländern kein eigenständiger Sortenschutz herausgebildet hat, ist der Patentschutz sicher eine unentbehrliche Notwendigkeit für den Schutz der Züchter, wenngleich es auch insoweit nicht unproblematisch ist, ob die Patentierungsvoraussetzungen bei Pflanzenzüchtungen wirklich gegeben sind; die besonderen Schutzkriterien der Erfindung, Wiederholbarkeit, Erfindungshöhe und der gewerblichen Verwertbarkeit sind oft nicht leicht zu begründen. Dort wo ein besonderer Sortenschutz existiert, liegt es jedoch nahe, daß dieser den Patentschutz ausschließt oder nur begrenzten Raum für ihn übrig läßt, unabhängig von den konkreten Patentierungsvoraussetzungen.[25] Die (biologische) Schaffung einer neuen Pflanzensorte unterscheidet sich von einer (technischen) Erfindung. Diese Unterschiede haben jedoch durch die modernen Züchtungsmethoden, in denen chemische, physikalische – oder jedenfalls nichtbiologische – Vorgänge eine immer größere Rolle spielen, erheblich an Bedeutung verloren, so daß auch die Gegenüberstellung von biologischem Sortenschutz und technischem Patentschutz zweifelhaft geworden ist.

Die Frage nach dem Verhältnis von Sortenschutz und Patentschutz stellt sich heute mehr denn je und ist nicht ohne praktische rechtliche Auswirkungen;[26] denn die Voraussetzungen für die Erlangung des Schutzrechtes sind beim Sortenschutz geringer, dafür hat es aber auch eine schwächere Ausschließlichkeitswirkung als das Patent. Während das Patent eine Anweisung zum technischen Handeln (sog. Lehre) voraussetzt, wobei die Erfindung neu, auf erfinderischer Tätigkeit beruhend und gewerblich anwendbar sein muß, sind die Erteilungsvoraussetzungen für das Sortenschutzrecht in Anpassung an die Besonderheiten der biologischen Materie mit der Unterscheidbarkeit, der Homogenität, Beständigkeit und Neuheit niedriger und einfacher zu bestimmen. Dem entspricht der geringere Schutzumfang des Sortenschutzrechts, der sich – abgesehen von den Erweiterungen des zuletzt revidierten UPOV-Abkommens – grundsätzlich nicht auf alle Erzeugnisse (insbesondere nicht zum

---

24 S. BGBl I, S. 3164 sowie Teil I.
25 *Lukes*, GRUR Int. 1987, 318 ff.; *Lange*, GRUR Int. 1996, 587; *Neumeier*, Sortenschutz und/oder Patentschutz für Pflanzenzüchtungen, S. 13 ff., 245 ff.
26 Vgl. *Lukes*, GRUR Int. 1987, 318 ff.

Konsum oder Verbrauch), sondern lediglich auf das Vermehrungsgut der geschützten Sorte erstreckt. Ferner ist das Sortenschutzrecht mit dem sogen. Züchtervorbehalt belastet, der das Herzstück des Sortenschutzes darstellt und jedem anderen Züchter die Weiterzucht und Neuentwicklung neuer wertvoller Sorten ohne Erlaubnis des Berechtigten an der Ausgangssorte ermöglicht, wenngleich nunmehr eine gewisse Abhängigkeit gesetzlich vorgesehen ist. Demgegenüber geht die Wirkung des Patentrechts dahin, daß es umfassende Ausschließlichkeitsbefugnisse enthält. Nur der Patentinhaber darf den patentierten Gegenstand herstellen, anbieten, in den Verkehr bringen und gebrauchen. Wenn die patentierte Erfindung in einem Verfahren besteht, so darf nur er das Verfahren verwenden. Sein Recht erstreckt sich als Verfahrenspatent nicht nur auf die Anwendung des Verfahrens, sondern auch auf Erzeugnisse, die unmittelbar aus dem Verfahren hervorgehen. Dazu gibt es – abgesehen von einem speziellen Forschungsvorbehalt – nicht wie im Sortenschutzrecht die grundsätzliche Weiterentwicklungsfreiheit, da eine Weiterentwicklung immer ein Gebrauchmachen und ein Herstellen eines Produkts bedeutet, die allein dem Patentberechtigten zukommen. Es gilt das Prinzip der patentrechtlichen Abhängigkeit. Das sind erhebliche Unterschiede des Sortenschutzes zum Patentrecht, die sich aus der Besonderheit der lebenden Materie bei Pflanzenzüchtungen und der stärkeren Bindung an das Allgemeininteresse erklären.[27]

13   Daher existiert – seit Etablierung des Sortenschutzrechtes als eigenständigem Schutzrecht für Pflanzenzüchtungen – das sogenannte Doppelschutzverbot: Soweit Sortenschutz eingreift, sind Pflanzenzüchtungen von der Patentierung ausgeschlossen. Dieser Grundsatz, der freilich von Anfang an nicht unumstritten war, wurde zunächst im UPOV-Abkommen von 1961 normiert und fand dann auch Berücksichtigung in nationalen und europäischen Gesetzgebungen, so insbesondere in § 1 Abs. 2 Nr. 2 PatG 1968, § 2 Nr. 2 PatG 1981 i. V. m. § 41 Abs. 1 SortG und vor allem Art. 53b EPÜ. In der neuesten Fassung des UPOV-Abkommens von 1991 ist das Doppelschutzverbot zwar nicht mehr ausdrücklich enthalten; doch muß bezweifelt werden, daß es damit abgeschafft sei oder für es keine rechtliche Notwendigkeit mehr bestehe.[28] Jedenfalls ist es in Art. 92 EGSVO und Art. 4 Abs. 1a, RiLi über den Schutz biotechnologischer Erfindungen wieder vorhanden, und zwar zu Recht. Denn wenn das Sortenschutzrecht sowohl nach seinen Erteilungsvoraussetzungen als auch dem Schutzumfang ein spezielles, auf die Besonderheiten der lebenden Materie zugeschnittenes eigenständiges Recht ist, kann daneben – soweit es eingreift – nicht eine generelle Patentschutzmöglichkeit mit anderen Voraussetzungen und Rechtswirkungen treten; der Sortenschutz als Spezialschutz würde illusorisch. Dagegen kann auch nicht auf die angeblich guten Erfahrungen mit anderen Doppelschutzmöglichkeiten (Patent/Gebrauchsmuster; Urheberrecht/Geschmacksmuster) verwiesen werden, da es dort nur um graduelle und nicht wie beim Verhältnis Patent/Sortenschutz um qualitative Unterschiede geht. Daher kann der Patentschutz nicht parallel zum Sortenschutz bestehen, wohl aber gibt es Schutzbereiche, in denen allein Sortenschutz, und andere, in denen daneben oder allein auch Patentschutz eingreift.

---

27 Vgl. *Lukes*, GRUR Int. 1987, 318 ff.
28 So *Straus*, GRUR 1992, 266.

b) Biotechnologische Richtlinie

Die Frage Sortenschutz und/oder Patentschutz ist deshalb nur durch eine sachgerechte Abgrenzung eindeutig zu beantworten, die zum einen berücksichtigt, daß es ein für die pflanzliche Materie maßgeschneidertes Schutzrecht gibt, zum anderen aber den auf dem Gebiet der Gentechnik und Mikrobiologie in der Vergangenheit bereits erzielten und zukünftig möglichen Entwicklungsergebnissen Rechnung trägt, die ein besonderes Schutzbedürfnis des sich mit diesen Technologien befassenden Züchters mit sich bringt. Dies zeigt sich in deutlicher Weise in der Erteilungs- und Spruchpraxis des Europäischen Patentamtes. Gerade die gegenwärtige Entscheidungspraxis der für gentechnologische Erfindungen zuständigen Technischen Beschwerdekammer 3.3.4. des Europäischen Patentamtes ist in dieser Hinsicht unbefriedigend.[29]

Ob die *Richtlinie 98/44/EG des Europäischen Parlaments und des Europäischen Rates vom 6. Juli 1998 über den rechtlichen Schutz biotechnologischer Erfindungen*[30] das Problem der sachgerechten Abgrenzung zu lösen vermag, kann bezweifelt werden. Zum einen bindet die Richtlinie, die sich gemäß Art. 189 EGV an die Mitgliedstaaten richtet und von diesen in innerstaatliches Recht umzusetzen ist, nicht – jedenfalls nicht unmittelbar – das Europäische Patentamt als ein auf schriftlich abgeschlossenem Vertrag zwischen Staaten beruhendes Gebilde im Sinne einer internationalen Organisation.[31] Die Technische Beschwerdekammer 3.3.3.4. hebt zudem ihre Zweifel hervor, ob die Richtlinie für die Auslegung von Art. 53b EPÜ als „spätere Praxis" im Sinne des Art. 31 Abs. 3 der Wiener Vertragsrechtkonvention anzusehen und damit bei der Auslegung des Art. 53b EPÜ zu berücksichtigen ist.[32] Schließlich lassen die in der Richtlinie enthaltenen Begriffsbestimmungen naturgemäß einen Auslegungsspielraum, der die Abgrenzungsfrage nicht eindeutig zu lösen vermag.[33]

Durch die Richtlinie 98/44 EG des Europäischen Parlaments und des Rates vom 6. Juli 1998 über den rechtlichen Schutz biotechnologischer Erfindungen wertet der europäische Gesetzgeber weiterhin das nationale Patentrecht als wesentliche Grundlage für den Rechtsschutz biotechnologischer Erfindungen, das jedoch hinsichtlich der Entwicklung der Technologie, die biotechnologisches Material benutzt, aber gleichwohl die Voraussetzungen für die Patentierbarkeit erfüllt, angepaßt oder ergänzt werden muß (Erwägungsgrund 8). Der europäische Gesetzgeber beschränkt sich deshalb in der Richtlinie auf die Festlegung bestimmter Grundsätze für die Patentierbarkeit biologischen Materials an sich. Soweit die Patentierbarkeit auf dem Gebiet der pflanzlichen Materie betroffen ist, beschränkt sich der Rechtsrahmen, der durch die Richtlinie auf europäischer Ebene vorgegeben wird, auf den Umfang des Patentschutzes biotechnologischer Erfindungen, auf die Möglichkeit zusätzlich zur schriftlichen Beschreibung einen Hinterlegungsmechanismus vorzusehen sowie auf die Erteilung einer nichtausschließlichen Zwangslizenz bei Abhängigkeit zwischen Pflanzen-

---

29 Vgl. TB v. 21.2.1995 Pflanzenzelle/Plant Genetic Systems – Abl. EPA 1995, 545; Einzelheiten hierzu Rdn 110 ff.
30 Abl. 213 v. 6.7.1998, S. 13 ff.
31 Vgl. *Ballreich*, Münchner Gemeinschaftskommentar zum EPÜ, 9. Lieferung Jan. 1986, Art. 5 Rdn 43; ausführlich zur Frage der biotechnologischen Richtlinie als Auslegungsfaktor des Europäischen Patentübereinkommens, *Straus*, GRUR Int. 1998, S. 1 ff.
32 Technische Beschwerdekammer T 10/54/96 – 3.3.4, Transgene Pflanze/NOVARTIS Abl. EPA 1998, 511, Nr. 77 der Entscheidungsgründe auf S. 545.
33 Vgl. hierzu Rdn 114 f.

sorten und Erfindungen und umgekehrt (Erwägungsgrund 13). Mit der durch die Richtlinie bestätigten grundsätzlichen Patentierbarkeit der pflanzlichen Materie erkennt sie die Notwendigkeit an, auf diesem Gebiet den Erfinder mit einem ausschließlichen, aber zeitlich begrenzten Nutzungsrecht für seine innovative Leistung zu belohnen und damit nicht nur einen Anreiz für die erfinderische Tätigkeit zu schaffen, sondern ihn insbesondere zu veranlassen, sein Wissen durch entsprechende Patentanmeldungen preiszugeben und damit Dritten zu ermöglichen, auf der Basis des offenbarten Fortschritts für weitere Verbesserungen auf dem Gebiet der Biotechnik Sorge zu tragen.

17   Das bisher durch die patentrechtliche Erteilungspraxis zu gen- oder biotechnologischen Erfindungen auf dem Gebiet der pflanzlichen Materie verursachte Dilemma, solchen Erfindungen wie Zellen mit besonderen Eigenschaften den Patentschutz deshalb zu verweigern, weil damit auch naturgemäß Pflanzensorten der einzelnen Arten erfaßt werden, versucht Art. 4 RiL dadurch aufzulösen, daß in Abs. 2 deutlich hervorgehoben wird, daß Erfindungen auf dem Gebiet u. a. der pflanzlichen Materie patentiert werden können, wenn die Ausführungen der Erfindung technisch nicht auf eine bestimmte Pflanzensorte beschränkt sind.

18   Nach der Zielrichtung der Richtlinie soll dem Inhaber eines Patents für pflanzliche Materie die Möglichkeit eröffnet werden, die Verwendung patentierten selbstreplizierenden Materials unter solchen Umständen zu verbieten, die den Umständen gleichstehen, unter denen die Verwendung nicht-selbstreplizierenden Materials verboten werden könnte, d. h. die Herstellung des patentierten Erzeugnisses selbst (Erwägungsgrund 46). Dies stellt andererseits eine Durchbrechung des auf dem Gebiet der Pflanzenzüchtung als unabdingbare Notwendigkeit erkannten Landwirteprivilegs dar.[34] Der europäische Gesetzgeber hat die Notwendigkeit, dieses Privileg auch hinsichtlich patentrechtlich geschützter pflanzlicher Materie aufrechtzuerhalten, erkannt. In Erwägungsgrund 47 wird deshalb die Notwendigkeit hervorgehoben, eine Ausnahme von den Rechten des Patentinhabers vorzusehen, die Herstellung des vom Patentschutz erfaßten pflanzlichen Materials aus rechtmäßig in den Verkehr gebrachten patentierten pflanzlichen Materials zu unterbinden, sofern dieses an einen Landwirt zum landwirtschaftlichen Anbau verkauft wird. Nach Art. 11 darf der Landwirt das vom Patent erfaßte pflanzliche Material, das vom Patentinhaber selbst oder mit dessen Zustimmung durch einen Dritten zum landwirtschaftlichen Anbau in den Verkehr gebracht wurde, im eigenen Betrieb dazu verwenden, um hieraus sein Erntegut durch generative oder vegetative Vermehrung für den eigenen Betrieb zu gewinnen. Um hier keine Sonderstellung des Landwirts bei Verwendung patentrechtlich geschützten Vermehrungsmaterials im Vergleich zum sortenschutzrechtlich geschützten Materials zu bewirken, wird hinsichtlich Ausmaß und Modalitäten dieser Ausnahmeregelung auf Art. 14 der EGSVO verwiesen.[35]

19   Anders als bei der technischen Materie wird bei der Verwendung von patentrechtlich geschütztem Pflanzenmaterial dieses naturbedingt generativ oder vegetativ vermehrt. Selbst bei einer zweckbestimmten Verwendung des vom Züchter oder mit dessen Zustimmung erzeugten und von Dritten in Verkehr gebrachten Pflanzenmaterials können naturgemäß Handlungen vorgenommen werden, die gemäß § 9 PatG ebenso wie gemäß § 10 SortG, Art. 13 EGSVO dem jeweiligen Schutzrechtsinhaber und seinen Lizenznehmern vorbehalten sind. Zu denken ist hierbei z.B. an Kartoffeln oder Zwiebeln, die sich durch ihre bestimmungsgemäße Verwendung automatisch vermehren. Um klarzustellen, daß dies wegen des Art. 8 RiL, nach dem der Schutz eines Patents für biologisches Material jedes Material

---

34 Vgl. hierzu näher Rdn 356 ff.
35 Vgl. hierzu Rdn 362 ff.

II. Besonderer Schutz für Pflanzenzüchtungen   103

erfaßt, das aus dem geschützten Material durch generative oder vegetative Vermehrung in gleicher oder abweichender Form gewonnen wird und mit denselben Eigenschaften ausgestattet ist, keine Patentverletzung darstellt, schränkt Art. 10 den Schutzumfang des Patentes ein. Vom Schutzumfang eines Patents für pflanzliches Material wird nicht mehr erfaßt, was durch die generative oder vegetative Vermehrung notwendigerweise das Ergebnis der Verwendung ist, für die das biologische Material in den Verkehr gebracht wurde. Allerdings darf das so gewonnene Material anschließend nicht für andere generative oder vegetative Vermehrungen verwendet werden, es sei denn, es handelt sich hier um einen Landwirt, der unter die Privilegierungsausnahme des Art. 11 der Richtlinie fällt.

Wird patentiertes Pflanzenmaterial im Rahmen von Handlungen gemäß § 11 Nr. 2 PatG zu 20 Versuchszwecken verwendet und entsteht hierbei eine Pflanzenneuzüchtung, die die Kriterien für die Erteilung eines Sortenschutzrechtes erfüllt, wird, wenn der patentrechtlich geschützte Bestandteil sich noch in der Sorte befindet, weil es dem Züchter der neuen Sorte nicht gelungen ist, den patentrechtlich geschützten Bestandteil auszuzüchten, diese neue, dem Sortenschutz zugängliche Sorte vom Patent auf das hierbei verwendete Pflanzenmaterial erfaßt (vgl. Art. 8 Abs. 1 RiL). Um dem Pflanzenzüchter dennoch die Verwertung zu ermöglichen, sieht Art. 12 RiL vor, daß er bei der von jedem Mitgliedstaat gemäß Art. 12 Abs. 4 einzurichtenden Stelle die Erteilung einer Zwangslizenz für die patentgeschützte Erfindung gegen Zahlung einer angemessenen Lizenzgebühr beantragen kann, soweit diese Lizenz zur Verwertung der zu schützenden Pflanzensorte erforderlich ist. Wird eine Zwangslizenz erteilt, müssen die Mitgliedstaaten vorsehen, daß auch der Patentinhaber zur Verwertung der geschützten Sorte Anspruch auf eine gegenseitige Lizenz zu angemessenen Bedingungen hat.

Im Gegensatz hierzu ist es auch möglich, daß durch den Sortenschutz pflanzliches Material 21 erfaßt wird, das durch eine patentierte Erfindung behandelt wurde, aber dennoch in den Schutzumfang der sortenschutzrechtlich geschützten Sorte fällt, weil diese Neuzüchtung sich nicht in einem im Sinne des § 3 SortG maßgebenden Merkmal deutlich von der geschützten Sorte unterscheiden läßt bzw. bei einer deutlichen Unterscheidbarkeit eine im wesentlichen abgeleitete Sorte im Sinne des § 10 Abs. 2 und 3 SortG ist. Für diesen Fall sieht Art. 12 Abs. 2 RiL vor, daß der Inhaber eines solchen Patents vom Sortenschutzinhaber gegen Zahlung einer angemessenen Vergütung eine nicht-ausschließliche Zwangslizenz für die durch das Sortenschutzrecht geschützte Pflanzensorte verlangen kann. Auch hierfür sind von den Mitgliedstaaten entsprechende Stellen einzurichten, die über die Erteilung der Zwangslizenz sowie über die Festsetzung der angemessenen Vergütung entscheiden. Hier hat der Sortenschutzinhaber ebenfalls Anspruch auf Einräumung einer gegenseitigen Lizenz gegen Zahlung einer angemessenen Lizenzgebühr. In beiden Fällen ist jedoch Voraussetzung, daß sich derjenige, der eine Zwangslizenz beantragt, beim Inhaber des tangierten Schutzrechtes um eine vertragliche Lizenz bemüht hat sowie die Pflanzensorte oder Erfindung einen bedeutenden technischen Fortschritt von erheblichem wirtschaftlichen Interesse gegenüber der patentgeschützten Erfindung oder der geschützten Pflanzensorte darstellt. Wann dies der Fall ist, wird sich nach den gleichen Kriterien entscheiden müssen, nach denen gemäß § 12 SortG auch bisher die Erteilung von Zwangsnutzungsrechten beantragt werden konnte.[36]

---

36 Einzelheiten hierzu siehe unter Rdn 355.

III. Rechtfertigung des Schutzes

22   Sowohl Sortenschutz als auch Patentschutz rechtfertigen sich trotz aller Unterschiede ihrer Ausgestaltung aus dem allgemeinen Gedanken, daß es sich bei der Züchtung einer neuen Pflanzensorte sowie auch der Schaffung neuer Pflanzen oder Pflanzenteile bzw. Pflanzenmaterial zur Schaffung neuer Pflanzenzüchtungen um erhebliche geistige und wirtschaftliche Leistungen handelt, die Schutz verdienen. Es kann hier auf die einzelnen zur Rechtfertigung der Schutzsysteme entwickelten Theorien verwiesen werden, die für die Begründung des Patentsystems, aber auch entsprechend des Sortenschutzsystems angeführt werden können: Eigentumstheorie, Belohnungstheorie, Ansporungstheorie, Offenbarungstheorie.[37] Gegen alle diese Theorien lassen sich, wie bekannt, gewisse Einwände erheben. Auf der anderen Seite stehen sie miteinander in Zusammenhang und bringen jeweils einen richtigen Gedanken zum Ausdruck. Während die beiden ersteren darauf abzielen, den Rechtsschutz als Gebot der Gerechtigkeit und die Individualinteressen des Schöpfers als schutzwürdig anzuerkennen, haben die beiden letzteren vorwiegend seine Nützlichkeit für die Allgemeinheit im Auge.

23   Dieses Verhältnis von Privatinteresse und Allgemeininteresse spielt auch beim Pflanzenschutz eine Rolle.[38] Selbstverständlich erbringt der Pflanzenzüchter eine erhebliche züchterische Leistung, die Belohnung verdient und in einer marktwirtschaftlichen Ordnung durch eine gewisse zeitliche Monopolstellung abgegolten werden muß. Das geschieht wie im gesamten gewerblichen Rechtsschutz und Urheberrecht durch die Gewährung von Ausschließlichkeitsrechten, die den Inhaber für bestimmte Zeitspannen zur alleinigen Nutzung seiner individuellen geistigen Leistung berechtigen und die Benutzung durch andere von seiner Zustimmung abhängig machen. Auf der anderen Seite stehen gerade bei Pflanzenzüchtungen die Allgemeininteressen, die insbesondere bei land- und ernährungswirtschaftlich nutzbaren Pflanzenarten im Hinblick auf die Sicherstellung der menschlichen Ernährung und die industrielle Versorgung mit pflanzlichen Rohstoffen auf hohe und breite Verwendbarkeit der pflanzlichen Produkte, eine geringe Kostenbelastung und Vielfalt der Sorten gerichtet sind.

24   Dieses Verhältnis von Privatinteresse zum Allgemeininteresse und deren Abwägung gegeneinander zeigt sich vor allem bei der Auswahl der Schutzsysteme für Pflanzenzüchtungen und deren Reichweite zueinander. Wie bereits ausgeführt, hat das Sortenschutzrecht geringere Erteilungsvoraussetzungen, aber auch schwächere Rechtswirkungen, worin die gesetzgeberische Interessenabwägung zwischen Privatinteresse und Allgemeininteresse beim Schutz von Pflanzensorten zum Ausdruck gebracht wird. Dabei erhält der Züchter durchaus seine Belohnung, wenn auch nicht in Form eines so starken Ausschließlichkeitsschutzes wie beim Patentrecht. Dies ist aber gerechtfertigt durch die geringeren Schutzrechtserlangungsvoraussetzungen und die stärkere Berücksichtigung der in Frage stehenden Allgemeininteressen. Das Patent könnte hier aufgrund der mit ihm verbundenen Rechtswirkungen zu den negativen Folgen führen, wie sie mit der Entstehung zu starker Monopolpositionen, Abhängigkeit und Lizenzpyramiden, unerwünschter Kostensteigerungen, Einschränkung der Sortenvielfalt und Beschränkung der genetischen Ressourcen – wenn auch manchmal etwas überzogen, aber ohne überzeugende Widerlegung durch die Gegner – beschrieben worden

---

37 Vgl. *Bernhardt/Kraßer*, S. 24.
38 Näher *Lukes*, GRUR Int. 1987, 318 ff.

sind.[39] Dort hingegen, wo außerhalb der Pflanzensorten und in den Bereichen, in denen der Sortenschutz nicht greift, die Allgemeininteressen nicht in dem gleichen Maße vorhanden sind, kann der Patentschutz zum Zuge kommen, der den Privatinteressen seinen notwendigen größeren Raum gibt. Sortenschutz und Patentschutz ergänzen sich insoweit und finden in diesem Nebeneinander von der Interessenabwägung her ihre jeweilige Rechtfertigung.[40]

IV. Rechtssystem

Sorten- und Patentschutz sind Teil des *Gewerblichen Rechtsschutzes,* wobei sich der Sortenschutz aus dem Patent heraus entwickelt, aber Eigenständigkeit erlangt hat. Der Sortenschutz ist ein patentähnliches Recht, das ebenfalls für eine geistige Leistung ein Ausschließlichkeitsrecht gewährt, das aber wegen der Besonderheit der lebenden Materie eine von einer umfassenden Alleinstellung abweichende, engere Ausgestaltung erfahren hat.[41] Als neben dem Halbleiterschutzgesetz jüngster Ausprägung eines gewerblichen Schutzrechtes finden daher auch auf den Sortenschutz die allgemeinen Grundsätze des Gewerblichen Rechtsschutzes und insbesondere des Patentrechts Anwendung, soweit nicht typisch sortenschutzrechtliche Erwägungen eingreifen. Ferner gehört der Sorten-/Patentschutz als Teil des gewerblichen Rechtsschutzes zum Gebiet des *Privatrechts,* jedenfalls bezüglich der materiellen Schutzrechte; er regelt den Schutz der gewerblichen Leistung und damit private Interessen im Verhältnis zu anderen Gewerbetreibenden, die Schutzrechte sind subjektive Privatrechte. Doch haben Sorten- und Patentschutz auch eine *öffentlich-rechtliche* (verwaltungs-rechtliche) Seite. Denn zur Entstehung des Schutzrechtes ist eine Mitwirkung des Bundessortenamtes bzw. des Gemeinschaftlichen Sortenamtes einerseits und des Patent- und Markenamtes bzw. des Europäischen Patentamtes andererseits, also einer Verwaltungsbehörde, erforderlich, die das private Recht durch Verwaltungsakt erteilt.[42] Organisation der Ämter und Verfahren vor ihnen sind verwaltungsmäßig, d. h. öffentlich-rechtlich geregelt, wobei das Patenterteilungsverfahren eigene Verfahrensvorschriften hat und das Sortenschutzgesetz in § 21 auf das förmliche Verwaltungsverfahren des Verwaltungsverfahrensgesetzes verweist. Zum öffentlichen Recht gehört das Saatgutverkehrsgesetz, das Verkehrsregelungen für die Sortenschutzrechte enthält. Öffentlich-rechtlich sind auch die verfassungsrechtlichen Gewährleistungen für das gewerbliche Schaffen, die in Art. 1, 2 und vor allem 14 GG zum Ausdruck kommen.

25

In ihrem privatrechtlichen Gehalt haben die gewerblichen Schutzrechte durch die Ausschließlichkeitsbefugnisse als absolute Rechte Berührungen mit dem *Bürgerlichen Recht* sowie dem *Handelsrecht*. In gewissem Gegensatz zum gewerblichen Rechtsschutz steht das *Wettbewerbsrecht*. Die gewerblichen Schutzrechte haben Monopolcharakter, sie beschränken die Wettbewerbsfreiheit, indem sie einem einzelnen bestimmte Leistungsergebnisse aus-

26

---

39 Vgl. vor allem *Lukes,* GRUR Int. 1987, 321; Bauer, Patente für Pflanzen – Motor des Fortschritts? 1993, besonders S. 247 ff.; *Mooney,* Seeds of the Earth, 1979 = Übersetzung rororo-aktuell, Nr. 4731, 1981.
40 Vgl. zur „Koeistenz" von Patentschutz und Sortenschutz *Straus,* GRUR 1993, 794 ff.; *Lange,* GRUR 1993, 801 ff.
41 *Wuesthoff/Leßmann/Wendt,* Kommentar, 2. Auflage, S. 32.
42 Dazu näher Rdn 577.

schließlich vorbehalten und ihm ein Abwehrrecht gegenüber dem Mitbewerber, der sie unbefugt benutzt, gewähren, ohne jedoch zu einem Marktmonopol zu führen. Das GWB sowie die Art. 81 ff. GV wollen die Wettbewerbsfreiheit sichern und dadurch den Wettbewerb als Institution erhalten, indem sie Beschränkungen des Wettbewerbs durch vertragliche Vereinbarungen und durch Mißbrauch wirtschaftlicher Macht verhindern. Im Verhältnis zu den gewerblichen Schutzrechten will das nationale und gemeinschaftliche Wettbewerbsrecht vor allen Dingen vermeiden, daß diese durch vertragliche Abreden über ihren gesetzlichen Inhalt hinaus ausgedehnt werden und dadurch zu einer von ihrem Schutzzweck nicht gedeckten Beeinträchtigung der Wettbewerbsfreiheit führen (vgl. §§ 17, 18 GWB). Unzulässig ist also nicht das Verwertungs- sondern das Marktmonopol. Bei Lizenzverweigerungen können §§ 19, 20, 21 GWB sowie Art. 86 EGV anwendbar werden. Von Bedeutung sind auch die Regelungen des EG-Kartellrechts zu Art. 28 ff., 81 ff. EG-Vertrag, die den freien Warenverkehr zwischen Mitgliedstaaten der EG gewährleisten wollen.

V. Deutscher und europäischer Sortenschutz

27 Deutscher und europäischer Sortenschutz stehen nebeneinander, wenn auch mit Vorrang für den europäischen. Die Regelungen für die gewerblichen Schutzrechte für Pflanzensorten sind auf Gemeinschaftsebene nicht harmonisiert worden. Deshalb finden nach wie vor die inhaltlich verschiedenen Bestimmungen der Mitgliedstaaten Anwendung; das Recht der Mitgliedstaaten, nationale Schutzrechte zu erteilen, ist nicht berührt worden (Art. 3 EGSVO). Daneben ist jedoch mit der Verordnung über den gemeinschaftlichen Sortenschutz eine Gemeinschaftsregelung eingeführt worden, die zwar parallel zu den einzelstaatlichen Regelungen besteht, jedoch die Erteilung von gemeinschaftsweit geltenden gewerblichen Schutzrechten erlaubt. Hierbei ist nicht nur die Rolle des gemeinschaftlichen Sortenschutzes als Vermögensgegenstand im Verhältnis zu den nicht harmonisierten Rechtsvorschriften der Mitgliedstaaten, insbesondere denen des bürgerlichen Rechts, klarzustellen, sondern auch die Beziehung von gemeinschaftlichem Sortenschutz zum nationalen Sortenschutz bei Rechtsverletzungen sowie der Geltendmachung von Rechten zu regeln. Während der nationale Sortenschutz auf das Gebiet des erteilenden Mitgliedstaates begrenzt ist, ist der gemeinschaftliche Sortenschutz in Art. 1 EGSVO die einzige und ausschließliche Form eines gemeinschaftlichen gewerblichen Rechtsschutzes für Pflanzensorten und hat nach Art. 2 EGSVO eine einheitliche Wirkung in der Gemeinschaft; er kann für das Gemeinschaftsgebiet nur einheitlich erteilt, übertragen und beendet werden. Das hat für das Verhältnis von europäischem zu nationalem – hier deutschem – Sortenschutz die folgenden Wirkungen:

28 Es steht dem Pflanzenzüchter frei, anstelle eines gemeinschaftlichen Sortenschutzes in einem oder mehreren Mitgliedstaaten der Europäischen Gemeinschaft für ein und dasselbe Züchterergebnis ein Schutzrecht bzw. parallele Schutzrechte zu beantragen. Es gibt aber nur *ein* gemeinschaftliches Sortenschutzrecht, das für alle Mitgliedstaaten, also auch Deutschland, gilt. Soweit für eine Sorte ein gemeinschaftlicher Sortenschutz erteilt worden ist, kann diese nicht Gegenstand eines deutschen Sortenschutzes oder eines Patentes sein. Insoweit gilt ein Doppelschutzverbot (Art. 92 Abs. 1 EGSVO); nur soweit noch kein gemeinschaftlicher Sortenschutz vorhanden ist, kann ein deutscher Sortenschutz bzw. ein Patent in Betracht kommen. Ein entgegen einem bereits vorhandenem gemeinschaftlichen Sortenschutzrecht erteiltes deutsches Schutzrecht hat keine Wirkung (Art. 92 Abs. 1 S. 2 EGSVO).

Ist dagegen das deutsche Schutzrecht schon vor dem gemeinschaftlichen Sortenschutz erteilt worden, so ist dieses zwar nicht unwirksam, jedoch können Rechte aus ihm nicht geltend gemacht werden, solange der gemeinschaftliche Sortenschutz besteht (Art. 92 Abs. 2 EGSVO). Dieser Regelung trägt § 10c SortG Rechnung. Danach können Rechte aus dem nach dem SortG erteilten Sortenschutz nicht geltend gemacht werden, sofern für dieselbe Sorte ein gemeinschaftlicher Sortenschutz erteilt wurde. Das Geltendmachungsverbot gilt allerdings nur für die Dauer des Bestehens des gemeinschaftlichen Sortenschutzes. Ein entgegen einem bereits vorhandenen europäischen Sortenschutzrecht erteilter Sortenschutz kann zwar aufgrund der abschließenden Regelung in § 31 SortG nicht zurückgenommen oder widerrufen werden, jedoch kann aus ihm nicht geklagt werden, wobei es dogmatisch dahinstehen mag, ob die Klage bereits unzulässig oder nur unbegründet ist.

Wegen der inhaltlich unterschiedlichen Ausgestaltung der dem Sortenschutzinhaber zugeordneten Rechte in den einzelnen Mitgliedstaaten sieht Art. 22 EGSVO vor, daß der gemeinschaftliche Sortenschutz als Vermögensgegenstand im ganzen und für das gesamte Gebiet der Gemeinschaft wie ein entsprechendes Schutzrecht des Mitgliedstaates behandelt wird, in dem entweder der Inhaber zum jeweils maßgebenden Zeitpunkt seinen Wohnsitz oder Sitz oder eine Niederlassung hatte, oder wenn dieser weder Wohnsitz oder Sitz noch eine Niederlassung hatte, nach dem Recht des Mitgliedstaates, in dem der im Register für gemeinschaftlichen Sortenschutz eingetragene Vertreter des Inhabers am Tag seiner Eintragung seinen Wohnsitz oder Sitz oder seine Niederlassung hatte. Treffen diese beiden Bestimmungen nicht zu, so ist das Recht des Mitgliedstaates ausschlaggebend, in dem das Amt seinen Sitz hat. Zur Zeit wäre damit französisches Recht anwendbar. Für den Fall, daß für den Inhaber oder den Verfahrensvertreter Wohnsitze, Sitze oder Niederlassungen in mehreren Mitgliedstaaten im Register für gemeinschaftliche Sortenschutzrechte eingetragen sind, ist für die Entscheidung, welches Recht der entsprechenden Mitgliedstaaten anwendbar ist, der zuletzt eingetragene Wohnsitz oder Sitz oder die ersteingetragene Niederlassung ausschlaggebend (Art. 22 Abs. 3 EGSVO). Steht der Sortenschutz mehreren gemeinschaftlich zu und sind diese als gemeinsame Inhaber im Register für gemeinschaftliche Sortenschutzrechte eingetragen, so ist der gemeinschaftliche Sortenschutz als Vermögensgegenstand gemäß dem innerstaatlichen Recht des Mitgliedstaates unterworfen, in dem der Inhaber im Register als erster mit einem Wohnsitz oder Sitz oder Niederlassung in der Gemeinschaft genannt ist. Hat keiner der als gemeinsame Inhaber im Register für gemeinschaftliche Sortenschutzrechte Eingetragenen einen Sitz oder Wohnsitz oder eine Niederlassung in der Gemeinschaft, richtet sich die Behandlung des gemeinschaftlichen Sortenschutzes als Vermögensgegenstand nach dem Recht des Mitgliedstaates, in dem das Amt seinen Sitz hat (Art. 22 Abs. 4 S. 2 i. V. m. Abs. 2 EGSVO).

Um eine Konkurrenz widersprüchlicher gemeinschaftlicher und nationaler Bestimmungen bei der Ausübung von erteilten Sortenschutzrechten auf Gemeinschaftsebene auszuschließen, bestimmt Art. 93 EGSVO, daß die Geltendmachung der Rechte aus dem gemeinschaftlichen Sortenschutz Beschränkungen durch das Recht der Mitgliedstaaten, das gemäß Art. 22 EGSVO anwendbar ist, nur insoweit unterliegt, als in der EGSVO ausdrücklich auf diese Beschränkungen im innerstaatlichen Recht Bezug genommen wird.

Im übrigen setzt der europäische Sortenschutz, ähnlich wie das europäische Patentübereinkommen für die nationalen Patentrechte, gewisse Maßstäbe für die Ausgestaltung des deutschen Sortenschutzrechtes. Daher wird die Bedeutung des gemeinschaftlichen Sortenschutzes wachsen und das deutsche Sortenschutzrecht zurückdrängen. Deutscher Sortenschutz bleibt nur dort sinnvoll, wo – abgesehen von Kostengründen – ein Schutzinteresse lediglich auf deutschem Gebiet besteht. Das wird zunehmend immer weniger der Fall sein.

VI. Verhältnis zum Saatgutverkehrsgesetz

1. Sortenschutzgesetz/Saatgutverkehrsgesetz

32   Neben dem Sortenschutzgesetz steht das Saatgutverkehrsgesetz. Während das Sortenschutzgesetz dem Gebiet des gewerblichen Rechtsschutz angehört und ein privates Ausschließlichkeitsrecht ähnlich dem Patentrecht für die Züchtung oder Entdeckung einer neuen Pflanzensorte gewährt und damit der Förderung der Pflanzenzüchtung dient, gehört das Saatgutverkehrsgesetz zum öffentlichen Recht. Seine Grundkonzeption stammt aus der Zeit vor dem 2. Weltkrieg und berücksichtigt die Notwendigkeit, die für die Erzeugung von Ernährungspflanzen zur Verfügung stehenden Anbauflächen zweckmäßig auszunutzen, d. h. aufgrund gesetzlicher Vorschriften im wesentlichen nur Saatgut hoher und geprüfter Qualität zum Anbau zuzulassen, so daß der größtmögliche und beste Ernteertrag erwartet werden kann. Während im 3. Reich und während der Kriegszeit dieses Vorhaben durch Planvorschriften ohne Schwierigkeiten durchgeführt werden konnte, mußten nach dem Krieg erst die erforderlichen, insbesondere öffentlich-rechtlichen Gesetzesbestimmungen geschaffen werden.

33   a) Als Vorläufer des jetzt geltenden Saatgutverkehrsgesetzes wurde 1953 das *Saatgutgesetz*[43] erlassen, das außer den öffentlich-rechtlichen Vorschriften auch privatrechtliche Bestimmungen betreffend ein Sortenschutzrecht enthielt.[44] Nach dem Saatgutgesetz fand für die in einem zugehörigen Artenverzeichnis aufgeführten Ernährungs- und Nutzpflanzen eine sogenannte Registerprüfung (auf Selbständigkeit, Homogenität und Beständigkeit der Sorte) und eine Wertprüfung (auf landeskulturellen Wert) statt, mit dem Ziel, der Sorte ein Schutzrecht (§ 6 SaatG) und dadurch gleichzeitig die Berechtigung, das Saatgut anerkennen zu lassen und vertreiben zu können (§§ 39, 41 SaatG), zu erteilen.

34   b) Mit den im Jahre 1968 erlassenen Gesetzen, nämlich dem *Sortenschutzgesetz*[45] und dem Saatgutverkehrsgesetz[46] wurden der privatrechtliche – den Sortenschutz betreffende – Gesetzesteil und die öffentlich-rechtlichen – die Verkehrsregelung betreffenden – Vorschriften voneinander getrennt. Die Prüfung zur Erteilung des Sortenschutzrechts umfaßte die frühere Registerprüfung, während die Wertprüfung unter öffentlich-rechtlichen Gesichtspunkten des Saatgutverkehrsgesetzes erfolgte.

35   c) Diese Trennung wurde in dem 1985 neu erlassenen *Sortenschutzgesetz* vom 11. Dezember 1985[47] *und dem Saatgutverkehrsgesetz* vom 20. August 1985[48] beibehalten. Das Sortenschutzgesetz regelt weiterhin das privatrechtliche Ausschließlichkeitsrecht des Sortenschutzinhabers, während sich das Saatgutverkehrsgesetz mit der Ordnung des öffentlich-

---

43 Gesetz über Sortenschutz und Saatgut von Kulturpflanzen vom 27.6.1953, BGBl I S. 450.
44 Vgl. Rdn 6.
45 Gesetz über den Schutz von Pflanzensorten vom 20.5.1968, BGBl I S. 429.
46 Gesetz über den Verkehr mit Saatgut vom 20.5.1968, BGBl I S. 444.
47 BGBl I S. 2110.
48 BGBl I S. 1633.

rechtlichen Verkehrs des Saatguts befaßt. Durch das *Saatgutverkehrsgesetz* wurden die bisherigen Vorschriften des Saatgutverkehrs an die Bestimmungen geänderter EG-Richtlinien auf dem Gebiete des Saatgutwesen angeglichen; ferner wurde das Gesetz im Hinblick auf das Verwaltungsverfahrensgesetz von verfahrensrechtlichen Sondervorschriften befreit und in den verbleibenden Regelungen an die Bestimmungen jenes Gesetzes angepaßt.[49] Das Saatgutverkehrsgesetz hat durch Gesetz vom 25.11.1993[50] eine grundlegende Änderung erfahren, nach der nicht mehr nur das gewerbsmäßige Inverkehrbringen von Saatgut, sondern von jedem Vermehrungsmaterial geregelt wird. Das hat erhebliche Konsequenzen für die Verkehrsregelungen.

d) Das *Sortenschutzgesetz* gilt inzwischen in der Neufassung vom 19. Dezember 1997,[51] mit der eine Anpassung an das geänderte UPOV-Abkommen aus dem Jahre 1991 und die Verordnung über den gemeinschaftlichen Sortenschutz vorgenommen worden ist. Notwendige Folgeänderungen des Saatgutverkehrsgesetzes, welches für bestimmte Tatbestände die gleiche Begrifflichkeit wie das Sortenschutzgesetz enthält, sind einer gesonderten Gesetzesvorlage vorbehalten, da auf EG-Ebene z. Zt. umfassende materielle Änderungen des Saatgutrechts erörtert werden, die eine baldige Änderung des Saatgutverkehrsgesetzes erfordern. 36

2. Inhalt des Saatgutverkehrsgesetzes

Entsprechend dem Gesetzeszweck des Schutzes der Saatgutverbraucher sowie der Sicherung der Versorgung der Landwirtschaft und des Gartenbaus mit qualitativ hochwertigem Saatgut zur Erzielung eines größtmöglichen und besten Ernteertrags darf ohne Rücksicht auf den Saatzweck gem. § 3 SaatG nur mittels staatlicher Kontrolle anerkanntes bzw. genehmigtes Saatgut gewerbsmäßig in den Verkehr gebracht werden. Für den Vertrieb ist also eine Freigabe durch den Sortenschutzinhaber (privatrechtlicher Schutz) nicht ausreichend, sondern das Saatgutverkehrsgesetz beinhaltet weiter ein grundsätzliches Vertriebsverbot mit Erlaubnisvorbehalt (öffentlich-rechtlicher Schutz). Daraus resultiert die Saatgut- und Sortenordnung des Saatgutverkehrsgesetzes (Abschnitte 1 und 2 des Gesetzes). Einbezogen in die Verkehrsregelung ist nach der Änderung aus dem Jahre 1993 auch das Inverkehrbringen von Vermehrungsmaterial (§ 3a). 37

a) Saatgutkategorien/Vermehrungsmaterial

Erlaubt, d. h. anerkannt werden kann insbesondere sog. Basissaatgut, zertifiziertes Saatgut oder Standardpflanzgut (§ 3 Abs. 1 Nr 1 SaatG). Unter Basissaatgut ist nach der Begriffsbestimmung des § 2 Abs. 1 Nr. 3 SaatG das Saatgut zu verstehen, das nach den Grundsätzen systematischer Erhaltungszüchtung von dem in der Sortenliste für die Sorte eingetragenen Züchter oder unter dessen Aufsicht und nach dessen Anweisungen gewonnen und als Basissaatgut anerkannt ist; zertifiziertes Saatgut ist das Saatgut, das unmittelbar aus Basissaatgut, anerkanntem Vorstufensaatgut oder aus zertifiziertem Saatgut erwachsen und als zer- 38

---

49 BT-Drs. 10/700, S. 1.
50 BGBl I, S. 1919.
51 BGBl I, S. 3164.

tifiziertes Saatgut anerkannt ist (§ 2 Abs. 1 Nr. 4 SaatG); Standardpflanzgut ist das Pflanzgut bestimmter Rebsorten, das als Standardpflanzgut anerkannt ist (§ 2 Abs. 1 Nr. 5 SaatG). Ist die Versorgung mit zertifiziertem Saatgut nicht gesichert, so kann durch Rechtsverordnung der Vertrieb von Saatgut weiterer Kategorien gestattet werden, die inhaltlich auf die besonderen fachlichen Bedürfnisse bei bestimmten Arten oder Artengruppen abgestellt sind (§ 11 Abs. 1 und 3 SaatG), z.B. von Standardsaatgut (§ 12), Handelssaatgut (§ 13), vor allem bei Gräsern, landwirtschaftlichen Leguminosen, Öl- und Faserpflanzen, Behelfssaatgut als Ausweichkategorie für Notfälle (§ 14).

39   Vermehrungsmaterial, das zu gewerblichen Zwecken nur in Verkehr gebracht werden darf, sind Pflanzen und Pflanzenteile von Gemüse, Obst oder Zierpflanzen, die für die Erzeugung von Pflanzen und Pflanzenteilen oder sonst zum Anbau bestimmt sind; ausgenommen sind Samen und Gemüse (§ 2 Abs. 1a).

b) Anerkennung bzw. Zulassung

40   Diese Saatgutkategorien bzw. das Vermehrungsmaterial bedürfen besonderer Anerkennung bzw. sonstiger Zulassung, die erst erteilt wird, nachdem die zu vertreibende Sorte bestimmte Anforderungen erfüllt sowie entsprechende Prüfungen und Kontrollen durchlaufen hat (§§ 4 f., 11 ff., 15 ff. SaatG). Dabei ist es im EG-Bereich und teilweise auch darüber hinaus zu weitgehenden Harmonisierungen gekommen (§§ 4 Abs. 2 und 3; 10; 11 Abs. 3; 16; 55; 61 SaatG).

41   aa) Voraussetzungen für die Anerkennung von Saatgut ist insbesondere die Zulassung der Sorte nach § 30 SaatG (§ 4 Abs. 1 Nr. 1a SaatG). Eine Sorte wird zugelassen, wenn sie unterscheidbar, homogen und beständig ist, landeskulturellen Wert hat sowie durch eine eintragbare Sortenbezeichnung bezeichnet ist (§ 30 Abs. 1). Die Prüfung auf Unterscheidbarkeit, Homogenität und Beständigkeit deckt sich weitgehend mit der sortenschutzrechtlichen Registerprüfung. Allerdings stellt das Saatgutverkehrsgesetz hinsichtlich der Unterscheidbarkeit nicht auf alle bekannten Sorten, sondern nur auf die im EG-Bereich vorhandenen ab (§ 31 SaatG). Die Zulassungsvoraussetzungen sind daher mit Ausnahme des landeskulturellen Wertes dann als erfüllt anzusehen, wenn es sich um eine nach dem Sortenschutzgesetz geprüfte (§ 44 Abs. 1 Nr. 1 SaatG) und geschützte Sorte handelt (§ 1 Abs. 1 SortG); mit der Sortenzulassung wird in solchen Fällen auch der Sortenschutz beantragt. Nach § 3 Abs. 1 S. 1 BSAVfV beginnt das BSA im Verfahren der Sortenzulassung die Prüfung auf landeskulturellen Wert (Wertprüfung), sobald es nach den Ergebnissen der Registerprüfung annimmt, daß die Sorte voraussichtlich unterscheidbar, homogen und beständig ist. Der Begriff des landeskulturellen Wertes ist der Schlüsselbegriff der Sortenzulassung. Landeskulturellen Wert besitzt eine Sorte nach § 34 SaatG, „wenn sie in der Gesamtheit ihrer wertbestimmenden Eigenschaften gegenüber den zugelassenen vergleichbaren Sorten eine deutliche Verbesserung für den Pflanzenbau, die Verwertung des Erntegutes oder die Verwertung aus dem Erntegut gewonnener Erzeugnisse erwarten läßt". Da unterschiedliche Anbaubedingungen im gesamten Bundesgebiet erfaßt werden müssen, ist die Feststellung dieser Voraussetzungen besonders aufwendig und zeitintensiv – in der Regel drei Jahre –, so daß die Wertprüfung zweckmäßigerweise zusammen mit der Registerprüfung eingeleitet wird, um wenigstens eine Kumulierung der Prüfungsperioden zu vermeiden. Die Zulassung gilt für einen Zeitraum von 10 Jahren, bei Rebsorten von 20, kann jedoch verlängert werden,

wenn die Sorte die registerlichen Voraussetzungen noch erfüllt und noch Anbau- und Marktbedeutung hat (§ 36 Abs. 1 und 2 SaatG). Die weiteren Voraussetzungen der Anerkennung ergeben sich aus §§ 4 ff. SaatG. Von der Voraussetzung des landeskulturellen Wertes wird jedoch für bestimmte Sorten abgesehen (§ 30 Abs. 2 SaatG). Im einzelnen ergeben sich die Voraussetzungen der Anerkennung aus dem § 4 ff. SaatG.

bb) Die Fälle der sonstigen Zulassung zum Saatgutverkehr (z.B. bei Standardsaatgut, Handelssaatgut, Behelfssaatgut, Einfuhr) sind in den §§ 3 Abs. 1 Nr. 2 ff.; 11 ff., 15 ff. SaatG geregelt. Insoweit können in der zulassenden Rechtsverordnung auch die näheren Anforderungen an das zuzulassende Saatgut festgesetzt werden (§ 11 Abs. 1 a. E.). 42

cc) Ferner bestehen bestimmte Möglichkeiten der Nachkontrolle (§§ 9, 28 SaatG) sowie der Sicherung beim Verkauf (§§ 20 ff. Kennzeichnung und Verpackung, 23 ff. Verbot der Irreführung, Gewährleistung). 43

dd) Zu gewerblichen Zwecken darf Vermehrungsmaterial von Obst und Zierpflanzen nur in den Verkehr gebracht werden, wenn es entweder als Vermehrungsmaterial anerkannt ist oder einer zugelassenen Sorte, mindestens aber einer Sorte oder Pflanzengruppe zugehört, die bezeichnet oder hinreichend genau beschrieben worden ist (§§ 3a Abs. 1 Nr. 1, 2; 14b). Für Gemüse ist die Regelung noch schärfer, denn hier sind nur nach dem Saatgutverkehrsgesetz zugelassene oder in einem anderen Mitgliedstaat der EU oder Vertragsstaat des Europäischen Wirtschaftsraumes zugelassene Sorten verkehrsfähig (§§ 3a Abs. 1 Nr. 3; 30). Im übrigen existieren Sondervorschriften für die Ein- und Ausfuhr von Vermehrungsmaterial, für Gleichstellungen, die Verpackung und Kennzeichnung von Vermehrungsmaterial sowie Rechtsverordnungsermächtigungen für das Ministerium Ernährung, Landwirtschaft und Forsten für die Durchführung und die entsprechenden Verfahren, von denen insbesondere in der Saatgut-, Pflanzkartoffel- und Rebpflanzgutverordnung Gebrauch gemacht worden ist. 44

c) Weitere Bestimmungen des Saatgutverkehrsgesetzes

Die weiteren Bestimmungen des Saatgutverkehrsgesetzes befassen sich mit den Aufgaben des Bundessortenamtes bezüglich der Sortenzulassung und der damit zusammenhängenden Angelegenheiten (§§ 37 ff.); andere Aufgaben des BSA (beschreibende Sortenliste, Prüfung der Sortenechtheit in besonderen Fällen) sind im 3. Abschnitt des Gesetzes (§§ 56 f.) geregelt. Das Verfahren vor dem BSA ist ebenfalls ein förmliches Verwaltungsverfahren (§§ 41 ff. SaatG). Der 4. Abschnitt des Gesetzes (§§ 58 ff.) betrifft das Verfahren vor Gericht (Verwaltungsgericht), die Auskunftspflicht und Bußgeldvorschriften; der 5. Abschnitt (§§ 61 ff.) Schlußvorschriften. 45

3. Gegenseitige Verzahnung

Obwohl Sortenschutzgesetz und Saatgutverkehrsgesetz unterschiedliche Zwecke verfolgen, bestehen doch gewisse gegenseitige Verzahnungen. Dies gilt insbesondere in bezug auf die vom BSA durchzuführenden Prüfungen, die sich zwar rechtlich einmal als sog. (sortenschutzrechtliche) Registerprüfung und zum andern als (saatgutverkehrsrechtliche) Wertprüfung darstellen, die aber praktisch weitgehend parallel laufen. Für Nutz- und Er- 46 nährungspflanzen ist der Anmeldungsgegenstand (die Sorte) für beide Verfahren derselbe, die Prüfung wird nur einmal in bezug auf Unterscheidbarkeit, Homogenität, Beständigkeit und Neuheit sowie die eintragbare Sortenbezeichnung durchgeführt, und nur einmal sind Entscheidungsunterlagen nötig; erst bei der Entscheidung über die angemeldete Sorte gabelt sich das Verfahren[52] und führt zur öffentlich-rechtlichen Zulassung einerseits und zur privatrechtlichen Schutzerteilung andererseits. In der Praxis beantragen daher die Züchter in der Regel die Sortenzulassung und die Eintragung in die Sortenliste, bevor sie kurz vor Abschluß der Prüfung die Sorte auch zur Erteilung des Sortenschutzes nachmelden. Bei den Nutz- und Ernährungspflanzen nützt dem Züchter allein der Sortenschutz wenig, wenn er die Sorte nicht auch nach dem Saatgutverkehrsgesetz vertreiben kann. Auf den nicht dem Ernährungs- und Nutzpflanzensektor angehörenden Gebieten, insbesondere vegetativ vermehrbaren Pflanzen und Pflanzenteilen von Gemüse, Obst oder Zierpflanzen, kommt zwar für die Sortenzulassung eine Überprüfung auf den landeskulturellen Wert nicht in Betracht, jedoch unterliegt dieses Vermehrungsmaterial heute auch besonderen Verkehrsregelungen, bei denen sich Verbindungen zum Sortenschutz ergeben. Bereits erteilte Sortenschutzrechte bringen den Vorteil, daß die Prüfungsergebnisse der Sortenschutzrechtsprüfung bei Stellung des Antrags auf Sortenzulassung und Eintragung in die Sortenliste nach dem Saatgutverkehrsgesetz für die hierfür vorgeschriebene Prüfung verwendet werden können, so daß eine erneute Prüfung auf Unterscheidbarkeit, Homogenität und Beständigkeit nicht erforderlich ist. Für die Inhaber von nach dem Saatgutverkehrsgesetz zugelassenen, sortenschutzrechtlich geschützten Sorten ergibt sich außerdem der Vorteil, daß sie Dritten die Verwendung des einmal in den Verkehr gebrachten Saatguts und Vermehrungsmaterials für eine eigene Erhaltungszüchtung verbieten können. Ferner stellt das Sortenschutzrecht eine gesetzlich anerkannte Grundlage für die Vergabe von Lizenzen bzw. Nutzungsrechten an der geschützten Sorte dar. Diese gegenseitigen Verzahnungen sind bei der Inanspruchnahme der Gesetzesbestimmungen beider Gesetze zu beachten.

47 Ein in der Praxis wichtiger Unterschied besteht darin, daß nach dem Saatgutverkehrsgesetz kein gesetzlicher Benutzungszwang für die Sortenbezeichnung über die Zeit hinaus besteht, für die die Sorte zugelassen ist (vgl. § 36 SaatG), während eine nach dem Sortenschutzgesetz geschützte Sorte die Benutzungsverpflichtung für die Sortenbezeichnung auch nach Ablauf des Sortenschutzrechts voraussetzt (§ 14 Abs. 1 S. 2 SortG). Eine nur nach dem Saatgutverkehrsgesetz eingetragene Sortenbezeichnung kann also nach der Eintragungslöschung wieder anderweitig eingesetzt werden.

48 Eine Besonderheit besteht nach § 35 Abs. 4 SaatG insofern, als für nach dem Sortenschutzgesetz geschützte Sorten nur die in der Sortenschutzrolle eingetragene Sortenbezeichnung in die Sortenliste eingetragen werden kann. Damit ist zumindest teilweise die Einheitlichkeit der Sortenbezeichnung für Sorten gesichert, die sowohl nach dem Saatgutverkehrsgesetz zugelassen als auch nach dem Sortenschutzgesetz geschützt sind; teilweise deshalb, weil eine entsprechende Bestimmung im Sortenschutzgesetz nicht enthalten ist.

---

52 Vgl. *Kunhardt* und *Ahlheim*, BT-Sten. Prot. RA 10/45, S. 16 ff., Anl. S. 40, 59.

2. Abschnitt:
Voraussetzungen für die Erteilung des Sortenschutzes

A   Recht auf Sortenschutz   49
   I.   Materielle Berechtigung   49
        1. Ursprungszüchter   50
        2. Entdecker   54
        3. Rechtsnachfolger   57
        4. Mehrere Berechtigte   58
        5. Arbeitnehmer   62
        6. Doppelzüchtungen   68
   II. Berechtigung zur Antragstellung   69
        1. Berechtigtenkreis   69
        2. Vermutung der Anmeldeberechtigung   76
   III. Nichtberechtigter Antragsteller   78
        1. Besonderer Vindikationsanspruch   78
        2. Übertragungsanspruch gegen nichtberechtigte Antragsteller   80
        3. Übertragungsanspruch gegen den nichtberechtigten Sortenschutzinhaber   83

B   Materielle Voraussetzungen der Sorte   88
   I.   Definition der Sorte und Abgrenzungen   93
        1. Vorbemerkung   93
        2. Bedeutung des Begriffs „Sorte"   96
        3. Definition der Sorte   99
            a) Gesamtheit von Pflanzen und Pflanzenteilen innerhalb eines bestimmten Taxons   100
            b) Eignung zur unveränderten Vermehrung   104
            c) Unterscheidbarkeit in einem genotypischen Merkmal   106
        4. Abgrenzungen   107
   II. Unterscheidbarkeit   118
        1. Vorbemerkung   118
        2. Unterscheidbarkeit gemäß § 3 Abs. 1 SortG   123
        3. Unterscheidbarkeit gemäß Art. 7 Abs. 1 EGSVO   132
        4. Prüfung auf Unterscheidbarkeit   133
            a) Prüfungsmethoden/Registerprüfung   134
            b) Maßgebende Merkmale   135
            c) Deutliche Unterscheidbarkeit   147
        5. Vergleichsobjekte   149
   III. Homogenität   160
        1. Überblick   160
        2. Begriff der Homogenität   162
        3. Prüfung der Homogenität   163
   IV. Beständigkeit   167
        1. Begriff der Beständigkeit   167
        2. Erhaltungszüchtung   170
        3. Prüfung der Beständigkeit   171

- V. Neuheit   172
    1. Sortenschutzrechtliche Neuheit   174
        a) Gegenstand neuheitschädlicher Abgabehandlungen (vgl. 4.57)   176
        b) Zielrichtung der neuheitsschädllichen Abgabehandlung   178
    2. Neuheitschonfristen   181
        a) Rechtslage bis zum SortG85   181
        b) Geltendes Recht   182
        c) Übergangsbestimmungen für den gemeinschaftlichen Sortenschutz   186
        d) Übergangsbestimmungen für den deutschen Sortenschutz   187
    3. Handlungen, die nicht neuheitschädlich sind   189
    4. Neuheitsschädliche Handlungen im Prioritätsintervall   201
    5. Übereinstimmung des Neuheitsbegriffs in den Verbandsstaaten   203
- C Formelle Schutzvoraussetzung: Die Sortenbezeichnung   204
    - I. Allgemeines   207
        1. Die Sortenbezeichnung im SortG   207
        2. Die Sortenbezeichnung in der EGSVO   208
    - II. Die Funktion der Sortenbezeichnung in Abgrenzung zur Aufgabe der Marke   210
        1. Funktion der Marke   210
        2. Funktion der Sortenbezeichnung   211
        3. Schutzumfang von Marke und Sortenbezeichnung   213
    - III. Historische Entwicklung   216
        1. Entwicklung bis zum SaatG 1953   216
        2. SortSchG 1968   220
        3. Die Sortenbezeichnung im UPOV-Übereinkommen von 1978   224
        4. Die Sortenbezeichnung im UPOV-Übereinkommen von 1991   228
    - IV. Die über das UPOV-Übereinkommen hinausgehenden Regelungen des SortG   229
    - V. Anmeldung der Sortenbezeichnung   230
    - VI. Formulierung der Sortenbezeichnung   232
        1. Ungeeignetheit aus sprachlichen Gründen (§ 7 Abs. 2 S. 1 Nr. 1 SortG; Art. 63 Abs. 3b, EGSVO)   240
        2. Keine Unterscheidungskraft (§ 7 Abs. 2 S. 1 Nr. 2 SortG Art. 63 Abs. 3d, EGSVO)   243
        3. Sortenbezeichnungen ausschließlich aus Zahlen (§ 7 Abs. 2 S. 1 Nr. 3 SortG)   246
        4. Übereinstimmung oder Verwechselbarkeit mit bestehenden Sortenbezeichnungen (§ 7 Abs. 2 S. 1 Nr. 4 SortG Art. 63 Abs. 3c, EGSVO)   248
            a) Abstand zu bestehenden Sortenbezeichnungen   252
            b) Territorialer Vergleichsbereich der Sortenbezeichnung   255
            c) Wiederholte Eintragung einer Sortenbezeichnung für eine andere Sorte (§ 7 Abs. 2 S. 1 Nr. 4 letzter HS SortG   259
            d) Sachlicher Vergleichsbereich und Klassenliste (§ 7 Abs. 2 S. 1 Nr. 4 i. V. M. S. 2 SortG; Art. 63 Abs. 5 i. V. m. Abs. 3c, EGSVO)   261
        5. Irreführung (§ 7 Abs. 2 S. 1 Nr. 5 SortG Art. 63 Abs. 3f, EGSVO)   266
        6. Ärgerniserregung (§ 7 Abs. 2 S. 1 Nr. 6 SortG Art. 63 Abs. 3e EGSVO)   277
    - VII. Übereinstimmende Sortenbezeichnungen im Hoheitsgebiet aller Vertragsstaaten und -organisationen Art. 7 Abs. 3 SortG; Art. 63 Abs. 4 EGSVO   278
        1. Grundsatz (§ 7 Abs. 3 S. 1 SortG Art. 63 Abs. 4, 1. HS. EGSVO)   279
        2. Ausnahmen (§ 7 Abs. 3 S. 2 SortG Art. 63 Abs. 4 letzter HS EGSVO)   284

VIII. Rechtsnatur der UPOV-Empfehlungen für Sortenbezeichnungen 292
IX. Vorläufige Sortenbezeichnung 295
X. Ergänzende Anmerkung zur Sortenbezeichnung im gemeinschaftlichen Sortenschutzrecht 296
    1. Hinderungsgrund des Art. 63 Abs. 3a EGSVO 297
    2. Freihaltebedürftige Angaben 299
    3. Ausnahmen zum Grundsatz der übereinstimmenden Sortenbezeichnung 300

A Recht auf Sortenschutz

I. Materielle Berechtigung

Die Erteilung des Sortenschutzes setzt materiell das Recht auf Sortenschutz voraus. Das Recht auf Sortenschutz ist ein absolutes, d. h. gegen jedermann wirkendes, subjektives Privatrecht des Züchters und beinhaltet die Befugnis zur Anmeldung des Sortenschutzes, stellt also eine Art Anwartschaft auf die Erwirkung des Sortenschutzes dar, d. h. auf den Erwerb des Ausschließlichkeitsrechts für die neue Sorte (bei Erfüllung der im Sortenschutzgesetz vorgeschriebenen Voraussetzungen), ist aber nicht identisch mit dem Recht aus dem Sortenschutz; dieses wird erst durch die Erteilungsbehörde (BSA, GSA) durch Verwaltungsakte mit einem formalen Erteilungsakt gewährt. Das Recht auf Sortenschutz gewährt also die materielle Berechtigung des Züchters an der Sorte zugunsten des wahren Berechtigten, wovon der prozessuale Anspruch auf Erteilung des Sortenschutzes aus der Anmeldung zu unterscheiden ist. Der Züchter soll für seine geistige Leistung belohnt und für künftige Züchtungen angespornt werden. Ihm wird daher die Züchtung und das Recht an ihr zugeordnet (sog. Züchterprinzip). Das Recht auf Sortenschutz, das im Patentrecht dem Erfinderrecht gleicht, entsteht ähnlich wie dort mit dem Schöpfungsakt, der jedoch für Dritte ausreichend konkret erkennbar geworden sein muß. Es hat einen persönlichkeitsrechtlichen Bestandteil, der beim Schöpfer der Sorte bleibt, da Persönlichkeitsrechte in der Regel nicht übertragen werden können, und andererseits auf andere übertragbare vermögensrechtliche Befugnisse. Beide erwachsen originär mit der Entstehung der neuen Sorte in der Person dessen, der die Sorte hervorgebracht oder entdeckt hat, können aber wegen der Übertragbarkeit der vermögensrechtlichen Befugnisse später verschiedenen Rechtsträgern zustehen. Das Recht auf Sortenschutz haben übereinstimmend zwischen dem deutschen und dem europäischen Recht (ursprünglich) der Züchter und der Entdecker der Sorte sowie (später) deren Rechtsnachfolger, wobei § 11 EGSVO den Begriff des Züchters weiter unter Einschluß des Entdeckers und Rechtsnachfolgers versteht.

1. Ursprungszüchter

(Ursprünglicher) Züchter (Wortlaut § 11 Abs. 1 SortG) ist, wer die Sorte hervorgebracht hat (Wortlaut Art. 11 Abs. 1 EGSVO). Damit ist auch im Sortenschutzrecht der sog. Urhebergrundsatz verwirklicht, nach dem der Züchter als schöpferischer Mensch ein natürliches Recht auf das Ergebnis seiner Schöpferleistung hat; er entspricht dem Naturrecht und hat übergesetzlichen Charakter. Er hat zur Folge, daß nur natürliche, keine juristischen Personen oder Handelsgesellschaften bzw. kein Betrieb o. ä. Ursprungszüchter sein können. Denn jede Züchtung – auch die zufällige – setzt eine geistige Leistung voraus, die nur von einer natürlichen Person erbracht werden kann; eine juristische Person, ein Unternehmen, kann nicht aus eigener Initiative handeln.[53] Deshalb kann eine neue Sorte auch niemals *von einem* Zuchtbetrieb, sondern immer nur *in einem* Zuchtbetrieb gezüchtet werden. Demgegenüber hatte das Bundessortenamt anfänglich den Sortenschutz auf Anmeldungen erteilt, in denen als Ursprungszüchter ein Unternehmen oder ein Institut benannt worden war, und auch *Spennemann*[54] hatte gemeint, Ursprungszüchter könne ein „staatliches Zuchtinstitut oder ein privater Zuchtbetrieb" sein. Das Deutsche Patent- und Markenamt erkennt jedoch seit jeher auf dem Gebiet des Patentrechts anonyme Betriebserfindungen nicht an und verlangt, daß eine oder mehrere natürliche Personen als Erfinder benannt werden.[55] Die Literatur beurteilt die Frage teils zustimmend,[56] teils ablehnend.[57] Zugegeben werden muß, daß viele Betriebserfindungen durch das allmähliche Zusammenarbeiten mehrerer Arbeitnehmer eines Unternehmens unter Benutzung der bei dem Unternehmen schon vorhandenen und nur planmäßig eingesetzten Vorarbeiten und Erfahrungen gemacht werden, ohne daß eine Scheidung des Anteils des einzelnen Mitarbeiters und des Unternehmens noch möglich ist. Die Schwierigkeit, die jeweiligen Erfinderleistungen genau festzustellen und auseinanderzuhalten, darf jedoch nicht dazu führen, sich einfach über den Erfindergrundsatz hinwegzusetzen und die Erfindung global dem Unternehmen zuzurechnen. Meist werden in solchen Fällen mehrere Arbeitnehmer oder zusammen mit dem Betriebsinhaber als Miterfinder anzusehen sein. Entsprechendes muß bei Pflanzenzüchtungen bezüglich des Rechts auf Sortenschutz gelten. Eine juristische Person oder andere Organisationen können zwar das Recht auf Sortenschutz derivativ erwerben, damit können sie aber nur Rechtsnachfolger des Ursprungszüchters werden, nicht jedoch selbst Ursprungszüchter sein.

51   Der Ursprungszüchter muß aufgrund züchterischer Betätigung, d. h. mit Hilfe von Intuition sowie finanziellen und zeitlichen Mitteln unter Anwendung wissenschaftlicher oder empirischer Methoden, z. B. durch Kreuzung zweier Elternpflanzen und durch Auslese oder durch Maßnahmen zur Beeinflußung der Erbfaktoren vorhandener Pflanzensorten (z. B. Röntgenbestrahlungen), eine neue Pflanzensorte hervorgebracht haben, die in der Natur noch nicht vorhanden war. Das Gesetz enthält keine Angaben über die Züchtungsmethoden für Pflanzensorten, für die ein Recht auf Sortenschutz in Betracht kommen kann. Schon lange bekannt sind jedoch die sog. Ramsch-Züchtung und Stammbaumzüchtung, die Kreuzungszüchtung (Kombination), Hybridzüchtung und die Mutationszüchtung. Eine frühe Form der Auslese ist die Massenauslese durch Heraussuchen der wertvollen Pflanzen (positive Auslese) oder Entfernen der nicht gewünschten Typen aus dem Pflanzenbestand (negative Auslese). Ferner ist zu unterscheiden zwischen der Züchtung mit Generationswechsel (durch Samen) und der Züchtung auf vegetativem Weg (Klonzüchtung, Klonen). Als Ausgangsmaterial werden vorhandene Zuchtsorten, Landsorten, Primitivformen und Wild-

---

53 *Büttner*, S. 72; *Büchting*, S. 48.
54 SaWi 1953, 275.
55 GRUR 1991, 577; BGH GRUR 1996, 560.
56 Z. B. *Klauer/Möhring* § 3 PatG Anm. 15; *Benkard-Bruchhausen* § 6 PatG Rdn 3
57 *Tetzner* § 3 PatG, Rdn 8, 10.

pflanzen verwendet.⁵⁸ Neuerdings gehören zu den Pflanzenzüchtungsmethoden auch die Meristem- und Gewebezüchtungen „in vitro" (Züchtung im Reagenzglas von Kulturen lebenden Gewebes, d. h. außerhalb des lebenden Organismus im künstlichen Medium) und „in vivo" (innerhalb des lebenden Organismus) sowie gentechnologische Maßnahmen, bei denen ein Gen oder mehrere Gene mit bestimmten Eigenschaften, die von anderen Pflanzenarten oder sogar auch von anderen biologischen Organismen stammen können und in das Genmaterial (DNS-Moleküle) existenter Pflanzensorten durch Gentransfer oder Protoplastenfusion eingebaut werden und damit eine beabsichtigte Erbänderung (eine Art Mutation) der Sorte bewirken oder auch ganz neue Pflanzenarten.⁵⁹ Auf diesem Gebiet („grüne Gentechnologie") stehen wir erst am Anfang der Entwicklung, die zwar die klassische Pflanzenzüchtung nicht ersetzen, aber doch hilfreich ergänzen wird. Die Gentechnik hilft allerdings nur, neue spezifische Merkmale in Pflanzenmaterial einzubauen, so daß die Ausgangsvariabilität erhöht wird. Sie schafft aber allein keine neuen Pflanzensorten, da sich die züchterische Bearbeitung (insbesondere Kreuzung, Selektion, Selbstvermehrung) bis hin zur neuen Pflanzensorte immer anschließen muß.⁶⁰ Wenn so die Züchtungsverfahren immer mehr „technisiert" werden, so darf jedoch nicht übersehen werden, daß durch sie auf biologisches Material eingewirkt wird und zur Hervorbringung einer neuen Pflanzensorte die der lebenden Materie eigentümliche Vermehrungsfähigkeit hinzukommen muß. Damit behält die Züchtung insgesamt ihren biologischen Charakter, was für das Schutzsystem (inwieweit Sortenschutz – inwieweit Patentschutz) von Bedeutung ist.

Ursprungszüchter heißt ferner, daß es sich um den *ersten* Züchter handelt, der das erste sich aus einer bestimmten Züchtung ergebende neue Resultat erzielt hat. Ursprungszüchter ist aber auch ein Züchter, der unter züchterischer Betätigung eine geschützte Sorte weiterentwickelt, so daß eine neue Sorte entsteht, gleichgültig ob selbständig oder abgeleitet. Dabei genügt allein der Gedanke, eine neue Sorte mit bestimmten Eigenschaften zu züchten, nicht. Es muß auch ein Weg zur Verwirklichung dieses Gedankens gefunden und dieser Weg gegangen worden sein. Anders als der Erfinder braucht der Ursprungszüchter diesen Weg nicht unbedingt erkannt zu haben, wenn nur seine Versuche von Erfolg sind, d. h. zu einer neuen Sorte geführt haben. Nur wenn die neue Sorte das Kreuzungsprodukt bestimmter Inzuchtlinien ist, muß der Züchter die Inzuchtlinien und den Gang der Kreuzung kennen, da anderenfalls die Sorte nicht schutzwürdig wäre.⁶¹ 52

Unwesentlich ist es für die Eigenschaft als Ursprungszüchter, ob dieser die einzelnen Züchtungshandlungen selbst durchgeführt hat. Der Sortenschutz knüpft zwar, anders als der Patentschutz, nicht schon an eine bloße ausführbare, sondern auch tatsächlich ausgeführte Konzeption an; die neue Sorte darf nicht nur gezüchtet werden können, sondern muß auch gezüchtet worden sein. Die wertvolle schöpferische Leistung liegt aber dennoch nicht in der technischen Durchführung, sondern allein in dem – oft nur zufällig entstandenen – Gedanken, bestimmte Züchtungshandlungen vorzunehmen oder vornehmen zu lassen. Ursprungszüchter ist daher, wer die erfolgreichen Versuche geistig angesetzt und ausgeführt hat, unter dessen „Regie" sie gelaufen sind, nicht wer nur die einzelnen Versuchshandlungen (Kreuzungen, Selektion usw.) nach bestimmten Weisungen ausgeführt hat.⁶² Der bloße *Ge-* 53

---

58 Vgl. *Strauss*, Gewerblicher Rechtsschutz für biotechnologische Erfindungen, S. 14 ff.
59 *Strauss*, Gewerblicher Rechtsschutz für biotechnologische Erfindungen, 20 ff.
60 *Becker*, Pflanzenzüchtung, 282 ff.
61 *Büchting*, S. 47.
62 *Büchting*, S. 47 f.

hilfe, der zwar den Züchter unterstützt, aber zur Entwicklung der Züchtung keinen wesentlichen, auf eigener Initiative beruhenden geistigen Beitrag leistet, ist kein Ursprungszüchter.

2. Entdecker

54 Entdecker im Sinne der in Frage stehenden Vorschriften ist z. B. der Finder einer von der Natur ohne Zutun des Menschen entstandenen Pflanzenart oder einer bisher unbekannten Sorte einer Pflanzenart. Unter Entdeckung ist die Auffindung bisher unbekannter, aber objektiv in der Natur schon vorhandener Eigenschaften bzw. Erscheinungen zu verstehen.[63] Klassisches Beispiel ist das African Violet (Usambaraveilchen). Maßgebliches Merkmal ist dabei, daß die Pflanze bzw. Sorte ohne gezielte züchterische menschliche Tätigkeit entstanden ist oder existiert. Eine Entdeckung liegt außerdem auch dann vor, wenn von einer Wild- oder Zuchtpflanze (Kulturpflanze) eine unterscheidbare, beständige und homogene Abweichung gefunden wird, deren Entstehung auf einer spontanen, d. h. ohne menschliches Zutun entstandenen Mutation (sog. sport) beruht.

55 Solche Entdeckungen sind ebenso schützbar wie gezielte Züchtungsergebnisse; denn sie können wie diese zur Bereicherung der Pflanzenkultur beitragen. Das die Erteilung eines Schutzrechts rechtfertigende Verdienst des Finders/Entdeckers besteht in dem fachmännischen Erkennen der Eigenschaften der entdeckten Pflanzen und der Sorgfalt und Aufmerksamkeit bei der Betrachtung der Natur. Selbstverständlich setzt die Schutzfähigkeit der entdeckten Pflanze oder Sorte auch eine weitere züchterische bzw. erhaltende Behandlung und Entwicklung sowie die Homogenität und Beständigkeit der entdeckten Sorte voraus. Die Entwicklung nach der Entdeckung wird von Art. 11 Abs. 1 EGSVO besonders hervorgehoben. Anders als im Patentrecht, wo Entdeckungen nicht schützbar sind, weil die betreffenden Gegenstände oder Verfahren ohne erfinderisches Zutun entstehen, wird nach den Pflanzenzüchtungsgesetzen auf Entdeckungen ebenso wie auf gezielte Züchtungen ein Sortenschutzrecht erteilt. Das Recht auf Sortenschutz hat der Entdecker, wobei wegen der geringeren schöpferischen Leistung aber durchaus gefragt werden könnte, ob Entdecker auch eine juristische Person sein kann.

56 Dabei kommt für eine Entdeckung vor allem in Frage, daß die Ausgangssorte frei verfügbar ist oder der Entdecker Eigentümer des Ausgangsmaterials ist, d. h. der Pflanze, an der die Mutation entstanden ist und entdeckt wurde. Ist der Entdecker einer neuen Sorte nicht selbst Eigentümer des Ausgangsmaterials, so wird auch dieser Entdecker, da er ebenso die entsprechende schützenswerte Leistung erbringt.[64] Ist er Lizenznehmer an der Ausgangssorte, so wird er allerdings, wenn er für die entdeckte Sorte Sortenschutz erlangen will, mit dem Eigentümer des Ausgangsmaterials eine Übereinkunft treffen müssen, um die ihm im Anmelde- und Prüfungsverfahren obliegenden Verpflichtungen (Angabe der wesentlichen morphologischen und physiologischen Merkmale der Sorte, Einsendung des zur Prüfung erforderlich Vermehrungsmaterials usw.) erfüllen zu können. Daran können abweichende Abreden im Lizenzvertrag nichts ändern. Eine Verpflichtung des Nehmers einer Sortenschutzlizenz, selbständig schutzfähige Mutationen der geschützten Sorte dem Lizenznehmer gebührenpflichtig zur alleinigen Verwertung zu überlassen, enthielte eine über den Inhalt des

---

63 *Lange*, GRUR Int. 1995, 89.
64 BGH GRUR 1976, 385 ff. – Rosenmutation.

lizenzierten Sortenschutzrechts hinausgehende Wettbewerbsbeschränkung, die mit §§ 17, 18 GWB, Art. 81 EG-Vertrag unvereinbar ist. Eine solche Übertragungspflicht kann regelmäßig auch nicht gemäß Art. 81 Abs. 3 EG-Vertrag vom Kartellverbot freigestellt werden, denn sie steht nicht im Zusammenhang mit der wirksamen Verwertung der lizenzierten Sorte und verhindert die selbständige Verwertung der Mutation durch ihren Entdecker, den Lizenznehmer, ohne daß insoweit eine erfolgreiche Verwertung durch den Lizenzgeber gewährleistet wäre.[65]

3. Rechtsnachfolger

Das Recht auf Sortenschutz kann gem. § 8 Abs. 1 S. 1 SortG, Art. 11 Abs. 1, 26 EGSVO auch dem Rechtsnachfolger des Ursprungszüchters oder Entdeckers zustehen. Das Recht auf Sortenschutz ist wegen seines persönlichkeitsrechtlichen Bestandteils zwar nicht insgesamt, aber in seinen vermögensrechtlichen Befugnissen übertragbar. Das reicht aus, um einem anderen die materielle Berechtigung zukommen zu lassen, Sortenschutz beim Sortenamt beantragen zu können. Aber auch der Anspruch auf Erteilung des Sortenschutzes, d. h. die Berechtigung aus der Antragstellung auf den Sortenschutz, ist übertragbar, selbst wenn es sich um einen nichtberechtigten Antragsteller[66] handelt. Daher erklärt Art. 26 EGSVO den Antrag auf gemeinschaftlichen Sortenschutz ausdrücklich als Vermögensgegenstand und die Rechtsübertragungsvorschriften als entsprechend anwendbar. Der Erwerber erhält also nicht nur die privatrechtliche, sondern auch öffentlich-rechtliche Stellung des Anmelders und kann das Erteilungs- bzw. Eintragungsverfahren weiterbetreiben und die Erteilung des Schutzrechtes für sich verlangen. Doch müssen dann auch bei ihm die persönlichen und formalen Antragsvoraussetzungen gegeben sein (vgl. § 15 SortG, Art. 23 Abs. 2, 12, 82 EGSVO). Die Übertragbarkeit bezieht sich damit bereits auf die Entwicklungsstufen des Sortenschutzes und nicht erst auf das später zu behandelnde und ebenfalls übertragbare Recht aus dem Sortenschutz.[67] Da der Erwerber nicht die züchterische Leistung vollbringt, kann Rechtsnachfolger auch eine juristische Person sein.

57

4. Mehrere Berechtigte

Ebenso wie im Patentrecht, wo das Recht auf das Patent mehreren gemeinschaftlich zustehen kann (sog. Erfindergemeinschaft), wenn mehrere eine Erfindung gemeinsam gemacht haben (§ 6 PatG), regeln § 8 Abs. 1, S. 2 SortG, Art. 11 Abs. 2, 3 EGSVO die Züchtergemeinschaft oder Entdeckergemeinschaft für Pflanzenzüchtungen, wenn mehrere eine neue Sorte gemeinschaftlich hervorgebracht oder entdeckt haben bzw. deren Rechtsnachfolger sind. Eine derartige Gemeinschaftszüchtung durch Ursprungszüchter kommt aber nur in Betracht, wenn mehrere eigeninitiativ und kooperativ zu dem Zuchtgedanken und seiner Ausführung wesentlich beigetragen haben. Wer nur bei der technischen Durchführung der Züchtungshandlungen mitgeholfen oder sie bloß finanziell unterstützt hat (z. B. Finanzie-

58

---

65 EG-Kommission, GRUR Int. 1986, 253 ff. *Pitica/Kyria*.
66 Vgl. unten Rdn 78 ff.
67 Vgl. unten Rdn 397 ff.

rung von Versuchsarbeiten, Bereitstellung von sachlichen Hilfsmitteln) oder neben einer überragenden Leistung nur Fachwissen beigesteuert hat, ist weder allein noch gemeinsam mit anderen Ursprungszüchter der Sorte. Dabei ist ebenso wie bei Miterfindern erforderlich,[68] daß jeder der Beteiligten durch selbständige, geistige Mitarbeit zum Auffinden des Züchtungsgedankens und seiner Verwirklichung einen schöpferischen Anteil beigetragen hat, er also aufgrund entsprechender Zusammenarbeit an der den Züchtungserfolg begründenden Gesamtleistung durch eigene geistige Initiative mitgewirkt hat; was dem Durchschnittsfachmann allein nicht gelingt, kann durchaus für die vereinten Kräfte von zwei oder mehreren Züchtern erreichbar sein.

59 Als gemeinsamer geistiger Beitrag, der das Recht auf Sortenschutz begründet, genügt es dabei nach Art. 11 Abs. 2 EGSVO bei Entdeckungen auch, daß eine oder mehrere Personen die Sorte entdeckt und die andere bzw. die anderen sie entwickelt haben. Da die Frage, ob die jeweils mehreren Personen die Voraussetzungen für eine gemeinsame Züchtung erfüllen, oft schwer zu beantworten ist, können nach Art. 11 Abs. 3 EGSVO eventuelle Zweifel durch die schriftliche Zustimmung der betroffenen Personen zu einem gemeinsamen Sortenschutz beseitigt werden. Konstruktiv ist diese Regelung, die im deutschen Recht fehlt, durch den Übertragungsgedanken zu rechtfertigen, so daß man im deutschen Recht zu dem gleichen Ergebnis kommen kann. Ein gemeinsamer geistiger Beitrag ist auch nicht erforderlich bei der Züchtergemeinschaft durch Rechtsnachfolger, da Erwerber auch Personen ohne schöpferische oder entdeckerische Voraussetzungen sein können.

60 Die Rechtsstellung der gemeinsam Berechtigten bestimmt sich in erster Linie nach Vertrag, der auch auf eine BGB-Gesellschaft (§ 705 ff. BGB) gerichtet sein kann (bei Zusammenarbeit zur Erreichung eines gemeinsamen Zwecks), und bei Fehlen einer Vereinbarung nach den Regelungen der §§ 741 ff. BGB über die Bruchteilsgemeinschaft. Im einzelnen sei auf die entsprechenden rechtlichen Regelungen hinsichtlich der Beteiligung nach innen und außen verwiesen. Wenn keine vertraglichen Abreden bestehen, kann für das Anteilsverhältnis untereinander der Umfang der züchterischen Mitarbeit von Bedeutung sein.[69] Nur bei der Bruchteilsgemeinschaft können die Mitglieder gem. § 747 BGB zwar über ihren Anteil frei verfügen, z.B. durch Veräußerung, aber über den Gegenstand der Bruchteilsgemeinschaft als Ganzes kann in diesem Fall ebenso wie bei der BGB-Gesellschaft wegen des Gesamthandsprinzips nur gemeinschaftlich verfügt werden. Daher kann z.B. auch eine Lizenz am gemeinschaftlichen Gegenstand nur gemeinsam von allen Mitgliedern erteilt werden.

61 Aus Gründen der Vereinfachung und Flexibilität können nach Art. 11 Abs. 5 EGSVO eine oder mehrere Personen durch die anderen mittels schriftlicher Erklärung zur Geltendmachung des Rechts auf den gemeinsamen Sortenschutz ermächtigt werden. Auch wenn eine solche Regelung im deutschen Recht fehlt, ist das gleiche aufgrund § 185 BGB ebenfalls möglich.

---

68 Vgl. *Schulte*, § 6 PatG, Rdn 16.
69 RG GRUR 1940, 339 f.

5. Arbeitnehmer

Zweifelhaft ist die Rechtslage bei Pflanzenzüchtungen und Entdeckungen neuer Pflanzensorten durch Arbeitnehmer, obwohl sie einen ganz erheblichen Teil ausmachen.[70] Art. 11 Abs. 4 EGSVO spricht zwar anders als das deutsche SortG den Züchter als Arbeitnehmer an, verweist jedoch bezüglich des Rechts auf den gemeinschaftlichen Sortenschutz auf das nationale Recht, das für das Arbeitsverhältnis gilt, in dessen Rahmen die Sorte hervorgebracht oder entdeckt und entwickelt wurde. Im deutschen Recht hat sich dazu aber bisher keine vollständige Klärung finden lassen.[71]

Unbestrittener Ausgang ist, daß der originäre Rechtserwerb auch dann beim Ursprungszüchter oder Entdecker stattfindet, wenn dieser die neue Sorte bei der Erfüllung arbeitsvertraglicher Pflichten, also als Arbeitnehmer, hervorgebracht bzw. entdeckt hat. In Betracht kommen vor allem Neuzüchtungen oder Entdeckungen auf dem Betriebsgelände des Arbeitgebers. Ein unmittelbarer Rechtserwerb des Arbeitgebers wäre mit dem persönlichkeitsrechtlichen Aspekt des Schutzrechtes unvereinbar. Nach allgemeinen arbeitsrechtlichen Grundsätzen steht jedoch das Recht am Arbeitsergebnis dem Arbeitgeber zu (Gedanke des § 950 BGB). Deshalb hat der Arbeitnehmer die Neuzüchtung oder Entdeckung dem Arbeitgeber zu melden. Wie das Schutzrecht danach auf den Arbeitgeber übergeht, hängt davon ab, ob und welche Vorschriften des Gesetzes über Arbeitnehmererfindungen direkt oder analog anwendbar sind.

Soweit für die Pflanzenzüchtung Patentschutz in Betracht kommt – für eine Pflanze oder Pflanzenteile und mikrobiologische Verfahren und deren Erzeugnisse sowie biologisches Material –, sind eindeutig §§ 2, 5 ff. ArbnErfG anzuwenden. Das bedeutet, daß das beim Arbeitnehmerzüchter originär entstandene Anwartschaftsrecht auf das Schutzrecht vom Arbeitgeber nach § 6 ArbnErfG durch einseitige Erklärung unbeschränkt oder beschränkt in Anspruch genommen werden kann oder er zumindest einen Anspruch auf Übertragung hat. Bei unbeschränkter Inanspruchnahme gehen nach § 7 Abs. 1 ArbnErfG alle Rechte auf den Arbeitgeber über. Nach § 13 ArbnErfG ist er dann verpflichtet und allein berechtigt, die neuen Ergebnisse zur Erteilung des Schutzrechtes anzumelden. Bei beschränkter Inanspruchnahme erwirbt der Arbeitnehmer dagegen nach § 7 Abs. 2 ArbnErfG nur ein ausschließliches Nutzungsrecht; das Recht auf das Patent steht dem Arbeitnehmer zu.[72]

Soweit nur Sortenschutz eingreifen kann (insbesondere bei Pflanzensorten), ist dagegen höchst umstritten, ob und inwieweit die Regelungen des Arbeitnehmererfindergesetzes ebenfalls unmittelbar bzw. analog anzuwenden sind oder ob aus den allgemeinen Regeln des Arbeitsrechts und des Persönlichkeitsschutzes eigenständige Regeln entwickelt werden müssen. Nach der überwiegenden bisherigen und wohl auch noch heutigen Meinung in Rechtsprechung, Literatur und Gesetzesbegründungen sind §§ 3, 20 ArbnErfG zumindest analog anwendbar, da Pflanzenzüchtungen zwar weder Erfindungen noch technische Verbesserungsvorschläge seien, jedoch den Arbeitnehmer bei Verwertung der von ihm gezüchteten neuen Pflanzensorte durch den Arbeitnehmer jedenfalls ein Vergütungsanspruch

---

[70] nach MünchArbR-Sack § 100 Rdn 1 etwa 80 %.
[71] Vgl. MünchArbR-Sack § 100 Rdn 1 ff.; *Bartenbach/Volz*, Arbeitnehmererfindungsgesetz, 1997, § 2 Rdn 8; *Hesse*, GRUR 1980, 404; *Leßmann*, GRUR 1986, 282; BayVGH GRUR 1982, 595, 561 – Albalonga m. Anm. *Hesse*, Mitt. 1984, 81 ff.
[72] *Bartenbach/Volz*, aaO, § 2 Rdn 8 a. E.

zukommen müsse.[73] Nach dieser Auffassung erwirbt der Arbeitnehmer nach dem Schöpfergrundsatz originär das Anwartschaftsrecht auf den Sortenschutz. Er ist jedoch nach dem Prinzip, daß das Recht am Arbeitsergebnis dem Arbeitgeber zusteht, verpflichtet, diesem das Recht auf Sortenschutz zu übertragen, woraus dessen Recht und Pflicht folgt, den Schutz zu beantragen. Die Frage ist jedoch, ob mit dieser Lösung, die zu praktikablen Ergebnissen führen kann, den zugrundeliegenden tatsächlichen Verhältnissen und den Schutzbedürfnissen hinreichend Rechnung getragen wird. Der Sache nach handelt es sich ja bei der Pflanzenzüchtung nicht nur um einen nicht schutzfähigen qualifizierten Verbesserungsvorschlag, der dem Arbeitgeber eine ähnliche Vorzugsstellung wie ein gewerbliches Schutzrecht gibt. Die Züchtung und Entdeckung einer neuen Pflanzensorte stellt ebenso wie eine technische Erfindung oder ein Urheberwerk eine schöpferische Leistung dar, der allein mit einem echten Schutzrecht und nicht nur einer bloßen Nutzungsbeteiligung entsprochen werden kann. Insofern böte sich wohl eher eine Analogie zu § 2 ArbnErfG an, da zwischen der schutzfähigen Pflanzenzüchtung i. S. des Sortenschutzgesetzes und der schutzfähigen Erfindung i. S. des Patent- und Gebrauchsmusterrechts sowie des § 2 ArbnErfG eine größere Rechtsähnlichkeit besteht als zwischen der schutzfähigen Pflanzenzüchtung und dem nichtschutzfähigen technischen Verbesserungsvorschlag i. S. von § 20 ArbnErfG. Das Sortenschutzrecht ist trotz seiner Eigenständigkeit ein patentähnliches Recht und diese Ähnlichkeit sollte für den Schutz des Arbeitnehmers zum Zuge kommen, zumal bei den heutigen Pflanzenzüchtungen Sortenschutz und Patentschutz immer mehr zusammenhängen und ineinander übergehen. Die gegen die analoge Anwendung des § 2 ArbnErfG erhobenen Bedenken sollten nicht übersehen werden, aber als vorwiegend historisch begründet hinter die systematischen Gesichtspunkte zurücktreten.[74] Die §§ 2, 5 ff. ArbnErfG sind daher analog anzuwenden, zumindest § 20 ArbnErfG.

66 Hält man die §§ 2, 5 ff. ArbnErfG für analog anwendbar, dann sind Verfügungen des Arbeitnehmers über sein Anwartschaftsrecht auf Sortenschutz zugunsten Dritter analog § 7 Abs. 3 ArbnErfG dem Arbeitgeber gegenüber unwirksam. Lehnt man dagegen eine analoge Anwendung ab, so wird man unbefugte Verfügungen des Arbeitnehmers mangels einer entgegenstehenden Regelung als wirksam ansehen müssen. Jedoch hat der Arbeitgeber in diesem Fall Schadensersatzansprüche, wenn der Arbeitnehmer seine Übertragungspflicht schuldhaft verletzt.[75]

67 Auf jeden Fall hat der angestellte Züchter oder Entdecker einer neuen schutzfähigen Pflanzensorte gegen den Arbeitgeber einen Anspruch auf angemessene Vergütung, wenn dieser die Neuzüchtung oder Entdeckung verwertet. Ob ihm auch schon vorher Vergütungsansprüche zustehen, hängt wiederum davon ab, ob man §§ 2, 5 ff. oder §§ 3, 20 ArbnErfG analog anwendet. Nur bei ersteren entsteht die Vergütungspflicht schon mit der Inanspruchnahme (§§ 9, 10 ArbnErfG), während nach letzteren auch die Verwertung hinzukommen muß.

---

73 Insbesondere BayVGH GRUR 1982, 559, 561.
74 MünchArbR-Sack § 100 Rdn 7.
75 MünchArbR-Sack § 100 Rdn 17.

6. Doppelzüchtungen

Keine Regelung findet sich in der EGSVO und auch jetzt nicht mehr im SortG (früher § 8 Abs. 1 S. 3) für sog. Doppelzüchtungen, die ohnehin selten sind bzw. praktisch kaum vorkommen. Die Begründung zur Sortenschutzgesetzänderung sieht sie im Hinblick auf den ebenfalls geänderten § 3 Abs. 2 Nr. 2 für nicht mehr erforderlich an. In der Tat kann wegen mangelnder Unterscheidbarkeit durch allgemeine Bekanntheit kein Recht auf Sortenschutz (eines zweiten Antragstellers) bestehen, wenn die Eintragung der Sorte in ein amtliches Verzeichnis von Sorten (vom ersten Antragsteller) beantragt und dem Antrag stattgegeben worden ist. Wird dem Antrag nicht stattgegeben, so kann ein zweiter Antragsteller selbstverständlich einen Antrag stellen, wird jedoch dann mangels Unterscheidbarkeit ebenfalls keinen Erfolg haben.

68

II. Berechtigung zur Antragstellung

1. Berechtigtenkreis

Im Gegensatz zum deutschen Recht normiert Art. 12 EGSVO eine spezielle Berechtigung zur Antragstellung auf den gemeinsamen Sortenschutz. Das deutsche Recht regelt die Frage nicht eigens, sondern erfaßt sie sachlich mit in der Bestimmung des persönlichen Anwendungsbereichs für Rechte aus dem Sortenschutzgesetz (§ 15 Abs. 1 SortG). Danach ist eine Antragsberechtigung gegeben für natürliche und – in Rechtsnachfolge – juristische Personen oder diesen gleichgestellte Personen und Einrichtungen, z. B. OHG, KG (§§ 124 Abs. 1, 161 Abs. 2 HGB), wenn sie sind:

69

(1) *Deutsche* i. S. des Art. 116 Abs. 1 GG sowie natürliche und juristische Personen und Personenhandelsgesellschaften mit Wohnsitz oder Niederlassung im Inland für den Antrag auf deutschen Sortenschutz. Auf den Text des § 15 Abs. 1 S. 1 SortG und die entsprechenden Grundgesetzkommentierungen kann verwiesen werden.

70

(2) Angehörige eines Mitgliedstaats der *Europäischen Gemeinschaft* oder *UPOV-Verbandsstaats* sowie natürliche und juristische Personen und Personenhandelsgesellschaften mit Wohnsitz oder Niederlassung in einem solchen Staat für den Antrag auf deutschen oder gemeinschaftlichen Sortenschutz, wobei der Schutz nach Art. 3, 92 EGSVO allerdings nicht nebeneinander bestehen kann.

71

Die Berechtigung für die Angehörigen der Mitgliedstaaten der EG rechtfertigt sich für den gemeinschaftlichen Sortenschutz aus dessen Geltungsbereich und für die Antragsberechtigung in Deutschland daraus, daß ein gemeinsamer Saatgutmarkt innerhalb der EG-Staaten besteht und hierin allen ihren Berechtigten in gleicher Weise Zugang zum deutschen Sortenschutz eröffnet sein soll wie Inländern.[76] Wer Mitgliedstaat ist, richtet sich nach dem Stand der politischen Entwicklung.

72

Der Grundsatz der Gemeinschaftsberechtigung bzw. Inländerbehandlung bezieht sich ferner aufgrund Art. 4 UPOV-Übereinkommen auf alle Angehörigen von Verbandsstaaten der UPOV,[77] da alle Verbandsstaaten zur Erteilung und zum Schutz eines Züchterrechts

73

---

76 Vgl. BT-Drs. 10/816 S. 21.
77 Übersicht nach dem Stand vom 30. 9. 1998 in Teil III, Nr. 18.

verpflichtet sind (Art. 2), so daß so die erwünschte Vereinheitlichung und Gleichbehandlung erzielt werden kann.

74 (3) Für Angehörige *anderer Staaten*, die nicht die Voraussetzungen von oben (2) erfüllen (sog. Drittländer), kommt es auf den Grundsatz der Gegenseitigkeit an, d. h. darauf, ob in dem betreffenden Staat ein entsprechender Schutz gewährt wird. Das wird in Deutschland für die Erteilung des deutschen Sortenschutzes durch ministerielle Bekanntmachung im Bundesgesetzblatt festgestellt. Für den gemeinschaftlichen Sortenschutz ist eine Entscheidung der Europäischen Kommission nach Anhörung des in Art. 36 EGSVO genannten Verwaltungsrats erforderlich, wobei die Entscheidung von der Gegenseitigkeit abhängig gemacht werden kann.

75 Gemäß Art. 12 Abs. 2 EGSVO können Anträge auch von mehreren Antragstellern gemeinsam gestellt werden, insbesondere bei gemeinsamer Berechtigung. Das gilt selbstverständlich auch für den deutschen Sortenschutz.

2. Vermutung der Anmeldeberechtigung

76 Obwohl das Recht auf Sortenschutz nur dem Sortenschutzberechtigten, also dem Ursprungszüchter oder dem Entdecker der Sorte oder dem Rechtsnachfolger zusteht, gilt nach § 8 Abs. 2 SortG der Antragsteller gegenüber dem Bundessortenamt als berechtigt, die Erteilung des Sortenschutzes zu erlangen. Ebenso gilt nach Art. 54 Abs. 2 EGSVO der Antragsteller als derjenige, dem das Recht auf den gemeinschaftlichen Sortenschutz gemäß Art. 11 zusteht.

77 Diese Bestimmungen, die nach ihrem Wortlaut nur eine Vermutung enthalten, stellen eine gewisse Durchbrechung des Urhebergrundsatzes in Richtung auf das Anmeldeprinzip dar, und zwar zwecks Erleichterung und Vereinfachung des Prüfungsverfahrens. Die Vermutung ist allerdings im Gegensatz zu § 7 Abs. 1 PatG, der ebenfalls eine Anmeldefiktion enthält, widerlegbar. Das Bundessortenamt kann es danach grundsätzlich als gegeben ansehen, daß der Antragsteller die Berechtigung besitzt, die Erteilung eines Sortenschutzrechts zu seinen Gunsten zu verlangen. Dagegen können jedoch nach § 25 Abs. 2 Nr. 2 SortG Einwendungen erhoben werden; die Vermutung gilt ferner nicht, wenn dem Bundessortenamt selbst bekannt ist oder bekannt wird, daß dem Antragsteller das Recht auf Sortenschutz für die angemeldete Sorte i. S. des § 8 Abs. 1 SortG nicht zusteht. Das kann z. B. der Fall sein, wenn ein dem Bundessortenamt aus dem offiziellen Sortenblatt eines anderen Verbandsstaats bekanntgewordener Sortenschutzberechtigter mit dem Antragsteller der gleichen Sorte in Deutschland nicht übereinstimmt und seine Berechtigung sich nicht aus den Angaben im Antragsformular lückenlos und schlüssig ergibt, die von ihm im Antrag zu machen sind. Das Bundessortenamt ist zwar nach § 22 Abs. 1 SortG zur Prüfung der Richtigkeit dieser Angaben nicht verpflichtet, es ist dazu aber berechtigt, wenn es auf dem vorgenannten Wege oder durch Mitteilung von dritter Seite über die mangelnde Berechtigung eines Antragstellers unterrichtet wird. Die Vermutung nach der EGSVO ist widerlegt, wenn das Gemeinschaftliche Sortenamt vor einer Entscheidung über den Antrag feststellt bzw. sich aus einer abschließenden Beurteilung hinsichtlich der Geltendmachung des Rechts gem. Art. 98 Abs. 4 EGSVO ergibt, daß dem Antragsteller nicht oder nicht allein das Recht auf den gemeinschaftlichen Sortenschutz zusteht. Bei Feststellung der Identität der Alleinberechtigten oder der anderen berechtigten Personen kann bzw. können diese das Verfahren als Antragsteller einleiten.

III. Nichtberechtigter Antragsteller

1. Besonderer Vindikationsanspruch

Aufgrund der vermuteten Anmeldeberechtigung kann es zu einem Zwiespalt zwischen dem materiellen Recht auf den Sortenschutz und der verfahrensmäßigen Stellung des unberechtigten Antragstellers oder der sachlich nicht berechtigten Inhaberschaft am Sortenschutz kommen, den das Recht letztlich natürlich nicht hinnehmen kann, sondern zugunsten des wahren Berechtigten lösen muß. Während nach § 25 Abs. 2 Nr. 2 SortG, Art. 59 Abs. 3a EGSVO die Möglichkeit besteht, einem nichtberechtigten Anmelder verfahrensrechtlich vor dem Bundessortenamt bzw. dem Gemeinschaftlichen Sortenamt entgegenzutreten, eröffnen § 9 SortG, Art. 98 EGSVO außerdem einen zivilrechtlichen Klageweg gegen den Nichtberechtigten. Ein entsprechender Schutz wäre in der BRD wohl bereits nach den allgemeinen Vorschriften des Bürgerlichen Rechts, insbesondere der unerlaubten Handlungen (§§ 823 ff.), der ungerechtfertigten Bereicherung (§§ 812 ff.) oder der unberechtigten Eigengeschäftsführung (§ 687 Abs. 2 BGB) möglich. Zweckmäßiger sind jedoch eigengeartete, an die Besonderheiten der Materie anknüpfende Bestimmungen, die sich ebenso wie im Patentrecht (vgl. § 8 PatG) im Sortenschutzrecht finden und den Berechtigten gegen eine unbefugte Antragstellung bzw. Inanspruchnahme schützen. 78

Dogmatisch ist der Anspruch dinglicher Natur und ähnelt dem Herausgabeanspruch des Eigentümers gegen den Besitzer nach § 985 BGB.[78] Der Anspruch ist in Deutschland geltend zu machen vor den nach § 38 SortG, Art. 111 EGSVO zuständigen Landgerichten, wobei auch eine einstweilige Verfügung möglich ist. Berechtigter Kläger ist, wer Ursprungszüchter, Entdecker oder Rechtsnachfolger ist, nichtberechtigter Beklagter ist der Antragsteller, bei dem diese Voraussetzungen nicht vorliegen. Die Beweislast richtet sich nach normalen Grundsätzen. Inhaltlich geht der Anspruch vor Sortenschutzerteilung auf Abtretung des Anspruchs auf Schutzerteilung und danach auf Übertragung des Sortenschutzes. Er dient der Verwirklichung der materiellen Inhaberschaft, die Frage der Schutzfähigkeit der Züchtung bleibt außer Betracht. Voraussetzung ist immer die sog. Wesensgleichheit, d. h. die Züchtung bzw. Entdeckung des Berechtigten muß mit dem Gegenstand der Anmeldung oder des erteilten Sortenschutzes im wesentlichen übereinstimmen.[79] Der Anspruch wird durch Vertrag erfüllt (Vollstreckung nach § 894 ZPO), die Erfüllung hat aber keine rückwirkende Kraft. Eine Lizenz ist daher bis zu diesem Zeitpunkt wirksam, danach erlischt sie, da sie nicht gutgläubig erworben werden kann.[80] Der Anspruch ist übertragbar sowie pfändbar und verpfändbar, jedoch nicht ohne das zugrundeliegende materielle Rechtsverhältnis. 79

2. Übertragungsanspruch gegen nichtberechtigte Antragsteller

§ 9 Abs. 1 SortG, Art. 98 Abs. 4 EGSVO betreffen die Vindikation in der Antragsphase, d. h. daß ein Nichtberechtigter den Sortenschutz zunächst nur beantragt hat. Der in Wirklichkeit Berechtigte kann in diesem Fall die Übertragung des Anspruchs auf Erteilung des Sorten- 80

---

78 BGH GRUR 1982, 95.
79 Vgl. BGH GRUR 1971, 210, 212.
80 Vgl. *Schulte*, § 8 PatG, Rdn 2.

schutzes verlangen, so daß die durch die Anmeldung begründete verfahrensmäßige Stellung des Antragstellers übergeht. Der Anspruch richtet sich nicht gegen das Bundessortenamt bzw. das Gemeinschaftliche Sortenamt, sondern den jeweils nichtberechtigten Antragsteller. Nur dieser ist Anspruchsgegner und also zu verklagen, wenn der Übertragungsanspruch nicht anerkannt und freiwillig auf den Berechtigten übertragen wird.

81 Der Berechtigte kann aber auch statt der zivilgerichtlichen Vindikationsklage[81] gegen den nichtberechtigten Antragsteller innerhalb von drei Monaten ab Bekanntmachungsdatum des Sortenschutzantrags im verwaltungsrechtlichen Einwendungsverfahren schriftlich Einwendungen gegen die Erteilung des beantragten Sortenschutzes erheben, wenn er – insbesondere durch Bekanntmachung im Blatt für Sortenwesen – erfahren hat, daß ein Nichtberechtigter für eine Sorte des Berechtigten Sortenschutz beantragt hat (§ 25 Abs. 2 Nr. 2 SortG). Diese Möglichkeit hat er auch nach Art. 59 Abs. 1, 3a EGSVO beim gemeinschaftlichen Sortenschutz, ohne daß hier eine Einwendungsfrist vorgesehen ist; die Einwendungen können bis zur Entscheidung über den Sortenschutzantrag in Art. 61, 62 EGSVO erhoben werden. Das entspricht der Verwirklichung der materiellen Rechtsinhaberschaft. Ferner kann der Berechtigte zu einer amtlichen Nachprüfung der Anmeldeberechtigung i. S. des § 8 Abs. 2 SortG bzw. Art. 54 Abs. 2 S. 2 EGSVO anregen. Unabhängig davon, inwieweit eine Nachprüfungspflicht besteht, wird man Sortenschutzerteilungen zu vermeiden suchen, auf die keine sachliche Berechtigung besteht.

82 Die Möglichkeit des tatsächlich Berechtigten zur Einwendungserhebung entspricht dem Einspruch, den das Patentgesetz in § 59 Abs. 1 i. V. m. 21 Abs. 1 Nr. 3 PatG gewährt, mit der in § 7 Abs. 2 vorgesehenen Wirkung, daß der Einsprechende bei Widerruf des Patents oder bei Verzicht auf dieses nunmehr berechtigt ist, seine Erfindung innerhalb eines Monats unter Beanspruchung des Zeitrangs des früheren Patents seinerseits selbst anzumelden. Nach § 8, 25 Abs. 5 SortG bzw. Art. 60 EGSVO ist eine entsprechende Möglichkeit in das Sortenschutzrecht übernommen worden, die eine wesentliche Vereinfachung des Prüfungsverfahrens bedeutet, und zwar durch erhebliche Zeitersparnis, und die außerdem die Berechtigten von zusätzlichen Kosten entlastet. Denn die Durchführung einer Klage (Vindikationsklage) vor den Zivilgerichten bedingt zumindest aus Zweckmäßigkeitsgründen die Aussetzung des Prüfungs- und Erteilungsverfahrens beim Bundessortenamt bzw. Gemeinschaftlichen Sortenamt, weil ja nicht bekannt und vorauszusehen ist, wie der tatsächlich Berechtigte die Anmeldung verteidigen und fortführen würde, bis über den Übertragungsanspruch, der möglicherweise in drei gerichtlichen Instanzen überprüft wird, rechtskräftig entschieden ist. Diese Gründe haben dazu geführt, eine dem Patentgesetz entsprechende Bestimmung im Sortenschutzrecht aufzunehmen. Dabei genießt der Berechtigte Prioritätsschutz, da er als Antragstag für seine Anmeldung den Tag des zurückgenommenen oder zurückgewiesenen Antrags beanspruchen kann. § 25 Abs. 5 SortG, Art. 60 EGSVO wollen in Ergänzung zu §§ 9 SortG, 98 Abs. 4 EGSVO die Belange des Berechtigen auch für die Fälle sichern, in denen die Voraussetzungen der Vindikation nicht vorliegen.[82] Zu den Einzelheiten des Einwendungsverfahrens vgl. Rdn 725 ff. sowie zur praktischen Anwendung BGH GRUR 1976, 385 ff. – Rosenmutation.

---

81 Vgl. Rdn 78.
82 Vgl. BT-Drs. 10/816 S. 23.

3. Übertragungsanspruch gegen den nichtberechtigten Sortenschutzinhaber

Der Berechtigte kann aber auch erst später erfahren, daß einem Nichtberechtigten Sortenschutz erteilt worden ist. In diesem Fall kann er gem. § 9 Abs. 2 SortG, Art. 98 Abs. 1–3 EGSVO mit der Vindikationsklage Übertragung des bereits erteilten Sortenschutzes auf sich verlangen; der Nichtberechtigte ist zu Unrecht Sortenschutzinhaber geworden. Dabei kann auch nur eine zur Mitinhaberschaft führende Teilübertragung in Betracht kommen, wenn dem Berechtigten das Sortenschutzrecht nur teilweise zusteht. Das wird in Art. 98 Abs. 2 EGSVO für den gemeinschaftlichen Sortenschutz ausdrücklich geregelt, muß aber auch für das deutsche Recht ohne eine besondere Bestimmung gelten. 83

Der Anspruch auf Übertragung des Sortenschutzes kann jedoch nicht zeitlich unbegrenzt geltend gemacht werden. Die Geltendmachung ist nach § 9 Abs. 2 SortG, Art. 98 Abs. 3 EGSVO nur innerhalb einer Ausschlußfrist von 5 Jahren seit Bekanntmachung der Erteilung des Sortenschutzes möglich. Diese Ausschlußfrist gilt jedoch nicht, wenn der nichtberechtigte Sortenschutzinhaber bei Erteilung oder Erwerb des Sortenschutzrechtes nicht in gutem Glauben, d. h. bösgläubig war, so daß der Übertragungsanspruch in diesem Falle keiner zeitlichen Begrenzung unterliegt und allenfalls verwirkt werden kann. Dabei kommt es für die Gut- bzw. Bösgläubigkeit auf den Zeitpunkt der Erteilung bzw. des Erwerbs (durch Rechtsnachfolge) des Sortenschutzrechtes an. Wird der Erwerber nach dem Erwerb bösgläubig, so berührt das den Ablauf der 5-Jahresfrist nicht mehr. Wer dagegen von einem gutgläubigen Inhaber in Kenntnis von dessen ursprünglicher Nichtberechtigung das Recht vor Ablauf der 5-Jahresfrist erwirbt, kann sich auf den Fristablauf nicht berufen. Anders ist es, wenn der Erwerb in einem solchen Falle nach Ablauf der 5-Jahresfrist erfolgt. Dann kann der wirklich Berechtigte wegen des Fristablaufs sein Recht auch gegenüber dem Bösgläubigen nicht mehr wirksam geltend machen. 84

Nach der EGSVO wird auf die (positive) Kenntnis des Erwerbers von der Nichtberechtigung abgestellt. Dagegen spricht das deutsche Recht von gutem Glauben und schließt damit nach allgemeinen Grundsätzen (§ 932 Abs. 2 BGB) auch die grob fahrlässige Unkenntnis ein. Ob hierin ein Unterschied liegt, bleibt abzuwarten. Jedenfalls sind an den guten Glauben im deutschen Recht strenge Anforderungen zu stellen. Grobe Fahrlässigkeit ist z. B. anzunehmen, wenn der Erwerber sich um die Herkunft der Sorte und die Berechtigung des Veräußerers nicht kümmert oder naheliegende Auskunftsmöglichkeiten nicht wahrnimmt.[83] Die für das Patentrecht entwickelten Grundsätze[84] können auch auf das Sortenschutzrecht angewandt werden. 85

Mit Einreichung der Übertragungsklage ist die Fünfjahresfrist gewahrt (§§ 253, 270 Abs. 3 ZPO). Die Fristenberechnung richtet sich nach §§ 187, 188 BGB. Wiedereinsetzung bei unverschuldetem Versäumnis der 5 Jahresfrist besteht wohl richtigerweise mit Benkard/Bruchhausen, § 8 PatG, Rdn 8 nicht. 86

Selbstverständlich kann der Berechtigte auch wieder ins verwaltungsrechtliche Rechtsmittelverfahren gehen und den dem Nichtberechtigten zu Unrecht erteilten Sortenschutz mit Widerspruch, Beschwerde und Rechtsbeschwerde (§§ 34, 35 SortG; Art. 67, 73 EGSVO) angreifen. Dem entspricht im Patentrecht die durch Einspruch verfolgbare widerrechtliche 87

---

83 Vgl. *Klauer/Möhring*, § 5 PatG, Anm. 10.
84 Vgl. z. B. *Benkard/Bruchhausen*, § 8 PatG, Rdn 10.

Entnahme (§§ 59 Abs. 1, 21 Abs. 1, S. 3 PatG). Durch dieses mögliche Rechtsmittel entfällt nicht das Rechtsschutzinteresse für die Vindikationsklage. Jedoch erledigt sich bei erfolgreichem Rechtsmittel deren Hauptsache, wie auch umgekehrt der Erfolg der Klage das Rechtsmittel erledigt.[85]

B Materielle Voraussetzungen der Sorte

88   Ähnlich wie die Erteilung von Ausschließlichkeitsrechten für technische Erfindungen ist auch die Erteilung des Sortenschutzes von der Erfüllung bestimmter materieller und formeller Voraussetzungen der zu schützenden Züchterarbeit abhängig. Diese sind für das deutsche Sortenschutzrecht in § 1 SortG, für das Gemeinschaftliche Sortenschutzrecht in Art. 6 EGSVO abschließend aufgezählt.

89   Die in § 1 Nr. 1 bis 3 SortG und Art. 6a)–c) EGSVO genannten materiellen Voraussetzungen für den Sortenschutz, nämlich Unterscheidbarkeit (§ 3/Art. 7), Homogenität (§ 4/Art. 8), und Beständigkeit (§ 5/Art. 9) sind im wesentlichen biologischer Natur. Bei der in § 1 Nr. 4 SortG bzw. Art. 6d) EGSVO erwähnten weiteren Schutzvoraussetzung der Neuheit (§ 6/Art. 10) handelt es sich um Handlungen mit Pflanzenmaterial der zu schützenden Sorte, die, liegen sie außerhalb der in diesen Vorschriften genannten Zeiträume, die Schützbarkeit der Sorte zerstören können.

90   Der Wortlaut des geltenden deutschen SortG sieht eine gegenüber dem SortSchG 68 zusätzliche Voraussetzung unter Nr. 1 vor. Danach muß die Sorte „unterscheidbar" sein. Diese Schutzvoraussetzung war im SortSchG 68 in § 2 unter der Überschrift „Neuheit" gemeinsam mit letzterer behandelt worden. Das geltende Gesetz regelt entsprechend dem revidierten UPOV-Übereinkommen 1991 (die Neuheit wird nunmehr in Art. 6, die Unterscheidbarkeit in Art. 7 geregelt) diese beiden Schutzvoraussetzungen in zwei verschiedenen Vorschriften.

91   Bei der in § 1 Ziffer Nr. 5 SortG bzw. Art. 6 S. 2 EGSVO genannten Sortenbezeichnung (§ 7 SortG/Art. 63 EGSVO) handelt es sich um eine lediglich formale Voraussetzung der Sortenschutzerteilung.

92   Soweit die Art. 7 bis 10 sowie Art. 63 EGSVO inhaltsgleich mit den §§ 3 bis 6 sowie § 7 SortG und den entsprechenden Vorschriften des UPOV-Übereinkommens 1991 sind, gelten die nachfolgenden Ausführungen zu den korrespondierenden Vorschriften im deutschen Sortenschutzgesetz, soweit Gründe für eine Differenzierung zwischen diesen nationalen und europäischen Normen nicht erkennbar sind.

---

85 Vgl. *Schulte*, § 8 PatG, Rdn 5, 6.

I. Definition der Sorte und Abgrenzungen

1. Vorbemerkung

Während das SortSchG 68 § 1 Abs. 2 Übereinstimmung mit Art. 2 Abs. 2 des UPOV-Übereinkommens 1961 als Zuchtsorten Klone, Linien, Stämme und Hybriden unabhängig davon definierte, ob das Ausgangsmaterial, aus dem sie entstanden sind, künstlich oder natürlichen Ursprungs war, fehlte im SortG 1985 eine entsprechende Begriffsbestimmung, nachdem sie im Rahmen der Revision des UPOV-Übereinkommens 1978 gestrichen worden war. Sie war als zu eng empfunden worden. Man konnte sich jedoch nicht auf eine Neudefinition einigen.[86] Was unter einer Sorte zu verstehen war, wurde deshalb aus den Schutzfähigkeitskriterien abgeleitet. Entsprechend Art. 1 Abs. 6 UPOV-Übereinkommen 1991 sowie Art. 5 Abs. 2 EGSVO wird nunmehr in § 2 Nr. 1a) SortG definiert, welche Pflanzeneinheiten durch Erfüllung bestimmter gemeinsamer Merkmale als Sorte grundsätzlich dem Sortenschutz offenstehen, unabhängig davon, ob sie den für die Erteilung eines Sortenschutzrechtes zu erfüllenden Schutzvoraussetzungen Genüge leisten. Ob sie im Einzelfall schutzfähig sind, richtet sich nach der Erfüllung der Schutzvoraussetzungen in § 1 Abs. 1 SortG, Art. 6 EGSVO, die jedoch ohne Einfluß auf die Frage sind, ob eine Sorte im Sinne des SortG vorliegt. Mit der Begriffsbestimmung des § 2 Nr. 1a) SortG soll zugleich eine Auslegungshilfe des Begriffs der Pflanzensorte in Art. 53 des EPÜ gegeben werden, um die Schnittstelle zwischen dem Übereinkommen zu klären.[87]

Nach Art. 1 Abs. 2 UPOV-Übereinkommen 1961 stand es den Verbandsstaaten frei, das Züchterrecht durch ein besonderes Schutzrecht oder ein Patent zu gewähren. Standen für Neuzüchtungen beide Schutzformen offen, durfte es nur eine Schutzform für dieselbe botanische Gattung oder Art vorsehen (Doppelschutzverbot). Dieser Verpflichtung trug der deutsche Gesetzgeber in § 2 Nr. 2 PatG dadurch Rechnung, daß für Pflanzensorten, die ihrer Art nach im Artenverzeichnis zum SortG aufgeführt waren, von der Patentierung ausgeschlossen waren. Durch die Änderung des UPOV-Übereinkommens 1991 wurde das Doppelschutzverbot jedoch aufgehoben. Den Verbandsstaaten ist es nunmehr freigestellt, für Pflanzensorten alternativ oder kumulativ Patentschutz neben dem speziellen Züchterrecht zur Verfügung zu stellen. Während das UPOV-Übereinkommen 1991 vorläufig keine Auswirkungen auf die Auschlußbestimmungen des deutschen Patentgesetzes (§ 2 Nr. 2 PatG 1981) und des EPÜ (Art. 53b)) hat,[88] wurde durch das am 7. April 1992 in Kraft getretene 1. Gesetz zur Änderung des Sortenschutzgesetzes das Erfordernis gestrichen, daß nach dem SortG schützbare Pflanzensorten ihrer Art nach im Artenverzeichnis zum SortG genannt werden müssen, so daß nunmehr alle Sorten dem Sortenschutz zugänglich sind. Bei der Neufassung des SortG 1997 ist nun auch das Doppelschutzverbot weggefallen.

Anders das gemeinschaftliche Sortenschutzrecht. Entgegen der internationalen Entwicklung auf dem Gebiet des Züchtungsschutzes hat das Doppelschutzverbot Eingang in die EGSVO gefunden. Art. 92 Abs. 1 S. 1 EGSVO hebt hervor, daß Sorten, die Gegenstand eines gemeinschaftlichen Sortenschutzes sind, u.a. nicht gleichzeitig Gegenstand eines Patents für die betreffende Sorte sein können. Absatz 2 ergänzt diese Ausschlußbestimmung

---

86 Acte de la Conference, S. 138 ff. sowie S. 147 ff.
87 BT-Drs. 72/97, S. 17.
88 Vgl. *Schennen*, Mitt. 1991, 129, 132.

durch ein Geltendmachungsverbot für ein Schutzrecht, so auch ein Patent, das für die gleiche Sorte vor Erlangung eines gemeinschaftlichen Sortenschutzrechts auf nationaler Ebene erteilt worden war. Auch Art. 1 des EGSVO hebt hervor, daß durch die Verordnung ein gemeinschaftlicher Sortenschutz als einzige und ausschließliche Form des gemeinschaftlichen gewerblichen Rechtsschutzes für Pflanzensorten geschaffen werde. Sowohl diesen Erwägungsgründen als auch der Regelung des Art. 92 EGSVO ist jedoch zu entnehmen, daß der Patentschutz für all das, was dem Sortenschutz nicht zugänglich ist, nicht ausgeschlossen sein soll.

2. Bedeutung des Begriffs „Sorte"

96 Der Rosenliebhaber pflanzt in seinem Garten nicht irgendeine Rose, also die Art, sondern wählt unter den verschiedenen Sorten die ihm attraktiv erscheinenden aus. Ebenso verhält es sich beim Landwirt, der nicht die Pflanzenart Mais oder Raps schlechthin anbaut, sondern unter den auf dem Markt befindlichen Sorten diejenigen auswählt, die nach seiner Auffassung den mit dem Anbau verfolgten wirtschaftlichen oder kulturbedingten Vorstellungen am besten entsprechen. Der Begriff „Sorte" ist damit ein elementarer Begriff des Sortenschutzrechtes. Die Definition der „Sorte" hat der Tatsache Rechnung zu tragen, daß der Endabnehmer ebenso wie der Züchter mit dem Begriff „Sorte" die Vorstellung verbindet, daß es sich bei den unterschiedlichen Sorten zwar um Pflanzen oder Vermehrungsgut der gleichen Art handelt, diese aber Unterschiede aufweisen, die bei der Suche nach neuen, besseren Sorten für den Endabnehmer bei der Auswahl der Pflanzen oder des Saatgutes, das der Verwirklichung seiner Anbauziele am nächsten kommt, auswahlentscheidend sind.

97 Daneben ist der Begriff „Sorte" aber ein wesentliches Abgrenzungskriterium für die Frage, ob pflanzliche Neuzüchtungen nach dem Sortenschutzgesetz schützbar sind und/oder dem Patentschutz offenstehen. Durch den Wegfall des Doppelschutzverbotes ist zwar nach dem UPOV-Übereinkommen 1991 der parallele Schutz durch Sortenschutz und Patent ein und desselben Züchtungsergebnisses möglich. Dennoch ist auch bei der Frage nach Patent und/oder Sortenschutz eine exakte Begriffsbestimmung unabdingbar, weil sowohl im deutschen als auch im europäischen Patentrecht Pflanzensorten von der Patentierung ausgeschlossen sind. Zum Zwecke der Abgrenzung ist deshalb nicht nur erforderlich, das Vorliegen einer Sorte im Sinne des SortG zu bestimmen, sondern insbesondere auch hinsichtlich des Sortenbegriffes im Sinne des Patentrechts. So ist nach der Spruchpraxis des EPA die Erteilungspraxis bei der Bestimmung, ob eine Sorte im Sinne des Art. 53b) EPÜ vorliegt, im Lichte des UPOV-Übereinkommens auszulegen.[89] Art. 53b) EPÜ ist die zentrale Norm für die Abgrenzung zwischen patentfähigen Erfindungen und den durch das UPOV-Übereinkommen eröffneten nationalen Schutzrechten für Pflanzensorten.[90] Gleiches gilt auch für die entsprechende nationale Ausschlußbestimmung des § 2 Nr. 2 PatG.

98 Daß für die Abgrenzung Patent- und/oder Sortenschutz der sortenschutzrechtliche Sortenbegriff maßgeblich ist, wird nun auch durch die Richtlinie 98/44/EG des Europäischen Parlaments und des Rates vom 6. Juli 1998 über den rechtlichen Schutz biotechnologischer

---

[89] So bereits Technische Beschwerdekammer in GRUR Int. 1990, 329, 332 mit Anmerkung von *van der Graef*.
[90] *Lange*, GRUR Int. 1985, 88, 92.

Erfindungen[91] hervorgehoben. Erwägungsgrund 30 betont, daß der Begriff Pflanzensorte durch das Sortenschutzrecht definiert wird. Danach wird eine Sorte durch ihren gesamten Genbestand (Genom) geprägt und ist von anderen Sorten in ihrer durch das Genom geprägten Individualität von anderen Sorten deutlich unterscheidbar. In Ergänzung hierzu wird in Erwägungsgrund 31 der Richtlinie klargestellt, daß eine Pflanzengesamtheit (dieser Ausdruck ist unscharf, da er suggeriert, daß damit alle Pflanzen gemeint sind; hier soll aber nicht nur zum Ausdruck kommen, daß ein abweichendes Merkmal ausreicht, das nicht nur innerhalb einer Pflanzenart auftritt, sondern auch in Pflanzen höherer taxonomischer Einheiten einer Familie oder Gattung, um den Patentschutz zu begründen), die sich nur durch ein bestimmtes Gen von bekannten Pflanzen unterschiedlicher Arten auszeichnet, nicht dem Sortenschutz offensteht. Vielmehr eröffnet sich hierfür grundsätzlich der Patentschutz, auch wenn sie Pflanzensorten umfaßt.[92]

3. Definition der Sorte

In Übereinstimmung mit Art. 1 Abs. 6 UPOV-Übereinkommen 1991 enthält § 2 Abs. 1a) 99
SortG eine Legaldefinition zum Begriff Sorte im Sinne des Sortenschutzgesetzes. Danach fällt unter den Begriff Sorte nicht nur eine Gesamtheit von Pflanzen innerhalb eines bestimmten Taxons der untersten bekannten Rangstufe, sondern auch Pflanzenteile, soweit aus diesen wieder vollständige Pflanzen gewonnen werden können. Unabhängig davon, ob diese Pflanzen oder Pflanzenteile die Voraussetzungen für die Erteilung eines Sortenschutzes erfüllen, müssen sie sich
– durch die sich aus einem bestimmten Genotyp oder einer bestimmten Kombination von Genotypen ergebenen Ausprägung der Merkmale definieren,
– von jeder anderen Gesamtheit von Pflanzen oder Pflanzenteilen durch die Ausprägung mindestens eines dieser Merkmale unterscheiden und
– hinsichtlich ihrer Eignung, unverändert vermehrt zu werden, als Einheit angesehen werden können.

a) Gesamtheit von Pflanzen und Pflanzenteilen innerhalb eines bestimmten Taxons.

Die Legaldefinition der Sorte geht zunächst von der Gesamtheit von Pflanzen oder Pflan- 100
zenteilen innerhalb eines bestimmten Taxons als der untersten bekannten Rangstufe aus. Das elementare Taxon ist die Art. Dem stammesgeschichtlichen Gefüge entsprechend werden verwandte Arten zu hierarchisch abgestuften höheren Taxa (Gattung, Familien, usw.) zusammengefaßt.[93] Im Sortenschutzrecht interessiert nur die unterste Einheit Art. Als Grundeinheit umfaßt sie die Individuen, die in allen wesentlich erscheinenden Merkmalen miteinander übereinstimmen und unter natürlichen Bedingungen eine tatsächliche oder potentielle Fortpflanzungsgemeinschaft bilden. Wesentliches Merkmal der Art ist, daß dessen

---
91 ABl. L 213/13 v. 13.7.98.
92 Vgl. hierzu Rdn 107 ff.
93 Meyers Taschenlexikon – Biologie, Stichwort: Taxonomie.

Individuen das gleiche äußere Erscheinungsbild als Ausdruck des jeweils gemeinsamen Genbestandes aufweisen.

101   Die Legaldefinition der Sorte bestimmt deshalb im § 2 Nr. 1a.a) SortG, daß nur solche Pflanzen und Pflanzenteile als Sorte angesehen werden, die einen bestimmten Genotyp gemeinsam haben, also in der Summe ihrer genetischen Informationen oder in einer bestimmten Kombination von Genotypen übereinstimmen. Damit fallen unter den Sortenbegriff des SortG weder Pflanzen höherer botanischer Hierarchie wie Gattung, Familie, etc. noch solche unterschiedlicher Erscheinungsformen.[94] Diese Definition stellt sicher, daß der sortenschutzrechtliche Sortenbegriff auf pflanzliche Gesamtheiten eines einheitlichen natürlichen Erscheinungsbildes beschränkt bleibt.[95]

102   Anders als im UPOV-Übereinkommen wurden in das deutsche SortG auch Pflanzenteile in die Definition des Sortenbegriffes aufgenommen. Auch Art. 5 Abs. 3 EGSVO bezieht in den Begriff Sorte neben Pflanzen auch Pflanzenteile ein, soweit aus diesen wieder vollständige Pflanzen gewonnen werden können. Pflanzenteile in dem vorgenannten Sinne sind solche, die den vollständigen Satz der Gene einer ganzen Pflanze enthalten, so daß hieraus eine ganze Pflanze mit ihren sortenspezifischen Merkmalen gewonnen werden kann. Da die Zelle die kleinste selbständige lebensfähige Einheit ist, die, sofern keine völlig ausdifferenzierte Zelle vorliegt, das gesamte Genom enthält, fällt unter die Definition Pflanzenteil auch die einzelne reproduktionsfähige Pflanzenzelle. Diese weite Definition soll der Tatsache Rechnung tragen, daß nicht nur Pflanzen, sondern insbesondere auch Pflanzenteile wie Stecklinge oder Edelreiser sowie heute besonders auch Zellen zur Vermehrung oder zu sonstigen Verwertungshandlungen verwendet werden, während u. U. die Gesamtpflanze wirtschaftlich keine maßgebende Bedeutung hat.

103   Um diesen tatsächlichen Verhältnissen Rechnung zu tragen, hätte es keiner Einbeziehung der Pflanzenteile in den Sortenbegriff bedurft. Vielmehr wäre es ausreichend gewesen, dem in der Beschreibung der Benutzungshandlungen Rechnung zu tragen, welche dem Züchter bzw. Sortenschutzinhaber vorbehalten bleiben sollen, wie dies auch in § 10 Nr. 2 SortG geschehen ist. Die Befürchtung, durch den Einbezug der Pflanzenteile in den Sortenbegriff und dessen Berücksichtigung bei der Anwendung des § 2 Nr. 2 PatG bzw. Art. 53 EPÜ bestehe die große Gefahr, daß Pflanzenteile wie bestimmte Zelllinien, deren Eigenschaften keine Auswirkungen auf den Wert der Gesamtpflanze haben, in den Sortenbegriff einbezogen werden könnten,[96] ist, wie die Entscheidungspraxis des EPA zeigt, nicht ganz unbegründet.[97] Durch eine am Normzweck der Sortendefinition ausgerichtete Inhaltsbestimmung läßt sich diese Befürchtung jedoch ausräumen.[98]

---

94 *Straus* GRUR Int. 1993, 794, 799.
95 *Teschemacher*, FS f. Nirk 1005, 1008 ff.
96 *Teschemacher* FS f. Nirk 1005, 1012.
97 Vgl. hierzu TBK T 356/93 3.3.4 – Pflanzenzellen/Plant Genetic Systems, ABl. 1995, 573 Ziff. 23: Pflanzenzellen als solche können nicht unter den Begriff einer Pflanze oder einer Pflanzensorte im Sinne des Art. 1 des UPOV-Übereinkommens 1991 subsumiert werden.
98 Vgl. nachfolgende Rdn 114.

b) Eignung zur unveränderten Vermehrung

Als weitere biologische Voraussetzung, um Pflanzen und Pflanzenteile als Sorte im Sinne des SortG zu werten, benennt § 2 Nr. 1a.c) SortG die Eignung, unverändert vermehrt zu werden. Eine Sorte im Sinne des SortG liegt nur vor, wenn sie beständig ist, d. h. wenn sie in der Ausprägung der Merkmale, die sie zu anderen Sorten im Sinne SortG unterscheidbar machen, nach jeder Vermehrung oder im Falle eines Vermehrungszyklusses nach jedem Vermehrungszyklus unverändert ist (vgl. § 5 SortG, Art. 9 EGSVO).

104

Die beiden in § 2 Nr. 1a.a) und b) SortG genannten Sortenbestimmungsmerkmale entsprechen der naturwissenschaftlichen Definition wie sie im International Code of Nomenclature 1961 geschaffen wurde. Danach wird die Sorte durch gemeinsame morphologische, physiologische, zytologische und andere botanische Eigenschaften bestimmt, die bei der Fortpflanzung (geschlechtlich oder ungeschlechtlich) beibehalten werden.

105

c) Unterscheidbarkeit in einem genotypischen Merkmal

Als weiteres Definitionselement für die Sorte im Sinne des SortG bestimmt § 2 Nr. 1a.b) SortG schließlich, daß sie sich trotz der grundsätzlichen Gemeinsamkeit des Genotyps bzw. der Kombination von Genotypen in einem den Genotypen bestimmenden Merkmal der jeweiligen Sorte unterscheiden muß. Mit diesem Definitionselement wird unabhängig von der naturwissenschaftlichen Definition der Sortenbegriff bestimmt, den der Gesetzgeber im Hinblick auf das Züchterrecht und den damit verfolgten Zielen für erforderlich hält.[99] Insoweit ist das in § 2 Nr. 1a.b) SortG genannte Definitionsmerkmal das juristische Element der Begriffsbestimmung der Sorte. Um die mit dem Sortenschutz bezweckten Ziele zu erreichen, ist bei der Bestimmung der Sorte im Sinne des SortG der Tatsache Rechnung zu tragen, daß es sich um eine „nutzungstechnische Einheit"[100] handelt. Wie eingangs erwähnt, baut der Landwirt nicht nur die Pflanzenart Weizen oder Sonnenblume an, sondern wählt aus der Art die Pflanzen„gruppe" aus, die bestimmte Merkmale aufweist, die für die Realisierung seines Anbauzwecks wichtig sind und insoweit die von ihm ausgewählte Sorte von Sorten der gleichen Pflanzenart unterscheidet. Hieraus folgt, daß es sich bei dem Begriff der Unterscheidbarkeit in § 2 Nr. 1ab) als Element zur Bestimmung des sortenschutzrechtlichen Sortenschutzbegriffes um den Unterscheidbarkeitsbegriff des Art. 1 VI UPOV-Übereinkommen 1991 sowie § 3 SortG handelt, der eine deutliche Unterscheidbarkeit im Phänotyp voraussetzt. Ob diese aber bei einem stabil in das Genom einer Pflanzenart eingebauten Gen gewährleistet ist, bleibt offen, da eine solche modifizierte Pflanze grundsätzlich der züchterischen Weiterbearbeitung durch Kreuzung, Selektion etc. bedarf, um eine nach dem Sortenschutzrecht schützbare Sorte zu erhalten.

106

---

99 Vgl. insoweit Rdn 1, 22 ff.
100 *Büchting* S. 2 f.

4. Abgrenzungen

107 Durch biotechnologische Methoden ist es möglich, bestimmtes Pflanzenmaterial nicht zu ausgereiften Pflanzen heranwachsen zu lassen, sondern in seiner ursprünglichen Form (z. B. als Kalluszellen einschließlich Protoplasten-Zellinien) zu verwenden. Es bedurfte somit der Klarstellung, ob jedes Pflanzenmaterial, aus dem vollständige Pflanzen gewonnen werden können, dem Begriff der Sorte und damit dem Sortenschutz offenstehen soll.[101]

108 Genetische Komponenten (DNA-Sequenzen als Träger der genetischen Information) können sowohl als Pflanzenmaterial als auch als nicht selbst replikable chemische Verbindungen betrachtet werden.[102] Da genetische Komponenten mehrere Pflanzensorten umfassen können, der Schutz der genetischen Komponente aber den Sortenschutz gleichzeitig auf mehrere Pflanzensorten erstrecken würde, ist Zweck der in § 2 Nr. 1a.) SortG bzw. Art. 5 Abs. 2 EGSVO enthaltenen Definition, für biotechnologisch erzielte Neu„züchtungen" den Sortenschutz zu eröffnen, andererseits aber den Schutz auf die Sorte als solche zu beschränken und damit den Schutz auf ihre genetische Komponenten auszuschließen. Trotz dieser in das deutsche und gemeinschaftliche Sortenschutzrecht eingeführten Sortendefinition bleibt weiterhin die Frage der Abgrenzung offen. Dies gilt nicht nur hinsichtlich der Erteilungspraxis des EPA, das nur an das EPÜ gebunden ist und seine Amtspraxis weder an der nationalen Gesetzeslage eines EPÜ-Mitgliedes noch an der Biotechnologie-Richtlinie ausrichten muß. Es bleibt die Frage, ob unabhängig vom Sorten- und/oder Patentschutz für einzelne Pflanzenzellen mit nicht sortenspezifischen Eigenschaften Patentschutz erworben werden kann.

109 Jede Pflanzenzelle, die neue Eigenschaften aufweist, kann geeignet sein, diese sie charakterisierenden Eigenschaften nicht nur in einer bestimmten Pflanzenart zur Geltung zu bringen, sondern über diese hinaus in Pflanzenfamilien oder in noch höheren taxonomischen Pflanzengesamtheiten. Als Beispiel sind hier transgene Pflanzen zu nennen, nämlich Pflanzen, in deren Zellen Gene aus einem anderen Organismus eingeschleust wurden und die die Fremdgene stabil in ihr Genom integriert haben.

110 Ein anschauliches Beispiel bietet auch die der Entscheidung der Technischen Beschwerdekammer 3.3.4. des EPA vom 21. Februar 1995[103] zugrundeliegende Patentanmeldung. Gegenstand der Patentanmeldung war neben anderen Ansprüchen Patentschutz nicht nur für transgene Pflanzenzellen mit bestimmten, nicht sortenspezifischen Eigenschaften, sondern auch die mit solchen Pflanzenzellen behandelten Pflanzen und deren Vermehrungsmaterial. Es stellte sich die Frage, ob letztere unter das Patentierungsverbot des Art. 53b) EPÜ fallen. Da die durch die genetische Transformation bewirkte Eigenschaft ein unterscheidbares und von einer Pflanzengeneration zur nächsten beständiges Merkmal sei, so die Beschwerdekammer, würde die beanspruchte genetische Veränderung selbst aus den Pflanzen Pflanzensorten im Sinne des 1991 revidierten UPOV-Übereinkommens machen.

111 Es liegt in der Natur einer Zelle, die über eine bestimmte Pflanzenart hinaus auf Pflanzenmehrheiten anwendbar ist, daß diese auch neue Pflanzensorten schafft. Würde diese Tatsache für den Sortenschutz ausreichen, obwohl eine genetisch veränderte Zelle nicht nur die Pflanzen einer einzigen Art verändernd, sondern auch für andere Pflanzenarten oder auf Pflanzen höherer taxonomischer Einheiten eingesetzt werden kann, wäre damit im Ergebnis jeglicher Patentschutz genetisch veränderter pflanzlicher Materie ausgeschlossen. Dies ist

---

[101] UPOV Dokument IOM/III/2, S. 3 u.
[102] Vgl. UPOV Dokument IOM/III/2, S. 4.
[103] T 356/93 3.3.4. – Pflanzenzellen/Plant Genetic Systems; ABl. 1995 S. 545.

jedoch nicht mit der Zielrichtung beider Schutzsysteme, nämlich der Allgemeinheit und den Kreisen im besonderen, die sich um die Entwicklung neuer Pflanzen bzw. um die Verbesserung der Eigenschaften bekannter Pflanzensorten bemühen, zu vereinbaren, nämlich Schutz zu gewähren, um ihnen die Früchte ihrer oft mühevollen und finanziell aufwendigen Tätigkeit für eine begrenzte Zeit ausschließlich vorzubehalten.

Diese sehr restriktive Haltung hat sich von dem ursprünglichen Grund, der zum Ausschluß der Patentierbarkeit von Pflanzensorten als solchen und im wesentlichen biologische Verfahren zur Züchtung von Pflanzen führte, weit entfernt. Ausgangspunkt war Art. 2 Abs. 1 UPOV-Übereinkommen 1961. Satz 1 eröffnete jedem Verbandsstaat die Möglichkeit, das in dem Internationalen Übereinkommen vorgesehene Züchterrecht entweder durch ein besonderes Züchterrecht (Sortenschutzrecht) oder ein Patent zu gewähren. Satz 2 beschränkte diese Möglichkeit jedoch dahingehend, daß ein Verbandsstaat, dessen innerstaatliches Recht den Schutz durch beide Formen zuläßt, nur eine von ihnen für dieselbe botanische Gattung oder Art vorsah. Es sollte damit eine Kumulierung von zwei Schutzrechten für den gleichen Gegenstand ausgeschlossen werden, nicht jedoch der Patentschutz für Erfindungen, die *auch* einzelne oder alle Pflanzensorten einer Art ändern. 112

Auch bei Art. 53b) EPÜ, der auf das im UPOV-Übereinkommen 1961 ursprünglich verankerte Kumulierungsverbot[104] zurückgeht, wurde davon ausgegangen, daß nach Abschluß des UPOV-Übereinkommens, das als ein auf die besonderen Bedürfnisse der Pflanzenzüchter und der pflanzlichen Natur angepaßtes Schutzrecht angesehen wurde und wird, für dessen Voraussetzung keine Erfindungshöhe wie beim Patent, sondern nur Neuheit gefordert ist, kein Bedürfnis mehr für einen *zusätzlichen* Patentschutz besteht.[105] Das, was durch Sortenschutzrechte an Innovationsfortschritten nach dem Sortenschutzrecht geschützt werden kann, sollte von der Patentierung ausgeschlossen werden. Dagegen sollte auch auf dem Gebiet der lebenden pflanzlichen Materie der Patentschutz außerhalb der Sorte möglich sein, soweit eine solche Erfindung die patentrechtlichen Voraussetzungen erfüllte. Genau das ist aber durch die gegenwärtige Erteilungspraxis des Europäischen Patentamtes z. T. nicht der Fall. Unter Berücksichtigung übergeordneter Gesichtspunkte hat aber ein Patentschutz für die Fachwelt den Vorteil der Wissensbereicherung durch den Offenbarungszwang beim Patent, denn nur das ist geschützt, was an Neuem nacharbeitbar in der Anmeldung offenbart wurde, während beim Sortenschutz das Herstellungsverfahren nicht genau offenbart werden muß. Es genügt die Kennzeichnung der neuen Sorte, von der allerdings Muster zur Überprüfung dieser Angaben beim Sortenamt eingereicht werden müssen. Die Pflanzensorte ist somit dem Ausführungsbeispiel einer Patentanmeldung vergleichbar,[106] läßt aber die zur Erzeugung dieser Sorte verwendete Technologie und ihre möglicherweise vielfältige Einsatzmöglichkeit bei der Pflanzenerzeugung allgemein außer acht.[107] 113

Was danach als Pflanze im Sinne des § 2 Nr. 2 PatG sowie Art. 53b) EPÜ durch Patente geschützt werden soll, bedarf deshalb einer Rückbesinnung auf das, was durch das besonders auf die pflanzliche Materie zugeschnittene Schutzrecht „Sortenschutz" schützbar ist. Nur so kann sichergestellt werden, daß es bei der Frage nach Sorten- oder Patentschutz der Sache nach um sich ergänzende Alternativschutzformen handelt.[108] Das Sortenschutzrecht will 114

---
104 *Neumeier* S. 219.
105 Vgl. *Moufang* im Münchner Gemeinschaftskommentar Art. 53 EPÜ Rdn 64; *Moufang*, S. 192.
106 *Teschemacher*, FS f. Nirk, 1015.
107 *Straus*, GRUR 1993, 794, 796.
108 *Straus*, GRUR 1993, 794, 797.

Pflanzensorten in ihrer Individualität schützen. Pflanzensorte im Sinne des Sortenschutzrechts ist deshalb jede Pflanze, die durch eine individuelle Kombination von Eigenschaften von Pflanzen der gleichen Art unterscheidbar ist. Wie der Definition des § 2 Nr. 1a) SortG zu entnehmen ist, ist dabei nicht ein Grad an Unterscheidbarkeit im Sinne des § 3 SortG gefordert. Für die Bestimmung der Pflanze als Sorte reicht die Unterscheidbarkeit von bereits bekannten Pflanzen der gleichen Art aus, ohne daß die Unterscheidbarkeit deutlich sein muß.[109] Die Unterscheidbarkeit in dem vorgenannten Sinne wird durch das gesamte einmalige Genom geprägt, das der Pflanze ihre Individualität verleiht.[110] Die Pflanzensorte ist damit begriffsnotwendig durch die *Gesamtheit* ihrer genetischen Information definiert.[111] Aus diesem Grund wird in Erwägungsgrund 30 zur Biotechnologischen Richtlinie hervorgehoben, daß eine Sorte durch ihr gesamtes Genom geprägt wird und deshalb Individualität besitzt.

115 Während von der Patentierung lediglich sich auf die Erfindung von Pflanzensorten als solche beziehende Patentansprüche ausgeschlossen sind, die Lehre zum technischen Handeln aber auch im Bereich der belebten Natur einschließlich des Bereichs der Pflanzenerzeugung und damit Patentierbarkeit anerkannt wird, bezieht sich das durch das SortG gewährte Züchterrecht ausschließlich auf eine bestimmte neue Pflanzensorte, wie sie sich durch die Gesamtheit ihrer genetischen Merkmale bestimmt.[112] Der Sortenschutz ist damit auf die konkrete Sorte als Züchtungsergebnis beschränkt, während es sich beim Patentschutz um einen genetischen Schutz handelt.[113]

116 Die einzig mögliche Schlußfolgerung aus dem oben Gesagten ist, daß mehrere Pflanzen unterschiedlicher Arten, die nur durch ein bestimmtes, für diese Gesamtheit neues Gen gekennzeichnet sind, nicht dem Sortenschutz unterliegen und somit von der Patentierbarkeit nicht ausgeschlossen werden können, auch wenn sie (naturgemäß) Pflanzensorten umfassen (Erwägungsgrund 31 der Biotechnologischen Richtlinie). Nur dann, wenn eine bestimmte Pflanzensorte durch Einwirkung auf das gesamte Genom genetisch verändert und hierbei eine neue Pflanzensorte gewonnen wurde, ist diese neue Pflanzensorte nur nach dem Sortenschutzgesetz schützbar, sofern sie u. a. die Erteilungsvoraussetzung „deutliche Unterscheidbarkeit hinsichtlich eines maßgebenden Merkmals" im Sinne des § 3 SortG bzw. Art. 7 EGSVO erfüllt. Dies gilt selbst dann, wenn die genetische Veränderung nicht das Ergebnis eines im wesentlichen biologischen, sondern eines biotechnologischen Verfahrens ist (vgl. Erwägungsgrund 32 der Biotechnologischen Richtlinie).

117 Unabhängig von der Frage, welchen Einfluß die Biotechnologierichtlinie auf die bisherige Rechtsprechung der nationalen Patenterteilungsbehörden der Mitgliedstaaten und insbesondere des EPA haben wird,[114] wäre auch ohne klarstellende Definitionen in der Biotechnologierichtlinie dann, wenn keine spezifische Pflanzensorte durch eine Patentanmeldung beansprucht und/oder keine Lehre zur Herstellung einer individuellen Pflanzensorte zum Patentschutz angemeldet wird, grundsätzlich bei Vorliegen der patentrechtlichen Schutzvoraussetzungen Neuheit, erfinderische Tätigkeit und gewerbliche Anwendbarkeit

---

109 Vgl. *Greengras* (1991) EIPR 467; *Schennen* Mitt. 1991, 130.
110 Vgl. *Lange*, GRUR Int. 1996, 586, 590; so auch die Begründung zur Biotechnologischen Richtlinie PE 218021/Ent.II.6.
111 *Straus*, GRUR Int. 1998, 13.
112 *Straus*, GRUR 1993, 794, 795.
113 *Straus*, GRUR 1993, 794, 797.
114 Vgl. *Straus*, GRUR Int. 1998, 1 ff.

Patentschutz zu gewähren. So ist ein Genkonstrukt, das für eine bestimmte Pflanzenfarbe zuständig ist, nicht nur als solches patentrechtlich schützbar, sondern auch in Pflanzen, in deren Genom ihrer Zellen dieses Genkonstrukt stabil integriert wurde. Daß zugleich dann, wenn dieses Genkonstrukt in eine bestimmte Pflanzensorte eingebaut wird und dort die gewünschte Färbung hervorruft, eine neue Pflanzensorte geschaffen und deshalb Sortenschutz für diese neue Pflanzensorte eröffnet wird, schließt nach dem oben Dargestellten den Patentschutz für Pflanzen im allgemeinen, die dieses Genom aufweisen, nicht aus. Nur für die konkret so manipulierte und neu geschaffene Sorte ist der Patentschutz nicht eröffnet, sondern steht „lediglich" Sortenschutz zur Verfügung. Hierdurch wird nicht für das gleiche Entwicklungs- oder Züchtungsergebnis einmal Patentschutz und zum anderen Sortenschutz gewährt. Vielmehr werden unterschiedliche Gegenstände geschützt. Dies steht auch mit der Ausschlußbestimmung des Art. 53b) EPÜ im Einklang. Diese Bestimmung läßt es zu, daß im Rahmen derselben Entwicklung für verschiedene Gegenstände Patentschutz und Sortenschutz gegeben wird. Das Doppelschutzverbot sollte lediglich verhindern, daß für eine Pflanzensorte als Schutzgegenstand zwei verschiedene Schutzrechte erteilt werden.[115] *Straus* hebt in diesem Zusammenhang hervor, daß in diesem Sinne auch die vorletzte Erwägung der Verordnung über den gemeinschaftlichen Sortenschutz zu verstehen sei. Danach verbiete das EPÜ die Patentierung nur bei Pflanzensorten als solche.[116] Die Frage ist trotz dieses „logischen Nebeneinanders" allerdings, ob auf diese Weise nicht der Sortenschutz doch „ausgehöhlt" wird.

II. Unterscheidbarkeit

1. Vorbemerkung

Das Schutzkriterium „Unterscheidbarkeit" entspricht der Erfindungshöhe im Patentrecht.[117] Die in § 1 Abs. 1 Nr. 1. SortG genannte Voraussetzung der Unterscheidbarkeit der neuen Sorte von jeder anderen bekannten Sorte wird im geltenden Recht in einer besonderen Bestimmung, dem § 3 SortG, behandelt. Bis zum SortG 85 war die Unterscheidbarkeit in § 1 nicht als Schutzvoraussetzung genannt, sondern an deren Stelle die Neuheit. Die Unterscheidbarkeit wurde dort unter der Überschrift „Neuheit" zusammen mit dem Begriff der Neuheit in § 2 definiert, und zwar in dessen Absätzen 1 und 2.

Beide Begriffe wurden also als zusammengehörig betrachtet. Dadurch entstand zwangsläufig der Eindruck, daß die Unterscheidbarkeit keine selbständige Schutzvoraussetzung sein sollte, sondern nur einen Unterbegriff der Neuheit darstellte. Dagegen wurden in der Praxis des Erteilungsverfahrens beide Begriffe als gleichgeordnete Schutzvoraussetzungen behandelt.

Das SortG 85 hat diese unpräzise Regelung durch die Formulierung des § 1 klargestellt und hat die beiden Begriffe in zwei verschiedenen Bestimmungen definiert, nämlich in § 3 (Unterscheidbarkeit) und § 6 (Neuheit).

---

115 *Teschemacher*, GRUR Int. 1987, 13.
116 *Straus*, GRUR Int. 1998, 13 f.
117 *Neumeier*, S. 85 mit Hinweis auf *Moufang*, S. 284 ff.

120   In § 3 Abs. 1 SortG 85 wurde der Begriff des „wichtigen Merkmals" entsprechend dem UPOV-Übereinkommen 1961/1974 (Art. 6 Abs. 1a)) zur Feststellung der Unterscheidbarkeit herangezogen. Wie die Diskussionen in der UPOV zeigten, wurde das Schutzkriterium „wichtig" nicht nur im Sinne von für die Unterscheidung der Pflanzen als solche gewertet, sondern auch in bezug auf ihren wirtschaftlichen Wert. Im Gegensatz hierzu ist in der Einführung zu den UPOV-Richtlinien für die Durchführung der Prüfung auf Unterscheidbarkeit, Homogenität und Beständigkeit hervorgehoben, daß der Begriff „wichtig" im Sinne von „wichtig zur Unterscheidung" (botanische Unterscheidbarkeit) und nicht wichtig im Sinne von Wert zu verstehen sei. Entsprechend der mehrheitlich in der UPOV vertretenen Auffassung wurde nunmehr in Art. 7 UPOV-Übereinkommen 1991 der Begriff „wichtig" durch „maßgebend" ersetzt. Dem entspricht § 3 Abs. 1 des deutschen Gesetzes.

121   Daß es sich bei den die Unterscheidbarkeit bestimmenden Merkmalen um solche der Sorte handeln muß, wird besonders deutlich in Art. 7 EGSVO hervorgehoben. Nach der europäischen Norm liegt die Unterscheidbarkeit dann vor, wenn sich die neue Sorte in der Ausprägung der aus einem Genotyp oder einer Kombination von Genotypen resultierenden Merkmalen von jeder anderen Sorte deutlich unterscheiden läßt. Die Bezugnahme auf genotypische Merkmale unterstreicht, daß es sich bei der Unterscheidbarkeit im Sinne des Art. 7 EGSVO um die botanische Unterscheidbarkeit handelt.

122   Auch § 3 Abs. 2 SortG wurde neu gefaßt. In der Neufassung wurde aus der beispielhaften Aufzählung der Handlungen, die die allgemeine Bekanntheit einer Sorte begründen, „die genaue Beschreibung der Sorte in einer Veröffentlichung" herausgenommen, da durch eine Veröffentlichung allein das Vorhandensein einer Sorte noch nicht allgemein als gesichert angesehen werden kann. Die bisher in der Aufzählung ebenfalls enthaltenen und künftig entfallenden Tatbestände des „Anbaus in einer Vergleichssammlung" und der „Beantragung der Erteilung des Sortenschutzes und der Sortenzulassung nach dem Saatgutverkehrsgesetz" werden durch die verbleibenden Tatbestände, insbesondere in § 3 Abs. 2 Nr. 2, als abgedeckt angesehen.[118] Durch diese Änderungen entspricht der neugefaßte § 3 inhaltlich dem Art. 7 des UPOV-Übereinkommens und dem Art. 7 der EGSVO.

2. Unterscheidbarkeit gem. § 3 Abs. 1 SortG

123   Die Schutzvoraussetzung „Unterscheidbarkeit" war zunächst in Art. 6 Abs. 1a des UPOV-Übereinkommens 1961 geregelt, dessen letzten beiden Sätze durch die 1978 revidierte Fassung sachlich geändert worden waren. Anstelle dieser beiden Sätze wurde in die revidierte Fassung des Übereinkommens folgender Satz eingefügt: „Die Merkmale, die es ermöglichen, eine Sorte zu bestimmen und zu unterscheiden, müssen genau erkannt und beschrieben werden können."

124   Diese Änderung des Art. 6 Abs. 1a) hatte den deutschen Gesetzgeber veranlaßt, die Worte „wichtiges morphologisches oder physiologisches Merkmal" des § 2 Abs. 1 SortSchG 68 bei der Definition des Begriffs „Unterscheidbarkeit" in § 3 Abs. 1 SortG 85 durch die Worte „Ausprägung eines wichtigen Merkmals" zu ersetzen. Diese Änderung des SortSchG 68 wurde in der BT-Drs. 10/816 S. 18, li. Sp. wie folgt begründet:

---

118 Vgl. BT-Drs. 72/97, S. 18.

„Entsprechend der Änderung in Art. 6 Abs. 1a des Übereinkommens wird der Ausdruck 125
„wichtiges morphologisches oder physiologisches Merkmal" durch den Ausdruck „Ausprägung eines wichtigen Merkmals" ersetzt. Hierdurch soll sichergestellt werden, daß alle für die Unterscheidbarkeit wichtigen Merkmale, zum Beispiel auch solche zytologischer oder biochemischer Art, herangezogen werden können und daß die in Betracht kommenden Merkmale als solche nach Maßgabe allgemeiner wissenschaftlicher und technischer Erkenntnisse und üblicherweise in internationaler Abstimmung für die einzelnen Arten und Artengruppen festgelegt werden. Daher müssen diese Merkmale genau erkannt und beschrieben werden. Außerdem wird klargestellt, daß sich der Unterschied zwischen den Pflanzen zweier Sorten auf die Ausprägung dieser Merkmale bezieht."

Der Austausch des Schutzmerkmals „wichtiges Merkmal" durch „maßgebendes Merkmal" 126
in der jetzigen Fassung des § 3 Abs. 1 SortG beeinflußt diese Bewertung nicht. Vielmehr sollte lediglich klargestellt werden, daß die Unterscheidbarkeit im botanischen Sinne gegeben sein muß, dagegen eine unterschiedliche Wertbestimmung nicht maßgebend ist.

Welche Merkmale nach Auffassung des BSA für die Unterscheidbarkeit der Sorten der 127
jeweiligen Art maßgebend sind, teilt das Amt auf Anfrage für jede Art mit.

Rechtlich bewirkt eine solche Auswahl und Mitteilung eine Selbstbindung der Verwaltung mit der Folge, daß jeder Antragsteller unter Berufung auf den Gleichbehandlungsgrundsatz die Berücksichtigung der in der Mitteilung aufgeführten Merkmale – und nur dieser – verlangen kann.[119]

Damit wird dem Züchter bereits vor einer Anmeldung seiner Züchtung zum Sortenschutz 128
durch einen Vergleich derselben mit den auf dem Markt befindlichen Sorten der gleichen Art die Möglichkeit gegeben, festzustellen, ob seine Züchtung die Schutzvoraussetzungen der Unterscheidbarkeit erfüllt. Aussichtslose Sortenschutzanmeldungen und unterschiedliche Behandlungen gleicher Sachverhalte können dadurch weitgehend ausgeschlossen werden. Wünschenswert wäre, wenn den Züchtern bei der Festlegung der für die Unterscheidbarkeit wichtigen Merkmale ein Mitspracherecht eingeräumt wäre, durch das ihnen auch die Möglichkeit zur Kritik und Korrektur geboten wird, wenn sie die Festlegung der maßgebenden Unterscheidungsmerkmale durch das BSA nicht für zutreffend halten.

Das Sortenschutzrecht dient der Absicherung des Züchtungsergebnisses gegenüber den 129
konkurrierenden Züchtern. Zeitlich begrenzt soll der Züchter die Möglichkeit haben, Pflanzen der neuen Sorte zu bewerben und abzusetzen. Werden jedoch zu geringe Anforderungen an die Unterscheidbarkeit gestellt, ist der wirtschaftliche Wert der Neuzüchtung in Frage gestellt. Es ist deshalb bei der Aufstellung der Unterscheidbarkeitskriterien in besonderer Weise auf die Auffassung der vom Schutz betroffenen Züchter abzustellen.

Die für die Unterscheidbarkeit maßgeblichen Merkmale und zu beachtenden Mindestab- 130
stände sind keine unveränderbaren Prüferkriterien. Bedingt durch die Fortschritte der Züchtung, aber auch durch die natürliche Fortentwicklung der pflanzlichen Materie kann es erforderlich sein, den Katalog der maßgeblichen Merkmale und/oder die Mindestabstände zu ändern oder zu ergänzen. Die Grundsätze des BSA für die Prüfung auf Unterscheidbarkeit, Homogenität und Beständigkeit von Pflanzensorten sehen deshalb eine Anpassung der zu prüfenden Merkmale und Mindestabstände vor.[120] Bei einer solchen Änderung oder Ergänzung stellt sich aber die Frage, welche Auswirkungen dies hat

---

119 BT-Drs. 10/816, S. 18, re. Sp.
120 Bl.f.S. 1980, 233 f., Ziff. 2.1.; abgedruckt in Teil III Nr. 11.

– für Neuanmeldungen von Sorten, die auch auf die zusätzlichen, für die Unterscheidbarkeit wichtigen Merkmale geprüft werden, welche bei der Erteilung früherer Sortenschutzrechte für Sorten der gleichen Art noch nicht berücksichtigt werden mußten und daher auch für diese nicht festgestellt worden sind;
– auf Verletzungsfälle, in denen sich der wegen Verletzung in Anspruch Genommene damit verteidigt, daß die Verletzungsform gegenüber dem Klageschutzrecht ein wichtiges Unterscheidbarkeitsmerkmal aufweist, das bei dem nach altem Recht erteilten Klageschutzrecht noch keine Voraussetzung für die Erteilung des Sortenschutzes war.

131 Im ersten Fall führt dies trotz Sortenidentität zu einer Doppelschutzerteilung, im zweiten Fall zu einer Verneinung des Verletzungstatbestandes. Dieses Problem kann nur dadurch gelöst werden, daß die nach den alten Grundsätzen des Bundessortenamtes für die Prüfung auf Unterscheidbarkeit erteilten Sortenschutzrechte auf das Vorliegen der damals maßgeblichen Merkmale im Rahmen der Neuanmeldung bzw. des Verletzungsverfahren geprüft werden und dieses Prüfungsergebnis den jeweiligen Verfahren zugrundegelegt wird.

3. Unterscheidbarkeit gemäß Art. 7 Abs. 1 EGSVO

132 Im Gegensatz zu § 3 Abs. 1 SortG hebt der Wortlaut des Art. 7 Abs. 1 EGSVO hervor, daß sich die Unterscheidbarkeit aus dem durch die genetische Struktur bedingten Unterschied der neuen Sorte im Vergleich zu bereits bekannten Sorten ergeben und dieser Unterschied auch deutlich sein muß. Somit sind weder phänotypische (umweltbedingte) Unterschiede noch die für die wirtschaftliche Verwertbarkeit wesentlichen Merkmale, sondern nur rein botanische Unterschiede relevant, die durch die Genstruktur bedingt sind. Insoweit ist jedoch der Begriff der Unterscheidbarkeit im europäischen Sortenschutzrecht nicht anders zu verstehen als die Unterscheidbarkeit im Sinne des § 3 SortG.[121]

4. Prüfung auf Unterscheidbarkeit

133 Die Prüfung auf Unterscheidbarkeit erfolgt nach bestimmten Prüfungsrichtlinien. Das BSA legt diese im Rahmen der Ermächtigungsgrundlage des § 32 Nr. 1 SortG fest, während das GSA gemäß Art. 56 Abs. 2 EGSVO i. V. m. Art. 22 DVO die technische Prüfung in Übereinstimmung mit den vom Verwaltungsrat erlassenen Prüfungsrichtlinien und den vom Amt gegebenen Weisungen durchführt.[122] Entsprechende Prüfungsrichtlinien des GSA gibt es bislang nicht. Vielmehr werden den technischen Prüfungen jeweils die nationalen Prüfungsrichtlinien des Amtes zugrunde gelegt, das gem. Art. 55 EGSVO i. V. m. Art. 13 DVO die jeweilige Prüfung durchführt. Diese Ämter führen diese Prüfung wiederum auf der Grundlage der UPOV-Richtlinien durch.[123]

---

121 Vgl. BT-Drs. 72/97 S. 18.
122 Vgl. Rdn 606 ff.
123 Zum Prüfungsverfahren vergleiche im einzelnen Rdn 760.

a) Prüfungsmethoden/Registerprüfung

UPOV hat Richtlinien für die Prüfung auf Unterscheidbarkeit von zum Sortenschutz angemeldeten Pflanzensorten erlassen und veröffentlicht, die gleichzeitig für die Prüfung auf Homogenität und Beständigkeit maßgeblich sind und eine allgemeine Einführung für die Durchführung der Prüfung enthalten.[124] Diese Prüfungsrichtlinien sind eine gemeinsame Grundlage der entsprechenden nationalen Prüfungsrichtlinien der einzelnen Verbandsstaaten. Für die Bundesrepublik Deutschland wurden entsprechende Prüfungsrichtlinien unter dem Titel „Grundsätze des Bundessortenamtes für die Prüfung auf Unterscheidbarkeit, Homogenität und Beständigkeit von Pflanzensorten" erlassen und veröffentlicht.[125] Das Verfahren zur Durchführung der Prüfung einer zum Sortenschutz angemeldeten Sorte auf Unterscheidbarkeit durch das Bundessortenamt wird in der Verordnung über das Verfahren vor dem Bundessortenamt (BSAVfV) vom 30. Dezember 1985 geregelt.[126]

b) Maßgebende Merkmale

Nach Art. 7 des UPOV-Übereinkommens und den UPOV-Prüfungsrichtlinien (Abschnitt B Ia)) sowie nach § 3 Abs. 1 S. 1 SortG müssen die Merkmale, die für die Unterscheidbarkeit einer zum Sortenschutz angemeldeten Sorte von jeder allgemein bekannten Sorte als maßgebend angesehen werden und auf die sich die Prüfung des Bundessortenamtes nach dessen Prüfungsgrundsätzen (Ziff. 2.1) erstreckt, genau erkannt und beschrieben werden können. Zu diesem Zweck sind die Merkmale in den Prüfungsrichtlinien und Prüfungsgrundsätzen in verschiedene Merkmalsgruppen und Ausprägungsstufen aufgegliedert, wobei jeder Ausprägungsstufe eine Note hinzugefügt wird. Danach gibt es zwei Merkmalsgruppen:

qualitative Merkmale, die diskrete (= getrennte), diskontinuierliche, durch Ziffern gekennzeichnete Ausprägungsstufen aufweisen, die in der Regel visuell erfaßt werden und zu denen als Sonderfälle auch sogenannte Alternativmerkmale gerechnet werden. Qualitative Merkmale sind z. B. beim Weizen die Wuchsform oder die Halmfüllung;

quantitative Merkmale, die auf einer eindimensionalen Skala meßbar sind und eine kontinuierliche Variation von einem Extrem zum anderen aufweisen. Dabei sind die Ausprägungsstufen ebenfalls durch Ziffern gekennzeichnet. Quantitative Merkmale werden in der Regel gemessen, können aber in Fällen, in denen dies genügt, visuell oder sonst sensorisch erfaßt werden. So wird z. B. bei Erbsen das quantitative Merkmal Blütenstand nach der Anzahl der Blüten erfaßt.

Bei den festgelegten Merkmalen handelt es sich, soweit wie möglich, um solche, die nur in geringem Maße von Umweltfaktoren beeinflußt werden. Sie können, wie schon erwähnt, um weitere Merkmale ergänzt werden, wenn dies erforderlich erscheint, und müssen nicht un-

---

[124] UPOV-Dokument DG/1/2 veröffentlicht im UPOV News Letter Nr. 22, (Juni 1980), S. 20 ff.; siehe Teil III Nr. 10.
[125] Bl.f.S. 1980, 233 f. ergänzt durch Bktm. Nr. 9/85 über die bei der Sortenprüfung angewandte Feststellung der Entwicklungsstadien bei verschiedenen Pflanzenarten, Bl.f.S. 1985, 249 sowie durch die Bktm. Nr. 11/87 über die Grundsätze der Bestimmung des Prüfungsrahmens für die Registerprüfung und Wertprüfung vom 1. August 1987, Bl.f.S. 1987, 280.
[126] BGBl I 1986, S. 23 ff. = Teil III Nr. 8; Einzelheiten hierzu in Rdn 768.

bedingt Eigenschaften besitzen, welche die Vorstellung von einem bestimmten Wert der Sorte vermitteln. Letzteres wird aber in der Regel der Fall sein, denn die Prüfung auf Unterscheidbarkeit muß nach den UPOV-Prüfungsrichtlinien[127] den besonderen Bedingungen einer jeder Gattung oder Art angepaßt sein. Darüber hinaus muß sie in jedem Fall den für den Anbau der Pflanzensorte einzuhaltenden besonderen Anforderungen entsprechen.

139 Daraus ergibt sich zwingend, daß sich die Merkmalsprüfung nicht auf für eine Pflanzenart funktionell bedeutungslose bzw. nebensächliche Merkmale erstrecken darf, sondern auf für jede Gattung oder Art in ihrer Funktion und ihrem Verwendungszweck wichtige Merkmale beziehen muß.[128]

140 Bei Sorten von Pflanzenarten, die nach dem Saatgutverkehrsgesetz eine Prüfung auf Zulassung (Prüfung auf Verkehrsfähigkeit und landeskulturellen Wert etc.) mit Erfolg durchlaufen haben und damit zum Vertrieb freigegeben sind und für die außerdem ein Sortenschutz beantragt wird, liegen solche funktionellen und/oder wirtschaftlich maßgeblichen Merkmale grundsätzlich vor. Ist die Wertprüfung nach dem Saatgutverkehrsgesetz negativ ausgefallen, läßt sich hieraus jedoch nicht der Schluß ziehen, daß die Neuzüchtung auch nicht das für die Erteilung des Sortenschutzes zu erfüllende Unterscheidbarkeitskriterium erfüllt.

141 Ein bestimmter Wert oder eine funktionelle Bedeutung eines Merkmals wird außerdem immer dann vorliegen, wenn bei der Unterscheidbarkeitsprüfung einer zum Sortenschutz angemeldeten Sorte zumindest ein qualitatives Merkmal festgestellt wird, in dem sich die angemeldete Sorte von allen anderen bekannten Sorten unterscheidet. Damit werden auch für solche Pflanzenarten, die nicht dem Saatgutverkehrsgesetz unterliegen, die vorerwähnten Wertvorstellungen erfüllt sein, da qualitative Merkmale stets eine bestimmte Wertvorstellung einschließen. Zu denken ist hierbei insbesondere an Zierpflanzen und Ziergehölze, die nicht nur neue, wichtige qualitative Unterscheidungsmerkmale aufweisen können, sondern auch neue wichtige quantitative Unterscheidungsmerkmale, wie zum Beispiel mehrmaliges Blühen und Fruchten während eines Sommers bei Remontantsorten (bestimmte Rosen-, Nelken-, Erdbeer- und Himbeersorten) oder größere Erträge bei neuen Nahrungs- und Futtermittelsorten.

142 Die vom Bundessortenamt im Rahmen der Registerprüfung festgestellten Ausprägungen der für die Unterscheidbarkeit maßgebenden Merkmale einer zum Sortenschutz angemeldeten Sorte werden gemäß § 28 Abs. 1 Nr. 2 SortG nach Rechtskrafterteilung des Sortenschutzes in der Sortenschutzrolle eingetragen. Bei Sorten, deren Pflanzen durch Kreuzung bestimmter Erbkomponenten erzeugt werden, wird in die Sortenschutzrolle auch ein Hinweis hierauf aufgenommen. Diese Eintragungen können durch einen Hinweis auf Unterlagen des BSA ersetzt werden.[129]

143 Gemäß § 28 Abs. 2 S. 1 SortG können Eintragungen in die Sortenschutzrolle auch hinsichtlich der festgestellten Ausprägungen der Merkmale von Amts wegen geändert werden, soweit dies erforderlich ist, um die Beschreibung der Sorte mit den Beschreibungen anderer Sorten vergleichbar zu machen. Die Ausprägungen der meisten Merkmale können nämlich nach den biologischen Gegebenheiten nur in relativen Begriffen gefaßt werden, die die Ausprägung eines Merkmals in Beziehung zu den Ausprägungen des jeweiligen Merkmals der anderen Sorte eines bestimmten Sortiments beschreiben. Wird durch die Fortentwicklung der Pflanzenzüchtung ein für die Art maßgebendes Merkmal so verändert, daß die

---

127 Siehe Rdn 120.
128 Vgl. das in § 3 Rdn 4 S. 49 bei *Wuesthoff/Leßmann/Wendt* erwähnte Beispiel.
129 Vgl. Rdn 931.

festgestellten Ausprägungen die Relation nicht mehr zutreffend wiedergeben, kann es erforderlich sein, eine Art hinsichtlich bestimmter Merkmale insgesamt neu zu klassifizieren, um wieder eine exakte Vergleichsbasis für Neuzüchtungen zu gewinnen.[130]

Während nach Art. 7 des UPOV-Übereinkommens und dem hierauf basierenden § 3 Abs. 1 S. 1 SortG bestimmt wird, daß die Unterscheidbarkeit dann gegeben ist, wenn sich die neue Sorte in der Ausprägung wenigstens eines maßgebenden Merkmals von den bekannten Sorten unterscheidet, ergibt sich die Unterscheidbarkeit nach Art. 7 Abs. 1 EGSVO durch einen Vergleich der Merkmale, die aus einem Genotyp oder einer Kombination von Genotypen resultieren. Der Genotyp als in den Genen eines Individuums festgelegten Erbinformationen ist nach außen durch bestimmte phänotypische Merkmale, die das Erscheinungsbild einer bestimmten Art prägen, erkennbar. Das Abstellen auf Merkmale, die genotypisch sind, bedeutet, daß es sich wie im deutschen und internationalen Sortenschutzrecht um wesentliche, den Wert der jeweiligen Pflanze bestimmende Merkmale handelt. Insoweit gelten die vorstehenden Ausführungen auch für die Prüfung der Unterscheidbarkeit nach Art. 7 EGSVO. 144

Der Wortlaut des Art. 7 Abs. 1 EGSVO läßt jedoch offen, ob eine Unterscheidbarkeit in einem einzigen Merkmal ausreicht. Hiervon ist jedoch auszugehen. Nach Erwägungsgrund 7 der EGSVO müssen auch nach der gemeinschaftlichen Regelung schützbare Sorten international anerkannte Voraussetzungen erfüllen. Dies ist aber nur dann der Fall, wenn auch ein einzelnes maßgebendes, d. h. den botanischen Wert der neuen Sorte bestimmendes Merkmal zur Unterscheidbarkeit ausreicht. 145

Art. 87 Abs. 2b) EGSVO sieht die Eintragung der amtlichen Sortenbeschreibung im Register für erteilte gemeinschaftliche Schutzrechte vor. Ähnlich wie im deutschen Recht kann diese Sortenbeschreibung ersetzt werden durch einen Hinweis auf die Unterlagen des Amtes, in denen die amtliche Sortenbeschreibung als Bestandteil des Registers enthalten ist. Eine Einsichtnahme erfolgt dann gemäß Art. 88 Abs. 2b), 114 EGSVO i. V. m. Art. 84 DVO.[131] 146

c) Deutliche Unterscheidbarkeit

Die Unterscheidbarkeit muß deutlich sein, das heißt mindestens ein maßgebliches Unterscheidungsmerkmal muß auch deutlich ausgeprägt sein.[132] Bei nur geringfügigen Unterschieden, die sich durch verschiedene Standorteinflüsse verwischen können, ist eine möglichst präzise Schutzumfangsbestimmung mangels hinreichender Unterscheidbarkeit der einzelnen Sortenschutzrechte nicht möglich. Es würde zur Rechtsunsicherheit führen und den Sortenschutz entwerten. 147

Zu vergleichen ist die angemeldete Sorte mit jeder anderen Sorte, die am Antragstag allgemein bekannt ist (§ 3 Abs. 1 S. 1). Antragstag ist der Tag, an dem der Sortenschutzantrag dem BSA zugeht (§ 2 Nr. 4) bzw. der Antragstag einer vorausgehenden Anmeldung derselben Sorte in einem Verbrauchsstaat (§ 23 Abs. 2), sofern der Zeitrang der ersten vorausgehenden Anmeldung wirksam geltend gemacht wurde.[133] 148

---
130 Vgl. BT-Drs. 10/816, S. 24, li. Sp. u.; näheres hierzu Rdn 930.
131 Zu weiteren Einzelheiten vgl. hierzu Rdn 1128.
132 Vgl. BT-Drs. V/1630, S. 51, re. Sp.
133 Vgl. hierzu Rdn 690 ff.

5. Vergleichsobjekte

149 Die nicht abschließenden Aufzählungen in § 3 Abs. 2 SortG sowie in Art. 7 Abs. 2 EGSVO bringen Beispiele dafür, wann eine andere, also nicht die angemeldete Sorte selbst, als allgemein bekannt anzusehen ist. In der Praxis des BSA sind allerdings bisher nur die im Gesetz genannten nachfolgend erläuterten Begriffsbeispiele für die allgemeine Bekanntheit einer anderen Sorte aufgetreten.

150 Nach dem SortG gilt eine Sorte gemäß § 3 Abs. 2 Nr. 1. SortG jedenfalls dann als bekannt, wenn diese
– *bereits in einem amtlichen Verzeichnis von Sorten eingetragen worden ist;*
das kann ein ausländisches oder inländisches Verzeichnis sein. Anders als nach dem bisherigen Recht muß es sich hier jedoch um ein amtliches Verzeichnis handeln. In gleicher Weise ist eine Sorte nach § 3 Abs. 2 Nr. 2 SortG dann als allgemein zu behandeln, wenn
– *ihre Eintragung in ein amtliches Verzeichnis von Sorten beantragt worden ist und dem Antrag stattgegeben wird.*

151 Erst durch die Eintragung wird die Sorte der Öffentlichkeit zugänglich und somit ihre Bekanntheit bewirkt. Ein Antrag auf Aufnahme in ein amtliches Verzeichnis, dem nicht stattgegeben wird, führt nicht zur Veröffentlichung der Sorte und kann folglich auch nicht als allgemein bekannt angesehen werden.

152 Schließlich gilt nach der Aufzählung in § 3 Abs. 2 SortG eine Sorte als allgemein bekannt, wenn
– *Vermehrungsmaterial oder Erntegut der Sorte bereits zu gewerblichen Zwecken in Verkehr gebracht worden ist.*

153 Dies bedeutet, daß auch der gewerbsmäßige Vertrieb von zum Beispiel Speisekartoffeln oder Schnittrosen der angemeldeten Sorte bei der Unterscheidbarkeitsprüfung zu berücksichtigen ist.[134] Allerdings muß es sich um einen planmäßigen und auf Gewinnerzielung ausgerichteten Vertrieb handeln. Ist dies der Fall, ist schon die erste Lieferung an einen Kunden gewerbsmäßig im Sinne dieser Bestimmung. Der neugefaßte § 3 Abs. 2 SortG enthält damit nicht mehr die in der alten Fassung des § 3 Abs. 2 SortG aufgezählten Beispiele „genaue Beschreibung der Sorte in einer Veröffentlichung", „Anbau in einer Vergleichssammlung", „Beantragung der Erteilung des Sortenschutzes und der Sortenzulassung nach dem Saatgutverkehrsgesetz" sowie „kontinuierlicher, offenkundiger Anbau der anderen Sorte" als die Neuheit zerstörende Tatbestände. Eine inhaltliche Änderung ist damit lediglich hinsichtlich der genauen Beschreibung der Sorte in einer Veröffentlichung eingetreten. Die Veröffentlichung als solche sagt nichts darüber aus, ob die Sorte auch tatsächlich allgemein verfügbar ist. Alle übrigen, nicht mehr in die beispielhafte Aufzählung des § 3 Abs. 2 SortG aufgenommenen Beispiele, welche die allgemeine Bekanntheit der anderen Sorten begründen, werden durch die verbleibenden beispielhaften Tatbestände des § 3 Abs. 2 SortG erfaßt, wobei der offenkundige allgemein bekannte Anbau anderer Sorten diese nur dann allgemein bekannt macht (im Sinne des § 3), wenn ein Inverkehrbringen gemäß § 3 Abs. 2 Nr. 3 SortG erfolgt ist.

154 Das SortG 85 wertete eine andere Sorte auch dann als am Antragstag der angemeldeten Sorte als allgemein bekannt, wenn für die andere Sorte vor dem Antragstag der zu prüfenden Sorte die Erteilung des Sortenschutzes beantragt worden war und diesem Antrag entspro-

---

134 Vgl. BT-Drs. V/1630, S. 51, re. Sp.

chen wurde. Dieser Fall ist nunmehr durch § 3 Abs. 2 Nr. 2 SortG erfaßt. Gleiches gilt auch hinsichtlich einer Sorte, die mit einer älteren, nach dem Saatgutverkehrsgesetz zugelassenen Sorte in einem maßgeblichen Merkmal übereinstimmt.

Bei sämtlichen genannten Tatsachen, die das allgemeine Bekanntwerden der anderen (Vergleichs-)Sorte bewirken, handelt es sich um solche, die sowohl im In- als auch im Ausland erfolgt sein können. Insoweit gilt für die Unterscheidbarkeit das Prinzip der Weltneuheit.[135] 155

Im gemeinschaftlichen Sortenschutzrecht werden in Art. 7 Abs. 2 EGSVO zwei Beispiele genannt, bei deren Vorliegen die neue Sorte als allgemein bekannt gilt, nämlich dann, wenn 156
– *für sie Sortenschutz bestand oder sie in einem amtlichen Sortenverzeichnis der Gemeinschaft oder eines Staates oder einer zwischenstaatlichen Organisation mit entsprechender Zuständigkeit eingetragen war.*

Daß für Sorten, für die bereits Sortenschutz bestand oder noch besteht, nicht erneut ein Sortenschutzrecht beantragt und erteilt werden kann, weil diese Sorte hierdurch bereits allgemein bekannt ist, ist eine Selbstverständlichkeit. Die weiteren Alternativen des Art. 7 Abs. 2a) EGSVO entsprechen im übrigen § 3 Abs. 2 Nr. 1 SortG. Insoweit kann auf die Erläuterungen hierzu verwiesen werden; 157

– *für sie die Erteilung eines Sortenschutzes oder die Eintragung in ein amtliches Sortenverzeichnis beantragt worden war, sofern dem Antrag inzwischen stattgegeben wurde.*

Inhaltlich entspricht dieses Beispiel für die allgemeine Bekanntheit der angemeldeten Sorte dem § 3 Abs. 2 Nr. 2. SortG. 158

Art. 7 Abs. 2 S. 2 EGSVO hebt hervor, daß in der Durchführungsverordnung weitere Fälle beispielhaft aufgezählt werden können, bei denen von allgemeiner Bekanntheit ausgegangen werden kann. Hieraus folgt, daß auch die in Art. 7 Abs. 2 EGSVO genannten Fälle lediglich beispielhafter Natur ist. Von der Möglichkeit, in der DVO weitere Beispiele aufzuzählen, die die Unterscheidbarkeit zerstören, wurde bislang noch kein Gebrauch gemacht. 159

III. Homogenität

1. Überblick

Neben der Unterscheidbarkeit, die § 1 SortG und Art. 6 EGSVO als materielle Voraussetzung für die Erteilung eines Sortenschutzrechtes bestimmen, ist als weiteres Schutzfähigkeitselement die Homogenität der zu schützenden Pflanzensorte genannt (§ 4 SortG, Art. 8 EGSVO). 160

§ 4 SortG, der auf Art. 8 UPOV-Übereinkommen beruht und inhaltlich auch dem Art. 8 EGSVO entspricht, wurde im SortG 1997 neu gefaßt. So wurde der im SortG 85 verwendete Ausdruck „der für die Unterscheidbarkeit wichtigen Merkmale" durch den in § 3 Abs. 1 S. 2 des geltenden Gesetzes verwendeten Terminus „in der Ausprägung der für die Unterscheidbarkeit maßgebenden Merkmale" ersetzt. Soweit Abweichungen für die Bejahung der Homogenität unschädlich sind, hebt die Neufassung des § 4 SortG hervor, daß es sich um Abweichungen handeln muß, die aufgrund der Besonderheit der Vermehrung der Sorte zu erwarten sind. Der Wortlaut des SortG 85 „von wenigen Abweichungen abgesehen und unter Berücksichtigung der Besonderheiten der generativen oder vegetativen Vermehrung" suggerierte, daß die auf die generative und vegetative Vermehrung zurückzuführenden Unter- 161

---
135 BT-Drs. V/1630, S. 51, re. Sp.

schiede der einzelnen Pflanzen der gleichen Sorte etwas anderes seien, als die „wenigen Abweichungen". Tatsächlich sind Abweichungen der einzelnen Pflanzen einer Sorte von einer Vielzahl von Besonderheiten abhängig, wie klimatischen Bedingungen, Bodenbedingungen, Anbau von Pflanzen der selben Sorte im Freiland und im Glashaus etc. oder auch durch die Natur vorgegeben. Die Neufassung des § 4 SortG versucht nun, die für die Frage der Homogenität unschädlichen Variationen dadurch auszuschließen, indem sie auf „Abweichungen aufgrund der Besonderheiten ihrer Vermehrung" abstellt. Außerdem wurde das Wort „wenige", das dem Wort „Abweichungen" vorangestellt war, gestrichen. Wegen des gleichen Inhalts des Art. 8 EGSVO mit § 4 SortG beziehen sich die nachstehenden Ausführungen in gleicher Weise auch auf Art. 8 EGSVO.

2. Begriff der Homogenität

162 Homogenität bedeutet im Gegensatz zu Heterogenität, daß die Sorte in sich gleichartig, das heißt in der Ausprägung der für die Unterscheidbarkeit der Sorte im Sinne des § 3 Abs. 1 S. 2 SortG maßgebenden Merkmale hinreichend gleich sein muß. Variationen der Sorte von den der Erteilung zugrundeliegenden sortenspezifischen Merkmalen müssen sich in angemessenen Grenzen halten. Die Begründung zum SortSchG 68 nennt als Beispiele die Halmlänge bei Getreide und die Wurzelform bei Möhren.[136] Schade/Pfanner führen in GRUR Int. 1962, 348, 351 als weitere Beispiele den einheitlichen Beginn der Blüte des Getreides oder die einheitliche äußere Struktur der Halme an. Zugleich weisen sie zutreffend darauf hin, daß die Homogenität am leichtesten bei der vegetativen Vermehrung erreichbar ist und am schwersten bei Fremdbefruchtern, wie zum Beispiel bei Roggen. Es müssen daher für die verschiedenen Vermehrungsarten entsprechend unterschiedliche Maßstäbe angelegt werden. Da im pflanzlichen Bereich, wie allgemein bei lebender Materie, eine absolute Homogenität aller Pflanzen einer Sorte nicht erreichbar ist, sind geringfügige Merkmalsunterschiede unbeachtlich. Dem tragen die Worte des Gesetzestextes „hinreichend einheitlich" und „Abweichungen aufgrund der Besonderheiten ihrer Vermehrung" Rechnung, die den notwendigen Spielraum für die biologischen Gegebenheiten bieten.

3. Prüfung der Homogenität

163 Die Feststellung der Homogenität erfordert eine Anbauprüfung (§ 26 SortG bzw. Art. 55 EGSVO),[137] deren Dauer sich danach richtet, ob es sich um generativ oder vegetativ vermehrbare Pflanzenarten handelt. Bei generativ vermehrbaren Pflanzenarten, insbesondere bei Fremdbefruchtern, werden zur Homogenitätsprüfung mehrere Vegetationsperioden benötigt. Bei vegetativ vermehrbaren Pflanzenarten werden für die Prüfung allenfalls zwei Vegetationsperioden erforderlich sein.

164 Die Homogenitätsprüfung wird von den nationalen Sortenschutzämtern auf der Grundlage der UPOV-Richtlinie für die Durchführung der Homogenitätsprüfung der verschiede-

---
136 BT-Drs. V/1630, S. 52.
137 Vgl. hierzu Rdn 761 ff.

nen Kulturarten erlassen.¹³⁸ Hierauf und auf der revidierten Fassung der allgemeinen Einführung zu den UPOV-Richtlinien¹³⁹ basierend, hat das BSA Grundsätze für die Prüfung auf Unterscheidbarkeit, Homogenität und Beständigkeit von Pflanzensorten erlassen.¹⁴⁰

Diese Grundsätze sind auch bei der Prüfung der Homogenität einer zum gemeinschaftlichen Sortenschutz angemeldeten Sorte anzuwenden, wenn das Gemeinschaftliche Sortenamt von der nach Art. 55 Abs. 2 EGSVO eingeräumten Möglichkeit Gebrauch gemacht hat, das Bundessortenamt mit der technischen Prüfung bestimmter Pflanzenarten zu beauftragen.¹⁴¹

Bezüglich des Verfahrens zur Durchführung der Prüfung einer zum Sortenschutz angemeldeten Sorte auf Homogenität durch das BSA wird auf die Verordnung für das Verfahren vor dem Bundessortenamt (BSAVfV) vom 30. Dezember 1985,¹⁴² und zwar insbesondere auf deren §§ 2, 5, 6 und 7 Bezug genommen.¹⁴³

IV. Beständigkeit

1. Begriff der Beständigkeit

Wegen der Inhaltsgleichheit des Art. 9 EGSVO mit § 5 SortG treffen die nachstehenden Ausführungen auch auf Art. 9 EGSVO zu. Das Schutzerfordernis der Beständigkeit einer Sorte entspricht bei anderen gewerblichen Schutzrechten – etwa beim Patent – dem Erfordernis der Ausführbarkeit bzw. der Wiederholbarkeit. Obwohl ohne Vorhandensein der Beständigkeit der Schutzgegenstand „Sorte" gar nicht (mehr) existent wäre, führt das Sortenschutzgesetz ausdrücklich diese Voraussetzung auf.

Der Begriff „Beständigkeit" erklärt sich aus sich selbst. Eine „Sorte" existiert überhaupt nur, wenn die Voraussetzung der Beständigkeit erfüllt ist. Sämtliche maßgebenden d.h. die Unterscheidbarkeit zu anderen Sorten begründenden Merkmale einer zum Sortenschutz angemeldeten Sorte müssen beständig, also vererrbar bzw. übertragbar sein, je nach generativer oder vegetativer Vermehrung. Pflanzensorten müssen in der Lage sein, ihre schutzbegründenden Merkmale von einer Generation auf die andere beizubehalten.

Nach dem Wortlaut des § 5 SortG, der in seiner geltenden Fassung an die entsprechenden Formulierungen in Art. 9 des UPOV-Übereinkommens 1991 sowie Art. 9 EGSVO angepaßt wurde, wird bei der Prüfung auf Beständigkeit weder auf die Sortenbeschreibung noch auf das „Sortenbild" abgestellt, sondern auf die für die Unterscheidbarkeit der Sorte maßgebenden Merkmale, die den für die Sorte vom BSA bzw. vom GSA oder von diesem nach Art. 55 Abs. 2 EGSVO beauftragten Dritten festgestellten Ausprägungen entsprechen müssen. Die Sortenbeschreibung, aus der sich die maßgeblichen Merkmale einer Sorte erkennen lassen, wird als Vergleichsmaßstab nicht benutzt, weil regelmäßig aus ihr nicht genau er-

---

138 TG/1/1; vgl. Mitteilung darüber im Bl.f.S. 1974, 105.
139 TG/1/2; vgl. Newsletter Nr. 22 vom Juni 1980, 20, 24–25; siehe Teil III Nr. 10.
140 Bl.f.S. 1980, 232, 234; vgl. hierzu Teil III Nr. 11.
141 Vgl. hierzu Rdn 589 ff.
142 BGBl I 1986, 23, ff.; siehe Teil III Nr. 8.
143 Vgl. hierzu Rdn 774 ff.

sichtlich ist, wie sich die Sorte in der Natur darstellt.[144] Daraus ergibt sich auch zwingend, daß für die Prüfung der Beständigkeit einer Sorte ein Vergleichsanbau durchgeführt wird.

2. Erhaltungszüchtung

170   Bei generativer Vermehrung kann in der Mehrzahl der Fälle mit zunehmenden Vermehrungen ein Abgleiten von maßgeblichen, der Sorte zugehörigen Eigenschaften eintreten, z. B. durch Umwelteinflüsse, insbesondere bei Fremdbefruchtern.[145] Hier greift die Erhaltungszüchtung ein, deren Resultat, nämlich Sicherung der Beständigkeit, zur Aufrechterhaltung eines gültigen Sortenschutzes nachgewiesen werden muß (vgl. § 8 BSAVfV).

3. Prüfung der Beständigkeit

171   Da das Vorhandensein der Beständigkeit, jedenfalls bei generativ vermehrbaren Pflanzenarten, mit der für die Sortenschutzerteilung erforderlichen Sicherheit erst nach Anbau über mehrere Vegetationsperioden festgestellt werden kann, ist vor Erteilung des Sortenschutzes eine mehrjährige Anbauprüfung erforderlich. Bei vegetativ vermehrbaren Pflanzenarten besteht diese Notwendigkeit nicht, so daß man hier mit wesentlich kürzerer Prüfungsdauer auskommen kann. Das Verfahren zur Prüfung der Beständigkeit durch das Bundessortenamt ist in den §§ 2, 5, 6 und 7 der Verordnung über Verfahren vor dem Bundessortenamt geregelt.[146]

V. Neuheit

172   Die Erteilung von Ausschließlichkeitsrechten findet ihre Rechtfertigung vornehmlich in der Bereicherung der Allgemeinheit, die der Züchter/Finder einer neuen Sorte bewirkt. Das Sortenschutzrecht belohnt nur eine solche züchterische Leistung, die der weiteren Fortentwicklung der Pflanzenzüchtung zum Nutzen der Allgemeinheit dient. Eine Bereicherung liegt aber nur dann vor, wenn es sich um etwas wirklich Neues, bislang der Allgemeinheit nicht allgemein Zugängliches handelt. Ähnlich wie im Patentrecht, jedoch unter Berücksichtigung der Besonderheiten der pflanzlichen Materie, muß deshalb die zu schützende Pflanzensorte neu sein. Die entsprechenden Anforderungen an die Neuheit werden im nationalen Sortenschutzrecht in § 6 SortG, im gemeinschaftlichen Sortenschutzrecht in Art. 10 EGSVO geregelt.

173   Während bei der Unterscheidbarkeit die Sorte mit anderen Sorten verglichen wird, geht es bei der Festlegung der Neuheit um die Frage, ob die Sorte selbst innerhalb bestimmter Fristen schon in den Verkehr gebracht worden war.[147]

---

144 Vgl. BT-Drs. V/1630, S. 52, re. Sp.
145 Vgl. *Büttner*, S. 70.
146 Teil III Nr. 8.
147 *Leßmann*, GRUR 1986, 279, 281.

1. Sortenschutzrechtliche Neuheit

Der Neuheitsbegriff basiert auf Art. 6 Abs. 1 des UPOV-Übereinkommens 1991. Danach wird die Sorte als neu angesehen, wenn am Tag der Einreichung des Antrags auf Erteilung eines Züchterrechts Vermehrungsmaterial oder Erntegut der Sorte vor dem Anmeldetag im Hoheitsgebiet des Anmeldestaates nicht früher als 1 Jahr und im Hoheitsgebiet anderer Vertragsstaaten als dem Anmeldegebiet nicht früher als 4 Jahre bzw. bei Bäumen und Reben nicht früher als 6 Jahre durch den Züchter oder mit seiner Zustimmung zum Zwecke der Auswertung der Sorte verkauft oder auf andere Weise an andere abgegeben wurde. Auf Vorschlag Deutschlands sollten neben dem Erntegut auch unmittelbar vom Erntegut abgeleitete Erzeugnisse erfaßt sein. Dieser Änderungswunsch wurde jedoch mehrheitlich abgelehnt. 174

Der Wortlaut des § 6 SortG weicht vom Art. 6 Abs. 1 des UPOV-Übereinkommens hinsichtlich des die Neuheit zerstörenden Materials sowie hinsichtlich der mit der Abgabe verbundenen Zielrichtung ab. 175

a) Gegenstand neuheitsschädlicher Abgabehandlungen

Während sich nach dem SortG 85 die neuheitsschädliche Handlung auf Vermehrungsmaterial oder Erntegut der zu schützenden Sorte bezog, nennt § 6 SortG nunmehr Pflanzen oder Pflanzenteile der Sorte als Gegenstand der neuheitsschädlichen Handlung gemäß § 6 Abs. 1 SortG. Begründet wird diese Änderung mit den Zweifeln, ob unter dem Begriff Erntegut z. B. auch Schnittblumen fallen. Der deutsche Gesetzgeber hat deshalb durch die Bezugnahme auf „Pflanzen oder Pflanzenteile" eine neutrale Formulierung gewählt,[148] um damit klarzumachen, daß jedes Pflanzenmaterial der zu schützenden Sorte unabhängig von seiner Qualifikation als Erntegut von § 6 SortG erfaßt wird. Nach dem Willen des Gesetzgebers sollen aber die Begriffe „Pflanzen und Pflanzenteile" dem in der Definition der Sorte (§ 2 Nr. 1a) SortG) verwendeten Begriff entsprechen. Daraus folgt, daß neuheitsschädliche Handlungen nicht nur auf Pflanzen und Pflanzenteile beschränkt sind, die für die Erzeugung von Pflanzen oder sonst zum Anbau *bestimmt* sind (vgl. § 2 Nr. 2 SortG), sondern auf jegliches zur Vermehrung *geeignetes* Pflanzenmaterial. 176

Insoweit stimmt § 6 SortG auch mit der vergleichbaren Regelung im gemeinschaftlichen Sortenschutzrecht überein. Art. 10 Abs. 1 EGSVO erfaßt solche Verwertungshandlungen als neuheitsschädlich, die Sortenbestandteile bzw. Erntegut der Sorte zum Gegenstand haben. „Sortenbestandteile" werden in Art. 5 Abs. 3 EGSVO als Pflanzen oder Teile von Pflanzen definiert, soweit diese Teile wieder ganze Pflanzen erzeugen können. Zusätzlich erfaßt das gemeinschaftliche Recht aber auch Erntegut und dieses wegen der Definition „Sortenbestandteile" in Art. 5 EGSVO, unabhängig davon, ob es geeignet ist, zur Erzeugung von Pflanzen der Sorte zu dienen. Diese Regelung geht zu weit; jedenfalls dann, wenn es sich bei dem Erntegut nicht um solches Pflanzenmaterial handelt, das typischerweise auch als Vermehrungsgut verwendet werden kann, wie z. B. Getreidekörner, Kartoffeln und ähnliches Erntegut. Den Züchtern ist damit verwehrt, die aus einem Versuchsanbau der neuen Sorte resultierenden Ernteerzeugnisse zu verkaufen, um damit (einen Teil) der Kosten für den 177

---

148 Vgl. BT-Drs. 72/97 Nr. 4 auf S. 18.

Versuchsanbau wieder einzubringen, oder zu testen, ob die Früchte einer neuen Obstsorte vom angesprochenen Käuferkreis angenommen werden, um die mit Schutzrechtsanmeldungen verbundenen Kosten zu rechtfertigen.

b) Zielrichtung der neuheitsschädlichen Abgabehandlung

178 Nicht jede Abgabe von Material der zu schützenden Sorte zerstört die Neuheit. So ist nach § 6 Abs. 1 SortG eine Sorte als neu anzusehen, wenn Pflanzen oder Pflanzenmaterial derselben vor dem Antragstag durch den Berechtigten oder seinen Rechtsvorgänger an andere zu nicht gewerblichen Zwecken, z.B. Schnittblumen als Geschenk, abgegeben wurde, unabhängig von der Länge des Zeitraums zwischen der Abgabe des Pflanzenmaterials und der Anmeldung der Sorte. Ist eine solche Abgabe zu gewerblichen Zwecken erfolgt, ist sie nur dann neuheitsschädlich, wenn sie mit Zustimmung des Berechtigten oder seines Rechtsvorgängers vorgenommen wurde und innerhalb bestimmter Zeiträume vor dem Antragstag liegt.[149]

179 Im Gegensatz hierzu definiert Art. 10 Abs. 1 EGSVO als neuheitsschädliche Handlung den Verkauf oder die Abgabe von Pflanzen oder Teilen von Pflanzen zur Nutzung der Sorte auf andere Weise. Die europäische Regelung übernimmt damit im wesentlichen die Formulierung des Art. 6 des UPOV-Übereinkommens, die die Abgabe zum Zwecke der Auswertung in den Vordergrund stellt, unabhängig davon, ob die Abgabe entgeltlich oder unentgeltlich erfolgt. Die unterschiedliche sprachliche Ausgestaltung des Art. 10 Abs. 1 EGSVO im Vergleich zu § 6 Abs. 1 SortG hat jedoch keine Auswirkungen auf deren Regelungsinhalt. Beiden Vorschriften liegt der Zweck zugrunde, gewerbliche Verwertungshandlungen zu erfassen, also Verwertungshandlungen, die nicht ausschließlich für private Zwecke, z. B. als Geschenk an Privatpersonen oder zu Erprobungszwecken erfolgt sind. Bereits die Abgabe von neuem Material an einen anderen Züchter mit der Erwartung, daß dieser bei eigenen Neuzüchtungen ebenfalls Material an den Geber abgibt, ist darauf ausgerichtet, die Tätigkeit als Züchter zu fördern. Sie erfolgt damit zu einem gewerblichen Zweck bzw. zu dem Zweck, die Nutzung der Sorte durch den Empfänger zu eröffnen. Jede Abgabe, deren Ziel es ist, die Tätigkeit des Züchters zu fördern, ist als neuheitsschädlich im Sinne des § 6 Abs. 1 SortG sowie Art. 10 Abs. 1 EGSVO zu werten.[150]

180 Nach beiden Vorschriften liegen somit neuheitsschädliche Handlungen nur dann vor, wenn
 – Pflanzen oder Pflanzenteile, aus denen wieder ganze Pflanzen gewonnen werden können,
 – vom Züchter oder mit dessen Zustimmung,
 – zu gewerblichen Zwecken, d. h. verkauft oder in anderer Weise zur Nutzung der Sorte abgegeben wurden, und
 – die Abgabe innerhalb bestimmter Zeiträume vor dem Anmeldetag liegt.[151]

---

149 Vgl. Rdn 182 ff.
150 Zur Gewerblichkeit siehe auch Rdn 189 ff.
151 Vgl. nachfolgende Rdn 182 ff.

2. Neuheitsschonfristen

a) Rechtslage bis zum SortG 85

Bis zum SortG 85 wurde für den Inlandsvertrieb einer anzumeldenden Sorte keine Neuheitsschonfrist gewährt. Lediglich für den Auslandsvertrieb wurde ein Zeitraum von vier Jahren vor dem Zeitpunkt der Anmeldung im Inland als unschädlich für die Neuheit gewertet. Vermehrungs- oder Erntegut einer zum Sortenschutz anzumeldenden Sorte durfte also im Inland vom Züchter oder mit Zustimmung des Sorteninhabers oder seines Rechtsvorgängers durch Dritte bis zum Zeitpunkt der Anmeldung nicht gewerbsmäßig vertrieben worden sein, während der Vertrieb der Sorte im Ausland vier Jahre vor der Anmeldung im Inland möglich war, ohne daß dadurch eine neuheitsschädliche Wirkung für eine Anmeldung der Sorte im Inland eintreten konnte.

181

b) *Geltendes Recht*

Art. 6 Abs. 1b) i) des UPOV-Übereinkommens 1978 eröffnete die Möglichkeit von Neuheitsschonfristen für das gewerbsmäßige Inverkehrbringen einer Sorte im Inland durch den Sorteninhaber oder durch Dritte mit Zustimmung des Berechtigten oder seines Rechtsvorgängers. Hiervon machte bereits das SortG 85 Gebrauch. Zugleich wurde durch § 6 Abs. 2 SortG 85 der Bundesminister für Ernährung, Landwirtschaft und Forsten ermächtigt, die Neuheitsschonfrist für den Auslandsvertrieb für Vermehrungsmaterial oder Erntegut von Reben und verschiedenen Baumarten auf sechs Jahren auszudehnen.

182

Um keine nationalen Unterschiede im Vergleich zum gemeinschaftlichen Sortenschutz zu eröffnen, stellt § 6 Abs. 1 Nr. 1 SortG 1997 hinsichtlich des Bereiches des neuheitsschädlichen Abgebens statt auf das Inland auf das Gebiet der Europäischen Gemeinschaft ab. Diese Möglichkeit wird durch Art. 6 Abs. 3 UPOV-Übereinkommen 1991 eröffnet, der hervorhebt, daß Vertragsstaaten, die Mitgliedsstaaten derselben zwischenstaatlichen Organisationen sind, Handlungen im Hoheitsgebiet der Mitgliedsstaaten dieser Organisationen mit Handlungen in ihrem jeweiligen eigenen Hoheitsgebiet gleichstellen.

183

Darüber hinaus sieht § 6 SortG in Abs. 1 Nr. 2 in Übereinstimmung mit Art. 10 Abs. 1b) EGSVO vor, daß Vertriebshandlungen außerhalb der Europäischen Gemeinschaft 4 Jahre möglich sind, ohne neuheitschädliche Auswirkungen zu haben, während bei Reben und Baumarten grundsätzlich eine 6-jährige Neuheitsschonfrist besteht.

184

Der die Neuheit nicht zerstörende gewerbliche Vertrieb von neuen Sorten in der Europäischen Gemeinschaft innerhalb eines Zeitraums von 12 Monaten vor der deutschen oder gemeinschaftlichen Anmeldung, der dem früheren Inlandsvertrieb nach dem SortG 85 entspricht, soll dem Züchter ermöglichen, vor der angestrebten Vermarktung die Sorte zu testen. Von diesem Vorteil können allerdings nur Züchter solcher Pflanzenarten Nutzen ziehen, deren Lebens- und Produktzyklus sehr kurz ist, so zum Beispiel bei einjährigen Zierpflanzen. Für alle anderen Arten gewährt die einjährige Neuheitsschonfrist für den Züchter keinen entscheidenden Vorteil. Für Pflanzen mit mehrjährigen Vermehrungs- und länger dauernden Produktzyklen werden mehrere Jahre benötigt, um in ausreichendem Umfang testen zu können, ob die neugezüchtete Sorte auch vom Markt angenommen wird. Der

185

Züchter oder Inhaber einer neuen Sorte kann diese zwar außerhalb der Europäischen Gemeinschaft vier bzw. sechs Jahre vor Einreichung des inländischen Sortenschutzantrages gewerbsmäßig in den Verkehr bringen und damit testen, ob die Sorte auf Auslandsmärkten Erfolg hat, ohne daß dadurch für den Sortenschutzantrag in Deutschland oder in der Europäischen Gemeinschaft eine neuheitsschädliche Wirkung eintritt. Es muß aber dabei berücksichtigt werden, daß diese Benutzung der Sorte im Ausland deren späteren Anmeldung in dem ausländischen Staat, in dem die Benutzung erfolgt ist, gemäß dessen gesetzlichen Bestimmungen neuheitsschädlich entgegenstehen kann. Dies gilt auf jeden Fall für die Mitgliedstaaten des UPOV-Übereinkommens, soweit diese keine Neuheitsschonfristen gewähren. Der Züchter bzw. Sortenschutzinhaber muß also genau überlegen, in welchen anderen Ländern er noch einen Sorten- oder Patentschutz für seine neugezüchtete Sorte erlangen will, bevor er diese Sorte dort gewerbsmäßig in den Verkehr bringt. Er muß Länder ohne Neuheitsschonfrist davon ausnehmen, um sicherzustellen, daß die Neuheit seiner Sorte auch in diesen Ländern nicht durch eigene Benutzungshandlungen verloren geht. Will der Züchter oder Sorteninhaber für Nachanmeldungen seiner Sorte in Verbandsstaaten den Zeitrang seiner deutschen oder gemeinschaftlichen Erstanmeldung in Anspruch nehmen, so muß er spätestens 12 Monate nach seiner ersten Anmeldung die betreffenden Auslandsanmeldungen einreichen. Er kommt dadurch in die nachfolgend aufgeführten Vorteile, durch die die Neuheitsschädlichkeit von Vertriebshandlungen für den Zeitraum von 12 Monaten nach der Erstanmeldung ausgeschlossen wird. Diese Möglichkeit hat einen entscheidenden Vorteil für die Länder, die keine Neuheitsschonfrist vorsehen. Vertriebshandlungen in diesen Ländern sind trotz Fehlens einer Neuheitsschonfrist zwischen dem Tag der Erstanmeldung und dem Tag, an dem eine Nachanmeldung unter Inanspruchnahme des Zeitranges der ersten Anmeldung erfolgen kann, unschädlich. Sieht das Recht des Landes, in dem eine Nachanmeldung eingereicht wird, wie das deutsche und gemeinschaftliche Sortenschutzrecht, lediglich eine Neuheitsschonfrist von 1 Jahr vor, können Vertriebshandlungen in dem Nachanmeldestaat, bei einem Zeitraum von bis zu 2 Jahren vor dem Tag der Nachanmeldung keine negativen Auswirkungen auf die Neuheit haben, wenn durch die Inanspruchnahme des Zeitranges der Erstanmeldung der Antragstag für die Nachanmeldung um 12 Monate zurückverlagert wird und dieser Tag innerhalb der einjährigen Neuheitsschonfrist liegt.

c) Übergangsbestimmungen für den gemeinschaftlichen Sortenschutz

186 Die in Art. 10 Abs. 1a EGSVO geregelte Neuheitsschonfrist von 1 Jahr für Vertriebshandlungen mit Pflanzenmaterial der zu schützenden Sorte innerhalb des Gemeinschaftsgebietes wurde durch Art. 116 Abs. 1 EGSVO für eine Übergangszeit von 1 Jahr nach Inkrafttreten der EGSVO am 1. 9. 1994 auf einen 4- bzw. 6-Jahres-Zeitraum verlängert. Bis zum 31. 8. 1995 konnten entsprechend Art. 6 Abs. 1 UPOV-Übereinkommen auch solche Sorten zum gemeinschaftlichen Sortenschutz angemeldet werden, deren Material länger als 1 Jahr, jedoch nicht länger als 4 Jahre, bei Reben und Baumarten nicht länger als 6 Jahre vor dem Inkrafttreten der EGSVO in der Gemeinschaft vertrieben worden war, ohne daß diese Vertriebshandlungen der Schutzerteilung als neuheitsschädlich entgegengehalten werden konnten. Damit wurde die Möglichkeit eröffnet, für Sorten, für die bereits in einem oder mehreren Mitgliedstaaten der Gemeinschaft Vertriebshandlungen stattgefunden hatten, ge-

meinschaftlichen Sortenschutz zu beantragen, obwohl die Neuheit im Sinne des Art. 10 EGSVO nicht mehr gegeben war.

d) Übergangsbestimmungen für den deutschen Sortenschutz

Ohne Not hat der deutsche Gesetzgeber den früher auf das nationale Gebiet beschränkten neuheitsschädlichen Vertrieb von Material der angemeldeten Sorte außerhalb der 1-jährigen Neuheitsschonfrist auf das gesamte Gebiet der Gemeinschaft erstreckt. Eine Begründung hierfür findet sich in den Gesetzesmaterialien nicht. Art. 6 Abs. 3 UPOV-Übereinkommen sieht zwar vor, daß Vertragsparteien, die Mitgliedstaaten derselben zwischenstaatlichen Organisation – hier der Europäischen Union – sind, ihr nationales Recht insoweit vereinheitlichen können, um Handlungen im Hoheitsgebiet der Mitgliedstaaten dieser Organisation mit Handlungen in ihrem jeweiligen eigenen Hoheitsgebiet gleichzustellen. Die Vorschrift des UPOV-Übereinkommens enthält jedoch die Beschränkung, daß dies die Vorschriften dieser zwischenstaatlichen Organisation erfordern müssen. Ein solches Erfordernis ist nicht dargetan worden und nicht erkennbar. 187

Um Züchtern, die aufgrund der alten Regelung lediglich außerhalb der Bundesrepublik Deutschland Verwertungshandlungen mit Material der noch anzumeldenden Sorte unter dem Schutze der bislang auch für die übrigen Mitgliedstaaten der Europäischen Union geltenden 4- bzw. 6jährigen Neuheitsschonfrist vorgenommen hatten, die Möglichkeit zu eröffnen, solche Sorten trotz Änderung der Rechtslage noch anzumelden, sieht § 41 Abs. 5 SortG eine dem Art. 116 Abs. 1 EGSVO vergleichbare Regelung vor. Mit Inkrafttreten des neuen Sortenschutzgesetzes am 25. Juli 1997 war den Züchtern eine 1-jährige Frist eröffnet worden, auch solche Sorten noch zum Sortenschutz anzumelden, die seit mehr als 1 Jahr im Ausland verwertet worden waren, für die im Inland jedoch keine Verwertungshandlungen stattgefunden hatten. 188

3. Handlungen, die nicht neuheitsschädlich sind

Art. 6 Abs. 1 des UPOV-Übereinkommens hebt die Neuheitsschädlichkeit des Verkaufes bzw. der Abgabe von Material einer Sorte „zum Zwecke der Auswertung der Sorte" als neuheitsschädliche Handlung hervor. Die Diskussion zu Art. 6 Abs. 1 des UPOV-Übereinkommens zeigte Einvernehmen darüber, daß diese Formulierung nicht alle Formen des Abgebens als neuheitsschädliche Handlungen erfaßt. In der EGSVO wurden deshalb in Art. 10 Abs. 2 S. 1 und S. 3 präzisere Vorgaben hinsichtlich der nicht als neuheitsschädlich geltenden Abgabe gemacht. Diese Regelungen werden in § 6 Abs. 2 SortG inhaltlich übernommen. 189

Sowohl aus § 6 Abs. 1 SortG als auch aus Art. 10 Abs. 1 EGSVO folgt, daß die allgemeine Bekanntheit der Sorte als solche nicht ausreicht, um die Neuheit zu verneinen. Nicht neuheitsschädlich sind also neben Abgabehandlungen mit rein privater Zielrichtung sowohl druckschriftliche und sonstige beschreibende Vorveröffentlichungen (so zum Beispiel Vorträge und bildliche Darstellungen sowie Film- und Fernsehsendungen) über die Sorte sowie 190 mit dieser vorgenommene – auch öffentliche – Versuche als auch andere Handlungen, durch die die angemeldete Sorte vor dem maßgeblichen Stichtag allgemein bekannt geworden ist.

191   Da bereits das Abgeben zu gewerblichen Zwecken an Dritte ausreicht, um die Neuheit zu zerstören, während nach dem SortG 85 ein gewerbsmäßiges Inverkehrbringen erforderlich war, ist der Kreis neuheitsschädlicher Handlungen im geltenden Recht wesentlich weiter. So wäre zum Beispiel das Abgeben von Pflanzenmaterial einer neuen Sorte an einen Kooperationspartner zu Versuchszwecken oder zum Zwecke der Fortentwicklung/Weiterzüchtung neuheitsschädlich im Sinne des § 6 Abs. 1 SortG und Art. 10 Nr. 1 EGSVO. Dies würde den Züchter bei Handlungen, die zwar gewerblichen Hintergrund haben und ein Abgeben an Dritte darstellen, andererseits aber nicht zur allgemeinen Verfügbarkeit der Sorte führen würden, zwingen, trotzdem umgehend um Sortenschutz nachzusuchen. Andererseits wäre er aufgrund wirtschaftlicher Überlegungen, die ihn von einer Anmeldung abhalten, gezwungen, solches Material auch nicht Dritten zur Verfügung zu stellen, die sein Züchtungsergebnis zur Grundlage weiterer Züchtungsarbeit machen können. Das Ziel des Sortenschutzes, die Entwicklung neuer Pflanzen zu fördern, würde damit gefährdet.

192   Abs. 2 des neugefaßten § 6 SortG führt daher abschließend solche Abgabehandlungen an Dritte auf, die zu gewerblichen Zwecken erfolgen können, aber entgegen der Regelung in Abs. 1 als nicht neuheitsschädlich im Sinne dieser Vorschrift zu werten sind. Die entsprechende Vorschrift zum europäischen Sortenschutzrecht findet sich in Art. 10 Abs. 2 und 3 EGSVO. Wegen der inhaltlichen Übereinstimmung des nationalen Rechts mit der entsprechenden europäischen Ausnahmeregelung zu den nicht neuheitsschädlichen Handlungen treffen die nachstehenden Ausführungen zum nationalen Recht in gleicher Weise auf das gemeinschaftliche Sortenrecht zu. Um hierzu einen besseren Überblick zu geben, soll nachstehend die synoptische Gegenüberstellung verdeutlichen, welche Passage des Art. 10 EGSVO der jeweiligen Bestimmung in § 6 Abs. 2 SortG entspricht.

193 | Art. 10 EGSVO | § 6 SortG |
| --- | --- |
| Abs. 2 1. HS | Abs. 2 Nr. 1 |
| Abs. 2 2. HS | Abs. 2 Nr. 2 |
| Abs. 2 S. 2 | Abs. 3 |
| Abs. 2 S. 3 | Abs. 2 Nr. 3 |
| Abs. 3 S. 1 | Abs. 2 Nr. 4 |
| Abs. 3 S. 2 | Abs. 2 Nr. 5 |

194   Folgende Handlungen haben nach den deutschen und gemeinschaftlichen Regelungen keine neuheitsschädliche Wirkung:

195   a) Abgabe an eine amtliche Stelle aufgrund gesetzlicher Regelung. Zu denken ist hierbei insbesondere an die Abgabe von Material im Rahmen der Sortenzulassung oder zum Zweck der Identifizierung nach gemeinschaftsrechtlichen Regelungen.

196   b) Werden Pflanzen oder Pflanzenteile der Sorte an einen Dritten zum Zwecke der Erzeugung, Vermehrung, Aufbereitung oder Lagerung für den Züchter oder den an der Sorte Berechtigten aufgrund eines Vertrages oder eines sonstigen Rechtsverhältnisses abgegeben, ist mangels einer Handlung, die das Pflanzenmaterial allgemein zugänglich machen würde, auch hier die Neuheitsschädlichkeit ausgeschlossen. So kann zum Beispiel ein Züchter einen Dritten im Rahmen eines Anbauvertrages beauftragen, den für eine Markteinführung erforderlichen Testanbau vorzunehmen.

197   c) Die Abgabe von Pflanzen oder Pflanzenteilen der Sorte zwischen Konzernunternehmen schließt Abs. 2 Nr. 3 als neuheitsschädlich aus. Ausgenommen hiervon sind Genos-

senschaften, da deren Mitglieder nicht als verbundene Unternehmer oder Unternehmen und damit nicht als Handlungseinheit im Unterschied zu konzernverbundenen Unternehmen gesehen werden können.

d) Eine wichtige Ausnahme sieht Abs. 2 Nr. 4 vor, in dem er die Abgabe an Dritte zu Versuchszwecken oder zur Züchtung neuer Sorten als neuheitsschädliche Handlung ausnimmt. Voraussetzung ist jedoch, daß bei der Gewinnung neuer Sorten auf die (noch) nicht geschützte Sorte nicht Bezug genommen wird. 198

e) Die Vorstellung einer Neuzüchtung auf internationalen sowie damit vergleichbaren nationalen Ausstellungen ist ein wichtiges Absatzbarometer für Pflanzenzüchter. Um die Reaktion des Fachpublikums und gegebenenfalls auch des Endverbrauchers auf Neuzüchtungen in Erfahrung bringen zu können, mußte, um keine Verschlechterung zur bisherigen Rechtslage zu bewirken, das Ausstellen auf internationalen Ausstellungen und hiermit gleichwertigen nationalen Veranstaltungen ausdrücklich als nicht neuheitsschädliche Handlung aufgenommen werden. 199

f) Auch die fortlaufende Verwendung von Vermehrungsmaterial für die Erzeugung einer anderen Sorte wird nach § 6 Abs. 3 Nr. 4 SortG unter bestimmten Bedingungen als nicht neuheitsschädlich definiert. Um auszuschließen, daß Vermehrungsmaterial einer Sorte, das fortlaufend für die Erzeugung einer anderen Sorte verwendet wird, unabhängig davon, ob dieses Vermehrungsmaterial vom Züchter selbst verwendet wird oder von ihm an andere zu diesem Zweck abgegeben wurde, als neuheitsschädliche Abgabe angesehen wird, beginnen hinsichtlich dieser Ausgangssorte die in Abs. 1 genannten Schonfristen mit der Abgabe von Pflanzen oder Pflanzenteilen der Sorte zu laufen, zu deren Erzeugung Vermehrungsmaterial der Ausgangssorte laufend verwendet worden war. Da bei einer derartigen Fallkonstellation die Ausgangssorte nicht als solche an andere abgegeben wird, sondern als „Bestandteil" der Pflanzen, zu deren Erzeugung Vermehrungsmaterial der Ausgangssorte kontinuierlich verwendet wurde, ist der Schluß zu ziehen, daß auch eine solche Verwendungsweise ohne die Regelung in Nr. 4 als Abgabe im Sinne des Abs. 1 zu werten wäre. 200

4. Neuheitsschädliche Handlungen im Prioritätsintervall

Macht der Antragsteller den Zeitrang (Priorität) einer früheren Anmeldung seiner Sorte in einem anderen Verbandsstaat gemäß § 23 Abs. 2 SortG bzw. gemäß Art. 52 Abs. 2 EGSVO wirksam geltend, so ist es unschädlich, wenn im Prioritätsintervall – also zwischen dem Zeitrang der Erstanmeldung und dem höchstens 1 Jahr danach erfolgten Sortenschutzantrag beim Bundessortenamt oder Gemeinschaftlichen Sortenamt – mit seiner Zustimmung im Geltungsbereich des SortG bzw. der EGSVO Vermehrungsmaterial oder Erntegut der Sorte in neuheitsschädlicher Weise abgegeben wurde. An die Stelle des Zeitpunktes des Sortenschutzantrages beim Bundessortenamt bzw. Gemeinschaftlichen Sortenamt tritt der Zeitrang der ausländischen Erstanmeldung.[152] 201

Die Wirkung eines wirksam beanspruchten Zeitranges von 1 Jahr besteht unabhängig von den oben erwähnten Neuheitsschonfristen. Da die Frage der Neuheit auf den Antragstag abstellt, dieser aber durch den wirksam geltend gemachten Zeitrang einer vorausgehenden Erstanmeldung auf den Zeitpunkt dieser Erstanmeldung zurückverlagert wird, sind neu- 202

---

152 Vgl. Einzelheiten hierzu in Rdn 690.

heitsschädliche Handlungen innerhalb der Europäischen Gemeinschaft außerhalb des 1-Jahres-Zeitraumes in § 6 Abs. 1 Nr. 1 SortG und Art. 10 Abs. 1a) EGSVO danach nicht neuheitsschädlich, wenn durch die Zurückverlagerung des Antragstages der Nachanmeldung beim BSA oder Gemeinschaftlichen Sortenamt dieser Zeitpunkt innerhalb des einjährigen, wirksam geltendgemachten Prioritätsintervalls liegt. Dies führt im günstigsten Fall dazu, daß die Neuheits„schonfrist" zwei Jahre betragen kann.

5. Übereinstimmung des Neuheitsbegriffes in den Verbandsstaaten

203   Da das UPOV-Übereinkommen die nationalen gesetzlichen Bestimmungen der Vertragsparteien auf dem Gebiet des Sortenschutzes weitgehend vorschreibt, wird auch hinsichtlich des Neuheitsbegriffes eine weitgehende Übereinstimmung in den nationalen Gesetzen hergestellt. Ferner ermöglicht das UPOV-Übereinkommen die Durchführung der Neuheitsprüfung durch gemeinsame Inanspruchnahme von Stellen, die die in Art. 12 UPOV-Übereinkommen vorgesehene Prüfung der zum Sortenschutz angemeldeten Sorten und die Zusammenstellung der erforderlichen Vergleichssammlungen und Unterlagen durchzuführen haben.[153]

C   Formelle Schutzvoraussetzung: Die Sortenbezeichnung

204   Die Erteilungsvoraussetzung, die Sorte durch eine eintragbare Sortenbezeichnung zu bezeichnen,[154] betrifft eine traditionelle, durch die Normen der „Internationalen Nomenklaturregel" überlieferte Institution,[155] die eine international einheitliche Bezeichnungsweise für Kulturpflanzen sicherstellen soll.

205   Es handelt sich bei der Sortenbezeichnung nur um eine rein formale, keine sachliche Schutzvoraussetzung, so daß unter sachlichen Gesichtspunkten Sortenschutz auch ohne eine Sortenbezeichnung erteilt werden und bestehen könnte, ebenso wie ein Patent oder ein Gebrauchsmuster auf eine neue Erfindung keiner derartigen Bezeichnung bedarf, um seine volle Wirkung entfalten zu können.

206   Daß es sich bei der Sortenbezeichnung um eine rein formale Schutzvoraussetzung handelt, wird insbesondere dadurch verdeutlicht, daß eine Sortenbezeichnung, die nicht hätte eingetragen werden dürfen, weder zur Nichtigkeit noch zur Aufhebung des erteilten Schutzrechtes führt (Art. 21 und 22 UPOV-Übereinkommen). Zwar kann das Bundessortenamt den Sor-

---

153 Vgl. hierzu auch Rdn 764 ff.
154 § 1 Nr. 5 i. V. m. § 7 SortG; Art. 6 S. 2 i. V. m. Art. 63 EGSVO.
155 International Code of Nomenclature of Cultivated Plants = ICNCP hierzu vgl. *Wuesthoff*, GRUR Int. 1973, 633; Zander, Handwörterbuch der Pflanzennamen, allgemein zur Sortenbezeichnung u. a. *Jühe* GRUR Int. 1963, 525, 533; *Wuesthoff* GRUR 1972, 19 ff.; 1975, 12 ff.; GRUR Int. 1972, 359 ff.; *Wuesthoff/Reda* GRUR Int. 1973, 633, 635; *Kuhnhardt* GRUR 1975, 463 ff.; *Wendt* GRUR 1975, 411 ff.; *Royon* GRUR Int. 1977, 155 ff.; *Tillmann* GRUR 1979, 512 ff.; Erwiderung hierzu von *Royon* GRUR Int. 1980, 653 ff.; Replik hierzu von *Tillmann* GRUR Int. 1980, 655.

tenschutz widerrufen, wenn der Inhaber einer Aufforderung des Amtes nach Angabe einer anderen festsetzbaren Sortenbezeichnung nicht nachkommt (§ 31 Abs. 4 Nr. 1 i. V. m. § 30 Abs. 2 SortG).[156] Eine vergleichbare Vorgehensweise ist auch im gemeinschaftlichen Sortenschutzrecht vorgesehen (Art. 21 Abs. 2a) i. V. m. Art. 66 Abs. 2 EGSVO).[157] Hierbei handelt es sich jedoch um eine Widerrufsmöglichkeit, um die Verkehrsfähigkeit[158] des Vermehrungsmaterials durch Kennzeichnung mit einer Gattungsbezeichnung sicherzustellen, nicht jedoch um einen Mangel der Sorte.

I. Allgemeines

1. Die Sortenbezeichnung im SortG

§ 7 des geltenden SortG entspricht § 8 des SortSchG 68 und regelt im einzelnen eine der von den § 1 Abs. 1 als Nr. 5 genannten Voraussetzungen für die Erteilung des Sortenschutzes, nämlich die Angabe einer eintragbaren Sortenbezeichnung für die angemeldete Sorte,[159] während § 14 SortG die damit eng zusammenhängende Benutzung bzw. Verwendung der Sortenbezeichnung behandelt.[160] Beide Vorschriften entsprechen Art. 5 Abs. 2 und Art. 20 des UPOV-Übereinkommens 1991. 207

2. Die Sortenbezeichnung in der EGSVO

Nach Art. 50 Abs. 3 EGSVO schlägt der Antragsteller dem Gemeinschaftlichen Sortenamt eine Sortenbezeichnung vor, die dem Antrag beigefügt werden kann, aber nicht muß.[161] Die vor der technischen Prüfung durchzuführende sachliche Prüfung des Antrages umfaßt die Frage, ob die vorgeschlagene Sortenbezeichnung nach Art. 63 EGSVO festsetzbar ist (Art. 54 Abs. 1 S. 2 EGSVO). Art. 63 EGSVO befaßt sich mit der Sortenbezeichnung und entspricht inhaltlich weitestgehend dem § 7 SortG. Die Benutzung der nach Art. 63 EGSVO festgesetzten Sortenbezeichnung regelt Art. 17 EGSVO.[162] 208

Da sowohl die von einer festsetzbaren Sortenbezeichnung zu erfüllenden Kriterien als auch die Bestimmungen über die Verwendung der festgesetzten Sortenbezeichnung im gemeinschaftlichen Sortenschutzrecht weitestgehend mit den entsprechenden nationalen Bestimmungen des SortG übereinstimmen, erfolgt zunächst eine ausführliche Darstellung zu den die Sortenbezeichnung betreffenden Bestimmungen im SortG. Lediglich ergänzend werden anschließend die Bestimmungen im gemeinschaftlichen Sortenschutzrecht erörtert, soweit diese von der dargestellten deutschen Rechtslage abweichen. 209

---
156 Siehe Rdn 1189.
157 Siehe Rdn 1189.
158 Vgl. hierzu Rdn 1193.
159 Siehe Rdn 230 ff.
160 Siehe Rdn 384 ff.
161 Vgl. Rdn 1019.
162 Vgl. hierzu Rdn 387.

II. Die Funktion der Sortenbezeichnung in Abgrenzung zur Aufgabe der Marke

1. Funktion der Marke

210 Die Individualisierung des mit der Marke gekennzeichneten Produkts und die damit bewirkte Abgrenzung und Unterscheidbarkeit von Produkten derselben Warenart wird bei wirtschaftlicher Betrachtung als eine der Hauptfunktionen der Marke gesehen.[163] Durch diese Unterscheidungsaufgabe individualisiert die Marke Produkte aus der Anonymität des Marktgeschehens.[164] Dem Verbraucher soll darüber hinaus sowohl hinsichtlich der mit der Marke verbundenen Vorstellung über die Herkunft des Produktes von einem bestimmten, nicht notwendigerweise namentlich bekannten Hersteller oder Lieferanten (Herkunftsfunktion) als auch hinsichtlich der mit dem Produkt verbundenen Qualitätsvorstellungen sowie sonstigen positiven Assoziationen, z. B., Prestige, Innovation etc., ein Identifizierungsmedium zur Verfügung gestellt werden.[165] Der Marke kommt somit auch eine Qualitäts- sowie Werbefunktion zu.

2. Funktion der Sortenbezeichnung

211 Die Funktion der Sortenbezeichnung erschließt sich aus Art. 20 Abs. 1 UPOV-Übereinkommen. Danach ist die Sortenbezeichnung Gattungsbezeichnung. Sie individualisiert die Sorte als solche gegenüber Pflanzen anderer Sorten der gleichen Art oder Gattung. Sie ist damit als Warenname zu werten.[166] Als solcher ist die Sortenbezeichnung eine die spezifischen Eigenschaften der Sorte als solche kennzeichnende Produktmerkmalsbezeichnung[167] (zu diesem Begriff vgl. Fezer aaO, Rdn 150) und damit beschreibende Angabe im Sinne des § 8 Abs. 2 Nr. 2 MarkenG. Sie kann aufgrund ihrer Funktion nicht zugleich als Marke eingetragen werden und dienen.[168] Da sowohl Marke als auch Sortenbezeichnung zur Produktidentifizierung dienen, der Marke aber zusätzlich die Funktion zukommt, den jeweiligen Herstellerbetrieb zu kennzeichnen, sind Konflikte zwischen Sortenbezeichnung und Marke unausweichlich, die jedoch der in § 7 Abs. 2 Ziff. 5 SortG bzw. Art. 63 Abs. 3 f) EGSVO genannte Ausschließungsgrund vermeiden will.[169]

212 Aus den vorstehenden Gründen folgt auch, daß der in Art. 20 Abs. 1 des UPOV-Übereinkommens verwendete Begriff „Gattungsbezeichnung" nicht im botanischen Sinne zu verstehen ist. Gattung ist im Klassifizierungssystem der Botanik ein Oberbegriff zu dem Begriff „Art" von Pflanzen. Demgegenüber ist der Begriff „Gattungsbezeichnung" eine Bezeichnung von Gegenständen übereinstimmender Merkmale und soll damit zum Ausdruck

---

163 *Henning-Bodewig/Kur*, Marke und Verbraucher Band I, S. 5 ff.
164 *Fezer*, Markenrecht, Einl. MarkenG, Rdn 30.
165 *Henning-Bodewig/Kur* aaO, S. 6.
166 *Wuesthoff*, GRUR Int. 1972, 359.
167 Zu diesem Begriff vgl. *Fezer*, Markenrecht, Einl. MarkenG, Rdn 30
168 Zum Geltendmachungsverbot bei Sortenbezeichnungen, die für den Inhaber zugleich als Marke eingetragen ist, vgl. Rdn 390.
169 Vgl. nachfolgend Rdn 226.

bringen, daß die Sortenbezeichnung die allgemeine Bezeichnung oder der allgemeine Name für die betreffende Sorte ist. Durch Art. 20 Abs. 1 des UPOV-Übereinkommens, der die Sortenbezeichnung zur Gattungsbezeichnung erklärt, wird eine Entwicklung der Bezeichnung zu einem „freien" Warennamen fiktiv vorweggenommen.

3. Schutzumfang von Marke und Sortenbezeichnung

Aufgrund der dargestellten Funktion ist der Schutzumfang der Sortenbezeichnung wesentlich geringer als der der Marke. Da die Sortenbezeichnung als Sammelbegriff für die sortenspezifischen Merkmale stehen soll, diese aber nur bei Sorten derselben oder einer verwandten Art auftreten können, erfaßt der Verwechslungsschutz neben Sortenbezeichnungen für Pflanzen der gleichen Art auch nur Sortenbezeichnungen einer im biologischen Sinne verwandten Art. 213

Dagegen wird der Schutzumfang der Marke durch deren Hauptaufgabe bestimmt, nämlich die gekennzeichneten Produkte hinsichtlich ihrer Herkunft zu unterscheiden. Die Marke soll die von einem bestimmten Hersteller angebotenen Pflanzen hinsichtlich ihrer Herkunft gegenüber Pflanzen der gleichen Sorte von anderen Herstellern unterscheidbar machen. Mit der Sorte und deren Marke verbindet der Handel wie der Verbraucher über die eigentlichen Vorstellungen über die Eigenschaften der jeweiligen Sorte hinaus weitere kaufrelevante Merkmale, die mit den eigentlichen Sorteneigenschaften nichts mehr zu tun haben, sondern ausschließlich oder im wesentlichen auf die Fähigkeiten des jeweiligen Produzenten oder seiner Lizenznehmer zurückgehen, wie zum Beispiel gleichbleibende Qualität, Pathogenfreiheit und ähnliches. 214

Maßgebend für den Schutzumfang der Marke ist somit nicht, daß die mit identischen oder verwechslungsfähigen Kennzeichen versehenen Waren in ihrer Art und in den sie allgemein charakterisierenden Merkmalen identisch oder ähnlich sind. Vielmehr bestimmt sich der Schutzumfang der Marke danach, ob „zwischen den betreffenden Erzeugnissen so enge Beziehungen bestehen, daß sich den Abnehmern, wenn sie an den Waren dasselbe Zeichen angebracht sehen, der Schluß aufdrängt, daß diese Waren vom selben Unternehmen stammen".[170] Dabei ist die herkunftshinweisende Wirkung der Marke nicht durch den Hersteller im eigentlichen Sinne bestimmt, sondern durch „die Stelle, von der aus die Herstellung geleitet wird".[171] Verwechslungsgefahr im markenrechtlichen Sinne ist deshalb auch dann gegeben, wenn aufgrund der Warennähe und der Nähe der beiden Kennzeichen der Abnehmer veranlaßt wird, anzunehmen, beide Produkte unterliegen der Kontrollmöglichkeit desselben Markeninhabers.[172] So können übereinstimmende Sortenbezeichnungen für Pelargonien und Weihnachtssterne nicht als verwechslungsfähig im Sinne des § 7 Abs. 2 Nr. 4 SortG bzw. Art. 63 Abs. 3c) EGSVO angesehen werden, während sie als Marken wegen der im markenrechtlichen Sinne ähnlichen Waren einen sich überschneidenden Kennzeichnungsbereich 215

---
170 EuGH, GRUR Int. 1994, 614, 615 – Ideal Standard II.
171 EuGH, aaO 617.
172 EuGH, aaO 616, 617; zu weiteren Einzelheiten siehe die markenrechtliche Speziallilteratur z. B. *Ingerl/Rohnke* Markengesetz 1. Aufl. § 14 Rdn 235 ff.; *Althammer/Stroebele/Klaka*, Markengesetz 5. Aufl. § 9 Rdn 23 ff.

haben und damit verwechslungsfähig im Sinne der §§ 13 und 14 MarkenG bzw. Art. 8 Abs. 1b) GMV sind.

III. Historische Entwicklung

1. Entwicklung bis zum SaatG 1953

216 Wie Kunhardt nachgewiesen hat, scheint es seit jeher üblich gewesen zu sein, Pflanzensorten mit Namen zu kennzeichnen.[173] Den insbesondere zu Beginn des 20. Jahrhunderts vereinzelt bestehenden nationalen Regelungen zum Schutz von Züchtungsergebnissen und der Kennzeichnungsnotwendigkeit von Pflanzensorten und/oder deren Vermehrungsgut lag die Annahme zugrunde, daß der Sortenname ein beim Vertrieb unentbehrliches Mittel dafür sei, dem Käufer die Möglichkeit zu geben, die Auswahl der von ihm gewünschten Sorte durch deren eindeutige Benennung zu konkretisieren.[174]

217 Nach dem Entwurf eines Saat- und Pflanzgutgesetzes vom 25. Januar 1930[175] wurde der Sorte kein selbständiger Schutz zugebilligt. Den Interessen des Züchters wurde vielmehr nur dadurch Rechnung getragen, daß die Benutzung der Sortenbezeichnung, die beim Vertrieb von entsprechendem Pflanzenmaterial verwendet werden mußte, seiner Zustimmung vorbehalten war. Mit dem Benutzungszwang war somit kein Benutzungsrecht verbunden. Der Schutz der Sortenbezeichnung sollte über eine Eintragung als Marke eröffnet werden. Die Verbindung des Zustimmungserfordernisses mit der Eintragung der Sortenbezeichnung als Marke verdeutlichte, daß der Entwurf 1930 die Sortenbezeichnung als Wirtschaftsgut in den Händen des Züchters als Teil seines gewerblichen Eigentums sah.[176] Die Sortenbezeichnung war damit ausschließlich dem Eigentumsbereich des Züchters zugeordnet.

218 Mit dem Saatgutgesetz 1953 wurde der Schutz des Züchters vom Bezeichnungsschutz auf den Sachschutz verlagert, in dessen Mittelpunkt ein dem Patentschutz nachgebildetes Recht an der Sorte als solcher eingeräumt wurde. Nach § 30 SaatG mußte die geschützte Sorte mit einem Sortennamen (nicht mit Ziffern) bezeichnet und diese beim inländischen Vertrieb verwendet werden (§ 7 SaatG). Für den gewerbsmäßigen Vertrieb außerhalb des Geltungsbereiches des Gesetzes konnte er, mußte aber nicht benutzt werden; es bestand insoweit also kein Benutzungszwang.

219 Nach dem SaatG konnte der Sortenname gleichzeitig ein Wettbewerbsmittel, das heißt Werbemittel sein und zu diesem Zweck Warenzeichenschutz genießen. Der Warenzeicheninhaber durfte jedoch die Benutzung des Sortennamens aufgrund seines identischen Warenzeichens Dritten nicht verbieten, soweit die Benutzung des Sortennamens gesetzlich vorgeschrieben war (§ 7 Abs. 3 SaatG).

---
173 *Kunhardt*, Die UPOV und die Frage der Sortenbezeichnung, UPOV-Veröffentlichung Nr. 341, S. 32.
174 *Kunhardt*, aaO, S. 32 mit Hinweisen auf einzelne nationale Gesetze.
175 GRUR 1930, 244 ff.
176 *Tillmann*, GRUR 1979, 514.

2. Sortenschutzgesetz 1968

Diese in der Praxis bewährte Regelung wurde durch § 8 SortSchG 68 abgeändert. Auf der alten Fassung des Art. 6 Abs. 1e) und des Art. 13 UPOV-Übereinkommen 1961 beruhend, wurde anstelle eines dem Warenzeichenschutzes zugänglichen Sortennamens eine Bezeichnung vorgeschrieben, die nicht gleichzeitig Warenzeichen sein sollte, sondern die Identifizierung der Sorte ermöglichen mußte und damit als deren Gattungsbezeichnung diente.[177] Das UPOV-Übereinkommen 1961 nahm dabei den International Code of Nomenclature of Cultivated Plants (ICNCP)[178] zum Vorbild. Diese Regelungen des ICNCP, die nach Art. 5 ICNCP keinen Gesetzescharakter haben, werden international verschiedentlich freiwillig angewendet (z. B. in der BRD insbesondere für einige Zierpflanzen), wurden jedoch von dem UPOV-Übereinkommen 1961 nicht vollständig übernommen, denn die ICNCP Regeln berücksichtigen die im internationalen Handel üblichen Usancen nicht ausreichend.

220

Der Begriff „Sortenname" wurde durch den übergeordneten Begriff „Sortenbezeichnung" ersetzt, damit nicht nur Namen und reine Phantasiebezeichnungen, sondern auch Kombinationen von Zahlen und Buchstaben zur Bezeichnung der Sorte zugelassen werden konnten.[179] Grund hierfür war, daß erstens die Benutzung von Buchstaben-/Zahlen-Kombinationen in einigen Fachbereichen schon immer üblich war. Zweitens sollte die Möglichkeit bleiben, im Geschäftsverkehr neben der Sortenbezeichnung ein anderslautendes Warenzeichen als Wettbewerbs- bzw. Werbemittel für die betreffende Sorte benutzen zu können (vgl. Art. 13 Abs. 9 UPOV-Übereinkommen 1961). Da es sich bei Warenzeichen wegen des erwünschten Reklamecharakters meistens um stark werbewirksame Phantasiewörter handelt, mußte die Sortenbezeichnung in solchen Fällen schwach, das heißt nicht werbewirksam sein, denn zwei wie Marken wirkende Bezeichnungen hätten nebeneinander keinen Bestand haben können, da sie zu Verwirrungen geführt hätten. Es war die Möglichkeit zu eröffnen, daß der Verkehr Sortenbezeichnung und Marke auseinanderhalten kann. Dies geschah in der Weise, daß als Sortenbezeichnung eine Kennzeichnung gewählt werden konnte, die zwar die Voraussetzung erfüllt, sich von bereits existierenden Sortenbezeichnungen zu unterscheiden und die ihr zukommende Funktion der Identifizierung einer bestimmten Sorte zu erfüllen, andererseits aber nicht in den Bereich eingriff, der einer Marke als Werbemittel innewohnt.[180] Die Sortenbezeichnung mußte also in bezug auf den Werbecharakter zurückstehen, weil ihre Funktion lediglich darin besteht, die geschützte Sorte als solche – ebenso wie nach der revidierten Fassung des Art. 13 des UPOV-Übereinkommens 1968 sowie des jetzt geltenden Art. 20 – von anderen Pflanzen der gleichen oder ähnlichen Art zu unterscheiden, während das Warenzeichen darüber hinaus Wettbewerbs- und Werbefunktion sowie Herkunftsfunktion hat. Letzeres ist häufig bei Warenzeichen der Fall, die für vegetativ vermehrbare Pflanzensorten, insbesondere für Zierpflanzen wie Rosen und Nelken, benutzt werden.

221

Veranlassung für die Möglichkeit, Warenzeichen neben der Sortenbezeichnung zu benutzen, war, in Ländern ohne Sachschutzrechte für Pflanzenzüchtungen, insbesondere ohne Sortenschutzgesetzgebung, einem dort erfolgenden nichtlizenzierten Nachbau (Vermeh-

222

---

177 Zur Frage der übereinkommensgemäßen Umsetzung in das nationale Sortenschutzrecht: kritisch *Tillmann*, GRUR 1979, 516.
178 Vgl. Rdn 204.
179 Vgl. *Schade/Pfanner*, GRUR Int. 1962, 348 ff. zu Art. 13 UPOV-Übereinkommen 1961, Ziff. 2 am Ende und BT-Drs. V/1630 S. 53 zu § 8 Abs. 1.
180 *Wuesthoff*, GRUR Int. 1972, 359.

rung) der in diesen Ländern keinen Sachschutz genießenden Sorten wenigstens durch einen starken Warenzeichenschutz entgegentreten zu können, vorausgesetzt, daß das Warenzeichen sowohl in den Verbandsstaaten als auch in den sachschutzfreien Staaten gleichlautend ist.

223 Wollte jedoch der Sortenschutzinhaber die Sortenbezeichnung gleichzeitig als erzeugerunabhängiges Wettbewerbs- und Werbemittel benutzen, so konnte er Phantasiewörter als Sortenbezeichnung wählen, wie dies größtenteils auf dem Sektor der Ernährungs- und Nutzpflanzen üblich war und ist. Die in die Sortenliste nach dem Saatgutverkehrsgesetz bzw. in den gemeinsamen Sortenkatalogen der EU eingetragenen Sorten waren und sind auch heute noch zum überwiegenden Teil aus Phantasiewörtern bestehende Sortenbezeichnungen.

3. Die Sortenbezeichnung im UPOV-Übereinkommen 1978

224 Art. 13 der 1978 in Genf revidierten Fassung des UPOV-Übereinkommens zeigte eine gewisse Annäherung an die entsprechende Regelung des früheren SaatG. Er unterschied sich von seiner alten Fassung sachlich im wesentlichen zunächst nur dadurch, daß weder das ausdrückliche Hinterlegungsverbot des Abs. 3 der alten Fassung für solche Sortenbezeichnungen bestand, die in einen Verbandsstaat eingetragenen Warenzeichen des Antragstellers für mit der angemeldeten Sorte gleiche oder gleichartige Waren entsprachen, noch ein ausdrückliches Geltungsmachungsverbot für solche Warenzeichen gegenüber den zur Benutzung der Sortenbezeichnung Verpflichteten in der neuen Fassung enthielt.

225 Außerdem war in die revidierte Fassung des Art. 13 nicht das in Abs. 8b) S. 2 seiner ursprünglichen Fassung enthaltene allgemeine Verbot übernommen worden, für eine mit einer Sortenbezeichnung identische oder verwechslungsfähige Bezeichnung nachträglich in einem Verbandsstaat ein Warenzeichen für gleiche oder gleichartige Waren anzumelden und eintragen zu lassen. Art. 13 der revidierten Fassung des UPOV-Übereinkommens 1978 enthielt in seinem Abs. 1 S. 2 insoweit nur eine Anweisung an die Verbandsstaaten, vorbehaltlich älterer Rechte Dritter den freien Gebrauch der eingetragenen Sortenbezeichnung als Gattungsbezeichnung der Sorte in Verbindung mit dieser sicherzustellen. Die revidierte Fassung des Art. 13 überließ es also den einzelnen Verbandsstaaten, welche Regelung sie diesbezüglich vorsehen wollten.

226 Nicht mehr enthalten war schließlich in der revidierten Fassung des Art. 13 dessen früherer Abs. 8a) (Verbot der Benutzung einer eingetragenen Sortenbezeichnung in einem Verbandsstaat als Sortenbezeichnung einer anderen Sorte derselben botanischen oder einer verwandten Art). Die Weglassung dieser Bestimmung beruhte offenbar darauf, daß dieser Regelungsbereich entsprechend Art. 13 Abs. 1 S. 2 der nationalen Gesetzgebung der Verbandsstaaten überlassen wurde.

227 Im übrigen enthielt Art. 13 der revidierten Fassung von 1978 unter Straffung des ursprünglichen Wortlautes lediglich Umstellungen in seinem Aufbau und redaktionelle Änderungen, die aber keinen Wandel des sachlichen Gehalts dieser Bestimmung darstellten.

4. Die Sortenbezeichnung im UPOV-Übereinkommen 1991

Im UPOV-Übereinkommen 1991 ist der Sortenbezeichnung der Art. 20 gewidmet. Neben redaktionellen Änderungen, die im wesentlichen bedingt sind durch die Begriffsbestimmungen „Vertragspartei" und „Behörde" und einer Aufgliederung des Regelungsinhaltes des Art. 20 Abs. 1, wurde im Vergleich mit Art. 13 UPOV-Übereinkommen 1978 in Abs. 5 die Verpflichtung der Erteilungsbehörde gestrichen, die vom Anmelder benannte Sortenbezeichnung bei ihrer Geeignetheit einzutragen. Eine inhaltliche Änderung ist damit nicht verbunden. Demgegenüber ist im S. 3 des Abs. 5 nunmehr die Pflicht der Erteilungsbehörde verankert, die dann, wenn feststeht, daß die vorgeschlagene Sortenbezeichnung ungeeignet ist, den Züchter auffordern muß, eine andere Sortenbezeichnung vorzuschlagen.

228

IV. Die über das UPOV-Übereinkommen hinausgehenden Regelungen des SortG

Gegenüber der bis dahin bezüglich der Sortenbezeichnung bestehenden Gesetzeslage wurden im SortG 1985 Änderungen aufgenommen, die über die Änderungen des Art. 13 der 1978 in Genf revidierten Fassung des UPOV-Übereinkommens hinausgingen. Darüber hinaus wurde durch das Gesetz zur Änderung des Sortenschutzgesetzes vom 19. Dezember 1997 § 7 Abs. 2 Nr. 3 SortG inhaltlich geändert. Sortenbezeichnungen, die ausschließlich aus Zahlen bestehen, können nunmehr für Sorten eingetragen werden, sofern diese ausschließlich für die fortlaufende Erzeugung einer anderen Sorte bestimmt sind. Das deutsche Gesetz übernimmt damit die in Art. 20 Abs. 2 des UPOV-Übereinkommens 1991 eröffnete Möglichkeit, Zahlen und Zahlenkombinationen als Sortenbezeichnung zuzulassen, soweit dies einer feststehenden Praxis für die Bezeichnung von Sorten entspricht. Da in einigen Mitgliedstaaten für Erbkomponenten zur Erzeugung von Hybridsaatgut ausschließlich aus Zahlen bestehende Sortenbezeichnungen verwendet werden, soll den Züchtern ermöglicht werden, die dort festgesetzten Bezeichnungen zu übernehmen.[181]

229

V. Anmeldung der Sortenbezeichnung

Die nach § 1 Abs. 1 Nr. 5 SortG als Voraussetzung für die Erteilung des Sortenschutzes notwendige Angabe einer Sortenbezeichnung obliegt nach § 22 Abs. 2 S. 1 SortG bzw. Art. 50 Abs. 3 EGSVO dem Antragsteller (zu den Ausnahmen vgl. § 30 Abs. 3 S. 2 SortG). Die Sortenbezeichnung muß auf einen besonderen Vordruck angegeben werden, der in zweifacher Ausfertigung beim BSA einzureichen ist (§ 1 Abs. 1 und 2 BSAVfV). Wegen der Angabe einer sogenannten vorläufigen Sortenbezeichnung wird auf Rdn 295 verwiesen.

230

Der Antragsteller wird die Auswahl der Sortenbezeichnung unter Berücksichtigung des § 7 Abs. 2 und 3 SortG bzw. Art. 63 Abs. 3 und 4 EGSVO treffen. Im Gegensatz zu § 8 SortSchG 68, der eine ausdrückliche Aufzählung der Bestandteile enthielt, aus denen eine Sortenbezeichnung bestehen kann, erwähnt § 7 Abs. 2 SortG die abschließenden Aus-

231

---
181 BT-Drs. 72/97, S. 20.

schließungsgründe für eine Sortenbezeichnung,[182] während § 7 Abs. 3 SortG unter den dort genannten Bedingungen eine bestimmte Sortenbezeichnung vorgibt, um innerhalb des Verbandes für dieselbe Sorte auch die gleiche Sortenbezeichnung zu gewährleisten. Zugleich sind auch dort Ausnahmen vorgesehen, wenn der Grundsatz der Einheitlichkeit aus den dort genannten Gründen nicht durchsetzbar ist.

VI. Formulierung der Sortenbezeichnung

232 Der Antragsteller muß sich bei der Auswahl der Sortenbezeichnung zunächst deren Hauptzweck vor Augen halten, nämlich ihre gesetzliche Funktion, die Sorte als solche eindeutig zu identifizieren, das heißt kenntlich zu machen, um welche Sorte es sich handelt.

233 Gleichzeitig wird er bei der Auswahl der Sortenbezeichnung zu überlegen haben, ob die von ihm anzugebende Sortenbezeichnung neben der nach Art. 20 Abs. 2 S. 1 UPOV-Übereinkommen vorgeschriebenen Identifizierungsfunktion (§ 7 Abs. 2 S. 1 Nr. 1 SortG spricht insoweit von Kennzeichnung der Sorte als solcher) gleichzeitig Werbefunktion übernehmen soll.

234 Ist letzteres beabsichtigt, so ist weiterhin zu ermitteln, ob Nachteile dadurch entstehen können, daß ein als Sortenbezeichnung ausgewähltes und werbewirksames starkes Phantasiewort aufgrund seiner Bestimmung als „Gattungsbezeichnung" der Sorte auch nach Schutzrechtsablauf dem Sortenschutzinhaber in der Regel verloren geht, so daß er diese Sortenbezeichnung nicht für eine andere Sorte wieder benutzen kann. Denn gemäß § 14 Abs. 1 S. 2 SortG bzw. Art. 17 Abs. 3 EGSVO muß die Sortenbezeichnung auch nach Ablauf des Sortenschutzes gemäß § 13 SortG bzw. Art. 19 EGSVO wegen Erreichung der gesetzlichen Schutzdauer weiterhin im Verkehr für Vermehrungsmaterial der vormals geschützten Sorte verwendet werden, es sei denn, es liegt ein Fall des § 7 Abs. 2 S. 1 Nr. 4 letzter HS SortG vor.[183]

235 Der Verlust der Sortenbezeichnung kann auch schon nach wenigen Jahren Schutzdauer eintreten, wenn der Sortenschutzinhaber vorzeitig auf den Sortenschutz, z. B. aus wirtschaftlichen Gründen, verzichtet oder wenn die übrigen in § 31 SortG aufgeführten Gründe für die Beendigung des Sortenschutzes vorliegen.

236 Für Sorten auf dem Sektor der Ernährungs- und Nutzpflanzen ziehen die Anmelder diese Gesichtspunkte meist nicht genügend in Betracht, so daß auf diesem Sektor vielfach Phantasiewörter als Sortenbezeichnung angemeldet werden, die selbst wenn sie später als Marke eingetragen werden, wegen § 8 Abs. 2 Nr. 9 i. V. m. § 50 Abs. 1 Nr. 3 MarkenG kein rechtsbeständiges Verbotsrecht eröffnen. Nur eine Bezeichnung, die vor ihrer Anmeldung als Sortenbezeichnung zur Markeneintragung angemeldet worden ist, führt zu einer rechtsbeständigen Marke, aus der allerdings gegenüber den gemäß § 14 Abs. 1 SortG zur Benutzung der Sortenbezeichnung Verpflichteten gemäß § 14 Abs. 2 SortG kein Verbotsrecht geltend gemacht werden kann, sondern nur gegenüber Dritten, die die Marke für Pflanzen(material) einer anderen als der geschützten Sorte verwenden.

237 Zu beachten ist auch, daß eine Sortenbezeichnung, die aus einem Phantasiewort besteht, sich allmählich zum Wettbewerbs- und Werbemittel entwickeln kann, damit also die Funk-

---

182 Vgl. nachfolgende Rdn 240–277.
183 Näheres vgl. unten, Rdn 259 f.; eine vergleichbare Ausnahmebestimmung fehlt in der EGSVO.

tion einer Marke übernehmen würde und infolgedessen seine Aufgabe als Gattungsbezeichnung nicht mehr zu erfüllen vermag. Eine Gattungsbezeichnung soll ja gerade nicht auf einen bestimmten Herstellungsbetrieb hinweisen, wie es eine wesentliche Aufgabe der Marke ist (Herkunftsfunktion der Marke).

Außerhalb des Ernährungs- und Nutzpflanzensektors, insbesondere auf dem Zierpflanzensektor, werden für den Vertrieb der Sorten zweckmäßigerweise Phantasiebezeichnungen als Werbe- bzw. Wettbewerbsmittel reserviert, um sie als Marken eintragen zu lassen, die neben der Sortenbezeichnung verwendet werden. Zierpflanzen, insbesondere Blumen, sind in zunehmenden Maße ebenso wie Ernährungs- und Nutzpflanzen ein Exportartikel bzw. werden unter Lizenz weltweit vermehrt, so daß in diesen Fällen in allen relevanten Ländern eine gleichlautende Marke als Wettbewerbs- und Werbemittel erwünscht ist. Hier muß also die Sortenbezeichnung so gestaltet sein, daß daneben eine anderslautende Marke benutzt werden kann, was nach Art. 20 Abs. 8 des UPOV-Übereinkommens zulässig ist. § 7 des geltenden SortG bestimmt im Gegensatz zu § 8 Abs. 1 des SortSchG 68 nicht mehr, aus welchen Bestandteilen eine eintragbare Sortenbezeichnung bestehen kann, sondern zählt in den Abs. 2 und 3 nur noch die Fälle auf, die einer Eintragung als Sortenbezeichnung entgegenstehen (sog. Ausschließungsgründe). Hierfür gibt der Gesetzgeber in der BT-Drs. 10/816, S. 19. li. Sp. folgende Begründung: 238

„Indem lediglich die Ausschließungsgründe genannt werden, sollen im übrigen die Grundsätze zur Bildung von Sortenbezeichnungen für eine internationale Abstimmung offengehalten werden. Das ist deshalb erforderlich, weil nach Art. 13 Abs. 5 des UPOV-Übereinkommens (jetzt Art. 20 Abs. 5; Anmerkung der Verfasser) eine Sorte in allen Verbandsstaaten unter derselben Sortenbezeichnung geschützt werden soll, soweit nicht ein Verbandsstaat feststellt, daß die Bezeichnung in seinem Gebiet ungeeignet ist. Ebenso soll die im Bereich des Sortenschutzes für eine Sorte festgesetzte Sortenbezeichnung auch für die Zulassung der Sorte nach dem Saatgutverkehrsgesetz maßgeblich sein. Auch nach den Richtlinien über die gemeinsamen Sortenkataloge soll eine Sorte unter derselben Sortenbezeichnung in die Sortenlisten und die entsprechenden Verzeichnisse der Mitgliedstaaten eingetragen werden, soweit die Bezeichnung nicht in einem Mitgliedstaat als ungeeignet festgestellt wird. Angesichts dieser weitreichenden internationalen Auswirkungen der Festsetzung einer Sortenbezeichnung soll darauf verzichtet werden, durch Gesetz ausdrücklich Regeln für die Bildung von Sortenbezeichnungen vorzusehen, wie sie bisher in § 8 Abs. 1 SortSchG 68 für bestimmte Kombinationen vorgesehen waren. Derartige Kombinationen sollen dadurch nicht allgemein ausgeschlossen werden". 239

Bei der Formulierung der Sortenbezeichnung sind deshalb folgende in § 7 Abs. 2 SortG genannte Ausschließungsgründe zu beachten:

1. Ungeeignetheit aus sprachlichen Gründen (§ 7 Abs. 2 S. 1 Nr. 1 SortG; Art. 63 Abs. 3b) EGSVO)

Als ersten Ausschließungsgrund für die Eintragung einer Sortenbezeichnung nennt Abs. 2 des § 7 SortG den Fall, daß eine Bezeichnung zur Kennzeichnung der angemeldeten Sorte „insbesondere aus sprachlichen Gründen nicht geeignet ist". Dem entspricht Art. 63 Abs. 3b) EGSVO. Dieser Ausschließungsgrund wurde erstmals in das SortG 85 eingefügt. Der Ausschließungsgrund der Ungeeignetheit aus sprachlichen Gründen bestand nach § 8 Abs. 3 des 240

SortSchG 68 nur im Falle der Übernahme einer in einem anderen Verbandsstaat für die gleiche Sorte angemeldeten oder eingetragenen Sortenbezeichnung.

241 Von dem Ausschließungsgrund der sprachlichen Ungeeignetheit sollten nach der Gesetzesbegründung zum SortG 85 insbesondere diejenigen Fälle erfaßt werden, in denen das vom Antragsteller als Sortenbezeichnung vorgeschlagene Kennzeichen mangels Aussprechbarkeit oder Merkbarkeit die Funktion einer Sortenbezeichnung nicht wirksam erfüllen kann.[184] Wann eine als Sortenbezeichnung angegebene Kennzeichnung aus sprachlichen Gründen ungeeignet ist, ist mit Hilfe der Anleitung 2 der UPOV-Empfehlungen für Sortenbezeichnung vom 16. Oktober 1987 zu untersuchen. Die erwähnte UPOV-Anleitung hat folgenden Wortlaut:

„Anleitung 2"

(1) Ungeeignet als Gattungsbezeichnung und daher auch als Sortenbezeichnung sind Bezeichnungen, die ein Durchschnittsbenutzer in Sprache oder Schrift weder erkennen noch wiedergeben kann.

(2) Für Sorten, deren Vermehrungsmaterial ausschließlich innerhalb eines begrenzten fachmännisch vorgebildeten Kreises vertrieben wird wie insbesondere Elternsorten für die Erzeugung von Hybridsorten, tritt an die Stelle des Durchschnittsbenutzers der diesem Kreis zugehörende Durchschnittsfachmann.

242 Um die Zielsetzung, in allen dem UPOV-Übereinkommen angehörenden Staaten eine möglichst einheitliche Sortenbezeichnung zu gewährleisten, auch zu erreichen, ist dieser Ausschlußgrund nur sehr restriktiv anzuwenden. Ein Ausschlußgrund dürfte insbesondere dann vorliegen, wenn als Gattungsbezeichnung komplizierte Schriftzeichen aus anderen Sprachen wie chinesische Schriftzeichen oder anderer mehr bildlich ausgestalteter Schriften als Sortenbezeichnung ausgewählt werden.

2. Keine Unterscheidungskraft (§ 7 Abs. 2 S. 1 Nr. 2 SortG; Art. 63 Abs. 3d) EGSVO)

243 Der Ausschließungsgrund der mangelnden Unterscheidungskraft war in ähnlicher Formulierung bereits in § 7 Abs. 2 Nr. 1 des SortSchG 68 enthalten. Mit dieser Bestimmung wurden Bezeichnungen als Sortenbezeichnungen ausgeschlossen, die die Unterscheidung der Sorte nicht ermöglichten. Durch die andere Formulierung dieses Ausschließungsgrundes in § 7 Abs. 2 S. 1 Nr. 2 des geltenden SortG, die auf Art. 13 Abs. 2 S. 4 des UPOV-Übereinkommens 1978 beruhte (jetzt Art. 20 Abs. 2 S. 4 UPOV-Übereinkommen 1991) ist offenbar keine sachliche Änderung gegenüber dem alten Recht beabsichtigt gewesen, so daß die zum alten Recht vom deutschen Gesetzgeber gegebene Begründung[185] nach wie vor Gültigkeit hat. Danach braucht die Sortenbezeichnung keine Unterscheidungskraft im Sinne des § 8 Abs. 2 Nr. 1 MarkenG zu besitzen, weil sie die Gattungsbezeichnung der Sorte ist und nicht als Herkunftskennzeichen dient. Sie muß lediglich gewährleisten, daß die Sorte von anderen Sorten hinsichtlich ihrer Bezeichnung unterschieden werden kann. Neben den üblichen Kombination von Namen und Buchstaben mit Zahlen[186] können nunmehr auch Zahlen als

---

[184] BT-Drs. 10/816, S. 19, li. Sp. u.
[185] Siehe BT-Drs. V/1630, S. 53 zu § 8.
[186] Vgl. auch BT-Drs. 10/816, S. 19, li. Sp. zu § 7 Abs. 1 a. E.

Sortenbezeichnungen eingetragen werden, soweit sie für eine Sorte Verwendung finden, die ausschließlich für die fortlaufende Erzeugung einer anderen Sorte bestimmt ist.[187]

Bei der Prüfung, ob die notwendige Unterscheidungskraft gegeben ist, sind auch die nachstehend abgedruckten Anleitungen 1, 3 und 5 der neuen UPOV-Empfehlungen zu berücksichtigen. 244

„Anleitung 1"

Ungeeignet als Gattungsbezeichnung und daher auch als Sortenbezeichnung sind Bezeichnungen, die nicht klar genug als Sortenbezeichnung erkannt werden. Dies kann besonders dann der Fall sein, wenn Bezeichnungen anderen Angaben ähnlich sind oder mit diesen verwechselt werden können, insbesondere mit Angaben, die üblicherweise im Handel gebraucht werden.

„Anleitung 3"

Ungeeignet als Gattungsbezeichnung und daher auch als Sortenbezeichnung sind Bezeichnungen, für die ein Freihaltebedürfnis besteht. Dies kann besonders der Fall sein bei Bezeichnungen, die ausschließlich oder überwiegend als Angaben des allgemeinen Sprachgebrauchs bestehen und deren Anerkennung als Sortenbezeichnung Dritte hindern würde, sie beim Vertrieb von Vermehrungsmaterial anderer Sorten zu benutzen.

„Anleitung 5"

Ungeeignet als Gattungsbezeichnung und daher auch als Sortenbezeichnung sind Namen und Abkürzungen internationaler Organisationen, die nach internationalen Übereinkommen von der Verwendung als Fabrik- oder Handelsmarke oder als Bestandteile solcher Marken ausgeschlossen sind. Auch Sortenbezeichnungen, die aus einer Kombination mehrerer Bestandteile bestehen, insbesondere Kombinationen mit Zahlen bzw. Ziffern, sind als unterscheidungskräftig im Sinne der Nr. 2 anzusehen.

Die Eignung von Buchstaben- und Zahlenkombinationen als Sortenbezeichnungen im nationalen Recht war auch durch den Bericht der Abgeordneten Sander und Dr. Ritgens zum SortG 68[188] und zudem durch den zum damaligen Recht ergangenen Beschluß des BPatG vom 9.3.1975[189] hinsichtlich Sortenbezeichnungen aus Buchstaben/Zahlenkombinationen sowie den am gleichen Tag vom BPatG erlassenen Beschluß[190] hinsichtlich der Sortenbezeichnungen aus Wort(Silben)/Zahlenkombinationen bestätigt worden. 245

3. Sortenbezeichnungen ausschließlich aus Zahlen (§ 7 Abs. 2 S. 1 Nr. 3 SortG)

Als dritten Ausschließungsgrund für die Eintragung einer Sortenbezeichnung nennt Abs. 2 S. 1 Nr. 3 den Fall, daß eine Sortenbezeichnung nicht ausschließlich aus Zahlen bestehen darf, es sei denn, die Sortenbezeichnung wird für eine Sorte benutzt, die ausschließlich für die fortlaufende Erzeugung einer anderen Sorte bestimmt ist. Ein vergleichbarer Ausschließungsgrund fehlt in der EGSVO. Entsprechende Sortenbezeichnungen können aber von Art. 63 Abs. 3b) EGSVO erfaßt sein. 246

---

187 Vgl. nachfolgend Rdn 246.
188 Vgl. BT-Drs. 7/2706, S. 2 re. Sp. und Nr. 4.
189 Az.: 33 W (pat) 2/73, GRUR 1975, 449.
190 Az.: 33 W (pat) 2/74.

Die vorgenannte Einschränkung des Ausschließungsgrundes im deutschen Recht ist in das SortG 1997 neu aufgenommen worden. In der Gesetzesbegründung zum SortG 85, das Zahlen ohne Ausnahme von der Eintragung als Sortenbezeichnung ausschloß, vertrat der deutsche Gesetzgeber die Auffassung, daß es sich bei dem Ausschluß von Zahlen um einen besonderen Fall der fehlenden Unterscheidungskraft handele. Dadurch sollte zum Ausdruck gebracht werden, daß ein Züchter, der eine nur aus Zahlen bestehende Sortenbezeichnung angab, nicht mit dem Argument gehört werden konnte, die von ihm gewählten Zahlen hätten aufgrund besonderer Umstände Unterscheidungskraft.[191] Diese Regelung blieb ebenso hinter Art. 13 Abs. 2 S. 2 UPOV-Übereinkommen 1978 zurück wie der nunmehr ergänzte Abs. 2 S. 1 Nr. 3 SortG nicht dem Art. 20 Abs. 2 S. 2 UPOV-Übereinkommen 1991 entspricht. Dort ist auch die Eintragung von ausschließlich aus Zahlen bestehenden Sortenbezeichnungen vorgesehen, soweit dies eine feststehende Praxis für die Bezeichnung von Sorten ist. Da es sich bei der Vorschrift im UPOV-Übereinkommen um eine eindeutig bestimmbare Vorgabe in einem von der Bundesrepublik Deutschland ratifizierten Übereinkommen handelt, ist Art. 20 Abs. 1 UPOV-Übereinkommen unmittelbar geltendes Recht.[192] Die Ausnahme zum grundsätzlichen Ausschluß von Zahlen als Sortenbezeichnung in der jetzt geltenden Fassung des SortG ist nur insofern mit der Vorgabe des UPOV-Übereinkommens deckungsgleich, sofern sich die in der Praxis übliche Verwendung von Zahlen als Sortenbezeichnung im Sinne des Art. 20 Abs. 2 S. 2 UPOV-Übereinkommen 1991 auf Sorten bezieht, die ausschließlich für die fortlaufende Erzeugung einer anderen Sorte bestimmt ist, wie dies z. B. beim Mais der Fall ist.

247 Die Bundesrepublik Deutschland hat durch die von ihr am 25. Juni 1998 hinterlegte Ratifizierungsurkunde das UPOV-Übereinkommen 1991 in seiner gegenwärtigen Fassung als bindend anerkannt. Gemäß Art. 37 Abs. 2 des Übereinkommens ist dieses in seiner revidierten Fassung in Kraft getreten und damit innerstaatliches Recht, das vom BSA bei seiner Erteilungspraxis anzuwenden ist.

4. Übereinstimmung oder Verwechselbarkeit mit bestehenden Sortenbezeichnungen (§ 7 Abs. 2 S. 1 Nr. 4 SortG Art. 63 Abs. 3c) EGSVO)

248 Weitere Ausschließungsgründe für die Eintragung einer Bezeichnung als Sortenbezeichnung sind nach § 7 Abs. 2 S. 1 Nr. 4 SortG bzw. Art. 63 Abs. 3c) EGSVO
i) deren Übereinstimmung oder Verwechselbarkeit mit einer in einem amtlichen Sortenverzeichnis eines Mitgliedstaates (s. § 2 Nr. 5 SortG) oder Verbandsstaates (s. § 2 Nr. 6 SortG) bereits eingetragenen oder eingetragen gewesenen Bezeichnung einer Sorte der selben oder einer verwandten Pflanzenart oder
ii) wenn Vermehrungsmaterial (s. § 2 Nr. 2 SortG) einer solchen in i) genannten Sorte bereits vor dem Zeitpunkt der Anmeldung unter der Bezeichnung in den Verkehr gebracht worden ist (s. § 2 Nr. 3 SortG).

---

[191] BT-Drs. 10/816, S. 19, re. Sp. o.
[192] So bereits *Tillmann* zum gleichlautenden Art. 13 Abs. 3 und 8 UPOV-Übereinkommen 1978, GRUR 1979, 516.

Diese Ausschließungsgründe bestehen allerdings nach den beiden letzten Halbsätzen von 249
Abs. 2 S. 1 Nr. 4 SortG bzw. Abs. 3c) EGSVO dann nicht, wenn die Sortenbezeichnung der
älteren nach i) und/oder ii) entgegenstehenden Sorte nicht mehr eingetragen ist und diese
Sorte nicht mehr angebaut wird sowie ihre Sortenbezeichnung keine größere Bedeutung erlangt hat. Wegen des in Abs. 2 S. 1 Nr. 4 genannten Begriffs „verwandte Art" siehe unten
Rdn 261–265.

Abs. 2 S. 1 Nr. 4 entspricht § 8 Abs. 2 Nr. 2 des SortSchG 68 und beruht auf dem sachlich 250
unveränderten Art. 13 Abs. 2 S. 4 der revidierten Fassung des UPOV-Übereinkommens 1978
(jetzt Art. 20 Abs. 2 S. 4), enthält aber diesem gegenüber eine nicht unerhebliche Erweiterung. Das UPOV-Übereinkommen 1978 sah nicht die Möglichkeit des Beitritts von
zwischenstaatlichen Organisationen vor und ermöglichte somit auch keinen Beitritt der
Europäischen Gemeinschaft. Um andererseits den Grundsatz der Einheitlichkeit zu wahren,
wurde über den Art. 13 Abs. 2 S. 4 UPOV-Übereinkommen 1978 hinaus vorgesehen, daß
nicht nur die oben unter a) und b) genannten Sortenbezeichnungen und Sorten aus Verbandsstaaten beim Vergleich mit neu angemeldeten Sortenbezeichnungen zu berücksichtigen waren, sondern auch entsprechende Sortenbezeichnungen und Sorten aus den
Mitgliedstaaten der EG. Insoweit wurde das Gesetz inhaltlich auch an § 35 Abs. 2 Nr. 4 und
Abs. 3 des SaatG angepaßt. Damit ist sichergestellt, daß auch Sortenbezeichnungen aus den
Mitgliedstaaten der Gemeinschaft zu berücksichtigen sind, die nicht dem UPOV-Übereinkommen angehören.

Zu den Ausschließungsgründen gemäß Abs. 2 S. 1 Nr. 4 ist außerdem noch auf die „An- 251
leitung 8" der bereits erwähnten UPOV-Empfehlungen über Sortenbezeichnungen zu verweisen, die wie folgt lautet:
„Anleitung 8"
(1) Ungeeignet wegen Verwechselbarkeit und/oder wegen Irreführung ist eine Bezeichnung, die mit einer Bezeichnung identisch oder einer Bezeichnung ähnlich ist, unter der früher eine Sorte der gleichen botanischen oder einer verwandten Art bekannt gemacht oder
amtlich eingetragen oder unter der Vermehrungsmaterial einer solchen Sorte vertrieben
worden ist.
(2) Abs. 1 ist nicht anzuwenden, wenn die früher bekanntgemachte oder eingetragene
oder bereits vertriebene Sorte nicht mehr angebaut wird und ihre Sortenbezeichnung keine
größere Bedeutung erlangt hat, es sei denn, daß besondere Umstände die Irreführungsgefahr
begründen.

a) Abstand zu bestehenden Sortenbezeichnungen

Die angemeldete Sortenbezeichnung darf mit einer eingetragenen oder eingetragen ge- 252
wesenen Sortenbezeichnung weder übereinstimmen noch verwechselbar sein, soweit diese
Bezeichnung eine Sorte derselben oder einer verwandten Art betrifft. Sie muß gegenüber
solchen Sortenbezeichnungen also einen die Verwechselbarkeit ausschließenden Abstand
wahren.

Bei der Prüfung auf Verwechselbarkeit mit einer bereits eingetragenen oder eingetragen 253
gewesenen Sortenbezeichnung bedient sich das BSA eines phonetischen Computerprogramms. Bei dieser Prüfung muß neben einem rein äußerlichen Buchstaben- bzw. Silben-,
Wort- oder Zahlenvergleich auch ein etwa vorhandener Sinngehalt berücksichtigt werden.

Da es sich bei der Verwechselbarkeit um ein überwiegend sprachliches Problem handelt, das auch wesentlich vom Sprachempfinden abhängt, reicht ein reiner Computervergleich nicht aus. Die Computerresultate können also nur die Grundlage für die nach der weiteren Prüfung zu treffende Entscheidung sein, die nicht durch die Computer ersetzt werden kann.

254 An den Abstand zu bestehenden Sortenbezeichnungen sind insbesondere auch deshalb geringere Anforderungen zu stellen als an die Unterscheidungskraft von Marken im Markeneintragungsverfahren, weil der Marke – im Gegensatz zur Sortenbezeichnung – Wettbewerbsfunktion zukommt, so daß sich bei Warenzeichen die Folgen einer Verwechslung wirtschaftlich einschneidender auswirken als bei Sortenbezeichnungen; vgl. hierzu oben Rdn 213–215.

b) Territorialer Vergleichsbereich der Sortenbezeichnung

255 § 7 Abs. 2 S. 1 Nr. 4 SortG erweitert den Bereich der territorial zum Vergleich der angemeldeten Sortenbezeichnung mit schon eingetragenen oder eingetragen gewesenen Sortenbezeichnungen für Sorten derselben oder einer verwandten Art zu berücksichtigenden Bezeichnungen. Heranzuziehen sind auch Bezeichnungen, die in anderen Mitgliedstaaten der EG oder einem UPOV-Staat in einem amtlichen Verzeichnis für Sorten eingetragen sind oder eingetragen waren. Demnach ist die Eintragung einer angemeldeten Sortenbezeichnung nicht nur dann ausgeschlossen, wenn sie identisch oder verwechselbar ist mit einer in der BRD oder einem anderen Verbandsmitglied in einem amtlichen Verzeichnis von Sorten eingetragenen oder eingetragen gewesenen Sortenbezeichnung, sondern auch dann, wenn dies im Verhältnis zu anderen Mitgliedstaaten der EG oder der UPOV der Fall ist, nicht dagegen im Verhältnis zu anderen Staaten, die weder Verbandsmitglied noch Mitgliedstaaten der EG sind. Der Regelungsinhalt der vergleichbaren Vorschrift Art. 63 Abs. 3c) EGSVO beschränkt sich naturgemäß auf Sortenbezeichnungen in UPOV-Staaten außerhalb der EG.

256 Ein amtliches Verzeichnis von Sorten im Sinne von Abs. 2 S. 1 Nr. 4 kann sowohl eine Sortenschutzrolle als auch eine Sortenliste z. B. nach dem SaatG oder ein entsprechendes amtliches Sortenschutzregister oder eine amtliche Sortenliste in einem anderen Verbandsstaat oder Mitgliedstaat der EG sein (z. B. die gemeinsamen europäischen Sortenkataloge). Das Verzeichnis muß hier ein „amtliches" sein im Gegensatz zu einem öffentlichen Verzeichnis von Sorten im Sinne von § 3 Abs. 2 SortG, der die Unterscheidbarkeit einer Sorte betrifft.

257 Die frühere Eintragung einer solchen Sorte ist allerdings unbeachtlich für die Eintragung einer angemeldeten Sortenbezeichnung, wenn die erste – kumulativ – nicht mehr eingetragen ist, die Sorte nicht mehr angebaut wird und ihre Sortenbezeichnung keine größere Bedeutung erlangt hat.

258 Neben dem Ausschließungsgrund der (vormals) nur eingetragenen identischen oder verwechselbaren Sortenbezeichnung in einem amtlichen Verzeichnis eines Verbandsmitgliedes oder Mitgliedstaates der EG nennt § 7 Abs. 2 S. 1 Nr. 4 auch den bereits erfolgten Vertrieb von Vermehrungsmaterial einer solchen Sorte, es sei denn, daß die Sorte nicht mehr eingetragen ist, nicht mehr angebaut wird und ihre Sortenbezeichnung keine größere Bedeutung erlangt hat. Da diese Ausnahmeregelung davon ausgeht, daß die Sorte in einem amtlichen Verzeichnis eingetragen ist oder war, ist für die mangelnde Eintragungsfähigkeit der angemeldeten Sortenbezeichnung nach dem Regelungszusammenhang unerheblich, ob Vermeh-

rungsmaterial der eingetragenen Sorte in den Verkehr gebracht worden ist. Die Bedeutung des Eintragungshindernisses, daß Vermehrungsmaterial einer solchen Sorte bereits in den Verkehr gebracht worden ist, ist deshalb nicht zu erschließen. Im Regelungszusammenhang des § 7 SortG ist sie jedenfalls überflüssig und daher bei der nächsten Revision zu streichen.

c) Wiederholte Eintragung einer Sortenbezeichnung für eine andere Sorte (§ 7 Abs. 2 S. 1 Nr. 4 letzter HS SortG; Art. 63 Abs. 3c) letzter HS EGSVO)

Aus der oben erwähnten Einschränkung des Ausschließungsgrundes der vormals eingetragenen identischen oder verwechselbaren Sortenbezeichnung im Sinne des Abs. 2 S. 2 Nr. 4 SortG bzw. Abs. 3c) EGSVO folgt, daß dann, wenn die Sorte nicht angebaut wird und ihre Sortenbezeichnung keine größere Bedeutung erlangt hat, diese für eine andere Sorte erneut eingetragen werden kann. 259

Es kann gelegentlich vorkommen, daß eine Sortenbezeichnung – insbesondere, wenn es sich um eine Bezeichnung handelt, der neben der Kennzeichnungs- bzw. Identifizierungsfunktion auch eine Wettbewerbsfunktion zugewiesen worden ist – nach Ablauf der Schutzdauer der zugehörigen Sorte einer anderen, später neu gezüchteten Sorte als Sortenbezeichnung zugeordnet werden soll (vgl. § 14 Abs. 1 S. 2 SortG). Hierbei ist vor allem an den Fall gedacht, daß der Sortenschutzinhaber auf den Sortenschutz vorzeitig verzichtet, weil eine Aufrechterhaltung aus wirtschaftlichen Gründen schon nach wenigen Schutzjahren nicht mehr lohnt. Wenn es sich dabei um eine brauchbare und für eine neue Sorte geeignete Sortenbezeichnung handelt (neue Sortenbezeichnungen zu finden, ist wegen des Überquellens der Sortenschutzrolle und der Sortenliste sowie aufgrund der zunehmenden Markeneintragungen in der Klasse 31 äußerst schwer geworden), so besteht ein Interesse an der Wiederverwendung von frei gewordenen Sortenbezeichnungen. Voraussetzung für die Wiederverwendung ist: 260

– Ein Schutzrecht darf unter der Sortenbezeichnung nicht mehr eingetragen sein. Das ist mit Ablauf der Schutzrechtsdauer der Fall oder wenn eine rechtskräftige Beendigung des Sortenschutzes gemäß § 31 SortG bzw. Art. 20, 21 EGSVO erfolgt ist.
– Die Sorte darf nicht mehr angebaut werden. Der Begriff „Anbau" wird im SortG zwar z. B. in § 2 Nr. 2 SortG verwendet, nicht jedoch definiert. Bei dem in § 7 Abs. 2 S. 1 Nr. 4 SortG gebrauchten Wort „anbauen" einer Sorte kann es sich nach dem Sinngehalt der Bestimmung nur um ein gewerbsmäßiges Anbauen handeln. Durch diesen Begriff wird zwar das Vermehren der Sorte erfaßt, nicht aber das Inverkehrbringen derselben, wie es in § 2 Nr. 3 SortG definiert ist. Eine Sorte, die nicht mehr angebaut wird, kann aber auch nicht mehr in den Verkehr gebracht werden, so daß eine Anwendung des § 14 Abs. 1 S. 1 und 2 SortG bzw. Art. 19 EGSVO (Verpflichtung zur Benutzung der Sortenbezeichnung beim Inverkehrbringen ihres Vermehrungsmaterials) in der Regel ausscheidet. Gleiches gilt auch für den Begriff „fortbesteht" in der EGSVO.
– Die Sortenbezeichnung darf keine größere Bedeutung gehabt haben. Sie darf also nicht wie eine Marke in das Gedächtnis der Personen der einschlägigen Verkehrskreise als Bezeichnung einer bestimmten Sorte so eingeprägt sein, daß bei ihrer Wiederverwendung der Eindruck entstehen könnte, es handele sich um die alte Sorte. Maßgeblich hierfür ist nicht die Auffassung der Erteilungsbehörde, sondern die der einschlägigen Verkehrskreise, denn hier handelt es sich um eine etwa vorhandene Aus-

strahlung der Bezeichnung innerhalb der Fachkreise. Notfalls müssen zur Klärung dieser Frage die Fachverbände gutachtlich gehört werden.

d) Sachlicher Vergleichsbereich und Klassenliste (§ 7 Abs. 2 S. 1 Nr. 4 i. V. m. S. 2 SortG; Art. 63 Abs. 5 i. V. m. Abs. 3e) EGSVO)

261 Nach Abs. 2 S. 1 Nr. 4 SortG bzw. Art. 63 Abs. 3c) EGSVO steht einer angemeldeten Sortenbezeichnung nur eine solche voreingetragene Sortenbezeichnung entgegen, die für eine Sorte eingetragen ist oder war, die zu derselben Art wie die angemeldete Sorte gehört oder zu einer mit dieser verwandten Art (sachlicher Vergleichsbereich).

262 Während bei der Zugehörigkeit der zu vergleichenden Sorten zur gleichen Art keine Auslegungsfragen entstehen können, ist dann, wenn die zu vergleichenden Sorten verwandten Arten angehören, zu klären, welche Arten als verwandt im Sinne von Abs. 2 S. 1 Nr. 4 anzusehen sind. Dazu enthält Abs. 2 S. 2 von § 7 den Hinweis, daß das BSA bekanntmachen wird, welche Arten es als verwandt im Sinne von Nr. 4 ansieht.[193] Dieser gesetzlichen Auflage ist das BSA durch die Bekanntmachung Nr. 3/88 über Sortenbezeichnungen und vorläufige Bezeichnungen vom 15.4.1988 nachgekommen.[194] Danach sieht

263 „das Bundessortenamt ... diejenigen Arten als verwandt im Sinne von § 7 Abs. 2 S. 1 Nr. 4 SortG, § 35 Abs. 2 S. 1 Nr. 4 SaatG an, die in der Anlage I zu den nachstehend abgedruckten UPOV-Empfehlungen für Sortenbezeichnungen jeweils in einer Klasse zusammengefaßt sind."

264 Diese sogenannte Klassenliste für Zwecke der Bezeichnung von Sorten der im Sinne von Abs. 2 S. 1 Nr. 4 verwandten Arten beruht auf der Anleitung 9 der UPOV-Empfehlungen für Sortenbezeichnungen, die das BSA in seiner oben erwähnten Bekanntmachung übernommen hat. Die Anleitung 9 der UPOV-Empfehlungen hat folgenden Wortlaut:

265 „Für die Anwendung des 4. Satzes von Art. 13 Abs. 2 des Übereinkommens werden alle taxonomischen Einheiten der gleichen botanischen Gattung oder diejenigen taxonomischen Einheiten, die in der Anlage I zu diesen Empfehlungen jeweils in einer Klasse zusammengefaßt sind, als verwandt angesehen." Die Klassenliste ist in Teil III Rdn 13 abgedruckt. Eine entsprechende Veröffentlichung des Gemeinschaftlichen Sortenamtes gibt es bislang nicht.

5. Irreführung (§ 7 Abs. 2 S. 1 Nr. 5 SortG; Art. 63 Abs. 3f) EGSVO)

266 Als weiteren Ausschließungsgrund für die Eintragung einer angemeldeten Sortenbezeichnung nennt Abs. 2 S. 1 in Nr. 5 SortG bzw. Abs. 3f) EGSVO den Fall, daß diese irreführen kann. Die Sortenbezeichnung darf danach insbesondere nicht geeignet sein, unrichtige Vorstellungen über
  – die Herkunft
  – die Eigenschaft oder
  – den Wert der Sorte oder
  – über den Ursprungszüchter, Entdecker oder sonstigen Berechtigten hervorzurufen.

---

[193] Vgl. dazu *Kunhardt*, GRUR 1975, 463, 466.
[194] Bl.f.S. 1988, 163 mit Berichtigung hierzu in Bl.f.S. 1988, 227 und 287.

VI. Formulierung der Sortenbezeichnung

Die Bestimmung im SortG entspricht im wesentlichen § 8 Abs. 2 Nr. 3 SortSchG 68, die auf Art. 13 Abs. 2 S. 2 des UPOV-Übereinkommens 1972 beruhte. Gegenüber dem damaligen Recht ist in der geltenden Fassung nicht mehr das Verbot enthalten, daß die Sortenbezeichnung nicht aus den botanischen oder landesüblichen Namen einer anderen Art bestehen darf. Die Gesetzesbegründung enthält keine Angabe darüber, warum diese Streichung erfolgt ist. Da es sich bei den in Abs. 2 S. 1 Nr. 5 aufgezählten Irreführungstatbeständen nicht um eine abschließende Aufzählung handelt (dies wird durch das Wort „insbesondere" in S. 2 der Nr. 5 deutlich gemacht), kann nicht davon ausgegangen werden, daß der genannte Ausschließungsgrund jetzt entfallen ist. 267

Ergänzend zu den Ausschlußgründen des Abs. 2 S. 1 Nr. 5 ist auf die UPOV-Empfehlungen zu verweisen, die diese Ausschließungsgründe in den Anleitungen 6 und 7 wie folgt konkretisieren: 268

„Anleitung 6"

Eine Sortenbezeichnung ist wegen Irreführungsgefahr ungeeignet, wenn zu befürchten ist, daß sie falsche Vorstellungen hinsichtlich der Merkmale oder des Werts der Sorte vermittelt. Dies kann insbesondere der Fall sein bei:

(1) Bezeichnungen, die den Eindruck erwecken, daß die Sorte bestimmte Eigenschaften hat, die sie tatsächlich nicht besitzt.

(2) Bezeichnungen, die auf bestimmte Eigenschaften der Sorte in einer Weise hinweisen, daß der Eindruck entsteht, nur diese Sorte besitze solche Eigenschaften, während tatsächlich auch andere Sorten der betreffenden Art diese Eigenschaften haben oder haben können.

(3) Vergleichende und superlative Bezeichnungen.

(4) Bezeichnungen, die den Eindruck erwecken, daß die Sorte von einer anderen Sorte abstamme oder mit ihr verwandt sei, wenn dies tatsächlich nicht der Fall ist.

„Anleitung 7"

Eine Sortenbezeichnung ist wegen Irreführungsgefahr ungeeignet, wenn zu befürchten steht, daß sie falsche Vorstellungen hinsichtlich der Identität des Züchters vermittelt.
Der letztgenannte Ausschließungsgrund ist insbesondere bei einer Kollision zwischen einer angemeldeten Sortenbezeichnung und einer Marke eines Dritten einschlägig, sofern die Marke des Dritten für Waren der Klasse 31 (Land-, Garten- und Forstwirtschaftserzeugnisse sowie Samenkörner, frisches Obst und Gemüse, Sämereien, lebende Pflanzen und natürliche Blumen) Markenschutz genießt. Der weitere Ausschließungsgrund wegen Verwechselbarkeit und Irreführung (vgl. Anleitung 8) wurde bereits oben in Rdn 248–265 besprochen.

Wenn die Sortenbezeichnung über die Herkunft der Sorte unrichtige Vorstellungen erweckt, ist regelmäßig ein Ausschließungsgrund entsprechend der Anleitung 7 gegeben, denn eine Irreführung über die Identität des Züchters kann auch als eine solche über die Herkunft der angemeldeten Sorte betrachtet werden. Im übrigen entspricht Anleitung 7 aber den in § 7 Abs. 2 S. 1 Nr. 5 SortG genannten Ausschließungsgründen der Irreführung über den Ursprungszüchter, Entdecker oder sonstigen Berechtigten. 269

Ein solcher Fall liegt zum Beispiel dann vor, wenn die für eine angemeldete Sorte angegebene Sortenbezeichnung mit einem für lebende Pflanzen der gleichen oder einer verwandten Art bzw. Gattung wie die angemeldete Sorte für einen anderen in einem Verbands- oder Mitgliedstaat eingetragenen prioritätsälteren Marke identisch oder verwechselbar ist, sofern die Marke des Dritten für Waren der Klasse 31 (land-, garten- und forstwirtschaftliche Erzeugnisse sowie Samenkörner, frisches Obst und Gemüse, Sämereien, lebende Pflanzen und natürliche Blumen) Markenschutz genießt. Hier liegt es nahe, den Inhaber der älteren Marke als Ursprungszüchter, Entdecker oder sonst Berechtigten bezüglich der angemeldeten 270

Sorte zu betrachten. Schade/Pfanner berichten dazu in GRUR Int. 1962, 341, 354, daß im Entwurf des UPOV-Übereinkommens in der Fassung von 1961 „als generelle Verpflichtung vorgesehen war, daß die neue Sortenbezeichnung sich von jedem Warenzeichen eines Dritten im Gleichartigkeitsbereich unterscheiden müsse". Von einer solchen Regelung sei aber schließlich abgesehen worden, weil eine entsprechende Überprüfung, insbesondere bezüglich entgegenstehender Marken aus anderen Verbandsstaaten im Verfahren zur Eintragung von Sortenbezeichnungen schwer durchzuführen sei. Deshalb sei es den einzelnen Verbandsstaaten überlassen worden „ob sie ihren zuständigen Behörden die Verpflichtung zu einer derartigen Prüfung auferlegen, ob sie die Prüfung in das Ermessen der Behörden stellen oder ob sie es den Inhabern älterer Warenzeichen überlassen sollen, gegen die Eintragung und Benutzung der Sortenbezeichnung von sich aus vorzugehen".

271   Dies hat den deutschen Gesetzgeber anders als den Gemeinschaftsgesetzgeber (vgl. nachfolgend Rdn 296 ff.) veranlaßt, die Übereinstimmung oder Verwechselbarkeit der Sortenbezeichnung mit einer Marke eines Dritten nicht als Eintragungshindernis in § 7 aufzunehmen, da anderenfalls das Bundessortenamt mit der Feststellung der Verwechselbarkeit und mit der Prüfung markenrechtlicher Fragen überfordert wäre.[195]

272   Diese für § 8 SortSchG 68 gegebene Auslegung des auf Art. 13 Abs. 2 Satz 3 des UPOV-Übereinkommens 1961 beruhenden § 7 Abs. 2 Satz 1 Nr. 5 SortG ist jedenfalls seit der Bekanntmachung 3/88 vom 15.4.1988 (s. Teil III Nr. 12) nicht mehr relevant. Durch diese Bekanntmachung hat das BSA erklärt, es werde die Prüfung von Sortenbezeichnungen auf ihre Eintragbarkeit unter Berücksichtigung der in den UPOV-Empfehlungen für Sortenbezeichnungen niedergelegten Grundsätze durchführen. Nach der Anleitung 7 dieser Grundsätze ist eine Sortenbezeichnung aber wegen Irreführungsgefahr ungeeignet, wenn zu befürchten steht, daß diese falsche Vorstellungen hinsichtlich der Identität des Züchters vermittelt. Nach Anleitung 4 dieser Grundsätze ist eine Bezeichnung außerdem dann als Sortenbezeichnung ungeeignet, wenn deren Verwendung beim Vertrieb von Vermehrungsmaterial der Sorte untersagt werden könnte.[196]

273   Beide Anleitungen sind deshalb auf jeden Fall dann einschlägig, wenn vom Antragsteller eine Sortenbezeichnung angegeben wird, die mit einer prioritätsälteren Marke eines anderen Züchters identisch oder verwechselbar ist oder mit der ganzen Art identisch oder verwechselbar ist und dem BSA die prioritätsältere Marke bekannt ist.

274   Die von Schade/Pfanner erwähnten Schwierigkeiten bei der Überprüfung der zur Eintragung als Sortenbezeichnung angegebenen Bezeichnung auf ihre Identität oder Verwechselbarkeit mit prioritätsälteren Marken durch die nationalen Schutzbehörden und der erwähnte Hinweis in der BT-Drs. V/1630 S. 53 zu § 8 SortSchG 68 bezogen sich lediglich auf die Auffindung bzw. Ermittlung solcher prioritätsälterer oder identischer verwechselbarer Marken, und zwar insbesondere im internationalen Bereich der Verbands- und Mitgliedstaaten, nicht aber auf die Fälle, in denen der nationalen Sortenschutzbehörde, also z. B. dem BSA, solche identische oder verwechselbare Marken schon vor der Eintragung der Sortenbezeichnung bekannt waren. In diesen Fällen müßte das BSA aufgrund des § 7 Abs. 2 Satz 1 Nr. 5 SortG in Verbindung mit den Anleitungen 4 und 7 der UPOV-Empfehlungen für Sortenbezeichnungen die Eintragung einer mit einer älteren Marke identischen oder verwechselbaren Bezeichnung als Sortenbezeichnung versagen, und zwar nicht nur aus prozeßökonomischen Gründen, sondern nach den tatbestandlichen Voraussetzungen des § 7

---

195 BT-Drs. V/1630, S. 53 li. Sp. zu § 8.
196 Vgl. hierzu auch Rdn 248.

Abs. 2 Satz 1 Nr. 5 SortG in Verbindung mit den UPOV-Empfehlungen für Sortenbezeichnungen, da hier insbesondere bei identischen Marken eine Irreführungsgefahr gegeben ist. Erst recht ergibt sich eine solche Prüfungspflicht, wenn nach § 25 Abs. 3 Nr. 3 SortG Einwendungen gegen die Eintragung der Sortenbezeichnung mit der Begründung erhoben werden, die angemeldete Sortenbezeichnung sei identisch oder verwechselbar mit einer prioritätsälteren Marke.[197]

Für die Frage, was als Irreführung anzusehen ist, kommt es, ähnlich wie im Markenrecht[198] sowie im Wettbewerbsrecht im allgemeinen[199] auf die Ansicht der einschlägigen Verkehrskreise an.

Bei der Prüfung, ob die angemeldete Sortenbezeichnung zur Irreführung geeignet ist, ist zu berücksichtigen, daß es sich hierbei um einen Ausschnitt eines Registerverfahrens handelt und sich somit die Prüfung, ähnlich wie bei der Prüfung der absoluten Schutzhindernisse im Markeneintragungsverfahren, auf eine Ersichtlichkeitsprüfung beschränken muß. Dies hat zur Folge, daß die Sortenbezeichnung aus sich heraus zur Irreführung geeignet sein muß. Wenn lediglich die Gefahr besteht, daß die Sortenbezeichnung in einer irreführenden Weise verwendet wird, ist dies für das Registerverfahren unbeachtlich.[200] Die Frage, ob die angemeldete Sortenbezeichnung mit einer für den Sortenschutzinhaber ähnlichen und für die angemeldete Sorte bereits benutzten Marke eine Irreführungsgefahr und damit einen Ausschlußgrund im Sinne von Abs. 2 S. 1 Nr. 5 begründen kann, hat das BSA bislang verneint.[201]

6. Ärgerniserregung (§ 7 Abs. 2 Satz 1 Nr. 6 SortG; Art. 63 Abs. 3e) EGSVO)

Dieser Ausschließungsgrund für die Eintragung einer angemeldeten Sortenbezeichnung gemäß Abs. 2 Satz 1 Nr. 6 war bereits in § 8 Abs. 2 Nr. 3 SortSchG 68 enthalten, besaß aber weder eine Grundlage in der ursprünglichen Fassung des Art. 13 Abs. 2 des UPOV-Übereinkommens, noch besitzt er eine solche in der entsprechenden Bestimmung in dessen revidierter Fassung. Auch die UPOV-Empfehlungen für Sortenbezeichnungen sagen nichts darüber aus, daß eine Bezeichnung, die Ärgernis erregen kann, als Sortenbezeichnung ungeeignet ist. Dort wird in Anleitung 4 Abs. (iii) insoweit nur darauf hingewiesen, daß Bezeichnungen ungeeignet sind, die gegen die öffentliche Ordnung des Verbandsstaates verstoßen, in dem die Sorte zum Sortenschutz angemeldet worden ist. Hierunter dürften aber ärgerniserregende Sortenbezeichnungen fallen. Ärgerniserregend können Bezeichnungen sein, die das sittliche, politische, religiöse Empfinden verletzen oder gegen die öffentliche Ordnung der BRD verstoßen. Maßgebend hierfür ist – wie auch auf anderen Rechtsgebieten (vgl. § 8 Abs. 2 Nr. 5 MarkenG) – das normale Empfinden der Allgemeinheit, wobei weder eine übertrieben laxe noch besonders empfindliche Durchschnittsmeinung entscheidend

---

197 Zum Einvernehmungsverfahren s. Rdn 744 ff. sowie 1056
198 Vgl. hierzu u. a. *Fezer*, MarkenG, § 8, Rdn 301 ff.
199 Vgl. *Baumbach/Hefermehl*, UWG, § 3 Rdn 23 ff.
200 Vgl. insoweit die vergleichbare Rechtslage im Markeneintragungsverfahren *Althammer/Stroebele/Klaka*, § 8 Rdn 164.
201 Vgl. BSA GRUR 1973, 604 – *Tannimoll*.

ist.²⁰² Auch hier ist bei der Prüfung zu berücksichtigen, daß im Rahmen des registerrechtlichen Verfahrens der Ausschlußgrund des Ärgernis erregenden Charakters der angemeldeten Sortenbezeichnung nur in eindeutigen Fällen durchgreift. Für das gemeinschaftliche Sortenschutzrecht gilt nichts anderes.

VII. Übereinstimmende Sortenbezeichnungen im Hoheitsgebiet aller Vertragsstaaten und -organisationen (§ 7 Abs. 3 SortG; Art. 63 Abs. 4 EGSVO)

278 § 7 Abs. 3 SortG, der den Fall betrifft, daß eine Sorte bereits in einem anderen Verbands- oder Mitgliedstaat der EG oder in einem in Satz 1 Nr. 2 genannten Staat in einem amtlichen Verzeichnis für Sorten eingetragen oder zur Eintragung angemeldet ist, verpflichtet das Bundessortenamt, für die gleiche Sorte grundsätzlich nur diese Bezeichnung als Sortenbezeichnung einzutragen. Eine Ausnahme von diesem Grundsatz besteht nach Satz 2 allerdings dann, wenn der Eintragung dieser Bezeichnung
a) – ein Ausschließungsgrund gemäß § 7 Abs. 2 entgegensteht oder
b) – der Antragsteller, d. h. Anmelder der Bezeichnung glaubhaft macht, daß ein (älteres) Recht eines Dritten der Eintragung entgegensteht (vgl. § 14 Abs. 2, Satz 2).

1. Grundsatz (§ 7 Abs. 3 Satz 1 SortG; Art. 63 Abs. 4 1.HS EGSVO)

279 Die Bestimmung in SortG, die den § 8 Abs. 3 des SortSchG 68 ersetzt hat, ist diesem gegenüber wesentlich erweitert worden. Letzteres ist auch im Verhältnis zu Art. 20 Abs. 5 des UPOV-Übereinkommens der Fall, der Grundlage des Abs. 3 ist.

280 Die Erweiterung besteht darin, daß die Bezeichnung einer Sorte, für die beim BSA Sortenschutz beantragt worden ist, grundsätzlich nicht nur mit der Bezeichnung übereinstimmen muß, die für die gleiche Sorte bereits in einem amtlichen Sortenverzeichnis der Verbandsstaaten eingetragen oder dafür angemeldet ist, sondern darüber hinaus auch mit einer in einem der Mitgliedstaaten der EG und in den unter Nr. 2 genannten Staaten für diese Sorte in einem amtlichen Verzeichnis (z. B. Sortenregister) eingetragenen oder angemeldeten Bezeichnung.

281 Der Grund hierfür ist nicht nur, eine möglichst weitgehende internationale Übereinstimmung der Bezeichnung ein und derselben Sorte für den Bereich des Sortenschutzes in den Verbandsstaaten zu erzielen, sondern die gleiche Bezeichnung auch für die Zulassung der Sorte nach dem Saatgutverkehrsgesetz und den entsprechenden Verkehrsregeln und Zulassungsbestimmungen der anderen Verbandsstaaten und Mitgliedstaaten der EG sowie nach den Richtlinien über die gemeinsamen Sortenkataloge sicherzustellen.²⁰³ Weder § 7 Abs. 3 SortG noch die entsprechende Gesetzesbegründung sehen vor, was zu geschehen hat, wenn ein und dieselbe Sorte in den in § 7 Abs. 3 SortG genannten amtlichen Verzeichnissen der anderen Staaten bereits unter verschiedenen Bezeichnungen eingetragen oder ange-

---

202 Vgl. u. a. BPatG Mitt. 1983, 156, *Schoaß-Treiber*.
203 Vgl. BT-Drs. 10/816 S. 19, li. Sp.

meldet worden ist. Es stellt sich damit die Frage, welche voreingetragene Bezeichnung der Sorte bei ihrer Nachanmeldung beim BSA maßgeblich ist. Da grundsätzlich dem Anmelder das Recht zusteht, eine Sortenbezeichnung auszuwählen, wird man in einem solchen Fall dem Sortenschutzinhaber ein Wahlrecht zugestehen müssen.

Eine einheitliche Sortenbezeichnung für ein und dieselbe Sorte in den Verbands- und EG-Mitgliedstaaten erreichen zu wollen, wie es Art. 13 Abs. 5 des UPOV-Übereinkommens in der ursprünglichen, nunmehr in Art. 20 Abs. 1 in der revidierten Fassung von 1991 vorsieht, ist aus Gründen der Verkehrssicherheit berechtigt, um Irrtümer über die Identität einer Sorte zu vermeiden. Im übrigen ist die Sortenbezeichnung nach Art. 20 Abs. 1 UPOV-Übereinkommen die Gattungsbezeichnung einer bestimmten Sorte. Es würde dieser Funktion widersprechen, wenn die gleiche Sorte in jedem Verbands- oder Mitgliedstaat grundsätzlich eine andere Sortenbezeichnung haben könnte. Es liegt in der Natur eines Gattungsbegriffs, einheitlich für die Sorte verwendet zu werden, die sie als Sorte kennzeichnen soll. 282

Bei den Eintragungen in amtliche Verzeichnisse von Sorten in den Staaten, die in § 7 Abs. 3 Satz 1 Nr. 2 SortG aufgeführt sind, handelt es sich um verkehrsregelnde Registrierungen innerhalb der Mitgliedstaaten der EG. Die Regelung dient in einem immer stärker international verflochtenem Markt dazu, Verwirrung stiftende Synonyme sowie Probleme bei der Erstellung der gemeinsamen Sortenkataloge zu vermeiden.[204] Diese Regelung betrifft also nur Arten, die auch dem SaatG unterliegen (siehe § 35 Abs. 3 SaatG). Eine Bekanntmachung des BSA gemäß § 7 Abs. 3 Satz 1 Nr. 2 ist bisher noch nicht erfolgt. 283

2. Ausnahmen (§ 7 Abs. 3 Satz 2 SortG; Art. 63 Abs. 4 letzter HS EGSVO)

§ 7 Abs. 3 SortG bzw. Art. 63 Abs. 4 EGSVO sieht zwei Ausnahmen von dem auf Art. 20 Abs. 5 Satz 2 und 3 des UPOV-Übereinkommens beruhenden Grundsatzes der übereinstimmenden Sortenbezeichnung in allen Verbandsmitgliedern und Mitgliedstaaten der EG vor, nämlich 284
– daß die Sortenbezeichnung wegen Vorliegens eines Ausschlußgrundes nicht eintragbar ist oder
– ein älteres Recht eines Dritten der Eintragung und Benutzung entgegensteht.

Bei der zuletzt genannten Ausnahme handelt es sich um ein materielles Eintragungshindernis, das vom BSA anders als vom Gemeinschaftlichen Sortenamt (vgl. nachfolgend Rdn 296 ff.) nicht von Amts wegen zu berücksichtigen ist, sondern vom Antragsteller vorgebracht und glaubhaft gemacht werden muß, um vom BSA berücksichtigt zu werden. Wie der Begründung zu § 7 Abs. 3 SortSchG 68 zu entnehmen ist,[205] sollte das BSA von der Prüfung auf Übereinstimmung und Verwechselbarkeit einer angemeldeten Sortenbezeichnung mit eingetragenen Marken Dritter entbunden sein, um das BSA von der Prüfung einer angegebenen Sortenbezeichnung auf entgegenstehende Rechte Dritter zu entlasten. Der Kreis der entgegenstehenden Rechte Dritter, der im geltenden Recht wesentlich weiter als im SortSchG 68 und 72 ist, ergibt sich aus der Anleitung 4 der UPOV-Empfehlungen für Sor- 285

---
204 BT-Drs. 10/700, S. 30 re. Sp.
205 BT-Drs. V/1630, 53 li. Sp.

tenbezeichnungen, die das BSA nach seiner Bekanntmachung Nr. 3/88 v. 15.4.88[206] bei der Prüfung von Sortenbezeichnungen auf ihre Eintragbarkeit berücksichtigt.[207]

286 Nach Anleitung 4 der UPOV-Empfehlungen sind als ungeeignete Sortenbezeichnungen, da deren Verwendung beim Vertrieb von Vermehrungsmaterial der Sorte untersagt werden könnte, insbesondere solche zu werten:

„...

(1) an denen der Anmelder selbst ein anderweitiges Recht hat (z. B. ein Namensrecht oder ein Recht an einer Fabrik- oder Handelsmarke), das der nach dem Recht des betreffenden Verbandstaats der Benutzung der – eingetragenen – Sortenbezeichnung durch andere entweder ständig oder jedenfalls nach Ablauf der Schutzdauer entgegenstehen könnte

(2) an denen ältere Rechte Dritter bestehen.

287 Zu beachten ist aber, daß die in Anleitung 4 genannten Bezeichnungen nicht zu den Bezeichnungen gehören, die nach § 7 Abs. 2 oder 3 von der Eintragbarkeit als Sortenbezeichnungen ausgeschlossen sind. Da § 7 die Ausschließungsgründe für die Eintragbarkeit von Sortenbezeichnungen erschöpfend aufzählt, sind die in Abs. 1 der Anleitung 4 der UPOV-Empfehlungen weitere, von § 7 Abs. 2 und 3 nicht erfaßte Ausschließungsgründe. Wegen der Rechtsnatur der Empfehlungen als Auslegungs- und Anwendungsregelungen haben diese keine Gesetzeskraft.[208] Trotz der Ziff. 3 der Bekanntmachung Nr. 3/88 des BSA darf deshalb die Anleitung 4 Abs. 1 bei der Prüfung von Sortenbezeichnungen nicht berücksichtigt werden.

288 Abs. 2 von Anleitung 4 betrifft einer angemeldeten Sortenbezeichnung entgegenstehende ältere Rechte Dritter. Es handelt sich dabei vor allem um bereits angemeldete oder eingetragene, also prioritätsältere identische oder verwechselbare Rechte Dritter an Fabrik- und/ oder Handelsmarken, d. h. um Marken für botanisch gleiche oder verwandte Pflanzenarten, aber auch um ältere Namensrechte Dritter. Das BSA betrachtet diese Rechte Dritter, insbesondere deren mit einer angemeldeten Sortenbezeichnung identische oder verwechselbare Marken Dritter unter Berufung auf die Gesetzesbegründung zu dem alten § 8 SortSchG 68[209] trotz der neuen Anleitung 4 (2) der UPOV-Empfehlungen nicht als Hindernis für die Eintragung einer entsprechenden Sortenbezeichnung und verweist den Dritten auf den Rechtsweg vor den Zivilgerichten, eine Handhabung, die nicht im Einklang mit der gegenwärtig bestehenden Rechtslage steht.

289 Liegt eine Ausnahme im Sinne des § 7 Abs. 3 Satz 2 SortG bzw. Art. 63 Abs. 4 EGSVO zu dem Grundsatz der Übereinstimmung der Sortenbezeichnung in allen Verbands- und Mitgliedstaaten vor, so hat dies nicht zur Folge, daß die in anderen Verbands- oder Mitgliedstaaten für die gleiche Sorte angemeldete oder eingetragene Sortenbezeichnung entsprechend geändert werden muß. Die dort angemeldete oder eingetragene Sortenbezeichnung bleibt vielmehr bestehen und gilt für spätere Sortenschutzanmeldung in weiteren Verbandsstaaten als maßgeblich im Sinne von Art. 20 Abs. 5 Satz 1 UPOV-Übereinkommen.

290 Das in § 9 SortSchG 68 behandelte Verhältnis zwischen einer vom Antragsteller angegebenen Sortenbezeichnung und einer für diesen bereits angemeldeten oder eingetragenen identischen oder verwechselbaren Marke für die gleiche Sorte ist jetzt in § 14 Abs. 2 und § 23 Abs. 2 SortG in teilweise abweichender Form geregelt.[210]

---

206 Bl.f.S. 1988, 163 ff. = Teil III Nr. 12.
207 Vgl. Ziff. 3 der Bekanntmachung.
208 Vgl. hierzu nachfolgend Rdn 292–294.
209 Vgl. BT-Drs. V/1630, S. 53 li. Sp.
210 Einzelheiten hierzu in Rdn 390 f.

Die nunmehr zulässige Eintragbarkeit solcher Bezeichnungen als „Marke" ergibt sich aus 291
§ 14 Abs. 2 SortG bzw. Art. 18 Abs. 1 EGSVO, durch den das früher im SortG insoweit bestehende Eintragungsverbot des § 4 Abs. 2 Nr. 6 und Abs. 4 Satz 3 WZG für solche Marken ersatzlos gestrichen worden ist.

VIII. Rechtsnatur der UPOV-Empfehlungen für Sortenbezeichnungen

Bei den UPOV-Empfehlungen für Sortenbezeichnungen, die sich an die nationalen Sorten- 292
schutzbehörden der Verbandsstaaten wenden, handelt es sich, wie schon aus der Bezeichnung „Empfehlung" hervorgeht, um keine zwingenden Vorschriften, sondern um Auslegungs- und Anwendungsregelungen für die allgemein gehaltenen Bestimmungen des Art. 20 des UPOV-Übereinkommens über Sortenbezeichnungen, die zu einer einheitlichen Handhabung dieses Artikels in den Verbandsstaaten beitragen sollen.[211] Dies wird deutlich in der Präambel zu den UPOV-Empfehlungen hervorgehoben.[212]

Das BSA hat in Ziff. 3 seiner Bekanntmachung Nr. 3/88[213] hervorgehoben, daß es die in 293
diesen Empfehlungen niedergelegten Grundsätze bei der Prüfung von Sortenbezeichnungen auf das Vorliegen der Voraussetzungen des § 7 Abs. 2 SortG berücksichtigen wird. Damit sind diese Empfehlungen zu einer Art verwaltungsinterner Richtlinie für das BSA geworden, die ihrer Natur nach gemäß Art. 3 Grundgesetz eine Selbstbindung des BSA für alle von ihm über Sortenbezeichnungen zu treffenden Entscheidungen mit sich bringt.

Wichtig dabei ist, daß diese UPOV-Empfehlungen zwar zu einer gleichmäßigen Bildung 294
der Sortenbezeichnungen in den Verbandsstaaten führen sollen, aber die Bestimmungen des geltenden SortG nicht erweitern dürfen.[214] Die Berücksichtigung der Grundsätze der UPOV-Empfehlungen für Sortenbezeichnungen muß sich also in den Grenzen des § 7 des geltenden SortG halten und darf über diesen nicht hinausgehen.[215]

IX. Vorläufige Sortenbezeichnung

Nach § 22 Abs. 2 Satz 2 SortG kann der Antragsteller für das Verfahren zur Erteilung des 295
Sortenschutzes mit Zustimmung des BSA eine sogenannte „vorläufige Bezeichnung" für die Sorte angeben, für die weder die Bestimmungen des § 7 SortG gelten noch die UPOV-Empfehlungen für Sortenbezeichnungen. Wegen der Einzelheiten zur vorläufigen Bezeichnung wird auf die Ausführungen unter Rdn 678 ff verwiesen.

---

211 Zur Rechtsnatur der UPOV-Richtlinien vgl. auch *Papke* in GRUR 1985, 14, der sich dort über die „Rechtsnatur der Richtlinien für die Prüfung von Patentanmeldungen" geäußert hat, die auch für die Auslegung der UPOV-Empfehlungen für Sortenbezeichnungen vom 16.10.1987 heranzuziehen sind.
212 Vgl. Teil III, Nr. 11.
213 Bl.f.S. 1988, 163 = Teil III, Nr. 10.
214 BPatG GRUR 1975, 449 ff.; Mitt. 1976, 196 ff.
215 Vgl. hierzu oben Rdn 287.

X. Ergänzende Anmerkung zur Sortenbezeichnung im gemeinschaftlichen Sortenschutzrecht

296 Art. 63 EGSVO enthält über die in § 7 SortG erwähnten Ausschließungsgründe weitergehende Umstände, die das Gemeinschaftliche Sortenamt davon abhalten, die vom Anmelder anzugebende Sortenbezeichnung zu genehmigen.

1. Hinderungsgrund des Art. 63 Abs. 3a) EGSVO

297 Nach dem gemeinschaftlichen Sortenschutzrecht liegt ein Hinderungsgrund für die Genehmigung einer angegebenen Sortenbezeichnung auch dann vor, wenn deren Verwendung im Gebiet der Gemeinschaft das ältere Recht eines Dritten entgegensteht. Da das Amt von Amts wegen nach Art. 63 Abs. 1 EGSVO zu prüfen hat, ob die angegebene Sortenbezeichnung als solche geeignet ist, wird durch Art. 63 Abs. 3a) dem Amt – im Gegensatz zum BSA, das nur bei positiver Kenntnis einer identischen Kennzeichnung eines Dritten dieses zu berücksichtigen hat[216] – eine umfassende Nachforschungs- und Prüfungspflicht hinsichtlich bestehender Rechte Dritter, die durch die Benutzung einer Sortenbezeichnung verletzt werden können, auferlegt. Durch die allgemeine Formulierung umfaßt die Prüfungspflicht des Gemeinschaftlichen Sortenamtes nicht nur möglicherweise entgegenstehende nationale und gemeinschaftliche Markenrechte Dritter, sondern, soweit in einem angemessenen und vertretbaren Umfang recherchierbar, auch sonstige Kennzeichnungsrechte. Zweifel an der Durchführbarkeit dieser Amtspflicht sind nicht von der Hand zu weisen. Wie oben (Rdn 271) ausgeführt, hatte der deutsche Gesetzgeber im SortSchG 68 die im SaatG 1953 in § 30 verankerte Pflicht des BSA, den angegebenen Sortennamen hinsichtlich möglicher Kollisionen mit Marken Dritter zu überprüfen, mit dem Hinweis aufgegeben, das BSA sei mit der Feststellung der Verwechselbarkeit und mit der Prüfung warenzeichenrechtlicher Fragen überfordert.[217] Dies gilt in besonderem Maße hinsichtlich der Kollisionsprüfung, die sich nicht nur auf Markenrechte beschränken, sondern auch sonstige Kennzeichnungsrechte (z. B. Firmennamen) sowie in territorialer Hinsicht das gesamte Gebiet der Gemeinschaft einbeziehen muß. Unabhängig davon, daß ähnlich wie nach der vormaligen deutschen Rechtslage das Gemeinschaftliche Sortenamt mit der Amtsprüfung von möglichen Kollisionen mit Rechten Dritter völlig überfordert ist, dürfte die Praktikabilität bereits an dem Aufwand scheitern, den das Amt zu betreiben hätte, um entsprechende Recherchen im gemeinschaftlichen Markenregister sowie in den jeweiligen nationalen Registern der Mitgliedstaaten durchzuführen.

298 Der Begriff „ältere Rechte eines Dritten" bedarf aufgrund seiner weiten Fassung einer inhaltlichen Eingrenzung. Diese hat unter Berücksichtigung der Funktion der Sortenbezeichnung als Gattungsbezeichnung, d. h. einer sprachlichen Bezeichnung der Sorte zu erfolgen. Aufgrund der gattungsmäßigen Identifizierungsfunktion der Sortenbezeichnung ist davon auszugehen, daß der Begriff „ältere Rechte Dritter" ausschließlich auf Kennzeichnungsrechte bezogen ist.

---

216 Vgl. Rdn 271 sowie 274.
217 BT-Drs. V/1630, S. 53 li. Sp.

2. Freihaltebedürftige Angaben

Art. 63 Abs. 3d) EGSVO nennt neben dem Hinderungsgrund, daß die angegebene Sortenbezeichnung mit anderen Bezeichnungen übereinstimmt oder verwechselt werden kann, die beim Inverkehrbringen von Waren allgemein benutzt werden, auch den Hinderungsgrund, daß die angegebene Sortenbezeichnung identisch oder verwechslungsfähig mit solchen Bezeichnungen ist, die nach anderen Rechtsvorschriften freizuhalten sind. Während die erste Alternative § 7 Abs. 2 Nr. 2 SortG entspricht, ist die Berücksichtigung des Freihaltebedürfnisses aufgrund anderer Rechtsvorschriften ohne Parallele im deutschen SortG. Andere Rechtsvorschriften im Sinne des Art. 63 Abs. 3d) können sowohl gemeinschaftliche als auch nationale Rechtsvorschriften sein, die im öffentlichen Interesse bestimmte Bezeichnungen der allgemeinen Verwendung entziehen. Hierbei kann es sich z. B. um Begriffe aus dem Lebensmittel- oder Arzneimittelbereich handeln. Soweit durch entsprechende Sortenbezeichnungen die Gefahr der Irreführung hervorgerufen werden kann, wäre zugleich ein Hinderungsgrund nach Art. 63 Abs. 3f) EGSVO gegeben. Ein entsprechender Fall wäre z. B. denkbar, wenn die Sortenbezeichnung identisch mit einer medizinischen Wirkstoffangabe ist. Hier würde unter Umständen der Eindruck erweckt werden, daß eine charakteristische Eigenschaft einer so gekennzeichneten Pflanzensorte ist, daß diese den entsprechenden Wirkstoff enthält. 299

3. Ausnahmen zum Grundsatz der übereinstimmenden Sortenbezeichnung

Art. 63 Abs. 4 nennt in a) bis b) Hinderungsgründe, die den Ausschlußgründen in § 7 Abs. 3 SortG entsprechen. Grundsätzlich ist für eine zum gemeinschaftlichen Sortenschutz angemeldete Sorte die gleiche Sortenbezeichnung zu wählen, die für diese Sorte oder Material dieser Sorte in einem amtlichen Verzeichnis von Sorten in einem Mitgliedstaat der Gemeinschaft, eines Verbandsstaates des UPOV-Übereinkommens oder in einem anderen Staat, der nach der Feststellung in einem gemeinschaftlichen Rechtsakt Sorten nach Regeln beurteilt, die denen der Richtlinien über die gemeinsamen Sortenkataloge entsprechen, bereits eingetragen ist. Nach dem Wortlaut der gemeinschaftlichen Regelung ist aber zusätzlich erforderlich, daß entsprechendes Material bereits zu gewerblichen Zwecken in den Verkehr gebracht worden ist. Eine Ausnahme von dem Grundsatz, daß die angegebene Sortenbezeichnung mit den in anderen Mitgliedstaaten, Verbandsstaaten oder in Drittstaaten gemäß Art. 63 Abs. 4c) eingetragenen Sortenbezeichnung übereinstimmen muß, ist nur dann gegeben, wenn in der Gemeinschaft ein Hinderungsgrund nach Abs. 3 des Art. 63 EGSVO besteht. 300

3. Abschnitt:
Inhalt des Sortenschutzes und Schutzschranken

- A Schutzbereich des Sortenschutzes 301
  - I. Allgemeiner Schutzbereich 302
  - II. Individualisierter Schutzbereich 306
- B Wirkungen des Sortenschutzes 307
  - I. Schutzgegenstände 309
    1. Eigentliche Sorte 309
       - a) Vermehrungsmaterial 310
       - b) Sonstige Pflanzen oder Pflanzenteile und daraus unmittelbar gewonnene Erzeugnisse 311
       - c) Material (Sortenbestandteile oder Erntegut) 315
    2. Über sie hinausgehende Sorten 320
       - a) Abgeleitete Sorten 321
       - b) Nicht deutlich unterscheidbare Sorten 333
       - c) Fortlaufende Verwendung der geschützten Sorte 334
  - II. Vorbehaltene Handlungen 335
    1. Erzeugung oder Fortpflanzung (Vermehrung) 336
    2. Inverkehrbringen 337
    3. Ex- und Import 338
    4. Aufbewahrung 339
  - III. Sortenschutzbeschränkungen 340
    1. Privater Bereich zu nicht gewerblichen Zwecken 341
    2. Versuchszwecke 346
    3. Weiterzüchtung 349
    4. Nachbau 355
       - a) Privilegierte Pflanzenarten 359
       - b) Vergütung 362
       - c) Überwachung 367
       - d) Übergangsregelungen 372
    5. Rechtserschöpfung 373
    6. Weitere Beschränkungen 380
- C Verwendung der Sortenbezeichnung 381
  - I. Vorbemerkung 381
  - II. Benutzungszwang für die Sortenbezeichnung 384
  - III. Geltendmachungsverbot aus einem Recht an einer mit der Sortenbezeichnung übereinstimmenden Bezeichnung 390

A Schutzbereich des Sortenschutzes

Inhaltlich ergibt sich der Sortenschutz, als Inbegriff der Rechte des Sortenschutzinhabers an seiner Sorte, aus den §§ 10, 10a–c SortG für den deutschen Sortenschutz und Art. 13–18 EGSVO für den gemeinschaftlichen Sortenschutz, die auf Art. 14–19 des UPOV-Übereinkommens beruhen. Um die Ausnutzung von Schutzlücken zu erschweren, wurde gesetzestechnisch der Weg gewählt, die Wirkungen des Schutzes zunächst weit zu fassen und die Beschränkungen danach enumerativ aufzuführen. Die Vorschriften über den Inhalt des Sortenschutzes enthalten das Kernstück der gesetzlichen Sortenschutzregelung, deren Verwirklichung die meisten übrigen Bestimmungen dienen. Aus ihnen wird der dem Patentschutz ähnliche Charakter des Sortenschutzes als einem gewerblichen Schutzrecht ersichtlich, der aber in seinen Wirkungen und Befugnissen auch auf die Besonderheiten der biologischen Materie Rücksicht nimmt. So ist der Sortenschutz ein eigenständiges gewerbliches Schutzrecht „nach Maß".[218] 301

I. Allgemeiner Schutzbereich

Das Sortenschutzrecht begründet ebenso wie das Patentrecht ein umfassendes Benutzungsrecht, das jedoch auf die spezifischen Bedürfnisse des Schutzrechtsinhabers, bedingt durch die Unterschiedlichkeit der natürlichen im Vergleich zur toten Materie, ausgerichtet ist. Um dem dadurch anders gearteten Schutzbedürfnis Rechnung zu tragen, wurde der gesetzliche Schutzrahmen des Sortenschutzgesetzes, der zunächst wesentlich enger als der Patentschutz war, im Laufe der Entwicklung ausgedehnt und geht heute erheblich über den Schutzbereich eines Patentes hinaus. Dies zeigt sich vor allem im Bereich der Erschöpfung.[219] 302

Ursprünglich – beim Sortenschutzgesetz 1968 – war der Schutzumfang des Sortenschutzes wesentlich eingeschränkt, er bezog sich nur auf ein begrenztes Schutzobjekt, das sog. Vermehrungsmaterial, und dieses war auch nur in zwei Formen der Verwertung, nämlich in der gewerbsmäßigen Erzeugung und dem gewerbsmäßigen Vertrieb von Vermehrungsmaterial geschützt. Nicht hingegen erstreckte sich die Schutzwirkung auch auf andere Formen der Verwertung und auch nicht auf andere Erzeugnisse, die zur industriellen Verwertung oder zum Konsum bestimmt waren, also nicht auch auf das Erntegut der Sorte, z. B. Früchte, Salatköpfe, Kartoffeln, die als Nahrungsmittel und für technische Zwecke verwendet wurden. Diese waren ebensowenig geschützt wie bei Zierpflanzen die Schnittblumen, deren Schutz jedoch später erheblich verbessert wurde, vor allem gegen den Import aus dem schutzrechtsfreien Ausland, indem jegliche Vermehrung – gleichgültig zu welchem Zweck – von der Zustimmung des Berechtigten abhängig gemacht wurde und das Inverkehrbringen und die Einfuhr von Pflanzen und Pflanzenteilen nur dann zulässig war, wenn diese von mit Erlaubnis des Züchters erzeugtem Vermehrungsmaterial stammten. Ferner war der Schutzbereich des Sortenschutzes auch noch dadurch eingeengt, daß das Vermehrungsmaterial jeder Sorte uneingeschränkt zur Neuzüchtung anderer Sorten verwendet werden konnte, wenn eine derar- 303

---
218 *Lange*, GRUR Int. 1985, 91.
219 Vgl. Rdn 373 ff.

tige Verwendung nicht fortlaufend zur Erzeugung des neuen Vermehrungsmaterials der anderen Sorte erforderlich war (sog. Weiterzüchtungsvorbehalt).

304 Dieser Schutzumfang des Sortenschutzes ist durch das UPOV-Übereinkommen 1991 und die Neufassung des deutschen Sortenschutzgesetzes aus dem Jahre 1997 sowie die EG-Verordnung über den gemeinschaftlichen Sortenschutz über die bereits vorhandenen Ansätze hinaus erheblich erweitert worden, indem auch andere Formen der Verwertung als die Erzeugung und der Vertrieb von Vermehrungsmaterial und nicht nur das Vermehrungsmaterial, sondern auch außerhalb der Gehölze, Obst und Zierpflanzen sonstige Pflanzen oder Pflanzenteile oder hieraus gewonnene Erzeugnisse (Erntegut) in den Schutz einbezogen worden sind, wenn auch mit Einschränkungen. Der Züchtervorbehalt ist als ein für den Sortenschutz unverzichtbares Wesenselement beibehalten, aber der Sortenschutz auf im wesentlichen abgeleitete Sorten ausgedehnt worden. Dadurch ist der Sortenschutz erheblich gestärkt und auch auf sogenannte Plagiatsorten ausgedehnt worden. Insgesamt besteht damit ein Schutzumfang, der die bisherige Enge überwunden hat. Nach wie vor besteht jedoch die Zielsetzung, zwischen den Interessen des Sortenschutzinhabers und der Allgemeinheit zu vermitteln und den Besonderheiten der biologischen Materie Rechnung zu tragen.

305 Der Sortenschutz gewährt dem Schutzrechtsinhaber ein Recht, das in zwei Richtungen wirksam wird, und zwar einerseits positiv als Recht zur eigenen gewerbsmäßigen Benutzung der Sorte in den gesetzlich näher umschriebenen Nutzungshandlungen mit der Befugnis auch zur Lizenzerteilung, und andererseits negativ als Barriere gegenüber der Benutzung durch unbefugte Dritte als Verbietungsrecht. Das Sortenschutzrecht ist daher ebenso wie die anderen gewerblichen Schutzrechte und auch das Eigentum ein Ausschließlichkeitsrecht, das dem Berechtigten den Wert der geschützten Sorte und seiner Bestandteile in dem vom Gesetz normierten Schutzrahmen allein zuordnet und ihn so für seine züchterisch-entdeckerische Leistung belohnt.

II. Individualisierter Schutzbereich

306 Vom allgemeinen ist der sog. individualisierte Schutzbereich zu unterscheiden. Der entsprechend den vorstehenden Ausführungen seinem Umfang nach bestimmte allgemeine Schutzbereich des Sortenschutzes wird für die geschützte Sorte im Erteilungsbeschluß des Bundessortenamtes bzw. Gemeinschaftlichen Sortenamtes im einzelnen festgelegt, und zwar durch Feststellung der Merkmalsausprägungen, die sich aus dem die Sorte betreffenden Prüfungsbericht über die durchgeführten Prüfungen ergeben, der Bestandteil des Erteilungsbeschlusses ist und die sog. Sortenbeschreibung enthält (vgl. Art. 62 EGSVO). Die Sortenbeschreibung, in der die Gruppe nebst Untergruppe usw. festgelegt ist, zu denen die angemeldete Sorte gehört, enthält die im Rahmen der Prüfungen nach den jeweiligen Prüfungsgrundsätzen und Richtlinien festgestellten Einzelmerkmale der angemeldeten Sorte und ihrer Ausprägungen sowie Vergleichsangaben zur Abgrenzung zu diesen Sorten. Das ist der individualisierte Schutzbereich oder Schutzumfang des Sortenschutzes für die geschützte Sorte, der diese von bereits bekannten Sorten der gleichen Art unterscheidet und der in der Kombination der in der Sortenbeschreibung aufgeführten Merkmale der Sorte zum Ausdruck kommt.[220] Zu diesem Schutzbereich gehören auch begrenzte Abweichungen der ge-

---

220 BGH GRUR 1967, 419 ff. – Favorit.

schützten Sorte, wenn sie im Rahmen zu tolerierender Variationen liegen,[221] bedingt vor allem durch unterschiedliche ökologische Verhältnisse (z. B. Bodenbeschaffenheit, Klima- und Umweltbedingungen) verschiedener Anbaugebiete; patentrechtlich spricht man vom sog. Äquivalenzbereich. Der Äquivalenzbereich eines Sortenschutzrechtes umfaßt nach den entsprechenden Prüfungsgrundsätzen für das Vorliegen der Schutzvoraussetzungen bei qualitativen Merkmalen alle Abweichungen, die noch zur gleichen Ausprägungsstufe gehören, wobei hinsichtlich der Merkmale, die wie qualitative behandelt werden, eventuelle Fluktuationen bei der Feststellung der Individualität berücksichtigt werden.[222] In diesem Sinne hat der BGH z. B. in der Entscheidung „Rosenmutation"[223], die den Fall einer natürlichen (spontanen) Pflanzenmutation an einer geschützten Rose betraf, festgestellt, daß diese Mutation nicht mehr als eine zum Schutzbereich der geschützten Rose, also deren Züchtung zugehöriges „glattes Äquivalent" zu betrachten sei, weil sich die Mutante wenigstens in einem wichtigen Merkmal von ihrer Ausgangssorte und jeder anderen Sorte deutlich unterscheide und damit als selbständige Sorte i. S. des damaligen § 2 Abs. 1 SortSchG 68 anzusehen sei.

B Wirkungen des Sortenschutzes

§ 10 SortG, Art. 13 EGSVO zählt eine Reihe von allein dem Sortenschutzinhaber vorbehaltenen Benutzungshandlungen auf, die Art. 14 UPOV-Übereinkommen entsprechen und sich auf bestimmte Schutzgegenstände beziehen. Diese sind in ihrer gegenüber dem bisherigen Rechtszustand erheblichen Ausdehnung und Erweiterung zunächst aufzuzeigen und zu erläutern, bevor auf die einzelnen Benutzungshandlungen eingegangen werden kann. Wie bereits beim allgemeinen Schutzbereich ausgeführt, hat sich dadurch das Sortenschutzrecht erheblich verändert. 307

Bei der Bestimmung dessen, welche Handlungen das Sortenschutzrecht ausschließlich dessen Inhaber und seinen Lizenznehmern vorbehält, ist zu beachten, daß es sich beim Sortenschutz um ein dem Patentrecht vergleichbares Ausschließlichkeitsrecht handelt, dessen Inhaltsbestimmung aber ausschließlich auf der Grundlage des Sortenschutzgesetzes vorzunehmen ist. Das dem Sortenschutzinhaber durch das Sortenschutzgesetz eröffnete Ausschließlichkeitsrecht weicht in einigen Punkten erheblich von der Inhaltsbestimmung des Patentrechtes ab. Dies ist bedingt durch die Natur des Schutzgegenstandes „lebende Materie", die nicht nur bei der Beurteilung der materiellen Schutzvoraussetzungen im Prüfungsverfahren im Vergleich zur toten Materie einer unterschiedlichen Behandlung bedarf, sondern insbesondere auch bei der Bestimmung dessen, welchen Gestaltungsspielraum das Sortenschutzrecht dem Inhaber eröffnet. So hat bereits der Gesetzgeber zum Vorläufer des Sortenschutzgesetzes, nämlich zum Gesetz über Sortenschutz und Saatgut von Kulturpflanzen (Saatgutgesetz) in der Begründung zu diesem Gesetz hervorgehoben, das Hauptmotiv hinsichtlich des Inhalts des Sortenschutzes sei „... ein seiner Art nach dem Patent 308

---

221 BPatGE 11, 179, 182 = GRUR 1971, 151 ff. – *Peragis*.
222 Siehe Tz. 3.2.2. und 3.2.3. der Prüfungsgrundsätze.
223 BGH GRUR 1976, 385 ff.

angenähertes, jedoch der Eigenart der Pflanze als eines organischen Erzeugnisses angemessenes Schutzrecht auszubilden ...".[224] Dem ist gerade bei der Auslegung des Begriffes „Inverkehrbringen"[225] und bei der Frage der Erschöpfung[226] Rechnung zu tragen.

I. Schutzgegenstände

1. Eigentliche Sorte

309 Schutzgegenstand ist nach dem deutschen und dem europäischen Sortenschutzrecht zunächst die eigentliche, ursprüngliche Sorte.

a) Vermehrungsmaterial

310 Geschützt wird in bezug auf die eigentliche Sorte nach § 10 Abs. 1 Nr. 1 SortG vor allem das sog. *Vermehrungsmaterial* der geschützten Sorte. Das sind nach der Begriffsbestimmung des § 2 Nr. 2 SortG Pflanzen und Pflanzenteile einschließlich Samen, die für die Erzeugung von Pflanzen oder sonst zum Anbau bestimmt sind. Umfaßt sind damit, wie sich bereits aus der Gesetzesbegründung zum bisherigen Sortenschutz ergab,[227] außer den Samen und Stecklingen also auch alle Pflanzen und Pflanzenteile, die ähnlich wie diese noch keine für den Letztverbraucher unmittelbar nutzbare Form haben, z. B. Jungpflanzen, die bei bestimmten generativ vermehrbaren Arten zunehmend anstelle von Samen in den Verkehr gebracht werden, oder Pflanzenteile, aus denen z. B. im Wege der zunehmend Bedeutung erlangenden Gewebekultur neue Pflanzen gewonnen werden können. Dagegen gehören nicht zum Vermehrungsmaterial Pflanzen oder Pflanzenteile, die nicht zum Anbau bestimmt sind, z. B. Topfpflanzen oder Schnittblumen; denn zu Vermehrungsmaterial werden Pflanzen oder Pflanzenteile einschließlich Samen neben ihrer generellen Eignung zur Vermehrung erst dadurch, daß sie für die Erzeugung von Pflanzen oder sonst zum Anbau bestimmt sind. Diese Bestimmung wird entweder von der Natur geschaffen, wie etwa bei Rübensamen, Saatgut von Klee und Gräsern, die sich grundsätzlich nur für Vermehrungszwecke eignen (sog. geborenes Saatgut) oder sie beruht auf menschlicher Entschließung (Widmung), wie bei Getreide, Bohnen, Erbsen und Kartoffeln (sog. gekorenes Saatgut) aber auch bei Stecklingen. Gekorenes Saatgut kann sowohl zu Vermehrungszwecken als auch zum Konsum dienen. Das „Bestimmen" zur Vermehrung (das Küren zu Vermehrungsgut) ist nicht mit einer dahingehenden Absicht des Vertreibers gleichzusetzen. Vielmehr handelt es sich um ein objektives, durch äußere Umstände feststellbares Tatbestandsmerkmal, wobei sich die Zweckbestimmung aber nicht schon beim Vertrieb in äußeren Merkmalen zeigen muß, während die tatsächliche Verwertung des Pflanzgutes zur Vermehrung hierfür ohne Bedeutung ist. Da das Gesetz weder etwas über den Zeitpunkt der Bestimmung zu Vermehrungszwecken aussagt,

---

224 BT-DRS Nr. 2870 vom 24. November 1951, S. 24.
225 Vgl. nachfolgend Rdn 337.
226 Vgl. nachfolgend Rdn 373 ff.
227 BT-Drs. 10/816 S. 17.

noch die Widmung einer bestimmten Person oder einem bestimmten Personenkreis zuordnet, noch die Bestimmung zu Vermehrungszwecken mit einer bestimmten Tätigkeit verbindet, genügt es, daß sich die Zweckbestimmung von Pflanzen oder Pflanzenteilen zur Erzeugung von neuen Pflanzen oder sonst zum Anbau auch erst beim Abnehmer vollzieht. Ein solcher Fall kommt insbesondere in Betracht, wenn der gewerbsmäßige Vertreiber von sowohl zu Konsum- als auch zu Vermehrungszwecken geeignetem Erntegut eine voraussehbare Vermehrung durch den Abnehmer in Kauf nimmt, ohne die Rechte des Sortenschutzinhabers zu wahren, dem es allein vorbehalten ist, Vermehrungsmaterial gewerbsmäßig zu vertreiben und daraus Nutzen zu ziehen.[228]

b) Sonstige Pflanzen oder Pflanzenteile und daraus unmittelbar gewonnene Erzeugnisse

Die Schutzwirkung für eine geschützte Sorte erstreckt sich jedoch nach § 10 Abs. 1 Nr. 2 SortG über das Vermehrungsmaterial hinaus auch auf *sonstige Pflanzen und Pflanzenteile* sowie – in Anwendung der in Art. 14 Abs. 3 UPOV-Übereinkommen eröffneten Möglichkeit – auf *daraus unmittelbar gewonnene Erzeugnisse*, wenn die Pflanze und Pflanzenteile aus einer nicht rechtmäßigen Vermehrung stammen, d.h. zu ihrer Erzeugung Vermehrungsmaterial ohne Zustimmung des Sortenschutzinhabers verwendet wurde und der Sortenschutzinhaber keine Gelegenheit gehabt hatte, sein Sortenschutzrecht hinsichtlich einer bestimmten Verwendung geltend zu machen. Schutzgegenstand sind also nicht nur Pflanzen und Pflanzenteile, die für die Erzeugung von Pflanzen oder sonst zum Anbau bestimmt sind (Vermehrungsmaterial), sondern auch solche unrechtmäßig erzeugten Pflanzen und Pflanzenteile, die anderen Zwecken dienen, insbesondere dem Konsum oder der industriellen Verarbeitung. 311

Damit soll sichergestellt werden, daß der Sortenschutzinhaber auf allen Entwicklungsstufen der Sorte Schutz erlangen kann, andererseits aber kein Schutzbedürfnis besteht, wenn zur Schutzrechtgeltendmachung schon auf einer vorhergehenden Entwicklungsstufe (beim Vermehrungsmaterial oder sonstigen zum Anbau bestimmte Pflanzen oder Pflanzenteilen) Gelegenheit dazu bestand. Durch diese sog. „Kaskadenlösung" wird der Sortenschutzinhaber veranlaßt, seine Lizenzgebühren zum frühestmöglichen Zeitpunkt, nämlich auf der Stufe des Vermehrungsmaterials, zu erheben. Daher hat er bei einer Erhebung auf den der Vermehrung nachfolgenden Stufen den Beweis zu führen, daß es ihm nicht möglich war, auf der jeweils vorhergehenden Stufe das Sortenschutzrecht geltend zu machen.[229] 312

In Betracht kommt beispielsweise die Einfuhr von Enderzeugnissen aus nichtlizenzierter Auslandsvermehrung. Darunter fällt aber auch das sog. Erntegut, wobei dieser im UPOV-Übereinkommen und der EGSVO gebrauchte Begriff im Sortenschutzgesetz nicht verwandt wird, sondern durch sonstige „Pflanzen oder Pflanzenteile" ersetzt worden ist, weil er neutraler ist und die Bezeichnung Erntegut eher bei landwirtschaftlichen als bei gärtnerischen Arten (Zierpflanzen, Gehölze) gebräuchlich ist. Ferner werden Pflanzen oder Pflanzenteile für Konsumzwecke erfaßt, wie etwa Samen von Getreide, Kartoffeln, Topfpflanzen für Zierzwecke, Schnittblumen und Obst, wenn mit ihnen dem Sortenschutzinhaber vorbe- 313

---

228 BGH GRUR 1988, 73 – *Achat*.
229 BT-Drs. 13/1738 S. 13.

haltene Benutzungshandlungen vorgenommen werden. Immer jedoch müssen die Pflanzen und Pflanzenteile sowie Erzeugnisse aus einer unlizenzierten Vermehrung hervorgegangen sein, bei der der Sortenschutzinhaber seine Rechte noch nicht geltend machen konnte. Nicht dagegen sind Schutzgegenstand die Pflanzen, Pflanzenteile und deren unmittelbar aus ihnen gewonnenen Erzeugnisse generell.

314   Die Einschränkung, daß die Pflanzen, Pflanzenteile oder Erzeugnisse auf eine unlizenzierte Vermehrung zurückgehen müssen, gilt nicht für Importe aus anderen Staaten als den Mitgliedstaaten der Europäischen Gemeinschaft und des Europäischen Wirtschaftsraumes, es sei denn, das Vermehrungsgut wurde mit der ausdrücklichen oder konkludenten Zustimmung des jeweiligen Berechtigten an den Abnehmer in Staaten außerhalb der EG und des EWR abgegeben, daß hieraus gewonnene Erzeugnisse in die EG eingeführt werden dürfen. Andernfalls liegt keine Erschöpfung vor. Der Schutzrechtsinhaber kann sein Sortenschutzrecht in vollem Umfang geltend machen.[230]

c) Material (Sortenbestandteile und Erntegut)

315   Demgegenüber spricht Art. 13 Abs. 2 EGSVO nicht von Vermehrungsmaterial, sondern nur von „*Material*" und versteht darunter Sortenbestandteile oder Erntegut der geschützten Sorte.

316   Sortenbestandteile sind nach Art. 5 Abs. 3 EGSVO – wie im deutschen Recht (oben Rdn 311) – ganze Pflanzen oder Teile von Pflanzen, soweit diese Teile wieder ganze Pflanzen erzeugen können. Der Begriff des „Materials" ist also weiter als der des Vermehrungsmaterials im deutschen Recht und umfaßt neben diesem auch die sonstigen Pflanzen und Pflanzenteile, die wieder ganze Pflanzen erzeugen können, die im deutschen Recht eigens als Schutzgegenstände genannt werden. Dabei fällt auf, daß lediglich auf die Eignung zur *Erzeugung* von Pflanzen und nicht wie im deutschen Recht auf die *Bestimmung* dazu abgestellt wird. Da die Bestimmung jedoch ein objektives Merkmal ist und sich diese – außer bei naturgemäßer Gegebenheit – auch erst beim Abnehmer durch die Benutzung zur Erzeugung vollziehen kann, ergeben sich keine wesentlichen Unterschiede. Daher sind auch hier Schutzgegenstand nicht nur Pflanzen oder Pflanzenteile, die üblicherweise zu Vermehrungszwecken verwendet werden, sondern auch solche, die primär dem Konsum dienen (für den Konsumsektor bestimmt sind), wenn sie neue Pflanzen hervorbringen können und mit ihnen in Art. 13 Abs. 2 EGSVO genannte Handlungen vorgenommen werden.

317   Auch *Erntegut*, d. h. Pflanzen oder Pflanzenteile werden geschützt, wenn sie durch ungenehmigte Benutzung von Sortenbestandteilen gewonnen worden sind und der Sortenschutzinhaber sein Recht nicht hinreichend im Zusammenhang mit den Sortenbestandteilen geltend machen konnte (Art. 13 Abs. 3 EGSVO). Mit dieser Einschränkung soll ebenso wie im deutschen Recht vermieden werden, daß auch das Erntegut wegen der weitgehenden Kontrolle durch den Sortenschutzinhaber, wie sie Art. 13 Abs. 2 EGSVO vorsieht, dieser Überprüfung unterliegt, wenn es von rechtmäßig erzeugten Pflanzen stammt. Auf der anderen Seite wird aber auch sichergestellt, daß derjenige, der Verwertungshandlungen mit Erntegut vornimmt, das nicht aus rechtmäßig hervorgebrachten Pflanzen entstanden ist, vom Sortenschutzinhaber in Anspruch genommen werden kann, obwohl dieser gegen den vorgehen könnte, der wegen Handlungen gem. Art. 13 Abs. 2 EGSVO Sortenschutzverletzer ist.

---

230 Zur Erschöpfung s. Rdn 373 ff.

Art. 13 Abs. 3 EGSVO wird deshalb nur in folgenden Fällen relevant werden: Zum einen, wenn Erntegut vorliegt, welches von geschützten Pflanzen stammt, die ohne Zustimmung des Berechtigten im Gebiet außerhalb der EU die Erzeugung des fraglichen Ernteguts ermöglicht haben. Oder es handelt sich um Erntegut von geschützten und ordnungsgemäß, d. h. mit Zustimmung des Sortenschutzinhabers oder sonstigen Berechtigten in Gebiete außerhalb der EG und des EWR verbrachten Pflanzen, zu denen aber nicht die Zustimmung gegeben wurde, Erntegut dieser Pflanzen in die EU einzuführen.

Entsprechend kann nach Art. 13 Abs. 4 EGSVO in den Durchführungsvorschriften zu Art. 114 die Schutzfähigkeit von für unmittelbar aus Material der geschützten Sorte gewonnene Erzeugnisse vorgesehen werden, wenn keine Schutzmöglichkeit schon auf einer vorhergehenden Stufe bestand. 318

Eine andere und zunehmend an Bedeutung gewinnende Frage ist die, ob pflanzliches Material auch Schutzgegenstand von *Patenten* sein kann. Diese lange Zeit umstrittene und höchst kontrovers diskutierte Frage hat inzwischen eine – aber wohl noch nicht endgültige – Klärung durch die Biotechnologierichtlinie erfahren.[231] Im Sinne dieser Richtlinie können nach Art. 3 Erfindungen, die neu sind, auf einer erfinderischen Tätigkeit beruhen und gewerblich anwendbar sind, auch dann patentiert werden, wenn sie ein Erzeugnis, das aus biologischem Material besteht oder dieses enthält, oder ein Verfahren, mit dem biologisches Material hergestellt, bearbeitet und verwendet wird, zum Gegenstand haben. Biologisches Material, das mit Hilfe eines technischen Verfahrens aus seiner natürlichen Umgebung isoliert oder hergestellt wird, kann auch dann Gegenstand einer Erfindung sein, wenn es in der Natur schon vorhanden war. Nicht patentierbar sind jedoch nach Art. 4 Pflanzensorten und Tierrassen mit Ausnahme von Erfindungen, die ein mikrobiologisches oder sonstiges technisches Verfahren oder ein durch diese Verfahren gewonnenes Erzeugnis zum Gegenstand haben. Damit sind Erfindungen, deren Gegenstand Pflanzen oder Tiere sind, patentierbar, wenn die Ausführung der Erfindung technisch nicht auf eine bestimmte Pflanzensorte oder Tierrasse beschränkt ist. Ein Nebeneinander von Sortenschutz- und Patentschutzgegenständen ist somit möglich, wobei die Abgrenzung jedoch schwierig sein kann.[232] 319

2. Über sie hinausgehende Sorten

Die Schutzwirkung besteht jedoch nicht nur für die eigentliche, ursprüngliche Sorte, sondern Schutzgegenstand sind auch *über sie hinausgehende Sorten*. 320

a) Abgeleitete Sorten

Nach § 10 Abs. 2 Nr. 1 SortG, Art. 13 Abs. 5a) EGSVO erstreckt sich der Schutz auf von der geschützten Sorte (Ausgangssorte) *im wesentlichen abgeleiteten Sorten*, wenn die Ausgangssorte selbst keine im wesentlichen abgeleitete Sorte ist. 321

Damit ist im Gegensatz zu früherem Recht aufgrund der Änderungen des UPOV-Übereinkommens im Jahre 1991 (Art. 14 Abs. 5 UPOV-Übereinkommen) das Konzept der im 322

---

231 Vgl. Rdn 14 ff.
232 Vgl. oben Rdn 10 ff.

wesentlichen abgeleiteten Sorte in den Sortenschutz eingeführt worden. Das bedeutet, daß es im Interesse der freien Weiterzüchtbarkeit (sog. Züchtervorbehalt) zwar nicht zu einer vollen Abhängigkeit im patentrechtlichen Sinne gekommen ist, daß aber der Sortenschutz erheblich gestärkt wurde und auch auf von der Ursprungssorte abgeleitete Sorten ausgedehnt worden ist. Jeder kann bei der Züchtung vorhandenes lebendes Material verwenden und auf der Basis bereits existierender interessanter Genotypen eine neue Sorte mit anderen gewünschten Eigenschaftskombinationen hervorbringen. Daran ist er nicht durch ein bestehendes Sortenschutzrecht an dem verwandten Material gehindert. Vielmehr erstreckt sich dieses Recht nicht auf Handlungen zum Zwecke der Erschaffung neuer Sorten, damit jedem Züchter um der Weiterentwicklung von Pflanzenzüchtungen und der Erforschung willen eine möglichst breite und freie Materialverwendung offensteht (§ 10a) Abs. 1 Nr. 3 SortG, Art. 15c) EGSVO). Der Züchter der so weitergezüchteten Sorte erhält bei Vorliegen der erforderlichen Schutzvoraussetzungen den Sortenschutz und kann daraus sämtliche aus dem Sortenschutz resultierenden Rechte gegen jeden Dritten geltend machen. In den Handlungen mit der neuen Sorte ist der Züchter jedoch nicht frei, sondern bedarf der Zustimmung des Ursprungszüchters, wenn die neue Sorte im wesentlichen von der Ausgangssorte abgeleitet ist. Denn in der neuen Sorte, insbesondere Mutationen, steckt im wesentlichen auch die Leistung des Züchters der Ursprungssorte. Diese Leistung darf durch die Neuzüchtung nicht ihren Schutz verlieren. Das gilt jedoch nach den entsprechenden Übergangsbestimmungen der Art. 116 Abs. 4 EGSVO und § 41 Abs. 6 SortG nur für neue und nicht sog. Altsorten.[233]

323 Der durch diese Regelung eingeleitete Verwertungsvorbehalt des Züchters der Ausgangssorte ist die spezifische, auf die Besonderheiten der Pflanzenzüchtung zugeschnittene sortenschutzrechtliche Abhängigkeit, die sich durch den Weiterzüchtungsvorbehalt grundlegend von der patentrechtlichen unterscheidet.[234] Das Patentrecht stellt die Fortentwicklung grundsätzlich nicht vom Schutz frei, sondern erfordert die Zustimmung des Patentinhabers, wobei jedoch Art. 12 der Biotechnologierichtlinie für die Inanspruchnahme vorgeschützter Materialien jetzt gegenseitige Zwangslizenzen zur Überwindung der Abhängigkeit vorsieht.

324 Die entscheidende Frage ist daher, wann eine Sorte von einer anderen geschützten Sorte im wesentlichen abgeleitet ist. Die gesetzlichen Vorschriften versuchen hier, die Voraussetzungen zu nennen, wobei sie ziemlich kompliziert und schwer lesbar, im Wortlaut unterschiedlich, aber in der Sache übereinstimmend formuliert sind (Art. 14 Abs. 5 UPOV-Übereinkommen; § 10 Abs. 3 SortG; Art. 13 Abs. 6 EGSVO). Danach hat das Vorliegen einer im wesentlichen abgeleiteten Sorte die nachfolgenden drei Voraussetzungen, die kumulativ gegeben sein müssen:
– vorwiegende Ableitung,
– deutliche Unterscheidbarkeit
– genetische Übereinstimmung.

325 aa) Voraussetzung ist zunächst eine *vorwiegende Ableitung*. Diese kommt nur in Betracht, wenn für die Züchtung oder Entdeckung vorwiegend die Ausgangssorte oder eine andere Sorte, die selbst von der anderen Sorte abgeleitet ist, als Ausgangsmaterial verwendet wird.

326 Das ist eine reine Tatsachenfeststellung, die streng auf den Ableitungsvorgang abstellt und selbst bei Vorliegen einer sehr engen genetischen Konformität zu verneinen ist, wenn kein Sortenmaterial dieser Sorte züchterisch verwendet wurde, wobei beispielhaft (aber nicht erschöpfend) auf die Ableitungsmethoden der Auslese einer natürlichen oder künstlichen

---

233 Vgl. dazu unten Rdn 332.
234 Vgl. *Lange*, GRUR Int. 1993, 139.

Mutante oder eines somaklonalen Abweichers, Auslese eines Abweichers in einem Pflanzenbestand der Ursprungssorte, mehrfacher Rückkreuzung oder genetische Transformation abgestellt wird. Eine Sorte, die ohne Benutzung der Ausgangssorte entwickelt worden ist, kann nie eine im wesentlichen abgeleitete Sorte sein. Zuchtbuchaufzeichnungen können hier sehr hilfreich sein.

Ausgangssorte kann jedoch immer nur eine Ursprungssorte sein, die nicht ihrerseits im wesentlichen abgeleitet sein darf, weil die sortenschutzrechtliche Abhängigkeitsregelung – anders als bei einer Anlehnung an das Patentrecht – nur zugunsten „originärer" Pflanzenzüchter gelten soll und nicht auch für Züchter, die im wesentlichen abgeleitete Sorten entwickeln. Eine im wesentlichen abgeleitete Sorte bleibt auch immer eine wesentlich abgeleitete Sorte, selbst wenn die Schutzdauer der Ursprungssorte ausläuft, da auch eine von der ersten Sorte in einer Kette im wesentlich abgeleiteter Sorten abgeleitete Sorte eine im wesentlichen abgeleitete Sorte ist und die anderen Sorten in der Kette weiter von der Ursprungssorte im wesentlichen abgeleitet sein werden.[235] Das ist eine durchaus abgewogene Lösung,[236] die auch die im Sortenschutzrecht wenig sinnvollen sogenannten Abhängigkeitspyramiden[237] vermeidet. Die Abhängigkeit kann auch immer nur von *einer* („der") geschützten Sorte bestehen, so daß nicht mehrere Sorten das Ausgangsmaterial liefern können und z. B. ein Kreuzungsprodukt nicht doppelt abhängig sein kann. Auch hier kommt es auf die wesentliche Ableitung an.

bb) Ferner muß die abgeleitete Sorte *deutlich unterscheidbar* sein, und zwar selbstverständlich gegenüber allen anderen Sorten, aber auch gegenüber der Ursprungssorte, da andernfalls schon gar nicht die normalen Schutzvoraussetzungen für eine Sorte vorliegen und sie bei fehlender Unterscheidbarkeit von der Ausgangssorte direkt unter deren Schutzbereich fallen würde. Die Unterscheidbarkeit, die von den Sortenschutzämtern unabhängig von der Frage der wesentlichen Ableitung bei der Prüfung der angemeldeten Sorte auf ihre Schutzvoraussetzungen hin geprüft wird, richtet sich nach den normalen Bestimmungen der Art. 7 UPOV-Übereinkommen, § 3 SortG, Art. 7 EGSVO, die auf die Ausprägung wenigstens eines maßgebenden Merkmals abstellen; auf die entsprechenden Erläuterungen zu diesen Vorschriften sei verwiesen.

cc) Schließlich muß auf der anderen Seite zu der Ursprungssorte trotz der Unterscheidbarkeit eine *genetische Übereinstimmung* (Konformität) bestehen, in der vor allem der entscheidende Sachgrund der Erstreckung des Sortenschutzes auf die abgeleitete Sorte liegt. Eine solche Übereinstimmung ist vorhanden, wenn sich die beiden Sorten in der Ausprägung der Merkmale, die aus dem Genotyp oder einer Kombination von Genotypen der Ausgangssorte herrühren, abgesehen von aus der verwendeten Ableitungsmethode resultierenden Unterschieden, im wesentlichen gleichen (Art. 14 Abs. 5b), iii UPOV-Übereinkommen; § 10 Abs. 3 Nr. 3 SortG; Art. 13 Abs. 6c) EGSVO). Abgestellt wird also auf den Genotyp der Ursprungssorte und nicht auf den Phänotyp, da schon ein geringfügiger Unterschied im Genotyp eine erhebliche Phänotypunterscheidung bewirken kann und umgekehrt ein auch nur kleiner Unterschied im Phänotyp einen deutlichen Unterschied im Genotyp nicht ausschließt; die Phänotypunterscheidbarkeit wäre zu unsicher. Dabei sind die noch zu tolerierenden Schwellenwerte bezüglich der genetischen Konformität wohl artspezifisch zu beurteilen und können insoweit durchaus unterschiedlich sein. Im allgemeinen wird min-

---
235 Vgl. *Lange*, GRUR Int. 1993, 141.
236 *Lange* aaO gegen *Strauss/von Pechmann*, GRUR Int. 1992, 214.
237 *Lukes*, GRUR Int. 1987, 328.

destens eine mehr als 60 %ige, im Regelfall sogar eine 95 %ige Genotypübereinstimmung auf Basis des zu beurteilenden Gesamtgenoms und nicht nur einzelner wesentlicher, genetisch bedingter Eigenschaften erforderlich sein.[238] Hier sieht man auch den Unterschied zur deutlichen Unterscheidbarkeit als Schutzvoraussetzung, die an der Ausprägung wenigstens eines maßgebenden Merkmals anknüpft, während bei einer abgeleiteten Sorte das Wesentliche des Genotyps der Ursprungssorte beibehalten sein muß, diese also praktisch die Gesamtheit des Genotyps der Ursprungssorte unter Beibehaltung der Ausprägung der Wesentlichen Merkmale aufweist. Im einzelnen lassen sich die genetischen Abstände mit wissenschaftlichen und zuverlässigen Methoden messen, die bereits bestehen (z. B. RFLP = Restriction Fragment Length Polymorphism) RAPD (Random Amplification of Polymorphic DNA) PCR (Polymerase Chain Reaction) oder sich gerade für die Abhängigkeitsproblematik noch entwickeln werden. Bislang werden die Abstände vor allem mit Hilfe von Molekularmarkern gemessen.

330 Eine praktisch sehr wichtige Frage ist, wie es mit der Beweislast hinsichtlich dieser Voraussetzungen steht. An sich gelten die normalen Beweislastregeln, wonach jede Partei die Voraussetzungen der für sie günstigen Norm nachweisen muß, hier also der Inhaber der Ursprungssorte die Voraussetzungen für die Abhängigkeit der Sorte. Doch werden ihm wie in vielen Rechtsordnungen die üblichen Beweiserleichterungen, insbesondere der Beweis des ersten Anscheins (prima-facie-Beweis), zugute kommen. Ein solcher greift ein, wenn der originäre Züchter eine genetische Übereinstimmung innerhalb aufgestellter Schwellenwerte zu Lasten einer anderen Sorte nachweisen kann, wobei auf einer ersten Stufe vielleicht schon eine phänotypische Konformität ausreichen könnte. Das Vorhandensein der genetischen Übereinstimmung gibt Anlaß zu der Vermutung, daß der zweite Züchter seine Sorte vorwiegend von der Ursprungssorte abgeleitet hat. Kann der Inhaber der Ursprungssorte andererseits die Voraussetzung der vorwiegenden Ableitung nachweisen, dann kann gleichfalls das Vorhandensein der genetischen Übereinstimmung vermutet werden. Es ist dann Sache des anderen Züchters, die genetische Konformität zu widerlegen bzw. jedenfalls nachzuweisen, daß er kein Material der Ursprungssorte bei seiner Züchtungsarbeit verwendet hat.[239]

331 Danach hat also der originäre Züchter für einen die wesentliche Ableitung rechtfertigenden Anscheinsbeweis nachzuweisen:

genetische Konformität
oder enge Verwandtschaft, z. B. in phänotypischen Merkmalen
oder lediglich kleine Unterschiede in einigen einfach vererbbaren Merkmalen;
der zweite Züchter hat zu beweisen:
keine genetische Konformität
oder keine vorwiegende Ableitung.

dd) Übergangsregelung für von sogenannten Altsorten abgeleitete Sorten

332 Die Erstreckung des Schutzes auf abgeleitete Sorten ist geeignet, Besitzstände zu zerstören, die dadurch entstanden sind, daß Dritte Material dieser Sorten vor der Einbeziehung der abgeleiteten Sorte in den Schutzbereich der Ausgangssorte berechtigt genutzt haben. Aus Gründen des Vertrauensschutzes werden abgeleitete Sorten von sogenannten Altsorten

---

[238] *Lange*, GRUR Int. 1993, 140 aufgrund der von der ASSINSEL abgegebenen Erklärung.
[239] Vgl. *Lange*, GRUR Int. 1993, 141 in Anknüpfung an die ASSINSEL-Erklärung.

nicht von der Regelung des § 10 Abs. 2 Nr. 1 SortG bzw. Art. 13 Abs. 5 i. V. m. Abs. 1 a) EGSVO erfaßt.

Altsorten sind nach § 41 Abs. 6 SortG solche Sorten, für die bis zum 24. Juli 1997 (Tag vor dem Inkrafttreten des Art. 1 des Gesetzes vom 17. Juli 1997) beim Bundessortenamt Sortenschutz beantragt oder von diesem erteilt worden ist. Altsorten sind nach Art. 116 Abs. 1 und 4 EGSVO jene Sorten, die im Zeitraum vom 27. April 1995 (Tag der Eröffnung des Gemeinschaftlichen Sortenamts) bis zum 31. August 1995 (Tag vor Ablauf von einem Jahr seit Inkrafttreten der EGSVO (1. September 1994)) beim Gemeinschaftlichen Sortenamt zum Sortenschutz angemeldet *und* von denen Sortenbestandteile oder Sortenerntegut vom Züchter oder mit seiner Zustimmung höchstens 4 Jahre, bei Sorten von Reben und Baumarten höchstens 6 Jahre vor dem 1. September 1994 (Tag des Inkrafttretens der EGSVO) im Gebiet der Gemeinschaft verkauft oder auf andere Weise zur Nutzung der Sorte an andere abgegeben worden sind und damit allgemein bekannt i. S. dieser Vorschrift waren.

Zur Auslegung des Begriffes „allgemein bekannt" wird man auf die neuheitsschädlichen Handlungen des Art. 10 EGSVO zurückgreifen können. Allgemein bekannt kann nur das Pflanzenmaterial sein, das auf dem Markt tatsächlich frei erhältlich war.

Diese Altsorten werden im Amtsblatt des Gemeinschaftlichen Sortenamts in einem gesonderten Abschnitt bekanntgemacht.

b) *Nicht deutlich unterscheidbare Sorten*

Nach Art. 14 Abs. 5a iii UPOV-Übereinkommen, § 10 Abs. 2 SortG, Art. 13 Abs. 6b 333 EGSVO erstreckt sich der Sortenschutz auch auf Sorten, die sich von der geschützten Sorte *nicht deutlich unterscheiden lassen.* Das ist eine Selbstverständlichkeit und hätte keiner ausdrücklichen Regelung bedurft, sondern verdeutlicht allenfalls nur eine bereits bestehende Rechtsauffassung. Denn wenn es an der deutlichen Unterscheidbarkeit fehlt, gehören die Sorten zum Schutzbereich der geschützten Sorte und werden von dieser umfaßt, ohne einen eigenen Schutz zu erlangen. Der individuelle Schutzbereich der geschützten Sorte kann dabei, wie oben in Rdn 306 ausgeführt, auch begrenzte Abweichungen einschließen, wenn sie im Rahmen zu tolerierender Variationen liegen (sog. Äquivalenzbereich).

c) *Fortlaufende Verwendung der geschützten Sorte*

Schließlich unterfallen der Schutzwirkung des Sortenschutzes Sorten, deren Erzeugung die 334 *fortlaufende Verwendung der geschützten Sorte* erfordert (Art. 14 Abs. 5a iii UPOV-Übereinkommen, § 10 Abs. 2 Nr. 3 SortG, Art. 13 V c EGSVO). Auch das ist nichts Neues, sondern entspricht der bisherigen Abhängigkeitsregelung bei der Erhaltungszüchtung von Heterosissorten (z. B. Mais), die durch die Kreuzung von Erbkomponenten geschaffen werden. Eine solche Erhaltungszüchtung kommt in Betracht, wenn die Kreuzungszüchtung nicht erbbeständig ist, weil schon beim ersten Nachbau eine Entartung des Vermehrungsmaterials eintritt, die nur durch die stimulierende Wirkung erneuter Kreuzungsakte verhindert werden kann, wobei fortlaufend Material der geschützten Sorte verwendet wird. Da es sich hierbei nicht um eine Weiterzüchtung mit dem Ziel der Schaffung einer neuen Sorte, sondern um die

Erhaltung einer bereits vorhandenen, aber aus sich nicht erbbeständigen Sorte handelt, steht die Regelung nicht im Widerspruch zu dem Weiterzüchtungsvorbehalt, der die Züchtung neuer Sorten erlaubt. Es wird auch keine neue, von einer Ausgangssorte abgeleitete Sorte geschaffen, sondern nur eine bereits vorhandene erhalten, so daß kein weiterer selbständig schutzfähiger Schaffensakt gegeben ist, sondern die Erhaltungszüchtung von der Schutzfähigkeit der fortlaufend verwendeten geschützten Sorte umfaßt wird.

II. Vorbehaltene Handlungen

335 Die Wirkung des Sortenschutzes besteht nun darin, daß dem Inhaber des Sortenschutzes bestimmte Handlungen mit diesen Schutzgegenständen vorbehalten sind, er also allein befugt ist, diese Handlungen vorzunehmen, wenn nicht gewisse Begrenzungen eingreifen. Damit soll ihm eine effektive Kontrolle gegenüber Schutzrechtsverletzungen gegeben werden. Abgestellt wird dabei entgegen dem früheren Recht nicht mehr (positiv) auf die Gewerbsmäßigkeit der Handlungen, sondern der Schutz erstreckt sich (negativ) nicht auf Handlungen im privaten, d. h. insbesondere häuslichen und persönlichen Bereich außerhalb eines Gewerbes, die auch schon früher die nicht gewerblichen Zwecke bestimmten. Terminologisch unterscheiden sich die vorbehaltenen Benutzungshandlungen in den betreffenden Gesetzen etwas, führen aber zu keinen wesentlichen sachlichen Abweichungen.

1. Erzeugung oder Fortpflanzung (Vermehrung)

336 Vorbehalten ist vor allem die *Erzeugung oder Fortpflanzung (Vermehrung),* wobei der Begriff des Vermehrens in § 10 Abs. 1 Nr. 1 SortG anders als in Art. 14 Abs. 1i UPOV-Übereinkommen und Art. 13 Abs. 2a EGSVO nicht ausdrücklich genannt wird, da diese Handlung durch das Erzeugen mit abgedeckt wird.[240] Die Erzeugung betrifft bei generativ vermehrbaren Pflanzenarten vor allem die Herstellung von Samen und bei Pflanzen, die üblicherweise vegetativ vermehrt werden, die Erzeugung von Pflanzen und Pflanzenteilen, wenn sie zur Herstellung von Pflanzen oder sonst zum Anbau geeignet/bestimmt sind (z. B. Augen, Edelreiser, Stecklinge usw.). Bei den sonstigen Pflanzen- und Pflanzenteilen bzw. dem Erntegut und den unmittelbar aus ihnen gewonnenen Erzeugnissen müssen diese jedoch aus nichtgenehmigtem Vermehrungsmaterial ohne Gelegenheit zur Schutzrechtsgeltungmachung entstanden sein.[241] Geschützt ist jedoch im Interesse einer effektiven Kontrolle nicht nur die eigentliche Erzeugung und Vermehrung, sondern auch die Aufbereitung dazu (Art. 14 Abs. 1ii UPOV-Übereinkommen, § 10 Abs. 1 Nr. 1a) SortG, Art. 13 Abs. 2b) EGSVO), da Vermehrungsmaterial vor seiner Verwendung in der Regel aufbereitet wird und durch die Zuweisung bereits dieser Handlungen an den Sortenschutzinhaber mögliche Schutzrechtsverletzungen vermieden werden können. Damit fällt jede Erzeugung von Vermehrungsmaterial unter den Sortenschutz, auch diejenige, bei der das erzeugte Vermehrungsmaterial nicht für das Inverkehrbringen bestimmt ist.[242]

---

240 BT-Drs. 13/7038, S. 12.
241 S. oben Rdn 311.
242 BT-Drs. 13/7038, S. 12/13.

2. Inverkehrbringen

Der zweite Schutzbereich, der dem Sortenschutzinhaber vorbehalten ist, umfaßt alle Handlungen, die mit dem *Inverkehrbringen* der Schutzgegenstände zusammenhängen (Art. 14 Abs. 1 iii, iv UPOV-Übereinkommen, § 10 Abs. 1 Nr. 1a) SortG, Art. 13 Abs. 2c und d EGSVO). Die in Rdn 1 ff. erwähnte, mit dem Sortenschutzgesetz verbundene Zielsetzung bekräftigend, hat der nationale Gesetzgeber in der Begründung zum SortSchG 1968 unter der Überschrift „Materielle Voraussetzungen und Inhalt des Sortenschutzes" ausgeführt, daß sich die Wirkung des Sortenschutzes auf die Erzeugung von Vermehrungsgut zum Zweck gewerbmäßigen Vertriebs und das gewerbsmäßige Vertreiben des Vermehrungsgutes bezieht.[243] Dementsprechend hat er aufgrund der Besonderheit der pflanzlichen Materie, insbesondere wegen ihrer vielfachen höheren Anfälligkeit gegenüber Sortenschutzverletzungen, dem Schutzrechtsinhaber den gesamten Bereich der Erzeugung von Vermehrungsgut und dessen Inverkehrbringens vorbehalten. Diese Intention wird auch vom BGH in der Achat-Entscheidung bestätigt,[244] indem er hervorhebt, daß u. a. der gesamte Bereich des gewerbmäßigen Vertriebes von Vermehrungsgut dem Schutzrechtsinhaber vorbehalten ist. Der BGH sieht das Recht des Sortenschutzinhabers entsprechend dem gesetzlichen Zweck nur dann als gewährleistet an, „. . . wenn ihm der gesamte Bereich der gewerbsmäßigen Erzeugung und des gewerbsmäßigen Vertriebs von Vermehrungsgut vorbehalten ist, gleichgültig zu welchem Zeitpunkt die Bestimmung zu Vermehrungszwecken vollzogen ist".[245] Der Begriff des Inverkehrbringens ist deshalb weit gefaßt und erstreckt sich im deutschen Recht (§ 2 Nr. 3 SortG) nicht nur auf das Anbieten, Vorrätighalten zur Abgabe, Feilhalten und jedes Abgeben an Andere, sondern auf den gesamten Vertriebsbereich, solange es sich um Vermehrungsmaterial handelt. Demgegenüber sprechen das UPOV-Übereinkommen und die EGSVO neben dem Feilhalten, Anbieten zum Verkauf und Verkauf auch vom sonstigen Vertrieb bzw. Inverkehrbringen des Vermehrungsmaterials als dem Schutzrechtsinhaber vorbehaltene Handlung. Jeweils kommt es darauf an, daß der betreffende Schutzgegenstand ohne die Zustimmung des Sortenschutzinhabers in die tatsächliche Verfügungsgewalt eines Dritten übergeht, wobei die entsprechenden Vorbereitungshandlungen miteinbezogen werden.[246]

3. Ex- und Import

Ferner sind dem Sortenschutzinhaber vorbehalten der *Ex- und Import* der betreffenden Schutzgegenstände aus dem bzw. in das Schutzgebiet (Art. 14 Abs. 1a, v und vi UPOV-Übereinkommen, § 10 Abs. 1 Nr. 1a SortG, Art. 13 Abs. 2, e und f EGSVO). Der Grund für das Exportverbot liegt darin, daß es sich bei der Ausfuhr um eine besondere Form des Inverkehrbringens handelt und dabei normalerweise bei Zustimmung des Sortenschutzinhabers eine Erschöpfung der Wirkung des Sortenschutzes eintritt. Eine Ausnahme von diesem Grundsatz macht das Gesetz bei der Ausfuhr insbesondere in ein Gebiet, in dem die

---

243 BT-Drs V/1630 S. 47 Li. Sp.
244 GRUR 1988, 370, 372.
245 BGH GRUR 1988, 370, 372.
246 Vgl. zu den einzelnen Handlungen *Wuesthoff/Leßmann/Wendt*, Kommentar, 2.A., Rdn 4 zu § 2.

Sorte nach dem SortG und der EGSVO nicht geschützt werden kann. Allerdings kann sich die Beschränkung nach Gemeinschaftsrecht (Art. 85, 86 EG-Vertrag) nicht mehr auf andere Mitgliedstaaten erstrecken. Daher besteht das Ausfuhrverbot nur für das Verbringen in Staaten außerhalb der Gemeinschaft. Das Einführen sortenschutzrechtlich geschützter Gegenstände wird dadurch bewirkt, daß im Inland die tatsächliche Verfügungsgewalt über vom Ausland hierhin gebrachte Produkte erlangt wird. Hier besteht die Gefahr, daß mit ihnen dem Sortenschutzinhaber vorbehaltene Handlungen vorgenommen werden, so daß bereits beim Import die Kontrollmöglichkeit gegeben sein soll. Das Sortenschutzrecht geht dabei weiter als das Patentrecht, wo die Einfuhr zum Zwecke der entsprechenden Benutzung geschehen muß (vgl. § 9 Nr. 1 PatG). Ein bloßer Transitverkehr ist keine Einfuhr, wohl dagegen ein Import zum Zwecke des Exports. Von Bedeutung war das Importverbot bislang vor allem für die Einfuhr von Zierpflanzen und Schnittblumen aus dem schutzrechtsfreien Ausland,[247] gilt jetzt aber für alle Sortenschutzgegenstände, insbesondere Endprodukte aus nicht lizenzierter Vermehrung.

4. Aufbewahrung

339 Schließlich ist allein der Sortenschutzinhaber nach § 10 Abs. 1b SortG, Art. 13 Abs. 2g EGSVO berechtigt, die Schutzgegenstände zu einem der vorstehenden Zwecke *aufzubewahren*. Auch dadurch soll es zu einer möglichst effektiven Kontrolle durch den Sortenschutzinhaber kommen, wenn zwar noch keine eigentlichen von seiner Zustimmung abhängigen Benutzungshandlungen vorgenommen werden, aber die Schutzgegenstände zu solchen Zwecken aufbewahrt werden, da sich damit bereits die Verletzungsgefahr dokumentiert. Zum Teil wird der entsprechende Tatbestand schon von dem Inverkehrbringen erfaßt, da darunter auch das Vorrätighalten zur Abgabe verstanden wird; im übrigen greift der Begriff des Aufbewahrens, der in § 9 PatG dem Besitzen i. S. einer tatsächlichen Sachherrschaft entspricht.

III. Sortenschutzbeschränkungen

340 Der vorstehend aufgezeigte Schutzumfang unterliegt jedoch gewissen Begrenzungen, die vor allem in §§ 10a und 10b SortG sowie Art. 15 und 16 EGSVO in Parallele zu Art. 15 und Art. 16 UPOV-Übereinkommen geregelt sind. Es ist gerade das Neue der gesetzlichen Regelung zur Erschwerung der Ausnutzung von Schutzlücken, daß die Wirkungen des Schutzes zunächst weit gefaßt sind, um dann im Gegenzug Begrenzungen enumerativ aufzuführen.

1. Privater Bereich zu nicht gewerblichen Zwecken

341 Die Wirkung des Sortenschutzes erstreckt sich nicht auf Benutzungshandlungen *im privaten Bereich zu nicht gewerblichen Zwecken* (§ 10a Abs. 1 Nr. 1 SortG, Art. 15a EGSVO). Sortenschutzgegenstände werden ebenso wie Patente auf gewerblichem Gebiet geschaffen so-

---

247 Vgl. *Wuesthoff/Leßmann/Wendt*, Kommentar, 2.A. Rdn 8 zu § 10.

wie benutzt und sind nicht für den Eingriff in die Privatsphäre bestimmt; deshalb erstrecken sie sich nicht auf Handlungen im privaten Bereich, die zu nicht gewerblichen Zwecken vorgenommen werden.

Im privaten Bereich kann nur handeln, wer auch eine Privatsphäre hat; das sind in der Regel natürliche Personen, nicht aber juristische Personen, Behörden, Kirchen oder Vereine. Was dabei für den häuslichen Gebrauch bestimmt ist oder zu persönlichen Zwecken geschieht, gehört zum privaten Bereich. Handlungen, die gewerbsmäßig erfolgen oder die einem Gewerbe und dem Erwerb dienen, werden dagegen nicht im privaten Bereich vorgenommen, und zwar auch dann nicht, wenn die Handlung für einen nicht gewerblichen Zweck bestimmt ist, wie etwa Benutzungshandlungen der Angehörigen der freien Berufe, die kein Gewerbe betreiben.[248] Die Handlung zu Erwerbszwecken in Ausübung eines Berufs, auch eines freien oder bei Gelegenheit der Berufsausübung ist immer eine gewerbliche, auch wenn damit – allerdings selten – keine Gewinnerzielungsabsicht vorhanden ist. Für den gewerblichen Zweck kommt es darauf ebensowenig an wie auf den allgemeinen Sprachgebrauch, den gewerberechtlichen oder strafrechtlichen Begriff. Zur gewerbsmäßigen Benutzung gehört insbesondere eine solche in der zur Urproduktion gehörenden Land- und Forstwirtschaft sowie in Erwerbsgärtnereien, in Gartenbau- und Züchtungsbetrieben sowie Baumschulen. Desgleichen gehört zur gewerbsmäßigen Nutzung das Anbieten von Vermehrungsmaterial auf Verkaufsmessen und in Verkaufskatalogen sowie wohl auch das Ausstellen auf Leistungsschauen zum Erwerb von Auszeichnungen und Medaillen. Auch eine Benutzung durch öffentlich- oder privatrechtliche Anstalten (gärtnerische Lehranstalten und Hochschulen) und private Vereinigungen sowie durch die staatliche oder kommunale Verwaltung, z.B. Stadt- und Friedhofsgärtnereien, ist als gewerbsmäßig zu behandeln, soweit es sich dabei nicht um Benutzungshandlungen der Sortenämter oder der für diese arbeitenden hoheitlichen, öffentlich-rechtlichen oder privaten Institutionen handelt oder um Benutzungshandlungen in staatlichen Forschungsinstituten und Hochschulen zu reinen Versuchs-, Forschungs- und Prüfungszwecken im Rahmen staatlicher oder öffentlicher Forschungsaufträge. Bei der gewerblichen oder industriellen Forschung kann es allerdings anders sein.[249] Die Gewerbsmäßigkeit wird in diesen Fällen von den Einzelumständen abhängen.

Von der Sortenschutzwirkung nicht erfaßt werden daher nur Handlungen, die nicht zum Zwecke des gewerbsmäßigen Inverkehrbringens erfolgen, sondern zu privaten, insbesondere häuslichen und persönlichen Zwecken außerhalb eines Gewerbes sowie zu persönlichen Forschungs- und Studienzwecken. In der Gesetzesbegründung zum früheren Sortenschutzgesetz heißt es in BT-Drs. 10/826 S. 20 auch zutreffend:

„Den Schutzzweck des Gesetzes entsprechend kann die Abgrenzung zwischen gewerbsmäßigem und nicht gewerbsmäßigem Handeln nur für wenige Handlungen wie Schenkungen oder Nachbarschaftshilfe Freiraum lassen. Darüber hinausgehende Veräußerungen von Vermehrungsmaterial zwischen Anbauern sind in der Regel ohne Einschaltung gewerblicher Handelsstufen als gewerbsmäßig anzusehen."

Dabei kann man allerdings bei der Nachbarschaftshilfe über die Nichtgewerblichkeit durchaus streiten, da auch hier der häusliche und persönliche Bereich überschritten und die Hilfe im Rahmen der Berufsausübung geleistet wird.[250] Wenn das dennoch weitgehend anders gesehen wird, so mag das einer überkommenen Verkehrsauffassung und weniger einem imma-

---

248 Vgl. *Schulte*, § 11 PatG, Rdn 4.
249 Vgl. nachfolgend Rdn 346 ff.
250 Vgl. *Neumeier*, S. 154 f.

terialgüter-, sondern mehr verkehrsrechtlichen und gewerberechtlichen Gewerbsmäßigkeitsbegriff entsprechen, in dem auf die – an sich unerhebliche – Unentgeltlichkeit und fehlende Gewinnerzielungsabsicht abgestellt wird. Die Idee des Sortenschutzrechtes besteht dagegen darin, dem Inhaber den gesamten Bereich der gewerbsmäßigen Erzeugung und des gewerbsmäßigen Vertriebs von Vermehrungsmaterial vorzubehalten. Auf keinen Fall kann daher generell der Austausch unter Anbauern privilegiert werden, da ansonsten ein unzulässiger Wettbewerb für den Sortenschutzinhaber entstehen würde.[251]

2. Versuchszwecke

346 Nicht der Schutzwirkung des Sortenschutzes unterfallen ferner gem. § 10a Abs. 1 Nr. 2 SortG, Art. 15b EGSVO (Art. 15 Abs. 1 ii UPOV-Übereinkommen) *Handlungen zu Versuchszwecken.*

347 Dabei ist nicht erforderlich, daß die Versuche im Privatbereich und zu nicht gewerblichen Zwecken erfolgen, so daß sie einen eigenen Privilegierungstatbestand darstellen und eine Abgrenzung entbehrlich ist. Versuchshandlungen können von jedem durchgeführt werden, auch wenn damit ein gewerblicher Zweck verfolgt wird, wie in landwirtschaftlichen Versuchsanstalten, gärtnerischen Forschungsbetrieben, Industrielabors usw. Die Versuche müssen sich jedoch immer auf die Sorte bzw. die Pflanzen und Pflanzenteile als solche beziehen und diese zu Versuchsobjekten machen, d. h. es ist danach zu fragen, ob sie erzeugbar und vermehrbar sind, um zu bestimmten Pflanzenbeständen zu gelangen. Zu Versuchszwecken erfolgen alle Handlungen, mit denen geschütztes pflanzliches Material auf seine Verwendungsfähigkeit und Weiterentwicklungsmöglichkeit hin untersucht wird. Im Vordergrund steht die „technische" Untersuchung der Züchtung, ob auf der Grundlage bestimmter Züchtungsmethoden und -verfahren mit bestimmten Pflanzenmaterialien andere oder verbesserte Produkte hergestellt werden können, wobei die technische Seite der Handlungen besonders deutlich bei den gentechnischen Verfahren wird. Wird die geschützte Sorten dagegen nur im Rahmen anderweitiger Versuche und Forschungen eingesetzt oder soll mit ihr lediglich die praktische, wirtschaftliche oder marktmäßige Geeignetheit ermittelt werden, so handelt es sich nicht um von der Schutzwirkung freigegebene Versuchshandlungen, die vorgenommen werden dürfen.

348 Privilegiert ist also nur die eigentliche züchterische Tätigkeit, wie sie vor allem in Züchtungsbetrieben geleistet wird, nicht aber auch z. B. die Weiterbehandlung in Baumschulen, Vermehrungsbetrieben usw., da sich diese Tätigkeit nicht auf den Schutzgegenstand als solchen bezieht, sondern nur mit der fertigen Sorte zur Erzielung höherer Wirtschaftlichkeit weitergearbeitet wird. Anders ist es aber wohl, wenn mit den Versuchen erst festgestellt werden soll, ob eine neue Sorte überhaupt vermehrbar ist, d. h. sich hinreichend Vermehrungsmaterial für eine Weitervermehrung und damit einen sinnvollen Gebrauch der Sorte erzeugen läßt. Solche Versuche betreffen die Pflanzenzüchtung als solche. Daß neue Pflanzen nicht nur gezüchtet, sondern auch vermehrt werden können, entspricht dem Schutzgegenstand der Sorte und insbesondere der Voraussetzung ihrer Beständigkeit.

---

251 So insbesondere *Büchting*, S. 60.

3. Weiterzüchtung

Die Wirkung des Sortenschutzes erstreckt sich weiter nicht auf die *Züchtung, Entdeckung und Entwicklung neuer Sorten sowie Handlungen mit diesen,* außer wenn der Schutz der Ursprungssorte auch sie umfaßt (sog. Weiterzüchtungs- oder Forschungsvorbehalt nach § 10a Abs. 1 Nr. 3 SortG, Art. 15c u. d EGSVO aufgrund von Art. 14 Abs. 1 iii UPOV-Übereinkommen). 349

Danach bedarf es zur Verwendung von Vermehrungsmaterial oder sonstigen Schutzgegenständen einer geschützten Sorte für die Züchtung und Entdeckung einer neuen Sorte grundsätzlich nicht der Zustimmung des Sorteninhabers, sondern diese sind hierfür frei. Jedermann kann Pflanzen- oder Pflanzenteile, einschließlich Samen, die für die Erzeugung von Pflanzen oder sonst zum Anbau bestimmt/geeignet sind, nehmen und sie in der Weise verändern, meist verbessern, daß am Ende eine neue Sorte steht, z. B. in eine frostempfindliche eine frostresistente oder in eine spätreifende eine frühreifende Sorte einkreuzen, so daß die neue Sorte alle Vorteile und Vorzüge der alten aufweist, aber dazu noch frostbeständig bzw. frühreifend ist. Er kann diese Sorte nicht nur als solche züchten, sondern auch Vermehrungsmaterial der auf diese Weise neugezüchteten Sorte benutzen, ohne den bisherigen Sortenschutzinhaber irgendwie um Erlaubnis fragen oder ihm eine Vergütung zahlen zu müssen. Die Weiterzüchtung ist grundsätzlich möglich, die neue Sorte – anders als im Patentrecht – nicht abhängig, und für sie kann der Weiterzüchter selbständig neuen Schutz erlangen. Daß die Weiterzüchtung als solche frei ist, ist eine Notwendigkeit aus den Besonderheiten der biologischen Materie und ergibt sich gesetzlich daraus, daß bei den Benutzungshandlungen die Weiterzüchtung als solche dem Sortenschutzinhaber nicht vorbehalten ist. Aber auch die neue Sorte muß ohne Zustimmung des bisherigen Sortenschutzinhabers benutzt werden können, was darum auch in § 15 Abs. 3 SortSchG 68 ausdrücklich gesagt war, in den neuen Sortenschutzgesetzen zwar fehlt, aber dort auch nicht anders ist. Die Eigenständigkeit der Weiterzüchtung führt zu einem selbständigen Schutz, der grundsätzlich durch keinerlei Abhängigkeit beeinträchtigt ist. 350

Die freie Weiterzüchtbarkeit und damit der freie Aufbau auf bestehender geschützter geistiger Leistung ist eine typische Eigenart des Sortenschutzes, die allerdings nicht unumstritten ist und die es bei den anderen Schutzrechten nicht gibt.[252] Bei den anderen Schutzrechten gilt im Gegensatz das Prinzip der Abhängigkeit, d. h. wenn der Schutzumfang einer alten Schöpfung sich mit dem Gegenstand einer neuen Schöpfung irgendwie schneidet, also Elemente der alten Schöpfung bei der neuen verwendet werden, darf die neue Schöpfung grundsätzlich nur mit Einwilligung des Erstschöpfers verwendet werden. Das gesamte wirtschaftliche, technische und kulturelle Leben baut auf bestehenden Leistungen und Errungenschaften der Vergangenheit auf. Es ist daher oft unvermeidbar, daß Nachfolgende bei ihrer Schöpfung auch Teile der vorhergehenden Schöpfungen mitbenutzen und insoweit in die noch fortbestehenden Rechte ihrer Vorgänger eingreifen. Man braucht deswegen aber im Interesse des Fortschritts und der Weiterentwicklung eine Neuschöpfung nicht zu untersagen, sondern es muß nur ein gewisser Schutzrechtsfortbestand des Erstschöpfers sichergestellt werden, damit dieser nicht um seinen Lohn und seine Ehre gebracht wird. Das erreicht man, wenn bei Abhängigkeit die Neuschöpfung nur mit Zustimmung des Erstschöpfers verwendet werden darf. Eine solche Abhängigkeit kennen wir vor allem im Patentrecht, Gebrauchsmusterrecht und Urheberrecht. 351

---

252 Vgl. *Wuesthoff/Leßmann/Wendt,* Kommentar, 2.A., Rdn 13–18 zu § 10; *Leßmann,* FS *Lukes* 1990, S. 425 ff.; *Neumeier,* S. 161 ff.; *Lange,* GRUR Int 1985,91; *Mast,* S. 36; *Lukes,* GRUR Int. 1987, 320.

3. Abschnitt: Inhalt des Sortenschutzes und Schutzschranken

352   Im Sortenschutzrecht hat dagegen der Weiterzüchtungsvorbehalt, d. h. das grundsätzliche Prinzip der fehlenden Abhängigkeit nicht nur im Bereich traditioneller, sondern auch moderner (bio- und gentechnologischer) Züchtungsmethoden im Hinblick auf die Eigenart der Regelungsmaterie, insbesondere die Andersartigkeit des Schutzgegenstandes sowie die naturgegebene Angewiesenheit auf Vormaterial, aber auch unter Berücksichtigung der Allgemeininteressen gute Gründe. Das Züchterrecht wird für eine neue Pflanzensorte und nicht für eine Erfindung (Lehre zum technischen Handeln) gewährt. Die Sorte ist das Ergebnis einer meist aufwendigen und langwierigen Züchtungsarbeit, die in der Hervorbringung einer neuen, komplexen Kombination von Genen besteht, die zu einem neuen Genotyp führt. Dabei baut jede Züchtung im Gegensatz zur Erfindung immer auf vorhandenem lebenden Material auf und setzt eine möglichst breite Materialverwendung gerade auch von schon existierenden interessanten Genotypen voraus. Die Besonderheit der lebenden Materie liegt darin, daß zur Erreichung dieser Voraussetzungen zwar die Wahl des Ausgangsmaterials und vor allem auch die Art und Weise der Einwirkung auf dieses Material bei der Züchtung eine individuelle geistige Leistung darstellen, daß aber weiter stets und zwangsläufig die für die lebende Materie charakteristische Selbstvermehrung wirksam wird, die über die geistige Leistung hinausgeht und mit dieser nichts mehr zu tun hat. Diese geringere Wertigkeit des geistigen Leistungsbeitrags des Züchters und die notwendige Ergänzung durch einen von der züchterischen Leistung unabhängigen biologischen Vorgang bedingen, daß dem Züchter das Schaffensergebnis nicht in gleichem Maße zugeordnet ist wie bei anderen Schutzrechten. Die Folge ist die größere Freiheit bei der Weiterzüchtung; das Züchtungsergebnis löst sich wegen der schwächeren Zuordnung zum Züchter eher von diesem und ist deswegen gegenüber dem neuen Leistungswert des Weiterzüchters weniger konsistent. Wenn ferner im Pflanzenbau Züchtungen nie völlig neu erfolgen, sondern immer auf Vorhandenem aufbauen, indem der Züchter unter Benutzung vorhandener Sorten als Kreuzungspartner und als Ausgangsmaterial für willkürlich erzeugte oder erzielte Mutationen durch die bekannten Züchtungsmethoden eine neue Sorte schafft, dann dient die freie Weiterzüchtbarkeit geschützter Sorten viel mehr als bei sonstigen gewerblichen Schutzrechten auch der Förderung der züchterischen Forschungs- und Entwicklungsarbeit, so daß diesen Allgemeininteressen zur Wahrung der genetischen Ressourcen und zur Erhaltung der Sortenvielfalt sowie der Vermeidung von agrarpolitisch und wettbewerbsrechtlich unerwünschten Abhängigkeitspyramiden Rechnung getragen werden muß.[253]

353   Es darf jedoch nicht außer acht gelassen werden, daß die freie Verwendung des Sortenmaterials zur Neuzüchtung der Sorten auch zu erheblichen Beeinträchtigungen der Züchterinteressen führen kann, wenn der Züchter bei relativ schneller Weiterzüchtung die Sorte zur Abdeckung der hohen Züchtungskosten noch nicht hinreichend wirtschaftlich ausgewertet hat, zumal der Kostenaufwand für den Erstzüchter in der Regel um ein Vielfaches höher ist als der des zweiten Züchters. Ferner kann es zu Unzuträglichkeiten führen, wenn für die Weiterzüchtung jedes einigermaßen deutliche, wenn auch für die Verwertung der Sorte weniger vorteilhafte Merkmal als Schutzbegründung ausreicht (z. B. anders gezackte Laubblätter bei Zierpflanzen). Eine solche neue Sorte, die sich nur durch für ihre Funktion unbedeutende unwichtige Merkmale von einer zur Züchtung benutzten ursprünglichen Sorte unterscheidet, im übrigen aber alle wertvollen Eigenschaften der zur Neuzüchtung benutzten Ursprungszüchtung unverändert aufweist, und zwar insbesondere bedeutende funktionelle Merkmale, kann als Neuheit großen Erfolg haben, der sich unter Umständen nur auf die

---

253 *Leßmann*, FS *Lukes*, S. 428 ff.

großen funktionellen Vorteile der Ursprungssorte stützt. Es sei an das bekannte Beispiel der Süßlupine erinnert, bei der es gelang, die bis dahin bitterstoffhaltige Lupine als bitterstofffreie Pflanze der Tierfütterung zu züchten, die kurz darauf dahin verbessert wurde, daß die Samen der neuen Süßlupine nicht mehr platzten. Oder es entwickelt ein Züchter eine neue Sorte, indem er ein Gen mit einer bestimmten Eigenschaft (z. B. beschleunigtes Wachstum) verwendet, wobei die neue Sorte dann von Weiterzüchtern lediglich geringfügig verändert wird. Falls solche Handlungen toleriert werden, liegen zudem Verletzungen von Sortenschutzrechten nahe, da die Verletzer erfahrungsgemäß die zumeist unzutreffende, aber schwer zu widerlegende Schutzbehauptung aufstellen, sie hätten nicht die geschützte fremde Sorte, sondern eine daraus durch eigene Züchtungsmaßnahmen (Kreuzung und/oder Rückkreuzung) gewonnene neue Sorte vermehrt. Zum Beweis berufen sie sich auf unbedeutende, für die Unterscheidbarkeit aber ausreichende, oft nur ökologisch bedingte Unterscheidungsmerkmale, die aus von ihnen vermehrten Pflanzen der geschützten Sorte selektioniert worden sind. Selbstverständlich gibt es auch unter Benutzung geschützter Pflanzensorten neu gezüchtete Sorten, die wertvolle neue Eigenschaften besitzen und auf die die vorstehenden Bedenken nicht zutreffen. Freie Weiterbenutzbarkeit und Abhängigkeit und die an sie zu stellenden Anforderungen sind darum Fragen, über deren Berechtigung man nicht nur im Sortenschutzrecht, sondern auch im Patentrecht immer wieder nachgedacht hat und zu denen unterschiedliche Standpunkte vertreten werden können.

Letztlich geht es bei der Frage der Weiterzüchtung um eine rechtliche Abwägung zwischen den Interessen des Ursprungszüchters und den Belangen der Weiterzüchter und der Allgemeinheit,[254] wobei beide in ein angemessenes Gleichgewicht gebracht werden müssen. Grundsätzlich liegt es im Rahmen des gesetzgeberischen Ermessens, diesen Konflikt zu entscheiden. Der Gesetzgeber kann, wie geschehen, den Weiterzüchtungs- und Allgemeininteressen den Vorzug geben und die Verwendung von Sortenmaterial einer geschützten Sorte für die Züchtung einer neuen Sorte ohne Zustimmung des Sortenschutzinhabers zulassen. Damit ist jedoch nicht notgedrungen auch die freie Kommerzialisierbarkeit der neu entstandenen Sorten verbunden. Vielmehr können Handlungen mit der neuen Sorte der Zustimmung des Züchters der Ursprungssorte unterworfen werden, so daß insoweit eine typische, sortenschutzrechtliche Abhängigkeit besteht. Diese erstreckt sich, wie oben ausgeführt,[255] gem. §§ 10a Abs. 1 Nr. 3, 10 Abs. 2 SortG; Art. 15d, 13 Abs. 5 EGSVO auf im wesentlichen abgeleitete Sorten: Sie werden vom Schutzumfang der Ursprungssorte umfaßt, so daß es zu keiner Privilegierung durch eine Weiterzüchtung kommen kann. Damit ist eine Lösung gefunden, die den Interessen zur Förderung der züchterischen Forschungs- und Entwicklungsarbeit Rechnung trägt, die aber mit der Begrenzung der Weiterbenutzbarkeit der neuen Produkte die Mißstände verhindern will, die unter den Schlagworten der „Imitationszüchtung", „cosmetic breeding" und „parasitäre Miniabweichung" bekannt sind.[256] Insgesamt ermöglicht diese Regelung, das ambivalente Interesse des Züchters an einem möglichst weitgehenden Schutz und an einer freien Verwendung auf Konkurrenzsorten zur weiteren züchterischen Arbeit sorgfältig auszubalancieren.[257]

354

---

254 für eine starke Berücksichtigung der Allgemeininteressen im Sortenschutzrecht: *Lukes*, GRUR Int. 1987, 318 ff.
255 s. Rdn 321 ff.
256 Vgl. *Neumeier*, S. 163 m. w. N.
257 *Lange*, GRUR Int 1993, 139.

355 Anders gestaltet sich die Rechtslage, wenn der Züchter bei der Weiterzüchtung in der Sorte enthaltenes biologisches Material, das auf genetischem Wege gewonnen wurde und daher entsprechend der Richtlinie über den Schutz biotechnologischer Erfindungen patentgeschützt ist, verwenden will. Hier steht die patentrechtliche Abhängigkeit grundsätzlich entgegen, so daß es der Zustimmung des Patentinhabers bedarf. Jedoch sieht nunmehr Art. 12 der Biotechnologierichtlinie für die Inanspruchnahme vorgeschützter Materialien gegenseitige Zwangslizenzen zur Überwindung der Abhängigkeit vor. Das gilt für den Bereich der Nutzung der auf genetischem Wege erzielten neuen Merkmale von Pflanzensorten wie auch für den Bereich der genetischen Nutzung neuer, aus neuen Pflanzensorten hervorgegangener pflanzlicher Merkmale. Die Lizenzteilung hängt von dem vergeblichen Bemühen um eine vertragliche Lizenz sowie vor allem davon ab, daß die Nutzung der (neuen) Pflanzensorte oder Erfindung einen bedeutenden technischen Fortschritt von erheblichem wirtschaftlichen Interesse darstellt.

4. Nachbau

356 Die Wirkung des Sortenschutzes erstreckt sich ferner nicht auf Erntegut, das ein Landwirt durch Anbau von Vermehrungsmaterial geschützter Sorten im eigenen Betrieb gewonnen hat und dort weiter als Vermehrungsmaterial verwendet. Diese *Nachbauregelung* (sog. Landwirtevorbehalt = farmer's privilege) bedeutet, daß der Landwirt ohne Erlaubnis des Sortenschutzinhabers einen Teil seiner Ernte einbehalten und im nächsten Jahr auf seinen Feldern als Saatgut zur Erzeugung neuer Pflanzen benutzen kann. Eine solche Gepflogenheit war schon immer im landwirtschaftlichen Bereich zur Saatgutversorgung üblich, obwohl es an einer ausdrücklichen gesetzlichen Regel fehlte, man jedoch im Eigenanbau keine Handlung zu gewerblichen Zwecken oder im geschäftlichen Verkehr erblickte. Da diese Begründung jedoch nicht unzweifelhaft war, wird der Landwirtevorbehalt jetzt aufgrund Art. 15 Abs. 2 UPOV-Übereinkommen in § 10a Abs. 2–7 SortG und Art. 14 EGSVO gesetzlich explizit geregelt, wobei das europäische das deutsche Recht bestimmt hat. Ziel der Regelung ist, für nationale Sortenschutzrechte die gleichen Nachbaugrundsätze anwendbar zu machen, die für den gemeinschaftlichen Sortenschutz entwickelt wurden. Damit soll einerseits erreicht werden, daß ein Züchter, der statt eines gemeinschaftlichen Sortenschutzes einen deutschen Sortenschutz beantragt, rechtlich nicht anders gestellt ist, als der Inhaber eines gemeinschaftlichen Sortenschutzes. Andererseits soll Landwirten eine einheitliche und klare Rechtslage geboten werden, ohne ihnen das Erfordernis aufzubürden, sich im Falle des Nachbaus jeweils der für die Sorte maßgebenden Art des Sortenschutzes vergewissern zu müssen.[258]

357 Die Regelung will einerseits den Landwirten, insbesondere Klein- und Mittelbetrieben, die Selbstversorgung mit Saatgut trotz nicht unerheblicher Bedenken vom züchterischen Fortschritt und der Allgemeininteressen her ermöglichen, andererseits aber die Belastungswirkungen auf die Züchterinteressen nicht zu groß werden zu lassen. Großzügige Nachbauregelungen gefährden die durch die mittelständische Struktur geprägte Pflanzenzüchtung bei den zum Nachbau geeigneten Kulturarten, indem sie zu einem Investitionsrückgang bei den Forschungs- und Entwicklungsaufwendungen sowie einer Verlangsamung des Züchtungs-

---

258 Vgl. BT-Drs. 13/7038 S, 14.

fortschritts führen.²⁵⁹ Vor allem in Verbindung mit dem weithin praktizierten Tausch von Saatgut unter den Landwirten wird auch dem Züchter ein nicht unbeträchtlicher Marktanteil entzogen, zu dem der Landwirt faktisch in Konkurrenz tritt; der Anteil des von den Landwirten selbst angebauten Saatguts am Gesamtverbrauch ist erheblich.²⁶⁰ Die Möglichkeit für den Landwirt, Saatgut einer geschützten Sorte genehmigungs- und lizenzfrei für den späteren Eigenanbau aufzubewahren und zu verwenden, steht im Widerspruch zu der Grundkonzeption des Sortenschutzes, dem Schutzrechtsinhaber möglichst den gesamten Bereich der gewerbsmäßigen Erzeugung und des gewerbsmäßigen Vertriebs von Vermehrungsmaterial vorzubehalten.²⁶¹

Die gesetzliche Regelung, die sich als eine Beschränkung des Sortenschutzes darstellt, muß daher versuchen, die verschiedenen Belange sachgerecht zu berücksichtigen. Die wichtigsten Regelungspunkte sind dabei die freigegebenen Pflanzenarten, die Frage der Entschädigung sowie die Normierung von Informations- und sonstigen Pflichten zur Durchführung und Überwachung einer sachgerechten Nachbauregelung. Im einzelnen ergeben sich die Voraussetzungen und Wirksamkeitsbedingungen aus dem Gesetz, vor allem aber aus der gem. Art. 114 zu Art. 14 Abs. 3 EGSVO erlassenen Durchführungsverordnung Nr. 1768/95 vom 24.7.1995.²⁶² Dabei sind diese Bedingungen nach deren Art. 2 von dem Sortenschutzinhaber, der insoweit den Züchter vertritt, und von dem Landwirt so umzusetzen, daß die legitimen Interessen des jeweils anderen gewahrt bleiben. 358

a) Privilegierte Pflanzenarten

Der Landwirtevorbehalt gilt zunächst nur für bestimmte landwirtschaftliche Pflanzenarten (Getreide, Futterpflanzen, Oel- und Faserpflanzen, Kartoffeln), die in der EGSVO gesetzlich (Art. 13 Abs. 2) aufgeführt sind und sich für § 10a Abs. 2 SortG aus dem Verzeichnis einer Anlage ergeben. Dabei darf es sich jedoch nicht um Hybriden (Produkte der Kreuzung von Pflanzen mit unterschiedlichen Eigenschaften) oder synthetische Sorten handeln. Um möglichst offen zu sein und bei künftigen Änderungen erforderlichenfalls die Liste der für den Nachbau in Frage kommenden Arten flexibel an die vergleichbare Liste der EG-Verordnung anpassen zu können, sieht § 10a Abs. 7 SortG eine gesetzliche Verordnungsermächtigung vor, von der im Falle eines Anpassungsbedürfnisses Gebrauch gemacht werden kann. Damit sind die Pflanzenarten, für die eine Nachbaubefreiung vorhanden ist, enumerativ aufgezählt. Für andere als die genannten Arten gilt die Ausnahme vom Sortenschutz nicht und die Erzeugung von Vermehrungsmaterial zur Verwendung im eigenen Betrieb bedarf der Zustimmung des Inhabers des Sortenschutzes. Für sie erkennt der Gesetzgeber ein besonders Bedürfnis für eine erleichterte Saatgutversorgung nicht an. 359

Soweit es sich um zum Nachbau zugelassene Pflanzenarten handelt, gibt es bei der Menge des verwandten Ernteguts keine quantitativen Beschränkungen auf der Ebene des Betriebs des Landwirts, soweit es dessen Bedürfnisse erfordert; das wird in Art. 14 Abs. 3, 1. Spiegelstrich EGSVO ausdrücklich gesagt, gilt jedoch ohne ausdrückliche Regelung auch für das deutsche Recht. Allerdings wird man die weitere Entwicklung des Verhältnisses zwischen 360

---

259 *Papier*, GRUR 1995, 243.
260 Vgl. die Zahlen bei *Neumeier*, S. 159; *Papier*, GRUR 1995, 244 im Vergleich alte/neue Bundesländer.
261 BGH GRUR 1988, 372 – *Achat*.
262 Abl. Nr. L 173/14; s. Teil III Nr. 24.

zertifiziertem Saatgut und Nachbau beobachten müssen. Ebenso nicht aufgenommen ist sowohl im europäischen wie im deutschen Recht eine Beschränkung der Generationen insbesondere für solche Arten, bei denen neben den Fällen des genetischen Abbaus phytosanitäre Probleme auftreten können. Vielleicht kann man hier aber mit der allgemeinen Interessenwahrungsklausel des Art. 2 DurchführungsVO arbeiten, obwohl es besser gewesen wäre, die betreffenden Arten eindeutig zu definieren.

361 Zum Zweck des Nachbaus kann das Erntegut durch den Landwirt oder ein von ihm hiermit beauftragtes Unternehmen (Aufbereiter) aufbereitet werden. Erntegut ist in der Regel, so wie es produziert wird, nicht zur Aussaat geeignet, sondern muß aufbereitet, d. h. gereinigt, sortiert usw. werden. Das kann im eigenen Betrieb des Landwirts geschehen, aber auch in einem von ihm dazu beauftragten Unternehmen (Aufbereiter). Dabei ist vor allem im Interesse des Sortenschutzinhabers sicherzustellen, daß die zur Aufbereitung übergebenen mit den aus ihr hervorgegangenen Erzeugnissen identisch sind (Art. 14 Abs. 3, 2. Spiegelstrich EGSVO). Ferner bedarf eine Fremdaufbereitung grundsätzlich der vorherigen Genehmigung des Sortenschutzinhabers, wenn der Landwirt nicht entsprechende Vorkehrungen hinsichtlich der Identität und der Qualifikation des Aufbereiters trifft (Art. 13 DurchführungsVO).

b) Vergütung

362 Das Landwirteprivileg besteht jedoch für die fraglichen Pflanzenarten im Interesse der Züchter, die dadurch nicht unerhebliche Einbußen beim Verkauf von Saatgut erleiden, nicht unentgeltlich; ein Landwirt, der von der Möglichkeit des Nachbaus Gebrauch macht, ist dem Sortenschutzinhaber daher zur Zahlung eines angemessenen Entgelts verpflichtet (Art. 14 Abs. 3 4. Spiegelstrich EGSVO; § 10a Abs. 3 SortG). Durch dieses Entgelt sollen die finanziellen Interessen des Züchters, der den Saatgutversorgungsbelangen der Landwirte weichen muß, gewahrt werden. Das Problem ist jedoch die Angemessenheit des Entgelts, wobei die Interessen naturgemäß auseinandergehen: Die Pflanzenzüchter werden für denselben genetischen Fortschritt im Nachbau eine möglichst an der normalen Lizenzgebühr anzusiedelnde Vergütungshöhe erhalten wollen, um auch unlauteren Wettbewerb zwischen den nachbauenden und nicht nachbauenden, d. h. die normale Lizenzgebühr zahlende Landwirten zu verhindern; demgegenüber werden die Landwirte möglichst kostengünstig nachbauen wollen, mit möglichst viel Nachbausaatgut für wenig Geld. Die Frage ist, wie dieser Konflikt zu lösen ist.

363 Unproblematisch ist es, wenn der Sortenschutzinhaber und der nachbauende Landwirt eine Entschädigung vertraglich vereinbart haben, was nach Art. 5 Abs. 1 DurchführungsVO möglich ist; hier ergibt sich die Angemessenheit aus der privatautonomen Übereinkunft, die keiner weiteren Begründung bedarf. Dabei können diesen Vereinbarungen nach § 10a Abs. 4 SortG entsprechende Vereinbarungen zwischen den berufsständischen Vereinigungen der Züchter und Landwirte zugrunde gelegt werden, um leichter zu den Angemessenheitskriterien zu gelangen, ohne daß insoweit wettbewerbsrechtliche Bedenken wegen des Spezialcharakters der Bestimmung bestehen; allerdings darf dadurch der Wettbewerb auf dem Saatgutsektor nicht ausgeschlossen werden.[263] Nach Möglichkeit sollte man im Fall des Nachbaus zu solchen konkreten vertraglichen Vereinbarungen kommen.

---

263 BT-Drs. 13/7038 S. 14.

Schwieriger ist die Situation, wenn vertragliche Vereinbarungen nicht geschlossen wurden 364
oder als solche nicht anwendbar sind. Hier enthält Art. 5 Abs. 2 DurchführungsVO für die
Angemessenheit einen allgemeinen Maßstab, der zwar eine gewisse Orientierung gibt, in der
Konkretisierung jedoch um so mehr Schwierigkeiten bereitet: „*der Entschädigungsbetrag
muß deutlich niedriger sein als der Betrag, der im selben Gebiet für die Erzeugung von Vermehrungsmaterial in Lizenz derselben Sorte der untersten zur amtlichen Zertifizierung zugelassenen Kategorie verlangt wird.*" Damit ist eine gewisse Begrenzung nach oben angesprochen, während für die Untergrenze alle Anhaltspunkte fehlen. Die Frage der Angemessenheit der Vergütung ist daher ein heftiger Streitpunkt, über den sich von den verschiedenen
Interessenstandpunkten her kaum eine Einigkeit erzielen läßt. Es geht dabei vor allem
darum, ob ein einheitlicher oder unterschiedlicher Prozentsatz der normalen Lizenzgebühr
für die Vergütung bestehen kann, ob er neutral oder verantwortungsgebunden sein muß, ob
Anpassungsmöglichkeiten vorhanden sein sollen usw. Dabei bewegt sich ein neutraler Prozentsatz zwischen 20 und 80 %, wobei wohl +/- 50 % realistisch sind.[264] Über die genaue
Höhe muß notfalls das Gericht im Rechtsstreit entscheiden, wobei bislang noch keine
Streitfälle bekannt geworden sind. Die individuelle Zahlungspflicht des Landwirts entsteht
nach Art. 6 DurchführungsVO zum Zeitpunkt der tatsächlichen Nutzung des Ernteguts zu
Vermehrungszwecken im Feldbau; der Sortenschutzinhaber kann Zeitpunkt und Art der
Zahlung bestimmen, jedoch darf deren Termin nicht vor dem Entstehungszeitpunkt liegen.

Die Zahlungsverpflichtung besteht jedoch gem. Art. 14 Abs. 3 3. Spiegelstrich EGSVO, 365
§ 10a Abs. 5 SortG nicht für sog. Kleinlandwirte, da gerade bei ihnen das eigentliche Bedürfnis für die Saatgutselbstversorgung vorhanden ist und auch deren niedrige Einkommen
einer Entschädigungsverpflichtung entgegenstehen. Daher wäre auch eine Nachbauregelung, die keine Zahlungsverpflichtung enthält und nicht zwischen landwirtschaftlichen
Klein- und Großbetrieben differenzieren würde, nicht verfassungsgemäß.[265] Kleinlandwirte
sind dabei im Falle der in Betracht kommenden Pflanzenarten, für die die Verordnung
Nr. 1765/92 vom 30.6.1992 zur Einführung einer Stützungsregelung für Erzeuger bestimmter
landwirtschaftlicher Kulturpflanzen gilt, diejenigen Landwirte, die Pflanzen nicht auf einer
Fläche anbauen, die größer ist als die Fläche, die für die Produktion von 92 Tonnen Getreide
benötigt würde; im Falle anderer Pflanzenarten diejenigen Landwirte, die vergleichbaren
angemessenen Kriterien entsprechen. Das ist eine nicht gerade konkrete und wenig verständliche Regelung, insbesondere im zweiten Fall. Daher hat Art. 7 DurchführungVO versucht, eine Art Übersetzung des 92 Tonnen-Parameters für nicht der Stützungsregelung unterliegende Arten vorzunehmen, die aber eher noch komplizierter und unverständlicher ist.
Statt dessen hätte die komplizierte gesetzliche Regelung vereinfacht werden sollen, damit
zur Entbürokratisierung beigetragen wird. Ein Landwirt, der sich darauf beruft, „Kleinlandwirt" zu sein, hat gem. Art. 7V DurchführungsVO die Beweislast.

Weil sich die Handhabung der Nachbauregelung auf dieser Grundlage nur schwer durch- 366
führen läßt, haben daher in Deutschland aufgrund des § 10a Abs 4 SortG der Deutsche
Bauernverband e. V. (DBV) und der Bundesverband deutscher Pflanzenzüchter e. V. (BDP)
als Alternative zum gesetzlichen Verfahren das *Kooperationsabkommen* Landwirtschaft und
Pflanzenzüchtung geschlossen, das nicht nur das Vergütungsverfahren vereinfacht, sondern
auch die kostengünstige Versorgung der deutschen Landwirtschaft mit Saat- und Pflanzgut

---

264 Vgl. Kommissionsdok. 8440/6/97/rev. 3, das Ende 1998 zu einer entsprechenden Änderung der EG-Verordnung Nr. 1768/95 führen wird.
265 Vgl. *Papier*, GRUR 1995, 241 ff.

verbessern und damit ihre europäische und internationale Wettbewerbsfähigkeit erhöhen soll. Ziel des Abkommens ist es, über einen Katalog von Maßnahmen auf nationaler und regionaler Ebene den Einsatz von zertifiziertem Saat- und Pflanzgut zu erhöhen. Damit soll der Züchtungsfortschritt, der sich über die neuen technologischen Verfahren noch beschleunigen wird, schneller in die landwirtschaftliche Praxis umgesetzt und die Konkurrenzfähigkeit der deutschen Landwirtschaft verbessert werden. Das Abkommen, das ab der Herbstaussaat 1997 bzw. der Frühjahrsbestellung 1998 gilt, soll in einem mehrstufigen Verfahren die Nachbaugebühren regeln und zugleich Anreize für einen hohen Saatgut-/Pflanzgutwechsel schaffen. Durch entsprechenden Saatgutwechsel soll die Gebührenhöhe reduziert oder gänzlich beseitigt werden, besonders hoher Saatgutwechsel aber mit einem Z-Lizenz-Rabatt honoriert werden. Im einzelnen gilt folgendes:

- Kleinlandwirte sind gesetzlich von der Gebührenpflicht ausgenommen und nehmen daher nicht am Kooperationsabkommen teil. Der DBV und der DBP haben jedoch vereinbart, die komplizierte gesetzliche Regelung zu vereinfachen und damit zur Entbürokratisierung beizutragen. Kleinlandwirte sind für Getreide, Oel- und Eiweißpflanzen die Landwirte, die gem. Kulturpflanzenregelung (EU-Agrarreform) als Kleinerzeuger gelten; für Kartoffeln diejenigen, die auf nicht mehr als 5 ha Kartoffeln anbauen. Diesen Status können sie ganz einfach mit Hilfe einer Postkarte erklären und zahlen keine Nachbaugebühren.
- Im vereinfachten Verfahren können darüber hinaus alle Landwirte, die bei Getreide und Eiweißpflanzen einen Saatgutwechsel über 60 % bzw. bei Kartoffeln einen Pflanzgutwechsel über 80 % betreiben, eine entsprechende Erklärung abgeben. Sie sind dann gem. Kooperationsabkommen von Nachbaugebühren befreit und erhalten, sofern der Saat- bzw. Pflanzgutwechsel 80 % übersteigt, 10 % Rabatt auf die Lizenzgebühr des zertifizierten Saat- und Pflanzgutes. Dadurch soll der Einsatz von zertifiziertem Saat- und Pflanzgut verbessert werden.
- Im Hauptverfahren müssen konkrete sortenspezifische Angaben zur Erhebung von Nachbaugebühren und zur Erstattung von Rabatten auf die Z-Lizenzgebühr gemacht werden. Zur Steigerung des Saatgut/Pflanzgut-Wechsels sind die Nachbaugebühren und Rabatte entsprechend gestaffelt.

c) Überwachung

367 Verantwortlich für die Überwachung der Einhaltung der Bestimmungen über die Nachbauregelung sind gem. Art. 14 Abs. 3, 5. Spiegelstrich EGSVO die Inhaber des Sortenschutzes („Züchter"), die sich dabei nicht von amtlichen Stellen unterstützen lassen dürfen. Von den Sortenschutzinhabern ist hierzu die Saatgut-Treuhandverwaltungs GmbH (STV) beauftragt worden, an die auch die entsprechenden Erklärungen abzugeben sind; sie kann Stichprobenkontrollen durchführen. Unterstützt wird das Überwachungssystem (Art. 14–16 DurchführungsVO) durch detaillierte gesetzliche Informations- und Auskunftpflichten, die vor allem den Landwirten, aber auch den Aufbereitern und Sortenschutzinhabern obliegen (Art. 8–10 DurchführungsVO). Dabei ist der personenbezogene Datenschutz zu wahren (Art. 12 DurchführungsVO).

368 Spezifische Auskunftsverpflichtungen bestehen für:
den Landwirt (Art. 8)

Relevante Informationen, die der Landwirt auf Verlangen des Sortenschutzinhabers weitergeben muß:
a) Name des Landwirts, Wohnsitz und Anschrift seines Betriebes
b) Verwendung der geschützten Sorten auf den Flächen des Betriebes
c) Angabe der Menge
d) Angabe des Aufbereiters unter bestimmten Bedingungen
e) Angabe der Menge des zertifizierten Saatgutes
f) Angabe des Namens und der Anschrift des Lieferanten des zertifizierten Saatgutes
g) Erster Zeitpunkt der Verwendung des Nachbaus pro Sorte
den Aufbereiter (Art. 9)
Relevante Informationen, die der Aufbereiter auf Verlangen des Sortenschutzinhabers weitergeben muß:
a) Name des Aufbereiters
b) Wohnsitz und Anschrift
c) Aufbereitung des Erntegutes geschützter Sorten
d) Angabe der Menge (Rohware und Saatware) und der Sorte
e) Zeitpunkt und Ort der Aufbereitung
f) Name und Anschrift des Auftraggebers
den Sortenschutzinhaber (Art. 10)
Relevante Informationen, die der Sortenschutzinhaber auf Verlangen des Landwirts weitergeben muß:
a) Name des Sortenschutzinhabers
b) Wohnsitz und Anschrift
c) Sortenname
d) Lizenz für zertifiziertes Saatgut der Sorte in der Region

Damit der Sortenschutzinhaber die Einhaltung der gesetzlichen Bestimmungen und vertraglichen Vereinbarungen überwachen kann, sind ihm Nachweise für die übermittelten Aufstellungen von Informationen gem. Art. 14–16 DurchführungsVO zu erbringen. Der Informationsaustausch kann auch vertraglich zwischen Sortenschutzinhaber, Aufbereitern und Landwirten geregelt werden.

Die Nachbauregelung als Ausnahme von der Wirkung des Sortenschutzes ist also an strenge Wirksamkeitsvoraussetzungen und die Einhaltung vielfältiger Pflichten gebunden. Werden diese Voraussetzungen und Pflichten nicht eingehalten, wird gegen das Sortenschutzrecht verstoßen und der Sortenschutzinhaber kann die üblichen Rechtsverletzungsansprüche gegen jeden Rechtsverletzer geltend machen (Art. 17 DurchführungsVO, Art. 94 ff. EGSVO, §§ 37 ff. SortG). Das bedeutet unter anderem, daß in diesen Fällen der volle Betrag, der im selben Gebiet für die Erzeugung von Vermehrungsmaterial derselben Sorte aufgrund eines Nutzungsrechts vereinbart ist, im Rahmen der Vergütungs-/Bereicherungsberechnung zugrunde gelegt werden kann. Bei wiederholtem vorsätzlichem Verstoß kommt auch ein Ersatz des weiteren Schadens gem. Art. 94 Abs. 2 EGSVO in Betracht, für den Art. 18 Abs. 2 DurchführungsVO eine Mindestberechnungsart gibt. Neben der Unterlassung kann der Sortenschutzinhaber den Verletzer auch auf Erfüllung seiner Pflichten verklagen (Art. 18 Abs. 1 DurchführungsVO).

Eine Sondersituation besteht für den Fall, daß Vermehrungsmaterial, in das eine geschützte *Erfindung* Eingang gefunden hat, vom Patentinhaber oder mit seiner Zustimmung zum landwirtschaftlichen Anbau an einen Landwirt verkauft wird. Für diesen Fall erstreckt Art. 11 Biotechnologierichtlinie den sog. Landwirtevorbehalt auch auf die Erfindung, so daß insoweit eine Ausnahmeregelung für den Patentschutzbereich einer biotechnologischen Erfindung gegeben ist, damit der Landwirt sein Erntegut für spätere generative oder vegetative Vermehrung in seinem eigenen Betrieb verwenden kann. Das Ausmaß und die Modalitäten dieser Ausnahmeregelung sind auf die entsprechende Ausnahme im Rahmen des gemeinschaftlichen Sortenschutzrechtes, also auf Art. 14 EGSVO beschränkt. Von dem Landwirt kann also die Vergütung verlangt werden, die im gemeinschaftlichen Sortenschutzrecht im Rahmen der Durchführungsbestimmung zu der Ausnahme vom gemeinschaftlichen Sortenschutzrecht festgelegt ist. Der Patentinhaber kann jedoch seine Rechte gegenüber dem Landwirt geltend machen, der die Ausnahme mißbräuchlich nutzt, oder gegenüber dem Züchter, der die Pflanzensorte, in welche die geschützte Erfindung Eingang gefunden hat, entwickelt hat, falls dieser seinen Verpflichtungen nicht nachkommt.

d) Übergangsregelungen

372 Da Landwirte in der Vergangenheit für den eigenen Bedarf bestimmte landwirtschaftliche Nutzarten frei für den eigenen Bedarf vermehren konnten, ohne hierfür eine Entschädigung zahlen zu müssen, wie dies nun in Art. 14 Abs. 3 i. V. m. der Verordnung (EG) Nr. 1786/95 der Kommission über die Ausnahmeregelung gemäß Art. 14 Abs. 3 der Verordnung 2100/94 (EG) über den gemeinschaftlichen Sortenschutz vorgesehen ist, wird der Landwirt von einer entsprechenden Zahlung für eine Übergangszeit von 7 Jahren, gerechnet von dem Jahr, das auf das Inkrafttreten der EGSVO folgt, also bis Ende 2001, freigestellt. Dies gilt aber nur für die Sorten, die der Landwirt vor Inkrafttreten der EGSVO tatsächlich verwendet hatte. Nur insoweit besteht auch der mit dem Zweck des Art. 116 Abs. 4 2. Spiegelstrich EGSVO verbundene Vertrauensschutz. Allerdings kann die in Art. 116 Abs. 4 geregelte Übergangsfrist von 7 Jahren verlängert werden, wenn für eine solche Verlängerung in einem von der Kommission zu erstellenden Erfahrungsbericht ein Bedürfnis festgestellt wird.

5. Rechtserschöpfung

373 Die Wirkung des Sortenschutzes findet ferner gem. Art. 16 EGSVO § 10b SortG aufgrund Art. 16 UPOV-Übereinkommen ihre Grenze in dem im gesamten gewerblichen Rechtsschutz gültigen *Grundsatz der Rechtserschöpfung.*

374 Dieser besagt, daß ein Verbrauch bzw. einer Erschöpfung der Schutzwirkung des Rechtes hinsichtlich geschützten Materials eintritt, der auf Handlungen beruht, die zwar dem Sortenschutzinhaber vorbehalten sind, die dieser aber entweder selbst vorgenommen hat oder die mit seiner Zustimmung Dritte (z. B. Lizenznehmer) durchgeführt haben. Wenn der Sortenschutzinhaber oder mit seinem Einverständnis ein Dritter (z. B. ein Lizenznehmer) geschütztes Material (Pflanzen, Pflanzenteile oder daraus unmittelbar gewonnene Erzeugnisse einer Sorte) freiwillig in den Verkehr bringt, dann sind Nachfolgehandlungen nicht mehr durch den Sortenschutz abgedeckt, so daß ein Schutzinhaber nur einmal für Material, das aus einer mit seiner Zustimmung erfolgten Vermehrung hervorgegangen ist, eine Vergütung verlangen kann.[266] Es kommt somit entscheidend darauf an, welche der nach dem Sorten-

---

266 Vgl. für das Patentrecht BGH GRUR 80, 38 ff. m. w. N.

schutzgesetz bzw. der EGSVO dem Züchter vorbehaltene Handlungen er selbst vorgenommen oder hierzu Dritten die Erlaubnis eingeräumt hat. Wird geschütztes Material als Gegenstand dieser Handlungen vom Sortenschutzinhaber oder lizenzierten Dritten in den Verkehr gebracht, werden insoweit die aus dem Ausschließlichkeitsrecht Sortenschutz fließenden Bestimmungsbefugnisse des Sortenschutzinhabers erschöpft.

Eine Ausnahme von dieser Erschöpfungsregelung besteht jedoch bei nicht bestimmungsgemäßem Gebrauch des Materials, d. h. wenn es zu einer weiteren Vermehrung der Sorte kommt, ohne daß das in Verkehr gebrachte Material bei der Abgabe hierzu bestimmt war; hier fehlt mangels entsprechenden Einverständnisses die Rechtfertigung für die Erschöpfung. Zu beachten ist in diesem Zusammenhang, daß aus der in Rdn 337 aufgezeigten gesetzlichen Wertung die Erschöpfung für Vermehrungsgut und dessen Vertrieb anders geregelt ist als z. B. im Patentrecht. Erschöpfung kann danach bei Vermehrungsgut durch Inverkehrbringen grundsätzlich jedenfalls insoweit nicht eintreten, als der Sortenschutzinhaber sich Teilbereiche aus seinem allumfassenden Vertriebsrecht über das Vermehrungsgut vorbehält und lediglich einen Ausschnitt hiervon dem Lizenznehmer eingeräumt hat. Daß der Schutzrechtsinhaber nur Ausschnitte aus seinem Ausschließlichkeitsrecht weitergeben kann, gesteht auch die Kommission der Europäischen Gemeinschaft zu. So wird in Erwägungsgrund 22 zur Verordnung (EG) Nr. 240/96 der Kommission vom 31. Januar 1996 zur Anwendung von Art. 85 Abs. 3 des Vertrages auf Gruppen von Technologietransfervereinbarungen bestimmt, daß die Verpflichtung des Lizenznehmers, die Nutzung der überlassenen Technologie u. a. auf einen oder mehrere Produktmärkte zu beschränken, kartellrechtlich unbedenklich ist, weil der Lizenzgeber das Recht habe, seine Technologie nur für einen begrenzten Zweck weiterzugeben. 375

Schließlich greift der Erschöpfungsgrundsatz nicht ein bei der Ausfuhr vermehrungsfähigen, nicht zum Anbau bestimmten Materials in ein für die betreffende Pflanzenart schutzrechtsfreies Drittland bzw. das nicht schützende Ausland; wenn ein Schutz überhaupt fehlt, kann er sich auch nicht erschöpfen. Im Gesetzestext sind diese beiden Ausnahmen im deutschen und europäischen Recht etwas unterschiedlich formuliert (Art. 16a und b EGSVO, § 10b Nr. 1 und 2 SortG). 376

Die Erschöpfungswirkung tritt für den gemeinschaftlichen Sortenschutz im gesamten Gebiet der Gemeinschaft ein, wenn es in ihm zu einem rechtmäßigen Inverkehrbringen gekommen ist. Für den deutschen Sortenschutz besteht sie dagegen nur in Deutschland, wenn die Vertriebshandlung dort stattgefunden hat. Vertriebshandlungen im Ausland bzw. Drittländern führen aufgrund des Territorialitätsprinzips nur zur Erschöpfung in dem jeweiligen Vertriebsstaat, nicht aber zur Erschöpfung der inhaltsgleichen, parallelen Schutzrechte in anderen Ländern.[267] Ist das geschützte Material im Ausland von Schutzrechtsinhabern in Verkehr gebracht worden, so berechtigt das den Empfänger nicht zur Ausfuhr in Drittländer, in denen der Schutzrechtsinhaber parallele Rechte hat; für die Einfuhr oder den Reimport bedarf es daher der Zustimmung des Schutzrechtsinhabers, auch wenn dem Empfänger kein Exportverbot auferlegt worden ist.[268] 377

Das gilt jedoch nicht für Vertriebshandlungen in der EG. Diese ist zur Verwirklichung des Grundsatzes des freien Warenverkehrs (Art. 30, 36, 85 EGV) als *ein* Staat anzusehen, so daß durch das rechtmäßige Inverkehrbringen in einem EG-Staat das Schutzrecht auch für einen anderen EG-Staat verbraucht ist. Daher entschieden der EuGH und die EG-Kommission seit Anfang der siebziger Jahre, daß inhaltsgleiche, parallele Schutzrechte eines Inhabers, die für 378

---

267 BGH GRUR Int. 1968, 129 – VORAN; 1976, 579.
268 BGH GRUR 1976, 579.

den gleichen Schutzgegenstand in den verschiedenen Mitgliedstaaten der EG bestehen, gegenüber dem in einem EG-Staat mit Zustimmung des Schutzrechtsinhabers in Verkehr gebrachten Gegenstand bei dessen Lieferung in einen anderen Mitgliedstaat der EG und dessen gewerbsmäßiger Nutzung dort nicht mehr als Verbotsrechte wirksam geltend gemacht werden können, weil dies den freien Warenverkehr zwischen den Staaten der EG durch eine unzulässige Marktaufteilung behindern würde. Ist der geschützte Gegenstand mit Zustimmung in einem EG-Staat in Verkehr gebracht, dann erschöpft sich das Schutzrecht, und der Schutzrechtsinhaber kann den Verkehr in einem anderen EG-Staat nicht durch sein dortiges, nationales Schutzrecht unterbinden; das gleiche gilt, wenn der Schutzrechtsinhaber den Schutzgegenstand in einem Mitgliedstaat in Verkehr bringt, in dem kein Schutz besteht. Ist der geschützte Gegenstand ohne Zustimmung in einem EG-Staat in Verkehr gebracht worden, z. B. durch Einfuhr aus einem Nicht-EG-Land oder aus einem EG-Staat, in dem der Gegenstand nicht schutzfähig ist, so tritt dadurch in den anderen EG-Ländern keine Erschöpfung ein. Das entspricht nach der Rechtsprechung des EuGH zu den Urheberrechten,[269] den Markenrechten[270] und den Patentrechten[271] auch der Rechtslage im Sortenschutzrecht, wo im bekannten Maissaatguturteil der erweiterte Erschöpfungsgrundsatz für den EG-Bereich ebenfalls bestätigt wurde.[272]

379   Eine Erschöpfung tritt auch ein in bezug auf patentgeschütztes biologisches Material. Art. 10 der Biotechnologierichtlinie bestimmt, daß der in ihr vorgesehene Schutz sich nicht auf biologisches Material erstreckt, das durch generative oder vegetative Vermehrung von biologischem Material gewonnen wird, das im Hoheitsgebiet eines Mitgliedstaates vom Patentinhaber oder mit dessen Zustimmung in Verkehr gebracht wurde, wenn die generative oder vegetative Vermehrung notwendigerweise das Ergebnis der Vermehrung ist, für die das biologische Material in Verkehr gebracht wurde, vorausgesetzt, daß das so gewonnene Material anschließend nicht für andere generative oder vegetative Vermehrung verwendet wird. Das freiwillige Inverkehrbringen privilegiert auch die bestimmungsgemäßen Nachfolgeprodukte, so daß sie nicht mehr vom Patentschutz erfaßt, sondern frei sind.

6. Weitere Beschränkungen

380   Schließlich enthält Art. 15e EGSVO einige Einschränkungen, die im deutschen Sortenschutzgesetz nicht eigens genannt sind, aber selbstverständlich dort auch gelten. Danach erstreckt sich der gemeinschaftliche Sortenschutz nicht auf Handlungen, deren Verbot gegen Art. 13 Abs. 8, 14 oder 29 EGSVO verstoßen würde, was bedeutet, daß Sortenschutzhandlungen nicht im Widerspruch zu diesen Vorschriften stehen dürfen. So darf nach Art. 13 Abs. 8 EGSVO die Ausübung der Rechte aus dem gemeinschaftlichen Sortenschutz keine Bestimmungen verletzen, die aus Gründen der öffentlichen Sittlichkeit, Ordnung und Sicherheit zum Schutze der Gesundheit und des Lebens von Menschen, Tieren oder Pflanzen, zum Schutze der Umwelt sowie zum Schutze des gewerblichen und kommerziellen Eigentums und zur Sicherung des Wettbewerbs, des Handels und der landwirtschaftlichen Erzeugung erlassen wurde. Ferner dürfen Handlungen nicht im Widerspruch zu den Nachbauregelungen des

---

269 GRUR Int. 1971, 450 – Polidor.
270 GRUR Int. 1974, 338 – HAG.
271 GRUR Int. 1974, 454 – Negram II.
272 GRUR Int. 1982, 530 – Maissaatgut.

Art. 14 EGSVO stehen. Auch darf es keinen Widerspruch zwischen den Sortenschutzrechten und Zwangsnutzungsrechten nach Art. 29 EGSVO geben. Hier würde die Rechtsordnung in sich widersprüchlich werden, so daß die Sortenschutzrechte – auch im deutschen Recht – letztlich aus dem Grundsatz der Einheit der Rechtsordnung Einschränkungen erfahren müssen.

C Verwendung der Sortenbezeichnung

I. Vorbemerkung

Soweit heute noch feststellbar, ist es seit jeher üblich gewesen, Pflanzensorten mit Namen zu kennzeichnen,[273] um sie über einen für die Sorte allgemeinen Namen für den interessierten Verkehrskreis identifizierbar zu machen. Soweit eine Kennzeichnungspflicht feststellbar war, lag diesen Regelungen die Annahme zugrunde, daß der Sortenname ein für den Käufer unentbehrliches Mittel ist, die Sorte und die mit ihr verbundenen charakteristischen Eigenschaften zu identifizieren. 381

Aus der Erkenntnis heraus, daß die Sortenbezeichnung gerade zur Identifizierung von Vermehrungsmaterial, welches üblicherweise nicht die sortenspezifischen Merkmale der jeweils geschützten Pflanzensorte aufweist, erforderlich ist, wurde in Art. 13 Abs. 7 des UPOV-Übereinkommens 1961 eine Benutzungspflicht der Sortenbezeichnung beim Vertrieb von Vermehrungsmaterial verankert. Hierauf beruht § 14 Abs. 1 SortG, der eine Pflicht zur Benutzung der Sortenbezeichnung beim gewerblichen Vertrieb von Vermehrungsmaterial einer geschützten Sorte auch nach Ablauf des Sortenschutzes vorsieht. 382

Auch das gemeinschaftliche Sortenschutzrecht verankert in Art. 17 EGSVO eine Benutzungspflicht hinsichtlich der Sortenbezeichnung. Zur Absicherung der Benutzungspflicht schränkt Art. 18 EGSVO die Rechte des Sortenschutzinhabers an einem mit der Sortenbezeichnung übereinstimmenden Kennzeichnungsrecht ein. Auch die Rechte Dritter an identischen oder verwechslungsfähigen sonstigen Kennzeichen, insbesondere Marken und Firmennamen werden gegenüber der Sortenbezeichnung beschnitten, sofern diese nicht bei Festsetzung der Sortenbezeichnung nach Art. 63 EGSVO begründet waren. Schließlich wird auch die Verwendungsmöglichkeit identischer oder ähnlicher Sortenbezeichnungen für andere Sorten beschränkt. 383

II. Benutzungszwang für die Sortenbezeichnung

Sowohl die nationale als auch die gemeinschaftliche Vorschrift zur Benutzung der Sortenbezeichnung sind Ordnungsvorschriften. Sie finden ihre Rechtfertigung darin, daß die Sortenbezeichnung von vornherein fiktiv zur Gattungsbezeichnung der betreffenden Sorte be- 384

---

273 Vgl. *Kunhardt* UPOV Veröffentlichung Nr. 341 S. 32.

stimmt wird. Sie stellt damit die allgemeine Bezeichnung (generic name) der Sorte dar, der die Sorte als solche kennzeichnen und identifizierbar machen soll.

385   Nach § 14 Abs. 1 SortG muß beim gewerbsmäßigen Inverkehrbringen von Vermehrungsmaterial der geschützten Sorte[274] die Sortenbezeichnung benutzt werden, und zwar nicht nur vom Sortenschutzinhaber oder Züchter, sondern von jedem, der Vermehrungsmaterial der geschützten Sorte vertreibt. Damit wird sichergestellt, daß Vermehrungsmaterial der Sorte über den gesamten Vertriebsweg bis zur Kultivierung des Endproduktes (Konsumpflanze) eindeutig identifizierbar ist. Außerdem soll dadurch verhindert werden, daß im Verkehr für ein und dieselbe Sorte verschiedene Sortenbezeichnungen verwendet werden.[275] § 14 Abs. 1 SortG erfaßt nur Vermehrungsmaterial im Sinne des § 2 Nr. 2 SortG. Die Benutzungspflicht gilt damit nicht für Konsumgut der geschützten Sorte.[276]

386   Um die gattungsmäßige Identifizierung des Vermehrungsmaterials zu erlauben, ist nach § 14 Abs. 1 HS. 2 SortG dafür Sorge zu tragen, daß bei schriftlicher Angabe die Sortenbezeichnung leicht erkennbar und deutlich lesbar sein muß. Da die Verwendung der Sortenbezeichnung als notwendiges Identifizierungsmittel angesehen wird, ist sowohl die Pflicht zur Benutzung als auch die deutliche Erkenn- und Lesbarkeit auch nach Ablauf des Sortenschutzes zu beachten.

387   Die Pflicht zur Benutzung der Sortenbezeichnung sowie die Notwendigkeit der deutlichen Lesbarkeit und Erkennbarkeit ist im gemeinschaftlichen Sortenschutzrecht in Art. 17 Abs. 1 EGSVO festgehalten. Die europäische Regelung ist jedoch insoweit differenzierter, als sie bei einer gleichzeitigen Verwendung einer Marke diese als solche leicht erkennbar sein muß. In der Regel ist deshalb der Hinweis TM (= trade mark) als Hinweis auf eine nicht geschützte Marke und der Schutzrechtshinweis ® (= registered) als Hinweis auf eine registrierte Marke oder vergleichbare Angaben, die die Marke als solche kennzeichnen, zu verwenden. Die von Art. 17 EGSVO geforderte leichte Erkennbarkeit der Marke läßt sich auch durch eine Kennzeichnung der Sortenbezeichnung als Sortenbezeichnung erreichen. Da eine Benutzungspflicht auch nach Ablauf des Sortenschutzes besteht (vgl. Art. 17 Abs. 3 EGSVO) kann diese Erkennbarkeit allerdings nicht durch den Schutzrechtshinweis Ⓢ erfolgen, da die Verwendung dieses Symbols nach Beendigung des Sortenschutzes wettbewerbswidrig wäre. Ohne existierendes Sortenschutzrecht würde dieser Schutzrechtshinweis nach Ablauf des Schutzes den irrtümlichen Eindruck erwecken, die Sorte sei als solche geschützt und nicht lediglich die Sortenbezeichnung. Bei gleichzeitiger Verwendung von Sortenbezeichnung und Marke wird, um zu gewährleisten, daß die Sorte als solche leicht erkennbar ist, in Verbindung mit dieser am besten das ausgeschriebene Wort „Sortenbezeichnung" oder die Abkürzung „Sortenbez." gewählt, wobei diese dem Gattungsnamen vorangestellt oder in einem Klammerzusatz der Sortenbezeichnung nachfolgt.

388   Fraglich ist im gemeinschaftlichen Sortenschutzrecht, ob die Verwendungspflicht sich nicht wie im deutschen Recht auf den gewerbsmäßigen Vertrieb von Vermehrungsmaterial beschränkt, sondern sich auf sämtliches pflanzliches Material, unabhängig von seinem Verwendungszweck zur Vermehrung, erstreckt und somit auch z. B. die Konsumpflanze oder Schnittblume mit der Sortenbezeichnung zu kennzeichnen ist. Art. 17 Abs. 1 EGSVO fixiert die Benutzungspflicht für Sortenbestandteile. Nach Art. 5 Abs. 3 EGSVO sind unter Sor-

---

274 Vgl. hierzu Rdn 161.
275 Siehe *Schade/Pfanner*, GRUR Int. 1992, 355 sowie § 7 Abs. 2 Nr. 1 SortG.
276 Eine hiervon abweichende Regelung findet sich im gemeinschaftlichen Sortenschutzrecht, vgl. nachfolgend Rdn 388.

tenbestandteilen nicht nur Teile von Pflanzen, sondern auch ganze Pflanzen zu verstehen, soweit diese Teile wieder ganze Pflanzen erzeugen *können*. Der Begriff Sortenbestandteil knüpft somit an der Geeignetheit des jeweiligen Materials zur Vermehrung an, nicht jedoch an der Bestimmung zur Vermehrung durch den Sortenschutzinhaber oder dessen Lizenznehmer. Hieraus folgt, daß jedenfalls nach dem Gesetzeswortlaut grundsätzlich auch für die Konsumpflanze die Sortenbezeichnung zu verwenden ist.[277] Diese Auffassung wird bestätigt, durch den Hinweis in Art. 17 Abs. 2 EGSVO. Danach ist die Sortenbezeichnung auch „in bezug auf anderes Material der Sorte" zu verwenden, wenn die jeweiligen nationalen gesetzlichen Bestimmungen die Kennzeichnungspflicht vorsehen. Anderes Material der Sorte i. S. dieser Vorschrift sind das Erntegut (Art. 13 Abs. 3 EGSVO) sowie unmittelbar aus Material der geschützten Sorte gewonnene Erzeugnisse (Art. 13 Abs. 4 S. 1 EGSVO). Eine Kennzeichnung auch des Konsummaterials ist jedoch nicht praktikabel und möglicherweise auch gar nicht beabsichtigt.

Da es sich bei der Sortenbezeichnung um die Gattungsbezeichnung der Sorte handelt, ergibt sich als logische Folge, daß Vermehrungsmaterial einer ursprünglich geschützten Sorte beim gewerbsmäßigen Vertrieb auch nach Ablauf des Sortenschutzes weiter mit der Sortenbezeichnung verwendet werden muß, um die Identifizierungsfunktion der Sortenbezeichnung zu gewährleisten. Die Weiterverwendungspflicht wird deshalb auch im gemeinschaftlichen Sortenschutzrecht in Art. 17 Abs. 3 EGSVO hervorgehoben. Für eine einmal durch ein Sortenschutzrecht geschützte Sorte besteht also ohne zeitliche Begrenzung ein gesetzlicher Zwang, beim gewerbsmäßigen Vertrieb von Vermehrungsmaterial die Sortenbezeichnung zu benutzen. Für nicht geschützte Sorten besteht eine gesetzliche Verpflichtung zur Benutzung einer Sortenbezeichnung insoweit nicht. 389

III. Geltendmachungsverbot aus einem Recht an einer mit der Sortenbezeichnung übereinstimmenden Bezeichnung

Entsprechend Art. 20 Abs. 1b) UPOV-Übereinkommen sieht § 14 Abs. 2 S. 2 SortG ein allgemeines Geltendmachungsverbot von Unterlassungsansprüchen gegenüber der Sortenbezeichnung aus einem Recht des Sortenschutzinhabers vor, das mit der Sortenbezeichnung übereinstimmt (z. B. eine Marke).[278] Damit wird das Spannungsverhältnis zwischen dem Benutzungszwang hinsichtlich der Sortenbezeichnung und den kennzeichnungsrechtlichen Ausschlußrechten des Sortenschutzinhabers Rechnung getragen. Der Sortenschutzinhaber soll nicht in die Lage versetzt werden, über ein für ihn bestehendes Kennzeichnungsrecht insbesondere nach Ablauf des Sortenschutzes Dritte daran zu hindern, Vermehrungsmaterial der dann freien Sorte anzubieten und zu vertreiben. Wegen der Benutzungspflicht der Sortenbezeichnung wären Dritte aber daran gehindert, wenn der Sortenschutzinhaber über ein ihm zustehendes Kennzeichnungsrecht die Benutzung der Sortenbezeichnung unterbinden könnte. Daß es sich um Kennzeichnungsrechte des Sortenschutzinhabers handeln muß, wird im Gegensatz zur vergleichbaren Regelung im gemeinschaftlichen Sortenschutzrecht nicht ausdrücklich erwähnt. Allerdings ergibt sich dies aus Satz 2 des § 14 Abs. 2 SortG, der ältere 390

---

277 So auch *van der Kooij*, Art. 17 Commentary No. 2, S. 42.
278 Zur Rechtslage vor dem SortG 85 vgl. *Wuesthoff/Leßmann/Wendt* Kommentar Rdn. 6 zu § 14.

Rechte Dritter unberührt läßt.[279] Im Vergleich zu § 9 Abs. 1 SortschG 1968 sieht § 14 Abs. 2 SortG kein Geltendmachungsverbot für mit der Sortenbezeichnung lediglich verwechselbare Markenrechte vor. Diese Regelung scheint es dem Sortenschutzinhaber zu ermöglichen, eine mit der Sortenbezeichnung i. S. des Markenrechtes verwechslungsfähige Marke geltend zu machen. Damit würde der Sortenschutzinhaber eine Möglichkeit erhalten, über das Markenrecht regulierend auf den Vertrieb des geschützten Pflanzenmaterials Einfluß zu nehmen. Er könnte jederzeit aufgrund seiner verwechslungsfähigen Marke die Benutzung der Sortenbezeichnung unterbinden. Aufgrund des Benutzungszwangs der Sortenbezeichnung beim Vertrieb geschützten Materials wäre damit de facto auch der Vertrieb zu verhindern. Hinsichtlich markenrechtlicher Ansprüche wird man in solchen Fällen bei der Geltendmachung aus verwechslungsfähigen nationalen Markenrechten § 23 Nr. 2 MarkenG anwenden müssen. Danach hat der Inhaber einer Marke nicht das Recht, einem Dritten die Benutzung einer ähnlichen Kennzeichnung zu untersagen, wenn das ähnliche Kennzeichen als Angabe über Merkmale oder Eigenschaften von Waren wie insbesondere ihre Art oder ihre Beschaffenheit oder ihre Bestimmung verwendet wird. Die Sortenbezeichnung als Gattungsbezeichnung ist insoweit als beschreibende Angabe i. S. des § 23 Nr. 2 MarkenG zu werten. Gleiches gilt auch für Gemeinschaftsmarken. Insoweit entspricht Art. 12b) GMVO dem § 23 Nr. 2 MarkenG.

391 Vergleichbar dem Geltendmachungsverbot im nationalen Recht bestimmt Art. 18 Abs. 1 EGSVO das Geltendmachungsverbot gegenüber einer Sortenbezeichnung für ein gemeinschaftliches Sortenschutzrecht. Der Wortlaut des Art. 18 Abs. 1 EGSVO beschränkt das Geltendmachungsverbot ausdrücklich auf den Inhaber der Sortenschutzrechte. Um den mit dem Geltendmachungsverbot verfolgten Zweck sicherzustellen, nämlich die ungehinderte Benutzung der Sortenbezeichnung während und nach Ablauf der Schutzrechtsdauer zu gewährleisten, wird man das Geltendmachungsverbot auch auf solche Rechte anwenden müssen, die ihren Ursprung beim Inhaber des Sortenschutzrechtes finden und nach der Angabe der identischen Sortenbezeichnung im Rahmen des Anmeldeverfahrens auf einen Dritten übergegangen ist. Rechte im Sinne des § 14 Abs. 2 S. 1 SortG und des Art. 18 Abs. 1 EGSVO sind alle sogenannten Ausschließlichkeitsrechte, d. h. Marken und sonstige Kennzeichnungsrechte, nämlich lediglich benutzte Kennzeichen, die innerhalb der angesprochenen Verkehrskreise Verkehrsgeltung erworben haben (§ 4 Nr. 2 MarkenG, früher Ausstattungsrechte nach § 25 WZG; Namensrechte gemäß § 12 BGB sowie Rechte aus geschäftlichen Bezeichnungen und Firmennamen gemäß § 15 MarkenG). Das Geltendmachungsverbot des § 17 Abs. 2 S. 1 SortG dient in Übereinstimmung mit Art. 20 Abs. 1b) des UPOV-Übereinkommens ebenso wie Art. 18 Abs. 1 EGSVO der Regelung des Verhältnisses zwischen dem Benutzungszwang und Ausschließungsrechten, um den Benutzungszwang lückenlos durchzusetzen. Dieser Zweck könnte nicht sichergestellt werden, wenn nicht auf die Ursprungsidentität des mit der Sortenbezeichnung kollidierenden Kennzeichnungsrechtes abgestellt wird. Vorbehaltlich von Rechten Dritter, die eine Priorität vor Angabe der Sortenbezeichnung beim Bundessortenamt haben, betrifft das Geltendmachungsverbot deshalb nicht nur den Sortenschutzinhaber, sondern jedermann.[280]

392 Andererseits ist der Tatsache Rechnung zu tragen, daß prioritätsältere Kennzeichnungsrechte Dritter als schützenswerte Vermögensrechte durch eine Sortenbezeichnung und die damit verbundene Benutzungspflicht nicht beeinträchtigt werden dürfen. Sowohl das

---

279 Vgl. hierzu auch Rdn 285–291.
280 Vgl. BT-Drs. 10/816, S. 21, l. Sp. oben.

III. Geltendmachungsverbot aus einem Recht 215

nationale Recht (§ 14 Abs. 2 Satz 2 SortG) als auch das europäische Sortenschutzrecht (Art. 18 Abs. 2 EGSVO) sehen die Möglichkeit vor, daß Inhaber von Rechten, die vor Anmeldung der kollidierenden Sortenbezeichnung beim Bundessortenamt bzw. Festsetzung der Sortenbezeichnung für ein gemeinschaftliches Sortenschutzrecht begründet worden waren, sehr wohl gegenüber einer kollidierenden Sortenbezeichnung vorgehen können. Besteht in diesem Falle ein Unterlassungsanspruch, ist wegen der Benutzungspflicht der Sortenbezeichnung diese zu ändern.[281]

---

[281] Vgl. hierzu Rdn 1244.

4. Abschnitt:
Berechtigte aus dem Sortenschutz

    A   Ursprünglich Berechtigte 396

    B   Rechtsnachfolge/Rechtsübergang 397
- I. Übertragung 399
  1. Gegenstand und Umfang der Übertragung 399
  2. Übertragungsvertrag, Grundgeschäft 405
  3. Haftung 411
- II. Lizenzierung 413
  1. Kennzeichnung, Bedeutung 413
  2. Rechtsnatur von Lizenzverträgen 416
  3. Lizenzarten 418
     a) Ausschließliche Lizenz 418
     b) Nicht ausschließliche (einfache) Lizenz 422
  4. Beschränkungen der Lizenz 427
  5. Pflichten des Lizenzgebers 435
  6. Pflichten des Lizenznehmers 442
  7. Stichwortliste der bei Lizenz- und Vermehrungsverträgen zu beachtenden Punkte 447
  8. Ende der Lizenz 448
  9. Wettbewerbsrechtliche Bestimmungen 451
     a) Deutsches Kartellrecht 455
     b) EG-Kartellrecht 472
- III. Zwangsnutzungsrecht/Zwangslizenz 498
- IV. Vererbung 501
- V. Sonstige Verfügungen 506
- VI. Zwangsvollstreckung und Konkurs 510

393   Berechtigt aus dem Sortenschutz ist, wem von der Erteilungsbehörde (Bundessortenamt, Gemeinschaftliches Sortenamt) das Sortenschutzrecht erteilt worden ist oder auf wen der Sortenschutz später im Wege der Rechtsnachfolge übergegangen ist. Dabei geht es hier um die Rechte, die sich *aus* dem erteilten Sortenschutz ergeben, nicht um das Recht *auf* den Sortenschutz oder den Anspruch auf Erteilung des Sortenschutzes. Dort bestehen zwar auch Berechtigungen in bezug auf den Sortenschutz, doch sind diese bereits bei den sachlichen und personellen Voraussetzungen auf Erteilung des Sortenschutzes behandelt worden,[282] so daß jetzt der *erteilte* Sortenschutz in Frage steht, d. h. das Recht, das aus der Sortenschutzerteilung folgt.

394   Sortenschutzrechte entstehen ebenso wie Patente nicht automatisch durch den züchterischen oder entdeckerischen Leistungsakt. Daraus ergibt sich lediglich das natürliche Recht des Züchters oder Entdeckers bzw. seiner Rechtsnachfolger auf den Sortenschutz (§ 8 Abs. 1

---

[282] Vgl. oben Rdn 49 ff. zur materiellen Berechtigung sowie Rdn 69 ff. zu den personellen Voraussetzungen.

SortG, Art. 11 EGSVO). Das Recht aus dem Sortenschutz wird vielmehr als darüber hinausgehendes Sonderrecht erst durch einen staatlichen oder überstaatlichen Verleihungsakt dem Anmelder von der Erteilungsbehörde verliehen. Dabei hat die Erteilungsbehörde keinen Ermessensspielraum, sondern es besteht ein öffentlich-rechtlicher Anspruch auf Erteilung des Sortenschutzes, wenn die entsprechenden formellen und materiellen Voraussetzungen vorliegen. Der Grund für das Erfordernis dieses weiteren Formalakts zur Begründung des schutzrechtlichen Sonderrechts aus dem Leistungsakt liegt nicht nur in der Notwendigkeit der Überprüfung der Schutzrechtsvoraussetzungen im Interesse der Rechtssicherheit und in der Kundbarmachung der ausschließlichen Zuordnung der Leistungsidee an einen bestimmten Berechtigten zum Schutze für die von ihm erbrachte Leistung, sondern auch in alten, insoweit durchaus auch heute noch zutreffenden Privilegierungsvorstellungen zur Förderung des öffentlichen Gewerbewesens. Im öffentlichen Interesse und aus wirtschaftspolitischen Erwägungen sollen die geistigen Schöpfer zu rascher Tätigkeit und möglichst schneller Offenbarung ihrer Leistung angespornt werden. Da sich das Sortenschutzrecht ebenso wie das Patentrecht mit seinem über das zunächst entstehende natürliche Recht hinausgehenden Inhalt nur aus dem öffentlichen Interesse erklären läßt, ist die Verleihung dieses Rechts als Ausübung staatlicher Tätigkeit zu verstehen, durch die ein Privatrecht begründet wird. Diese Tätigkeit ist dabei nicht als rechtsprechende oder rechtssetzende, sondern als verwaltende anzusehen, so daß sich der Erteilungsakt dogmatisch als privatrechtsgestaltender Verwaltungsakt darstellt. Der privatrechtsgestaltende Verwaltungsakt ist gerade das Mittel, mit dem der Staat verwaltend auch auf private Rechtsverhältnisse rechtsbegründend, -abändernd oder -aufhebend einwirken kann, damit sich Privatrecht und Verwaltungsrecht miteinander vereinen. Daher stehen sich privatrechtlicher Rechtscharakter des Sortenschutzrechts und öffentlich-rechtliches Verwaltungsverfahren nicht systemwidrig und dogmatisch unvereinbar gegenüber, sondern erzeugen zusammen erst den vollen Rechtsschutz, der beim Sortenschutzrecht ebenso wie beim Patentrecht durch einen weiteren konstitutiven Formalakt entsteht.[283]

Berechtigt aus dem Sortenschutz kann dabei der ursprünglich Berechtigte sein oder auf wen im Wege des Rechtsübergangs (Rechtsnachfolge) das Sortenschutzrecht übergegangen ist. 395

A Ursprünglich Berechtigte

Ursprünglich Berechtigte sind natürliche oder juristische Personen bzw. diesen gleichgestellte Einrichtungen, denen auf ihren Antrag hin[284] das deutsche Sortenschutzrecht oder der gemeinschaftliche Sortenschutz erteilt worden ist. Das können dabei die auf den Sortenschutz auch materiell Berechtigten, d. h. der Ursprungszüchter oder Entdecker der Sorte bzw. deren Rechtsnachfolger sein. Bei ihnen stimmen das Recht auf den Sortenschutz und das Recht aus dem Sortenschutz überein. Sortenschutzinhaber und damit Berechtigte können jedoch auch nichtberechtigte Antragsteller sein, denen aufgrund ihrer vermuteten Anmeldeberechtigung materiell zu Unrecht der Sortenschutz erteilt worden ist, solange dieser aufgrund Rechtsmittel 396

---

283 *Wuesthoff/Leßmann/Wendt*, Kommentar, 2. A. Rdn 3 zu § 16.
284 Vgl. oben Rdn 76 f.

oder Vindikation durch den wahren Berechtigten nicht wieder beseitigt worden ist.[285] Hier gehen das Recht auf den Sortenschutz und das Recht aus dem Sortenschutz auseinander, wobei letzteres aufgrund des normalen Erteilungsakts (zunächst) Vorrang hat.

B Rechtsnachfolge/Rechtsübergang

397   Berechtigter kann aber auch sein, auf wen im Wege der Rechtsnachfolge/des Rechtsübergangs der Sortenschutz übergegangen ist; das können der ganze Sortenschutz oder bei gemeinsamer Inhaberschaft auch nur die jeweiligen Anteile daran sein, soweit sie feststehen (Art. 28 EGSVO). Dabei geht es hier nicht, wie bereits erwähnt, um das Recht auf den Sortenschutz, das allerdings auch in seinen Entwicklungsstufen übertragbar ist[286], sondern um das Recht aus dem Sortenschutz. Obwohl auch im neuen UPOV-Abkommen nicht ausdrücklich vorgesehen, steht wie bisher und im gesamten gewerblichen Rechtsschutz beim Sortenschutz der Rechtsübergang außer Frage, wobei sich jedoch bei den einzelnen Schutzrechten Unterschiede ergeben. Der Rechtsübergang ist darin begründet, daß auch das Sortenschutzrecht neben der persönlichkeitsbezogenen eine überwiegend vermögensrechtliche Komponente hat und Vermögensrechte grundsätzlich transponibel sind. Der Rechtsübergang kann dabei ein rechtsgeschäftlicher = Übertragung oder gesetzlicher = Vererbung sein, wobei den Teilübertragungen, insbesondere bei der Erteilung sog. Nutzungsrechte = Lizenzen, besondere Bedeutung zukommt. Mit in den Zusammenhang des Rechtsübergangs gehören aber auch die Regelungen über die Zwangsvollstreckung und den Konkurs. Nicht unberücksichtigt dürfen schließlich die wettbewerbsrechtlichen Beschränkungen auf deutschem und europäischem Gebiet bleiben.

398   Erwerber eines Rechts kann nur sein, wer auch sonst zu dem nach § 15 SortG, Art. 23 Abs. 2 EGSVO bestimmten Berechtigungskreis gehört. Das hat auch das deutsche Recht nunmehr ausdrücklich klargestellt.

I. Übertragung

1. Gegenstand und Umfang der Übertragung

399   Nach § 11 Abs. 1 SortG ist der deutsche Sortenschutz übertragbar bzw. kann der gemeinschaftliche Sortenschutz nach Art. 23 EGSVO Gegenstand eines – auch rechtsgeschäftlichen – Rechtsübergangs = Übertragung auf einen oder mehrere Rechtsnachfolger sein.

400   Regelmäßig werden die zu übertragenden Rechte bereits bestehen, es wird zumindest eine neu gezüchtete oder entdeckte Sorte vorhanden sein, um deren Sortenschutz es geht. Gutgläubiger Erwerb kommt ebenso wie im sonstigen Immaterialgüterrecht nicht in Betracht.[287] Das Recht des Schöpfers oder Entdeckers ist stärker als das Recht des Anmelders, auch

---

285 Vgl. oben Rdn 78 f.
286 Vgl. oben Rdn 57.
287 *Klauer/Möhring*, § 9 PatG, Anm. 20.

I. Übertragung

wenn der Anmelder oder der Sortenschutzinhaber in gutem Glauben gehandelt hat.[288] Es können jedoch nach den für andere gewerbliche Schutzrechte, insbesondere für Erfindungspatente und deren Vorstufen geltenden Grundsätzen auch Rechte an künftig noch zu züchtenden Sorten und den darauf anzumeldenden bzw. zu erteilenden Sortenschutzrechten übertragen und entsprechende Verpflichtungen eingegangen werden, sofern diese hinreichend bestimmt oder wenigstens bestimmbar sind (welche Züchtung, Sorte, Ausgangsmaterial usw.). Eine Übertragung künftiger Sortenschutzrechte ist ähnlich wie im Patentrecht in Lizenzverträgen denkbar, wenn sich die Parteien z. B. verpflichten, Weiterzüchtungen oder Verbesserungen einer bestehenden Sorte untereinander auszutauschen.[289] Allerdings dürfen die Vorausverfügungen nicht zu einer übermäßigen Bindung des verpflichteten späteren Berechtigten führen und müssen auch mit den Bestimmungen des deutschen und europäischen Kartellrechts vereinbar sein.[290]

Durch die Übertragung kommt es zu einem vollen Rechtssubjektwechsel. Das Recht geht insgesamt, d. h. mit allen seinen Bestandteilen, den *vermögens-* und teilweise auch den *persönlichkeitsrechtlichen,* über. Der Übergang auch der persönlichkeitsrechtlichen Befugnisse ist wegen der meist engen Beziehung des Züchters zu seiner Sorte zwar nicht unproblematisch und entspricht auch nicht der allgemeinen Meinung in bezug auf die geistigen Schutzrechte,[291] ist aber wegen des geringeren Bindungsgrades im gewerblichen Rechtsschutz gegenüber dem Urheberrecht zumindest für bestimmte Fälle anzuerkennen. So muß das Persönlichkeitsrecht im Wege der Erbauseinandersetzung oder zur Ausführung eines Vermächtnisses übertragen werden können.[292] Auch wird es dem Züchter möglich sein müssen, das Bestimmungsrecht über die Veröffentlichung der Züchtung auf einen Vertrauten zu übertragen.[293] Der Schutzrechtsinhaber kann ferner seine Rechte zur Wahrnehmung und jedenfalls insoweit abgeben, als eine derartige Rechtseinräumung dem Schutze der Züchterehre und den sonstigen persönlichen Beziehungen des Züchters zu seiner Züchtung dient.[294] Die Grenze der Übertragung liegt aber dort, wo erhebliche persönliche Interessen auf dem Spiel stehen. Daher wird man ebenso wie im Patentrecht z. B. das Recht auf Züchternennung nicht derart abtreten können, daß sich der Erwerber selbst als Züchter bezeichnen darf.[295] In der EGSVO wird allerdings auch der Rechtsnachfolger „Züchter" genannt (Art. 11 Abs. 1). 401

Durch die Übertragung des Rechts auf Sortenschutz wird dem Erwerber nicht nur die Benutzungsbefugnis an der Züchtung, sondern auch das Recht auf den Sortenschutz eingeräumt. Er ist also befugt, die Züchtung im eigenen Namen anzumelden. Wird die Züchtung durch einen Nichtberechtigten angemeldet, so steht dem Erwerber die sortenschutzrechtliche Vindikation zu (§ 9 SortG, Art. 98 EGSVO). Bei Abtretung des Anspruchs auf Erteilung des Sortenschutzes erhält der Erwerber nicht nur die privatrechtliche, sondern auch die öffentlich-rechtliche Stellung des Anmelders. Er kann das Erteilungsverfahren weiter betreiben und die Erteilung des Schutzrechts für sich verlangen. Die Übertragung des 402

---

288 Vgl. *Benkard/Bruchhausen*, § 8 PatG, Rdn 3.
289 Vgl. BGH Bl.f.PMZ 57, 188.
290 Dazu näher unten Rdn 455 ff., 472 ff.
291 Vgl. etwa *Klauer/Möhring*, § 36 PatG, Anm. 1; *Benkard-Ullmann*, § 15 PatG, Rdn 3.
292 Vgl. *Hubmann*, Gewerblicher Rechtsschutz, § 22 II 1 c.
293 Vgl. BGHZ 15, 258.
294 Vgl. BGHZ 15, 258; 50, 136.
295 Vgl. *Hubmann* aaO.

Vollrechts muß die territoriale Begrenzung beachten. Der Erwerber eines deutschen Sortenschutzrechtes ist nicht berechtigt, die Sorte in anderen Ländern, insbesondere in Ländern der Europäischen Union zu benutzen, wenn sie dort für einen anderen, z. B. den Veräußerer, geschützt ist. Hinsichtlich des gemeinschaftlichen Sortenschutzrechtes gilt dies für Benutzungshandlungen außerhalb der Europäischen Union.

403 Nicht mehr ausdrücklich im Gesetzeswortlaut erwähnt wird, daß die Rechte auch *beschränkt* übertragen werden können. Die Gesetzesbegründung zum SortG[296] meint, daß damit gegenüber dem früheren Rechtszustand klargestellt werde, daß der Sortenschutz selbst nur noch ungeteilt übergehen könne. Es fragt sich jedoch, ob die bislang mögliche und auch im Patentrecht vorgesehene beschränkte Übertragung wirklich ausgeschlossen ist. Die Einräumung von Nutzungsrechten jedenfalls ist nach § 8 Abs. 2 SortG, Art. 27 EGSVO ausdrücklich möglich, die der Sache nach eine beschränkte Übertragung – zwar keine translative, aber eine konstitutive – von Teilen des Schutzrechts (der Verwertungsbefugnisse) darstellt.[297] Zulässig sind auch Bruchteilsübertragungen und Belastungen, bei denen es sich ebenfalls um Teilübertragungen handelt. Bei der Bruchteilsübertragung geht ein ideeller Teil des Rechts vom Übertragenen auf den Erwerber über und es entsteht Miteigentum im Rahmen einer Bruchteilsgemeinschaft (§§ 741 ff. BGB). Auch wenn derartige Übertragungen des Sortenschutzes in der Praxis nicht häufig sein werden, sollten sie aufgrund des fehlenden Wortlauts der Übertragungsbestimmungen und wegen der geringen Bedeutung von Typenzwang und numerus clausus im Immaterialgüterrecht nicht ausgeschlossen sein. Übertragen werden können bei gemeinsamer Inhaberschaft auch die jeweiligen feststehenden Anteile am Sortenschutz, was für den gemeinschaftlichen Sortenschutz durch Art. 28 EGSVO ausdrücklich hervorgehoben worden ist, aber selbstverständlich auch für den deutschen Sortenschutz gilt. Nicht möglich ist dagegen eine Teilung in realer Weise, etwa nach Bezirken, Benutzungsarten oder sonstigen Bestandteilen des Sortenschutzrechtes, insbesondere nicht des gemeinschaftlichen Sortenschutzes nach Mitgliedstaaten, da dies der Gemeinschaftlichkeit des Rechts widersprechen würde. Im Patentrecht wird hier allerdings eine Umdeutung in die Bestellung einer beschränkten Lizenz erwogen,[298] was man wohl auch im Sortenschutzrecht tun kann.

404 Sortenschutzrechtsübertragungen sind im übrigen wie auch sonst im geistigen Schutzrecht *Zweckübertragungen* (sog. Zweckübertragungstheorie des Immaterialgüterrechts),[299] d. h. im Zweifel ist anzunehmen, daß nicht mehr Rechte und diese nur so lange übertragen werden, als sie für die Erreichung des von den Parteien erstrebten Zwecks notwendig sind. Nach der der Rechtseinräumung zugrundeliegenden wirtschaftlichen Zweckgestaltung ist daher bei Unklarheit der Vereinbarungen zu ermitteln, ob wirklich das ganze Sortenschutzrecht übertragen oder nur ein Nutzungsrecht eingeräumt werden soll. Längstens erfolgt die Übertragung für die Dauer des Sortenschutzrechtes.

---

296 BT-Drs 10/816 S. 20.
297 *Forkel*, Gebundene Rechtsübertragungen, S. 49 ff.; *Benkard-Ullmann*, § 15 PatG, Rdn 33.
298 Vgl. *Kisch*, Patentrecht 1923, S. 213 Anm. 37.
299 Vgl. *Benkard-Ullmann*, § 15 PatG, Rdn 13.

2. Übertragungsvertrag, Grundgeschäft

Die Übertragung erfolgt für den deutschen Sortenschutz gem. §§ 413, 398 BGB durch *Abtretungsvertrag*. Gleiches gilt für das gemeinschaftliche Sortenschutzrecht, soweit auf das Geschäft deutsches Zivilrecht anwendbar ist.

Auf eine besondere *Form* der Übertragung wird im deutschen Recht zur Annäherung an den bürgerlich-rechtlichen Grundsatz der Formfreiheit und zur Ermöglichung des anderweitigen Nachweises des Rechtsübergangs verzichtet.[300] Das erscheint angesichts der wirtschaftlichen Bedeutung von Sortenschutzübertragungen und im Interesse der Rechtssicherheit nicht unbedenklich, entspricht aber der Rechtslage im deutschen Patentrecht und ist wohl auch praktisch wenig erheblich, da die meisten Verträge aus Beweisgründen ohnehin schriftlich geschlossen werden. Das Schriftformerfordernis nach § 34 GWB ist inzwischen weggefallen. Demgegenüber sieht Art. 23 Abs. 2 EGSVO für die Übertragung des gemeinsamen Sortenschutzes vor, daß sie schriftlich erfolgt und der Unterschrift der Vertragsparteien bedarf, es sei denn, daß sie auf einem Urteil oder einer anderen gerichtlichen Entscheidung beruht; andernfalls ist sie nichtig.

Auch ein formeller *Publizitätsakt* ist ebenso wie im deutschen Patentrecht nach dem deutschen Sortenschutzgesetz für die Wirksamkeit der Übertragung nicht erforderlich. Zwar werden Änderungen in der Person des Schutzinhabers gem. § 28 Abs. 3 SortG in die Sortenschutzrolle eingetragen, wenn sie nachgewiesen sind. Die Eintragung der Änderung ist aber für den materiellen Rechtserwerb ohne Bedeutung, dieser vollzieht sich unabhängig von der Eintragung in die Rolle. Solange jedoch eine Änderung nicht eingetragen ist, bleibt der eingetragene Sortenschutzinhaber gem. § 28 Abs. 3 S. 2 SortG formell berechtigt und verpflichtet (sog. Legitimationswirkung). Im Gegensatz dazu hat die Umschreibung beim gemeinschaftlichen Sortenschutz konstitutive Wirkung, d. h. der Rechtsübergang des gemeinschaftlichen Sortenschutzes wird gem. Art. 23 Abs. 4 EGSVO dem Amt gegenüber erst wirksam und kann Dritten nur nach Eintragung in das Register für gemeinschaftliche Sortenschutzrechte entgegengehalten werden; dies gilt nur nicht gegenüber Dritten, die Rechte nach dem Zeitpunkt des noch nicht eingetragenen Rechtsübergangs erworben haben, wenn sie von dem Rechtsübergang Kenntnis hatten, also insoweit bösgläubig waren. Diese Regelung beim gemeinschaftlichen Sortenschutz entspricht Art. 39 Abs. 3 GPÜ.

Die Frage ist, wer für die Berichtigung der Sortenschutzrolle verantwortlich ist. Während das frühere deutsche SortG im Zweifel, das heißt bei Fehlen einer anderweitigen Vereinbarung, dem bisher Berechtigten die Pflicht zur Berichtigung der Sortenschutzrolle auferlegte (§ 11 Abs. 1 Satz 2 SortG 85), fehlen im jetzigen SortG und in der EGSVO ausdrückliche Bestimmungen; jedoch finden sich im europäischen Recht Ansätze für eine Lösung. Da zur wirksamen Übertragung des gemeinschaftlichen Sortenschutzrechtes ein von beiden Parteien unterzeichneter schriftlicher Vertrag erforderlich ist und dieser gemäß Art. 79 Abs. 1 DurchführungsVO dem Amt vorzulegen ist, es sei denn, der Vertrag wird durch ein Urteil oder eine sonstige gerichtliche Entscheidung ersetzt, ist mangels ausdrücklicher Vereinbarung im Vertrag, wer die Umschreibung des Sortenschutzrechtes zu beantragen hat, jede der Vertragsparteien berechtigt und verpflichtet. Zu berichtigen sind beim nationalen Sortenschutzrecht Name und Anschrift des Sortenschutzinhabers und der Verfahrensvertreter (§ 28 Abs. 1 Nr. 3b und c SortG). Gleiches gilt für das gemeinschaftliche Sortenschutzrecht

---

300 Vgl. BT-Drs. 10/816, S. 20.

(Art. 87 Abs. 2d EGSVO). Hinsichtlich der gemeinschaftlichen Sortenschutzanmeldung ist dies in Art. 87 Abs. 1d EGSVO festgehalten.

409 Für die Eintragung der Änderungen in die Sortenschutzrolle empfiehlt sich die Vorlage eines vom Berechtigten und seinem Rechtsnachfolger unterzeichneten schriftlichen Übertragungsnachweises, z. B. in Form einer Umschreibebewilligung, der weder einer notariellen Beurkundung noch einer Legalisierung bzw. Beglaubigung bedarf. Das Gemeinschaftliche Sortenamt nimmt die Umschreibung des gemeinschaftlichen Sortenschutzrechtes vor, wenn die Übertragungsurkunde vorgelegt wird. Hierunter ist wohl der Übertragungsvertrag zu verstehen, da anderenfalls die Übertragung gemäß Art. 23 Abs. 2 Satz 3 EGSVO nichtig ist. Allerdings reichen Auszüge aus der Übertragungsurkunde aus. Um den Vertrag nicht zum Gegenstand des Akteninhalts zu machen und damit die Vereinbarung zur Einsichtnahme Dritter zu eröffnen, ist anzuraten, im Rahmen der vertraglichen Absprachen einen separaten Umschreibungsantrag mit Umschreibungsbewilligung von beiden Seiten unterzeichnet abzufassen. Liegt keine privatrechtliche Vereinbarung vor, sondern wird diese ersetzt durch ein Urteil, so ist dieses zumindest in Auszügen beizufügen, aus denen die betroffene Sorte, der Kläger/Antragsteller, Beklagter/Antragsgegner sowie der Tenor ersichtlich sind, daß der eingetragene Sortenschutzinhaber der Umschreibung auf den Kläger/Antragsteller einwilligen muß. Zudem wird ein Rechtskraftvermerk oder ein sonstiger amtlicher Hinweis enthalten sein müssen, der sicherstellt, daß es sich um eine endgültige vollstreckbare gerichtliche Entscheidung handelt.

410 Als schuldrechtliches Grundgeschäft liegt der dinglichen Übertragung des deutschen Sortenschutzes in der Regel ein Kauf (Rechtskauf) zugrunde; es gelten daher die §§ 433 ff. BGB. Gleiches gilt für das gemeinschaftliche Sortenschutzrecht, wenn die Vertragsparteien nach deutschem Recht den Übertragungsvertrag geschlossen haben oder über das internationale Privatrecht deutsches Zivilrecht anwendbar ist. Denkbar sind aber auch z. B. Tausch, Schenkung oder ein gesellschaftsähnliches Verhältnis, wenn es sich bei dem Vertrag um „eine auf längere Zeit berechnete Verbundenheit zur Erreichung eines gemeinsamen Ziels handelt".[301] Es sind dann die Regeln des Gesellschaftsrechts anwendbar, etwa § 723 BGB für die Kündigung. Grundgeschäft und Verfügungsgeschäft bilden in der Regel eine Einheit.

3. Haftung

411 Im Falle des Kaufs haftet der Verkäufer für Rechts- und Sachmängel nach BGB. Der Verkäufer hat also dafür einzustehen, daß ihm das Sortenschutzrecht zusteht (§ 437 BGB) und die Sorte nicht mit *Rechten Dritter* (Lizenz, Nießbrauch, Pfandrecht, wesentliche Abhängigkeit) belastet ist (§ 434 BGB). Rechte Dritter, die vor dem Rechtsübergang erworben worden sind, bleiben bestehen, was Art. 23 Abs. 3 EGSVO für den gemeinschaftlichen Sortenschutz ausdrücklich sagt, aber auch im deutschen Recht gilt. Dagegen kann wohl ähnlich wie im Patentrecht der Verkäufer nicht haftbar gemacht werden, wenn der Sortenschutz nicht erteilt, nachträglich erlischt oder durch eine Zwangslizenz eingeschränkt wird, da der Kauf eines Sortenschutzrechtes ein gewagtes („aleatorisches") Geschäft ist und mit derartigen Ereignissen gerechnet werden muß.[302] Anders ist es nur, wenn der Verkäufer für den

---
301 RG MuW 1931, 441.
302 Vgl. RGZ 163,1,6,8; BGH GRUR 1961, 466, 468.

Nichteintritt solcher Mängel die Garantie übernommen oder wenn er ihr Vorliegen arglistig verschwiegen oder das Erlöschen selbst herbeigeführt hat. Der Erwerber hat jedoch bei nachträglichem Erlöschen des Sortenschutzes das Recht, das Vertragsverhältnis wegen Wegfalls der Geschäftsgrundlage für die Zukunft zu lösen, wobei jedoch strenge Anforderungen an das Lösungsrecht zu stellen sind; das Risiko einer Enttäuschung liegt grundsätzlich beim Käufer.[303] Insgesamt kann auf die entsprechende Rechtslage beim Patent verwiesen werden.

Bezüglich Sachmängeln haftet der Verkäufer für die branchenübliche Qualität der Sorte, ferner für etwa zugesicherte Eigenschaften (§§ 459 Abs. 1, 2 BGB); dagegen nicht für die Rentabilität, Verwertbarkeit und Konkurrenzfähigkeit der Sorte.[304] Bei von vornherein fehlender Schutzfähigkeit der Sorte ist der Verkauf nach § 306 BGB nichtig.[305]   412

II. Lizenzierung

1. Kennzeichnung, Bedeutung

Der in der Praxis wichtigste Fall des Rechtsübergangs ist die Lizenzierung. Sowohl der deutsche als auch der europäische Sortenschutz kann ganz oder teilweise Gegenstand vertraglich eingeräumter ausschließlicher oder nicht ausschließlicher (einfacher) Nutzungsrechte = Lizenzen sein. Durch die Vergabe einer Lizenz wird die Benutzung seiner Sorte zwischen Rechtsinhaber (Lizenzgeber) und einem Dritten (Lizenznehmer) geregelt.   413

Durch die Lizenzeinräumung erfolgt zwar keine der Übereignung von Sachgütern oder der Übertragung sonstiger Rechte vergleichbare Veräußerung. Aber die Nutzungsrechte sind aus dem Sortenschutzrecht als Mutterrecht abgeleitete und zweckgebundene Tochterrechte, so daß man der Sache nach dennoch – zumindest bei den ausschließlichen Nutzungsrechten – von einer Rechtsnachfolge sprechen kann, zwar keiner translativen, aber einer konstitutiven.[306] Dem Ursprungsberechtigten verbleibt das Mutterrecht, in dessen Bann die abgeleiteten Nutzungsrechte stehen und die diese mit ihrem Erlöschen wieder zum Vollrecht erstarken lassen. In dieser Weise unterscheidet das Gesetz heute klarer als früher zwischen der echten Vollübertragung des Sortenschutzrechts (§ 11 Abs. 1 SortG, Art. 23 Abs. 1 EGSVO) und der zweckgebundenen Ableitung = inhaltsgleichen Teilübertragung eines verselbständigten Ausschnitts aus dem Schutzrecht des Sortenschutzberechtigten (§ 11 Abs. 2 SortG, 27 EGSVO).   414

Die Bedeutung von Lizenzverträgen ist im Sortenschutzrecht erheblich. Das Ausschließlichkeitsrecht an der Sorte, also die Verwertung des Schutzgegenstandes und die Geltendmachung seines Verbietungsrechtes gegenüber anderen Benutzern, überschreitet in vielen Fällen die Ausführungsmöglichkeiten des Schutzrechtsinhabers. Der Züchter und Entdecker hat häufig kein eigenes Unternehmen, in dem er die Züchtung bzw. Entdeckung praktisch verwerten kann, oder ist oftmals mit der Züchtung neuer oder der Erhaltung bestehender Sorten zu sehr ausgelastet, als daß er die Züchtung wirtschaftlich voll ausnutzen   415

---
303 Vgl. *Reimer/Reimer*, § 9 PatG, Rdn 25 ff.; BGH GRUR 82, 481.
304 Vgl. *Reimer/Reimer*, § 9 PatG, Rdn 36 ff.
305 Vgl. *Benkard/Ullmann*, § 15 PatG, Rdn 19.
306 Vgl. nachfolgend Rdn 419.

könnte. Im Nutzpflanzenbereich, in dem überwiegend große Unternehmen tätig sind, ist die Erteilung von Nutzungsrechten wesentlich, um die mit der Neuzüchtung verbundenen Kosten durch eine möglichst umfangreiche, auch Länder übergreifende Verwertung der Neuzüchtung wieder einzubringen. Gleiches gilt für den Zierpflanzenbereich, auf dem überwiegend Unternehmen tätig sind, die in der Regel nicht über die Vermarktungsstrukturen verfügen, welche eine optimale Verwertung von Züchtungsergebnissen sicherstellen können. Die Lizenzvergabe spielt deshalb eine wesentliche Rolle bei der Absicherung des wirtschaftlichen Erfolges von Neuzüchtungen. Hier haben sich daher sog. Vermehrungs- und Vertriebsunternehmen herausgebildet, denen aufgrund ihrer hohen Spezialisierung und dem damit verbundenen know-how die gewerbsmäßige Erzeugung und der gewerbsmäßige Vertrieb, also die wirtschaftliche Verwertung der Sorte auf Lizenz überlassen werden kann. Das Vermehrungsunternehmen verpflichtet sich neben der Zahlung einer bestimmten Lizenzgebühr dazu, das zum Vertrieb bestimmte Vermehrungsmaterial nur unmittelbar als Ausgangsmaterial zu gewinnen, das aus der Zucht (auch Erhaltungszucht) des Sortenschutzberechtigten stammt und das dieser dem Vermehrungsunternehmen für jeden Anbau rechtzeitig und in ausreichender Menge zur Verfügung stellt. Auch kann sich die unternehmerische Tätigkeit des Lizenznehmers ausschließlich auf die Kultivierung von aufbereitetem Pflanzenmaterial zur Abgabe verbrauchsfertiger Pflanzen an den Nutzer richten. Der Lizenznehmer wird so zum „verlängerten Arm" des Schutzrechtsinhabers, um die Verwertungsmöglichkeiten auszuschöpfen. Die Lizenzvergabe eröffnet dem Züchter die Möglichkeit, sich die besonderen Kenntnisse spezialisierter Unternehmen zunutze zu machen, erlaubt ihm aber andererseits, durch entsprechende vertragliche Bindungen dem Mißbrauch von Vermehrungsmaterial zu begegnen. Darüber hinaus hat der Lizenznehmer selbstverständlich eigene Verwertungsinteressen.

2. Rechtsnatur von Lizenzverträgen

416 Der Lizenzvertrag als solcher ist im Sortenschutzrecht nicht geregelt. Es handelt sich wie im Patentrecht und sonstigen geistigen Schutzrecht um eine Vertragsform eigener Art, in der die Elemente mehrerer Vertragstypen vereinigt sind.[307] Dabei kommen für die schuldrechtliche Seite vor allem die Vorschriften über Kauf (§ 433 ff. BGB), Pacht (§ 581 ff. BGB) oder Miete (§§ 535 ff. BGB) in Frage, sind aber nur bedingt anwendbar, d. h. insoweit, als die besondere Ausgestaltung dies erfordert oder zuläßt. Das Lizenzverhältnis kann auch einen gesellschaftsrechtlichen Einschlag haben, wenn „eine auf längere Zeit berechnete Verbundenheit zur Erreichung eines gemeinsamen Zieles" vorhanden ist[308], insbesondere der Vertrag noch weitere Sachverhalte regelt (Erfahrungsaustausch, Verteidigung des Rechts gegenüber Dritten). Das macht den Lizenzvertrag meist nicht insgesamt zum Gesellschaftsvertrag, aber aufgrund der Interessen- und Zweckgemeinschaft können gesellschaftsrechtliche Regeln (z. B. Kündigung nach § 723 BGB) anwendbar sein. Es ist daher in jedem Einzelfall zu prüfen, welche Rechtsnatur der jeweilige Nutzungsvertrag aufgrund seiner überwiegenden Vertragselemente hat und um welchen Vertrag es sich gerade handelt, um die auf ihn anwendbaren Rechtsvorschriften feststellen zu können. Oft wird es sich empfehlen, trotz aller Eigentüm-

---

307 BGH GRUR 1961, 27 f.; BGHZ 105, 279 f.
308 RG MuW 1931, 441.

lichkeiten im Einzelfall von den Vorschriften der Rechtspacht auszugehen.[309] Dazu ist dem Lizenzvertrag ein gewisses Risiko eigen,[310] er bedeutet für die Parteien ein Wagnis, weil einmal die wirtschaftliche Verwertbarkeit des Schutzgegenstandes nicht voraussehbar ist und zum anderen das Schutzrecht sich nachträglich als nicht rechtsbeständig erweisen kann. Das wirkt sich auf die Rechte und Pflichten der Parteien, insbesondere auf die Haftungsfragen aus.[311]

Wie die dingliche Seite, d. h. das Wesen des durch die Lizenzerteilung eingeräumten Benutzungsrechts zu qualifizieren ist, richtet sich danach, um welche Art von Lizenz es sich handelt. 417

3. Lizenzarten

Zu unterscheiden ist zwischen der *ausschließlichen* und der *nicht ausschließlichen* (einfachen) Lizenz (§ 11 Abs. 2 SortG, 27 Abs. 1 S. 2 EGSVO). 418

a) Ausschließliche Lizenz

Bei der ausschließlichen Lizenz wird dem Erwerber ein alleiniges Benutzungsrecht mit positivem und negativem Rechtsinhalt an der Sorte eingeräumt. Die ausschließliche Lizenz verleiht dem Lizenznehmer im Rahmen des erteilten Benutzungsumfangs ein gegen jedermann wirkendes Ausschließlichkeitsrecht, das mangels ausdrücklicher Vereinbarung auch gegenüber dem Lizenzgeber selbst wirkt, sofern sich dieser nicht lizenzvertraglich neben dem Lizenznehmer die Benutzung insgesamt oder einen Ausschnitt daraus vorbehalten hat.[312] Der Schutzrechtsinhaber spaltet einen Teilausschnitt aus seinem Vollrecht ab und überträgt ihn als verselbständigtes Recht (Nutzungsrecht) auf den Erwerber. Vor allem bei der (ausschließlichen) Lizenzeinräumung handelt es sich sachlich um eine Übertragung, d. h. um eine Teilübertragung, wobei diese keine translative, sondern eine konstitutive ist: das abgespaltene verselbständigte Nutzungsrecht scheidet nicht endgültig aus dem Mutterrecht aus, sondern bleibt als zweckgebundenes Tochterrecht in dessen Bann und kehrt bei seinem Erlöschen automatisch wieder zu diesem zurück. Demgegenüber bleibt das formale Sortenschutzrecht beim Sortenschutzinhaber, während die sich aus ihm ergebenden Nutzrechte vorbehaltlich ausdrücklicher Nutzungsvorbehalte des Lizenzgebers auf den Lizenznehmer übergehen. Diese dogmatische Konstruktionsvorstellung, die vor allem im Urheberrecht entwickelt worden ist,[313] aber auch aus dem BGB-Sachenrecht von den beschränkten dinglichen Rechten her bekannt ist[314], gilt auch im Sortenschutzrecht und reiht sich in die Fälle gebundener Rechtsübertragungen ein.[315] Diese unterscheiden sich vom Schutzrechtsverkauf, bei dem auch die formale Rechtsposition auf den Käufer übergeht. 419

---

309 *Benkard/Ullmann*, § 15 PatG, Rdn 49; *Stumpf*, Rdn 23.
310 BGH GRUR 1961, 27.
311 Vgl. unten Rdn 438 ff.
312 Vgl. *Stumpf*, Rdn 36 ff.
313 Vgl. §§ 31 ff. UrhG.
314 Vgl. z. B. *Bauer*, Sachenrecht, § 3 II.
315 *Forkel*, Gebundene Rechtsübertragung S. 49 ff.

420   Da es sich der Sache nach um eine Übertragung handelt, ist die Rechtsstellung des Lizenznehmers von der des Schutzrechtsinhabers abgeleitet und dieser erhält eine entsprechende Berechtigung wie sie bislang jener hatte. Allein der Lizenznehmer ist aufgrund seiner Ausschließlichkeitsstellung, soweit die Lizenz reicht, berechtigt, die Sorte zu benutzen *(positives Benutzungsrecht)* und anderen die Benutzung zu untersagen *(negatives Verbietungsrecht)*. Der ausschließliche Lizenznehmer ist für Unterlassungs-, Rechnungslegungs- und Schadenersatzklagen aktiv legitimiert.[316] Der Sortenschutzinhaber ist dagegen nicht mehr befugt, Benutzungshandlungen, die in den Rahmen der erteilten Lizenz fallen, ohne Vorbehalt selbst vorzunehmen oder anderen zu gestatten; benutzt er die Sorte, ohne sich die Benutzung vorbehalten zu haben, so begeht er nicht nur eine Vertragsverletzung, sondern verstößt auch gegen das dem Lizenznehmer übertragene Schutzrecht. Das kann so weit gehen, daß der Sortenschutzinhaber keine eigene Benutzungs- und Verfügungsbefugnisse mehr an seinem Sortenschutzrecht hat, sondern nur noch formal als Inhaber in der Sortenschutzrolle bzw. dem Register eingetragen ist. Der Sortenschutzinhaber kann jedoch die Sorte im Rahmen des ihm verbliebenen Teils seines Rechtes nutzen oder über sie verfügen. Ferner kann er – neben dem Lizenznehmer – gegen eine Nutzung der Sorte durch Dritte vorgehen, soweit dies zum Schutze seiner Interessen notwendig ist.[317] Ein Verzicht auf das Sortenschutzrecht ist gegenüber dem Inhaber eines ausschließlichen Nutzungsrechts unwirksam, soweit er dessen Rechtsposition beeinträchtigt, ebenso wie gegenüber anderen dinglichen Berechtigten, wie z. B. dem Nießbraucher oder Pfandgläubiger;[318] ein Verzicht kann sich nur auf die beim Sortenschutzinhaber noch verbliebenen Rechte auswirken. Da man die ausschließliche Lizenz auch als eine Art dingliche Belastung des beim Schutzrechtsinhaber verbliebenen Vollrechts bezeichnen kann,[319] geht sie bei Veräußerungen des Sortenschutzes oder anderweitiger Lizenzierung nicht unter, sondern wirkt gegen einen späteren Erwerber fort (sog. Sukzessionsschutz), wobei es gleichgültig ist, ob sich dieser hinsichtlich der Belastung im guten Glauben befindet oder die ausschließliche Lizenz gem. Art. 87 Abs. 2f) EGSVO oder § 28 Abs. 1 Nr. 5 SortG im Register bzw. in der Sortenschutzrolle eingetragen ist. Der ausschließliche Lizenznehmer erhält ein eigenes Recht und kann daher, falls nicht ausdrücklich ausgeschlossen, weitere Nutzungsrechte (Unterlizenzen) erteilen, die von seinem Recht abhängig sind. Die ausschließliche Lizenz kann auch weiterübertragen werden.[320] Mit dem Untergang des Sortenschutzrechtes erlischt jedoch die ausschließliche Lizenz.

421   Rechtstechnisch gelten für die ausschließliche Lizenzeinräumung als dingliche Verfügung in Deutschland §§ 413, 398 BGB. Eine Form (Schriftform) ist für das deutsche Recht nicht erforderlich, wenngleich üblich; die Lizenzierung am gemeinschaftlichen Sortenschutz bedarf der Schriftform.[321] Die ausschließliche Lizenz wird in die Sortenschutzrolle bzw. das Register eingetragen (§ 28 Abs. 1 Nr. 5, Art. 87 Abs. 2f) EGSVO), wobei die Eintragung im deutschen Recht nur rechtsbekundende, im europäischen Recht aber konstitutive Wirkung hat.[322]

---

316 Vgl. *Schulte*, § 15 PatG, Rdn 18.
317 RGZ 136, 321.
318 Vgl. *Klauer/Möhring*, § 9 PatG, Anm. 36.
319 *Benkard/Ullmann*, § 15 PatG, Rdn 53.
320 BGH GRUR 55, 340.
321 Vgl. oben Rdn 409.
322 Vgl. oben Rdn 407.

b) Nicht ausschließliche (einfache) Lizenz

Die Rechtsnatur der einfachen Lizenz ist umstritten. Die herrschende Meinung betrachtet sie lediglich als obligatorische Vereinbarung, durch die sich der Lizenzgeber dem Lizenznehmer gegenüber zur Nutzungsüberlassung und zum Nichtgebrauch seines Verbietungsrechts verpflichtet.[323] Demgegenüber erfolgt nach anderer Ansicht auch bei der einfachen Lizenz eine dingliche Teilabspaltung vom Schutzrecht des Lizenzgebers, allerdings nur des positiven Benutzungsrechts ohne die negative Abwehrbefugnis.[324] Die Frage ist dafür von Bedeutung, ob bei Nichteinhaltung des Lizenzumfangs eine Sortenschutz- oder bloße Vertragsverletzung vorliegt.

Der Lizenznehmer ist daher im Rahmen des Vertrages – sei es nur schuldrechtlich oder auch dinglich – jedenfalls berechtigt, die Sorte zu benutzen. Ihm steht jedoch kein Verbietungsrecht gegen Dritte zu, so daß er gegen einen Schutzrechtsverletzer nicht klagen kann, außer wenn ihm eine besondere Ermächtigung des Lizenzgebers erteilt worden ist (sog. Prozeßstandschaft). Berechtigter ist insoweit bei einer einfachen Lizenz grundsätzlich allein der Lizenzgeber als Sortenschutzinhaber; an ihn muß sich der Lizenznehmer bei Lizenzbeeinträchtigung auch durch Dritte wenden und über ihn seinen Schaden ersetzt verlangen.[325] Der Sortenschutzinhaber bleibt auch berechtigt, eigene Benutzungshandlungen vorzunehmen oder weitere Lizenzen zu vergeben, wenn sich aus Treu und Glauben nichts anderes ergibt.[326] Der Verstoß gegen eine gegenteilige Abrede ist Vertragsverletzung, er berührt aber die Wirksamkeit der bestellten Lizenz nicht. Der Inhaber der einfachen Lizenz ist grundsätzlich nicht berechtigt, Unterlizenzen zu bestellen, wohl jedoch ein ausschließlicher Lizenzinhaber. Ferner folgt aus dem bloß schuldrechtlichen Charakter der Lizenz in Verbindung mit § 399 BGB, daß sie grundsätzlich nicht übertragbar, sondern personen- und betriebsbezogen ist.[327] Eine Ausnahme gilt jedoch dann, wenn die Lizenz dem Lizenznehmer als dem Inhaber eines bestimmten Betriebs erteilt worden ist; hier kann die Lizenz in der Regel zusammen mit dem Betrieb auf einen Dritten übertragen werden.[328]

Ob bei einer Veräußerung des Sortenschutzrechtes die (einfache) Lizenz erlischt oder weiterbesteht, konnte früher ebenso wie im Patentrecht zweifelhaft sein. Während die überwiegende Auffassung auch auf der Basis der nur schuldrechtlichen Natur der einfachen Lizenz den Sukzessionsschutz bejahte, meist mit einer Analogie zu §§ 581 I, 571 BGB, hatte der BGH alle Analogieversuche verworfen, jedenfalls für den Regelfall.[329] Diese Entscheidung entsprach kaum der Interessenlage, wobei allerdings die dogmatische Begründung für den Nachfolgeschutz schwer war; hier hatten es die Vertreter des dinglichen Charakters der einfachen Lizenz naturgemäß leichter. Inzwischen hat jedoch der Gesetzgeber durch die am 1.1.1987 in Kraft getretenen jeweiligen Absätze 3 der §§ 15, 22 GebrMG den Bestandsschutz auch für die einfache Lizenz anerkannt, und man wird diese Rechtsänderung auch auf das Sortenschutzrecht übertragen können.[330]

---

323 *Reimer/Reimer*, § 9 PatG, Rdn 7; *Schulte*, § 15 PatG, Rdn 20; BGHZ 83, 251.
324 Vgl. *Hubmann*, Gewerblicher Rechtsschutz, § 22 III, 2; *Leßmann* DB 1987, 146, 152.
325 BGH GRUR 1974, 335.
326 *Stumpf*, Rdn 381.
327 BGHZ 62, 272, 274 – Anlagengeschäft.
328 *Bruchhausen*, Patent-, Sortenschutz- und Gebrauchsmusterrecht, S. 213.
329 BGHZ 83, 251.
330 Vgl. *Leßmann*, DB 1987, 145 ff.

425 Natürlich kann der Sortenschutzinhaber auch auf sein Verbotsrecht verzichten und dem Dritten im Rahmen der schuldrechtlichen Vertragsfreiheit nur eine obligatorische Benutzungserlaubnis ohne ein positives Nutzungsrecht einräumen (sog. *negative Lizenz*). Sie wirkt nur zwischen den Vertragsparteien und hat keinerlei Bedeutung für den Erwerber der Sorte.[331]

426 Im deutschen Recht bedarf die Lizenzerteilung keiner Form. Ob für den gemeinschaftlichen Sortenschutz die Schriftform des § 23 Abs. 2 EGSVO erforderlich ist, hängt davon ab, ob man auch in der einfachen Lizenz einen Rechtsübergang sieht. Das ist wohl richtigerweise auch bei der einfachen Lizenz der Fall (Abspaltung des positiven Benutzungsrechts),[332] nicht jedoch bei der negativen. In die Sortenschutzrolle bzw. das Register eingetragen wird die einfache Lizenz nicht; sowohl Art. 87 Abs. 2 f. EGSVO als auch § 28 Abs. 1 Nr. 5 SortG nennen nur die ausschließliche Lizenz.

4. Beschränkungen der Lizenz

427 a) Der Sortenschutz kann sowohl im deutschen wie im europäischen Recht nicht nur ganz, sondern auch teilweise Gegenstand von vertraglich eingeräumten Nutzungsrechten sein (§ 11 Abs. 2 SortG, Art. 27 Abs. 1 EGSVO). Das bedeutet, daß die Lizenzen auch *beschränkt* erteilt werden können.

428 Das ist bei der einfachen Lizenz aufgrund ihres von der herrschenden Meinung angenommenen schuldrechtlichen Charakters selbstverständlich und ergibt sich aus dem Grundsatz der Vertragsfreiheit. Aber auch soweit nach richtiger Auffassung die einfache Lizenz dinglich beurteilt wird, haben sich für sie sowie für die ausschließliche Lizenz vielfältige Beschränkungsarten herausgebildet, obwohl heute anders als noch im Sortenschutzgesetz 1968 von einer „beschränkten" Übertragbarkeit im Gesetzestext nicht mehr die Rede ist. Der Lizenznehmer erhält bei der beschränkten Lizenz das Nutzungsrecht nur in beschränktem Umfang und verletzt die Rechte des die Marktverhältnisse und seine Interessen mit der beschränkten Übertragung besser ausnutzen wollenden Schutzrechtsinhabers, wenn er die Sorte über die im Vertrag eingeräumte Befugnis hinaus benutzt. Hierin liegt – jedenfalls bei einer dinglichen Betrachtung der einfachen Lizenz und der ausschließlichen Lizenz – eine Sortenschutzverletzung (§§ 37 ff. SortG; Art. 94 ff. EGSVO) und nicht nur eine Vertragsverletzung, so daß auch das derartig in Verkehr gebrachte Vermehrungsmaterial nicht sortenschutzfrei wird und die Abnehmer ebenfalls das Sortenschutzrecht verletzen. Diese an sich selbstverständliche und schon immer bestehende Rechtsfolge ist heute ausdrücklich in § 11 Abs. 3 SortG; Art. 27 EGSVO geregelt worden.

429 b) Die Lizenzen können *örtlich, zeitlich, sachlich und persönlich* beschränkt erteilt werden. Entsprechend diesen Beschränkungen lassen sich folgende Lizenzen unterscheiden:
– *Gebiets- oder Bezirkslizenz* (örtlich), bei der Erzeugung und Vertrieb von Vermehrungsmaterial auf ein bestimmtes Gebiet beschränkt sind. Enthält der Vertrag keine Absprache über den räumlichen Geltungsbereich der Lizenz, so decken sich der territoriale Geltungsbereich des Schutzrechts und der Lizenz. Das gilt sowohl für das deutsche wie das europäische Sortenschutzrecht. Die Benutzungserlaubnis für ein

---

331 Vgl. *Hubmann*, Gewerblicher Rechtsschutz, § 22 III, 2; *Klauer/Möhring*, § 9 PatG, Anm. 42.
332 S. oben Rdn 422.

deutsches Sortenschutzrecht erstreckt sich also auf die BRD, für das europäische auf die europäischen Mitgliedstaaten. Den Parteien bleibt es jedoch unbenommen, den räumlichen Geltungsbereich der Lizenz zu beschränken, z. B. für das deutsche Sortenschutzrecht auf Bayern oder für den gemeinschaftlichen Sortenschutz auf einen Mitgliedstaat. Das wird zwar im Gegensatz zum Patentrecht (§ 15 II 1 PatG, Art. 73 EPÜ, 42 I GPÜ) im Sortenschutzrecht nicht so deutlich ausgedrückt, jedoch kann die Formulierung, daß der Sortenschutz auch teilweise Gegenstand von vertraglich eingeräumten Nutzungsrechten sein kann, nicht nur im Sinne der Aufspaltung verschiedener Nutzungsarten, sondern auch geographischer Beschränkungen ausgelegt werden. Andernfalls bestünde ein Widerspruch zum Patentrecht und wesentlichen wirtschaftlichen Verwertungsbedürfnissen der Lizenzgeber. Dem steht auch die Gemeinschaftlichkeit des europäischen Sortenschutzes nicht entgegen, da ebenso wie im deutschen Sortenschutz nicht dieser, sondern nur seine Verwertung territorial begrenzt wird.[333]

– *Zeitlizenz*, die Benutzung ist zeitbezogen und endet mit Ablauf des vereinbarten Zeitraums, spätestens mit Ende des Sortenschutzrechtes. Jedoch endet der Lizenzvertrag nicht ohne weiteres mit dem Widerruf oder der Rücknahme des Sortenschutzes.[334] Fehlt eine Vereinbarung über die Dauer der Lizenz, so gilt der Lizenzvertrag im Zweifel als für die Dauer des Sortenschutzes abgeschlossen.[335] Ähnlich wie im Patentrecht wird man annehmen können, daß vorher erzeugtes Vermehrungsmaterial auch nachher noch vertrieben werden kann.[336]

– *Betriebslizenz*, die Benutzungsmöglichkeit ist an einen bestimmten Betrieb gebunden und kann nur mit ihm übertragen werden.[337] Erweiterung des Betriebs und Errichtung von Filialen sind zulässig, wenn dadurch ebenso wie bei einer Teilung oder Veräußerung des Betriebs keine wesentliche Änderung des Inhalts der Betriebslizenz eintritt.[338] An einer Betriebslizenz können im Zweifel keine Unterlizenzen vergeben werden. Ist die Lizenz im Vertrag als nicht übertragbar bezeichnet, erlischt die Lizenz mit dem Übergang des Betriebes auf einen Dritten. Betrieb meint in der Regel den wirtschaftlichen Komplex des Unternehmens.

– *Konzernlizenz*, umfaßt alle Unternehmen, die zum Konzern gehören, so daß Unterlizenzen entbehrlich sind.

– *Persönliche Lizenz*, sie ist meist einfache Lizenz und wegen besonderer persönlicher Voraussetzungen für die Benutzung der Sorte an die Person des Lizenznehmers gebunden, also grundsätzlich unübertragbar und nicht vererblich, außer es liegt die Zustimmung des Lizenzgebers vor, die allerdings nicht gegen Treu und Glauben verweigert werden darf.[339] Sie bleibt bestehen, wenn der Lizenznehmer seinen Betrieb einstellt oder einen neuen eröffnet.[340]

---

[333] Vgl. EuGH: Amtl. Slg 1988, 1919 ff. – *Erauw-Jacqery*.
[334] Vgl. BGH GRUR, 69, 409; BGHZ 86, 330, 334.
[335] *Benkard/Ullmann*, § 15 PatG, Rdn 36.
[336] *Schulte*, § 15 PatG, Rdn 25.
[337] RGZ 134, 91.
[338] RGZ 153, 321, 326.
[339] Vgl. *Hubmann*, Gewerblicher Rechtsschutz, § 22 III 2.
[340] *Stumpf*, Rdn 40.

- *Quotenlizenz*, durch sie kann in Konkretisierung des Nutzungsrechts und der Benutzungspflicht des Lizenznehmers das zu erzeugende und zu vertreibende Vermehrungsmaterial mengenmäßig (Höchst- und Mindestmenge) beschränkt werden.[341]
- *Benutzungslizenz*, bei ihr wird die Befugnis des Lizenznehmers auf bestimmte Benutzungsarten beschränkt, etwa bei der Herstellungslizenz auf die Erzeugung und bei der Vertriebslizenz auf den Vertrieb von Vermehrungsmaterial. Beispiele: Lizenz zur Herstellung und Abgabe von Mutterpflanzen, zur Erzeugung von Stecklingen. Lizenzerteilung zur Bewurzelung von Stecklingen, Benutzung von Pflanzen zur Schnittblumenproduktion. Ist die Lizenz zur Erzeugung von Vermehrungsmaterial erteilt, ist damit auch der Vertrieb gestattet, sofern der Vertrag über den über die Herstellung hinausreichenden Umfang nichts anderes enthält.[342] Nur bei ausdrücklicher Beschränkung auf den einen oder anderen Bereich kann etwas anderes gelten,[343] es sei denn, daß sich aus den sonstigen Bestimmungen des Vertrages eine Beschränkung ergibt.[344] Die Herstellungslizenz schließt allerdings, wenn die Lizenznehmer das erzeugte Vermehrungsmaterial an den Lizenzgeber liefern sollen, das Inverkehrbringen des Vermehrungsmaterials aus. Die Vertriebslizenz berechtigt nur zum Verkauf von Vermehrungsmaterial des Sortenschutzinhabers, das aber noch nicht durch Lieferung an den Lizenznehmer sortenschutzfrei geworden sein darf.
- *Import- und Exportlizenz*, sie gestatten die Einfuhr oder Ausfuhr geschützter Sorten in bzw. aus der BRD und der Europäischen Gemeinschaft.

430 c) Problematisch ist, wieweit diese Beschränkungen gehen können, ohne daß sie zu einer Vervielfältigung des Schutzrechtes führen. Daher ist es nicht möglich, das gesamte Sortenschutzrecht beschränkt auf einen Unteranspruch oder beschränkt auf ein Land oder einen Mitgliedstaat zu übertragen; insoweit können nur Abspaltungen nach Nutzungsrechten vorgenommen werden. Auch muß die Beschränkung immer eine Benutzungshandlung betreffen, die zum grundsätzlichen Inhalt des Sortenschutzes gehört, also dieses nach Art und Umfang der dem Schutzrechtsinhaber vorbehaltenen Handlungen aufteilt und nicht nur bestimmte Ausübungsweisen betrifft, die über den Schutzbereich des Rechtes hinausgehen und mit der Erfassung bestimmter Abnehmerkreise nichts zu tun haben. Inhalt des Schutzrechtes sind das „Ob", die Art und der Umfang der Benutzung, nicht aber das „Wie", die Art und Weise der Ausübung der (beschränkt) übertragenen Nutzungsbefugnisse und damit nur im Zusammenhang stehende Abreden. Solche darüber hinausgehenden beschränkenden Vereinbarungen, die mit dem Inhalt des Schutzrechtes nichts zu tun haben, kommt nur schuldrechtliche Wirkung zu, die zwar Grundlage für eine Vertragsverletzung, aber nicht auch eine Schutzrechtsverletzung sein können, weil sie das Nutzungsrecht (Lizenz) beschränken (§ 11 Abs. 3 SortG, Art. 27 Abs. 2 EGSVO). Derartige rein schuldrechtlich zu beurteilende Vertragsverletzungen lösen Ansprüche des Lizenzgebers auf Erfüllung oder Schadenersatz aus. Sie lassen die Rechtmäßigkeit des Vorganges des vom Lizenznehmer bewirkten Inverkehrbringens der geschützten Gegenstände aber unberührt. Die vom Lizenznehmer in den Verkehr gebrachten Gegenstände werden schutzrechtsfrei. Hierher gehören etwa Vereinbarungen, daß die Sorte nur auf bestimmten Böden angebaut werden dürfe, nur spezielle Düngemittel zu verwenden seien, Abrechnungs- und Buchungspflichten oder Pflichten zu

---
341 Vgl. BGH GRUR 1969, 560.
342 *Lüdecke/Fischer*, 407.
343 *Stumpf*, Rdn 26.
344 *Stumpf*, aaO.

bestimmtem Verhalten im gewerblichen, besonders kaufmännischen Verkehr, Absprachen über den Preis des erzeugen Vermehrungsmaterials usw. Diese Vereinbarungen sind zwar nicht schutzrechtlich, aber vertraglich möglich.[345]

Zu beachten sind für ihre weitere Wirksamkeit jedoch noch die kartellrechtlichen Begrenzungen, die sich für das deutsche Recht aus §§ 17, 18 GWB und auf europäischer Ebene aus Art. 81 ff. EG-Vertrag ergeben.[346] 431

d) Inhaltlich identisch bestimmen Art. 27 Abs. 2 EGSVO und § 11 Abs. 3 SortG, daß der Sortenschutzinhaber gegen den Nutzungsberechtigten, der gegen eine Beschränkung seines lizenzvertraglich eingeräumten Nutzungsrechts verstößt, aus dem Sortenschutzrecht belangt werden kann. Damit stellen beide Gesetze klar, daß ein Überschreiten der lizenzvertraglich eingeräumten Rechte als Sortenschutzverletzung zu werten ist. 432

Dies gilt jedoch nicht für jede Verletzung der vertraglichen Pflichten. Die Bezugnahme von Art. 27 EGSVO und § 11 SortG auf das vertraglich eingeräumte Nutzungsrecht hebt deutlich hervor, daß dies nur hinsichtlich solcher Rechte und Pflichten gilt, welche Gegenstand des Schutzrechtes als solche sind, das heißt, welche dem Schutzrecht als Ausschließlichkeitsrecht immanent sind. 433

Beschränkungen schuldrechtlicher Natur liegen vor, soweit diese nicht dem durch das Schutzrecht begründeten Schutzinhalt und somit dem Schutzrecht selbst innewohnen, sondern über dasjenige hinausgehen, was sich aus dem Verbietungsrecht des Schutzrechtsinhabers ergibt, das ihm aufgrund des Sortenschutzgesetzes zusteht.[347] 434

5. Pflichten des Lizenzgebers

a) Der Lizenzgeber hat nicht nur die Benutzung der Sorte durch den Lizenznehmer zu gestatten, sondern ihn trifft auch die Verpflichtung, alles zu tun, damit der Lizenznehmer die Sorte benutzen kann, und alles zu unterlassen, was diese beeinträchtigen könnte.[348] Das ist jedenfalls bei der ausschließlichen und richtigerweise auch der einfachen Lizenz der Fall, da auch bei letzterer der Lizenznehmer ein positives Benutzungsrecht erhält, während bei der negativen Lizenz der Schutzrechtsinhaber nur auf sein Verbietungsrecht verzichtet, ohne dem Nehmer positiv die Benutzung zu gewähren.[349] 435

Der Schutzrechtsinhaber hat darüber hinaus gegenüber dem Lizenznehmer gewisse Informations- und Fürsorgepflichten, unter Umständen muß er dem Lizenznehmer bei der Einarbeitung behilflich sein.[350] Auch hat der Lizenzgeber den Sortenschutz oder die Anmeldung aufrechtzuerhalten, insbesondere durch Zahlung der Jahresgebühren und Erfüllung seiner weiteren sich aus § 31 Abs. 4 SortG, Art. 64 Abs. 3 EGSVO ergebenden Verpflichtungen sowie durch Verteidigung des Sortenschutzes in einem Verfahren nach § 31 Abs. 2, 3 SortG (Rücknahme und Widerruf des Sortenschutzes) bzw. Art. 20, 21 EGSVO (Nichtigerklärung und Aufhebung des gemeinschaftlichen Sortenschutzes). Der Lizenzgeber kann zwar auf den Sortenschutz verzichten (§ 31 Abs. 1 SortG), und zwar auch ohne Zustimmung 436

---

345 Vgl. *Hubmann*, Gewerblicher Rechtsschutz, § 22 II 2e; *Benkard/Ullmann*, § 15, Rdn 42, 43.
346 Dazu unten Rdn 451 ff.
347 *Langen/Bräutigam*, Rdn 30 zu § 20 m. w. N.; zu weiteren Einzelheiten vgl. unten Rdn 458 ff.
348 Vgl. RGZ 155, 306 ff.
349 Vgl. oben Rdn 425.
350 Vgl. RG GRUR 1935, 950.

des Lizenznehmers mit Wirkung gegen diesen, jedoch macht er sich dann schadenersatzpflichtig, ausgenommen bei der negativen.[351]

437 Ob und inwieweit er verpflichtet ist, gegen Sortenschutzverletzungen Dritter einzuschreiten, hängt von der Art der Lizenz und von den Umständen des Einzelfalls ab. Im allgemeinen wird eine derartige Pflicht – wohl jedoch ein Recht – bei einer ausschließlichen Lizenz nicht zu bejahen sein, denn der ausschließliche kann im Gegensatz zum einfachen Linzenznehmer Rechte aus der Verletzung der Sorte selbst geltend machen. Dagegen ist der Geber einer einfachen Lizenz auch ohne besondere Abmachungen nach Treu und Glauben grundsätzlich verpflichtet, gegen Verletzungshandlungen Dritter vorzugehen, insbesondere bei einer sog. Meistbegünstigungsklausel für den Lizenznehmer im Lizenzvertrag.[352] Sie bezweckt, dem begünstigten Lizenznehmer die Lizenz zu den gleichen Bedingungen zu gewähren, wie sie etwa späteren Lizenznehmern eingeräumt wird, so daß der Lizenzgeber in der Regel verpflichtet ist, gegen fortgesetzte Verletzungen Dritter vorzugehen, da diese die Lizenz sonst unentgeltlich benutzen könnten. Allerdings kann auch die Einräumung einer Prozeßführungsermächtigung des Lizenzgebers an den Lizenznehmer ausreichend sein.[353]

438 b) Die *Haftung* des Lizenzgebers entspricht derjenigen des Veräußerers einer Sorte, wobei diese ebenso durch den Charakter der Lizenz als gewagtes Geschäft und durch die Tatsache bestimmt wird, daß der Lizenznehmer die Vorteile des Sortenschutzes bis zu seinem Wegfall tatsächlich genossen hat. Das kann dazu führen, daß an die Stelle des Rücktritts im Rahmen der §§ 320 ff. BGB oder der Gewährleistung ein Kündigungsrecht tritt[354] oder auch nur ein Anspruch auf Minderung der Lizenzgebühr besteht.[355] Auszugehen ist dabei von einer Kombination der Vorschriften des Rechtskaufs und der Rechtspacht.[356]

439 So kann der Lizenznehmer bei bereits im Zeitpunkt des Lizenzabschlusses vorhandenen *Rechtsmängeln* (z. B. bei nichtbestehendem oder einem anderen zustehenden Sortenschutz, einer bereits vorhandenen anderweitigen ausschließlichen Lizenz oder einer störenden einfachen Lizenz sowie Rechten Dritter) gem. §§ 440, 437, bzw. 581, 541, 536 ff. i. V. m 325, 326 BGB vom Vertrag zurücktreten oder Schadenersatz verlangen, ohne daß es auf ein Verschulden des Lizenzgebers ankommt.[357] Ferner ist er von der Entrichtung der Lizenzgebühr befreit. Zu beachten ist jedoch, daß es sich dabei ebenso wie im Patentrecht nicht um schon naturgesetzlich oder aus technischen (biologischen) Gründen überhaupt nicht ausführbare Züchtungen bzw. Vermehrungen handeln darf, da dann der Lizenzvertrag nach § 306 BGB nichtig ist.[358] Dagegen ergibt sich aus §§ 437, 537 BGB keine Haftung für den Fortbestand des eingeräumten Rechts. Mit Rücksicht auf den gewagten Charakter von Lizenzverträgen passen die Bestimmungen nicht, wenn ein Rechtsmangel erst nach dem Vertragsschluß hervortritt, mag er vielleicht auch vorher schon latent vorhanden gewesen sein, denn die strenge Garantiehaftung ist nicht angebracht für allgemein unerkennbare Rechtsmängel, zumal der Erwerber mit deren Auftreten bei Schutzrechten rechnen muß.[359] Nachträglich auftretende

---

351 Lizenz *Benkard/Ullmann*, § 15 PatG, Rdn 87.
352 Vgl. BGH GRUR 1965, 591, 596.
353 Vgl. *Klauer/Möhring*, § 9 PatG, Anm. 59.
354 Vgl. BGH GRUR 1959, 616
355 BGH GRUR 1969, 667.
356 BGH GRUR 1979, 768.
357 Vgl. entsprechend *Klauer/Möhring*, § 9 PatG, Anm. 60.
358 Vgl. *Benkard/Ullmann*, § 15 PatG, Rdn 92.
359 RGZ 78, 365.

Rechtsmängel, wie spätere Feststellung eines geringeren Schutzumfangs, nachträgliche Rücknahme oder Widerruf des Sortenschutzes oder nachträgliche Erteilung einer Zwangslizenz oder auch späterer Fortfall des Sortenschutzes unterfallen nicht der Gewährleistungshaftung, sondern berechtigen den Lizenznehmer allenfalls wegen Wegfalls der Geschäftsgrundlage zur Kündigung oder Minderung der Lizenzgebühren.[360] Insbesondere hier kommt der besondere Risikocharakter des Lizenzvertrages zum Ausdruck, wobei in Rechtsprechung und Lehre vieles streitig ist.[361] Lediglich bei gravierenden Mängeln, die der Lizenzgeber kannte oder hätte kennen müssen, kommen Rücktritt und Schadensersatz in Betracht.[362] Die bloße Vernichtbarkeit des lizenzierten Rechts verleiht kein Kündigungsrecht, da der Lizenzvertrag so lange durchführbar bleibt, bis das Vertragsschutzrecht rechtskräftig vernichtet ist.[363]

Besonders hervorzuheben ist also, daß Ereignisse, die während der Dauer des Lizenzvertrages auftreten und die das Benutzungsrecht des Lizenznehmers lediglich beeinträchtigen, in der Regel zur Folge haben, daß die Lizenzgebühr entfällt oder gemindert wird, soweit kein Verschulden des Lizenzgebers vorliegt.[364] Eine Minderung der Lizenzgebühr kommt insbesondere dann in Betracht, wenn es sich bei der lizenzierten Sorte um eine abgeleitete Sorte im Sinne des Art. 13 Abs. 5, 6 EGSVO sowie § 10 Abs. 2 Nr. 1 SortG handelt und für die lizenzierte Sorte auch an den Inhaber der Rechte an der Ausgangssorte eine Gebühr für seine Zustimmung zur Verwertung der abgeleiteten Sorte zu zahlen ist sowie im Falle der Erteilung einer Zwangslizenz. Eine Pflicht des Lizenzgebers, gegen Schutzrechtsverletzungen vorzugehen, wird mit der herrschenden Meinung zur parallelen Frage im Patentlizenzvertragsrecht auch hinsichtlich der Sortenschutzlizenz zu verneinen sein.[365] Je nach Sachlage kann aber bei einer Untätigkeit des Lizenzgebers ein Anspruch auf Herabsetzung der Lizenzgebühr bestehen, da durch das Nichtvorgehen gegen den Verletzer der Wert der Lizenz für den Lizenznehmer gemindert sein kann. 440

Da der Lizenzgeber die Nutzung der Sorte gewähren muß, kann sich auch eine Haftung für *Sachmängel* ergeben; insoweit gelten die §§ 459 ff. bzw. 537 ff. BGB analog.[366] Bei Sachmängeln, etwa mangelnder biologischer Geeignetheit und Brauchbarkeit zur Erzeugung weiteren Vermehrungsmaterials der Sorte, kann der Lizenznehmer daher wandeln oder mindern (§§ 462, 459 ff.). Hat der Lizenzgeber besondere Eigenschaften zugesichert, z. B. die Wirtschaftlichkeit der Weitervermehrung, dann stehen dem Lizenznehmer außerdem Schadensersatzansprüche zu, wenn die zugesicherten Eigenschaften nicht vorliegen, ohne daß gem. § 463 BGB ein Verschulden des Lizenzgebers vorzuliegen braucht. Dagegen haftet der Lizenzgeber nicht generell für die Rentabilität und Wettbewerbsfähigkeit der Sorte; sie gehören ausschließlich in den Risikobereich des Lizenznehmers.[367] Unanwendbar sind die kurzen Verjährungsvorschriften des § 477 BGB, da die Mängel von Sorten in der Regel nicht in so kurzer Zeit festgestellt werden können.[368] 441

---

360 Vgl. BGH GRUR 1957, 595.
361 Vgl. *Hubmann*, Gewerblicher Rechtsschutz, § 23 Abs. 1 S. 1.
362 *Pagenberg/Geissler*, S. 82 Rdn 57.
363 BGH GRUR 1969, 409; 1977, 107.
364 *Stumpf*, Rdn 254.
365 Vgl. *Benkard/Ullmann*, § 15 PatG, Rdn 87; *Lüdecke/Fischer* C 108; *Henn* § 185 f.
366 BGH GRUR 55, 340, 60, 4470, 547.
367 BGH GRUR 1985, 338 ff.
368 RGZ 82,159; RG GRUR 38,34.

6. Pflichten des Lizenznehmers

442   a) Der Lizenznehmer ist zur Zahlung der vereinbarten – oder bei fehlender Vereinbarung nach §§ 315, 316 BGB zu bestimmenden – *Vergütung* verpflichtet. Möglich ist die einmalige Zahlung einer Geldsumme (Pauschalgebühr) oder die Zahlung einer sog. Lizenzgebühr mit fortlaufenden Geldleistungen, wobei Zahlungen von Mengen- bzw. Stück- oder Flächenlizenzgebühren in regelmäßigen Zeiträumen für die erfolgte Vermehrung oder Zahlung eines Prozentsatzes des Verkaufspreises der vermehrten und verkauften Menge (Umsatzlizenz) in Betracht kommen. Das Entgelt kann auch in der Beteiligung an dem durch die Verwertung des Sortenschutzes zu erzielende Gewinn bestehen (sog. partiarischer Lizenzvertrag). Oftmals ist die Lizenzgebühr auch im Verkaufspreis des vom Sortenschutzinhaber (Züchter) verkauften Vermehrungsguts (z. B. des Basissaatguts) enthalten, und zwar unter Berücksichtigung des jeweiligen Vermehrungsfaktors bzw. Vermehrungskoeffizienten. Diese Lizenzgebührenberechnung erfolgt meist bei der Belieferung ausländischer Vertragspartner (früher vor allem der Staatshandelsländer), weil sich bei diesen laufende Lizenzgebührenzahlungen schwer durchsetzen lassen. Die Flächenlizenzgebühren finden besonders bei Lohnvermehrung Anwendung, wobei dem Vermehrer kein eigenes Vertriebsrecht eingeräumt zu werden pflegt. Für Ausfälle, die durch nichtkeimfähiges generatives Vermehrungsmaterial oder Saatgut bzw. nicht angewachsenes vegetatives Vermehrungsmaterial entstehen, wird regelmäßig eine entsprechende Ermäßigung zu gewähren sein.

443   b) Insbesondere bei Mengenlizenzen oder sich sonst nach dem Nutzungsertrag richtenden Lizenzgebühren ist der Lizenznehmer zur *Rechnungslegung* verpflichtet, damit der Lizenzgeber die Höhe seiner Ansprüche prüfen kann.[369] Beispielsweise bei Rosen kann die Abrechnung in der Praxis in der Weise erfolgen, daß der Nutzungsberechtigte jedes Jahr nach Beendigung der Okkulationszeit in einem sog. Vermehrungs-Zusatzvertrag die Stückzahlen der von ihm veredelten (vermehrten) Pflanzen einträgt und den von ihm unterzeichneten Zusatzvertrag an den Sortenschutzinhaber zurückschickt, der diese Angaben dann mit der von ihm an den Nutzungsberechtigten ausgelieferten Anzahl von Originaletiketten vergleicht, die der Nutzungsberechtigte vorher von ihm zur Etikettierung der zum Verkauf bestimmten Pflanzen geliefert erhalten hatte. Durch diese Handhabung können auch Vertragsverstöße oder Verletzungen leichter erfaßt werden, und zwar dann, wenn im Handel Pflanzen geschützter Sorten auftauchen, die nicht mit den Originaletiketten des Sortenschutzinhabers versehen sind. Handelt es sich um Pflanzenarten des Ernährungs- und Nutzpflanzensektors, die in die Sortenliste nach dem Saatgutverkehrsgesetz bzw. in das EG-Sortenverzeichnis eingetragen werden, so bestehen wesentliche Erleichterungen in bezug auf die Lizenzabrechnung, da hier die Vermehrungen in dem vorgeschriebenen Anerkennungsverfahren amtlich erfaßt und die betreffenden Anerkennungslisten zugrundegelegt werden können. Dagegen hat der Lizenzgeber kein Bucheinsichtsrecht beim Lizenznehmer, allenfalls bei begründeten Zweifeln an der Richtigkeit der Angabe des Lizenznehmers Anspruch auf Abgabe einer eidesstattlichen Versicherung nach § 259 II BGB,[370] es sei denn, das Bucheinsichtsrecht ist ausdrücklich vereinbart worden.

444   c) Der Lizenznehmer ist zur Einhaltung der sachlichen Lizenzgrenzen verpflichtet, andernfalls verstößt er gem. § 11 Abs. 3 SortG, Art. 27 Abs. 2 EGSVO gegen den Sortenschutz.

---

369 RG GRUR 1930, 430.
370 BGH GRUR 1961, 466; 1962, 398.

Ob ihm dabei im Rahmen des Lizenzvertrages umgekehrt auch eine *Ausübungspflicht* obliegt, richtet sich nach der Art der Lizenz und dem Einzelfall. In der Regel wird bei einer ausschließlichen Lizenz eine Benutzungspflicht zu bejahen sein, insbesondere wenn die Lizenzgebühr vom Umfang der Benutzung abhängt.[371] Die Benutzungspflicht unterliegt jedoch in besonderem Maße dem Grundsatz von Treu und Glauben und kann entfallen, wenn die Benutzung für den Lizenznehmer unzumutbar ist, z.B. bei nicht hinreichender Anbaufähigkeit der Sorte oder wenn den Lizenznehmer wirtschaftliche Gründe an der Erzeugung und dem Vertrieb von Vermehrungsmaterial hindern.[372] Dann macht sich der Lizenznehmer durch die Nichtbenutzung nicht schadenersatzpflichtig. Bei der einfachen Lizenz kommt es darauf an, ob der Lizenzgeber an der Benutzung ein berechtigtes Interesse hat, wie z.B. bei der Vereinbarung einer Mengenlizenz.[373] Bei der negativen Lizenz besteht selbstverständlich keine Benutzungspflicht, da der Lizenznehmer auch kein Benutzungsrecht erhält.

d) Die *Aufrechterhaltung des Sortenschutzes* obliegt dem Sortenschutzinhaber. Unzweifelhaft ist daher, daß bei einer einfachen Lizenz der Lizenzgeber die Jahresgebühren (§ 33 Abs. 1 SortG; 83 Abs. 1 EGSVO) zu zahlen hat. Erlischt der Sortenschutz durch Nichtzahlung der Jahresgebühren seitens des Lizenzgebers, so wird der Lizenznehmer von der Weiterzahlung der Lizenzgebühren für die Zukunft befreit.[374] Dagegen ist bei einer ausschließlichen Lizenz nach h.M. der Lizenznehmer ebenso wie im Patentrecht zur Entrichtung der Jahresgebühren verpflichtet, da bei ihr der Schutzrechtsinhaber praktisch zu einem bloßen Lizenzgebührenempfänger geworden ist.[375] 445

e) Aufgrund der spezifischen Natur der pflanzlichen Materie und das dadurch bedingte Vertrauensverhältnis wird eine Mitteilungspflicht des Lizenznehmers über Mutationen der lizenzierten Sorte anzunehmen sein. Dies gilt jedenfalls dann, wenn es sich um eine abhängige, d.h. im wesentlichen von der lizenzierten Sorte abgeleitete, neue Sorte handelt. Durch die Abhängigkeit der neuen Sorte hat der Gesetzgeber ein aus dem Eigentum der Ausgangssorte fließendes Mitbestimmungsrecht des Züchters/Inhabers der Ausgangssorte anerkannt. 446

7. Stichwortliste der bei Lizenz- und Vermehrungsverträgen zu beachtenden Punkte

Im übrigen bestimmen sich die Rechte und Pflichten der Vertragsparteien nach den jeweiligen Vereinbarungen. Welche Punkte dabei zu beachten und evtl. in die Vertragsgestaltung aufzunehmen sind, kann der nachfolgenden Aufstellung entnommen werden, die jedoch keinen Anspruch auf Vollständigkeit erhebt. 447

Vertragsgegenstand: Festlegung des Nutzungs- bzw. Lizenzgegenstandes; Angaben bezüglich des lizenzierten Sortenschutzrechtes

---

371 *Benkard/Ullmann*, § 15 PatG, Rdn 79.
372 Vgl. BGH GRUR 57, 595; 78, 166.
373 Vgl. BGH GRUR 1961, 470.
374 KG GRUR 1931, 629.
375 *Reimer/Reimer*, § 9 PatG, Rdn 59; *Klauer/Möhring*, § 9 PatG, Rdn 79; anders *Stumpf*, Rdn 201.

Lizenzumfang: Ausschließliches oder nicht ausschließliches (einfaches) Nutzungsrecht; negative Lizenz; Berechtigung zur Vermehrung auf selbstbewirtschafteten Flächen des Vermehrers oder Lizenznehmers oder auch auf angepachteten Flächen; Berechtigung zur Erteilung von Unterlizenzen; Vorbehalt der eigenen Vermehrung des Züchters bzw. Schutzrechtsinhabers; territoriale und sachliche Begrenzungen; Benutzungspflicht; Import- und Export von durch Lizenzvertrag erfaßtem Vermehrungsmaterial; Verwendung des gewonnenen Aufwuchses zu Vermehrungszwecken und/oder Konsumzwecken; bei mehreren Sorten Festlegung, welche Sorten vermehrt werden dürfen und in welchen Mengen.

Sortenbezeichnung: Verpflichtung zur Benutzung der Sortenbezeichnung beim Anbieten und Vertreiben des gewonnenen Aufwuchses; Verpflichtung zur Nichtvornahme von Umbenennungen; Bezug und Verwendung von mit der Sortenbezeichnung des Schutzrechtsinhabers versehenen Originaletiketten durch nutzungsberechtigten Lizenznehmer.

Vermehrungsmaterial: Vereinbarungen über die Zurverfügungstellung von Ausgangssaatgut oder vegetativem Vermehrungsmaterial durch den Züchter bzw. Schutzrechtsinhaber an den Vermehrer bzw. Lizenznehmer; gesonderte Bezahlung des vom Züchter bzw. Schutzrechtsinhaber gelieferten Ausgangssaatguts oder vegetativen Vermehrungsmaterials; Befugnis zur Benutzung von Saatgut oder vegetativem Vermehrungsmaterial aus dem Vermehrungsaufwuchs zur weiteren Vermehrung; technische Art der Vermehrung bzw. Kultivierung.

Qualitätsüberwachung: Vereinbarungen über nicht unterschreitbare Qualität für den weiter zu verwertenden Aufwuchs und entsprechende Überwachungsvereinbarungen; Besichtigung der Vermehrungsflächen; Erfahrungsaustausch; Gewährleistung des Lizenzgebers bezüglich Homogenität und Beständigkeit der Sorte und sonstige Gewährleistungsverpflichtungen.

Lizenzgebühren: Gebührenhöhe, einmalige Abfindung oder Zahlung von Mengen- bzw. Stück- oder Flächenlizenzgebühren in regelmäßigen Zeiträumen für erfolgte Vermehrungen oder Zahlung eines Prozentsatzes des Verkaufspreises der erzeugten Mengen (Umsatzlizenz); Abrechnungsmodalitäten sowie Buchführungspflicht des Lizenznehmers sowie Kontrollbefugnisse des Lizenzgebers mit Vertragsstrafe bei Feststellung von Unrichtigkeiten, säumiger Abrechnung und Zahlung; Meistbegünstigungsklausel; Mindestlizenzgebühr; Berechnung bei Zwangserlaubnis; Dauer der Gebührenzahlung bei Zurücknahme oder Widerruf des Sortenschutzes; Steuer- und Zollfragen.

Gültigkeit des Rechts und Verletzungsverfahren: Nichtangriffsabrede bezüglich des lizenzierten Sortenschutzrechtes; Meldepflicht des Lizenznehmers bei Kenntnis von Verletzungen des Sortenschutzrechts; Klagerecht gegen Verletzer durch Schutzrechtsinhaber, Inhaber einer ausschließlichen oder nichtausschließlichen Lizenz; Beteiligung der Vertragspartner an Verletzungsprozessen.

Vertragsdauer: Für die Laufzeit des Rechts oder begrenzt auf kürzere Zeiträume oder nur für jeweils 1 Jahr mit automatischer Verlängerung, wenn keine Kündigung; ordentliche und außerordentliche Kündigung; Vertragsschicksal bei Antrag auf Eröffnung von Vergleichs- oder Konkursverfahren; Lizenzdauer bei Nichtigkeit einzelner Vertragsbestimmungen (sog. salvatorische Klausel); Ersatzregelungen für weggefallene Vertragsbestimmungen; Aufrechterhaltung des Sortenschutzrechtes; Einfluß auf Lizenz- oder Vermehrungsvertrag bei Veräußerung des Sortenschutzrechtes.

Preisbindungen und Preisempfehlungen: Möglichkeiten der Vereinbarung und Verpflichtung zur Vertragsstrafe bei Nichteinhaltung.

Spontane Mutationen (sports) in Vermehrungsmenge: Mitteilungspflicht an Lizenzgeber; Folgevereinbarungen.

Arbeitnehmer: Abfindung bei Beteiligung an Neuzüchtungen oder Auffindung von Mutationen.

Kennzeichnung und Werbung: Verkehrs-, Kennzeichnungsvereinbarungen für weiter zu verwertenden Aufwuchs (Sackaufdrucke bzw. -anhänger, Etikettierungen usw.); Gestaltung von Werbedrucksachen und Katalogen des Vermehrers bzw. Lizenznehmers, soweit Bezug zum Lizenzgegenstand.

Gerichtsstand und anzuwendendes Recht: Gerichtsstandsvereinbarung, soweit zulässig; Schiedsgerichtsvereinbarung in gesonderter Urkunde; anzuwendendes Recht bei ausländischen Vertragspartnern.

8. Ende der Lizenz

Sortenschutzlizenzen enden mit dem Ablauf der vereinbarten Vertragszeit, im Zweifel mit dem Erlöschen des Sortenschutzrechtes. Aber auch vor Ablauf der Vertragsdauer kann eine Beendigung auf der Grundlage von § 242 BGB durch Rücktritt oder Kündigung wegen Wegfalls der Geschäftsgrundlage oder beiderseitigen Irrtums über diese oder wegen positiver Vertragsverletzung in Betracht kommen. Insbesondere bei Lizenzverträgen mit gesellschaftsähnlichem Charakter sowie bei Verträgen, die ein besonderes Vertrauensverhältnis begründet haben, besteht ein Recht zur fristlosen Kündigung, wenn ein wichtiger Grund (ernsthafte Erschütterung der Vertrauensbasis) vorliegt.[376]

Zu beachten ist jedoch, daß die Kündigung nur die ultima ratio sein kann. Auch bei Lizenzverhältnissen hat die zumutbare Anpassung des Lizenzvertrages an die veränderten Verhältnisse Vorrang gegenüber der Vertragsauflösung.[377] Der Kündigende muß deshalb vorher alles Zumutbare versucht haben, einen Ausgleich der widerstreitenden Interessen herbeizuführen.[378] Hierbei wird man jedoch unterscheiden müssen, ob die im Vergleich zur Ausgangslage bei Vertragsschluß veränderte Sachlage auf den lizenzierten Gegenstand, äußere Umstände oder sonstige von Verhalten des Vertragspartners nicht (wesentlich) beeinflußbare Gegebenheiten zurückzuführen sind, oder ob die Veränderungen (wesentlich) durch Verhalten einer der beiden Parteien bedingt ist. In letzterem Falle ist die Zumutbarkeitsgrenze eher erreicht und das Recht zur fristlosen Kündigung früher eröffnet als bei veränderten Umständen, auf die die Vertragsparteien wenig oder gar keinen Einfluß haben.

Mit der herrschenden Meinung zur Patentlizenz ist dem Lizenznehmer nach der vereinbarten Beendigung des Lizenzvertrages bei weiterbestehendem Sortenschutz grundsätzlich ein Auslaufrecht zuzubilligen.[379] Vermehrungsgut, das während der Vertragszeit vertrags-

---

376 Vgl. BGH GRUR 1959, 616.
377 BGH GRUR 1990, 1005, 1008 – Salome.
378 RG GRUR 1935, 812, 813 f.
379 *Benkard/Ullmann*, § 15 PatG Rdn 118.

mäßig hergestellt wurde, darf noch veräußert und in den Verkehr gebracht werden. Ob dies auch im Falle der außerordentlichen Kündigung gelten kann, wird von den Umständen des Einzelfalles abhängen. So ist dem Lizenznehmer nicht zuzumuten, daß er einem Abverkauf von Pflanzenmaterial der lizenzierten Sorte zusieht, wenn die Qualität desselben Anlaß zur vorzeitigen Kündigung gegeben hat (z. B. weil es nicht pathogenfrei war und deshalb das Ansehen der Sorte schädigen kann).

9. Wettbewerbsrechtliche Bestimmungen

451 Die unter Rdn 399 ff. und 413 ff. behandelten Verträge über die Verwertung des Sortenschutzrechtes, insbesondere die Nutzungsverträge (Lizenzverträge), sind nicht selten mit wettbewerbsbeschränkenden Abreden verbunden, so daß die Bestimmungen des deutschen und – soweit der Handel des gemeinsamen Marktes betroffen ist – auch des EG-Kartellrechtes zu beachten sind. Das Wesen des Sortenschutzrechts als Ausschließlichkeitsrecht umfaßt die Möglichkeit für den Rechtsinhaber, andere an der Vermehrung und dem Vertrieb in den Schutzbereich des Sortenschutzes fallende pflanzliche Materie zu hindern. Durch die Ausschließlichkeitsstellung des Schutzrechtsinhabers kann dieser zudem in Verträgen über die Verwertung des Schutzrechts Verhaltenspflichten auferlegen, die den Vertragspartner in dessen wettbewerblicher Bewegungsfreiheit beschränken. Derartige Beschränkungen würden grundsätzlich vom nationalen und europäischen Kartellrecht erfaßt werden, sollte das Kartellrecht nicht berücksichtigen, daß die dem Ausschließlichkeitsrecht als solchem innewohnende wettbewerbsbeschränkende Wirkung von der Rechtsordnung anerkannt ist und wegen der Zwecke des Sortenschutzrechtes als gerechtfertigt angesehen wird. Die wettbewerbsrechtlichen Bestimmungen stellen somit Sonderregelungen für Beschränkungen dar, die dem Lizenznehmer auch unter wettbewerbsrechtlichen Gesichtspunkten auferlegt werden können.

452 Die Frage ist dabei, in welchem Verhältnis nationales und europäisches Kartellrecht stehen. Art. 81 ff. EG-Vertrag bringen die Wettbewerbsregeln der Gemeinschaft zur Anwendung, wenn die wettbewerbsbeschränkende Maßnahme geeignet ist, den Handel zwischen Mitgliedstaaten zu beeinträchtigen. Durch diese sogenannte Zwischenstaatlichkeitsklausel soll der Anwendungsbereich der Wettbewerbsregeln der Gemeinschaft von dem des nationalen Wettbewerbsrechts abgegrenzt werden.[380] Um die Funktionsfähigkeit eines Gemeinsamen Marktes zu gewährleisten, legt der EuGH die Zwischenstaatlichkeitsklausel jedoch sehr weit aus und unterwirft zum Teil auch rein nationale Wettbewerbsbeschränkungen dem EG-Kartellrecht. Nach der in der Entscheidung Maschinenbau Ulm[381] vom EuGH aufgestellten Formel ist die Zwischenstaatlichkeit erfüllt, wenn sich „anhand einer Gesamtheit objektiver, rechtlicher oder tatsächlicher Umstände mit hinreichender Wahrscheinlichkeit voraussehen läßt, daß die Vereinbarung unmittelbar oder mittelbar, tatsächlich oder der Möglichkeit nach den Handel zwischen den Mitgliedstaaten" in einer Weise beeinträchtigen kann, die der Verwirklichung der Ziele eines einheitlichen zwischenstaatlichen Marktes nachteilig ist, indem sie zur Errichtung von Handelsschranken im gemeinsamen Markt beiträgt und die vom Vertrag gewollte gegenseitige Durchdringung der Märkte erschwert.[382]

---

380 *Emmerich*, in: Dauses Hdb, H I Rdn 22.
381 Amtl. Slg. 1966, 281.
382 *Emmerich*, in: Dauses Hdb, H I Rdn 23 m. H. auf die umfangreiche Rechtsprechung des EuGH.

Wegen dieser weiten Auslegung der Zwischenstaatlichkeitsklausel kommt es in zahlreichen Fällen zur gleichzeitigen Anwendbarkeit des nationalen und des europäischen Wettbewerbsrechts. Ein wesentliches Regulativ ist deshalb die Spürbarkeit der Wettbewerbsbeschränkung. Nach ständiger Rechtsprechung muß die Maßnahme nicht nur zur Wettbewerbsbeschränkung geeignet sein, sondern auch den zwischenstaatlichen Handel spürbar beeinträchtigen können.[383]

Nach der Bagatellbekanntmachung der Kommission über Vereinbarungen von geringer Bedeutung, die nicht unter Art. 85 Abs. 1 EG-Vertrag fallen,[384] liegt die Spürbarkeitsgrenze bei Unternehmen derselben Produktions- oder Handelsstufe bei 5 %, bei Unternehmen verschiedener Wirtschaftsstufen bei 10 % Marktanteil, während bei gemischten Vereinbarungen oder solchen, die nicht eindeutig einer der beiden Kategorien zugeordnet werden können, die Spürbarkeitsgrenze bei 5 % Marktanteil liegt. Da diese Angaben der Kommission nur Hinweischarakter haben, ist es durchaus möglich, daß die Spürbarkeitsschwelle jeweils auch unter oder über den angegebenen Richtwerten von 5 % bis 10 % liegen kann. 453

Nach dem Grundsatz des Vorrangs des Gemeinschaftsrechtes[385] dürfen die Mitgliedstaaten keine gemeinsamen Maßnahmen ergreifen oder aufrechterhalten, durch die die praktische Wirksamkeit der Wettbewerbsregeln beeinträchtigt werden könnte. Sofern nicht ausgeschlossen werden kann, daß ein Lizenzvertrag zur Beeinträchtigung des zwischenstaatlichen Handels geeignet ist, muß das strengere EG-Recht geprüft werden.[386] 454

a) Deutsches Kartellrecht

Für die kartellrechtliche Beurteilung nach deutschem Recht sind vor allem §§ 17, 18 (früher 20, 21)[387] GWB einschlägig. Bei Sortenschutzlizenzverträgen handelt es sich, wie generell bei Lizenzverträgen über gewerbliche Schutzrechte, um Austauschverträge, für deren kartellrechtliche Beurteilung nach deutschem Recht die genannten Vorschriften für Beschränkungen des Lizenznehmers anzuwenden sind;[388] Beschränkungen des Lizenzgebers sind nicht nach § 17, sondern allein nach §§ 14–16 GWB zu beurteilen.[389] Ist ein Vertrag über ein Sortenschutzrecht oder die darin enthaltenen Beschränkungen zu einem gemeinsamen Zweck vereinbart worden, so ist die Vereinbarung ferner nach § 1 GWB zu beurteilen. Im Gegensatz zum Austauschvertrag liegt ein Vertrag zu einem gemeinsamen Zweck im Sinne der §§ 1 ff. immer dann vor, wenn die Beteiligten mit der vereinbarten Wettbewerbsbeschränkung gleichgerichtete Interessen verfolgen.[390] Überschneiden sich beide Tatbestände und erfüllen beide Vorschriften, hat die Anwendbarkeit des § 1 GWB Vorrang.[391] 455

---

383 so u. a. EuGH Amtl. Slg 1966, 281, 303 f. – Maschinenbau Ulm; *Immenga/Mestmäcker*, Einleitung E, Rdn 20 ff.
384 Abl. C 372 vom 9.12.1997, S. 13, s. auch Rdn 479.
385 EuGH Slg 1969, 1 ff. – Farbenhersteller, siehe auch *Immenga/Mestmäcker*, Einleitung F Rdn 14.
386 *Bräutigam*, in: *Langen/Bunte*, § 20 GWB, Rdn 4.
387 z. T. sind daher im nachfolgenden Text die Korrekturen vor der Gesetzesänderung vom 26. 8. 1998 beibehalten.
388 *Bräutigam* in: *Langen/Bunte*, Rdn 2 zu § 20 GWB.
389 BGHZ 60, 312, 316; 86, 91.
390 BGH NJW 1991, 3152 – Golden Toast.
391 BGH WuW/E 1966, 810 – Zimcofot; *Bräutigam* in: *Langen/Bunte*, Rdn 159 zu § 20 GWB; *Stumpf*, Rdn 508 ff. mit Darlegungen zu dem vom Kartellamt hierzu veröffentlichten Entscheidungen.

4. Abschnitt: Berechtigte aus dem Sortenschutz

aa) Von Bedeutung ist zunächst § 17 (früher 20) Abs. 1 GWB:

§ 17 Abs. 1:

456 (1) Verträge über Veräußerung oder Lizenzierung von erteilten oder angemeldeten Patenten oder Gebrauchsmustern, von Topographien oder Sortenschutzrechten sind verboten, soweit sie dem Erwerber oder Lizenznehmer Beschränkungen im Geschäftsverkehr auferlegen, die über den Inhalt des gewerblichen Schutzrechts hinausgehen. Beschränkungen hinsichtlich Art, Umfang, technischem Anwendungsbereich, Menge, Gebiet oder Zeit der Ausübung des Schutzrechts gehen nicht über den Inhalt des Schutzrechts hinaus.

457 Danach sind u. a. Lizenzverträge, die ein Sortenschutzrecht zum Gegenstand haben, unwirksam, soweit sie dem Lizenznehmer Beschränkungen im Geschäftsverkehr auferlegen, die über den Inhalt des Schutzrechtes hinausgehen (§ 17 Abs. 1, 1. Satz GWB). Für die Abgrenzung der erlaubten von den verbotenen Lizenzbeschränkungen kommt es darauf an, ob die Beschränkung allein auf dem Vertrag beruht oder ob der Lizenzgeber dem Lizenznehmer das fragliche Verhalten auch ohne den Vertrag aufgrund seines Schutzrechtes verbieten könnte.[392] Im letzteren Fall ist die Lizenznehmerbeschränkung lediglich Ausdruck des gewährleisteten Umfangs des gewerblichen Schutzrechts und daher zulässig.[393]

458 Ausgangspunkt bei der Beantwortung der danach maßgeblichen Frage, was Inhalt des Sortenschutzrechtes i. S. d. § 17 Abs. 1 GWB ist, sind die in § 10 SortG, Art. 13 EGSVO festgelegten Befugnisse, die den wirtschaftlichen Rahmen des Sortenschutzes festlegen. Gegen diese Auffassung wenden sich zwar Stimmen in der Literatur, die in der Praxis des BKartA Niederschlag gefunden haben,[394] mit dem Einwand, daß auf diesem Wege wettbewerbsrechtliche Gesichtspunkte vernachlässigt würden. Es handele sich nämlich bei den in Frage stehenden Situationen – der Auswertung des Schutzrechts durch den Inhaber selbst, welche zu einem Verbietungsrecht gegenüber Dritten führt, einerseits und der Gestattung der Verwertung des Rechts durch den Inhaber gegenüber einem Dritten, welche zur Ausübung von Wettbewerbsbeschränkungen ausgenutzt wird, andererseits – um verschiedenartige Ausgangslagen, von denen letztere wettbewerbsrechtlich nachzuprüfen ist. Es gebe keinen dem Wettbewerbsrecht vom Patent- oder Sortenschutzrecht vorgegebenen Inhalt des Schutzrechts, sondern dieser könne nur im Zusammenwirken zwischen dem gewerblichen Schutzrecht und dem Wettbewerbsrecht bestimmt werden. Deshalb müssen nach dieser Auffassung neben der Berücksichtigung der sortenschutzrechtlichen Befugnisse zur Bestimmung des Inhalts des Schutzrechts ergänzend wettbewerbsrechtliche Gesichtspunkte herangezogen werden, wenn dies der Einzelfall gebietet, so daß auch nach den Sortenschutzgesetzen zulässige Lizenznehmerbeschränkungen im Ergebnis unzulässig sind. Dabei soll dem wirtschaftlichen Wert des Schutzrechts entscheidendes Gewicht zukommen, weil nur die Erlangung einer realen wirtschaftlichen Vorzugstellung des Lizenznehmers durch den Genuß des Schutzrechts seine wettbewerbsrechtlich relevanten Einschränkungen rechtfertigen könnten. Die Rechtsprechung folgt aber weiterhin dieser Abgrenzung. Die wirtschaftliche Nutzungsmöglichkeit, die dem Rechtsinhaber durch und vermittels der absolut wirkenden Verwertungsbefugnisse verliehen ist, stellt den Inhalt des Sortenschutzrechts dar, so daß ein

---

[392] h. M., vgl. *Immenga/Mestmäcker*, § 20 GWB, Rdn 150; *Stumpf*, Rdn 510.
[393] *Bräutigam* in: Langen/Bunte in § 20 GWB Rdn 28 ff.
[394] S. *Immenga/Mestmäcker*, § 20 GWB, Rdn 157 ff. m. w. N.

Lizenzvertrag kartellrechtlich unbedenklich ist, wenn sich die vertraglichen Beschränkungen des Lizenznehmers innerhalb dieses wirtschaftlichen Rahmens bewegen.[395]

Das Gesetz selbst führt beispielhaft als die wichtigsten Beschränkungen des Lizenznehmers, die nicht über den Inhalt des Schutzrechts hinausgehen und deshalb zulässig sind, solche hinsichtlich *Art, Umfang, Menge, Gebiet oder Zeit* der Ausübung des Schutzrechtes an (§ 17 Abs. 1, Satz 2 GWB), die nachfolgend für das Sortenschutzrecht konkretisiert werden sollen: 459

Art und Umfang: Die naheliegenden Benutzungsarten sortenschutzrechtlich geschützten Materials ergeben sich zunächst unmittelbar aus § 10 Abs. 1 Nr. 1, nämlich Vermehrungsmaterial der Sorte in den Verkehr zu bringen oder hierfür zu erzeugen. Die Lizenz an einem Sortenschutzrecht kann, wie dies auch allgemein anerkannt ist, z. B. ausschließlich für die Erzeugungsstufe erteilt werden, mit der Folge, daß in diesem Fall der Lizenznehmer das von ihm erzeugte Material nur an den Lizenzgeber liefern oder für eigene Zwecke, die außerhalb der Verwendung des Vermehrungsmaterials für die Züchtung einer neuen Sorte liegen, verwenden darf, etwa um die eigene Konsumpflanzenproduktion durchzuführen. Bei derartigen Beschränkungen handelt es sich um eine Beschränkung hinsichtlich der Art des Schutzrechtes.[396] 460

Zum Umfang der Lizenz gehören unter anderem Beschränkungen auf eine bestimmte Größe, den Leistungs- und Verwendungsbereich des unter der Lizenz vermehrten Pflanzenmaterials[397] oder hinsichtlich des Kreises der Abnehmer.[398] Derartige Beschränkungen sind insbesondere für Sortenschutzinhaber, welche sich auf generativ vermehrbare Pflanzenarten beziehen, von großer Bedeutung. Da bei derartigen Pflanzenarten jeder Pflanzenabschnitt das für die Vermehrung erforderliche Material darstellt, andererseits die unautorisierte Reproduktion von sortenschutzrechtlich geschütztem Pflanzenmaterial äußerst schwierig nachzuweisen ist, muß der Sortenschutzinhaber, um den Mißbrauch seiner Sortenschutzrechte auf ein erträgliches Maß zu reduzieren, die Möglichkeit haben zu bestimmen, ob das unter sein Schutzrecht fallende Pflanzenmaterial an jeden nachfragenden Abnehmer geliefert wird, oder ob er bestimmen kann, daß an Unternehmen, die nur mit Pflanzen- und Pflanzenmaterial handeln oder auch an die Produzenten von Jungpflanzen, die aufgrund ihrer Sachkenntnis und ihrer betrieblichen Einrichtungen Pflanzenmaterial in großen Mengen multiplizieren können, nicht abgegeben werden darf. Damit kann zwar nicht wirksam in jedem Fall eine nicht lizenzierte Vermehrung sortenschutzrechtlich geschützten Pflanzenmaterials verhindert werden. Durch einen kontrollierten Vertrieb des Vermehrungsmaterials (nicht des Konsumgutes!) lassen sich jedoch Schutzrechtsverletzungen leichter nachvollziehen, insbesondere dann, wenn sie mit weiteren Kontrollmöglichkeiten, wie z. B. Benutzungspflicht einer Marke auf bestimmten Pflanzenetiketten, verbunden werden.[399] Das Recht des Sortenschutzinhabers ist entsprechend der gesetzlichen Intention nur dann gewährleistet, wenn ihm der gesamte Bereich der gewerbsmäßigen Erzeugung und des gewerbsmäßigen Vertriebs von Vermehrungsgut vorbehalten ist, gleichgültig zu welchem Zeitpunkt die Bestimmung zu Vermehrungszwecken vollzogen ist.[400] 461

---

395 auch *Lukes*, FS für Roeber, 1972, 331 ff.
396 *Bräutigam* in: *Langen/Bunte* in § 20 GWB Rdn 33.
397 *Immenga/Emmerich*, § 20 GWB, Rdn 181.
398 GK-Axter, Rdn 171 zu §§ 20, 21 GWB.
399 Vgl. nachstehend Rdn 463, 496.
400 BGH GRUR 1988, 370, 372.

462 *Menge:* Anders als im europäischen Recht[401] ist nach dem deutschen Kartellrecht eine Beschränkung der aufgrund des lizenzierten Sortenschutzrechts herzustellenden Pflanzen oder Pflanzenteile zulässig.[402] Unter dem Gesichtspunkt einer möglichst ertragreichen Verwertung des Sortenschutzrechtes durch Lizenzierung wird oft auch eine Mindestlizenzmenge in Betracht kommen, deren Ausübung jedoch unter Berücksichtigung des Grundsatzes von Treu und Glauben entfallen kann, nämlich dann, wenn dem Lizenznehmer die Ausübung aus technischen oder wirtschaftlichen Gründen nicht zugemutet werden kann.[403]

Gebiet: § 11 Abs. 2 SortG bestimmt, daß der Sortenschutz ganz oder teilweise Gegenstand von Nutzungsrechten sein kann. Dies bezieht sich auch auf geographische Beschränkungen. Allerdings geht die Verpflichtung des Lizenznehmers, entsprechende Beschränkungen seinen Abnehmern aufzuerlegen, über den Inhalt des Sortenschutzrechtes hinaus, da mit der Veräußerung der Lizenzerzeugnisse durch den Lizenznehmer das Schutzrecht erschöpft ist.[404]

Zeit: Als zum Inhalt des Sortenschutzrechtes gehörend werden auch die Beschränkungen hinsichtlich der Zeit der Rechtsausübung angesehen. Danach dürfen Beschränkungen auf eine kürzere Zeit als die Laufzeit des Sortenschutzrechtes (§ 13 SortG) bezogen werden; unzulässig ist es dagegen, weil über den Inhalt des Rechtes hinausgehend, Lizenzbeschränkungen für die Zeit *nach* Ablauf des Rechtes zu vereinbaren (§ 17 Abs. 2, Halbs. 2 GWB). Alle Lizenznehmerbeschränkungen enden vielmehr zwingend mit Ablauf der Schutzdauer oder mit dem sonstigen Erlöschen des Schutzrechtes. Das gilt auch für die Zahlungsverpflichtung der Lizenzgebühren mit Ausnahme bloßer Zahlungsmodalitäten. Zu sog. Längstlaufklauseln vgl. insbes. Immenga/Mestmäcker, § 20 GWB, Rdn 194.

463 Außer den vorstehenden können weitere, aus dem Inhalt des Schutzrechtes folgende Beschränkungen von Bedeutung sein. So hat der Züchter bzw. Sortenschutzinhaber z. B. ein großes Interesse daran, daß die lizenzierte Sorte mit seinem Züchtungsbetrieb in Verbindung gebracht wird. Um dies sicherzustellen, ist es erforderlich, daß sämtliche von ihm und in Lizenz hergestellten Pflanzen der jeweiligen Sorte außer mit der Sortenbezeichnung mit seiner der Sorte zugeordneten Marke vertrieben werden, um somit stellvertretend für alle Erzeugnisse aus dem Züchterbetrieb zu werben. Gerade auf dem Gebiet der pflanzlichen Materie wird die Verpflichtung des Lizenznehmers, bestimmte Kennzeichnungsmittel zu verwenden, durch die Natur des lizenzierten Gegenstandes und die damit verbundenen beschränkten Kontrollmöglichkeiten vorgegeben. Da man Pflanzen, die unter ein Schutzrecht fallen, äußerlich weniger als der industriell gefertigten Ware aus totem Material ansieht, ob es sich um nicht lizenzierte Ware handelt, besteht ein dringendes Bedürfnis für den Schutzrechtsinhaber, den Lizenznehmer zu verpflichten, nur bestimmte Kennzeichnungsmittel beim Vertrieb zu verwenden. Hat der Lizenzgeber seinem Lizenznehmer die Verpflichtung auferlegt, das aus der lizenzierten Vermehrung entstehende Pflanzenmaterial nur mit seiner Marke auf den von ihm genehmigten bzw. vorgegebenen Etiketten, Verpackungsbeuteln und anderen Transportbehältnissen an seine Abnehmer abzugeben, ist dann, wenn entsprechendes Pflanzenmaterial ohne die entsprechenden Etiketten oder das sonstige autorisierte Verpackungsmaterial angeboten wird, ein Indiz dafür gegeben, daß es sich um eine Pflanze aus nicht lizenzierter Produktion handelt. Wird entsprechendes Pflanzenmaterial ohne das zu ver-

---
401 Vgl. nachfolgend Rdn 494.
402 *Bräutigam* in: *Langen/Bunte* in § 20 GWB, Rdn 35.
403 BGH GRUR 1987, 166 – Banddüngersteuer.
404 GK-Axter, §§ 20, 21 f. GWB, Rdn 175. Zur Erschöpfung des Sortenschutzes vgl. Rdn 373 ff.

wendende Kennzeichnungs-/Verpackungsmaterial verwendet, wird man im Wege der Beweislastumkehr vom Anbieter bzw. Verwender der Marke den Nachweis verlangen können, daß dieser das angebotene Pflanzenmaterial aus lizenzierter Quelle bezieht. Bei der Verpflichtung des Lizenznehmers zur Kennzeichnung der in Lizenz hergestellten Erzeugnisse mit der Marke des Lizenzgebers darf jedoch der Lizenznehmer nicht daran gehindert werden, die eigene Geschäftsbezeichnung oder Hinweise anzubringen, die ihn als Lizenzhersteller ausweisen.[405]

bb) Ferner sind – in Durchbrechung des in § 17 Abs. 1 GWB normierten Grundsatzes – gem. § 17 Abs. 2 GWB eine Reihe weiterer Beschränkungen zugelassen, die zumindest im Regelfall über den Inhalt des Schutzrechtes hinausgehen,[406] nämlich technisch bedingte Beschränkungen, Erfahrungsaustauschvereinbarungen, Nichtangriffsklauseln, Mindestnutzungsabreden sowie Kennzeichnungsvereinbarungen (Abs. 2 Nr. 1–5).

464

§ 17 Abs. 2 GWB:

(2) Absatz 1 gilt nicht für den Erwerber oder Lizenznehmer beschränkende Bedingungen,
 1. soweit und solange sie durch ein Interesse des Veräußerers oder Lizenzgebers an einer technisch einwandfreien Ausnutzung des Gegenstandes des Schutzrechtes gerechtfertigt sind,
 2. die zum Erfahrungsaustausch oder zur Gewährung von nicht ausschließlichen Lizenzen auf Verbesserungs- oder Anwendungserfindungen verpflichten, sofern diesen gleichartige Verpflichtungen des Veräußerers oder Lizenzgebers entsprechen,
 3. das lizenzierte Schutzrecht nicht anzugreifen,
 4. das lizenzierte Schutzrecht in einem Mindestumfang zu nutzen oder eine Mindestgebühr zu zahlen,
 5. die Lizenzerzeugnisse in einer den Herstellerhinweis nicht ausschließenden Weise zu kennzeichnen,
 soweit diese Beschränkungen die Laufzeit des erworbenen oder in Lizenz genommenen Schutzrechts nicht überschreiten.

Diese Beschränkungen dürfen jedoch über die Laufzeit des von dem Vertrag betroffenen Schutzrechtes nicht hinausgehen. Die Bedeutung des § 17 Abs. 2 GWB hat angesichts der fortschreitenden internationalen Verflechtung und des damit einschlägigen strengen Maßstabs der Art. 85, 86 EG-Vertrag immer mehr an Bedeutung verloren.

465

cc) Beschränkungen, die nicht vom Inhalt des Schutzrechtes gedeckt sind (§ 17 Abs. 1) und auch nicht unter einen der Ausnahmetatbestände des Abs. 2 fallen, können gem. Abs. 3 von der Kartellbehörde (Bundeskartellamt) für zulässig erklärt werden, sofern dadurch die wirtschaftliche Bewegungsfreiheit des Lizenznehmers oder anderer Unternehmen nicht unbillig eingeschränkt und der Wettbewerb nicht wesentlich beeinträchtigt wird.

466

---

405 Vgl. *Schricker* WRP 1980, 128.
406 *Emmerich*, Kartellrecht, 7. Aufl. S. 203 f.

§ 17 Abs. 3 GWB:

467 (3) Verträge der in Absatz 1 bezeichneten Art können auf Antrag vom Verbot des Absatzes 1 freigestellt werden, wenn die wirtschaftliche Bewegungsfreiheit des Erwerbers oder Lizenznehmers oder anderer Unternehmen nicht unbillig eingeschränkt und durch das Ausmaß der Beschränkungen der Wettbewerb auf dem Markt nicht wesentlich beeinträchtigt wird. Sie sind vom Verbot des Absatzes 1 freigestellt und werden wirksam, wenn die Kartellbehörde nicht innerhalb einer Frist von drei Monaten seit Eingang des Antrags widerspricht. § 10 Abs. 4 und § 12 Abs. 2 gelten entsprechend.

468 dd) Schließlich erklärt § 18 Nr. 1 GWB die Vorschrift des § 17 GWB auf Verträge über die Veräußerung oder Lizenzierung u. a. von nicht geschützten, den Pflanzenbau bereichernden Leistungen auf dem Gebiet der Pflanzenzüchtung für anwendbar; dabei ist allerdings Voraussetzung, daß die betreffenden Vertragsgegenstände wesentliche Betriebsgeheimnisse darstellen, also geheimgehalten werden, aber identifiziert sind. Die Bedingung der Geheimhaltung (Betriebsgeheimnis) ist in der Regel für die zu vermehrenden Pflanzensorten nicht erfüllt, es sei denn, die Entstehungsart (Kreuzung bestimmter Elternteile, Auslesen, gezielte Herbeiführung von Mutationen und dergleichen) ist tatsächlich für den betreffenden Einzelfall nicht bekannt. Letzteres trifft in der Regel für die Erbkomponenten von Hybridsorten zu (vgl. § 49 Abs. 2 Satz 1 SaatG), wonach Angaben darüber als fremde Betriebsgeheimnisse zu behandeln sind.

469 Für Pflanzensorten, die nach dem SaatG in die Verkaufssortenliste oder in das EG-Sortenverzeichnis eingetragen sind, ist nach § 18 Nr. 4 GWB allerdings auch ohne Vorliegen eines Betriebsgeheimnisses eine Ausübungsbeschränkung, wie in § 17 GWB vorgesehen, möglich. Es ist die Frage, ob diese Vergünstigung allein für nach dem Saatgutverkehrsgesetz zugelassenes Saatgut gerechtfertigt ist.[407]

470 Schließlich ist § 17 GWB auch anwendbar auf gemischte Verträge über geschützte Leistungen im Sinne des § 17 und nicht geschützte Leistungen im Sinne der Nr. 1 (§ 18 Nr. 2) sowie Verträge über andere Schutzrechte, wenn sie mit Verträgen über geschützte Leistungen im Sinne des § 17, über nicht geschützte Leistungen im Sinne von Nr. 1 oder mit gemischten Verträgen im Sinne von Nr. 2 in Verbindung stehen und zur Verwirklichung des mit der Veräußerung oder der Lizenzierung von gewerblichen Schutzrechten oder nicht geschützten Leistungen verfolgten Hauptzwecks beitragen (§ 18 Nr. 3).

471 Zu beachten ist abschließend, daß Verträge, die Beschränkungen der in den früheren §§ 20 und 21 GWB bezeichneten Art enthielten, früher gem. § 34 GWB der Schriftform bedurften. Dies galt auch für Beschränkungen lediglich i. S. d. § 20 Abs. 1, 2. Halbsatz GWB, so daß Lizenzverträge infolgedessen praktisch immer schriftlich zu fassen waren.[408] Dies war vor allem deshalb von Bedeutung, weil das deutsche Sortenschutzgesetz anders als die Verordnung über den gemeinschaftlichen Sortenschutz sowohl bei der Nutzungseinräumung als auch bei der unbeschränkten Rechtsübertragung auf das Schriftformerfordernis verzichtet.[409] Inzwischen ist jedoch § 34 GWB durch eine Gesetzesneufassung aufgehoben, so daß die Frage nicht mehr relevant ist.

---

407 Vgl. zur Kritik und Vorgeschichte des § 21 Abs. 2 *Wuesthoff/Leßmann/Wendt*, Kommentar, 2. A. Rdn 37 zu § 11.
408 *Rittner*, S. 288.
409 Vgl. oben Rdn 406 sowie 421.

b) EG-Kartellrecht

aa) Gesetzliche Grundlagen

(1.) Für die kartellrechtliche Beurteilung von Lizenzverträgen sind nach EG-Recht die Art. 81, 82 (früher gleichlautend 85, 86)[410] des EG-Vertrages maßgebend: 472

Art. 81 (85):

„1. Mit dem Gemeinsamen Markt unvereinbar und verboten sind alle Vereinbarungen zwischen Unternehmen, Beschlüsse von Unternehmensvereinigungen und aufeinander abgestimmte Verhaltensweisen, welche den Handel zwischen Mitgliedstaaten zu beeinträchtigen geeignet sind und eine Verhinderung, Einschränkung oder Verfälschung des Wettbewerbs innerhalb des Gemeinsamen Marktes bezwecken oder bewirken, insbesondere

a) die unmittelbare oder mittelbare Festsetzung der An- oder Verkaufspreise oder sonstiger Geschäftsbedingungen;

b) die Einschränkung oder Kontrolle der Erzeugung, des Absatzes, der technischen Entwicklung oder der Investitionen;

c) die Aufteilung der Märkte oder Versorgungsquellen;

d) die Anwendung unterschiedlicher Bedingungen bei gleichwertigen Leistungen gegenüber Handelspartnern, wodurch diese im Wettbewerb benachteiligt werden;

e) die an den Abschluß von Verträgen geknüpfte Bedingung, daß die Vertragspartner zusätzliche Leistungen annehmen, die weder sachlich noch nach Handelsbrauch in Beziehung zum Vertragsgegenstand stehen.

2. Die nach diesem Artikel verbotenen Vereinbarungen oder Beschlüsse sind nichtig.

3. Die Bestimmungen des Absatzes 1 können für nicht anwendbar erklärt werden auf

– Vereinbarungen oder Gruppen von Vereinbarungen zwischen Unternehmen

– Beschlüsse oder Gruppen von Beschlüssen von Unternehmensvereinigungen

– aufeinander abgestimmte Verhaltensweisen oder Gruppen von solchen, die unter angemessener Beteiligung der Verbraucher an dem entstehenden Gewinn zur Verbesserung der Warenerzeugung oder -verteilung oder zur Förderung des technischen oder wirtschaftlichen Fortschritts beitragen, ohne daß den beteiligten Unternehmen

a) Beschränkungen auferlegt werden, die für die Verwirklichung dieser Ziele unerläßlich sind, oder

b) Möglichkeiten eröffnet werden, für einen wesentlichen Teil der betreffenden Waren den Wettbewerb auszuschalten.

---

[410] z. T. sind daher im nachfolgenden Text die Vorschriften vor der Gesetzesänderung vom 2. 10. 1997 beibehalten

4. Abschnitt: Berechtigte aus dem Sortenschutz

Art. 82 (86):

„Mit dem Gemeinsamen Markt unvereinbar und verboten ist die mißbräuchliche Ausnutzung einer beherrschenden Stellung auf dem Gemeinsamen Markt oder auf einem wesentlichen Teil desselben durch ein oder mehrere Unternehmen, soweit dies dazu führen kann, den Handel zwischen Mitgliedstaaten zu beeinträchtigen.

Dieser Mißbrauch kann insbesondere in folgendem bestehen:

a) der unmittelbaren oder mittelbaren Erzwingung von unangemessenen Einkaufs- oder Verkaufspreisen oder sonstigen Geschäftsbedingungen;

b) der Einschränkung der Erzeugung, des Absatzes oder der technischen Entwicklung zum Schaden der Verbraucher;

c) der Anwendung unterschiedlicher Bedingungen bei gleichwertigen Leistungen gegenüber Handelspartnern, wodurch diese im Wettbewerb benachteiligt werden;

d) der an den Abschluß von Verträgen geknüpften Bedingung, daß die Vertragspartner zusätzliche Leistungen annehmen, die weder sachlich noch nach Handelsbrauch in Beziehung zum Vertragsgegenstand stehen."

473 Im Gegensatz zu normalen völkerrechtlichen Verträgen, die nur die vertragsschließenden Staaten binden, nicht jedoch den einzelnen Staatsangehörigen, gilt der EG-Vertrag – und damit die Art. 81 ff. – in jedem der Mitgliedstaaten (Art. 299 Abs. 1 EG-Vertrag) unmittelbar und entfaltet direkte Wirkung für und gegen jedes Unternehmen.[411] Nach ständiger Rechtsprechung des EuGH sind alle Normen des Gemeinschaftsrechts, die ohne jede weitere Konkretisierung anwendbar und unbedingt sind, die in einer Handlungs- oder Unterlassungspflicht für die Mitgliedstaaten bestehen, die keine weiteren Vollzugsmaßnahmen erfordern und die den Mitgliedstaaten keinen Ermessensspielraum lassen, für ihre Adressaten unmittelbar wirksam.[412]

474 Durch die Aufnahme dieser unmittelbar geltenden Wettbewerbsregeln in den EG-Vertrag sind die nationalen Kartellbestimmungen – etwa die oben genannten §§ 17, 18 GWB – nicht ausgeschlossen. Der EG-Vertrag erfaßt vielmehr mit dem Art. 81, 82 lediglich diejenigen Fälle der Wettbewerbsbeschränkung oder der mißbräuchlichen Ausnutzung einer beherrschenden Stellung, in denen der Handel zwischen Mitgliedstaaten berührt wird. Selbst in diesem, ihm eigenen Regelungsbereich beansprucht er jedoch keine ausschließliche Geltung. Der Vertrag geht davon aus, daß selbst hier Gemeinschafts- und nationales Kartellrecht nebeneinander Anwendung finden, so daß derselbe wirtschaftliche Sachverhalt Gegenstand durchaus zweier Verfahren sein kann, von denen das eine von den nationalen Behörden nach innerstaatlichem Kartellrecht, das andere von der Kommission nach Gemeinschaftskartellrecht betrieben wird. Aus dieser gleichzeitigen Anwendbarkeit von nationalen und EG-Wettbewerbsregeln resultierende Normen- und Entscheidungskonflikte sind nach dem Prinzip des absoluten Vorrangs des Gemeinschaftsrechtes[413] zu lösen. Das bedeutet, daß nationale kartellrechtliche Vorschriften und ihr Vollzug die einheitliche Anwendung des EG-Kartellrechts nicht beeinträchtigen dürfen.[414] Ob eine Lizenznehmerbeschränkung dabei Art. 81 Abs. 1 EG-Vertrag unterliegt, beurteilt der EuGH folgendermaßen: Er unterscheidet zwischen dem Bestand und der Ausübung der Schutz-

---

411 EuGH, Amtl.Slg. 1974/5162 „SADAM"; vgl. ferner *Gleiss/Hirsch*, Rdn 21.
412 *Streinz* Rdn 349.
413 EuGH, Amtl. Slg. 1964, 1251, 1271 „ENEL"; 1974, 731,741 f. – „HAG I".
414 Vgl. *Gleiss/Hirsch*, Einl. C Rdn 58 ff.

rechte, wovon ersterer durch den Vertrag unberührt bleibt, letztere den Art. 81, 82 unterworfen ist. Inhalt des Bestandes des gewerblichen Schutzrechts ist sein spezifischer Gegenstand, welcher nach der Rechtsprechung des EuGH bei Patenten und daher auch bei den gleichzubehandelnden Sortenschutzrechten grundsätzlich darin besteht, daß dem Inhaber als Kompensation für seine schöpferische Erfindungstätigkeit das ausschließliche Recht zuerkannt wird, gewerbliche Erzeugnisse herzustellen und in den Verkehr zu bringen und somit die Erfindung bzw. Sorte durch Lizenzvergabe zu verwerten, und gegen Zuwiderhandlungen vorzugehen.[415] Damit deutet sich eine Tendenz zu einer umfassenden Gewährleistung der nationalen Schutzrechte an.

Ferner gebietet es im Rahmen der Auslegung von Art. 81 die Einheit der Gemeinschaftsrechtsordnung, den in Art. 30 EG-Vertrag garantierten Bestandsschutz für gewerbliche Schutzrechte – wie u.a. das Sortenschutzrecht – zu beachten. Während sich die Art. 81 ff. EG-Vertrag ausschließlich gegen wettbewerbsbeschränkende Verhaltensweisen von Marktteilnehmern richten, erfassen die Art. 28 ff. EG-Vertrag nur staatliche Beschränkungen des freien Warenverkehrs. Sie können deshalb im Bereich von Wettbewerbsverzerrungen im Sinne der Art. 81 ff. nur dann zur Anwendung kommen, wenn diese durch privat vereinbarte Wettbewerbsbeschränkungen deshalb ermöglicht werden, weil der betreffende Mitgliedstaat durch sein Verhalten, z.B. in Form eines Hoheitsaktes, das wettbewerbsbeschränkende Verhalten erleichtert oder genehmigt.[416] Die Bestimmungen der Artikel 28, 29 stehen Einfuhr-, Ausfuhr- und Durchfuhrverboten oder -beschränkungen nicht entgegen, die aus Gründen der öffentlichen Sicherheit, Ordnung und Sittlichkeit, zum Schutz der Gesundheit und des Lebens von Menschen, Tieren oder Pflanzen, des nationalen Kulturguts von künstlerischem, geschichtlichem oder archäologischem Wert oder des gewerblichen und kommerziellen Eigentums gerechtfertigt sind. Diese Verbote oder Beschränkungen dürfen jedoch weder ein Mittel zur willkürlichen Diskriminierung noch eine verschleierte Beschränkung des Handels zwischen den Mitgliedstaaten darstellen.

475

Art. 30 EG-Vertrag erlaubt gegenüber dem generellen Verbot staatlicher Handelshemmnisse (Art. 28 ff. EG-Vertrag) Beschränkungen des Handels u.a. insoweit, als sie zum Schutz von Rechten, die den spezifischen Gegenstand des in seinem Bestand geschützten gewerblichen Eigentums ausmachen, gerechtfertigt sind. Nach inzwischen gefestigter Rechtsprechung des EuGH berührt der EG-Vertrag zwar nicht den Wesenskern der durch die nationale Gesetzgebung eingeräumten gewerblichen Schutzrechte (sog. Bestandsschutz), beschränkt jedoch dessen Ausübung.[417] Bei der Beurteilung von Klauseln in Vereinbarungen, welche die wettbewerbliche Handlungsfreiheit eines Vertragspartners beschränken, ist daher grundsätzlich zu prüfen, ob der spezifische Gegenstand des Sortenschutzrechtes die Klausel erforderlich macht. Ist dies nicht der Fall und bewirkt die Klausel eine mit Art. 28, 29 unvereinbare Handelsbeschränkung, darf das entscheidende Gericht als Adressat der Art. 28 ff. eine solche Vertragsbestimmung bei der Entscheidung nicht in einer Weise auslegen, die es dem Begünstigten ermöglicht, sich in freihandelsbeschränkender Weise zu verhalten, soweit der Handel in der EG betroffen ist. Bedeutsam ist insoweit vor allem der von der Rechtsprechung entwickelte Grundsatz, daß die Durchsetzung eines gewerblichen Schutzrechtes zur Abwehr der Einfuhr von Waren, die vom Schutzrechtsinhaber selbst oder mit seiner Zustimmung in einem anderen Mitgliedstaat in Verkehr gebracht worden sind, mit den Bestimmun-

476

---

415 Vgl. *Gleiss/Hirsch* Art. 85 (1) Rdn 762.
416 *Dauses*, in: Dauses C I Rdn 94a.
417 zusammenfassend *Beier* GRUR Int 1989, 603, 609.

gen über den freien Warenverkehr unvereinbar ist.[418] Dieser sog. Erschöpfungsgrundsatz ist für das Sortenschutzrecht ausdrücklich in Art. 16 EGSVO, § 10b SortG bestätigt.[419]

477   (2.) Anders als im deutschen Kartellrecht (§§ 17, 18 GWB) gibt es im EG-Recht für Lizenzverträge keine materiellrechtlichen Sondervorschriften. Grundlage für ihre Beurteilung ist ausschließlich Art. 81 EG-Vertrag. Der Rat der EG hat jedoch zu den Art. 81, 82 EG-Vertrag eine Reihe von Verordnungen erlassen, von denen hier nur die für den Abschluß von Lizenz- und Know-How-Verträgen bedeutsamsten genannt werden sollen:

– Aufgrund der Ermächtigung in Art. 87 (jetzt 83) EG-Vertrag hat der Rat am 6.2.1962 die seitdem praktisch unverändert fortgeltende *Verordnung Nr. 17*[420] als „1. Durchführungsverordnung zu den Art. 85 und 86 des Vertrages" erlassen. Besonders hinzuweisen ist auf deren Art. 4 Abs. 2 Ziff. 2b, der Veräußerungs- oder Lizenzverträge über gewerbliche Schutzrechte und die soweit gleichgestellten Know-How-Verträge von dem Grundsatz des Art. 4 Abs. 1 ausnimmt, wonach Vereinbarungen, Beschlüsse und abgestimmtes Verhalten nach Art. 85 Abs. 3 vom Verbot des Art. 85 Abs. 1 nur nach vorheriger Anmeldung bei der Kommission freigestellt werden können. Diese Befreiung von der Anmeldebedürftigkeit gilt nicht nur für die dort ausdrücklich genannten Schutzrechte, sondern für alle Ausschließlichkeitsrechte und damit auch das Sortenschutzrecht. Diese grundsätzliche Freistellung gilt nicht, wenn der vorgesehene Lizenzvertrag Klauseln enthält, die in Art. 3 GFVO bzgl. Technologietransfervereinbarungen (siehe nachfolgend) genannt sind oder aus sonstigen Gründen unter Art. 85 Abs. 1 EG-Vertrag zu subsumieren sind. Die Art. 15 und 16 der VO 17 schließlich sehen bei verschiedenen Zuwiderhandlungen gegen Art. 85 und 86 EG-Vertrag besondere verfahrensrechtliche Pflichten für die Festsetzung von Geldbußen und Zwangsgeldern gegen ein Unternehmen durch die EG-Kommission vor.

– Durch Art. 1 Abs. 1b der *Verordnung Nr. 19* vom 2.3.1965[421] hat der Rat die Kommission ermächtigt, Gruppen von Vereinbarungen i. S. des Art. 85 Abs. 3 EG-Vertrag, an denen nur zwei Unternehmen beteiligt sind und die Beschränkungen im Zusammenhang mit dem Erwerb oder der Nutzung von gewerblichen Schutzrechten oder Verträgen zur Überlassung von Know-how enthalten, von dem Verbot des Art. 85 Abs. 1 EG-Vertrag freizustellen. Gestützt auf diese Ermächtigung hatte die Kommission nach langen Vorarbeiten und der Veröffentlichung eines Vorentwurfes vom März 1979[422] am 23.7.1984 zunächst eine *Gruppenfreistellungsverordnung* (GFVO) für Patentlizenzvereinbarungen erlassen.[423] Zwar sind nach Auffassung der Kommission Lizenzvereinbarungen über Sortenschutzrechte grundsätzlich nach den gleichen Maßstäben zu beurteilen wie Patentlizenzen:[424] Entsprechend hat der EuGH entschieden, daß das Sortenschutzrecht nicht so spezifische Merkmale aufweise, daß eine wettbewerbsrechtliche Sonderbehandlung gerechtfertigt wäre, wenngleich bei der Anwendung der Wettbewerbsregeln der spezifischen Natur der Erzeugnisse, die Gegenstand des Sorten-

---

[418] EuGH Amtl.Slg. 1976, 1039, 1062 „Terrapin/Terranova" 1982, 2853.
[419] Vgl Rdn 373 ff.
[420] GRUR Int. 1962, 295.
[421] GRUR Int. 1965, 249.
[422] ABl. Nr. C 58, S. 12
[423] VO Nr. 2349/84 der EGK ABl. 1984 Nr. L 219/15.
[424] Vgl. Entsch. d. EGK vom 9.7.1986, „Maissaatgut" ABl. 1987 Nr. C-286/9; *Groeben* u. a., aaO, Art. 85, Rdn 263.

schutzrechts sind, Rechnung zu tragen sei.[425] Dennoch hat die Kommission Lizenzvereinbarungen über Pflanzenzüchtungen durch Art. 5 Abs. 1 Nr. 4 vom Anwendungsbereich der GFVO betr. Patentlizenzvereinbarungen ausgeschlossen.[426] Diese Gruppenfreistellungsverordnung wurde am 31.1.1996 durch die *GFVO 240/96 bzgl. Technologietransfervereinbarung*[427] ersetzt, die erstmals ausdrücklich Sortenschutzrechte einbezieht, Art. 8 Abs. 1 lit h GFVO. Den Besonderheiten hinsichtlich des Schutzgegenstandes der Sortenschutzrechte wird dabei dadurch Rechnung getragen, daß Ausschließlichkeitsvereinbarungen für Basissaatgut Art. 85 Abs. 1 EG-Vertrag nicht unterliegen.[428] Im Gegensatz zu den übrigen gewerblichen Schutzrechten werden Sortenschutzrechte und Topographien, die durch die GFVO 240/96 neu aufgenommen werden, den Patenten nicht hinsichtlich der Schutzrechtsanmeldung gleichgestellt, wobei es sich wohl um ein Redaktionsversehen handelt. Inhaltlich führt die GFVO die Entwicklung zur erweiterten Zulässigkeit von Lizenznehmerbeschränkungen fort. Für Verträge über Know-how, wie sie national durch § 18 GWB erfaßt werden, existierte EG-rechtlich ebenfalls eine Gruppenfreistellungsverordnung.[429] Auch sie wurde inzwischen durch die bereits erwähnte GFVO Nr. 240/96 bzgl. Technologietransfervereinbarungen ersetzt. In Abweichung zu § 18 GWB muß das betreffende Know-how i. S. d. GFVO „geheim" nur insofern sein, als es unzugänglich ist. Weiter stellt die GFVO im Gegensatz zu § 18 GWB keine technisch-qualitativen Anforderungen an das Know-how (Art. 10 Nr. 2 GfVO).

Die GFVO bzgl. Technologietransfervereinbarungen gestaltet sich nach folgenden 478 Grundsätzen:

In Art. 1 werden Freistellungstatbestände zusammengestellt; er enthält vor allem die wichtigen Bestimmungen über den Gebietsschutz und dessen Dauer. In Art. 2 werden diejenigen Klauseln genannt, die nach Auffassung der Kommission in der Regel nicht unter Art. 85 Abs. 1 fallen, das heißt nicht wettbewerbsbeschränkender Natur sind (sog. „weiße Liste"). Art. 3 der GFVO enthält diejenigen Klauseln, die nach Auffassung der Kommission unter Art. 85 Abs. 1 fallen („schwarze Liste"). Enthält ein Lizenzvertrag entsprechende Klauseln, hat dies zur Folge, daß

– der Lizenzvertrag nicht freigestellt ist
– kein beschleunigtes Widerspruchsverfahren nach Art. 4 möglich ist
– gegebenenfalls von der Kommission ein Bußgeld wegen Kartellverstoßes verhängt werden kann.

Während Lizenzverträge, die nur Klauseln der in Art. 1 und 2 genannten Art enthalten, 479 automatisch vom Kartellverbot Art. 85 und 86 (jetzt 81 und 82) EG-Vertrag freigestellt sind, bedarf es für solche Klauseln, die in Art. 3 genannt sind, einer Freistellung nach Art. 85 Abs. 3 EG-Vertrag. Hierzu sieht Art. 4 der GFVO eine Freistellung vor, wenn sie bei der EG-Kommission angemeldet werden. Die EG-Kommission hat dafür ein verkürztes Widerspruchsverfahren entwickelt, nach dem sämtliche angemeldeten Verträge nach Ablauf von vier Monaten als freigestellt gelten, bei denen die EG-Kommission keinen Widerspruch erhebt.

---

425 Vgl. Urteil vom 8.6.1982, „Maissaatguturteil" Leitsatz 2-Amtl.Slg. Bd. 6, S. 2015 ff.
426 Nr. 2349/84 v. 23.7.1984.
427 ABl. EG 1996 Nr. L 31/2.
428 EuGH Amtl. Slg. 1988, 1919, 1923 f. – „Erauw-Jacquery; Komm. Mitt. gem. Art. 19 Abs. 3 VO 17/62
  – „Mustervereinbarung Saat- u. Pflanzengut in Frankreich", ABl. 1990 C 6,3.
429 Nr. 556/89 v. 30.11.1988, ABl. EG 1989 Nr. L 61/1.

4. Abschnitt: Berechtigte aus dem Sortenschutz

– Die Bekanntmachung der EGK über Patentlizenzverträge vom 24.12.1962[430] –, in der diese unter dem Vorbehalt der damals bekannten Umstände zur wettbewerbsrechtlichen Beurteilung beschränkender Klauseln vorläufig Stellung genommen hat, ist – wie bereits durch die spätere Entscheidungspraxis von EuGH und EGK in wichtigen Punkten – mit Erlaß der o. g. GFVO von der EGK widerrufen worden.[431]

– Für Lizenzverträge i. S. von § 11 SortG, Art. 27 EGSVO von Bedeutung ist jedoch nach wie vor die sog. *Bagatellbekanntmachung der Kommission*,[432] soweit kleinere und mittlere Unternehmen am Vertragsschluß beteiligt sind. Aufgrund dieser Bekanntmachung dürfte Art. 85 Abs. I EG-Vertrag auf eine Vielzahl von Nutzungsverträgen, die wegen ihrer Geringfügigkeit nicht geeignet sind, den Wettbewerb auf dem gemeinsamen Markt zu beeinträchtigen, nicht zur Anwendung kommen.[433]

bb) Einzelne wichtige Beschränkungen

480   Diese allgemeinen Grundsätze sind nun auf die einzelnen Beschränkungsarten hin zu konkretisieren, wobei nicht auf alle Einzelheiten eingegangen werden kann. Vielmehr beschränkt sich der folgende Überblick auf einige wenige Beschränkungstatbestände von zentraler praktischer Bedeutung, bei deren wettbewerbsrechtlicher Beurteilung zudem der mögliche Konflikt zwischen deutschem und EG-Kartellrecht zu beachten ist.

481   (1) Beschränkung des Sortenschutzlizenznehmers bei Entdeckung von selbständig schutzfähigen Mutationen an der lizenzierten Sorte

Nach einer Entscheidung der Kommission vom 13. Dezember 1985[434] war es nach Auffassung der Kommission eine über den Inhalt des lizenzierten Sortenschutzrechts hinausgehende Wettbewerbsbeschränkung, die mit Art. 85 Abs. 1 EG-Vertrag unvereinbar war, wenn der Lizenznehmer sich verpflichten mußte, selbständig schutzfähige Mutationen der geschützten Sorte dem Lizenzgeber gebührenpflichtig zur alleinigen Verwertung zu überlassen. In jener Entscheidung hob die Kommission auch hervor, daß eine solche Übertragungspflicht regelmäßig nicht gemäß Art. 85 Abs. 3 EG-Vertrag vom Kartellverbot freigestellt werden könne. Eine solche Übertragungspflicht stehe nicht im Zusammenhang mit der wirksamen Verwertung der lizenzierten Sorte und verhindere die selbständige Verwertung der Mutation durch ihren Entdecker, den Lizenznehmer, ohne daß insoweit eine erfolgreichere Verwertung durch den Lizenzgeber gewährleistet sei. Eine vertragliche Aufteilung des Rechts an der Mutation zu gleichen Teilen zwischen Lizenzgeber und Lizenznehmer wurde jedoch von der EGK für zulässig erachtet.[435]

482   Entsprechend dem gemeinschaftlichen Sortenschutz hat auch der deutsche Gesetzgeber nunmehr die Frage, inwieweit der Züchter Rechte an der mutierten Pflanze geltendmachen kann, durch Einbeziehung der im wesentlichen abgeleiteten Sorte in den Schutzbereich seines Sortenschutzrechtes geregelt. Bei der im wesentlichen abgeleiteten Sorte handelt es sich gemäß Art. 13 Abs. 5 EGSVO, § 10 Abs. 2 SortG unabhängig davon, ob es sich um eine

---

430 ABl. 1962 Nr. 139, 2922 – sog. „Weihnachtsbekanntmachung".
431 ABl. 1984 Nr. C 220/35.
432 ABl. 1970 C 64/1 i. d. F. vom 29.12.1977, ABl. C 313/3, zuletzt vom 9.12.1997, Abl Nr C 372.
433 Vgl. *Gleiss/Hirsch*, Art. 85, Rdn 756; s. auch oben Rdn 453.
434 *Pitica/Kyria* GRUR Int 1986, 253 ff.
435 Vgl. deren Brief vom 3. April 1987 – GeschNr 01376.

Mutation handelt oder um eine weiter gezüchtete neue Sorte, die aus der bereits geschützten Sorte durch Mutation oder züchterische Handlungen entstanden sind, um eine per se schutzfähige neue Sorte. Nach der bisherigen Rechtslage wäre ohne eine entsprechende Regelung der Sortenschutzinhaber nicht befugt, sich einer Verwertung zu widersetzen. Vielmehr hätte er lediglich entsprechend der Auffassung der Kommission Anspruch auf anteilige Beteiligung an den wirtschaftlichen Ergebnissen der Vermarktung an dieser Sorte. Da sich die Wirkungen des Sortenschutzes jetzt auch auf im wesentlich abgeleitete Sorten erstrecken, ist jedoch nunmehr möglich, im Lizenzvertrag ein grundsätzliches Verbot der Verwertung der im wesentlichen abgeleiteten neuen Sorte vorzusehen oder vertragliche Bestimmungen aufzunehmen, die den Umfang der Verwertung einer solchen neuen Sorte regeln. Nicht verlangt werden kann aber wohl die Übertragung der Verwertungsrechte an dieser neuen Sorte. Eine entsprechende vertragliche Vereinbarung ist nach Art. 3 Nr. 6 der GFVO bzgl. Technologietransfervereinbarungen nicht mit Art. 85 Abs. 1 EG-Vertrag vereinbar. Daneben legt die GFVO in Art. 2 Abs. 1 Nr. 4 Bedingungen fest, unter denen eine Rücklizenzierungsverpflichtung für Verbesserungen möglich ist.

(2) Ausschließliche Lizenz 483

Während das deutsche Kartellrecht nur bestimmte Beschränkungen des Lizenznehmers verbietet (vgl. § 17 Abs. 1 GWB), unterscheidet Art. 81 EG-Vertrag nicht zwischen Beschränkungen des Lizenznehmers und solchen des Lizenzgebers, so daß auch Beschränkungen des Lizenzgebers nach Art. 81 Abs. 1 EG-Vertrag unzulässig sein können.

Die ausschließliche Lizenz begründet in räumlicher, zeitlicher und/oder sachlicher Hinsicht 484 ein Alleinrecht des Lizenznehmers.[436] Wesentlich ist unabhängig von zeitlichen und sachlichen Beschränkungen der dem exklusiven Lizenznehmer vorbehaltene räumliche Verwertungsbereich. Naturgemäß hat deshalb die Frage nach der Absicherung des dem jeweiligen exklusiven Lizenznehmer vorbehaltenen Gebietes besondere praktische Bedeutung. Nachdem die Kommission diese Bindung des Lizenznehmers in der Bekanntmachung über Patentlizenzverträge vom 24.2.1962 zunächst als unbedenklich angesehen hatte, hat sie diese Auffassung in ihrer späteren Entscheidungspraxis aufgegeben und die Ausschließlichkeitsbindung grundsätzlich als wettbewerbsbeschränkend angesehen. Für ausschlaggebend hielt sie insoweit den Gesichtspunkt, daß der Lizenzgeber die Freiheit verliere, mit anderen Lizenzinteressenten vertragliche Beziehungen aufzunehmen und ferner den Umstand, daß sich die Ausschließlichkeit der Lizenz nachteilig auf die Wettbewerbsstellung Dritter auswirke.[437]

Eine erneute Wende in der wettbewerbsrechtlichen Beurteilung ausschließlicher Lizenzen 485 hat jedoch das „Maissaatguturteil" des EuGH vom 8.6.1982[438] gebracht, in dem es dieser abgelehnt hat, die Ausschließlichkeitslizenz eines Sortenschutzrechtes schlechthin als wettbewerbsbeschränkend einzustufen. Der Gerichtshof differenziert hier erstmals zwischen der mit Art. 85 Abs. 1 nicht kollidierenden sog. „offenen ausschließlichen Lizenz" und der „ausschließlichen Lizenz mit absolutem Gebietsschutz", die mit dem EG-Vertrag unvereinbar sei. Bei der offenen ausschließlichen Lizenz bezieht sich die Ausschließlichkeit nur auf das Vertragsverhältnis zwischen dem Rechtsinhaber und dem Lizenzinhaber dergestalt, daß sich der Lizenzgeber verpflichtet, keine weiteren Lizenzen für das dem Lizenznehmer eingeräumte Lizenzgebiet zu erteilen sowie gegebenenfalls dem Lizenznehmer in diesem Gebiet keine Konkurrenz zu machen. Die ausschließliche Lizenz mit absolutem Gebietsschutz

---

436 *Stumpf*, Rdn 37.
437 Vgl. insoweit *Gleiss/Hirsch*, Art. 85 (1) Rdn 966 m. w. Rechtsprechungsnachweisen.
438 Amtl. Slg., Bd. 6 S. 2015 ff GRUR Int 1982, 530.

geht darüber hinaus und will dem ausschließlichen Lizenznehmer in seinem lizenzierten Vertragsgebiet jeden Wettbewerb Dritter, etwa durch Parallelimport oder Importe von anderen Lizenznehmern, unterbinden.

486   In der Nachfolge hat die EG-Kommission die Ausführungen des EuGH in der Entscheidung „Maissaatgut" zunächst in der für Sortenschutzrechte nicht unmittelbar anwendbaren Verordnung (EWG) Nr. 2349/84 der Kommission vom 23. Juli 1984 über die Anwendung von Art. 85 Abs. 3 des Vertrages auf Gruppen von Patentlizenzvereinbarungen niedergelegt und diese fortgeschrieben in der jetzt geltenden Verordnung GFVO Nr. 240/96 der Kommission vom 31.12.1996 zur Anwendung von Art. 85 Abs. 3 des Vertrages auf Gruppen von Technologietransfervereinbarungen.[439] In bezug auf die ausschließliche Lizenz ergibt sich aus ihr – bezogen auf die bedeutsamsten Situationen im Sortenschutzrecht – folgende Rechtslage:
- Der Lizenzgeber kann sich verpflichten, im Lizenzgebiet des Lizenzgebers der lizenzierten Sorte(n) Wettbewerb zu unterlassen, GFVO Art. 1 (1) 2;
- der Lizenznehmer kann sich verpflichten, außerhalb des Vertragsgebietes die Herstellung oder Verwertung sortenschutzrechtlich geschützten Materials zu unterlassen, GFVO Art. 1 (1) 3 u. 4;
- dem Lizenznehmer kann auch die Verpflichtung auferlegt werden, in Lizenzgebieten anderer Lizenznehmer keine aktive Verkaufspolitik, insbesondere keine eigens auf die Gebiete anderer Lizenznehmer ausgerichtete Werbung zu betreiben, keine Niederlassungen einzurichten oder Verkaufsbüros zu unterhalten usw. GFVO Art. 1 (1) 5 (Verbot aktiver Vertriebspolitik)[440, 441]
- ferner kann der Lizenznehmer die Verpflichtung eingehen, auch auf von ihm nicht veranlaßte Lieferanfragen das Lizenzerzeugnis nicht in das Vertragsgebiet anderer Lizenznehmer innerhalb des Gemeinsamen Marktes zu liefern, GFVO Art. 1 (1) 6 (Verbot des passiven Vertriebs). Der Ausschluß von Direktlieferungen ist jedoch nur für einen Zeitraum von höchstens fünf Jahren ab dem ersten Inverkehrbringen des Erzeugnisses innerhalb des Gemeinsamen Marktes durch einen der Lizenznehmer gewährt, soweit und solange das Erzeugnis in den betreffenden Gebieten durch parallele Sortenschutzrechte geschützt ist, GFVO Art. 1 (2) S. 2a.[442] Eine vorausgehende Vermarktung durch den Lizenzgeber selbst ist insoweit unschädlich.

487   Nach der Entscheidung des EuGH in Sachen Maissaatgut kann jedoch dem Lizenznehmer nicht die Verpflichtung auferlegt werden, auch seinen Abnehmern ein Exportverbot in andere Länder des Gemeinsamen Marktes aufzuerlegen. Dies gilt nicht für ein Exportverbot außerhalb der EG, da insoweit Art. 85 (jetzt 81) Abs. 1 grundsätzlich keine Anwendung findet.

---

439 ABl. 1966 L 31,2 = GRUR Int 1996, 642.
440 zur Auslegung, was unter einer „eigens auf die Gebiete anderer Lizenznehmer ausgerichteten Werbung" zu verstehen ist
441 Vgl. *Wiedemann*, BT Rdn 36 zu GFVO 2349/84 Art. 1 sowie Rdn 16 ff. zu GFVO 1983/83 Art. 2; dort auch Hinweise zur Beantwortung der Frage, ob der Lizenznehmer das Verbot aktiver Vertriebspolitik verletzt, wenn er über Mittelsmänner in seinem Vertriebsgebiet, die im Auftrag von Kunden außerhalb seines Lizenzgebietes tätig sind, ständig Lizenzerzeugnisse an diese liefert und damit faktisch das vertragliche Verbot unterläuft.
442 Zur Frage der Auslegung des Begriffes des ersten Inverkehrbringens von Lizenzerzeugnissen siehe *Wiedemann*, BT Rdn 40 zu GVO 2349/84 Art. 1.

Bei dem Verbot der aktiven Vertriebspolitik ist zu beachten, daß dieses nur insoweit und solange Gültigkeit hat, wie das Lizenzerzeugnis der anderen Lizenznehmer durch parallele Sortenschutzrechte geschützt ist. 488

(3) Räumliche Beschränkungen (Erschöpfung/Exportverbot) 489

Räumt ein Lizenzgeber als Inhaber verschiedener paralleler nationaler Schutzrechte für den gleichen Schutzgegenstand einem Lizenznehmer für das Gebiet eines Mitgliedstaates der Gemeinschaft eine Lizenz ein, stellt sich die Frage, ob er sich oder ein benachbarter Lizenznehmer aus dem ihm lizenzierten parallelen Recht dagegen wehren kann, daß das besagtem Lizenznehmer lizenzierte Erzeugnis in andere Mitgliedstaaten exportiert wird. Die Beantwortung dieser Frage hängt davon ab, ob ein inländisches gewerbliches Schutzrecht (Patent- oder Sortenschutzrecht) durch Inverkehrbringen des durch ein paralleles Schutzrecht geschützten Erzeugnisses im Ausland erschöpft bzw. verbraucht wird. Entgegen der vom Territorialitätsprinzip ausgehenden Rechtsprechung des BGH[443] gilt nach der Rechtsprechung des EuGH für Schutzrechte innerhalb der Gemeinschaft folgendes:

Wird der Gegenstand in einem anderen EG-Land durch den Schutzrechtsinhaber oder mit seiner Zustimmung in Verkehr gebracht, so ist durch diese Handlung nicht nur das Schutzrecht in dem anderen EG-Land, sondern auch das deutsche Schutzrecht erschöpft, so daß der Inhaber des deutschen Schutzrechtes bzw. ein betreffender Lizenznehmer den Import nicht abwehren kann.[444] 490

Insoweit besteht auch für den Lizenznehmer kein Gebietsschutz, d. h. ein Schutz gegen Importe in sein Vertragsgebiet. Wie vertikale Exportverbote oder Reimportverbote sind Vereinbarungen zu behandeln, die Parallelimporte verhindern oder erschweren; Parallelimporte sind nach der Wettbewerbsordnung des gemeinsamen Marktes wettbewerbsrechtlich nicht nur geduldet, sondern erwünscht, weil nützlich.[445] 491

In diesem Zusammenhang stellt sich – die Ausgestaltung von Lizenzverträgen betreffend – die weitere Frage, ob und in welchem Umfang dem Lizenznehmer mit der Erteilung einer Ausschließlichkeitslizenz Beschränkungen, das lizenzierte Erzeugnis nur innerhalb eines bestimmten Gebietes in der Gemeinschaft in Verkehr zu bringen, auferlegt werden dürfen. Insoweit ist auf das bereits oben genannte „Maissaatguturteil" des EuGH zu verweisen, in dem dieser, gestützt auf seine ständige Rechtsprechung, ausgeführt hat, daß der Lizenznehmern gewährte absolute Gebietsschutz, der die Überwachung und Verhinderung von Paralleleinfuhren ermöglichen soll, mit dem EG-Vertrag unvereinbar sei.[446] Ob von diesem Verbot eines lizenzvertraglich abgesicherten „absoluten Gebietsschutzes" bereits die Beschränkung des Lizenznehmers, Direktexporte in ein anderes Lizenzgebiet zu unterlassen, erfaßt ist, hat der EuGH noch nicht entschieden. Einer Verabsolutierung des Gebietsschutzes wirkt die GFVO betr. Technologietransfervereinbarungen entgegen, indem sie eine Verhinderung von Parallelausfuhrmöglichkeiten aus einem Lizenzgebiet oder die Behinderung von Bezugsmöglichkeiten für schutzrechtlich erschöpfte Paralleleinfuhren aus anderen Lizenzgebieten und von Paralleleinfuhrmöglichkeiten in einem Lizenzgebiet untersagt, die die gemeinschaftsweite Erschöpfungsregelung aushöhlen würden (Art. 3 Nr. 3 GFVO). Ferner ist auf Art. 2 I Nr. 14 hinzuweisen, der den Vorbehalt des Lizenzgebers er- 492

---

443 „Voran"-Urteil vom 20.2.1968, GRUR Int. 1968, 129 ff.; „Tysolin"-Urteil vom 3.7.1976, GRUR Int. 1976, 535.
444 Vgl. *„Polidor"* und *Negram* I und II – GRUR Int 1971, 450 ff.; 1974, 454 ff.
445 Vgl. *Langen/ Bunte*, Art. 85 gen. Prinz. Rdn 116 m. w. N.
446 Maissaatguturteil, Amtl. Slg., 1982, 2015 ff., Leits. 4 und Erwägungsgrund 61.

laubt, sein Schutzrecht außerhalb des Vertragsgebietes gegen den Lizenznehmer geltend zu machen. Das Schutzrecht erschöpft sich demnach nur, wenn der Lizenznehmer seine Produkte allein im Vertragsgebiet vermarktet. Eine Erschöpfung tritt hingegen nicht ein, wenn der Lizenznehmer die Technologie außerhalb des Vertragsgebietes nutzt.

493 (4) Nichtangriffs-Abreden

Die Vereinbarung von sogenannten Nichtangriffsklauseln, wonach Angriffe des Lizenznehmers gegen ein lizenziertes Schutzrecht ausgeschlossen sind, war nach der früheren Auffassung der EG-Kommission als Verstoß gegen Art. 85 Abs. 1 EG-Vertrag grundsätzlich nichtig.[447] Nach der nun auch für Sortenschutzrechte geltenden GFVO bzgl. Technologietransfervereinbarungen fällt eine Nichtangriffsklausel mangels Kündigungsrecht für den Lizenzgeber nicht mehr unter die grundsätzlich nur im Rahmen einer Einzelfreistellung wirksam zu vereinbarenden Vertragsverpflichtung. Die GFVO räumt in Art. 4 Ziff. 2b die Möglichkeit einer Freistellung einer Nichtangriffsklausel im Rahmen des Widerspruchsverfahrens ein. Wird eine entsprechende Klausel der Kommission angezeigt und widerspricht diese nicht binnen vier Monaten der Einbeziehung der Klausel in den Vertrag, ist sie freigestellt. Diese Möglichkeit entspricht der Auffassung des EuGH, der dahingehend differenziert, daß die Anwendbarkeit von Art. 85 Abs. 1 EG-Vertrag nach den jeweiligen rechtlichen und wirtschaftlichen Zusammenhängen zu beurteilen sei,[448] nachdem er in seiner Windsurfing-Entscheidung die frühere Auffassung der EG-Kommission über die grundsätzliche Nichtigkeit einer Nichtangriffsklausel noch bestätigt hatte.[449]

494 (5) Mengenbeschränkungen

Nach Art. 3 Nr. 5 GFVO dürfen dem Vertragspartner grundsätzlich keine Beschränkungen hinsichtlich der Menge der herzustellenden oder zu verbreitenden Lizenzerzeugnisse auferlegt werden. Die Ausnahme des Art. 1 Abs. 1 Nr. 8 ist angesichts der natürlichen Materie Vermehrungsgut bei Sortenschutzlizenzen nicht anwendbar. Eine Mengenbeschränkung kann dem Lizenznehmer jedoch auferlegt werden, soweit dieser an einen bestimmten Abnehmer zu liefern hat, um diesem Abnehmer eine zweite Lieferquelle zu schaffen, Art. 2, Abs. 1 Nr. 13 GFVO.

495 (6) Preisbindung

Während nach § 20 Abs. 2 Ziff. 2 GWB eine Bindung hinsichtlich der Abgabepreise des Lizenznehmers zulässig war, gehört nach EG-Kartellrecht und jetzt nach § 17 GWB – Abs. 2 enthält insoweit keine Ausnahme mehr – die Preisbindung zu den verbotenen Klauseln, Art. 3 Ziff. 1 GFVO bzgl. Technologietransfervereinbarungen. Eine wirksame Preisbindung bedarf im Rahmen von Verträgen, die Auswirkungen auf den zwischenstaatlichen Handel in der Gemeinschaft haben können, grundsätzlich der Einzelfreistellung. Erwähnenswert ist in diesem Zusammenhang eine Entscheidung des EuGH zu einer Preisbindungsklausel, die mit einem Exportverbot gekoppelt war.[450] Die Anwendbarkeit von Art. 85 Abs. 1 EG-Vertrag wurde verneint, obwohl der EuGH in dieser Koppelung eine vertragliche Regelung sah, die den freien Warenverkehr beeinflußt. Die Anwendbarkeit scheiterte jedoch an der fühlbaren Beeinträchtigung des freien Warenverkehrs, die für das Eingreifen des Art. 85 Abs. 1 EG-Vertrag Voraussetzung ist.

496 (7) Kennzeichnungspflicht mit der Marke des Lizenzgebers

---

447 GRUR Int. 1972, 374 – *Raymond/Nagoya*.
448 GRUR Int. 1989, 56 – Nichtangriffsklausel.
449 GRUR Int. 1986, 635 – Windsurfing International.
450 EuGH 19 IIC 664 (1988) – Plant Seed Licence.

Wegen der Vielzahl weiterer, in der Praxis üblicher Beschränkungsklauseln, deren vollständige Darstellung den Rahmen der vorliegenden Erörterung übersteigen würde, und nicht zuletzt auch wegen der Komplexität der gesamten Materie muß auf das Spezialschrifttum zum EG-Kartellrecht verwiesen werden. Nur noch erwähnt sei folgende Beschränkung:

Um Schutzrechtsverletzungen besser verfolgen zu können, wird dem Lizenznehmer vielfach die Pflicht auferlegt, vom Lizenzgeber vorgegebene Etiketten zu verwenden, auf denen sich die jeweils vom Züchter der Sorte zugeordnete Marke befindet. Art. 1 (1) 7 GFVO eröffnet ausdrücklich die Verpflichtungsmöglichkeit des Lizenznehmers zur Kennzeichnung des Lizenzerzeugnisses, d. h. während der Vertragsdauer ausschließlich die vom Lizenzgeber bestimmte Marke oder die von ihm bestimmte Aufmachung zu verwenden, sofern der Lizenznehmer nicht daran gehindert wird, auf seine Eigenschaft als Hersteller des Lizenzerzeugnisses hinzuweisen. Ist der Lizenznehmer eine solche Verpflichtung eingegangen, darf er weder eine eigene Marke/Aufmachung neben oder anstelle der vom Lizenzgeber vorgegebenen Marke/Aufmachung verwenden noch die Herstellerangabe in einer Weise benutzen, die den Eindruck erweckt, hierbei handle es sich um eine (weitere) Marke. 497

III. Zwangsnutzungsrecht/Zwangslizenz

Sowohl § 12 SortG als auch Art. 29 EGSVO sieht die Möglichkeit der Erteilung eines Zwangsnutzungsrechts durch das BSA bzw. das Gemeinschaftliche Sortenamt vor. Das Zwangsnutzungsrecht kommt in Betracht, wenn die Nutzung einer Sorte im öffentlichen Interesse liegt, insbesondere in Notzeiten, der Sortenschutzinhaber aber kein Nutzungsrecht einräumt oder die Sorte selbst nicht nutzt. Das Zwangsnutzungsrecht ist die einem benutzungswilligen und -fähigen Lizenzsucher auf Antrag durch Entscheidung des BSA bzw. des Gemeinschaftlichen Sortenamts im öffentlichen Interesse erteilte, nicht ausschließliche Befugnis zur Benutzung der Sorte, die ihm der Sortenschutzinhaber trotz angebotener, angemessener Vergütung nicht gibt. Das Zwangsnutzungsrecht bezweckt damit den Schutz der Allgemeinheit, vor allem gegen Mißbrauch des dem Schutzrechtsinhaber zustehenden Ausschließlichkeitsrechts und ist insoweit als eine die Sozialbindung des Sortenschutzrechts berücksichtigende Inhalts- und Schrankenbestimmung und keine entschädigungspflichtige Enteignung (Art. 14 GG) anzusehen. 498

Die Bedeutung der Zwangslizenz ist wie im Patentrecht gering; bislang ist beim Sortenschutzrecht noch keine einzige erteilt worden. Gleichwohl glaubte man im Hinblick auf eventuelle Notzeiten[451] und wegen der vom Kontrahierungszwang ausgehenden psychologischen Wirkung zur freiwilligen Lizenzerteilung diese beibehalten zu sollen. Zu etwas größerer Bedeutung könnte allerdings Art. 29 Abs. 5 EGSVO für das Zwangsnutzungsrecht bei einer im wesentlichen abgeleiteten Sorte gelangen, da der Berechtigte der abgeleiteten Sorte für deren Benutzung die Erlaubnis des Inhabers der Ausgangssorte benötigt. Obwohl im deutschen Sortenschutz selbst eine entsprechende ausdrückliche Bestimmung fehlt, ergibt sich jedoch das gleiche aus § 12 SortG. Hinzuweisen ist in diesem Zusammenhang auch auf die neuen Zwangslizenzen wegen Abhängigkeit der Biotechnologierichtlinie (Art. 12). Durch sie wird die erforderliche Koexistenz zwischen Sortenschutzrecht und Patenrecht gewährleistet. 499

---

451 BT-Drs. 10/816, S. 20.

500 Wegen der geringen praktischen Relevanz soll hier auf eine nähere Erläuterung der Zwangslizenz verzichtet werden. Es kann auf den ausführlichen Gesetzestext der Bestimmungen, aus denen die Rechtslage ersichtlich wird, sowie für das deutsche Recht auf die Kommentierung von Wuesthoff/Leßmann/Wendt, Kommentar, 2. A. § 12, S. 133 ff. verwiesen werden.

IV. Vererbung

501 Nicht ausdrücklich geregelt im Gesetz ist die Vererblichkeit. Jedoch ist der Sortenschutz selbstverständlich nach allgemeinen Grundsätzen, soweit er übertragbar ist, auch vererblich (§§ 1922 ff. BGB). Davon geht auch die Begründung zum Sortenschutzgesetz[452] aus. In Art. 23 I EGSVO ist von Rechtsübergang die Rede, der auch die Vererbung erfaßt. Mithin vollzieht sich der Übergang im Wege der Universalsukzession auf den oder die Erben aufgrund gesetzlicher oder letztwilliger Verfügung (Testament, Erbvertrag). Auch die Anordnung eines Vermächtnisses ist möglich (§§ 2147, 2174 BGB). Mehrere Erben bilden eine Erbengemeinschaft (2032 ff. BGB).

502 Ebenso wie die Übertragbarkeit bezieht sich die Vererblichkeit auf die verschiedenen Entwicklungsstufen des Sortenschutzes (Recht auf Sortenschutz, Anspruch auf Erteilung des Sortenschutzes, Recht aus dem Sortenschutz).

503 Etwas zweifelhaft ist die Vererblichkeit des *Züchterpersönlichkeitsrechts*. Während die bisher wohl überwiegende Auffassung die Frage bei der parallelen Problematik des Erfinderpersönlichkeitsrechts bejahte,[453] ist nach anderen das Erfinderpersönlichkeitsrecht als höchstpersönliches Recht unübertragbar und unvererblich; dieses kann jedoch über den Tod hinaus fortwirken und von den Angehörigen wahrgenommen werden.[454] Dementsprechend sind das Persönlichkeitsrecht auf Benennung des Ursprungszüchters oder Entdeckers der angemeldeten Sorte und deren Recht auf Nennung in den Bekanntmachungen des Sortenamtes[455] unveräußerlich und gehen nicht auf den Erben über; der Erbe kann es nur für den Erblasser weiter verfolgen. Das ist jedoch lediglich ein dogmatischer und kein praktischer Unterschied.

504 Vererblich, soweit übertragbar, sind auch *Lizenzen*. Da die ausschließliche Lizenz ohne nähere persönliche Bindung der Beteiligten, wenn nichts Gegenteiliges vereinbart ist, weiterübertragen werden kann,[456] kann sie auch vererbt werden. Die einfache Lizenz ist dagegen – nach h. M. als schuldrechtliche Erlaubnis – im Zweifel personen- bzw. betriebsgebunden,[457] so daß sie nicht vererblich ist. Eine ausnahmsweise übertragbare Betriebslizenz kann nur mit dem Betrieb übertragen und vererbt werden.[458]

505 Bei juristischen Personen und Gesellschaften stehen die Umwandlungen nach dem Umwandlungsgesetz (Verschmelzung, Spaltung, Vermögensübertragung, Formwechsel) der Erbfolge bei natürlichen Personen gleich.

---

452 BT-Drs. 10/816, S. 20.
453 Vgl. *Klauer/Möhring*, § 9 PatG, Rdn 3.
454 *Benkard/Ullmann*, § 15 PatG, Rdn 3; BGHZ 50, 133, 137; BGH WRP 90, 231, 233.
455 *Bruchhausen*, Patent-, S. 210.
456 Vgl. oben Rdn 420.
457 BGHZ 62, 272, 274.
458 Vgl. RG GRUR 1930, 174 f.

V. Sonstige Verfügungen

Zweifelhaft ist, ob auch sonstige Verfügungen über das Sortenschutzrecht, insbesondere in Form von *Belastungen* durch Nießbrauch und Verpfändung, möglich sind. Die Frage war früher eindeutig zu bejahen, als noch beschränkte Übertragungen des Sortenschutzrechts gesetzlich vorgesehen waren, ist aber auch heute nicht zu verneinen, da auch die Belastungen ebenso wie die Nutzungseinräumungen (Lizenzen) Abspaltungen aus dem Vollrecht darstellen und diese als beschränkte Rechtsübertragungen ausdrücklich zugelassen sind. Daher sind auch Belastungen nach wie vor zulässig. 506

Am Sortenschutzrecht kann daher ein *Nießbrauch* bestellt werden (§§ 1068 ff., 1030 ff. BGB), denn auch bei ihm handelt es sich sachlich um eine Nutzungseinräumung. Gegenstand der Nießbrauchsbestellung, die eigentlich nur im Zusammenhang mit letztwilligen Verfügungen über das Vermögen, zu dem auch ein Sortenschutzrecht gehören kann, von Bedeutung ist, sind die vermögensrechtlichen Bestandteile des an der Züchtung bestehenden Immaterialgüterrechts, nicht etwa das Immaterialgut der Züchtung selbst. Der Nießbraucher erhält ein dingliches Nutzungsrecht an der Züchtung, das zwar nach § 1059 BGB nicht übertragbar ist, aufgrund dessen er jedoch wegen der Übertragbarkeit der Ausübung Lizenzen erteilen und Eingriffe Dritter abwehren kann. Der Nießbrauch erlischt nicht durch Veräußerung der Sorte, nach Bestellung des Nießbrauchs kann der Sortenschutzinhaber auch nicht auf die belastete Sorte rechtswirksam verzichten (§ 1071 BGB). Wohl jedoch endet nach § 1061 BGB der Nießbrauch mit dem Tode des Nießbrauchers bzw. mit dem Untergang der juristischen Person, der er eingeräumt ist. 507

Schwieriger ist die Begründung bei der *Verpfändung*. Bei dieser wird nicht die Nutzungsbefugnis aus dem Vollrecht abgespalten und auf den Pfandnehmer übertragen, sondern die Verwertungsbefugnis. Insofern handelt es sich um eine Teilübertragung, die nicht wie die Lizenzeinräumung im Gesetz eine Parallele hat. Gleichwohl sollten Verpfändungen ebenso wie Bruchteilsübertragungen[459] möglich sein, da das Recht nur ideell und nicht real aufgeteilt wird; ferner ist die Übertragung keine endgültige, sondern nur eine gebundene. Selbstverständlich verpfändbar sind Lizenzen, soweit sie übertragen werden können. Der Pfandgläubiger erhält bei der Verpfändung die Befugnis, das verpfändete Recht im Falle der Pfandreife zu verwerten und sich aus dem Erlös zu befriedigen (§§ 1273, 1277 BGB). Zur Benutzung der Sorte und zur Erteilung von Lizenzen ist er im Zweifel nicht berechtigt (§ 1213 BGB). Gemäß § 1276 BGB kann der Sortenschutzinhaber nur mit Zustimmung des Pfandgläubigers auf den Sortenschutz verzichten. Sonstige Verfügungen des Sortenschutzinhabers über den Sortenschutz (Veräußerung, Bestellung von Lizenzen oder eines Nießbrauchs) sind zwar zulässig, lassen das Pfandrecht aber unberührt. 508

An die Stelle der Verpfändung kann auch eine *treuhänderische Übertragung* des Sortenschutzrechtes treten. Diese ist eine Vollübertragung mit schuldrechtlicher Bindung im Innenverhältnis gemäß dem Sicherungszweck. Bei Beendigung des Treuhandverhältnisses fällt das Sortenschutzrecht bei Auflösung bedingter Rechtsübertragung automatisch an den Treugeber zurück oder der Treuhänder ist zumindest verpflichtet, das Sortenschutzrecht auf den Treugeber zurückzuübertragen. 509

---

459 S. oben Rdn 403.

VI. Zwangsvollstreckung und Konkurs

510 Als übertragbares Recht wirtschaftlicher Art unterliegt das Sortenschutzrecht der Zwangsvollstreckung (§§ 857, 851 ZPO) und dem Konkurs (§ 35 InsO). Über die Zwangsvollstreckung in das gemeinschaftliche Sortenschutzrecht und den Konkurs enthalten Art. 24, 25 EGSVO eigene Bestimmungen; für das deutsche Sortenschutzrecht gelten die allgemeinen Vorschriften.

511 Gegenstand der Vollstreckung ist das erteilte Sortenschutzrecht und das Züchterrecht, sobald es sich in einer Sortenschutzanmeldung konkretisiert hat. Bei der Pfändung einer Sortenschutzanmeldung ist Gegenstand des Pfandrechts die durch die Anmeldung begründete privatrechtliche Anwartschaft auf das erst in der Entstehung begriffene Recht des Anmelders, die Sorte allein und unter Ausschluß Dritter gewerblich auszunutzen, nicht dagegen der öffentlich-rechtliche Anspruch des Anmelders, vom Amt die Prüfung der Anmeldung und gegebenenfalls die Erteilung des Sortenschutzrechts als hoheitlichen Verwaltungsakt zu verlangen. Fraglich ist ebenso wie im Patentrecht, ob auch das noch nicht angemeldete Züchterrecht pfändbar ist und zur Konkursmasse gehört. Als unpfändbar sind jedenfalls die persönlichkeitsrechtlichen Elemente desselben, insbesondere das Recht auf die Züchterehre und das Selbstbestimmungsrecht über die Veröffentlichung und Verwertung anzusehen. Dagegen dürfte eine Vollstreckung in die vermögensrechtlichen Bestandteile des Züchterrechts, also in das Verwertungsrecht, zulässig sein, sobald der Züchter sein Selbstbestimmungsrecht ausgeübt und zu erkennen gegeben hat, daß er die Züchtung geschäftlich verwerten will.[460] Die Pfändung des Sortenschutzrechtes erfolgt nach den Vorschriften der §§ 857 II, 828 ff. ZPO. Die Verwertung des gepfändeten Rechts kann insbesondere durch Anordnung der Veräußerung des Rechts im Wege der Versteigerung oder des freihändigen Verkaufs (§§ 844, 857 IV ZPO), durch Anordnung der Verwaltung (§ 844, 857 IV ZPO) und eventuell durch Zuteilung einer Lizenz an den Gläubiger erfolgen.

512 Bei der Vollstreckung in abgeleitete Rechte (Lizenzen) dürfen jedoch die Interessen des Schutzrechtsinhabers nicht beeinträchtigt werden, da er nicht Vollstreckungsschuldner ist. Daher unterliegen persönliche und Betriebslizenzen, aber auch sonstige Benutzungsrechte, die der Lizenzgeber aufgrund persönlichen Vertrauens gewährt, nicht der Einzelvollstreckung. Dies gilt insbesondere, wenn im Lizenzvertrag eine laufende Vergütung oder eine Benutzungspflicht vereinbart worden ist; denn durch die Pfändung wird der Anspruch des Lizenzgebers auf die Vergütung oder sein Interesse an der Benutzung der Sorte gefährdet. Dagegen sind frei übertragbare Lizenzen pfändbar. In die Konkursmasse fallen nicht nur die pfändbaren Lizenzen, sondern auch Betriebslizenzen, da sie mit dem Betrieb übertragbar sind.[461] Jedoch wird man wohl dem Lizenzgeber wie dem Konkursverwalter analog § 109 InsO ein Kündigungsrecht einräumen müssen.[462]

513 Selbstverständlich unterliegt auch das Vermehrungsmaterial der Pfändung durch Sachpfändung (§§ 808 ff. ZPO). Seine Verwertung darf jedoch nicht gegen das Schutzrecht verstoßen, wofür erheblich ist, ob das Vermehrungsmaterial bereits endgültig in Verkehr gebracht worden ist.

---

460 Vgl. entsprechend im Patentrecht *Hubmann*, Gewerblicher Rechtschutz, § 22 V 1.
461 Vgl. RGZ 134, 98.
462 RGZ 122, 70; 134, 98.

5. Abschnitt: Schutzerteilungsverfahren

A   Das Sortenamt als Erteilungsbehörde   514
     I.   Einleitung   514
     II.   Das Bundessortenamt   517
         1.   Aufgabe und Stellung des Amtes   517
         2.   Leitung und Organisation des Amtes   519
             a)   Leitung des Bundessortenamtes   523
             b)   Weiterer Aufbau des Bundessortenamtes   525
                 aa)   Prüfungsabteilungen   533
                 bb)   Widerspruchsausschüsse   541
             c)   Rechtsstellung der Angehörigen des Bundessortenamtes   547
                 aa)   Allgemeine Rechtsstellung   547
                 bb)   Ausgeschlossene Personen   548
     III.   Das Gemeinschaftliche Sortenamt   551
         1.   Das Amt als Einrichtung der Gemeinschaft   551
             a)   Rechtsstellung und Aufgaben   551
             b)   Beziehung zu Drittstaaten sowie zu internationalen Organisationen   557
             c)   Personal   559
             d)   Haftung   561
         2.   Leitung und Organisation des Amtes   563
             a)   Der Präsident   563
             b)   Ausschüsse des Amtes   569
             c)   Die Beschwerdekammern   573
         3.   Der Verwaltungsrat   584
             a)   Aufgaben   584
             b)   Zusammensetzung   588
             c)   Arbeitsweise   590
         4.   Rechtsaufsicht   594
     IV.   Die nationalen Sortenämter und sonstige Einrichtungen als Prüfungsämter des Gemeinschaftlichen Sortenamtes   598
         1.   Beauftragung eines Prüfungsamtes nach Art. 55 Abs. 1 EGSVO   599
         2.   Beauftragung eines Prüfungsamtes nach Art. 55 Abs. 2 EGSVO   603
         3.   Organisation der Zusammenarbeit zwischen dem Gemeinschaftlichen Sortenamt und den Prüfungsämtern   606
         4.   Prüfungsrichtlinien   610
         5.   Amts- und Rechtshilfe   611

B   Das Erteilungsverfahren   617
     I.   Das Verfahren vor dem Bundessortenamt   618
         1.   Vorbemerkung   618
         2.   Allgemeine Verfahrensgrundsätze   621
             a)   Förmliches Verwaltungsverfahren   621
             b)   Wichtigste, für den Verfahrensgang vor dem Bundessortenamt erhebliche Vorschriften des VwVfG   627
                 aa)   Beteiligte, Anhörung Beteiligter (§§ 13, 66 VwVfG)   627
                 bb)   Bevollmächtigte und Beistände (§ 14 VwVfG)   632

cc) Ausgeschlossene Personen, Besorgnis der Befangenheit (§§ 20, 21 VwVfG)   634
dd) Beweismittel (§§ 26, 65 VwVfG)   635
ee) Wiedereinsetzung in den vorigen Stand (§ 32 VwVfG)   636
ff) Antrag (§ 64 VwVfG)   637
gg) Mündliche Verhandlung (§§ 67, 68 VwVfG)   639
hh) Entscheidung (§ 69 VwVfG)   647
ii) Verfahren vor Ausschüssen (§ 71 VwVfG)   654
3. Der Sortenschutzantrag   656
   a) Formelle Erfordernisse   656
   b) Sachlicher Inhalt   660
   c) Sonstige Angaben   664
   d) Beteiligungs- und Handlungsfähigkeit; mehrere Antragsteller   666
      aa) Beteilungsfähigkeit und Handlungsfähigkeit   667
      bb) Mehrere Antragsteller   668
   e) Bevollmächtigte und Beistände   669
   f) Angabe einer (vorläufigen) Sortenbezeichnung   679
   g) Gebühren   683
4. Antragstag und Zeitvorrang (Priorität)   687
   a) Zeitrang   687
   b) Zeitvorrang   691
      aa) Zeitrang begründender Erstantrag   693
      bb) Prioritätsberechtigte Nachanmeldung   696
      cc) Prioritätserklärung   700
   c) Wirkungen des Zeitvorranges   706
      aa) Verhältnis zu anderen Sortenschutzanträgen   707
      bb) Neuheit der Züchtung   708
   d) Veröffentlichung der Priorität   709
   e) Nachprüfung der Priorität   710
   f) Zeitvorrang bei der Inanspruchnahme einer Markenpriorität   711
5. Bekanntmachung des Sortenschutzantrags   716
6. Einwendungen gegen die Erteilung des beantragten Sortenschutzes   726
   a) Vorbemerkung   726
   b) Einwendungsrecht und Einwendungsgründe   729
   c) Voraussetzungen wirksamer Einwendungserhebung   732
      aa) Form   733
      bb) Frist   734
      cc) Einwendungsbegründung   741
   d) Einwendungsverfahren   743
7. Prüfung   759
   a) Anbauprüfung (Registerprüfung)   760
   b) Vorlage des Vermehrungsmaterials für die Anbauprüfung   767
   c) Beginn der Anbauprüfung, Anmelde- und Vorlagetermine für das Vermehrungsmaterial   773
      aa) Allgemeine Regelung   773
      bb) Vorlage des Vermehrungsmaterials und Beginn der Anbauprüfung bei Geltungmachung eines Zeitvorranges gemäß § 23 Abs. 2 SortG (§ 26 Abs. 4 SortG und § 2 Abs. 1 S. 2 und 3 BSAVfV)   776
      cc) Bindung an das erstmals vorgelegte Vermehrungsmaterial bei Beanspruchung der 4-Jahresfrist (§ 26 Abs. 4 S. 2 SortG)   778
      dd) Verlängerte Vorlagefrist für Vermehrungsmaterial von Reben und Baumarten (§ 2 Abs. 3 BSAVfV)   779
      ee) Vorlagefristen für Vermehrungsmaterial bei Zurücknahme oder Zurückweisung des prioritätsbegründenden Erstantrages (§ 26 Abs. 4 S. 3 SortG)   781

5. Abschnitt: Schutzerteilungsverfahren

      ff) Vom Antragsteller zu beachtende Fristen (Zusammenfassung) 782
   d) Grundsätze für die Durchführung der Anbauprüfung (§ 6 Abs. 1 BSAVfV) 788
   e) Prüfungsbericht (§ 7 BSAVfV) 791
   f) Austausch von Prüfungsergebnissen mit ausländischen Behörden und Stellen (§ 26 Abs. 5 SortG) 797
   g) Weitere für das Prüfungsverfahren wichtige Vorschriften 799
   h) Angabe und Prüfung der Sortenbezeichnung (§ 26 Abs. 6 SortG) 801
  8. Säumnis 810
   a) Säumnistatbestände 811
      aa) Säumnis in bezug auf Prüfungserfordernisse (§ 27 Abs. 1 SortG) 812
      bb) Säumnis bei der Entrichtung von Antrags- oder Widerspruchsgebühren (§ 27 Abs. 2 SortG) 814
   b) Säumniswirkungen 815
  9. Entscheidungen 818
  10. Rechtsmittel gegen Entscheidungen des Bundessortenamtes 819
   a) Widerspruch gegen Entscheidungen der Prüfabteilungen des Bundessortenamtes 820
   b) Beschwerde 824
      aa) Zulässigkeit der Beschwerde 825
      bb) Einlegung der Beschwerde 831
      cc) Inhalt der Beschwerdeschrift 835
      dd) Beschwerdefrist 838
      ee) Beschwerdegebühr 841
      ff) Anschlußbeschwerde 844
      gg) Aufschiebende Wirkung 846
   c) Beschwerdeverfahren vor dem Bundespatentgericht 848
      aa) Abhilfe der Beschwerde 849
      bb) Zustellung 852
      cc) Verfahrensbeteiligte 853
      dd) Prüfungsumfang 854
      ee) Mündliche Verhandlung 858
      ff) Weitere Verfahrensvorschriften 862
      gg) Entscheidung 863
      hh) Kostenfestsetzungsverfahren 879
   d) Rechtsbeschwerde 883
      aa) Statthaftigkeit 884
      bb) Das Rechtsbeschwerdeverfahren 893
      cc) Entscheidung 900
      dd) Kosten 902
  11. Kosten und Gebühren 906
   a) Ermächtigung für den Erlaß einer Rechtsverordnung über gebührenpflichtige Tatbestände und Gebührensätze des Bundessortenamtes 908
   b) Antragsgebühr 912
   c) Prüfungsgebühren 913
   d) Erhebung von Auslagen des Bundessortenamtes 919
   e) Widerspruchsgebühr 920
   f) Jahresgebühren 925
  12. Die Sortenschutzrolle 927
  13. Einsichtnahme 943
II. Verfahren vor dem Gemeinschaftlichen Sortenamt 950
  1. Vorbemerkung 950
  2. Verfahrensvorschriften und -grundsätze 953

5. Abschnitt: Schutzerteilungsverfahren

- a) Schriftlichkeit des Verfahrens 954
- b) Ermittlung des Sachverhaltes 958
- c) Rechtliches Gehör und Begründung von Entscheidungen 960
- d) Mündliche Verhandlung und Beweisaufnahme 963
- e) Beweisaufnahmen 968
- f) Zustellungen 981
- g) Fristen, Unterbrechungen des Verfahrens 987
- h) Wiedereinsetzung in den vorigen Stand 992
- i) Allgemeine Verfahrensgrundsätze 998
- j) Verfahrensvertreter 1000
- k) Sprachenregelung 1005
3. Antrag und Antragstag sowie Zeitvorrang 1010
   - a) Einreichung eines Antrages 1012
   - b) Inhaltliche Voraussetzungen des zeitrangbegründenden Antrages 1019
   - c) Kritik 1024
   - d) Weitere inhaltliche Antragsvoraussetzungen 1026
   - e) Zahlung einer Antragsgebühr 1028
   - f) Zeitvorrang 1029
4. Das Prüfungsverfahren 1034
   - a) Die Formalprüfung des Antrages 1035
   - b) die Sachprüfung des Antrages 1039
   - c) Technische Prüfung 1044
     - aa) Durchführung der technischen Prüfung 1047
     - bb) Prüfungsbericht 1052
5. Einwendungen 1057
6. Entscheidungen des Gemeinschaftlichen Sortenamtes 1058
   - a) Zurückweisung des Antrages nach Art. 61 EGSVO 1059
   - b) Erteilung des Sortenschutzes gemäß Art. 62 EGSVO 1061
   - c) Form der Entscheidung, Begründungspflicht, Zustellung 1062
   - d) Rechtsbehelfsbelehrung 1066
7. Rechtsmittel gegen Entscheidungen des Gemeinschaftlichen Sortenamtes 1067
   - a) Beschwerde 1067
     - aa) Beschwerde gegen Zurückweisungen des Antrages auf Sortenschutz 1068
     - bb) Sonstige beschwerdefähige Entscheidungen 1069
   - b) Beschwer und Beschwerdeberechtigung 1070
   - c) Einlegung der Beschwerde 1071
   - d) Aufschiebende Wirkung 1077
   - e) Beschwerdeverfahren vor dem Amt 1079
   - f) Weitere Verfahrensvorschriften 1085
   - g) Entscheidung 1086
8. Klageverfahren 1088
   - a) Zulässigkeit der Klage 1089
   - b) Frist, Form und Inhalt der Klage 1092
   - c) Aufschiebende Wirkung 1096
   - d) Verfahren vor dem Gericht erster Instanz 1097
   - e) Begründetheit der Klage 1100
   - f) Entscheidung des Gerichts, Rechtsfolgen 1101
9. Rechtsbeschwerde zum EuGH 1103
10. Kostenverteilung bei mehreren Beteiligten 1104
11. Gebühren 1115
12. Eintragungen in das Register und Veröffentlichungen 1126
13. Akteneinsicht 1144

A Das Sortenamt als Erteilungsbehörde

I. Einleitung

Sowohl das Bundessortenamt als auch das Gemeinschaftliche Sortenamt sind Erteilungsbehörden des materiellen Sortenschutzes. Sortenschutzrechte entstehen ebenso wie Patente oder andere gewerbliche Schutzrechte nicht automatisch durch den züchterischen oder entdeckerischen Leistungsakt. Aus diesem ergibt sich lediglich das natürliche Recht des Züchters oder Entdeckers *auf* den Sortenschutz (§ 8 Abs. 1 SortG; Art. 11 Abs. 1 ESGVO). Sortenschutzrechte werden als darüberhinausgehende Sonderrechte *aus* dem Sortenschutz durch einen im nationalen Bereich staatlichen oder im Gemeinschaftlichen Sortenschutz überstaatlichen Verleihungsakt dem Anmelder von der hierfür zuständigen Erteilungsbehörde verliehen. Dabei haben weder das Bundessortenamt noch das Gemeinschaftliche Sortenamt einen Ermessensspielraum. Vielmehr besteht ein öffentlich-rechtlicher Anspruch auf Erteilung des Sortenschutzes, wenn die entsprechenden formellen und materiellen Voraussetzungen vorliegen.[463]

Der Grund, neben dem eigentlichen Leistungsakt zur Begründung des schutzrechtlichen Sonderrechts auch bestimmte formelle Voraussetzungen erfüllen zu müssen, liegt nicht nur in der Notwendigkeit der Überprüfung der Schutzrechtsvoraussetzungen im Interesse der Rechtssicherheit und in der Kundbarmachung der ausschließlichen Zuordnung der Leistungsidee an einen bestimmten Berechtigten zum Schutze für die von ihm erbrachte Leistung, sondern auch in alten, insoweit durchaus auch heute noch zutreffenden Privilegierungsvorstellungen zur Förderung des öffentlichen Gewerbewesens.

Da sich das Sortenschutzrecht ebenso wie das Patentrecht mit seinem über das zunächst entstehende natürliche Recht hinausgehenden Inhalt nur aus dem öffentlichen Interesse erklären läßt, ist die Verleihung dieses Rechts als Ausübung staatlicher bzw. überstaatlicher Tätigkeit zu verstehen, durch die ein Privatrecht begründet wird. Diese Tätigkeit ist dabei nicht als rechtsprechende oder rechtsetzende, sondern als verwaltende anzusehen, so daß sich der Erteilungsakt dogmatisch als privatrechtsgestaltender Verwaltungsakt darstellt. Der privatrechtsgestaltende Verwaltungsakt ist das Mittel, mit dem der Staat auf private Rechtsverhältnisse rechtsbegründend, -abändernd oder -aufhebend einwirken kann, damit sich Privatrecht und Verwaltungsrecht miteinander einen. Daher stehen sich privatrechtlicher Rechtscharakter des Sonderschutzrechts und öffentlich-rechtliches Verwaltungsverfahren nicht systemwidrig und dogmatisch unvereinbar gegenüber, sondern erzeugen zusammen erst den vollendeten Rechtsschutz, der beim Sortenschutzrecht ebenso wie beim Patentrecht durch einen weiteren konstitutiven Formalakt entsteht.[464]

---

[463] Siehe Rdn 624.
[464] *Leßmann*, GRUR 1986, 22.

II. Das Bundessortenamt

1. Aufgabe und Stellung des Amtes

517 Das Bundessortenamt ist nach § 16 Abs. 1 SortG eine dem Bundesminister für Ernährung, Landwirtschaft und Forsten unmittelbar unterstellte selbständige Bundesoberbehörde im Sinne des Art. 87 Abs. 3 S. 1 GG mit Sitz in Hannover. Die Schaffung einer bundeseigenen Verwaltung war möglich, da dem Bund für den Bereich des gewerblichen Rechtsschutzes gemäß Art. 73 Nr. 9 GG die ausschließliche Gesetzgebung zusteht und es sich bei den Aufgaben des Sortenschutzes um solche handelt, die der Sache nach für das gesamte Bundesgebiet von einer Oberbehörde ohne Mittel- und Unterbau sowie ohne Inanspruchnahme von Verwaltungsbehörden der Länder – außer für reine Amtshilfe – wahrgenommen werden können.[465] Soweit das Bundessortenamt außerhalb liegende Prüfstellen, z. B. in Hohenheim, Haßloch usw. unterhält,[466] handelt es sich um regional begrenzte Außenstellen.[467] Das Bundessortenamt ist damit rechtlich eine Verwaltungsakte erlassende Verwaltungsbehörde, nicht aber eine gerichtsähnliche Institution, wenn auch sein Verfahren teilweise justizförmig ausgestaltet und mit besonderen Rechtsgarantien versehen ist, was heute auch für das Patentamt anerkannt und nicht mehr umstritten ist.[468] Bei der Erfüllung seiner Aufgaben verfolgt das Bundessortenamt weder ein eigenes verwaltungsmäßiges Ziel noch steht ihm dabei ein für Verwaltungsbehörden typischer Ermessensspielraum zu. Es hat den beantragten Verwaltungsakt zu erlassen, wenn die gesetzlichen Voraussetzungen erfüllt sind.[469] Seine Entscheidungen unterliegen der rechtlichen Kontrolle durch das Bundespatentgericht (§ 34 SortG). Die Rechtsbeschwerde führt an den Bundesgerichtshof (§ 35 SortG).

518 § 16 Abs. 2 SortG regelt entsprechend dem früheren § 25 Abs. 1 SortSchG 68 den sachlichen Aufgabenbereich des Bundessortenamts, ohne bereits die weitere organisatorische Aufteilung des Amtes in Prüfabteilungen und Widerspruchsausschüsse anzusprechen. Diese erfolgt erst in § 18 SortG. Nach § 16 Abs. 2 SortG ist das Bundessortenamt allgemein zuständig für die Erteilung des Sortenschutzes und die mit ihr zusammenhängenden Angelegenheiten. Ferner führt es die Sortenschutzrolle (§ 28 SortG) und prüft das Fortbestehen der geschützten Sorten (§ 31 SortG). Dazu kommen die weiteren Aufgaben der Sortenzulassung nach dem SaatG (§§ 37 ff. SaatG).

2. Leitung und Organisation des Amtes

519 Das Bundessortenamt besteht nach § 17 Abs. 1 S. 1 SortG aus dem Präsidenten und weiteren Mitgliedern. Von dieser Besetzung als Erteilungsbehörde ist die Zusammensetzung des Bundessortenamts als Verwaltungsbehörde zu unterscheiden, die in ihrer Gesamtheit den Präsidenten, Vizepräsidenten, die Beamten des höheren und gehobenen, mittleren und ein-

---

[465] Vgl. BVerfG 14, 197, 211; BVerwGE 35, 141, 144.
[466] Vgl. Organisationsplan des Bundessortenamtes Rdn 524.
[467] Vgl. *Böhm*, DVBl 50, 746; *Starke*, DVBl 52, 103.
[468] BVerfGE 8, 350 = NJW 1959, 1507; BlfPMZ 1959, 258.
[469] *Leßmann*, GRUR 1986, 22.

fachen Dienstes sowie die Angestellten und Arbeiter umfaßt. § 17 meint nur das Bundessortenamt in der erstgenannten Funktion.

Als Verwaltungsbehörde ist das Bundessortenamt in Abteilungen und diese wiederum in 520 Referate gegliedert, die mit Angehörigen der verschiedenen Laufbahngruppen besetzt sind. Die organisatorische Aufgliederung des Bundessortenamts ergibt sich im einzelnen aus dem nachstehend abgebildeten Organisationsplan. (s. nachfolgende Seite)

In dem Plan sind auch die Bearbeitungsstellen für den Bereich des Saatgutverkehrsgesetzes 521 enthalten. Die Prüfungen nach dem Sortenschutzgesetz werden darin als Registerprüfungen (vgl. § 2 BSAVfV), diejenigen nach dem Saatgutverkehrsgesetz als Wertprüfungen (vgl. § 3 BSAVfV) bezeichnet.

In der Zentralabteilung sind die Referate zusammengefaßt, die mit allen Fachreferaten 522 der beiden anderen Abteilungen zusammenarbeiten. Die Abteilung Landwirtschaft ist entsprechend der Aufgabenstellung in die zwei Sachgebiete Registerprüfung und Wertprüfung aufgegliedert, wobei sich die für die Wertprüfung zuständige Unterabteilung auch mit der beschreibenden Sortenliste befaßt. Von den Referaten werden jeweils bestimmte Pflanzenarten bearbeitet. Die Abteilung Gartenbau ist nicht in diese Sachgebiete unterteilt, weil Gemüsesorten nicht auf ihren landeskulturellen Wert zu prüfen sind. Zur Durchführung der Registerprüfung verfügt das Amt über 14 landwirtschaftliche, gartenbauliche, forstliche und weinbauliche Betriebe (Prüfstellen), die entsprechend den Prüfungsnotwendigkeiten über das Bundesgebiet verteilt sind.

a) Leitung des Bundessortenamtes

Der Präsident des Bundessortenamtes, der entweder auf dem Gebiet des Sortenwesens be- 523 sondere Sachkenntnis besitzen oder die Fähigkeit zum Richteramt nach §§ 5 ff. DRiG haben muß, wird vom Bundesminister für Ernährung, Landwirtschaft und Forsten berufen (§ 17 Abs. 1 S. 2 und 3 SortG). Die Berufung erfolgt nicht auf Lebenszeit, sondern nur für die Dauer der Tätigkeit, da ein Laufbahnwechsel nicht erschwert werden soll.[470] Entsprechend der Doppelstellung des Bundessortenamtes ist der Präsident einerseits Mitglied des Bundessortenamtes als Erteilungsbehörde mit den Befugnissen und Aufgaben nach dem SortG, und andererseits Vorstand der Verwaltungsbehörde Bundessortenamt, der die Amtsleitung, Organisationsgewalt und Dienstaufsicht über die Beamten, Angestellten und Arbeiter des Bundessortenamtes hat. Im Rahmen der Amtsverfassung des Bundessortenamtes als Erteilungsbehörde setzt er die Zahl der Prüfabteilungen und Widerspruchsausschüsse fest und regelt die Geschäftsverteilung (§ 18 Abs. 1 SortG), bestimmt die fachkundigen Mitglieder der Prüfabteilungen (§ 19 Abs. 1 SortG), bestellt die Hilfsmitglieder (§ 17 Abs. 3 SortG), setzt die Widerspruchsausschüsse zusammen (§ 20 Abs. 1 SortG) und erfüllt weitere im SortG an verschiedenen Stellen geregelte Aufgaben.

---

470 BT-Drs. 7/596 S. 13 zu Nr. 15.

Organisationsplan des Bundessortenamtes

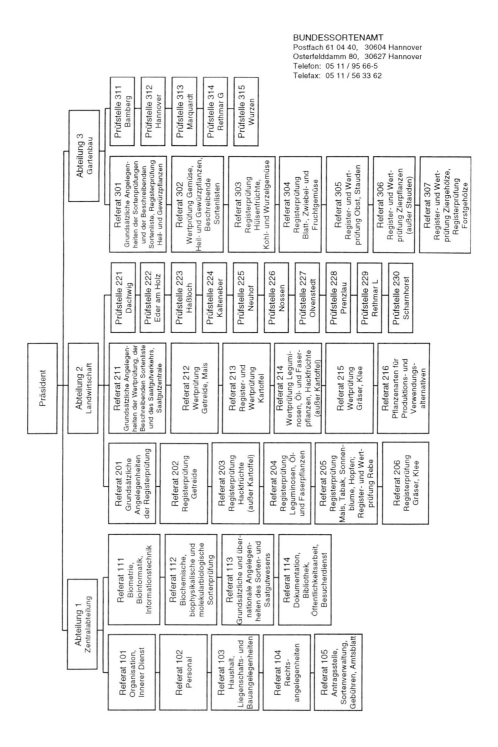

b) Weiterer Aufbau des Bundessortenamtes

Im Rahmen der oben dargestellten Gesamtorganisation werden zur Erteilung des Sorten- 525
schutzes im Bundessortenamt Prüfabteilungen und Widerspruchsausschüsse gebildet (§ 18
Abs. 1 Nr. 1 und 2 SortG), deren Zahl der Präsident festlegt und für die er die Geschäftsverteilung regelt. Zur Zeit bestehen 14 Prüfabteilungen für die verschiedenen Pflanzenarten.
Die Widerspruchsausschüsse sind an die Stelle des früheren Beschlußausschusses getreten.

Die Zuständigkeiten der Prüfabteilungen und der Widerspruchsausschüsse ergeben sich 526
aus § 18 Abs. 2 und 3 SortG. Die Prüfabteilungen sind die eigentlichen Erteilungsstellen, die
über den beantragten Sortenschutz und die mit ihm zusammenhängenden Fragen entscheiden. In Anpassung an die Regelung des Saatgutverkehrsgesetzes sind nach dem geltenden Gesetz grundsätzlich alle erstinstanzlichen Entscheidungen den Prüfabteilungen
übertragen. Durch die Übertragung der dem früheren Beschlußausschuß obliegenden Aufgaben auf die Prüfabteilungen hat der Antragsteller eine zusätzliche Verwaltungsinstanz gewonnen. Während gegen Entscheidungen des Beschlußausschusses nach dem SortSchG 68
die Beschwerde an das BPatG einzulegen war (§§ 44 Abs. 1 SortSchG 68), steht nunmehr
dem Anmelder gegen Entscheidungen der Prüfabteilung die Widerspruchsmöglichkeit offen,
um die Angelegenheit durch einen Widerspruchsausschuß überprüfen zu lassen.[471]

Die Widerspruchsausschüsse sind die Kontrollorgane der Prüfabteilungen. Dabei ist die 527
Tätigkeit bei den Prüf- und Schutzrechtserteilungsverfahren darauf ausgerichtet, zugunsten
des Anmelders zu handeln. Es ist eine Hauptaufgabe des Bundessortenamtes, durch Anbau
der angemeldeten Sorten und Feststellung von Merkmalen daraufhinzuarbeiten, die Schutzfähigkeit der angemeldeten Sorte festzustellen – im Gegensatz zur Tätigkeit des Prüfers des
Patentamts, die in erster Linie darauf abgestellt ist, genaue Feststellungen zu treffen, was der
Schutzrechtserteilung entgegensteht.

Die Prüfabteilungen und Widerspruchsausschüsse sind mit den sog. weiteren Mitgliedern 528
i. S. des § 14 Abs. 1 S. 1 SortG besetzt. Sie sind neben dem Präsidenten die gesetzlich be-
rufenen Organe, durch die das Bundessortenamt im eigentlichen Erteilungsverfahren
(§ 21 ff. SortG) handelt. Man kann ordentliche und Hilfsmitglieder unterscheiden.

Die ordentlichen Mitglieder werden ebenso wie der Präsident vom Bundesminister für 529
Ernährung, Landwirtschaft und Forsten für die Dauer ihrer Tätigkeit berufen (§ 17 Abs. 1
S. 3 SortG). Hilfsmitglieder kann der Präsident bei zeitlich begrenztem Bedürfnis zur Berücksichtigung der oft ungleichmäßigen und plötzlichen Entwicklung der sortenamtlichen
Geschäfte auf Zeit oder zeitlich unbegrenzt auf die Dauer des Bedürfnisses unwiderruflich
mit den Verrichtungen eines Mitglieds des Bundessortenamtes beauftragen (§ 17 Abs. 3
SortG). In der Praxis bildet die Hilfsmitgliedschaft vielfach das für die hinreichende Einarbeitung neu eingetretener Juristen und fachkundiger Personen sinnvolle Vorstadium vor
der Ernennung zum Mitglied.

Beide, ordentliche und Hilfsmitglieder, müssen die Befähigung zum Richteramt nach den 530
§§ 5 ff. DiRG haben (rechtskundige Mitglieder) oder auf dem Gebiet des Sortenwesens besondere Fachkunde besitzen (fachkundige Mitglieder). Als fachkundige Mitglieder sollen
nur solche Personen bestellt werden, die einen in § 17 Abs. 2 SortG aufgezeigten beruflichen
Ausbildungsweg aufweisen können. Dabei ist unter Berücksichtigung des Hoch-
schulrahmengesetzes nur noch der Studiengang, aber nicht mehr der Status der Hochschule

---

471 Vgl. nachfolgend Rdn 820 ff.

maßgebend. Ferner wird auf die bis zum SortG 85 enumerative Aufzählung der Fachrichtungen verzichtet, um in Anpassung an die sich fortentwickelnden Anforderungen gegebenenfalls auch Absolventen anderer Studienrichtungen (z. B. Biochemiker) berufen zu können.

531   Schließlich wird nicht länger allein auf inländische Studienabschlüsse abgestellt, um Regelungen über die Anerkennung ausländischer Studienabschlüsse (insbesondere im EG-Bereich) Rechnung zu tragen.

532   Nichtmitglieder sind alle Beamten, Angestellten und Arbeiter, die das Bundessortenamt zur Erfüllung der Aufgaben benötigt, die keine Prüfungstätigkeit im Sinne des SortG ausüben. Dazu gehört insbesondere die administrative Tätigkeit, die Geschäftsstellentätigkeit sowie jede die Prüfung vorbereitende oder unterstützende Tätigkeit, wie z. B. Zustellung von Benachrichtigungen.

aa) Prüfabteilungen

533   Die Prüfabteilungen sind grundsätzlich mit einem vom Präsidenten bestimmten Mitglied (sogenannten Prüfer) besetzt, das fachkundig im Sinne des § 17 Abs. 2 SortG sein soll und dem die Durchführung der in § 18 Abs. 2 Nr. 1 und 3 SortG genannten (einfacheren) Aufgaben obliegen.[472] Die Einerbesetzung hat sich ebenso wie im Patenterteilungsverfahren mit den Prüfungsstellen (vgl. § 27 Abs. 2 PatG) und anders als mit den Sortenausschüssen nach dem früheren SaatG bewährt, da es umständlich, kostspielig und zeitraubend ist, schon die erste und meist fachlich klar auf der Hand liegende Entscheidung im Erteilungsverfahren durch ein Kollegium treffen zu lassen. Auch sachlich rechtfertigt sich die Entscheidung durch einen einzelnen Prüfer. Im jetzigen Erteilungsverfahren muß nicht mehr über die fachlich schwierige Frage befunden werden, ob die Sorte landeskulturellen Wert hat. Diese ist nur für die Sortenzulassung nach § 30 Abs. 1 Nr. 4 SaatG relevant.

534   Eine Dreierbesetzung ist dagegen für die Rechtmäßigkeitsprüfung von Entscheidungen vorgesehen, die verfahrenstechnisch und rechtlich meist schwierig sind und deshalb ein rechtskundiges Mitglied im Sinne des § 17 Abs. 1 S. 2 SortG bei der Mitwirkung der Entscheidung erforderlich machen.[473] Die Bestimmung der Mitglieder erfolgt wiederum durch den Präsidenten. Die jeweils gültige Zuständigkeit sowie Besetzung der Prüfabteilungen ergibt sich aus den Bekanntmachungen des Präsidenten im Blatt für Sortenwesen. Nach der Bekanntmachung Nr. 19/98 im Bl.f.S. 1998, 365 sind die durch je ein fachkundiges Mitglied oder einen Stellvertreter zu besetzenden Prüfabteilungen wie folgt zuständig:

535   Prüfabteilung für
  1. Getreide (außer Mais), Buchweizen
  2. Kartoffel
  3. Mais, Tabak, Sonnenblume, Linse, Wicklinse, Ölkürbis, Sojabohne, Topinambur, Hirse, Rebe, Hopfen
  4. Gräser, Klee, Esparsette, Luzerne, Serradella, Phazelie
  5. Obst, Stauden
  6. (Nicht besetzt)

---

[472] Nachfolgend Rdn 536, 537.
[473] Nachfolgend Rdn 538 ff.

II. Das Bundessortenamt

7. Gemüse-Hülsenfrüchte, Kohlgemüse, Wurzelgemüse (außer Radieschen, Rettich, Schwarzwurzel, Wurzelpetersilie, Wurzelzichorie), Bleichsellerie, Spargel, Spinat
8. Blattgemüse (außer Bleichsellerie, Spargel, Spinat), Zwiebelgemüse, Fruchtgemüse, Wurzelgemüse (außer Herbstrübe, Knollensellerie, Möhre, Rote Rübe)
9. Gehölze (außer Obstarten), Rose Ericaceen
10. (Nicht besetzt)
11. Mittel- und großkörnige Leguminosen (außer Linse, Wicklinse), Öl- und Faserpflanzen (außer Ölkürbis, Sojabohne, Sonnenblume)
12. Zierpflanzen (außer Stauden, Rose, Ericaceen)
13. Hackfrüchte (außer Kartoffel)
14. Gartenbauliche und landwirtschaftliche Pflanzenarten, die nicht von den Prüfabteilungen 1 bis 13 erfaßt werden

Die Prüfabteilungen in der Einerbesetzung sind nach § 18 Abs. 2 Nr. 1 SortG zuständig für die Entscheidung über Sortenschutzanträge. Mit dem Sortenschutzantrag wird das eigentliche Erteilungsverfahren beim Bundessortenamt eingeleitet. Das Bundessortenamt überprüft den Antrag nach dessen formellen Voraussetzungen (§ 22 SortG), entscheidet über die weitere Behandlung des Antrags (Eintrag ins Eingangsbuch des Bundessortenamtes nach § 23 SortG, Bekanntmachung des Antrages nach § 24 SortG) und nimmt vor allem die Sachprüfung nach § 26 SortG vor. Wie diese Aufgaben im einzelnen zu erfüllen sind, ist an anderer Stelle erläutert. Hier ist lediglich auf die Zuständigkeit einzugehen. 536

§ 18 Abs. 2 Nr. 3 SortG begründet die Zuständigkeit der Prüfabteilungen in der Einerbesetzung auch für die Entscheidungen über die Änderung der Sortenbezeichnung (vgl. § 30 SortG). Nach § 1 Abs. 1 Nr. 5 SortG hängt die Erteilung des Sortenschutzes von der Bezeichnung der Sorte durch eine eintragbare Sortenbezeichnung ab. Die Eintragbarkeit richtet sich nach § 7 SortG.[474] Es können sich aber auch noch nachträglich Eintragungshindernisse herausstellen oder neue entstehen. Nach § 30 SortG kann in einem solchen Falle eine Änderung der Sortenbezeichnung, u. U. auch von Amts wegen, erfolgen.[475] Hierfür sind die Prüfabteilungen nach § 18 Abs. 2 Nr. 3 SortG zuständig. Die Prüfabteilungen wachen damit über die Sortenbezeichnung als wichtige formelle Schutzvoraussetzung. 537

Die Prüfabteilungen sind in einer Dreierbesetzung nach § 18 Abs. 2 Nr. 2 SortG zuständig für die Entscheidung über Einwendungen nach § 25 SortG. In Anlehnung an das patentrechtliche Einspruchsverfahren (vgl. § 59 PatG) ist auch im Sortenschutzrecht vorgesehen, daß jeder Dritte schon während des Erteilungsverfahrens das Bundessortenamt auf Gründe aufmerksam machen kann, die der Schutzrechtserteilung einschließlich der Festsetzung der Sortenbezeichnung entgegenstehen und von denen dem Bundessortenamt unter Umständen nichts bekannt ist. Während bis zur Bekanntmachung des Antrags nur der Prüfer und der Anmelder die Frage der Schutzfähigkeit der Anmeldung miteinander erörtern, ist danach durch die Veröffentlichung der Anmeldung der Allgemeinheit die Gelegenheit geboten, Einwendungen gegen die Erteilung des Sortenschutzes zu erheben und auf diese Weise Sortenschutzrechte zu verhindern, die alsbald schon wieder aufgehoben werden müßten. Das Verfahren wird damit auf eine breitere Grundlage gestellt. Die Regelung ist erst durch das SortSchG 68 eingeführt worden. Nach dem bis dahin geltenden SaatG (vgl. § 33 Abs. 2) konnte lediglich gegen bereits erteilte Schutzrechte Einspruch eingelegt werden. Dies hatte 538

---

474 Vgl. hierzu Rdn 240 ff.
475 Vgl. dazu Einzelheiten in Rdn 1191 ff.

sich jedoch nicht bewährt. Das Einwendungsverfahren ist auch billiger und durchgreifender als ein nachträgliches Aufhebungsverfahren, insbesondere deshalb, weil von vornherein die Möglichkeit verringert wird, daß auf der Grundlage nichtiger Sortenschutzrechte Ansprüche gegenüber Dritter bis zum Abschluß eines Aufhebungsverfahrens geltend gemacht werden. Das Bundessortenamt prüft die Einwendungen auf ihre Zulässigkeit und Begründetheit.[476]

539   Auch die Erteilung des Zwangsnutzungsrechts und die Festsetzung der Bedingungen obliegt den Prüfabteilungen (§ 18 Abs. 2 Nr. 5 SortG) nach Maßgabe des § 12 SortG. Da es um Beschränkungen des Ausschließlichkeitsrechtes Sortenschutz im Allgemeininteresse geht, muß hier die Prüfabteilung in einer Dreierbesetzung entscheiden.

540   Die Prüfabteilungen in der Dreierbesetzung sind schließlich zuständig für die Entscheidung über die Rücknahme und den Widerruf der Erteilung des Sortenschutzes (§ 18 Abs. 2 Nr. 6 SortG), deren materielle Voraussetzungen in § 31 Abs. 2 und 3 SortG geregelt sind. Rücknahme und Widerruf werden also ebenfalls als (fortbestehende) Erteilungsfrage und nicht nur wie nach § 25 Abs. 3 Nr. 4 und 5 SortSchG 68 für die Zuständigkeit des Beschlußausschusses als Überprüfungsfrage gesehen und gehören somit zur erstinstanzlichen Entscheidung der Prüfabteilungen. Auch hier handelt es sich um Entscheidungen, die aufgrund ihrer negativen Auswirkungen auf die durch die Erteilung des Sortenschutzes begründete formale Rechtsposition eingreift und deshalb eine Entscheidung durch eine Dreierbesetzung der Prüfabteilung erfordert.

bb) Widerspruchsausschüsse

541   Die Widerspruchsausschüsse sind nach § 18 Abs. 3 SortG zuständig für die Entscheidung über Widersprüche gegen Entscheidungen der Prüfabteilungen. Sie sind damit Kontroll- und Rechtsbehelfsorgane zu den Prüfabteilungen, gegen deren Entscheidungen Widerspruch erhoben werden kann (§§ 21 SortG, 63 ff., 79 VwVfG, 68 ff. VwGO).

542   Die Widerspruchsausschüsse sind Kollegialorgane, da ihre Entscheidungen als Kontrollentscheidung über die Entscheidungen der Prüfabteilungen (§ 18 Abs. 3 SortG) in der Regel schwieriger sind. Sie bestehen aus drei hauptamtlichen und zwei ehrenamtlichen Mitgliedern.

543   Hauptamtliche Mitglieder sind der Präsident oder ein von ihm bestimmtes Mitglied des Bundessortenamtes als Vorsitzender. Das kann ein fachkundiges oder rechtskundiges Mitglied im Sinne des § 17 Abs. 1 SortG sein. Dazu kommen als weitere hauptamtliche Mitglieder zwei Beisitzer des Bundessortenamtes, die vom Präsidenten bestimmt werden und besondere Fachkunde auf dem Gebiet des Sortenwesens (fachkundiges Mitglied) oder die Befähigung zum Richteramt nach dem deutschen Richtergesetz (rechtskundiges Mitglied) haben müssen. Die Teilnahme eines rechtskundigen Beisitzers ist notwendig, weil die Widerspruchsausschüsse bei ihrer Aufgabenwahrung nach § 18 Abs. 3 SortG im starken Maße auch über Rechtsfragen zu entscheiden haben.

544   Die ehrenamtlichen Mitglieder, die die Funktion von Beisitzern haben, werden gemäß § 20 Abs. 2 SortG vom Bundesministerium für Ernährung, Landwirtschaft und Forsten für 6 Jahre berufen. Ihre Wiederberufung ist zulässig. Sie sollen auf dem Gebiet des Sortenwesens besondere Fachkunde besitzen, dürfen jedoch wegen der Gefahr der Interessenskollision nicht Inhaber oder Angestellte von Zuchtbetrieben oder Angestellte von Züchterverbänden

---

476 Vgl. hierzu näher Rdn 725 ff.

sein. Dieser Ausschluß ist für den die Beisitzer berufenden Minister trotz des Begriffs „sollen" verbindlich. Wie die Begründung zu § 20 SortG ausführt, hat die Verwendung des Wortes „sollen" nur rechtstechnische Gründe, um zu verhindern, daß die Gültigkeit einer Entscheidung eines Widerspruchsausschusses nur deshalb in Zweifel gezogen wird, weil ein Beisitzer berufen worden ist, der seine Tätigkeit für einen Zuchtbetrieb oder Züchterverband verschwiegen hat.[477] Eine solche „Fehlbesetzung" führt nicht zur Beschwerde nach § 34 SortG.

Als ehrenamtliche Beisitzer werden danach hauptsächlich Wissenschaftler des Fachgebietes oder Beamte von Regierungsstellen mit entsprechender Fachkompetenz in Frage kommen. Scheidet ein ehemaliger Beisitzer vorzeitig aus, so ist ein Nachfolger zu berufen, jedoch nur für den Rest der laufenden sechsjährigen Amtszeit (§ 20 Abs. 2 S. 2 SortG). Es hat sich in der Vergangenheit nämlich als unzweckmäßig erwiesen, die Berufung der ehrenamtlichen Beisitzer zu unterschiedlichen Zeitpunkten vorzunehmen.[478] Anders als noch §§ 27 Abs. 5, 28 und 29 SortSchG 68 vorsahen, enthält das geltende SortG keine Bestimmungen mehr über die Abberufung und Verpflichtung der ehrenamtlichen Beisitzer sowie deren Entschädigung. Einschlägig sind vielmehr nun die §§ 83 bis 86 VwVfG. 545

Die Widerspruchsausschüsse sind bei Anwesenheit des Vorsitzenden, des rechtskundigen (hauptamtlichen) Beisitzers und eines ehrenamtlichen Beisitzers beschlußfähig. Um die Beschlußfähigkeit zu sichern, sieht das Gesetz eine Stellvertretung vor, die jedoch auf die ehrenamtlichen Beisitzer beschränkt ist, da die anderen Beisitzer in jedem Falle Mitglieder des Bundessortenamtes sein müssen. Insoweit ist Stellvertretung nicht notwendig. Die Stellvertretung sowie die sonstigen Zusammensetzungen der Widerspruchsausschüsse ist aus den Mitteilungen des Bundessortenamts-Präsidenten im Blatt für Sortenwesen ersichtlich. Die derzeitige Zusammensetzung des Widerspruchsausschusses ergibt sich aus der Bekanntmachung Nr. 19/98[479], wonach ein Widerspruchsausschuß für Sortenschutzsachen nach § 20 SortG aus 546

einem Vorsitzenden   sowie dessen Stellvertreter
einem Beisitzenden   sowie eines Stellvertreters
zwei ehrenamtlichen Beisitzern   mit zwei Stellvertretern
besteht.

c) *Rechtsstellung der Angehörigen des Bundessortenamtes*

aa) *Allgemeine Rechtsstellung*

Für die allgemeine Rechtsstellung der Angehörigen des Bundessortenamtes gilt das öffentliche Dienstrecht, also insbesondere für die Beamten des Bundessortenamtes als unmittelbare Beamte das Bundesbeamtengesetz, das Rechte und Pflichten der Beamten (§§ 52–56 BBG), Fragen der Dienstaufsicht (Präsident) und der Dienstvergehen (§§ 77 ff. BBG) sowie die Nebentätigkeit der Beamten (64 ff. BBG) regelt. Entsprechendes ergibt sich für die Angestellten aus dem Bundesangestelltentarif und für die Arbeiter aus dem Arbeitsrecht. 547

---
477 Vgl. BT-Drs. 10/816, S. 22 zu § 20.
478 Begr. BT-Drs. 10/816, S. 22 zu § 20.
479 Bl.f.S. 1998, 376 ff.

5. Abschnitt: Schutzerteilungsverfahren

bb) Ausgeschlossene Personen

548   Die Erteilung des Sortenschutzes ist ein nach rechtsstaatlichen Grundsätzen ausgerichtetes objektives Verfahren, das von subjektiven Interessen der am Erteilungsprozeß beteiligten Amtsangehörigen freizuhalten ist. Um bereits den Schein möglicher Parteilichkeit zu vermeiden, sind von vornherein solche Beamte und Bedienstete der Erteilungsbehörde vom Verfahren auszuschließen, die nicht die für eine objektive und unbefangene Mitwirkung notwendige Distanz zum Gegenstand des Verfahrens gewährleisten. Da es sich beim sortenschutzrechtlichen Erteilungsverfahren um ein (förmliches) Verwaltungsverfahren handelt, ergibt sich der Ausschluß und die Ablehnung von Mitgliedern des Bundessortenamtes aus §§ 20, 21 sowie §§ 65 Abs. 1, 71 Abs. 3 VwVfG. Diese Vorschriften sollen sicherstellen, daß das Handeln der Behörde im Interesse der optimalen Erfüllung der öffentlichen Aufgaben sowie der Gesetzmäßigkeit der Verwaltung und des Rechtsschutzes des Bürgers nach Möglichkeit von persönlichen Einflüssen freigehalten und auch der Schein möglicher Parteilichkeit vermieden wird. Ferner sollen den Amtsträgern gegebenenfalls Gewissenskonflikte erspart werden.[480] Daher sind Personen, die zu einem Beteiligten oder zum Gegenstand des Verfahrens in einem besonderen Näheverhältnis stehen, kraft Gesetzes von der Mitwirkung ausgeschlossen oder können wegen Besorgnis der Befangenheit durch besondere Anordnung des Präsidenten des Bundessortenamtes ausgeschlossen werden (vgl. § 21 VwVfG). Zu weiteren Einzelheiten wird auf die §§ 20, 21 VwVfG sowie auf die Kommentierung zu diesen Vorschriften in der Spezialliteratur, wie z. B. Kopp, VwVfG, Stelkens/Bonk/Sachs, VwVfG verwiesen.

549   Entsprechend der Regelung für Angehörige des DPA dürfen Angehörige des Bundessortenamtes selbst keine Sortenschutzrechte anmelden oder als Inhaber besitzen. Ferner dürfen sie auch nicht bei Sortenschutzanmeldungen Dritter bzw. in einem diesbezüglichen Erteilungsverfahren oder bei der Verwertung von Sortenschutzrechten Hilfe leisten oder außeramtlich mitwirken. Dies hat zur Folge, daß Angehörige des Bundessortenamtes nach ihrem Amtseintritt die ihnen gehörenden Schutzrechte oder Anmeldungen aufgeben bzw. veräußern müssen.[481] Diese Verbote sind mit Art. 3 Abs. 1, 14 und 33 Abs. 5 GG vereinbar und haben in den §§ 52 ff. BBG eine ausreichende gesetzliche Grundlage.[482]

550   Für Amtspflichtverletzungen von Angehörigen des Bundessortenamtes in Ausübung des ihnen anvertrauten öffentlichen Amtes besteht die Amtshaftung des Staates gemäß Art. 34 GG, § 839 BGB mit Rückgriffsmöglichkeiten gegen den Beamten nach § 78 BGB. Zur Bestimmung möglicher verletzter Amtspflichten kann u. a. auf die Spruchpraxis zu den Grundbuch- und Registerrichtern zurückgegriffen werden.[483] Da es sich beim Bundessortenamt um eine reine Verwaltungsbehörde ohne rechtsprechende Tätigkeit handelt, ist das Richterprivileg nach § 839 Abs. 2 BGB nicht anwendbar.[484]

---

480 Vgl. *Kopp*, § 20 VwVfG, Rdn 2.
481 Vgl. Klauer Möhring, § 17 PatG Anm. 9.
482 Vgl. BVerwG Bl.f.PMZ 1961, 400.
483 Vgl. die Nachweise bei *Palandt/Thomas*, § 839 Anm. 15, Stichwort: Richter.
484 Vgl. hierzu auch *Wuesthoff/Leßmann/Wendt*, 2. Auflage, Rdn 10 zu § 17.

III. Das Gemeinschaftliche Sortenamt

1. Das Amt als Einrichtung der Gemeinschaft

a) Rechtsstellung und Aufgaben

Als Verordnung im Sinne des Art. 189 Abs. 2 EG-Vertrag ist die Verordnung über den gemeinschaftlichen Sortenschutz unmittelbar und verbindlich geltendes Recht in jedem Mitgliedstaat. Grundsätzlich ist den Mitgliedstaaten nach Art. 5 EG-Vertrag der Vollzug des Gemeinschaftsrechtes auferlegt, es sei denn, der Gemeinschaftsgesetzgeber hat dies anders geregelt. 551

Um eine einheitliche Handhabung des gemeinschaftlichen Sortenschutzes zu erreichen, ist in Erwägungsgrund 4 der EGSVO hervorgehoben, daß es zweckmäßig erscheint, die Gemeinschaftsregelung nicht von Behörden der Mitgliedstaaten, sondern durch ein Amt der Gemeinschaft mit eigener Rechtspersönlichkeit umzusetzen und anzuwenden. Gemäß Art. 4 EGSVO ist für die Durchführung dieser Verordnung über den gemeinschaftlichen Sortenschutz ein Gemeinschaftliches Sortenamt zu errichten, was auch 1995 geschehen ist. Der gemeinschaftliche Gesetzgeber hat sich damit entschieden, daß im Bereich des gemeinschaftlichen Sortenschutzerteilungsverfahrens die Gemeinschaft nicht über ihre Mitgliedstaaten, sondern selbst administrativ tätig wird. Durch die Verordnung wird der Gemeinschaft die Kompetenz zum gemeinschaftsexternen Vollzug eingeräumt, wobei diese einer verselbständigten Stelle, dem Gemeinschaftlichen Sortenamt, zugewiesen ist. 552

Beim Gemeinschaftlichen Sortenamt handelt es sich somit um eine Einrichtung der Europäischen Gemeinschaft, welche der Exekutive zuzuordnen ist und ihre Amtshandlungen nach dem allgemeinen Verwaltungsrecht der Gemeinschaft durchführt, soweit dies insbesondere durch die Rechtsprechung des EuGH entwickelt worden ist.[485] Als juristische Person des öffentlichen Rechts besitzt das Amt in jedem Mitgliedstaat die weitestgehende Rechts- und Geschäftsfähigkeit, die dort juristischen Personen nach dessen Rechtsvorschriften zuerkannt wird (Art. 30 Abs. 2 S. 1 EGSVO). 553

Durch den Vollzug des gemeinschaftlichen Sortenschutzes durch das Gemeinschaftliche Sortenamt ist die Kompetenz der nationalen Verwaltungsbehörden, so auch des Bundessortenamtes, verdrängt. Trotzdem ist das Gemeinschaftliche Sortenamt beim direkten Vollzug auch auf die Hilfe mitgliedstaatlicher Stellen angewiesen. Eine qualifizierte Hilfeleistungspflicht des Bundessortenamtes ergibt sich, soweit Vorschriften in der EGSVO und der hierzu erlassenen Durchführungsverordnung fehlen, zudem aus der in Art. 5 Abs. 1 Satz 1 EG-Vertrag festgehaltenen Unterstützungspflicht nationaler Behörden. 554

Um die übertragenen Verwaltungsaufgaben ausführen zu können, eröffnet Art. 30 Abs. 4 EGSVO dem Amt zudem die Möglichkeit, mit Zustimmung des Verwaltungsrates gemäß Art. 36 EGSVO und Zustimmung der jeweiligen nationalen Einrichtung dieser bestimmte Verwaltungsaufgaben zu übertragen oder zu diesem Zweck eigene Dienststellen einzurichten (Art. 30 Abs. 4 EGSVO).[486] 555

Das Gemeinschaftliche Sortenamt hat also die Aufgabe, die Gemeinschaftsregelung zum gemeinschaftsweit geltenden Sortenschutzrecht umzusetzen und anzuwenden (Art. 4, Er- 556

---

[485] Vgl. hierzu im einzelnen Rdn 952 ff.
[486] Vgl. hierzu Rdn 598 ff.

wägungsgrund 4). Dazu gehört neben der formellen (Art. 53 EGSVO) und sachlichen Prüfung (Art. 54 EGSVO) insbesondere die technische Prüfung (Art. 55 f. EGSVO) zum gemeinschaftlichen Sortenschutz angemeldeter neuer Sorten. Darüber hinaus hat das Gemeinschaftliche Sortenamt die sonstigen mit den Prüfungs- und Erteilungsverfahren in Verbindung stehenden Verfahren, wie z. B. die Prüfung von Einwendungen gemäß Art. 59 EGSVO, durchzuführen. Schließlich muß das Gemeinschaftliche Sortenamt nicht nur Entscheidungen über den Antrag auf Erteilung eines gemeinschaftlichen Sortenschutzes und die Aufrechterhaltung desselben (Art. 64 ff. EGSVO) treffen sowie gegebenenfalls das sich an solche Entscheidungen anschließende Beschwerdeverfahren (Art. 67 ff. EGSVO) durchführen, sondern auch das gemeinschaftliche Sortenschutzregister einrichten und führen sowie für die Herausgabe der in Art. 89 EGSVO regelmäßig erscheinenden Veröffentlichungen (Amtsblatt des Gemeinschaftlichen Sortenamtes; Art. 87 DVO) Sorge tragen.

b) Beziehung zu Drittstaaten sowie zu internationalen Organisationen

557 Als Einrichtung der Gemeinschaft mit eigener Rechtspersönlichkeit kann das Gemeinschaftliche Sortenamt im Rahmen der ihm durch die EGSVO übertragenen Aufgaben, nämlich Erteilung von gemeinschaftlichen Sortenschutzrechten und damit zusammenhängenden Tätigkeiten, Beziehungen zu Drittstaaten und internationalen Organisationen im Bereich des Schutzes des geistigen Eigentums wie insbesondere zur Weltorganisation für geistiges Eigentum (WIPO) und zum internationalen Verband zum Schutz von Pflanzenzüchtungen (UPOV) unterhalten. Da die Verordnung die bestehenden internationalen Übereinkommen wie das UPOV-Übereinkommen, das europäische Patentübereinkommen sowie das TRIPS-Abkommen berücksichtigt (vgl. Erwägungsgrund 29), wird es zu engen Kooperationen mit den entsprechenden Einrichtungen kommen.

558 Beim Gemeinschaftlichen Sortenamt handelt es sich jedoch nicht um ein Organ der Europäischen Gemeinschaft, das für eine Vertretung gegenüber Drittstaaten zuständig ist. Das Amt kann damit nicht in Stellvertretung der Gemeinschaft Funktionen im Rahmen von Konferenzen oder sonstigen Sitzungen der genannten Organisationen wahrnehmen, es sei denn, es liegt ein entsprechender Auftrag des zuständigen Organs der Gemeinschaft vor. So kann z. B. der Beitritt zum UPOV-Übereinkommen nur von der Europäischen Gemeinschaft, nicht aber vom Gemeinschaftlichen Sortenamt verhandelt, unterzeichnet und ratifiziert werden.

c) Personal

559 Art. 31 bestimmt, daß das Personal des Gemeinschaftlichen Sortenamtes den Personalbestimmungen der Gemeinschaft unterliegt (für Beamte: Statut der Beamten der Europäischen Gemeinschaften; sonstige Bedienstete: Beschäftigungsbedingungen für die sonstigen Bediensteten der Europäischen Gemeinschaften).[487] Mit Ausnahme des Präsidenten und des Vizepräsidenten, die gemäß Art. 43 vom Rat ernannt und entlassen werden und über die der Rat die Disziplinargewalt ausübt, ist das Amt Anstellungsbehörde. Zu beachten ist der be-

---

487 ABl. 1969, Nr. L 287, 1 ff.

sondere Status der Vorsitzenden der Beschwerdekammern und ihrer jeweiligen Stellvertreter. Auch diese werden gemäß Art. 47 (1) EGSVO vom Rat ernannt.[488]

Gemäß Art. 32 gilt für das Amt das Protokoll über die Vorrechte und Befreiungen der 560
Europäischen Gemeinschaften. Dies soll die Unabhängigkeit des Amtes und seiner Bediensteten sicherstellen.

d) Haftung

Die in Art. 33 EGSVO geregelte vertragliche und außervertragliche Haftung entspricht der 561
Haftungsregelung für die Organe der Europäischen Gemeinschaft. Gemäß Art. 215 EG-Vertrag ist zwischen der vertraglichen und der außervertraglichen Haftung zu unterscheiden. Während die vertragliche Haftung Vertragsverhältnisse zwischen der Gemeinschaft und Privaten, z. B. über die Beschaffung von Gegenständen zur Durchführung der Verwaltungstätigkeit betrifft oder auch eine Vereinbarung des Gemeinschaftlichen Sortenamtes mit nationalen Einrichtungen zur Übernahme von Aufgaben des Gemeinschaftlichen Sortenamtes i. S. des Art. 30 Abs. 4 EGSVO (Entgegennahme von Anträgen auf Erteilung des gemeinschaftlichen Sortenschutzes, Art. 49 Abs. 1b) EGSVO, Durchführung der technischen Prüfung gemäß Art. 55 Abs. 2 EGSVO), bezieht sich die außervertragliche Haftung gemäß Art. 215 Abs. 2 EG-Vertrag auf Schäden aus hoheitlichem unrechtmäßigem Handeln. Soweit im Rahmen der hoheitlichen Tätigkeit des Gemeinschaftlichen Sortenamtes Dritten Schäden zugefügt werden, bestimmt sich der Schadenersatz nach den allgemeinen Rechtsgrundsätzen, die den Rechtsordnungen der Mitgliedstaaten gemeinsam sind (Art. 215 Abs. 2 EGV).[489]

Im Einklang mit Art. 215 Abs. 4 EG-Vertrag richtet sich nach Art. 33 Abs. 5 EGSVO die 562
persönliche Haftung des den Schaden verursachenden Bediensteten des Gemeinschaftlichen Sortenamtes nach den Bedingungen ihres Statuts oder den für diese jeweils geltenden Beschäftigungsbedingungen.

2. Leitung und Organisation des Amtes

a) Der Präsident

Das Amt wird nach außen von einem Präsidenten vertreten (Art. 30 Abs. 3 EGSVO), der 563
zugleich Leiter des Gemeinschaftlichen Sortenamtes ist (Art. 42 Abs. 1 EGSVO). Er wird aus einer Liste von Kandidaten, die die Kommission nach Anhörung des Verwaltungsrates vorschlägt, ausgewählt und vom Rat ernannt (Art. 43 Abs. 1 EGSVO). Vom Rat wird der Präsident auf Vorschlag der Kommission und nach Anhörung des Verwaltungsrates auch wieder entlassen (Art. 43 Abs. 1 S. 2 EGSVO). Seine Amtszeit beträgt höchstens 5 Jahre, eine Wiederernennung ist jedoch zulässig (Art. 43 Abs. 2 EGSVO).

Der Präsident wird von einem oder mehreren Vizepräsidenten unterstützt (Art. 42 Abs. 3 564
EGSVO), die ebenfalls gemäß Art. 43 Abs. 3 EGSVO vom Rat nach Anhörung des Präsi-

---

[488] Vgl. Rdn 576.
[489] Hinsichtlich weiterer Einzelheiten vgl. *Bleckmann*, Rdn 1020.

denten auf Vorschlag der Kommission und nach Anhörung des Verwaltungsrates ernannt und entlassen werden.

565   Als Leiter des Gemeinschaftlichen Sortenamtes ergreift der Präsident im Rahmen der EGSVO, der hierzu nach Art. 113 und 114 EGSVO erlassenen Durchführungs- und Gebührenverordnungen sowie der vom Verwaltungsrat gemäß Art. 36 Abs. 1 EGSVO festgelegten Vorschriften bzw. Leitlinien alle Maßnahmen, die den ordnungsgemäßen Betrieb des Amtes sicherstellen. Insbesondere erläßt er die hierzu erforderlichen internen Verwaltungsvorschriften. Er trägt zudem dafür Sorge, daß die für Dritte erforderlichen Mitteilungen veröffentlicht werden (Art. 42 Abs. 2a EGSVO).

566   Als Leiter des Gemeinschaftlichen Sortenamtes ist der Präsident auch Dienstvorgesetzter des Personals (Art. 42 Abs. 2c EGSVO) und als solcher zuständig für die Ernennung und alle sonstigen Maßnahmen, die das Personal betreffen. In dieser Eigenschaft übt er insbesondere auch die Disziplinargewalt gegenüber dem Personal aus, nicht jedoch über den Vizepräsidenten. Diese ist dem Rat vorbehalten (Art. 43 Abs. 4 EGSVO). Gleiches gilt für die Vorsitzenden der Beschwerdekammern (Art. 47 Abs. 1 und 3 EGSVO). Wegen der Unabhängigkeit der übrigen Mitglieder der Beschwerdekammern (Art. 47 Abs. 3 EGSVO) wird man wohl davon ausgehen müssen, daß auch insoweit die Disziplinargewalt des Präsidenten ausgeschlossen ist. Weitere Aufgaben des Präsidenten ergeben sich aus der nicht abschließenden Aufzählung des Art. 42 Abs. 2 EGSVO.

567   Der Präsident kann selbst Verfahrensentscheidungen treffen oder durch Weisung treffen lassen, soweit nicht Entscheidungen durch eine Beschwerdekammer gemäß Art. 72 EGSVO (Art. 35 Abs. 1 EGSVO) ergehen müssen oder eine nach Art. 35 Abs. 2 EGSVO einem Ausschuß vorbehaltene Entscheidung vorliegt.[490] Soweit Entscheidungen im Erteilungsverfahren einem Ausschuß zugewiesen sind, kann der Präsident lediglich bestimmen, daß über Einwendungen Dritter, die diese nach Art. 59 EGSVO gegen die Erteilung des Sortenschutzes erheben können, zusammen mit der Entscheidung über den Erteilungsauftrag sowie über die (Änderung der) Sortenbezeichnung ergeht (Art. 9 S. 2 DVO i. V. m. Art. 61, 62, 63 und 66 EGSVO). Die danach dem Präsidenten offenstehenden Entscheidungen kann dieser auf einen Bediensteten des Amtes übertragen (Art. 42, Abs. 2b) EGSVO).

568   Der Präsident hat zu gewährleisten, daß die unter seiner Verantwortung getroffenen Entscheidungen kohärent sind (Art. 9 S. 1 DVO). Dies gilt nicht nur für seine eigenen Entscheidungen, sondern insbesondere auch für solche der Ausschüsse, nicht dagegen für die völlig unabhängigen Beschwerdekammern.

b) Ausschüsse des Amtes

569   Beim Gemeinschaftlichen Sortenamt sind Ausschüsse aus jeweils drei Bediensteten des Amtes einzurichten (Art. 35 Abs. 2 EGSVO). Nach Art. 6 DVO i. V. m. Art. 35 Abs. 2 S. 2 EGSVO liegt es im Ermessen des Präsidenten zu bestimmen, daß sich die Ausschüsse aus Mitgliedern mit technischer oder rechtlicher Qualifikation oder aus Mitgliedern beider Fachrichtungen zusammensetzen. Während ein technisches Mitglied über einen Hochschulabschluß im Bereich der Pflanzenkunde oder über anerkannte Erfahrungen in diesem

---

[490] Vgl. im einzelnen hierzu Rdn 573 zu den der Beschwerdekammer vorbehaltenen Entscheidungen sowie Rdn 570 f. zu den Ausschüssen zugewiesenen Entscheidungsbereichen.

Bereich verfügen muß (Art. 6 Abs. 2 DVO), muß ein rechtskundiges Mitglied über ein abgeschlossenes rechtswissenschaftliches Studium oder über anerkannte Erfahrungen im Bereich des gewerblichen Rechtsschutzes oder des Sortenschutzwesens verfügen (Art. 6 Abs. 3 DVO).

Die Ausschüsse entscheiden über die 570
– Nichtigerklärung des gemeinschaftlichen Sortenschutzes (Art. 20 EGSVO)
– Aufhebung des gemeinschaftlichen Sortenschutzes (Art. 21 EGSVO)
– Erteilung von Zwangsnutzungsrechten (Art. 29 EGSVO)
– Einwendungen gegen die Erteilung des Sortenschutzes (Art. 59 EGSVO)
– Zurückweisung des Antrages auf Erteilung eines gemeinschaftlichen Sortenschutzes (Art. 61 EGSVO)
– Erteilung des gemeinschaftlichen Sortenschutzes (Art. 62 EGSVO)
– Genehmigung der Sortenbezeichnung (Art. 63 EGSVO)
– Änderung der Sortenbezeichnung (Art. 66 EGSVO) sowie
– Erteilung einer einfachen Lizenz bei Wechsel der Inhaberschaft in den Fällen, in denen zunächst ein Nichtberechtigter eingetragen war (Art. 100 Abs. 2 EGSVO).

Ergänzt wird dieser Zuweisungskatalog durch Art. 7 Abs. 1 DVO, der den Ausschüssen 571
auch die Entscheidungskompetenz über
– die Nichtaussetzung einer Entscheidung, die mit dem Rechtsmittel der Beschwerde angefochten wurde (Art. 67 Abs. 2 EGSVO)
– die Abhilfe über die Beschwerde gegen Entscheidungen, die im einstufigen Verfahren ergangen sind und mit der Beschwerde wirksam angefochten wurden (Art. 70 EGSVO)
– den Antrag auf Wiedereinsetzung in den vorigen Stand (Art. 80 EGSVO) sowie über
– die Verteilung der Kosten im Verfahren zur Rücknahme oder zum Widerruf des gemeinschaftlichen Sortenschutzes bei einem Teilobsiegen (Art. 80 Abs. 2 EGSVO)

zuweist. Sämtliche Entscheidungen der Ausschüsse werden von der Mehrheit der Ausschußmitglieder getroffen (Art. 7 Abs. 2 DVO).

Jeder Ausschuß bestimmt eines seiner Mitglieder als Berichterstatter. Der Berichterstatter 572
sorgt u. a. für die Zusammenarbeit zwischen dem Gemeinschaftlichen Sortenamt und den Prüfungsämtern sowie insbesondere für die Vorlage der Prüfungsberichte. Er hat auf den ordnungsgemäßen Ablauf des Verfahrens vor dem Amt, einschließlich der hierzu herangezogenen nationalen Einrichtungen zu achten. Bei Mängeln, denen die Verfahrensbeteiligten abzuhelfen haben, muß vom Berichterstatter Sorge hierfür getragen werden, daß den Verfahrensbeteiligten diese mitgeteilt werden. Auch die Kontrolle der Fristen obliegt dem Berichterstatter. Im übrigen sorgt er für eine enge Verbindung zu den Verfahrensbeteiligten und für den Austausch von Informationen.

c) Die Beschwerdekammern

Die Beschwerdekammern sind nach Art. 45 Abs. 2 EGSVO für Beschwerden gegen folgende 573
Entscheidungen des Amtes zuständig (vgl. Art. 67 EGSVO):
– Nichtigerklärung des gemeinschaftlichen Sortenschutzes (Art. 20 EGSVO)
– Aufhebung des gemeinschaftlichen Sortenschutzes (Art. 21 EGSVO)
– Einwendungen gegen die Erteilung des Sortenschutzes (Art. 59 EGSVO)
– Zurückweisungen des Antrages auf gemeinschaftlichen Sortenschutz (Art. 61 EGSVO)
    • wegen Nichtbeseitigung von Mängeln (Art. 53 EGSVO)

- wegen Nichtvorlage von Prüfmaterial (Art. 55 Abs. 4, 5 EGSVO)
  - wegen Fehlens einer nach Art. 63 EGSVO festsetzbaren Sortenbezeichnung,
  - weil die sachliche Prüfung nach Art. 54 ergeben hat, daß entweder der Anmeldegegenstand nicht eine Sorte nach Art. 5 ist, die Sorte nicht als neu im Sinne des Art. 10 gelten kann, der Antragsteller nicht antragsberechtigt i. S. des. Art. 12 ist bzw. nicht ordnungsgemäß nach Art. 82 vertreten war, die vorgeschlagene Sortenbezeichnung nicht nach Art. 63 festsetzbar ist oder feststeht, daß der Erstantragsteller nicht derjenige ist, dem das Recht auf den gemeinschaftlichen Sortenschutz gem. Art. 11 EGSVO zusteht oder
  - aufgrund des Berichts über das Ergebnis der technischen Prüfung das Amt die Auffassung vertritt, die materiellen Schutzvoraussetzungen – Unterscheidbarkeit, Homogenität und Beständigkeit – seien nicht erfüllt (Art. 61 EGSVO)
- Feststellung der Nichteintragbarkeit der Sortenbezeichnung (Art. 63 EGSVO)
- Erteilung des Sortenschutzes (Art. 62 EGSVO)
- Änderungen festgesetzter Sortenbezeichnungen, weil diese nicht oder nicht mehr die Festsetzungsvoraussetzungen des Art. 63 EGSVO erfüllen (Art. 66 EGSVO)
- über Gebühren für Amtshandlungen (Art. 83 EGSVO)
- zur Kostenverteilung im Verfahren zur Rücknahme oder dem Widerruf des gemeinschaftlichen Sortenschutzes
- zu Entscheidungen über Eintragung oder Nichteintragung bestimmter Angaben in eines der beiden Register (Art. 87 EGSVO)
- über die Einsichtnahme in Unterlagen des Amtes und des Anbaus zur technischen Prüfung oder Nachprüfung.
- über die Erteilung oder Nichterteilung einer Zwangslizenz (Art. 29 und Art. 100 Abs. 2 EGSVO), es sei denn, es wird eine direkte Beschwerde beim Gerichtshof der Europäischen Gemeinschaften eingelegt (Art. 74 Abs. 1 EGSVO).

574 Art. 45 stellt es dem Amt frei, eine oder mehrere Beschwerdekammern zu bilden (Art. 45 Abs. 1 i. V. m. Abs. 3 S. 2 EGSVO). Gemäß Art. 11 Abs. 1 DVO gibt es zunächst eine Beschwerdekammer. Die Vorschrift der DVO eröffnet jedoch dem Verwaltungsrat die Möglichkeit, auf Vorschlag des Amtes weitere Beschwerdekammern einzurichten. In diesem Fall legt der Verwaltungsrat einen Geschäftsverteilungsplan fest (Art. 11 Abs. 1 S. 2 und 3 DVO).

575 Dem Präsidenten obliegt es, eine Geschäftsstelle bei der Beschwerdekammer einzurichten (Art. 12 Abs. 1, S. 1 DVO), die insbesondere für die Protokollierung der mündlichen Verhandlungen und Beweisaufnahmen nach Art. 63 EGSVO, die Kostenfeststellung nach Art. 85 Abs. 5 EGSVO und Art. 76 DVO sowie für die Bestätigung einer Vereinbarung der Verfahrensbeteiligten über die Kostenverteilung nach Art. 77 DVO zuständig ist (Art. 12 Abs. 2 DVO).

576 Jede Beschwerdekammer, die nach Bedarf einberufen wird (Art. 45 Abs. 3 S. 1 EGSVO), besteht aus einem Vorsitzenden und zwei weiteren Mitgliedern (Art. 46 Abs. 1 EGSVO). Die Qualifikation der Mitglieder der Beschwerdekammern, die vom Rat aus einer von der Kommission nach Anhörung des Verwaltungsrates des Gemeinschaftlichen Sortenamts erhaltenen Liste gemäß Art. 47 Abs. 2 EGSVO als Mitglieder der Beschwerdekammer(n) vorgeschlagen werden, muß derjenigen von Ausschußmitgliedern entsprechen (Art. 11 Abs. 2 S. 2 i. V. m. Art. 6 Abs. 2 und 3 DVO).[491] Der oder die Vorsitzende(n) und ihre Stellvertreter werden aus der Vorschlagsliste vom Rat ausgewählt und ernannt. Zwar ist für die

---
491 Vgl. hierzu Ausführungen in Rdn 569.

Entscheidung des Verwaltungsrates, dem Vorschlag einzelner Kandidaten durch die Kommission zuzustimmen oder den Kandidaten abzulehnen, eine Dreiviertelmehrheit vorgesehen (Art. 41 Abs. 2 EGSVO). Da aber die Beschlüsse des Verwaltungsrates nicht verbindlich i.S. des Art. 189 EG-Vertrag sind, kann bei fehlender Zustimmung oder Ablehnung von einzelnen Kandidaten der Rat diese doch als Mitglieder des Beschwerdeausschusses benennen, ohne die Wirksamkeit der Benennung in Frage zustellen. Für die Beschlußfassung des Rates sind die Art. 148 und 163 EG-Vertrag zu beachten.

Der Vorsitzende ist ein rechtskundiges Mitglied im Sinne des Art. 6 Abs. 3 DVO (Art. 11 Abs. 2 S. 2 DVO). Die übrigen Mitglieder der Beschwerdekammer und ihre Stellvertreter werden vom Vorsitzenden unter den Personen ausgewählt, die vom Verwaltungsrat aus einer vom Gemeinschaftlichen Sortenamt vorgeschlagenen Liste (vgl. das Vorschlagsrecht des Präsidenten gem. Art. 42 Abs. 2d) EGSVO) als weitere Mitglieder der Beschwerdekammer ausgewählt werden (Art. 46 Abs. 2 i. V. m. Art. 47 Abs. 2 EGSVO). Er bestimmt ein Mitglied der Kammer als Berichterstatter, der die Beschwerde prüft und gegebenenfalls auch mit der Beweisaufnahme befaßt ist (Art. 11 Abs. 3 DVO). Art. 46 Abs. 4 EGSVO eröffnet die Möglichkeit, die Befugnisse der einzelnen Mitglieder der Beschwerdekammern in der Vorphase der Entscheidungen sowie die Abstimmungsregeln in der Durchführungsverordnung nach Art. 114 EGSVO zu regeln. Dies ist bislang nicht geschehen. Da jeder Beschwerdekammer sowohl fachkundige als auch rechtskundige Mitglieder angehören (Art. 11 Abs. 2 1. HS. DVO), wird der Vorsitzende jeweils nach pflichtgemäßem Ermessen entscheiden, ob der von der Kammer zu beurteilende Fall seinen Schwerpunkt auf dem Gebiet der Pflanzenkunde hat oder eher die rechtliche Problematik im Vordergrund steht und entsprechend mit überwiegend technischen oder rechtskundigen Mitgliedern besetzen. Für besonders komplizierte Sachverhalte kann die Beschwerdekammer zwei zusätzliche Mitglieder aus der nach Art. 47 Abs. 2 EGSVO erstellten Liste hinzuziehen, wenn sie der Ansicht ist, daß die Beschaffenheit der Beschwerde dies erfordert (Art. 46 Abs. 3 EGSVO). 577

Zwar sind die Mitglieder der Beschwerdekammern, wie die übrigen Angehörigen des Amtes, Bedienstete, deren Rechte und Pflichten sich gemäß Art. 31 EGSVO aus dem Statut der Beamten der EG und den sonstigen Personalvorschriften ergeben. Um die Einflußnahme, die aufgrund der dienstrechtlichen Bestimmungen grundsätzlich möglich ist, auszuschließen und die Neutralität der Mitglieder der Beschwerdekammern und damit ihrer Entscheidungen zu gewährleisten, sieht Art. 47 Abs. 1 EGSVO ein dem Rat vorbehaltenes Ernennungsverfahren vor. Nach Art. 47 Abs. 3 EGSVO sind die Mitglieder der Beschwerdekammern zudem unabhängig und bei ihren Entscheidungen an keine Weisungen gebunden. 578

Um Abgrenzungsschwierigkeiten bei der Tätigkeit der Mitglieder der Beschwerdekammern, bei denen sie weisungsfrei sind, von anderen Amtstätigkeiten zu vermeiden, dürfen Mitglieder der Beschwerdekammern weder den in Art. 35 genannten Amtsausschüssen angehören noch sonstige Aufgaben im Amt wahrnehmen (Art. 47 Abs. 4 EGSVO). Da sich hieraus eine nur sehr begrenzte Tätigkeit der jeweiligen Mitglieder hinsichtlich des gemeinschaftlichen Sortenschutzes ergibt, erlaubt Art. 47 Abs. 4 S. 2 EGSVO, daß die Tätigkeit als Mitglied der Beschwerdekammern nebenberuflich ausgeübt werden kann. 579

Die Unabhängigkeit der Mitglieder der Beschwerdekammern wird noch dadurch verstärkt, daß sie nach Art. 47 Abs. 5 EGSVO für die Dauer ihrer 5-jährigen Amtszeit nicht ihres Amtes enthoben oder aus der in Art. 46 Abs. 2 EGSVO genannten Liste gestrichen werden dürfen, es sei denn, daß hierfür schwerwiegende Gründe sprechen. Eine Streichung aus der Liste oder Amtsenthebung kann jedoch nur durch einen entsprechenden Beschluß des 580

Gerichtshofes der Europäischen Gemeinschaft auf Antrag der Kommission nach Anhörung des Verwaltungsrates erfolgen (Art. 47 Abs. 5 EGSVO).

581   Um die durch die Unabhängigkeit und fehlende Weisungsgebundenheit angestrebte Neutralität zu gewährleisten, dürfen die Mitglieder der Beschwerdekammern nicht an einem Beschwerdeverfahren mitwirken, an dem sie ein persönliches Interesse haben, in dem sie vorher als Vertreter eines Verfahrensbeteiligten i. S. des Art. 1 Abs. 1 und 2 DVO tätig gewesen sind oder an dessen abschließender Entscheidung sie in der Vorinstanz mitgewirkt haben (Art. 48 Abs. 1 EGSVO). Außer diesen sachlichen und persönlichen Gründen für die Ausschließung oder Ablehnung sieht Art. 48 Abs. 2 EGSVO die Selbstausschließung und Ablehnung vor. Danach muß ein Mitglied einer Beschwerdekammer, das der Meinung ist, aufgrund eines in Art. 48 Abs. 1 EGSVO genannten Ausschließungsgrundes oder aus einem sonstigen Grund an einem Beschwerdeverfahren nicht mitwirken zu können, dies der Beschwerdekammer mitteilen.

582   Jeder Verfahrensbeteiligte kann nach Art. 48 Abs. 3 EGSVO ein oder alle Mitglieder der Beschwerdekammer ablehnen, sofern ein in Abs. 1 genannter Ausschließungsgrund gegeben ist oder die Besorgnis der Befangenheit besteht. Nach Satz 2 des Art. 48 Abs. 3 EGSVO ist die Ablehnung nicht mehr zulässig, wenn der Beteiligte im Verfahren Anträge gestellt oder Stellungnahmen abgegeben hat, obwohl er bereits zu diesem Zeitpunkt den Ablehnungsgrund kannte. Die Ablehnung aus Gründen der Besorgnis der Befangenheit kann nach Art. 48 Abs. 3 S. 3 EGSVO nicht mit der Staatsangehörigkeit des oder der Mitglieder der Beschwerdekammer begründet werden.

583   Die Beschwerdekammer entscheidet in den Fällen der Selbstausschließung und der Ablehnung ohne Mitwirkung des betreffenden Kammermitgliedes. Das zurückgetretene oder abgelehnte Mitglied wird bei der Entscheidung durch seinen Stellvertreter in der Beschwerdekammer ersetzt (Art. 48 Abs. 4 EGSVO).

3. Der Verwaltungsrat

a) Aufgaben

584   Art. 36 EGSVO weist dem Verwaltungsrat, der als Organ des Amtes dort einzurichten ist, diesem gegenüber bestimmte Befugnisse zu. Darüber hinaus können in der nach Art. 113 EGSVO zu erlassenden Gebührenordnung und in der nach Art. 114 EGSVO zu erlassenden Durchführungsverordnung weitere Befugnisse dem Verwaltungsrat übertragen werden.

585   Wie sich der Aufzählung in Art. 36 Abs. 1a–e EGSVO entnehmen läßt, hat der Verwaltungsrat nicht nur die Aufgabe, die Tätigkeit des Amtes zu überwachen, sondern kann auch maßgeblich dessen Arbeitsweise beeinflussen. Während die in Art. 36 Abs. 1a EGSVO vorgesehene Möglichkeit des Verwaltungsrates, Empfehlungen zu den vom Amt zu erledigenden Angelegenheiten auszusprechen oder hierfür allgemeine Richtlinien aufzustellen, lediglich verwaltender Natur ist, hat der Verwaltungsrat ein Bestimmungsrecht darüber, wie viele von den vom Amt vorgeschlagenen Amtsausschüssen tatsächlich eingerichtet werden und wie deren Arbeitsteilung zu erfolgen hat. Der Verwaltungsrat setzt die Dauer der von den Ausschüssen zu erledigenden Aufgaben fest oder stellt hierzu allgemeine Richtlinien auf (Art. 36 Abs. 1c EGSVO). Zudem kann der Verwaltungsrat Vorschriften über die Arbeitsmethoden des Amtes festlegen (Art. 36 Abs. 1d EGSVO) sowie Prüfungsrichtlinien

für die Durchführung der technischen Prüfung gemäß Art. 56 Abs. 2 EGSVO erlassen (Art. 36 Abs. 1e EGSVO). Im übrigen prüft der Verwaltungsrat den Tätigkeitsbericht des Präsidenten und überwacht die Tätigkeit des Amtes (Art. 36 Abs. 1b EGSVO).

In Ergänzung zu diesen Befugnissen hebt Art. 36 Abs. 2 EGSVO hervor, daß der Verwaltungsrat Stellungnahmen gegenüber dem Amt abgeben sowie Auskünfte vom Amt oder von der Kommission anfordern kann. Die ihm vorgelegten, vom Präsidenten entwickelten Entwürfe für Änderungen der Grundverordnung sowie der in den Art. 113 und 114 EGSVO genannten Gebühren- und Durchführungsverordnungen sowie sonstige Regelungen, die den gemeinschaftlichen Sortenschutz betreffen, können vom Verwaltungsrat mit oder ohne Änderungen der Kommission zugeleitet werden. Er kann aber auch der Kommission Alternativentwürfe zu den vom Präsidenten vorgeschlagenen Änderungen der EGSVO unterbreiten. Damit der Verwaltungsrat diese Mitwirkungsrechte auch ausüben kann, ist er bei der Aufstellung oder Änderung der in der EGSVO genannten Durchführungsvorschriften zu konsultieren (Art. 113 Abs. 2 sowie 114 Abs. 2 EGSVO). Schließlich hat der Verwaltungsrat bei der Aufstellung des Haushaltsplanes bestimmte Mitwirkungsrechte (Art. 109 EGSVO) sowie bei dessen Ausführung Kontroll- und Mitbestimmungsbefugnisse, die in Art. 111 und 112 EGSVO festgehalten sind. 586

Daraus ergibt sich, daß die Aufgaben des Verwaltungsrates in erster Linie in der Beratung des Amtes, insbesondere seines Präsidenten liegen. Zwar ist das Amt bzw. der Präsident rechtlich nicht an die Stellungnahmen und Empfehlungen des Verwaltungsrates gebunden. Allerdings ist zu erwarten, daß eine faktische Bindung bestehen wird, da andernfalls der Präsident sich über die Vorstellungen der Mehrheit des Verwaltungsrats hinwegsetzen müßte. 587

b) Zusammensetzung

Der Verwaltungsrat setzt sich aus je einem Vertreter jedes Mitgliedstaats und einem Vertreter der Kommission sowie deren jeweiligen Stellvertretern zusammen (Art. 37 Abs. 1 EGSVO). Zur Unterstützung der Tätigkeit des Verwaltungsrates kann dieser nach der von ihm gemäß Art. 39 Abs. 4 EGSVO aufzustellenden Geschäftsordnung Berater oder Sachverständige hinzuziehen. 588

Der Verwaltungsrat wählt aus seinen Mitgliedern einen Vorsitzenden und einen stellvertretenden Vorsitzenden, der im Fall der Verhinderung des Vorsitzenden von Amts wegen an dessen Stelle tritt (Art. 38 Abs. 1 EGSVO). Die Amtszeit des Vorsitzenden und seines Stellvertreters beträgt drei Jahre mit der Möglichkeit der Wiederwahl. Die Amtszeit endet jedoch, wenn der Vorsitzende oder dessen Stellvertreter nicht mehr dem Verwaltungsrat angehören oder vor Ablauf des 3-Jahreszeitraums ein anderer Vorsitzender oder stellvertretender Vorsitzender gewählt wird (Art. 38 Abs. 2 EGSVO). 589

c) Arbeitsweise

Der Verwaltungsrat hält jährlich eine ordentliche Tagung ab, die vom Verwaltungsratsvorsitzenden einberufen wird (Art. 39 Abs. 3 HS. 1 i. V. m. Abs. 1 EGSVO). Darüber hinaus tritt der Verwaltungsrat zusammen, wenn dies der Vorsitzende, die Kommission oder ein Drittel 590 der Mitgliedstaaten (gegenwärtig also 15) dies für erforderlich hält (Art. 39 Abs. 3 2. HS. EGSVO).

591   Der Präsident kann an den Beratungen des Amtes teilnehmen, die entweder am Sitz der Kommission, des Amtes oder eines Prüfungsamtes stattfinden (Art. 40 EGSVO), es sei denn, der Verwaltungsrat bestimmt etwas anderes (Art. 39 Abs. 2 S. 1 EGSVO). Allerdings hat der Präsident kein Stimmrecht (Art. 39 Abs. 2 S. 2 EGSVO). Zudem kann der Verwaltungsrat Beobachter zur Teilnahme an seinen Sitzungen einladen (Art. 39 Abs. 5 EGSVO).

592   Der Verwaltungsrat faßt seine Beschlüsse grundsätzlich mit einfacher Mehrheit der Vertreter der Mitgliedstaaten (Art. 41 Abs. 1 EGSVO), wobei jeder Mitgliedstaat eine Stimme hat (Art. 41 Abs. 3 EGSVO). Die im Verwaltungsrat sitzenden Kommissionsmitglieder haben kein Stimmrecht. Eine Dreiviertelmehrheit der Vertreter der Mitgliedstaaten ist jedoch für Beschlüsse zu bestimmten Verfahren oder Entscheidungen erforderlich, bei denen dem Verwaltungsrat nach der EGSVO ein Mitwirkungsrecht vorbehalten ist. Dies sind:

– Änderung zur Bestimmung von Staatsangehörigen, die zur Stellung eines Antrages auf gemeinschaftlichen Sortenschutz berechtigt sein sollen, obwohl sie nicht Staatsangehörige eines Mitgliedstaates oder Staatsangehörige eines Verbandstaates des UPOV-Übereinkommens sind und in einem solchen Staat weder einen Wohnsitz noch Sitz noch eine Niederlassung haben (Art. 12 Abs. 1b) EGSVO);
– Entscheidungen über den Antrag auf Erteilung eines Zwangsnutzungsrechtes gemäß Art. 29 EGSVO. Hier ist sogar eine ausdrückliche Billigung des Verwaltungsrates erforderlich;
– Entscheidungen zu Befugnissen, die gemäß Art. 36 Abs. 1a) 1b) 1d) und 1e) EGSVO dem Verwaltungsrat eröffnet sind;
– Aufstellung einer Liste von Kandidaten, die die Kommission zur Benennung als hohe Beamte vorschlägt und aus der der Präsident des Gemeinschaftlichen Sortenamtes auswählen wird. Bei der Aufstellung der Liste ist der Verwaltungsrat ebenso anzuhören wie bei der Entlassung des Präsidenten des Gemeinschaftlichen Sortenamtes durch den Rat (Art. 43 EGSVO);
– Entscheidungen im Verfahren zur Ernennung der Mitglieder der Beschwerdekammern (Art. 47 EGSVO);
– Feststellung des Haushaltsplanes (Art. 109 Abs. 3 EGSVO);
– Festlegung der Finanzvorschriften (Art. 112 EGSVO).

593   Art. 41 Abs. 4 EGSVO hebt ausdrücklich hervor, daß die Beschlüsse des Verwaltungsrates nicht verbindlich im Sinne des Art. 189 EG-Vertrages sind. Sie sind somit keine Entscheidungen, Empfehlungen oder Stellungnahmen und insbesondere nicht als Einzelfallentscheidungen zu werten, die durch die im EG-Vertrag vorgesehenen Rechtsmittel angefochten werden könnten.

4. Rechtsaufsicht

594 Soweit Rechtmäßigkeitskontrollen über die Handlungen des Präsidenten nicht durch andere Organe der Europäischen Gemeinschaft stattfinden, erfolgen diese durch die Kommission (Art. 44 Abs. 1 EGSVO). Zu diesem Zweck kann jeder Mitgliedstaat, jedes Mitglied des Verwaltungsrates oder jeder Dritte, der durch Handlungen des Präsidenten unmittelbar und individuell betroffen ist, innerhalb von zwei Monaten nach Kenntnis der Handlung durch den

Betroffenen (Art. 44 Abs. 3 S. 1 und 2 EGSVO) die Kommission anrufen. Die Kommission muß sich innerhalb von zwei Monaten, gerechnet vom Zeitpunkt der Kenntnis dieser Handlungen, damit befassen, eine Entscheidung treffen und demjenigen, der sie der Kommission zur Kenntnis gebracht hat, mitteilen (Art. 44 Abs. 3 S. 3 EGSVO). Bei Untätigkeit der Kommission ist die Untätigkeitsklage nach Art. 175 EG-Vertrag eröffnet.

Stellt die Kommission im Rahmen der Prüfung fest, daß der Präsident nicht rechtmäßig gehandelt hat, muß die Kommission die Änderung oder Aufhebung dieser Handlung verlangen. Handelt der Präsident nicht entsprechend der Aufforderung der Kommission, ist fraglich, welche Maßnahmen hier die Kommission ergreifen kann. Nach Art. 175 EG-Vertrag kommt die Untätigkeitsklage nur gegen den Rat, die Kommission und das Europäische Parlament in Betracht. Auch ein Verfahren gemäß Art. 173 EG-Vertrag scheidet aus. Diese Vorschrift nennt abschließend den Adressatenkreis, der für eine entsprechende Klage passiv legitimiert ist. Unter diesen kann weder das Gemeinschaftliche Sortenamt noch sein Verwaltungsrat subsumiert werden. 595

Die Kommission übt schließlich auch die Rechtsaufsicht über den Verwaltungsrat aus, soweit sich dessen Tätigkeit auf den Haushalt des Gemeinschaftlichen Sortenamtes bezieht (Art. 44 Abs. 2 i. V. m. Art. 36 Abs. 2, 109, 111, 112 EGSVO). 596

Die Rechtsaufsicht gilt allerdings nicht für Entscheidungen, die Sortenschutzangelegenheiten betreffen wie z. B. die Erteilung des gemeinschaftlichen Sortenschutzes trotz Einwendungen Dritter oder bei Anträgen über die Erteilung eines Zwangsnutzungsrechts. Hier ist der Rechtsmittelweg über die Beschwerdekammern zum Gericht erster Instanz sowie zum Gerichtshof der Europäischen Gemeinschaften eröffnet.[492] 597

IV. Die nationalen Sortenämter und sonstige Einrichtungen als Prüfungsämter des Gemeinschaftlichen Sortenamtes

Wurde ein formal und sachlich richtiger Antrag auf Erteilung eines gemeinschaftlichen Sortenschutzes nach Art. 53 und 54 EGSVO gestellt, beginnt die technische Prüfung gemäß Art. 55 EGSVO. Einzelheiten der Durchführung dieser Prüfung sind in Art. 56 EGSVO geregelt. Die technische Prüfung dient der Feststellung, ob die materiellen Voraussetzungen der Unterscheidbarkeit (Art. 7 EGSVO), der Homogenität (Art. 8 EGSVO) und der Beständigkeit (Art. 9 EGSVO) für die Erteilung eines gemeinschaftlichen Sortenschutz gegeben sind.[493] Die Prüfung dieser materiellen Voraussetzungen, die entweder im Rahmen einer Anbauprüfung oder durch sonstige Labor- und andere wissenschaftliche Methoden erfolgt, erfordert bestimmte technische Einrichtungen. Gleiches gilt auch für die technische Nachprüfung gemäß Art. 64 EGSVO auf Homogenität und Beständigkeit der geschützten Sorte. Da entsprechende Einrichtungen bei der Einführung des gemeinschaftlichen Sortenschutzes bereits in einigen Mitgliedstaaten vorhanden waren, entsprach es Zweckmäßigkeitsgesichtspunkten, diesen Einrichtungen auch die Durchführung der technischen Prüfung zu gemeinschaftlichen Sortenschutzanträgen zu übertragen. Gemäß Art. 55 EGSVO veranlaßt das Gemeinschaftliche Sortenamt die Prüfung der angemeldeten Sorte bzw. Nachprüfung der geschützten Sorte (Art. 64 Abs. 2 EGSVO) eines bestimmten Taxons bei dem hierfür als 598

---

[492] Vgl. nachfolgend Rdn 1067 ff., 1088 ff., 1103.
[493] Wegen weiterer Einzelheiten der technischen Prüfung siehe Rdn 1044 ff.

zuständig bestimmten Amt in einem Mitgliedstaat, dem sogenannten Prüfungsamt (Art. 55 Abs. 1 EGSVO; ff.). Gibt es in keinem der Mitgliedstaaten entsprechende Einrichtungen, die eine Prüfung der zu prüfenden Sorte des betreffenden Taxons durchführen können, kann das Amt mit Zustimmung des Verwaltungsrates andere geeignete Einrichtungen mit der Prüfung beauftragen oder eigene Dienststellen des Amtes für diese Zwecke einrichten (Art. 55 Abs. 2 S. 1 EGSVO).

1. Beauftragung eines Prüfungsamtes nach Art. 55 Abs. 1 EGSVO

599 Art. 55 Abs. 1 EGSVO eröffnet dem Verwaltungsrat die Möglichkeit, die technische Prüfung durch geeignete Einrichtungen der Mitgliedstaaten durchführen zu lassen. Dies setzt eine schriftliche Vereinbarung des hierfür ausgewählten nationalen Amtes mit dem Gemeinschaftlichen Sortenamt voraus, in der Einzelheiten über die technische Prüfung von Pflanzensorten durch das Prüfungsamt einschließlich Zahlung der hierfür nach Art. 58 Abs. 2 EGSVO zu entrichtenden Gebühr festgelegt sind (Art. 15 Abs. 1 S. 1 DVO). Die Übertragung der Prüfungsbefugnis ist durch den Präsidenten des Amtes bekanntzumachen. Sie wird am Tag der Bekanntmachung durch den Präsidenten des Amtes wirksam (Art. 13 Abs. 1 S. 1 und 2 DVO). Gleiches gilt für den Widerruf der Prüfungsbefugnis (Art. 13 Abs. 1 S. 3 i. V. m. Art. 15 Abs. 6 DVO).

600 Die Übertragung der Prüfungsbefugnis hat die Wirkung, daß die im Rahmen der technischen Prüfung vom Prüfungsamt durchgeführten Handlungen Dritten gegenüber die Wirkung von Handlungen des Gemeinschaftlichen Sortenamtes haben (Art. 15 Abs. 2 DVO).

601 Die mit der technischen Prüfung betrauten Personen des Prüfungsamtes sind zur Geheimhaltung verpflichtet, und zwar auch nach Abschluß der technischen Prüfung, sowie nach ihrem Ausscheiden aus dem Dienst bzw. nach Rücknahme der Prüfungsbefugnis des Prüfungsamtes (Art. 13 Abs. 2 DVO). Dies gilt insbesondere auch hinsichtlich des vom Antragsteller zur Durchführung der technischen Prüfung zur Verfügung gestellten Materials (Art. 13 Abs. 3 DVO).

602 Das Prüfungsamt kann sich auch der Dienste anderer fachlich geeigneter Stellen nach Art. 56 Abs. 3 EGSVO bedienen, sofern diese Stellen in der schriftlichen Vereinbarung zwischen dem Gemeinschaftlichen Sortenamt und dem Prüfungsamt benannt sind (Art. 15 Abs. 3 DVO). Auch das Personal dieser beauftragten Stellen muß sich in dem Umfang zur Geheimhaltung verpflichten, wie das Personal des Prüfungsamtes (Art. 15 Abs. 3, S. 2 i. V. m. Art. 13 Abs. 2 und 3 DVO). Sowohl für das Personal des Prüfungsamtes als auch der von dieser beauftragten Untersuchungseinrichtung gelten die Ausschließungs- und Ablehnungsgründe des Art. 48 EGSVO (Art. 13. Abs. 4 bzw. Art. 15 Abs. 3 DVO i. V. m. Art. 81 Abs. 2 EGSVO).

2. Beauftragung eines Prüfungsamtes nach Art. 55 Abs. 2 EGSVO

603 Steht ein für die Prüfung der angemeldeten Sorte geeignetes Prüfungsamt in einem der Mitgliedstaaten nicht zur Verfügung, so kann das Gemeinschaftliche Sortenamt mit Zustimmung des Verwaltungsrates andere geeignete Einrichtungen mit der Prüfung beauftragen oder

eigene Dienststellen des Amtes für diese Zwecke einrichten (Art. 55 Abs. 2 S. 1 EGSVO). Für die wirksame Beauftragung von „anderen" geeigneten Einrichtungen ist dem Verwaltungsrat eine entsprechende Mitteilung mit einer Begründung der fachlichen Eignung dieser Einrichtung als Prüfungsamt zur Genehmigung vorzulegen (Art. 14 Abs. 1 DVO). Die Zustimmung durch den Verwaltungsrat ist Wirksamkeitsvoraussetzung. Fehlt sie, sind Handlungen der ausgewählten Einrichtung keine Handlungen des Amtes i. S. des Art. 15 Abs. 2 DVO. Wird hierauf basierend ein Sortenschutz erteilt, ist dieser mangels ordungsgemäßer technischer Prüfung durch bzw. veranlaßt durch das Amt unwirksam. Beabsichtigt das Amt eine eigene Dienststelle zur Prüfung von Pflanzensorten einzurichten, so wird dem Verwaltungsrat eine entsprechende Mitteilung mit einer Begründung der sachlichen und wirtschaftlichen Zweckmäßigkeit einer solchen Dienststelle sowie der Ortswahl zur Genehmigung vorgelegt (Art. 14 Abs. 2 DVO). In beiden Fällen kann die Prüfungsbefugnis nur mit Zustimmung des Verwaltungsrates wieder zurückgenommen werden (Art. 14 Abs. 3 S. 2 DVO).

Liegt die Zustimmung des Verwaltungsrates vor, so kann der Präsident des Gemein- 604
schaftlichen Sortenamtes die Beauftragung im Amtsblatt der Europäischen Gemeinschaften bekanntmachen (Art. 14 Abs. 3 S. 1 DVO). Handelt es sich bei der nach Art. 55 Abs. 2 EGSVO beauftragten Einrichtung um eine eigene Dienststelle im Sinne des Art. 14 Abs. 2 DVO, ist das Verfahren durch eine vom Gemeinschaftlichen Sortenamt erlassene Verfahrensordnung zu regeln (Art. 15 Abs. 1 S. 2 DVO). Andernfalls ist mit der Einrichtung eine schriftliche Vereinbarung über die Einzelheiten zur Durchführung der technischen Prüfung der von dieser Einrichtung zu prüfenden Pflanzensorten zu schließen. Auch hier hat die schriftliche Vereinbarung die Wirkung, daß Handlungen des beauftragten Prüfungsamtes als solche des Gemeinschaftlichen Sortenamtes angesehen werden (Art. 15 Abs. 2 DVO).

Der Verwaltungsrat hat bislang von der Ermächtigung des Art. 55 Abs. 1 EGSVO, zu- 605
ständige Ämter in den Mitgliedstaaten der Europäischen Union mit der technischen Prüfung zu beauftragen, durch zwei vorläufige Beschlüsse Gebrauch gemacht.[494]

3. Organisation der Zusammenarbeit zwischen dem Gemeinschaftlichen Sortenamt und den Prüfungsämtern

Hat das Gemeinschaftliche Sortenamt die bei ihm eingegangenen Anträge formal und sach- 606
lich als richtig erachtet, übermittelt das Gemeinschaftliche Sortenamt dem jeweils zuständigen Prüfungsamt Abschriften des Antragsformulares, des Technischen Fragebogens sowie von allen zusätzlichen vom Antragsteller vorgelegten Unterlagen mit den für die Durchführung der technischen Prüfung notwendigen Informationen. Soweit der Antragsteller die nach Art. 86 DVO ausgefüllten Vordrucke, mit denen Antrag gestellt werden kann, von der Akteneinsicht gemäß Art. 88 EGSVO Angaben über Erbkomponenten der zum Sortenschutz angemeldeten Neuzüchtung auszuschließen mit der Anmeldung vorgelegt hat, sind auch diese an das Prüfungsamt zu übermitteln (Art. 55 Abs. 3 EGSVO i. V. m. Art. 24a und b DVO).

---

[494] Veröffentlicht im Amtsblatt des Gemeinschaftlichen Sortenamtes vom 26. Februar 1996 sowie 24. Juni 1996.

607 Im Einwendungsverfahren sind Kopien der Unterlagen des Einwendenden vorzulegen, die die Behauptung nachweisen, daß die betreffende Sorte nicht unterscheidbar oder nicht homogen und/oder nicht beständig ist (Art. 24c DVO).

608 Im Rahmen der technischen Prüfung ist zwischen dem Berichterstatter des für den jeweiligen Antrag zuständigen Ausschusses und dem zuständigen Personal des Prüfungsamtes, das mit der technischen Prüfung der angemeldeten Sorte beauftragt wurde, eine enge Zusammenarbeit vorgesehen. Diese muß auf jeden Fall die Überwachung der technischen Prüfung einschließlich der Überprüfung der Versuchsfelder und der Testmethoden durch den Berichterstatter erfassen (Art. 25 S. 2a DVO). Erfährt das Prüfungsamt von einer etwaigen früheren Vermarktung der zu prüfenden Sorte, muß eine entsprechende Mitteilung an das Gemeinschaftliche Sortenamt unabhängig von weiteren Nachprüfungen des Gemeinschaftlichen Sortenamtes erfolgen (Art. 25 S. 2b DVO). Im übrigen muß das Prüfungsamt für das Gemeinschaftliche Sortenamt über jede Vegetationsperiode einen Zwischenbericht erstellen und an dieses übermitteln (Art. 25 S. 2c DVO).[495] Gleiches gilt auch für die technische Nachprüfung gemäß Art. 64 EGSVO, Art. 34 S. 2 DVO.

609 Für die Durchführung der technischen Prüfung erhält das Prüfungsamt vom Gemeinschaftlichen Sortenamt die nach Art. 93 Abs. 1 EGSVO festgelegten Gebühren (Art. 15 Abs. 4 S. 1 DVO). Die so festgesetzten Gebühren können nur in Verbindung mit einer Änderung der Verordnung (EG) 1238/95 betreffend die Gebührenordnung geändert werden. Um die Angemessenheit der vom Gemeinschaftlichen Sortenamt an die Prüfungsämter zu entrichtenden Gebühren für die Durchführung der technischen Prüfung überprüfen zu können, muß das Prüfungsamt in regelmäßigen Abständen einen Bericht über die Kosten der vorgenommenen technischen Prüfungen und der Unterhaltung der erforderlichen Vergleichssammlungen vorlegen. Sofern sich die Prüfungsämter gemäß Art. 56 Abs. 3 EGSVO i. V. m. Art. 15 Abs. 3 DVO anderer fachlich geeigneter Stellen bei der Durchführung der technischen Prüfung bedienen, sind auch hierüber dem Gemeinschaftlichen Sortenamt vom Prüfungsamt Berichte über die Kosten der technischen Prüfung und Unterhaltung der erforderlichen Vergleichssammlungen durch diese Stellen vorzulegen.

4. Prüfungsrichtlinien

610 Gemäß Art. 22 der DVO legt der Verwaltungsrat auf Vorschlag des Präsidenten des Gemeinschaftlichen Sortenamtes die Prüfungsrichtlinien, die vom Amt bzw. den Prüfungsämtern und sonstigen beauftragten Dritten bei der technischen Prüfung zu beachten sind, fest und veröffentlicht diese anschließend im Amtsblatt. Solange dies nicht geschehen ist, kann nach Art. 22 Abs. 2 DVO der Präsident die Prüfungsrichtlinien vorläufig festlegen. Eine entsprechende Publikation ist bislang nicht erfolgt.

5. Amts- und Rechtshilfe

611 Art. 91 EGSVO verpflichtet nicht nur die mitgliedstaatlichen Prüfungsämter im Sinne des Art. 55 Abs. 1 EGSVO sowie die Gerichte und Behörden, das Gemeinschaftliche Sortenamt

---

495 Vgl. hierzu ergänzend Rdn 1052.

IV. Die nationalen Sortenämter und sonstige Einrichtungen 287

zu unterstützen. Vielmehr muß auch das Gemeinschaftliche Sortenamt den Gerichten und Behörden der Mitgliedstaaten auf Antrag durch die Erteilung von Auskünften, die Gewährung von Einsicht in Unterlagen zu geschützten Sorten einschließlich deren Pflanzenmaterial sowie über ihren Anbau gewähren und sonstige Informationen, die für die Aufgabenerfüllung der nationalen Behörden und Gerichte hinsichtlich des gemeinschaftlichen Sortenschutzes erforderlich sind, zur Verfügung stellen. Beschränkungen dieser allumfassenden Amts- und Rechtshilfepflicht können sich jedoch nicht nur aus der Verordnung selbst, sondern auch aus einzelstaatlichen Vorschriften ergeben. Im übrigen sind die Beschränkungen des Art. 88 EGSVO zu beachten, es sei denn, daß die Einsicht in Unterlagen den Gerichten oder den Staatsanwaltschaften zu gewähren ist (Art. 91 Abs. 1 und 2 EGSVO). Während nach Art. 88 EGSVO die Einsichtnahme in bestimmte Unterlagen des Gemeinschaftlichen Sortenamtes nur bei Vorliegen eines berechtigten Interesses gewährt wird (Art. 88 Abs. 2 EGSVO) und damit das Gemeinschaftliche Sortenamt über einen solchen Antrag entscheiden muß, ist dann, wenn Prüfungsämter die Einsichtnahme gewähren, keine Entscheidung im Sinne des Art. 88 durch das Gemeinschaftliche Sortenamt erforderlich (Art. 91 Abs. 1 S. 2 2. HS EGSVO). Danach sind die nationalen Prüfungsämter nicht der Prüfung unterworfen, ob ein berechtigtes Interesse vorliegt. Dies wird sich jedoch wohl nur auf solche Unterlagen beziehen können, die bei den Prüfungsämtern vorliegen.

Art. 91 Abs. 2 EGSVO erlegt den Gerichten sowie anderen zuständigen Behörden der Mitgliedstaaten die Pflicht auf, das Gemeinschaftliche Sortenamt auf dessen Ersuchen bei der Beweisaufnahme oder anderen damit in Zusammenhang stehenden gerichtlichen Handlungen innerhalb ihrer Zuständigkeit zu unterstützen bzw. für das Gemeinschaftliche Sortenamt vorzunehmen. 612

Schließlich sind das Gemeinschaftliche Sortenamt sowie die in den Mitgliedstaaten zuständigen Sortenbehörden ganz allgemein verpflichtet, auf gegenseitiges Ersuchen nicht nur allgemeine Veröffentlichungen zu übermitteln, sondern auf Anfrage auch sonstige sachdienliche Angaben über beantragte oder erteilte Schutzrechte zu geben (Art. 90 Abs. 1 EGSVO). Hiervon ausgeschlossen sind Angaben über Komponenten einschließlich ihres Anbaus hinsichtlich solcher Sorten, bei denen zur Erzeugung von Material fortlaufend Material bestimmter Komponenten verwendet werden muß (Art. 88 Abs. 3 EGSVO), es sei denn, daß diese Angaben zur Prüfung einer neuen Sorte gemäß Art. 55 und 64 EGSVO erforderlich sind oder der Antragsteller oder der Inhaber einer solchen Sorte der Übermittlung der Informationen zustimmt (Art. 90 Abs. 2 EGSVO). 613

Wie die Amts- und Rechtshilfe durchzuführen ist, ist in den Art. 90 bis 92 DVO geregelt. Während der Austausch von Informationen und Veröffentlichungen gemäß Art. 90 EGSVO unmittelbar zwischen dem Gemeinschaftlichen Sortenamt und den anfragenden mitgliedstaatlichen Behörden untereinander erfolgt (Art. 90 Abs. 1 DVO), muß die Amts- und Rechtshilfe nach Art. 91 über die zuständigen Sortenämter der jeweiligen Mitgliedstaaten erfolgen (Art. 90 Abs. 2 DVO). Gleiches gilt auch für solche Auskünfte, die das Prüfungsamt im Sinne des Art. 55 EGSVO erteilt. In diesem Fall ist über die erteilte Auskunft dem Gemeinschaftlichen Sortenamt eine Kopie der Auskunftsmitteilung zu übermitteln. 614

Für die nach Art. 91 EGSVO zu gewährende Akteneinsicht für Gerichte und Staatsanwaltschaften der Mitgliedstaaten oder durch deren Vermittlung muß das Amt von jeder Akte eine Zweitschrift anfertigen (Art. 91 Abs. 1 DVO). Art. 91 Abs. 2 DVO eröffnet über die Grundverordnung hinaus Dritten die Einsicht in die Akten oder Schriftstücke, die Gerichten und Staatsanwaltschaften der Mitgliedstaaten im Rahmen der bei ihnen anhängigen Verfahren vom Gemeinschaftlichen Sortenamt zur Verfügung gestellt wurden. Hierbei ist 615 jedoch Art. 88 EGSVO zu beachten, wonach gemäß Abs. 2 ein berechtigtes Interesse nachzuweisen ist. Dies wird in der Regel nur hinsichtlich solcher Personen gegeben sein, die Verfahrensbeteiligte bei dem jeweiligen anfragenden Gericht oder in dem von der Staatsanwaltschaft durchgeführten Verfahren sind. Um sicherzustellen, daß auch nur bei berechtigtem Interesse solche vom Gemeinschaftlichen Sortenamt zur Verfügung gestellten Unterlagen Dritter zur Einsichtnahme überlassen werden, hat das Amt die Gerichte und Staatsanwaltschaften der Mitgliedstaaten bei der Übermittlung der Akten auf die Beschränkungen des Art. 88 EGSVO hinzuweisen.

616 Eine detaillierte Regelung zum Verfahren bei Rechtshilfeersuchen findet sich in Art. 92 der DVO. Um ein geordnetes Verfahren zu gewährleisten, muß jeder Mitgliedstaat eine Stelle bestimmen, die die Rechtshilfeersuchen des Amtes entgegennimmt und an das zuständige Gericht oder die zuständige Behörde zur Erledigung weiterleitet (Art. 92 Abs. 1 DVO). Zur Vereinfachung des Verfahrens muß das Gemeinschaftliche Sortenamt Rechtshilfeersuchen in der Sprache des Gerichts oder der Behörde abfassen, die für die Weiterleitung des Rechtshilfeersuchens zuständig ist. Andernfalls ist eine Übersetzung in diese Sprache beizufügen (Art. 92 Abs. 2 DVO). Bei der Erledigung des Rechtshilfeersuchens hat das zuständige Gericht oder die zuständige Behörde grundsätzlich das innerstaatliche Verfahrensrecht anzuwenden. Dies gilt auch für Zwangsmittel (Art. 92 Abs. 3 DVO). Darüber hinaus ist das Amt von Zeit und Ort der durchzuführenden Beweisaufnahme oder der anderen vorzunehmenden gerichtlichen Handlungen zu benachrichtigen. Gleichzeitig muß es für eine ordnungsgemäße Unterrichtung der betreffenden Verfahrensbeteiligten, Zeugen und Sachverständigen Sorge tragen (Art. 92 Abs. 4 DVO). Auf Ersuchen des Gemeinschaftlichen Sortenamtes muß das zuständige Gericht oder die zuständige Behörde Mitgliedern des Gemeinschaftlichen Sortenamtes nicht nur bei Vernehmungen teilnehmen lassen. Vielmehr ist den entsandten Mitgliedern des Gemeinschaftlichen Sortenamtes auch die Möglichkeit einzuräumen, zu vernehmende Personen unmittelbar oder über das zuständige Gericht oder die zuständige Behörde zu befragen (Art. 92 Abs. 5 DVO). Das mit der Durchführung des Rechtshilfeersuchens befaßte Gericht oder eine sonstige staatliche Stelle darf keine Gebühr oder Auslagen für die Erledigung des Ersuchens erheben. Die Erstattung der an Sachverständige und Dolmetscher gezahlten Entschädigungen sowie solcher Auslagen, die durch die Teilnahme von Mitgliedern des Gemeinschaftlichen Sortenamtes an der Vernehmung von Verfahrensbeteiligten, Zeugen und Sachverständigen gemäß Art. 92 Abs. 5 DVO entstanden sind, kann durch das Gemeinschaftliche Sortenamt vom jeweiligen Mitgliedstaat verlangt werden (Art. 92 Abs. 6 DVO).

B Das Erteilungsverfahren

Sowohl im nationalen als auch im gemeinschaftlichen Sortenschutzrecht beginnt das Erteilungsverfahren mit dem Einreichen eines Antrages auf Erteilung eines Sortenschutzrechtes und endet mit der Erteilung oder Zurückweisung des Antrags. Im einzelnen setzt sich das Verfahren zusammen aus der Anmeldung, der Prüfung der Anmeldung auf formelle Vollständigkeit, der technischen Prüfung, dem Einwendungsverfahren sowie einer das Erteilungsverfahren abschließenden Entscheidung, dem sich gegebenenfalls ein Rechtsmittelverfahren anschließt. 617

I. Das Verfahren vor dem Bundessortenamt

1. Vorbemerkung

Die Erteilung des Sortenschutzes für eine Pflanzensorte mit der sich aus § 10 SortG ergebenden Wirkung muß beim Bundessortenamt beantragt werden, und zwar für jede Sorte in einem besonderen Antrag (§ 22 SortG i. V. m. § 1 BSAVfV sowie § 64 VwVfG). 618

Bei dem Antrag handelt es sich um die förmliche Geltendmachung des Anspruchs auf Erlaß eines den Antragsteller begünstigenden privatrechtsgestaltenden Verwaltungsaktes im Sinne der §§ 35 ff. VwVfG auf staatliche Bestätigung/Anerkennung eines an sich bestehenden, grundsätzlich gegen jeden Dritten wirksamen absoluten Rechts des Züchters als wesentlicher Bestandteil des züchterischen Urheberpersönlichkeitsrechts. Mit dem Sortenschutzantrag wird das förmliche Verwaltungsverfahren gemäß § 63 VwVfG in Gang gesetzt, dessen Ziel die Erteilung des Sortenschutzes ist. 619

Nach § 69 Abs. 1 VwVfG entscheidet die zuständige Behörde, also hier das Bundessortenamt, über den Antrag unter Würdigung des Gesamtergebnisses des Verfahrens. Werden die für die Erteilung des Sortenschutzes gemäß § 1 SortG aufgestellten Voraussetzungen erfüllt, führt dies zum Erlaß eines Verwaltungsaktes, durch den der beantragte Sortenschutz erteilt wird. Liegt eine der Schutzvoraussetzungen des § 1 SortG nicht vor, ist der Antrag zurückzuweisen. Im Gegensatz zu § 39 SortSchG 68 ist dies nicht mehr unmittelbar geregelt, sondern folgt indirekt aus § 28 Abs. 1 SortG. Danach erfolgt die Eintragung des Sortenschutzes in die Sortenschutzrolle nach Eintritt der Unanfechtbarkeit seiner Erteilung. 620

2. Allgemeine Verfahrensgrundsätze

a) Förmliches Verwaltungsverfahren

Zu Beginn des dritten Absatzes des Gesetzes wird in § 21 SortG angeordnet, daß das Verfahren vor den Prüfabteilungen und den Widerspruchsausschüssen des Bundessortenamtes ein *förmliches Verwaltungsverfahren* i. S. des Teils V Abschnitt 1 (§§ 63–71) des Verwaltungsverfahrensgesetzes (VwVfG) ist. 621

„§ 21
Förmliches Verwaltungsverfahren

Auf das Verfahren vor den Prüfabteilungen und den Widerspruchsausschüssen sind die Vorschriften der §§ 63–69 und 71 des VwVfG über das förmliche Verwaltungsverfahren anzuwenden."

622 Das SortG 85/97 regelt also nicht mehr wie früher das SortenschG 68 zusammen mit der Sortenschutzverordnung das Verfahren vor dem Bundessortenamt eigenständig, sondern dieses wird weitgehend ersetzt durch das VwVfG. Aus Gründen der Rechtsvereinheitlichung und zur Bereinigung des VwVfG sind nach der Gesetzesbegründung alle öffentlich-rechtlichen Verwaltungsverfahren, also auch das sortenschutzrechtliche, an das geltende Verwaltungsverfahrensrecht angeglichen und verfahrensrechtliche Sondervorschriften aufgehoben worden.[496] Zu diesem Zweck sind eine Reihe von Vorschriften des bisherigen Sortenschutzgesetzes wegen auch im Verwaltungsverfahrensgesetz vorhandener Bestimmungen für entbehrlich gehalten und im Sortenschutzgesetz gestrichen worden. Weiter sind Verweisungen auf die ZPO und das Ehrenrichtergesetz aufgehoben worden, weil die entsprechenden Sachfragen ebenfalls im Verwaltungsverfahrensgesetz geregelt sind. Daneben sind jedoch als neue Vorschriften die §§ 21 und 33 SortG zur Anwendbarkeit der Verwaltungsverfahrensgesetzvorschriften über das förmliche Verwaltungsverfahren und die Kostenregelung eingefügt worden, die aber wieder andere Bestimmungen entbehrlich gemacht haben, so insbesondere Teile der Sortenschutzverordnung und die bisherigen Kostengesetze. Eine „Verordnung über Verfahren vor dem Bundessortenamt" (BSAVfV) ist am 30.12.1985[497] erlassen worden, die jedoch anders als das bisherige Recht die verfahrensmäßigen Vorschriften vom Sortenschutzgesetz und Saatgutverkehrsgesetz zusammen regelt. Ferner gibt es einige verfahrensrechtliche Sonderbestimmungen, die entgegen dem Verwaltungsverfahrensgesetz oder ihm nicht gemäß im SortG enthalten sind.

623 Gegen diese weitgehende Ersetzung des früheren spezialgesetzlichen Erteilungsverfahrens durch das allgemeine Verwaltungverfahrensgesetz lassen sich durchaus Bedenken erheben und sie sind im Gesetzgebungsverfahren auch erhoben worden.[498] Das Sortenschutzrecht ist zwar ein privates und patentähnliches Schutzrecht, mit dem ein verwaltungsrechtliches Erteilungsverfahren vereinbar ist. Dieses Verfahren ist jedoch kein allgemeines Verwaltungsverfahren, sondern es sind ebenso wie im Patentrecht typische Eigenarten zu berücksichtigen, die sich aus der besonderen Sachmaterie ergeben. Dem Charakter des sortenschutzrechtlichen Erteilungsverfahrens zwar als verwaltungsmäßigem, aber doch besonderem, die spezifischen Eigenarten der gesamten Züchtung berücksichtigenden Verwaltungsverfahren hätte es wohl besser entsprochen, die grundsätzliche Verfahrensordnung ebenso wie im Patentrecht eigenständig und zusammenfassend zu regeln, anstatt mit weitgehenden Bezugnahmen und Verweisungen auf das allgemeine Verwaltungsverfahren zu arbeiten. Es darf auch bezweifelt werden, ob die so groß herausgestellte Rechtsvereinheitlichung und -bereinigung entsprechend den gesetzlichen Zielvorstellungen erreicht wird, insbesondere was das förmliche Verwaltungsverfahren angeht, oder ob es nicht eher zu einer Komplizierung und Erschwernis für die Betroffenen gekommen ist. Dennoch ist das förm-

---
496 BT-Drs. 10/816 S. 1.
497 BGBl I 1986, 23; abgedruckt in Teil III, Nr. 8
498 vgl. zusammenfassend Leßmann GRUR 1986, 19 ff.

liche Verwaltungsverfahren vor dem Bundessortenamt nun einmal Gesetz geworden, und der Rechtsanwender hat sich danach zu richten.

Die Tätigkeit des Bundessortenamtes ist also zunächst *Verwaltungstätigkeit*. Das Bundessortenamt ist gem. § 16 Abs. 1 SortG eine selbständige Bundesoberbehörde und erteilt den Sortenschutz durch privatrechtsgestaltenden Verwaltungsakt.[499] Das war im Sortenschutzrecht anders als im Patentrecht, wo die Rechtsstellung des Patentamts als Verwaltungsbehörde inzwischen aber auch klargestellt ist, nie umstritten.[500] Auf das Verfahren vor dem Bundessortenamt ist daher – im Gegensatz zum Verfahren vor dem Patentamt – das Verwaltungsverfahrensgesetz anwendbar. Dieses Gesetz gilt ab 1976 und es haben sich in ihm allgemeine Verfahrensgrundsätze für die Verwaltung gesetzlich konkretisiert. Fragen könnte man allenfalls, ob nicht auch das Sortenschutzrecht ebenso wie das Patentrecht, das wegen des Fehlens eines näheren Zusammenhangs mit anderen Verwaltungsgebieten, die herkömmliche Zurechnung zum Zivilrecht und der weitgehend justizförmigen Ausgestaltung des Verfahrens nach § 2 Abs. 2 Nr. 3 VwVfG von der Anwendung des Verwaltungsverfahrensrechts ausgenommen ist, nicht unter dessen Anwendungsbereich fällt. Sicher ist auch das Verfahren vor dem Bundessortenamt ein besonderes Verfahren, es geht weniger um Hoheitsinteressen des Staates als vielmehr um privatrechtliche Beziehungen der Bürger untereinander, ob die Rechtsstellung eines Bürgers im Verhältnis zu den anderen in bestimmter Weise monopolisiert werden soll, und auch starke justizförmige Züge sind nicht zu übersehen. Auf der anderen Seite steht das sortenschutzrechtliche Erteilungsverfahren in enger Verbindung zu anderen Verwaltungsbereichen, insbesondere zu den öffentlich-rechtlichen Verkehrsregelungen des Saatgutverkehrsgesetzes bei Saatgutzüchtungen, die eindeutig Verwaltungstätigkeit darstellen und in einem hoheitlichen Prüfungsverfahren zur Anwendung kommen. Ferner ist bei den Ausnahmen des § 2 VwVfG zwar das Verfahren vor dem Deutschen Patentamt ausdrücklich genannt, aber nicht das sortenschutzrechtliche, und man kann bei dieser Rechtslage angesichts der ohnehin beklagten „Verlustliste der Rechtseinheit" des § 2 und dessen Charakter als Ausnahmevorschrift nicht einfach zu einer Analogie zum Patentwesen gelangen und auch das Verfahren vor dem Bundessortenamt von den Regeln des Verwaltungsverfahrensgesetzes ausnehmen.[501] Das Bundessortenamt verfolgt zwar bei der Entscheidung über die Gewährung von Sortenschutz keine eigene verwaltungsmäßige Zielsetzung und hat keine daran ausgerichteten Zweckmäßigkeitserwägungen anzustellen; es genießt ebenso wie das Patentamt keinen Ermessensspielraum, sondern muß und darf den Sortenschutz immer nur dann erteilen, wenn die im Gesetz festgelegten Voraussetzungen erfüllt sind. Verwaltungsentscheidungen, die in dieser Weise gebunden sind, finden sich jedoch auch in anderen Bereichen, vor allem im Patentrecht.

Die Tätigkeit des Bundessortenamtes ist ferner eine *förmliche Verwaltungstätigkeit*. Nach § 63 Abs. 1 VwVfG findet das förmliche Verwaltungsverfahren nach dem Verwaltungsverfahrensgesetz statt, wenn es durch Rechtsvorschriften angeordnet ist; dies ist nach § 21 SortG geschehen. Das förmliche Verwaltungsverfahren ist ein Verfahren, das sich vom allgemeinen Verwaltungsverfahren durch größere Formstrenge, durch erweiterte Rechte der Beteiligten im Verfahren und durch strengere Verfahrensgrundsätze unterscheidet. Während das allgemeine Verwaltungsverfahren gem. § 10 VwVfG von den Prinzipien der Nichtförmlichkeit, der Einfachheit und der Zweckmäßigkeit bestimmt wird, ist das förmliche Verwaltungsverfahren dem gerichtlichen Verfahren angenähert und eignet sich vor allem für Verwaltungs-

---

499 Vgl. Rdn 394.
500 Vgl. *Leßmann*, GRUR 1986, 21.
501 *Leßmann* GRUR 1986, 21.

bereiche, in denen die Rechte der Betroffenen oder das öffentliche Interesse ein Verfahren mit erhöhtem Rechtsschutz- und Gesetzmäßigkeitsgarantien erforderlich erscheinen lassen.[502] Das ist bei den Schutzrechtserteilungsverfahren der Fall, die man früher im Patentrecht auch als Rechtssetzungs- oder Gerichtsverfahren (streitige oder freiwillige Gerichtsbarkeit) angesehen hat, bevor sich die verwaltungsbehördliche Beurteilung durchgesetzt hat, wobei allerdings das patentrechtliche Erteilungsverfahren wegen seiner Sachbesonderheiten eigenständig geregelt und nicht ins allgemeine Verwaltungsverfahren einbezogen ist. Auch das sortenschutzrechtliche Erteilungsverfahren ist ein Verfahren mit weitreichenden Auswirkungen für die Betroffenen und die Allgemeinheit; ob ein Sortenschutzrecht erteilt werden kann, berührt die privatrechtlichen Beziehungen der Bürger untereinander und ist darüber hinaus zur Förderung des Fortschritts auf dem Gebiet des Pflanzenbaus von erheblicher Bedeutung. Die Erteilung bedarf daher ebenfalls eines strengeren Verfahrens mit einem gerichtsförmigen, prozeßähnlichen Ablauf, was mit dem förmlichen Verwaltungsverfahren erreicht wird, wobei aber auch hier ebenso wie im Patentrecht wegen der Besonderheiten der Materie eine eigenständige Regelung vielleicht besser gewesen wäre.

626 Das förmliche Verwaltungsverfahren bestimmt sich gem. § 63 Abs. 2 VwVfG nach den Vorschriften der §§ 64–71 VwVfG, bei sortenschutzrechtlichen Verwaltungsverfahren nach § 21 SortG allerdings mit Ausnahme des § 70 VwVfG. Neben ihnen sind aber auch die übrigen Vorschriften des VwVfG anzuwenden, soweit sich aus den §§ 64 ff. VwVfG nichts Abweichendes ergibt; das folgt etwas versteckt aus § 63 Abs. 2 a. E. VwVfG, so daß es nicht auf den ersten Blick erkennbar, aber doch selbstverständlich ist. Insoweit hat auch das jetzige Sortenschutzgesetz gegenüber dem bisherigen nicht die für die beabsichtigte Rechtsbereinigung behauptete Umfangsverkürzung erfahren, da gegenüber den weggefallenen sortenschutzrechtlichen die hinzugekommenen verwaltungsverfahrensgesetzlichen Vorschriften nicht vergessen werden dürfen. Für das förmliche Verwaltungsverfahren gelten daher die Vorschriften des Teils I des VwVfG z. B. über den Anwendungsbereich, des Teils II hinsichtlich der allgemeinen Regeln über das Verwaltungsverfahren und des Teils III über den Verwaltungsakt. Besondere Vorschriften, welche die allgemeinen Bestimmungen in den angeführten Teilen des VwVfG ausschließen und die besondere Förmlichkeit des Verfahrens ausmachen, sind § 64 über die Form des Antrags; § 65 über die Mitwirkung von Zeugen und Sachverständigen; § 66 über die Anhörung Beteiligter und über ihre Mitwirkung bei der Beweisaufnahme; §§ 67, 68 über die mündliche Verhandlung; § 69 über die Entscheidung (insbesondere Form, Begründung, Zustellung) sowie § 71 über das Verfahren vor Ausschüssen. § 63 Abs. 3 enthält ferner spezielle Bekanntmachungsregeln. Die meisten dieser Besonderheiten werden, wie sich bei der nachfolgenden Darstellung über die wichtigsten für den Verfahrensgang vor dem Bundessortenamt maßgebenden Vorschriften des VwVfG zeigen wird, auch beim sortenschutzrechtlichen Verwaltungsverfahren relevant.

b) Wichtigste, für den Verfahrensgang vor dem Bundessortenamt erhebliche Vorschriften des VwVfG

627 Es ist nicht möglich, alle für den Verfahrensgang vor dem Bundessortenamt in Betracht kommenden Verfahrensvorschriften darzustellen. Eine Übersicht nach dem früheren und

---

502 *Kopp*, § 63 VwVfG, Rdn 2.

dem jetzigen (damals sich noch im Entwurfsstadium befindlichen) Recht findet sich bei Kunhardt, Anlage 2 zur Stellungnahme gegenüber dem Rechtsausschuß des Deutschen Bundestages.[503] Es können auch nicht alle Verfahrensbestimmungen behandelt werden, die im Sortenschutzrecht nicht enthalten sind und sich auch bereits früher nach dem 1976 in Kraft getretenen Verwaltungsverfahrensgesetz richteten, z. B. über die Beteiligungs- und Handlungsfähigkeit (§§ 11, 12), den Untersuchungsgrundsatz (§ 24), über Begriff, Wirksamkeit und Nichtigkeit von Verwaltungsakten (§§ 35, 43, 44), die Heilung von Verfahrens- und Formfehlern (§ 45), Wiederaufgreifen des Verfahrens (§ 51), Verschwiegenheitspflicht (§ 84). Ferner werden hier nicht erörtert die Verfahrensfragen, die auch heute abweichend vom VwVfG im SortG geregelt sind: §§ 15 Abs. 2 (Verfahrensvertreter); 29 (Akteneinsicht und Geheimhaltung); 30, 31 (Rücknahme und Widerruf); 34–36 (Rechtsweg); 33 Abs. 5 S. 6 (Kostenerstattung im Vorverfahren); 20 Abs. 1 S. 2 (Beschlußfähigkeit der Widerspruchsausschüsse). Die Erläuterungen dazu finden sich in Zusammenhang mit den entsprechenden Sachfragen. Gegenstand der nachfolgenden Ausführungen sind jedoch die Verfahrensbestimmungen, die früher im SortenschutzG 68 und der dazugehörigen Sortenschutzverordnung 74 enthalten waren und nunmehr im VwVfG geregelt sind, und dabei neben einigen allgemeinen Regeln vor allem die Vorschriften über das förmliche Verwaltungsverfahren.

aa) Beteiligte, Anhörung Beteiligter (§§ 13, 66 VwVfG):

„§ 13
Beteiligte

(1) Beteiligte sind
1. Antragsteller und Antragsgegner,
2. diejenigen, an die die Behörde den Verwaltungsakt richten will oder gerichtet hat,
3. diejenigen, mit denen die Behörde einen öffentlich-rechtlichen Vertrag schließen will oder geschlossen hat,
4. diejenigen, die nach Absatz 2 von der Behörde zu dem Verfahren hinzugezogen worden sind.

(2) Die Behörde kann von Amts wegen oder auf Antrag diejenigen, deren rechtliche Interessen durch den Ausgang des Verfahrens berührt werden können, als Beteiligte hinzuziehen. Hat der Ausgang des Verfahrens rechtsgestaltende Wirkung für einen Dritten, so ist dieser auf Antrag als Beteiligter zu dem Verfahren hinzuzuziehen; soweit er der Behörde bekannt ist, hat diese ihn von der Einleitung des Verfahrens zu benachrichtigen.

(3) Wer anzuhören ist, ohne daß die Voraussetzungen des Absatzes 1 vorliegen, wird dadurch nicht Beteiligter."

Das frühere Recht hatte den Kreis der Verfahrensbeteiligten für das Verfahren vor den Prüfabteilungen in § 13 Abs. 1 SortSchV 74, vor dem Beschlußausschuß in § 16 Abs. 1 SortSchV 74 und bei besonderen Verfahren in § 42 SortSchG 68 konkret geregelt. Heute findet sich nur die allgemeine, auf alle Verwaltungsverfahren zugeschnittene Bestimmung des § 13 VwVfG mit einem Begriff des Beteiligten, der weiter als der Begriff der Partei im Zivilprozeß ist, da

---
503 BT-StenProt RA 10/45, S. 51 ff.

gegebenenfalls auch Drittbetroffene darunter fallen. Mit dem Beteiligtenbegriff entspricht das Gesetz rechtsstaatlichen Anforderungen an die Verfahrensstellung des Bürgers und macht ihn zum mitverantwortlichen Teilnehmer am Geschehen.[504] Maßgebend für die Stellung als Beteiligter ist entgegen der z.T. unklaren Formulierung in § 13 nicht die materielle Betroffenheit, sondern ausschließlich die formelle, durch den formellen Akt der Antragstellung (Abs. 1 Nr. 1), die Eröffnung eines Verfahrens gegen eine Person (Abs. 1 Nr. 2) oder die Beiladung („Hinzuziehung" nach Abs. 1 Nr. 4; Abs. 2) begründete Stellung im Verfahren; dabei ist über Abs. 2 der Kreis der Beteiligten weit gezogen und für die Beteiligung Dritter letztlich doch auch materiell bestimmt, da es für die Heranziehung darauf ankommt, daß ihre rechtlichen Interessen durch den Ausgang des Verfahrens berührt werden können.

629 Beteiligte i. S. d. § 13 VwVfG sind im Verfahren wegen Erteilung des Sortenschutzes der Antragsteller und Dritte, die nach § 25 SortG Einwendungen erhoben haben. Das Bundessortenamt kann aber auch von sich aus Dritte, z. B. den Inhaber einer nicht hinreichend unterscheidbaren Sorte, nach § 13 Abs. 2 VwVfG hinzuziehen und damit zum Beteiligten machen. Beteiligt sind ferner bei der Änderung der Sortenbezeichnung nach § 30 SortG der Sortenschutzinhaber als derjenige, an den das Bundessortenamt die Änderungsaufforderung richtet (§ 13 Abs. 1 Nr. 2 VwVfG) und bei der darauf folgenden Eintragung oder Festsetzung einer anderen Sortenbezeichnung nach § 30 Abs. 2 SortG der Sortenschutzinhaber und Antragsteller sowie auch Dritte, die entsprechend § 25 SortG Einwendungen erhoben haben. Bei der Rücknahme und beim Widerruf der Erteilung des Sortenschutzes nach § 31 SortG ist beteiligt der Sortenschutzinhaber, gegen den die Entscheidung gerichtet ist (§ 13 Abs. 1 Nr. 2 VwVfG); ferner können auch heute noch Rücknahme und Widerruf beantragt werden[505], so daß dann auch der Antragsteller Beteiligter ist. Beteiligter bei der Erteilung eines Zwangsnutzungsrechtes und der Festsetzung der Bedingungen sind schließlich der Antragsteller und der Sortenschutzinhaber, da man letzteren als Antragsgegner ansehen kann oder er jedenfalls nach § 13 Abs. 2 S. 2 VwVfG als Beteiligter zu dem Verfahren heranzuziehen ist. Alle diese Personen sind nicht nur Beteiligte im erstinstanzlichen Verfahren vor den Prüfabteilungen des Bundessortenamtes, sondern auch vor den Widerspruchsausschüssen in zweiter Instanz, da sie das einheitliche Verfahren nur fortsetzen; zudem wird der Widerspruchsführer selbst natürlich zu einem Hauptbeteiligten. Keine Beteiligten sind die bloß Anhörungsberechtigten (§ 13 Abs. 3 VwVfG), z. B. die nach dem Sortenschutzgesetz in bestimmten Fällen zu hörenden Spitzenverbände.

630 An die Beteiligtenstellung knüpft das VwVfG eine Reihe von *Rechten und Pflichten,* vgl. z. B. §§ 14, 15, 16, 18, 20, 26, 28, 29. Wer nach § 13 VwVfG Beteiligter ist, nimmt an dem Verfahren mit der Befugnis teil, seine Rechte selbständig zu vertreten bzw. vertreten zu lassen, insbesondere Anträge zur Sache und zum Verfahren zu stellen. Er kann darum nicht zugleich als Zeuge oder Sachverständiger an den Verfahren teilnehmen.[506]

631 Ein besonderes Recht Beteiligter ist das der *Anhörung.* § 28 VwVfG verpflichtet in Abs. 1 als Teil der Parteiöffentlichkeit des Verfahrens die Behörden zur Anhörung der Parteien, die durch eine Entscheidung in ihren Rechten negativ betroffen werden können, sieht jedoch zugleich in Abs. 2 bestimmte Ausnahmen vor. Dieses Recht auf Anhörung wird im förmlichen Verwaltungsverfahren erheblich erweitert, da nach §§ 66 Abs. 1 VwVfG alle Beteiligten, d. h. nicht nur solche, in deren Rechte der unter Umständen zu erwartende Ver-

---

504 *Kopp,* § 13 VwVfG, Rdn 2.
505 Vgl. *Leßmann* GRUR 1986, 25, 26.
506 *Stelkens/Bonk/Sachs,* § 13 VwVfG, Rdn 3.

waltungsakt möglicherweise eingreift, zu hören sind und sich der Anspruch auf Gehör auf alle für die Entscheidung erheblichen Fragen, insbesondere auch auf Rechtsfragen, bezieht; ferner schafft § 66 Abs. 2 eine besondere Form des rechtlichen Gehörs durch Rechte für die dort enthaltenen Beweiserhebungen, da die Beteiligten Anspruch auf Teilnahme an Beweisterminen und zur Stellung sachdienlicher Fragen haben. § 66 stellt auch eine Erweiterung gegenüber der früheren Rechtslage im Sortenschutzrecht dar, da nach § 15 SortSchV 74 nur die durch eine Entscheidung möglicherweise Beschwerten ein Anhörungsrecht hatten. § 66 VwVfG lautet:

„§ 66
Verpflichtung zur Anhörung von Beteiligten

(1) Im förmlichen Verwaltungsverfahren ist den Beteiligten Gelegenheit zu geben, sich vor der Entscheidung zu äußern.
(2) Den Beteiligten ist Gelegenheit zu geben, der Vernehmung von Zeugen und Sachverständigen und der Einnahme des Augenscheins beizuwohnen und hierbei sachdienliche Fragen zu stellen; ein schriftliches Gutachten soll ihnen zugänglich gemacht werden."

bb) Bevollmächtigte und Beistände (§ 14 VwVfG)

Die Vorschrift regelt die Vertretung Beteiligter durch Bevollmächtigte und die Zuziehung von Beiständen im Verwaltungsverfahren. Der Unterschied zwischen Bevollmächtigten und Beiständen liegt darin, daß letztere keine Vertretungsmacht haben; sie können daher die Beteiligten nur unterstützen, aber keine Anträge in der Sache oder zum Verfahren stellen, während die Bevollmächtigten Vertreter der Beteiligten sind und alle mit dem Verfahren in Zusammenhang stehenden Verfahrenshandlungen vornehmen können. Das Recht auf Vertretung wurde auch im früheren Recht anerkannt (vgl. § 14 SortSchV 74, allerdings ohne Beistand) und entspricht dem Rechtsstaatsgrundsatz auf rechtliches Gehör.[507] Der am Verwaltungsverfahren beteiligte Bürger soll aufgrund der Möglichkeit, einen sachkundigen und verhandlungsgewandten Bevollmächtigten zu bestellen oder einen Beistand heranzuziehen, den Vorsprung – zumindest teilweise – ausgleichen können, den die Behörde in Verhandlungen mit ihm häufig durch größere Sachkenntnis und Routine besitzt; die Regelung des § 14 liegt aber auch im Interesse der Behörde, die auf diese Weise vielfach zu einer konzentrierten Behandlung der Sache gelangen wird.[508] Dies trifft in besonderer Weise auf das Verhältnis Pflanzenzüchter/Bundessortenamt zu. Die Bevollmächtigung, ihr Umfang und ihre Beendigung werden in den Absätzen 1 und 2, die Pflichten der Behörde gegenüber einem Bevollmächtigten in Abs. 3, die Hinzuziehung von Beiständen in Abs. 4 und die Möglichkeit der Zurückweisung von Bevollmächtigten und Beiständen und die daraus erwachsenden Rechtsfolgen in den Abs. 5–7 geregelt. § 14 VwVfG lautet wie folgt:

---
507 BVerfGE 38, 111.
508 *Stelkens/Bonk/Sachs*, § 14 VwVfG, Rdn 3.

5. Abschnitt: Schutzerteilungsverfahren

„§ 14
Bevollmächtigte und Beistände

(1) Ein Beteiligter kann sich durch einen Bevollmächtigten vertreten lassen. Die Vollmacht ermächtigt zu allen das Verwaltungsverfahren betreffenden Verfahrenshandlungen, sofern sich aus ihrem Inhalt nicht etwas anderes ergibt. Der Bevollmächtigte hat auf Verlangen seine Vollmacht schriftlich nachzuweisen. Ein Widerruf der Vollmacht wird der Behörde gegenüber erst wirksam, wenn er ihr zugeht.

(2) Die Vollmacht wird weder durch den Tod des Vollmachtgebers noch durch eine Veränderung in seiner Handlungsfähigkeit oder seiner gesetzlichen Vertretung aufgehoben; der Bevollmächtigte hat jedoch, wenn er für den Rechtsnachfolger im Verwaltungsverfahren auftritt, dessen Vollmacht auf Verlangen schriftlich beizubringen.

(3) Ist für das Verfahren ein Bevollmächtigter bestellt, so soll sich die Behörde an ihn wenden. Sie kann sich an den Beteiligten selbst wenden, soweit er zur Mitwirkung verpflichtet ist. Wendet sich die Behörde an den Beteiligten, so soll der Bevollmächtigte verständigt werden. Vorschriften über die Zustellung an Bevollmächtigte bleiben unberührt.

(4) Ein Beteiligter kann zu Verhandlungen und Besprechungen mit einem Beistand erscheinen. Das von dem Beistand Vorgetragene gilt als von dem Beteiligten vorgebracht, soweit dieser nicht unverzüglich widerspricht.

(5) Bevollmächtigte und Beistände sind zurückzuweisen, wenn sie geschäftsmäßig fremde Rechtsangelegenheiten besorgen, ohne dazu befugt zu sein.

(6) Bevollmächtigte und Beistände können vom schriftlichen Vortrag zurückgewiesen werden, wenn sie hierzu ungeeignet sind; vom mündlichen Vortrag können sie zurückgewiesen werden, wenn sie zum sachgemäßen Vortrag nicht fähig sind. Nicht zurückgewiesen werden können Personen, die zur geschäftsmäßigen Besorgung fremder Rechtsangelegenheiten befugt sind.

(7) Die Zurückweisung nach den Absätzen 5 und 6 ist auch dem Beteiligten, dessen Bevollmächtigter oder Beistand zurückgewiesen wird, mitzuteilen, Verfahrenshandlungen des zurückgewiesenen Bevollmächtigten oder Beistandes, die dieser nach der Zurückweisung vornimmt, sind unwirksam."

633 Bevollmächtigte und Beistände müssen bestimmte persönliche Voraussetzungen erfüllen, nämlich verfahrenshandlungsfähig sein und dürfen nicht den Ausschluß- oder Zurückweisungsgründen der Abs. 5 und 6 unterliegen: Nach Abs. 5 sind sie zurückzuweisen, wenn sie geschäftsmäßig (nicht gleich gewerbsmäßig) fremde Rechtsangelegenheiten besorgen, ohne dazu nach § 3 der Rechtsanwaltsordnung (BRAO) oder § 3 Patentanwaltsordnung (PAO) befugt zu sein. Eine Erlaubnis nach Art. 1 § 1 Rechtsberatungsgesetz (BRAO) umfaßt nicht das Recht zur Vertretung vor dem Bundessortenamt (§ 186 PAO). Nach Abs. 6 können Personen wegen mangelnder Fähigkeit und Eignung vom schriftlichen bzw. mündlichen Vortrag zurückgewiesen werden.

cc) Ausgeschlossene Personen, Besorgnis der Befangenheit (§§ 20, 21 VwVfG)

634 Vgl. insoweit oben Rdn 548 f.

dd) Beweismittel (§§ 26, 65 VwVfG)

Zur Ermittlung des für die Entscheidung der Behörde maßgebenden Sachverhalts sind die 635
ihr zur Verfügung stehenden Beweismittel von besonderer Bedeutung. Beweisfragen spielen
nicht nur im gerichtlichen Beweisverfahren, sondern bereits im Verwaltungsverfahren eine
Rolle, insbesondere wenn es sich beim förmlichen Verwaltungsverfahren wie vor dem Bundessortenamt um ein gerichtsähnliches, justizförmiges Verfahren handelt. § 26 VwVfG regelt
daher ergänzend zu § 24 in Anlehnung an § 98 VwGO die Frage, welcher Beweismittel sich
die Behörde zur Aufklärung des Sachverhalts bedienen kann, außerdem die Mitwirkung der
Beteiligten bei der Ermittlung des Sachverhalts und die Verpflichtung von Zeugen und
Sachverständigen zur Aussage oder zur Erstattung von Gutachten. Im Gegensatz zum allgemeinen Verfahren, in dem nach § 26 Abs. 3 VwVfG eine Verpflichtung von Zeugen und
Sachverständigen zum Erscheinen und zur Aussage bzw. Erstattung von Gutachten grundsätzlich nicht besteht, sieht § 65 im Hinblick auf das im förmlichen Verfahren in der Regel
bestehende erhöhte Interesse der Allgemeinheit und der Beteiligten an einer umfassenden
Klärung des für die Entscheidung maßgeblichen Sachverhalts in Anlehnung an das Prozeßrecht bzw. unter Verweisung eine solche Verpflichtung allgemein vor und normiert das im
einzelnen anzuwendende Verfahren. Welche Beweismittel die Behörde im konkreten Fall
anwenden will, obliegt grundsätzlich ihrem pflichtgemäßen Ermessen; die Behörde muß jedoch nach § 26 Abs. 2 S. 1 in jedem Fall den Beteiligten Gelegenheit geben, bei der Feststellung des Sachverhalts mitzuwirken, insbesondere auch die ihnen bekannten Tatsachen
und Beweismittel anzugeben und gegebenenfalls auch Beweisanträge zu stellen. Die §§ 26
und 65 VwVfG lauten:

„§ 26
Beweismittel

(1) Die Behörde bedient sich der Beweismittel, die sie nach pflichtgemäßem Ermessen zur
Ermittlung des Sachverhalts für erforderlich hält. Sie kann insbesondere
1. Auskünfte jeder Art einholen,
2. Beteiligte anhören, Zeugen und Sachverständige vernehmen oder die schriftliche Äußerung von Beteiligten, Sachverständigen und Zeugen einholen,
3. Urkunden und Akten beiziehen,
4. den Augenschein einnehmen.
(2) Die Beteiligten sollen bei der Ermittlung des Sachverhalts mitwirken. Sie sollen insbesondere ihnen bekannte Tatsachen und Beweismittel angeben. Eine weitergehende
Pflicht, bei der Ermittlung des Sachverhalts mitzuwirken, insbesondere eine Pflicht zum
persönlichen Erscheinen oder zur Aussage, besteht nur, soweit sie durch Rechtsvorschrift
besonders vorgesehen ist.
(3) Für Zeugen und Sachverständige besteht eine Pflicht zur Aussage oder zur Erstattung
von Gutachten, wenn sie durch Rechtsvorschrift vorgesehen ist. Falls die Behörde Zeugen
und Sachverständige herangezogen hat, werden sie auf Antrag in entsprechender Anwendung des Gesetzes über die Entschädigung von Zeugen und Sachverständigen entschädigt."

5. Abschnitt: Schutzerteilungsverfahren

„§ 65
Mitwirkung von Zeugen und Sachverständigen

(1) Im förmlichen Verwaltungsverfahren sind Zeugen zur Aussage und Sachverständige zur Erstattung von Gutachten verpflichtet. Die Vorschriften der Zivilprozeßordnung über die Pflicht, als Zeuge auszusagen oder als Sachverständiger ein Gutachten zu erstatten, über die Ablehnung von Sachverständigen sowie über die Vernehmung von Angehörigen des öffentlichen Dienstes als Zeugen oder Sachverständige gelten entsprechend.

(2) Verweigern Zeugen oder Sachverständige ohne Vorliegen eines der in den §§ 376, 383 bis 385 und 408 der Zivilprozeßordnung bezeichneten Gründe die Aussage oder die Erstattung des Gutachtens, so kann die Behörde das für den Wohnsitz oder den Aufenthaltsort des Zeugen oder des Sachverständigen zuständige Verwaltungsgericht um die Vernehmung ersuchen. Befindet sich der Wohnsitz oder der Aufenthaltsort des Zeugen oder des Sachverständigen nicht am Sitz eines Verwaltungsgerichts oder einer besonders errichteten Kammer, so kann auch das zuständige Amtsgericht um die Vernehmung ersucht werden. In dem Ersuchen hat die Behörde den Gegenstand der Vernehmung darzulegen sowie die Namen und Anschriften der Beteiligten anzugeben. Das Gericht hat die Beteiligten von den Beweisterminen zu benachrichtigen.

(3) Hält die Behörde mit Rücksicht auf die Bedeutung der Aussage eines Zeugen oder des Gutachtens eines Sachverständigen oder zur Herbeiführung einer wahrheitsgemäßen Aussage die Beeidigung für geboten, so kann sie das nach Absatz 2 zuständige Gericht um die eidliche Vernehmung ersuchen.

(4) Das Gericht entscheidet über die Rechtmäßigkeit einer Verweigerung des Zeugnisses, des Gutachtens oder der Eidesleistung.

(5) Ein Ersuchen nach Absatz 2 oder 3 an das Gericht darf nur von dem Behördenleiter, seinem allgemeinen Vertreter oder einem Angehörigen des öffentlichen Dienstes gestellt werden, der die Befähigung zum Richteramt hat oder die Voraussetzungen des § 110 Satz I des Deutschen Richtergesetzes erfüllt."

ee) Wiedereinsetzung in den vorigen Stand (§ 32 VwVfG)

636 Das bisherige SortSchG 68 regelte die Wiedereinsetzung in den vorigen Stand durch Verweisung auf die entsprechenden Vorschriften der §§ 51 Abs. 2, 85 Abs. 2, 233–238 ZPO. Diese Verweisung ist durch das Sortenschutzgesetz 1985 gestrichen worden, weil auch das Verwaltungsverfahrensgesetz in § 32 entsprechende Wiedereinsetzungsregeln enthält.

„§ 32
Wiedereinsetzung in den vorigen Stand

(1) War jemand ohne Verschulden verhindert, eine gesetzliche Frist einzuhalten, so ist ihm auf Antrag Wiedereinsetzung in den vorigen Stand zu gewähren. Das Verschulden eines Vertreters ist dem Vertretenen zuzurechnen.

(2) Der Antrag ist innerhalb von zwei Wochen nach Wegfall des Hindernisses zu stellen. Die Tatsachen zur Begründung des Antrages sind bei der Antragstellung oder im Verfahren über den Antrag glaubhaft zu machen. Innerhalb der Antragsfrist ist die versäumte Handlung nachzuholen. Ist dies geschehen, so kann Wiedereinsetzung auch ohne Antrag gewährt werden.

(3) Nach einem Jahr seit dem Ende der versäumten Frist kann die Wiedereinsetzung nicht mehr beantragt oder die versäumte Handlung nicht mehr nachgeholt werden, außer wenn dies vor Ablauf der Jahresfrist infolge höherer Gewalt unmöglich war.

(4) Über den Antrag auf Wiedereinsetzung entscheidet die Behörde, die über die versäumte Handlung zu befinden hat.

(5) Die Wiedereinsetzung ist unzulässig, wenn sich aus einer Rechtsvorschrift ergibt, daß sie ausgeschlossen ist."

Die Einzelheiten ergeben sich aus dem Gesetz und seinen Kommentierungen, z. B. bei Kopp, § 32 VwVfG.

ff) Antrag (§ 64 VwVfG)

Bezüglich des Sortenschutzantrags finden sich Regelungen im Sortenschutzgesetz in den §§ 22 (Sortenschutzantrag), 23 (Zeitrang des Sortenschutzantrags) und 24 (Bekanntmachung des Sortenschutzantrags); ferner regelt technische Einzelheiten § 1 BSAVfV. Auf die entsprechenden Kommentierungen sei verwiesen. Nicht eindeutig geht aus diesen Bestimmungen hervor, in welcher Form die Anträge zu stellen sind. Diese Frage regelt § 64 VwVfG.

637

„**§ 64**
Form des Antrages

Setzt das förmliche Verwaltungsverfahren einen Antrag voraus, so ist er schriftlich oder zur Niederschrift bei der Behörde zu stellen"

Während sonst im allgemeinen Verwaltungsverfahren nach dem Grundsatz der Nichtförmlichkeit gem. § 10 VwVfG Anträge, soweit durch besondere Rechtsvorschriften nichts anderes vorgeschrieben ist oder sich aus der Natur der Sache ergibt, grundsätzlich formlos, auch mündlich, telefonisch usw. gestellt werden und unter Umständen auch in einem konkludenten Verhalten gesehen werden können, müssen im förmlichen Verfahren nach § 64 VwVfG Anträge schriftlich oder zur Niederschrift der Behörde gestellt werden; ein in anderer Form gestellter Antrag ist nicht ordnungsgemäß und daher nicht wirksam. Die Schriftlichkeit galt auch bereits im bisherigen Sortenschutzrecht und bedeutet eigenhändige Unterschrift des Antragstellers oder seines Vertreters nach den üblichen Grundsätzen des § 126 BGB. Fehlt die Unterschrift unter dem nach § 1 Abs. 2 BSAVfV zu verwendenden Antragsformular, so kann der Antrag nicht bearbeitet werden; allerdings ist der Mangel durch Nachholung heilbar, ohne daß dadurch der Zeitrang der Anmeldung verloren geht.[509]

638

---
509 Vgl. BPatGE 4, 16/21 f.

Antragstellung zur Niederschrift der Behörde war im bisherigen Sortenschutzrecht nicht vorgesehen, ist aber jetzt nach § 64 VwVfG möglich. Dennoch hat diese Möglichkeit der Antragstellung insbesondere wegen der notwendigen Verwendung von Antragsformularen bei Sortenschutzanträgen keine große Bedeutung; denkbar ist nur z. B., daß ein Zwangsnutzungsantrag zur Niederschrift des Bundessortenamtes gestellt wird. Zur Niederschrift bedeutet, daß eine mündliche Erklärung des persönlich anwesenden Antragstellers von dem dazu zuständigen Bediensteten möglichst wörtlich aufgenommen wird; eine Unterzeichnung ist nicht unbedingt erforderlich, wenngleich ein „vorgelesen und genehmigt-Vermerk" mit Unterschrift zweckmäßig ist. Im übrigen vgl. zu den formellen Erfordernissen des Sortenschutzantrags Rdn 656 ff.

gg) Mündliche Verhandlung (§§ 67, 68 VwVfG)

639 § 67 VwVfG regelt das Erfordernis der mündlichen Verhandlung, § 68 ihren Verlauf.

„§ 67
Erfordernis der mündlichen Verhandlung

(1) Die Behörde entscheidet nach mündlicher Verhandlung. Hierzu sind die Beteiligten mit angemessener Frist schriftlich zu laden. Bei der Ladung ist darauf hinzuweisen, daß bei Ausbleiben eines Beteiligten auch ohne ihn verhandelt und entschieden werden kann. Sind mehr als 300 Ladungen vorzunehmen, so können sie durch öffentliche Bekanntmachung ersetzt werden. Die öffentliche Bekanntmachung wird dadurch bewirkt, daß der Verhandlungstermin mindestens zwei Wochen vorher im amtlichen Veröffentlichungsblatt der Behörde und außerdem in örtlichen Tageszeitungen, die in dem Bereich verbreitet sind, in dem sich die Entscheidung voraussichtlich auswirken wird, mit dem Hinweis nach Satz 3 bekanntgemacht wird. Maßgebend für die Frist nach Satz 5 ist die Bekanntgabe im amtlichen Veröffentlichungsblatt.

(2) Die Behörde kann ohne mündliche Verhandlung entscheiden, wenn
1. einem Antrag im Einvernehmen mit allen Beteiligten in vollem Umfang entsprochen wird;
2. kein Beteiligter innerhalb einer hierfür gesetzten Frist Einwendungen gegen die vorgesehene Maßnahme erhoben hat;
3. die Behörde den Beteiligten mitgeteilt hat, daß sie beabsichtige, ohne mündliche Verhandlung zu entscheiden, und kein Beteiligter innerhalb einer hierfür gesetzten Frist Einwendungen dagegen erhoben hat;
4. alle Beteiligten auf sie verzichtet haben;
5. wegen Gefahr im Verzug eine sofortige Entscheidung notwendig ist.

(3) Die Behörde soll das Verfahren so fördern, daß es möglichst in einem Verhandlungstermin erledigt werden kann."

„§ 68
Verlauf der mündlichen Verhandlung

(1) Die mündliche Verhandlung ist nicht öffentlich. An ihr können Vertreter der Aufsichtsbehörden und Personen, die bei der Behörde zur Ausbildung beschäftigt sind, teilnehmen. Anderen Personen kann der Verhandlungsleiter die Anwesenheit gestatten, wenn kein Beteiligter widerspricht.

(2) Der Verhandlungsleiter hat die Sache mit den Beteiligten zu erörtern. Er hat darauf hinzuwirken, daß unklare Anträge erläutert, sachdienliche Anträge gestellt, ungenügende Angaben ergänzt sowie alle für die Feststellung des Sachverhalts wesentlichen Erklärungen abgegeben werden.

(3) Der Verhandlungsleiter ist für die Ordnung verantwortlich. Er kann Personen, die seine Anordnungen nicht befolgen, entfernen lassen. Die Verhandlung kann ohne diese Personen fortgesetzt werden.

(4) Über die mündliche Verhandlung ist eine Niederschrift zu fertigen. Die Niederschrift muß Angaben enthalten über
1. den Ort und den Tag der Verhandlung,
2. die Namen des Verhandlungsleiters, der erschienenen Beteiligten, Zeugen und Sachverständigen,
3. den behandelten Verfahrensgegenstand und die gestellten Anträge,
4. den wesentlichen Inhalt der Aussagen der Zeugen und Sachverständigen,
5. das Ergebnis eines Augenscheines.

Die Niederschrift ist von dem Verhandlungsleiter und, soweit ein Schriftführer hinzugezogen worden ist, auch von diesem zu unterzeichnen. Der Aufnahme in die Verhandlungsniederschrift steht die Aufnahme in eine Schrift gleich, die ihr als Anlage beigefügt und als solche bezeichnet ist; auf die Anlage ist in der Verhandlungsniederschrift hinzuweisen."

Im förmlichen Verwaltungsverfahren entscheidet die Behörde gem. § 67 Abs. 1 VwVfG grundsätzlich nach mündlicher Verhandlung, und zwar unter Würdigung des Gesamtergebnisses des Verfahrens. Die mündliche Verhandlung dient wie im gerichtlichen Verfahren der Klärung des entscheidungserheblichen Sachverhalts unter Mitwirkung der Beteiligten gem. § 26 Abs. 2 VwVfG, der Erhebung von Beweisen (§ 68 Abs. 4 Nr. 4 und 5 VwVfG) und der Anhörung der Beteiligten zur Sache im Interesse der Wahrung des rechtlichen Gehörs gem. §§ 28 und 66 VwVfG; sie bietet im allgemeinen eine erhöhte Garantie für die inhaltliche Richtigkeit und Gesetzmäßigkeit der Entscheidung in der Sache. Von dem Grundsatz der mündlichen Verhandlung gibt es jedoch auch Ausnahmen, und zwar in den in Abs. 2 Nr. 1–5 abschließend aufgezählten Fällen. Obwohl es sich bei dem Verfahren vor dem Bundessortenamt um ein förmliches Verwaltungsverfahren handelt, danach also grundsätzlich die Durchführung einer mündlichen Verhandlung erforderlich wäre, entscheidet das Bundessortenamt in seiner üblichen und zweckmäßigen Praxis ohne mündliche Verhandlung und nimmt einen der Ausnahmegründe in Anspruch, meist die Nr. 3 des Abs. 2. Die Entscheidung über die Entbehrlichkeit der mündlichen Verhandlung liegt, sofern die rechtlichen Voraussetzungen gegeben sind, im pflichtgemäßen Ermessen der Behörde. Eine mündliche Verhandlung kann trotz Vorliegens der Gründe nach Nr. 1–5 insbesondere dann geboten sein, wenn sie zur Klärung des Sachverhalts oder zur Wahrung der Rechte der Betroffenen

5. Abschnitt: Schutzerteilungsverfahren

notwendig erscheint. Entscheidet die Behörde ohne mündliche Verhandlung durch Verwaltungsakt, obwohl diese erforderlich gewesen wäre, weil kein Ausnahmefall nach Abs. 2 vorlag, so hat dies die Rechtswidrigkeit der Entscheidung zur Folge.

641   Das Mündlichkeitsprinzip gilt heute für das gesamte Verfahren vor dem Bundessortenamt, also für die Entscheidungen der Prüfabteilungen und der Widerspruchsausschüsse; früher war die mündliche Verhandlung nur für den Beschlußausschuß vorgesehen (§ 17 SortSchV 74).

642   Zu der mündlichen Verhandlung sind die Beteiligten mit angemessener Frist (also keine feste Frist) schriftlich (einfacher Brief genügt) zu laden (§ 67 Abs. 1 S. 2). Was als angemessene Ladungsfrist anzusehen ist, richtet sich nach der Art des zu entscheidenden Falles und dem Kreis der Betroffenen; Kopp, § 67 VwVfG Rdn 6, hält 6 Tage für ausreichend, während die frühere Sortenschutzverordnung (§ 19 Abs. 1 S. 2) von mindestens 2 Wochen ausging. Eine zu kurzfristige Ladung, die den Betroffenen nicht die erforderliche Zeit läßt, sich auf das Verfahren vorzubereiten, gegebenenfalls einen Anwalt mit der Wahrung der Interessen zu betrauen und ihn zu informieren, verletzt den Anspruch auf rechtliches Gehör gem. § 66 VwVfG, wenn die Verhandlung trotz sofortiger Rüge nicht verlegt oder vertagt wird. Mit der Ladung ist der Hinweis nach § 67 Abs. 1 S. 3 VwVfG zu verbinden, dessen Fehlen jedoch weder die Durchführung der mündlichen Verhandlung unzulässig macht noch den Anspruch der Beteiligten auf rechtliches Gehör verletzt.[510]

643   Die mündliche Verhandlung ist nach § 68 Abs. 1 ebenso wie früher nach § 21 Abs. 1 SortSchV 74 grundsätzlich nicht öffentlich. Das Gesetz sieht zum Schutz der persönlichen Sphäre sowie der Unbefangenheit der Beteiligten und zur Wahrung der Objektivität der entscheidenden Amtsträger nur eine beschränkte Öffentlichkeit (sog. Parteiöffentlichkeit) des Verfahrens vor, da die für die Öffentlichkeit gerichtlicher Verfahren sprechenden Gesichtspunkte für Verwaltungsverfahren nicht im selben Maße von Bedeutung sind. Berechtigt zur Teilnahme sind vor allem die Beteiligten (§ 13 VwVfG), ihre Vertreter und Bevollmächtigten (§ 14 VwVfG) sowie die in § 68 Abs. 1 S. 2 VwVfG genannten Personen. Außerdem kann der Verhandlungsleiter nach seinem Ermessen, wenn kein Beteiligter widerspricht, auch sonstigen Personen, auch der Presse usw. die Teilnahme gestatten, gegebenenfalls sogar volle Öffentlichkeit herstellen (Abs. 1 S. 3). Ein Anspruch der Beteiligten oder interessierter Dritter besteht insoweit jedoch nicht, auch nicht in Form eines formell-subjektiven Rechts auf fehlerfreie Ermessensausübung.[511] Die Anwesenheit Dritter i. S. von Abs. 1 S. 3 kann unter Umständen auch auf einzelne Abschnitte des Verfahrens beschränkt werden.

644   Das weitere Verfahren wird bestimmt durch die Erörterungs- und Hinweispflicht des Verhandlungsleiters (Abs. 2 S. 1 und 2). Dagegen fehlt wie nach § 18 der SortSchV 74 eine spezielle Vorschrift zur Vorbereitung der mündlichen Verhandlung; doch ergibt sich eine entsprechende Verpflichtung aus dem Grundsatz der Konzentration des Verfahrens auf einen Termin aus § 67 Abs. 3 VwVfG, nachdem die Behörde das Verfahren grundsätzlich so vorzubereiten und durchzuführen hat, daß sie aufgrund der mündlichen Verhandlung möglichst ohne weiteren Verhandlungstermin oder ohne weitere Ermittlungen usw. abschließend gem. § 69 Abs. 1 entscheiden kann. Die Verpflichtung zur Erörterung der Sache mit den Beteiligten dient einerseits der Klärung des für die Entscheidung maßgeblichen Sachverhalts und der Feststellung der auf ihn anzuwendenden Rechtsvorschriften, zugleich aber auch dem rechtlichen Gehör der Beteiligten gem. § 66 VwVfG. Die Erörterung der Sache soll insbe-

---

510 *Kopp*, § 67 VwVfG. Rdn 8.
511 Vgl. *Kopp*, § 68 VwVfG, Rdn 24.

sondere sicherstellen, daß keine für die Entscheidung der Sache erheblichen Gesichtspunkte rechtlicher oder tatsächlicher Art übersehen werden und daß die Beteiligten erkennen können, auf welche Fragen es der Behörde vor allem ankommt, und sich mit ihrem Vorbringen und ihren Anträgen darauf einstellen können. Die Hinweispflicht will, ähnlich wie die weniger weitgehende Verpflichtung nach § 25 S. 1 VwVfG, verhindern, daß Beteiligte aus Unkenntnis, Unerfahrenheit oder Unbeholfenheit im Verfahren Rechtsnachteile erleiden, was gerade bei rechtlich weniger versierten Pflanzenzüchtern von Bedeutung ist; ferner hat sie die sachgemäße Durchführung des Verfahrens unter Mitwirkung der Beteiligten gem. § 26 Abs. 2 zu gewährleisten. Welche Hinweise und Belehrungen im einzelnen erforderlich sind, ergibt sich aus den konkreten Umständen des einzelnen Falles; soweit Beteiligte durch Anwälte vertreten sind, ist im allgemeinen weniger an Fürsorge geboten als gegenüber unerfahrenen und rechtsunkundigen Beteiligten.

Dem Verhandlungsleiter obliegt nach § 68 Abs. 3 ferner die „Sitzungspolizei". Dieser ist verpflichtet, für die äußere Ordnung im Verhandlungsraum und für den geordneten äußeren Ablauf des Verfahrens zu sorgen. Zu diesem Zweck kann er alle mit dem Begriff der Sitzungsgewalt herkömmlicherweise verbundenen Anordnungen treffen, die er nach pflichtgemäßem Ermessen zur Aufrechterhaltung der Ordnung für erforderlich hält, z. B. nach S. 2 auch Personen entfernen lassen. 645

Über die mündliche Verhandlung ist eine Niederschrift zu fertigen, deren Mindestinhalt sich aus Abs. 4 ergibt (früher § 23 SortSchV 74). Die Niederschrift dient vor allem Beweiszwecken; eine Verletzung des Abs. 4 oder die inhaltliche Unrichtigkeit der Niederschrift berühren die Wirksamkeit und Rechtmäßigkeit der im Verfahren zur Hauptsache ergehenden Entscheidung nicht.[512] 646

hh) Entscheidung (§ 69 VwVfG)

§ 69 VwVfG enthält mehrere Anordnungen über die Entscheidung im förmlichen Verwaltungsverfahren, und zwar über die Entscheidungsgrundlagen (Abs. 1), die Form der Entscheidung, die Begründungspflicht und die Bekanntgabe der Entscheidung (Abs. 2) sowie über die Beendigung des Verfahrens in anderer Weise als durch Erlaß einer Entscheidung in der Sache (Abs. 3). 647

„§ 69
Entscheidung

(1) Die Behörde entscheidet unter Würdigung des Gesamtergebnisses des Verfahrens.
(2) Verwaltungsakte, die das förmliche Verfahren abschließen, sind schriftlich zu erlassen, schriftlich zu begründen und den Beteiligten zuzustellen; in den Fällen des § 39 Abs. 2 Nr. 1 und 3 bedarf es einer Begründung nicht. Sind mehr als 300 Zustellungen vorzunehmen, so können sie durch öffentliche Bekanntmachung ersetzt werden. Die öffentliche Bekanntmachung wird dadurch bewirkt, daß der verfügende Teil des Verwaltungsaktes und die Rechts-

---

512 *Kopp*, § 68 VwVfG, Rdn 19.

behelfsbelehrung im amtlichen Veröffentlichungsblatt der Behörde und außerdem in örtlichen Tageszeitungen bekanntgemacht werden, die in dem Bereich verbreitet sind, in dem sich die Entscheidung voraussichtlich auswirken wird. Der Verwaltungsakt gilt mit dem Tage als zugestellt, an dem seit dem Tage der Bekanntmachung in dem amtlichen Veröffentlichungsblatt zwei Wochen verstrichen sind; hierauf ist in der Bekanntmachung hinzuweisen. Nach der öffentlichen Bekanntmachung kann der Verwaltungsakt bis zum Ablauf der Rechtsbehelfsfrist von den Beteiligten schriftlich angefordert werden; hierauf ist in der Bekanntmachung gleichfalls hinzuweisen.

(3) Wird das förmliche Verwaltungsverfahren auf andere Weise abgeschlossen, so sind die Beteiligten hiervon zu benachrichtigen. Sind mehr als 300 Benachrichtigungen vorzunehmen, so können sie durch öffentliche Bekanntmachung ersetzt werden; Absatz 2 Satz 3 gilt entsprechend."

(1.) Entscheidungsgrundlagen (§ 69 Abs. 1)

648 Abs. 1 stellt klar, daß Grundlage der Entscheidung nicht nur das Ergebnis der mündlichen Verhandlung nach §§ 67, 68, sondern das Gesamtergebnis des Verfahrens ist, also z. B. auch das schriftliche Vorbringen und die Anträge der Beteiligten, der Inhalt der Behördenakten und beigezogene Akten, Urkunden, eingeholte Auskünfte, Gutachten, amtskundige Tatsachen und das Ergebnis einer vorher durchgeführten Beweisaufnahme. Dabei ist nicht erforderlich, daß alle Beweisergebnisse, von den Beteiligten vorgetragene Tatsachen usw. ausdrücklich Gegenstand der mündlichen Verhandlung waren; gem. § 66 und nach allgemeinen rechtsstaatlichen Verfahrensgrundsätzen muß die Behörde den Beteiligten nur vorher Gelegenheit gegeben haben, sich zu allen Entscheidungsgrundlagen zu äußern.[513] Es gilt der Grundsatz der freien Beweiswürdigung.[514]

(2.) Form der Entscheidung, Begründungspflicht, Zustellung (§ 69 Abs. 2)

649 Regelmäßig wird das förmliche Verfahren durch einen Verwaltungsakt abgeschlossen, der eine Entscheidung in der Sache trifft, z. B. erteilt das Bundessortenamt den beantragten Sortenschutz. Ein solcher Verwaltungsakt ist im Gegensatz zu § 37 Abs. 2 S. 1 VwVfG *schriftlich zu erlassen*. Erlassen ist ein schriftlicher Verwaltungsakt, wenn er von den zuständigen Beamten oder Angestellten der Behörde unterschrieben worden ist (vgl. § 37 Abs. 3 VwVfG) und durch Aufgabe zur Post oder auf andere Weise den Bereich der Behörde verlassen hat.[515] Vorher ist der schriftliche Verwaltungsakt nur eine Art Entwurf, ein Verwaltungsinternum, das zurückgehalten oder geändert werden kann.[516] Das gilt auch dann wenn wie bei den Widerspruchsausschüssen als Kollegialorganen die Entscheidung durch Beschluß (§§ 90, 91 VwVfG) ergeht, da sie noch der Vollziehung, hier durch Erlaß des schriftlichen Verwaltungsakts, bedarf. Das war nach früherem Recht z. T. anders, da Ent-

---
513 *Kopp*, § 69 VwVfG, Rdn 4, 5.
514 *Kopp* § 69 VwVfG, Rdn 6.
515 BVerfGE 63, 86.
516 BVerwG, DVBl 1978, 628 ff.

I. Das Verfahren vor dem Bundessortenamt

scheidungen des Beschlußausschusses gem. § 22 SortSchV 74 den anwesenden Beteiligten oder ihren Bevollmächtigten unter Mitteilung der wesentlichen Gründe eröffnet (verkündet) wurden. Dieser Erlaß des Verwaltungsaktes ist nicht mit seiner Bekanntgabe (Zustellung) zu verwechseln, mit der der Verwaltungsakt erst wirksam wird (§ 43 Abs. 1 S. 1 VwVfG). Es ist ähnlich wie bei einer privatrechtlichen empfangsbedürftigen Willenserklärung, bei der auch zwischen der Abgabe der Willenserklärung (Erlaß des Verwaltungsaktes) und dem Eintritt ihrer Wirksamkeit durch Zugang (Bekanntgabe des Verwaltungsaktes) unterschieden wird. Nur bei einem mündlich erlassenen Verwaltungsakt, der auch im förmlichen Verfahren bei nicht verfahrensabschließenden Entscheidungen möglich ist, fallen der Erlaß des Verwaltungsakts und seine Bekanntgabe an den, für den er bestimmt ist oder der von ihm betroffen wird, zusammen.

Der Verwaltungsakt ist *schriftlich zu begründen*. Wie bei Urteilen ist auch bei Verwaltungsakten zwischen Entscheidungssatz (Tenor) und Begründung zu unterscheiden. Die Notwendigkeit der schriftlichen Begründung eines schriftlichen Verwaltungsaktes ergibt sich bereits aus § 39 Abs. 1 S. 1 VwVfG, so daß dem Begründungsgebot des § 69 Abs. 2 S. 1 nur deklaratorische Bedeutung zukommt; sie ist ein wesentliches Erfordernis jedes rechtsstaatlichen Verfahrens. Für den Inhalt der Begründung gilt § 39 Abs. 1 S. 2 und 3 VwVfG: Die Begründung muß die tragenden Erwägungen in logischer Gedankenführung für die in der Entscheidungsformel getroffene Entscheidung enthalten und sich auf alle entscheidungswesentlichen Punkte tatsächlicher und rechtlicher Art erstrecken, insbesondere auf sämtliche Anträge und Hilfsanträge, so daß eine Nachprüfung durch die Beteiligten und die übergeordneten Instanzen (Widerspruchsausschuß, Bundespatentgericht) ermöglicht wird.[517] 650

Welche Anforderungen sich im einzelnen ergeben, ist nur nach dem Einzelfall zu entscheiden; vgl. jedoch zu den Begründungsanforderungen die Kommentierungen zu § 39 VwVfG und bei patentamtlichen Beschlüssen zu § 47 PatG (früher § 34). Zu begründen sind auch frühere Bescheide, die nicht selbständig anfechtbar sind, auf denen aber die Entscheidung des Bundessortenamtes beruht, z. B. Fall des § 7 BSAVfV (Prüfungsbericht). Ein Verstoß gegen die Begründungspflicht macht den Verwaltungsakt rechtswidrig, allerdings kann der Mangel unter Umständen geheilt werden (vgl. § 45 Abs. 1 Nr. 2, Abs. 2 und 3 VwVfG). Einer schriftlichen Begründung bedarf es nicht in den Fällen des § 39 Abs. 2, insbesondere wenn einem Antrag in vollem Umfang stattgegeben wird und ein Dritter am Verfahren nicht beteiligt ist oder bei sonstigen nicht belastenden Entscheidungen, weil diese mangels Rechtsschutzinteresse nicht angefochten werden können. 651

Der Verwaltungsakt ist schließlich *zuzustellen*. Um auch wirksam zu sein, muß der Verwaltungsakt an den, für den er bestimmt ist oder der von ihm betroffen wird, bekanntgegeben werden (§§ 43 Abs. 1, 41 Abs. 1 VwVfG); dies ist ebenfalls eine wesentliche Folge des Rechtsstaatsprinzips und aus Art. 19 Abs. 4 GG, da die Verteidigungsmöglichkeit gegen eine Verwaltungsentscheidung deren Kenntnis voraussetzt und in bezug auf Fristen, insbesondere Rechtsbehelfsfristen, auch den Zeitpunkt der Wirksamkeit. Allgemeine Bekanntmachungsregeln für alle Verwaltungsakte, also nicht nur ein förmliches Verfahren abschließende Verwaltungsakte, die es auch im Sortenschutzverfahren gibt, enthält § 41 VwVfG; auf den Text und die Kommentierungen zu dieser Vorschrift sei verwiesen. Für Verwaltungsakte, die ein förmliches Verfahren abschließen, sieht § 69 Abs. 2 S. 1 die Zustellung an die Beteiligten vor. Diese ist eine besondere Form der Bekanntmachung und bleibt gem. § 41 Abs. 5 VwVfG durch die allgemeinen Vorschriften über die Bekanntmachung von Verwaltungsakten unbe- 652

---

517 Vgl. BGH Bl.f.PMZ 1963, 343, 345; BPatGE 14, 209 ff.

rührt. Die Zustellung erfolgt bei von Bundesbehörden (Bundessortenamt) erlassenen Verwaltungsakten nach dem Verwaltungszustellungsgesetz (VwZG) des Bundes, zu dem auch allgemeine Verwaltungsvorschriften und Richtlinien ergangen sind. Besonderheiten gelten nach § 69 Abs. 2 S. 2–5 für sog. Massenzustellungen, die jedoch im Sortenschutzverfahren ohne Bedeutung sind.

(3.) Rechtsbehelfsbelehrung

653 Kein Hinweis erfolgt in § 69 Abs. 2 VwVfG auf eine Rechtsbehelfsbelehrung. Diese ergibt sich jedoch über § 79 VwVfG aus §§ 58, 59 Verwaltungsgerichtsordnung (VwGO), bei Widerspruchsbescheiden auch aus § 73 Abs. 3 VwGO. § 79 VwVfG verweist hinsichtlich der förmlichen Rechtsbehelfe gegen Verwaltungsakte, die im Rahmen des Verwaltungsverfahrens ergehen, auf die VwGO. Daher gelten die Vorschriften über das verwaltungsgerichtliche Vorverfahren der §§ 68 ff. VwGO und die damit in unmittelbarem Zusammenhang stehenden Vorschriften der VwGO, ohne daß der Ausschluß des § 70 VwVfG wegen der Nichtnennung in § 21 SortG oder die Entbehrlichkeit nach § 68 Abs. 1 Nr. 1 VwGO (oberste Bundesbehörde) wegen ausdrücklicher anderweitiger Regelung im Sortenschutzgesetz (Widerspruch vor Beschwerde) zum Zuge kommen. Die Rechtsbehelfsbelehrung des Bundessortenamtes, die sich bei ihr als Bundesbehörde näher nach § 59 VwGO richtet, muß für den Adressaten der Entscheidung ersichtlich machen, welche Rechtsbehelfe innerhalb welcher Frist möglich sind und bei welcher Stelle sie einzulegen sind. Rechtsbehelfe gegen Entscheidungen der Prüfabteilungen sind der Widerspruch an die Widerspruchsausschüsse innerhalb eines Monats (§§ 18 Abs. 3 SortG, 70 VwGO) und gegen Beschlüsse der Widerspruchsausschüsse die Beschwerde an das Patentgericht ebenfalls mit Monatsfrist (§§ 34, 36 SortG, 73 Abs. 2 PatG). Unterbleiben oder unrichtige Belehrung setzt die Rechtsbehelfsfrist nicht in Lauf, auch nicht, wenn der Betroffene sie gekannt hat. Unrichtig ist eine Belehrung auch, wenn sie an sich nicht erforderliche, aber falsche Hinweise enthält, die den Betroffenen von der Einlegung des Rechtsbehelfs abhalten können. Gem. § 58 Abs. 2 VwGO muß der Rechtsbehelf in diesen Fällen jedoch innerhalb eines Jahres nach erfolgter Zustellung eingelegt werden, es sei denn, die Entscheidung wird vorher erneut mit ordnungsgemäßer Rechtsbehelfsbelehrung zugestellt; hier gilt dann die dadurch in Gang gesetzte Frist. Gegen die Versäumung der Jahresfrist ist Wiedereinsetzung in den vorigen Stand gem. § 32 VwVfG möglich. Unterlassene Rechtsbehelfsbelehrung ist ferner Amtspflichtverletzung i. S. des § 839 BGB, Art. 34 GG. Eine Rechtsbehelfsbelehrung ist jedoch nach allgemeiner Auffassung nicht erforderlich bei rein begünstigenden Verwaltungsakten, da in einem solchen Fall ein Rechtsschutzinteresse nicht besteht (früher ausdrücklich § 25 Abs. 5 S. 2 SortSchG 68).

(4.) Abschluß des Verfahrens in anderer Weise (§ 69 Abs. 3)

654 Das Verfahren kann auch auf andere Weise als durch eine Entscheidung in der Sache i. S. des Abs. 2 abgeschlossen werden, z. B. durch Rücknahme des Antrags, Verzicht der Behörde auf weitere Durchführung eines von Amts wegen eingeleiteten Verfahrens, Tod des das Ver-

fahren auslösenden Beteiligten. In welcher Form in diesen Fällen das Verfahren abzuschließen ist und welchen Rechtscharakter die nach Abs. 3 erforderliche Benachrichtigung hat, ist umstritten;[518] auf jeden Fall sind die Beteiligten zu benachrichtigen und diese Mitteilung kann formlos, insbesondere auch mündlich, telefonisch oder in anderer geeigneter Form erfolgen.[519]

ii) Verfahren vor Ausschüssen (§ 71 VwVfG)

„§ 71
Besondere Vorschriften für das förmliche Verfahren vor Ausschüssen

(1) Findet das förmliche Verwaltungsverfahren vor einem Ausschuß (§ 88) statt, so hat jedes Mitglied das Recht, sachdienliche Fragen zu stellen. Wird eine Frage von einem Beteiligten beanstandet, so entscheidet der Ausschuß über ihre Zulässigkeit.

(2) Bei der Beratung und Abstimmung dürfen nur Ausschußmitglieder zugegen sein, die an der mündlichen Verhandlung teilgenommen haben. Ferner dürfen Personen zugegen sein, die bei der Behörde, bei der der Ausschuß gebildet ist, zur Ausbildung beschäftigt sind, soweit der Vorsitzende ihre Anwesenheit gestattet. Die Abstimmungsergebnisse sind festzuhalten.

(3) Jeder Beteiligte kann ein Mitglied des Ausschusses ablehnen, das in diesem Verwaltungsverfahren nicht tätig werden darf (§ 20) oder bei dem die Besorgnis der Befangenheit besteht (§ 21). Eine Ablehnung vor der mündlichen Verhandlung ist schriftlich oder zur Niederschrift zu erklären. Die Erklärung ist unzulässig, wenn sich der Beteiligte, ohne den ihm bekannten Ablehnungsgrund geltend zu machen, in die mündliche Verhandlung eingelassen hat. Für die Entscheidung über die Ablehnung gilt § 20 Abs. 4 Satz 2 bis 4."

Die Vorschrift enthält in Ergänzung zu den §§ 63–70 VwVfG Sonderregelungen für Verfahren von Kollegialorganen (Ausschüssen), hier die Widerspruchsausschüsse des Bundessortenamtes, und zwar hinsichtlich des Fragerechts der Ausschußmitglieder (Abs. 1), der Beratung und Abstimmung (Abs. 2) und der Ablehnung von Mitgliedern (Abs. 3). Im einzelnen sind die Bestimmungen den für Kollegialgerichte geltenden Vorschriften nachgebildet. Sie werden ergänzt durch die §§ 88–93 VwVfG über Ausschüsse, Abs. 3 außerdem durch §§ 20 Abs. 4 und 21 Abs. 2. Im übrigen gelten auch für das förmliche Verfahren vor einem Ausschuß die allgemeinen Bestimmungen über das förmliche Verfahren gem. §§ 63 ff. 655

3. Der Sortenschutzantrag

a) Formelle Erfordernisse

Die Erteilung des Sortenschutzes für eine neue Sorte setzt deren Anmeldung beim Bundessortenamt voraus, bei der gemäß Bekanntmachung des Bundessortenamtes Nr. 8/86 vom 656

---
518 Vgl. *Kopp*, § 69 VwVfG, Rdn 15.
519 *Kopp*, § 69 VwVfG, Rdn 16.

15. Mai 1998.[520] sogenannte Vorlagetermine zu beachten sind.[521] Der Berechtigte muß deshalb für die Sorte einen Sortenschutzantrag gemäß § 64 VwVfG schriftlich oder zur Niederschrift stellen. Für jede Sorte muß ein gesonderter Antrag eingereicht werden. Der Sortenschutzantrag ist eine empfangsbedürftige Willenserklärung. Er wird deshalb erst mit Eingang beim Bundessortenamt wirksam (zur Bedeutung des Eingangs vgl. § 23 Abs. 1SortG; siehe hierzu Rdn 686 ff., 1009 ff.). Postalische Verzögerungen gehen deshalb zu Lasten des Antragstellers.

657   Der Antrag ist gemäß § 1 Abs. 1 BSAVfV in dreifacher Ausfertigung beim Bundessortenamt nach § 23 VwVfG grundsätzlich in deutscher Sprache einzureichen. Hierbei sind gemäß § 1 Abs. 2 BSAVfV die im Teil III Nr. 21 erwähnten Vordrucke des Bundessortenamtes zu verwenden, die auf Aufforderung kostenlos zur Verfügung gestellt werden.[522] § 23 Abs. 2 VwVfG läßt allerdings auch fremdsprachige Anträge zu, sofern auf Anforderung der Behörde eine deutsche Übersetzung nachgereicht oder auf Kosten des Antragstellers von der Behörde angefertigt wird.

658   Die Schriftlichkeit des Antrags erfordert, daß dieser schriftlich abgefaßt und grundsätzlich eigenhändig unterzeichnet sein muß (§ 126 BGB). Faksimilierte Unterschriften oder Stempel genügen nicht (vgl. Klauer/Möhring, § 26 PatG, Anmeldung 5). In der Praxis bedeutet das, daß der vom Bundessortenamt erstellte Antragsvordruck und dessen Anlagen komplett ausgefüllt und unterzeichnet beim Bundessortenamt eingereicht werden müssen. Notarielle Beglaubigung oder konsularische Legalisierung bzw. Überbeglaubigung durch Apostille sind für die Unterschrift nicht notwendig.

659   Zur fehlenden Unterschrift siehe Rdn 638. Das Erfordernis der Schriftlichkeit gilt auch als erfüllt bei fernschriftlicher oder telegraphischer Antragstellung.[523] Eigenhändige Unterzeichnung des Aufgabetelegramms ist nicht erforderlich, da auch telefonische Telegrammaufgabe möglich ist. Telefonische Antragstellung ist dagegen nicht wirksam, auch wenn der Antrag beim Bundessortenamt protokolliert wird. Für den Zugang eines telegraphischen Antrags genügt dagegen, daß dieser beim Bundessortenamt vom Telegraphenamt telefonisch übermittelt und sein Wortlaut wörtlich von einem Bediensteten des Bundessortenamtes aufgenommen wird.[524] Eine Nachreichung des Antrages auf dem vom Bundessortenamt herausgegebenen Vordruck wird jedoch auch in diesen Fällen erforderlich sein.[525] Zur Anmeldung durch Niederschrift beim Bundessortenamt siehe Rdn 638.

b) Sachlicher Inhalt

660   Hinsichtlich des sachlichen Inhalts des Sortenschutzantrags ist in § 22 Abs. 1 Satz 1 und 2 SortG nur vorgeschrieben, daß der Antragsteller Angaben über den oder die Ursprungszüchter oder Entdecker der angemeldeten Sorte machen und versichern muß, daß seines Wissens weitere Personen an deren Züchtung oder Entdeckung nicht beteiligt sind und, falls er nicht allein der Ursprungszüchter oder Entdecker ist, wie die Sorte, das heißt das

---

520 Bl.f.S. 1986, 224 ff. Teil III, Nr. 14
521 Näheres hierzu Rdn 774 ff.
522 Mitt. Präs. BSA Nr. 4/75 vom 31.12.1974, Bl.f.S. 1975, 14 sowie Hinweis in Bl.f.S. 1986, 79.
523 *Kopp*, VwVfG, § 64, Rdn 11, *Stelkens/Bonk/Sachs*, VwVfG, § 63 Rdn 5.
524 Vgl. *Kopp*, VwVfG aaO.
525 Vgl. Mitt. Präs. Bundessortenamt, Nr. 4/75, FN 600

Recht auf Sortenschutz für die angemeldete Sorte im Sinne von § 8 SortG, an ihn gelangt ist (z. B. durch rechtsgeschäftliche Übertragung unter Lebenden oder Rechtsnachfolge von Todes wegen).[526] Wichtig ist für die Angabe über den oder die Ursprungszüchter oder Entdecker der angemeldeten Sorte, wozu auch deren Anschriften gehören, daß es sich dabei nur um natürliche Personen handeln kann, also um keine juristischen Personen oder Personenvereinigungen.

Nach Abs. 1 Satz 3 ist das Bundessortenamt nicht verpflichtet, die vorgenannten Angaben 661 des Antragstellers und dessen Versicherung auf ihre Richtigkeit zu überprüfen. Der Antragsteller wird im Verfahren vor dem Bundessortenamt von diesem gemäß § 8 Abs. 2 SortG grundsätzlich als Berechtigter angesehen, es sei denn, daß dem Bundessortenamt bekannt wird, daß dem Antragsteller das Recht auf Sortenschutz nicht zusteht.[527]

Weitere Vorschriften zum Inhalt des Sortenschutzantrages sind weder im geltenden SortG 662 noch in der zu diesem vom Bundesminister für Ernährung, Landwirtschaft und Forsten erlassenen Verfahrensverordnung.[528] enthalten und auch nicht in den nach § 21 SortG auf das Verfahren vor dem Bundessortenamt anzuwendenden §§ 63 bis 69 und 71 VwVfG erwähnt. Zur Kritik dieser im Vergleich zum SortG 85 sehr dürftigen Ausgestaltung im gegenwärtig geltenden Recht. (Vgl. *Wuesthoff/Leßmann/Wendt*, Kommentar 2, A., zu § 22 Rdn 9.)

Sowohl das Sortenschutzgesetz als auch die Verfahrensordnung gehen davon aus, daß für 663 die Anmeldung einer neuen Sorte zum Sortenschutz das vom Bundessortenamt hierfür erstellte Antragsformular einschließlich technischem Fragebogen verwendet wird. Welche Angaben zur Sorte als solche zu machen sind, läßt sich weder dem Gesetz noch der hier zu erlassenden Verfahrensordnung entnehmen. Dort wird lediglich in § 1 Abs. 2 BSAVfV bestimmt, daß für die Sortenschutzanträge Vordrucke des Bundessortenamtes zu verwenden sind. Welchen Inhalt die Vordrucke haben (müssen), wird dem Bundessortenamt überlassen. Da die Angaben über die Sorte für die Festlegung des konkreten Züchtungsergebnisses, für das Sortenschutz beansprucht wird, und damit für die Festlegung des Gegenstandes des Prüfungsverfahrens unabdingbar sind, müßten wegen Art. 80 Nr. 1 S. 4 GG jedenfalls in der Verfahrensordnung die Angaben über die angemeldete Sorte bestimmt werden, die als Minimalvoraussetzungen für die Festlegung des Anmeldegegenstandes unverzichtbar sind.

c) *Sonstige Angaben*

Zu den sonstigen im Antragsvordruck zu machenden Angaben gehören außer der Angabe 664 der Art und gegebenenfalls Unterart sowie der vorläufigen Bezeichnung der Sorte noch der oder die Namen des Antragstellers oder der Antragsteller, des Ursprungszüchters oder Entdeckers bzw. der Ursprungszüchter oder Entdecker der angemeldeten Sorte und eines bestellten Verfahrensvertreters nach § 15 Abs. 2 SortG bzw. Bevollmächtigten nach § 14 VwVfG. Bei mehreren Antragstellern ist der Zustellungsbevollmächtigte anzugeben. Im übrigen sind die Anschriften der genannten Personen in den Antrag aufzunehmen, um dem Amt die Prüfung zu erlauben, ob der oder wenigstens einer der Antragsteller zum Kreis der

---

526 Vgl. Rdn 399 ff. sowie 501 ff.
527 Vgl. hierzu Ausführungen in Rdn 77 sowie zu den Ansprüchen des eigentlichen Berechtigten Ausführungen in Rdn 80 ff., 83 ff.
528 Vgl. Teil III, Nr. 8.

Antragsberechtigten i. S. des § 15 SortG gehört.[529] Wichtig ist auch die Angabe der Staatsangehörigkeit des Antragstellers (nur bei natürlichen Personen). Wenn eine in einem Register z. B. Handelstegister eingetragene juristische Person oder Personenhandelsgesellschaft erstmals als Antragsteller auftritt, muß dem Antrag ein Handelsregisterauszug beigefügt werden. Entsprechendes gilt, wenn ein Einzelkaufmann den Antrag unter einer mit seinem Namen nicht identischen Firma stellt. Weiterhin ist im Antrag der Staat anzugeben, in dem die angemeldete Sorte gezüchtet oder entdeckt worden ist. Wurde die angemeldete Sorte bereits in anderen Staaten zum Sortenschutz oder zur Eintragung in eine amtliche Sortenliste angemeldet, ist der entsprechende Staat, das Antragsdatum, die Antragsnummer, der Stand des Verfahrens und die dort angegebene Sortenbezeichnung oder vorläufige Bezeichnung anzugeben, damit das Bundessortenamt die Frage der Unterscheidbarkeit gemäß § 3 SortG beurteilen kann.

665 Soweit der Zeitrang einer früheren (ersten) Anmeldung der Sorte in einem anderen Staat für die deutsche Nachanmeldung beansprucht wird, ist der Staat der Erstanmeldung mit deren Datum und zweckmäßigerweise auch noch deren Aktenzeichen bzw. Antragsnummer anzugeben. Um dem Amt die Beurteilung zu ermöglichen, ob das materielle Schutzerfordernis der Neuheit (§ 6 SortG) erfüllt ist, ist schließlich anzugeben, ob und gegebenenfalls wann und in welchem Staat bzw. in welchen Staaten Vermehrungsmaterial oder Erntegut der angemeldeten Sorte erstmalig durch den Berechtigten oder seinen Rechtsvorgänger bzw. mit deren Zustimmung durch Dritte erstmalig gewerbsmäßig in Verkehr gebracht worden ist und unter welcher Bezeichnung.

d) Beteiligungs- und Handlungsfähigkeit; mehrere Antragsteller

666 Da der Sortenschutzantrag eine empfangsbedürftige Willenserklärung des Antragstellers gegenüber dem Bundessortenamt darstellt, ist für einen wirksamen Antrag die Beteiligungsfähigkeit und Handlungsfähigkeit des Antragstellers erforderlich.

aa) Beteiligungsfähigkeit und Handlungsfähigkeit

667 Wer fähig ist, am Verwaltungsverfahren beteiligt zu werden, ergibt sich aus § 11 VwVfG. Die Handlungsfähigkeit folgt aus § 12 VwVfG. Die Beteiligungsfähigkeit entspricht der zivilrechtlichen Rechtsfähigkeit, die Handlungsfähigkeit der zivilrechtlichen Geschäftsfähigkeit. Dies gilt nicht nur für den einzelnen Antragsteller, sondern auch sowohl in den Fällen, in denen der Sortenschutzantrag von mehreren Personen gemeinsam gestellt wird (z. B. wenn an einer Züchtung oder Entdeckung mehrere Personen gemeinsam beteiligt waren, die auch gemeinschaftlich Sortenschutzinhaber werden wollen oder sich zu einer Gesellschaft des bürgerlichen Rechts verbunden haben) als auch für den Inhaber einer Handelsgesellschaft und denjenigen, der eine juristische Person als Antragsteller rechtlich vertritt.

---

529 Vgl. hierzu Rdn 69 ff.

bb) Mehrere Antragsteller

Stellen mehrere Personen gemeinschaftlich einen Sortenschutzantrag für eine bestimmte Sorte, so fordert das Bundessortenamt diese aus Zweckmäßigkeitsgründen auf, einen gemeinsamen Zustellungsbevollmächtigten zu bestellen, der mit Wirkung für alle Antragsteller bevollmächtigt ist, Schriftstücke des Bundessortenamtes entgegenzunehmen. Anderenfalls hat die Zustellung von Schriftstücken an nur einen Antragsteller gegenüber den übrigen Antragstellern keine rechtliche Wirkung.[530] Bezüglich der Änderung von im Sortenschutzantrag enthaltenen Angaben hinsichtlich des Namens der Firma oder sonstigen Bezeichnungen des Antragstellers, seines Wohnsitzes, Firmensitzes und seiner genauen Anschrift, die früher nach § 3 SortSchV 74 dem Bundessortenamt unverzüglich mitgeteilt werden mußten, besteht derzeit keine entsprechende Regelung in den für das Sortenschutzverfahren vor dem Bundessortenamt maßgeblichen gesetzlichen Bestimmungen.

668

e) Bevollmächtigte und Beistände

Allgemein zur Möglichkeit der Bestellung von Bevollmächtigten und Beiständen siehe oben Rdn 632 f. Antragsteller, die in einem Mitgliedstaat der EU weder Wohnsitz noch eine Niederlassung haben, können an einem im SortG geregelten Verfahren nur teilnehmen und Rechte aus dem SortG nur geltend machen, wenn diese einen Vertreter als Bevollmächtigten mit Wohnsitz oder Geschäftsraum im Geltungsbereich des SortG bestellt haben (§ 15 Abs. 2 SortG).

669

Ein im Sinne des § 11 VwVfG an einem Verfahren vor dem Bundessortenamt Beteiligter, der seinen Wohnsitz oder seine Niederlassung im Geltungsbereich des SortG oder in einem anderen Mitgliedstaat der EU hat, kann zwar selbst die verfahrensrelevanten Handlungen vornehmen. Er kann sich aber auch gemäß § 14 VwVfG durch einen Bevollmächtigten vertreten lassen (sog. gewillkürte Bevollmächtigung, § 14 VwVfG i. V. m. § 63 Abs. 2 VwVfG). Die Vertretung durch gewillkürte Bevollmächtigte gemäß § 14 VwVfG ist von der sogenannten gesetzlichen und organschaftlichen Vertretung sowie den Vertretungen gemäß § 16 VwVfG (Bestellung eines Vertreters von Amts wegen) und §§ 17 ff. VwVfG (Vertreter bei gleichförmigen Eingaben) zu unterscheiden.

670

Von der in § 14 Abs. 1 Satz 3 VwVfG vorgesehenen Möglichkeit, die Vertretungsbefugnis des Bevollmächtigten durch eine schriftliche Vollmacht des Vertretenen nachweisen zu lassen, hat das Bundessortenamt durch einen entsprechenden Hinweis unter Nr. 2 und 10 im Vordruck für Sortenschutzanträge Gebrauch gemacht. Das Bundessortenamt fordert also in einem solchen Fall im Rahmen eines anhängigen Verfahrens die Vorlage einer schriftlichen Vollmacht des Bevollmächtigten, die auch nachgereicht werden kann. Wenn die Vorlage der Vollmacht innerhalb der dafür gesetzten Frist erfolgt, sind die vorher abgegebenen Erklärungen und Anträge des vollmachtlosen Vertreters wirksam.

671

Der Umfang der gewillkürten Vollmacht ergibt sich aus dem oben in Rdn 632 abgedruckten § 14 Abs. 1 Satz 2 VwVfG und erstreckt sich danach auf alle das Verwaltungsverfahren vor dem Bundessortenamt betreffenden Verfahrenshandlungen des Bevollmächtigten, sofern sich aus dem Inhalt der Vollmacht keine Einschränkungen ergeben. Sie schließt grund-

672

---

530 Vgl. *Stelkens, Bonk, Sachs*, VwVfG, § 41, Rdn 26.

sätzlich auch die Erteilung von Untervollmachten ein, nicht jedoch die Vertretung vor den dem Bundessortenamt übergeordneten Instanzen. Dafür bedarf es der Erteilung besonderer Vollmachten.

673 Der Bevollmächtigte kann also grundsätzlich alle in dem im SortG geregelten Verfahren vor dem Bundessortenamt erforderlichen Verfahrenshandlungen vornehmen, die für und gegen den von ihm Vertretenen wirken. Der Vertretene behält jedoch die Berechtigung zum eigenen Sachvortrag (Postulationsfähigkeit; vgl. auch § 14 Abs. 3 Satz 2 VwVfG). Bei sich widersprechenden Sachvorträgen oder Anträgen usw. des Bevollmächtigten oder des Vertreters hat das Bundessortenamt nach dem gemäß § 24 VwVfG geltenden Untersuchungsgrundsatz das vom Antragsteller tatsächlich Gewollte zu erforschen und zu berücksichtigen.

674 Ist für das sortenschutzrechtliche Verfahren vor dem Bundessortenamt ein Bevollmächtigter bestellt, so soll sich das Bundessortenamt gemäß § 14 Abs. 3 Satz 1 VwVfG in allen dieses Verfahren betreffenden Angelegenheiten an den Bevollmächtigten wenden. Da es sich hierbei um eine Sollvorschrift handelt, ist das Bundessortenamt nicht in jedem Falle verpflichtet, dies zu tun. Es kann sich auch unmittelbar an den Antragsteller wenden, soweit dieser zur Mitwirkung verpflichtet ist (§ 14 Abs. 3 Satz 2 VwVfG). Dabei kann es sich jedoch nur um Ausnahmefälle handeln, das heißt um solche, bei denen besondere Gründe vorliegen. Wendet sich das Bundessortenamt unmittelbar an den Antragsteller, so soll der Bevollmächtigte gemäß § 14 Abs. 3 Satz 3 VwVfG davon unterrichtet werden.

675 Die Vollmacht kann der Vollmachtgeber frei widerrufen. Der Widerruf wird gemäß § 14 Abs. 1 Satz 4 VwVfG mit Zugang beim Bundessortenamt wirksam. Die Vollmacht kann auch vom Bevollmächtigten durch eine Erklärung gegenüber dem Bundessortenamt zurückgenommen werden. Auch hier ist die Niederlegung der Vertretung mit Zugang beim Bundessortenamt wirksam. Ein Fortfall oder Wechsel des Bevollmächtigten muß dem Bundessortenamt sofort mitgeteilt werden, insbesondere im Hinblick auf die Eintragung in der Sortenschutzrolle (vgl. § 28 Abs. 1 Nr. 3c und Abs. 3 SortG). Durch den Tod, die Änderung oder die Aufhebung der gesetzlichen Vertretung des Vollmachtgebers erlischt die Vollmacht nicht (§ 14 Abs. 2 VwVfG), wohl aber durch Eröffnung des Konkursverfahrens über das Vermögen des Vollmachtgebers (vgl. §§ 115, 116 InsO). Tritt der Bevollmächtigte für den Rechtsnachfolger des Vollmachtgebers auf, so muß er gemäß § 14 Abs. 2 Satz 1 2. HS VwVfG auf Verlangen des Bundessortenamtes eine schriftliche Vollmacht des Rechtsnachfolgers beibringen.

676 Die Erteilung einer Generalvollmacht ist zulässig und wirksam, so zum Beispiel für zukünftige Sortenschutzanträge des gleichen Antragstellers. Die Vollmacht kann auf mehrere Personen lauten (so z. B. eine Anwaltssozietät). Die Bevollmächtigten gelten in einem solchen Fall als befugt, einzeln zu handeln.

677 Nach § 14 Abs. 4 VwVfG kann ein Beteiligter, also auch der Antragsteller zu Verhandlungen und Besprechungen bei der Behörde zu seiner Unterstützung mit einem Beistand erscheinen, dessen Vortrag als vom Beteiligten erfolgt gilt, falls dieser nicht unverzüglich widerspricht. Der Beistand hat allerdings keine Vertretungsbefugnis und kann also keine Sach- und Verfahrensanträge wirksam stellen.

678 Als Bevollmächtigte und Beistände zugelassene Personen sind nach § 14 Abs. 5 VwVfG zurückzuweisen, wenn sie dabei geschäftsmäßig fremde Rechtsangelegenheiten besorgen, ohne dazu befugt zu sein. Geschäftsmäßig ist auch eine unentgeltliche, aber wiederholte und auf Wiederholung angelegte Besorgung fremder Rechtsangelegenheiten (VGH München DVBl. 1988, 605, 606). In Betracht kommen daher als Bevollmächtigte oder Beistände, so-

fern es sich um die geschäftsmäßige Besorgung fremder Rechtsangelegenheiten handelt, Rechts- und Patentanwälte.[531]

f) Angabe einer (vorläufigen) Sortenbezeichnung

Nach § 22 Abs. 2 S. 1 SortG hat der Antragsteller bei Antragstellung die Sortenbezeichnung anzugeben. Hierbei ist nur der Vordruck B des Bundessortenamtes zu verwenden (§ 1 Abs. 2 BSAVfV). Bei der Auswahl der Sortenbezeichnung ist § 7 Abs. 3 SortG zu beachten, der vorschreibt, daß die Sortenbezeichnung ein und derselben Sorte in allen Verbands- und Vertragsstaaten (§ 2 Nr. 5 und 6 SortG) sowie in den weiteren in § 7 Abs. 3 Nr. 2 SortG genannten Staaten grundsätzlich gleich sein muß. Der Antragsteller muß deshalb in dem vom Bundessortenamt herausgegebenen und mit der Anmeldung einzureichenden Vordruck B angeben, unter welcher Sortenbezeichnung die Sorte in anderen Verbandsstaaten (UPOV oder Mitgliedstaaten der Europäischen Gemeinschaft) angemeldet oder eingetragen ist (zu den Voraussetzungen, wie eine Sortenbezeichnung beschaffen sein muß; vgl. Rdn 232 ff.). 679

Nach § 22 Abs. 2 Satz 2 SortG kann der Antragsteller für das Erteilungsverfahren mit Zustimmung des Bundessortenamtes eine vorläufige Bezeichnung für die angemeldete Sorte angeben. Die Zustimmung ist generell durch Ziffer 2 der Bktm. des Bundessortenamtes Nr. 3/88 vom 15. April 1988 gegeben worden.[532] 680

Aus der Bekanntmachung ergibt sich auch, daß für die vorläufige Bezeichnung die UPOV Empfehlungen für Sortenbezeichnungen und auch die Bestimmungen des § 7 SortG nicht gelten. Allerdings darf auch die vorläufige Sortenbezeichnung nicht mit anderen (Sorten-) Bezeichnungen übereinstimmen. 681

Die vorläufige Bezeichnung ist vom Antragsteller vor Abschluß des Erteilungsverfahrens durch eine Sortenbezeichnung zu ersetzen, die den Voraussetzungen des § 7 SortG entsprechen muß. Das Bundessortenamt fordert den Antragsteller gemäß § 26 Abs. 6 Nr. 1 SortG auf, innerhalb einer bestimmten Frist eine (endgültige) Sortenbezeichnung anzugeben. Bei Nichteinhaltung dieser Frist kann das Bundessortenamt den Sortenschutzantrag gemäß § 27 Abs. 1 Nr. 2 SortG zurückweisen, wenn es bei Fristsetzung auf diese Rechtsfolge der Säumnis hingewiesen hatte. 682

g) Gebühren

Nach § 33 Abs. 1 SortG erhebt das Bundessortenamt für seine Amtshandlungen nach dem SortG Kosten (Gebühren und Auslagen). In der vom Innenminister für Ernährung, Landwirtschaft und Forsten aufgrund der Ermächtigung gemäß § 33 Abs. 2 SortG im Einvernehmen mit dem Bundesminister der Finanzen erlassenen Rechtsverordnung über das Verfahren vor dem Bundessortenamt vom 30.12.1985[533] wird in § 12 verordnet, daß sich die Gebührentatbestände und Gebührensätze nach dem jener Rechtsverordnung als Anlage beigefügten Gebührenverzeichnis bestimmen. Das Gebührenverzeichnis enthält als Vorbe- 683

---
531 Siehe Rdn 632 f.
532 Bl.f.S. 1988, 163 = Teil III, Nr. 12.
533 Teil III, Nr. 8.

merkung eine Aufstellung von sechs Artengruppen, die für die Höhe der Gebühren maßgeblich sind.

684   Nach dem gegenwärtig gültigen Gebührenverzeichnis[534] entstehen im Rahmen der §§ 21 und 22 SortG zur Zeit folgende Gebühren:

Geb.Nr.: 100   Verfahren zur Erteilung des Sortenschutzes (§ 21 SortG)
Geb.Nr.: 101   einschließlich Entscheidung (§ 22 SortG)
Geb.Nr.: 101.1   bei Sorten der Artengruppen 1 bis 5 DM 830,–
Geb.Nr.: 101.2   bei Sorten der Artengruppe 6 DM 90,–

685   Wird die Antragsgebühr, die zusammen mit der Entscheidungsgebühr durch Gebührenbescheid des Bundessortenamtes beim Antragsteller als Kostenschuldner angefordert und mit Zugang des Bescheids fällig wird, nicht umgehend bezahlt, so teilt das Bundessortenamt dem Antragsteller – wenn dies nicht schon im Gebührenbescheid geschehen ist – mit, daß der Antrag als nicht gestellt gilt, wenn die Gebühr nicht innerhalb eines Monats nach Zustellung der Mitteilung entrichtet wird. Ist diese Einzahlungsfrist ohne Eingang der Zahlung verstrichen, so ist der Antrag mit dem ihm zukommenden Zeitrang kraft Gesetzes ohne weiteres wirkungslos (§ 27 Abs. 2 SortG). Bei einer Rücknahme des Sortenschutzantrages vor Entscheidung über den Antrag wird gemäß § 15 Abs. 2 VwKostG nur ein Viertel der kombinierten Gebühr erstattet.

686   Nimmt der Antragsteller seinen Sortenschutzantrag nach dessen Bekanntmachung, aber vor der Entscheidung über diesen zurück, so ermäßigt sich nach § 15 Abs. 2 VwKostG die Antrags-/Erteilungsgebühr (s. Anlage zu § 12 BSAVfV, Geb. Nr. 100–101.2) um ein Viertel und muß an den Antragsteller zurückgezahlt werden. § 15 Abs. 2 VwKostG hat folgenden Wortlaut:

„Wird ein Antrag auf Vornahme einer Amtshandlung zurückgenommen, nachdem mit der sachlichen Bearbeitung begonnen, die Amtshandlung aber noch nicht beendet ist oder wird ein Antrag aus anderen Gründen als wegen Unzuständigkeit abgelehnt oder wird eine Amtshandlung zurückgenommen, oder widerrufen, so ermäßigt sich die vorgesehene Gebühr um ein Viertel; sie kann bis zu einem Viertel der vorgesehenen Gebühr ermäßigt oder es kann von ihrer Erhebung abgesehen werden, wenn dies der Billigkeit entspricht."

4. Antragstag und Zeitvorrang (Priorität)

a) Zeitrang

687   Für dieselbe Züchtungsidee kann wegen ihrer Einmaligkeit nur auf den ersten Antrag des oder der Berechtigten Sortenschutz erteilt werden. Werden für dieselbe Sorte nacheinander mehrere Anträge auf Sortenschutz gestellt, so ist es für das Verhältnis dieser Anträge zueinander gerecht und zweckdienlich, daß der frühere dem späteren vorgeht, ohne daß dies im Sortenschutzrecht anders als im Patentrecht nach § 4 Abs. 2 PatG 68 und 78 ausdrücklich geregelt worden ist. Ein wirksam gestellter Sortenschutzantrag setzt mit dem ihm zukom-

---

534 Zweite Verordnung zur Änderung der Verordnung über Verfahren vor dem Bundessortenamt, BGBl 1998 I, S. 3184 = Teil III Nr. 9.

menden Zeitrang das Sortenschutzerteilungsverfahren in Gang und ist auch materiellrechtlich für die Neuheit der Sorte (§ 6 SortG) von Bedeutung. Der Zeitrang des Sortenschutzantrages bestimmt sich nach § 23 Abs. 1 SortG „im Zweifel nach der Reihenfolge der Eintragungen in das Eingangsbuch des Bundessortenamtes". Die Worte „im Zweifel" in § 23 Abs. 1 haben allerdings keine rechtliche Bedeutung, da nur die Reihenfolge der Eintragung im Eingangsbuch des Bundessortenamtes maßgeblich ist.

Der durch eine nationale Erstanmeldung begründete Zeitrang ist ein akzessorisch mit der Anmeldung verbundener subjektiv öffentlich rechtlicher Anspruch gegenüber der nationalen Behörde auf Berücksichtigung des Anmeldetages im Schutzerteilungsverfahren.[535] 688

Noch nicht entschieden ist, ob der Angabe der Sortenbezeichnung eine einem Zeitrang begründende Wirkung zukommt. Hierfür spricht, daß § 22 SortG die Sortenbezeichnung als ein wesentliches Element des Sortenschutzantrages ansieht und für diesen nach § 23 Abs. 2 SortG in Übereinstimmung mit den Grundsätzen im sonstigen gewerblichen Rechtsschutz (Patentrecht, Gebrauchsmusterrecht usw.) ein Zeitvorrang in Anspruch genommen werden kann. Ferner steht der Sortenbezeichnung nach § 23 Abs. 3 SortG der Zeitrang einer früher eingetragenen oder angemeldeten identischen Marke zu, wenn die sonstigen Voraussetzungen des § 23 Abs. 3 SortG erfüllt sind. Außerdem spricht für die zeitrangbegründende Wirkung der Angabe bzw. Anmeldung einer Sortenbezeichnung, daß gemäß § 13 Abs. 2 Nr. 4 i. V. m. Abs. 1 MarkenG die Eintragung einer Marke gelöscht werden kann, wenn ein anderer vor dem für den Zeitrang der eingetragenen Marke maßgeblichen Tag ein Recht an einer Sortenbezeichnung erworben hat und diese ihn berechtigt, die Benutzung der eingetragenen Marke im gesamten Gebiet der Bundesrepublik Deutschland zu untersagen. Dabei handelt es sich nicht um den Zeitpunkt der Eintragung der Sortenbezeichnung, sondern um deren (erste) Angabe gegenüber dem Bundessortenamt. Die Begründung zu § 43 Abs. 2 SortSchG 68 in der BT-Drs. 10/816, S. 28, re. Sp. oben stützt diese Auffassung, wenn es dort heißt, daß hinsichtlich der warenmäßigen Übereinstimmung zwischen dem angemeldeten Zeichen und der „prioritätsälteren Sortenbezeichnung" an der Regel festgehalten werden soll, die für das Eintragungsverbot des bis zum SortSchG 68 geltenden Rechts gelte. Die Worte „prioritätsältere Sortenbezeichnung" indizieren, daß auch der Gesetzgeber der Angabe bzw. Anmeldung der Sortenbezeichnung einen Zeitrang beimessen wollte. 689

Aufgrund folgender Gesichtspunkte ist jedoch die Begründung eines Zeitrangs an einer Sortenbezeichnung durch die Angabe derselben im Sortenschutzantrag zu verneinen. Der mit der Anmeldung verbundene Zeitrang kann sich nur auf die Teile der Anmeldung erstrecken, für welche mit der Anmeldung eine Anwartschaft auf ein Ausschließlichkeitsrecht erworben wird. Als ein von der konkreten Anmeldung nicht abtrennbarer Teil des Erfinderrechts[536] kann dem Zeitrang nur insoweit eine verfahrensrechtliche Relevanz zukommen, als Rechte durch Erteilung eines Ausschließlichkeitsrechts an der Erfindung begründet werden. Die zeitrangbegründende Wirkung einer Anmeldung wird damit durch den Schutzumfang des beantragten Rechts bestimmt. § 10 SortG, der Inhalt und Umfang des Sortenschutzes festlegt, erwähnt die Sortenbezeichnung nicht. Dagegen hebt § 1 Abs. 1 Ziffer 5 SortG hervor, daß Sortenschutz für eine Pflanzensorte nur erteilt werden darf, wenn sie durch eine eintragbare Sortenbezeichnung bezeichnet ist. Hieraus folgt, daß es sich bei der Sortenbezeichnung um ein formales Eintragungserfordernis handelt.[537] Unter sachlichen 690

---

535 Im einzelnen vgl. *Würtenberger*, S. 40–46.
536 Vgl. *Würtenberger*, 46 ff.
537 Vgl. hierzu Rdn 205 ff.

Gesichtspunkten könnte das Sortenschutzrecht, ähnlich wie für Patente oder Gebrauchsmuster, auch ohne Gattungsbezeichnung erteilt werden. § 23 Abs. 2 SortG räumt deshalb auch die Möglichkeit ein, mit Zustimmung des Bundessortenamtes für das Erteilungsverfahren eine vorläufige Sortenbezeichnung anzugeben. Als formale Bedingung für die eingetragene Sorte vermag die Anmeldung der Sortenbezeichnung keine materiellen Rechtswirkungen zu entfalten, wie sie mit einer zeitrangbegründenden Anmeldung der Sorte verbunden ist. Durch § 8 SortSchG 68 wurde die Sortenbezeichnung, die nach dem vorausgehenden SaatgG 1953 nicht nur zur Identifizierung des neuen Züchtungsproduktes diente, sondern zugleich auch die für ein Warenzeichen typische Werbefunktion haben konnte, in Übereinstimmung mit Art. 13 des UPOV Übereinkommen 1961 als reine Gattungsbezeichnung festgeschrieben. Als Gattungsbezeichnung hat sie nur die Aufgabe, die Identifizierung der Sorte und ihre Unterscheidung von Sorten der gleichen oder verwandten Art zu ermöglichen.[538] Sie soll dem am Vermehrungsmaterial interessierten Verkehrskreis zur Identifizierung der Sorte als solcher, der mit der Sortenbezeichnung die Vorstellung bestimmter Eigenschaften der Sorte verbindet, helfen durch ihre Verwendung exakt das Vermehrungsmaterial zu benennen, das die von ihm gewünschten genetischen Eigenschaften besitzt.[539]

b) Zeitvorrang

691 Der durch die Anmeldung begründete Zeitrang ist nicht nur bestimmend für das Verhältnis von mehreren Inlandsanträgen zueinander, sondern nach Art. 11 UPOV Übereinkommen auch für die Rangfolge von Inlands- zu Auslandsanmeldungen auf Verbandsebene. Der durch eine erste nationale Anmeldung begründete Zeitrang gewinnt eine zusätzliche Dimension durch die Möglichkeit, gemäß Art. 11 UPOV Übereinkommen und § 23 Abs. 2 SortG diesen Zeitrang für Anmeldungen derselben Sorte in anderen Verbandsstaaten in Anspruch zu nehmen. Es handelt sich hierbei um ein durch einen völkerrechtlichen Vertrag geschaffenes Recht, das jure conventionis dem Anmelder bzw. dessen Rechtsnachfolger ermöglicht, den Zeitrang der ersten Verbandsanmeldung für Nachanmeldungen geltend zu machen. Dieses Recht entsteht mit der ersten Anmeldung in einem Verbandsstaat, das aber als Konventionsrecht von dem weiteren Bestand der ersten Anmeldung unabhängig ist.[540] Es ist ein Gestaltungsrecht, das dem Anmelder gegenüber der jeweiligen nationalen Behörde das Verlangen eröffnet, innerhalb einer bestimmten Frist für eine Nachanmeldung derselben Sorte den zeitlichen Rang der Erstanmeldung anzuerkennen. Da es vom jeweiligen Amt nicht ex officio, sondern nur auf Antrag zu beachten ist, handelt es sich um ein Gestaltungsrecht, das mit der Einreichung einer Erstanmeldung entsteht. Es wird ausgeübt durch die bei der Nachanmeldung abzugebende Prioritätserklärung, die den Anspruch auf Anerkennung des Zeitranges der ersten Anmeldung in das Sortenschutzerteilungsverfahren einführt.[541]

692 Der Zeitvorrang (Priorität) und dessen wirksame Geltendmachung ist an bestimmte Voraussetzungen geknüpft, die sich teils aus dem Gesetz, teils aus allgemeinen Grundsätzen ergeben:

---

538 Vgl. *Wuesthoff*, GRUR 1972, 72.
539 *Kunhardt*, UPOV Veröffentlichung Nr. 341, S. 2.
540 Vgl. *Würtenberger*, S. 46.
541 *Würtenberger*, S. 48 f.

aa) Zeitrang begründender Erstantrag

Grundlegende Voraussetzung für die Inanspruchnahme einer Priorität ist die Erstbeantragung einer Sorte zum Züchterschutz (Sortenschutz oder Patentschutz in den Ländern, die anstelle Sortenschutz Patentschutz gewähren) in einem Verbandsstaat. Ob dabei in Ländern wie zum Beispiel den USA, die neben dem besonderen Pflanzenpatent (für vegetativ vermehrte Pflanzen) und dem Sortenschutzzertifikat (für generativ vermehrte Pflanzen) auch allgemein Patente für Pflanzenzüchtungen erteilen, letztere ausreichen, mag zweifelhaft, aber im Falle der USA zu bejahen sein, da sich die USA gemäß Art. 37 UPOV-Übereinkommen 1978 vorbehalten haben, Sorten der gleichen Gattung oder Art unter den beiden in Art. 2 UPOV Übereinkommen vorgesehenen Schutzformen (Sortenschutz oder Patent) zu schützen. Abgesehen davon hat das Züchterrecht aber wohl im wesentlichen den Anforderungen des UPOV-Übereinkommen zu entsprechen. Beide, sowohl der Anmelder als auch das Anmeldeland müssen darum dem UPOV Übereinkommen zum Zeitpunkt der Anmeldung angehören, das heißt der Anmelder muß entweder Staatsangehöriger eines Verbandsstaates sein oder im Gebiet eines der Verbandsländer seinen Wohnsitz oder dort seine tatsächliche und wirkliche gewerbliche Handelsniederlassung haben (Art. 4 UPOV Übereinkommen). Zudem muß das Anmeldeland ein Verbandsland sein. Dabei wird das Prioritätsrecht nur durch eine Erstanmeldung, nicht auch durch eine spätere Anmeldung begründet. Nur so wird verhindert, daß am gleichen Züchtungsergebnis im Verbandsgebiet konkurrierende Prioritätsrechte sowie Sortenschutzrechte mit unterschiedlichem Zeitrang entstehen.[542]

Aufgrund der Rechtsnatur des Prioritätsrechtes als ein mit der ersten Anmeldung entstehendes und von diesem unabhängig weiter bestehendes Gestaltungsrecht braucht die Erstanmeldung nicht zu einer Erteilung eines Schutzrechtes zu führen. Was mit der Erstanmeldung geschieht, ist ohne Einfluß auf das Recht des Anmelders, den Zeitrang der ersten Anmeldung als Zeitvorrang für spätere Anmeldung derselben Sorten in Anspruch zu nehmen. Auch eine Rücknahme der Erstanmeldung ist ohne Einfluß (vgl. Art. 4 A, Abs. 3 PVÜ).

Die erste Anmeldung muß vorschriftsmäßig im Erstland hinterlegt sein, was sich nach dessen Formvorschriften oder eventuell zwischen mehreren Verbandsländern abgeschlossenen internationalen Verträgen richtet (vgl. Art. 4 A, Abs. 2 PVÜ). Das Erfordernis der Vorschriftsmäßigkeit bezieht sich allerdings nicht auf die für eine Erteilung des Schutzrechtes erforderlichen materiellen, sondern auf formale Voraussetzungen, und zwar nur auf solche, die zur Begründung eines Anmeldetages in dem jeweiligen Land erforderlich sind.

bb) Prioritätsberechtigte Nachanmeldung

Zur prioritätsbegründenden Erstanmeldung muß ein Antrag auf Erteilung eines Schutzrechtes für die gleiche Sorte nachfolgen, für die der Zeitrang der ersten Anmeldung in Anspruch genommen wird und werden kann.

Sowohl § 23 Abs. 2. S. 1 SortG als auch Art. 11 Abs. 1 UPOV Übereinkommen ordnen das Recht der Nachanmeldung unter Inanspruchnahme des Zeitranges der Erstanmeldung dem

---

542 Sog. Kettenpriorität oder Prioritätskaskaden; vgl. hierzu *Würtenberger*, S. 99.

Antragsteller der Erstanmeldung zu. Die Identität zwischen dem Antragsteller der Stammanmeldung und dem der Nachanmeldung folgt auch aus dem Sinn der Verbandspriorität, die dem Erstanmelder den Zeitvorrang der Stammanmeldung für nachfolgende Anmeldungen im Verbandsgebiet sichern soll.[543] So ist der Antragsteller der Nachanmeldung auch dann hinsichtlich des Prioritätsrechtes „nicht berechtigt", wenn ihm zwar das Recht an der Entdeckung oder Neuzüchtung zusteht, er aber nicht der Inhaber der prioritätsbegründenden Stammanmeldung ist. Es muß Personenidentität des Stammanmelders mit dem Nachanmelder gegeben sein.[544]

698 Eine Ausnahme gilt für den Nachanmelder, der das Prioritätsrecht kraft Rechtsnachfolge vom Anmelder der Stammanmeldung ableitet. § 11 SortG stellt sicher, daß das Recht auf Sortenschutz, der Anspruch auf Erteilung des Sortenschutzes und der Sortenschutz übertragbar sind. Nicht erwähnt wird jedoch das Prioritätsrecht. Als ein mit dem Gegenstand der ersten Anmeldung akzessorisch verbundenes Gestaltungsrecht ist auch das Prioritätsrecht übertragbar, aber jeweils nur mit dem Recht, die Neuzüchtung oder Entdeckung in bestimmten Ländern zum Sortenschutz anzumelden. Da es sich bei der Verbandspriorität um ein von der ersten Verbandsanmeldung unabhängiges Gestaltungsrecht handelt, ist die Verbandspriorität auch ohne Übertragung der ersten Anmeldung übertragbar. Das Prioritätsrecht beinhaltet die Befugnis, eine Nachanmeldung auf den Namen des Rechtsnachfolgers in anderen Verbandsstaaten vorzunehmen, wenn der Übertragungsvertrag einen entsprechenden Inhalt hat. Das ist durch Auslegung zu ermitteln. In der Erteilung einer einfachen oder ausschließlichen Lizenz wird regelmäßig noch nicht der Übergang des Prioritäts- oder Anmelderechts liegen. Vielmehr müssen diese ausdrücklich übertragen werden. Wird eine Sorte jedoch „mit allen Rechten" an einen Rechtsnachfolger übertragen, so umfaßt dies auch die Übertragung des Prioritäts- und Nachmelderechts. Die Übertragung bedarf keiner besonderen Form (§§ 413, 398 BGB). Für den Übertragungsnachweis empfiehlt sich jedoch Schriftform. In der Wahl seines Rechtsnachfolgers ist der Berechtigte grundsätzlich frei, nur muß der Rechtsnachfolger die Erfordernisse des § 15 SortG erfüllen. Die Übertragung des Prioritätsrechtes darf nicht unter einem Datum erfolgen, das später als das Anmeldedatum der Nachanmeldung liegt.[545]

699 Die Nachanmeldung muß darüber hinaus dieselbe Sorte betreffen wie die Voranmeldung, das heißt es muß Züchtungsgleichheit im Sinne des Sortenschutzgesetzes gegeben sein. Entscheidend ist dabei der Inhalt der Voranmeldung. Ein Prioritätsanspruch aus einer Erstanmeldung ist nur in dem Umfang begründet, wie diese den in der Nachanmeldung beanspruchten Züchtungsgedanken enthält.[546] Die Nachanmeldung darf gegenüber der Erstanmeldung keine Erweiterung oder Wesensänderung erfahren. Ob absolute Identität zu fordern ist oder weitgehende Übereinstimmungen ausreichen, ergibt sich aus dem Sinn und Zweck des Art. 5 UPOV Übereinkommens, der die Voraussetzungen bestimmt, die für die Schutzfähigkeit einer angemeldeten Sorte erfüllt sein müssen. Diese müssen im Sortenschutzantrag, das heißt also auch im Antrag zur Erstanmeldung enthalten sein. Der Inhalt der Erstanmeldung wird durch die Angaben bestimmt, die eine Überprüfung der materiellen Schutzvoraussetzungen, wie sie in Art. 5 UPOV Übereinkommen festgehalten sind, er-

---

543 Vgl. *Wieczorek*, S. 128 zu Art. 4 PVÜ.
544 *Wieczorek*, aaO.
545 H. M. zum Prioritätsrecht der PVÜ, vgl. u. a. *Reimer/Trüstedt*, § 27 PatG, Anm. 9; *Klauer/Möhring/ Wuesthoff*, § 27 PatG, Anm. 5.
546 Vgl. RG GRUR 1939, 895.

möglichen. Die später angemeldete Sorte muß deshalb mit den Merkmalen der Sorte der Stammanmeldung übereinstimmen, durch welche sich die Neuzüchtung oder Entdeckung im Zeitpunkt der Einreichung der Stammanmeldung deutlich von den Pflanzen jeder anderen Sorte unterscheidet. Hierbei kann jedoch nicht völlige Identität verlangt werden.[547] Ausschlaggebend ist vielmehr, ob die Nachanmeldung all diejenigen Merkmale enthält, welche das Wesen sowohl der Stammanmeldung als auch der Nachanmeldung bestimmen, wobei die innerhalb einer Klassenbreite liegenden Abweichungen, also im Rahmen der zu erwartenden und zu tolerierenden Variation der Identität nicht schaden. In der Anmeldepraxis werden für die Nachanmeldung alle züchtungswesentlichen Merkmale so übernommen, wie sie in der ersten Anmeldung enthalten waren. Umfaßt der Erstantrag bezüglich eines Anspruchsgegenstandes nicht alle beanspruchten züchtungswesentlichen Merkmale, so ist problematisch, ob der Anspruch durch die Priorität der Erstanmeldung gedeckt ist.[548]

cc) Prioritätserklärung

Die Geltendmachung der Priorität bedarf einer ausdrücklichen Erklärung, der sogenannten 700 Prioritätserklärung. Diese ist nicht nur materielle, sondern auch Verfahrenshandlung und als solche nicht anfechtbar. Auf die Priorität kann aber bis zur Sortenschutzerteilung verzichtet werden, jedoch nicht mehr später.

Über die Form der Erklärung enthält § 23 Abs. 2 SortG keine Regelung. Da das Prioritätsrecht jedoch nur im Sortenschutzantrag geltend gemacht werden kann und dieser gemäß §§ 21 SortG, 64 VwVfG 1, Abs. 2 BSAVfV schriftlich und auf dem Vordruck des Bundessortenamtes zu stellen ist, erfordert auch die Prioritätserklärung Schriftform. Eine dem Sortenschutzantrag nachfolgende spätere Prioritätserklärung ist ungültig. 701

Die Erklärung muß inhaltlich die Inanspruchnahme für eine bestimmte oder zweifelsfrei 702 bestimmbare Anmeldung sowie die Angaben über Zeit und Land der Erstanmeldung enthalten.

Eine Nachholung oder Änderung dieser Angaben ist grundsätzlich nur innerhalb der 703 Prioritätsfrist möglich. Bei offensichtlich irrtümlichen Angaben (z. B. Schreibfehler) kann das Bundessortenamt auch nach Ablauf der Frist eine Berichtigung zulassen, wenn der Irrtum erkennbar war und die richtigen Angaben aus beim Bundessortenamt vorhandenen Unterlagen festgestellt werden können.[549]

Die Prioritätserklärung muß innerhalb einer Frist von 12 Monaten, die mit dem Tag nach 704 der Erstanmeldung beginnt und mit dem Ablauf desjenigen Tages des letzten Monats, der mit seiner Zahl dem Tag der Erstanmeldung entspricht, endet (vgl. Art. 4 C, Abs. 2 PVÜ) als Bestandteil eines entsprechenden Sortenschutzantrages abgegeben werden. Für die Fristberechnung gilt § 31 VwVfG, der auf §§ 187 bis 193 BGB verweist. Bei Säumnis ist eine Wiedereinsetzung in den vorigen Stand gemäß § 32 VwVfG anders möglich.[550] Art. 11 Abs. 1 UPOV-Übereinkommen und § 23 Abs. 2 SortG regeln zwar allgemein und abstrakt die Frist zur Geltendmachung einer Verbandspriorität, die damit eine Frist im Sinne des § 32 VwVfG

---

547 *Beier/Moufang*, GRUR Int. 1989, 875 Fn 57.
548 Vgl. BPatGE 5, 215.
549 Vgl. BPatGE 14, 124, 130 bei der Inanspruchnahme der Priorität für Patente.
550 *Wuesthoff*/Leßmann/Wendt, Kommentar, 2. A. Rdn 12 zu § 23.

ist. Die vorzunehmende Interessenabwägung bedingt aber eine Einordnung der einjährigen Prioritätsfrist als Ausschlußfrist und schließt somit die Anwendung des § 32 VwVfG aus.[551] Die Sachlage ist jedoch anders zu beurteilen, wenn zwar mit der Anmeldung eine Verbandspriorität wirksam geltend gemacht, jedoch versäumt wurde, innerhalb der dreimonatigen Frist des Art. 11 Abs. 2 UPOV-Übereinkommen und des § 23 Abs. 2 Satz 3 SortG die erforderlichen Unterlagen zum Nachweis der geltendgemachten Priorität nachzureichen.[552]

705 Innerhalb weiterer drei Monate nach der Nachanmeldung müssen dem Bundessortenamt gemäß § 23 Abs. 2 Satz 3 beglaubigte Abschriften der Anmeldeunterlagen der Erstanmeldung zu deren Nachweis vorgelegt werden. Die Beglaubigung muß durch die für den Erstantrag zuständige Behörde erfolgt sein. Die rechtzeitige Vorlage ist zwingendes Erfordernis einer wirksamen Inanspruchnahme der Priorität, jedoch ist hier Wiedereinsetzung in den vorigen Stand möglich (§ 32 VwVfG).[553]

c) Wirkungen des Zeitvorranges

706 Die Wirkungen einer wirksam in Anspruch genommenen Priorität bestehen vor allem in zwei Richtungen, nämlich im Verhältnis zu anderen Sortenschutzanträgen und zum anderen bezüglich der Neuheit der Züchtung.

aa) Verhältnis zu anderen Sortenschutzanträgen

707 Die Inanspruchnahme der Priorität bedeutet gegenüber Anmeldungen gleichen Inhalts eine zeitliche Rangsicherung, da für Nachanmeldungen der gleichen Sorte in allen Verbandsstaaten an Stelle des tatsächlichen Anmeldedatums das Datum der Voranmeldung (Prioritätsdatum) tritt. Das Anmeldedatum der Nachanmeldung wird also vorverlegt auf den Zeitpunkt der Voranmeldung. Daher geht eine Anmeldung, für die der Zeitrang einer vorausgehenden Anmeldung in einem anderen Verbandsstaat wirksam beansprucht wird, allen Anmeldungen vor, welche die gleiche Sorte betreffen und zwischen dem Datum der Voranmeldung und dem Datum der Nachanmeldung, das heißt im sogenannten Prioritätsintervall, eingereicht werden.

bb) Neuheit der Züchtung

708 Der Zeitpunkt der Erstanmeldung ist zum anderen im Nachanmeldeland für die Neuheit der Züchtung nach Art. 6 UPOV-Übereinkommen, bei einer prioritätsbeanspruchenden Nachanmeldung in Deutschland nach § 6 SortG maßgebend. Diese beurteilt sich bei wirksamer Inanspruchnahme des Zeitrangs der Voranmeldung nach dem Anmeldetag der Erst-

---

[551] Zur näheren Begründung vgl. *Würtenberger*, S. 164 ff.
[552] Vgl. nachfolgende Rdn 705.
[553] Zur näheren Begründung vgl. *Würtenberger*, S. 167.

anmeldung, so daß in der Zwischenzeit entstandene und auf Handlungen des Antragstellers oder Dritter beruhende neuheitsschädliche Tatsachen unberücksichtigt bleiben. Dies gilt insbesondere in Bezug auf das gewerbsmäßige Inverkehrbringen von Vermehrungsmaterial oder Erntegut der angemeldeten Sorte im Sinne des § 6 SortG. Dagegen werden die zugunsten des Antragstellers durch § 6 bestimmten Schonfristen durch das Prioritätsrecht nicht verändert. Diese berechnen sich vom Zeitpunkt der Nachanmeldung zurück. Die Wirkung eines wirksam beanspruchten Zeitvorrangs besteht also unabhängig neben den Neuheitsschonfristen des § 6, kann sich mit diesen aber überschneiden, wird ihnen aber nicht hinzugerechnet oder vorangestellt.[554]

d) Veröffentlichung der Priorität

Die Beanspruchung der Priorität einer älteren Voranmeldung wird weder mit der Bekanntmachung des Sortenschutzantrages nach § 24 veröffentlicht, noch erscheint sie im Erteilungsbeschluß. Zudem gehört sie auch nicht zu den gemäß § 28 bekanntzumachenden Eintragungen in die Sortenschutzrolle (zu Kritik und den Nachteilen der fehlenden Veröffentlichung s. Wuesthoff/Leßmann/Wendt, Kommentar, 2. A. Rdn 17 zu § 23). 709

e) Nachprüfung der Priorität

Entsprechend der Handhabung im Patentrecht sind die materiellen (sachlichen) Voraussetzungen der Prioritätsbeanspruchung im Aufhebungsverfahren gemäß § 31 Abs. 2 SortG sowie in Verletzungsprozessen durch die Zivilgerichte selbständig nachprüfbar,[555] nicht dagegen auch die formellen bzw. prozessualen.[556] Diese werden ausschließlich im Erteilungsverfahren überprüft.[557] 710

f) Zeitvorrang bei der Inanspruchnahme einer Markenpriorität

§ 23 Abs. 3 SortG eröffnet die Möglichkeit, für eine Sortenbezeichnung den Zeitrang einer für den Anmelder angemeldeten oder eingetragenen Marke als Zeitvorrang für die Sortenbezeichnung in Anspruch zu nehmen.[558] Voraussetzung hierfür ist, daß die Markenanmeldung oder -eintragung Vermehrungsgut der Sorte umfaßt, welche zum Sortenschutz angemeldet wurde. Gleiches gilt für Marken, die nach dem Madrider Markenabkommen sowie dem Protokoll zum Madrider Markenabkommen eingetragen sind und für die BRD Schutz genießen. 711

---

554 Vgl. Rdn 201 ff.
555 Vgl. BGH GRUR 1963, 563, 566 – Aufhängevorrichtung.
556 Vgl. *Reimer/Trüstedt*, § 27 PatG, Rdn 28 f.; *Klauer/Möhring*, § 27 PatG, Anm. 6.
557 *Benkard/Ullmann*, PatG Internationaler Teil Rdn 72.
558 Zur Begründung, für die Sortenbezeichnung die Priorität einer Markeneintragung bzw. -anmeldung in Anspruch nehmen zu können vgl. BT-Drs. V/1630, S 53.

712 Eintragungshindernisse, die an den Zeitrang des Antrages geknüpft sind, stehen der Sortenbezeichnung nur dann entgegen, wenn sie vor dem durch die Marke begründeten Prioritätsdatum entstanden sind.

713 Wenn der Antragsteller für die Sortenbezeichnung die Priorität der Marke in Anspruch nimmt, so hat dies zusammen mit der Angabe der Sortenbezeichnung unter gleichzeitiger Angabe des Zeitpunkts der Eintragung oder Anmeldung der Marke zu geschehen (vgl. Anmeldeformular für Sortenbezeichnungen B Nr. 6). Ferner hat der Antragsteller innerhalb von drei Monaten dem Bundessortenamt eine Bescheinigung des Patentamtes über die Eintragung oder Anmeldung der Marke vorzulegen. Das Recht auf Änderung des aus einer Marke (Anmeldung) folgenden Zeitvorranges erlischt, wenn der Antragsteller nicht innerhalb von drei Monaten nach Angabe der Sortenbezeichnung dem Bundessortenamt eine Bescheinigung des Patentamts über die Eintragung oder Anmeldung der Marke vorlegt. Die Drei-Monats-Frist beginnt erst mit der Angabe der Sortenbezeichnung. Bei unverschuldeter Versäumung der Frist ist Wiedereinsetzung in den vorigen Stand nach § 32 VwVfG möglich.

714 Der Antragsteller muß die Sortenbezeichnung nicht stets mit der Antragstellung angeben, sondern kann unter bestimmten Voraussetzungen diese auch erst nachträglich mitteilen (vgl. §§ 22 Abs. 2, 26 Abs. 6 SortG). Entsprechend reicht es aus, wenn die Marke zum Zeitpunkt der Angabe als endgültigen Sortenbezeichnung angemeldet oder eingetragen war.[559]

715 Das SortSchG 68 sah in § 9 Abs. 2 Satz 3 vor, daß der Prioritätsanspruch für die Sortenbezeichnung aufgrund einer vorausgehenden Markenanmeldung oder -eintragung erlischt, wenn vor Erteilung des Sortenschutzes die Marke gelöscht oder die Anmeldung der Marke zurückgewiesen wurde.[560] Da diese Bestimmung im Widerspruch zu dem allgemeinen Grundsatz gesehen wurde, daß ein Prioritätsanspruch gerade nicht von dem Schicksal der prioritätsbegründenden Voranmeldung abhängt, wurde die zitierte Vorschrift aus dem SortSchG 68 nicht übernommen. Damit hat das weitere Schicksal, der den Zeitvorrang begründenden Markenanmeldung oder -eintragung (Rücknahme, Löschung usw.), auf die Gewährung des Zeitvorrangs keine Auswirkung.[561] Wie jedoch dem Wortlaut des § 23 Abs. 3 Satz 1 SortG entnommen werden kann, muß es sich um eine Marke oder Markenanmeldung handeln, die zum Zeitpunkt der Inanspruchnahme ihrer Priorität noch existiert.

5. Bekanntmachung des Sortenschutzantrages

716 Zur Information der Öffentlichkeit[562] muß das Bundessortenamt nach § 24 SortG den Sortenschutzantrag im Blatt für Sortenwesen (s. § 10 BSAVfV), das monatlich erscheint, veröffentlichen. Die interessierten Verkehrskreise sollen frühzeitig die Möglichkeit erhalten, sich auf im Entstehen begriffene Ausschließlichkeitsrechte Dritter wegen der damit verbundenen Rechtsfolgen bei Benutzungshandlungen hinsichtlich der angemeldeten Sorte (vgl. § 37 SortG) einstellen zu können. Durch eine rechtzeitige Information der interessierten Öffentlichkeit soll zudem sichergestellt werden, daß das Einwendungsverfahren seinen

---

559 Begründung BT-Drs. 10/816, S. 23.
560 Hierzu kritisch *Heydt*, GRUR 1967, 459.
561 BT-Drs. 10/816, 23.
562 Vgl. BT-Drs. 10/816, S. 23 zu § 24.

Zweck erreicht, nämlich die Erteilung von Rechten zu verhindern, die die materiellen oder formellen Schutzvoraussetzungen nicht erfüllen, oder solche Rechte Nichtberechtigten erteilt werden.[563] Die Bekanntmachung muß folgende Angaben enthalten:

- die Art, zu der die Sorte gehört, für die Sortenschutz begehrt wird;
- die für diese angegebene Sortenbezeichnung oder vorläufige Bezeichnung;[564]
- den Antragstag (ohne ein in Anspruch genommenes Prioritätsrecht);[565]
- den Namen (Firmenname) des Antragstellers nebst Anschrift;
- den oder die Namen des oder der Ursprungszüchter(s) oder Entdecker(s) nebst Anschriften sowie
- den Namen und die Anschrift eines Verfahrensvertreters.

Das Bundessortenamt ist nicht verpflichtet, die Richtigkeit der zu veröffentlichenden Angaben vor der Bekanntmachung nachzuprüfen. Dies gilt insbesondere auch für die Berechtigung des Antragstellers. Ohne eine gegenteilige Kenntnis des Bundessortenamtes gilt der Antragsteller im Verfahren vor dem Bundessortenamt als Berechtigter (vgl. § 8 Abs. 2 SortG). 717

Bekanntgemacht werden neben Angaben zu der angemeldeten Sorte im Interesse einer besseren Information der Öffentlichkeit[566] nun auch ein vom Antragsteller bestellter Verfahrensvertreter nebst dessen Anschrift. Nach der vorgenannten Gesetzesbegründung ist als Verfahrensvertreter nur ein solcher im Sinne des § 15 Abs. 2 SortG gemeint, also nicht auch ein Vertreter bzw. Bevollmächtigter nach § 14 VwVfG.[567] Wie sich aus § 14 VwVfG ergibt, können sich aber auch nicht zu diesem Personenkreis gehörende Antragsteller im Verfahren vor dem Bundessortenamt durch Bevollmächtigte (sogenannte gewillkürte Vertreter) vertreten lassen. Der in § 10 BSAVfV verwendete Begriff des Verfahrensvertreters ist deshalb weit auszulegen und auch auf den Personenkreis gemäß § 14 VwVfG anzuwenden. 718

Die vom Bundessortenamt bekanntzumachenden Angaben über Sortenschutzanträge entsprechen nicht dem tatsächlichen Informationsinteresse der Öffentlichkeit. Diese Angaben lassen nicht die wesentlichen oder charakteristischen Merkmale der dem Sortenschutzantrag zugrundliegenden Sorten, insbesondere nicht deren Unterscheidungsmerkmale zum bereits existenten Artenbestand erkennen, und zwar nicht einmal in dem Umfang, wie sie in der Anlage zum Sortenschutzantrag (Merkmalsbeschreibung der Sorte) angegeben sind und der Öffentlichkeit gemäß § 29 Abs. 1 S. 1 SortG zur Einsichtnahme freistehen. 719

Es ist auf diese Weise für die Öffentlichkeit unmöglich, durch die Bekanntmachung Kenntnis von dem sich anbahnenden Verbietungsrecht zu erlangen und nötigenfalls Einwendungen gemäß § 25 SortG zu erheben. Zwar kann nach § 29 Abs. 1 SortG jedermann in die Unterlagen eines bekanntgemachten Sortenschutzantrages Einsicht nehmen und so in Erfahrung bringen, welche Merkmale der angemeldeten Sorte gemäß Schutzantrag zugrundeliegen. Definitiv erfahren kann dies die Öffentlichkeit erst nach der Bekanntgabe der Erteilung des Sortenschutzes, also zu spät für die Erhebung von Einwendungen. Auch hinsichtlich der Entschädigungsregelung des § 37 Abs. 3 SortG für Benutzungshandlungen zwischen Bekanntmachung des Antrags und der Erteilung des Sortenschutzes besteht ein vitales 720

---
563 Vgl. nachfolgend Rdn 725 ff.
564 Vgl. Rdn 204 ff., 679 ff.
565 Vgl. Rdn 708.
566 Vgl. BT-Drs. 10/816, S. 23 zu § 24.
567 Vgl. Rdn 69, 632, 669.

öffentliches Interesse an der Kenntnis der Merkmalsbeschreibung der Sorte, um dem Wettbewerber frühzeitig die Entscheidung zu ermöglichen, ob er angesichts der möglicherweise eintretenden Entschädigungspflicht von einer Benutzung Abstand nimmt oder, falls er sich für eine Benutzung oder Weiterbenutzung entschließt, Rückstellungen in Höhe des zu erwartenden Entschädigungsanspruches vornimmt.

721   Die erste Fassung des § 32 Abs. 1 SortSchG 68 sah vor, daß in der Anmeldung die wesentlichen morphologischen und physiologischen Merkmale der Sorte angegeben werden mußten, auf die sich das Schutzbegehren stützte. Diese Angaben über die wesentlichen Merkmale mußten nach der ersten Fassung des § 34 Abs. 1 SortSchG 68 bekanntgemacht werden, so daß sich aufgrund dieser Angaben die Öffentlichkeit ein Bild darüber machen konnte, was der Anmelder an seiner Sorte als schutzfähig betrachtete. Nach BT-Drs. V/1630, S. 59 zu § 35 SortSchG 68 wurde als weiterer Grund hierfür angesehen, daß durch die Bekanntmachung der wesentlichen Merkmale der angemeldeten Sorte im Rahmen des Möglichen die Anmeldung von Parallelzüchtungen vermieden werden sollte, eine Betrachtung, die nur dann Sinn hat, wenn man den materiellen Gehalt einer Sortenschutzanmeldung kennt und berücksichtigen kann.

722   Das Bundessortenamt hat auch während und entgegen der ursprünglich bis 30. Dezember 1974 geltenden Fassung des § 34 SortSchG 68 von vornherein eine Bekanntmachung der wesentlichen Unterscheidungsmerkmale der Sortenschutzanmeldung unterlassen. Diese Amtspraxis wurde durch die Novelle vom 9. Dezember 1974[568] sanktioniert. Der ab 31. Dezember 1974 geltende § 34 SortSchG 68 und der diesem im wesentlichen entsprechende jetzige § 24 SortG sieht eine Bekanntmachung von Merkmalen der angemeldeten Sorte nicht mehr vor. Die Öffentlichkeit bleibt also entgegen dem Sinn der Veröffentlichung eines Antrages auf Erteilung eines Schutzrechtes im Ungewissen, welche Verbietungsrechte eventuell zu erwarten sind. Angesichts der großen Anzahl von Sortenschutzanträgen ist dem Interesse der Wettbewerber aus Kostengründen auch nicht hinreichend dadurch Rechnung getragen, daß sie jederzeit Einsicht in die Anmeldeunterlagen nehmen können. Da keine Merkmale der angemeldeten Sorte veröffentlicht werden, müßte ein Sortenschutzinhaber oder ein Wettbewerber, der auf dem gleichen Pflanzengebiet züchtet, alle Sortenschutzanträge zu Neuzüchtungen der einschlägigen Art einsehen. Die fehlende Bekanntmachung der Merkmalsbeschreibung der angemeldeten Sorte ist deshalb ein wesentlicher Mangel des geltenden § 24 SortG.

723   Wird ein Sortenschutzantrag nach seiner Bekanntmachung vom Antragsteller zurückgenommen oder gilt er wegen Säumnis bei der Vornahme bestimmter Verfahrenshandlungen gemäß § 27 Abs. 2 als nicht gestellt,[569] so wird dies vom Bundessortenamt im Bl.f.S ebenso bekannt gemacht wie die Zurückweisung der Sortenschutzanmeldung.

Exkurs: Werbung mit Sortenschutzanträgen

724   In Übereinstimmung mit der Rechtsprechung und Literatur zur Frage der Werbung mit Patentanmeldungen[570] ist es dem Antragsteller seit dem Zeitpunkt der Bekanntmachung seines

---

568 BGBl I S. 3416.
569 Vgl. hierzu Rdn 715.
570 Vgl. statt aller *Benkard/Ullmann*, Rdn 19 ff. zu § 146 PatG.

Sortenschutzantrages im Bl.f.S. gestattet, auf die Anmeldung in seiner Werbung in geeigneter Form, zum Beispiel durch den Vermerk „Sortenschutz angemeldet", hinzuweisen. Dies ergibt sich aus dem Interesse Dritter an einer baldigen und zuverlässigen Unterrichtung über das Vorliegen von Schutzrechtsanmeldungen.[571] Der Antragsteller kann auch von der Bekanntmachung seines Sortenschutzantrages ab diejenigen auf die Entstehung seines Sortenschutzrechtes hinweisen, von denen er weiß, daß sie seine zum Sortenschutz angemeldete Sorte vermehren bzw. veredeln oder eine sonstige dem Sortenschutzinhaber gemäß § 10 S. 1 SortG vorbehaltene Handlung ohne dessen Einverständnis ausüben. Die Rechtfertigung hierfür folgt aus § 37 Abs. 3 SortG, wonach der Sortenschutzinhaber nach Erteilung des Sortenschutzes von demjenigen, der zwischen Bekanntmachung der Anmeldung und Erteilung des Sortenschutzes Vermehrungsmaterial der angemeldeten Sorte gewerbsmäßig erzeugt oder vertrieben hat, eine angemessene Vergütung verlangen kann. Im Sortenschutzwesen besteht für einen entsprechenden Hinweis auch auf eine veröffentlichte Sortenschutzanmeldung ein um so größeres Bedürfnis, als vom Zeitpunkt der Erzeugung bzw. des Vertriebs von Vermehrungsmaterial bis zur Ernte der daraus erwachsenden Pflanze ein längerer Zeitraum von mindestens einem Jahr, oft aber auch von mehreren Jahren liegt, so daß eine frühzeitige Benachrichtigung über ein im Entstehen begriffenes Sortenschutzrecht für Dritte von großem Interesse ist.

Weist der Anmelder auf seinen Sortenschutzantrag hin, ist jedoch der Eindruck zu vermeiden, daß ihm damit bereits Rechte zustehen, wie sie sich erst nach Erteilung des Sortenschutzrechtes eröffnen. Mündliche oder schriftliche Hinweise an Dritte, die diesen Eindruck erwecken, sind als Schutzrechtsanmaßung im Sinne von § 3 UWG irreführend und lösen Ansprüche auf Unterlassung derartiger Behauptungen aus. 725

6. Einwendungen gegen die Erteilung des beantragten Sortenschutzes

a) Vorbemerkung

Sowohl das deutsche als auch das europäische Sortenschutzrecht sehen ähnlich dem früheren patentrechtlichen Einspruchsverfahren (§ 32 PatG 68 und 78) vor, daß jeder interessierte Dritte während des Erteilungsverfahrens das Bundessortenamt bzw. das Gemeinschaftliche Sortenamt auf bestimmte Gründe aufmerksam machen kann, die der Schutzerteilung einschließlich der Eintragung bzw. Festsetzung der angegebenen Sortenbezeichnung entgegenstehen und die dem Bundessortenamt bzw. dem Gemeinschaftlichen Sortenamt unter Umständen nicht bekannt sind. Gleiches gilt, wenn ein Nichtberechtigter den Antrag auf Erteilung des Sortenschutzes gestellt hat. Während bis zur Bekanntmachung des Sortenschutzantrages nur die zur Sortenschutzerteilungen zuständige Behörde und der Anmelder die Frage der Schutzfähigkeit der Anmeldung, deren Erfüllung formaler Voraussetzungen sowie der Berechtigung des Antragstellers miteinander erörtert haben, ist durch die nachfolgende Bekanntmachung des Sortenschutzantrages der Allgemeinheit die Möglichkeit eröffnet, Einwendungen gegen die Erteilung des Sortenschutzes zu erheben, um auf diese Weise die 726

---

571 Vgl. hierzu auch *Benkard/Schäfers*, Rdn 1 zu § 32 PatG.

Erteilung von Schutzrechten zu verhindern, die nicht erteilt werden dürften und deshalb alsbald nach §§ 30, 31 SortG bzw. Art. 20, 21 EGSVO wieder aufgehoben werden müßten oder einem Nichtberechtigten erteilt werden und damit einem Vindikationsanspruch gemäß § 9 SortG oder Art. 98 EGSVO unterliegen.

727 Die Regelungen über das Einwendungsverfahren im nationalen Sortenschutzrecht sind erst durch das SortSchG 68 eingeführt worden. Nach dem vorhergehenden Saatgutgesetz konnte nur gegen bereits erteilte Schutzrechte Einspruch eingelegt werden (§ 33 Abs. 2 SaatG). Diese Regelung hatte sich aber nicht bewährt.

728 § 25 SortG und Art. 59, 60 EGSVO stimmen weitgehend überein, so daß die nachfolgende Darstellung auch für das Einwendungsverfahren gegen Gemeinschaftliche Sortenschutzanmeldungen gültig ist. Die wenigen von der nationalen Regelung abweichenden Einzelheiten werden aus systematischen Gründen nachfolgend einbezogen.

b) Einwendungsrecht und Einwendungsgründe

729 Da ein Allgemeininteresse daran besteht, daß Sortenschutzrechte an den Berechtigten erteilt und bei Nichtvorliegen der Schutzvoraussetzungen nicht erteilt werden, können Einwendungen von jedermann erhoben werden, ohne daß es der Darlegung und des Nachweises eines eigenen Interesses bedarf.[572] Insoweit handelt es sich nicht um die Durchsetzung privatrechtlicher Ansprüche des Einwendungsführers, sondern um einen Popularantrag, der auf dem öffentlichen Interesse an der Verhinderung ungerechtfertigter Schutzerteilungen beruht. Dies gilt auch für den Einwendungsgrund der Nichtberechtigung des Antragstellers.

730 Die Einwendungsgründe sind in § 25 Abs. 2 Nr. 1 bis 3 SortG bzw. Art. 59 Abs. 3 EGSVO abschließend aufgezählt. Andere Gründe können nicht berücksichtigt werden, wie zum Beispiel die unberechtigte Beanspruchung eines Prioritätsrechtes. Von praktischer Bedeutung sind nach § 25 Abs. 2 Nr. 1 SortG bzw. Art. 59 Abs. 3a EGSVO die Einwendungen wegen materieller Mängel der Sorte im Sinne von § 3 SortG/Art. 7 EGSVO (Unterscheidbarkeit), § 4 SortG/Art. 8 EGSVO (Homogenität), § 5 SortG/Art. 9 EGSVO (Beständigkeit) und § 6 SortG/Art. 10 EGSVO (Neuheit). Beispiele für derartige Einwendungen sind der vorherige gewerbsmäßige Vertrieb von Vermehrungsmaterial der Sorte durch den Sorteninhaber vor den in § 6 SortG/Art. 10 EGSVO genannten Zeiträumen oder das Vorhandensein anderer Sorten, von denen sich die angemeldete Sorte nicht hinreichend deutlich unterscheidet.

731 Aber auch der Antrag auf Sortenschutzerteilung durch einen Nichtberechtigten (vgl. § 8 SortG/Art. 11 EGSVO) sowie die Nichteintragbarkeit der Sortenbezeichnung (§ 7 SortG/Art. 63 Abs. 3 oder 4 EGSVO), wie zum Beispiel die Verwechselbarkeit der Sortenbezeichnung mit einer anderen Sortenbezeichnung oder die Kollision mit einer Marke eröffnen die Möglichkeit, Einwendungen zu erheben.

c) Voraussetzungen wirksamer Einwendungserhebung

732 Die Erhebung von Einwendungen ist Verfahrenshandlung. Sie muß daher die allgemeinen Voraussetzungen jeder Verfahrenshandlung (Parteifähigkeit, Prozeßfähigkeit, gesetzliche

---

[572] Vgl. BGH GRUR 1963, 279, 281.

Vertretung, Vollmacht) erfüllen, um wirksam zu sein. Darüber hinaus ist die Beachtung folgender formaler Voraussetzungen erforderlich:

aa) Form

Die Einwendungen müssen schriftlich, das heißt eigenhändig unterschrieben (§ 126 BGB) beim Bundessortenamt bzw. Gemeinschaftlichen Sortenamt eingereicht werden (§ 25 Abs. 1 SortG; Art. 59 Abs. 1 EGSVO). Einwendungen gegen den Antrag auf ein nationales Sortenschutzrecht sind in deutscher Sprache einzureichen. Im Hinblick auf die Zugehörigkeit zur UPOV und die dabei geübte Zusammenarbeit können auch Einwendungen in fremder Sprache als ordnungsgemäß eingereicht angesehen werden, wenn nach Aufforderung des Bundessortenamtes eine Übersetzung innerhalb angemessener Frist nachgereicht wird (vgl. § 23 Abs. 2 VwVfG). Einwendungen gegen die Erteilung des gemeinschaftlichen Sortenschutzes sind in einer der Amtssprachen zu erheben. Im übrigen können Formmängel wirksam nur innerhalb der Einwendungsfrist behoben werden. 733

bb) Frist

Hinsichtlich der Frist ist zu unterscheiden zwischen Einwendungen wegen materieller Mängel der Sorte, der fehlenden Berechtigung des Anmelders sowie hinsichtlich der nichteintragbaren Sortenbezeichnung: 734
– Frist bei Einwendungen wegen materieller Mängel

Einwendungen, die die Schutzfähigkeit der angemeldeten Sorte betreffen, können nach der Bekanntmachung der Anmeldung während der gesamten Dauer des Prüfungsverfahrens bis zur Erteilung des Sortenschutzes erhoben werden (§ 25 Abs. 3 Nr. 1 SortG; Art. 59 Abs. 4a) EGSVO). Maßgebender Zeitpunkt ist die tatsächliche Erteilung des Sortenschutzes durch Beschluß des Bundessortenamtes bzw. des Gemeinschaftlichen Sortenamtes, nicht die Veröffentlichung der Schutzrechtserteilung. Wird eine Einwendung nach Erteilung, aber vor deren Veröffentlichung im Bl.f.S. bzw. im Amtsblatt des Gemeinschaftlichen Sortenamtes erhoben, ist ein Antrag auf Rücknahme des Sortenschutzes nach § 31 Abs. 2 SortG bzw. ein Antrag auf Nichtigerklärung nach Art. 20 Abs. 1 EGSVO zu stellen. 735

– Frist bei Einwendungen wegen fehlender Berechtigung des Antragstellers

Im nationalen Sortenschutzrecht dauert die Einwendungsfrist gegen die fehlende Berechtigung des Anmelders nach § 8 SortG drei Monate nach Bekanntmachung des Sortenschutzantrages im Blatt für Sortenwesen (§ 25 Abs. 3 Nr. 2 SortG). Einwendungen können also frühestens ab der Bekanntmachung erhoben werden. Vorher erhobene Einwendungen sind unwirksam. 736

Im gemeinschaftlichen Sortenschutzrecht kann zwischen Stellung des Antrags auf Erteilung des gemeinschaftlichen Sortenschutzes bis zur Erteilung des Sortenschutzes bzw. Zurückweisung des Antrages eine Einwendung gegen die fehlende Berechtigung des Anmelders erhoben werden (Art. 59 Abs. 4a) EGSVO). 737

– Frist bei Einwendungen gegen die angemeldete Sortenbezeichnung

Sowohl nach dem nationalen als auch nach dem gemeinschaftlichen Sortenschutzrecht beträgt die Einwendungsfrist gegen die Sortenbezeichnung drei Monate nach Bekanntma- 738 chung der angegebenen Sortenbezeichnung (§ 25 Abs. 3 Nr. 3 SortG, Art. 59 Abs. 4b EGSVO).

739   Wird die Bekanntmachung zulässig widerrufen, wird die Einwendung gegenstandslos und muß nach erneuter Bekanntmachung wiederholt werden. Darauf ist der Einwendende hinzuweisen. Die dreimonatige Einwendungsfrist endet gemäß §§ 31 Abs. 1 VwVfG, 187 Abs. 1, 188 Abs. 2 BGB mit dem Ablauf des Tages des dritten Monats, der durch seine Zahl dem Bekanntmachungstag entspricht. Dieser wird im jeweiligen Blatt für Sortenwesen angegeben. Bis zu diesem Zeitpunkt müssen die Einwendungen beim Bundessortenamt eingegangen sein.

740   Eine verspätete Einwendung ist unzulässig und wird sachlich nicht geprüft. Im Verfahren vor dem Bundessortenamt können jedoch bekanntgewordene Tatsachen bei der Entscheidung über die Erteilung des Sortenschutzrechtes von Amts wegen berücksichtigt werden (vgl. Bl.f.PMZ 1940, 181). Die Einwendung ist auch dann verspätet, wenn die Einwendungserklärung zwar rechtzeitig erfolgt ist, die gesetzlichen Einwendungsgründe oder die erforderliche Begründung und die Beweismittel aber erst nach Fristablauf vorgetragen werden (§ 25 Abs. 4 SortG). Der Begründungszwang innerhalb der Einwendungsfrist dient dazu, das Verfahren möglichst rasch durchzuführen und zu verhindern, daß die Einwendungsgründe erst nach und nach dem Amt unterbreitet werden. Der Einwendende ist daher auch nicht berechtigt, nach Ablauf der Einwendungsfrist den Einwendungsgrund zu wechseln oder weitere Gründe nachzuschieben.[573] Wiedereinsetzung in den vorigen Stand in eine nach dem nationalen Recht versäumte Frist erfolgt nach § 32 VwVfG. Im gemeinschaftlichen Sortenschutzrecht ist dagegen eine innerhalb der Einwendungsfrist unzureichende Einwendungsbegründung nicht vorgesehen.

cc) Einwendungsbegründung

741   Um grundlose und schikanöse Einwendungen zu verhindern, ist die Einwendung mit Gründen zu versehen (§ 25 Abs. 4 S. 1 SortG). Tatsachen sowie Beweismittel, die die Einwendung rechtfertigen, sind ebenfalls innerhalb der Einwendungsfrist anzugeben (§ 25 Abs. 4 S. 2 und 3 SortG). Unter Begründung i. S. der genannten Vorschrift sind nicht die drei Einwendungsgründe zu verstehen, die im Einwendungsverfahren geltend gemacht werden können, sondern es sind die Tatsachen bzw. tatsachenähnlichen Behauptungen, auf die die betreffende Einwendung konkret gestützt wird. Der Vortrag, der den geltend gemachten Einwendungsgrund rechtfertigen soll, muß deshalb eine ausreichend substantiierte und vollständige Darlegung der Tatsachen enthalten, die das Amt in die Lage versetzen, die behauptete mangelnde Erteilungsfähigkeit ohne eigene Ermittlungen abschließend zu prüfen.[574] Die rechtliche Würdigung des Vortrages obliegt dem Amt. Das Einwendungsvorbringen bedarf daher keiner rechtlichen Wertung durch den Einwendenden. Vielmehr muß lediglich im Wege der Auslegung feststellbar sein, welcher Einwendungsgrund geltend gemacht wird. Aus dem vorher Gesagten ergibt sich, daß nicht nur der Wortlaut der gesetzlichen Bestimmung wiederholt werden darf, auf die die Einwendung gestützt wird. So müssen z. B. zur Behauptung einer die Neuheit zerstörenden Vorbenutzung der Sorte durch gewerbsmäßigen Vertrieb vor

---

573 PA Mitt. 1934, 176; 1935, 422.
574 Vgl. BGH Bl.f.PMZ 1972, 173; BPatGE 9, 185; 10, 21.

dem Anmeldedatum genaue Angaben über Ort und Zeitpunkt desselben gemacht und unter Beweis gestellt werden.

Die einzelnen Behauptungen, auf welche die Einwendungen gestützt werden können, sind selbständige Einwendungsgründe. Mehrere Einwendungsgründe können nebeneinander geltend gemacht werden, wenn deren Voraussetzungen vorliegen. Die Einwendung muß dann aber in der Einwendungsfrist auf diese Gründe gestützt werden. Der spätere Wechsel oder die Einbeziehung eines weiteren Einwendungsgrundes sind wegen der genannten Ausschlußfristen unzulässig. Die rechtliche Wertung des Versagungsbegehrens kann jedoch auch außerhalb der Einwendungsfrist geändert werden, sofern sie sich auf die innerhalb der Einwendungsfrist vorgetragenen Tatsachen und die hierzu angebotenen Beweismittel stützt. Das gemeinschaftliche Sortenschutzrecht enthält keinen vergleichbaren Begründungszwang. Lediglich die Einwendungsgründe sind, gegebenenfalls innerhalb einer vom Amt zu setzenden Frist (Art. 32 Abs. 2 DVO), anzugeben. 742

d) Einwendungsverfahren

Das Einwendungsverfahren ist die Fortsetzung des einheitlichen Sortenschutzerteilungsverfahrens unter Beteiligung Dritter, also kein besonderes Verfahren zwischen Anmelder und Einwendendem. Dies wird in besonderer Weise im gemeinschaftlichen Sortenschutzerteilungsverfahren deutlich. Gemäß Art. 59 Abs. 5 EGSVO kann die Entscheidung über die Einwendungen zusammen mit den Entscheidungen über die Erteilung oder Nichterteilung gemäß Art. 61, 62 oder 63 EGSVO getroffen werden. Zum weiteren Verfahren im gemeinschaftlichen Verfahren siehe auch Rdn 1068 ff. 743

Zuständig im nationalen Einwendungsverfahren ist die Prüfabteilung des Bundessortenamtes (§ 18 Abs. 2 Nr. 2 SortG), die mit der Prüfung des jeweiligen Sortenschutzantrages befaßt ist. 744

Beteiligt am Einwendungsverfahren sind neben dem Bundessortenamt der oder die Antragsteller und der oder die Einwendenden (§ 13 Abs. 1 Nr. 1 VwVfG). Im nationalen Verfahren sind mehrere Antragsteller oder Einwendende als notwendige Streitgenossen zu betrachten.[575] Die Beteiligtenstellung beginnt mit der wirksamen Erhebung der Einwendung, mag diese auch in der Sache unbegründet sein. Sie endet mit der rechtskräftigen Entscheidung über den Sortenschutzantrag oder die Begründetheit der Einwendung und einer entsprechenden negativen Entscheidung über den Erteilungsantrag. 745

Der Einwendende ist weder Partei noch Gehilfe des Bundessortenamtes. Er hat aber, jedenfalls im nationalen Verfahren, eine parteiähnliche Stellung,[576] die ihm Anspruch auf rechtliches Gehör, das Widerspruchs- und Beschwerderecht (§§ 18 Abs. 3, 34 SortG) sowie die Beteiligung am Verfahren über einen Widerspruch oder eine Beschwerde des Anmelders gewährt. Als Beteiligter kann der Einwendende im nationalen Verfahren nicht als Zeuge oder Sachverständiger vernommen werden, außer bei mehreren Beteiligten in bezug auf Einwendungen anderer. 746

Da das Einwendungsrecht kein privater Vermögenswert ist, ist eine Einzelveräußerung oder Zwangsvollstreckung in die Rechtsstellung des Einwendenden nicht möglich. Dagegen 747

---

575 Bl.f.PMZ 1929, 251.
576 Vgl. BPatGE 10, 155, 157; Bl.f.PMZ 1964, 236.

geht bei Gesamtrechtsnachfolge (Erbfolge), Verschmelzung oder Eingliederung das Einwendungsrecht über. Dasselbe gilt für die Rechtsnachfolge in ein Sondervermögen, das eine selbständige Gesamtheit von Vermögensrechten darstellt, sowie bei Insolvenz für den Insolvenzverwalter.[577]

748 Dritte, die weder Anmelder noch Einwendende sind, können sich am Einwendungsverfahren nicht beteiligen, auch nicht im Wege der Nebenintervention zugunsten des Anmelders oder eines Einwendenden.

749 In jedem Falle ist aber das von Dritten eingeführte Material von Amts wegen zu berücksichtigen, da es sich sowohl bei der Prüfung der Schutzfähigkeit als auch bei der Frage nach der Berechtigung des Antragstellers um von Amts wegen zu prüfende Schutzvoraussetzungen handelt. Von Amts wegen müssen deshalb auch die vom Einwendenden vorgebrachten Tatsachen berücksichtigt werden, wenn er die Einwendung zurückgenommen hat. Insoweit steht ihm kein Dispositionsrecht über die von ihm in das Verfahren eingeführten Einwendungen zu.

750 Die Prüfabteilung des Bundessortenamtes prüft die Einwendungen auf ihre Zulässigkeit und Begründetheit. Dabei gilt der Grundsatz der Offizialmaxime, der sich aus dem öffentlichen Interesse an der Erteilung von wirksamen Sortenschutzrechten rechtfertigt. Der behauptete Einwendungssachverhalt ist von Amts wegen erschöpfend aufzuklären. Zu diesem Zweck kann das Amt Zeugen und Sachverständige vernehmen, Besichtigungen anberaumen sowie einen Vergleichsanbau durchführen und sonstige Maßnahmen treffen, die es für zweckmäßig erachtet. Die Entscheidungen des Bundessortenamtes erfolgen nach §§ 21 SortG, 67 Abs. 1 VwVfG nach mündlicher Verhandlung, von der jedoch, wie in der Praxis üblich, das Bundessortenamt nach § 67 Abs. 2 VwVfG absehen kann.[578] Vor einer Entscheidung ist den Beteiligten Gelegenheit zur Stellungnahme zu geben (§§ 21 SortG, 66 VwVfG), wozu auch die Zustellung bzw. formlose Mitteilung von Einwendungs- und Erwiderungsschriftsätzen gehört (früher ausdrücklich in § 13 Abs. 2 und 3 SortSchV 74 geregelt). Die Zulässigkeitsprüfung erfolgt von Amts wegen und erstreckt sich darauf, ob die Einwendungen ordnungsgemäß erhoben und begründet worden sind.

751 Von der materiellen Begründetheit hängt die Zulässigkeit nicht ab. Auch wird durch die nachträgliche Erledigung des Einwendungsgrundes, etwa Wegfall des älteren Rechts, die wirksam erhobene Einwendung nicht unzulässig. Die Zulässigkeit der Einwendung ist auch im Rechtsmittelverfahren von Amts wegen zu prüfen. Erweist sich die Einwendung als unzulässig, sind deshalb die Rechtsmittel des Einwendenden ohne Sachprüfung zurückzuweisen, und zwar unabhängig davon, ob die Prüfabteilung oder der Widerspruchsausschuß die Einwendung für zulässig oder unzulässig erachtet hat.[579] Möglich ist, ähnlich wie im Patentrecht, eine Vorabentscheidung über die Zulässigkeit einer von mehreren Einwendungen.[580]

752 An die Zulässigkeitsprüfung schließt sich die Prüfung der Begründetheit an. Gegenstand der Begründetheitsprüfung ist das tatsächliche Vorliegen der Einwendungsgründe. Die Prüfung der Begründetheit der auf mangelnder Schutzfähigkeit gestützten Einwendungen fällt dabei mit der insoweit auch von Amts wegen vorzunehmenden Prüfung des Sortenschutzantrages zusammen. Bezüglich der Prüfung des Sortenschutzantrages ist das Einwendungsverfahren kein selbständiges Verfahren und die Einwendung selbst ist keine notwendige verfahrensrechtliche Grundlage für die Entscheidung über den Sortenschutzantrag

---

577 Vgl. *Benkard/Ballhaus*, Rdn 53 f. zu § 59 PatG.
578 Vgl. Rdn 640 ff.
579 BGH GRUR 1972, 592, 594.
580 Vgl. hierzu *Benkard/Ballhaus*, Rdn 60 zu § 59 PatG.

in diesem weiteren Verfahren. Die Prüfabteilung setzt unabhängig von der Erhebung einer unzulässigen Einwendung das Erteilungsverfahren als Prüfungsverfahren von Amts wegen fort.[581] Die Prüfung des Sortenschutzantrages im Einwendungsverfahren ist daher auch nicht auf die geltend gemachten Einwendungsgründe beschränkt, wenngleich diese in erster Linie den Gegenstand der Prüfung bilden. Soweit die Einwendung auf die Behauptung gestützt wird, daß dem Anmelder das Recht auf Sortenschutz gemäß § 8 SortG nicht zustehe, ist zu prüfen, ob die entsprechenden Tatsachen vorliegen. Das Recht auf Sortenschutz steht dem Antragsteller nur zu, wenn er der Ursprungszüchter oder Entdecker der Sorte oder deren Rechtsnachfolger ist. Auch insoweit wird nicht über die Einwendung, sondern über den Sortenschutzantrag entschieden. Einwendungen gegen die Sortenbezeichnung sind auf die positiven und negativen Voraussetzungen des § 7 SortG zu überprüfen.

Das Einwendungsverfahren wird durch die Entscheidung der Prüfabteilung des Bundessortenamtes durch Beschluß abgeschlossen. Die Entscheidung braucht nicht gesondert zu ergehen, sondern wird in der Regel zusammen mit der Endentscheidung über den Sortenschutzantrag erlassen. Diese lautet auf Erteilung oder Versagung des Sortenschutzes. Über die Zulässigkeit der Einwendung kann vorab entschieden werden, wenn die Sortenschutzerteilung noch nicht zur Entscheidung reif ist und einer der Beteiligten die Entscheidung über die Zulässigkeit der Einwendung beantragt oder besondere Umstände des Verfahrens eine Entscheidung erfordern.[582] Gegen den Beschluß, durch den die Einwendung als unzulässig oder unbegründet verworfen wird, hat der Einwendende das Widerspruchsrecht gemäß § 18 Abs. 3 SortG i. V. m. §§ 79 VwVfG, 68 ff. VwGO und danach die Beschwerde nach § 34 SortG, soweit er beschwert ist.[583] Gleiches gilt für den Antragsteller gegen eine Vorabentscheidung, die die Zulässigkeit und Begründetheit der Einwendung bejaht.[584] Einen Anspruch auf Vorabentscheidung gibt es nicht.

753

Über die Einwendungen, daß dem Anmelder das Recht auf Sortenschutz gemäß § 8 SortG nicht zusteht, muß vorab entschieden werden, damit dem wahren Berechtigten nicht das Dispositionsrecht über die Sorte entzogen wird und ihm vorbehalten bleibt, auf das Erteilungsverfahren Einfluß zu nehmen.

754

Bei zu Recht erhobenen Einwendungen erübrigt sich entweder die weitere Durchführung des Prüfungsverfahrens, weil der Sortenschutzantrag zurückgewiesen wird, oder das Prüfungsverfahren wird auf Antrag des Einwenders bis zur rechtskräftigen Entscheidung ausgesetzt, wenn dieser Klage auf Übertragung der Anmeldung erhebt.[585]

755

Für die Entscheidung im nationalen Verfahren gilt § 69 VwVfG. Danach ist sie schriftlich zu erlassen, zu begründen und den Beteiligten zuzustellen.[586] Ferner ist sie gemäß §§ 21 SortG, 79 VwVfG, 58, 59 VwGO mit einer Rechtsbehelfsbelehrung zu versehen.[587] Einer Begründung bedarf der Erteilungsbeschluß nicht nur hinsichtlich des Vorbringens des Einwendenden, sondern auch hinsichtlich solcher Feststellungen, die eine Beschwer des Anmelders darstellen können, zum Beispiel Ablehnung der selbständigen Schutzfähigkeit eines Merkmals.

756

---

581 Vgl. zum nationalen Verfahren BGH GRUR 1969, 562.
582 Vgl. Bl.f. PMZ 1954, 216; 1961, 57.
583 Vgl. nachfolgend Rdn 824 ff.
584 Entsprechend BPatGE 17, 228.
585 Vindikationsklage nach § 9 SortG, Art. 98 EGSVO; vgl. zum nationalen Verfahren BGH GRUR 1976, 385 – Rosenmutation.
586 Vgl Rdn 650 f.
587 Vgl Rdn 653.

757 Die Rechtskraftwirkung der Entscheidung im Einwendungsverfahren steht einem Vorgehen gegen den erteilten Sortenschutz in einem anderen Verfahren, insbesondere einem Aufhebungsverfahren nach §§ 30, 31 SortG nicht entgegen.

758 § 25 Abs. 5 SortG ermöglicht es dem eigentlich Berechtigten bei einer Einwendung i. S. d. § 25 Abs. 2 Nr. 2 SortG die Erteilung des Sortenschutzes unter Beanspruchung des ursprünglichen Zeitranges für sich zu beantragen, wenn aufgrund einer, nicht notwendigerweise seiner Einwendung der Sortenschutzantrag eines nicht berechtigten Dritten zurückgenommen oder zurückgewiesen wird. Diese Bestimmung soll in Ergänzung zu § 9 SortG die Belange des Berechtigten auch für die Fälle sichern, in denen die Voraussetzungen des § 9 SortG nicht vorliegen.[588] Will der Einwender als der eigentlich Berechtigte an der beantragten Sorte sein Recht an der Sorte und dem damit verbundenen Recht auf Sortenschutz wahrnehmen, muß dieser innerhalb eines Monats nach der Zurücknahme oder nach dem Eintritt der Unanfechtbarkeit der Ablehnung für dieselbe Sorte einen Sortenschutzantrag unter Inanspruchnahme des Antragstages des früheren zurückgewiesenen Antrages stellen (§ 25 Abs. 5 SortG).

7. Prüfung

759 Nach dem Willen der Schöpfer des UPOV-Übereinkommens soll der Sortenschutz nur nach Prüfung auf das Vorliegen der in Art. 5 Abs. 1 genannten Voraussetzungen und nach deren Feststellung im Einzelfall erteilt werden (Art. 12 S. 1 UPOV-Übereinkommen). Trotz der Bedenken, die dagegen geäußert worden sind, den Sortenschutz erst nach einer Anbauprüfung (sog. Registerprüfung) der angemeldeten Sorte zu erteilen, ist diese Regelung von Anfang an in das UPOV-Übereinkommen aufgenommen worden, um einer Verwirrung des Marktes durch Scheinrechte vorzubeugen.[589] Auch Art. 7 des UPOV-Übereinkommens sieht in der 1991 revidierten Fassung eine Prüfung der zum Sortenschutz angemeldeten Sorten auf die in Art. 5 Abs. 1 UPOV-Übereinkommen genannten und in § 1 SortG übernommenen Schutzvoraussetzungen der Unterscheidbarkeit, Neuheit, Homogenität und Beständigkeit vor. Von weiteren Schutzvoraussetzungen darf nach Art. 5 Abs. 2 UPOV-Übereinkommen die Gewährung des Sortenschutzes für eine angemeldete Sorte nicht abhängig gemacht werden, sofern die Sorte mit einer eintragbaren Sortenbezeichnung gekennzeichnet bzw. bezeichnet wird.[590]

a) Anbauprüfung (Registerprüfung)

760 Das deutsche SortG entspricht dem im UPOV-Übereinkommen konstituierten Grundsatz, indem es in § 26 Abs. 1 vorschreibt, daß das Bundessortenamt grundsätzlich durch Anbau der angemeldeten Sorte oder durch sonst erforderlichen Untersuchungen prüft, ob diese

---

588 Vgl. BT-Drs. 10/816, S. 23 zu § 25.
589 Vgl. *Schade/Pfanner*, GRUR Int. 1962, 344 sowie *Wuesthoff*, Kommentar, 1. A. Anm. 1 zu § 36.
590 Die in § 26 Abs. 1–4 sowie Abs. 6 SortG enthaltenen, die Prüfung einer zum Sortenschutz angemeldeten Sorte betreffenden Regelungen entsprechen weitgehend denjenigen des früheren § 36 Abs. 1 S. 2 und 3 und der § 31a, sowie 37 Abs. 1 S. 1 SortG 68.

I. Das Verfahren vor dem Bundessortenamt

nach § 1 Abs. 1 Nr. 1 bis 3 SortG erforderlichen materiellen Voraussetzungen für die Erteilung des Sortenschutzes erfüllt, d. h., ob die angemeldete Sorte unterscheidbar, homogen und beständig ist (sog. Registerprüfung). Ohne diese Prüfung und/oder die sonst erforderlichen Untersuchungen kann Sortenschutz nicht erteilt werden. Die Anbauprüfung kann insbesondere bei neuen Züchtungsmethoden durch sonstige Untersuchungen ergänzt oder ersetzt werden.[591]

Von der Anbauprüfung einer zum Sortenschutz angemeldeten Sorte kann das Bundessortenamt gemäß § 26 Abs. 1 S. 2 SortG jedoch dann absehen, wenn ihm frühere eigene Prüfungsergebnisse zur Verfügung stehen. Das kann beispielsweise der Fall sein, wenn die zu prüfende Sorte bereits im Rahmen eines Antrags auf Sortenzulassung nach § 24 SaatG geprüft wurde. In diesem Fall können die Ergebnisse der Wertprüfung herangezogen werden (§ 2 Abs. 5 BSAVfV). Die Anbauprüfung wird vom Bundessortenamt grundsätzlich selbst durchgeführt und ausgewertet. Hierzu bestehen nach Abs. 2 allerdings folgende Ausnahmen: 761

Das Bundessortenamt kann den Anbau oder die weiteren erforderlichen Untersuchungen durch andere fachlich geeignete in- oder ausländische Stellen (z. B. in- oder ausländische staatliche Fachinstitute oder mit den erforderlichen Einrichtungen und wissenschaftlichem Leumund ausgestattete in- oder ausländische Institute der Fachverbände) durchführen lassen und die Ergebnisse von Anbauprüfungen und Untersuchungen solcher Stellen berücksichtigen.[592] Als solche für die erforderlichen Untersuchungen im Rahmen der Registerprüfung fachlich geeigneten inländische Stellen kommen vor allem deutsche landwirtschaftliche Hochschulen oder entsprechende Institute bzw. Fakultäten in Betracht. 762

Auch ausländische, für die Durchführung der Registerprüfung oder der sonstigen Untersuchungen fachlich geeignete Stellen werden vom Bundessortenamt in zunehmendem Maße hinzugezogen. Dabei handelt es sich ausschließlich um dem Bundessortenamt entsprechende Einrichtungen in anderen Verbandsstaaten, um zu gewährleisten, daß einheitliche Grundsätze und Methoden angewandt werden. In der Praxis erfolgt die Heranziehung dieser ausländischen Stellen für die Durchführung der Registerprüfung bzw. der sonstigen Untersuchungen vom beim Bundessortenamt zum Sortenschutz angemeldeten Sorten aufgrund von sog. Verwaltungsvereinbarungen, die zwischen dem Bundessortenamt und entsprechenden zuständigen Stellen in anderen Verbandsstaaten abgeschlossen werden. In solchen Vereinbarungen wird geregelt, daß das Bundessortenamt für gewisse Pflanzenarten die Registerprüfung (in den Vereinbarungen „technische Prüfung" genannt) den jeweiligen ausländischen Vereinbarungspartner durchführen läßt, der dann dem Bundessortenamt seine Prüfungsergebnisse zur Verfügung stellt. In diesen Vereinbarungen wird gleichzeitig vorgesehen, daß das Bundessortenamt für den ausländischen Vereinbarungspartner die technische Prüfung für gewisse andere Pflanzenarten übernimmt und diesem seinerseits zur Verfügung stellt. Außerdem wird in diesen Vereinbarungen regelmäßig festgelegt, daß für gewisse Sorten, die in den Ländern beider Vereinbarungspartner zum Sortenschutz angemeldet werden, der Vereinbarungspartner, bei dem die erste Anmeldung zum Sortenschutz erfolgt, die Registerprüfung durchführt und das Prüfungsergebnis dem anderen Vereinbarungspartner zur Verfügung stellt, bei dem die Sorte später angemeldet wird, es sei denn, daß sich die jeweilige Prüfungsbehörde ausnahmsweise anders entschließt. 763

Grundlage dieser Vereinbarung ist die vom Rat des Internationalen Verbandes zum Schutze von Pflanzenzüchtungen am 14. Oktober 1984 beschlossene sog. „Musterverein- 764

---

[591] BT-Drs. 10/816 S. 23 r. S.
[592] Vgl. hierzu BT-Drs. 10/816 S. 23 r. S.

334   5. Abschnitt: Schutzerteilungsverfahren

barung für die sog. internationale Zusammenarbeit bei der Prüfung von Sorten".[593] In all den Fällen, in denen zwischen Verbandsstaaten Verwaltungsvereinbarungen über die Zusammenarbeit mit Stellen in anderen Staaten bei der Prüfung von Sorten bestehen, und zwar insbesondere solche entsprechend der oben genannten Mustervereinbarung, findet für zum Sortenschutz angemeldete Sorten, die zu den von diesen Verwaltungvereinbarungen erfaßten Arten gehören, die Registerprüfung nur durch eine Prüfstelle in einem Verbandsstaat statt.[594]

765   Diese Regelung stellt eine außerordentliche Erleichterung und Vereinfachung des Prüfungsverfahrens dar. Neben einer kostengünstigen Durchführung des Prüfungsverfahrens wird hierdurch in hohem Maße erreicht, daß einheitliche Prüfungsmaßstäbe angewandt und unterschiedliche Ergebnisse der Registerprüfung vermieden werden.

766   Solche Verwaltungsvereinbarungen, die das Bundessortenamt regelmäßig im Bl.f.S. bekannt macht, bestehen gegenwärtig mit folgenden Verbandsstaaten:
   – Belgien 1983, 184; 1987, 336; 1993, 94
   – Dänemark 1987, 112 und 282
   – Frankreich 1985, 231
   – Finnland 1993, 449; 1994, 271 und 467; 1995, 462; 1996, 328 und 394
   – Israel 1993, 93
   – Japan (Memorandum) 1997, 381
   – Niederlande 1986, 279; 1989, 247
   – Österreich 1995, 25; 1998, 436
   – Polen 1994, 364
   – Schweden 1978, 280; 1983, 184; 1987, 336; 1989, 222; 1991, 394
   – Schweiz 1983, 184; 1986, 374; 1987, 282
   – Slowenien 1996, 420
   – Ungarn 1996, 130 und Berichtigung hierzu: 1996, 278; 1997, 381
   – Vereinigtes Königreich 1987, 282; 1991, 289

b) Vorlage des Vermehrungsmaterials für die Anbauprüfung

767   Zur Durchführung der Prüfung auf Unterscheidbarkeit, Homogenität und Beständigkeit der angemeldeten Sorte muß der Anmelder gemäß § 26 Abs. 3 dem Bundessortenamt (oder der von diesem bezeichneten Stelle) innerhalb einer bestimmten Frist das zur Prüfung der angemeldeten Sorte erforderliche Vermehrungsmaterial und sonstige Material, sowie die erforderlichen weiteren Unterlagen vorlegen, Auskunft erteilen und deren Prüfung gestatten. Letzteres schließt auch eine Nachprüfung der Sorte an Ort und Stelle beim Antragsteller ein.[595]

768   Ist das Vermehrungsmaterial anderen in- oder ausländischen Stellen vorzulegen, so fordert das Bundessortenamt schriftlich unter genauer Angabe der Stelle und ihrer Anschrift hierzu auf.

---

593 Vgl. Teil III Nr. 17.
594 Bktm. des Bundessortenamtes 8/86 vom 15. Juni 1986 Tz. 1.1; vgl Bl.f.S. 1986, 224 – Teil III, Nr. 17.
595 BT-Drs. V/1630 S. 59 r. S. unten.

769 Was unter sonstigem Material und den erforderlichen weiteren Unterlagen zu verstehen ist, ergibt sich weder aus dem SortG noch aus dessen Begründung und auch nicht eindeutig aus der BSAVfV. Es dürfte sich hierbei um Vermehrungsmaterial und Unterlagen von Sorten handeln, deren Pflanzen durch Kreuzung bestimmter Erbkomponenten erzeugt werden, d. h. aus Sorten, bei denen die Zuchtlinien zur Erzeugung verwendet werden (z. B. Hybridzüchtungen). In diesen Fällen kann das Bundessortenamt die Registerprüfung gemäß § 2 Abs. 2 BSAVfV von Amts wegen auf die Erbkomponenten erstrecken.

770 Bei Verwechslungen, falscher Kenn- oder Auszeichnung des Vermehrungsmaterials durch den Antragsteller und der dadurch bewirkten Säumnis besteht die Gefahr, daß ein nachträglich festgestellter derartiger Irrtum zum Verlust einer Prüfungsperiode (Vegetationsperiode) oder gar zur Zurückweisung des Sortenschutzantrages führt, es sei denn, daß die Verwechslung oder falsche Kennzeichnung auf Umständen beruht, für die nachweisbar der Antragsteller nicht die Verantwortung trägt.

771 Das Bundessortenamt bestimmt gemäß § 5 S. 1 BSAVfV wann, wo und in welcher Menge sowie Beschaffenheit das Vermehrungsmaterial oder Saatgut für die Registerprüfung vorzulegen ist. Bei den oben bereits erwähnten Sorten, deren Pflanzen durch Kreuzungen bestimmter Erbkomponenten erzeugt werden, kann das Bundessortenamt verlangen, daß auch Vermehrungsmaterial oder Saatgut der Erbkomponenten vorgelegt wird. Nach § 5 S. 2 BSAVfV darf dieses Vermehrungsmaterial bzw. Saatgut keiner chemischen oder physikalischen Behandlung unterzogen worden sein, es sei denn, das Bundessortenamt hat eine solche Behandlung vorgeschrieben oder gestattet. Ist das Vermehrungsmaterial einer solchen Behandlung unterzogen worden, müssen die Art der Behandlung und das dabei angewendete Mittel angegeben werden. Außerdem muß, soweit das Bundessortenamt nichts anders zuläßt, das Vermehrungsmaterial für jede Prüfung aus der vorangegangenen Vegetationsperiode stammen.

772 Die Einzelheiten hierzu sowie über die weiteren Erfordernisse bezüglich der Vorlagemenge und Beschaffenheit des für die Durchführung der Registerprüfung vorzulegenden Vermehrungsmaterials, ergeben sich aus der Bktm. des Bundessortenamtes Nr. 8/98 von 15. Mai 1998[596] mit 1. Änderung vom 15. Aug. 1998, Bktm. Nr. 14/98[597]. Die Bktm. Nr. 8/98 bezieht sich sowohl auf die Registerprüfung nach dem SortG als auch auf die Wertprüfung nach dem SaatG, worauf besonders zu achten ist.

c) Beginn der Anbauprüfung, Anmelde- und Vorlagetermine für das Vermehrungsmaterial

aa) Allgemeine Regelung

773 Nach § 2 BSAVfV und der Bktm. des Bundessortenamtes Nr. 8/98 beginnt die Prüfung einer zum Sortenschutz angemeldeten Sorte auf Unterscheidbarkeit, Homogenität und Beständigkeit in der auf den Antragstag folgenden Vegetationsperiode, wenn der Antrag bis zu dem für die jeweilige Art bekanntgemachten Termin beim Bundessortenamt eingegangen ist. Um keine Verzögerung dieser Prüfung und der sonstigen erforderlichen Untersuchungen ein-

---
596 Bl.f.S. 1998, S. 239–254 Teil III, Nr. 14
597 Bl.f.S. 1998, S. 337 Teil III, Nr. 15.

treten zu lassen und um die Anbaupläne des Bundessortenamtes rechtzeitig aufstellen zu können, müssen die Sortenschutzanträge bis zu einem bestimmten, vor dem Beginn der nächsten Vegetationsperiode liegenden, vom Bundessortenamt festgesetzen Termin bei diesem gestellt werden. Außerdem muß das für die Prüfung erforderliche Vermehrungsmaterial vom Antragsteller, soweit für einzelne Arten nichts anderes bestimmt ist, unaufgefordert bis zu einem ebenfalls vom Bundessortenamt festgelegten und vor dem jeweiligen Beginn der Vegetationsperiode liegenden Termin an die für die entsprechende Pflanzenart zuständige Prüfungsstelle (Vorlagestelle) unentgeltlich, fracht-, porto- und zollfrei eingesandt werden, denn das Bundessortenamt oder die sonstigen Vorlagestellen übernehmen keine Abwicklungen von Zoll- und Einfuhrformalitäten.

774 Die Bktm. des Bundessortenamtes Nr. 8/98 von 15. Mai 1998[598] mit 1. Änderung vom 15. Aug. 1998, Bktm. Nr. 14/98[599] enthält im einzelnen außer den allgemeinen Angaben über den Beginn des Prüfungsanbaus (Ziff. 1), den Hinweis auf die Vorlage des für die Prüfung erforderlichen Vermehrungsmaterials (Ziff. 2) sowie auf die formellen Erfordernisse bei der Vorlage des Vermehrungsmaterials (Ziff. 2.2) und den Umfang der Registerprüfung (Ziff. 2.3) auch noch Hinweise über die Vorlagetermine (Ziff. 2.3.1) und über die deutschen Vorlagestellen mit Anschrift (Ziff. 2.3.2) sowie über die Mengen des vorzulegenden Vermehrungsmaterials (Ziff. 2.3.3) und deren Beschaffenheit (Ziff. 2.3.5). In Ziff. 2.5. wird schließlich noch auf die Säumnisfolgen hingewiesen, die gemäß § 27 SortG für den Fall verspäteter Vorlage oder den Bestimmungen der Ziff. 2 nicht entsprechendem Vermehrungsmaterial zu gewärtigen sind.

775 Ziff. 1.1 der Bktm. 8/98 enthält in Abs. 4 ferner den wichtigen Hinweis, daß bei Arten, für die mit einem anderen UPOV-Verbandsstaat die Übernahme von Prüfungsergebnissen vereinbart ist, die Vorlage von Vermehrungsmaterial für die Registerprüfung entfällt, wenn die betreffende Sorte in diesem UPOV-Verbandsstaat bereits aufgrund eines früheren Antrags auf Erteilung des Sortenschutzes geprüft worden ist oder geprüft wird.

bb) Vorlage des Vermehrungsmaterials und Beginn der Anbauprüfung bei Geltendmachung eines Zeitvorranges gemäß § 23 Abs. 2 SortG (§ 26 Abs. 4 SortG und § 2 Abs. 1 S. 2 und 3 BSAVfV)

776 Bei Sortenschutzanträgen, für die ein Zeitvorrang (Prioritätsrecht) nach § 23 Abs. 2 SortG geltend gemacht wird[600] verschiebt sich gemäß § 26 Abs. 4 SortG die Frist für die Vorlage des für die Prüfung bestimmten Vermehrungsmaterials usw. um vier Jahre. Sie läuft also erst vier Jahre nach dem Ende der Zeitvorrangsfrist (Prioritätsfrist) ab. Wird der Sortenschutzantrag beim Bundessortenamt beispielsweise bei Ablauf von 12 Monaten, also am letzten Tag der einjährigen Prioritätsfrist eingereicht, so kann der Antragsteller mit der Vorlage des Vermehrungsmaterials für die Anbauregisterprüfung bis vier Jahre nach dem deutschen Antragsdatum warten, was praktisch für ihn eine Frist von fünf Jahren seit dem Datum der Einreichung des ausländischen Erstantrages bedeutet. Wird der Sortenschutzantrag zu einem früheren Zeitpunkt, also vor dem Ende des Prioritätsjahres beim Bundessortenamt gestellt,

---

598 Bl.f.S. 1998, S. 239–254.
599 Bl.f.S. 1998, S. 337.
600 Vgl. Rdn 690 ff.

so läuft die Frist für die Vorlage des Vermehrungsmaterials erst vier Jahre nach Ablauf der Prioritätsfrist ab. Wird der Zeitvorrang gemäß § 23 Abs. 2 SortG in Anspruch genommen, beginnt bei Einhaltung der Frist des § 26 Abs. 4 S. 1 SortG die Anbauprüfung in der Vegetationsperiode, die dem Einsendetermin folgt, bis zu dem das Vermehrungsmaterial vorgelegt worden ist.[601]

Will ein Antragsteller von der Möglichkeit des § 26 Abs. 4 SortG in Verbindung mit § 2 Abs. 1 S. 2 BSAVfV (Vorlage des Vermehrungsmaterials erst nach vier Jahren) Gebrauch machen, so soll er das dem Bundessortenamt spätestens bis zu dem für die Vorlage des Vermehrungsmaterials in der Bktm. 8/98 Anlagen A Teil I, B und C für die betreffende Art genannten Termin mitteilen. 777

cc) Bindung an das erstmals vorgelegte Vermehrungsmaterial bei Beanspruchung der 4-Jahresfrist (§ 26 Abs. 4 S. 2 SortG)

Wenn der Antragsteller einen Zeitvorrang nach § 23 Abs. 2 SortG geltend macht, darf er auch bei vorzeitiger Vorlage des Vermehrungsmaterials – d. h. vor Ablauf der vier Jahre – nach § 26 Abs. 4 S. 2. SortG anderes Vermehrungsmaterial und anderes sonstiges Material nicht nachreichen. Er ist also in diesem Falle auch bei vorzeitiger Vorlage des Vermehrungsmaterials, das demjenigen entsprechen muß, auf das der Zeitvorrang gestützt ist, an das erstmals vorgelegte Material gebunden.[602] Diese Regelung soll den Antragsteller veranlassen, in einem solchen Fall das vorzulegende Vermehrungsmaterial auf seine Identität sorgsam zu prüfen, da Abweichungen dieses Materials von dem der Prioritätssorte zwangsläufig eine Zurückweisung des Sortenschutzantrages gemäß § 27 Abs. 1 SortG zur Folge haben würde. 778

dd) Verlängerte Vorlagefrist für Vermehrungsmaterial von Reben und Baumarten (§ 2 Abs. 3 BSAVfV)

Für Reben und Baumarten kann nach § 2 Abs. 3 BSAVfV das Bundessortenamt für bestimmte, in der Anlage zu § 2 Abs. 3 BSAVfV genannten Artengruppen später beginnen, und zwar bei 779

1. Sorten nach Artengruppe 6 der Anlage bis zur Zulassung als Ausgangsmaterial nach den §§ 5 oder 6 des Gesetzes über forstliches Saat- und Pflanzgut;
2. Sorten von Obstarten einschließlich Unterlagssorten sowie von Gehölzen für den Straßen- und Landschaftsbau bis längstens 15 Jahre nach Antragstellung;
3. Ziersorten bis längstens 8 Jahre nach der Antragstellung.

Bei Sorten der vorgenannten Arten handelt es sich um solche, für deren Brauchbarkeit von den Züchtern umfangreiche und langjährige Tests von bis zu 20 Jahren durchgeführt werden. Um sich gegen neuheitsschädliche Handlungen während dieser Testzeiträume abzusichern, muß der Züchter regelmäßig vor Testbeginn seine Sorte zum Sortenschutz anmelden. Um während der Testphase nicht vergeblich Kosten für das Prüfungsverfahren aufwenden zu 780

---

601 § 2 Abs. 1 S. 2. BSAVfV und Bktm. 8/98 Ziff. 1.1 Abs. 3.
602 Vgl. BT-Drs. 10/816, S. 23 r. Sp. und § 2 Abs. 1 S. 3. BSAVfV.

müssen, ist es hilfreich, wenn der Antragsteller durch einen Antrag gemäß § 2 Abs. 3 BSAVfV den Beginn der Registerprüfung bis zum Abschluß seiner Brauchbarkeitstests hinausschieben kann. Dies hat Auswirkungen hinsichtlich der Zahlung von Prüfungsgebühren, die gemäß § 13 Abs. 1 S. 1 BSAVfV für jede angefangene Prüfungsperiode erhoben werden und zwar gemäß § 2 Abs. 4 BSAVfV bis zur Unanfechtbarkeit der Entscheidung über die Erteilung des Sortenschutzes. Der Antragsteller kann durch einen Antrag nach § 2 Abs. 3 BSAVfV die Zahl der Jahre, für die Prüfungsgebühren entrichtet werden müssen, vermindern.

ee) Vorlagefristen für Vermehrungsmaterial bei Zurücknahme oder Zurückweisung des prioritätsbegründenden Erstantrags (§ 26 Abs. 4 S. 3 SortG)

781 Nach § 26 Abs. 4 S. 3 SortG kann das Bundessortenamt, muß aber nicht, Vermehrungsmaterial und sonstiges für die Prüfung erforderliches Pflanzenmaterial beim Antragsteller vorzeitig, d. h. vor Ablauf der 4-Jahresfrist des Abs. 4 S. 1 zur nächsten Vegetationsperiode anfordern, wenn der prioritätsbegründende Erstantrag vor Ablauf der Vierjahresfrist zurückgenommen oder zurückgewiesen wird. Das Bundessortenamt wird dies allerdings nur dann tun, wenn im Rahmen des Erstantrags noch keine ausreichenden Prüfungsergebnisse vorliegen, die vom Bundessortenamt übernommen und zum Gegenstand eines eigenen Prüfungsverfahrens gemacht werden können. Um dem Bundessortenamt hierüber eine Ermessensentscheidung zu eröffnen, wurde diese Bestimmung als Kann-Vorschrift formuliert.[603]

ff) Vom Antragsteller zu beachtende Fristen (Zusammenfassung)

782 Hinsichtlich der vom Antragsteller im Zusammenhang mit der Einreichung der Sortenschutzanträge beim Bundessortenamt zu beachtenden Fristen ist zusammenfassend folgendes zu sagen:

783 Frist 1: Der Antragsteller hat die Fristen des § 6 SortG zu beachten (sog. Neuheitsschonfristen gemäß Art. 6 Abs. 1b des UPOV-Übereinkommens).

784 Frist 2: Der Antragsteller, der seine Sorte in einem anderen Verbandsstaat des UPOV-Übereinkommens erstmals vorschriftsmäßig zum Sortenschutz anmeldet, erlangt gemäß § 23 Abs. 2 SortG die Berechtigung, innerhalb eines Jahres nach der Erstanmeldung in allen anderen Verbandsstaaten, so auch in der BRD, Nachanmeldungen für die gleiche Sorte vorzunehmen, denen der gleiche Zeitrang (Priorität) zusteht wie der Erstanmeldung (vgl. Art. 11 Abs. 1 UPOV-Übereinkommen). Diese Einjahresfrist besteht unabhängig von der unter 1 genannten Fristen, ist dieser also weder zu- noch abzurechnen.

785 Frist 3: Der Antragsteller muß nach § 26 Abs. 3 SortG innerhalb einer bestimmten, vom Bundessortenamt festgelegten Frist diesem oder einer vom Bundessortenamt bezeichneten Stelle das für die Anbauprüfung erforderliche Vermehrungsmaterial und sonstiges Material der angemeldeten Sorte sowie die erforderlichen weiteren Unterlagen vorlegen und die erforderlichen Auskünfte erteilen, um deren Prüfung zu ermöglichen.

---

603 Zur Begründung dieser neu in das SortG 85 eingeführten Regelung s. BT-Drs. 10/816 auf S. 23 r. Sp. u. bis S. 24.

Frist 4: Hat ein Antragsteller für seine Sortenschutzanmeldung beim Bundessortenamt 786
den Zeitrang (Priorität) der Erstanmeldung seiner Sorte in einem anderen Verbandsstaat
nach § 23 Abs. 2 SortG in Anspruch genommen, so steht ihm gemäß § 26 Abs. 4 S. 1 SortG
für die Vorlage des Anbauprüfmaterials für die Registerprüfung nochmals ein Zeitraum von
vier Jahren, und zwar gerechnet nach Ablauf der Prioritätsfrist zur Verfügung, soweit eine
solche Vorlage überhaupt erforderlich ist, sich also nicht wegen bereits beim Bundessortenamt vorliegender oder von diesem übernommener Prüfungsergebnisse erübrigt. Wird
vor Ablauf der 4-Jahresfrist der prioritätsbegründende Antrag zurückgenommen oder die
Erteilung des dort beantragten Züchterrechts abgelehnt, kann durch Anforderung des Bundessortenamtes der Vierjahreszeitraum auf den Beginn der nächsten Verfahrensperiode
verkürzt werden (§ 26 Abs. 4 S. 3 SortG).

Es ist zu beachten, daß dann, wenn die Fristen des § 6 Abs. 1 SortG ausgeschöpft werden, 787
der Zeitrang (Priorität) einer in einem anderen Verbandsstaat vorher durchgeführten Erstanmeldung (Frist 2) nicht mehr wirksam in Anspruch genommen werden kann. Die Wirkung
der einjährigen Prioritätsfrist, in der an sich neuheitsschädliche Tatsachen keine Auswirkungen haben, besteht in diesen Fällen nicht mehr, weil die Prioritätsfrist durch die Frist
des § 6 konsumiert ist.

d) *Grundsätze für die Durchführung der Anbauprüfung (§ 6 Abs. 1 BSAVfV)*

Durch die Anbauprüfung soll festgestellt werden, ob die materiellen Schutzvoraussetzungen 788
Unterscheidbarkeit, Homogenität und Beständigkeit einer zum Sortenschutz angemeldeten
Sorte erfüllt sind. Die Durchführung dieser Prüfung, die – soweit sie sich auf die Unterscheidbarkeit, Homogenität und Beständigkeit bezieht – in allen Verbandsstaaten nach einheitlichen Grundsätzen erfolgen soll, bestimmt das Bundessortenamt gemäß § 6 Abs. 1
BSAVfV. Danach wählt das Bundessortenamt unter Berücksichtigung der botanischen Gegebenheiten für die einzelnen Arten die für die Unterscheidbarkeit der Sorten wichtigen
Merkmale aus und setzt Art und Umfang der Prüfung fest.

Zur Sicherstellung der Einheitlichkeit der Anbauprüfung in den einzelnen Verbands- 789
staaten hat UPOV Richtlinien erlassen. Zur Zeit gilt die sogenannte „revidierte" Fassung der
allgemeinen Einführung zu den Richtlinien für die Durchführung der Prüfung auf Unterscheidbarkeit, Homogenität und Beständigkeit von neuen Pflanzensorten.[604]

Unter Berücksichtigung dieser Richtlinien sind vom Bundessortenamt Grundsätze für die 790
Prüfung der drei vorstehend erwähnten Schutzvoraussetzungen erarbeitet und veröffentlicht
worden.[605] Zu berücksichtigen sind außerdem noch die Bktm. des Bundessortenamtes Nr. 9/85
über die bei der Sortenprüfung angewandte Feststellung der Entwicklungsstufen bei verschiedenen Pflanzenarten[606] und die im wesentlichen – ohne Abschnitt III – noch geltenden
Grundsätze des Bundessortenamtes für die Prüfung von Sorten forstlicher Baumarten,[607] sowie die im Bl.f.S. 1987, 280 ff. veröffentlichte Bktm. des Bundessortenamtes Nr. 11/1978 vom
1. August 1987 über Grundsätze zur Bestimmung des Prüfungsrahmens für die Register-

---

[604] UPOV Dokument TG/1/2 veröffentlicht in UPOV Newsletter Nr. 22 Juni 1980 S. 20–28 = Teil III, Nr. 10.
[605] S. Bl.f.S. 1980, 333 = Teil III, Nr. 11.
[606] S. Bl.f.S. 1985, 249.
[607] Bl.f.S. 1978, 19 f.

5. Abschnitt: Schutzerteilungsverfahren

prüfung und die Wertprüfung (die Grundsätze zu letzterer sind im Rahmen des SortG unbeachtlich), die im Teil III abgedruckt sind.

e) Prüfungsbericht (§ 7 BSAVfV)

791 Nach dem bis zum SortG 85 geltenden Recht war der Antragsteller vom Bundessortenamt gemäß § 10 SortV 74 über das Prüfungsergebnis eines jeden Prüfungsjahres zu unterrichten. Nunmehr übersendet das Bundessortenamt gemäß § 7 der BSAVfV dem Antragsteller jeweils nur noch einen Prüfungsbericht, sobald es das Ergebnis der Registerprüfung zur Beurteilung der Sorte für ausreichend hält.

792 Führt die Anbauprüfung zu einem positiven Ergebnis, so ist mit der Erstellung des Prüfungsberichts und dessen Übersendung an den Antragsteller die Anbauprüfung abgeschlossen, wenn der Antragsteller der dem Prüfungsbericht als Anlage beigefügten Sortenbeschreibung nicht widerspricht. Das Bundessortenamt entscheidet dann in der Regel unter Würdigung des Gesamtergebnisses des Verfahrens über den Sortenschutzantrag des Antragstellers, indem es den Erteilungsbeschluß erläßt. Dies ist im geltenden Recht nicht mehr – wie früher – konkret im SortG geregelt (vgl. § 39 S. 1 SortG 68), sondern in sehr allgemeiner Form im § 69 Abs. 1 VwVfG, aus dem im Falle der Nichterfüllung zumindest einer der Schutzvoraussetzungen des § 1 SortG dann auch herzuleiten ist, daß der Sortenschutzantrag des Antragstellers zurückgewiesen werden muß.

793 Nach § 2 Abs. 4 BSAVfV wird die Registerprüfung allerdings solange durchgeführt, bis die Entscheidung über die Erteilung des Sortenschutzes unanfechtbar geworden ist. Dies würde bedeuten, daß die Registerprüfung fortgesetzt wird und – soweit kein Fall der einmaligen Gebührenerhebung vorliegt – Prüfungsgebühren auch nach Erlaß des Erteilungsbeschlusses für die angefangene weitere Prüfungsperiode erhoben werden (gleich § 13 Abs. 1 S. 1 BSAVfV), wenn gegen diesen von einem Beteiligten gemäß § 18 Abs. 3 SortG Widerspruch erhoben wird, bis über den Widerspruch rechtskräftig entschieden wird. Bei Einlegung der Beschwerde und Rechtsbeschwerde ist eine rechtskräftige Verfahrensbeendigung erst nach mehreren Jahren möglich. Weitere Prüfungsgebühren müßten auch dann entrichtet werden, wenn die Entscheidung über die Erteilung des Sortenschutzes nach positiver Beendigung der Anbauprüfung wegen unrichtiger Sachbehandlung durch das Bundessortenamt, z.B. im Hinblick auf die Eintragung der angegebenen Sortenbezeichnung unverhältnismäßig lange verzögert wird.

794 Zweifel an der Rechtmäßigkeit dieser Regelung sind angebracht. In einem Fall, vergleichbar dem zuletzt genannten, hat das BPatG im Beschluß vom 22. Februar 1972 – AZ 33 W (Pat) 1/71 – unter Ziff. III die Gründe festgestellt:

795 „..., daß es zur Festsetzung und Anforderung der Prüfungsgebühren für das am 1. April 1971 beginnende dritte Prüfungsjahr bei richtiger Behandlung der Sache nicht mehr hätte kommen dürfen."

796 Aber auch in den anderen oben genannten Fällen kann nicht beabsichtigt sein, daß weitere Prüfungsgebühren zum Teil über Jahre erhoben werden, wenn bzw. obwohl keine weitere Anbauprüfung erfolgt. Denn die Prüfungsgebühr wird in solchen Fällen ohne eine tatsächlich erbrachte Leistung der Prüfungsbehörde erhoben.

f) Austausch von Prüfungsergebnissen mit ausländischen Behörden und Stellen (§ 26 Abs. 5 SortG)

Nachdem ursprünglich lediglich die Amtsblätter oder ähnlich periodisch erscheinende Veröffentlichungsblätter der Sortenschutzbehörden der Verbandsstaaten untereinander ausgetauscht worden waren, hatte sich bei der praktischen Anwendung des UPOV-Übereinkommens die Notwendigkeit zur Intensivierung der Zusammenarbeit der Sortenschutzbehörden der Verbandsstaaten besonders auf dem Gebiet der Sortenprüfung immer dringender ergeben. Dieses Bedürfnis führte dann schließlich über den gegenseitigen Austausch von Prüfungsergebnissen zwischen den Sortenschutzbehörden der Verbandsstaaten, der jetzt in § 26 Abs. 5 SortG geregelt ist, dazu, daß der Anbau oder die sonst erforderlichen Untersuchungen der beim Bundessortenamt zum Sortenschutz angemeldeten Sorten bestimmter Arten gemäß § 26 Abs. 2 SortG auch anderen fachlich geeigneten Stellen außerhalb des Geltungsbereiches der SortG überlassen werden können. Auch können deren Prüfungsergebnisse übernommen werden, wobei hierfür nunmehr ausschließlich Stellen aus den Verbandsstaaten in Frage kommen, mit denen entsprechende Verwaltungsvereinbarungen abgeschlossen worden sind oder werden. Der bloße Informationsaustausch kann sich aber auch auf Behörden und Stellen anderer Staaten erstrecken, die nicht dem UPOV-Übereinkommen angehören.[608]

797

Die nach Abs. 5 vorgesehene gegenseitige Auskunftserteilung über Prüfungsergebnisse bezieht sich sowohl auf die Ergebnisse der Anbauprüfung als auch auf die Ergebnisse der Prüfung von Sortenbezeichnungen angemeldeter Sorten, deren Eintragbarkeit vom Bundessortenamt zu prüfen ist.

798

g) Weitere für das Prüfungsverfahren wichtige Vorschriften

Im sortenschutzrechtlichen Antragsverfahren des Bundessortenamtes entscheidet dieses zwar nach der Einführung des förmlichen Verwaltungsverfahrens durch § 21 SortG grundsätzlich gemäß § 67 Abs. 1 S. 1 VwVfG nach mündlicher Verhandlung. Allerdings kann das Bundessortenamt in den Fällen des § 67 Abs. 2 VwVfG über den Sortenschutzantrag ohne mündliche Verhandlung, also im schriftlichen Verfahren entscheiden und tut dies regelmäßig auch, wenn der Antragsteller und die sonst am Verfahren Beteiligten keinen Antrag auf Durchführung einer mündlichen Verhandlung gestellt haben. Die Entscheidung des Bundessortenamtes, die in Form eines Verwaltungsaktes ergeht, der das förmliche Verwaltungsverfahren abschließt, ist gemäß § 69 Abs. 2 S. 1 VwVfG schriftlich zu erlassen und schriftlich zu begründen, sowie den Beteiligten zuzustellen. Außerdem ist für Anträge gemäß § 22 SortG und deren Zurücknahme sowie für Erklärungen nach § 26 Abs. 6 SortG und für den Verzicht gemäß § 31 Abs. 1 SortG durch § 64 VwVfG Schriftform vorgeschrieben. Demzufolge unterliegt das sortenschutzrechtliche Antragsverfahren vor dem Bundessortenamt überwiegend der Schriftlichkeit. Das mündliche Verfahren, das für das sortenschutzrechtliche Prüfungs- und Erteilungsverfahren vor dem Bundessortenamt ungeeignet ist und gegen die Vorschläge und Bedenken der Fachkreise in das SortG 85 eingeführt worden ist, hat bislang keine praktische Bedeutung erlangt.

799

---

608 Vgl. BT-Drs. 7/596 S. 13 zu § 31a SortSchG 68.

342   *5. Abschnitt: Schutzerteilungsverfahren*

800   Dem Antragsteller und den sonstigen Beteiligten ist, bevor das Bundessortenamt eine sie beschwerende Entscheidung erläßt, Gelegenheit zu geben, sich zu äußern, bei der Vernehmung von Zeugen und Sachverständigen und bei der Einnahme des Augenscheins zugegen zu sein, hierbei Fragen zu stellen und vorliegende schriftliche Gutachten einzusehen (§ 66 VwVfG). Für die Äußerung des Antragstellers und der Beteiligten wird vom Bundessortenamt üblicherweise eine angemessene Frist zu gewähren sein, die auf Antrag verlängerbar ist.

h) Angabe und Prüfung der Sortenbezeichnung (§ 26 Abs. 6 SortG)

801   Nach § 26 Abs. 6 SortG fordert das Bundessortenamt den Antragsteller auf, innerhalb einer bestimmten Frist schriftlich eine Sortenbezeichnung anzugeben, wenn er nur eine vorläufige Bezeichnung in seinem Sortenschutzantrag angegeben hat (Nr. 1) bzw. eine andere Sortenbezeichnung anzugeben, wenn die angegebene Sortenbezeichnung nicht eintragbar ist (Nr. 2). Zwar erwähnt diese Vorschrift nicht ausdrücklich die Prüfung der vom Antragsteller angegebenen Sortenbezeichnung. Jedoch ergibt sich aus der Einordnung dieser Bestimmung in den § 26 SortG, der sich mit der Prüfung des Antrags durch das Bundessortenamt befaßt, daß auch die Sortenbezeichnung einer Prüfung durch das Bundessortenamt auf ihre Eintragbarkeit unterzogen wird.

802   Abs. 6 S. 1 erwähnt nicht, wann die Aufforderung des Bundessortenamtes an den Antragsteller zur schriftlichen Angabe einer Sortenbezeichnung bzw. einer anderen Sortenbezeichnung ergeht, sondern nur, daß diese Aufforderung unter Fristsetzung erfolgt, was bei Nichtbeachtung in beiden Fällen zur Folge haben kann, daß der Sortenschutzantrag gemäß § 27 Abs. 1 Nr. 2 SortG zurückgewiesen wird. Es liegt damit im Ermessen der Prüfabteilungen des Bundessortenamtes, zu welchem Zeitpunkt eine Aufforderung gemäß Abs. 6 an den Antragsteller gerichtet wird. Teilweise geschieht dies in der Praxis erst zu einem Zeitpunkt, in dem die Erteilung des Sortenschutzes aufgrund der sachlichen Sortenprüfung nach § 26 SortG, z. B. nach Erlaß eines positiven Prüfungsberichts gemäß § 7 BSAVfV in Aussicht gestellt wird. Um die Erteilung des Sortenschutzes nicht dadurch zu verzögern, daß die Klärung der Frage der Eintragbarkeit der Sortenbezeichnung zusätzliche Zeit in Anspruch nimmt, ist es im Falle des Abs. 2 ratsam, den Antragsteller bereits vorher zur Angabe einer anderen Sortenbezeichnung aufzufordern oder auf die amtsseitigen Bedenken gegen die Eintragbarkeit einer bereits angegebenen Sortenbezeichnung hinzuweisen. Geschieht dies nicht, könnte dies auch dazu führen, daß der Antragsteller Prüfungsgebühren für eine weitere Prüfperiode (oder auch für mehrere) nach Abschluß der Anbauprüfung zahlen müßte.

803   Der Prüfung unterliegt nur die vom Antragsteller angegebene (sog. endgültige) Sortenbezeichnung, also nicht die vorläufige Sortenbezeichnung gemäß § 22 Abs. 2 S. 2 SortG. Zu prüfen ist, ob die angegebene Sortenbezeichnung eintragbar ist, also die Voraussetzungen des § 7 SortG erfüllt. Für die endgültige Sortenbezeichnung darf somit kein Ausschließungsgrund nach § 7 Abs. 2 oder 3 SortG bestehen. Diese Prüfung wird vom Bundessortenamt, wie aus dessen Bktm. Nr. 3/88 vom 15. April 1988 Nr. 3 hervorgeht[609] unter Berücksichtigung der in den UPOV-Empfehlungen für Sortenbezeichnungen[610] niedergelegten Grundsätze durch-

---

609 S. Teil III, Nr. 12.
610 S. Teil III, Nr. 13.

geführt.⁶¹¹ Das Ziel, innerhalb der Verbandsstaaten einheitliche Grundsätze bei der Prüfung von Sortenbezeichnungen anzuwenden, wird durch das in den Anleitungen 10–12 der genannten UPOV-Empfehlungen festgehaltene Konsultierungsverfahren sichergestellt.

Die Prüfung erstreckt sich vorwiegend auf die Übereinstimmung bzw. Verwechselbarkeit 804 der angegebenen Sortenbezeichnung mit schon eingetragenen oder angemeldeten Sortenbezeichnungen der selben oder einer verwandten Art in einem amtlichen Verzeichnis der übrigen Verbandsstaaten. Als verwandte Arten gelten nach Anleitung 9 der UPOV-Empfehlungen alle zur gleichen botanischen Gattung wie die angemeldete Sorte gehörenden Arten, sowie diejenigen Arten, die nach der Klassenliste (Anlage I zu dieser Anleitung) zur gleichen Klasse gehören. Klasse im vorher genannten Sinne ist die botanische Klasseneinteilung und nicht die dem Markenrecht zugrunde liegende Warenklasseneinteilung.

Die Prüfung einer angegebenen Sortenbezeichnung bezieht sich auf die Übereinstimmung 805 bzw. Verwechselbarkeit mit Sortenbezeichnungen der gleichen Klasse. Danach darf eine Gerstensorte z. B. die gleiche Sortenbezeichnung haben wie eine Kartoffelsorte, jedoch nicht wie eine Weizensorte, da letztere wie die Gerstensorte zur gleichen Klasse, nämlich der Klasse 1 gehört. Eine Rosensorte darf die gleiche Sortenbezeichnung haben wie eine Kartoffelsorte, aber auch wie eine Nelkensorte, da die beiden zuletzt genannten Sorten weder zur gleichen Klasse noch zur gleichen botanischen Gattung gehören wie die Rosensorte.

Der für die Eingrenzung des Bereichs verwechslungsfähiger Sortenbezeichnungen vom 806 Bundessortenamt praktizierte phonetische Computervergleich⁶¹² kann eine erste Feststellung zu den in Vergleich zu ziehenden bereits vorhandenen Sortenbezeichnungen treffen. Dann erst kann die subjektive Beurteilung unter Berücksichtigung eines etwa vorhandenen Sinngehalts erfolgen. Für die Computerprüfung hat das Bundessortenamt Grundsätze veröffentlicht,⁶¹³ die zwar auf das SortG 68 und das SaatVG 68 sowie die alten UPOV-Leitsätze für Sortenbezeichnungen vom 12. Oktober 1973 Bezug nehmen, aber auch unter Berücksichtigung der entsprechenden geltenden Bestimmungen im SortG und den UPOV-Empfehlungen noch jetzt Geltung haben.⁶¹⁴

Der Computer druckt aufgrund dieser Prüfung eine Liste derjenigen Sortenbezeichnungen 807 zur Vorauslese aus, derentwegen eine neue jetzt geprüfte Bezeichnung eventuell abgelehnt werden muß. Die Entscheidung fällt die zuständige Prüfabteilung des Bundessortenamtes, wobei auch die übrigen gesetzlichen Ausschließungsgründe geprüft werden.

Die nach § 26 Abs. 6 SortG vom Antragsteller auf den dafür nach § 1 Abs. 1 BSAVfV 808 vorgeschriebenen Vordruck anzugebende Sortenbezeichnung wird ebenso wie der Sortenschutzantrag entsprechend § 24 SortG vom Bundessortenamt bekannt gemacht. Gleiches gilt, wenn der Sortenschutzantrag und damit die angegebene Sortenbezeichnung nach der Bekanntmachung zurückgenommen wird, gemäß § 27 Abs. 2 SortG wegen Säumnis als zurückgenommen gilt oder die Erteilung des Sortenschutzes vom Bundessortenamt abgelehnt wird.⁶¹⁵

Gegen die Eintragung der vom Antragsteller angegebenen Sortenbezeichnung kann jeder 809 Dritte beim Bundessortenamt entsprechend § 25 SortG schriftlich Einwendungen erheben. Die Einwendungen können nur auf die Behauptung gestützt werden, daß die angegebene

---

611 Vgl. Rdn 224 ff.
612 Vgl. *Kuhnhardt*, GRUR 1975, 463, 466.
613 S. Bl.f.S. 1974, 190.
614 Teil III Nr. 12.
615 Zur Bekanntmachung des Sortenschutzantrages allgemein Rdn 715 ff.

Sortenbezeichnung nicht eintragbar sei (§ 25 Abs. 2 Nr. 3 SortG). Wegen Einzelheiten zum Einwendungsverfahren wird auf die Ausführungen in Rdn 725 ff. verwiesen, zur Eintragbarkeit einer Sortenbezeichnung auf die Rdn 204 ff.

8. Säumnis

810   Im Rahmen des Anmelde- und Widerspruchsverfahrens sind vom Antragsteller bestimmte fristgebundene Handlungen vorzunehmen. Werden diese nicht (rechtzeitig) vorgenommen, knüpfen sich hieran bestimmte Folgen, die in § 27 SortG zusammenfassend geregelt sind. Bis zum SortG 1985 waren bestimmte Säumnistatbestände mit ihren Rechtsfolgen über das Gesetz verstreut. Sie wurden im SortG in einer Vorschrift in § 27 zusammengefaßt.

a) Säumnistatbestände

811   § 27 SortG regelt zwei Gruppen von Säumnistatbeständen, die auch unterschiedliche Säumniswirkungen nach sich ziehen.

aa) Säumnis in bezug auf Prüfungserfordernisse (§ 27 Abs. 1 SortG)

812   Bei der ersten Gruppe geht es einmal um Säumnisse im Zusammenhang mit Handlungen, die der Antragsteller im Rahmen der Registerprüfung nach § 26 SortG vorzunehmen hat. Bei der Prüfung, ob die Sorte die Voraussetzungen für die Erteilung des Sortenschutzes erfüllt, baut das Bundessortenamt nach § 26 Abs. 1 SortG die Sorte an oder führt die sonst erforderlichen Untersuchungen durch. Um dazu in der Lage zu sein, fordert das Amt gemäß § 26 Abs. 3 SortG den Antragsteller auf, ihm oder der von ihr bezeichneten Stelle innerhalb einer bestimmten Frist das erforderliche Vermehrungsmaterial und sonstiges Material sowie die bei der Prüfung erforderlichen weiteren Unterlagen vorzulegen. Nimmt der Anmelder den Zeitrang einer älteren Anmeldung im Sinne des § 23 SortG in Anspruch, ist für die Vorlage des Vermehrungsmaterials § 26 Abs. 4 SortG zu beachten. Kommt der Antragsteller der Aufforderung gemäß § 26 Abs. 3 nicht fristgerecht nach, ist der erste Säumnisfall (Nr. 1) im Rahmen dieser Gruppe gegeben.

813   Der zweite Säumnisfall (Nr. 2) dieser Gruppe liegt vor, wenn der Antragsteller einer Aufforderung des Bundessortenamtes nach § 26 Abs. 1 SortG innerhalb der von ihm gesetzten Frist nicht Folge leistet, eine Sortenbezeichnung anzugeben, sofern er zunächst eine vorläufige Bezeichnung gewählt hatte oder eine andere Sortenbezeichnung anzugeben hat, weil die angegebene nicht eintragbar ist. Den dritten Säumnisfall (Nr. 3) sieht das Gesetz darin, daß der Antragsteller mit Frist angemahnte, nach § 33 SortG, §§ 12, 13 BSAVfV zu zahlende Prüfungsgebühren nicht entrichtet.

*bb) Säumnis bei der Entrichtung von Antrags- oder Widerspruchsgebühren
(§ 27 Abs. 2 SortG)*

Die zweite Gruppe der Säumnisfälle befaßt sich mit den allgemeinen Antrags- und Widerspruchsgebühren. Für die Entscheidung über Sortenschutzanträge und Widersprüche erhebt das Bundessortenamt nach §§ 33 SortG, 12 BSAVfV (Geb.-Verz. Nr. 100 ff., 124). Das Amt gibt Gebührenentscheidungen dem Antragsteller oder Widerspruchsführer bekannt. Die Gebühr wird mit Zugang fällig und ist innerhalb eines Monats zu entrichten. Geschieht dies nicht, tritt Säumnis ein. 814

b) Säumniswirkungen

Die Säumniswirkungen sind bei den beiden Gruppen unterschiedlich.

Das Bundessortenamt kann den Sortenschutzantrag bei der 1. Gruppe der Säumnisfälle zurückweisen. Das bedeutet, daß das Amt durchaus in eine Prüfung des Antrags eintritt, jedoch wegen nicht ausreichender Prüfungsbedingungen zu einem negativen Ergebnis gelangt. Es handelt sich um eine verfahrensabschließende Entscheidung, die alle Erfordernisse eines förmlichen Verwaltungsverfahrens in Bezug auf Anhörung, Verhandlung, Entscheidung, usw. (§§ 66, 67, 69 VwVfG) einzuhalten hat. Da das Amt tätig geworden ist, fallen die Antrags- und auch die Prüfungsgebühr an. Die Zurückweisung des Bundessortenamtes ist jedoch eine Ermessensentscheidung, so daß sie in all denjenigen Fällen vermeidbar sein wird, in denen den Antragsteller kein Verschulden an der Säumnis trifft. Dies hat er nachzuweisen. 815

Eine Nichtvornahmefiktion greift ein, d. h. der Sortenschutzantrag gilt als nicht gestellt oder der Widerspruch als nicht erhoben, wenn die Antragsgebühr oder die Widerspruchsgebühr nicht rechtzeitig entrichtet werden (2. Gruppe). Die Entscheidung liegt hier nicht nur im Ermessen des Amtes, sondern tritt automatisch ein, so daß mit Fristablauf der Sortenschutzantrag oder der Widerspruch ohne weiteres wirkungslos ist. Es entfallen auch deren weitere Wirkungen, wie z. B. Zeitrang des Sortenschutzantrags nach § 23 SortG und die aufschiebende Wirkung des Widerspruchs nach § 80 VwGO. 816

Voraussetzung für den Eintritt der genannten Säumniswirkung ist jedoch, daß das Bundessortenamt den Schuldner bei der Fristsetzung oder Gebührenmitteilung auf die Folgen der Säumnis hingewiesen hat. Dieser muß klar erkennen können, welche Konsequenzen ein fruchtloser Fristablauf für ihn haben wird. 817

9. Entscheidungen

Nach Abschluß der Registerprüfung ist über den Antrag auf Erteilung des Sortenschutzes und etwaiger erhobener Einwendungen eine das Verfahren vor den Prüfabteilungen abschließende Entscheidung zu treffen. Die hierfür heranzuziehenden Entscheidungsgrundlagen, die zu beachtende Form der Entscheidung, die Begründungspflicht und die Bekanntgabe der Entscheidung sind im einzelnen in § 69 Abs. 1 und 2 VwVfG geregelt, die Beendigung des Verfahrens in anderer Weise als durch Erlaß einer Entscheidung in der Sache in § 69 Abs. 3 VwVfG. Einzelheiten hierzu finden sich in den Rdn 647 ff. 818

10. Rechtsmittel gegen Entscheidungen des Bundessortenamtes

819 Sowohl das nationale als auch das gemeinschaftliche Sortenschutzrecht sehen ein zweistufiges Rechtsmittelverfahren gegen die Entscheidungen des jeweiligen Sortenamtes vor. Nachdem Entscheidungen der Prüfabteilungen durch rechtzeitigen Widerspruch durch die Widerspruchsausschüsse des Bundessortenamtes überprüft worden sind, ist gegen die Entscheidungen der Widerspruchsausschüsse, soweit sie Verfahrensbeteiligte beschweren, die Beschwerde an das Bundespatentgericht und die weitere Beschwerde an den Bundesgerichtshof möglich. Zur Frage der zivil- oder verwaltungsgerichtlichen Zuständigkeit in Sortenschutzangelegenheiten vgl. Wuesthoff/Leßmann/Wendt, Kommentar, 2. A. Rdn 1 zu § 34.

a) Widerspruch gegen Entscheidungen der Prüfabteilungen des Bundessortenamtes

820 Im nationalen Verfahren entscheidet die Prüfabteilung u. a. über Sortenschutzanträge (§ 18 Abs. 2 Nr. 1 SortG). Gegen diese Entscheidungen kann Widerspruch erhoben werden (§ 18 Abs. 3 SortG i. V. m. § 21 SortG 63 ff.; §§ 79 VwVfG; 68 ff. VwGO). Die Widerspruchsmöglichkeit ergibt sich zwar nicht unmittelbar aus einer besonderen Vorschrift des Sortenschutzgesetzes (nach § 40 SortSchG 68 war dies der Einspruch), sie folgt aber daraus, daß das Gesetz in organisatorischer Hinsicht Widerspruchsausschüsse mit entsprechenden Zuständigkeiten eingerichtet hat und es sich der Sache nach bei den Entscheidungen der Prüfabteilungen um Verwaltungsakte in einem Verwaltungsverfahren handelt, die über § 79 VwVfG im Widerspruchsverfahren nach den § 68 ff. VwGO angefochten werden können. Trotz Ausschluß des § 70 VwVfG im Rahmen der Verweisung des § 21 SortG auf die §§ 63 ff. VwVfG handelt es sich beim sortenschutzrechtlichen Verfahren um ein förmliches Verwaltungsverfahren. Es sollte trotz Einführung des förmlichen Verwaltungsverfahrens i. S. des VwVfG im SortG 85 im Interesse der Züchter das bewährte zweizügige Verfahren im Bundessortenamt beibehalten und so die erforderliche verwaltungsinterne (formelle und materielle) Rechtmäßigkeitskontrolle der sortenschutzrechtlichen Entscheidungen gewährleistet werden. Die Pflichten der Behörden im förmlichen Verfahren nach §§ 66, 67, 68 Abs. 2, 69 VwVfG und diejenigen zur Erforschung des Sachverhalts (§ 65 VwVfG) bieten eine erhöhte Gewähr für die Rechtmäßigkeit und Zweckmäßigkeit der Entscheidung.[616] § 70 VwVfG schließt deshalb die Nachprüfbarkeit einer Verwaltungsentscheidung in einem Vorverfahren vor Klageerhebung aus. Da das Bundessortenamt bei der Erteilung des Sortenschutzes aber keinen Ermessensspielraum hat,[617] wird die Zweckmäßigkeit seiner Entscheidung auch im Widerspruchsverfahren nicht nachgeprüft. Eines ausdrücklichen Ausschlusses durch Verweis auf § 70 VwVfG bedurfte es somit nicht.

821 Die Widerspruchsfrist beträgt nach § 70 VwGO einen Monat. Sie beginnt mit der Bekanntgabe des Verwaltungsaktes (§ 41 VwVfG) an den Beschwerten. Die Frist beginnt jedoch nur dann zu laufen, wenn der Verwaltungsakt mit einer Rechtsmittelbelehrung nach § 58 VwGO versehen ist (§ 70 Abs. 2 VwGO). Bei unterbliebener Belehrung gilt die Regelung des § 58 Abs. 2 VwGO sowie bei Fristversäumung Wiedereinsetzung in den vorigen Stand nach §§ 70 Abs. 2, 60 Abs. 1 – 4 VwGO, die insoweit § 32 VwVfG vorgehen. Der Wi-

---

616 *Stelkens/Bonk/Sachs* § 70 Rdn 1.
617 Vgl. Rdn 624.

derspruch ist schriftlich oder zur Niederschrift beim Bundessortenamt einzulegen (§ 70 Abs. 1 VwGO). Er hat aufschiebende Wirkung nach § 80 VwGO.

Die Zahlung der Widerspruchsgebühr[618] innerhalb der Monatsfrist ist für eine Fristwahrung nicht erforderlich. Die Widerspruchsgebühr wird durch Gebührenbescheid erhoben. Wird die Gebühr nicht innerhalb eines Monats nach Zugang des Bescheids entrichtet, gilt der Widerspruch als nicht erhoben, sofern ein Gebührenbescheid auf diese Säumnisfolge hingewiesen wurde (§ 27 Abs. 2. SortG). 822

Die Widerspruchsausschüsse können den Widerspruch für zulässig oder unzulässig, für begründet oder unbegründet halten. Halten sie den Widerspruch sowohl für zulässig als auch für begründet, so helfen sie ihm ab (§ 72 VwGO), indem sie im Sinne des Widerspruchführers entscheiden. Halten die Widerspruchsausschüsse den Widerspruch nur teilweise für begründet, so haben sie ihm insoweit abzuhelfen. Halten sie ihn für unzulässig oder unbegründet, so helfen sie ihm nicht ab. Es hat ein Widerspruchsbescheid zu ergehen, der gemäß § 73 Abs. 3 VwGO zu begründen, mit einer Rechtsmittelbelehrung zu versehen und zuzustellen ist. 823

b) Beschwerde

§ 34 SortG eröffnet gegen die Beschlüsse der Widerspruchsausschüsse die Beschwerde an das Bundespatentgericht. 824

aa) Zulässigkeit der Beschwerde

Die Zulässigkeit der Beschwerde ist Voraussetzung für die Prüfung der Begründetheit. Ist die Beschwerde unzulässig, kann der angefochtene Beschluß auch dann nicht aufgehoben werden, wenn er sachlich unrichtig ist, weil die Zulässigkeitsvoraussetzungen eines Verfahrens vor dem Bundespatentgericht fehlten. 825

Beschwerdefähig sind nur Entscheidungen der Widerspruchsausschüsse, und zwar nur solche, die abschließend die Rechte der Beteiligten regeln sollen.[619] Auf die rechtliche Verbindlichkeit der Regelung kommt es nicht an, so daß auch rechtlich unzulässige und wirkungslose Anmeldungen anfechtbar sind.[620] Unerheblich ist auch, ob die Entscheidung äußerlich in Form eines Beschlusses, einer Verfügung oder eines Bescheides ergangen ist.[621] Die beschwerdefähige Entscheidung steht damit im Gegensatz zum Beispiel zu verfahrensleitenden Verfügungen, bloßen Hinweisen und Mitteilungen sowie sogenannten Zwischenbescheiden, die nur eine vorläufige Meinungsäußerung enthalten, nicht jedoch eine das Verfahren zumindest teilweise abschließende Regelung. 826

Beschwerdefähig sind damit alle Regelungen, durch die über einen gesetzlich vorgesehenen Antrag (z. B. einen Sortenschutzantrag) ganz oder teilweise abschließend entschieden wird. Auch ohne Antrag sind solche Entscheidungen beschwerdefähig, die für einen Be- 827

---

[618] Nr. 124–124.3 GebVerz.
[619] Vgl. BPatGE 2, 56; 10, 35, 39.
[620] BPatGE 13, 163, 164.
[621] Vgl. BGH GRUR 1972, 535.

teiligten eine endgültig in seine Rechte eingreifende Lage schaffen oder in einer ihn belastenden Weise das weitere Verfahren verbindlich bestimmen (z. B. die Änderung der festgesetzten Sortenbezeichnung oder die Rücknahme und der Widerruf der Erteilung des Sortenschutzes). Bloß verfahrensleitende Verfügungen und darum nicht beschwerdefähig sind dagegen die Ablehnung eines Fristgesuchs oder eines Beschleunigungsantrages[622] sowie Beweisbeschlüsse. Keinen Entscheidungscharakter haben ferner bloße Mitteilungen oder gesetzlich vorgeschriebene Hinweise wie zum Beispiel nach § 27 Abs. 2 SortG. Auch sogenannte Zwischenbescheide, die in einer für das weitere Verfahren nicht verbindlichen Weise eine bestimmte Rechtslage feststellen oder die künftige Entscheidung vorbereiten, haben keinen Entscheidungscharakter im Sinne des § 18 Abs. 3 SortG. Hierzu gehören zum Beispiel auch Äußerungen über die Rechtmäßigkeit einer ergangenen Benachrichtigung[623] oder über den Umfang einer Generalvollmacht,[624] die Feststellung des Anmelde- oder Prioritätstages[625] oder die Vorabentscheidung, durch die eine Einwendung als unzulässig verworfen oder für zulässig erklärt wird.[626] All diese Amtsäußerungen können erst mit der abschließenden Entscheidung angefochten werden. Eine weitere Zulässigkeitsvoraussetzung sind die Beschwer und die Beschwerdeberechtigung des Beschwerdeführers.

828   Eine Beschwer liegt immer vor, wenn dem Beschwerdeführer durch die angefochtene Entscheidung anderes oder weniger zuerkannt wird, als er beantragt hat. Die Beschwer ist also daran zu bestimmen, ob der Tenor der Entscheidung mit den Anträgen des Verfahrensbeteiligten übereinstimmt. Läßt der Tenor nicht in vollem Umfange den Vergleich zwischen den Entscheidungen und Begehren zu, sind auch die Entscheidungsgründe (Prüfungsbericht) heranzuziehen. So ist eine Beschwer gegeben, wenn der Sortenschutz im Tenor zwar erteilt wird, aus den Gründen sich aber eine nicht beantragte Beschränkung des Schutzumfanges ergibt. Eine Beschwer liegt auch vor, wenn nur einem Hilfsantrag, nicht aber dem weitergehenden Hauptantrag entsprochen worden ist. Bei nicht antragsgebundenen Entscheidungen und Maßnahmen von Amts wegen fehlt es an der Beschwer, wenn der Beschwerdeführer durch sie nicht belastet ist.[627]

829   Es genügt, wenn die Beschwer schlüssig behauptet wird. Ob sie tatsächlich gegeben ist, ist eine Frage der Begründetheit der Beschwerde.[628] Die Beschwer muß für die Frage der Zulässigkeit nur im Zeitpunkt der Beschwerdeeinlegung vorliegen.[629] Fehlt sie bei Beschwerdeeinlegung, ist die Beschwerde unzulässig. Entfällt die Beschwer nach Erhebung der Beschwerde, ist die Beschwerde als unbegründet zurückzuweisen.

830   Beschwerdeberechtigt sind die Verfahrensbeteiligten vor dem Bundessortenamt. Dies ergibt sich neben § 13 VwVfG auch aus der nach § 36 SortG gebotenen entsprechenden Anwendung des § 74 PatG. In Betracht kommen zum Beispiel der Anmelder bei Ablehnung seines Antrags oder ein Einwendender bei Erteilung des Sortenschutzes.

---

622 BPatGE 10, 35, 40.
623 BPatGE 3, 8.
624 BPatGE 3, 13.
625 PA in Bl.f.PMZ 1910, 232; 1955, 216.
626 BPatGE 17, 228.
627 BGH GRUR 1972, 535, 536.
628 BPatGE 11, 227.
629 Vgl. BPatGE 9, 263, 265.

bb) Einlegung der Beschwerde

Über Form und Frist der Einlegung der Beschwerde enthält § 34 SortG keine Regelung. Die Formerfordernisse ergeben sich aufgrund der Verweisung in § 36 SortG aus den Vorschriften des PatG über das Beschwerdeverfahren vor dem Patentgericht (§§ 73 ff. PatG). 831

– Die Beschwerde ist wegen der Abhilfemöglichkeit entsprechend § 73 Abs. 2 S. 1 PatG beim Bundessortenamt einzulegen. Die Einreichung beim Patentgericht wahrt die Beschwerdefrist nicht. 832

– Die Einlegung der Beschwerde muß schriftlich erfolgen (vgl. § 73 Abs. 2 S. 1 PatG), wobei jedoch auch telegraphische Einlegung[630] oder per Telefax[631] möglich ist. Verstümmelung der Texte bei elektronischer Übermittlung aufgrund von Störungen oder Fehlbedienungen auf der Empfängerseite hindern die Fristwahrung nicht, wenn sich der Inhalt nachträglich zuverlässig feststellen läßt.[632] Die Beschwerdeerklärung ist gemäß § 126 BGB handschriftlich zu unterzeichnen.[633] Eine reproduzierte Unterschrift genügt nicht. Ebenso ist eine Paraphe keine Unterschrift.[634] Die telegraphische oder fernschriftliche Einlegung befreit nicht vom Erfordernis der Unterschrift. Sie entbindet nur vom Erfordernis der eigenhändigen Unterzeichnung.[635] Mangels Unterschrift bei E-mail-Übersendung erfüllt diese nicht das Formerfordernis des § 126 BGB. 833

– Der Beschwerdeschrift sollen Abschriften für die übrigen Beteiligten beigefügt werden (§ 73 Abs. 2 Satz 3 PatG). Hier handelt es sich aber um eine Ordnungsvorschrift, deren Nichtbeachtung auf die Zulässigkeit der Beschwerde keinen Einfluß hat. 834

cc) Inhalt der Beschwerdefrist

In der Beschwerde muß inhaltlich zum Ausdruck kommen, daß die dort genannte Entscheidung angefochten werden soll. Allein die Einzahlung einer Gebühr in Höhe einer Beschwerdegebühr reicht dazu nicht aus,[636] auch nicht mit dem Zusatz „Beschwerdegebühr".[637] Auch die Übersendung von Gebührenmarken unter Angabe des Aktenzeichens und des Verwendungszwecks reicht nicht aus.[638] Eine Beschwerdeerklärung auf dem Überweisungsabschnitt für die Beschwerdegebühr ist nur dann wirksam, wenn der Abschnitt handschriftlich unterzeichnet ist und innerhalb der Beschwerdefrist dem Bundessortenamt zugeht.[639] Nicht erforderlich sind Anträge und Begründung. Soweit kein Antrag gestellt ist, muß von einer Anfechtung des Beschlusses in vollem Umfang ausgegangen werden.[640] Jedoch sollte 835

---

630 BGH GRUR 1961, 280.
631 BGH NJW 1994, 1881 – Telefax-Berufungsbegründung.
632 BVerfG NJW 1996, 2857.
633 BPatGE 13, 198.
634 BGH GRUR 1968, 108, 109.
635 BGH GRUR 1966, 280.
636 BPatGE 6, 58.
637 BGH GRUR 1966, 50, 52 ff. – Hinterachse; vgl. auch GRUR 89, 506, 508 – Widerspruchsunterzeichnung.
638 BGH GRUR 66, 280, 281 f. – Stromrichter.
639 Vgl. BGH GRUR 66, 50 – Hinterachse.
640 *Benkard/Schäfers*, § 73 PatG, Rdn 28.

die Beschwerdeschrift erkennen lassen, in welcher Richtung die Entscheidung angefochten wird und welches Ziel mit der Beschwerde verfolgt wird. Ausdrückliche Anträge binden den Beschwerdeführer.

836   Das eingelegte Rechtsmittel muß auch die Person des Beschwerdeführers eindeutig erkennen lassen. Die Beschwerde ist deshalb unzulässig, wenn auch bei verständiger Würdigung der Beschwerdeschrift und der übrigen vorliegenden Unterlagen Zweifel an der Person des Beschwerdeführers verbleiben.[641] Soweit diese nicht innerhalb der Beschwerdefrist beseitigt werden können, ist die Beschwerde als unzulässig zurückzuweisen.

837   Eine Beschwerdebegründung ist im Gesetz nicht vorgeschrieben und daher für die Zulässigkeit der Beschwerde nicht erforderlich. Sie ist aber dennoch dem Beschwerdeführer zu empfehlen, da das Gericht nur so in der Lage ist, alle zu seinen Gunsten sprechenden Umstände zu berücksichtigen. Ansonsten wird das Gericht allein nach dem Akteninhalt entscheiden.

dd) Beschwerdefrist

838   Gemäß § 73 Abs. 2 S. 1 PatG ist die Beschwerde innerhalb eines Monats nach Zustellung des angefochtenen Beschlusses einzulegen. Diese Frist wird nur durch ordnungsgemäße Zustellung in Lauf gesetzt. Für das Verfahren der nach § 69 Abs. 2 Satz 1 VwVfG erforderlichen Zustellung der Entscheidung des Bundessortenamtes ist das Verwaltungszustellungsgesetz maßgeblich. Die Beschwerdefrist beginnt ferner erst zu laufen, wenn die anzufechtende Entscheidung eine ordnungsgemäße Rechtsbehelfsbelehrung nach §§ 58, 59 VwGO enthält.[642]

839   Für die Berechnung der Beschwerdefrist gelten die §§ 187, 188 und 193 BGB. Die Frist endet gemäß §§ 187, 188 BGB mit Ablauf des Tages, der durch seine Zahl dem Tag der Zustellung entspricht. Fehlt bei dem nachfolgenden Monat der für den Fristablauf maßgebende Tag, so endet die Frist mit dem Ablauf des letzten Tages dieses Monats (§ 188 Abs. 3 BGB). Fällt der letzte Tag der Frist auf einen Sonnabend, einen Sonntag oder einen am Sitz des Bundessortenamtes allgemein staatlich anerkannten Feiertag, so endet die Frist erst mit Ablauf des nächstfolgenden Werktages (§ 193 BGB).

840   § 73 Abs. 2 S. 1 PatG regelt nur den Zeitpunkt der spätest möglichen Einlegung der Beschwerde. Sie kann auch schon vor Beginn des Laufs der Beschwerdefrist eingelegt werden, wenn der Beschluß schon ergangen, aber zum Beispiel noch nicht wirksam zugestellt worden ist.[643] Innerhalb der Beschwerdefrist kann eine Beschwerde erneut eingelegt werden, zum Beispiel wenn die vorher eingelegte Beschwerde als unzulässig verworfen worden war[644] oder zurückgenommen wurde. Gegen die Versäumung der Beschwerdefrist ist Wiedereinsetzung in den vorigen Stand möglich (§ 36 SortG i. V. m. § 123 PatG).

---

641 BPatGE 33, 260, 262.
642 Vgl. Rdn 653.
643 BPatGE 20, 27, 28.
644 BGH GRUR 1972, 196.

ee) Beschwerdegebühr

Nach § 34 Abs. 2 SortG ist innerhalb der Beschwerdefrist die Beschwerdegebühr an das Bundessortenamt zu zahlen. Die Höhe der Gebühr richtet sich nach dem Gesetz über die Gebühren des Patentamtes und des Patentgerichts und beträgt derzeit für Beschwerden gegen Beschlüsse der Widerspruchsausschüsse DM 300,00.[645] 841

Für die Frage, ob die Beschwerdegebühr rechtzeitig bezahlt ist, kommt es darauf an, ob das Geld mit Ablauf der Beschwerdefrist nachweisbar in die Verfügungsgewalt der angegebenen Kasse gelangt ist. Der Zeitpunkt, zu dem die Gebühr im unbaren Zahlungsverkehr als entrichtet gilt, ist in der Verordnung über die Zahlung der Gebühren des Deutschen Patentamtes und des Bundespatentgerichts[646] geregelt. Gegen die Versäumung der Zahlungsfrist kann Wiedereinsetzung gewährt werden (§§ 36 SortG, 123 PatG).[647] Wird die Beschwerdegebühr nicht oder nicht vollständig sowie nicht innerhalb der Beschwerdefrist entrichtet, so gilt die Beschwerde kraft Gesetzes als nicht erhoben (§ 34 Abs. 2, 2. HS SortG), unabhängig davon, ob die Beschwerdeerklärung selbst rechtzeitig oder verspätet eingegangen ist. Aufgrund dieser gesetzlichen Fiktion ist bei der Versäumung der Zahlungsfrist eine Entscheidung, die die Beschwerde als unzulässig verwirft, nicht erforderlich.[648] Die Beschwerde gilt kraft Gesetzes als nicht erhoben; eine formlose Mitteilung hierüber an den Beschwerdeführer ist ausreichend. 842

Eine nach Fristablauf gezahlte Gebühr ist, da sie für eine als nicht erhoben geltende Beschwerde und damit ohne Rechtsgrund gezahlt ist, zurückzuzahlen.[649] Von dieser aufgrund der gesetzlichen Fiktion des § 34 Abs. 2 SortG anzuordnenden Rückzahlung, die keines Beschlusses bedarf, sondern durch die Geschäftsstelle zu verfügen ist, ist die Rückzahlung der Beschwerdegebühr zu unterscheiden, die aufgrund einer Billigkeitsentscheidung nach § 80 Abs. 3 PatG erfolgt. 843

ff) Anschlußbeschwerde

Auch der Rechtsbehelf der Anschlußbeschwerde ist im Beschwerdeverfahren vor dem Patentgericht gegeben.[650] Ihre Statthaftigkeit im Sortenschutzverfahren ergibt sich aus § 36 SortG i. V. m. § 99 PatG, der auf die Bestimmungen der Zivilprozeßordnung verweist. Die Zulässigkeit der Anschlußbeschwerde richtet sich daher nach den §§ 521 ff. ZPO.[651] 844

Die Anschlußbeschwerde setzt voraus, daß beide Beteiligte mit ihrem Begehren teilweise unterlegen sind, so daß sie sachlich auch beschwerdeberechtigt sind. Die Anschlußbeschwerde kann – als unselbständige Anschlußbeschwerde – auch nach Ablauf der Beschwerdefrist bis zu der Entscheidung über die Hauptbeschwerde erhoben werden, und zwar durch Einreichung eines Schriftsatzes mit dem Beschwerdeantrag. Für die unselbständige 845

---

645 Vgl. GebVerz. Nr. 24 41 00.
646 Bl.f.PMZ 91, 362.
647 Vgl. BPatGE 31, 266, 267.
648 Vgl. *Benkard/Schäfers* § 73 PatG, Rdn 46.
649 BPatGE, Bl.f.PMZ 1985, 115, 116.
650 BPatGE 2, 116.
651 So auch im Patentrecht, vgl. *Benkard/Schäfers*, § 73 PatG, Rdn 20.

Anschlußbeschwerde braucht die Beschwerdegebühr nicht bezahlt zu werden.[652] Die unselbständige Anschlußbeschwerde verliert aber mit dem Wegfall der Hauptbeschwerde ihre Wirkung. Dagegen ist die fristgerecht eingelegte, wenn auch als Anschlußbeschwerde bezeichnete Beschwerde vom Schicksal der gegnerischen Beschwerde unabhängig (selbständige Anschlußbeschwerde).

gg) Aufschiebende Wirkung

846 Die wirksam eingelegte Beschwerde hat grundsätzlich aufschiebende Wirkung. Das ergibt sich über die Verweisung des § 36 SortG auf § 75 Abs. 1 PatG sowie indirekt aus § 34 Abs. 3 SortG, der bestimmte Fälle von der aufschiebenden Wirkung ausnimmt. Die Beschwerde hat damit nicht nur die Wirkung, daß sie den Eintritt der formellen Rechtskraft hindert (Suspensiveffekt), sondern auch die weitergehende Wirkung, daß die Entscheidung durch die Beschwerde in ihrer Wirksamkeit gehemmt wird, so daß insbesondere Vollziehungsmaßnahmen nicht getroffen werden dürfen. Damit wird verhindert, daß während des Beschwerdeverfahrens vollendete Tatsachen geschaffen werden, die eine Überprüfung der angefochtenen Entscheidung gegenstandslos machen würden. Die aufschiebende Wirkung tritt mit der rechtswirksamen Erhebung der Beschwerde ein. Eine Beschwerde, die gemäß § 34 Abs. 2 SortG wegen Versäumung der Zahlungsfrist als nicht erhoben gilt, kann als rechtlich nicht existente Beschwerde auch keine aufschiebende Wirkung haben.[653] Wird wegen Versäumung der Zahlungsfrist Wiedereinsetzung gewährt, so tritt die aufschiebende Wirkung mit der Bewilligung der Wiedereinsetzung ein. Dagegen ist für den Eintritt der aufschiebenden Wirkung grundsätzlich nicht zu fordern, daß die Beschwerde auch zulässig ist; allenfalls könnte bei einer offensichtlich unzulässigen Beschwerde die aufschiebende Wirkung verneint werden.[654]

847 Nach § 34 Abs. 3 SortG tritt die aufschiebende Wirkung in zwei Fällen, in denen der Gesetzgeber überwiegend sachliche Gründe für die sofortige Vollziehung der mit der Beschwerde angefochtenen Entscheidung vorsieht, nicht ein:
– Keine aufschiebende Wirkung hat die Beschwerde gegen die Festsetzung einer Sortenbezeichnung durch das Bundessortenamt gemäß § 30 Abs. 2 SortG, weil sichergestellt werden soll, daß kein Vermehrungsmaterial einer Sorte ohne entsprechende Kennzeichnung und Identifikationsmittel vertrieben wird (vgl. §§ 14, 7 SortG).
– Die Beschwerde hat zum anderen keine aufschiebende Wirkung gegen einen Beschluß, dessen sofortige Vollziehung angeordnet worden ist. Die sofortige Vollziehung kann gemäß § 80 Abs. 2 Nr. 4 VwGO für jeden Verwaltungsakt von der erlassenden oder der Widerspruchsbehörde angeordnet werden, wenn sie im öffentlichen Interesse oder im überwiegenden Interesse eines Beteiligten liegt. In Sortenschutzsachen ist hier neben der Erteilung eines Zwangsnutzungsrechtes[655] die sofortige Vollziehung des Erteilungsbeschlusses dann denkbar, wenn ein Verletzter gegen den Erteilungsbeschluß

---

652 BPatGE 3, 48.
653 BPatGE 6, 186.
654 BPatGE 3, 120.
655 Vgl. Rdn 498 ff.

Widerspruch erhoben hat, um so den Erlaß einer einstweiligen Verfügung auf Unterlassung zu verhindern.[656]

c) *Beschwerdeverfahren vor dem Bundespatentgericht*

Soweit § 34 SortG keine Regelung enthält, gelten für das Beschwerdeverfahren vor dem Patentgericht gemäß § 36 SortG die Vorschriften des Patentgesetzes über das Verfahren vor dem Patentgericht (§§ 73 ff. PatG) entsprechend. 848

aa) *Abhilfe der Beschwerde*

Um das Patentgericht nicht unnötig mit der Bearbeitung begründeter Beschwerden zu belasten, ist gemäß § 73 Abs. 4 PatG eine beim Bundessortenamt eingehende Beschwerde nicht sofort dem Bundespatentgericht zur Entscheidung vorzulegen, sondern es ist ein besonderes Abhilfeverfahren vorgeschaltet. 849

Die Stelle des Bundessortenamtes, deren Entscheidung angefochten wird, hat die Beschwerde zunächst dahin zu überprüfen, ob sie diese für begründet hält. Ist die Beschwerde formell zulässig und nach Auffassung des Widerspruchsausschusses sachlich begründet, so hat der Widerspruchsausschuß gemäß § 73 Abs. 4 Satz 1 PatG der Beschwerde selbst abzuhelfen und kann anordnen, daß die Beschwerdegebühr zurückgezahlt wird (§ 73 Abs. 4 Satz 2 PatG). Die Abhilfe steht also nicht im Ermessen des Bundessortenamtes, sondern ist zwingend vorgesehen. Wird der Beschwerde nicht abgeholfen, so ist sie gemäß § 73 Abs. 4 Satz 3 PatG vor Ablauf von drei Monaten ohne sachliche Stellungnahme mit den Verfahrensakten des Bundessortenamtes dem Patentgericht vorzulegen. 850

Die Abhilfemöglichkeit durch den Widerspruchsausschuß des Bundessortenamtes wird aber durch § 73 Abs. 5 PatG eingeschränkt. Danach ist das Abhilfeverfahren ausgeschlossen, wenn dem Beschwerdeführer ein anderer, am Verfahren Beteiligter gegenübersteht. Das Abhilferecht besteht also nur im einseitigen, nicht aber im zweiseitigen Verfahren. Damit wird im zweiseitigen Verfahren gewährleistet, daß dem Beschwerdegegner das rechtsstaatlich gebotene rechtliche Gehör gewährt und der Beschwerde nicht entsprochen wird, ohne daß er zu dieser hätte Stellung nehmen können. 851

bb) *Zustellung*

Das Patentgericht hat, sobald ihm die Beschwerde nebst den Akten vorgelegt worden ist, diese nach § 73 Abs. 2 Satz 3 PatG von Amts wegen den übrigen Beteiligten zuzustellen. Gemäß § 73 Abs. 2 Satz 3 PatG sind förmlich zuzustellen weiterhin alle Schriftsätze, die Sachanträge oder die Erklärung der Rücknahme der Beschwerde oder eines Antrags enthalten (1. HS), während andere Schriftsätze nur formlos mitzuteilen sind, sofern nicht die Zustellung angeordnet wird (2. HS). Die Zustellungen haben jeweils unverzüglich nach 852

---

656 Vgl. LG Düsseldorf, Az.: 40333/97 (unveröffentlicht).

Eingang zu erfolgen, damit dem Grundsatz des rechtlichen Gehörs effektiv Geltung verschafft wird.[657]

cc) Verfahrensbeteiligte

853 Am Beschwerdeverfahren vor dem BPatG sind nur diejenigen beteiligt, die am Verfahren vor dem Widerspruchsausschuß beteiligt waren, wenn gegen dessen Entscheidung Beschwerde eingelegt worden ist. Dies sind neben dem Beschwerdeführer die zugehörigen Gegenparteien, nicht dagegen auch die Stellen, die die angefochtene Entscheidung erlassen haben. Der Präsident des Bundessortenamtes kann jedoch gemäß § 34 Abs. 4 SortG dem Beschwerdeverfahren beitreten.

dd) Prüfungsumfang

854 Das Patentgericht (Beschwerdesenat) hat die eingelegte Beschwerde zunächst auf ihre Zulässigkeit zu prüfen, d. h. darauf, ob sie an sich statthaft und in der gesetzlichen Form und Frist eingelegt ist. Fehlt es an einem Zulässigkeitserfordernis, ist die Beschwerde ohne Sachprüfung als unzulässig zu verwerfen (§ 79 Abs. 2 Satz 1 PatG). Die Entscheidung ergeht stets durch Beschluß (§ 79 Abs. 1 PatG) und kann gemäß § 79 Abs. 2 S. 2 PatG ohne mündliche Verhandlung nach schriftlicher Anhörung der Parteien (§ 93 Abs. 2 PatG) erfolgen. Die zulässige Beschwerde ist vom Beschwerdesenat sodann auf ihre sachliche Begründetheit zu überprüfen.

855 Da Gegenstand der Prüfung die eingelegte Beschwerde ist, bestimmt der Beschwerdeführer auch durch seine Anträge den Umfang der Prüfung im Beschwerdeverfahren. Dies ergibt sich aus § 99 PatG, der auf die Vorschriften des GVG und der ZPO verweist. Danach hat das Gericht nur im Rahmen der Anträge der Beteiligten zu erkennen und darf im Rechtsmittelverfahren eine Entscheidung nur insoweit abändern, als eine Abänderung beantragt ist (§§ 308, 536, 559 ZPO). Es darf damit nicht zum Nachteil des Beschwerdeführers erkennen (ne ultra petita), aber auch nicht mehr zusprechen, als beantragt wurde.

856 Während wie im Zivilprozeß im Beschwerdeverfahren vor dem Patentgericht der Verfügungsgrundsatz (Dispositionsmaxime) gilt,[658] d. h. der Beschwerdeführer und die übrigen Beteiligten das Verfahren in Gang setzen und durch ihre Anträge den Umfang des Verfahrens und der Prüfung bestimmen sowie dieses durch Rücknahme der Beschwerde beenden können, herrscht für die Erforschung des Sachverhalts im Gegensatz zum Zivilprozeß nicht der Verhandlungsgrundsatz, sondern wie im Verwaltungsprozeß (§ 86 VwGO) gemäß § 87 Abs. 1 PatG der Untersuchungsgrundsatz. Danach bleibt es nicht den Beteiligten überlassen, welchen Sachverhalt sie dem Gericht zur Entscheidung unterbreiten wollen. Vielmehr hat das Patentgericht den Sachverhalt von Amts wegen zu erforschen. Es ist deshalb an das Vorbringen und die Beweisanträge der Beteiligten nicht gebunden. Dabei hat sich das Gericht der Benutzung aller zur Verfügung stehenden Möglichkeiten selbst und unter Inanspruchnahme der Amtshilfe der Verwaltungsbehörde, insbesondere des Bundessortenamtes, von allen für die Entscheidung wesentlichen Umständen Kenntnis zu verschaffen. Diese Pflicht des Ge-

---

657 Vgl. *Klauer/Möhring*, § 36l) PatG, Anm. 24.
658 BGH GRUR 1972, 595, 594; BPatGE 11, 227, 230.

richts zur Erforschung des Sachverhalts enthebt die Beteiligten aber nicht der Sorge, den Sachverhalt vorzutragen und an der Aufklärung mitzuwirken. Das ergibt sich schon aus § 124 PatG, wonach die Beteiligten ihre Erklärungen über tatsächliche Umstände vollständig und wahrheitsgemäß abzugeben haben. Das Gericht hat seine Ermittlungen auch auf solche Umstände zu erstrecken, zu denen die Beteiligten nichts vorgetragen haben oder nichts vortragen können. Es kann sogar Beweise erheben, die die Beteiligten nicht angetreten haben. Andererseits darf es die Erhebung beantragter Beweise nur ausnahmsweise ablehnen und dabei nicht zu einer unzulässigen Vorwegnahme der Beweiswürdigung kommen.

Für eine formelle Beweislast im Sinne einer Beweisführungslast besteht in patentgerichtlichen Verfahren kein Raum, soweit das Gericht den Sachverhalt von Amts wegen zu erforschen und von Amts wegen die erforderlichen Beweise zu erheben hat. Dagegen besteht auch in diesem Verfahren eine materielle Beweislast im Sinne einer Feststellungslast, die in den Fällen Bedeutung erlangt, in denen die Ermittlungen zu keinem Ergebnis geführt haben. Die Beweislast in diesem Sinne trifft dann grundsätzlich jeden Beteiligten für das Vorliegen der Voraussetzungen der für ihn günstigen Normen. 857

ee) Mündliche Verhandlung

Eine mündliche Verhandlung findet im Beschwerdeverfahren vor dem Bundespatentgericht nach § 78 PatG zwingend nur in drei Fällen statt: 858
– Gemäß Nr. 1, wenn einer der Beteiligten sie beantragt hat. Ob das Gericht selbst sie für erforderlich hält, ist in diesem Fall ohne Bedeutung. Das Gesetz gewährt damit einen prozessualen Anspruch auf mündliche Anhörung. Nur im Fall des § 79 Abs. 2 PatG, also bei einer unzulässigen Beschwerde, braucht dem Antrag nicht entsprochen zu werden. Der Antrag auf mündliche Verhandlung kann auch hilfsweise gestellt werden.[659]
– Gemäß Nr. 2 findet auch ohne Antrag eine mündliche Verhandlung statt, wenn vor dem Patentgericht Beweis erhoben wird (vgl. § 88 Abs. 1 PatG). Gleichgültig ist, ob es sich um eine Vernehmung von Zeugen, Sachverständigen oder Beteiligten handelt oder ob Beweis durch Urkunden oder Augenscheinseinnahme (z. B. eines Pflanzenanbaus) erhoben wird. Wie sich aus der Fassung des § 88 Abs. 1 PatG ergibt, ist das Gericht nicht auf die Beweismittel der ZPO beschränkt. So kann es z. B. auch Auskünfte einholen. Gemäß § 88 Abs. 2 PatG kann das Gericht ferner in geeigneten Fällen schon vor der mündlichen Verhandlung durch eines seiner Mitglieder als beauftragten Richter Beweis erheben lassen oder unter Bezeichnung der einzelnen Beweisfragen ein anderes Gericht um die Beweisaufnahme ersuchen. In diesem Fall ist eine mündliche Verhandlung nicht erforderlich. Sie ist zwingend vorgesehen nur bei einer Aufnahme vor dem mit der Sache befaßten Senat. Zum Zwecke der Verhandlung über das Ergebnis einer Beweisaufnahme findet eine mündliche Verhandlung nicht statt. Nach § 88 Abs. 3 PatG werden die Beteiligten von allen Beweisterminen benachrichtigt und können der Beweisaufnahme beiwohnen. Sie können an Zeugen oder Sachverständige sachdienliche Fragen stellen. Wird eine Frage beanstandet, so entscheidet das Patentgericht.
– Gemäß Nr. 3 ist eine mündliche Verhandlung schließlich immer dann obligatorisch, wenn das Gericht sie für sachdienlich erachtet. Sachdienlichkeit ist anzunehmen, wenn eine

---

659 BPatGE 7, 107.

mündliche Verhandlung zur weiteren Klärung der Sach- und/oder Rechtslage angezeigt ist, insbesondere wenn die Sach- und/oder Rechtslage zweifelhaft ist und einer tatsächlichen oder rechtlichen Erörterung bedarf (vgl. § 91 Abs. 1 PatG). Dies ist z. B. dann der Fall, wenn im Verfahren zunächst eine andere Sach- und/oder Rechtsauffassung vertreten wurde und im weiteren Verfahren diese Auffassung durch den Spruchkörper möglicherweise geändert wird.

Für die mündliche Verhandlung gelten folgende Bestimmungen:

859 Sobald Termin zur mündlichen Verhandlung bestimmt ist, sind die Beteiligten mit einer Ladungsfrist von mindestens 2 Wochen, die in dringenden Fällen vom Vorsitzenden abgekürzt werden kann, zu laden (§ 89 Abs. 1 PatG). Bei der Ladung ist darauf hinzuweisen, daß bei Ausbleiben eines Beteiligten auch ohne ihn verhandelt und entschieden werden kann (§ 89 Abs. 2 PatG).

860 Die mündliche Verhandlung wird vom Vorsitzenden eröffnet und geleitet. Nach Aufruf der Sache trägt er oder der Berichterstatter den wesentlichen Inhalt der Akte vor. Danach erhalten die Beteiligten das Wort, um ihre Anträge zu stellen und zu begründen (§ 90 Abs. 1 bis 3 PatG). Der Vorsitzende hat die Sache mit den Beteiligten tatsächlich und rechtlich zu erörtern und jedem Mitglied des Senats auf Verlangen zu gestatten, Fragen zu stellen. Wird eine Frage beanstandet, so entscheidet der Senat.

861 Nach Erörterung der Sache erklärt der Vorsitzende die mündliche Verhandlung für geschlossen. Der Senat kann aber die Wiedereröffnung beschließen (§ 91 Abs. 1 bis 3 PatG). Die wesentlichen Vorgänge in der Verhandlung, vor allem die endgültige Fassung der Anträge, sind in eine Niederschrift aufzunehmen (§ 92 Abs. 2 Satz 1 PatG). Zu Einzelheiten des Protokolls vgl. § 92 Abs. 2 Satz 2 PatG, §§ 160 ff. ZPO. Die Verhandlung vor dem Beschwerdesenat ist öffentlich, wobei über die Ausschließung der Öffentlichkeit die Regelungen der §§ 172 bis 175 GVG mit einigen Abweichungen entsprechend anzuwenden sind (§ 69 Abs. 1 PatG). Die sitzungspolizeilichen Aufgaben nimmt der Vorsitzende wahr (§ 69 Abs. 3 PatG in Verbindung mit §§ 177 ff. GVG).

ff) Weitere Verfahrensvorschriften

862 Folgende weitere Verfahrensvorschriften für das Beschwerdeverfahren sind zu beachten:
– Gemäß § 97 Abs. 1 PatG kann sich vor dem Patentgericht ein Beteiligter in jeder Lage des Verfahrens durch einen Bevollmächtigten vertreten lassen. Durch Beschluß kann angeordnet werden, daß ein Bevollmächtigter bestellt werden muß. Wie bei § 78 ZPO ist dies dann der Fall, wenn ein Beteiligter nicht in der Lage ist, seine Sache selbst ordnungsgemäß zu vertreten. Nach § 97 Abs. 2 PatG ist die Vollmacht in schriftlicher Form zu den Gerichtsakten zu reichen. Sie kann auch nachgereicht werden, wofür eine Frist bestimmt werden kann.
– Eine Regelung der Akteneinsicht enthält § 99 PatG. Gemäß § 99 Abs. 1 PatG in Verbindung mit § 299 Abs. 1 ZPO haben die Verfahrensbeteiligten einen prozessualen Anspruch auf Einsicht in die Verfahrensakten. Für die Gewährung der Akteneinsicht an dritte Personen gilt § 31 PatG entsprechend (§ 99 Abs. 3 PatG). Danach ist Akteneinsicht nur bei Vorliegen eines berechtigten Interesses zu gewähren. Über den Antrag auf Akteneinsicht entscheidet das Patentgericht (§ 99 Abs. 3 Satz 2 PatG).

– Für die Ausschließung und Ablehnung der Gerichtspersonen gelten im Beschwerdeverfahren vor dem Patentgericht die §§ 41 bis 44 sowie 47 bis 49 ZPO mit einigen Abweichungen, die § 86 PatG enthält, entsprechend.

gg) Entscheidung

Über die Beschwerde entscheidet nach § 34 Abs. 5 SortG ein Beschwerdesenat (vgl. § 66 Abs. 1 Nr. 1 PatG) des Bundespatentgerichts. Durch die Geschäftsverteilung wird ein Beschwerdesenat für Sortenschutzsachen bestimmt. Für die Besetzung dieses Senats trifft § 34 Abs. 5 SortG eine von der allgemeinen Besetzungsvorschrift des § 67 Abs. 1 PatG abweichende Regelung. In der Besetzung mit drei rechtskundigen Mitgliedern (vgl. zu diesem Begriff § 65 Abs. 2 PatG) entscheidet der Senat bei Beschwerden gegen Entscheidungen der Widerspruchsausschüsse in den Fällen des § 18 Abs. 2 Nr. 3 (Änderung der Sortenbezeichnung nach § 30 Abs. 2 SortG). Die rein juristische Besetzung des Senats bei diesen Beschwerden rechtfertigt sich daraus, daß Rechtsfragen im Vordergrund stehen 863

In allen übrigen Fällen entscheidet der Senat in der Besetzung mit einem rechtskundigen Mitglied als Vorsitzendem, einem weiteren rechtskundigen Mitglied und zwei technischen Mitgliedern (zu diesem Begriff vgl. §§ 65 Abs. 2, 26 Abs. 2 PatG). Es sind dies die wichtigen Fälle, in denen sachliche, d.h. pflanzentechnische Gesichtspunkte des Sortenschutzes eine Rolle spielen, so bei Beschwerden gegen Entscheidungen hinsichtlich der Erteilung oder Versagung des Sortenschutzes (§ 18 Abs. 2 Nr. 1 und 2), hinsichtlich der Erteilung eines Zwangsnutzungsrechts (§ 18 Abs. 2 Nr. 5) oder bei Beschwerden gegen Entscheidungen über die Rücknahme und den Widerruf der Erteilung des Sortenschutzes (§ 18 Abs. 2 Nr. 6). 864

Für die durch Beschluß (§ 79 Abs. 1 PatG) ergehenden Entscheidungen bestehen folgende Möglichkeiten: 865
– Ist die Beschwerde nicht statthaft oder nicht in der gesetzlichen Form oder Frist eingelegt, so ist sie gemäß § 79 Abs. 2 Satz 1 PatG als unzulässig zu verwerfen.
– Ist die Beschwerde zulässig, aber sachlich nicht begründet, so ist sie als unbegründet zurückzuweisen. Dabei ist es gleichgültig, ob sich die Beschwerde aus den Gründen der angefochtenen Entscheidung oder anderen Gründen im Ergebnis als sachlich unbegründet erweist.
– Ist die Beschwerde begründet, hat das Patentgericht grundsätzlich in der Sache selbst zu entscheiden, d.h. eine abschließende Sachentscheidung zu treffen. Die abschließende Entscheidung kann zwar auch in der bloßen Aufhebung einer beschwerenden Entscheidung des Bundessortenamtes bestehen, etwa in der Aufhebung einer vom Bundessortenamt von Amts wegen getroffenen Anordnung über eine Eintragung in die Sortenschutzrolle.[660] In der Regel besteht die abschließende Entscheidung jedoch in der Aufhebung und in der gleichzeitigen Ersetzung (Änderung) des angefochtenen Beschlusses durch die eigene Entscheidung. Das Patentgericht ist also nicht wie die Verwaltungsgerichte (§ 113 VwGO) darauf beschränkt, den angefochtenen Beschluß aufzuheben und die Verpflichtung der Verwaltungsbehörde auszusprechen, einen bestimmten Verwaltungsakt zu erlassen. Vielmehr kann es, da die Verfahren vor dem Bundessortenamt und dem Patentgericht nach der gesetzlichen

---
660 Vgl. BGH, GRUR 1969, 433, 435.

Regelung eine Einheit bilden, innerhalb der dem Patentgericht zugewiesenen Funktion als Rechtsmittelinstanz den beantragten Verwaltungsakt anstelle des Bundessortenamtes selbst erlassen.[661]

- Bei einer begründeten Beschwerde kann das Patentgericht, anstatt die aufgehobene Entscheidung durch eine eigene zu ersetzen, sich ausnahmsweise darauf beschränken, der zuständigen Stelle des Bundessortenamtes die erforderlichen Anordnungen zu übertragen. Diese Möglichkeit folgt aus § 99 PatG i. V. m. § 575 ZPO.[662] Dieses Verfahren ist angezeigt, wenn das Patentgericht eine in Frage stehende Maßnahme ausnahmsweise nicht selbst vornehmen kann oder die Herbeiführung von noch nicht erforderlichen Maßnahmen den Abschluß des Beschwerdeverfahrens zu sehr verzögern würde. Das Bundessortenamt ist in diesen Fällen an die der Aufhebung zugrundeliegende Rechtsauffassung des Patentgerichts gebunden und verpflichtet, die ihm übertragenen Anordnungen zu treffen.

- Schließlich gibt § 79 Abs. 3 Satz 1 PatG dem Patentgericht eine weitere Entscheidungsmöglichkeit. Es kann die angefochtene Entscheidung aufheben, ohne in der Sache selbst zu entscheiden, wenn das Bundessortenamt noch nicht in der Sache selbst entschieden hat, das Verfahren vor dem Bundessortenamt an einem wesentlichen Mangel leidet oder neue Tatsachen und Beweismittel bekannt werden, die für die Entscheidung wesentlich sind. Die Zurückverweisung an das Bundessortenamt steht in dem Ermessen des Gerichts. Bei der Ermessensausübung ist abzuwägen, daß einerseits der Beschwerdeführer durch die eigene Entscheidung des Gerichts eine Instanz verlieren würde, daß der Abschluß des Verfahrens durch die Zurückverweisung aber andererseits erheblich verzögert werden kann. Die Zurückverweisung wird daher vor allem dann in Betracht kommen, wenn das Gericht aufgrund des ihm vorliegenden Materials zu einer Sachentscheidung nicht in der Lage ist[663] und wenn eine weitere Aufklärung durch das Gericht einen größeren Zeitaufwand erfordern würde. Wenn das Gericht dagegen aufgrund des ihm vorliegenden Materials zu einer abschließenden Sachentscheidung in der Lage ist, ist eine Rückverweisung nicht angebracht.[664]

866 Im Falle einer Beschwerde gegen die Festsetzung einer Sortenbezeichnung muß, wenn das Erteilungsverfahren noch nicht beendet ist, stets eine Zurückverweisung erfolgen, damit das sachliche Erteilungsverfahren fortgesetzt werden kann. Gemäß § 79 Abs. 3 Satz 2 PatG hat das Bundessortenamt die rechtliche Beurteilung der Aufhebung, die der zurückverwiesenen Sache zugrundeliegt, auch seiner Entscheidung zugrundezulegen.

867 Das Patentgericht hat in der Sache nach seiner freien, aus dem Gesamtergebnis des Verfahrens gewonnenen Überzeugung zu entscheiden und in der Entscheidung die Gründe anzugeben, die für die richterliche Überzeugung leitend gewesen sind (§ 93 Abs. 1 PatG). Maßgebend für die Entscheidung ist die Sachlage im Zeitpunkt des Erlasses der Entscheidung.[665] Alles bis dahin Vorgebrachte oder sonst Bekanntgewodene ist zu berücksichtigen. Eine Zurückweisung tatsächlichen Vorbringens als verspätet ist grundsätzlich unzulässig, da sie dem Untersuchungsgrundsatz (§ 87 PatG) widersprechen würde.

---

661 Vgl. *Benkard/Schäfers*, § 79 PatG Rdn 21.
662 BGH, GRUR 1969, 433, 435 f.
663 BPatGE 5, 224, 225.
664 BGH Bl.f.PMZ 1992, 496–498 – Entsorgungsverfahren.
665 BPatGE 11, 179–181.

I. Das Verfahren vor dem Bundessortenamt

Die Entscheidung darf nach dem Gebot des rechtlichen Gehörs nur auf Tatsachen und Beweisergebnisse gestützt werden, zu denen die Beteiligten sich äußern konnten (§ 93 Abs. 2 PatG). Ein Verstoß gegen § 93 Abs. 2 PatG eröffnet aber nur dann die Zulassung der Rechtsbeschwerde, wenn ein Sachverhalt vorliegt, der einem „Nicht-Vertreten-Sein" i. S. des § 100 Abs. 3 Nr. 3 PatG vergleichbar ist.[666] Auch bei einem Verstoß gegen § 93 Abs. 2 PatG ist nicht grundsätzlich die zulassungsfreie Rechtsbeschwerde eröffnet. 868

Die Endentscheidungen des Patentgerichts werden, wenn eine mündliche Verhandlung stattgefunden hat, in dem Termin, in dem die mündliche Verhandlung geschlossen wird oder in einem sofort anzuberaumenden Verkündungstermin bekanntgegeben. Sie sind den Beteiligten von Amts wegen zuzustellen. Statt der Verkündung ist auch die Zustellung zulässig. Entscheidet das Bundespatentgericht ohne mündliche Verhandlung, wird die Verkündung durch die Zustellung an die Beteiligten ersetzt (§ 94 Abs. 1 PatG). 869

Hat eine mündliche Verhandlung stattgefunden, die nicht mit der Verkündung oder Zustellung einer Entscheidung abgeschlossen worden ist, kann mit Einverständnis der Beteiligten in das schriftliche Verfahren übergegangen werden. Dies hat zur Folge, daß nicht mehr nur der Sach- und Rechtsstand am Schluß der mündlichen Verhandlung der Entscheidung zugrundezulegen ist, sondern auch nachträgliches Vorbringen.[667] Die Entscheidungen des Patentgerichts, durch die ein Antrag zurückgewiesen oder über ein Rechtsmittel entschieden wird, sind zu begründen (§ 94 Abs. 2 Satz 2 PatG). 870

Schreib- und Rechenfehler sowie ähnliche offenbare Unrichtigkeiten in der Entscheidung können jederzeit vom Patentgericht berichtigt werden (§ 95 Abs. 1 PatG). Die Berichtigung anderer Unrichtigkeiten oder Unklarheiten im Tatbestand der Entscheidung kann innerhalb von 2 Wochen nach Zustellung der Entscheidung beantragt werden (§ 96 Abs. 1 PatG; vgl. hierzu auch die Rechtsprechung zu § 320 ZPO). 871

Die Entscheidung des Bundespatentgerichts enthält auch eine Entscheidung über die Kosten, sofern an dem Verfahren mehrere Personen beteiligt sind. Das Patentgericht kann gemäß § 80 Abs. 1 PatG bestimmen, daß die Kosten des Verfahrens einem Beteiligten ganz oder teilweise auferlegt werden, wenn dies der Billigkeit entspricht. Es kann insbesondere auch bestimmen, daß die den Beteiligten erwachsenen Kosten, soweit sie nach billigem Ermessen zur zweckentsprechenden Wahrung der Ansprüche und Rechte notwendig waren, von einem Beteiligten teilweise oder ganz zu erstatten sind. Diese Bestimmung gilt auch, wenn die Beschwerde, die Anmeldung oder die Einwendung ganz oder teilweise zurückgenommen werden oder auf den Sortenschutz verzichtet wird (vgl. § 8 Abs. 4 PatG). Im einseitigen Verfahren muß der Beschwerdeführer selbst seine Kosten tragen. Außer der möglichen Zurückzahlung der Beschwerdegebühr (§ 80 Abs. 3 PatG) ist ein weitergehender Ersatz der aufgewendeten Kosten nicht möglich.[668] 872

Die gesetzliche Regelung geht davon aus, daß jeder Beteiligte die Kosten, die ihm durch das Beschwerdeverfahren entstanden sind, grundsätzlich selbst zu tragen hat.[669] Das Patentgericht hat jedoch eine Kostenentscheidung zu treffen, wenn dies der Billigkeit entspricht. Das kann von Amts wegen oder auf Antrag hin geschehen. Eines besonderen Ausspruches, daß eine Kostenentscheidung getroffen wird, bedarf es nicht. Aus dem Fehlen eines besonderen Ausspruchs ergibt sich vielmehr, daß das Gericht von seiner gesetzlichen Befugnis 873

---

[666] Mes, PatG § 93 Rdn 15.
[667] BGH, GRUR 1973, 294, 295 – Richterwechsel II.
[668] BPatGE 13, 203–204.
[669] BGH GRUR 1972, 600.

keinen Gebrauch gemacht hat und daher jeder Beteiligte selbst seine Kosten zu tragen hat. Ob überhaupt eine Kostenentscheidung zu treffen ist und wie sie gegebenenfalls zu lauten hat, entscheidet sich in beiden Richtungen nach den Gesichtspunkten der Billigkeit. Aus der Kann-Vorschrift des § 80 Abs. 1 PatG kann also nicht gefolgert werden, daß das Gericht freies Ermessen darin hätte, überhaupt eine Kostenentscheidung zu erlassen. Vielmehr hat es eine Kostenentscheidung zu treffen, wenn dies der Billigkeit entspricht. Bei der Prüfung sind nach dem Wesen jeder Billigkeitsentscheidung alle Umstände des Einzelfalls zu berücksichtigen.

874 Folgende Grundsätze lassen sich aufstellen:
– Bei echten Streitverfahren ist vor allem der sachliche Ausgang des Verfahrens zu berücksichtigen. Der Billigkeit entspricht es dann in der Regel, daß der Unterliegende die Kosten trägt.[670] Unabhängig vom Ausgang des Verfahrens hat aber derjenige, der durch sein unsachgemäßes Verhalten vermeidbare Kosten verursacht hat, auch diese zu tragen.[671]
– In anderen Verfahren sind vor allem solche Gesichtspunkte in Betracht zu ziehen, die sich aus dem Verhalten und den Verhältnissen der Beteiligten ergeben.[672] Nach dem sogenannten Veranlassungsprinzip wird eine Kostenentscheidung vor allem dann zu treffen sein, wenn die Kosten eines Beteiligten ganz oder teilweise durch das Verhalten eines Beteiligten verursacht worden sind, das der zu fordernden Sorgfalt bei der Wahrnehmung von Rechten nicht entspricht.[673] Dem Beschwerdeführer können die Kosten auferlegt werden, wenn die Beschwerde offensichtlich keine Aussicht auf Erfolg hatte und der Beschwerdeführer dies hätte erkennen müssen. Die Kosten einer mündlichen Verhandlung können einem Beteiligten auferlegt werden, wenn er auf der Durchführung einer mündlichen Verhandlung beharrte, obwohl er keine neuen Tatsachen oder Argumente vorbringen konnte, die der Erörterung bedurften.[674]

875 Ergeht eine Kostenentscheidung, so bezieht sie sich nur auf die Kosten des Beschwerdeverfahrens,[675] die die Verfahrenskosten sowie die notwendigen außergerichtlichen Kosten eines anderen Beteiligten umfassen. Die Kostenentscheidung kann eine unterschiedliche Bestimmung über diese beiden Kostenarten treffen. Es kann auch eine Bestimmung ohne die andere getroffen werden.[676] Verfahrenskosten sind auch die Gerichtskosten des Patentgerichts, d. h. die Gebühren und Auslagen des Gerichts. Die Gerichtsgebühren ergeben sich aus dem Gesetz über die Gebühren des Patentamts und des Patentgerichts.[677] Für die Auslagen gilt nach § 98 PatG das Gerichtskostengesetz entsprechend.

876 Die Bestimmung der außergerichtlichen Kosten eines Beteiligten betrifft die Kosten, die nach billigem Ermessen zur zweckentsprechenden Wahrung der Ansprüche und Rechte notwendig waren. Das sind vor allem die Kosten, die den Beteiligten durch das Beschwerdeverfahren selbst entstanden sind sowie die durch die Beauftragung eines Anwalts entstandenen Kosten. Die Prüfung der Erstattungsfähigkeit, d. h. der Notwendigkeit dieser Ko-

---

670 BPatGE 3, 23.
671 BPatG Mitt. 1971, 158.
672 BPatGE 2, 69.
673 BPatGE 1, 94; BGH GRUR 1996, 399, 401, 402 – Schutzverkleidung.
674 BPatGE 7, 36.
675 BPatGE 3, 23.
676 BPatGE 9, 204.
677 GebVerz. Nr. 244100.

sten erfolgt erst im Kostenfestsetzungsverfahren.[678] Die Kostenentscheidung selbst legt in der Regel nur die Erstattungspflicht dem Grunde nach fest. Die Kosten können einem Beteiligten ganz oder teilweise auferlegt werden. In der Regel wird eine Kostenverteilung nach Quoten erfolgen, doch können auch bestimmte Kosten eines Beteiligten einem anderen insgesamt auferlegt werden.

Gemäß § 80 Abs. 3 PatG kann das Gericht anordnen, daß die Beschwerdegebühr zurückgezahlt wird. Die Vorschrift betrifft nur die mit wirksamer Beschwerdeeinlegung verfallene Beschwerdegebühr. Gilt die Beschwerde wegen verspäteter Zahlung als überhaupt nicht erhoben (§ 34 Abs. 2 SortG), bedarf es einer Entscheidung nach § 80 Abs. 3 PatG nicht. Vielmehr ist die Rückzahlung der Gebühr wegen des fehlenden Rechtsgrundes von der Geschäftsstelle zu verfügen.[679] Ist die Gebühr dagegen rechtzeitig entrichtet und nur die Beschwerde verspätet eingegangen und damit unzulässig (wenn auch wirksam), ist die Gebühr verfallen und kann nur nach § 80 Abs. 3 SortG erstattet werden. Die Billigkeit erfordert aber nicht in jedem Fall eine Rückzahlung der Gebühr.[680] Auch eine Rücknahme der Beschwerde ist allein kein Grund zur Rückzahlung der Beschwerdegebühr.[681] Die Entscheidung über eine Rückzahlung der Beschwerdegebühr hat nach billigem Ermessen zu erfolgen. Bei der Frage, ob die Billigkeit eine Rückzahlung erfordert, sind alle Umstände, insbesondere das Verhalten der Beteiligten und die Sachbehandlung durch das Bundessortenamt zu würdigen.[682] 877

Die Rückzahlung ist anzuordnen, wenn die Einbehaltung der Gebühr unbillig wäre.[683] Auf den Ausgang des Beschwerdeverfahrens kommt es nicht entscheidend an.[684] Die Rückzahlung entspricht vielmehr dann der Billigkeit, wenn der Beschwerdeführer durch eine gesetzeswidrige oder unangemessene Sachbehandlung oder durch einen offensichtlichen Fehler des Bundessortenamtes genötigt wurde, Beschwerde einzulegen, wenn also bei angemessener Sachbehandlung die Beschwerde vermeidbar gewesen wäre.[685] Dazu gehören Verfahrensfehler wie die Beeinträchtigung des rechtlichen Gehörs[686] oder die Verletzung der Begründungspflicht.[687] Aber nicht nur der Verstoß gegen gesetzliche Verfahrensbestimmungen, sondern auch Verstöße gegen ungeschriebene Verfahrensregeln, wie der Grundsatz der Verfahrensökonomie, rechtfertigen eine Rückzahlung der Gebühr.[688] Es muß sich ferner nicht um einen Verfahrensmangel handeln; die falsche Sachbehandlung kann auch auf materiellrechtlichem Gebiet liegen.[689] 878

---

678 Vgl. unten Rdn 879 ff.
679 Vgl. Rdn 843.
680 BPatGE 6, 55.
681 BPatGE 5, 24.
682 BPatGE 13, 26, 29.
683 BPatGE 1, 90; 13, 26, 28.
684 BPatGE 2, 78.
685 BPatGE 9, 208f; 13, 65, 68; 30, 207.
686 BPatGE 14, 22, 22.
687 BPatGE 7, 26.
688 BPatGE 9, 177; 9, 208, 210.
689 BPatGE 2, 61; 27, 12.

hh) Kostenfestsetzungsverfahren

879 Gemäß § 80 Abs. 5 PatG gelten für das Kostenfestsetzungsverfahren die Vorschriften der Zivilprozeßordnung entsprechend. Das Kostenfestsetzungsverfahren betrifft die Frage, ob und inwieweit die im Festsetzungsantrag des Kostengläubigers dem Kostenschuldner in Rechnung gestellten Beträge erstattungsfähig sind. Erstattungsfähig sind nach § 80 Abs. 1 S. 2 PatG die Kosten, die nach billigem Ermessen zur zweckentsprechenden Wahrung der Rechte und Ansprüche notwendig waren. Die Frage der Erstattungsfähigkeit bestimmter Kosten kann das Gericht zwar im Rahmen der Kostenentscheidung mitregeln.[690] Im allgemeinen wird es aber nur die Erstattungspflicht festlegen. Die Prüfung der Erstattungsfähigkeit bleibt dann dem Kostenfestsetzungsverfahren vorbehalten.

880 Für die Frage, welche Kosten nach der Billigkeit erstattungsfähig sind, können die Grundsätze des § 91 Abs. 1 und 2 ZPO herangezogen werden.[691] Es wird auf die Kommentierung zu § 80 PatG verwiesen, zu der sich eine umfangreiche einschlägige Spruchpraxis entwickelt hat. Für das Kostenfestsetzungsverfahren selbst gelten gemäß § 80 Abs. 5 PatG die §§ 103 bis 107 ZPO entsprechend, auf die verwiesen wird. Hervorzuheben ist lediglich folgendes:

881 Die rechtskräftige Kostenentscheidung ist als Vollstreckungstitel im Sinne von § 103 Abs. 1 ZPO anzusehen. Die Kosten können deshalb erst festgesetzt werden, wenn die Kostenentscheidung nicht mehr angefochten werden kann.[692] Das Verfahren wird durch einen Kostenfestsetzungsantrag des Kostengläubigers in Gang gesetzt, dem der Kostenansatz, d. h. eine Aufstellung der zu erstattenden Kosten beigefügt ist. Zuständig für die Festsetzung der Kosten des patentgerichtlichen Beschwerdeverfahrens ist der Urkundsbeamte der Geschäftsstelle des Bundespatentgerichts,[693] jetzt der Rechtspfleger (§ 23 Abs. 1 Nr. 12 RPflG). Gegen den Kostenfestsetzungsbeschluß des Rechtspflegers ist die Erinnerung an den zuständigen Beschwerdesenat des Bundespatentgerichts gegeben (vgl § 104, Abs. 3 ZPO), die binnen zwei Wochen nach Zustellung einzulegen ist.

882 Der Kostenfestsetzungsbeschluß ist gemäß § 794 Abs. 1 Nr. 2 ZPO Vollstreckungstitel. Denn auch für die Zwangsvollstreckung aus Kostenfestsetzungsbeschlüssen gelten gemäß § 80 Abs. 5 PatG die Vorschriften der ZPO, nämlich die §§ 794 Abs. 1 Nr. 2, 795a, 798 ZPO entsprechend.

d) Rechtsbeschwerde

883 Die Rechtsbeschwerde ist ein revisionsähnliches Rechtsmittel,[694] das allein der Klärung wichtiger, mit der Entscheidung des Bundessortenamtes verbundener Rechtsfragen dient. Sie soll zugleich sicherstellen, daß die Rechtsprechung zu diesen Fragen einheitlich ist. Da auf dem Gebiet des gewerblichen Rechtsschutzes und auch des Sortenschutzes für verschiedene Fragen auch verschiedene Gerichte zuständig sind, nämlich für das Er-

---

690 BPatGE 1, 94.
691 BPatGE 9, 137, 140.
692 BPatGE 2, 114.
693 BGH GRUR 1968, 447.
694 Vgl. BGH GRUR 1996, 753, 754 – Informationssignal.

teilungsverfahren das Patentgericht und für Verletzungsstreitigkeiten Zivilgerichte (§§ 34, 38 SortG), eröffnet das Institut der Rechtsbeschwerde die Möglichkeit, auftretende Rechtsfragen des gewerblichen Rechtsschutzes, die sich gleichermaßen beiden Gerichtszweigen stellen, einheitlich für Patentgerichts- und Zivilgerichtsbarkeit verbindlich zu klären. Die Hauptbedeutung der Rechtsbeschwerde liegt damit in ihrer Funktion als Instrument zur Sicherung der Einheitlichkeit der Rechtsprechung.

aa) Statthaftigkeit der Rechtsbeschwerde

Nach § 35 Abs. 1 SortG findet die Rechtsbeschwerde an den BGH grundsätzlich nur statt, wenn sie der Beschwerdesenat des Bundespatentgerichts im anzufechtenden Beschluß zugelassen hat. Damit soll verhindert werden, daß weniger wichtige Fälle den BGH belasten oder daß die Rechtsbeschwerde nur eingelegt wird, um die Erledigung einer Sache zu verschleppen. Die Zulassungsgründe sind in § 100 Abs. 2 PatG, der nach § 36 SortG Anwendung findet, abschließend aufgeführt. Danach ist die Rechtsbeschwerde zuzulassen, wenn
– eine Rechtsfrage von grundsätzlicher Bedeutung zu entscheiden ist
  oder
– die Fortbildung des Rechts oder die Sicherung einer einheitlichen Rechtsprechung eine
  Entscheidung des Bundesgerichtshofes erfordert. 884

Bei Vorliegen eines dieser Zulassungsgründe hat das Gericht die Rechtsbeschwerde zuzulassen. Die Zulassung steht nicht etwa im Ermessen des Gerichts, auch wenn es angesichts der Unbestimmtheit der verwendeten Begriffe einen verhältnismäßig weiten Beurteilungsspielraum hat. Vielmehr besteht seitens des Bundespatentgerichts die Verpflichtung, die Rechtsbeschwerde zuzulassen, wenn einer der Gründe des § 100 Abs. 2 PatG vorliegt.[695] Das Beschwerdegericht entscheidet von Amts wegen über die Zulassung. Eines Antrages eines der Beteiligten bedarf es dazu nicht. Ein solcher stellt lediglich eine Anregung dar.[696] Die Zulassung der Rechtsbeschwerde muß in dem Beschluß, gegen den sie zugelassen werden soll, erfolgen. Meist wird sie im Tenor des Beschlusses ausgesprochen werden. Sie kann sich aber auch aus den Gründen ergeben, obwohl der Beschluß insoweit keiner Begründung bedarf. Nicht zugelassen ist die Rechtsbeschwerde sowohl dann, wenn die Zulassung ausdrücklich abgelehnt wird als auch dann, wenn der Beschluß überhaupt keinen Ausspruch zur Zulassung enthält.[697] Die versehentliche Versäumung der Zulassung kann nicht durch einen späteren „Ergänzungsbeschluß" korrigiert werden. Eine Berichtigung des Beschlusses (§ 95 PatG) kommt allenfalls dann in Betracht, wenn die ursprünglichen Entscheidungsgründe schon erkennen lassen, daß die Zulassung der Rechtsbeschwerde gewollt war.[698] 885

Die Zulassung der Rechtsbeschwerde kann auf bestimmte abgrenzbare Teile des Verfahrensgegenstandes oder auf einzelne Verfahrensbeteiligte, zu deren Nachteil die Rechtsfrage beantwortet wird,[699] beschränkt werden. 886

---
695 BGH GRUR 1964, 519, 521 – Damenschuh-Absatz.
696 Vgl. BPatGE 2, 200.
697 BGHZ 44, 395, 397.
698 BGHZ 20, 188, 190, 192.
699 Vgl. GRUR 1993, 969, 970 – Indorektal II.

887   Die Zulassung der Rechtbeschwerde durch das Bundespatentgericht ist für den BGH grundsätzlich bindend. Er kann die Rechtsbeschwerde nicht deshalb verwerfen, weil er die Voraussetzungen des § 100 Abs. 2 PatG für nicht erfüllt erachtet. Ausnahmen davon macht die höchstrichterliche Rechtsprechung, wenn die Zulassung offensichtlich rechtswidrig wäre, z. B. hinsichtlich Beschlüsse, die nicht rechtsbeschwerdefähig sind[700] oder bei offensichtlich nicht vorliegender gesetzlicher Zulassungsgründe.[701] Die Zulassung der Rechtsbeschwerde eröffnet die Möglichkeit der vollen revisionsmäßigen Überprüfung des angefochtenen Beschlusses.[702] Der beschwerte Rechtsmittelführer kann damit jeden revisiblen Gesetzesverstoß rügen, ohne hierbei auf die Rechtsfrage beschränkt zu sein, wegen der die Zulassung ausgesprochen wurde.

888   Die Nichtzulassung der Rechtsbeschwerde ist ebenfalls bindend. Die Beschwerde dagegen in Form einer sogenannten Nichtzulassungsbeschwerde ist im Gesetz nicht vorgesehen, um den BGH nicht unnötig zu belasten und um eine unerwünschte Verfahrensverzögerung zu vermeiden.[703] Diese gesetzliche Regelung ist mit dem Grundgesetz vereinbar.[704] Gegen die Nichtzulassung kann deshalb auch nicht über die Rechtsweggarantie des Art. 19 Abs. 4 GG vorgegangen werden.

889   Statthaft ist auch die unselbständige Anschlußrechtsbeschwerde. Sie ist innerhalb einer Frist von einem Monat nach Zustellung der Rechtsbeschwerdebegründung einzulegen und zu begründen.[705]

890   Auch ohne Zulassung kann aber die Rechtsbeschwerde nach § 100 Abs. 3 PatG statthaft sein. Durch die Verweisung in § 36 SortG ist diese Vorschrift auch im Sortenschutzerteilungsverfahren anwendbar. Die zulassungsfreie Rechtsbeschwerde findet bei Vorliegen bestimmter schwerwiegender Verfahrensmängel, die aus anderen Rechtsgebieten als absolute Revisionsgründe bekannt sind (z. B. §§ 551 ZPO, 138 VwGO) statt. Die zulassungsfreie Rechtsbeschwerde ist dann statthaft, wenn einer der folgenden Mängel des Vorverfahrens gerügt wird:
– das beschließende Gericht war nicht vorschriftsmäßig besetzt (Nr. 1),
– bei dem Beschluß hat ein Richter mitgewirkt, der von der Ausübung des Richteramtes kraft Gesetzes ausgeschlossen oder wegen Besorgnis der Befangenheit mit Erfolg abgelehnt war (Nr. 2),
– ein Beteiligter im Verfahren nicht vorschriftsmäßig vertreten war, sofern er nicht der Führung des Verfahrens ausdrücklich oder stillschweigend zugestimmt hat (Nr. 3),
– der Beschluß aufgrund einer mündlichen Verhandlung ergangen ist, bei der die Vorschriften über die Öffentlichkeit des Verfahrens verletzt worden sind (Nr. 4), oder
– der Beschluß nicht mit Gründen versehen ist (Nr. 5).

891   Diese in § 100 Abs. 3 PatG genannten Gründe, die eine Rechtsbeschwerde auch ohne Zulassung eröffnen, sind abschließend und können vom Gericht nicht ausgedehnt werden. Dies würde dem erklärten Willen des Gesetzgebers widersprechen.[706] Den praktisch wich-

---

700 BGH GRUR 1986, 453 – Transportbehälter.
701 BGHZ 2, 396, 398 f.
702 Vgl. u. a. BGH GRUR 1995, 732, 733 – Füllkörper (Markensache); 1997, 360, 361 – Profilkrümmer.
703 BT-Drs. V/1630, S. 62 zu § 54.
704 BGH GRUR 1968, 59.
705 BGH GRUR 1983, 725, 727 – Ziegelsteinformling.
706 BGHZ 43, 12, 14 f.

tigsten Fall enthält § 100 Abs. 3 Nr. 5 PatG. Für die Frage, wann ein Beschluß „nicht mit Gründen versehen" ist, lassen sich die von der Rechtsprechung zum absoluten Revisionsgrund des § 551 Ziff. 7 ZPO entwickelten Grundsätze heranziehen.[707] Danach ist ein Beschluß dann nicht mit Gründen versehen, wenn Gründe überhaupt fehlen oder diese gänzlich unverständlich und verworren oder in sich widersprüchlich sind, so daß sie nicht erkennen lassen, welche Überlegungen für die Entscheidung maßgebend waren.[708]

Die zulassungsfreie Rechtsbeschwerde ist statthaft, wenn substantiiert einer der in § 100 Abs. 3 PatG genannten Verfahrensfehler gerügt wird. Liegt der Mangel nicht vor, ist die Rechtsbeschwerde dennoch zulässig, aber nicht begründet.[709] Eine ausreichende Substantiierung fehlt, wenn der gerügte Verfahrensmangel lediglich bezeichnet, aber zu seiner Begründung kein Sachvortrag erfolgt, sondern sich das Vorbringen auf andere von § 100 Abs. 3 PatG nicht erfaßte Sach- und Verfahrensrügen bezieht.[710] 892

bb) Das Rechtsbeschwerdeverfahren

Gemäß der Verweisung in § 36 SortG sind für das Rechtsbeschwerdeverfahren vor dem BGH die Vorschriften der §§ 100 bis 109 PatG maßgebend. Das Rechtsbeschwerdeverfahren stellt sich danach in seinen Grundzügen wie folgt dar: 893

Die Rechtsbeschwerde steht den am Beschwerdeverfahren vor dem Bundespatentgericht (vgl. § 34 SortG) Beteiligten zu (§ 101 Abs. 1 PatG). Sie kann nach § 101 Abs. 2 PatG nur darauf gestützt werden, daß der Beschluß auf einer Gesetzesverletzung beruht. Neue Tatsachen können nicht mehr in das Verfahren eingeführt werden. Die Rechtsbeschwerde ist damit ein der Revision verwandtes Rechtsmittel. Bei Vorliegen bestimmter schwerwiegender Verfahrensfehler wird unwiderleglich vermutet, daß der Beschluß auf der Gesetzesverletzung beruht (§ 101 Abs. 2 Satz 2 PatG i. V. m. §§ 550, 551 Nr. 1–3 und 5–7 ZPO). 894

Die Rechtsbeschwerde ist innerhalb eines Monats nach Zustellung des Beschlusses beim BGH schriftlich einzulegen (§ 102 Abs. 1 PatG). Sie ist zudem zu begründen (§ 102 Abs. 3 Satz 1 PatG). Die Begründungsfrist beträgt 1 Monat und beginnt mit der Einlegung der Rechtsbeschwerde. Sie kann aber auf Antrag vom Vorsitzenden verlängert werden (§ 102 Abs. 3 Satz 2 PatG). Nach § 102 Abs. 4 PatG muß die Begründung der Rechtsbeschwerde folgendes enthalten: 895

– die Erklärung, inwieweit der Beschluß angefochten und seine Abänderung oder Aufhebung beantragt wird (Nr. 1);
– die Bezeichnung der verletzten Rechtsnorm (Nr. 2);
– die Tatsachen, die den Verfahrensmangel ergeben (Nr. 3).

Die Beteiligten des Rechtsbeschwerdeverfahrens müssen sich vor dem BGH durch einen vor dem BGH zugelassenen Rechtsanwalt als Bevollmächtigten vertreten lassen, jedoch ist auf Antrag eines Beteiligten auch seinem Patentanwalt das Wort zu erteilen (§ 102 Abs. 5 PatG). 896

---
[707] BGHZ 39, 333, 347.
[708] Vgl. BGH GRUR 1992, 159, 161 – Crackkatalysator II.
[709] Strittig – vgl. *Benkard/Rogge*, § 100 PatG Rdn 18; *Hesse*, GRUR 1974, 711 ff.
[710] Vgl. BGH GRUR 1983, 640 – Streckenausbau.

897 Die Rechtsbeschwerde hat gemäß § 103 PatG aufschiebende Wirkung. Dadurch, daß Abs. 2 auf § 34 Abs. 3 SortG verweist, sind jedoch die Festsetzung einer Sortenbezeichnung nach § 30 Abs. 2 SortG und die Anordnung der sofortigen Vollziehung eines Beschlusses von der aufschiebenden Wirkung ausgeschlossen.[711] Nach § 46 Abs. 2 SortSchG 68 war in diesen Fällen die Rechtsbeschwerde sogar ausgeschlossen.

898 Bei mehreren Beteiligten im Rechtsbeschwerdeverfahren sind gemäß § 105 PatG die Beschwerdeschrift und die Beschwerdebegründung den anderen Beteiligten mit der Aufforderung zuzustellen, etwaige Erklärungen innerhalb einer bestimmten Frist nach Zustellung beim BGH schriftlich einzureichen. Mit der Zustellung der Beschwerdeschrift ist der Zeitpunkt mitzuteilen, in dem die Rechtsbeschwerde eingelegt wurde. Die erforderliche Zahl von beglaubigten Abschriften soll der Beschwerdeführer mit der Beschwerdeschrift oder der Beschwerdebegründung einreichen. Im übrigen sind im Verfahren über die Rechtsbeschwerde gemäß § 106 Abs. 1 PatG folgende Bestimmungen der ZPO anzuwenden:

899 §§ 41–49 der ZPO über die Ausschließung und Ablehnung von Gerichtspersonen; §§ 80–90 der ZPO über Prozeßbevollmächtigte und Beistände; §§ 208–213 ZPO über Zustellung von Amts wegen; §§ 214–229 ZPO über Ladungen, Termine und Fristen sowie die §§ 233–238 ZPO i. V. m. § 123 Abs. 5 PatG über die Wiedereinsetzung in den vorigen Stand. Für die Öffentlichkeit des Verfahrens vor dem BGH gilt gemäß § 106 Abs. 2 PatG die Regelung des § 69 Abs. 1 PatG über das Verfahren vor dem Bundespatentgericht entsprechend.

cc) Entscheidung

900 Die Entscheidung über die Rechtsbeschwerde ergeht gemäß § 107 Abs. 1 PatG durch Beschluß und kann ohne mündliche Verhandlung getroffen werden. Sie ist gemäß § 107 Abs. 3 PatG zu begründen und den Beteiligten von Amts wegen zuzustellen.

901 Folgende Entscheidungsmöglichkeiten kommen in Betracht:
– Der BGH prüft gemäß § 104 PatG zunächst von Amts wegen, ob die Rechtsbeschwerde an sich statthaft sowie form- und fristgemäß eingelegt und begründet ist. Mangelt es an einem dieser Erfordernisse, hat er sie als unzulässig zu verwerfen.
– Kommt der BGH zur Prüfung der Begründetheit der Rechtsbeschwerde, so ist er gemäß § 107 Abs. 2 PatG bei seiner Entscheidung an die in dem angefochtenen Beschluß des Patentgerichts getroffenen tatsächlichen Feststellungen gebunden, außer wenn in bezug auf diese Feststellung zulässige und begründete Rechtsbeschwerdegründe vorgebracht sind, z. B. in Form einer Rüge der Verletzung der Verfahrensvorschriften. Der Umfang der Prüfung durch den BGH hängt davon ab, ob es sich um eine zugelassene oder zulassungsfreie Rechtsbeschwerde handelt. Die vom Beschwerdegericht nach § 100 Abs. 2 PatG zugelassene Rechtsbeschwerde unterliegt der vollen revisionsmäßigen Nachprüfung durch den BGH hinsichtlich aller in Betracht kommenden Gesetzesverletzungen;[712] dagegen erstreckt sich die Nachprüfung im Verfahren auf die zulassungsfreie Rechtsbeschwerde nur auf die gerügten Mängel, die den Rechtsbeschwerdeweg auch ohne Zulassung gemäß § 100 Abs. 3 PatG eröffnen.[713]

---

711 Vgl. Rdn 847.
712 Vgl. u. a. BGH GRUR 1964, 276, 277 – Zinnlot; GRUR 1995, 732, 733 – Füllkörper.
713 Vgl. BGH GRUR 1994, 215, 217 – Boy.

– Hat der BGH über die Begründetheit der Rechtsbeschwerde zu entscheiden, so ist sie entweder als unbegründet zurückzuweisen oder im Falle der Begründetheit der angefochtene Beschluß aufzuheben. Der BGH ist aber nicht befugt, in der Sache selbst zu entscheiden, sondern er hat gemäß § 108 Abs. 1 PatG die Sache unter Aufhebung des Beschlusses zur anderweitigen Verhandlung und Entscheidung an das Patentgericht zurückzuverweisen. Dies gilt auch dann, wenn die Sache „zur Endentscheidung reif" im Sinne von § 565 Abs. 3 Nr. 1 ZPO ist und das Bundespatentgericht nur noch die vom BGH aufgezeigte Entscheidung nachzuvollziehen hat.[714] Im übrigen hat das Patentgericht die rechtliche Beurteilung, die der Aufhebung zugrundegelegt ist, auch seiner Entscheidung zugrundezulegen (§ 108 Abs. 2 PatG).

dd) Kosten

Die Gebühren und Auslagen im Rechtsbeschwerdeverfahren richten sich gemäß § 102 Abs. 2 S. 1 PatG nach den Vorschriften des Gerichtskostengesetzes. Für das Verfahren wird eine volle Gebühr erhoben, die nach den Sätzen berechnet wird, die für das Verfahren in der Revisionsinstanz gelten (§ 102, Abs. 2 Satz 2 PatG). Macht eine Partei glaubhaft, daß die Belastung mit den Prozeßkosten nach dem vollen Streitwert ihre wirtschaftliche Lage erheblich gefährden würde, so kann das Gericht auf ihren Antrag hin die von ihr zu zahlenden Gerichts- und außergerichtlichen Kosten nach einem ihrer Wirtschaftslage entsprechend herabgesetzten Streitwert bemessen (§§ 102 Abs. 2 S. 3 i. V. m. 144 PatG). 902

Sind an dem Verfahren über die Rechtsbeschwerde mehrere Personen beteiligt, so kann der BGH gemäß § 109 Abs. 1 PatG bestimmen, daß die Kosten, die zur zweckentsprechenden Erledigung der Angelegenheit notwendig waren, von einem Beteiligten ganz oder teilweise zu erstatten sind, wenn dies der Billigkeit entspricht. Wird die Rechtsbeschwerde zurückgewiesen oder als unzulässig verworfen, so sind die durch die Rechtsbeschwerde veranlaßten Kosten dem Beschwerdeführer aufzuerlegen. Hat ein Beteiligter durch grobes Verschulden Kosten veranlaßt, so sind ihm diese aufzuerlegen. 903

Von den Kosten, die durch die Mitwirkung eines Patentanwalts entstehen, sind die Gebühren bis zur Höhe einer vollen Gebühr nach § 11 BRAGO und außerdem die notwendigen Auslagen des Patentanwalts zu erstatten (§ 102 Abs. 5 Satz 4 i. V. m. § 143 Abs. 5 PatG). 904

Im übrigen gelten gemäß § 109 Abs. 3 PatG die Vorschriften der ZPO über das Kostenfestsetzungsverfahren (§§ 103–107 ZPO) und die Zwangsvollstreckung aus Kostenfestsetzungsbeschlüssen (§§ 794 Abs. 1 Nr. 2, 795a, 724 ff. ZPO) entsprechend. Auch für die Kostenfestsetzung des Rechtsbeschwerdeverfahrens ist damit der Kostenbeamte des Bundespatentgerichts als erstinstanzliches Gericht zuständig (vgl. § 103 Abs. 2 ZPO). 905

11. Kosten und Gebühren

Nach § 33 Abs. 1 SortG hat das Bundessortenamt grundsätzlich für seine Amtshandlungen sowohl nach dem Sortenschutzgesetz als auch für die Prüfung von Sorten auf Antrag ausländischer oder supranationaler Stellen wie als Prüfungsamt des Gemeinschaftlichen Sor- 906

---

714 Vgl. BGH GRUR 1969, 265 – Disiloxan.

tenamtes Kosten (Gebühren und Auslagen) und für jedes angefangene Jahr der Dauer des Sortenschutzes (Schutzjahr) eine Jahresgebühr zu verlangen.

907 Während Kosten und Gebühren bis zum SortG 85 durch das Gesetz über die Erhebung von Kosten im Bundessortenamt vom 1. Oktober 1976 in Verbindung der Verordnung über Gebühren des Bundessortenamtes vom 25. Oktober 1976 geregelt waren, wurde durch das SortG 85 eine zusammenfassende Kostenregelung in § 33 SortG eingeführt. Da das Bundessortenamt nach § 16 Abs. 1 SortG eine selbständige Bundesoberbehörde im Geschäftsbereich des Bundesministers für Ernährung, Landwirtschaft und Forsten ist und Aufgaben der öffentlichen Verwaltung wahrnimmt, gilt gemäß § 1 Abs. 2 Nr. 1 Verwaltungskostengesetz (VwKostG) vom 23. Juni 1970[715] das VwKostG auch grundsätzlich für die Kosten (Gebühren und Auslagen) des Bundessortenamtes, soweit keine gesetzlichen Ausnahmen und Sonderregelungen bestehen. In Verbindung mit der Zahlung von Kosten ist noch der Hinweis des Bundessortenamtes zu beachten.[716] Aus dessen Ziffer III ergibt sich, wann Gebühreneinzahlungen bei den verschiedenen Einzahlungsarten als bewirkt gelten.

a) Ermächtigung für den Erlaß einer Rechtsverordnung über gebührenpflichtige Tatbestände und Gebührensätze des Bundessortenamtes

908 Der Bundesminister für Ernährung, Landwirtschaft und Forsten ist ermächtigt, im Einvernehmen mit dem Bundesminister der Finanzen durch Rechtsverordnung die gebührenpflichtigen Tatbestände und die Gebührensätze im einzelnen zu bestimmen und dabei festgesetzte oder Rahmensätze vorzusehen und den Zeitpunkt der Gebührenerhebung zu regeln (§ 33 Abs. 2 S. 1 SortG). Bei der Bemessung der Kosten sind nach Nr. 2, S. 2 die Bedeutung, der wirtschaftliche Wert oder sonstige Nutzen Amtshandlung des Bundessortenamtes auch für das Züchtungswesen und die Allgemeinheit angemessen zu berücksichtigen (vgl. auch § 3 S. 1 VwKostG). Von dieser Ermächtigung hat der Bundesminister unter gleichzeitiger Bezugnahme auf den 2. Abschnitt des VwKostG durch den Erlaß des BSAVfV vom 30. Dezember 1985[717] Gebrauch gemacht. Im Abschnitt II (§ 12–14) und der Anlage zu § 12 (Gebührenverzeichnis) werden die Gebührentatbestände und Gebührensätze des Bundessortenamtes für den Einzelfall geregelt und zwar sowohl für das SortG als auch für das SaatG.

909 Die Gebührenbestände und Gebührensätze ergeben sich nach der Gebührengrundvorschrift § 12 BSAVfV aus dessen Anlage, dem Gebührenverzeichnis. Das Gebührenverzeichnis wird eingeleitet durch eine Aufstellung der für das gesamte Gebührenverzeichnis maßgeblichen Artengruppen, die unter Berücksichtigung wirtschaftlicher Gruppierungsmerkmale zusammengestellt sind. Die Zuordnung der Arten zu den einzelnen Artengruppen erfolgte unter Berücksichtigung der inzwischen gesammelten Erkenntnisse über die wirtschaftliche Bedeutung der Arten.

910 Das Gebührenverzeichnis für das SortG enthält unter den GebVerz.Nr. 100– 25 (Sp. 1) die Gebührentatbestände unter Berücksichtigung der verschiedenen Artengruppen (Sp. 2), die maßgebliche Vorschrift des SortG (Sp. 3) und die jeweilige Gebühr (Sp. 4). Die Nr. 100–

---

715 BGBl I, S. 821.
716 Bl.f.S. 1980, 22.
717 S. Teil III Nr. 8 und 9.

I. Das Verfahren vor dem Bundessortenamt 369

102.5 des GebVerz.Nr. beziehen sich auf das Verfahren zur Erteilung eines Sortenschutzes, wobei die Nr. 101–101.2 das Antragsverfahren einschließlich Entscheidung über den Sortenschutzantrag betreffen und die Nr. 102–102.5 die Registerprüfung. Nr. 110–110.2 beziehen sich auf die Jahresgebühren, die für die verschiedenen Artengruppen zumeist unterschiedlich sind und unterschiedlich mit den Schutzjahren ansteigen. Neu hinzugekommen ist eine verminderte Gebühr für Sorten, die auch gemeinschaftlichen Sortenschutz genießen und deshalb als nationale Rechte zunächst nicht mehr notwendig sind und gemäß Art. 92 Abs. 2 EGSVO für die Dauer des gemeinschaftlichen Sortenschutzes nicht geltend gemacht werden dürfen.[718]

Die Nr. 120–125 betreffen sonstige Verfahren (etwa Verfahren zur Erteilung eines Zwangsnutzungsrechtes, Eintragungen und Löschungen von ausschließlichen Nutzungsrechten, Eintragungen von Änderungen in der Person des Sortenschutzinhabers, Rücknahme oder Widerruf der Erteilung des Sortenschutzes, Widerspruchsverfahren etc.). Neu hinzugekommen ist der Gebührentatbestand Abgabe eines Prüfungsergebnisses zur Vorlage bei einer anderen Stelle im Ausland (GebVerz.Nr. 125), so z. B. bei der Abgabe des Prüfungsberichtes an das Gemeinschaftliche Sortenamt. 911

b) Antragsgebühr

Entsprechend seiner gesetzlichen Verpflichtung, für alle Amtshandlungen Gebühren zu erheben, verlangt das Bundessortenamt für die Einleitung und Durchführung des Verfahrens eine Verfahrensgebühr. Ausführungen hierzu finden sich in Rdn 682 ff., auf die verwiesen wird. 912

c) Prüfungsgebühren (§ 33, Abs. 2, S. 3 SortG und § 13 BSAVfV)

Die Prüfungsgebühren (GebVerz.Nr. 102–102.5) werden gemäß § 13 Abs. 1 S. 1 BSAVfV grundsätzlich für jede angefangene Prüfungsperiode erhoben, soweit sich aus dem Gebührenverzeichnis nichts anderes ergibt, und zwar gemäß § 33 Abs. 2 S. 3 Nr. 2 SortG jährlich, oder je nach Vegetationsablauf. Bei der Übernahme vollständiger früherer eigener Prüfungsergebnisse des Bundessortenamtes und bei der Übernahme vollständiger Anbauprüfungs- und Untersuchungsergebnisse anderer Stellen wird die Prüfungsgebühr nur einmalig erhoben (GebVerz.Nr. 102.4 und 102.5). Die Prüfungsgebühr wird gemäß § 13 Abs. 1 S. 3 BSAVfV für eine Prüfungsperiode nur dann nicht erhoben, in der das Bundessortenamt die Prüfung der Sorte aus einem vom Antragsteller nicht zu vertretenden Grund nicht begonnen hat. Mit dieser Regelung wird dem Umstand Rechnung getragen, daß das Bundessortenamt nach Abschluß der technischen Prüfung regelmäßig noch eine gewisse Zeit benötigt, die Prüfungsergebnisse zu Entscheidungsgrundlagen aufzuarbeiten und unter Einhaltung der bestehenden Anhörungs- und Ladungsfristen die Entscheidung über den Sortenschutzantrag zu treffen und nach schriftlicher Abfassung zuzustellen. Dadurch kann ein neuer Einsendetermin, mit dem eine neue Prüfungsperiode beginnt, überschritten werden, so daß eine weitere Registerprüfungsgebühr anfallen würde, obwohl die Entschei- 913

---

718 Vgl. hierzu Rdn 924.

914 Die Gebührenschuld entsteht dem Grunde nach für jede Prüfungsperiode gemäß § 13 Abs. 1 S. 2 BSAVfV zu dem vom Bundessortenamt bestimmten Zeitpunkt, d. h. zu dem Zeitpunkt, bis zu dem das für die Anbau- (Register-)Prüfung erforderliche Vermehrungsmaterial der angemeldeten Sorte bei der vom Bundessortenamt bestimmten Vorlagestelle (Prüfstelle) vom Antragsteller vorzulegen ist.[719] Sie wird – zumeist nachträglich – durch einen besonderen Gebührenbescheid vom Bundessortenamt angefordert, mit dessen Zugang die Prüfungsgebühr fällig wird. Gegen diesen Gebührenbescheid kann gemäß §§ 21 SortG, 63 ff., 79 VwVfG, 68 ff. VwGO innerhalb eines Monats nach Zustellung beim Bundessortenamt schriftlich oder zur Niederschrift Widerspruch erhoben werden, der allerdings gemäß § 80 Abs. 2 Nr. 1 VwGO keine aufschiebende Wirkung hat. Wird die fällige Gebühr nicht umgehend gezahlt, so ergeht etwa zwei Wochen nach Zustellung eine schriftliche Zahlungserinnerung des Bundessortenamtes nach § 27 Abs. 1 Nr. 3 SortG mit der Aufforderung, die fällige Gebühr innerhalb eines Monats nach Zugang der Zahlungserinnerung zu entrichten und dem Hinweis, daß der Sortenschutzantrag bei Nichteinhaltung dieser Monatsfrist zurückgewiesen werden kann.

915 Ist im Einzelfall eine Prüfung außerhalb des üblichen Rahmens der Prüfung von Sorten der gleichen Art erforderlich, so kann die Prüfungsgebühr bis zur Höhe des dafür anfallenden Verwaltungsaufwands, jedoch höchstens bis auf das Zehnfache des in der Anlage zu § 12 BSAVfV ausgewiesenen normalen Gebührensatzes erhöht werden. Der Gebührenschuldner ist allerdings vorher zu hören, wenn mit einer solchen Erhöhung der Prüfungsgebühr zu rechnen ist.[720]

916 Können wegen der artbedingten Entwicklung der Pflanzen die Ausprägung der Merkmale oder Eigenschaften in einer Prüfungsperiode nicht oder nicht vollständig festgestellt werden, so wird für diese Prüfungsperiode gemäß § 13 Abs. 2 BSAVfV nur die Hälfte der normalen Prüfungsgebühren erhoben. Diese Regelung betrifft Fälle, in denen bei mehrjährigen Arten vor der eigentlichen Prüfung sogenannte Anwachsjahre erforderlich sind, in denen zwar keine Prüfung vom Bundessortenamt vorgenommen werden kann, bei denen aber doch ein gewisser Pflege- und Kultivierungsaufwand erforderlich ist. Für diesen Anwachszeitraum wird deshalb nur die halbe Prüfungsgebühr erhoben, um ihm dadurch einen Ausgleich für die verlängerte Verfahrensdauer zu gewähren. In der Bekanntmachung Nr. 9/98[721] sind die Pflanzenarten benannt, für die nach § 13 Abs. 2 BSAVfV nur die Hälfte der Prüfungsgebühren im Aussaat- bzw. Anwachsjahr erhoben wird.

917 Bei Sorten, deren Pflanzen durch Kreuzung bestimmter Erbkomponenten erzeugt werden, kann das Bundessortenamt die Registerprüfung gemäß § 2 Abs. 2 BSAVfV von Amts wegen auf die Erbkomponenten erstrecken. Dafür wird vom Bundessortenamt gemäß § 13 Abs. 4 BSAVfV zusätzlich eine Prüfungsgebühr nach der Nr. 102 des Gebührenverzeichnisses zu § 12 der BSAVfV erhoben.

918 Die in § 15 Abs. 2 VwKostG[722] vorgesehene Gebührenermäßigung um einen viertel Anteil der Folgegebühr gilt gemäß § 33 Abs. 4 SortG nicht für Prüfungsgebühren und ebenfalls nicht für die den Sortenschutzantrag ablehnende Entscheidung des Bundessortenamtes.

---

719 Vgl. hierzu Rdn 768 ff.
720 zur Begründung siehe BT-Drs. 10/816, S. 35, r.Sp.
721 Bl.f.S. 1998, 247 ff., vgl. Teil III, Nr. 16.
722 Teil III, Nr. 7.

Diese Gebührenermäßigung wird aber z. B. beibehalten, wenn ein Sortenschutzantrag vor der Entscheidung über ihn vom Antragsteller zurückgenommen wird.[723]

d) Erhebung von Auslagen durch das Bundessortenamt

Die im sortenschutzrechtlichen Verfahren beim Bundessortenamt entstehenden Auslagen werden nur erhoben, soweit sie in § 10 Abs. 1 Nr. 1 bis 3 und 5 sowie in Abs. 2 des VwKostG genannt sind. Dies sind Fernsprechgebühren, Aufwendungen für weitere Ausfertigungen, Abschriften, Auszüge, die auf besonderen Antrag erteilt werden, Aufwendungen für Übersetzungen, die auf besonderen Antrag angefertigt werden, sowie die nach einer analogen Anwendung des Gesetzes über die Entschädigung von Zeugen und Sachverständigen zu zahlenden Beträge. § 10 Abs. 2 VwKostG hebt hervor, daß die genannten Auslagen auch dann verlangt werden können, wenn für eine Amtshandlung Gebührenfreiheit besteht oder von der Gebührenerhebung abgesehen wird. 919

e) Widerspruchsgebühr

Das Amt erhebt für Widersprüche gegen Entscheidungen der Prüfabteilungen des Bundessortenamtes (§ 18, Abs. 3 SortG) eine Widerspruchsgebühr (Nr. 124–124.3 GebVerz.), obwohl eine solche Erhebung im Verwaltungsverfahren, das nach § 21 SortG auf das Verfahren vor der Prüfabteilungen und Widerspruchsausschüssen des Bundessortenamtes Anwendung findet, nicht üblich ist.[724] 920

Gemäß § 33 Abs. 5 S. 1 SortG ist bei erfolgreichem Widerspruch gegen Entscheidungen des Bundessortenamtes die Widerspruchsgebühr dem Widerspruchsführer grundsätzlich vom Bundessortenamt ohne besonderen Antrag, also von Amts wegen zu erstatten. Bei teilweisem Erfolg ist die Widerspruchsgebühr zu einem entsprechenden Anteil zu erstatten (§ 33 Abs. 5 S. 3 SortG). Hat eine nachfolgende Beschwerde des Widerspruchsführers an das Bundespatentgericht oder eine Rechtsbeschwerde an den Bundesgerichtshof Erfolg, so ist die Widerspruchsgebühr dem Widerspruchsführer nur auf Antrag zu erstatten (§ 33 Abs. 5 S. 2 SortG). Gründe, warum es in den zuletzt genannten Fällen eines Antrages bedarf, sind nicht ersichtlich und ergeben sich auch insbesondere nicht aus der Gesetzesbegründung. 921

Die Erstattung der Widerspruchsgebühr kann gemäß § 33 Abs. 5 S. 4 SortG jedoch ganz oder teilweise unterbleiben, wenn die für den Widerspruchsführer günstige Entscheidung auf Tatsachen beruht, die früher, d. h. vor der mit dem Widerspruch angegriffenen Entscheidung des Bundessortenamtes hätten geltend gemacht oder bewiesen werden können. Zur Auslegung dieser Vorschrift wird man auf die von der Rechtsprechung zu § 296 ZPO entwickelten Grundsätze Rückgriff nehmen können. 922

Gleiches gilt gemäß § 33 Abs. 5 S. 5 SortG für die Erstattung von Auslagen, die im Widerspruchsverfahren entstanden und vom Bundessortenamt gemäß § 33 Abs. 3 SortG erhoben worden sind. 923

---
[723] zur Begründung siehe BT-Drs. 10/816, S. 25, r.Sp. unten bis S. 26, li. Sp. oben.
[724] zur Begründung für diese systemwidrige, den Antragsteller belastende Gebührenerhebung vgl. BT-Drs. 10/816, S. 25, r.Sp.

924 Eine Erstattung der dem Widerspruchsführer im Widerspruchsverfahren zur zweckentsprechender Rechtsverfolgung oder Rechtsverteidigung entstandenen notwendigen Aufwendungen findet entgegen § 80 VwVfG nicht statt (§ 33 Abs. 5 S. 6 SortG). In der Begründung für diese Regelung weist der Gesetzgeber darauf hin, daß nach dem VwVfG ein Widerspruchsverfahren nicht stattfinden würde. Andererseits sei es im Sortenschutzbereich vergleichbar der Saatgutverkehrszulassung sachgerecht, dem Antragsteller auf der Verwaltungsebene eine zweite Instanz zur Verfügung zu stellen, die die Entscheidung der Prüfabteilung fachlich voll nachprüft. Diese ausschließlich im Interesse des Antragstellers liegende Sonderregelung im Vergleich zu § 70 VwVfG, der durch § 21 SortG ausgeschlossen ist, rechtfertige es auch, die Kosten hierfür den Antragsteller tragen zu lassen.[725]

f) Jahresgebühren

925 Wie § 33 Abs. 1, 2. HS SortG i. V. m. § 14 der BSAVfV zu entnehmen ist, erhebt das Bundessortenamt für jedes angefangene Jahr der Dauer des Sortenschutzes (Schutzjahr), das auf das Jahr der Schutzerteilung folgt, eine Jahresgebühr. Diese ist mit Zugang der entsprechenden Gebührenentscheidung des Bundessortenamtes fällig und bei der Bundeskasse Hannover, Waterloostraße 5, einzuzahlen oder auf deren Konto zu überweisen. Gegen die Gebührenentscheidung kann innerhalb eines Monats nach ihrer Bekanntgabe Widerspruch beim Bundessortenamt schriftlich oder zur Niederschrift erhoben werden, der allerdings gemäß § 80 VwGO keine aufschiebende Wirkung hat. Wird eine fällige Jahresgebühr nicht innerhalb einer vom Bundessortenamt gesetzten Nachfrist entrichtet, so ist diese entweder als öffentlich-rechtliche Geldforderung vom Bundessortenamt nach den Bestimmungen des Verwaltungsvollstreckungsgesetzes zu vollstrecken oder die Erteilung des Sortenschutzes gemäß § 31 Abs. 4 Nr. 3 SortG nach Ablauf der gesetzlichen Nachfrist zu widerrufen.[726] Die Höhe der jeweiligen, mit zunehmender Schutzdauer ansteigenden Jahresgebühren ergibt sich für den Einzelfall aus der Anlage zu § 12 der BSAVfV im Gebührenverzeichnis Nr. 110 ff. und zwar unter Berücksichtigung des in Abs. 2 Nr. 5 angegebenen Höchstsatzes. Da grundsätzlich die Möglichkeit besteht, zunächst um nationalen Sortenschutz nachzusuchen, innerhalb der Prioritätsfrist jedoch ein Antrag auf Erteilung eines gemeinschaftlichen Sortenschutzes gestellt werden kann, sieht Art. 92 EGSVO vor, daß Sorten, die Gegenstand eines gemeinschaftlichen Sortenschutzes sind, nicht Gegenstand eines nationalen Sortenschutzes oder eines Patentes für die betreffende Sorte sein können. Wurde aber dem Inhaber vor der Erteilung des gemeinschaftlichen Sortenschutzes für dieselbe Sorte ein nationales Sortenschutzrecht oder Patent erteilt, so kann der Sortenschutzinhaber die Rechte aus einem solchen Schutz an der Sorte solange nicht geltend machen, wie der gemeinschaftliche Sortenschutz daran besteht. Angesichts der nicht unbeachtlichen Gebühren für die Aufrechterhaltung des gemeinschaftlichen Sortenschutzes wird der Sortenschutzinhaber dieses naturgemäß nur solange aufrechterhalten, wie der wirtschaftliche Nutzen aus der Verwertung der Sorte innerhalb der Gemeinschaft die Gebührenaufwendungen rechtfertigt. Ist dies nicht mehr der Fall, kann es für den Sortenschutzinhaber vorteilhaft sein, zu diesem Zeitpunkt noch über die nationalen Schutzrechte zu verfügen, die er vor Erteilung des gemeinschaftlichen Sortenschutzes beantragt hat. Handelt es sich hierbei um ein deutsches Sortenschutz-

---

725 BT-Drs. 10/816, S. 26, l.Sp.o.
726 Rdn 1211.

recht, sieht nunmehr die Gebührenordnung vor, daß für solche nationalen Rechte, die während der Existenz des parallelen europäischen Schutzrechtes nicht geltend gemacht werden dürfen, ein reduzierter Gebührensatz gilt (sogenannte „schlafende Gebühren").

Ergänzend ist auch noch darauf hinzuweisen, daß nach § 14 Abs. 3 BSAVfV bei Sorten, für die Jahresgebühren nach dem SortG entrichtet worden sind und die auch dem SaatG unterliegen, das Bundessortenamt keine Überwachungsgebühren nach § 37 Abs. 2 SaatG erheben darf. 926

12. Die Sortenschutzrolle

Ein Grundanliegen des Erfindungsschutzes ist es, durch Publikation der auf die erfinderischen Tätigkeiten zurückgehenden Fortschritte der Allgemeinheit zugänglich zu machen, damit auf diesem Fortschritt Weiterentwicklungen zum Nutzen aller aufgebaut werden können. Diesem Zweck dient neben anderen Zielen die Sortenschutzrolle. 927

Die Sortenschutzrolle ist ein öffentliches vom Bundessortenamt zu führendes (§ 16 Abs. 2 S. 2 SortG) Register, in dem ähnlich wie beim Patentrecht in der Patentrolle (vgl. § 30 PatG) die rechtskräftige sortenschutzrechtliche Lage verzeichnet ist. Die Aufgabe der Sortenschutzrolle ist es, die Kenntnis der Züchtung zu verbreiten und die Allgemeinheit darüber zu unterrichten, wie die rechtlichen Verhältnisse an der geschützten Sorte sind. Die Eintragungen in der Rolle sind daher nicht rechtsbegründend oder rechtsvernichtend (konstitutiv), sondern rechtsbekundend.[727] Das Entstehen, Fortbestehen und Erlöschen des Rechts richtet sich nach materiellem Recht, nicht nach der Rolleneintragung oder ihrem Unterbleiben. Die Eintragung in die Rolle bietet also keine Gewähr für ihre inhaltliche Richtigkeit, da ihr weder eine positive noch eine negative Publizitätswirkung zukommt.[728] Die Sortenschutzrolle genießt keinen öffentlichen Glauben. Die Eintragung dient jedoch Ausweiszwecken und legitimiert den Eingetragenen auch für den Verletzungsprozeß sowie die negative Feststellungsklage (§ 28 Abs. 3 S. SortG).[729] Dem Eingetragenen sind die Verwaltungsakte des Bundessortenamtes zuzustellen. Er kann Anträge stellen; auf seine Fristversäumung kommt es bei der Wiedereinsetzung an usw.. Verfahrenshandlungen des materiell Berechtigten, aber formell nicht Legitimierten sind erst wirksam, wenn der Mangel der Legitimation durch nachträgliche Eintragung beseitigt wird. Umgekehrt bleibt der formell Legitimierte solange nach dem SortG berechtigt und verpflichtet, bis die materielle Rechtsänderung eingetragen ist.[730] 928

Um aus der Rolle die tatsächliche Rechtslage erkennen zu können, muß sie stets auf dem laufenden gehalten werden. Daraus ergibt sich die Notwendigkeit, Änderungen der einzutragenden Tatsachen dem Bundessortenamt mitzuteilen, damit sie eingetragen werden können. Darüberhinaus können fehlerhafte Eintragungen auch von Amts wegen berichtigt werden. 929

---

727 Deklaratorisch; vgl. BPatGE 17, 14, 15 f. zur Patentrolle.
728 BPatGE 17, 14, 16.
729 Vgl. auch *Rogge* GRUR 1985, 734, 736 zur Patentrolle.
730 Vgl. BPatGE 29, 244, 245; im übrigen siehe *Benkard/Schäfers* § 30 PatG Rdn 8 mit weiteren Nachweisen.

930 Die Sortenschutzrolle enthält nach § 28 Abs. 1 und 2 SortG die – mit Ausnahme des ausschließlichen Nutzungsrechts – im Interesse der Allgemeinheit von Amts wegen automatisch vorzunehmenden Eintragungen. Die Eintragungen nach Abs. 3 liegen vor allem im Interesse der Beteiligten sowie Betroffenen und müssen beantragt sowie dem Bundessortenamt nachgewiesen werden. Fraglich dürfte ebenso wie im Patentrecht sein, ob auch weitere Eintragungen zulässig sind, wie z. B. Widersprüche, Verfügungs- und Rechtsbeschränkungen, Vormerkungen, beschränkt dingliche Rechte und sonstige Bedingungen.[731]

931 Die Eintragungen kennzeichnen zunächst den Schutzgegenstand (die geschützte Sorte) durch drei Angaben, nämlich die Art, der die Sorte angehört, die Sortenbezeichnung und die festgestellten Ausprägungen der für die Unterscheidbarkeit maßgebenden Merkmale (Nr. 1 und 2). Bei Sorten, deren Pflanzen durch Kreuzung bestimmter Erbkomponenten entstehen, muß in die Rolle auch ein entsprechender Hinweis darauf aufgenommen werden. Diese Angaben sind beispielsweise bei Inzuchtlinien zur Festlegung der Hybridsorte nötig.[732] Die oft umfangreichen Sortenmerkmale brauchen jedoch nicht alle in die Rolle selbst eingetragen zu werden. Ausreichend und zulässig ist auch ebenso wie bei anderen Registern ein Hinweis auf andere Unterlagen des Bundessortenamtes (Erteilungsakten mit Prüfungsberichten und Erteilungsbeschlüssen, auch Eintragungsakten nach dem SaatG), aus denen ersichtlich wird, welche wichtigen Unterscheidungsmerkmale die eingetragene Sorte hat (§ 28 Abs. 2 S. 1 SortG). Die Einsichtnahme in die Aktenteile, auf die in der Rolle hingewiesen wird, steht jederman frei (§ 29 Abs. 1 Nr. 2a) SortG). Da bei der Neuheitsprüfung einer Sorte entsprechend dem Züchtungsfortschritt mehr und mehr verfeinerte Merkmale zugrundegelegt werden, müssen die für bereits geschützte Sorten maßgebenden Merkmale ergänzt werden. Deshalb bestimmt § 28 Abs. 2 S. 2 SortG ausdrücklich, daß das Bundessortenamt die mit Sortenschutzantrag geltendgemachten oder den bekanntgemachten Unterlagen entnehmbaren Merkmale nach Anzahl und Art ändern kann, um damit die Beschreibung der Sorte mit den Beschreibungen anderer neuerer Sorten wieder vergleichbar zu machen. In der Gesetzesbegründung[733] heißt es zu dieser Regelung, daß die Ausprägung der meisten Merkmale nach den biologischen Gegebenheiten nur in Relativbegriffen beschrieben werden können, die die Ausprägung eines Merkmals in Beziehung zu den Ausprägungen des jeweiligen Merkmals der anderen Sorte eines bestimmten Sortiments beschreiben. Wenn sich im Zuge der Fortentwicklung der Pflanzenzüchtung und der Untersuchungsverfahren das Sortiment hinsichtlich eines Merkmals so verändert, daß die festgestellten Ausprägungen die Relation nicht mehr zutreffend wiedergeben, kann es erforderlich werden, ein bestimmtes Sortiment hinsichtlich bestimmter Merkmale insgesamt neu zu klassifizieren, um wieder eine exakte Vergleichsbasis für neue Sorte zu gewinnen.

932 Die mit § 28 SortG beabsichtigten Publizitätszwecke sind zudem von Bedeutung für die Fragen, von wem die Sorte stammt, wem das Sortenschutzrecht zusteht und wer hierüber verfügungsberechtigt ist. Daher umfassen die einzutragenden Tatsachen auch Namen und Anschrift des Ursprungszüchters oder Entdeckers (Nr. 3a), den Namen und die Anschrift des Sortenschutzinhabers (Nr. 3b) sowie den Namen und die Anschrift der Verfahrensvertreter (Nr. 3c). Daraus ergibt sich namentlich die Verfügungsbefugnis über das Schutzrecht. Als Sortenschutzinhaber können eingetragen werden eine oder mehrere natürliche Personen unter ihrem bürgerlichen Namen oder Gesellschaften unter ihrer Firma. Im letztgenannten

---

731 Vgl. *Reimer-Neumahr* § 24 PatG Rdn 2; *Klauer-Möhring* § 24 PatG Anm. 3.
732 *Böhringer*, Deutsches Bundesrecht II I, 35, S. 30.
733 BT-Drs. 10/816 S. 24.

I. Das Verfahren vor dem Bundessortenamt

Fall müssen aus der Rolleneintragung oder aus den neben der Rolle zugänglichen Unterlagen diejenigen Personen ersichtlich sein, die nach der Eintragung im Handelsregister die Gesellschaft vertreten. Wenn nach § 15 Abs. 2 SortG der Geschäftsverkehr mit den dort genannten Beteiligten erleichtert werden soll, so muß auch der danach bestellte Verfahrensvertreter aus der Sortenschutzrolle ersichtlich sein. Dagegen werden Vertreter von im Inland oder einem EU-Staat ansässigen Beteiligten nicht eingetragen. Eingetragen werden ferner unter dem personellen Zuordnungsordnungsgesichtspunkt ein ausschließliches Nutzungsrecht, einschließlich des Namens und der Anschrift seines Inhabers (Nr. 5). Systematisch gehört diese Eintragung eigentlich nicht unter Abs. 1, sondern unter Abs. 3, da es sich um keine gesetzlich von Amts wegen vorzunehmende, sondern auf Rechtsgeschäfte (zwischen Sortenschutzinhaber und Nutzungsberechtigten) zurückgehende Eintragung handelt, die von den Beteiligten ausgeht und insoweit antragsgebunden ist, ohne daß jedoch eine Eintragungsverpflichtung besteht. Nicht eintragbar sind dagegen nichtausschließliche Nutzungsrechte.

Zur Schaffung zeitlich klarer Verhältnisse sind nach Nr. 4 Beginn und Ende des Sortenschutzes sowie der Beendigungsgrund einzutragen. Beginn ist der Anfangstag des Schutzes, d. h. der Tag, an dem die im förmlichen Verfahren schriftlich zu erlassende Erteilungsentscheidung dem Antragsteller zugestellt wird (§ 69 Abs. 2 S. 1 VwVfG). Die Beendigung berechnet sich nach der Schutzdauer der Sorte gemäß § 13 SortG. Die übrigen Beendigungsgründe des Sortenschutzes ergeben sich aus § 31 SortG (Verzicht, Rücknahme, Widerruf). Einzutragen ist schließlich ein Zwangsnutzungsrecht nach § 12 SortG mit den festgesetzten Bedingungen (Nr. 6). 933

Während die Eintragungen nach Abs. 1 mit Ausnahme der Nr. 5 im Gesetz vorgeschrieben sind und vom Bundessortenamt automatisch von Amts wegen bei Vorliegen des entsprechenden Tatbestandes vorgenommen werden, beruhen die Eintragungen nach Abs. 2 auf einer willentlichen Entscheidung der Beteiligten und müssen beantragt und dem Bundessortenamt nachgewiesen werden. Das Antragserfordernis ergibt sich nicht ausdrücklich aus dem Gesetz, kann aber aus der Notwendigkeit des Nachweises geschlossen werden. Zudem war die Antragsmöglichkeit in früheren Gesetzesfassungen (§ 30 Abs. 2 SortSchG 68) ebenso wie noch heute im Patentrecht (§ 30 Abs. 3 PatG) im Zusammenhang mit der Gebührenzahlungspflicht enthalten, deren Regelung insoweit durch die Novelle 1974 nicht gestrichen, aber in die nach § 43 SortSchG 68 erlassene Rechtsverordnung verwiesen worden ist.[734] Antragsberechtigt sind die Beteiligten oder die Betroffenen. 934

Der Nachweis kann an sich in jeder Form geführt werden. Wie im Patentrecht[735] verlangt jedoch das Bundessortenamt zu Recht grundsätzlich den Nachweis durch Urkunden, da es der Ausgestaltung des sortenamtlichen Verfahrens nicht entspricht, den Nachweis durch alle im ordentlichen Rechtsstreit zulässigen Beweismittel, insbesondere durch Zeugen zuzulassen.[736] Die urkundlichen Nachweise sind nach dem materiellrechtlichen Vorschriften zu führen, so bei Erbfolge durch Erbschein oder durch öffentlich beurkundete Verfügung von Todes wegen, bei handelsrechtlichen Änderungen durch Auszug aus dem Handelsregister. Bei rechtsgeschäftlichen Übertragungen sind die Umschreibungsbewilligung des eingetragenen Inhabers oder Anmelders und die Annahmeerklärung des Erwerbers nötig, wobei die Umschreibungsbewilligung bisher nach der Praxis des Bundessortenamtes eine notarielle Be- 935

---

734 BT-Drs. 7/596 S. 13 zu Nr. 19.
735 Vgl. *Benkard/Schäfers* § 30 PatG Rdn 13.
736 Vgl. auch BGH GRUR 1969, 43, 45.

glaubigung nicht erforderte. Gleiches gilt auch bei rechtsgeschäftlichen Übertragungen von Sortenschutzrechten oder Sortenschutzanmeldungen ausländischer Inhaber oder Antragsteller, sodaß diese Urkunden auch keiner Legalisierung durch eine deutsche diplomatische Vertretung (z. B. Konsulat) oder einer Apostille nach dem Haager Übereinkommen bedürfen. Bei rechtsgeschäftlicher Übertragung sollte für den Nachweis der Änderung gegenüber dem Bundessortenamt zweckmäßigerweise das Formblatt BSA-V10/93 verwendet werden, das sowohl vom bisherigen berechtigten Sortenschutzanmelder bzw. Sortenschutzinhaber zu unterzeichnen ist als auch vom Erwerber, d. h. vom neuen Berechtigten. Das Formblatt ist so gefaßt, daß es auch als Nachweis für die Eintragung eines ausschließlichen Nutzungsrechtes in die Sortenschutzrolle verwendet werden kann. Grundsätzlich darf sich das Bundessortenamt mit dieser formal ordnungsgemäßen Urkunde begnügen. Führt deren Prüfung aber zu Zweifeln an der Wirksamkeit des zugrundeliegenden Geschäfts und lassen sich diese Zweifel nicht durch Beweismittel, die für das sortenamtliche Verfahren tauglich erscheinen, beheben, muß das Bundessortenamt die Umschreibung versagen, da es diese nur vornehmen darf, wenn die Rechtsänderungen nachgewiesen sind.[737] Zu der vorzunehmenden Prüfung gehört auch die Untersuchung, ob behördliche Genehmigungen notwendig waren und erteilt sind.[738]

936 Eintragungsfähig sind Änderungen in der Person des Sortenschutzinhabers oder eines Verfahrensvertreters. Änderungen in der Person des Sortenschutzinhabers liegen nur vor, wenn ein echter Rechtsübergang von einer Person auf eine andere gegeben ist, gleich aus welchem Grunde: z. B. Übertragung nach § 11 SortG, Übergang auf einen Treuhänder oder Sequester, Erbfolge, Verzicht eines Sortenschutzinhabers zugunsten des anderen Inhabers, Umwandlung einer Einzelfirma in eine Gesellschaftsfirma, Verschmelzung durch Neubildung nach §§ 36 ff. Abs. 2 UmwG, Vermögensübertragung nach §§ 174 ff. UmwG, Umwandlung nach sonstigen Vorschriften des Umwandlungsgesetzes. Bleibt der Inhaber dagegen die gleiche Rechtsperson, ändert sich also nur seine Bezeichnung, so fehlt es an einer echten Rechtsnachfolge und es liegt nur ein Fall einer gebührenfreien Rollenberichtigung vor. Auch insoweit kann auf die entsprechenden Umschreibungs- und Berichtigungsfälle im Patentrecht verwiesen werden.[739]

937 Ein Vertreterwechsel ist gegeben, wenn anstelle oder neben einem bereits eingetragenen Verfahrensvertreter (§ 15 Abs. 2 SortG) ein anderer oder weiterer Vertreter eingetragen werden soll.[740] Vertreterwechsel in Bezug auf ein ausschließliches Nutzungsrecht steht dabei dem Vertreterwechsel beim Vollrecht gleich. Das ist zwar nicht mehr ausdrücklich in Abs. 2 hervorgehoben, ergibt sich aber daraus, daß ein Verfahrensvertreter gemäß § 15 Abs. 2 SortG generell auch für einen Nutzungsberechtigten bestellt werden kann.

938 Wer einmal als Sortenschutzinhaber oder als Verfahrensvertreter eingetragen ist, bleibt gemäß § 28 Abs. 3 S. 2 auch dann nach dem SortG berechtigt und verpflichtet, wenn sich der tatsächliche Rechtszustand geändert hat, und zwar solange bis die eingetretene Änderung in die Sortenschutzrolle eingetragen ist. Das bedeutet nicht, daß eingetragene Rechtsänderungen erst mit der Eintragung in die Sortenschutzrolle wirksam werden. Vielmehr ist die Eintragung und auch ihre Änderung nur erforderlich, um gegenüber dem Bundessortenamt oder den Gerichten eine nach dem SortG tatsächlich bestehende Berechtigung nachzuweisen

---

737 Vgl. BGH GRUR 1969, 43, 46.
738 Vgl. RGZ 151, 129, 134, 136; DPA in Bl.f.PMZ 1956, 223.
739 Vgl. *Benkard/Schäfers* § 30 PatG Rdn 116.
740 PA in Bl.f.PMZ 1937, 28.

(Legitimationswirkung). Die fortbestehende Eintragungswirkung hat also verfahrenssichernde Funktion.

Eintragungen, die fehlerhaft oder unrichtig sind, müssen gelöscht bzw. berichtigt werden. So z. B. das Erlöschen eines Sortenschutzrechts aufgrund einer Verzichtserklärung eines Schutzrechtsinhabers, der vorher schon seine Schutzrechte veräußert hatte, da er also materiellrechtlich nicht mehr berechtigt war, die Verzichtserklärung abzugeben. Gleiches gilt, wenn ein Verzicht mit Erfolg wegen Irrtums angefochten wird oder wenn die Wiedereinsetzung in den vorigen Stand bei verspäteter Zahlung fälliger Gebühren durchgesetzt wird. Da eine unberechtigte Löschung eines Sortenschutzrechtes in der Rolle zwar keine materielle, aber doch eine deklaratorische bzw. legitimierende Wirkung hat, muß in diesem Falle eine Berichtigung in der Rolle erfolgen. Ferner ist ein Verzicht eines nicht in der Rolle Eingetragenen unwirksam, d. h. die Verzichtserklärung führt zu keiner entsprechenden Rolleneintragung, weil nur der in der Rolle Eingetragene antragsberechtigt ist. Die Beweislast dafür, daß eine Eintragung unrichtig ist, trifft denjenigen, der dies behauptet. 939

Eintragungen, die von Amts wegen vorzunehmen sind, kann dabei das Bundessortenamt jederzeit berichtigen, wenn sich ihre Unrichtigkeit herausstellt.[741] Alle sonstigen (antragsgebundenen) Eintragungen kann das Bundessortenamt grundsätzlich nicht ohne Zustimmung des Betroffenen berichtigen oder löschen. Das ist nur ausnahmsweise möglich, wenn die Voraussetzungen gegeben sind, unter denen sogar die Rechtskraft eines Urteils im Wege der Wiederaufnahme des Verfahrens beseitigt werden kann oder auf Antrag des zu Unrecht nicht Gehörten.[742] 940

Die Eintragungen in der Sortenschutzrolle werden im „Blatt für Sortenwesen" bekanntgemacht (§§ 28 Abs. 4 SortG, 10 BSAVfV). Auf Antrag erteilt das Bundessortenamt Auszüge aus der Sortenschutzrolle. 941

Eintragungen und Löschungen des Inhabers eines ausschließlichen Nutzungsrechtes und Änderungen in der Person eines Eingetragenen sind gebührenpflichtig (§§ 33 SortG 12 BSAVfV, Geb.-Verz. Nr. 122). Die Gebühr beträgt DM 200.–. Gebührenpflichtig sind auch die Auszüge aus der Sortenschutzrolle (Geb.-Verz. Nr. 300 = DM 30.– plus Kopierkosten je Seite) 942

13. Einsichtnahme

Bei der Einsichtnahme nach § 29 SortG stehen sich die Belange der Allgemeinheit an Publizität und Information einerseits und die Interessen des Schutzberechtigten an der Geheimhaltung und dem Vertrauensschutz andererseits gegenüber. Der Gesetzgeber hat die widerstreitende Interessenlage in Abs. 1 zugunsten der Allgemeinbelange entschieden, gibt jedoch in Abs. 2 in besonderen dem berechtigten Geheimhaltungsinteresse des Sortenschutzanmelders den Vorzug. 943

Absatz 1 regelt das Recht auf freie Einsichtnahme für jedermann ohne Nachweis, daß hierfür ein berechtigtes Interesse besteht. Die freie Einsicht in die Sortenschutzrolle (Nr. 1) stellt sicher, daß die Sortenschutzrolle auch ihren Zweck erfüllt, die Öffentlichkeit über die Rechtsverhältnisse an der Sorte zu unterrichten. Sie muß daher zur Erzielung größtmöglicher 944

---

[741] Vgl. Mitt. 1921, 109.
[742] Vgl. BGH GRUR 1969, 43.

Publizität über die Bekanntmachung ihrer Eintragungen hinaus (§ 28 Abs. 4 SortG) auch jederman zur Einsicht offen stehen. Während der Amtsstunden des Bundessortenamtes hat jeder Zutritt zur Rolle. Aber auch in Bezug auf die Unterlagen nach § 28 Abs. 2 S. 1 SortG sowie in die Unterlagen eines nach § 24 SortG bekanntgemachten Sortenschutzantrages bis zur Erteilung des Sortenschutzes und den Anbau zur Prüfung der Sorte besteht ein Bedürfnis nach unbeschränkter Einsichtnahme. Wenn nämlich die Eintragung der in den Prüfungsberichten festgestellten Ausprägungen der für die Unterscheidbarkeit maßgebenden Merkmale einer Sorte und bei Kreuzung der Erbkomponenten durch einen Hinweis auf die Unterlagen des Bundessortenamtes ersetzt werden kann, müssen auch diese Unterlagen jederzeit eingesehen werden können. Die freie Einsichtnahmemöglichkeit in die bis zur Erteilung des Schutzrechtes eingereichten oder erstellten Unterlagen eines bekanntgemachten Sortenschutzantrags und den Prüfungsanbau erklärt sich daraus, daß sich auch aus der Bekanntmachung der Anmeldung (§ 24 SortG) und der Ergebnisse des Prüfungsanbaus (§§ 29 Abs. 1 Nr. 3; 24) ergeben soll, ob die Erhebung von Einwendungen nach § 25 SortG geboten ist. Dieses Überprüfungsrecht der Allgemeinheit wird durch das Einsichtsrecht verstärkt, zu dessen Ausübung im Wege des vereinfachten Verfahrens Rollenauszüge schriftlich angefordert und dazu auch Photokopien der relevanten Stellen aus den Erteilungsakten und Auskünfte gegen Gebühren (Geb.-Verz. Nr. 300) erbeten werden können.

945 Durch das SortG 85 ist die freie Einsicht in die Unterlagen eines erteilten Sortenschutzrechtes (Nr. 2b 2. HS) und den Anbau zur Nachprüfung des Fortbestehens einer Sorte (Nr. 3b) hinzugekommen. [743, 744]

946 Die grundsätzlich freie Einsichtnahme wird aber in einem wichtigen Fall eingeschränkt, der bislang schon im SaatG (früher § 60 Abs. 2 S. 2, jetzt § 49 Abs. 2 SaatG) geregelt war und durch das SortG 85 auch in das Sortenschutzgesetz eingeführt wurde. Nach § 29 Abs. 2 SortG sind bei Sorten, deren Pflanzen durch Kreuzung bestimmter Erbkomponenten erzeugt werden, die Angaben über die Erbkomponenten auf Antrag desjenigen, der den Sortenschutzantrag gestellt hat, von der Einsichtnahme auszuschließen. Diese Ergänzung im Sortenschutzgesetz, nach der im Interesse vor allem der Hybridsortenzüchter die Angaben über Erbkomponenten zu Betriebsgeheimnissen gemacht werden können, ist nicht zuletzt deshalb notwendig, weil die entsprechende Bestimmung im SaatG ihren Schutzzweck verfehlen würde, wenn derartige Angaben für eine Sorte von jedem ohne weiteres der Sortenschutzrolle entnommen werden könnten. Ein Betriebsgeheimnis in diesem Sinn ist jedoch nur gegeben bei bestimmten Sorten und nur in Bezug auf bestimmte Geheimhaltungspunkte:

947 Neue Sorten entstehen durch Pflanzenzüchtung. Die Methoden der Pflanzenzüchtung sind vielfältig. Neben der Selektion und der Mutation gibt es vor allem den Weg der Kreuzung (Kombinationszüchtung, Hybridzüchtung), um neue Pflanzensorten zu erzeugen. Bei der Kreuzung werden durch Einfach-, Vielfach- und Rückkreuzungen auf der Grundlage der von Mendel und anderen erarbeiteten Erbgesetzmäßigkeiten die Genotypen verschiedener Eltern derart miteinander in Verbindung gebracht, daß bereits in der F1-Generation und in nachfolgenden Generationen eine Umkombination der Gene bzw. der Allele der Gene stattfindet, in denen sich die gekreuzten Eltern unterscheiden. Mit der Umkombination der Gene geht einher eine Umkombination der von ihnen kontrollierten Merkmale. Wirtschaftlich wertvolle Eigenschaften, die sich auf beide Eltern verteilt befinden, können in einem

---

[743] Zum vorausgehenden Rechtszustand, bei dem insoweit ein Einsichtsrecht nur bei Glaubhaftmachung eines berechtigten Interesses eines Dritten bestand.
[744] Vgl. *Wuesthoff/Leßmann/Wendt*, Kommentar, 2. A. Rdn 2 zu § 29.

neuen Genotyp vereinigt und zur Konstanz gezüchtet werden. Ferner können durch die Kreuzung Genotypen mit neuen Eigenschaften auftreten, die bei beiden Eltern bisher unbekannt waren, die aber durch das Zusammenwirken von Genen entstehen, die von beiden Eltern stammen. Schließlich können nach der Kreuzung auch Pflanzen mit quantitativ veränderten Merkmalen auftreten, die einerseits in der Stärke der Merkmalsausprägungen der elterlichen Merkmale das Ausmaß der elterlichen Merkmale nach der positiven oder negativen Seite überschreiten oder andererseits bei extrem positiver bzw. negativer Ausbildung eines quantitativen Merkmals zu Genotypen mit einer konstant intermediären Ausbildung des Merkmals gelangen.[745] Während dabei in der Kombinationszüchtung aus der heterocygoten F1-Generation das gewünschte Produkt durch Selektion zur Konstanz gezüchtet wird, wird in der Hybridzüchtung ein heterocygotes Produkt als Sorte auf den Markt gebracht, das vom Züchter für den Benutzer (Anbauer) immer wieder aufs Neue hergestellt wird. Die Hybridsorten sind zwar ebenfalls sehr einheitlich, übertragen aber die Werteigenschaften nicht in vollem Umfang auf die Nachkommen, sondern spalten diese in der jeweils nachfolgenden Generation auf. Jedoch kann bei Wahl der richtigen Kombinationspartner eine Nachfolgesorte geschaffen werden, die die Leistungsfähigkeit des Ausgangsmaterials merklich übertrifft. Gerade diese Hybridwüchsigkeit (sogenannter Heterosiseffekt) ist Anreiz für viele Züchter, Saatgut für Nachfolgesorte zu produzieren, das aber nur aus der ständigen Kreuzung von Elternlinien hervorgehen kann. Hinzukommen heute neben klassischen Züchtungsmöglichkeiten der Zusammenführung ganzer Genome neue Methoden, die es gestatten nicht nur ganze Genome, sondern auch bestimmte Eigenschaften losgelöst vom Restgenom aus einer Spezies in eine andere zu übertragen. Hier handelt es sich um Züchtungs- = Kreuzungsmethoden aufgrund der Gentechnologie, die gerade erst am Anfang der Entwicklung stehen und von denen noch nicht abgesehen werden kann, wohin sie einmal führen werden. Durch alle diese Methoden entstehen neue Pflanzensorten, sogenannte Kreuzungssorten und Hybridsorten, deren Entstehung sehr kompliziert und aufwendig ist. Das hierzu erarbeitete Wissen ist ein wertvolles Betriebsgeheimnis, bei dem ein starkes Geheimhaltungsinteresse des Züchters besteht. Der Gesetzgeber hat deshalb durch Anerkennung der Erbkomponenten als Betriebsgeheimnisse diesem schützenswerten Interesse des Züchters durch die Einschränkung des Einsichtsrechtes Rechnung getragen.

Geheimhaltungsgegenstand gemäß § 29 Abs. 2 SortG sind nur die Erbkomponenten, die bei der Hybridzüchtung, wie sie in § 10 S. 1 Nr. 3 SortG beschrieben wird, verwendet werden. Das geht zwar expressis verbis weder aus dem Wortlaut der gesetzlichen Bestimmung noch aus der dazu vorliegenden Begründung in der BT-Drs. 10/816, S. 24, r.Sp. hervor, wird aber von den Fachkreisen, d.h. Wissenschaftlern und Praktikern, die sich mit der Pflanzenzüchtung befassen, dem Wort „Erbkomponenten" entnommen. Voraussetzung dafür, eine Hybridzüchtung erfolgreich durchführen zu können, ist die Kenntnis der bestehenden Sorten sowie der Einblick in deren Erbanlagen und die genetische Variabilität der betreffenden Arten. Diese soll nicht per se jedem zugänglich sein. Der Begriff der Erbkomponenten ist dabei im weitesten Sinne zu verstehen. Allgemein eingebürgert hat sich der Begriff des Gens, der in der klassischen Genetik als Einheit der Funktion für die Ausbildung bestimmter Merkmale als Einheit der Rekombination und als Einheit der Mutation definiert wird. Gene sind die Erbfaktoren bzw. Erbanlagen, die bei jeder Fortpflanzungszellteilung auf die Nachkommen oder Tochterzellen übertragen werden. Während dabei das Gen in der Pflanzenzüchtung bis heute ein Begriff geblieben ist, der aufgrund von phänotypischen Merkmalen

948

---

745 Vgl. *Kuckuck/Kobabe/Wenzel* Grundzüge der Pflanzenzüchtung 5. Auflage 1985, 20.

und deren Spaltung lediglich Zahlenverhältnisse widergibt, hat dieser Begriff in der Molekularbiologie eine stoffliche Zuordnung in Form definierter Abschnitte auf der DNS erfahren, nämlich als ein linear ausgedehnter, im wesentlichen eindimensionaler Abschnitt auf der DNA, der eine Funktionseinheit (Träger der Information) bildet.

949 In formeller Hinsicht ist zur Geheimhaltung der Erbkomponenten ein Antrag des Sortenschutzanmelders erforderlich, damit die betreffenden Angaben von der Einsichtnahme auszuschließen sind. Die Erbkomponenten sind also nicht automatisch Betriebsgeheimnis, sondern nur, wenn der Antragsteller auf Sortenschutz dies will. Der Antrag auf Behandlung als Betriebsgeheimnis muß jedoch vom Antragsteller bis zur Entscheidung über den Sortenschutzantrag gestellt worden sein, da ein Schutzbedürfnis für die Geheimhaltung nicht mehr angenommen und die Geheimhaltung auch nicht mehr gewährleistet werden kann, wenn diese Angaben nach der Schutzerteilung bereits eine Zeitlang offengelegen haben.[746] Auch sind die förmlichen Voraussetzungen des § 64 VwVfG (schriftlich oder zur Niederschrift beim Bundessortenamt) zu beachten. Die Angaben über die Erbkomponenten sind dann bei Vorliegen der materiellen Geheimhaltungsvoraussetzungen von der Einsichtnahme auszuschließen. Der Antragsteller hat also einen Anspruch auf Geheimhaltung. Die Entscheidung liegt deshalb nicht im Ermessen des Bundessortenamt.

---

746 BT-Drs. 10/816 S. 24.

II. Verfahren vor dem Gemeinschaftlichen Sortenamt

1. Vorbemerkung

Ein dem deutschen Verwaltungsverfahrensgesetz vergleichbares kodifiziertes Verwaltungsverfahrensrecht gibt es auf europäischer Ebene nicht. Art. 114 EGSVO eröffnet den gemeinschaftlichen Verwaltungsvollzug für das gemeinschaftliche Sortenschutzrecht ergänzend auf dem Verordnungswege durch die Kommission (Art. 115 EGSVO) nach Anhörung des Verwaltungsrates (Art. 114 Abs. 2 EGSVO).

Durch das gemeinschaftliche Sortenschutzrecht hat die Gemeinschaft gemeinschaftliches Sekundärrecht geschaffen, das Teil der durch den EG-Vertrag geschaffenen eigenständigen gemeinschaftlichen Rechtsordnung ist.[747] Grundsätzlich ist deshalb die EGSVO autonom auszulegen, um den Grundsatz der Einheit des Gemeinschaftsrechts und der Gleichheit der Individuen zu gewährleisten. Die Rechtsquellen des europäischen Verwaltungsrechts sind deshalb weitgehend mit den allgemeinen Rechtsquellen des europäischen Gemeinschaftsrechts identisch,[748] soweit das Verfahren nicht in der jeweiligen Gemeinschaftsverordnung und/oder in den hierzu in der Regel erlassenen Durchführungsverordnungen geregelt ist. Ergänzend zu diesen Vorschriften sind neben dem Recht, wie es im Gründungsvertrag und den hierzu erfolgten Erweiterungen fixiert wurde, sowie dem Gewohnheitsrecht die allgemeinen Rechtsgrundsätze, die aus einem Vergleich der nationalen Rechtssätze entwickelt werden, die vierte Rechtsquelle, neue verfahrensrechtliche Fragen zu beantworten. Diese hat in Art. 81 EGSVO eine ausdrückliche Erwähnung gefunden.

Da sich die Rechtsfigur des „Verwaltungsrechtsverhältnisses" und die damit verbundenen Rechte auf das Gemeinschaftsrecht übertragen lassen,[749] ist das Rechtsverhältnis des Antragstellers, begründet durch den Antrag auf Erteilung eines gemeinschaftlichen Sortenschutzrechtes, dem Verhältnis Antragsteller/BSA, das sich auf die Erteilung eines deutschen nationalen Sortenschutzrechtes richtet, vergleichbar. Dabei entspricht dem deutschen Verwaltungsaktbegriff der europäische Begriff der Entscheidung.[750] Wegen weiterer Einzelheiten zum europäischen Verwaltungsrecht muß auf den Abriß bei *Bleckmann*, Rdn 313 sowie die Spezialliteratur verwiesen werden, z. B. Schwarze, Europäisches Verwaltungsrecht Bd. I und II, 1988.

2. Verfahrensvorschriften und -grundsätze

Die Grundverordnung zum gemeinschaftlichen Sortenschutz enthält im Vierten Teil, Kapitel 6 in den Art. 75 bis 82 allgemeine Verfahrensbestimmungen, die durch die Art. 53 bis 77 im Vierten Titel der Durchführungsverordnung (DVO) ergänzt werden.

950

951

952

953

---

747 Vgl. grundlegende Entscheidung EuGHE 1994, 1251, 1269 – Costa/E.N.E.L.
748 *Bleckmann*, Rdn 1315.
749 *Bleckmann*, Rdn 1317.
750 *Bleckmann*, Rdn 1317.

5. Abschnitt: Schutzerteilungsverfahren

a) Schriftlichkeit des Verfahrens

954 Das Verfahren vor dem Gemeinschaftlichen Sortenamt ist grundsätzlich schriftlich. Dies ergibt sich für den Antrag auf Erteilung eines gemeinschaftlichen Sortenschutzes u. a. aus Art. 49 EGSVO i. V. m. Art. 16 DVO, für das Einwendungsverfahren aus Art. 59 EGSVO sowie allgemein für den Vortrag von Verfahrensbeteiligten aus Art. 57 DVO. Von besonderer Bedeutung ist hierbei Art. 57 DVO, der bestimmt, daß als Eingangsdatum der in das Verfahren einzubringenden Schriftstücke das Datum gilt, an dem die Schriftstücke tatsächlich am Sitz des Amtes, der beauftragten nationalen Einrichtung oder der Dienststelle nach Art. 30 Abs. 4 der EGSVO eingegangen sind. Dies bedeutet, daß sämtliche Schriftstücke *im Original* beim Amt oder den anderen zur Entgegennahme bestimmten Ämtern spätestens am Tag des Fristablaufes eingehen müssen, um fristwahrende Wirkung entfalten zu können. Zwar kann mit Zustimmung des Verwaltungsrates das Amt Schriftstücke zulassen, die über elektronische oder elektrotechnische Übermittlungsweisen wie z. B. Telefax an das Amt gehen. Dies ist jedoch bislang nicht geschehen.

955 Es ist wünschenswert, daß das Amt diese völlig unzeitgemäße Regelung den tatsächlichen Bedürfnissen des heutigen Geschäftsverkehrs anpaßt und deshalb entsprechend dem in Art. 57 Abs. 3 vorgesehenen Verfahren die Möglichkeit eröffnet, fristwahrend Schriftstücke mit Hilfe der Telekommunikation an das Amt übermitteln zu können. Dies ist heute durchgängige Praxis und zwar nicht nur vor nationalen Behörden und Gerichten, sondern auch im Verfahren vor europäischen Institutionen, so z. B. vor dem Harmonisierungsamt für den Binnenmarkt (Marken, Muster, und Modelle), bei dem selbst Markenanmeldungen ohne Nachreichung des Originals per Telefax wirksam vorgenommen werden können, es sei denn, die beanspruchte Marke erfordert eine Übermittlung im Original, z. B. bei Beanspruchung der farblichen Ausgestaltung entsprechend der gestalteten Marke. Auch Rechtsmittel können vor dem Harmonisierungsamt fristwahrend durch Telefaxübermittlung eingelegt werden, ohne daß das Original nachzureichen wäre.

956 Nach den vorstehend erwähnten Vorschriften zur Schriftlichkeit des Verfahrens werden mündliche Verfahrenserklärungen deshalb nur in den Fällen berücksichtigt, in denen eine mündliche Verhandlung stattfindet.[751]

957 Auch die Entscheidungen des Amtes sind schriftlich abzufassen sowie in der Regel zu begründen (vgl. u. a. Art. 40 und 53 Abs. 2 DVO)

b) Ermittlung des Sachverhalts

958 Um entscheiden zu können, ob die nach Art. 5 EGSVO zu erfüllenden Voraussetzungen zur Erteilung eines gemeinschaftlichen Sortenschutzes vorliegen, muß das Amt die für die sachliche Prüfung gemäß Art. 54 EGSVO und die technische Prüfung gemäß Art. 55 EGSVO erforderliche Sachverhaltsermittlung von Amts wegen durchführen.

959 Das Erteilungsverfahren vor dem Gemeinschaftlichen Sortenamt geht somit vergleichbar dem deutschen Verwaltungsverfahrensrecht vom Untersuchungsgrundsatz aus. Das Amt bestimmt Art und Umfang der Ermittlungen und ist im übrigen an das Vorbringen und an die Beweisanträge der Beteiligten nicht gebunden (vgl. § 24 Abs. 1 VwVfG). Allerdings obliegt –

---

751 Vgl. nachfolgend Rdn 963 ff.

ähnlich wie nach § 26 Abs. 2 VwVfG – dem Antragsteller bzw. sonstigen Beteiligten eine Mitwirkungslast. Bei der Ermittlung, ob die Voraussetzungen für die vom Amt verlangte Entscheidung vorliegen, ist das Amt auf die Mitwirkung der Verfahrensbeteiligten angewiesen, da z. B. Testmaterial der Neuzüchtung, für die gemeinschaftlicher Sortenschutz beansprucht wird und das vom Amt, aus welchen Gründen auch immer, nachgefordert wird, von diesem nicht ohne Mitwirkung des Antragstellers beschafft werden kann. Die in Satz 2 des Art. 76 S. 2 EGSVO erwähnte Mitwirkungspflicht stellt jedoch keine rechtlich durchsetzbare Mitwirkungspflicht dar, deren Erfüllung mit Vollstreckungsmaßnahmen erzwungen werden könnte. Andernfalls müßte der Beteiligte auch bei der Aufklärung solcher Umstände mitwirken, die sich zu seinen Lasten auswirken. Kommt der Verfahrensbeteiligte seiner Mitwirkungspflicht nicht nach, ergeben sich für ihn unter Umständen mittelbar nachteilige Rechtsfolgen und zwar bereits dann, wenn die vom Amt geforderten Tatsachen und Beweismittel nicht innerhalb der vom Amt gesetzten Frist beigebracht worden sind. Dies kann aber nur insoweit gelten, als die Einhaltung der Frist demjenigen, der zur Mitwirkung aufgefordert wurde, auch zumutbar war und diesem gegenüber verhältnismäßig ist. Hat der Verfahrensbeteiligte es unterlassen, der Aufforderung des Amtes zur Verfahrensmitwirkung nachzukommen, wird die Verpflichtung zur Aufklärung des Sachverhalts von Amts wegen dort begrenzt sein, wo der Beteiligte seiner Pflicht zur Mitwirkung nicht Folge geleistet hat.[752]

c) Rechtliches Gehör und Begründung von Entscheidungen

In Art. 75 EGSVO wird dem Gemeinschaftlichen Sortenamt die Pflicht auferlegt, Entscheidungen zu begründen. Damit legt die Verordnung dem Amt die gleiche Verpflichtung auf wie dies § 39 VwVfG für die nationale Behörde vorsieht. Es entspricht rechtsstaatlichen Grundsätzen, daß der Gemeinschaftsbürger die tatsächlichen und rechtlichen Gründe erfährt, die die Entscheidung des Gemeinschaftlichen Sortenamtes bewirkt haben. Art. 75 EGSVO legt dem Amt eine Begründungspflicht auch für den Fall auf, daß es dem Antragsteller auf Erteilung eines gemeinschaftlichen Sortenschutzrechtes im vollen Umfang entspricht, d. h. also auch für einen begünstigenden Verwaltungsakt. Keine der in § 39 Abs. 2 VwVfG aufgelisteten Ausnahmen zur Begründungspflicht, insbesondere bei dem Fall, daß die Behörde einem Antrag entspricht und der Verwaltungsakt nicht in die Rechte eines anderen eingreift, ist im Verfahren vor dem Gemeinschaftlichen Sortenamt vorgesehen. 960

Eine Entscheidung des Amtes darf nur auf Gründe oder Beweise gestützt werden, zu denen die Verfahrensbeteiligten sich mündlich oder schriftlich äußern konnten. Dies entspricht dem aus dem Rechtsstaatsprinzip (vgl. Art. 20 GG) folgenden Rechtsanspruch auf rechtliches Gehör. Im Vergleich zum nationalen Verwaltungsverfahrensrecht unterscheidet Art. 75 EGSVO aber nicht zwischen begünstigendem (Erteilung des beantragten Sortenschutzes) und belastendem Verwaltungsakt (Ablehnung der Erteilung eines Sortenschutzrechtes; Zurückweisung von Einwendungen Dritter; Nichtigerklärung des gemeinschaftlichen Sortenschutzes nach Art. 20 EGSVO; Aufhebung des gemeinschaftlichen Sortenschutzes nach Art. 21 EGSVO). Entspricht das Amt im einseitigen Verfahren dem Antrag des Antragstellers auf einer Grundlage, zu der der Antragsteller nicht die Gelegenheit zur 961

---

752 Vgl. *Stelkens*/Bork/*Sachs*, § 26 VwVfG Rdn 33.

Stellungnahme hatte, wird ein Verstoß gegen Art. 75 S. 2 EGSVO nicht vorliegen, wenn das Amt dem Antrag im vollen Umfange entspricht, da insoweit nicht in eine Rechtsposition, begründet durch den Antrag auf Erteilung eines gemeinschaftlichen Sortenschutzrechtes, in für den Antragsteller belastender Weise eingegriffen wird. Dies gilt aber nur dann, wenn das Schutzrecht nicht nur erteilt, sondern exakt mit dem Schutzumfang, festgelegt durch die Sortenbeschreibung, erteilt wird, wie es beantragt wurde.

962 Wenn das Gemeinschaftliche Sortenamt eine Entscheidung nicht, wie beantragt, wegen Mängel erlassen kann, ist es zudem gehalten, den Verfahrensbeteiligten auf die festgestellten Mängel hinzuweisen und aufzufordern, den festgestellten Mängeln innerhalb einer vom Gemeinschaftlichen Sortenamt zu setzenden Frist abzuhelfen (Art. 56 Abs. 1 S. 1 DVO). Bei nicht fristgemäßer Abhilfe entscheidet das Amt. Im übrigen muß zur Gewährleistung des rechtlichen Gehörs das Gemeinschaftliche Sortenamt Schriftsätze eines Verfahrensbeteiligten den anderen am Verfahren Beteiligten übermitteln. Wenn es das Amt für erforderlich hält, setzt es hierbei eine Frist zur Stellungnahme. Dies wird immer dann der Fall sein, wenn in solchen Schriftsätzen Tatsachen und/oder Rechtsausführungen vorgetragen werden, auf die das Amt zu Lasten des/der anderen Verfahrensbeteiligten seine Entscheidung stützten will. Gehen diese nicht rechtzeitig ein, sind sie vom Amt nicht zu berücksichtigen (Art. 56 Abs. 2 DVO).

d) Mündliche Verhandlung

963 Das Verfahren vor dem Gemeinschaftlichen Sortenamt ist schriftlicher Natur, es sei denn, daß es das Amt für zweckdienlich hält, eine mündliche Verhandlung durchzuführen oder einer der Verfahrensbeteiligten diese beantragt (Art. 77 Abs. 1 EGSVO). Bei der von Amts wegen angeordneten mündlichen Verhandlung handelt es sich um eine Ermessensentscheidung des Gemeinschaftlichen Sortenamtes, während eine Verpflichtung zur mündlichen Verhandlung besteht, sofern einer der Verfahrensbeteiligten einen entsprechenden Antrag gestellt hat. Die Ladung zur mündlichen Verhandlung ist den Verfahrensbeteiligten mindestens 1 Monat vorher zuzustellen, es sei denn, die Verfahrensbeteiligten und das Amt einigen sich auf eine kürzere Frist (Art. 59 Abs. 1 S. 2 DVO).

964 Die Mindestladungsfrist ist angesichts der Tatsache, daß die Beteiligten aus dem gesamten Gebiet der Europäischen Union kommen können, und Angers, der gegenwärtige Sitz des Gemeinschaftlichen Sortenamtes, in der Regel nicht in einer Tagesreise erreicht werden kann, unangemessen kurz. Wie die ersten Erfahrungen zeigen, wäre es auch zweckdienlich, dem Amt die Verpflichtung aufzuerlegen, mögliche Termine für eine mündliche Verhandlung mit den Verfahrensbeteiligten abzusprechen. Andernfalls wird durch eine mangelnde Koordinierung und zu kurze Ladungsfristen unter Berücksichtigung der nicht so günstigen Erreichbarkeit Angers im Vergleich zu größeren europäischen Städten das Recht der Verfahrensbeteiligten, in einer mündlichen Verhandlung gehört zu werden, aufgeweicht.

965 In der Ladung sind die Verfahrensbeteiligten darauf hinzuweisen, daß bei Nichterscheinen das Verfahren auch ohne den jeweiligen Verfahrensbeteiligten fortgesetzt werden kann (Art. 59 Abs. 1 S. 1 i. V. m. mit Abs. 2 DVO).

966 Während die mündliche Verhandlung und Verfahren, in denen der Präsident oder die Ausschüsse zuständig sind, nicht öffentlich sind (Art. 77 Abs. 2 EGSVO), ist das Verfahren vor den Beschwerdekammern einschließlich der Verkündung der Entscheidungen grund-

sätzlich öffentlich (Art. 77 Abs. 3 1. HS. EGSVO). Allerdings hat die Beschwerdekammer die Möglichkeit, durch Entscheidung die Öffentlichkeit auszuschließen, insbesondere dann, wenn durch die Öffentlichkeit für einen Verfahrensbeteiligten schwerwiegende und ungerechtfertigte Nachteile zu erwarten sind. Dies wird insbesondere dann der Fall sein, wenn die mündliche Verhandlung Sorten zum Gegenstand hat, bei denen zur Erzeugung fortlaufend Material bestimmter Komponenten verwendet werden muß und hinsichtlich dieser Komponenten ein Recht auf Geheimhaltung gemäß Art. 88 Abs. 3 EGSVO rechtzeitig geltend gemacht wurde oder noch geltend gemacht werden kann. Zur Entscheidung, in welchen Fällen die Beschwerdekammer den Grundsatz der Öffentlichkeit der Verhandlung durchbrechen kann, ist gemäß Art. 81 EGSVO unter Berücksichtigung der aus den § 172–175 GVG und vergleichbaren Regelungen in den anderen Mitgliedstaaten folgenden allgemein anerkannten Grundsätzen innerhalb der europäischen Union zu entscheiden. Die Öffentlichkeitsvorschrift des Art. 77 Abs. 3 EGSVO kommt jedoch nur in solchen Beschwerdeverfahren zur Anwendung, in denen überhaupt eine mündliche Verhandlung stattfindet, weil die Beschwerdekammer die mündliche Verhandlung von Amts wegen anordnet, oder einer der Verfahrensbeteiligten eine mündliche Verhandlung verlangt.

Wird eine mündliche Verhandlung durchgeführt, ist in einem Protokoll der wesentliche Gang der mündlichen Verhandlung über die rechtserheblichen Erklärungen sowie über die Aussagen der Verfahrensbeteiligten festzuhalten. Hat eine Augenscheinnahme stattgefunden, ist deren Ergebnis ebenfalls in die Niederschrift mit aufzunehmen (Art. 63 Abs. 1 DVO). Die Niederschrift ist vorzulesen oder den Verfahrensbeteiligten zur Durchsicht vorzulegen. Anschließend ist dort zu vermerken, daß dies geschehen ist und der Verfahrensbeteiligte die Niederschrift genehmigt hat. Bei Nichtgenehmigung werden die Einwendungen vermerkt (Art. 62. Abs. 3 DVO). 967

e) Beweisaufnahmen

Um dem Amtsermittlungsgrundsatz Genüge zu leisten, wird das Amt in der Regel zur Aufklärung des entscheidungsrelevanten Sachverhalts Verfahrensbeteiligte und Sachverständige hören, Schriftstücke und Urkunden einsehen und ähnliche Aufklärungsquellen ausschöpfen müssen. Daß sich das Amt solcher Quellen bedienen darf, ergibt sich bereits aus dem Untersuchungsgrundsatz. Art. 78 EGSVO ist deshalb lediglich klarstellender Natur und enthält aus diesem Grunde nur einen nicht abschließenden Beweismittelkatalog. Das Amt wird deshalb nach pflichtgemäßem Ermessen und unter Berücksichtigung von Zweckmäßigkeitsgesichtspunkten entscheiden, welche sonstigen, nicht im Beispielskatalog des Art. 78 Abs. 1 EGSVO aufgezählten Beweismittel zweckdienlich sind, damit es dem zu beachtenden Amtsermittlungsgrundsatz gerecht wird. Vergleichbar der Pflicht des Bundessortenamt, diejenigen Beweismittel auszuwählen und heranzuziehen, die es nach pflichtgemäßem Ermessen zur Ermittlung des Sachverhalts für erforderlich hält (vgl. § 26 Abs. 1 VwVfG), liegt es im Verfahrensermessen des Gemeinschaftlichen Sortenamtes, Art und Umfang der Beweisaufnahme zu bestimmen, wobei auch vom Gemeinschaftlichen Sortenamt der Verhältnismäßigkeitsgrundsatz zu beachten sein wird.[753] Daraus folgt auch, daß der Rahmen des Beweisverfahrens nicht durch den Beteiligtenvortrag und die Beweisanträge der Verfah- 968

---

753 Vgl. *Stelkens*/Bork/*Stelkens*, § 26 VwVfG, Rdn 5 zum nationalen Verfahrensrecht.

rensbeteiligten begrenzt wird. Andererseits verstößt das Gemeinschaftliche Sortenamt gegen den Amtsermittlungsgrundsatz, wenn es sich ausschließlich auf den Beteiligtenvortrag verläßt.

969 Da es sich bei dem Beweismittelkatalog des § 78 Abs. 1 EGSVO um eine nicht abschließende Aufzählung handelt, kann jedes rechtlich zulässige Mittel, das den Nachweis der Richtigkeit der zu ermittelnden Tatsachen fördert, vom Amt zur Sachverhaltsaufklärung herangezogen werden.

970 Wie die Beweisaufnahme im einzelnen durchzuführen ist, bestimmen die Art. 60 ff. der DVO. Hält das Amt zur sachgerechten Aufklärung der Tatsachen, die für eine Entscheidung erforderlich sind, die Vernehmung von Verfahrensbeteiligten, Zeugen oder Sachverständigen oder eine Augenscheinnahme für erforderlich, erläßt es einen Beweisbeschluß. In diesem Beweisbeschluß sind, vergleichbar dem § 359 ZPO, neben den rechtserheblichen Tatsachen, über die Beweis zu erheben ist, die Beweismittel sowie Tag, Uhrzeit und Ort der Beweisaufnahme anzugeben (Art. 60 Abs. 1 S. 1 DVO). Hat ein Verfahrensbeteiligter die Vernehmung von Zeugen oder Sachverständigen beantragt, diese aber noch nicht benannt, so wird im Beweisbeschluß eine Frist festgesetzt, innerhalb derer der Verfahrensbeteiligte, der den Beweisantrag gestellt hat, dem Amt Namen und Anschrift der Zeugen und Sachverständigen mitteilen muß, die er vernehmen zu lassen wünscht (Art. 60 Abs. 1 S. 2 DVO). Bei der Bestimmung der Ladungsfrist ist zu beachten, daß diese für Verfahrensbeteiligte, Zeugen und Sachverständige mindestens einen Monat beträgt, die mit der Zustellung des Beweisbeschlusses zu laufen beginnt (Art. 60 Abs. 2 i. V. m. Art. 69 Abs. 1 S. 2 DVO). Auch hier gilt die zur Ladungsfrist des Art. 59 Abs. 1 S. 2 DVO geäußerte Kritik.[754] Sofern das Amt und die Geladenen eine kürzere Frist vereinbaren, kann die Einmonatsfrist unterschritten werden (Art. 60 Abs. 2 2. HS. DVO).

971 Inhaltlich muß die Ladung einen Auszug aus dem Beweisbeschluß enthalten. Aus diesem Auszug haben insbesondere Tag, Uhrzeit und Ort der angeordneten Beweisaufnahme sowie die Tatsachen hervorzugehen, zu denen die geladenen Verfahrensbeteiligten, Zeugen und Sachverständigen vernommen werden sollen (Art. 60 Abs. 2a) DVO). Darüber hinaus sind die Namen aller Verfahrensbeteiligten sowie die Ansprüche anzugeben, die den Zeugen und Sachverständigen hinsichtlich ihrer Reise- und Aufenthaltskosten sowie als Verdienstausfall bzw. angemessene Vergütung nach Art. 62 Abs. 2, 3 und 4 DVO zustehen (Art. 63 Abs. 2b) DVO). Die Grundverordnung gibt dem Amt die Möglichkeit, den Verfahrensbeteiligten, Zeugen oder Sachverständigen durch das für seinen Wohnsitz zuständige Gericht oder Behörde im Wege der Amtshilfe zu vernehmen (Art. 78 Abs. 4 EGSVO). Diese müssen innerhalb ihrer Zuständigkeit, die sich nach dem jeweiligen innerstaatlichen Recht richtet,[755] die Beweisaufnahme durchführen, Art. 91 Abs. 2 EGSVO. In der Ladung ist deshalb auch darauf hinzuweisen, daß der Verfahrensbeteiligte, Zeuge oder Sachverständige seine Vernehmung durch ein Gericht oder eine zuständige Behörde, z. B. durch das nach Art. 55 Abs. 1 EGSVO zuständige Prüfungsamt, an seinem Wohnsitzstaat beantragen kann. Diesbezüglich muß die Ladung eine Aufforderung enthalten, dem Amt innerhalb einer von diesem festgesetzten Frist mitzuteilen, ob er bereit ist, vor dem Amt zu erscheinen.

972 Erhält das Amt einen solchen Antrag oder äußern sich die Geladenen auf die Ladung nicht, kann das Amt im Wege der Amts- und Rechtshilfe gemäß Art. 91 Abs. 2 EGSVO das

---

754 Vgl. Rdn 963.
755 So auch *van der Kooij*, Commentary, Art. 78, commentary no. 1.

für den Verfahrensbeteiligten, Zeugen oder Sachverständigen zuständige Gericht oder die zuständige Behörde ersuchen, den Betroffenen zu vernehmen (Art. 78 Abs. 4 S. 2 EGSVO).

Hat eine Vernehmung eines Verfahrensbeteiligten, Zeugen oder Sachverständigen stattgefunden, ist aber das Amt von der Richtigkeit der Aussagen nicht überzeugt und deshalb aus der Sicht des Amtes erforderlich, eine erneute Vernehmung durchzuführen, kann es unter Zweckmäßigkeitsgesichtspunkten eine erneute Vernehmung anordnen und zur Durchführung das zuständige Gericht oder die zuständige Behörde im Wohnsitzstaat des Betroffenen hierum ersuchen (Art. 78 Abs. 5 i. V. m. Art. 91 EGSVO). In diesem Fall kann das Amt das Gericht oder die Behörde ersuchen, die Vernehmung unter Eid oder in sonstiger verbindlicher Form vorzunehmen und es einem Bediensteten des Amtes zu gestatten, der Vernehmung beizuwohnen. Bei der Vernehmung kann das Amt über das Gericht oder über die Behörde oder unmittelbar an die Verfahrensbeteiligten, Zeugen oder Sachverständige Fragen richten. 973

Im übrigen haben die Verfahrensbeteiligten das Recht, der Vernehmung von Zeugen und Sachverständigen beizuwohnen sowie entweder direkt oder über die Behörde Fragen an die zu vernehmenden Verfahrensbeteiligten, Zeugen oder Sachverständigen zu richten (Art. 60 Abs. 4 S. 2 DVO). Um diese Möglichkeit zu gewährleisten, muß das Amt die Verfahrensbeteiligten von der Vernehmung eines Zeugen oder Sachverständigen durch ein Gericht oder eine andere zuständige Behörde unterrichten (Art. 60 Abs. 4 S. 1 DVO). 974

Findet eine Beweisaufnahme statt, ist über diese eine Niederschrift aufzunehmen, die den wesentlichen Gang der Beweisaufnahme, die rechtserheblichen Erklärungen der Verfahrensbeteiligten und die Aussagen der Verfahrensbeteiligten, Zeugen oder Sachverständigen sowie das Ergebnis einer eventuellen Augenscheinnahme enthält (Art. 63 Abs. 1 DVO). Aussagen von Zeugen, Sachverständigen oder Verfahrensbeteiligten sind, soweit sie niedergeschrieben sind, diesen vorzulesen oder zur Durchsicht vorzulegen mit dem anschließenden Vermerk, daß dies geschehen ist und die Niederschrift von der Person, die ausgesagt hat, genehmigt worden ist. Verweigert die Person, dessen Aussage niedergeschrieben wurde, die Genehmigung der Niederschrift, so werden die Einwendungen vermerkt (Art. 63 Abs. 2 DVO). In formeller Hinsicht muß die Niederschrift von dem Bediensteten, der die Niederschrift aufgenommen hat und von dem Bediensteten, der die mündliche Verhandlung oder Beweisaufnahme leitet, unterzeichnet werden (Art. 63 Abs. 3 DVO). Eine Unterschrift der vernommenen Person ist nicht erforderlich. Die Verfahrensbeteiligten erhalten eine Abschrift und ggf. eine Übersetzung der Niederschrift (Art. 63 Abs. 4 DVO). 975

Beantragt ein Verfahrensbeteiligter eine Beweisaufnahme, so kann das Amt die Beweisaufnahme davon abhängig machen, daß der Antragsteller beim Amt einen Vorschuß hinterlegt, dessen Höhe vom Amt durch Schätzung der voraussichtlichen Kosten bestimmt wird (Art. 62 Abs. 1 DVO). Geladene und erschienene Zeugen sowie Sachverständige haben neben einem Anspruch auf Erstattung angemessener Reise- und Aufenthaltskosten, für die sie ggf. einen Vorschuß erhalten (Art. 62 Abs. 2 DVO), auch Anspruch auf eine angemessene Entschädigung für Verdienstausfall bzw. bei Sachverständigen Anspruch auf eine Vergütung ihrer Tätigkeit (Art. 62 Abs. 3 S. 1 DVO). Die entsprechenden Beträge sind vom Amt festgesetzt und sind dem Anhang zur Durchführungsverordnung zu entnehmen.[756] Erstattungs- und Entschädigungsansprüche gemäß Art. 62 Abs. 2 und 3 DVO sind den Zeugen und Sachverständigen zu zahlen, nachdem die Beweisaufnahme abgeschlossen ist bzw. nachdem sie ihre Pflicht oder ihren Auftrag erfüllt haben. 976

---

756 Vgl. Teil III, Nr. 22.

977 Entscheidet sich das Amt für das Einholen eines Gutachtens durch einen von ihm zu beauftragenden Sachverständigen, sind die Inhaltsbestimmungen des Art. 61 Abs. 2 DVO zu beachten. Neben einer genauen Beschreibung des Auftrags durch Bezeichnung der zu begutachtenden Punkte (vgl. § 403 ZPO) sind in dem Auftrag an den Sachverständigen eine Frist für die Erstattung des Gutachtens, die Namen der Verfahrensbeteiligten sowie ein Hinweis auf die gemäß Art. 62 Abs. 2 S. 2–4 DVO bestehenden Erstattungsansprüche aufzunehmen.

978 Um den Sachverständigen die Erstellung eines Gutachtens zu ermöglichen, kann das Prüfungsamt, das die technische Prüfung der betreffenden Sorte durchgeführt hat, vom Amt aufgefordert werden, für den Sachverständigen Pflanzenmaterial zur Verfügung zu stellen. Das Gemeinschaftliche Sortenamt kann aber auch entsprechendes Pflanzenmaterial von Verfahrensbeteiligten oder Dritten anfordern (Art. 61 Abs. 3 DVO). Um für alle Verfahrensbeteiligten das rechtliche Gehör zu gewährleisten, sind die Verfahrensbeteiligten durch Übermittlung einer Abschrift und ggf. einer Übersetzung des Gutachtens informiert zu halten (Art. 61 Abs. 4 DVO).

979 Während Art. 61 Abs. 5 DVO vorsieht, daß Verfahrensbeteiligten den Sachverständigen entsprechend Art. 48 Abs. 3 und Art. 81 Abs. 2 EGSVO wegen Besorgnis der Befangenheit abgelehnten können, enthält weder die Grundverordnung noch die Durchführungsverordnung eine Bestimmung, die es dem Sachverständigen erlaubt, aus berechtigten Gründen die Abgabe des Gutachtens zu verweigern. Da jedoch eine Verpflichtung des Sachverständigen zur Mitwirkung nicht vorgesehen ist, kann der bestellte Sachverständige unter Hinweis auf die Gründe, die ihn zu seiner Weigerung veranlassen, die Erstellung des Gutachtens ablehnen.

980 Schließlich muß das Amt bei der Erteilung des Auftrages den Sachverständigen ausdrücklich auf die Pflicht zur Geheimhaltung hinweisen (Art. 61 Abs. 6 S. 2 EGSVO). Dem Sachverständigen ist es nicht erlaubt, Sachverhalte, Schriftstücke und Informationen, von denen er in Verbindung mit dem erteilten Auftrag Kenntnis erlangt, für andere Zwecke als zur Erstellung des Gutachtens zu benutzen (Art. 61 Abs. 6 S. 1 i. V. m. Art. 13 Abs. 2 S. 1 DVO). Auch Unbefugten dürfen weder der Sachverhalt noch Schriftstücke und sonstige Informationen zur Kenntnis gebracht werden. Diese Verpflichtung gilt auch über den Abschluß des Auftrages hinaus. In gleicher Weise muß der Sachverständige Pflanzenmaterial der Sorte, die Gegenstand der Prüfung ist, behandeln (Art. 61 Abs. 6 S. 1 i. V. m. Art. 13 Abs. 2 und 3 DVO).

f) Zustellungen

981 Von Amts wegen sind alle Entscheidungen und Ladungen sowie die Bescheide und Mitteilungen zuzustellen, durch die eine Frist in Lauf gesetzt wird, oder nach der EGSVO bzw. den Durchführungsverordnungen zuzustellen sind oder für die der Präsident des Amtes die Zustellung vorgeschrieben hat (Art. 79 EGSVO). Wie eine ordnungsgemäße Zustellung zu bewirken ist, wird im einzelnen in den Art. 64–67 der DVO bestimmt. Art. 64 DVO sieht drei Zustellungsarten vor:
– Zustellung durch die Post nach Art. 65 DVO
– Übergabe im Amt nach Art. 66 DVO
– Öffentliche Bekanntmachung nach Art. 67 DVO

Hat der Empfänger des zuzustellenden Schriftstückes seinen Wohnsitz oder Sitz oder eine 982
Niederlassung in der Gemeinschaft oder einen entsprechenden Verfahrensvertreter im Sinne
des Art. 82 der EGSVO bestellt, erfolgt die Zustellung zustellungsbedürftiger Schriftstücke
durch eingeschriebenen Brief mit Rückschein (Art. 65 Abs. 1 DVO). In allen anderen Fällen
werden die zuzustellenden Schriftstücke oder Abschriften hiervon im Sinne des Art. 79
EGSVO durch einfachen Brief unter der im Amt bekannten letzten Anschrift des Empfängers zur Post gegeben. Die Zustellung gilt mit der Aufgabe zur Post als bewirkt, selbst wenn
der Brief als unzustellbar zurückkommt (Art. 65 Abs. 2 DVO).

Bei der Zustellung durch eingeschriebenen Brief mit oder ohne Rückschein gilt dieser mit 983
dem 10. Tag nach Aufgabe zur Post als zugestellt, es sei denn, der Brief ist nicht oder an
einem späteren Tag zugegangen (Art. 65 Abs. 3 S. 1 DVO). Durch diese Regelung wird der
Zeitpunkt der Zustellung fingiert. Die Zehntagefrist gilt auch dann, wenn der tatsächliche
Zugang vor Ablauf der zehn Tage erfolgt ist. Auf den tatsächlichen Eingang kommt es nur
an, wenn das Schriftstück nach Ablauf der zehn Tage ankommt. In Zweifelsfällen hat das
Amt den Zugang des eingeschriebenen Briefes und ggf. den Tag des Zugangs nachzuweisen
(Art. 65 Abs. 3 S. 2 DVO). Weigert sich der Empfänger, den Brief anzunehmen oder die
Empfangsbestätigung auszustellen, gilt der eingeschriebene Brief mit oder ohne Rückschein
als zugestellt (Art. 65 Abs. 4 DVO). Auch hier wird der Zugang also fingiert. Soweit die
Zustellung durch die Post durch Art. 65 DVO nicht geregelt ist, ist das Recht des Staates für
die Frage der Zustellung anzuwenden, in dessen Hoheitsgebiet die Zustellung erfolgt
(Art. 65 Abs. 5 DVO). Für die Bundesrepublik Deutschland ist dies das Verwaltungszustellungsgesetz.

Als weitere Zustellungsmöglichkeit sieht Art. 66 DVO die Zustellung durch Übergabe im 984
Amt vor. Die Zustellung kann durch Aushändigung des Schriftstückes an den Empfänger in
den Dienstgebäuden des Gemeinschaftlichen Sortenamtes bewirkt werden. Der Empfänger
hat den Empfang zu bestätigen. Verweigert er jedoch die Annahme des Schriftstückes oder
die Bestätigung des Empfangs, gilt dennoch die Zustellung als bewirkt.

In den Fällen, in denen die Anschrift des Empfängers nicht festgestellt werden kann oder 985
die Zustellung durch eingeschriebenen Brief mit Rückschein gemäß Art. 65 Abs. 1 DVO
auch nach einem zweiten Versuch nicht erfolgreich war, ist die Zustellung durch öffentliche
Bekanntmachung im Amtsblatt im Sinne des Art. 89 EGSVO zu bewirken. Einzelheiten der
öffentlichen Bekanntmachung kann der Präsident des Amtes festlegen (Art. 67 S. 2 DVO).
Dies ist bislang noch nicht geschehen.

Unbeachtlich der Einhaltung der von der DVO aufgestellten Zustellungsformalien gilt das 986
unter Verletzung von Zustellungsvorschriften zugegangene Schriftstück als an dem Tag zugestellt, den das Amt als Tag des Zugangs nachweist (Art. 68 DVO). Formverstöße bei der
Zustellung werden somit durch den Nachweis des tatsächlichen Zuganges geheilt.

g) Fristen, Unterbrechungen des Verfahrens

Neben den in der Verordnung zum gemeinschaftlichen Sortenschutz und der hierzu er- 987
lassenen Durchführungsverordnungen genannten Fristen werden solche auch durch das Amt
gesetzt. Die in den Verordnungen genannten Fristen sind teilweise ausschließlicher Natur,
die bei Nichteinhaltung automatisch bestimmte Rechtsfolgen auslösen (wie z. B. Verlust des
Schutzrechtes, von Rechtsbehelfen oder Rechtsmitteln etc.). Zum Teil handelt es sich um

Fristen, die einen bestimmten zeitlichen Rahmen des Verfahrens vorgeben sollen. Diese Fristen lösen bei ihrer Nichtbeachtung in der Regel eine Mitteilung des Amtes aus, das den Verfahrensbeteiligten über die Säumnis unterrichtet und ihn unter Fristsetzung auffordert, die unterlassene Handlung nachzuholen. In den Art. 69 bis 71 der DVO sind Regeln zur Fristberechnung aufgestellt, die aufgrund ihrer umfassenden Regelung einen Rückgriff auf nationale Regelungen entbehrlich machen.

988 Unter den Fristen, die nach vollen Tagen, Wochen, Monaten oder Jahren berechnet werden (Art. 69 Abs. 1 DVO) ist die Monatsfrist oder eine Frist nach einer Anzahl von Monaten die wohl häufigste zeitliche Vorgabe. Diese ist in Abs. 5 i. V. m. Abs. 2 des Art. 69 DVO geregelt. Im übrigen ist auf den Wortlaut des Art. 69 DVO, der aufgrund seiner klaren Fassung keine Auslegungsprobleme erwarten läßt, zu verweisen.

989 Art. 70 DVO bestimmt, daß die vom Amt nach der Grundverordnung oder der Durchführungsverordnung zu setzenden Fristen mindestens 1 Monat und höchstens 3 Monate betragen dürfen. In besonders gelagerten Fällen kann die Frist vor Ablauf und auf Antrag bis zu 6 Monaten verlängert werden. Wenn auch die Verlängerungsmöglichkeit nicht an einen begründeten Anlaß geknüpft ist, wird es ratsam sein, jeweils eine Begründung für den Verlängerungsantrag mit diesem an das Amt einzureichen.

990 Art. 71 DVO enthält Regelungen für den Fall, daß an dem nach Art. 69 DVO zu berechnenden Tag des Fristablaufes eine normale Zustellung nicht möglich ist. Dies sind neben Streiks und ähnlichen Ereignissen insbesondere Feiertage, wobei zu differenzieren ist, ob der Feiertag den Sitzstaat des Amtes betrifft oder nur den Staat, in dem der Verfahrensbeteiligte, der die Frist einzuhalten hat, seinen Wohnsitz, Sitz oder seine Niederlassung hat oder in dem er einen Verfahrensvertreter mit Sitz in diesem Staat bestellt hat. In ersterem Falle erstreckt sich für alle Verfahrensbeteiligten die Frist auf den ersten Tag nach Beendigung der Unterbrechung oder Störung (Art. 71 Abs. 2 S. 2 DVO). Die zuletzt genannte „Fristverhinderung" gilt dagegen nur für den Verfahrensbeteiligten oder dessen Vertreter, in dessen Sitz- oder Niederlassungsstaat die Störung oder Unterbrechung eingetreten ist (Art. 71 Abs. 2 S. 1 EGSVO). Gleiches gilt auch für die nationalen Einrichtungen und Dienststellen nach Art. 30 Abs. 4 der Grundverordnung sowie für die Prüfungsämter (Art. 71 Abs. 3 DVO).

991 Die Durchführungsverordnung sieht in Art. 72 eine Unterbrechung des Verfahrens dann vor, wenn der Antragsteller oder Sortenschutzinhaber, Dritte, die ein Zwangsnutzungsrecht beantragt oder erteilt erhalten haben, sowie der Vertreter dieser Verfahrensbeteiligten sterben oder diese ihre Geschäftsfähigkeit verlieren (Art. 72 Abs. 1a) DVO). Wird über das Vermögen eines der vorgenannten Verfahrensbeteiligten ein Verfahren eröffnet (z. B. Konkurs oder Vergleich) oder ist der Verfahrensbeteiligte aus rechtlichen Gründen verhindert, das Verfahren vor dem Amt fortzusetzen, ist ebenfalls das Verfahren von Amts wegen nach Art. 72 Abs. 1b) DVO zu unterbrechen. Das Verfahren wird wiederaufgenommen, wenn die Angaben zur Person desjenigen, der zur Fortsetzung des Verfahrens als Verfahrensbeteiligter oder Verfahrensvertreter befugt ist, in das Register eingetragen und das Amt hierüber die anderen Verfahrensbeteiligten informiert hat. In dieser Mitteilung ist die Frist bekanntzugeben, nach deren Ablauf das Verfahren wieder aufgenommen wird (Art. 72 Abs. 2 DVO). Die Unterbrechung des Verfahrens hat zur Folge, daß an dem Tag, an dem das Verfahren wieder aufgenommen wird, Fristen von neuem zu laufen beginnen (Art. 72 Abs. 3 DVO). Die Umstände, die eine Unterbrechung des Verfahrens bedingen, haben jedoch keinen Einfluß auf die technische Prüfung oder Überprüfung der Sorte durch das Prüfungsamt, soweit die hierfür anfallenden Gebühren bereits entrichtet worden sind (Art. 72 Abs. 4 DVO). Damit wird verhindert, daß das Prüfungsverfahren unnötig verzögert wird und das Gemeinschaftliche

h) Wiedereinsetzung in den vorigen Stand

Falls trotz Beachtung der gebotenen Sorgfalt eine Fristversäumung zu einem Rechtsverlust oder dem Verlust eines Rechtsmittels geführt hat, kann dem Betroffenen nach Art. 80 EGSVO auf Antrag Wiedereinsetzung in den vorigen Stand gewährt werden.

Voraussetzung hierfür ist zum einen, daß durch eine Fristversäumung ein Rechtsverlust eingetreten ist oder eine Rechtsmittelfrist nicht eingehalten wurde. Frist im Sinne des Art. 80 Abs. 1 EGSVO sind sowohl gesetzliche Fristen, z. B. die Nichteinhaltung der Rechtsmittelfristen, als auch die vom Amt gesetzten Fristen. Eine Wiedereinsetzung in die Prioritätsfristen des Art. 52 Abs. 2, 4 und 5 EGSVO ist jedoch ebenso wenig möglich wie eine Wiedereinsetzung in die Fristen, die für die Stellung des Antrages auf Wiedereinsetzung in den vorigen Stand und Nachholung der versäumten Handlung gemäß Art. 80 Abs. 2 EGSVO einzuhalten sind (Art. 80 Abs. 4 EGSVO). Weitere Voraussetzung ist nach Art. 80 Abs. 1 EGSVO, daß der Verfahrensbeteiligte trotz der Beachtung aller nach den Umständen gebotenen Sorgfalt verhindert war, dem Amt gegenüber die versäumte Frist einzuhalten.

Wiedereinsetzung in den vorigen Stand wird nur auf Antrag des betroffenen Verfahrensbeteiligten gewährt. Der Antrag ist nach Art. 80 Abs. 2 S. 1 EGSVO innerhalb von zwei Monaten nach Wegfall des Hindernisses in Schriftform einzureichen. Unabhängig von der 2-Monatsfrist kann der Antrag aber immer nur innerhalb eines Jahres nach Ablauf der versäumten Frist gestellt werden (Art. 80 Abs. 2 S. 2 EGSVO). Die 2-Monatsfrist beginnt in dem Zeitpunkt, in dem das Hindernis, das die Fristversäumnis verursacht hat, entfallen ist, der Säumige also nicht mehr ohne Verschulden gehindert ist, die versäumte Handlung nachzuholen. Gemäß Art. 80 Abs. 3 EGSVO ist der Antrag zu begründen. Hierbei sind die zur Begründung dienenden Tatsachen glaubhaft zu machen.

Eine Bestimmung, welche Dienststelle über den Antrag zu entscheiden hat, fehlt. Für die Entscheidung über den Wiedereinsetzungsantrag ist jedoch davon auszugehen, daß die Dienststelle (Ausschuß, Beschwerdekammer) zuständig ist, die über die versäumte Handlung zu entscheiden hat. Sie entscheidet ausschließlich unter Berücksichtigung der ihr vorgelegten Unterlagen, ggf. wird sie auch eine mündliche Verhandlung durchführen. Ein Rechtsmittel gegen die Entscheidung über den Wiedereinsetzungsantrag ist nicht vorgesehen. Sie ist damit nicht anfechtbar.

Art. 80 Abs. 5 EGSVO enthält eine Bestimmung zum Schutz gutgläubiger Dritter. Haben diese in der Zeit zwischen dem Eintritt eines Rechtsverlustes und Einsetzung in den vorigen Stand Benutzungshandlungen aufgenommen, welche in den Schutzbereich des Sortenschutzinhabers gemäß Art. 13 EGSVO eines bekanntgemachten Antrags auf Erteilung des gemeinschaftlichen Sortenschutzes oder eines erteilten gemeinschaftlichen Sortenschutzes fallen oder zumindest hierzu tatsächlich und ernsthaft Vorkehrungen zur Benutzung getroffen, dürfen diese eine Benutzung in ihrem Betrieb oder für die Bedürfnisse ihres Betriebes unentgeltlich fortsetzen. Das in Art. 80 Abs. 5 EGSVO verankerte Weiterbenutzungsrecht dient dem Schutz gutgläubiger Dritter, die den Gegenstand der Sortenschutzanmeldung oder des erteilten Sortenschutzes nach dem Verfall der Anmeldung oder dem Erlöschen des Sortenschutzrechtes in Benutzung genommen haben (vgl. insoweit auch Art. 122 (6) EPÜ). Der schutzwürdige Dritte muß jedoch guten Glaubens sein. Dieser wird fehlen, wenn der Benutzer mit dem Wiederaufleben der Anmeldung oder des Sortenschutzrechtes rechnete oder rechnen mußte.[757] Dies ist insbesondere dann der Fall, wenn der Benutzer die Umstände kennt, die zur Fristversäumnis geführt haben oder die er infolge grober Fahrlässigkeit nicht kannte.[758]

997 Der Umfang des Weiterbenutzungsrechtes beschränkt sich auf den Betrieb und auf die betrieblichen Bedürfnisse desjenigen, der gutgläubig die Sorten benutzt hat. Das Weiterbenutzungsrecht deckt sich insoweit mit dem Vorbenutzungsrecht im Patentrecht.

i) Allgemeine Verfahrensgrundsätze

998 Angesichts des Fehlens eines Grundrechtskataloges und von Regeln des allgemeinen Verwaltungsrechts in den europäischen Verträgen hat der EuGH unter Rückgriff auf die Grundrechte und allgemeine Rechtsgrundsätze in den Mitgliedstaaten auch auf der Gemeinschaftsebene gültige allgemeine Rechtsgrundsätze (Principes généraux du droit) abgeleitet und somit zahlreiche rechtsstaatliche Prinzipien als allgemeine Regeln des europäischen Gemeinschaftsrechts aus der Rechtsvergleichung entwickelt.[759] Die Rechtsprechung des EuGH zu den aus der Rechtsvergleichung gewonnenen allgemeinen Rechtsgrundsätzen des europäischen Gemeinschaftsrechtes wurde zuerst am Beispiel der Rechtssätze entwickelt, welche den Widerruf von Verwaltungsakten regeln.[760] Die Entwicklung nicht kodifizierten gemeinschaftlichen Verwaltungsrechts durch Vergleich der zu der entscheidenden Frage entwickelten nationalen Rechtslage ist heute feststehende Praxis des EuGH. Sie findet nun auch ihren kodifizierten Niederschlag in Art. 81 EGSVO, soweit das Verfahrensrecht betroffen ist. Dort wird in Abs. 1 hervorgehoben, daß das Amt die in den Mitgliedstaaten allgemein anerkannten Grundsätze des Verfahrensrechts zu berücksichtigen hat, soweit in der EGSVO oder in den hierzu erlassenen Verfahrensvorschriften Bestimmungen fehlen. Es ist deshalb immer dann, wenn verfahrensrechtliche Fragen zu entscheiden sind und diese keine Lösung in der EGSVO und den hierzu erlassenen Durchführungsverordnungen bieten, durch einen Vergleich der Verwaltungspraxis in den Mitgliedstaaten und der hierbei angewandten nationalen Verfahrensgrundsätzen eine gemeinschaftsrechtliche Lösung für die Anwendung der EGSVO zu suchen.

999 In Art. 81 Abs. 2 EGSVO wird zudem die in Art. 48 für Mitglieder der Beschwerdekammern geltenden Regeln zur Ausschließung und Ablehnung ganz allgemein auf Bedienstete des Amtes für anwendbar erklärt, soweit diese bei beschwerdefähigen Entscheidungen im Sinne des Art. 67 mitwirken. Gleiches gilt auch für Bedienstete der Prüfungsämter im Sinne der Art. 30 Abs. 4 und Art. 55, 56 EGSVO.

---

757 Vgl. BGH GRUR 1952, 564, 566 zur Wiedereinsetzung im Patentrecht.
758 Vgl. BGH GRUR 1952, 564, 566.
759 *Bleckmann*, Rdn 580.
760 Vgl. hierzu im einzelnen *Bleckmann*, Rdn 582.

j) Verfahrensvertreter

Grundsätzlich können sich die in dem Verfahren vor dem Amt Beteiligten selbst vertreten. Gemäß Art. 82 EGSVO besteht ein Vertretungszwang jedoch für Verfahrensbeteiligte, die in der Europäischen Gemeinschaft weder Wohnsitz noch eine Niederlassung haben. Ausdrücklich schließt Art. 73 Abs. 2 DVO die Vertretung eines nicht in der Gemeinschaft ansässigen Anmelders durch Angestellte von juristischen und Personengesellschaften aus, auch wenn dieser in der Gemeinschaft ansässig ist.

Soweit Vertretungszwang besteht, muß dem Amt die Bestellung eines Verfahrensvertreters mitgeteilt werden (Art. 73 Abs. 1 DVO). Wird die Vollmacht nicht innerhalb der vom Amt bestimmten Frist zu den Akten gereicht, gelten die Handlungen des Vertreters als nicht erfolgt. Fristgebundene Handlungen, die der nicht ordnungsgemäß bestellte Verfahrensvertreter vorgenommen hat, führen somit zu den rechtlichen Folgen, die bei der Nichteinhaltung der für die entsprechende Handlung zu beachtenden Fristen eintreten.

In der Mitteilung sind Name und Anschrift des Verfahrensvertreters anzugeben. Die entsprechenden Angaben müssen bei natürlichen Personen der Familienname und Vorname sein, bei juristischen sowie bei Personengesellschaften die amtliche Bezeichnung (Art. 2 Abs. 2 DVO). Bei Nichteinhaltung der in Art. 73 Abs. 1 und 2 DVO aufgestellten formalen und inhaltlichen Angaben an eine Vertretermitteilung gilt diese als nicht eingegangen (Art. 73 Abs. 3 DVO).

Vollmachten können und müssen für jeden Antrag desselben Antragstellers eingereicht werden, es sei denn, ein Verfahrensbeteiligter hat eine Generalvollmacht zur Vertretung in allen Verfahren ausgestellt. Diese ist in einer einzigen Urkunde ausreichend (Art. 74 Abs. 2 DVO). Sofern mehrere Verfahrensbeteiligte gemeinsam handeln und diese dem Amt keinen Verfahrensvertreter mitgeteilt haben, gilt als bestellter Verfahrensvertreter des oder der anderen Verfahrensbeteiligten derjenige, der im Antrag auf gemeinschaftlichen Sortenschutz oder auf Erteilung eines Zwangsnutzungsrechts oder in einer Einwendung als erster genannt ist (Art. 73 Abs. 5 DVO).

Auch das Erlöschen der Vertretungsmacht ist dem Amt gegenüber anzuzeigen. Solange eine entsprechende Anzeige beim Amt nicht eingegangen ist, gilt der bisher benannte Vertreter weiterhin als Vertreter des Schutzrechtsanmelders oder -inhabers (Art. 73 Abs. 4 S. 1 DVO). Sofern in der Vollmacht, die dem Amt innerhalb einer von ihm zu bestimmenden Frist zu den Akten zu reichen ist (Art. 74 Abs. 1 DVO), nichts anderes bestimmt ist, erlischt die Vollmacht gegenüber dem Amt mit dem Tod des Vollmachtgebers.

k) Sprachenregelung

Die Sortenschutzverordnung übernimmt als Sprachenregelung für das Verfahren vor dem Gemeinschaftlichen Sortenamt die Bestimmungen der Verordnung Nr. 1 vom 15. April 1958 zur Regelung der Sprachenfrage für die Europäische Wirtschaftsgemeinschaft.[761] Danach sind die authentischen Sprachen der Mitgliedstaaten die Amtssprachen und Arbeitssprachen der Gemeinschaft. Authentische Sprachen sind gemäß Art. 248 EGV i. V. m. den Beitrittsverträgen sowie gemäß Art. S EUV Dänisch, Deutsch, Englisch, Finnisch, Französisch,

---
[761] Abl. Nr. 17 vom 6.10.1958, S. 385/58, zuletzt geändert durch die Beitrittsakte von 1985.

Griechisch, Irisch, Italienisch, Niederländisch, Portugiesisch, Schwedisch und Spanisch. Diese Sprachen sind gleichermaßen verbindlich. Anträge an das Amt, die zu ihrer Bearbeitung erforderlichen Unterlagen sowie alle sonstigen Eingaben sind in einer der genannten Sprachen einzureichen (Art. 34 Abs. 2 EGSVO).

1006 Die in dem jeweiligen Verfahren zwischen dem jeweiligen Antragsteller und damit Verfahrensbeteiligten und dem Amt anzuwendende Amtssprache (Verfahrenssprache) wird durch das dem Amt vom Antragsteller (z. B. Anmelder, Einwender) zuerst vorgelegte und zur Vorlage unterzeichnete Schriftstück festgelegt (Art. 3 Abs. 1 DSVO). Sind mehrere Verfahrensbeteiligte vorhanden, die durch ihren ersten Antrag verschiedene Amtssprachen als „ihre" Verfahrenssprache bestimmt haben, so hat das Amt zu gewährleisten, daß – wenn nötig – eine Übersetzung von Schriftstücken in jede jeweils andere Verfahrenssprache erfolgt (Art. 3 Abs. 1 DSVO). Es steht den Verfahrensbeteiligten frei, alle schriftlichen und mündlichen Verfahren in jeder beliebigen Amtssprache der Europäischen Gemeinschaft zu führen (Art. 34 Abs. 3 S. 1 EGSVO).

1007 Macht ein Verfahrensbeteiligter von dieser Freiheit Gebrauch und verwendet er später eine andere als „seine" von ihm anfangs bestimmte Verfahrenssprache, so gilt das betreffende Schriftstück dann erst als zu dem Zeitpunkt beim GSA eingegangen, an dem das Amt über eine Übersetzung verfügt, wenn dies erforderlich ist und es keine Ausnahme von dieser Bestimmung zuläßt (Art. 3 Abs. 2 DSVO). Bei mehreren Verfahrensbeteiligten in mündlichen Verhandlungen müssen, wenn die Beteiligten nicht darauf verzichten, (Simultan-)Übersetzungen in alle gewählten Verfahrenssprachen gewährleistet sein. Verwendet ein Verfahrensbeteiligter eine andere als „seine" von ihm anfangs bestimmte Sprache, so hat er für die Übersetzung in der Verhandlung zu sorgen. Verfahrensbeteiligte, Zeugen und Sachverständige, die zur Beweisaufnahme mündlich vernommen werden, sind dagegen frei, eine der Amtssprachen der Europäischen Gemeinschaften zu benutzen (Art. 4 Abs. 1 DSVO). In diesem Fall hat das Amt für eine Übersetzung Sorge zu tragen. Weder für schriftliche Übersetzungen noch für mündliche Übersetzungen darf das Amt besondere Gebühren erheben (Art. 34 Abs. 3 S. 3). Wenn jedoch ein Verfahrensbeteiligter, Zeuge oder Sachverständige bei einer von einem Verfahrensbeteiligten beantragten Beweisaufnahme nicht in der Lage ist, sich in einer der Amtssprachen angemessen auszudrücken, wird diese Person nur gehört, wenn derjenige, der die Beweisaufnahme beantragt hat, für die Übersetzung in die Sprache sorgt, die von allen Verfahrensbeteiligten gemeinsam oder in Ermangelung dessen, von den zuständigen Mitgliedern des Amtes benutzt wird (Art. 4 Abs. 3 DSVO). Auch hiervon kann das Amt Ausnahmen zulassen.

1008 Die vom Amt vorzunehmenden Übersetzungen werden grundsätzlich von der Übersetzungszentrale für die Einrichtungen der Europäischen Union angefertigt (Art. 34 Abs. 4 EGSVO). Sie können auch von anderen Dienststellen angefertigt sein (Art. 3 Abs. 2 DVO).

1009 Werden von einem Verfahrensbeteiligten Schriftstücke in einer Sprache eingereicht, die nicht Amtssprache ist, kann das Amt eine Übersetzung in die vom Verfahrensbeteiligten ursprünglich bestimmte Amtssprache oder eine von den zuständigen Mitgliedern des Amts benutzten Amtssprache verlangen. Diese Übersetzung ist auf Verlangen des Amts innerhalb einer vom Amt festgelegten Frist in beglaubigter Form vorzulegen. Geschieht dies beides nicht, so gilt das Schriftstück als nicht eingegangen.

3. Antrag und Antragstag sowie Zeitvorrang

Das Erteilungsverfahren beginnt durch einen Antrag auf Erteilung des gemeinschaftlichen 1010
Sortenschutzes, der beim Amt oder den dafür vorgesehenen eigenen Dienststellen oder nationalen Einrichtungen eingereicht wird. Das Amt stellt hierfür unentgeltlich Vordrucke zur Verfügung, die vom Anmelder auszufüllen und zu unterzeichnen sind (Art. 16 Abs. 3 DVO). Die Bedeutung des Antrages liegt darin, nicht nur das Schutzerteilungsverfahren in Gang zu setzen, sondern auch einen Zeitrang festzulegen, der für die Prüfung, ob die materiellen Schutzvoraussetzungen der angemeldeten Neuzüchtung vorliegen, relevant ist. Dies gilt auch dann, wenn der Antragstag durch Inanspruchnahme des Zeitranges einer vorausgehenden Sortenschutzanmeldung gemäß Art. 52 Abs. 2 EGSVO auf einen vor der Anmeldung zum gemeinschaftlichen Sortenschutz liegenden Zeitpunkt „zurück" verlegt wird. Auch für den Zeitvorrang als ältere Anmeldung gegenüber nachfolgenden Anträgen auf Erteilung des gemeinschaftlichen Sortenschutzes für die gleiche Sorte ist der Antragstag maßgebend.[762]

Art. 51 EGSVO setzt für die Zuerkennung eines Antragstages voraus, daß ein inhaltlich 1011
dem Art. 50 EGSVO entsprechender Antrag beim Gemeinschaftlichen Sortenamt eingeht. Wird der Antrag bei einer Dienststelle des Gemeinschaftlichen Sortenamtes oder einer zur Entgegennahme autorisierten nationalen Einrichtung eingereicht, der innerhalb einer bestimmten Frist an das Gemeinschaftliche Sortenamt weitergeleitet wird und dort auch eingeht, gilt auch der Tag, an dem ein den inhaltlichen Voraussetzungen des Art. 50 EGSVO Genüge leistender Antrag der Dienststelle oder der beauftragten nationalen Behörde zugeht, als Antragstag. Ist der Einreichungstag durch Erfüllung der Voraussetzung nach Art. 51 EGSVO als Anmeldetag zu werten, hat dies zur Folge, daß eine rechtswirksame gemeinschaftliche Sortenschutzanmeldung dem Gemeinschaftlichen Sortenamt zugegangen ist. Ist der Tag der Einreichung der Anmeldung nicht als Anmeldetag im Sinne des Art. 51 EGSVO zu werten, wird die Anmeldung zunächst nicht als wirksamer Antrag auf gemeinschaftlichen Sortenschutz behandelt. Damit entsteht auch noch kein Anspruch auf Erteilung eines gemeinschaftlichen Sortenschutzes nach Art. 6 i. V. m. Art. 62 EGSVO. Schließlich muß eine Gebühr gemäß Art. 83 EGSVO innerhalb der vom Amt bestimmten Frist entrichtet werden.

a) Einreichung eines Antrages

Das Verfahren zur Erteilung eines gemeinschaftlichen Sortenschutzes kommt nur in Gang, 1012
wenn der Antrag unmittelbar beim Gemeinschaftlichen Sortenamt (Art. 49 Abs. 1a EGSVO) oder bei einer von diesem eingerichteten eigenen Dienststelle (Art. 49 Abs. 1b 1. Alt. EGSVO) oder bei einer nach Art. 30 Abs. 4 EGSVO beauftragten nationalen Einrichtung (Art. 49 Abs. 1b 2. Alt. EGSVO) eingereicht wurde.

Die beauftragte nationale Behörde muß Maßnahmen treffen, um zu gewährleisten, daß 1013
der Antrag binnen 2 Wochen nach Einreichung an das Gemeinschaftliche Sortenamt weitergeleitet wird (Art. 49 Abs. 2 S. 1 EGSVO). Hierfür können die nationalen Einrichtungen Gebühren erheben, die jedoch die tatsächlichen Verwaltungskosten für die Entgegennahme und Weiterleitung des Antrages nicht übersteigen dürfen (Art. 49 Abs. 2 S. 2 EGSVO).

---

762 Wegen weiterer Einzelheiten siehe Rdn 686 ff.

5. Abschnitt: Schutzerteilungsverfahren

1014 Die beauftragte nationale Einrichtung oder die Dienststelle des Gemeinschaftlichen Sortenamtes, bei der die Anmeldung eingegangen ist, stellt eine Eingangsbestätigung aus, auf der mindestens das Aktenzeichen der nationalen Einrichtung sowie die Zahl der vorgelegten Schriftstücke und der Tag des Einganges bei der nationalen Einrichtung oder Dienststelle anzugeben ist. Diese Eingangsbestätigung wird zusammen mit dem Antrag an das Gemeinschaftliche Sortenamt weitergeleitet. Eine Kopie hiervon wird dem Antragsteller übermittelt (Art. 17 Abs. 1 DVO)

1015 Bei Eingang des Antrages beim Gemeinschaftlichen Sortenamt wird eine Eingangsbestätigung erstellt, in der das vom Amt zugeteilte Aktenzeichen, die Zahl der eingegangenen Schriftstücke, das Eingangsdatum und der Antragstag im Sinne von Art. 51 EGSVO anzugeben ist (Art. 17 Abs. 2 DVO). Eine Kopie dieser Eingangsbestätigung wird an das nationale Amt oder die Dienststelle übermittelt, wenn der Antrag über diese gestellt wurde (Art. 17 Abs. 2 S. 2 DVO).

1016 Wird der Antrag bei einer Dienststelle des Gemeinschaftlichen Sortenamtes oder bei einer zuständigen nationalen Behörde eingereicht, sollte der Antragsteller das Amt unmittelbar innerhalb von 2 Wochen nach Einreichen des Antrages bei der Dienststelle oder dem nationalen Amt hierüber unterrichten. Unterläßt er dies, hat dies zwar keine Auswirkungen auf die Wirksamkeit des Antrages (Art. 49 Abs. 1 S. 2 EGSVO). Die nationale Einrichtung, die zur Entgegennahme von Anträgen auf gemeinschaftlichen Sortenschutz zuständig ist, muß aber den Antrag innerhalb von 2 Wochen nach Erhalt an das Gemeinschaftliche Sortenamt weiterleiten, um sicherzustellen, daß der Antrag innerhalb eines Monates beim Gemeinschaftlichen Sortenamt eingeht. Wird diese Monatsfrist nicht eingehalten, sondern geht der Antrag dem Gemeinschaftlichen Sortenamt erst nach Ablauf dieser Frist zu, darf das Gemeinschaftliche Sortenamt nach Art. 17 Abs. 3 DVO dem Antrag als Antragstag nur den Tag zuerkennen, an dem der Antrag auf Erteilung eines gemeinschaftlichen Sortenschutzrechtes tatsächlich beim Gemeinschaftlichen Sortenamt eingegangen ist. Nur dann, wenn das Amt anhand ausreichender schriftlicher Nachweise feststellen kann, daß der Antragsteller das Amt nach Art. 49 Abs. 1b) EGSVO und Art. 16 Abs. 2 DVO über die Antragstellung bei der nationalen Einrichtung unterrichtet hat, kann der Tag, an dem der Antrag bei der nationalen Einrichtung eingereicht worden war, als Antragstag im Sinne des Art. 51 EGSVO anerkannt werden. Andernfalls ist Anmeldetag der Tag, an dem der über eine zuständige nationale Behörde eingereichte Antrag beim Gemeinschaftlichen Sortenamt eingeht, der für das weitere Verfahren zugrundezulegende Antragstag (Art. 17 Abs. 3 DVO).

1017 Die gleiche Regelung ist für die Antragstellung über eine Dienststelle des Gemeinschaftlichen Sortenamtes vorgesehen. Dies ist eine für den Antragsteller unhaltbare Regelung. Mit Einreichung des Antrages bei den vom Gemeinschaftlichen Sortenamt hierfür eingerichteten Dienststellen gelangt der Antrag, anders als bei einer Antragstellung über eine nationale Behörde, unmittelbar in den Verantwortungsbereich des Gemeinschaftlichen Sortenamtes. Schafft es die eigene Dienststelle nicht innerhalb der in der Verordnung vorgesehenen Frist, den Antrag an das Gemeinschaftliche Sortenamt weiterzuleiten, so liegt dieser Mangel in der eigenen Organisation des Amtes. Dies kann nicht dazu führen, daß eine verzögerte Weiterleitung innerhalb des Gemeinschaftlichen Sortenamtes zu Lasten des Antragstellers, nämlich Verschiebung des Antragstages, führt. Dem kann auch nicht entgegengehalten werden, daß es der Antragsteller in der Hand hat, negative Folgen durch eine verzögerte Weiterleitung durch die eigenen Dienststellen dadurch zu vermeiden, daß er das Amt unmittelbar innerhalb von 2 Wochen nach der Einreichung des Antrages das Amtes selbst über die Antragstellung bei der eigenen Dienststelle unterrichtet. Die Einrichtung eigener Dienststellen hat wohl vornehmlich auch den Zweck, dem Anmelder die Anmeldung dadurch zu erleichtern, daß dieser sich nicht unmittelbar an das Gemeinschaftliche Sortenamt wenden muß, sondern sich auch an die in seiner Nähe eingerichtete Dienststelle des Gemeinschaftlichen Sortenamtes richten kann. Dieser Vorteil wird einseitig zu Lasten des Anmelders dadurch aufgehoben, wenn zögerliche Verwaltungsvorgänge innerhalb der Dienststellen des Gemeinschaftlichen Sortenamtes nur dadurch vermieden werden können, daß dem Anmelder neben der eigentlichen Anmeldung noch zusätzliche Vorsorgemaßnahmen auferlegt werden.

Anders verhält es sich bei der Übermittlung durch die nationalen Behörden. Hier hat es das Gemeinschaftliche Sortenamt nicht in der Hand, für eine rechtzeitige Weiterleitung durch die nationale Behörde Sorge zu tragen. Dennoch ist kein überzeugender Grund erkennbar, Verzögerungen im organisatorischen Ablauf zu Lasten des Anmelders zu werten. Das Gemeinschaftliche Sortenamt bedient sich bei der Verrichtung seiner amtlichen Aufgaben Dritter, deren Säumnisse nicht für den Antragsteller nachteilig ausgelegt werden können. 1018

b) Inhaltliche Voraussetzungen des zeitrangbegründenden Antrages

Im Gegensatz zum nationalen Sortenschutzrecht enthält Art. 50 EGSVO sehr weitgehende Vorgaben zu den inhaltlichen Voraussetzungen eines Antrags auf Gemeinschaftlichen Sortenschutz, um gemäß Art. 51 EGSVO einen Antragstag zu begründen. Hinsichtlich der in Art. 50 Abs. 1e und j EGSVO genannten inhaltlichen Voraussetzungen für die Begründung eines Antragstages ist zudem Art. 18 Abs. 2 und 3 DVO zu beachten. Um das technische Prüfungsverfahren in Gang zu setzen sind weitere Angaben zu erteilen, die gemäß Art. 50 Abs. 2 i. V. m. Art. 114 EGSVO in der DVO geregelt werden können. Diese weiteren Angaben, deren Erfüllung jedoch ohne Einfluß auf die Zeitrang begründende Wirkung eines Eintrages sind, sind in Art. 19 der DVO geregelt.[763] 1019

Eine einen Zeitrang begründende Anmeldung setzt nach Art. 50 Abs. 1 EGSVO i. V. m. Art. 18 Abs. 2 und 3 DVO folgende Angaben voraus: 1020
– Das Ersuchen um Erteilung eines gemeinschaftlichen Sortenschutzes.
  Das Amt stellt hierfür gebührenfreie Vordrucke zur Verfügung, die vom Antragsteller auszufüllen und zu unterzeichnen sind. Die Vordrucke setzen sich zusammen aus einem Antragsformular und einem Technischen Fragebogen (Art. 16 Abs. 3a) DVO) sowie aus einem weiteren Vordruck mit Angaben zur Person des Antragstellers, des etwaigen Verfahrensvertreters, über die Dienststelle oder nationale Behörde, über die der Antrag gestellt wurde, sowie die vorläufige Sortenbezeichnung. Werden diese Unterlagen verwendet und vollständig ausgefüllt, sind Zweifel, ob es sich um einen Antrag auf Erteilung eines gemeinschaftlichen Sortenschutz handelt, nicht möglich. Verwendet der Anmelder nicht die vom Amt herausgegebenen Vordrucke, wird dies zwar an der Wirksamkeit des Antrages, wenn dieser sämtliche Minimalangaben enthält, nichts ändern. Es muß aber dann klar zum Ausdruck gebracht werden, daß die Erteilung des gemeinschaftlichen Sortenschutzes beantragt wird. Dies ist in deutlicher Weise dann erforderlich, wenn der Antrag über eine nationale Behörde eingereicht wird. Andernfalls muß die nationale Behörde annehmen, daß ein nationaler Sortenschutz angestrebt wird.

---
763 Vgl. nachfolgende Rdn 1026 ff.

- Die Bezeichnung des botanischen Taxons.
  Um dem Amt die technische Prüfung zu ermöglichen, ist die Kenntnis der Art, der die Neuzüchtung zuzurechnen ist, unabdingbar.
- Angaben zur Person des Antragstellers oder gegebenenfalls der gemeinsamen Antragsteller.
  Sie sollen dem Amt und Dritten nicht nur bekunden, wem das Recht an der Züchtung und dem hierauf basierenden Recht aus dem zu erteilenden Sortenschutzrecht zusteht, sondern bereits vor Beginn des zeit- und kostenaufwendigen Verfahrens klarstellen, ob der oder die Antragsteller überhaupt antragsberechtigt im Sinne des Art. 12 EGSVO sind.
- Angabe des Züchters.
  Ist der Antragsteller nicht der Züchter, ist auch der Name und die Anschrift des Züchters anzugeben (Art. 19 Abs. 2a) DVO). Mit der Angabe des Züchters ist auch die Versicherung anzugeben, daß nach bestem Wissen des Antragstellers weitere Personen an der Züchtung oder Entdeckung und Weiterentwicklung der Sorte nicht beteiligt sind. Ist der Antragsteller nicht oder nicht allein der Züchter, so hat er durch Vorlage entsprechender Schriftstücke nachzuweisen, wie er den Anspruch auf den gemeinschaftlichen Sortenschutz erworben hat (Art. 50 Abs. 1d) EGSVO).
- Eine vorläufige Sortenbezeichnung.
- Eine technische Beschreibung der Sorte.
  Diese erfolgt am besten auf dem vom Amt zur Verfügung gestellten Technischen Fragebogen. Die technische Beschreibung der Sorte muß so vollständig sein, daß sie zum einen erlaubt zu erkennen, für welche charakteristischen Merkmale der Neuzüchtung Sortenschutz beansprucht wird, und zum anderen die Durchführung der technischen Prüfung gemäß Art. 56 EGSVO ermöglicht.
- Die geographische Herkunft der Sorte.
- Vollmachten für Verfahrensvertreter.
- Angaben über eine frühere Vermarktung der Sorte.
  Um dem Amt die Möglichkeit der Prüfung zu eröffnen, ob die Sorte noch das Schutzkriterium der Neuheit erfüllt, konkretisiert Art. 18 Abs. 2 DVO dieses für einen Zeitrang begründenden Antrag zu erfüllende Inhaltserfordernis. Danach muß entweder das Datum und das Land der ersten Abgabe der Sorte im Sinne des Art. 10 Abs. 1 EGSVO angegeben oder, sollte eine Abgabe noch nicht erfolgt sein, erklärt werden, daß eine solche Abgabe noch nicht stattgefunden hat.
- Angaben über sonstige Anträge im Zusammenhang mit der Sorte.

1021 Hierzu stellt Art. 18 Abs. 3 DVO klar, daß der Antragsteller nach bestem Wissen das Datum und den Mitgliedstaat oder Verbandsstaat des UPOV-Übereinkommens angibt, in dem der Antragsteller für die Sorte bereits ein Schutzrecht und/oder die amtliche Zulassung zur Anerkennung und zum Verkehr der Sorte beantragt hat. Ein Antrag auf amtliche Zulassung ist aber nur dann anzugeben, sofern diese eine amtliche Beschreibung der Sorte einschließt.

1022 Nach Art. 50 Abs. 3 EGSVO muß der Antragsteller eine Sortenbezeichnung vorschlagen. Dieser Vorschlag kann dem Antrag beigefügt werden. Dies wird dann der Fall sein, wenn die vorgeschlagene Sortenbezeichnung unterschiedlich ist zu der nach Art. 50 Abs. 1e) EGSVO anzugebenden vorläufigen Bezeichnung für die Sorte.

1023 Art. 16 Abs. 3b) DVO sieht darüber hinaus vor, daß der Antragsteller auf einem vom Amt zur Verfügung gestellten Vordruck durch Unterschrift bestätigt, daß er von den Folgen Kenntnis genommen hat, die eine unterlassene Mitteilung der in Art. 16 Abs. 2 DVO genannten Inhaltsangaben (Angaben zur Person des Antragstellers und gegebenenfalls des Verfahrensvertreters, Angabe, wo der Antrag eingereicht wurde, wenn Antragstellung nicht unmittelbar beim Gemeinschaftlichen Sortenamt erfolgt sowie die vorläufige Bezeichnung der Sorte) nach sich zieht.

c) Kritik

An dieser Stelle sei auf die erheblichen Bedenken gegen die sehr weitreichende Inhaltsbestimmung, von der die Begründung eines Antragstages abhängt, hingewiesen. Die strengen, sehr weitreichenden Inhaltsanforderungen des Art. 50 EGSVO, konkretisiert durch Art. 18 Abs. 2 und 3 DVO, gehen weit über die inhaltlichen Minimalerfordernisse hinaus, die aus Gründen der Rechtssicherheit erforderlich sind, um einen Antragstag zu begründen. Sie beschweren damit unnötig den Anmelder, insbesondere im Vergleich zu solchen Anmeldern, welche über nationale Anmeldungen, deren Rechtsordnungen wesentlich geringere Anforderungen an einen Zeitrang begründenden Antrag auf Sortenschutzerteilung voraussetzen, ein gemeinschaftliches Schutzrecht unter Inanspruchnahme des Prioritätstages der vorausgehenden nationalen Anmeldung beantragen. 1024

Eine Rückbesinnung auf den Zweck der Anmeldung, nicht nur zur Begründung eines Rechtsverhältnisses des Anmelders zur Erteilungsbehörde, sondern insbesondere auch gegenüber Dritten, zeigt, daß der in Art. 50 Abs. 1 EGSVO aufgestellte Katalog der für die Begründung eines Antragstages zu erfüllenden Mindestangaben unnötig weit ist. Bei der Neuzüchtung oder Entdeckung einer Sorte handelt es sich zunächst um einen Vorgang, von dem nur der Züchter oder Entdecker Kenntnis hat. Die Rechtfertigung für die Erteilung eines Ausschließlichkeitsrechtes wird deshalb im wesentlichen auch damit begründet, daß durch die Tätigkeit des Züchters oder Entdeckers der Kenntnis- und Wissensstand der Allgemeinheit bereichert wird. Da aber erst die Offenbarung der Neuzüchtung oder Entdeckung in nachvollziehbarer oder erkennbarer Weise diese Bereicherung der Allgemeinheit sicherstellt, muß eine entsprechende Anmeldung und Veröffentlichung des Arbeitsergebnisses des Züchters erfolgen. Die Aufgabe der Offenbarung liegt unter anderem darin, daß sie den Gegenstand der Neuzüchtung oder Entdeckung festlegt. Die Anmeldung hat damit den Zweck, zum einen die Rechtsbeziehung des Züchters zum Ergebnis seiner schöpferischen Tätigkeit nach außen zu bekunden, zugleich aber im Interesse der Allgemeinheit mitzuteilen, worin die Neuheit des Arbeitsergebnisses liegt und auf welchen Gegenstand sich das Erfinderrecht richtet.[764] Nach Art. 6a und d i. V. m. Art. 7 und 10 EGSVO wird der gemeinschaftliche Sortenschutz nur für solche Sorten erteilt, die am Antragstag neu und von bis zu diesem Tag allgemein bekannten Sorten derselben Art unterscheidbar sind. Die Unterscheidbarkeit läßt sich vorläufig (eine abschließende Beurteilung ist erst durch den unmittelbaren Vergleich im Rahmen der Anbauprüfung möglich) nur durch einen Vergleich des Offenbarungsinhaltes eines Sortenschutzantrages mit dem Informations- und Kenntnisstand feststellen, der am Anmeldetag allgemein bekannt war. Um diesen ersten Vergleich zu ermöglichen, muß die zeitrangbegründende Anmeldung alle die dafür erforderlichen Informationen enthalten. Für die Begründung eines Anmeldetages müßte es deshalb ausreichen, daß die Merkmale, die für die deutliche Unterscheidbarkeit einer zum Sortenschutz ange- 1025

---

764 Vgl. hierzu *Würtenberger*, S. 29 unter Bezugnahme auf *Klauer/Möhring/Nirk*, § 3 PatG, Rdn 8.

meldeten Sorte von jeder allgemein bekannten Sorte als wichtig angesehen werden, genau erkannt und beschrieben werden. Alle weiteren in der EGSVO und der DVO genannten Erfordernisse für einen zeitrangbegründenden Antrag sind nachholbar, ohne daß damit der eigentliche mit der Anmeldung zu offenbarende Gegenstand noch nachträglich zu manipulieren wäre. Ist zu erkennen, daß der Anmelder die Erteilung des gemeinschaftlichen Sortenschutzes bezweckt und enthält eine solche Eingabe an das Amt oder an die sonstigen möglichen Einreichstellen eine technische Beschreibung der Sorte im Sinne des Art. 50 Abs. 1f) EGSVO, die in ausreichender Weise die sortenspezifischen Merkmale der angemeldeten Neuzüchtung/Entdeckung offenbaren, wäre dem Zweck, einen Antragstag begründen zu müssen, in vollem Umfange Genüge geleistet. Es wäre wünschenswert, daß alsbald eine Korrektur der überzogenen antragstagbegründenden Inhaltserfordernisse des Art. 50 EGSVO sowie der ergänzenden Bestimmungen der DVO erfolgt.

d) Weitere inhaltliche Antragsvoraussetzungen

1026   Weitergehende Inhaltsbestimmungen eines das technische Prüfungsverfahren auslösenden Antrages finden sich in der Durchführungsverordnung in Art. 19. DVO. Art. 19 Abs. 1 DVO hebt zunächst hervor, daß ein Antrag auf Erteilung eines gemeinschaftlichen Sortenschutzes, der nicht die in Art. 16 sowie in Art. 19 Abs. 2 bis 4 enthaltenen Voraussetzungen erfüllt, keinen Einfluß auf die Zuteilung eines Antragstages gemäß Art. 17 Abs. 2 DVO hat. Allerdings ist dann, wenn vom Antragsteller die festgestellten Mängel nicht innerhalb der vom Amt festgesetzten Frist behoben werden, der Antrag zurückzuweisen.[765]

1027   Art. 19 Abs. 2 bestimmt folgende weitere Inhaltsanforderungen an den Antrag auf Erteilung eines gemeinschaftlichen Sortenschutzes, um die technische Prüfung in Gang zu setzen:
– Im Antrag muß die Staatsangehörigkeit neben dem Familiennamen und der Anschrift bei natürlichen Personen angegeben werden; bei juristischen Personen sowie Personengesellschaften ist die amtliche Bezeichnung zu verwenden. Diese Angaben sind hinsichtlich sämtlicher Antragsteller zu machen, wenn mehrere den Antrag auf Erteilung eines gemeinschaftlichen Sortenschutzes stellen.
– Neben dem anzugebenden Taxon muß die lateinische Bezeichnung der Gattung, Art oder Unterart, zu der die Sorte gehört, und der Gattungsname im Antrag erwähnt sein.
– Neben der technischen Beschreibung der Sorte, die für einen antragsbegründenden Inhalt erforderlich ist, ist zudem eine präzise Beschreibung der Merkmale der Sorte aufzunehmen, um darzulegen, inwieweit sich nach Ansicht des Antragstellers die angemeldete Sorte deutlich von den anderen, bekannten Sorten unterscheidet. Diese anderen Sorten können, müssen aber nicht als Vergleichssorten für die technische Prüfung angegeben werden.
– Insbesondere für die Durchführung der technischen Prüfung erforderliche weitere Angaben zur Züchtung, Erhaltung und Vermehrung der Sorte. Diese Inhaltsangaben beziehen sich zum einen auf zum Sortenschutz angemeldete Hybridsorten, zum anderen auf genetisch verändertes Material. Sofern zur Erzeugung der zum Sortenschutz angemeldeten Sorte Material anderer Sorten regelmäßig verwendet werden muß, sind

---

765 Vgl. nachfolgend Rdn 1038.

die Merkmale, die Sortenbezeichnung oder, falls eine solche nicht vorliegt, die vorläufige Bezeichnung und sonstige Informationen über den Anbau dieser hierfür erforderlichen Sorte oder Sorten anzugeben. Handelt es sich um einen genetisch veränderten Organismus i. S. von Art. 2 Abs. 2 der RiLi 90/220/EWG des Rates vom 8. Mai 1990,[766] so sind auch Angaben über die genetisch veränderten Merkmale der angemeldeten Sorte anzugeben.
- Ergänzend zum Inhaltserfordernis des Art. 50 Abs. 1g EGSVO, die geographische Herkunft der angemeldeten Sorte anzugeben, bestimmt Art. 19 Abs. 2e DVO, daß auch das Gebiet und das Land, in dem die Sorte gezüchtet oder entdeckt oder entwickelt worden ist, benannt werden muß. Für die Erfüllung des Art. 50 Abs. 1g EGSVO als unabdingbare Voraussetzung für einen zeitrangbegründenden Antrag wird die Angabe des Landes allein als ausreichend angesehen werden können, nicht jedoch für das weitere Verfahren. Hierzu ist der geographische Bereich durch Angabe des Gebietes näher einzugrenzen.
- Nach Art. 19 Abs. 2f DVO ist auch Zeit und Land der ersten Abgabe von Sortenbestandteilen oder Erntegut der Sorte zur Beurteilung der Neuheit der Sorte nach Art. 10 der Grundverordnung anzugeben. Wurde Material der Sorte noch nicht abgegeben, ist eine Erklärung erforderlich, daß eine solche Abgabe noch nicht stattgefunden hat. Art. 19 Abs. 2f DVO wiederholt damit nur Art. 18 Abs. 2 DVO, der bereits Art. 50 Abs. 1i EGSVO dadurch näher präzisiert, daß er nähere inhaltliche Anforderungen an die Angabe über eine frühere Vermarktung der Sorte fordert.
- Art. 19 Abs. 2g DVO sieht eine weitere Präzisierung der in Art. 50 Abs. 1j EGSVO vorgesehene Angabe über sonstige Anträge im Zusammenhang mit der angemeldeten Sorte vor, während für die Zeitrang begründende Wirkung dieser Angabe nach Art. 18 Abs. 3 DVO nur das Datum und das Land früherer Schutzrechtsanmeldungen und/oder Anträge auf amtliche Zulassung zur Anerkennung und zum Verkehr der Sorte anzugeben sind. Sofern hierfür eine amtliche Beschreibung eingeschlossen ist, ist nach Art. 19 Abs. 2g DVO das Amt anzugeben, bei dem entsprechende Anträge gestellt worden sind, sowie das Aktenzeichen entsprechender Verfahren.
- Schließlich sind noch bestehende nationale Sortenschutzrechte oder in der Gemeinschaft bestehende Patente an der betreffenden Sorte zu benennen.

e) Zahlung einer Antragsgebühr

Gemäß Art. 83 EGSVO erhebt das Amt Gebühren für seine nach der Grundverordnung vorgesehenen Amtshandlungen sowie Jahresgebühren für die Verlängerung des Gemeinschaftlichen Sortenschutzes. Zur Bestimmung dieser Gebühren hat der Gemeinschaftliche Gesetzgeber dem Amt in Art. 113 Abs. 4 EGSVO die Kompetenz eingeräumt, nach dem in Art. 115 EGSVO vorgesehenen Verfahren nach Anhörung des Verwaltungsrates eine Gebührenordnung zu erlassen. Dies ist in der Verordnung (EG) Nr. 1238/95 der Kommission vom 31. Mai 1995 zur Durchführung der Verordnung (EG) Nr. 2100/94 des Rates im Hinblick auf die an das Gemeinschaftliche Sortenamt zu entrichtenden Gebühren geschehen.[767]

1028

---
766 Abl. Nr. L 117 v. 8. Mai 1990 S. 15.
767 Abl. Nr. L 121 vom 1.6.1995, S. 31 = Teil III, Nr. 22.

Nach Art. 7 der Gebührenverordnung beträgt die gegenwärtige Antragsgebühr für die Bearbeitung des Antrags 1.000,00 Euro. Nach Abs. 2 des Art. 7 muß der Antragsteller vor oder an dem Tag der Anmeldung die für die Zahlung der Antragsgebühr in der in Art. 3 vorgesehenen Zahlungsweise Sorge tragen. Gilt die Zahlung der Antragsgebühr zum Zeitpunkt des Eingangs des Antrags beim Amt als noch nicht eingegangen, so setzt das Amt gemäß Art. 51 der EGSVO eine zweiwöchige Frist fest, innerhalb derer die Gebühr nachzuentrichten ist. Dieser Zeitraum bleibt für die Bestimmung des Antragstages ohne Einfluß. Geht innerhalb dieser 2-Wochenfrist die fällige Antragsgebühr nicht ein, fordert das Amt den Antragsteller auf, die für die Entrichtung der Gebühr erforderlichen Handlungen innerhalb eines Monats nach Zustellung der erneuten Zahlungsaufforderung vorzunehmen. Kommt der Antragsteller innerhalb dieser Frist dem Antrag nicht nach, so gilt der Antrag als nicht gestellt (Art. 83 Abs. 2 EGSVO). In diesem Falle wird der betreffende Antrag nicht veröffentlicht und auch die Durchführung der technischen Prüfung zurückgestellt (Art. 7 Abs. 6 der GebührenVO). Geht die Zahlung der Antragsgebühr nach Ablauf der in der Zahlungsaufforderung nach Art. 83 Abs. 2 EGSVO in Lauf gesetzten einmonatigen Frist beim Gemeinschaftlichen Sortenamt ein, so gilt das Eingangsdatum der Zahlung als Antragstag im Sinne von Art. 51 EGSVO, Art. 7 Abs. 4. GebührenVO. Als Tag des Eingangs der Zahlung der Antragsgebühr gilt im übrigen der Tag, an dem der Betrag der gemäß Art. 3 vorzunehmenden Überweisung auf einem Bankkonto des Amtes gutgeschrieben wird (Art. 4 Abs. 1 der GebührenVO). Wird für die Zahlung der Antragsgebühr ein schriftlicher Nachweis im Sinne des Art. 4 Abs. 5 der Gebührenverordnung beigelegt, aus dem sich ergibt, daß die Zahlung der Antragsgebühr bei der Antragstellung veranlaßt wurde, gilt auch bei verspätetem Zahlungseingang der Tag, an dem der Antrag beim Gemeinschaftlichen Sortenamt, einer Dienststelle des Gemeinschaftlichen Sortenamtes oder einer zuständigen nationalen Behörde eingereicht worden war, als Antragstag im Sinne des Art. 51 EGSVO, Art. 7 Abs. 5 GebührenVO.

f) Zeitvorrang

1029 Auch für die Anmeldung einer Neuzüchtung zum gemeinschaftlichen Sortenschutz kann der Zeitrang einer vorausgehenden Anmeldung der Sorte als Zeitvorrang geltend gemacht werden. Voraussetzung hierfür ist, daß der Antragsteller oder sein Rechtsvorgänger für die gleiche Sorte bereits in einem Mitgliedstaat oder in einem Verbandsstaat des Internationalen Verbands zum Schutz von Pflanzenzüchtungen (UPOV) ein Schutzrecht beantragt hat und zwischen dieser Erstanmeldung und der Anmeldung dieser Sorte zum gemeinschaftlichen Sortenschutz nicht mehr als 12 Monate vergangen sind (Art. 52 Abs. 2 S. 1 EGSVO). Für die wirksame Inanspruchnahme des Zeitranges einer vorausgehenden Anmeldung der angemeldeten Sorte muß zudem am Antragstag der gemeinschaftlichen Sortenschutzanmeldung der Antrag, der den in Anspruch genommenen Zeitvorrang begründet hat, noch fortbestehen (Art. 52 Abs. 2 S. 2 EGSVO). Hinsichtlich der Voraussetzungen, die die zum gemeinschaftlichen Sortenschutz angemeldete Sorte im Vergleich mit der Sorte der vorausgehenden Anmeldung erfüllen muß, sei auf die Ausführungen zum nationalen Sortenschutzrecht verwiesen.[768]

---

[768] Rdn 699 ff.

Um Prioritätskaskaden zu verhindern,[769] bestimmt Art. 20 der DVO, daß der Zeitvorrang 1030
nur für die allererste Anmeldung der Sorte in Anspruch genommen werden kann. Um dem
Amt die Prüfung zu ermöglichen, ob dies auch tatsächlich der Fall ist, ist gemäß Art. 50
Abs. 1j) EGSVO als eine Zeitrang bestimmende Angabe im Sortenschutzantrag die Angabe
über sonstige Anträge im Zusammenhang mit der Sorte aufgenommen.

Stellt das Amt fest, daß der Antragsteller für die gemeinschaftliche Sortenschutzanmel- 1031
dung einen Antragstag einer vorausgehenden Anmeldung derselben Sorte in Anspruch
nimmt, der nicht der früheste Antrag für die betreffende Sorte in einem Mitgliedstaat oder in
einem Verbandsstaat der UPOV ist, so hat das Amt dem Anmelder mitzuteilen, daß der
Zeitvorrang nur für den frühesten Antrag gilt (Art. 20 S. 1 DVO). Hat das Amt eine Empfangsbescheinigung ausgestellt und dort als Eingangsdatum den Zeitrang der in der Anmeldung genannten vorausgehenden prioritätsbegründenden Anmeldung zugrundegelegt, dieser Zeitpunkt aber nicht dem allerersten vorausgehenden Antrag entspricht, so gilt der angegebene Zeitvorrang als nichtig (Art. 20 S. 2 DVO).

Als Zeitvorrang begründende vorausgehende Schutzrechtsanmeldung ist neben der Sor- 1032
tenschutzanmeldung jede andere gleichwertige Anmeldung zur Erteilung eines Schutzrechtes zu werten, z. B. Pflanzenpatent, Patentanmeldung, etc. Insoweit besteht kein Unterschied zur Inanspruchnahme des Zeitrangs einer vorausgehenden Anmeldung für ein nationales Schutzrecht.[770]

Wird der Zeitvorrang einer vorausgehenden Anmeldung geltend gemacht, ist innerhalb 1033
von 3 Monaten nach der Anmeldung zum gemeinschaftlichen Sortenschutz dem Gemeinschaftlichen Sortenamt eine Abschrift des früheren Antrages vorzulegen, der von der für
diesen Antrag zuständigen Behörde beglaubigt ist. Ist der frühere Antrag nicht in einer
Amtssprache der Europäischen Gemeinschaften abgefaßt, kann das Amt eine Übersetzung
des früheren Antrags in eine der Amtssprachen verlangen (Art. 52 Abs. 5 EGSVO).

4. Das Prüfungsverfahren

Die Prüfung des Antrages auf Erteilung eines gemeinschaftlichen Sortenschutzes gliedert 1034
sich in drei Abschnitte, nämlich in eine Formalprüfung des Antrages, eine sachliche Prüfung
sowie eine technische Prüfung.

a) Formalprüfung des Antrags

Zweck der Formalprüfung nach Art. 53 EGSVO ist es festzustellen, ob der Antrag die Er- 1035
fordernisse für die Zuordnung eines Antragstages im Sinne des Art. 51 EGSVO sowie gegebenenfalls eines Zeitranges im Sinne des Art. 52 Abs. 2 EGSVO und der übrigen Förmlichkeiten erfüllt, die ein geordnetes Verfahren gewährleisten. Es hat festzustellen, ob
– der Antrag bei der richtigen Behörde, d.h. beim Gemeinschaftlichen Sortenamt selbst
  oder bei einer eigenen Dienststelle oder einer beauftragten nationalen Einrichtungen
  gemäß Art. 30 Abs. 4 EGSVO eingereicht wurde,

---
769 Vgl. Rdn 693.
770 Vgl. Rdn 693.

- der Antrag die inhaltlichen Erfordernisse des Art. 50 Abs. 1 EGSVO erfüllt, sowie
- die Anmeldegebühr gemäß Art. 83 EGSVO fristgemäß entrichtet wurde.

1036　Ergibt die Prüfung, daß der Antrag nicht die Voraussetzungen des Art. 50 Abs. 1 EGSVO erfüllt, teilt das Amt dem Antragsteller die festgestellten Mängel mit und weist ihn darauf hin, daß als Antragstag im Sinne von Art. 51 EGSVO erst der Tag gilt, an dem ausreichende Angaben i. S. der Art. 50 Abs. 1 EGSVO, Art. 18 Abs. 2 und 3 DVO eingehen, die den mitgeteilten Mängeln abhelfen (Art. 18 Abs. 1 DVO). Kann eine solche Mitteilung dem Anmelder oder seinem Vertreter nicht zugestellt werden, weil zum Beispiel die Angaben zum Antragsteller bzw. dessen Vertreter derart ungenau sind, daß die erforderliche Mitteilung diese nicht erreicht, erfolgt eine Bekanntmachung gemäß Art. 89 EGSVO im Amtsblatt des Gemeinschaftlichen Sortenamtes.

1037　Neben den in Art. 53 EGSVO aufgezählten bei der Formalprüfung zu überprüfenden Anmeldekriterien muß auch vor Beginn der technischen Prüfung festgestellt werden, ob
- der Anmelder, der seinen Wohnsitz oder Sitz außerhalb der Europäischen Union hat, wirksam vertreten ist,
- vorgenommene Änderungen der Anmeldung zulässig sind bzw. der Beseitigung von Mängeln dienen, die das Gemeinschaftliche Sortenamt in der Formalprüfung gerügt hat,
- nach Einreichung der gemeinschaftlichen Sortenanmeldung eingereichte Schriftstücke als eingegangen gelten.

1038　Ergibt die Formalprüfung, daß zwar ein Antrag eingereicht wurde, der die inhaltlichen Anforderungen für die Begründung eines Antragstages gemäß Art. 51 EGSVO erfüllt, im übrigen aber inhaltliche Mängel i. S. des Art. 19 Abs. 2 DVO aufweist, deren Behebung für ein ordnungsgemäßes Verfahren erforderlich ist, fordert das Amt den Antragsteller auf, die festgestellten Mängel innerhalb einer von ihm zu bestimmenden Frist zu beseitigen (Art. 53 Abs. 2 EGSVO). Werden die Mängel nicht rechtzeitig behoben, so weist das Amt nach Art. 61 Abs. 1a) EGSVO den Antrag unverzüglich zurück (Art. 19 Abs. 1 DVO).

b) Sachprüfung des Antrages

1039　Nach der Eingangsprüfung, ob der Sortenschutzantrag die inhaltlichen Formalitäten des Art. 50 EGSVO erfüllt, ist vor der technischen Prüfung gemäß Art. 54 Abs. 1 EGSVO vom Amt zu prüfen, ob
- eine Sorte im Sinne des Art. 5 EGSVO zum Sortenschutz angemeldet ist,
- die angemeldete Sorte das Kriterium der Neuheit, wie in Art. 10 EGSVO definiert, erfüllt,
- der Antragsteller nach Art. 12 EGSVO zur Stellung des Antrags auf Erteilung eines Sortenschutzes berechtigt ist sowie
- Antragsteller, die im Gebiet der Gemeinschaft weder einen Wohnsitz noch einen Sitz oder eine Niederlassung haben, durch einen im Gebiet der Gemeinschaft ansässigen Verfahrensvertreter vertreten sind und
- die vorgeschlagene Sortenbezeichnung nach Art. 63 EGSVO festsetzbar ist.

1040　Bei der Prüfung der vorgeschlagenen Sortenbezeichnung kann sich das Gemeinschaftliche Sortenamt auch anderer Stellen bedienen, wie zum Beispiel der nationalen Sortenschutzämter oder auch des Harmonisierungsamtes für den Binnenmarkt (Marken, Muster,

Modelle), um festzustellen, ob nicht ein Hinderungsgrund gemäß Art. 63 Abs. 3c EGSVO (Verwechslungsgefahr mit einer bereits erteilten Sortenbezeichnung) oder Art. 63 Abs. 3f) EGSVO (Verwechslungsgefahr mit einer prioritätsälteren Marke) vorliegt.

Um eine rasche Durchführung der technischen Prüfung zu ermöglichen, wird im Rahmen der sachlichen Prüfung in der Regel nicht geprüft, wem das Recht auf den Sortenschutz gemäß Art. 11 EGSVO zusteht. Denn grundsätzlich gilt derjenige als Rechtsinhaber, der zuerst den Antrag gestellt hat, es sei denn, daß das Amt vor Erteilung des Sortenschutzes im Rahmen des Prüfungsverfahrens feststellt, daß der Antragsteller nicht der nach Art. 11 EGSVO (alleinige) Berechtigte ist. Der eigentliche Berechtigte hat die Möglichkeit, im Rahmen des Einwendungsverfahrens die Nichtberechtigung des Antragstellers geltend zu machen, Art. 59 Abs. 3a) i. V. m. Art. 11 EGSVO. Anstelle einer Einwendung gegen die fehlende Berechtigung des Antragstellers im Prüfungsverfahren kann auch gleich gemäß Art. 98 Abs. 4 i. V. m. Abs. 1 und 2 EGSVO auf dem zivilgerichtlichen Wege die Übertragung der durch die Anmeldung begründeten Rechte verlangt werden. Sobald das Amt Kenntnis davon erhält, daß ein Dritter gegen den oder die Antragsteller ein zivilgerichtliches Verfahren gemäß Art. 98 Abs. 4 EGSVO auf Übertragung der durch die Sortenschutzanmeldung begründeten Rechte eingeleitet hat, muß es von Amts wegen einen entsprechenden Eintrag in das Register für die Anträge auf gemeinschaftlichen Sortenschutz machen, Art. 78 Abs. 1d) DVO. Zugleich kann nach Art. 21 DVO das Amt das Antragsverfahren aussetzen, wenn im Register nach Art. 98 Abs. 4 EGSVO der Anspruch auf Übertragung der durch die Anmeldung begründeten Rechte eingetragen worden ist. Die Entscheidung darüber liegt im pflichtgemäßen Ermessen des Amtes. Bestehen begründete Zweifel an der Berechtigung des Antragstellers, sollte das Amt auf jeden Fall aussetzen, um dem tatsächlich Berechtigten seine Beteiligung am Prüfungsverfahren zu einem möglichst frühen Verfahrensabschnitt offenzuhalten. 1041

Hat das Amt eine Aussetzungsentscheidung nach Art. 21 Abs. 1 S. 1 DVO getroffen, kann es für die Wiederaufnahme des schwebenden Verfahrens eine Frist setzen (Art. 21 Abs. 1 S. 2 DVO). In diesem Fall darf die Wiederaufnahme des Antragsverfahrens nicht vor Ablauf dieser Frist erfolgen (Art. 21. Abs. 2 S. 2 DVO). Ist das Vindikationsverfahren abgeschlossen, nimmt das Gemeinschaftliche Sortenamt das Verfahren wieder auf, sobald das Amt Kenntnis von der abschließenden Entscheidung oder von der sonstigen Beendigung hat, Art. 21 Abs. 2 DVO. Die Beendigung des Vindikationsverfahrens ist auch im Register zu vermerken, Art. 78 Abs. 1d) DVO. 1042

Nach Abschluß des Verfahrens zur Frage, wem die Rechte an der angemeldeten Sorte zustehen, kann der Alleinberechtigte oder die anderen berechtigten Personen das Verfahren als Antragsteller weiterverfolgen. Dies setzt jedoch voraus, daß der oder die eigentlich Berechtigten innerhalb eines Monats nach Eintragung des abschließenden Urteils in das Register dieses dem Gemeinschaftlichen Sortenamt mitgeteilt haben (Art. 21 Abs. 3 S. 1 DVO). In diesem Fall gelten die vom ersten Antragsteller nach Art. 83 EGSVO gezahlten Gebühren als vom nachfolgenden Antragsteller entrichtet (Art. 21. Abs. 3. S. 2 DVO). 1043

c) *Technische Prüfung*

Ergibt die formale Prüfung nach Art. 53 EGSVO sowie die sachliche Prüfung nach Art. 54 EGSVO kein Hindernis für die Erteilung des Gemeinschaftlichen Sortenschutzes, veranlaßt das Gemeinschaftliche Sortenamt die technische Prüfung hinsichtlich der Schutzvoraus- 1044 setzungen Unterscheidbarkeit (Art. 7 EGSVO), Homogenität (Art. 8 EGSVO) und Beständigkeit (Art. 9 EGSVO). Das Amt kann die Prüfung nach Art. 55 Abs. 1 EGSVO entweder einem hierfür einzurichtenden Amt zuweisen oder ein für die nationale Anbauprüfung zuständiges nationales Amt (Prüfungsamt) mit der Prüfung der genannten Schutzvoraussetzungen beauftragen.

1045 Die Beauftragung geschieht in der Weise, daß der Verwaltungsrat das im nationalen Verfahren zuständige Amt eines Mitgliedstaates mit der technischen Prüfung von Sorten bestimmter Taxons beauftragt (Art. 13 Abs. 1 DVO). Die Übertragung wird am Tag der Bekanntmachung wirksam.[771]

1046 Art. 55 Abs. 2 EGSVO räumt darüber hinaus dem Gemeinschaftlichen Sortenamt die Möglichkeit ein, mit der technischen Prüfung andere geeignete Einrichtungen zu beauftragen oder hierfür eigene Dienststellen einzurichten, sofern für die technische Prüfung von Sorten bestimmter Taxons kein Prüfungsamt zur Verfügung steht. Mit anderen geeigneten Einrichtungen sind staatliche, halbstaatliche oder privatrechtlich organisierte Einrichtungen gemeint, die entsprechende Sachkunde und die technischen Voraussetzungen für die jeweilige Durchführung der technischen Prüfung aufweisen. Als staatlich oder halbstaatlich geführte Einrichtungen sind zum Beispiel (staatliche) Versuchs- und Lehranstalten zu nennen.

aa) Durchführung der technischen Prüfung

1047 Nach Art. 55 Abs. 3 EGSVO übermittelt das Amt den Prüfungsämtern Abschriften des eingereichten Antrages, das, soweit das Gemeinschaftliche Sortenamt nichts anderes bestimmt hat, die technische Prüfung spätestens zu dem Zeitpunkt beginnt, zu dem es eine technische Prüfung aufgrund eines Antrags auf Erteilung eines nationalen Sortenschutzrecht begonnen hätte (Art. 56 Abs. 4 DVO). Hinsichtlich der Pflanzenarten, die das Bundessortenamt als Prüfungsamt gemäß einer entsprechenden Vereinbarung mit dem Gemeinschaftlichen Sortenamt prüft, ist insoweit auf § 2 BSAVfV in der Bekanntmachung des Bundessortenamt Nr. 8/98 Bezug zu nehmen. Danach beginnt die Prüfung in der auf den Antragstag folgenden Vegetationsperiode, wenn der Antrag zu dem bis zu dem für die jeweilige Art bekanntgemachten Termin beim Bundessortenamt eingegangen ist.[772] Beansprucht jedoch der Antragsteller einen Zeitvorrang nach Art. 52 Abs. 2 oder 4 EGSVO, muß die technische Prüfung durch das zuständige Prüfungsamt spätestens zu dem Zeitpunkt beginnen, zu dem es eine Prüfung aufgrund eines Antrags auf ein nationales Schutzrecht begonnen hätte, wenn zu diesem Zeitpunkt das erforderliche Material und die etwa erforderlichen weiteren Unterlagen vorgelegt worden wären (Art. 56 Abs. 5 EGSVO). Soweit das Bundessortenamt Prüfungsamt im Sinne der EGSVO ist, verschiebt sich damit die Frist für die Vorlage des für die Prüfung bestimmten Vermehrungsmaterials usw. um vier Jahre. Sie läuft also erst vier Jahre nach dem Ende der Zeitvorrangsfrist (Pioritätsfrist) ab (Art. 56 Abs. 5 i. V. m. Art. 55 Abs. 5 EGSVO, § 26 Abs. 4 S. 1 SortG).[773] Im übrigen kann der Verwaltungsrat bestimmen, daß die technische Prüfung bei Sorten von Reben und Baumarten später beginnen kann, als dies nach dem nationalen Recht des zuständigen Prüfungsamtes möglich ist.

---

771 Einzelheiten zur Zusammenarbeit vgl. Rdn 606 ff.
772 Vgl. ergänzend Rdn 774 ff.
773 Hinsichtlich weiterer Einzelheiten vgl. Rdn 778.

II. Verfahren vor dem Gemeinschaftlichen Sortenamt

Die technische Prüfung erfolgt in der Regel durch Anbau – oder soweit hierfür andere Untersuchungsmöglichkeiten geeignet sind, die Schutzkriterien „Unterscheidbarkeit" und „Homogenität" festzustellen – durch diese Untersuchungsmethoden (Art. 56 Abs. 1 EGSVO). Hierbei hat das Prüfungsamt die vom Verwaltungsrat gemäß Art. 22 der DVO auf Vorschlag des Präsidenten des Gemeinschaftlichen Sortenamtes festgesetzten und im Amtsblatt veröffentlichen Prüfungsrichtlinien zusammen mit den vom Amt gegebenen Weisungen zu beachten (Art. 56 Abs. 2 DVO). Eine entsprechende Festsetzung ist jedoch bislang nicht erfolgt. Die Prüfungsrichtlinien können deshalb gemäß Art. 22 Abs. 2 DVO vom Präsidenten des Amtes vorläufig festgelegt werden. Auch dies ist bislang nicht geschehen.

1048

Hat der Verwaltungsrat seine Kompetenz ausgeübt und Prüfungsrichtlinien erlassen, muß dort eine Ermächtigung des Präsidenten vorgesehen werden, daß dieser die Aufnahme zusätzlicher Merkmale einer Sorte und ihre Ausprägungen in die Prüfungsrichtlinien vornehmen kann (Art. 23 Abs. 1 DVO). Diese Möglichkeit gebieten Praktikabilitätserwägungen. Das Amt muß aufgrund neuer Erkenntnisse aus dem Prüfungsverfahren in die Lage versetzt werden, diese rasch in den Prüfungsrichtlinien zu berücksichtigen.

1049

Gemäß Art. 35 Abs. 2 EGSVO in Verbindung mit Art. 61 und 62 EGSVO sind die beim Gemeinschaftlichen Sortenamt zu bildenden Ausschüsse für das Erteilungsverfahren und damit auch für die Koordinierung der technischen Prüfung mit Entscheidung über die Erteilung des beantragten Sortenschutzes zuständig. Bei der Durchführung des Prüfungsverfahrens hat der nach Art. 8 Abs. 1 DVO bestimmte Berichterstatter des jeweiligen Ausschusses dafür Sorge zu tragen, daß neben dem Antrag und dem technischen Fragebogen, sowie sonstige zur Durchführung der technischen Prüfung notwendigen Informationen, auch die nach Art. 86 DVO durch den Anmelder möglichen Hinweise auf vertrauliche Angaben, die von der Einsichtnahme nach Art. 88 Abs. 3 EGSVO ausgenommen werden sollen, dem Prüfungsamt übermittelt werden (Art. 24a) und b) DVO). Gleiches gilt auch für etwaige Einwendungen im Sinne des Art. 59 EGSVO, die von Dritten gegen die Erteilung des gemeinschaftlichen Sortenschutzes erhoben werden (Art. 24c) DVO). Im übrigen ist der Berichterstatter gemäß Art. 25 der DVO für die Überwachung der technischen Prüfung im allgemeinen und insbesondere hier für die Überprüfung der Versuchsfelder und der Testmethoden zuständig (Art. 25a) DVO).

1050

Das Prüfungsamt hat im Rahmen der Zusammenarbeit mit den Prüfungsämtern neben Zwischenberichten über die Ergebnisse jeder Vegetationsperiode an das Amt dieses auch über eine etwaige frühere Vermarktung der Sorte zu unterrichten, wenn es hiervon Kenntnis erlangt (Art. 25b) und c) DVO).

1051

bb) Prüfungsbericht

Abgeschlossen wird die technische Prüfung durch Erstellung eines Prüfungsberichtes gemäß Art. 57 EGSVO. Ist nach Auffassung des Prüfungsamtes das Ergebnis der technischen Prüfung ausreichend, um die Schutzfähigkeit der angemeldeten Sorte beurteilen zu können, erstellt es einen Prüfungsbericht und übersendet diesen einschließlich Sortenbeschreibung dem Gemeinschaftlichen Sortenamt. Auf Aufforderung des Gemeinschaftlichen Sortenamtes hat das Prüfungsamt Prüfungszwischenberichte zu erstellen (Art. 57 EGSVO). Ein Zwischenbericht ist in Abschrift vom Prüfungsamt auch an den Antragsteller zu übermitteln (Art. 26 Abs. 2 DVO).

1052

1053 Der Prüfungsbericht ist von dem Berichterstatter des zuständigen Ausschusses des Prüfungsamtes (Art. 8 Abs. 2 DVO) zu unterzeichnen und mit dem Vermerk zu versehen, daß die Ergebnisse der technischen Prüfung der alleinigen Verfügungsbefugnis des Amtes nach Art. 57 Abs. 4 EGSVO unterliegen (Art. 26 Abs. 1 DVO). Das gleiche gilt auch für Zwischenberichte. Ist das Amt der Auffassung, daß der vom Prüfungsamt erstellte Prüfungsbericht noch keine hinreichende Entscheidungsgrundlage ist, kann das Amt nach Anhörung oder auf Antrag des Antragstellers eine ergänzende Prüfung anordnen. Bis zur rechtskräftigen Entscheidung über den Antrag auf Erteilung des Sortenschutzes wird diese ergänzende Prüfung als Teil der technischen Prüfung im Sinne des Art. 56 Abs. 1 bewertet (Art. 57 Abs. 3 EGSVO).[774]

1054 Das Gemeinschaftliche Sortenamt übermittelt den abschließenden Prüfungsbericht des Prüfungsamtes einschließlich Sortenbeschreibung dem Antragsteller, um ihm Gelegenheit zur Stellungnahme zu geben (Art. 57 Abs. 2 EGSVO). Kommt der Prüfungsbericht zu dem Ergebnis, daß der angemeldeten Sorte Sortenschutz im beantragten Umfang erteilt wird, ist der Prüfungsbericht etwaigen Dritten, die gegen die Erteilung Einwendungen erhoben haben, zu übermitteln und die Gelegenheit zur Äußerung einzuräumen (Art. 56 Abs. 1 DVO).

1055 Die Ergebnisse der technischen Prüfung können ohne Zustimmung des Gemeinschaftlichen Sortenamtes nicht anderweitig benutzt werden, so zum Beispiel für die Verwertung im Rahmen der Anbauprüfung zu einer anderen Sorte. Will das Bundessortenamt den Prüfungsbericht zu einer zum Gemeinschaftlichen Sortenschutz angemeldeten Sorte, den das Bundessortenamt als Prüfungsamt für diese Sorte erstellt hat, in einem anderen Verfahren verwerten, um die Neuheit oder mangelnde Unterscheidbarkeit der später angemeldeten anderen Sorte zu belegen, bedarf es hierzu der Zustimmung des Gemeinschaftlichen Sortenamtes. Liegt diese nicht vor, muß das Bundessortenamt durch einen Vergleichsanbau und den darauf erstellten Prüfungsbericht die fehlende Neuheit oder Unterscheidbarkeit feststellen.

1056 Um eine einheitliche Beurteilung der Unterscheidbarkeit, Homogenität und Beständigkeit der zu prüfenden Sorten innerhalb der Europäischen Gemeinschaft zu gewährleisten und insbesondere eine Mehrfachprüfung mit unterschiedlichen Ergebnissen zu vermeiden, sieht Art. 27 Abs. 3 DVO vor, daß die Prüfungsberichte über eine Sorte, die zur Beurteilung der Unterscheidbarkeit, Homogenität und Beständigkeit derselben Sorte dienen, auf Antrag des Amtes oder jedes nationalen Sortenamtes gegen Zahlung eines unter den Ämtern vereinbarten Betrages zur Verfügung zu stellen sind.

5. Einwendungen

1057 Wie im nationalen Sortenschutzerteilungsverfahren sieht auch das gemeinschaftliche Sortenschutzrecht im Art. 59 EGSVO die Möglichkeit vor, Einwendungen zu erheben. Wegen der weitgehenden Übereinstimmung wird auf die Ausführungen zum nationalen Einwendungsverfahren verwiesen.[775]

---

774 Art. 27 DVO sah die Übernahme von Ergebnissen einer technischen Prüfung vor, die von einem nach Art. 55 Abs. 1 EGSVO bestimmten Prüfungsamt durchgeführt wurde, wenn diesem Prüfungsverfahren Material zugrundelag, das hinsichtlich der Menge und Beschaffenheit den Anforderungen entsprach (Art. 55 Abs. 4 EGSVO). Diese Bestimmung galt allerdings nur bis zum 30. Juni 1998, Art. 95 S. 2 DVO.

775 Rdn 726 ff.

6. Entscheidungen des Gemeinschaftlichen Sortenamtes

Die Entscheidung über die Zurückweisung des Antrages auf Gemeinschaftlichen Sorten- 1058
schutz ist in Art. 61 EGSVO geregelt, die Entscheidung über die Erteilung des beantragten
Sortenschutzes in Art. 62. Beide Vorschriften enthalten nur Bestimmungen darüber, welche
Voraussetzung für eine Zurückweisung erforderlich sind bzw. welche Bedingungen erfüllt
sein müssen, um den beantragten Sortenschutz zu erteilen. Form und Inhalt der Entscheidungen sind lediglich in Art. 53 der DVO geregelt, allerdings in nicht sehr ausführlicher
Weise.

a) Zurückweisung des Antrages nach Art. 61 EGSVO

Das Gemeinschaftliche Sortenamt kann den Antrag auf Gemeinschaftlichen Sortenschutz 1059
zurückweisen, wenn
– die Formalprüfung gemäß Art. 53 DVO ergibt, daß der Antrag nach Art. 49 EGSVO
   nicht wirksam eingereicht worden ist,
– die Formalprüfung gemäß Art. 53 DVO ergibt, daß der Antrag die inhaltlichen Voraussetzungen des Art. 50 EGSVO sowie der Art. 16, 18 und 19 der DVO nicht erfüllt und
   diese Mängel auch nicht innerhalb einer vom Amt gesetzten Frist beseitigt wurden,
– das nach Aufforderung durch das Amt zur Durchführung der technischen Prüfung erforderliche Pflanzenmaterial nicht innerhalb der in der Aufforderung gesetzten Frist
   beigebracht wurde oder
– dem Amt keine Sortenbezeichnung vorgeschlagen wurde, welche nach Art. 63 EGSVO
   festsetzbar ist.

Neben den genannten formalen Mängeln und dem Unterlassen bestimmter Mit- 1060
wirkungspflichten des Antragstellers im Anmelde- und Prüfungsverfahren erwähnt Art. 61
Abs. 2 EGSVO als weitere Zurückweisungsgründe
– die Feststellung im Rahmen der sachlichen Prüfung gemäß Art. 54 EGSVO, daß die
   Sorte entweder nicht neu ist, der Antragsteller nicht antragsberechtigt ist oder der Antragsteller gemäß Art. 82 EGSVO einen Verfahrensvertreter bestellen muß, dieser aber
   nicht benannt wurde oder
– nach Abschluß der technischen Prüfung im Prüfungsbericht nach Art. 57 EGSVO
   festgestellt wird, daß die zum gemeinschaftlichen Sortenschutz angemeldete Sorte entweder nicht unterscheidbar ist, nicht die erforderliche Homogenität aufweist oder nicht
   beständig ist.

b) Erteilung des Sortenschutzes gemäß Art. 62 EGSVO

Ergibt die technische Prüfung, daß die Ergebnisse für eine Entscheidung über den Antrag 1061
ausreichen und weder berechtigte Einwendungen nach Art. 59 EGSVO noch sonstige Zurückweisungsgründe nach Art. 61 EGSVO vorliegen, erteilt das Gemeinschaftliche Sortenamt den beantragten Sortenschutz. Als einzige inhaltliche Bestimmung nennt Art. 62 S. 2
EGSVO, daß die Entscheidung eine amtliche Beschreibung der Sorte enthalten muß.

5. Abschnitt: Schutzerteilungsverfahren

c) Form der Entscheidung, Begründungspflicht, Zustellung

1062 Art. 53 der DVO enthält wenige Angaben zu den Formvoraussetzungen von Entscheidungen im Sinne der Art. 61 und 62 der EGSVO. So hebt Abs. 1 des Art. 53 der DVO lediglich hervor, daß jede Entscheidung des Amtes mit der Unterschrift und dem Namen des Bediensteten versehen werden muß, der gemäß Art. 35 der EGSVO unter Weisung des Präsidenten des Amtes für die Entscheidung verantwortlich ist. Dem Unterschriftserfordernis ist zu entnehmen, daß Entscheidungen grundsätzlich schriftlich abzufassen sind. Dies wird auch durch Abs. 2 des Art. 53 EGSVO bestätigt. Danach kann, wenn eine mündliche Verhandlung vor dem Amt stattfindet, die Entscheidung zwar verkündet werden. Diese ist aber später schriftlich abzufassen und den Beteiligten zuzustellen. Es ist deshalb davon auszugehen, daß die verfahrensabschließenden Entscheidungen des Gemeinschaftlichen Sortenamtes im Sinne der Art. 61 und 62 EGSVO grundsätzlich die gleichen Schriftformerfordernisse zu erfüllen haben, wie dies bei entsprechenden Entscheidungen im nationalen Erteilungsverfahren der Fall ist.[776] Im übrigen ergibt sich dies auch aus den Verfahrensgrundrechten auf Gewährung rechtlichen Gehörs und eines fairen Verwaltungsverfahrens, die der EuGH in seiner ständigen Rechtsprechung als rechtsstaatliche Garantie des Verwaltungsverfahrens auf Gemeinschaftsebene anerkannt hat.[777]

1063 Auszugehen ist auch von einer Begründungspflicht verfahrensabschließender Entscheidungen, soweit diese Verfahrensbeteiligte belasten. Die Gemeinschaft ist zur Rechtsstaatlichkeit verpflichtet. Dies bedingt, daß nicht nur Legislativakte der Gemeinschaft begründet werden (vgl. Art. 190 EG-Vertrag), sondern insbesondere die den Gemeinschaftsbürger betreffenden Entscheidungen. Der Begründungszwang dient den Verteidigungsrechten der Betroffenen und der Rechtskontrolle durch den Gerichtshof sowie der Transparenz administrativer Rechtsanwendung.[778, 779]

1064 Auch hinsichtlich des Begründungszwanges und seiner Erfüllung wird die verfahrensabschließende Entscheidung des Gemeinschaftlichen Sortenamtes an den hierzu im nationalen Verfahren entwickelten Grundsätzen zu messen sein.

1065 Bei den Entscheidungen zu Art. 61 und 62 EGSVO handelt es sich um Entscheidungen, die eine Frist in Lauf setzen (Art. 67 Abs. 1, 69 EGSVO) und somit nach Art. 79 EGSVO eine Zustellung erfordern. Die Zustellung kann durch die Post nach Art. 65 der DVO, durch Übergabe im Amt nach Art. 66 der DVO sowie durch öffentliche Bekanntmachung nach Art. 67 der DVO erfolgen (Art. 64 Abs. 3 der DVO).[780]

d) Rechtsbehelfsbelehrung

1066 Art. 53 Abs. 3 der DVO sieht vor, daß Entscheidungen des Amtes, die mit der Beschwerde nach Art. 67 oder der direkten Beschwerde nach Art. 74 der Grundverordnung angefochten

---

776 Vgl. Rdn 649 ff.
777 Vgl. *Pernice*, in Grabitz, Art. 64, Rdn 63 ff.
778 *Lukes* in *Dauses* B II, Rdn 70 zur Begründungspflicht für Verordnungen und Richtlinien.
779 Zur Rechtsprechung des EuGH zum Umfang des Begründungszwanges und seiner Begrenzung durch die Notwendigkeit eine effektive und leistungsfähige Verwaltung sicherzustellen vgl. Uenig, in Gratitz, Art. 173, Rdn 33, 34.
780 Wegen Einzelheiten hierzu s. Rdn 981 ff.

werden können, einen Hinweis unter Angabe der Rechtsmittelfrist enthalten müssen, daß gegen die Entscheidung die Beschwerde oder die direkte Beschwerde zulässig ist. Allerdings hebt Satz 2 dieser Durchführungsvorschrift vor, daß die Beteiligten aus der Unterlassung der Rechtsmittelbelehrung keine Ansprüche herleiten können. Eine dem § 58 VwGO vergleichbare Regelung, die den Lauf der Fristen für Rechtsmittel nur dann in Gang setzt, wenn eine Rechtsbehelfsbelehrung erfolgt, fehlt im Gemeinschaftlichen Sortenschutzrecht. Ob dennoch durch eine entsprechende Entscheidung die Fristen für Rechtsmittel und sonstige Rechtsbehelfe in Lauf gesetzt werden, hängt im wesentlichen davon ab, ob die Verpflichtung zur Erteilung einer Rechtsbehelfsbelehrung aus dem Rechtsstaatsprinzip, dem sich auch die Europäische Gemeinschaft verpflichtet sieht, abgeleitet werden kann.[781] In einem solchen Fall wird das Gemeinschaftliche Sortenamt gemäß Art. 81 EGSVO zu prüfen haben, welche Rechtsfolgen sich an die Unterlassung einer Rechtsmittelbelehrung in den Mitgliedstaaten knüpfen, und nach dem Ergebnis entsprechender Nachforschungen seine Entscheidung ausrichten müssen.

7. Rechtsmittel gegen Entscheidungen des Gemeinschaftlichen Sortenamtes

a) Beschwerde

Gegen bestimmte Entscheidungen des Amtes, die in Art. 67 Abs. 1 EGSVO abschließend genannt sind, ist die beim Gemeinschaftlichen Sortenamt schriftlich einzulegende Beschwerde (Art. 69 EGSVO) vorgesehen, über die im Falle der Nichtabhilfe durch das Amt die Beschwerdekammer entscheidet (Art. 71 EGSVO). Wie Art. 67 Abs. 4 EGSVO zu entnehmen ist, sind vergleichbar dem nationalen Verfahren nur solche Entscheidungen beschwerdefähig, die einem Beteiligten gegenüber das Verfahren abschließen. 1067

aa) Beschwerde gegen die Zurückweisung des Antrags auf Sortenschutz

Das Rechtsmittel der Beschwerde ist über Art. 67 Abs. 1 EGSVO gegen Entscheidungen des Gemeinschaftlichen Sortenamtes eröffnet, die den Antrag auf Erteilung des beantragten Sortenschutzes zurückweisen und hierbei auf folgende Gründe gestützt sind: 1068
– Nichtbeseitigung von Mängeln nach Art. 53 EGSVO innerhalb der vom Amt zur Beseitigung gesetzten Frist;
– Anmeldung eines Gegenstandes, der nicht Gegenstand des gemeinschaftlichen Sortenschutzes sein kann;
– fehlende Neuheit i. S. des Art. 10 EGSVO;
– fehlende Berechtigung des Antragstellers i. S. des Art. 12 EGSVO;
– fehlende ordnungsgemäße Vertretung i. S. des Art. 82 EGSVO von Anmeldern, die innerhalb der EU keinen Wohnsitz oder Sitz haben;

---
781 Verneinend zum deutschen Recht z. B. *Kopp*, § 58 VwGO, Rdn 2.

- Nichtvorlage von Prüfmaterial entsprechend Art. 55 Abs. 4 oder 5 EGSVO innerhalb der gesetzten Frist;
- eine nach Art. 63 EGSVO festsetzbare Sortenbezeichnung wurde nicht angegeben;
- Fehlen der Schutzvoraussetzung der Unterscheidbarkeit (Art. 7 EGSVO), der Homogenität (Art. 8 EGSVO) und/oder der Beständigkeit (Art. 9 EGSVO).

bb) Sonstige beschwerdefähige Entscheidungen

1069 Das Rechtsmittel der Beschwerde ist auch gegen folgende weitere Entscheidungen des Gemeinschaftlichen Sortenamtes eröffnet:
- die Nichtigerklärung des gemeinschaftlichen Sortenschutzes nach Art. 20 EGSVO;
- die Aufhebung des gemeinschaftlichen Sortenschutzes nach Art. 21 EGSVO;
- Entscheidungen, mit denen Einwendungen nach Art. 59 EGSVO zurückgewiesen wurden;
- die Erteilung des Sortenschutzes, sofern der Sortenschutz nicht in dem Umfang erteilt wird, in dem er beantragt worden war;
- die Änderung der festgesetzten Sortenbezeichnung nach Art. 66 EGSVO, da die Festsetzungsvoraussetzungen des Art. 63 EGSVO nicht oder nicht mehr vorliegen und der Sortenschutzinhaber der Änderung nicht zustimmt;
- die Erhebung von Gebühren nach Art. 88 EGSVO i. V. m. der GebührenVO gemäß Art. 113.

b) Beschwer und Beschwerdeberechtigung

1070 Neben den natürlichen und/oder juristischen Personen, gegen die eine Entscheidung unmittelbar ergangen ist, sind alle Beteiligten des Verfahrens berechtigt, das zu der anzufechtenden Entscheidung geführt hat, sofern diese durch die Entscheidung unmittelbar und individuell betroffen, d. h. beschwert sind. Das Ergebnis der Entscheidung muß für die Beschwerdeberechtigten die Rechtslage in einer für sie ungünstigen Weise regeln. Beschwerdeberechtigt ist damit nur der materiell benachteiligte Verfahrensbeteiligte.

c) Einlegung der Beschwerde

1071 Art. 69 EGSVO enthält Bestimmungen über die Frist, innerhalb derer die Beschwerde gegen eine Entscheidung des Gemeinschaftlichen Sortenamtes einzulegen ist sowie deren Form, während Art. 45 der DVO den Inhalt der Beschwerde konkretisiert.

1072 Die Beschwerde muß innerhalb von 2 Monaten nach Zustellung der Entscheidung schriftlich beim Gemeinschaftlichen Sortenamt eingelegt werden. Die Frist berechnet sich nach Art. 69 Abs. 1, 2 und 5 DVO. Sie beginnt am Tag nach der Zustellung gemäß Art. 64 DVO. Das Erfordernis, daß die Beschwerde beim Amt einzulegen ist, dürfte auch dann erfüllt sein, wenn die Beschwerde bei einer eigenen Dienststelle des Amtes eingeht, nicht jedoch bei nationalen Einrichtungen, die gemäß Art. 30 Abs. 4 EGSVO mit der Wahrnehmung bestimmter Verwaltungsaufgaben des Gemeinschaftlichen Sortenamtes beauftragt wurden. Wird eine Beschwerde bei einer solchen nationalen Einrichtung eingereicht, gilt sie erst mit dem Zugang beim Gemeinschaftlichen Sortenamt als eingelegt im Sinne des Art. 69 EGSVO. Wegen des Schriftlichkeitserfordernisses muß spätestens am letzten Tag der 2-Monatsfrist das Original der Beschwerdeschrift beim Gemeinschaftlichen Sortenamt oder einer eigenen Dienststelle des Amtes eingehen.

Darüber hinaus muß die Beschwerde innerhalb von 4 Monaten nach der Zustellung oder Bekanntmachung der Entscheidung schriftlich begründet werden. Diese Frist läuft unabhängig von dem Zeitpunkt, in dem die Beschwerde eingelegt wird. Eine Verlängerung der Frist auf Antrag ist nicht vorgesehen. Somit stehen insgesamt maximal 2 Monate zur Verfügung, um nach Einreichung der Beschwerde diese zu begründen. 1073

Als Minimalvoraussetzung für eine statthafte Beschwerde bestimmt Art. 45 DVO, daß die Beschwerde neben den in Art. 2 DVO genannten Angaben zur Person des Beschwerdeführers das Aktenzeichen der Entscheidung des Amtes, gegen die Beschwerde eingelegt wird, enthalten muß sowie eine Erklärung darüber, in welchem Umfang eine Änderung oder Aufhebung der angefochtenen Entscheidung beantragt wird. Sofern die Inhaltsanforderungen des Art. 45 nicht erfüllt sind, entsprechende Mängel aber nachholbar sind, sind diese gemäß Art. 49 DVO von der Beschwerdekammer dem Beschwerdeführer mit der Aufforderung mitzuteilen, die festgestellten Mängel innerhalb einer bestimmten Frist zu beheben. Wird diese Frist nicht eingehalten, wird die Beschwerde als unzulässig zurückgewiesen. 1074

Gemäß Art. 113 EGSVO muß das Amt für die Bearbeitung einer Beschwerde bis zur Entscheidung darüber Gebühren erheben. Art. 113 Abs. 2c EGSVO i. V. m. Art. 11 Abs. 1 GebührenVO setzt gegenwärtig eine Beschwerdegebühr in Höhe von 1500 Euro fest. Diese Beschwerdegebühr ist nicht in voller Höhe zu Beginn des Verfahrens zu zahlen. Vielmehr sieht Art. 11 Abs. 2 vor, daß ein Drittel der Beschwerdegebühr an dem Tag zu zahlen ist, an dem die Beschwerde beim Amt eingeht. Die restlichen zwei Drittel der Beschwerdegebühr werden erst auf Aufforderung des Amtes innerhalb eines Monats nach Erhalt einer solchen Aufforderung fällig. Diese Aufforderung ergeht aber nur dann, wenn das Amt der Beschwerde nicht gemäß Art. 70 EGSVO abhilft und deshalb die Beschwerde an die Beschwerdekammer abgibt. 1075

Wird das erste Drittel der Beschwerdegebühr nicht mit der Beschwerde entrichtet, fordert das Amt den Beschwerdeführer nach Art. 83 Abs. 2 EGSVO auf, die anfallenden Gebühren zu bezahlen. Hierbei ist auf die Folge der Nichtentrichtung – Zurückweisung der Beschwerde als unzulässig – gemäß Art. 49 Abs. 1 der DVO hinzuweisen. Mit Zustellung einer entsprechenden Zahlungsaufforderung beginnt eine einmonatige Frist, innerhalb derer der Beschwerdeführer die für die Entrichtung der Gebühr erforderliche Handlung vornehmen muß. Entscheidend für die Einhaltung der Einmonatsfrist ist deshalb nicht, daß innerhalb dieser Frist die Gebühr beim Gemeinschaftlichen Sortenamt eingeht. Vielmehr reicht es aus, daß der Beschwerdeführer alle die Handlungen vorgenommen hat, die beim normalen Gang des Zahlungsverkehrs sicherstellen, daß die zu entrichtende Gebühr beim Amt eingehen wird. 1076

d) Aufschiebende Wirkung

Auch im europäischen Sortenschutzrecht ist vorgesehen, daß die Beschwerde grundsätzlich aufschiebende Wirkung hat, Art. 67 Abs. 2 S. 1 EGSVO. Insoweit kann auf die Aus- 1077 führungen zur aufschiebenden Wirkung einer Beschwerde an das Bundespatentgericht im nationalen Verfahren verwiesen werden.[782]

1078 Das Gemeinschaftliche Sortenamt kann jedoch anordnen, daß die angefochtene Entscheidung nicht ausgesetzt wird, wenn es dies für erforderlich hält. Eine weitere Ausnahme findet sich in Art. 67 Abs. 3 EGSVO, der bestimmt, daß die Beschwerde gegen die Erteilung eines Zwangsnutzungsrechtes gemäß Art. 29 und Art. 100 Abs. 2 erteilt wurde. In welchen Fällen das Gemeinschaftliche Sortenamt die grundsätzlich durch eine Beschwerde bewirkte aufschiebende Wirkung aussetzen wird, bleibt abzuwarten. Denkbar ist, daß solche Entscheidungen die Fälle betreffen, die von § 34 Abs. 3 SortG erfaßt werden.[783]

e) Beschwerdeverfahren vor dem Amt

1079 Das Amt versieht zunächst jede Beschwerde mit dem Eingangsdatum und einem Aktenzeichen und teilt dem Beschwerdeführer die Frist für die Begründung der Beschwerde mit. Allerdings kann der Beschwerdeführer aus der Unterlassung dieser Mitteilungspflicht keine Rechte herleiten, Art. 46 DVO.

1080 Gibt es neben dem Beschwerdeführer weitere Beteiligte, übermittelt das Amt vor Überweisung des Falles durch den Vorsitzenden der Beschwerdekammer an die von ihm ausgewählten qualifizierten Mitglieder der Beschwerdekammer eine Kopie der bei ihm eingegangenen Schriftstücke. Da es sich hier insoweit nicht um zustellungsbedürftige Schriftstücke handelt, die nach Art. 65 ff. DVO den Verfahrensbeteiligten zukommenzulassen wären, reicht eine formlose Mitteilung an die übrigen Beteiligten aus, Art. 47 DVO. Die Verfahrensbeteiligten haben dann die Möglichkeit, innerhalb von 2 Monaten nach Übermittlung der Abschrift der Beschwerde dem Beschwerdeverfahren beizutreten (Art. 47 Abs. 2 DVO).

1081 Das Amt bzw. die Beschwerdekammer hat zunächst die Zulässigkeit der Beschwerde zu prüfen; gegebenenfalls muß, sofern es sich um formelle und inhaltliche Mängel handelt, die zu beheben sind, der Beschwerdeführer aufgefordert werden, die Mängel innerhalb einer vom Amt zu bestimmenden Frist zu beheben (Art. 49 Abs. 1 DVO). Neben der nicht fristgemäßen Erhebung der Beschwerde werden nicht behebbare Mängel nur dann anzunehmen sein, wenn die Beschwerde auch bei Auslegung zugunsten des Beschwerdeführers als solche nicht erkennbar ist oder das falsche Aktenzeichen der angefochtenen Entscheidung in der Beschwerde genannt wurde.

1082 Bereits vor Überweisung der Beschwerde muß der Vorsitzende der Beschwerdekammer in Zusammenarbeit mit der Dienststelle des Amtes, die über die Abhilfe zu entscheiden hat, dafür Sorge tragen, daß die Beschwerdekammer den Fall unmittelbar nach seiner Vorlage prüfen kann. Der Vorsitzende hat deshalb vor der Überweisung der Angelegenheit aus der gemäß Art. 47 Abs. 2 EGSVO erstellten Liste von Mitgliedern der Beschwerdekammer zwei Mitglieder auszuwählen und bestellt einen Berichterstatter, Art. 48 Abs. 1 DVO. Der Präsident hat dafür zu sorgen, daß die Beschwerde gemäß Art. 89 DVO im Amtsblatt veröffentlicht wird, Art. 48 Abs. 3 DVO.

1083 Das Amt hat die Möglichkeit, der Beschwerde abzuhelfen. Erachtet die Stelle des Amtes, die die Entscheidung erlassen hat, die Beschwerde als zulässig und begründet, so muß das

---

[782] Vgl. Rdn. 846.
[783] Vgl. Rdn. 847.

Amt der Beschwerde abhelfen. Dies gilt allerdings nur für das einseitige Verfahren. Im zweiseitigen Verfahren ist die Beschwerde unmittelbar durch die Beschwerdekammer zu prüfen. Hilft das Amt der Beschwerde nicht ab, muß diese der Beschwerdekammer unverzüglich vorgelegt werden. Zugleich hat das Amt zu entscheiden, ob es gemäß Art. 67 Abs. 2 EGSVO die Entscheidung für vorläufig vollziehbar erklärt.

Nach Überweisung der Beschwerde an die Beschwerdekammer müssen die Beteiligten vom Vorsitzenden der Beschwerdekammer unverzüglich zu einer mündlichen Verhandlung nach Art. 77 EGSVO geladen werden (Art. 50 Abs. 1 DVO). Hierbei sind die Beteiligten darauf hinzuweisen, daß das Verfahren auch ohne ihr Erscheinen fortgesetzt werden kann (Art. 59 Abs. 2 DVO). Grundsätzlich soll für die mündliche Verhandlung und für die Beweisaufnahme nur eine Verhandlung angesetzt werden (Art. 50 Abs. 2 DVO). Anträge auf eine weitere Verhandlung sind nur dann zulässig, wenn der Antrag durch Umstände veranlaßt ist, die ohne Verschulden der Partei, die eine erneute mündliche Verhandlung beantragt, nicht berücksichtigt werden konnten. 1084

f) Weitere Verfahrensvorschriften

Art. 51 bestimmt die Anwendbarkeit der Vorschriften für das Verfahren vor dem Amt auch für das Beschwerdeverfahren. Insoweit ist auf die vorausgehenden Ausführungen in der Rdn 952 ff. zu verweisen. 1085

g) Entscheidung

Über die Beschwerde entscheidet die Beschwerdekammer in einer Dreierbesetzung, es sei denn, die Mitglieder der so zunächst besetzten Kammer halten die Angelegenheit für so bedeutend, daß die Kammer in einer Fünferbesetzung entscheiden sollte (Art. 46 Abs. 3 EGSVO),[784] und zwar so rechtzeitig nach der mündlichen Verhandlung, daß die Beschwerdeentscheidung innerhalb von drei Monaten nach Abschluß der mündlichen Verhandlung den Verfahrensbeteiligten in schriftlicher Form zugeht (Art. 52 Abs. 1 DVO). Sie ist vom Vorsitzenden der Beschwerdekammer und dem nach Art. 48 Abs. 1 bestellten Berichterstatter zu unterzeichnen. Wegen der inhaltlichen Einzelheiten der Beschwerdeentscheidung sei auf den nachfolgend abgedruckten Wortlaut des Art. 52 DVO verwiesen. 1086

Art. 52 DVO Entscheidung über die Beschwerde

(1) Die Entscheidung über die Beschwerde geht den am Beschwerdeverfahren Beteiligten innerhalb von drei Monaten nach Abschluß der mündlichen Verhandlung schriftlich zu.
(2) Die Entscheidung wird von dem Vorsitzenden der Beschwerdekammer und dem nach Artikel 48 Absatz 1 bestellten Berichterstatter unterzeichnet. Sie enthält:
a) die Feststellung, daß sie von der Beschwerdekammer erlassen ist; 1087

---
[784] Zur Zusammensetzung der Beschwerdekammer sowie Auswahl der Mitglieder s. Rdn 576 ff.

b) das Datum, an dem sie erlassen worden ist;
c) die Namen des Vorsitzenden und der übrigen Mitglieder der Beschwerdekammer, die am Beschwerdeverfahren teilgenommen haben;
d) die Namen der am Beschwerdeverfahren Beteiligten und ihrer Verfahrensvertreter;
e) die Anträge der Beteiligten;
f) eine Zusammenfassung des Sachverhalts;
g) die Entscheidungsgründe;
h) die Entscheidungsformel einschließlich, soweit erforderlich, der Entscheidung über die Verteilung der Kosten oder über die Erstattung der Gebühren.
(3) In der Entscheidung der Beschwerdekammer ist unter Angabe der Rechtsmittelfrist darauf hinzuweisen, daß gegen die Entscheidung die Rechtsbeschwerde zulässig ist. Die am Beschwerdeverfahren Beteiligten können aus der Unterlassung der Rechtsmittelbelehrung keine Ansprüche herleiten.

8. Klageverfahren

1088 Art. 73 EGSVO eröffnet gegen die Entscheidungen der Beschwerdekammern den Rechtsweg zum Europäischen Gerichtshof (EuGH), allerdings nur in den Fällen des Art. 73 Abs. 2 EGSVO. Sachlich zuständig innerhalb der gemeinschaftlichen Gerichtsbarkeit ist gemäß Art. 225 (früher 168a) EG-Vertrag das Gericht erster Instanz (EuG). Das Verfahren wird neben den Verfahrensregeln des Art. 73 EGSVO im wesentlichen durch die Verfahrensordnung des Gerichts erster Instanz geregelt.[785]

a) Zulässigkeit der Klage

1089 Die Klage zum Europäischen Gerichtshof als Rechtsmittel gegen Entscheidungen, die im Beschwerdeverfahren ergangen sind, ist nicht zulassungspflichtig. Art. 73 Abs. 2 EGSVO, der weitgehend mit den im Art. 230 Abs. 2 EG-Vertrag genannten Klagegründen übereinstimmt, eröffnet die Klage für folgende Rügen gegen die angefochtene Entscheidung der Beschwerdekammern, durch die über eine Beschwerde entschieden wurde:
– Unzuständigkeit des Entscheidungskörpers;
– Verletzung wesentlicher Formvorschriften;
– Verletzung des Vertrages zur Gründung der Europäischen Gemeinschaft in seiner jeweils gültigen Fassung;
– Verletzung von Vorschriften der Verordnung über den Gemeinschaftlichen Sortenschutz;
– Verletzung der bei der Verfahrensdurchführung zu beachtenden Rechtsnormen oder
– wegen Ermessensmißbrauchs nach Art. 73 Abs. 2 EGSVO.

1090 Bei Untätigkeit der Beschwerdekammer ist nicht die Klage nach Art. 73 EGSVO eröffnet, sondern die Untätigkeitsklage nach Art. 232 Abs. 3 EG-Vertrag. Auch für eine solche Klage ist das Gericht erster Instanz zuständig.[786]

---

785 Änderung der Verfahrensänderung des Gerichts erster Instanz der Europäischen Gemeinschaften vom 6. Juli 1995, Abl. EGNr. L 172 v. 22.7.1995, S. 3 ff.
786 Art. 3 Abs. 1c) des Beschlusses des Rates zur Errichtung eines Gerichts erster Instanz der Europäischen Gemeinschaften; Abl. L 319/21 v. 25.11.1988.

II. Verfahren vor dem Gemeinschaftlichen Sortenamt   417

Die Befugnis zur Einlegung der Klage steht nur den am Beschwerdeverfahren Beteiligten 1091
zu, soweit sie durch die angefochtene Entscheidung materiell beschwert sind. Nicht erforderlich ist, daß der Kläger aktiv am Beschwerdeverfahren beteiligt war. Darüber hinaus kann in jedem Fall die Kommission und das Gemeinschaftliche Sortenamt Rechtsbeschwerde zum Europäischen Gerichtshof gegen eine Entscheidung der Beschwerdekammer einlegen.

b) Frist, Form und Inhalt der Klage

Die Klage ist innerhalb von zwei Monaten nach Zustellung der Entscheidung der Beschwerdekammer schriftlich beim Gerichtshof einzulegen. 1092

Die inhaltlichen Anforderungen an die Klageschrift sowie die ihr beizufügenden Unterlagen werden durch Art. 132 § 1 und Art. 44 der VO des Gerichts erster Instanz geregelt. Danach hat die Klage Namen und Anschriften aller Parteien des Verfahrens vor der Beschwerdekammer zu enthalten. Die angefochtene Entscheidung ist ihr mit dem Hinweis auf das Datum der Zustellung beim Kläger beizufügen. Entspricht die Klageschrift nicht diesen Anforderungen, wird dem Kläger gemäß Art. 132 § 2 Art. 44 § 6 der VO des Gerichts erster Instanz eine Nachfrist zur Nachbesserung gewährt. Erfolgt keine Nachbesserung, so entscheidet das Gericht darüber, ob die Verletzung der Formvorschriften die Unzulässigkeit der Klage zur Folge hat. 1093

Nach Art. 131 § 1 VO des Gerichts erster Instanz ist der Kläger frei, eine der elf Amtssprachen der Gemeinschaft für die Klageschrift zu wählen. Sollte die vom Kläger gewählte Sprache später nicht Verfahrenssprache werden, ist die Klageschrift vom Gericht gemäß Art. 121 § 4 VO in die Verfahrenssprache zu übersetzen. 1094

Vor dem Gericht erster Instanz besteht ebenso wie vor dem EuGH gemäß Art. 17 Abs. 2 Satzung des EuGH Anwaltszwang. Die Klageschrift sowie alle Schriftsätze an das Gericht erster Instanz sind deshalb vom Anwalt zu unterzeichnen (Art. 43 § 1 VOEuGH). Der für den Kläger handelnde Anwalt muß bei der Kanzlei des Gerichts eine Bescheinigung über seine Zulassung als Anwalt in einem Mitgliedstaat vorlegen (Art. 44 § 3 VOEuGH). Wird die Klageschrift nicht innerhalb der Zweimonatsfrist des Art. 73 Abs. 4 EGSVO entsprechend der Formvorschrift des Art. 43 § 1 VO des Gerichts erster Instanz von einem nach Art. 17 Satzung des EuGH i. V. m. den jeweiligen Zulassungsvorschriften des betreffenden Mitgliedstaates zugelassene Anwalt eingereicht, ist die Klage als unzulässig zurückzuweisen. 1095

c) Aufschiebende Wirkung

Gemäß Art. 242 EGV haben Klagen zum EuGH und damit auch zum Gericht erster Instanz keine aufschiebende Wirkung. 1096

d) Verfahren vor dem Gericht erster Instanz

Das Verfahren vor dem Gericht erster Instanz richtet sich nach dem 4. Titel (Art. 130–136) der VO des Gerichts erster Instanz, sowie ergänzend nach dem 2. Titel (Art. 43–103). Zu 1097 beachten sind auch die VO des Gerichtshofes und die Satzung des EuGH (Art. 55 Satzung des EuGH). Die wesentlichen Verfahrensabschnitte sind der Vorbericht des Berichterstatters sowie gegebenenfalls prozeßleitende Maßnahmen zur Vorbereitung der mündlichen Verhandlung, gegebenenfalls eine Beweisaufnahme vor oder in der mündlichen Verhandlung, sowie die nachfolgende Entscheidung. Wegen Einzelheiten des Verfahrens muß auf die einschlägige Literatur verwiesen werden, z. B. Kirschner, Das Gericht erster Instanz der europäischen Gemeinschaften.

1098   Die Klage richtet sich gegen das Amt. Somit ist das Verfahren nach Art. 73 EGSVO kontradiktorischer Natur. Da aber das Amt in Klageverfahren gegen Beschwerdeentscheidungen des Gemeinschaftlichen Sortenamtes im Interesse eines privaten Beteiligten handelt, soweit dieser im Beschwerdeverfahren beteiligt war, handelt es sich der Sache nach um Rechtsstreitigkeiten zwischen Privaten. Andererseits mußte wegen des Klagesystems des EG-Vertrages dieses Verfahren in der Verordnung über den gemeinschaftlichen Sortenschutz als Klage gegen das Amt ausgestaltet werden. Um den Drittbeteiligten eine ihrer Interessenlage gemäße verfahrensrechtliche Position zu geben, eröffnet Art. 134 der VO des Gerichts erster Instanz diesen Drittbeteiligten im Verfahren vor der Beschwerdekammer das Recht, sich als Streithelfer im Verfahren vor dem Gericht zu beteiligen (Art. 143 § 1 VO). Gemäß § 2 des Art. 134 der VO haben sie dieselben prozessualen Rechte wie die Parteien. So können sie selbst eigene Anträge stellen und eigenständige Angriffs- und Verteidigungsmittel in das Verfahren einführen. Durch fristgerechtes Einreichen einer eigenen Klagebeantwortung können sie sicherstellen, daß ein Versäumnisverfahren gemäß Art. 121 der VO wegen verspäteter Klagebeantwortung durch das Amt verhindert wird (Art. 134 § 4 VO). Vergleichbar ist ihre Stellung deshalb weitgehend mit der des notwendig Beigeladenen im deutschen Verwaltungsprozeß (§ 65 Abs. 2 66 VwGO).

1099   Welche Sprache Verfahrenssprache ist, bestimmt Art. 135 der VO des Gerichts erster Instanz. Nach § 1 ist die vom Kläger in der Klageschrift gewählte Sprache ausschlaggebend, wenn es keinen weiteren Beteiligten gibt oder diese nicht widersprechen. Es besteht nach § 2 aber auch die Möglichkeit, daß sich die Parteien des Beschwerdeverfahrens auf eine Sprache einigen. Unter „Parteien" sind die Beteiligten des Verfahrens zu verstehen. Ist die Verfahrenssprache weder nach § 1 noch nach § 2 festzulegen, wird Verfahrenssprache die Sprache der in Frage stehenden Anmeldung, soweit der Präsident des Gerichts nicht eine andere Sprache für sachgerecht erachtet (Art. 135 § 2 Abs. 2 VO).

e) Begründetheit der Klage

1100 Der Prüfungsumfang des Gerichts wird bestimmt durch die in der Klageschrift vorgetragenen Klagegründe des Art. 73 Abs. 2 EGSVO. Es geht deshalb ausschließlich um die Überprüfung der Rechtmäßigkeit des Handelns des Amtes. Hierbei ist das Gericht nicht an die aus dem Beschwerdeverfahren bekannten Tatsachen gebunden. Vielmehr kann es selbst weitere Tatsachen ermitteln, soweit dies im Rahmen der Klagegründe geboten ist.

f) Entscheidung des Gerichts, Rechtsfolgen

1101 Art. 73 Abs. 6 EGSVO läßt sich entnehmen, daß die Entscheidung des Gerichts in Form eines Urteils ergeht. Der Gerichtshof kann die angefochtene Entscheidung aufheben oder abändern (Art. 73 Abs. 3 EGSVO). Mit dem Urteil ergeht auch eine Kostenentscheidung (Art. 87, 136 VO). Dabei gilt der Grundsatz, daß die unterliegende Partei auf Antrag auch die Kosten der obsiegenden Partei zu tragen hat (Art. 87 § 2 VO). Sofern mehrere Streitgenossen unterliegen, entscheidet das Gericht auch über die Kostenverteilung. Hierbei sind die den Parteien in der Beschwerdeinstanz entstandenen notwendigen Aufwendungen einzubeziehen (Art. 136 Abs. 2 VO). Bei Teilunterliegen oder Vorliegen eines außergewöhnlichen Grundes kann das Gericht die Kosten teilen oder anordnen, daß jede Partei ihre Kosten selbst trägt (Art. 87 § 3 VO). Zu beachten ist auch Art. 136 § 1 der VO, wonach das Gericht beschließen kann, daß das Amt nur seine eigenen Kosten trägt. Diese Regelung berücksichtigt, daß dem Amt nicht Kostenbelastungen dadurch auferlegt werden sollen, daß es bei Beteiligung Dritter deren materielle Interessen vertritt.

Art. 73 Abs. 6 EGSVO verpflichtet das Amt, die notwendigen Maßnahmen zu ergreifen, um dem Urteil des Gerichtshofs Folge zu leisten. Hebt das Urteil des Gerichts die Entscheidung der Beschwerdekammer auf, muß das Amt eine neue materielle Entscheidung treffen. 1102

9. Rechtsbeschwerde zum EuGH

Gegen die Entscheidungen des Gerichts erster Instanz ist gemäß Art. 225 Abs. 1 S. 1 EG-Vertrag i. V. m. Art. 49 ff. der Satzung des EuGH das Rechtsmittel zum EuGH gegeben. Rechtsmittelberechtigt sind die durch die Entscheidung des Gerichts erster Instanz Beschwerten (Art. 49 Abs. 2 Satzung des EuGH). Damit können auch Streithelfer die Rechtsbeschwerde erheben, soweit sie ein Verfahren vor dem EuG unterlegen sind. Die Rechtsmittelfrist beträgt 2 Monate ab Zustellung der Entscheidung des Gerichts erster Instanz und wird durch Einreichung einer von einem Anwalt unterzeichneten Rechtsmittelschrift beim Gerichtshof gewahrt. Der Rechtsmittelschrift ist die angefochtene Entscheidung beizufügen und anzugeben, wann deren Zustellung beim Rechtsmittelführer erfolgte. Das Rechtsmittel kann nur auf Rechtsfragen sowie wegen Unzuständigkeit, wegen Verfahrensfehler, durch die die Interessen des Rechtsmittelführers beeinträchtigt werden oder auf Verletzung materiellen Gemeinschaftsrechts einschließlich Ermessensmißbrauch gestützt werden (Art. 51 Abs. 1 Satzung des EuGH). Hieraus folgt, daß die Rechtsbeschwerde nur auf die vollständige oder teilweise Aufhebung der Entscheidung des EuG und vollständige oder teilweise Aufrechterhaltung der ursprünglich gestellten Anträge gerichtet sein kann. Bei der Beurteilung der Rechtslage ist der Gerichtshof an die Tatsachenfeststellungen des Gerichts erster Instanz gebunden. Da die Rechtsbeschwerde eine Fortsetzung des Verfahrens vor dem Gericht erster Instanz darstellt, gilt die Verfahrensordnung dieses Gerichts. Insoweit ist auf die Ausführungen in Rdn 1096 ff. zu verweisen. 1103

10. Kostenverteilung bei mehreren Beteiligten

Während das deutsche Sortenschutzgesetz davon ausgeht, daß jeder Beteiligte die Kosten, die ihm durch ein Verfahren vor dem BSA und dem Bundespatentgericht sowie im Rechtsbeschwerdeverfahren vor dem Bundesgerichtshof entstehen im Grunde selbst trägt, es sei denn Billigkeitserwägungen veranlassen das Bundespatentgericht (§ 80 Abs. 1 PatG) oder 1104 den Bundesgerichtshof (§ 109 Abs. 1 PatG), die Kosten, die zur zweckentsprechenden Erledigung der Angelegenheit notwendig waren, einem Beteiligten ganz oder teilweise zur Erstattung aufzuerlegen, sieht das gemeinschaftliche Sortenschutzrecht eine grundsätzliche Erstattungspflicht desjenigen vor, der im Verfahren unterliegt oder durch Antragsrücknahme oder sonstige verfahrensbeendende Handlungen die Beendigung des Verfahrens bewirkt.

1105 Eine Pflicht des unterlegenen Verfahrensbeteiligten, die Kosten der anderen Verfahrensbeteiligten, einschließlich der Kosten der bevollmächtigten Beistände und Anwälte nach Maßgabe der DVO zu zahlen, sieht Art. 85 Abs. 1 EGSVO grundsätzlich im
- Verfahren zur Rücknahme des gemeinschaftlichen Sortenschutzes (Art. 20 EGSVO)
- Verfahren zum Widerruf des gemeinschaftlichen Sortenschutzes (Art. 21 EGSVO) sowie
- im Beschwerdeverfahren (Art. 67 ff. EGSVO)

vor.

1106 Nicht erfaßt sind nach dem Wortlaut des Art. 85 Abs. 1 EGSVO Einwendungsverfahren. Hier trägt jeder Beteiligte seine eigenen Kosten. Nur dann, wenn im Einwendungsverfahren derjenige, der einen Antrag auf Erteilung des gemeinschaftlichen Sortenschutzes gestellt hat, seinen Antrag zurücknimmt, hat er die Verfahrenskosten zu zahlen. Warum der Einwendende nicht in gleicher Weise die Kosten zu übernehmen hat, wenn er seine Einwendungen zurücknimmt, ist unverständlich. Im übrigen trägt nach Art. 85 Abs. 2 EGSVO derjenige die Kosten der anderen Verfahrensbeteiligten, der seinen Antrag auf Rücknahme oder Widerruf oder der Beschwerde bzw. durch Verzicht auf den gemeinschaftlichen Sortenschutz beendet.

1107 Nach dem Wortlaut des Art. 85 EGSVO ist ein Antrag auf eine Entscheidung über die Kosten nicht erforderlich. Vielmehr hat dies von Amts wegen zu geschehen. Dies bestätigt auch Art. 75 Abs. 1 EGSVO. Danach wird die Kostenverteilung in der Entscheidung über die Rücknahme oder einen Widerspruch des gemeinschaftlichen Sortenschutzes oder in der Entscheidung über die Beschwerde angeordnet. Auch in der Begründung ist auf die Kostenverteilung hinzuweisen. Erfolgt dieser Hinweis in der Begründung nicht, können hieraus allerdings keine Ansprüche der Verfahrensbeteiligten hergeleitet werden (Art. 75 Abs. 2 EGSVO).

1108 Erzielt in den genannten Verfahren jeder der Verfahrensbeteiligten Teilsiege, hat dem das Amt oder die Beschwerdekammer durch eine andere Verteilung der Kosten Rechnung zu tragen (Art. 85 Abs. 2 EGSVO). In welcher Weise dies zu geschehen hat, ist auch aus der DVO nicht zu erkennen. Hier werden Billigkeitserwägungen den Ausschlag geben, die auch unabhängig von einem Teilsieg/-unterliegen der Verfahrensbeteiligten bei der Kostenentscheidung zu berücksichtigen sind. Bis zur Entwicklung einer feststehenden Amtspraxis wird aus deutscher Sicht ein Rückgriff auf die Billigkeitsüberlegungen bei der zur Kostenerstattung entwickelten Amtspraxis des Bundessortenamts und Bundespatentgericht bzw. die Rechtsprechung des Bundespatentgerichts und des BGH zu nehmen sein. Da das Amt nach Art. 81 EGSVO verpflichtet ist, bei Fehlen entsprechender Vorschriften in der EGSVO auf die in den Mitgliedstaaten allgemein anerkannten Grundsätze des Verfahrensrechts zurückzugreifen, ist bei der Kostenentscheidung die bisherige Praxis der nationalen Ämter mit zu berücksichtigen.

1109 In allen vorgenannten Fällen hat das Amt oder die Beschwerdekammer Vereinbarungen der Verfahrensbeteiligten über die Kostenverteilung zu berücksichtigen, sofern sich diese hierüber außerhalb des Verfahrens verständigen. In diesem Fall ist vom Amt in einem Bescheid an die betreffenden Verfahrensbeteiligten die Kostenregelung zu bestätigen (Art. 77

S. 1 DVO). Haben sich die Parteien nicht nur über die Kostenverteilung dem Grunde nach, sondern auch bereits über die Höhe geeinigt, ist dies in dem vorgenannten Bescheid ebenfalls zu bestätigen. In diesem Falle ist ein Antrag auf Kostenfestsetzung durch einen der Verfahrensbeteiligten unzulässig (Art. 77 S. 2 DVO).

Die Höhe der zu erstattenden Kosten wird auf Antrag durch das Amt oder die Beschwerdekammer festgesetzt. Einzelheiten hierzu regelt die DVO in Art. 76. Voraussetzung ist in jedem Fall eine Kostenentscheidung. Geht das Verfahren in das Beschwerdeverfahren, ist ein Antrag auf Kostenfestsetzung erst möglich, wenn die Beschwerdekammer über die Beschwerde entschieden hat, Art. 76 Abs. 1 DVO. Liegt diese vor, ist dem Antrag auf Kostenfestsetzung eine Kostenaufstellung mit entsprechenden Belegen beizufügen. Um die im Falle des Unterliegens zu übernehmenden Kosten kalkulierbarer zu machen, enthält Abs. 4 des Art. 76 DVO einen abschließenden Katalog an Kosten, die im Sinne des Art. 85 EGSVO als für die Durchführung des Verfahrens notwendig erachtet werden. Dies sind 1110

– Kosten für Zeugen und Sachverständige, die vom Amt gezahlt wurden,
– die Reise- und Aufenthaltskosten eines Verfahrensbeteiligten sowie eines bevollmächtigten Vertreters oder Rechtsanwalts, der ordnungsgemäß als Verfahrensbeteiligter vor dem Amt bevollmächtigt worden ist,
– die Vergütung eines bevollmächtigten Beistands oder Rechtsanwalts, der ordnungsgemäß als Vertreter vor dem Amt bevollmächtigt worden ist.

Sowohl die Reise- und Aufenthaltskosten der Zeugen und Sachverständigen, der Verfahrensbeteiligten und deren Vertreter als auch die Vertretungskosten, die einem Verfahrensbeteiligten durch seine Vertretung vor dem Gemeinschaftlichen Sortenamt entstanden sind, sind nur bis zur Höhe der im Anhang der DVO genannten Sätze erstattungspflichtig. Darüber hinausgehende Kosten sind vom Verfahrensbeteiligten selbst zu tragen. Dies gilt auch dann, wenn sich ein Verfahrensbeteiligter von mehreren bevollmächtigten Beiständen oder Anwälten vertreten hat lassen. In diesem Fall sind zudem nur die Kosten für einen Vertreter bis zu der im Anhang der DVO genannten Höchstsumme erstattungsfähig (Art. 76 Abs. 3 DVO). 1111

Die Kostenentscheidung ist ein vollstreckbarer Titel (Art. 86 Abs. 1 EGSVO). Die Zwangsvollstreckung erfolgt nach den Vorschriften des Zivilprozeßrechts des Mitgliedstaates, in dessen Hoheitsgebiet sie stattfindet (Art. 86 Abs. 2 S. 1 EGSVO). Die Zwangsvollstreckung gegen einen deutschen Kostenschuldner richtet sich somit nach den § 704 ff. ZPO. Die für die Vollstreckung erforderliche Vollstreckungsklausel wird von der hierfür zuständigen nationalen Behörde erteilt. Diese muß von der Regierung eines jeden Mitgliedstaates zu diesem Zweck bestimmt und dem Amt und dem Gerichtshof der Europäischen Gemeinschaften benannt werden (Art. 86 Abs. 2 S. 2 EGSVO). 1112

Die für die Ausstellung der Vollstreckungsklausel zuständige nationale Behörde darf die Entscheidung, die mit der Vollstreckungsklausel versehen werden soll, nur insoweit überprüfen, ob es sich um einen echten Titel handelt. Eine inhaltliche Prüfung darf nicht erfolgen. 1113

Die Zwangsvollstreckung kann nur durch eine Entscheidung des Gerichtshofes der Europäischen Gemeinschaften ausgesetzt werden, während für die Prüfung der Ordnungsmäßigkeit der Vollstreckungsmaßnahmen ausschließlich die hierfür zuständigen einzelstaatlichen Rechtsprechungsorgane angerufen werden können (Art. 86 Abs. 4 EGSVO). 1114

422   5. Abschnitt: Schutzerteilungsverfahren

11. Gebühren

1115   Ganz allgemein bestimmt Art. 83 EGSVO, daß das Amt für seine nach der EGSVO vorgesehenen Amtshandlungen sowie für die Dauer eines gemeinschaftlichen Sortenschutzes Gebühren erhebt. Art. 113 EGSVO bildet die Ermächtigungsgrundlage für die Kommission unter Mitwirkung der Mitgliedstaaten, nach dem in Art. 115 EGSVO vorgesehenen Verfahren sowie nach Anhörung des Verwaltungsrates eine Gebührenordnung aufzustellen. Dies ist durch die Verordnung (EG) Nr. 1138/95 der Kommission zur Durchführung der Verordnung (EG) Nr. 2100/94 des Rates im Hinblick auf die an das Gemeinschaftliche Sortenamt zu entrichtenden Gebühren vom 31. Mai 1995 geschehen.[787] Art. 113 Abs. 2 EGSVO verankert die Pflicht des Amtes für die Bearbeitung eines Antrages auf Erteilung des gemeinschaftlichen Sortenschutzes, für die Veranlassung und Durchführung der technischen Prüfung, für die Bearbeitung einer Beschwerde bis zur Entscheidung darüber sowie für jedes Jahr der Geltungsdauer des gemeinschaftlichen Sortenschutzes Gebühren zu erheben. Für alle übrigen Amtshandlungen kann das Amt, muß aber nicht, Gebühren erheben. Nähere Verfahrensbestimmungen zur Gebührenzahlung sowie die Höhe der Gebühren und die Art der Zahlung regelt die Gebührenordnung. Sie ist darüber hinaus die Rechtsgrundlage für die zu entrichtenden Gebühren für sonstige Handlungen des Amtes wie z. B. Zurverfügungstellung beglaubigten oder einfachen Kopien sowie Gebühren für das vom Amt herauszugebende Amtsblatt und sonstige Veröffentlichungen des Amtes (vgl. Art. 12 GebührenVO).

1116   Art. 113 Abs. 3 EGSVO verpflichtet die Kommission, die Gebühren so zu bemessen, daß sich die daraus ergebenden Einnahmen grundsätzlich zur Deckung sämtlicher Haushaltsaufgaben des Amtes ausreichen. In Art. 108 der EGSVO ist vorgesehen, daß die Einnahmen des Haushalts auch einen Zuschuß aus dem Gesamthaushaltsplan der Europäischen Union umfaßt. Dies ist erforderlich, um geringere Gebühreneinnahmen während der Startphase des Gemeinschaftlichen Sortenamtes auszugleichen. Gemäß Art. 113 Abs. 3b) EGSVO ist zunächst vorgesehen, diesen Zuschuß bis zum 31. Dezember des 4. Jahres nach dem in Art. 118 Abs. 2 festgesetzten Zeitpunkt zu begrenzen. Dies wäre der 27. April 1999. Allerdings kann nach Art. 113 Abs. 3b) S. 2 EGSVO nach dem Verfahren des Art. 115 EGSVO diese Übergangszeit um ein weiteres Jahr verlängert werden. Danach muß das Amt sich selbst finanzieren. Das Amt setzt die zu entrichtenden Gebühren in Euro fest. Sie sind auch in ECU zu erheben und bis auf weiteres in Euro zu zahlen (Art. 1 Abs. 2 GebührenVO).

1117   Art. 3 GebührenVO sieht vor, die an das Amt zu entrichtenden Gebühren und Zuschlagsgebühren durch Überweisung auf ein Bankkonto des Amtes zu bezahlen. Ausnahmen hierzu kann der Präsident zulassen (Art. 3 Abs. 2 GebührenVO). Entscheidungen des Präsidenten dieser Art sind im Amtsblatt des Amtes zu veröffentlichen (Art. 1 Abs. 5 GebührenVO). Hiervon hat der Präsident des Gemeinschaftlichen Sortenamtes in zwei Fällen Gebrauch gemacht. Mit Beschluß vom 31. Oktober 1995 wurden die Gebühren für die in Art. 12 Abs. 1b) und c) der Verordnung (EG) Nr. 1238/95 genannten Unterlagen und Veröffentlichungen des Gemeinschaftlichen Sortenamtes sowie deren Fälligkeit (Amtsbl. ds. GSA vom 26.2.96, S. 148) festgesetzt. In einem weiteren Beschluß vom 1. April 1997 wurde die zu entrichtende Gebühr für die Beschaffung und Verwendung eines Prüfungsberichts über eine bereits durchgeführte technische Prüfung im Zusammenhang mit der Sorte, auf die

---

[787] Teil III, Nr. 22.

sich der Antrag bezieht, sowie die zu entrichtende Gebühr für die Erstellung eines Auszugs aus dem Register für die Anträge auf gemeinschaftlichen Sortenschutz oder aus dem Register für gemeinschaftlichen Sortenschutz festgesetzt. Auch wurden die Gebühren für Kopien von Unterlagen eines Antrages auf Erteilung eines gemeinschaftlichen Sortenschutzes oder eines erteilten gemeinschaftlichen Sortenschutzes neben den Kosten für das Amtsblatt und den Jahresbericht des Amtes neu bestimmt. Dieser Beschluß enthält auch Änderungen hinsichtlich des Fälligkeits- und Zahlungszeitpunkts für die vorgenannten Gebühren (Abl. vom 15.4.97, S. 86).

Nach Art. 5 GebührenVO muß bei der Zahlung von Gebühren der Name des Einzahlers und der Zweck der Zahlung schriftlich angegeben werden. Ist es nämlich dem Amt nicht möglich, den Zweck der Zahlung zu ermitteln, so bittet es den Einzahler den Zweck innerhalb von 2 Monaten schriftlich mitzuteilen. Wird der Verwendungszweck nicht innerhalb dieses Zeitraums mitgeteilt, so gilt die Zahlung als nicht geleistet. Sie wird dem Einzahler zurückerstattet. **1118**

Zu beachten ist auch, daß die Frist für die Zahlung von Gebühren oder Zuschlagsgebühren nur dann als eingehalten gilt, wenn der volle Betrag der Gebühr oder Zuschlagsgebühr rechtzeitig gezahlt wurde (Art. 6 S. 1 GebührenVO). Allerdings kann das Amt in Fällen, in denen dies begründet erscheint, ohne Beeinträchtigung der Rechte des Einzahlers über kleine Fehlbeträge hinwegsehen (Art. 6 S. 3 GebührenVO). Welche Fehlbeträge als klein anzusehen sind, ergibt sich weder aus der GebührenVO noch aus Mitteilungen des Amtes oder seines Präsidenten. **1119**

Die Fälligkeit von Gebühren ergibt sich in erster Linie aus der EGSVO. Soweit dort keine Fälligkeitsregelungen getroffen sind, sind die Fristen zur Zahlung in der dem Verfahrensbeteiligten mitzuteilenden Gebührenfestsetzung bekanntzugeben. Werden fällige Gebühren für gebührenpflichtige Amtshandlungen oder sonstige in der Gebührenordnung genannte Amtshandlungen, die nur auf Antrag vorzunehmen sind, nicht entrichtet, so fordert das Amt zur Zahlung der Gebühren auf und weist auf die Folge der Nichtentrichtung hin. Wird die fällige Gebühr innerhalb eines Monats nach Zustellung der entsprechenden Aufforderung nicht entrichtet, gilt der Antrag als nicht gestellt oder die Beschwerde als nicht erhoben (Art. 83 Abs. 2 EGSVO). **1120**

Während die Fälligkeit die Frage betrifft, wann eine Gebühr in welcher Höhe zu entrichten ist, regelt Art. 4 GebührenVO, wann eine bestimmte Zahlung als beim Amt eingegangen gilt. Dies ist der Tag, an dem der Betrag der Überweisung gemäß Art. 3 Abs. 1 GebührenVO auf einem Bankkonto des Amtes gutgeschrieben wird. Dies gilt auch für vom Präsidenten nach Art. 3 Abs. 2 GebührenVO festgesetzte andere Zahlungsweisen. In der entsprechenden Bekanntmachung muß auch der Zeitpunkt festgelegt sein, der als Eingangsdatum für die Zahlung gilt (Art. 4 Abs. 2 GebührenVO). **1121**

Nach Art. 4 Abs. 3 GebührenVO ist eine Überschreitung des Zahlungstermins unschädlich und von der Wahrung der Frist auszugehen, wenn dem Amt in ausreichender und schriftlicher Weise nachgewiesen wird, daß noch innerhalb der Zahlungsfrist die für die rechtzeitige Zahlung erforderlichen Schritte unternommen wurden. Ergänzend hierzu bestimmt Art. 4 Abs. 4 GebührenVO, daß die Bedingung „erforderliche Schritte" dann erfüllt ist, wenn der Einzahler einem Bankinstitut oder einem Postamt formgerecht den Auftrag erteilt hat, den Zahlungsbetrag in Euro auf das Bankkonto des Amtes zu überweisen. Als schriftlicher Nachweis gilt der Beleg eines Bankinstituts oder gegebenenfalls eines Postamtes, aus dem die Erteilung eines Überweisungsauftrages hervorgeht (Art. 4 Abs. 5 GebührenVO). **1122**

1123 Sofern Art. 4 GebührenVO nicht anwendbar ist und somit verspätet eingegangene Gebührenzahlungen als nicht rechtzeitig vorgenommen zu werten sind, kommen die Vorschriften über verspätete Gebührenzahlungen bei den einzelnen Zahlungsregelungen zum Tragen. Hinsichtlich der verspäteten Zahlung von Jahresgebühren sieht Art. 13 Abs. 2a) GebührenVO die Zahlung eines Zuschlages vor, der nach Abs. 3 dieser Vorschrift 20 %, mindestens jedoch 100 Euro beträgt und innerhalb eines Monats nach dem Datum der Aufforderung des Amtes zu zahlen ist. Bei Gebührenzahlung durch Abbuchung von laufenden Konten, die die Anmelder oder ihre Verfahrensvertreter beim Gemeinschaftlichen Sortenamt eingerichtet haben, kommt es grundsätzlich darauf an, ob an dem Tag, an dem die Abbuchung vorgenommen wird, ausreichende Mittel zur Deckung der fälligen Gebühren auf dem Konto vorhanden sind.

1124 Die Grundverordnung enthält in Art. 84 Bestimmungen über die Beendigung von Zahlungsverpflichtungen. Danach erlöschen sowohl Ansprüche des Amtes auf Zahlung von Gebühren als auch Ansprüche auf Rückerstattung 4 Jahre nach Ablauf des Kalenderjahres, in dem die Gebühr fällig geworden bzw. in dem der Anspruch auf Rückerstattung entstanden ist (Art. 84 Abs. 1 und 2 EGSVO). Die 4-jährige Verjährungsfrist wird bei nicht entrichteten fälligen Gebühren durch eine Aufforderung zur Zahlung unterbrochen. Die Geltendmachung des Anspruchs auf Rückzahlung bewirkt nur dann eine Unterbrechung der 4-jährigen Verjährungsfrist, wenn der Anspruch schriftlich und mit Gründen versehen erhoben wird. In beiden Fällen beginnt mit der Unterbrechung die 4-Jahresfrist erneut zu laufen. Sie endet jedoch spätestens 6 Jahre nach Ablauf des Jahres, in dem sie ursprünglich zu laufen begonnen hat, es sei denn, daß der Anspruch zwischenzeitlich gerichtlich geltendgemacht worden ist (Art. 84 Abs. 3 EGSVO).

1125 Wurde der Anspruch gerichtlich geltend gemacht, endet die Frist frühestens 1 Jahr nach Rechtskraft der Entscheidung (Art. 84 Abs. 3 S. 2 HS DVO). Dies kann aber nur dann gelten, wenn die Rechtsordnung des entscheidenden Gerichts keine oder eine wesentlich kürzere Frist für die Vollstreckung rechtskräftiger Entscheidungen vorsieht. Insoweit hat nämlich die Gemeinschaft keine Kompetenz, entgegen nationaler Vollstreckbarkeitsbestimmungen kürzere oder längere Fristen für die Vollstreckung zu bestimmen.

12. Eintragungen in das Register und Veröffentlichungen

1126 Zur Unterrichtung der Öffentlichkeit sieht auch die EGSVO vor, daß das Amt Register einrichtet (Art. 87 EGSVO), die von jedermann eingesehen werden können (Art. 88 EGSVO). Im Gegensatz zum deutschen Sortenschutzrecht sieht die EGSVO jedoch die Einrichtung von 2 Registern vor; zum einen für die Anträge auf gemeinschaftlichen Sortenschutz (Art. 87 Abs. 1 EGSVO), zum anderen ein separates Register für erteilte gemeinschaftliche Sortenschutzrechte, in das nach Erteilung des gemeinschaftlichen Sortenschutzes diese mit den in Art. 87 Abs. 2 EGSVO genannten Angaben einzutragen sind.

1127 Nach Art. 87 Abs. 1 EGSVO ist im Register für Anträge auf gemeinschaftlichen Sortenschutz der Antrag als solcher unter Angabe des Taxons und der vorläufigen Sortenbezeichnung des Antragstages, sowie des Namens und der Anschrift des Antragstellers, des Züchters und eines etwaigen betroffenen Verfahrensvertreters aufzunehmen (Art. 87 Abs. 1a) EGSVO sowie ergänzend Art. 1c) zur vorgeschlagenen Sortenbezeichnung). Darüber hinaus ist auch die Beendigung des Antragsverfahrens ebenso im Register festzuhalten (Art. 87

Abs. 1b) EGSVO) wie Änderungen in der Person des Antragstellers oder seines Verfahrensvertreters (Art. 87 Abs. 1d) EGSVO) sowie Zwangsvollstreckungsmaßnahmen i. S. des Art. 24 EGSVO, die sich nach Art. 26 EGSVO auch gegen den Antrag auf gemeinschaftlichen Sortenschutz als Vermögensgegenstand richten können, sofern eine entsprechende Eintragung beantragt wird (Art. 87 Abs. 1e) EGSVO). Zu differenzieren ist also zwischen Angaben, die das Amt einzutragen hat und solchen, die nur auf Antrag eingetragen werden. Pflichteintragungen sind bei Anträgen auf gemeinschaftlichen Sortenschutz die in Art. 87 Abs. 1a) bis d) genannten Angaben, während die in Art. 87 Abs. 1e) genannten Zwangsvollstreckungsmaßnahmen nur auf Antrag in das Register für Anträge auf gemeinschaftlichen Sortenschutz aufgenommen werden.

Weder die Grundverordnung noch die Durchführungsverordnung sehen ausdrücklich eine Veröffentlichung des Antrages im Amtsblatt vor. Lediglich mittelbar ergibt sich aus Art. 87 Abs. 2 EGSVO, daß der Antrag mit den Angaben, die nach Art. 87 Abs. 1a) und c) EGSVO in das Register für Sortenschutzanträge aufgenommen werden müssen, auch im Amtsblatt veröffentlicht werden. Im Gegensatz zum Veröffentlichungsumfang zum nationalen deutschen Sortenschutzantrag umfaßt die Veröffentlichung des Antrages auf Erteilung eines gemeinschaftlichen Sortenschutzes auch den für die betreffende Anmeldung geltend gemachten Zeitvorrang einer vorausgehenden Anmeldung in einem Mitglied- oder UPOV-Verbandsstaat (Art. 87 Abs. 2 EGSVO i. V. m. Art. 78 Abs. 1c) DVO). 1128

Art. 87 Abs. 3 EGSVO eröffnet die Möglichkeit, weitere Angaben oder Bedingungen für die Eintragung in beide Register in der DVO gemäß Art. 114 vorzusehen. Nach Art. 78 Abs. 1 DVO sind in das Register als sonstige Angaben einzutragen: 1129
– der Tag der Veröffentlichung, sofern die Veröffentlichung für die Berechnung von Fristen maßgebend ist. Dies ist gemäß Art. 59 Abs. 4b) EGSVO dann der Fall, wenn in dem Antrag auf Erteilung eines gemeinschaftlichen Sortenschutzes nicht nur eine vorläufige Sortenbezeichnung angegeben wird, sondern bereits die endgültige Sortenbezeichnung vorgeschlagen wird;
– Einwendungen unter Angabe des Datum der Einwendung, des Namens und der Anschrift des Einwenders sowie seines Verfahrensvertreters;
– der im Antrag geltend gemachte Zeitvorrang i. S. des Art. 52 Abs. 2 EGSVO unter Angabe des Datums und des Staates des vorausgehenden, den Zeitrang begründenden Antrages, die Einleitung eines Vindikationsverfahrens nach Art. 98 Abs. 4 und Art. 99 der EGSVO sowie die abschlägige Entscheidung oder sonstige Beendigung eines solchen Verfahrens.

Im Register für erteilte gemeinschaftliche Sortenschutzrechte sind von Amts wegen folgende Angaben einzutragen: 1130
– die Art und die Sortenbezeichnung der Sorte;
– die amtliche Sortenbeschreibung oder ein Hinweis auf die Unterlagen des Amtes, in denen die amtliche Sortenbeschreibung als Bestandteil des Registers enthalten ist. Die letztgenannte Möglichkeit entspricht der gegenwärtig geübten Praxis des Gemeinschaftlichen Sortenamtes;
– bei Sorten, bei denen zur Erzeugung von Material fortlaufend Material bestimmter Komponenten verwendet werden muß, ein Hinweis auf die Komponenten.
– Name und Anschrift des Inhabers, des Züchters und eines etwaigen Verfahrensvertreters;
– der Zeitpunkt des Beginns und der Beendigung des gemeinschaftlichen Sortenschutzes sowie der Beendigungsgrund;

- ausschließliche vertragliche Nutzungsrechte oder Zwangsnutzungsrechte einschließlich des Namens und der Anschrift des Nutzungsberechtigten, sofern ein entsprechender Eintrag beantragt wird;
- die Zwangsvollstreckung gegen den gemeinschaftlichen Sortenschutz nach Art. 24 EGSVO, sofern entsprechende Vollstreckungsmaßnahmen beantragt werden;
- die Kennzeichnung der Sorten als Ursprungssorten und im wesentlichen abgeleitete Sorten, einschließlich der Sortenbezeichnung und die Namen der betroffenen Parteien. Eine entsprechende Eintragung erfolgt jedoch nur, wenn diese sowohl der Inhaber der Ursprungssorte als auch von dem Züchter einer im wesentlichen hiervon abgeleiteten Sorte beantragt. Ausreichend ist ein Antrag einer der beiden betroffenen Parteien aber dann, wenn die andere Partei einer solchen Eintragung zustimmt oder eine rechtskräftige Entscheidung vorgelegt wird, aus der hervorgeht, daß es sich bei den betreffenden Sorten um Ursprungs- bzw. um im wesentlichen abgeleitete Sorten handelt.

1131 Auch zum Register über erteilte gemeinschaftliche Sortenschutzrechte sieht Abs. 3 des Art. 87 EGSVO vor, daß sonstige Angaben oder Bedingungen für die Eintragungen der gemäß Art. 114 zu erlassenden Durchführungsverordnung vorgesehen werden können. Dies ist in Art. 78 Abs. 2 DVO geschehen. Danach werden auf Antrag folgende „sonstige Angaben" i. S. des Art. 87 Abs. 3 EGSVO in das Register für gemeinschaftliche Sortenschutzrechte eingetragen:
- die Übertragung des gemeinschaftlichen Sortenschutzes als Sicherheit oder als Gegenstand eines sonstigen dinglichen Rechts;
- die Einleitung eines Vindikationsverfahrens nach Art. 98 Abs. 1 und 2 EGSVO;
- die Einleitung eines Verfahrens nach Art. 99 EGSVO auf Bestätigung darüber, daß die betreffenden Sorten als Ursprungs- bzw. als im wesentlichen abgeleitete Sorten gekennzeichnet werden.

1132 Einzelheiten der Einträge werden durch den Präsidenten festgelegt, der auch weitere in das Register einzutragende Angaben bestimmen kann. Solche vom Präsidenten festzusetzenden weiteren Angaben dürfen jedoch nur verwaltungstechnischen Zwecken dienen (Art. 78 Abs. 3 DVO).

1133 Art. 79 DVO bestimmt Einzelheiten, die zu erfüllen sind, um den Rechtsübergang an einem erteilten oder zur Erteilung angemeldeten gemeinschaftlichen Sortenschutzrecht im Register einzutragen. Neben einem entsprechenden Antrag der nicht ausdrücklich genannt ist, aber sich aus dem Sachzusammenhang ergibt, sind die Übertragungsurkunde (Übertragungsvertrag) oder Auszüge hiervon vorzulegen. Der Nachweis kann aber auch durch amtliche Schriftstücke, die den Rechtsübergang bestätigen, oder Auszüge hiervon, aus denen der Rechtsübergang hervorgeht, erbracht werden. Amtliche Schriftstücke in dem vorgenannten Sinne dürften z. B. der Erbschein sowie Urteile über Vindikationsansprüche sein.

1134 Das Amt hat im übrigen darauf zu achten, daß der einzutragende Rechtsnachfolger die Berechtigung zur Stellung des Antrags auf gemeinschaftlichen Sortenschutz gemäß Art. 12 EGSVO hatte. Sind diese Voraussetzungen gegeben, hat der Rechtsnachfolger im Gebiet der Gemeinschaft aber weder einen Wohnsitz noch einen Sitz oder eine Niederlassung, dann muß zudem ein Verfahrensvertreter im Sinne des Art. 82 EGSVO nicht nur die Eintragung des Rechtsübergangs beantragen, sondern auch weiterhin Vertreter des Rechtsnachfolgers sein.

1135 Nach Art. 79 Abs. 3 DVO gelten die vorgenannten Bedingungen für die Eintragung des Rechtsübergangs bei erteilten Schutzrechten auch für Anträge auf gemeinschaftlichen Sortenschutz.

Im übrigen kann nach Art. 80 DVO jeder Beteiligte einen Eintrag in die Register oder die 1136
Löschung eines Eintrages beantragen. Beteiligte im Sinne dieser Vorschrift sind die in Art. 1
DVO genannten Personen. Eingetragen oder gelöscht werden können aber nur solche Angaben, die eine Rechtsposition des Antragstellers (Verfahrensbeteiligten) betreffen und
keine unmittelbaren Auswirkungen auf die anderen Verfahrensbeteiligten, insbesondere den
Inhaber des erteilten oder beantragten Sortenschutzrechtes haben. Daß es sich um eine begründete Rechtsposition des Antragstellers handeln muß, ergibt sich aus Art. 80 S. 2 DVO.
Als Eintragungsvoraussetzung wird dort die Beifügung entsprechender Nachweise zum
schriftlich zu stellenden Antrag genannt.

Art. 81 Abs. 1 DVO sieht vor, daß dann, wenn ein beantragtes oder erteiltes gemein- 1137
schaftliches Sortenschutzrecht Gegenstand eines Konkursverfahrens oder eines konkursähnlichen Verfahrens ist, auf Antrag der zuständigen nationalen Behörde ein entsprechender
Hinweis auf ein solches Verfahren gebührenfrei in das Register eingetragen wird. Diese Regelung soll dazu beitragen, daß das erteilte Sortenschutzrecht bzw. der Antrag auf Erteilung
eines gemeinschaftlichen Sortenschutzrechtes als Vermögensgegenstand nicht der Konkursmasse entzogen wird. Der Eintrag ist auf Antrag der zuständigen nationalen Behörde, die
diesen veranlaßt hat, gebührenfrei wieder zu löschen.

Für den Fall einer Vindikationsklage i. S. des Art. 98 EGSVO oder eines Verfahrens, in 1138
dem der Anspruch auf Bestätigung der Sortenkennzeichnung i. S. des Art. 99 EGSVO geltend gemacht wird, kann ebenfalls die damit befaßte nationale Behörde einen entsprechenden Antrag auf Eintragung der Verfahrenseinleitung und -beendigung stellen, worauf entsprechende Einträge oder Löschungen in das bzw. aus dem Register für gemeinschaftliche Sortenschutzrechte vorzunehmen sind.

Art. 81 Abs. 3 DVO sieht hinsichtlich des Bestätigungsanspruchs zur Sortenkennzeich- 1139
nung nach Art. 99 EGSVO vor, daß alle Verfahrensbeteiligten die Eintragung gemeinsam
oder getrennt beantragen (Art. 81 Abs. 3 S. 1 DVO). Dies entspricht den in der Grundverordnung bereits genannten Bedingungen (vgl. Art. 87 Abs. 2h) EGSVO). Wenn nur ein
Verfahrensbeteiligter die Eintragung beantragt, müssen die in Art. 87 Abs. 2h) EGSVO genannten Unterlagen beigefügt werden. Dies ist eine Endentscheidung bzw. ein Endurteil, aus
dem hervorgeht, daß es sich bei den betreffenden Sorten um Ursprungssorten bzw. um im
wesentlichen abgeleitete Sorten handelt.

Schließlich kann beantragt werden, neben einem vertraglich vereinbarten ausschließlichen 1140
Nutzungsrecht, dessen Eintragung bereits in Art. 87 Abs. 2f EGSVO vorgesehen ist, auch die
Übertragung des gemeinschaftlichen Sortenschutzes als Sicherheit oder als dingliches Recht
einzutragen, Art. 81 Abs. 4 DVO.

Die Grundverordnung bestimmt in Art. 88 Abs. 1, daß jedermann in die beiden Register 1141
des Art. 87 EGSVO Einsicht nehmen kann. Nach Art. 82 DVO ist diese am Sitz des Amtes
vorzunehmen, jedoch können Auszüge aus dem Register auf Antrag nach Entrichtung einer
Verwaltungsgebühr angefordert werden (Art. 82 Abs. 2 DVO). Darüberhinaus kann der
Präsident des Gemeinschaftlichen Sortenamtes eine Einsichtnahme am Sitz der nationalen
Einrichtungen oder der Dienststellen ermöglichen (Art. 82 Abs. 3 DVO).

Zur Information der Öffentlichkeit dienen nicht nur die Register des Sortenamtes, son- 1142
dern auch die in Art. 89 EGSVO vorgesehenen regelmäßig erscheinenden Veröffentlichungen. Danach hat das Amt mindestens alle 2 Monate eine Veröffentlichung mit den Angaben
herauszugeben, die gemäß Art. 87 Abs. 2a) d) e) f) g) und h) EGSVO in das Register aufgenommen und noch nicht veröffentlicht wurden. Nach Art. 87 DVO handelt es sich hierbei um
das Amtsblatt des Gemeinschaftlichen Sortenamtes, in dem auch nach Art. 78 Abs. 1c) und

d) DVO „sonstige Angaben" i. S. des Art. 87 Abs. 1 EGSVO (der für eine gemeinschaftliche Sortenschutzanmeldung geltend gemachte Zeitvorrang; Einleitung eines Verfahrens zur Geltendmachung des Rechts auf den gemeinschaftlichen Sortenschutz nach Art. 98 Abs. 4 und Art. 99 der Grundverordnung sowie die abschließende Entscheidung oder sonstige Beendigung dieser Verfahren), nach Art. 78 Abs. 2 DVO (Übertragung des erteilten gemeinschaftlichen Sortenschutzes als Sicherheit oder als Gegenstand eines sonstigen dinglichen Rechtes oder Einleitung und Beendigung eines Vindikationsverfahrens gemäß Art. 98 Abs. 1 und 2 sowie Bestätigung der Sortenkennzeichnung nach Art. 99 EGSVO hinsichtlich erteilter gemeinschaftlicher Sortenschutzrechte) sowie die nach Art. 79 erfolgten Eintragungen des Rechtsübergangs zu veröffentlichen sind.

1143   Darüber hinaus muß das Amt einen jährlichen Bericht mit den Angaben veröffentlichen, die das Amt als zweckdienlich erachtet. Als Mindestvoraussetzung nennt Art. 98 Abs. 2 EGSVO eine Liste der geltenden gemeinschaftlichen Sortenschutzrechte, ihrer Inhaber, den Zeitpunkt der Erteilung und des Erlöschens des Sortenschutzes und der zugelassenen Sortenbezeichnungen. Die Einzelheiten dieser Veröffentlichung bestimmt der Verwaltungsrat.

13. Akteneinsicht

1144 Die Einsicht in die Akten des Gemeinschaftlichen Sortenamtes und sonstigen bei diesem befindlichen Unterlagen ist nach Art. 88 Abs. 2 EGSVO nur demjenigen möglich, der ein berechtigtes Interesse hieran geltend machen kann. Wie sich der nachfolgenden synoptischen Gegenüberstellung entnehmen läßt, ist im übrigen Art. 88 Abs. 2 EGSVO inhaltsgleich mit § 29 SortG.

§ 29 SortG	Art. 88 Abs. 2 EGSVO
Abs. 1 Nr. 2a)	Abs. 2a)
Abs. 1 Nr. 2b)	Abs. 2b)
Abs. 1 Nr. 3a)	Abs. 2c)
Abs. 1 Nr. 3b)	Abs. 2d)
Abs. 2	Abs. 3

1145   Wegen der Inhaltsgleichheit wird insoweit auf die Ausführungen in Rdn 943 ff. verwiesen. Welche Voraussetzungen erfüllt sein müssen, damit ein berechtigtes Interesse an der Einsicht gemäß Art. 88 Abs. 2 EGSVO bestätigt wird, wird sich aus der Amtspraxis ergeben müssen. Es ist jedoch schwer vorstellbar, daß das berechtigte Interesse an weitergehende Voraussetzungen geknüpft wird, wie dies im nationalen Recht, insbesondere bei der Akteneinsicht nach § 31 PatG der Fall ist. Grundsätzlich wird deshalb ein berechtigtes Interesse zu bejahen sein, wenn die Kenntnis der Akten für das künftige Verhalten des Antragstellers bei der Wahrung oder Verteidigung von Rechten bestimmend sein kann.[788] Ein berechtigtes Interesse wird insbesondere dann vorliegen, wenn der Inhaber des Rechtes, in dessen erteilte Schutzrechte Akteneinsicht beantragt wird, Rechte aus dem Schutzrecht herleitet oder zumindest damit droht.

1146   Die Einsicht in die Akten geschieht entweder durch Einsichtnahme am Sitz des Amtes oder am Sitz der nationalen Einrichtungen oder Dienststellen im Sinne des Art. 30 Abs. 4

---

788 Vgl. Benkard/*Schäfers* § 31 Rdn 24.

EGSVO (Art. 84 Abs. 2 DVO). Auf Antrag kann aber das Amt auch Akteneinsicht durch Anfertigung von Kopien für die antragstellende Person gewähren sowie durch schriftliche Mitteilung der in den Unterlagen enthaltenen Angaben (Art. 84 Abs. 3 DVO). Die Art der Akteneinsicht hängt jedoch von Zweckmäßigkeitsüberlegungen des Amtes ab, wenn der Umfang der angeforderten Informationen zu groß ist (Art. 84 Abs. 3 S. 4 DVO).

Wird die Einsichtnahme in den Anbau einer Sorte gewünscht, ist dies schriftlich zu beantragen. Das Prüfungsamt gewährt dann mit Zustimmung des Gemeinschaftlichen Sortenamtes Zugang zum Versuchsgelände (Art. 85 Abs. 1 DVO). Da die Einsichtnahme in den Anbau einer Sorte einen Eingriff in die Bestimmungsfreiheit des jeweiligen Prüfungsamtes über die Zugänglichkeit seiner Versuchsgelände für den allgemeinen Besucherverkehr betrifft und insoweit das Gemeinschaftliche Sortenamt keine Entscheidungs- und Bestimmungsbefugnis hat, hebt Abs. 2 des Art. 85 DVO hervor, daß der allgemeine Zugang zum Versuchsgelände für Besucher von der Vorschrift der DVO nicht berührt wird. Voraussetzung ist aber, daß alle angebauten Sorten kodiert sind und das jeweilige Prüfungsamt alle geeigneten Maßnahmen getroffen hat, die es nicht nur verhindern, daß Material entfernt wird, sondern auch sicherstellen, daß die Rechte des Antragstellers oder des Sortenschutzinhabers an seinem dem Amt zur Verfügung gestellten Material nicht beeinträchtigt werden. Diese Maßnahmen, die das jeweilige Prüfungsamt zu treffen hat, sind vom Amt zu genehmigen. 1147

Der Präsident des Gemeinschaftlichen Sortenamtes kann im übrigen bestimmen, in welcher Form die Einsichtnahme in den Anbau von Sorten und die Kontrolle der Schutzvorkehrungen zu erfolgen hat. Diese Bestimmungsbefugnis kann sich aber nur auf den Anbau von Material zu Sorten beziehen, die zum gemeinschaftlichen Sortenschutz angemeldet wurden oder für die gemeinschaftlicher Sortenschutz bereits erteilt ist. Nur insoweit ist das jeweilige nationale Prüfungsamt in das Verfahren zur Erteilung und Aufrechterhaltung des gemeinschaftlichen Sortenschutzes eingebunden und den gemeinschaftsrechtlichen Regelungen und den Anweisungen des Gemeinschaftlichen Sortenamtes, vertreten durch seinen Präsidenten, unterworfen. 1148

Zur Rechtssicherheit, welche Angaben nach Art. 88 Abs. 3 grundsätzlich von der Einsichtnahme auszuschließen sind, stellt das Gemeinschaftliche Sortenamt gebührenfreie Vordrucke dem Anmelder zur Verfügung. Mit diesem Vordruck ist der Ausschluß aller Angaben über die Komponenten, die zur Erzeugung von Material fortlaufend verwendet werden müssen, von der Einsichtnahme bis spätestens zur Entscheidung über den Antrag auf Erteilung des gemeinschaftlichen Sortenschutzes zu beantragen (Art. 86 DVO). 1149

6. Abschnitt
Dauer und Beendigung des Sortenschutzes

A Dauer des Sortenschutzes   1150
   I.   Vorbemerkung   1150
   II. Schutzdauer im Normalfall   1153
   III. Ausnahmen zur 25jährigen Schutzdauer   1156
   IV. Übergangsregelung für gemeinschaftliche Sortenschutzrechte   1160

B Beendigung des Sortenschutzes   1161
   I.   Vorbemerkung   1161
   II. Beendigung des Sortenschutzes durch Verzicht   1163
        1. Verzichtsberechtigung   1164
        2. Verzichtserklärung   1165
        3. Umfang des Verzichts   1170
   III. Rücknahme (Nichtigerklärung) des Sortenschutzes   1171
        1. Rücknahme-(Nichtigkeits-)grund der fehlenden Unterscheidbarkeit oder Neuheit   1174
        2. Verfahrenseinleitung   1177
        3. Rücknahme- bzw. Nichtigkeitswirkung   1180
        4. Vermögensausgleich   1181
   IV. Widerruf des nationalen bzw. Aufhebung des gemeinschaftlichen Sortenschutzes   1183
        1. Widerruf bzw. Aufhebung wegen fehlender Homogenität oder Beständigkeit   1184
        2. Fakultative Widerrufs- bzw. Aufhebungsgründe   1189
           a) Widerruf bzw. Aufhebung wegen der noch fehlenden Angabe einer neuen eintragbaren Sortenbezeichnung   1191
           b) Widerruf bzw. Aufhebung wegen fehlender Mitwirkung bei der technischen Nachprüfung   1208
           c) Widerruf bzw. Aufhebung wegen Nichtzahlung von Jahresgebühren   1210
        3. Aufhebung des gemeinschaftlichen Sortenschutzes wegen Wegfalls der personenbezogenen Voraussetzungen für den Erwerb eines gemeinschaftlichen Sortenschutzrechts bzw. der ordnungsgemäßen Vertretung   1212
        4. Ermessensentscheidung   1214

C Umwandlung des gemeinschaftlichen Sortenschutzrechts in ein nationales Sortenschutzrecht   1216

A Dauer des Sortenschutzes

I. Vorbemerkung

Der dem Züchter oder seinem Rechtsnachfolger gewährte Schutz wird nach Art. 19 UPOV-Übereinkommen (vormals Art. 8), der Grundlage des § 13 SortG ist, für eine begrenzte Dauer erteilt und darf nach der revidierten Fassung des UPOV-Übereinkommens grundsätzlich nicht kürzer als 20 Jahre, gerechnet vom Tag der Erteilung an, und bei Reben, Wald-, Obst- und Zierbäumen, einschließlich ihrer Unterlagen, nicht kürzer als 25 Jahre vom gleichen Zeitpunkt an gerechnet, sein. Art. 19 UPOV-Übereinkommen setzt nur eine Mindestgrenze für die Sortenschutzdauer voraus und überläßt es den einzelnen Verbandsstaaten, eine längere Schutzdauer festzusetzen und bei bestimmten Arten diese Schutzdauer auch unterschiedlich zu regeln. 1150

Von dieser Möglichkeit hat der deutsche Gesetzgeber im § 13 SortG Gebrauch gemacht und diese außerdem auch noch auf Hopfen und Kartoffeln erstreckt. Das ist – obwohl in Art. 19 UPOV-Übereinkommen nicht ausdrücklich vorgesehen – zulässig, da in Art. 19 UPOV-Übereinkommen nur Mindest-, jedoch keine Höchstgrenzen der Dauer des Sortenschutzes für die verschiedenen Pflanzenarten vorgesehen sind. Die Schutzdauer bei gemeinschaftlichen Sortenschutzrechten ist in Art. 19 EGSVO geregelt. 1151

Der Grund für die Begrenzung der Schutzdauer liegt im notwendigen Ausgleich zwischen den Interessen des Sortenschutzinhabers und den Belangen der Allgemeinheit. Der Sortenschutzinhaber – zumeist der Züchter – soll ausreichend Zeit für die wirtschaftliche Nutzung seiner Sorte haben, die seiner schöpferischen Leistung und seinem finanziellen Aufwand gerecht wird (Belohnungs- und Ansporngedanke).[789] Aber auch die Allgemeinheit soll nach einer angemessenen Zeitspanne ohne Beschränkungen durch den Züchter an dessen Leistung teilhaben, da dieser auch aus den Werten der Allgemeinheit schöpft und der Weiterentwicklung keine zu starken Einschränkungen entgegenstehen sollen.[790] 1152

II. Schutzdauer im Normalfall

Der Sortenschutz für deutsche Sortenschutzrechte dauert nach § 13 Abs. 1 SortG für alle Sorten, die nicht zu den nachfolgend in Rdn 1154 genannten Pflanzenarten gehören, 25 Jahre, und zwar bis zum Ende des auf die Erteilung folgenden Kalenderjahres. Auch der gemeinschaftliche Sortenschutz dauert für alle Sorten bis auf die unten in der Rdn 1156 genannten Pflanzenarten, bis zum Ende des 25. auf die Erteilung des Schutzrechtes folgenden Kalenderjahres. 1153

Aus dem Wortlaut beider Vorschriften folgt, daß der Zeitraum bis zum Ende des Jahres, in dem der Sortenschutz erteilt worden ist, bei der Schutzdauer mitgerechnet wird. Maßgeblich sind für die Berechnung der Schutzdauer also nur volle Kalenderjahre. Dies folgt für natio- 1154

---

[789] Vgl. hierzu Begründung in BT-Drs. V/1630, S. 55 zu § 18 SortSchG 68.
[790] Vgl. *Hoffmann – Peinemann*, BB 1968, 1144; *Leßmann* DB 1976, 277 ff.; *Lukes*, Schutzrechtsdauer beim Sortenschutz, 1982.

nale Schutzrechte auch aus § 14 Abs. 1 BSAVfV, wonach Jahresgebühren für jedes angefangene Kalenderjahr (Schutzjahr) zu entrichten sind, das auf das Jahr der Erteilung des Sortenschutzes folgt.

1155 Dagegen bestimmt Art. 9 Abs. 2 der GebührenVO zum gemeinschaftlichen Sortenschutz, daß die Jahresgebühr am letzten Tag des Monats zu zahlen ist, der dem der Schutzerteilung folgt. Wird der gemeinschaftliche Sortenschutz zu Beginn eines Jahres erteilt, fallen – sollte sich der Inhaber zur Aufrechterhaltung des Schutzes über die gesamte mögliche Schutzdauer entschließen – 26 Jahresgebühren, bzw. bei Reben- und Baumarten, 31 Jahresgebühren an.

III. Ausnahmen zur 25jährigen Schutzdauer

1156 Bei den Pflanzenarten Hopfen, Kartoffel, Rebe sowie bei allen Baumarten beträgt die Schutzdauer nach § 13 Abs. 1 SortG 30 Jahre. Die Schutzdauer wird in gleicher Weise berechnet wie bei den oben unter Rdn 1151 genannten Sorten. In § 18 S. 1 Nr. 1 des SortSchG 68 war noch ausdrücklich erwähnt, daß sich die dort festgelegte Schutzdauer von 25 Jahren auch auf die Unterlagsrebe erstreckt und bei Baumarten auch auf deren Unterlagen. Dieser ausdrückliche Einbezug war weder in § 13 Abs. 1 des SortG 85 enthalten noch finden Unterlagsreben und Unterlagen von Baumarten in der gegenwärtigen Gesetzesfassung ihre Erwähnung. Ein Grund für diese Änderung findet sich in der Gesetzesbegründung zum SortG 85[791] nicht. Während in Art. 8 Abs. 3 des UPOV-Übereinkommens 1961 ausdrücklich die Unterlagen von Reben, Wald-, Obst- und Zierbäumen erwähnt waren, werden Unterlagen in dem jetzt geltenden Art. 19 UPOV-Übereinkommen 1991 nicht mehr erwähnt. Es ist jedoch davon auszugehen, daß durch das Weglassen keine Rechtsänderung eintreten sollte. So wird in den Vorschlägen des Verwaltungs- und Rechtsausschusses der UPOV zur Revision des Übereinkommens zum vormaligen Art. 8 lediglich hervorgehoben, daß die Bezugnahme auf Reben und Bäume vereinfacht werden soll.[792] Im übrigen ist aufgrund der Definition von Art und Sorte in § 1 Nr. 1 und 1a SortG davon auszugehen, daß für die Unterlagensorten von Reben und Baumarten nach § 13 Abs. 1 SortG ebenfalls die Schutzdauer von 30 Jahren gilt.

1157 Die Aufrechterhaltung des Sortenschutzes setzt die Zahlung von Jahresgebühren voraus, deren Höhe sich nach dem gesetzlichen Tarif richtet (§ 33 Abs. 1 und 2 sowie § 14 der BSAVfV).

1158 Für gemeinschaftliche Sortenschutzrechte an Reben und Baumarten sieht Art. 19 EGSVO ebenfalls eine Schutzdauer von 30 Jahren vor, nicht jedoch für Kartoffeln. Hier muß der Züchter mit einer 25jährigen Schutzdauer auskommen. Hinsichtlich des Unterlagenmaterials wird ebenfalls von der 30jährigen Schutzdauer auszugehen sein, da auch im gemeinschaftlichen Sortenschutz die Unterlage unter die Definition der Sorte des Art. 5 Abs. 2 EGSVO fällt.

1159 Die zur Aufrechterhaltung des gemeinschaftlichen Sortenschutzes zu zahlenden Jahresgebühren (Art. 9 GebührenVO) richten sich nach den in Anhang II zur GebührenVO genannten Tarifen.

---

791 BT-Drs. 10/8816 S. 20 zu § 13.
792 Doc. CAJ/XXIII/2 vom 13.7.1988, S. 25.

IV. Übergangsregelung für gemeinschaftliche Sortenschutzrechte

Abweichend von Art. 19 EGSVO verringert sich die dort geregelte Dauer des Sortenschutzes gemäß Art. 116 Abs. 4 4. Spiegelstrich EGSVO bei solchen gemeinschaftlichen Sortenschutzrechten, für die bereits nationaler Sortenschutz bestand und welche in gemeinschaftlichen Sortenschutz „übergeführt" worden waren, um die Zeitdauer des entsprechenden nationalen Sortenschutzes. Für diesen Zeitraum hatte der Sortenschutzinhaber bereits ein wenn auch national begrenztes Ausschließlichkeitsrecht. Würde die Dauer des gemeinschaftlichen Sortenschutzes für solche Sorten nicht um die Dauer des bislang bestehenden nationalen Sortenschutzes verringert, würden entsprechende Sortenschutzinhaber im Vergleich zu solchen, die nicht auf nationale Sortenschutzrechte zurückgreifen konnten, wesentlich begünstigt. Sie würden insoweit um eine bis zu 5 Jahre verlängerte Schutzrechtsdauer verfügen.

1160

B Beendigung des Sortenschutzes

I. Vorbemerkung

Die Gründe für die Beendigung des nationalen Sortenschutzes sind abschließend in § 31 SortG geregelt, im gemeinschaftlichen Sortenschutz die Art. 19 Abs. 3 sowie 20 und 21 EGSVO. Inhaltlich entspricht Art. 19 Abs. 3 EGSVO der Beendigung durch Verzicht des Sortenschutzinhabers, § 31 Abs. 1 SortG. Die Beendigung durch Nichtigerklärung ist im nationalen Sortenschutzrecht in § 31 Abs. 2 SortG geregelt, im gemeinschaftlichen Sortenschutzrecht in Art. 20 Abs. 1 EGSVO. Schließlich ist die Beendigung des Sortenschutzes durch Widerruf im nationalen Sortenschutzrecht in § 31 Abs. 3 und 4 geregelt. Das Regelungspendant im gemeinschaftlichen Sortenschutz findet sich in Art. 21 EGSVO.

1161

§ 31 Abs. 2, 3 und 4 SortG findet seine Grundlage in Art. 22 UPOV-Übereinkommen und entspricht inhaltlich weitgehend § 20 SortSchG 68 unter textlicher Anpassung an andere Vorschriften des Sortenschutzgesetzes und an die Terminologie des Verwaltungsverfahrensgesetzes. Es handelt sich hierbei um eine abschließende Regelung.[793]

1162

II. Beendigung des Sortenschutzes durch Verzicht

Vor Ablauf der regelmäßigen Schutzdauer[794] kann die Beendigung des Sortenschutzes durch Verzichtserklärung gegenüber dem Bundessortenamt bzw. Gemeinschaftlichen Sortenamt herbeigeführt werden. Verzicht ist die einseitige rechtsgeschäftliche Aufgabe des Sortenschutzes durch den Sortenschutzinhaber gegenüber dem hierfür zuständigen Amt.

1163

---
793 BT-Drs. 10/8010, S. 25 zu § 31.
794 Vgl. Rdn 1153 ff.

1. Verzichtsberechtigung

1164 Rechtswirksam auf den Sortenschutz verzichten kann nur der in der Sortenschutzrolle eingetragene wahre Sortenschutzinhaber. Ist der Eingetragene nicht der wahre Berechtigte, so erlischt der Sortenschutz durch dessen Verzichtserklärung nicht, da die Eintragung in der Rolle keine materielle Verfügungsbefugnis verleiht. Der Verzicht setzt weiter Geschäftsfähigkeit (§ 104 ff. BGB) und alleinige Verfügungsbefugnis des Sortenschutzinhabers voraus, die z. B. bei Konkurs des Sortenschutzinhabers (§ 81 InsO), bei Fehlen der Zustimmung des wahren Berechtigten, der weiteren Sortenschutzinhaber oder der an der Sorte dinglich Berechtigten (Nießbrauch, Pfandgläubiger) nicht gegeben ist. Da weder das nationale noch das gemeinschaftliche Sortenschutzrecht einen Zustimmungsvorbehalt des ausschließlichen Lizenznehmers vorsehen(eine dem Art. 49 Abs. 2 S. 3 GPÜ vergleichbare Vorschrift fehlt in beiden Gesetzen), kann auch der Geber einer ausschließlichen Lizenz ohne Zustimmung des Lizenznehmers auf das Sortenschutzrecht verzichten.[795] Verzicht durch Vertreter (§ 164 ff. BGB) ist möglich. Da der Verzicht jedoch einseitiges Rechtsgeschäft ist, erfordern die §§ 174, 180 BGB besondere Beachtung. Vorstehendes gilt für nationale Schutzrechte und für den Verzicht auf gemeinschaftliche Sortenschutzrechte, soweit auf den Erklärenden die Vorschriften des BGB Anwendung finden. Bei Verzichtserklärungen gegenüber dem Gemeinschaftlichen Sortenamt ist unter Berücksichtigung der jeweils anzuwendenden nationalen Vorschriften zu prüfen, inwieweit der Erklärende Geschäftsfähigkeit und Verfügungsbefugnis hat.

2. Verzichtserklärung

1165 Sowohl nach dem nationalen als auch nach dem gemeinschaftlichen Sortenschutzrecht muß die Verzichtserklärung schriftlich erfolgen. Bei Verzichtserklärung gegenüber dem Bundessortenamt bestimmt § 126 BGB, daß die Schriftlichkeit dann vorliegt, wenn durch eigenhändige Namensunterschrift eine entsprechende Erklärung unterschrieben ist. Gleiches gilt auch für Verzichtserklärungen gegenüber dem Gemeinschaftlichen Sortenamt, Art. 57 Abs. 2 DVO. Telegramm oder Fernschreiben genügen nicht.[796]

1166 Es muß der eindeutige Wille erkennbar sein, daß die Rechte an der Sorte endgültig aufgegeben werden sollen. Daher ist ein Antrag auf Löschung oder eine Erklärung, an der Aufrechterhaltung des Sortenschutzes nicht mehr interessiert zu sein, grundsätzlich jedenfalls für deutsche Sortenschutzrechte nicht ausreichen.[797] Gewerbliche Schutzrechte sind als Gestaltungsrechte grundsätzlich bedingungsfeindlich, da dem Erklärungsempfänger keine Ungewißheit oder kein Schwebezustand zugemutet werden kann. Deshalb sind Verzichtserklärungen, verbunden mit einer Bedingung oder Befristung, unwirksam. Unbedenklich sind jedoch Bedingungen, die den Erklärungsempfänger, hier das Amt, nicht in eine ungewisse Lage versetzen. Es ist deshalb möglich, unwiderruflich und unbedingt während des laufenden Schutzjahres zum Ablauf desselben am 31. Dezember auf das Schutzrecht zu verzichten.[798]

---

795 So auch *Stumpf*, Rdn 267 für die Patentlizenz abweichend von der h. M.
796 Vgl. BPatGE 12, 81; 13, 15; Bl.f.S. 1974, 122.
797 BPatGE 12, 81; 13, 15.
798 VG Hannover, Urteil v. 18. Dez. 1996, 11A 659/94.

III. Rücknahme (Nichtigerklärung) des Sortenschutzes

Als empfangsbedürftige Willenserklärung wird die Verzichtserklärung wirksam mit dem Zugang beim Bundessortenamt bzw. Gemeinschaftlichen Sortenamt. Für das Gemeinschaftliche Sortenamt ist dies ausdrücklich in Art. 19 Abs. 3 EGSVO geregelt. Danach erlischt der gemeinschaftliche Sortenschutz mit Wirkung von dem Tag, der dem Tag folgt, an dem die Erklärung beim Amt eingegangen ist, es sei denn, es würde in der Verzichtserklärung ein anderer in der Zukunft liegender, kalendarisch eindeutig feststehender Tag, mit dem auf das Schutzrecht verzichtet wurde, angegeben. 1167

Erklärungen gegenüber anderen Behörden oder Gerichten (z. B. im Beschwerdeverfahren oder gegenüber Dritten) lassen den Sortenschutz nicht erlöschen, begründen aber eventuell eine Verpflichtung zur Abgabe der Verzichtserklärung gegenüber dem Bundessortenamt.[799] Ein Widerruf der Verzichtserklärung ist hinsichtlich des nationalen Schutzrechtes möglich, jedoch nur, wenn dieser spätestens gleichzeitig mit der Verzichtserklärung dem Bundessortenamt zugeht (§ 130 Abs. 1 S. 2 BGB). Danach kommt nur noch eine Anfechtung nach den allgemeinen Grundsätzen der §§ 119 ff., 123 BGB in Betracht.[800] 1168

Bis zu welchem Zeitpunkt Verzichtserklärungen auf den gemeinschaftlichen Sortenschutz widerrufen werden können und ob und unter welchen Voraussetzungen Irrtumsanfechtungen möglich sind, wird das Gemeinschaftliche Sortenamt unter Berücksichtigung der in den Mitgliedstaaten allgemein anerkannten Grundsätze des Verfahrensrecht zu entscheiden haben (Art. 81 Abs. 1 EGSVO). 1169

3. Umfang des Verzichts

Verzichtet werden kann nur auf den Sortenschutz als Ganzes. Sortenschutz wird für das jeweilige Züchtungsergebnis erteilt, wie es sich in einem oder mehreren maßgebenden Merkmalen deutlich von den anderen bekannten Sorten unterscheidet. Auf einzelne Merkmale kann nicht verzichtet werden. 1170

III. Rücknahme (Nichtigerklärung) des Sortenschutzes

§ 31 Abs. 2 SortG sowie Art. 20 Abs. 1a EGSVO sehen die Rücknahme bzw. Nichtigerklärung des erteilten Sortenschutzes durch das jeweils zuständige Amt für den Fall vor, daß die für eine Schutzerteilung erforderliche Unterscheidbarkeit (§ 3 SortG, Art. 7 EGSVO) oder die Neuheit (§ 6 SortG, Art. 10 EGSVO) nicht vorhanden waren. Als weiteren Rücknahme- bzw. Nichtigkeitsgrund betrachtet das Gemeinschaftliche Sortenschutzrecht im Unterschied zum nationalen Recht auch den Fall, daß sich nach Erteilung herausstellt, daß zum Zeitpunkt der Erteilung die Voraussetzungen Homogenität (Art. 8 EGSVO) oder Beständigkeit (Art. 9 EGSVO) nicht gegeben waren. Nach dem nationalen Recht sind die fehlende Homogenität oder Beständigkeit lediglich ein Widerrufsgrund.[801] 1171

---

799 Vgl. BPatGE 3, 172 f.; 430.
800 BPatG Bl.f.PMZ 19, 62, 70; BPatGE 1, 21.
801 Vgl. nachfolgend Rdn 1184 ff.

1172 Als weiteren Nichtigkeitsgrund sieht das Gemeinschaftliche Sortenschutzrecht den Fall an, daß einem Nichtberechtigten Sortenschutz erteilt wurde, sofern nicht eine Übertragung auf den eigentlich Berechtigten möglich ist (Art. 20 Abs. 1c EGSVO).

1173 Rechtstechnisch ist die Rücknahme des nationalen Sortenschutzes die vollständige oder teilweise Aufhebung (Beseitigung) eines rechtswidrigen Verwaltungsaktes durch eine Behörde durch einen neuen Verwaltungsakt außerhalb eines Rechtsbehelfsverfahrens.[802]

1. Rücknahme-(Nichtigkeits)grund der fehlenden Unterscheidbarkeit oder Neuheit.

1174 Eine Rücknahme der Erteilung bzw. Nichtigerklärung des Sortenschutzes hat nach § 31 Abs. 2 SortG, Art. 20 Abs. 1a EGSVO zu erfolgen, wenn sich ergibt, daß die Sorte bei der Schutzerteilung nicht unterscheidbar oder nicht neu war. Nach § 1 Abs. 1 Nr. 1 und 4 SortG und Art. 6a und d EGSVO ist neben der Homogenität und der Beständigkeit der Sorte materielle Erteilungsvoraussetzung, daß diese unterscheidbar (§ 3 SortG, Art. 7 EGSVO) und neu (§ 6 SortG, Art. 10 EGSVO) ist. Obwohl die Erteilungsvoraussetzung vor der Erteilung des Sortenschutzes durch das Bundessortenamt bzw. GSA durch eine Anbauprüfung streng geprüft werden, ist es wegen der Schwierigkeiten namentlich der Unterscheidbarkeits- und Neuheitsprüfung unvermeidbar, daß Schutzrechte für Sorten erteilt werden, die doch nicht unterscheidbar oder nicht neu waren. Hinzu kommt, daß eine Vergleichsprüfung durch Anbau nur in einem engen Rahmen möglich ist, der in der Regel im wesentlichen durch die vom Anmelder anzugebenden Vergleichs- sowie Ausgangssorten bestimmt wird. Dem Amt ist es unmöglich, jede Neuanmeldung mit dem gesamten Bestand an geschützten oder gar auf dem Markt erhältlichen Sorten der zu prüfenden Pflanzenart zu vergleichen. Wenn sich nach Erteilung des Sortenschutzes herausstellt, daß die Sorte nicht unterscheidbar oder nicht neu war, so ist die Sortenschutzerteilung nicht etwa nichtig oder sonst nicht existent, da ein behördlicher Entscheidungsakt (Verwaltungsakt) des Bundessortenamt bzw. GSA über die Erteilung des Sortenschutzes vorliegt. Dieser Entscheidungsakt ist wegen der fehlenden Voraussetzungen jedoch rechtswidrig und kann deswegen im öffentlichen Interesse nicht aufrechterhalten bleiben. Das Sortenschutzrecht muß darum mit ex tunc-Wirkung zurückgenommen werden können. Dies sieht § 31 Abs. 2 SortG in Konkretisierung der für das deutsche Verwaltungsrecht allgemein in § 48 VwVfG vorgesehenen Möglichkeit der Rücknahme rechtswidriger Verwaltungsakte sowie Art. 20 Abs. 1a EGSVO für den Fall vor, daß die genannten sachlichen Erteilungsvoraussetzungen nicht vorlagen und deshalb das Schutzrecht nicht hätte erteilt werden dürfen. Aus anderen Gründen kann die Erteilung des Sortenschutzes gemäß § 31 Abs. 2 S. 3 SortG nicht zurückgenommen werden. Die Rücknahmegründe des § 31 Abs. 2 SortG sind abschließend.

1175 Im gemeinschaftlichen Sortenschutzrecht sind zudem auch die fehlende Homogenität und Beständigkeit Gründe für eine Nichtigkeitserklärung, wenn feststeht, daß die Homogenität und Beständigkeit bereits zum Zeitpunkt der Erteilung des Sortenschutzes nicht gegeben waren und die Feststellung dieser beiden Schutzkriterien maßgeblich auf Informationen und Unterlagen des Anmelders beruhte. Denkbar sind solche Fallkonstellationen u. a. dann, wenn aufgrund kulturbedingter Besonderheiten eine Prüfung dieser Schutzvoraussetzungen

---

[802] Kopp § 48 VwVfG, Rdn 6.

durch das Amt oder beauftragte Prüfungsamt nicht möglich war.[803] Im deutschen Recht ist hierfür nur der Widerruf vorgesehen, § 31 Abs. 3 SortG.[804]

Darüber hinaus soll auch derjenige, dem zu Unrecht das gemeinschaftliche Sortenschutz- 1176 recht erteilt worden war, nicht in den Genuß des Ausschließlichkeitsrechts bis zu dem Zeitpunkt kommen, zu dem festgestellt wird, daß der eingetragene Inhaber nicht der tatsächlich materiell Berechtigte ist. Wichtig ist dies wegen der ex tunc-Wirkung, d.h. Fortfall der mit der Schutzrechtserteilung verbundenen Ausschließlichkeitsrechte und sich daraus ergebender Ansprüche gegenüber Dritten auch für die Vergangenheit.

2. Verfahrenseinleitung

Die Beendigung des Sortenschutzes wegen Fehlens der sachlichen Erteilungsvoraus- 1177 setzungen setzt keinen Antrag an das Bundessortenamt oder an das Gemeinschaftliche Sortenamt voraus. Es ist sowohl im nationalen als auch im gemeinschaftlichen Sortenschutzrecht als Offizialverfahren ausgestaltet, also ohne Antrag vom Bundessortenamt bzw. GSA von Amts wegen einzuleiten (anders noch § 20 Abs. 2 SortSchG 68, nach dem ein Antrag an das Bundessortenamt vorausgesetzt war). Hinsichtlich des nationalen Sortenschutzrechtes liegt die Rücknahme nicht wie nach § 48 VwVfG nur im Ermessen des Bundessortenamts. Vielmehr ist die Rücknahme vorzunehmen, wenn sich ergibt, daß die Unterscheidbarkeit oder Neuheit, zusätzlich beim gemeinschaftlichen Sortenschutz die Homogenität und Beständigkeit zum Zeitpunkt der Erteilung sowie die materielle Berechtigung des Inhabers des gemeinschaftlichen Sortenschutzes bei Sortenschutzerteilung nicht vorlagen. Beide Gesetze bringen damit zum Ausdruck, daß beim Fehlen der genannten Voraussetzungen das Sortenschutzrecht auf keinen Fall aufrechterhalten werden darf und es keiner Abwägung zwischen dem Vertrauensinteresse des Inhabers einerseits und dem Gesetzmäßigkeitsprinzip andererseits bedarf.

Unterscheidbarkeit und Neuheit sowie nach der Wertung des gemeinschaftlichen Gesetz- 1178 gebers Homogenität, Beständigkeit und Berechtigung einer Person sind elementar für die Rechtfertigung, ein Ausschließlichkeitsrecht an einer Pflanzensorte zu gewähren, so daß ihr Fehlen die Erteilung schlechthin rechtswidrig macht und die Rücknahme im öffentlichen Interesse zwingend erfordert. Sowohl das Bundessortenamt als auch das GSA haben daher von Amts wegen in eine Rücknahme- bzw. Nichtigkeitsprüfung einzutreten, sobald sich hinreichende Anhaltspunkte dafür ergeben, daß die genannten Erteilungsvoraussetzungen zum Zeitpunkt der Erteilung nicht vorhanden waren.

Die Rücknahmemöglichkeit ex officio bedeutet jedoch nicht, daß die Rücknahme nicht 1179 beantragt werden kann. Die im nationalen Gesetzgebungsverfahren geäußerten Befürchtungen, daß durch die mit dem SortG 85 eingeführte Neuregelung das bisherige auch im Patentrecht bekannte Verfahren zur Beendigung des erteilten Schutzrechts auf Antrag (vormals sogenanntes Nichtigkeitsverfahren nach § 20 Abs. 1 SortSchG 68) wegfallen und im Verletzungsprozeß die ordentlichen Gerichte ein eigenes Überprüfungsrecht in Anspruch nehmen könnten, was nur zu einer inter-partes-Wirkung anstelle der Wirkung gegenüber je-

---

803 So auch *van der Kooij*, Anm. 2 zu Art. 20.
804 Vgl. Rdn 1184 ff.

dermann im Beendigungsverfahren führen würde, waren und sind nicht begründet.[805] Aus der Tatsache, daß die Rücknahme der Erteilung des Sortenschutzes von Amts wegen erfolgen kann, ist nicht zu schließen, daß ein Antrag nicht möglich ist. Zwar besteht bei Nichtvorliegen der Erteilungsvoraussetzungen ein öffentliches Interesse an der Rücknahme des Sortenschutzes. Daran kann aber auch ein Dritter interessiert sein, da das Schutzrecht gegenüber Dritten wirkt und diese insoweit eine Abwehrmöglichkeit haben müssen, insbesondere als Verletzungsbeklagte, zumal im Verletzungsprozeß die Rechtsbeständigkeit des Sortenschutzes nicht nachgeprüft werden kann.[806] Soweit eine Behörde ermächtigt ist, von Amts wegen ein Verfahren einzuleiten, sind entsprechende Anregungen interessierter Bürger auf keinen Fall ausgeschlossen. Deshalb kann nicht nur von Amts wegen, sondern auch auf Antrag der Sortenschutz aufgehoben werden, wenn er nicht hätte erteilt werden dürfen.[807] Im übrigen erkennt die nationale Rechtsprechung in Fällen, in denen das maßgebliche Recht nicht ausdrücklich ein Antragsrecht einräumt, der zu vollziehende Rechtssatz aber nicht ausschließlich im öffentlichen Interesse liegt, sondern im Zweifel auch den Rechtsschutz der betroffenen Bürger zum Ziel hat, allgemein einen Anspruch, zumindest ein formell subjektives Recht gegenüber der Behörde auf Einleitung eines Verfahrens und demzufolge ein entsprechendes Antragsrecht an.[808] Ein Antragsrecht bei Nichtigkeit eines Ausschließlichkeitsrechts ist aufgrund des allgemein bestehenden Interesses, nicht aus unrechtmäßig erteilten Rechten angegriffen zu werden, auch deshalb geboten, weil nur der Antragsteller Beteiligter im Sinne des § 13 VwVfG bzw. Art. 1 Abs. 1 DVO ist mit der entsprechenden zentralen Rechts- und Pflichtenstellung für das weitere Verfahren sowie auch bezüglich der Rechtsmittel.

3. Rücknahme- bzw. Nichtigkeitswirkung

1180 Die Rücknahme bzw. Nichtigerklärung wirkt auf den Zeitpunkt der Erteilung zurück, beseitigt also das rechtswidrig erteilte Sortenschutzrecht von Anfang an (ex tunc). Für das gemeinschaftliche Sortenschutzrecht ist dies ausdrücklich in Art. 20 Abs. 2 EGSVO geregelt. Hinsichtlich des nationalen Sortenschutzrechtes besteht nach § 48 Abs. 1 S. 1 VwVfG zwar die Rücknahmewirkung im Ermessen der Behörde („für die Zukunft oder für die Vergangenheit"). Da jedoch dem Bundessortenamt nach § 31 Abs. 2 SortG generell kein Ermessen bei der Rücknahme der Erteilung des Sortenschutzes eingeräumt ist, kann dies auch bei der Rücknahmewirkung nicht in Betracht kommen und nur zur rückwirkenden Beseitigung des erteilten Sortenschutzrechtes führen. Dies läßt sich auch aus § 48 Abs. 2 S. 1 i. V. m. S. 3 Nr. 2 VwVfG herleiten, da bei Fehlen der Unterscheidbarkeit oder Neuheit die Sortenschutzerteilung in der Regel durch Angaben erwirkt wurde, die in wesentlicher Beziehung unrichtig oder unvollständig waren, also die Fehlerhaftigkeit im Bereich des Betroffenen lag und dieser insoweit gegenüber dem Wegfall einer Rückwirkung nicht vertrauenswürdig wäre. Dies ist z. B. insbesondere dann der Fall, wenn aufgrund der im Sortenschutzantrag ge-

---

805 Vgl. *Leßmann* GRUR 1986, 25 f.
806 Vgl. Rdn 1235.
807 Insoweit für das nationale Sortenschutzrecht wohl auch *Kuhnhardt* BT-Sten. Prot. RA 10/4546; *Kreye* BT-Sten. Prot. RA 10/4549.
808 Vgl. BVerfG 15, 281; 27, 297.

machten Angabe die Unterscheidbarkeitsprüfung durch Vergleich mit Sorten erfolgte, zu denen die angemeldete Sorte deutlich unterscheidbar im Sinne des § 3 SortG ist, während Sorten existieren, zu denen kein deutlicher Abstand besteht.

4. Vermögensausgleich

Nach § 48 Abs. 2 VwVfG ist bei einem rechtswidrig begünstigendem Verwaltungsakt, der nicht eine Geldleistung oder teilbare Sachleistung gewährt, sondern ein anderes Recht oder einen anderen rechtlichen Vorteil begründet, dem Betroffenen auf dessen Antrag der Vermögensnachteil auszugleichen, der ihm durch die Rücknahme des Verwaltungsaktes entstanden ist, sofern der Adressat schutzwürdig auf den Bestand des Verwaltungsaktes vertraut hat. Von der Vertrauensabwägung mit dem öffentlichen Interesse hängt zwar nicht die Rücknehmbarkeit des Verwaltungsaktes, aber der Vermögensausgleich und dessen Umfang ab. Eine solche Vertrauensschutzabwägung kommt bei der Rücknahme von Sortenschutzerteilungen als eine Rechtsbegründung im Sinne des § 48 Abs. 3 VwVfG nicht in Betracht, weil § 31 Abs. 2 S. 2 SortG den § 48 Abs. 3 VwVfG aufgrund des Vorbehalts in § 1 Abs. 1 VwVfG ausdrücklich ausschließt. Das Sortenschutzgesetz sieht das Fehlen der Unterscheidbarkeit oder Neuheit als einen der schwerwiegenden Mängel der Erteilung an, so daß diese schlechthin rechtswidrig ist und im öffentlichen Interesse zurückgenommen werden muß, ohne daß sich daran ein irgendwie geartetes Vertrauen knüpfen könnte. Das Sortenschutzrecht als absolutes und gegenüber jedermann wirkendes Recht besteht nur aufgrund bestimmter sachlicher Voraussetzungen und nicht als Folge eines Vertrauensschutztatbestandes. Daher ist der Ausschluß des Vermögensausgleichs voll gerechtfertigt.[809]

1181

Das gemeinschaftliche Sortenschutzrecht beantwortet die Frage nach einem Vermögensausgleich bei Nichtigerklärung des gemeinschaftlichen Sortenschutzes nicht. Entsprechend der Rechtsprechung des EuGH, wonach allgemeine Rechtsgrundsätze aus den rechtsstaatlichen Prinzipien der Mitgliedstaaten durch Rechtsvergleichung zu entwickeln sind, wird bei der Frage, inwieweit ein wegen Fehlens der Erteilungsvoraussetzungen ursprünglich rechtswidriger Verwaltungsakt ohne Vermögensausgleich zugunsten des durch den rechtswidrigen Verwaltungsakt Begünstigten möglich ist, die Rechtslage in den Mitgliedstaaten zu prüfen sein. Läßt eine rechtsvergleichende Untersuchung erkennen, daß in der überwiegenden Zahl der Mitgliedstaaten rechtswidrig erteilte Verwaltungsakte ohne Vermögensausgleich zurückgenommen werden können, findet ein Vermögensausgleich bei Nichtigkeitserklärung nach Art. 20 EGSVO nicht statt, insbesondere dann nicht, wenn ein Vertrauensschutz in solchen Fällen nicht gewährt wird. Jedenfalls ist dann, wenn die Schutzrechtserteilung auf falschen oder unvollständigen Angaben des Sortenschutzinhabers beruhte, ein Widerruf ohne Vermögensausgleich erforderlich, da insoweit der Vertrauensschutz, der allenfalls bei der Frage nach einem Ausgleich des Vertrauensschadens in Erwägung zu ziehen wäre, keine Berücksichtigung finden kann.

1182

---

[809] Vgl. hierzu Gesetzesbegründung BT-Drs. 10/816 S. 25 zu § 31: „Angesichts der Schutzvoraussetzung der Weltneuheit einerseits und der begrenzten Prüfungskapazität des Bundessortenamts andererseits ist es den Interessen des Antragstellers nicht dienlich, die Entscheidung über die Sortenschutzerteilung in jedem Fall bis zur vollständigen Klärung der Weltneuheit aufzuschieben. Die im Interesse des Antragstellers getroffene Regelung bedingt jedoch, daß der Antragsteller das wirtschaftliche Risiko einer etwaigen späteren Rücknahme der Erteilung des Sortenschutzes trägt".

IV. Widerruf des nationalen bzw. Aufhebung des gemeinschaftlichen Sortenschutzes

1183 Der Widerruf des nationalen bzw. die Aufhebung des gemeinschaftlichen Sortenschutzes ist im Gegensatz zur Rücknahme die Aufhebung rechtmäßiger Verwaltungsakte für die Zukunft.[810] Ein Widerruf begünstigender Verwaltungsakte kommt insbesondere in Betracht, wenn das nachträgliche Abrücken von rechtmäßigen Begünstigungen durch Gründe des öffentlichen Interesses gerechtfertigt erscheint, vor allem bei nachträglicher Änderung der Sach- und Rechtslage. Eine derartige Aufhebung ist sowohl im nationalen als auch im gemeinschaftlichen Sortenschutzrecht für bestimmte Sachverhalte vorgesehen.

1. Widerruf bzw. Aufhebung wegen fehlender Homogenität oder Beständigkeit

1184 Die Erteilung des Sortenschutzes ist zu widerrufen bzw. aufzuheben, wenn sich ergibt, daß die Sorte nicht homogen oder nicht beständig ist (§ 31 Abs. 3 SortG; Art. 21 Abs. 1 EGSVO). Während beim schon ursprünglichen Fehlen der Unterscheidbarkeit oder Neuheit die Sortenschutzerteilung rechtswidrig ist und nach § 31 Abs. 2 SortG bzw. Art. 20 Abs. 1a EGSVO zurückgenommen werden bzw. für nichtig erklärt werden muß, bilden die fehlende Homogenität oder Beständigkeit im nationalen Sortenschutzrecht nur einen Widerrufsgrund. Dagegen wird im gemeinschaftlichen Sortenschutzrecht zwischen dem anfänglichen Fehlen und dem nachträglichen Fortfall der Homogenität und Beständigkeit unterschieden. Nur beim nachträglichen Fortfall eines der beiden Schutzkriterien ist der gemeinschaftliche Sortenschutz aufzuheben, im übrigen aber für nichtig zu erklären.[811]

1185 Naturgemäß stellt sich die fehlende Homogenität oder Beständigkeit erst im Laufe der Zeit heraus, so daß hier das Sortenschutzrecht durchaus rechtmäßig erteilt war, dann aber nicht weiter aufrechterhalten werden kann, wenn sich herausstellt, daß diese in die Zukunft weisenden Voraussetzungen nicht mehr vorhanden sind. Ob die Sorte in sich einheitlich, d. h. in ihren wesentlichen Eigenschaften gleichartig ist (Homogenität) und in ihren für die Unterscheidbarkeit wichtigen Merkmalen nach jeder Vermehrung weiterhin dem Sortenbild entspricht (Beständigkeit), das Grundlage für die Schutzrechtserteilung war, sind im Bereich des lebenden Materials sich wandelnde und trotz aller Anstrengungen, insbesondere der insoweit erforderlichen Erhaltungszüchtung, nicht immer aufrechtzuerhaltende Eigenschaften. Fehlen Homogenität oder Beständigkeit bereits bei Erteilung, so darf das Sortenschutzrecht von Anfang an nicht erteilt werden. Aber auch einem späteren Wegfall darf der Vertrauensschutz des Sortenschutzinhabers nicht entgegenstehen, so daß die Sortenschutzrechtserteilung zu widerrufen ist. Es liegen dann die Erteilungsvoraussetzungen nicht mehr vor, so daß das öffentliche Interesse an einem sachlich gerechtfertigtem Ausschließlichkeitsrecht dem Vertrauensschutzinteresse des rechtlich Begünstigten vorgeht.

1186 Die Widerrufs- bzw. Aufhebungsmöglichkeit hat das Sortenschutzgesetz in § 31 Abs. 3 im Gegensatz zu § 49 VwVfG, das gemeinschaftliche Sortenschutzrecht in Art. 21 Abs. 1

---

810 Vgl. § 49 VwVfG für das nationale Sortenschutzrecht.
811 Vgl. Rdn 1174 f.

EGSVO ebenso wie bei der Rücknahme bzw. Nichtigkeitserklärung zwingend ausgestaltet. Damit steht die Widerrufs- bzw. Aufhebungsmöglichkeit nicht im Ermessen des Bundessortenamts bzw. GSA. Es ist auch nicht an weitere Vertrauensschutzabwägungen geknüpft. Aufgrund gleicher Erwägungen wie bei der Rücknahme bzw. Nichtigkeitserklärung gemäß § 31 Abs. 2 SortG, Art. 20 Abs. 1a EGSVO ist ein Widerrufsantrag oder zumindest eine Widerrufsanregung bzw. Anregung auf Aufhebung des gemeinschaftlichen Sortenschutzes möglich.[812]

Auch ein Vermögensausgleich kommt nicht in Betracht, obwohl beim Widerruf bzw. bei der Aufhebung eine entsprechende Ausschlußvorschrift, jedenfalls im nationalen Recht im Vergleich zur Rücknahme fehlt. Einem Vermögensausgleich steht jedoch die zwingende Ausgestaltung des Widerrufs in diesem Fall und die fehlende Vertrauenswürdigkeit des Betroffenen („Ursache des Widerrufsgrunds in seinem Bereich") entgegen. 1187

Im Unterschied zum nationalen Sortenschutzrecht sieht Art. 21 Abs. 1 S. 2 EGSVO eine partielle ex tunc-Wirkung vor, die im Ermessen des GSA liegt. Wird nämlich festgestellt, daß einerseits die Homogenität oder Beständigkeit zwar zum Zeitpunkt der Erteilung vorhanden war, andererseits aber feststellbar ist, daß die Voraussetzungen schon von einem vor der Aufhebung liegenden Zeitpunkt an nicht mehr erfüllt waren, kann die Aufhebung mit Wirkung von diesem Zeitpunkt an erfolgen. Dies hat Auswirkungen auf Ansprüche des Sortenschutzinhabers gegen Dritte, nämlich dann, wenn für die Zeitdauer, in der bereits die Schutzvoraussetzungen Homogenität oder Beständigkeit nicht mehr vorlagen, Unterlassungs- und damit sonstige Ansprüche gegen Dritte hergeleitet werden. Bei einer Abwägung der gegenseitigen Interessen – Schutz des angeblichen Verletzers gegenüber nicht bestandskräftigen Schutzrechten/Vertrauensschutz des Sortenschutzinhabers – wird man dann, wenn das Amt Kenntnis davon hat, daß der Sortenschutzinhaber Ansprüche gegen Dritte für einen Zeitraum herleitet, in dem die Schutzvoraussetzungen Homogenität und/oder Beständigkeit nicht mehr vorlagen, verpflichtet sein, den Sortenschutz rückwirkend aufzuheben. Die objektive Gerechtigkeit gebietet, aus nicht bestandskräftigen Ausschließlichkeitsrechten keine Ansprüche gegenüber Dritten zuzulassen. 1188

2. Fakultative Widerrufs- bzw. Aufhebungsgründe

Gemäß § 31 Abs. 4 SortG kann das Bundessortenamt die Erteilung des Sortenschutzes widerrufen, aber auch nur dann, wenn der Sortenschutzinhaber 1189
- eine Aufforderung nach § 30 Abs. 2 SortG zur Abgabe einer anderen Sortenbezeichnung nicht befolgt,
- einer aufgrund Rechtsverordnung nach § 32 Nr. 1 SortG begründeten Pflicht nicht nachkommt, die Nachprüfung der den Sortenschutz begründenden Eigenschaften zu ermöglichen, oder
- die fälligen Jahresgebühren nicht innerhalb einer Nachfrist entrichtet.

Entsprechend dieser im nationalen Recht vorgesehenen Regelungen sieht auch Art. 21 Abs. 2 EGSVO bestimmte Sachverhalte vor, die die Aufhebung des gemeinschaftlichen Sortenschutzes mit Wirkung ex nunc ermöglichen, nämlich dann, 1190

---

812 Vgl. Rdn 1179 f.

– wenn der Sortenschutzinhaber keine andere vertretbare Sortenbezeichnung vorgesehen hat, obwohl die Sortenbezeichnung nicht oder nicht mehr den Anforderungen des Art. 63 EGSVO entspricht,
– Auskünfte und/oder Vorlage von Material zur technischen Nachprüfung der Sorte verweigert,
– Jahresgebühren nicht entrichtet werden, sowie dann,
– wenn der materiell Berechtigte oder der Rechtsnachfolger des eingetragenen Inhabers aufgrund einer rechtsgeschäftlichen Übertragung des erteilten Sortenschutzrechtes die in Art. 12 genannten persönlichen Voraussetzungen für den Erwerb eines gemeinschaftlichen Sortenschutzrechts nicht erfüllt oder nicht entsprechend Art. 82 EGSVO ordnungsgemäß vertreten ist, sofern es sich um einen Berechtigten oder dessen Rechtsnachfolger handelt, die keinen Sitz oder Wohnsitz in der EU haben.

a) Widerruf bzw. Aufhebung wegen der noch fehlenden Angabe einer neuen eintragbaren Sortenbezeichnung.

1191 Als Widerrufsgrund nennt § 31 Abs. 4 Nr. 1 bzw. als Aufhebungsgrund Art. 21 Abs. 2b EGSVO den Fall, daß der Sortenschutzinhaber einer Aufforderung zur Angabe einer anderen eintragbaren Sortenbezeichnung nicht nachgekommen ist.

1192 Trotz sorgfältiger Prüfung, ob die angegebene Sortenbezeichnung die Eintragungsvoraussetzungen des § 7 Abs. 2 und 3 SortG bzw. Art. 63 EGSVO erfüllt, kann nicht ausgeschlossen werden, daß eine Sortenbezeichnung eingetragen wird, bei der die Eintragungsvoraussetzungen zum Zeitpunkt der Sortenschutzerteilung nicht vorliegen. Gerade die Berücksichtigung internationaler Sachverhalte[813] bedingt den Einbezug eines nicht überschaubaren Kreises von Sortenbezeichnungen und sonstigen Kennzeichnungen Dritter, die es mit sich bringen, daß die eine oder andere Sortenbezeichnung ausgewählt und eingetragen wird, obwohl sie nicht hätte eingetragen werden dürfen. Hinzu kommt, daß das Bundessortenamt gerade hinsichtlich möglicherweise bestehender Kennzeichnungsrechte Dritter, mit denen die Sortenbezeichnung kollidiert, keine Prüfung vornimmt. Auch für die Inhaber solcher Kennzeichnungsrechte besteht einerseits keine Verpflichtung, eine entsprechende Kollisionsüberwachung durchzuführen, andererseits kann aber auch bei einer noch so intensiven Überwachung die Anmeldung einer möglicherweise kollidierenden Sortenbezeichnung übersehen werden. Schließlich kann sich auch eine zunächst die Eintragungsvoraussetzungen erfüllende Sortenbezeichnung in einer Weise durch die tatsächliche Verwendung oder Veränderung der Auffassung der angesprochenen Verkehrskreise dahingehend entwickeln, daß die Eintragungsvoraussetzungen nachträglich wegfallen.

1193 Auch wenn es sich um ein lediglich formales Erteilungserfordernis handelt, ist das erteilte Sortenschutzrecht rechtswidrig und bedarf deshalb einer Korrektur, wenn sich nach Erteilung des Sortenschutzrechtes herausstellt, daß die Sortenbezeichnung nicht (mehr) die Erteilungsvoraussetzungen erfüllt. Die Rechtswidrigkeit betrifft aber nicht die geschützte Sorte als solche, sondern ein Erteilungselement, das lediglich der Verkehrssicherheit im Umgang mit Vermehrungsmaterial der geschützten Sorten dient.[814] Den Sortenschutz des-

---

813 Vgl. § 7 Abs. 3 SortG sowie Art. 63 Abs. 4 EGSVO.
814 Vgl. hierzu Rdn 211.

halb (hinsichtlich der Sortenbezeichnung) aufzuheben, ließe sich dogmatisch schwer begründen.[815] Der jetzt geänderte § 30 SortG[816] sowie Art. 21 Abs. 2 EGSVO erlaubt die Änderung einer Sortenbezeichnung ohne Rücknahme oder Widerruf der Erteilung des Sortenschutzes. Das jeweils zuständige Amt kann aber, wenn der Sortenschutzinhaber seiner Mitwirkungspflicht bei der Bestimmung einer neuen festsetzbaren Sortenbezeichnung nicht nachkommt, den Sortenschutz mit ex nunc Wirkung aufheben bzw. zurücknehmen. Die möglichen Gründe für eine Änderung der Sortenbezeichnung nennen § 30 Abs. 1 SortG und Art. 21 Abs. 2b EGSVO abschließend. Hierbei sind vier Gruppen von Änderungsgründen zu unterscheiden.

– Ein in § 7 Abs. 2 und 3 SortG bzw. Art. 63 Abs. 3 EGSVO genanntes Eintragungshindernis hat zum Zeitpunkt der Eintragung bestanden und besteht auch weiterhin (§ 30 Abs. 2 Nr. 1 SortG). Bezüglich dieser Ausschließungsgründe kann auf die Erläuterungen oben in Rdn 240 ff. verwiesen werden. 1194

Da das Bundessortenamt bzw. das Gemeinschaftliche Sortenamt die Sortenbezeichnung überhaupt nicht hätte eintragen dürfen, ist die eingetragene Bezeichnung rechtswidrig und muß daher jederzeit geändert werden können. Dies ist von Amts wegen zu erfüllende Pflicht des Bundessortenamtes und steht nicht nur in dessen Ermessen. 1195

Hinsichtlich des vom Bundessortenamt erteilten Schutzrechtes stellt sich die Frage, ob denn ein durch die Änderung in seinen Vermögensinteressen betroffener Schutzrechtsinhaber für die durch die Änderung verursachten Vermögensschäden einen Ausgleich erlangen kann. Schließlich hat der Inhaber auf die Verwendungsmöglichkeit der Sortenbezeichnung durch die Prüfung und Festsetzung durch das Bundessortenamt vertraut. Es können Jahre der Benutzung vergehen, bis sich herausstellt, daß die Sortenbezeichnung zu ändern ist. Gerade wenn bis dahin die Sorte bekannt ist, bedingt eine Änderung der Sortenbezeichnung erhebliche finanzielle Anstrengung, den Übergang von der alten Sortenbezeichnung zu einer neuen möglichst reibungslos und insbesondere ohne Verkaufseinbußen wegen fehlender Bekanntheit der „neuen" Sorten(bezeichnung) durchzuführen. Da es sich um die Rücknahme eines begünstigenden Verwaltungsaktes handelt, der nicht eine Geld- oder Sachleistung i. S. § 48 Abs. 2 VwVfG betrifft, müßte nach § 48 Abs. 3 VwVfG ein Ausgleich des Betroffenen für die durch die Rücknahme der Sortenbezeichnung eines vom Bundessortenamt erteilten Schutzrechtes entstehenden Vermögensnachteile erfolgen. Das Vorliegen eines schutzwürdigen Vertrauens auf den Bestand eines rechtswidrigen Verwaltungsaktes kann zwar grundsätzlich nicht dessen Beseitigung verhindern, aber doch die berechtigten Vermögensinteressen des Betroffenen wahren. Diese Rechtsfolge ist jedoch nach § 30 Abs. 1 S. 2 SortG wegen der Besonderheit im Sortenschutzrecht ausdrücklich ausgeschlossen. Gerechtfertigt wird dies in der Begr. BT-Drs. 10/816, S. 24 damit, daß es wegen der weltweiten Ausdehnung des internationalen Übereinkommens unter Berücksichtigung eines wesentlich erweiterten Kreises von Sortenbezeichnungen nach § 7 Abs. 3 SortG einerseits zunehmend schwieriger wird, Eintragungshindernisse, die aus anderen Ländern stammen, bereits zur Zeit der Sortenschutzerteilung zu berücksichtigen. Andererseits soll die Schutzerteilung im Interesse des Antragsstellers nicht verzögert werden. Es sei deshalb sachgerecht und geboten, daß der Antragsteller das wirtschaftliche Risiko einer etwaigen nachträglichen Änderung der Sortenbezeichnung trägt. 1196

---

815 Vgl. hierzu *Wuesthoff, Leßmann, Wendt*, Kommentar, 2. A. Rdn 4 zu § 30.
816 § 30 SortG 85 sah die Aufhebung des Sortenschutzes „hinsichtlich der Sortenbezeichnung" vor.

1197 – Die ursprünglich die Eintragungsvoraussetzungen erfüllende Sortenbezeichnung hat sich nachträglich so entwickelt, daß sie nunmehr irreführend (§ 7 Abs. 2 Nr. 5 SortG; Art. 63 Abs. 3 f EGSVO) oder ärgerniserregend (§ 7 Abs. 2 Nr. 6 SortG; Art. 63 Abs. 3e EGSVO) ist (§ 30 Abs. 2 Nr. 2 SortG; Art. 66 Abs. 1 1. HS 2. Alt. EGSVO).

1198 Hier war die Sortenbezeichnung bei Erteilung rechtmäßig, später ist sie jedoch irreführend oder ärgerniserregend geworden, weil sich die tatsächlichen oder rechtlichen Verhältnisse geändert haben. Das ist ein typischer Fall einer Sach- oder Rechtslageveränderung, die zum Widerruf führt. Bestand die Möglichkeit der Irreführung- oder Ärgerniserregung dagegen schon bei Sortenschutzerteilung und ist dieser Ausschließungsgrund nur erst jetzt bekanntgeworden, so ist die Sortenbezeichnung bereits nach § 30 Abs. 1 S. 2 SortG bzw. Art. 66 Abs. 1 1. HS 1. Alt. EGSVO zurückzunehmen bzw. aufzuheben. Wann im einzelnen eine Irreführung oder Ärgerniserregung im hier in Frage stehenden Sinne gegeben ist, kann den Erläuterungen in Rdn 266 ff. zur Irreführung sowie Rdn 277 ff. zur Ärgerniserregung entnommen werden.

1199 – die Sortenbezeichnung kollidiert mit einem älteren Kennzeichnungsrecht eines Dritten (§ 30 Abs. 2 Nr. 3 und 4 SortG; Art. 66 Abs. 1 1. HS EGSVO)

1200 Prioritätsrechte Dritter wie Marken, Firmennamen und andere Kennzeichnungsrechte bleiben durch die Festetzung einer Sortenbezeichnung gem. § 14 Abs. 2 S. 2 SortG bzw. Art. 18 Abs. 2 EGSVO unberührt, so daß es möglich ist, daß sich diese Rechte erst später herausstellen, aber der Sortenschutzinhaber wegen der Kollision mit ihnen mit der Eintragung einer anderen Sortenbezeichnung einverstanden ist. Das Bundessortenamt bzw. Gemeinschaftliche Sortenamt muß zur Lösung des Konflikts die bisherige Sortenbezeichnung durch eine neue eintragbare austauschen. Im deutschen Recht ist Voraussetzung nur, daß die Kollision der eingetragenen Sortenbezeichnung mit einem stärkeren älteren Kennzeichnungsrecht eines Dritten glaubhaft gemacht wird und das Einverständnis des Sortenschutzinhabers vorliegt. Mit der Glaubhaftmachung (z. B. durch eine eidesstattliche Versicherung) muß das entgegenstehende Recht nicht bewiesen werden. Entsprechend § 294 ZPO reicht zur Überzeugung des Bundessortenamtes eine überwiegende Wahrscheinlichkeit aus, daß die Sortenbezeichnung mit einem stärkeren Kennzeichnungs-/Namensrecht eines Dritten kollidiert. Das Einverständnis des Sortenschutzinhabers stellt dessen Interesse sicher. Gleiches wird auch für das Gemeinschaftliche Sortenschutzrecht gelten müssen.

1201 Zum anderen ist dieser Änderungsgrund aber auch dann gegeben, wenn dem Sortenschutzinhaber die Verwendung der Sortenbezeichnung durch rechtskräftige (gerichtliche) Entscheidung untersagt worden ist. Denkbar ist eine solche Untersagung jedoch nur aufgrund eines älteren Rechts eines Dritten, insbesondere einer gleichlautenden oder verwechslungsfähigen Marke.

1202 Da das Bundessortenamt nicht von sich aus verpflichtet ist, das Vorhandensein älterer Kennzeichenrechte bei der Prüfung der Geeignetheit der Sortenbezeichnung festzustellen, bleibt es den Inhabern kollidierender älterer Kennzeichen oder Namensrechte vorbehalten, ihre Rechte durch Klage vor dem ordentlichen Gericht geltend zu machen, falls nicht der Sortenschutzinhaber freiwillig in die Änderung seiner kollidierenden Sortenbezeichnung einwilligt. Die rechtskräftige Entscheidung bildet dann einen Änderungsgrund i. S. des § 30 Abs. 1 Nr. 4 SortG.

1203 Zwar ist das Gemeinschaftliche Sortenamt, wie in Rdn 297 ff. dargestellt, verpflichtet, die angegebene Sortenbezeichnung auch auf ihre Kollisionsmöglichkeit mit Kennzeichnungsrechten Dritter zu prüfen. Wegen der dort angestellten Problematik wird es auch hier weitgehend dem Inhaber entsprechender Kennzeichnungsrechte überlassen bleiben, diese gegen die Sortenbezeichnung geltend zu machen. Auch in diesem Fall bildet eine rechtskräftige Entscheidung, nach der der Sortenschutzinhaber in die Änderung der kollidierenden Sortenbezeichnung einwilligen muß, einen Änderungsgrund i. S. des Art. 66 Abs. 1 2. HS. 2. Alt. EGSVO.

– Einem nach § 14 Abs. 1 SortG zur Verwendung der Sortenbezeichnung Verpflichteten wurde die Verwendung der Sortenbezeichnung untersagt (§ 30 Abs. 1 Nr. 5 SortG; Art. 66 Abs. 1 2. HS letzte Alternative EGSVO). 1204

Auch in diesem Falle ist die erteilte Sortenbezeichnung zu ändern. Nach dem deutschen Verfahrensrecht gilt dies aber nur, wenn der Sortenschutzinhaber an dem Rechtsstreit als Nebenintervenient[817] beteiligt oder ihm der Streit verkündet war,[818] sofern er nicht durch einen der in § 68 Abs. 2, zweiter Halbsatz ZPO genannten Umstände an der Wahrnehmung seiner Rechte gehindert war. Der Sortenschutzinhaber, der die Sortenbezeichnung unter Umständen mit viel Kostenaufwand auf dem Markt eingeführt hat und daher in erster Linie an ihr als Kennzeichnungsmittel interessiert ist, soll Gelegenheit zu ihrer Erhaltung in dem Rechtsstreit haben. Zu den Begriffen der Nebenintervention und der Streitverkündung vgl. die entsprechenden Kommentierungen zur ZPO. Liegt ein Änderungsgrund i. S. des § 30 Abs. 1 SortG bzw. Art. 66 Abs. 1 EGSVO vor, besteht wegen der Kennzeichnungsaufgabe der Sortenbezeichnung ein öffentliches Interesse, möglichst schnell wieder zu einer eintragbaren Bezeichnung zu gelangen. 1205

Daher fordert das Bundessortenamt den Sortenschutzinhaber auf, innerhalb einer bestimmten Frist eine andere Sortenbezeichnung anzugeben. Bei dieser Frist handelt es sich nicht um eine gesetzlich festgelegte Frist (sog. Ausschlußfrist), sondern um eine vom Bundessortenamt zu bestimmende und individuell zu bemessende Frist, die auf Antrag – unter Umständen mehrfach – verlängert werden kann. Nach fruchtlosem Ablauf der Frist kann das Bundessortenamt von Amts wegen eine Sortenbezeichnung festsetzen, die den Erfordernissen des § 7 SortG entsprechen muß. Auf Antrag des Sortenschutzinhabers oder eines Dritten, der dann Verfahrensbeteiligter i. S. des § 13 VwVfG ist, kann dies bereits vorher geschehen, wenn der Antragsteller ein berechtigtes Interesse an der baldigen Festsetzung glaubhaft macht. Ein solches kann insbesondere gegeben sein, um den weiteren Vertrieb von Vermehrungsmaterial der geschützten Sorte zu ermöglichen, bei dem gem. § 14 Abs. 1 SortG die Sortenbezeichnung verwendet werden muß. Andernfalls würde eine Ordnungswidrigkeit i. S. von § 40 Abs. 1 Nr. 1 SortG vorliegen, die mit einer Geldbuße bis zu DM 10.000,– geahndet werden kann. Diese, wie auch die von Amts wegen festzusetzende Sortenbezeichnung, bezeichnet das Gesetz nicht mehr als „vorläufige", da die Möglichkeit bestehen soll, es bei der vom Bundessortenamt festgesetzten Bezeichnung zu belassen, die damit endgültig wird. Weitere Einzelheiten finden sich in der Bekanntmachung des Bundessortenamtes Nr. 3/88 vom 15.4.1988.[819] Alternativ hierzu kann aber auch gemäß § 31 Abs. 4 Nr. 1 SortG das Bundessortenamt die Erteilung des Sortenschutzes widerrufen. Auf diese Weise kann verhindert werden, daß eine geschützte Sorte ohne Sortenbezeichnung existiert. 1206

Dieser Regelung entspricht Art. 21 Abs. 2b) EGSVO. Nach Art. 66 EGSVO muß das Amt eine nach Art. 63 Abs. 1 genehmigte Sortenbezeichnung ändern, wenn es feststellt, daß die Sortenbezeichnung den Anforderungen des Art. 63 nicht oder nicht mehr entspricht. Das GSA gibt in diesem Fall dem Inhaber Gelegenheit, eine geänderte Sortenbezeichnung an- 1207

---

817 Vgl. §§ 66 ff. ZPO.
818 Vgl. §§ 72 ff. ZPO.
819 S. Teil III Nr. 12.

zugeben. Hierbei ist entsprechend Art. 29 DVO zu verfahren. Das Amt hat den Antragsteller auf die Folgen hinzuweisen, die sich aus der Nichtbefolgung der Aufforderung ergeben. Es kann zum einen darauf hinweisen, daß es gemäß Art. 66 EGSVO selbst eine Sortenbezeichnung festsetzt oder aber gemäß Art. 21 Abs. 2b) EGSVO bei Nichtangabe einer alternativen Sortenbezeichnung den Sortenschutz aufzuheben gedenkt.

b) Widerruf bzw. Aufhebung wegen fehlender Mitwirkung bei der technischen Nachprüfung

1208 Nach § 31 Abs. 4 Nr. 2 SortG kann die Erteilung des Sortenschutzes widerrufen werden, wenn der Sortenschutzinhaber oder einer der auf § 32 Nr. 1 SortG beruhenden Verpflichtung hinsichtlich der Nachprüfung des Fortbestehens der Sorte aus § 8 BSAVfV trotz Mahnung nicht nachgekommen ist. Für die Gewährung von Sortenschutz muß die Sorte in ihren nach § 1 SortG geforderten materiellen Erteilungsvoraussetzungen nicht nur im Zeitpunkt der Erteilung existieren, sondern auch weiterbestehen. Besonders bei einer lebenden Materie wie einer Pflanze besteht ständig die Gefahr, daß sie sich verändert und ihre den Sortenschutz begründenden Eigenschaften trotz gewissenhafter Pflege (sogenannte Erhaltung der Züchtung), durch die die Sorte gesund und leistungsfähig sowie frei von sortenfremden Ideotypen gehalten werden soll, verloren gehen. Das Bundessortenamt kann daher nach § 8 BSAVfV das Fortbestehen der Sorte nachprüfen und zu diesem Zweck dem Sortenschutzinhaber hinsichtlich der Vorlage von Vermehrungsmaterial, von Auskünften und sonstigen zur Sicherung des Fortbestehens der Sorte getroffenen Vereinbarungen Verpflichtungen auferlegen, die sich im einzelnen aus § 8 mit §§ 5, 6 Abs. 1 BSAVfV ergeben. Erfüllt der Sortenschutzinhaber entsprechende Verpflichtungen des Bundessortenamts trotz Mahnung nicht, so ist dies gleichsam ein Indiz für den mangelnden Fortbestand der Sorte und ihre fehlende Schutzwürdigkeit, so daß das Bundessortenamt die Erteilung des Sortenschutzes widerrufen kann.

1209 Entsprechend dieser nationalen Regelung sieht auch das gemeinschaftliche Sortenschutzrecht in Art. 21 Abs. 2a EGSVO vor, daß der gemeinschaftliche Sortenschutz aufgehoben werden kann, wenn der Inhaber bei der technischen Nachprüfung des gemeinschaftlichen Sortenschutzes gemäß Art. 64 EGSVO nicht entsprechend den in Art. 55 und 56 EGSVO sowie Art. 34 und 35 DVO aufgestellten Mitwirkungspflichten nachkommt.

c) Widerruf bzw. Aufhebung wegen Nichtzahlung von Jahresgebühren

1210 Nach § 31 Abs. 4 Nr. 3 SortG kann die Erteilung des Sortenschutzes widerrufen werden, wenn der Sortenschutzinhaber fällige Jahresgebühren innerhalb einer Nachfrist nicht entrichtet hat. Nach § 33 Abs. 1 2. HS. SortG erhebt das Bundessortenamt für jedes angefangene Jahr der Dauer des Schutzes (Schutzjahr) eine Jahresgebühr.[820] Eine genaue Fälligkeitsregel ist anders als nach § 17 Abs. 3 PatG im SortG nicht vorgesehen. Die Fälligkeit von Gebühren ergibt sich jeweils nur aus den Gebührenbescheiden und Gebührenentscheidungen des

---

820 Vgl. Rdn 925.

Bundessortenamts im einzelnen Fall, wo es u. a. heißt: „Gebühren werden mit Zugang dieses Bescheids fällig".

Auch das Gemeinschaftliche Sortenamt erhebt jährlich während der Dauer des gemein- 1211 schaftlichen Sortenschutzes Gebühren aufgrund der Gebührenverordung gemäß Art. 113 EGSVO (Art. 83 Abs. 1 2. HS. EGSVO). Nach Art. 9 der GebührenVO verlangt das Amt durch Gebührenbescheide (Art. 9 Abs. 3 EGSVO) vom Inhaber eines gemeinschaftlichen Sortenschutzes für jedes Jahr der Dauer eines gemeinschaftlichen Sortenschutzes eine dort im Anhang 2 festgesetzte Gebühr, eine sogenannte Jahresgebühr (Art. 9 Abs. 1 GebührenVO). In dem Gebührenbescheid ist neben dem fälligen Betrag auch der Zahlungstermin aufzunehmen sowie der Hinweis auf die etwaige Erhebung einer Zuschlagsgebühr gem. Art. 13 Abs. 3a) GebührenVO bei Nichtzahlung der Jahresgebühr bis zu dem im Gebührenbescheid genannten Zeitpunkt. Eine Pflicht des Gemeinschaftlichen Sortenamtes, bei Nichtzahlung der Jahresgebühr eine Nachfrist, ggf. mit Zahlung einer Zuschlagsgebühr, zu setzen, besteht nicht. Aus fiskalischen Gründen wird aber das Gemeinschaftliche Sortenamt einen erneuten Gebührenbescheid mit Aufforderung zur Zahlung einer auszuweisenden Zuschlagsgebühr an den Sortenschutzinhaber richten. Aus rechtsstaatlichen Gründen ist dieser Bescheid mit dem Hinweis zu versehen, daß bei Nichteinhaltung der Frist das Schutzrecht aufgehoben wird. Da nach Art. 9 Abs. 3 i. V. m. Art. 13 Abs. 2a) GebührenVO Zuschlagsgebühren verlangt werden können, aber nicht müssen, kann mit dem Gebührenbescheid, mit dem zur Zahlung der regulären Jahresgebühren aufgefordert wird, auch gleich der Hinweis verbunden sein, daß bei nicht fristgerechter Zahlung das erteilte Sortenschutzrecht aufgehoben wird.

3. Aufhebung des gemeinschaftlichen Sortenschutzes wegen Wegfalls der personenbezogenen Voraussetzungen für den Erwerb eines gemeinschaftlichen Sortenschutzrechtes bzw. der ordnungsgemäßen Vertretung

Zusätzlich zum nationalen Sortenschutzrecht sieht Art. 21 Abs. 2 d) EGSVO die Aufhebung 1212 des gemeinschaftlichen Sortenschutzes dann vor, wenn der ursprüngliche Inhaber oder sein Rechtsnachfolger nicht (mehr) die in Art. 12 aufgestellten persönlichen Voraussetzungen für den wirksamen Erwerb eines gemeinschaftlichen Sortenschutzrechtes erfüllen.[821] Lagen diese beim Antrag auf Erteilung eines gemeinschaftlichen Sortenschutzes zwar vor, sind sie aber weggefallen bzw. erfüllt der Rechtsnachfolger, der gemäß Art. 23 EGSVO ein erteiltes Sortenschutzrecht erwirbt, diese Voraussetzungen nicht, kann das Amt den gemeinschaftlichen Sortenschutz mit Wirkung ex nunc aufheben.

Personen, die im Gebiet der Gemeinschaft weder einen Wohnsitz, einen Sitz noch eine 1213 Niederlassung haben, müssen einen Verfahrensvertreter benennen, der seinen Wohnsitz oder einen Sitz oder eine Niederlassung im Gebiet der Gemeinschaft hat (Art. 82 EGSVO). Entfällt die ordnungsgemäße Vertretung dieser Sortenschutzinhaber, sei es, weil der Vertreter die Vertretung niederlegt, sei es, weil der Sortenschutzinhaber die Vertretungsbefugnis widerruft und nicht sogleich auch einen neuen Vertreter bestellt, kann das Amt nach einer

---

821 Vgl. Rdn 69 ff.

Aufforderung unter Fristsetzung, einen neuen Verfahrensvertreter, der die Voraussetzungen des Art. 82 EGSVO erfüllt, zu bestellen, den gemeinschaftlichen Sortenschutz mangels ordnungsgemäßer Vertretung mit ex nunc-Wirkung aufheben.

4. Ermessensentscheidung

1214 Im Gegensatz zu den Entscheidungen nach § 31 Abs. 3 SortG, Art. 21 Abs. 1 EGSVO handelt es sich bei den Widerrufsgründen des § 31 Abs. 4 SortG bzw. Aufhebungsgründen des Art. 21 Abs. 2 EGSVO um solche, die im Ermessen des Bundessortenamts bzw. GSA stehen. Gegeneinander abzuwägen sind das öffentliche Interesse und das Vertrauensinteresse des Sortenschutzinhabers am Fortbestand des Sortenschutzes. Das Ermessen der zuständigen Behörden ist aber kein freies, sondern ein gebundenes, so daß es im Einzelfall auf Null zusammenschrumpfen kann und das Bundessortenamt bzw. das GSA auch hier die Erteilung des Sortenschutzes widerrufen bzw. aufheben muß oder dies zu unterlassen hat. Die Ermessensausübung ist im nationalen Recht nach den allgemeinen verwaltungsrechtlichen Grundsätzen im Widerspruchs- und Beschwerdeverfahren nachprüfbar, soweit nationale Schutzrechte betroffen sind. Zweifelhaft, aber wohl zu bejahen sein dürfte die Frage, ob der Widerruf entsprechend § 49 Abs. 2 S. 2 i. V.m. § 48 Abs. 4 VwVfG fristgebunden ist (1 Jahr ab Kenntniserlangung des Widerrufsgrundes). Das VwVfG ist, soweit das SortG wie beim fakultativen Widerruf des Abs. 4 keine Sonderregelung trifft, ergänzend heranzuziehen. Auch an einen Vermögensausgleich nach § 48 Abs. 4 VwVfG könnte gedacht werden, wobei jedoch der Sortenschutzinhaber grundsätzlich nicht schutzwürdig sein dürfte, da er die in Betracht kommenden Widerrufsgründe selbst verschuldet hat oder sie zumindest in seinen Verantwortungsbereich fallen.

1215 Die Ermessensausübung hinsichtlich der Aufhebungsgründe des Art. 21 Abs. 2 EGSVO richtet sich nach den Feststellungen eines Rechtsvergleichs der entsprechenden Rechtslage in den Rechtsordnungen der Mitgliedstaaten (Art. 81 Abs. 1 EGSVO).

C Umwandlung des gemeinschaftlichen Sortenschutzes in ein nationales Sortenschutzrecht

1216 Angesichts der hohen Kosten für die Aufrechterhaltung des gemeinschaftlichen Sortenschutzes kann während der Lebensdauer des Sortenschutzrechtes für den Inhaber der Schutz nurmehr in einem oder mehreren wenigen Ländern der Europäischen Gemeinschaft interessant sein, so daß unter wirtschaftlichen Gesichtspunkten die Aufrechterhaltung des gemeinschaftlichen Sortenschutzes für den Inhaber keine Rechtfertigung für die hohen Kosten für die Aufrechterhaltung des gemeinschaftlichen Sortenschutzes ist. Um dem Sortenschutzinhaber zu ermöglichen, seine Interessen an der Sorte weiterhin zu schützen, sofern die Bundesrepublik Deutschland betroffen ist, sieht § 42 Abs. 3 SortG die Möglichkeit vor, daß der Inhaber eines gemeinschaftlichen Sortenschutzes bei Verzicht hierauf innerhalb von drei Monaten nach Wirksamwerden des Verzichts einen Antrag auf Erteilung eines deutschen

Sortenschutzes beim Bundessortenamt stellen kann. Voraussetzung ist, daß der Inhaber zum einen auf den gemeinschaftlichen Sortenschutz verzichtet hat, zum anderen aber der gemeinschaftliche Sortenschutz auch bestandskräftig war, d.h. keine Gründe vorliegen, nach denen der gemeinschaftliche Sortenschutz gemäß Art. 20 für nichtig erklärt hätte werden müssen oder gemäß Art. 21 der gemeinschaftliche Sortenschutz aufzuheben gewesen wäre. Handelt es sich um ein bestandskräftiges gemeinschaftliches Sortenschutzrecht, auf das verzichtet wurde, und ist der Antrag rechtzeitig beim Bundessortenamt eingegangen, steht dem Inhaber des gemeinschaftlichen Sortenschutzes oder seinem Rechtsnachfolger für den Antrag auf Erteilung eines nationalen Sortenschutzrechtes der Zeitrang des gemeinschaftlichen Sortenschutzrechtes zu. Dieser ist jedoch gemäß § 23 Abs. 2 S. 2 SortG mit der Anmeldung zum nationalen Sortenschutz geltend zu machen. Darüber hinaus müssen gemäß § 41 Abs. 3 S. 3 i. V. m. § 23 Abs. 2 S. 3 SortG innerhalb von drei Monaten nach der Anmeldung zum nationalen Sortenschutz vom Gemeinschaftlichen Sortenamt beglaubigte Unterlagen zu dem vorausgehenden gemeinschaftlichen Sortenschutz vorliegen. Wird aufgrund eines solchen Antrages Sortenschutz durch das Bundessortenamt erteilt, werden die Jahre, für die die entsprechende Sorte bereits Schutz nach dem gemeinschaftlichen Sortenschutz hatte, auf die in § 13 SortG geregelte Dauer des nationalen Sortenschutzes angerechnet.

7. Abschnitt: Rechtsverletzungen und ihre Folgen

A	Überblick	1217
B	Die Sortenschutzverletzung	1220

    I. Die verletzten Rechte   1223
        1. Das materielle Sortenschutzrecht   1224
        2. Formelle Sortenbezeichnung   1228
    II. Die Verletzungshandlungen (Verletzung des Rechts)   1229
        1. Die Verletzungshandlungen   1229
           a) Verletzungshandlungen hinsichtlich der materiellen Sortenschutzrechte   1231
           b) Verletzungen hinsichtlich der Sortenbezeichnung   1232
        2. Rechtswidrigkeit   1234
        3. Einwendungen des Beklagten   1235

C Folgen der Rechtsverletzung   1236
    I. Einführende Bemerkungen   1236
    II. Unterlassungsanspruch   1239
        1. Wiederholungsgefahr   1241
        2. Erstbegehungsgefahr   1243
        3. Fortfall der Wiederholungsgefahr   1244
        4. Rechtsfolge   1247
    III. Schadenersatzanspruch   1248
        1. Objektiv rechtswidrige Sortenschutzverletzung   1250
        2. Verschulden   1251
        3. Schaden und Schadensberechnung   1260
           a) Ersatz des Vermögensschadens   1263
           b) Schadenersatz nach der Lizenzanalogie   1265
           c) Herausgabe des Verletzergewinns   1266
    IV. Entschädigungsanspruch gemäß § 37 Abs. 2 S. 2 SortG sowie Art. 94 Abs. 2 S. 2 EGSVO   1269
    V. Rückwirkender Vergütungsanspruch gemäß § 37 Abs. 3 SortG sowie Art. 95 EGSVO   1271
    VI. Sonstige Ansprüche gegen den Verletzer   1274
        1. Auskunfts- und Rechnungslegungsanspruch   1276
           a) Rechtsgrundlage; Abgrenzung zum Auskunftsanspruch gemäß § 37b SortG   1276
           b) Tatbestandsvoraussetzungen   1278
           c) Umfang   1280
           d) Erfüllung der Auskunfts- und Rechnungslegungspflicht   1281
        2. Der Vernichtungsanspruch, § 37a SortG   1286
        3. Auskunftsanspruch gemäß § 37b SortG   1292
        4. Vertragliche Ansprüche   1313
        5. Ansprüche wegen unerlaubter Handlung sowie ungerechtfertigter Bereicherung   1314

VII. Verjährung der Ansprüche wegen Sortenschutzverletzung gemäß § 37c SortG sowie Art. 96, 97 EGSVO   1316

VIII. Ansprüche des angeblichen Verletzers   1324

D Prozessuale Durchsetzung   1328
   I. Zuständigkeit   1328
      1. Vorbemerkung   1328
      2. Zuständigkeit gemäß § 38 SortG   1330
         a) Begriff der Sortenschutzstreitsachen   1330
         b) Zuständigkeit der Landgerichte   1331
            aa) Ausschließliche Zuständigkeit   1332
            bb) Örtliche Zuständigkeit   1336
         c) Internationale Zuständigkeit bei der Verletzung nationaler Schutzrechte   1338
      3. Zuständigkeitsregelung des Art. 101 EGSVO   1339
         a) Bestimmung des Mitgliedstaates, dessen Gerichte zuständig sind   1339
         b) Örtliche Zuständigkeit   1349
         c) Ausnahmen   1350
   II. Legitimation   1352
      1. Aktivlegitimation   1352
         a) Aufgrund eines nationalen Sortenschutzrechtes   1353
         b) Aufgrund eines gemeinschaftlichen Sortenschutzrechtes   1357
         c) Rechtsnachfolge   1360
         d) Nachweis der Aktivlegitimation   1363
      2. Passivlegitimation   1367
   III. Klageanträge   1370
   IV. Beweisfragen   1379
      1. Behauptungs- und Beweislast   1380
         a) Bestand des Klageschutzrechtes   1382
         b) Verletzung des Klagesortenschutzrechtes   1384
         c) Verstoß gegen § 14 Abs. 3 SortG bzw. Art. 18 Abs. 3 GGSVO   1393
         d) Verschulden und Schadenersatz   1397
   V. Beweissicherung   1401
      1. Beweissicherung gemäß §§ 485 ff. ZPO   1401
         a) Durchführung des Verfahrens   1402
         b) Kritik   1405
      2. Besichtigungsanspruch gemäß § 809 BGB   1408
   VI. Beweismittel   1409
   VII. Aussetzung und Unterbrechung des Verfahrens   1410
   VIII. Urteil, Rechtsmittel, Zwangsvollstreckung   1416
   IX. Einstweilige Verfügung   1420
   X. Kosten   1424
      1. Kostentragungspflicht   1424
      2. Höhe   1425
      3. Erstattung der Patentanwaltsgebühren   1426
         a) Voraussetzungen   1427
         b) Umfang   1428

E   Straf- und ordnungsrechtliche Folgen der Sortenschutzverletzung   1430
    I.   Strafrechtliche Folgen   1430
         1. Vorbemerkung   1430
         2. Straftatbestand   1432
            a) objektive Sortenschutzverletzung   1433
            b) subjektive Sortenschutzverletzung   1438
            c) Strafverschärfung bei gewerbsmäßiger Schutzrechtsverletzung   1441
         3. Täter   1442
         4. Strafbarkeit des Versuchs   1443
         5. Erfordernis eines Strafantrags   1444
         6. Strafverfahren   1449
         7. Strafe   1453
         8. Strafbarkeit bei Verletzung des gemeinschaftlichen Sortenschutzes   1457
    II. Ordnungsrechtliche Folgen   1458
         1. Tatbestand   1458
         2. Rechtshilfe   1459
         3. Verfahren   1462
            a) Opportunitätsprinzip   1462
            b) Bußgeldbescheid, weiteres Verfahren   1463
            c) Einziehung   1464

F   Sonstige Maßnahmen zur Bekämpfung von Sortenschutzverletzungen: Die Grenzbeschlagnahme   1465
    I.   Vorbemerkung   1465
    II. Anwendungsbereich   1466
    III. Zulässigkeitsvoraussetzungen   1469
         1. Formelle Voraussetzungen   1469
            a) Antrag   1469
            b) Weiteres Verfahren   1475
         2. Materielle Voraussetzungen der Grenzbeschlagnahme   1476
         3. Verfahren nach Anordnung der Beschlagnahme   1478
         4. Verfahren bei Widerspruch gegen die Beschlagnahme   1481
            a) Antragsrücknahme und Aufhebung der Beschlagnahme   1482
            b) Aufrechterhaltung des Beschlagnahmeantrags   1483
         5. Geltungsdauer des Beschlagnahmeantrages   1486
         6. Rechtsmittel gegen Beschlagnahme und Einziehung   1487

A   Überblick

1217 Während das UPOV-Übereinkommen in Art. 30 Abs. 1 S. 1 lediglich allgemein die Verpflichtung hervorhebt, daß jeder Vertragsstaat in seinem nationalen Recht für Regelungen Vorsorge zu treffen hat, die eine wirksame Durchsetzung der Züchterrechte gewährleisten, finden sich im nationalen deutschen Recht im 5. Abschnitt des SortG Vorschriften, die sich mit den Rechtsverletzungen von Sortenschutzrechten befassen. In der Verordnung über den gemeinschaftlichen Sortenschutz ist der sechste Teil den zivilrechtlichen Ansprüchen wegen Rechtsverletzungen sowie der gerichtlichen Zuständigkeit gewidmet.

Zwar sind die Voraussetzungen für die Erlangung von Sortenschutz aufgrund des identischen Regelungsgehaltes des UPOV-Übereinkommens und der darauf basierenden nationalen Gesetze einerseits und der Verordnung über den gemeinschaftlichen Sortenschutz andererseits einheitlich geregelt. Die Durchsetzung des gemeinschaftlichen Sortenschutzrechts wird ausschließlich durch das nationale Verfahrensrecht des angerufenen zuständigen Gerichts bestimmt. Es zeigen sich aber gerade bei den für die Rechtsdurchsetzung bedeutsamen Bestimmungen ganz erhebliche Unterschiede, die im nationalen Zivilverfahrensrecht ihre Ursachen haben und weiterhin haben sollen. Gemäß Art. 2 EGSVO kommt dem gemeinschaftlichen Sortenschutz im Gebiet der Gemeinschaft einheitliche Wirkung zu. Die einheitliche Wirkung ist durch die Verordnung jedoch nicht vollständig sichergestellt. Vereinheitlicht sind zwar das Eintragungsverfahren, die Rechte des Inhabers, der Schutzumfang aus einem erteilten gemeinschaftlichen Sortenschutzrecht sowie die Verletzungshandlungen. Aufgrund der unterschiedlichen nationalen Sanktionen im Falle von Verletzungen kann ein gleicher Schutz in allen Mitgliedstaaten jedoch nicht verwirklicht werden. Zwar schließt Art. 97 EGSVO weitgehend die ergänzende Anwendung des nationalen Rechts bei Verletzungen des gemeinschaftlichen Sortenschutzes aus. Durch den durch Art. 97 EGSVO aber zugleich eröffneten Anwendungsbereich nationaler Vorschriften, die Ansprüche betreffen, die neben dem Unterlassungs- und Schadenersatzanspruch geltend gemacht werden können, können erhebliche Unterschiede für den Inhaber des gemeinschaftlichen Sortenschutzes bestehen, je nachdem, in welchem Land er Verletzungen seines gemeinschaftlichen Schutzrechtes verfolgt und welches national geregeltes Durchsetzungsinstrumentarium ihm hier zur Verfügung steht.

1218

Weitere Schwierigkeiten ergeben sich aus der Auslegung von Begriffen, denen trotz ihres gleichen Wortlautes in den verschiedenen nationalen Rechtsordnungen der Mitgliedstaaten eine unterschiedliche Bedeutung beigemessen werden kann. Bei Verweisungen des Gemeinschaftsrechtes auf das nationale Recht der Mitgliedstaaten bewirken aufgrund dieser unterschiedlichen Bedeutungsinhalte gleiche Begriffe Regelungslücken, die durch die Rechtsprechung, insbesondere die des Europäischen Gerichtshofes im Wege rechtsschöpferischer Auslegung geschlossen werden können. Bis aber die nationalen Gerichte und insbesondere der EuGH hierzu Gelegenheit haben werden, ist naturgemäß zu erwarten, daß gerade in der Durchsetzung von Ansprüchen aufgrund der Verletzung von gemeinschaftlichen Sortenschutzrechten erhebliche nationale Unterschiede bestehen werden.

1219

B Die Sortenschutzverletzung

Ohne das gesetzliche Instrumentarium, das bei Rechtsverletzungen der Durchsetzung der Rechte des Züchters dient, würde das durch § 10 SortG und Art. 13 EGSVO dem Züchter oder seinem Rechtsnachfolger zugeordnete Ausschließlichkeitsrecht ungesichert bleiben. § 37 SortG sowie Art. 94 ff. EGSVO stellen damit den eigentlichen Gesetzeszweck sicher,

1220

nämlich dem Sortenschutzinhaber sein ihm durch Anmeldung und Erteilung des Sortenschutzes begründetes Ausschließlichkeitsrecht gegenüber rechtswidrigen Eingriffen Dritter durchsetzen zu helfen. Die in § 37 SortG sowie Art. 94, 95 und 97 EGSVO konkretisierten Ansprüche des Sortenschutzinhabers und die damit verbundenen Nebenansprüche stellen neben § 10 SortG bzw. Art. 13 EGSVO den Kern des Schutzes des Sorteninhabers dar.

1221 Sortenschutzverletzungsklagen sind unter anderem wegen der anteilig sehr viel geringeren Zahl von Sorten nach wie vor weit seltener als Patentverletzungsklagen oder die Rechtsverfolgung der Verletzung anderer gewerblicher Schutzrechte. Es existieren daher nur wenige veröffentlichte gerichtliche Entscheidungen. Naturgemäß fehlen bislang Entscheidungen zum gemeinschaftlichen Sortenschutz. Da jedoch die auf dem Gebiet des Patentrechts ergangenen Entscheidungen weitgehend vergleichbare Tatbestände betreffen, sowie das Sortenschutzrecht ein dem Schutzrecht für technische Erfindungen zum Teil vergleichbares Ausschließlichkeitsrecht für die lebende Materie ist,[822] kann die Rechtsprechung zu Patentverletzungen auch bei der Verfolgung von Sortenschutzverletzungen Orientierung bieten. Es ist deshalb ergänzend auf die Ausführungen zu § 139 PatG in den verschiedenen Standardkommentaren zum Patentgesetz zu verweisen.

1222 Rechtsverletzungen im Sinne der einschlägigen gesetzlichen Bestimmungen sind nur die Verletzungen der Rechte aus dem Sortenschutz, nicht jedoch Verletzungen von vertraglichen Verpflichtungen, soweit diese sich nicht auf den spezifischen Gegenstand des Schutzrechtes beziehen.[823]

I. Die verletzten Rechte

1223 Geschützt wird nach § 37 Abs. 1 Nr. 1 und 2 SortG sowie Art. 94 Abs. 1a und 95 EGSVO das materielle Sortenschutzrecht. Rechtsverletzungen hinsichtlich der Sortenbezeichnung werden von § 37 Abs. 1 Ziff. 2 SortG sowie Art. 94 Abs. 1b und c EGSVO erfaßt.

1. Das materielle Sortenschutzrecht

1224 § 37 Abs. 1 Ziff. 1 SortG sowie Art. 94 Abs. 1a EGSVO räumen dem Sortenschutzinhaber bzw. dem Berechtigten aus dem Sortenschutz einen Unterlassungsanspruch gegen Handlungen Dritter ein, die gemäß § 10 S. 1 SortG dem Berechtigten aufgrund des erteilten nationalen, gemäß Art. 13 Abs. 2 EGSVO dem Berechtigten aus dem gemeinschaftlichen Sortenschutz vorbehalten sind. Voraussetzung ist deshalb, daß das materielle Sortenschutzrecht wirksam erteilt und aufrechterhalten worden ist. Das Sortenschutzrecht ist wirksam erteilt, wenn die neue Sorte zur Erteilung eines Sortenschutzes angemeldet und darauf ein Sortenschutz von der hierfür zuständigen Behörde erteilt ist. Ohne Einfluß ist die Eintragung in die entsprechenden Register und deren Bekanntmachung im Blatt für Sortenwesen bzw. im Amtsblatt des Gemeinschaftlichen Sortenamts. Erstere haben lediglich deklaratorische Wirkung.[824] Geschützt ist nur das Recht aus dem Sortenschutz (§ 10 SortG, Art. 13 EGSVO), nicht dagegen auch das Sortenschutzrecht in früheren Entwicklungsstadien, wie das Recht

---

822 Vgl. hierzu Rdn 8, 302, 308.
823 Zum spezifischen Gegenstand des Sortenschutzes s. Rdn 307 ff.
824 Näheres hierzu in Rdn 928.

auf Sortenschutz (§ 8 SortG, Art. 11 EGSVO) oder Rechte, welche durch die Anmeldung begründet werden. Lediglich hinsichtlich der Nutzung der Sorte durch Dritte in der Zeitspanne zwischen der Bekanntmachung des Antrags und der Erteilung des Sortenschutzes besteht gemäß § 37 Abs. 3 SortG und Art. 95 EGSVO ein Anspruch auf eine angemessene Vergütung.[825]

Das materielle Sortenschutzrecht ist nur dann verletzt, wenn im Zeitpunkt der Verletzungshandlungen der Sortenschutz noch besteht. Entfällt das Recht durch Zeitablauf, Verzicht oder Widerruf für die Zukunft, sind ab dem Zeitpunkt des Rechtsfortfalles Unterlassungs- und Beseitigungsansprüche, nicht aber bis zu diesem Zeitpunkt entstandene Schadenersatzansprüche ausgeschlossen. Wird der Sortenschutz gemäß § 31 Abs. 2 SortG zurückgenommen bzw. nach Art. 20 EGSVO für nichtig erklärt, bestand von Anfang an kein materielles Sortenschutzrecht, das hätte verletzt werden können. Vor Rechtskraft der Rücknahme- bzw. Nichtigkeitserklärung konnten somit keine Verletzungshandlungen geschehen und keine damit verbundenen Ansprüche begründet werden. 1225

Wird die Aufhebbarkeit des Sortenschutzes im Verletzungsprozeß geltend gemacht, so kann über sie nicht das Verletzungsgericht entscheiden. Das Verletzungsgericht kann und muß über den Schutzumfang des erteilten Sortenschutzrechtes entscheiden. Im Verletzungsprozeß ist von der Schutzfähigkeit der durch die Sortenbeschreibung charakterisierten Sorte auszugehen.[826] Nach herrschender Rechtsprechung zu deutschen nationalen Schutzrechten wird im Verletzungsprozeß nicht nachgeprüft, ob das erteilte Ausschließlichkeitsrecht die Voraussetzung der Schutzfähigkeit erfüllt.[827] Gleiches gilt auch im Verletzungsverfahren zu einer gemeinschaftsrechtlichen geschützten Sorte, Art. 105 EGSVO. Das Verletzungsgericht ist deshalb bis zu einer anderweitigen Entscheidung durch die Erteilungsbehörde und die dessen Entscheidung überprüfenden nachfolgenden Gerichte an den Rechtsbestand des Schutzrechtes gebunden. 1226

Wird die Aufhebbarkeit des Sortenschutzes im Verletzungsprozeß geltend gemacht, kann das Verletzungsverfahren gemäß § 148 ZPO bis zur Entscheidung der für die Prüfung des Rechtsbestandes des Streitrechtes zuständigen Spruchkörper (Bundessortenamt, BPatG, BGH hinsichtlich nationaler Sortenschutzrechte, Gemeinschaftliches Sortenamt, Beschwerdekammer, EuG und EuGH hinsichtlich gemeinschaftlicher Sortenschutzrechte) aussetzen.[828] Hinsichtlich des gemeinschaftlichen Sortenschutzes regelt dies ausdrücklich Art. 106 Abs. 2 EGSVO. 1227

2. Formelle Sortenbezeichnung

Nach § 37 I Nr. 2 SortG sowie Art. 94 Abs. 1b und c EGSVO bestehen auch Unterlassungsansprüche gegen bestimmte Benutzungsarten einer wirksam erteilten sowie eingetragenen und im Zeitpunkt der Verletzungshandlung nicht aufgehobenen Sortenbezeichnung. Schutzgegenstand ist die im Inland bzw. der Europäischen Union eingetragene Sortenbezeichnung. 1228

---

825 Rdn 1268 ff.
826 Vgl. für das Patent BGH GRUR 1979, 624, 625 – Umlegbare Schießscheibe.
827 So bereits BGH GRUR 1964, 606, 609 – Förderband, zum Patent.
828 Vgl. unten Rdn 1410 ff.

II. Die Verletzungshandlungen (Verletzung des Rechts)

1. Die Verletzungshandlungen

1229 § 37 Abs. 1 Ziff. 1 SortG bestimmt mittelbar als Sortenschutzverletzungen Handlungen, welche in § 10 S. 1 SortG genannt sind und ohne Zustimmung des Sortenschutzinhabers durch den Dritten erfolgten. Art. 94 EGSVO verweist ebenfalls auf die Vornahme von Handlungen durch Dritte, welche nach Art. 13 Abs. 2 dem Sortenschutzinhaber vorbehalten sind, ohne hierzu berechtigt zu sein. Insoweit ist das deutsche Recht mit dem gemeinschaftlichen Recht deckungsgleich.

1230 Art. 94 Abs. 1 schließt durch seine Wortwahl solche Handlungen als rechtsverletzend aus, für die, obwohl dem Grunde nach rechtsverletzend, die Zustimmung des Sortenschutzinhabers nicht erforderlich ist, insbesondere in Fällen, in denen ein Zwangsnutzungsrecht gemäß Art. 29 EGSVO eingeräumt wurde. Im nationalen Recht ist das vom Bundessortenamt gemäß § 12 SortG eingeräumte Zwangsnutzungsrecht als Entscheidung zu werten, welche die Zustimmung des Sortenschutzinhabers ersetzt, so daß auch in diesen Fällen keine Verletzungshandlung vorliegt.

a) Verletzungshandlungen hinsichtlich der materiellen Sortenschutzrechte

1231 Was gegenständlich dem Sortenschutzinhaber vorbehalten ist, ergibt sich für die Verletzung des materiellen Sortenschutzrechtes allgemein aus der im Erteilungsbeschluß und seinen Ergänzungen beschriebenen Merkmalskombination der geschützten Sorte einschließlich der zu erwartenden und zu tolerierenden Variationen sowie Handlungen hinsichtlich solchen Materials, welches als von der geschützten Sorte im wesentlichen abgeleitet zu werten ist.

b) Verletzungen hinsichtlich der Sortenbezeichnung

1232 Die Sortenbezeichnung dient nicht nur dem Schutz von Handel und Verbraucher, sondern auch zum Schutz des Sorteninhabers vor mißbräuchlicher Verwendung. Bezeichnungen, die mit einer Sortenbezeichnung einer nach dem Sortenschutzgesetz, nach der Verordnung über den gemeinschaftlichen Sortenschutz oder in einem anderen UPOV-Verbandsstaat geschützten Sorte identisch oder verwechselbar sind, dürfen deshalb nicht für eine andere Sorte derselben oder einer verwandten Art benutzt werden.[829] Als verwandt sind nach der Bekanntmachung Nr. 3/88 des Bundessortenamt vom 15. April 1988 (Bl.f.S 1988, 163) die Pflanzenarten anzusehen, die nach der sogenannten Klassliste der Anlage zu den UPOV Empfehlungen (Anleitung 9 vom 16. Oktober 1987) jeweils in einer Klasse aufgeführt oder zusammengefaßt sind.

1233 Da das Gesetz für den sachlichen Vergleichsbereich auf Sorten derselben oder einer anderen Art abstellt, ist der Schutzumfang, der gegenüber einer unzulässigen Benutzung der Sortenbezeichnung gewährt wird, allerdings nicht allzu groß und entspricht insbesondere

---

829 Zur Beurteilung des Verwechslungsbegriffes vgl. Rdn 248 ff.

nicht dem Schutzbereich einer Marke. So kann beispielsweise die Benutzung der für eine Rose eingetragenen Sortenbezeichnung für eine andere Rosensorte verboten werden, nicht dagegen auch für eine Kartoffelsorte.[830, 831]

2. Rechtswidrigkeit

Rechtswidrig sind die dem Rechtsinhaber vorbehaltenen Handlungen, sofern und soweit diese nicht mit Zustimmung des Berechtigten vorgenommen werden, diese Handlungen durch Erteilung eines Zwangsnutzungsrechtes gemäß § 12 SortG bzw. Art. 29 EGSVO gestattet sind oder die Rechte des Sortenschutzinhabers an dem entsprechenden Pflanzenmaterial erschöpft sind.

1234

3. Einwendungen des Beklagten

Der Haupteinwand des Beklagten wird in der Regel der sein, es handle sich bei der angegriffenen Verletzungsform um eine andere, gegenüber der Klagesorte durch maßgebende Merkmale deutlich unterscheidbare Sorte.[832] Die Einwendungen des Beklagten, das Klagesortenschutzrecht sei zum Beispiel wegen Neuheitsmangel nach § 31 Abs. 2 i.V.m. § 6 SortG zurückzunehmen bzw. gem. Art. 20 Abs. 1b, i.V.m. Art. 10 EGSVO für nichtig zu erklären oder die Sortenbezeichnung sei gemäß § 30 SortG zu ändern und könne deshalb keine Rechte begründen, sind unbeachtlich, solange nicht der Sortenschutz in dem dafür vorgesehenen Verfahren zurückgenommen oder widerrufen wurde bzw. eine Änderung der Sortenbezeichnung erfolgt ist. Wegen etwaiger Aussetzung des Verletzungsverfahrens im Falle eines gegen das Klageschutzrecht gleichzeitig laufenden Verfahrens nach §§ 30 und 31 SortG bzw. Art. 20, 21 EGSVO, vgl. Rdn 1407 ff. Die Rechtsbeständigkeit eines rechtskräftig erteilten Sortenschutzrechtes ist im Verletzungsprozeß nicht zu prüfen. Vielmehr ist das Sortenschutzrecht, so wie es erteilt ist, hinzunehmen;[833] zum gemeinschaftlichen Sortenschutzrecht regelt dies Art. 105 EGSVO. Lediglich die Prüfung, ob das angegriffene Verletzungsmaterial in den Schutzbereich des erteilten Sortenschutzrechtes fällt, steht dem Verletzungsrichter offen. Hinsichtlich der Rechte aus der Sortenbezeichnung beschränkt sich die Prüfungskompetenz des Verletzungsrichters auf die Frage, ob die angegriffene Kennzeichnung mit der Sortenbezeichnung der geschützten Sorte identisch oder verwechselbar ist sowie ob die damit gekennzeichnete Sorte eine Sorte derselben oder eine Sorte einer verwandten Art ist. Bestehen Zweifel des Verletzungsrichters an der Rechtsbeständigkeit des Klageschutzrechtes, ist der Verletzungsstreit gemäß § 148 ZPO bis zur Entscheidung über die Rechtsbeständigkeit des Sortenschutzrechtes im Rücknahmeverfahren auszusetzen. Die Einwendung, der Kläger sei mangels Eintragung in die Sortenschutzrolle nicht aktivlegitimiert oder sonst klageberechtigt, kann durch Nachholung der Eintragung ausgeräumt werden, sofern der Kläger behauptet, Inhaber der Klageschutzrechte zu sein. Anderenfalls ist die

1235

---

830 Inwieweit eine mit der Sortenbezeichnung gleichlautende Marke zu einem Verbot führen kann.
831 Vgl. Rdn 213.
832 Vgl. Rdn 123 ff., 132 ff.
833 Hinsichtlich national erteilter Schutzrechte vgl. BGH GRUR 1959, 320; 70, 296, 297.

Klagebefugnis durch Vorlage geeigneter Beweismittel wie Lizenzvertrag oder Bestätigung des eingetragenen Inhabers, daß der Kläger zur Prozeßführung berechtigt ist, nachzuweisen. Das Prozeßführungsrecht ist Prozeßvoraussetzung,[834] die spätestens zum Schluß der letzten mündlichen Verhandlung vorliegen muß.[835] Handelt es sich um eine Klage des materiell Berechtigten gegen den zu Unrecht in der Sortenschutzrolle eingetragenen Nichtberechtigten, so bedarf es dazu keiner vorherigen Eintragung des materiell Berechtigten.[836] Zum Erschöpfungseinwand siehe Rdn 373 ff.

C Folgen der Rechtsverletzung

I. Einführende Bemerkungen

1236 Nach dem ab 18. Dezember 1985 geltenden SortG war bis zu dem am 1. Juli 1990 in Kraft getretenen Gesetz zur Stärkung des Schutzes des geistigen Eigentums und zur Bekämpfung der Produktpiraterie (PPrG) im SortG neben dem Unterlassungs- und Schadenersatzanspruch kein weiterer Anspruch des aus einem erteilten Sortenschutz Berechtigten gesetzlich geregelt. Mit dem PPrG wurden zahlreiche Vorschriften in den verschiedenen Schutzgesetzen, so auch im Sortenschutzgesetz, geändert bzw. in diese neu eingefügt. Ziel des Gesetzgebers war es, durch Verbesserung des rechtlichen Instrumentariums insgesamt eine schnelle und wirkungsvolle Verfolgung der Schutzrechtsverletzung zu ermöglichen.[837] Zur Erreichung dieses Ziels sah das PPrG im wesentlichen neben einer Verschärfung der strafrechtlichen Sanktionen durch Erhöhung des Strafrahmens, insbesondere für die gewerbsmäßige Sortenschutzverletzung, in § 39 SortG sowie einer Erweiterung der Vernichtungs- und Einzugsmöglichkeiten in § 37a SortG auch die Schaffung eines besonderen Auskunftsanspruches über die Herkunft und den Weitervertrieb schutzrechtsverletzenden Pflanzenmaterials in § 37b SortG vor. Darüber hinaus wurde auch die Möglichkeit eröffnet, offensichtlich schutzrechtsverletzende Waren bei ihrer Ein- oder Ausfuhr durch ein entsprechendes Verfahren durch die Zollbehörden anzuhalten, § 40a SortG.

1237 Alle diese über den Unterlassungs- und Schadenersatzanspruch hinausgehenden Ansprüche und Sanktionsmöglichkeiten sieht das gemeinschaftliche Sortenschutzrecht nicht vor. Zur Frage, inwieweit die Verordnung (EG) Nr. 3295/94 des Rates vom 22. Dezember 1994 über Maßnahmen zum Verbot der Überführung nachgeahmter Waren und unerlaubt hergestellter Vervielfältigungsstücke oder Nachbildungen in den zollrechtlich freien Verkehr oder in ein Nichterhebungsverfahren sowie zum Verbot ihrer Ausfuhr und Wiederausfuhr[838] anwendbar ist, vgl. Rdn 1463 ff.

1238 Im Unterschied zum deutschen Sortenschutzrecht sieht das gemeinschaftliche Recht bei der einfachen Schutzrechtsverletzung, das heißt dem Verletzer ist weder Vorsatz noch Fahr-

---

834 BGH NJW 1986, 3207.
835 Vgl. *Baumbach/Hartmann*, ZPO, Grundzüge vor § 253, Rdn 13.
836 RG GRUR 1934, 657, 664.
837 RegB A I; Bl.f.PMZ 1990, 173.
838 GRUR Int. 1995, 483 ff.

II. Unterlassungsanspruch

Der durch die widerrechtliche Benutzung von Vermehrungsmaterial einer geschützten Sorte oder Erntegut, das aus solchem Material gewonnen wurde, welches ohne Zustimmung des aus dem Sortenschutzrecht Berechtigten hergestellt wurde, Verletzte kann den Verletzer auf Unterlassung in Anspruch nehmen (§ 37 Abs. 1 SortG, Art. 94 Abs. 1 EGSVO). Der Unterlassungsanspruch soll künftige Verletzungen des Sortenschutzrechtes, die nach dem bisherigen Verhalten des Verletzers zu befürchten sind, verhüten. Wichtig ist der Unterlassungsanspruch deshalb für die materielle Sortenschutzverletzung, während seine Bedeutung für die unerlaubte Benutzung der Sortenbezeichnung gering ist. Diese stellt nach § 40 Abs. 1 Nr. 2 auch eine Ordnungswidrigkeit dar. Da das Ordnungswidrigkeitsverfahren in der Regel für den Verletzer einfacher und kostengünstiger ist, wird bei einer Verletzung der Sortenbezeichnung der Rechtsdurchsetzung in diesem Verfahren der Vorzug zu geben sein, sofern nicht Aspekte des Schadenersatzes für die Durchführung des zivilgerichtlichen Verletzungsverfahrens sprechen. Im gemeinschaftlichen Sortenschutzrecht fehlt ein dem nationalen Ordnungswidrigkeitsverfahren vergleichbarer Sanktionsmechanismus. 1239

Der Unterlassungsanspruch setzt objektiv den Tatbestand einer unmittelbar bevorstehenden Erstbegehungsgefahr oder bereits eingetretenen Sortenschutzverletzung voraus, die wiederholt werden kann (Wiederholungsgefahr). 1240

1. Wiederholungsgefahr

Bei bereits begangenen Verletzungshandlungen wird die Gefahr, daß auch zukünftig entsprechende Verletzungshandlungen vom Verletzer vorgenommen werden (sogenannte Wiederholungsgefahr) ohne weitere Voraussetzungen angenommen, es sei denn, daß die Umstände des Einzelfalles eine Wiederholung der Rechtsverletzung ausschließen oder ganz unwahrscheinlich ist. Hierbei wird es sich jedoch um ganz ungewöhnliche Ausnahmefälle handeln.[839] 1241

Die Wiederholungsgefahr ist in der Regel aufgrund einer einmaligen zur Wiederholung geeigneten konkreten Verletzungshandlung begründet.[840] Zwar reicht eine nur abstrakte Möglichkeit nicht aus. Die Rechtsprechung hat jedoch eine tatsächliche Vermutung für die Gefahr der Wiederholung eines begangenen Wettbewerbsverstoßes begründet und zum Gewohnheitsrecht entwickelt.[841] Nur ausnahmsweise kann durch besondere Umstände die Wiederholungsgefahr ausgeschlossen sein.[842] 1242

---

839 Vgl. weitergehend *Teplitzky*, Kap. 7, Rdn 6 ff.
840 RGZ 125, 193; BGH GRUR 1957, 348, 349.
841 Ausführlich hierzu: *Teplitzky*, Kap. 6, Rdn 9 ff.
842 Vgl. u.a. BGH GRUR 1992, 318, 319 – Jubiläumsverkauf.

2. Erstbegehungsgefahr

1243 Eine Sortenschutzverletzung braucht zur Begründetheit eines Unterlassungsanspruches noch nicht tatsächlich begangen zu sein. Vielmehr reicht es aus, daß Tatsachen vorliegen, die die Besorgnis künftiger Verletzungshandlungen rechtfertigen (Beeinträchtigungs- oder Erstbegehungsgefahr). Erstbegehungsgefahr ist gegeben, wenn aus den tatsächlichen Gründen ernsthaft zu besorgen ist, daß ein rechtswidriger Eingriff in ein durch die Rechtsordnung geschütztes Gut, insbesondere ein absolutes Recht, unmittelbar bevorsteht.[843] Es handelt sich hierbei um ein materiellrechtliches Tatbestandsmerkmal.[844] Die drohende Verletzungshandlung muß unmittelbar als objektive Eingriffsgefahr bevorstehen und sich in tatsächlicher Hinsicht so greifbar abzeichnen, daß eine zuverlässige Beurteilung unter sortenschutzrechtlichen Gesichtspunkten möglich ist.[845] Es ist deshalb nach objektiven Maßstäben zu beurteilen, ob aufgrund der vorliegenden Tatsachen die baldige Vornahme von Verletzungshandlungen ernsthaft anzunehmen ist. Die bloße theoretische Möglichkeit, daß sich ein Eingriff ergeben könnte, oder nur subjektive Vorstellungen eines mißtrauischen Schutzrechtsinhabers genügen dagegen nicht. Die Beurteilung der Erstbegehungsgefahr hängt von einer umfassenden Würdigung der jeweiligen tatsächlichen Umstände des konkreten Einzelfalles ab.[846] Anders als bei der Wiederholungsgefahr spricht für ihr Vorliegen keine Vermutung, so daß derjenige, der sie geltend macht, alle Umstände darlegen und beweisen muß, aus denen sie sich im konkreten Fall ergeben soll.[847] Neben der Berühmung des Verletzers, bestimmte Handlungen vornehmen zu dürfen, sind Vorbereitungshandlungen in einem Umfang, der eine zuverlässige Beurteilung unter sortenschutzrechtlichen Gesichtspunkten möglich macht, die wichtigsten Fälle für die Begründung einer Begehungsgefahr.

3. Fortfall der Wiederholungsgefahr

1244 Die Rechtsprechung stellt an die Beseitigung der Wiederholungsgefahr strenge Anforderungen.[848] Durch die bloße Einstellung der Verletzung wird die Wiederholungsgefahr noch nicht beseitigt, es sei denn, daß andere Umstände hinzutreten, die weitere Verletzungshandlungen ausschließen. Derartige außergewöhnliche Umstände können zum Beispiel vorliegen, wenn der Betrieb des Verletzers behördlich geschlossen wird. Die Wiederholungsgefahr kann grundsätzlich im Rahmen der vorgerichtlichen Abmahnung nur durch die Abgabe einer strafbewehrten Unterlassungserklärung ausgeräumt werden, im Verletzungsprozeß durch das Anerkenntnis des Unterlassungsantrages.[849]

1245 Wurde der Unterlassungsschuldner vor Einreichung der Klage nicht abgemahnt, so kann er ohne sachliche Stellungnahme zu den ihm vorgeworfenen Verhalten, insbesondere ohne

---

843 Vgl. statt aller: *Teplitzky*, Kap. 10, Rdn 1.
844 U. a. BGH GRUR 1990, 687, 689 – Anzeigenpreis II; *Ullmann* WRP, 1996, 1107, 1108.
845 BGHZ 11, 260, 271.
846 BGH GRUR 1987, 45, 46 – Sommerpreis-Werbung.
847 *Teplitzky*, Kap. 10, Rdn 8, m.w.N.
848 BGH GRUR 1972, 558, 559 – Teerspritzmaschine; *Teplitzky*, 7. Kap., Rdn 6 ff.; *Großkomm/Köhler* vor § 13 UWG, B, Rdn 32 und 34.
849 Vgl. statt aller *Teplitzky*, 7. Kap., Rdn 4 ff.

Darlegung, warum keine Schutzrechtsverletzung vorliegt, die Anerkennung des Unterlassungsanspruches unter Verwahrung der Kostenlast abgeben. In diesem Falle hat er keinen Anlaß zur Klageerhebung mit der Kostenfolge des § 93 ZPO gegeben, es sei denn, es liegt ein Sachverhalt vor, der eine Abmahnung des Schutzrechtsverletzers als unnötig rechtfertigt. Wird ohne vorausgehende Abmahnung Klage erhoben und erkennt der Verletzer die Klageansprüche an, meint aber, die Verletzungshandlung abstreiten oder widerlegen zu müssen, begründet dies die Wiederholungsgefahr trotz fehlender Abmahnung und sofortiger Anerkenntnis des Unterlassungsanspruches. Er hat durch sein prozessuales Verhalten gezeigt, daß er aufgrund seiner Auffassung über die fehlende Verletzung jederzeit wieder entsprechende Handlungen glaubt vornehmen zu können und damit die Wiederholungsgefahr bestätigt.

Im Gegensatz zum Schadenersatzanspruch hängt der Unterlassungsanspruch nicht von einem vorsätzlichen oder zumindest fahrlässigen Verhalten des Verletzenden ab. Für die Begründung des Unterlassungsanspruches reicht die objektiv widerrechtliche Sortenschutzverletzung. Der Unterlassungsanspruch ist verschuldensunabhängig.[850]

1246

4. Rechtsfolge

Die Rechtsfolge eines begründeten Unterlassungsanspruchs ist, daß der Verletzer seine widerrechtliche Benutzungshandlung zu unterlassen hat; weiteren Verletzungshandlungen wird Einhalt geboten. Die zu unterlassende Handlung ist im Urteilstenor konkret zu bezeichnen, wobei zur Auslegung die Urteilsgründe heranzuziehen sind. Gegen eine andere Verletzung wirkt das Urteil nicht, hier ist neue Klage erforderlich. Die Verurteilung zur Unterlassung kann mit der Androhung von Geldstrafe und/oder Ordnungshaft für jeden Fall der Zuwiderhandlung verbunden werden (§ 890 ZPO) und damit noch mehr Nachdruck erhalten. In zeitlicher Hinsicht gilt die Verurteilung für die Dauer des Sortenschutzes.

1247

III. Schadenersatzanspruch

§ 37 Abs. 2 SortG und Art. 94 Abs. 2 EGSVO verpflichtet den vorsätzlich oder fahrlässig handelnden Verletzer zum Ersatz des Schadens, der dem Verletzten durch die Verletzungshandlung entstanden ist oder noch entstehen wird. Ziel des Anspruches ist die zivilrechtliche Wiedergutmachung des dem Verletzten durch den Verletzer zugefügten Unrechts.

1248

Der Schadenersatzanspruch ist nicht nur für die materielle Sortenschutzverletzung von Bedeutung, sondern auch für den unerlaubten Gebrauch der Sortenbezeichnung. Angesichts der Bedeutung von Kennzeichnungsrechten im wirtschaftlichen Verkehr, insbesondere auch mit Pflanzen und Pflanzenmaterial, ist eine kollidierende Sortenbezeichnung geeignet, Verkehrsverwirrung hervorzurufen und insbesondere die Kennzeichnungskraft von Marken und anderen Kennzeichnungsmitteln zu beeinträchtigen. Ein Ausgleich hierfür kann nur im Rahmen des Unterlassungs- und Schadenersatzverfahrens gefordert und erreicht werden, nicht jedoch im Ordnungswidrigkeitsverfahren.

1249

---

850 RGZ 101, 135, 138; BGHZ 163, 170, vgl. auch *Großkomm/Schünemann*, vor § 13 UWG, D, Rdn 123.

1. Objektiv rechtswidrige Sortenschutzverletzung

1250 Wie beim Unterlassungsanspruch ist Voraussetzung für den Schadenersatzanspruch zunächst eine objektiv rechtswidrige Sortenschutzverletzung. Im Gegensatz zum Unterlassungsanspruch, der bereits dann besteht, wenn erste Verletzungshandlungen zu befürchten sind, besteht der Schadenersatzanspruch nur bei Feststellung mindestens einer tatsächlich vorgenommenen Verletzungshandlung.[851] Unerheblich ist, ob die Verletzungshandlung bereits eingestellt[852] oder der Sortenschutz etwa durch Zeitablauf, Verzicht oder Widerruf wieder erloschen ist, sofern bis dahin nur eine den Schadenersatz begründende Verletzungshandlung vorliegt. Zwar entfällt dann der in die Zukunft gerichtete Unterlassungsanspruch; tritt eines der genannten Ereignisse im Verletzungsverfahren ein, ist dieser in der Hauptsache für erledigt zu erklären. Aufgrund der ex nunc Wirkung bleibt jedoch die Schadenersatzpflicht für die Vergangenheit bestehen. Allerdings ist hier der Einwand des Rechtsmißbrauches möglich.[853]

2. Verschulden

1251 Im Gegensatz zum Unterlassungsanspruch reicht jedoch die objektive Widerrechtlichkeit der Verletzungshandlung nicht aus. Vielmehr muß zur Begründung einer Schadenersatzpflicht subjektiv noch Verschulden hinzukommen. Durch das Verschuldensprinzip wird gewährleistet, daß der Benutzer nicht mit unübersehbaren Haftungsrisiken belastet wird.[854] Bei noch so großen Sorgfaltsanstrengungen läßt sich angesichts der beschränkten Recherchierbarkeit von Rechten Dritter sowie der schwierigen Bestimmung des Schutzumfanges existierender Schutzrechte eine Schutzrechtsverletzung nicht mit Sicherheit ausschließen. Es würde die gewerbliche Tätigkeit erheblich beschränken, wenn ein Verletzer trotz vorheriger Prüfung der Schutzrechtslage in dem von der Rechtsprechung als zumutbar angesehenen Umfang mit dem vollen Haftungsrisiko wegen Schutzrechtsverletzung belastet wäre.

1252 § 37 Abs. 2 SortG unterscheidet ebenso wie Art. 94 Abs. 2 EGSVO den Vorsatz vom fahrlässigen Verhalten, wobei hinsichtlich der Fahrlässigkeit zwischen grober und leichter Fahrlässigkeit unterschieden wird. Sowohl das deutsche als auch das gemeinschaftliche Recht sehen vor, daß bei nur leichter Fahrlässigkeit der Schadenersatzanspruch entsprechend dem Grad der Fahrlässigkeit zu mindern ist. Während nach § 37 Abs. 2 S. 2 SortG bei leichter Fahrlässigkeit anstelle des Schadenersatzes eine Entschädigung festgesetzt werden kann, deren Höhe zwischen dem Schaden des Verletzten und dem Vorteil liegt, der dem Verletzer erwachsen ist, bestimmt Art. 94 Abs. 2 S. 2 EGSVO als unterste Grenze des Schadenersatzanspruches den Vorteil, der dem Verletzer aus der Verletzung erwachsen ist. Der Wortlaut der gemeinschaftlichen Vorschrift stellt insoweit klar, daß die Entschädigung jedenfalls über dem Vorteil liegen muß, den der Verletzer durch die Verletzungshandlung erzielt hat. Dem liegt wohl die Überlegung zugrunde, daß der Verletzer, selbst wenn er nur leicht fahrlässig gehandelt hat, nicht demjenigen gleichgestellt werden soll, der vor Auf-

---

851 BGH GRUR 1964, 496.
852 BGH GRUR 1956, 265.
853 BGH GRUR 1967, 423 – Favorit.
854 BGH GRUR 1977, 250.

nahme von Benutzungshandlungen die Zustimmung des Schutzrechtsinhabers durch Lizenznahme eingeholt hat.

Der Grad der Fahrlässigkeit ist in beiden Fällen nur hinsichtlich der Höhe des Schadenersatzanspruches, nicht aber zur Begründung der Schadenersatzpflicht als solche ausschlaggebend. Da nach Art. 97 Abs. 1 EGSVO der Schadenersatzanspruch nach nationalem Recht zu beurteilen ist, ist sowohl bei der Verletzung nationaler Sortenschutzrechte als auch des gemeinschaftlichen Sortenschutzes bei der Bestimmung von Vorsatz und Fahrlässigkeit in einem Verletzungsverfahren vor deutschen Gerichten § 276 BGB heranzuziehen. 1253

Nach § 276 Abs. 1 S. 1 BGB handelt vorsätzlich, wer in Kenntnis des Bestehens und des Inhalts eines Sortenschutzrechtes bewußt, ohne dazu berechtigt zu sein, die Tatbestände des § 37 Abs. 1 SortG oder des Art. 94 Abs. 1 EGSVO verwirklicht (direkter Vorsatz) oder wer ohne diese genaue Kenntnis billigend in Kauf nimmt, daß durch sein Handeln diese Tatbestände verwirklicht werden (bedingter Vorsatz). Ein Irrtum über das Benutzungsverbot schließt zwar den Vorsatz aus, nicht dagegen die Fahrlässigkeit. 1254

Fahrlässig handelt nach § 276 Abs. 1 S. 2 BGB, wer die im Verkehr erforderliche Sorgfalt außer acht läßt. Nach herrschender Rechtsprechung, insbesondere zum Patent-, Marken- und Urheberrecht, aber auch zum Wettbewerbsrecht wird unter der im Verkehr erforderlichen Sorgfalt verstanden, daß derjenige, der auf einem bestimmten Warengebiet tätig ist, die dort bestehenden Schutzrechte kennen muß und daß es ihm bei Anwendung der verkehrsüblichen Sorgfalt möglich gewesen wäre, die Schutzrechtsverletzung zu erkennen. Der auf dem Gebiet der Züchtung, Kultivierung oder Vermehrung von Pflanzen tätige und somit fachkundige Unternehmer/Züchter muß die geschützten Sorten und die damit verbundenen Rechte kennen und Schutzrechte, die sich auf die von ihm bearbeiteten Pflanzenarten beziehen, überwachen. Der Umfang der Kenntnis und Überwachung der für sein Arbeitsgebiet einschlägigen Schutzrechtsanmeldungen und erteilten Schutzrechte wird in der Regel von der Größe des Gewerbetreibenden abhängen. Allerdings ist die Einholung sachkundigen Rats von erfahrenen Patentanwälten oder sortenschutzrechtlich erfahrenen Rechtsanwälten in der Regel erforderlich.[855] 1255

Wer keine entsprechenden Maßnahmen trifft und insbesondere sich nicht durch Einholung von kompetenten Auskünften, Gutachten und Recherchen in ausreichendem Maße absichert, handelt zumindest grob fahrlässig. Verschulden wird in der Regel auch dann zu bejahen sein, wenn der Sortenschutzinhaber einen Verletzer verwarnt und ihn unter Hinweis auf den bestehenden Sortenschutz zur Unterlassung aufgefordert hatte, der Verwarnte aber die abgemahnten Handlungen ohne eigene intensive Prüfung der Sach- und Rechtslage fortsetzt. Ist ihm aufgrund seiner eigenen Sachkunde eine zuverlässige Überprüfung nicht möglich, muß der Verletzer, um jedenfalls den Vorwurf des Vorsatzes oder der groben Fahrlässigkeit auszuschließen, kompetenten anwaltlichen Rat einholen. Eine Verwarnung muß den angesprochenen Verletzer zu sorgfältiger Nachprüfung veranlassen. Versäumt er dies, so handelt er zumindest grob fahrlässig, wenn nicht gar vorsätzlich. Dies trifft in besonderem Maße zu, wenn die Verwarnung unter Bezugnahme auf frühere gerichtliche Urteile oder auf Sachverständigengutachten erfolgt ist. 1256

Da es sich beim Sortenschutzrecht um ein durch eine unabhängige Behörde geprüftes Recht handelt, sind begründete Bedenken gegen die Rechtsbeständigkeit des Sortenschutzes keine Entlastung für den Verletzer, ebenso nicht ein Irrtum über die Rechtsbeständigkeit. Der Verwarnte kann sich allerdings vom Vorwurf eines schuldhaften Verhaltens befreien, 1257

---

855 BGH GRUR 1977, 250, 252 – Kunststoffhohlprofil.

wenn er vor Aufnahme einer geplanten Benutzungshandlung, die gemäß § 10 SortG, Art. 13 EGSVO dem Züchter oder Rechtsinhaber vorbehalten ist, einen unabhängigen Sachverständigen oder einen auf dem Gebiet des Sortenschutzrechtes erfahrenen Rechtsanwalt bzw. Patentanwalt zu Rate zieht und dieser einen widerrechtlichen Eingriff mit einer ausführlichen Begründung verneint. Gleiches gilt auch bei Verletzung einer Sortenbezeichnung hinsichtlich des vorher eingeholten Rates bei Rechts- und Patentanwälten, die im Kennzeichnungsrecht kompetent sind. Je nach dem Grad der Objektivität des Befragten darf sich der angebliche Verletzer auf die Auskünfte verlassen, wobei auch die eigene Sachkunde des Verletzers ins Gewicht fällt.[856] Auch wenn das Bundessortenamt eine neue Sorte nach dem Prüfanbau für schutzfähig erachtet und damit auch die Unterscheidbarkeit bestätigt, ist dies keine Garantie, daß die Sorte nicht doch in den Schutzbereich einer anderen geschützten Sorte fällt. Der Vergleichsanbau durch das Bundessortenamt findet in dem Rahmen statt, der durch die Angaben in der Sortenschutzanmeldung vorgegeben ist. Die Frage der Unterscheidbarkeit wird damit nur im Hinblick auf die Sorten geprüft, die als Vergleichssorten in der Anmeldung angegeben sind. Wurden die falschen Vergleichssorten angegeben, muß dies naturgemäß zu einer fehlerhaften Beurteilung der Unterscheidbarkeit dann führen, wenn die angemeldete neue Sorte in ihren maßgebenden Merkmalen einen zu geringen Abstand zu den eigentlichen Vergleichssorten hält und somit in deren Schutzbereich fällt. Im übrigen prüft das Bundessortenamt oder das Gemeinschaftliche Sortenamt, ähnlich wie das Europäische Patentamt, nicht die Frage, ob der angemeldete Gegenstand möglicherweise in den Schutzbereich von für Dritte erteilte oder angemeldete Rechte fällt, sondern lediglich die in den §§ 3 bis 6 des SortG bzw. Art. 7 bis 10 EGSVO aufgestellten materiellen Schutzvoraussetzungen (Unterscheidbarkeit, Homogenität, Neuheit). Gerade aus diesem Grunde ist es auch die Aufgabe des Schutzrechtsinhabers oder seiner Lizenznehmer, vor Aufnahme der Vermehrung und des Vertriebs von Pflanzenmaterial „seiner" Sorte aufgrund seiner eigenen Sachkunde oder unter Hinzuziehung sachkundigen Rates durch geeignete Dritte zu überprüfen, ob nicht Rechte Dritter bestehen, die die Gefahr mit sich bringen, daß durch entsprechende Vermehrungs- und Vertriebshandlungen mit der Sorte Sortenschutzverletzungen begangen werden. Unabhängig davon, ob eine sachverständige Behörde, wie das Bundessortenamt oder das Gemeinschaftliche Sortenamt, die Frage der Schutzfähigkeit des Verletzungsgegenstandes geprüft hat, ist der Benutzer zu seiner eigenen sorgfältigen Prüfung verpflichtet.[857]

1258 Beruht die objektive Schutzrechtsverletzung auf einer Änderung der bisherigen höchstrichterlichen Rechtsprechung, so ist das Verschulden zu verneinen, wenn nach der bisherigen Rechtsprechung das Verhalten des Verletzers im Einklang mit der vormaligen Rechtsprechung stand.[858]

1259 Ein mitwirkendes Verschulden ist gemäß § 254 BGB zu berücksichtigen, so daß ein Schadenersatzanspruch nicht oder nur zum Teil gegeben sein kann. Der Sortenschutzberechtigte hat grundsätzlich eine Pflicht, zumutbare Maßnahmen zur Schadensbegrenzung zu treffen.

---

856 Vgl. BGH GRUR 1968, 33.
857 Vgl. zum Patent RG MuW 19031, 218; OLG Düsseldorf GRUR 1963, 84, 86.
858 BGHZ 17, 266, 295.

3. Schaden und Schadensberechnung

Entsprechend dem Wortlaut des § 37 Abs. 2 SortG ist der Verletzer „zum Ersatz des daraus 1260
entstandenen Schadens verpflichtet". Das Wort „daraus" bezieht sich auf die Verletzungshandlung und bringt damit zum Ausdruck, daß für die Frage dessen, was im Rahmen des Schadenersatzes dem Verletzer gewährt werden muß, ein Kausalitätsverhältnis zwischen der rechtswidrig schuldhaften Benutzungshandlung und dem als Schaden geltend gemachten Ersatz Voraussetzung ist. Dies entspricht dem Ziel des Schadensersatzanspruches, der in erster Linie eine Wiederherstellung eines früheren Zustandes (§ 249 BGB) im Auge hat. Das vorher Gesagte ergibt sich bei der Verletzung des gemeinschaftlichen Sortenschutzrechtes unmittelbar aus dem Wortlaut des Art. 94 Abs. 2 S. 1 EGSVO.

Dem Anspruchsberechtigten ist grundsätzlich gemäß §§ 249 ff. BGB im Wege der Natu- 1261
ralrestitution Schadenersatz zu leisten. Hierunter fällt auch unter Umständen die Verpflichtung zum Rückruf oder Hinweis an die Abnehmer, daß es sich bei dem gelieferten Material um schutzrechtsverletzendes Material handelt. Diese Ansprüche sind jedoch meist nur zur Schadensbegrenzung geeignet, nicht jedoch, um einen möglicherweise bereits entstandenen Schaden rückgängig zu machen. Derartige Maßnahmen sind deshalb in der Regel neben einer Entschädigung in Geld gemäß § 251 BGB zu verlangen.

Der Schaden kann nach der Rechtsprechung unter drei verschiedenen Aspekten be- 1262
rechnet werden, nämlich Ersatz eines Vermögensschadens, Zahlung einer angemessenen Lizenzgebühr oder Herausgabe des Verletzergewinnes. Der Verletzte hat hierbei ein Wahlrecht. Ausgeschlossen ist aber die gleichzeitige Geltendmachung mehrerer Berechnungsmethoden.[859] Die Rechtskraft eines Urteils, in dem die Schadenersatzpflicht dem Grunde nach festgestellt wird, erstreckt sich nicht auf die Art der Berechnung des Schadens. Der Verletzte ist im nachgeschalteten Verfahren hinsichtlich der Berechnungsmethode nicht gebunden. Er kann die Entscheidung, nach welcher Berechnungsart er den Schadenersatz kalkuliert, bis zur Erfüllung des Auskunfts- und gegebenenfalls Rechnungslegungsanspruches zurückstellen.[860] Auch das Gericht ist in der Bemessung des Ersatzes frei.[861] Wegen der umfangreichen Literatur und Rechtsprechung zu den Fragen des Schadenersatzes, insbesondere bei Patentverletzungen ist zur Ergänzung zu den nachstehenden Ausführungen auf Benkard/Rogge PatG § 139 Rdn 39–80 hinzuweisen.

a) Ersatz des Vermögensschadens

Nach § 249 BGB ist der Verletzer verpflichtet, den Zustand herzustellen, der bestehen 1263
würde, wenn der zum Ersatz verpflichtende Umstand nicht eingetreten wäre. Es besteht ein Anspruch auf Ersatz des Vermögensschadens, also des unmittelbaren Schadens, der dem Berechtigten entstanden ist. Das umfaßt den ihm entgangenen Gewinn (§ 252 BGB). Die Mengen an geschütztem Vermehrungsmaterial bzw. geschützten Pflanzenteilen, die der Sortenschutzinhaber in Folge der Verletzungshandlung weniger abgesetzt hat, sind Vermögensschaden, der zu ersetzen ist. Nach § 252 S. 2 BGB ist regelmäßig davon auszugehen, daß dem

---

859 BGH GRUR 1962, 509.
860 BGH GRUR 1966, 379; 1974, 53, 54 – Nebelscheinwerfer.
861 BGH GRUR 1962, 354, 356.

Schutzrechtsinhaber als Absatz entgangen ist, was der Verletzer in unberechtigter Benutzung der Züchtung erworben hat.[862] Die Bestimmung des § 252 S. 2 BGB erspart dem Verletzten jedoch nicht, dem Gericht die Tatsachen zu unterbreiten, die diesem eine wenigstens im Groben zutreffende Schätzung des entgangenen Gewinns ermöglicht.[863] Unabdingbar ist aber hierbei die Feststellung der Ursächlichkeit zwischen der Schutzrechtsverletzung und dem Absatzverlust. Ursächlichkeit ist nur dann gegeben, wenn ohne die Verletzungshandlung die Abnehmer ihre Bestellung dem Sortenschutzinhaber zugewandt hätten. Dies ist insbesondere dann nicht der Fall, wenn neben dem Sortenschutzinhaber andere leistungsfähige Lizenznehmer des Sortenschutzinhabers den Markt bedienen oder aber vergleichbare Sorten, gegebenenfalls zu einem günstigeren Preis, von anderen leistungsfähigen Mitbewerbern angeboten werden. Der Verletzte kann sich bei der Berechnungsart nach dem Gewinn nicht auf § 687 Abs. 2 BGB berufen. Vielmehr muß er beweisen, daß er den beanspruchten Gewinn auch wirklich hätte erzielen können. Die Beweislast hierfür liegt beim Verletzten. Diese wird jedoch durch die Möglichkeit der Schätzung des Gerichts unter Abwägung aller Einzelumstände erheblich abgemildert.[864] Der Verletzte muß zwar nicht für jede Einzellieferung nachweisen, daß er diese ohne die sortenschutzverletzende Handlung hätte durchführen können. Er muß jedoch Tatsachen vortragen können, die die Feststellung erlauben, daß sich seine Umsätze ohne die Verletzungshandlungen nach dem gewöhnlichen Lauf der Dinge oder nach den besonderen Umständen mit einer gewissen Wahrscheinlichkeit (§ 252 BGB) erhöht hätten.[865] Der Umfang der Umsatzerhöhung ist gemäß § 287 ZPO zu schätzen. Bei umfangreichen Verletzungshandlungen, welche die Marktverhältnisse erheblich beeinträchtigen, kann der Sortenschutzinhaber zu Preisnachlässen gezwungen sein. Gelingt es dem Anspruchsberechtigten nachzuweisen, daß diese Preisnachlässe verursacht wurden durch Verletzungsgegenstände des Anspruchsverpflichteten, sind auch die damit verbundenen Mindereinnahmen im Wege des Schadenersatzes zu erstatten.

1264 Der Nachweis von Vermögenseinbußen trifft in der Praxis auf erhebliche Schwierigkeiten. Bei Vorliegen unüberwindlicher Beweisschwierigkeiten kann der Verletzte seinen Schaden nach einer der beiden anderen Berechnungsarten fordern.[866]

b) Schadenersatz nach der Lizenzanalogie

1265 Die wegen der praktischen Schwierigkeiten häufigste Berechnungsart, die mit den anderen beiden Berechnungsarten verbunden sind, ist der Anspruch auf Zahlung einer angemessenen Lizenzgebühr. Diese Berechnungsmethode setzt bei der Überlegung an, daß der Verletzer jedenfalls das herauszugeben hat, was er hätte leisten müssen, wenn er vom Berechtigten eine Lizenz erhalten hätte (sog. Lizenzanalogie). Die mit Dritten abgeschlossenen Lizenzverträge des Anspruchsinhabers oder seiner Mitbewerber geben für die Höhe der angemessenen Lizenzgebühr ausreichende Bezugspunkte. Sofern es hieran fehlt, hat der Richter die Lizenzgebühr gemäß § 287 Abs. 1 ZPO unter Würdigung aller Umstände nach freier

---

862 RGZ 95, 221.
863 BGH GRUR 1980, 841, 842 – Tolbutamid.
864 RG Mitt. 1935, 138, 140.
865 BGH GRUR 1979, 868, 870 – Oberarmschwimmringe.
866 RGZ 156, 65; BGH GRUR 1962, 583.

Überzeugung zu schätzen.⁸⁶⁷ Hierbei sind insbesondere die wirtschaftliche Bedeutung eigener Schutzrechte des Verletzers, die Marktstellung des Schutzrechtsinhabers mit der verletzten Sorte sowie der Schutzumfang des verletzten Rechts wichtige Bewertungskriterien. Grundsätzlich sind alle die von den Parteien vorgebrachten schätzungsbegründenden Tatsachen sowie die sich aus der Natur der Sache ergebenden Umstände, die auf den Wert des verletzten Rechts Einfluß nehmen, zu würdigen.

c) Herausgabe des Verletzergewinns

Der Verletzte kann aber anstelle des Ersatzes seines Vermögensschadens oder einer angemessenen Lizenzgebühr Herausgabe des Verletzergewinns verlangen. Die Rechtsprechung begründet dies mit der Erwägung, daß der Verletzer sich so behandeln lassen muß, als ob er das Schutzrecht in Geschäftsführung für den Inhaber benutzt hat. Grundlage für die Herausgabe des Verletzergewinns sind somit die Regeln über die Geschäftsführung ohne Auftrag (§§ 687 Abs. 2, 667 BGB; vgl. für das Urheberrecht die Regelung in § 97 Abs. 1 S. 2 UrhG). Da es sich nach der gesetzlichen Regelung um einen Schadenersatzanspruch handelt, für dessen Bestehen Verschulden oder Fahrlässigkeit vorausgesetzt wird, greift die Einrede der Entreicherung gemäß § 818 Abs. 3 BGB nicht durch; anders wenn der Schadenersatzanspruch gemäß § 37c verjährt ist.   1266

Wesentlich für die Herausgabe des Verletzergewinns ist, daß dieser im ursächlichen Zusammenhang mit der Benutzung des verletzten Schutzrechtes steht.⁸⁶⁸ Da nicht nur das Produkt als solches, hier die Pflanze oder das Vermehrungsgut, allein ausschlaggebend für den hiermit erzielten wirtschaftlichen Erfolg ist, sondern auch die unternehmerischen Fähigkeiten des Verletzers einschließlich dessen Werbung für das Produkt, wird der mit dem verletzenden Material erzielte Reingewinn nicht ausschließlich auf der Sortenschutzverletzung beruhen. Im Rahmen des § 287 ZPO ist vom Gericht hierzu eine Schätzung unter Berücksichtigung aller relevanten und unter Beweis gestellten Umstände vorzunehmen.⁸⁶⁹   1267

Welche der vorstehenden erläuternden Berechnungsarten der Verletzte anwenden wird, wird ausschließlich von den nachweisbaren Tatsachen abhängen. Da nur einmal Schadenersatz zu leisten ist, können die einzelnen Berechnungsarten nicht kumulativ zur Anwendung kommen. Allerdings ist der Übergang von einer zur anderen Berechnungsmethode jederzeit auch noch während des Schadenersatzprozesses zulässig. Der Verletzte kann auch in erster Linie Schadenersatz nach einer der drei Berechnungsarten fordern, hilfsweise für den Fall, daß er dabei auf Beweisschwierigkeiten stoßen sollte oder das Gericht den erbrachten Beweis nicht für ausreichend erachtet, Schadenersatz nach einer anderen Berechnungsart verlangen. Dabei ist zu beachten, daß die einzelnen Berechnungsmethoden zur Ermittlung des Schadenersatzbetrages nicht miteinander vermengt werden dürfen.⁸⁷⁰ Die Zahlung eines Schadenersatzes bewirkt, daß in der Vertriebskette vor- oder nachfolgende Verletzer nicht mehr mit weiteren Schadenersatzansprüchen konfrontiert werden können. Insoweit ist Erschöpfung eingetreten.⁸⁷¹   1268

---

867 BGH GRUR 1962, 401, 402.
868 BGHZ 34, 320, 323.
869 BGH GRUR 1974, 53.
870 BGH GRUR 1977, 539, 543 – Prozeßrechner.
871 LG München, Mitt. 1998, 262, 263.

IV. Entschädigungsanspruch gemäß § 37 Abs. 2 S. 2 SortG sowie Art. 94 Abs. 2 S. 2 EGSVO

1269 Für die Begründung des Schadenersatzanspruches ist unerheblich, welcher Verschuldensgrad dem Verletzer zum Vorwurf gemacht werden kann. Lediglich unter dem Gesichtspunkt des Mitverschuldens durch den Geschädigten kann gemäß § 254 BGB eine Beschränkung der Ersatzpflicht des Schädigers eintreten. Um unbillige Härten zu vermeiden, kann jedoch das Gericht bei leicht fahrlässiger Verletzung statt des vollen Schadenersatzes dem Berechtigten auch nur eine Entschädigung zusprechen. Diese darf nicht höher sein als der entstandene Schaden und nicht niedriger als der erlangte Vorteil des Verletzers. Dieser soll aus seinem grundsätzlich schuldhaften Verhalten keinen Gewinn ziehen können. Der vom Verletzer zu erstattende Schaden wird in seiner Höhe begrenzt durch das, was er durch die rechtsverletzende Handlung erworben hat. Dies ist neben dem Gewinn die nicht entrichtete Lizenzgebühr, die er hätte zahlen müssen, wenn er beim Rechtsinhaber um eine Lizenz nachgesucht hätte und diese erteilt worden wäre. Ausgeschlossen ist damit ein Anspruch des Schadenersatzberechtigten, Ersatz für seinen entgangenen Gewinn zu erhalten.

1270 Bei dem Entschädigungsanspruch gemäß § 37 Abs. 2 S. 3 SortG und Art. 94 Abs. 2 EGSVO handelt es sich dem Grunde nach ebenfalls um einen Schadenersatzanspruch, der allerdings im Gegensatz zur Berechnung gemäß § 249 BGB nicht auf eine Naturalrestitution ausgerichtet ist, sondern vielmehr durch Billigkeitserwägungen bestimmt wird. Der Verletzer hat mindestens den Nutzen herauszugeben, den er durch die Verletzungshandlung erzielt hat, auch wenn er ihn nicht mehr in seinem Vermögen hat. Dieser stellt den Mindestbetrag seiner Ersatzpflicht dar. Zwischen ihm und dem dem Verletzten tatsächlich entstandenen Schaden hat das Gericht gemäß § 287 ZPO zu schätzen, es sei denn, der Verletzte kann einen höheren Schaden nachweisen. Im Rahmen der anzustellenden Billigkeitserwägung müssen alle Umstände des Einzelfalls erörtert werden, insbesondere die Höhe des Schadens, Auswirkungen der Ersatzleistung auf die wirtschaftliche Lage des Verletzers, Höhe des vom Verletzer aus der Verletzung gezogenen Vorteils.[872] Bei Bemessung der Vorteile des Verletzers können sämtliche Einzelumstände beachtet, namentlich die Vor- und Nachteile gegeneinander abgewogen werden, wobei das richterliche Ermessen auch hier eine weittragende Rolle spielt und das starre Schadenersatzprinzip des Bürgerlichen Rechts zugunsten des Verletzers abgemildert wird. Da die erforderlichen Feststellungen oft schwierig sind, machen die Gerichte von den von Amts wegen anzustellenden Billigkeitserwägungen wenig Gebrauch, so daß diese Vorschrift bislang keine allzu große Bedeutung erfahren hat.

V. Rückwirkender Vergütungsanspruch gemäß § 37 Abs. 3 SortG sowie Art. 95 EGSVO

1271 Gemäß Art. 12 PflZÜ setzt die Erteilung des Sortenschutzes ein Prüfungsverfahren auf Vorliegen der Schutzvoraussetzungen Neuheit, Unterscheidbarkeit, Homogenität und Beständigkeit voraus. In Übereinstimmung hiermit entsteht der Sortenschutz erst nach Prüfung der Sorte durch die Erteilung und nicht schon ab Antragstellung und Bekanntmachung der

---

[872] BGH GRUR 1976, 579, 583.

Sortenschutzanmeldung. Gleiches gilt für den gemeinschaftlichen Sortenschutz. Da jedoch wegen der Prüfung der Sorte auf Neuheit, Unterscheidbarkeit, Homogenität und Beständigkeit zwischen Antragstellung und der Sortenschutzerteilung je nach der Art, der eine Sorte angehört, längere Zeit liegen kann, andererseits aber ein allgemeines Interesse besteht, eine neue Sorte möglichst bald insbesondere zur Weiterzüchtung zu nutzen, soll für den Antragsteller ein Anreiz bestehen, Material der zum Sortenschutz angemeldeten Sorte schon vor Erteilung des Sortenschutzes auf den Markt zu bringen. Allerdings bestehen für die Zeitspanne zwischen der Bekanntmachung des Sortenschutzantrages und der Erteilung des Sortenschutzes noch keine sortenschutzrechtlichen Unterlassungs- und Schadenersatzansprüche, was hemmend für die Bereitschaft sein kann, Material der noch nicht geschützten Sorte an Dritte abzugeben. Der rückwirkende Vergütungsanspruch gemäß § 37 Abs. 3 SortG soll deshalb einen Anreiz geben, bereits vor Erteilung des Sortenschutzes entsprechendes Material verfügbar zu machen. Gleiches gilt auch für den Vergütungsanspruch gemäß Art. 95 EGSVO hinsichtlich der zum gemeinschaftlichen Sortenschutz angemeldeten Sorte.

Es handelt sich hier um einen Entschädigungsanspruch und nicht um einen Schadenersatzanspruch. Auf ein Verschulden des Benutzers kommt es deshalb nicht an. Der Entschädigungsanspruch umfaßt rückwirkend die dem Sortenschutzinhaber nach § 10 SortG und Art. 13 EGSVO vorbehaltenen Benutzungshandlungen. Der Anspruch entsteht jedoch erst, wenn das Sortenschutzrecht nach Abschluß des Prüfungsverfahrens erteilt ist. 1272

Inhaltlich geht der Anspruch auf angemessene Vergütung. Diese muß aber wegen der fehlenden Schadenersatzqualität der Höhe nach unter dem Schadenersatzbetrag des § 37 Abs. 2 S. 2 SortG, des Art. 94 Abs. 2 EGSVO sowie einer angemessenen Lizenzgebühr bleiben, da der Antragsteller noch kein ausschließliches Benutzungsrecht hat.[873] Die Höhe der Vergütung richtet sich nach den Umständen des Einzelfalles, insbesondere nach den vom Benutzer erzielten Vorteilen und den für den Anmelder entstandenen Nachteilen.[874] 1273

VI. Sonstige Ansprüche gegen den Verletzer

Das deutsche Sortenschutzgesetz nennt neben dem Unterlassungs- und Schadenersatzanspruch als weitere Ansprüche des Sortenschutzberechtigten den Anspruch auf Vernichtung (§ 37a SortG) sowie den Anspruch auf Auskunft hinsichtlich Dritter (§ 37b SortG). Daneben wird gewohnheitsrechtlich ein umfassender Auskunfts- und Rechnungslegungsanspruch zuerkannt. 1274

Die EGSVO verweist dagegen hinsichtlich weiterer, über den Unterlassungs- und Schadenersatzanspruch hinausgehender Ansprüche auf das nationale Recht der Gerichte, die nach Art. 101 oder 102 EGSVO für den jeweiligen Verletzungsstreit zuständig sind, Art. 97 EGSVO. Dort wird jedoch nur auf ergänzende Ansprüche nach dem jeweils anzuwendenden nationalen Bereicherungsrecht zur Herausgabe dessen verwiesen, was der Verletzer durch seine Handlungen mit dem Material der geschützten Sorte erlangt hat. Die im deutschen Sortenschutzgesetz ausdrücklich geregelten Ansprüche auf Vernichtung und Auskunft hinsichtlich Dritter stehen damit einem Berechtigten an einem verletzten gemeinschaftlichen Sortenschutzrecht nicht offen. 1275

---

873 RG GRUR 1939, 898, 904.
874 BGH GRUR 1976, 579, 583.

1. Auskunfts- und Rechnungslegungsanspruch

a) Rechtsgrundlage, Abgrenzung zum Auskunftsanspruch gem. § 37b SortG

1276 Der Auskunfts- und Rechnungslegungsanspruch nach §§ 249, 1004, 242, 259 BGB besteht neben dem in § 37b SortG geregelten Auskunftsanspruch (§ 37b Abs. 5 SortG). Die von der Rechtsprechung entwickelten Grundsätze über Grundlagen, Inhalt und Umfang des Auskunfts- und Rechnungslegungsanspruches bleiben daher unberührt.[875] Auch der Bundesgerichtshof hebt in seiner neueren Rechtsprechung hervor, daß es die Begründung des Gesetzes zur Bekämpfung der Produktpiraterie ausdrücklich offen läßt, daß die Rechtsprechung im Rahmen der Fortentwicklung des Haftungssystems im Wettbewerbsrecht eine entsprechende Auskunftsverpflichtung des Wettbewerbers ausspricht.[876] Als Ausfluß des Grundsatzes von Treu und Glauben besteht die Auskunfts- und die damit verbundene Rechnungslegungspflicht dann, wenn der Berechtigte in entschuldbarer Weise über Bestehen und Umfang seines Rechts im Ungewissen ist und er die zur Vorbereitung und Durchsetzung seines Anspruches notwendigen Auskünfte sich nicht auf zumutbare Weise selbst beschaffen, der Verpflichtete sie aber unschwer geben kann.[877] Die Grenzen dieses Anspruches werden durch die Grundsätze der Geeignetheit, Erforderlichkeit und Verhältnismäßigkeit bestimmt.

1277 Während der in § 37b SortG geregelte Auskunftsanspruch Auskünfte über Dritte betrifft, die mit dem sortenschutzverletzenden Material befaßt waren, sei es als Erzeuger, Lieferant oder Abnehmer, wird daneben gewohnheitsrechtlich dem Verletzten zur Verwirklichung seines Schadenersatzanspruches gegen den jeweiligen Unterlassungsschuldner ein Anspruch auf Auskunft gemäß § 242 BGB und Rechnungslegung gemäß § 259 BGB als Hilfsanspruch zuerkannt.[878] Der Rechnungslegungsanspruch gilt als „qualifizierter" Auskunftsanspruch über die Erteilung einer Auskunft hinaus und erfaßt neben den die Verletzungshandlung unmittelbar tangierenden Fakten eine weitergehende genaue Information durch die Vorlage einer geordneten Aufstellung der mit der Verletzungshandlung verbundenen Einnahmen und Ausgaben.[879] Anders als der Auskunftsanspruch gemäß § 37 b SortG ist der Rechnungslegungs- und Auskunftserteilungsanspruch als Hilfsanspruch für den Schadenersatz oder den Bereicherungsanspruch nur dann gegeben, wenn die Voraussetzungen des dahinter stehenden Hauptanspruches vorliegen,[880] das heißt, der Verletzer muß schuldhaft eine Verletzungshandlung im Sinne des § 37 Abs. 1 SortG begangen haben.[881]

b) Tatbestandsvoraussetzung

1278 Für die Begründung des Schadenersatzanspruches und den damit verbundenen Auskunftsanspruch reicht es aus, daß die Entstehung eines Schadens wahrscheinlich ist. Weitere Ein-

---

875 *Jestaedt* GRUR 1993, 219, 221.
876 BGH GRUR 1995, 427, 429.
877 *Jestaedt* GRUR 1993, 219, 222 mit Hinweis auf die umfassende Rechtsprechung.
878 BGH GRUR 1987, 728, 730; kritisch *Tilmann* GRUR 1987, 251, 253.
879 *Tilmann* GRUR 1987, 253 unter Bezugnahme auf BGH GRUR 1985, 472 – Thermotransformator.
880 BGH GRUR 1989, 411, 414.
881 zum Schuldvorwurf vgl. Rdn 1248 ff.

zelheiten, insbesondere über den Umfang der Verletzungshandlungen, braucht der Verletzte nicht darzutun. Klageantrag und Urteilsformel brauchen daher insbesondere keine zeitliche Beschränkung der Rechnungslegungspflicht zu enthalten.[882] Die Grenze des zeitlichen Umfanges der Auskunftspflicht bildet die unzulässige Ausforschung.[883] Gegebenenfalls ist darauf abzustellen, ob es sich bei den festgestellten Verletzungshandlungen um ein Versehen handelt oder ob ihnen ersichtlich ein vorsätzliches oder planmäßiges Handeln zugrundeliegt. In letzterem Falle ist dem Schuldner eine Auskunft über frühere Verletzungshandlungen eher zumutbar.[884] Anders verhält es sich jedoch, wenn das Verschulden des Verletzers und damit seine Verpflichtung zum Schadenersatz erst von einem bestimmten Zeitpunkt ab zu bejahen ist. In diesem Fall ist er auch erst von diesem Zeitpunkt ab zur Rechnungslegung zu verurteilen.[885] Dies wird bei Sortenschutzverletzungen regelmäßig der Zeitpunkt der Sortenschutzerteilung und dessen Veröffentlichung im Blatt für Sortenwesen sein. Zuzubilligen ist dem Verletzer darüber hinaus ein angemessener Zeitraum, innerhalb dessen er die Veröffentlichungen überprüft bzw. zur Kenntnis nehmen mußte. Da sowohl nationale Sortenschutzanmeldungen als auch Anträge auf Erteilung des gemeinschaftlichen Sortenschutzes veröffentlicht werden und je nach der angemeldeten Art zum Teil eine mehrjährige Anbauprüfung erfolgt, hat der auf dem Gebiet der pflanzlichen Materie tätige Gewerbetreibende jedoch ausreichend Gelegenheit zu prüfen, ob die von ihm verwendete pflanzliche Materie in den absehbaren Schutzumfang der angemeldeten neuen Sorte fällt. Eines längeren Zeitraumes für die Prüfung der Rechtslage nach der Veröffentlichung der Schutzrechte bedarf es deshalb nicht. Ihm ist lediglich eine angemessene Frist zwischen dem Erscheinen des Amtsblattes und der Veröffentlichung der Erteilung und der Lektüre des Amtsblattes einzuräumen. Bei der heutigen Informationsflut scheint hierfür ein Zeitraum von vier Wochen erforderlich, aber auch ausreichend.

Erfährt der Verletzer die den Verletzungstatbestand begründenden Umstände ohne Verletzung seiner Erkundigungs- und Prüfungspflicht erst nach Aufnahme der Verletzungshandlung, so ist ihm eine angemessene Frist zur Prüfung der Rechtslage zuzubilligen, soweit der Verletzungstatbestand nicht ohne weiteres erkennbar ist.[886] Wie lange dieser Zeitraum sein muß, hängt von den Vegetationsperioden und sonstigen spezifischen Eigenarten der pflanzlichen Materie im allgemeinen sowie von den artenspezifischen Faktoren im besonderen ab. Der nach der Rechtsprechung zu Patentverletzungen eingeräumte Zeitrahmen von bis zu vier Wochen ab Kenntnis der Umstände, daß ein Verletzungstatbestand erfüllt sein könnte,[887] reicht in der Regel bei der Sortenschutzverletzung nicht aus. Erst mit der Veröffentlichung hat jeder Dritte die Möglichkeit, Kenntnis von den Rechten des Schutzrechtsinhabers zu erhalten und dessen Reichweite durch Einsichtnahme und Vergleich der Sortenbeschreibung, die ja nicht veröffentlicht wird, mit den Merkmalsausprägungen seines Pflanzenmaterials zu prüfen.

1279

---

882 BGH GRUR 1992, 612 – *Nicola*; anders BGH GRUR 1988, 307, 308 – *Gabi*, BGH GRUR 1995, 50 – Indorektal zur Markenverletzung.
883 Vgl. *Großkomm/Piper*, UWG vor § 13 Rdn 79.
884 *Köhler* GRUR 1996, 82, 88.
885 BGH GRUR 1992, 612, 616.
886 *Benkard/Rogge*, PatG § 139, Rdn 47.
887 BGH GRUR 1986, 803, 806 – Formstein.

c) Umfang

1280 Der Umfang der Auskunfts- und Rechnungslegung bestimmt sich nach der Aufgabe, dem Geschädigten die Vorbereitung und Durchsetzung seines Schadenersatzanspruches wegen Schutzrechtsverletzung zu ermöglichen und zu erleichtern. Nur die Daten, die unentbehrlich sind, um den Schadenersatzanspruch vorzubereiten und durchzusetzen, sind mitzuteilen.[888] Nach dem Grundsatz der Erforderlichkeit bestimmt sich auch, ob lediglich eine Grundauskunft oder eine vollständige Auskunft bis hin zur Rechnungslegung geschuldet ist.[889] Der Umfang der Rechnungslegung ergibt sich nach Treu und Glauben aus den Umständen des Einzelfalles und der Verkehrsübung und erstreckt sich regelmäßig auf Angaben über Menge, Preise, Abgabe, Herstellungs- und Lieferzeiten.[890] Grundsätzlich kann der Gläubiger alle diejenigen Angaben verlangen, die er zur Substantiierung seines Ersatzanspruches nach einer der drei Berechnungsmethoden benötigt. Er muß sich nicht vor der Rechnungslegung auf eine der Berechnungsmethoden festlegen, sondern soll gerade auch durch die Auskunft- und Rechnungslegung in die Lage kommen, die geeignetste Methode zu wählen.[891] Als qualifizierter Auskunftsanspruch umfaßt der Rechnungslegungsanspruch nicht nur den Gegenstand des Auskunftsanspruches, sondern darüber hinaus eine rechnungsartige Zusammenstellung der dem Hauptanspruch vorgelagerten Tatsachen.[892] Der Inhalt der Rechnungslegung wird dadurch bestimmt, daß er den Berechtigten eine Überprüfung der Richtigkeit und Vollständigkeit der Auskunft ermöglichen soll.[893]

d) Erfüllung der Auskunfts- und Rechnungslegungspflicht

1281 Die Erfüllung des Auskunfts- und Rechnungslegungsanspruches erfolgt durch Übergabe einer nachprüfbaren Zusammenstellung (§ 259 Abs. 1 BGB) mit den oben erläuterten einzelnen Angaben oder durch die Mitteilung, keine Handlungen gemäß Unterlassungstenor der zu vollstreckenden gerichtlichen Entscheidung vorgenommen zu haben.[894] Der Gegenstand der Rechenschaftsablegung bei Sortenschutzverletzungen wie bei Schutzrechtsverletzungen im allgemeinen hat aber, weil es sich um eine nicht gesetzlich geregelte Informationspflicht handelt, einen von § 259 Abs. 1 BGB abweichenden Inhalt, der sich aus der speziellen Interessenlage ergibt.[895] Bei Schutzrechtsverletzungen ist ihr Inhalt mit der Pflicht zur Herausgabe des Verletzergewinns und der damit verbundenen Interessenlage in Einklang zu bringen.[896] Die Herausgabe von Angaben, für deren Aufzeichnung es keine gesetzliche Pflicht gibt und die tatsächlich nicht gemacht werden, kann jedoch nicht gefordert werden.

---

[888] BGH GRUR 1991, 921, 924 – Sahnesyphon.
[889] BGH GRUR 1986, 62 – GEMA Vermutung.
[890] BGH GRUR 1958, 288, 290; 62, 354, 355.
[891] *Benkard/Rogge* PatG § 139 Rdn 89.
[892] *Tilmann* GRUR 1987, 252, 253.
[893] BGH GRUR 1957, 336 – Rechnungslegung; GRUR 1958, 346, 348 – Spitzenmuster; GRUR 1962, 354 – Furniergitter.
[894] OLG Düsseldorf GRUR 1963, 78, 79.
[895] BGH GRUR 1984, 728, 730.
[896] BGH aaO, 730.

Die Nichterfüllung der durch rechtskräftige Entscheidung auferlegten Verpflichtung zur Rechnungslegung ist im Wege der Zwangsvollstreckung gemäß § 888 ZPO vom Prozeßgericht erster Instanz als Vollstreckungsgericht durchzusetzen. 1282

Falls Grund zur Annahme mangelnder Sorgfalt besteht, kann nach § 259 Abs. 2 BGB eine eidesstattliche Versicherung verlangt werden. Begründeter Verdacht kann sich aus nachgewiesenen Unrichtigkeiten oder Unvollständigkeiten, in der Art der Rechnungslegung, aber auch aus früherem Verhalten des Verletzten ergeben, wie zum Beispiel nachgewiesene Falschabrechnung gegenüber dem Lizenzgeber. Die Verpflichtung zur eidesstattlichen Versicherung bezieht sich auf alle Angaben, die der Verletzte berechtigterweise vom Verletzer fordern kann.[897] Die eidesstattliche Versicherung muß sich insbesondere auf die Richtigkeit und die Vollständigkeit der Angaben über die den Gewinn mindernden Kosten erstrecken.[898] 1283

Die Abgabe der eidesstattlichen Versicherung ist im Verfahren der freiwilligen Gerichtsbarkeit zu leisten (§§ 261 BGB i.V.m. §§ 163, 79 FGG). Sollte der Verletzer die Eidesleistung verweigern, so kann er im Klagewege dazu gezwungen werden und zwar vor dem Prozeßgericht erster Instanz als Vollstreckungsgericht, das die Abgabe nach § 888 ZPO erzwingen kann (§ 889 ZPO). Es besteht aber auch die Möglichkeit, den Rechnungslegungsanspruch im Wege der Stufenklage mit den Ansprüchen auf Eidesleistung für den Fall der Unvollständigkeit der Rechnungslegung zu verbinden. 1284

Grundsätzlich besteht auch ein Anspruch auf Ergänzung der Rechnungslegung, wenn und soweit der Verletzer den gesetzlichen Anspruch des Verletzten nur teilweise erfüllt hat.[899] Sein Inhalt und Umfang orientiert sich am Anspruch auf vollständige Rechnungslegung und der vom Schuldner erbrachten Teilerfüllung.[900] Ein Anspruch, die Richtigkeit der erteilten Auskünfte durch einen Wirtschaftsprüfer überprüfen zu lassen,[901] besteht dagegen nicht. 1285

2. Der Vernichtungsanspruch, § 37a SortG

Der Beseitigungsanspruch, der bei Sortenschutzverletzungen in der Regel nur auf Vernichtung oder Sicherstellung des schutzrechtsverletzenden pflanzlichen Materials ausgerichtet sein kann, ist nunmehr in § 37a SortG gesetzlich geregelt. 1286

Der gesetzliche Anspruch gibt dem Verletzten einen eigenständigen zivilrechtlichen Anspruch auf Vernichtung des sortenschutzrechtsverletzenden Materials und der ausschließlich oder nahezu ausschließlich zur Herstellung solchen Materials gebrauchten oder hierfür bestimmten Vorrichtungen.[902] Der Anspruch aus § 37a SortG geht damit über den allgemeinen Beseitigungsanspruch aus § 1004 BGB, der als Folgenbeseitigungsanspruch nur Maßnahmen ermöglicht, die zur Beseitigung der Beeinträchtigung erforderlich sind, hinaus und tritt ergänzend neben die zoll- und strafrechtlichen Möglichkeiten der Beschlagnahme, § 40a SortG, und der Einziehung, § 39 Abs. 4 SortG i.V.m. § 74 ff. StGB. Im Gegensatz zum Folgenbeseitigungsanspruch aus § 1004 BGB geht § 37a SortG von der Vernichtung des sorten- 1287

---
897 BGH GRUR 1984, 728, 730 – Dampffrisierstab II.
898 *Brändel*, GRUR 1985, 616, 617.
899 *Brändel*, aaO.
900 *Brändel*, aaO.
901 BGH GRUR 1984, 728 – Dampffrisierstab II.
902 Begründung zum PPrG B II 1a, Bl.f.PMZ 1990, 173, 181.

schutzrechtsverletzenden Materials sowie der ausschließlich oder nahezu ausschließlich zur Herstellung solchen Materials benutzten oder hierzu bestimmten Vorrichtungen als Regelmaßnahme aus.[903] § 37 Abs. 2 SortG beschränkt den Vernichtungsanspruch auf Vorrichtungen, soweit diese ausschließlich oder nahezu ausschließlich zur widerrechtlichen Herstellung des sortenschutzverletzenden Materials verwendet werden. Ob dieses Qualifizierungsmerkmal vorliegt, kann sich allein aus der tatsächlichen Benutzungslage und/oder aus ihrer Zweckbestimmung in der Vergangenheit und Zukunft ergeben.[904]

1288 Nur in Einzelfällen, in denen die Vernichtung für den Verletzer oder – für den Fall, daß der Verletzer nicht Eigentümer des schutzrechtsverletzenden Materials oder der Herstellungswerkzeuge und Einrichtungen ist – unverhältnismäßig wäre, sollen weniger einschneidende Maßnahmen vorgesehen werden.[905] Allerdings ist bei der Anwendung des Verhältnismäßigkeitsgrundsatzes besonders zu beachten, daß durch das PPrG kein Sonderrecht für die Fälle der massenhaften gewerbsmäßigen Schutzrechtsverletzung geschaffen wurde. Das PPrG differenziert deshalb nicht zwischen der einfachen Schutzrechtsverletzung und der sogenannten Produktpiraterie.[906]

1289 Der Vernichtungsanspruch hat damit im Sortenschutzrecht besondere Bedeutung. Die lebende Pflanze ist durch ihre Samen (bei generativ vermehrbaren Pflanzen) bzw. durch ihre Triebe, Sprossen, Ableger usw. (bei vegetativ vermehrbaren Pflanzen) einer Fabrik für die Erzeugung neuen Vermehrungsmaterials und neuer Pflanzen gleichzusetzen.[907] Mittels des widerrechtlich erzeugten Vermehrungsmaterials bzw. der widerrechtlich erzeugten Pflanzen und Pflanzenteile können deshalb immer wieder neue Rechtsverletzungen begangen werden. Da damit die Störungsquelle fortbesteht, ist eine Beseitigung des Störungszustandes grundsätzlich nur durch die Vernichtung des sortenschutzverletzenden Materials sichergestellt. Eine etwaige Sicherstellung durch Herausgabe an den Gerichtsvollzieher ist bei Gegenständen der belebten Natur wenig praktikabel. Nach dem Gesetzeswortlaut ist der Vernichtungsanspruch nur ausnahmsweise unter der doppelten Voraussetzung ausgeschlossen, daß der rechtswidrige Zustand nicht auf andere Weise als durch vollständige Vernichtung des Erzeugnisses beseitigt werden kann und die Vernichtung gegenüber möglichen milderen Maßnahmen unverhältnismäßig wäre. In der Begründung wird hervorgehoben, daß der Verhältnismäßigkeitsgrundsatz dann zum Greifen kommt, wenn die weniger einschneidenden Maßnahmen sicherstellen, daß der durch die Rechtsverletzung verursachte Zustand der schutzrechtsverletzenden Ware oder die Geeignetheit der Vorrichtung zur Herstellung solcher Waren ohne Vernichtung beseitigt werden kann.[908] Als Mindestanspruch bleibt jedoch auch in diesen Fällen der Anspruch auf Beseitigung des durch die Rechtsverletzung verursachten Zustands der Ware und der etwaigen Eignung von Vorrichtungen zur Produktion solcher Ware.[909] Da das schutzrechtsverletzende Material auf dem Gebiet der lebenden Materie als solches rechtsverletzend ist, wird bei der Sortenschutzverletzung grundsätzlich nur die Vernichtung des schutzrechtsverletzenden Materials in Betracht kommen. Die zur Geltendmachung des Vernichtungsanspruches zu erfüllenden materiellen Anspruchsvoraus-

---

903 Begründung zum PPrG B II 1c, Bl.f.PMZ, aaO, 181.
904 *Benkard/Rogge*, PatG, § 140a, Rdn 9 m. w. Ausführungen zur Verhältnismäßigkeitsprüfung.
905 Begründung zum PPrG B II 1a, Bl.f.PMZ, aaO, 181.
906 Begründung A.IV.2, Bl.f.PMZ, aaO, 175.
907 Freda *Wuesthoff*, GRUR 1957, 49 f.
908 Begründung PPrG B II 1a, B.f.PMZ, aaO, 173.
909 Begründung PPrG B II 1e, Bl.f.PMZ, aaO, 182.

setzungen entsprechen denen der Anspruchsberechtigung bei § 37 SortG.[910] Der Anspruch richtet sich gegen jeden, der einen Anspruch wegen Sortenschutzverletzung gemäß § 37 SortG passiv legitimiert ist und im Besitz oder Eigentum schutzrechtsverletzenden Pflanzenmaterials oder zu seiner Herstellung bestimmter Vorrichtungen ist.

Die gerichtliche Durchsetzung des Vernichtungsanspruches weist keine Besonderheiten zum Verletzungsverfahren auf. Insoweit wird auf die Erläuterungen in Rdn 1325 ff. verwiesen. Zur Durchführung der Vernichtung in der Zwangsvollstreckung enthält § 37a SortG keine Aussage. Das Gesetz gewährt seinem Wortlaut nach lediglich einen Anspruch auf Vernichtung gegen den Verletzer. Offen bleibt, ob damit ein Herausgabeanspruch an den Verletzten zum Zwecke der Vernichtung verbunden ist.[911] Aufgrund des eindeutigen Wortlautes des § 37a SortG ist ein Anspruch auf Herausgabe der dem Vernichtungsanspruch unterliegenden Gegenstände zu verneinen. Durch eine Sequestration zur Sicherung der Ersatzvornahme[912] können Manipulationen des Anspruchsgegners verhindert werden. 1290

Der Vernichtungsanspruch ist mit Art. 14 GG vereinbar. Dem Eigentumsschutz des Art. 14 Abs. 1 S. 1 GG unterliegen nur solche Rechtspositionen, die dem Rechtsträger durch den Gesetzgeber zugeordnet sind.[913] Vorrichtungen und Einrichtungen, die dazu dienen, von Gesetzes wegen verbotene Handlungen zu begehen, begründen keine vom Gesetzgeber zugeordnete und durch Art. 14 Abs. 1 S. 1 GG geschützte Rechtsposition.[914] 1291

3. Auskunftsanspruch gemäß § 37b SortG

a) Entsprechend dem Ziel des Gesetzes zur Bekämpfung der Produktpiraterie, die Voraussetzungen für eine schnelle und wirkungsvolle Bekämpfung der Schutzrechtsverletzung zu schaffen, wurde in § 37 b SortG ein besonderer Auskunftsanspruch geschaffen, um dem Schutzrechtsinhaber möglichst rasch Informationen über Quellen und Vertriebswege schutzrechtsverletzender Waren zu eröffnen.[915] 1292

Bis zur Einführung des § 37b SortG war zwar bereits durch die Rechtsprechung ein aus Treu und Glauben (§ 242 BGB) abgeleiteter Anspruch auf Auskunft als Teil des Schadenersatzanspruches gegeben.[916] Der von der Rechtsprechung anerkannte Auskunftsanspruch dient als Teil des Schadenersatzanspruches jedoch nur der Durchsetzung eines gegen den Auskunftspflichtigen selbst gerichteten Hauptanspruchs. Damit wird der Umfang des gewohnheitsrechtlich anerkannten Auskunfts- und Rechnungslegungsanspruch insbesondere durch die Erforderlichkeit bestimmt, das heißt nur die Informationen sind zu erteilen, die es dem Inhaber des verletzten Rechts ermöglichen, seinen Schaden zu beziffern. Aus- 1293

---

910 Rdn 1229 ff.
911 Verneinend *Benkard/Rogge*, § 140a PatG, Rdn 8 ebenso *Retzer* in: F.S. *Henning-Piper*, 421, 436 mit einer ausführlichen Zusammenfassung der bisher hierzu ergangenen Rechtsprechung.
912 Vgl. *Cremer* Mitt. 1992, 154, 163.
913 Vgl. u.a. BVerfGE 24, 367, 396.
914 BGH GRUR 1995, 348.
915 Vgl. Begründung PPrG A I.1, Bl.f.PMZ, aaO, 173, sowie die umfassende Darstellung von *Eichmann* GRUR 1990, 575 zu dem durch das PPrG in alle Gesetze zum Schutz der gewerblichen Leistung und der Urheber eingeführten Anspruch auf Drittauskunft.
916 Vgl. Rechtsprechung seit RGZ 108, 1, 7 – Lachendes Gesicht; zur geschichtlichen Entwicklung des Auskunftsanspruches *Tilmann* GRUR 1987, 251, 252.

geschlossen sind damit in der Regel Auskünfte über die Lieferanten und Abnehmer, es sei denn, im Einzelfall kann der Schaden (Marktverwirrungsschaden) oder die Störung (Notwendigkeit der Schadensbeseitigung) nur dann ausgeglichen bzw. beseitigt werden, wenn die Lieferanten und/oder Abnehmer bekannt gegeben werden. Damit ist auf der Grundlage des § 242 BGB in der Regel keine Möglichkeit gegeben, die Kette der Schutzrechtsverletzungen aufzubrechen. Darüber hinaus ist der gewohnheitsrechtlich anerkannte Auskunftsanspruch vom Verschulden des Auskunftspflichtigen abhängig. Da sich der angesprochene Verletzer jedoch in vielen Fällen erfolgreich auf guten Glauben berufen kann und es damit nicht möglich ist, die dem Verletzer bekannten Hersteller oder (Groß)Händler in Erfahrung zu bringen, eine lückenlose Aufklärung des Herstellungs- und Vertriebsweges für die Bekämpfung der Schutzrechtsverletzung jedoch unabdingbar ist,[917] hat das Gesetz zur Bekämpfung der Produktpiraterie in das Sortenschutzgesetz wie in alle übrigen gesetzlichen Regelungen des Immaterialgüterrechts einen Anspruch auf Drittauskunft eingeführt, der bei offensichtlicher Rechtsverletzung auch im Wege der einstweiligen Verfügung durchsetzbar ist. Dieser in § 37b SortG geregelte Auskunftsanspruch betrifft insbesondere die Auskünfte, die der Verletzer über Dritte, die mit dem schutzrechtsverletzenden Material befaßt waren, zu erteilen hat. Er greift damit weit über den bisher von der Rechtsprechung dem Sortenschutzinhaber zuerkannten Auskunfts- und Rechnungslegungsanspruch zur Berechnung des durch die Verletzungshandlung entstandenen Schadens einschließlich Bereicherung sowie zur Beseitigung der Verletzungsfolgen hinaus.[918] Damit soll die Zielsetzung des Gesetzes sichergestellt werden, daß eine Rückverfolgung bis zur Quelle der Schutzrechtsverletzung ermöglicht wird.[919] Nicht erfaßt sind damit aber sämtliche Auskünfte, die der Verletzer dem Anspruchsberechtigten zur Vorbereitung und Bemessung seines Schadenersatzanspruches zu erteilen hat.[920] Die von der Rechtsprechung im gewerblichen Rechtsschutz entwickelten Grundsätze über Grundlagen, Inhalt und Umfang des Auskunfts- und Rechnungslegungsanspruches bleiben daher unberührt; auf diese muß auch zukünftig ergänzend zurückgegriffen werden.[921]

1294 Im gemeinschaftlichen Sortenschutzrecht ist ein Anspruch auf Drittauskunft nicht vorgesehen. Da es sich um einen vom Verschulden und dem damit zusammenhängenden Schadensanspruch unabhängigen Anspruch handelt, kann § 37b SortG auch nicht über Art. 97 Abs. 1 EGSVO auf die Verletzung von gemeinschaftlichem Sortenschutzrechten angewandt werden.

1295 b) Zur Geltendmachung des Auskunftsanspruches ist der Verletzte befugt. Dies ist neben dem Inhaber des betreffenden Sortenschutzrechtes der Inhaber einer ausschließlichen Lizenz.[922] sowie der Inhaber einer einfachen Lizenz, soweit er hierzu vom Rechtsinhaber im Rahmen des Lizenzvertrages allgemein oder, abgestellt auf den konkreten Verletzungsfall, ausdrücklich ermächtigt wurde.

1296 c) Absatz 1 eröffnet dem Anspruchsberechtigten die Möglichkeit, von jedem, der ohne seine Zustimmung gewerbsmäßig eine Verletzungshandlung im Sinne des § 10 vornimmt oder die Sortenbezeichnung einer geschützten Sorte oder eine mit ihr verwechselbare Bezeichnung für eine andere Sorte derselben oder verwandten Art verwendet, Auskunft zu

---

917 Vgl. Begründung PPrG B III.2d, Bl.f.PMZ, aaO, 184.
918 *Jestaedt* GRUR 1993, 219; vgl. Rdn 1273 ff.
919 Begründung PPrG, BIII. 1, Bl.f.PMZ, aaO, 183.
920 Vgl. hierzu Rdn 1273 ff.
921 *Jestaedt* GRUR 1993, 219, 221.
922 Vgl. *Benkard/Ullmann*, PatG § 15, Rdn 53 ff.; st. Rspr. seit RGZ 57, 38, 40; siehe auch Rdn 420.

verlangen. Nicht erforderlich ist, daß der Auskunftsverpflichtete einen Sitz oder Wohnsitz im Geltungsbereich des SortG hat. Voraussetzung ist wegen des Territorialitätsgrundsatzes nur, daß eine Verletzungshandlung im Geltungsbereich des SortG stattgefunden hat.[923] Nicht unter den Auskunftsanspruch fallen diejenigen, die keine Schutzrechtsverletzung mehr begehen.[924] In diesem Zusammenhang wird hervorgehoben, daß über private Abnehmer deshalb keine Auskunft erteilt werden muß. Im Gegenzug hierzu werden auch Private nicht verpflichtet, Auskunft über die Herkunft der in ihrem Besitz oder Eigentum befindlichen Piratenware zu geben.

Die Auskunftspflicht entfällt nur ausnahmsweise, wenn sie im Einzelfall unverhältnismäßig ist.[925] Da das Gesetz dem Schutzrechtsinhaber grundsätzlich einen Anspruch auf Auskunft erteilt, liegt die Darlegungs- und Beweislast für die Unverhältnismäßigkeit beim Verletzer. 1297

Unabhängig davon, ob schuldhaftes oder lediglich objektiv rechtswidriges Verhalten vorliegt, ist der Verletzer verpflichtet, alle ihm vorliegenden Informationen über die Herkunft und den Vertriebsweg sowie über die Menge der hergestellten oder gehandelten schutzrechtsverletzenden Waren mitzuteilen. Im Gegensatz zu dem den Schadenersatzanspruch ergänzenden Auskunftsanspruch gemäß § 242 BGB ist der Anspruch aus § 37 b SortG verschuldensunabhängig. Ausreichend ist deshalb die tatsächliche Beteiligung an der Herstellung oder Verbreitung des rechtsverletzenden Pflanzenmaterials.[926] 1298

d) § 37b SortG zählt enumerativ in Absatz 1 die mitzuteilenden Tatsachen auf. Die genaue Umschreibung der mitzuteilenden Tatsachen soll nicht nur dem Schutz des Auskunftsverpflichteten vor zu weit gehender Ausforschung dienen und damit Rechtssicherheit schaffen.[927] Vielmehr soll zur Durchsetzung des Anspruchs keine Möglichkeit eröffnet werden, über den Umfang der Auskunftspflicht zu streiten. 1299

Der Auskunftsverpflichtete hat umfassende Angaben über die Herkunft und den Vertriebsweg zu geben. Diese umfassen nicht nur Erzeuger und Lieferanten, sondern alle Vorbesitzer im weitesten Sinne. Damit kann sich der Auskunftsanspruch auch auf Spediteure, Lagerhalter und Frachtführer erstrecken.[928] 1300

Neben Angaben über Namen und Anschriften des Erzeugers, Lieferanten und anderer Besitzer oder Eigentümer schutzrechtsverletzenden Materials oder von Kennzeichnungsmitteln, die Sortenbezeichnung verletzen, sind solche Angaben auch über die der gewerblichen Abnehmer und Auftraggeber zu erteilen. 1301

Darüber hinaus ist auch der Umfang der Verletzungshandlung durch Bekanntgabe der Mengen der erzeugten, ausgelieferten, erhaltenen oder bestellten Waren offenzulegen. Damit sind alle Tatsachen anzugeben, welche die Beteiligungen des Verletzers und die Dritter an der Erzeugung und an dem Vertrieb der schutzrechtsverletzenden Ware erkennen kann,[929] 1302

---

923 Vgl. *Eichmann*, GRUR 1990, 575, 576.
924 Begründung PPrG B III.4c, Bl.f.PMZ, aaO, 184.
925 Vgl. unten Rdn 1303 ff.
926 Vgl. *Eichmann* GRUR 1990, 775, 575.
927 Vgl. *Jestaedt*, GRUR 1993, 219, 220 zur Problematik des Auskunftsanspruches wegen seines Ausforschungscharakters.
928 *Benkard/Rogge* PatG, § 140b Rdn 5; Abs. 1b der Anlage 2 der Eingabe der Deutschen Vereinigung für gewerblichen Rechtsschutz und Urheberrecht, GRUR 1985, 867.
929 *Eichmann*, GRUR 1990, 575, 588 ff.

und zwar unabhängig davon, ob und welche Ansprüche der Schutzrechtsinhaber wegen der Verletzung seines Schutzrechtes gegen ihn und Dritte geltend machen kann und will.[930]

1303 Umstritten ist, ob der Anspruch die Vorlage von Belegen mitumfaßt.[931] In der Rechtsprechung wird bislang ein Anspruch auf Vorlage von Unterlagen, die als Beweismittel für die gerichtliche Durchsetzung weiterer Ansprüche gegen etwaige Drittverletzer dienen können, verneint.[932]

1304 Dies ist unbefriedigend. Da der Auskunftsanspruch den Zweck haben soll, Schutzrechtsverletzungen über alle Herstellungs- und Handelsstufen hinweg verfolgen zu können und dies bedingt, daß auch gegen alle Glieder der Herstellungs- und Vertriebskette der Auskunftsanspruch durchgesetzt werden kann, ist die Pflicht zur Vorlage von entsprechenden Unterlagen unabdingbar. Andernfalls kann der Anspruchsberechtigte das Vorliegen der Tatbestandsvoraussetzungen für seine gegenüber Dritten bestehenden Unterlassungs- und Schadenersatzansprüche, die in die Herstellungs- und Vertriebskette eingebunden waren, nicht in ausreichendem Maße darlegen und erst recht nicht beweisen. Der umfassende Auskunftsanspruch, wie ihn der Gesetzgeber im Auge hatte und insbesondere die Quelle der Schutzrechtsverletzungen stopfen sollte, würde damit ins Leere laufen. Es ist deshalb zu fordern, daß der Anspruchsberechtigte die Vorlage von geeigneten Unterlagen fordern kann, die die Richtigkeit seiner Auskunft bestätigen. Diese können hinsichtlich der Informationen, die sich auf sensible Geschäftsinterna (z.B. Preise) beziehen, neutralisiert werden, sofern nicht bereits rechtskräftig feststeht, daß eine schuldhafte Schutzrechtsverletzung des Auskunftsverpflichteten vorliegt.

1305 Der Auskunftsanspruch umfaßt in zeitlicher Hinsicht alle Handlungen unabhängig davon, für welchen Zeitpunkt der Auskunftsgläubiger eine erste Handlung des Auskunftsschuldners mit sortenschutzverletzendem Material nachweisen kann.[933] Andernfalls würde der mit dem Auskunftsanspruch verfolgte Zweck, dem Anspruchsberechtigten umfassende Informationen über die Herstellung und den Vertrieb der verletzenden Ware zu eröffnen, nicht gewährleistet.

1306 e) Der Umfang des Auskunftsverlangens wird begrenzt durch den Grundsatz der Verhältnismäßigkeit. Gemäß § 37b Abs. 1 SortG darf das Auskunftsverlangen im Einzelfall nicht unverhältnismäßig sein. Damit begegnet der Gesetzgeber der Gefahr, daß der Auskunftsanspruch im einzelnen zu einer zu weitgehenden und damit vom Gesetzeszweck her nicht zu rechtfertigenden Ausforschung von Konkurrenten mißbraucht wird. Beispielhaft wird in der Gesetzesbegründung hervorgehoben, daß hiervon Fälle erfaßt seien, in denen der Auskunftsberechtigte kein oder nur ein äußerst geringes Interesse daran haben kann, die Lieferanten oder gewerblichen Abnehmer der Waren zu erfahren, sei es, daß es sich um einen Einzelfall einer Schutzrechtsverletzung handelt, sei es, daß – aus welchen Gründen auch immer – sicher davon auszugehen ist, daß keine weiteren Schutzrechtsverletzungen zu befürchten und eingetretene Schäden ausgeglichen sind. In solchen Fällen sei es nicht gerechtfertigt, den Auskunftspflichtigen zur Offenlegung seiner betriebsinternen Kunden- oder

---

930 *Jestaedt*, GRUR 1993, 219, 220.
931 Verneinend z.B. *Eichmann* GRUR 1990, 575, 576 mit dem Hinweis, daß die mitzuteilenden Tatsachen gesetzlich genau umschrieben seien; bejahend *Cremer* Mitt. 1992, 153, 156.
932 OLG Köln GRUR 1995, 676 – Vorlage von Geschäftsunterlagen; OLG Karlsruhe GRUR 1995, 772 – Selbständiger Auskunftsanspruch.
933 Vgl. *Eichmann*, GRUR 1990, 575, 578; *Jestaedt*, GRUR 1993, 219, 220.

5. Ansprüche wegen unerlaubter Handlung sowie ungerechtfertigter Bereicherung

Da § 37 SortG lex specialis zu den allgemein zivilrechtlichen Ansprüchen aus unerlaubter Handlung darstellen, ist ein Vorgehen auf der Grundlage des § 823 BGB ausgeschlossen. Mit § 37 SortG als lex specialis sind deliktische Unterlassungs- und Schadenersatzansprüche wegen Sortenschutzverletzung gegen den Verletzer erschöpfend geregelt.[948] Damit sind jedoch nur solche Ansprüche erfaßt, die durch die eigentliche Sortenschutzverletzung begleitende Handlungen, wie zum Beispiel Diebstahl von geschütztem Vermehrungsmaterial oder durch sonstiges strafrechtlich relevantes Verhalten begründet werden. Dies gilt auch für Handlungen, die vor der Erteilung des Sortenschutzes vorgenommen wurden. 1314

Die früher umstrittene Frage, ob neben Ansprüchen aus § 37 SortG auch Bereicherungsansprüche nach § 812 BGB gegeben sein können, ist nunmehr durch § 37 Abs. 4 SortG unter Hinweis auf allgemeine Vorschriften des Zivilrechtes eröffnet. Der in § 37c S. 3 SortG enthaltene Verweis auf die Vorschriften des allgemeinen Bereicherungsrechts ist kein Bereicherungsanspruch. Vielmehr handelt es sich lediglich um einen nach Verjährungseintritt beschränkten Restschadenersatzanspruch. Wegen Einzelheiten zu den Tatbestandsvoraussetzungen für Ansprüche aus ungerechtfertigter Bereicherung und deren Umfang wird auf die Literatur und Rechtsprechung zum Bereicherungsrecht des BGB verwiesen. 1315

VII. Verjährung § 37c SortG, Art. 96, 97 EGSVO

Sämtliche Ansprüche des Sortenschutzinhabers, welche durch das Sortenschutzgesetz und die EGSVO begründet werden (Unterlassungs- und Schadenersatzansprüche einschließlich Entschädigungsanspruch, rückwirkender Vergütungsanspruch) verjähren gemäß § 37c SortG sowie Art. 96 EGSVO in drei Jahren von dem Zeitpunkt an, an dem der Berechtigte von der Verletzung und der Person des Verpflichteten Kenntnis erlangt hat. Ohne diese Kenntnis endet sie in 30 Jahren von der Verletzung an. Unterbrochen wird die Verjährung durch die Unterbrechungstatbestände der §§ 208, 209, 214 BGB (Anerkenntnis, gerichtliche Geltendmachung, Konkursanmeldung). Eine gesondert erhobene Klage auf Rechnungslegung unterbricht die Verjährung für die Leistungsklage nicht, es sei denn, sie wird im Wege der Stufenklage mit dem Unterlassungsanspruch geltend gemacht. 1316

Die Verjährung beginnt mit Kenntnis der Verletzungshandlung und der Person, die wegen dieser Verletzungshandlung mit Ansprüchen aus dem Sortenschutzgesetz konfrontiert werden kann. Die dem Anspruchsberechtigten bekannten Tatsachen hinsichtlich der Person und seiner Verletzungshandlungen müssen einigermaßen sichere Aussicht auf Erfolg für eine entsprechende Klage gewährleisten.[949] Bloßer Verdacht reicht ebensowenig aus, wie die 1317

---
948 Vgl. für das Patentrecht insoweit BGHZ 68, 90; *Benkard/Rogge* § 139 PatG, Rdn 14.
949 BGH GRUR 1974, 99, 100.

fahrlässige Unkenntnis von Tatsachen, die eine Klageerhebung ermöglichen.[950] Nur dann, wenn der Verletzte eine sich ihm ohne weiteres anbietende, gleichsam aufdrängende Erkenntnismöglichkeit nicht wahrnimmt, wird Unkenntnis der Kenntnis gleichzusetzen sein.[951]

1318   Bei wiederholten Verletzungshandlungen erfüllt jede einzelne Handlung den Tatbestand der Verletzung. Jede Einzelhandlung setzt damit gesondert die Verjährung des Unterlassungsanspruchs sowie des aus ihr fließenden Schadenersatzanspruchs in Lauf,[952] sofern die weiteren Voraussetzungen – Kenntnis des Verletzten von der Verletzungshandlung und der Person des Verletzers gegeben sind.

1319   Gerade im pflanzlichen Bereich erstrecken sich Verletzungshandlungen über lange Zeiträume. Pflanzen werden in der Regel nicht in Einzelexemplaren vermehrt, sondern in größerem Umfang. Dies gilt auch für Obstbäume, andernfalls wäre eine gewerbliche Nutzung ohne Lizenz vermehrter Pflanzen nicht rentabel. Insbesondere die Verletzungshandlung Anbieten und Verkauf von sortenschutzverletzendem Material kann sich deshalb gerade im Gehölzebereich über große Zeiträume erstrecken. Auch wenn durch eine einzige Handlung große Mengen sortenschutzrechtsverletzender Pflanzen vermehrt worden waren und somit im strafrechtlichen Sinn eine einzige Handlung darstellen, ist die kontinuierliche Abgabe solchen Materials über längere Zeiträume jedes Mal eine Verletzungshandlung. Mit jeder Einzelhandlung wird damit der Lauf der Verjährung ausgelöst. Wegen weiterer Einzelheiten wird auf die Literatur und Rechtsprechung zu § 852 BGB verwiesen.

1320   Für die Hemmung und Unterbrechung der Verjährung gelten die §§ 202 bis 207, 208 bis 220 BGB sowie § 44 ErstrG. Eine vergleichbare Bestimmung wie in § 141 S. 2 PatG, § 24 Abs. 3 GebrMG, § 20 Abs. 2 MarkenG sowie § 102 UrhG ist im SortG nicht enthalten. Jene Vorschriften verweisen auf § 852 Abs. 2 BGB, der vorsieht, daß dann, wenn zwischen dem Ersatzpflichtigen und dem Ersatzberechtigten Verhandlungen über den zu leistenden Schadenersatz schweben, die Verjährung gehemmt ist, bis eine der Parteien die Fortsetzung der Verhandlungen verweigert. Angesichts der oft schwierigen Rechtsfragen, die mit einer Sortenschutzverletzung verbunden sein können, insbesondere die Frage, ob die angeblich verletzende Sorte des Anspruchsgegners in den Schutzbereich der geschützten Sorte fällt, sollte bei zukünftigen Reformen des Sortenschutzgesetzes eine entsprechende Bestimmung aufgenommen werden.

1321   Wegen der in § 37c SortG und Art. 96 EGSVO vorgesehenen Verjährung für alle Ansprüche aus dem Sortenschutzgesetz bzw. der EGSVO beginnt auch beim Verletzungsanspruch die Verjährung mit Kenntnis der Benutzungshandlung und ist nicht etwa bis zur Erteilung des Sortenschutzes gehemmt. Eine dem § 141 S. 2 PatG entsprechende Lösung, daß die Verjährungsregelungen mit der Maßgabe anzuwenden sind, daß der Anspruch nicht vor Ablauf eines Jahres nach Erteilung des Schutzrechtes verjährt, fehlt im SortG. Doch ist § 852 Abs. 2 BGB, auf den z.B. in § 141 S. 2 PatG verwiesen wird, entsprechend anwendbar. Die herrschende Meinung hält diese Vorschrift auch unmittelbar für den Unterlassungsanspruch anwendbar.[953] Dem ist zuzustimmen, da es sich bei der Sortenschutzverletzung auch um eine unerlaubte Handlung handelt.

---

950 BGH NJW 85, 20, 22 m.w.N.
951 BGH NJW 1990, 2808, 2810.
952 BGH GRUR 1978, 494, 495 – Fahrradgepäckträger II.
953 *Benkard/Rogge*, PatG Rdn 5 zu § 141 PatG; GbmG Rdn 1 zu § 25c; zustimmend: *Traub*, in: FS *Vieregge* 869, 875.

Der Begriff „Verhandlung" i. S. des § 852 Abs. 2 BGB ist weit auszulegen.[954] Es genügt jeder Meinungsaustausch über den Verletzungssachverhalt zwischen dem Berechtigten und dem Verpflichteten, es sei denn, es ist sofort erkennbar, daß der Verpflichtete die geltend gemachten Ansprüche zurückweist[955]. Es reichen jedoch Äußerungen des Verpflichteten aus, die den Anspruchsinhaber zu der Annahme berechtigen, der Verletzer lasse sich auf Erörterungen über die Berechtigung der geltend gemachten Ansprüche ein.[956] Wird die Fortsetzung von Verhandlungen verweigert, was durch ein klares und eindeutiges Verhalten einer Partei zum Ausdruck kommen muß,[957] endet die Hemmung.

1322

Unter Umständen können die Ansprüche aus § 37 SortG sowie Art. 94, 95 EGSVO bereits vor Eintritt der Verjährung der Verwirkung unterliegen.[958]

1323

VIII. Ansprüche des angeblichen Verletzers

Unter den Voraussetzungen des § 256 ZPO kann der angebliche Verletzer eine negative Feststellungsklage auf Verneinung der Sortenschutzverletzung erheben. Diese Möglichkeit ist nicht nur dann eröffnet, wenn der Sortenschutzinhaber eine unberechtigte Verwarnung deswegen ausgesprochen hat, weil das Sortenschutzrecht aufgehoben oder gerichtlich dessen Nichtigkeit festgestellt wurde, sondern auch dann, wenn die beanstandete Verletzungshandlung nach Auffassung des angeblichen Verletzers nicht in den dem Sortenschutzinhaber vorbehaltenen Schutzbereich eingreift.[959] Dies wird zukünftig in besonderem Maße für die Behauptungen des Sortenschutzinhabers gelten, daß das vom angeblichen Verletzer benützte Pflanzenmaterial solches einer im wesentlichen abgeleiteten Sorte ist. Der zu Unrecht Verwarnte hat einen Anspruch auf Feststellung der Rechtswidrigkeit der Verwarnung, sofern eine Unterlassungsklage nicht möglich ist. Regelmäßig wird eine unberechtigte Verwarnung als Eingriff in den eingerichteten und ausgeübten Gewerbebetrieb des Verwarnten einen Unterlassungsanspruch gemäß § 1004 BGB sowie unter Umständen Schadenersatzansprüche gemäß § 823 Abs. 1 BGB gegen den Verwarner auslösen, so daß meist die Unterlassungsklage in Betracht kommt.

1324

Im Vergleich zur Leistungsklage ist die negative Feststellungsklage mangels Feststellungsinteresses unzulässig, wenn das anspruchsbegründende Sortenschutzrecht gemäß § 31 Abs. 2 SortG zurückzunehmen oder gemäß § 31 Abs. 3 SortG zu widerrufen ist. Insoweit hat der zu Unrecht Abgemahnte die Möglichkeit, in dem dafür vorgesehenen Verfahren vor dem Bundessortenamt und nachfolgend Bundespatentgericht die Rechtsbeständigkeit des betreffenden Sortenschutzrechtes überprüfen zu lassen. Da die Zivilgerichte grundsätzlich an die Erteilung des Schutzrechtes gebunden sind und im Rahmen ihrer Prüfungskompetenz lediglich den Schutzumfang des erteilten Sortenschutzrechtes beurteilen können, ist insoweit die negative Klage auf Feststellung, die Abmahnung sei zu Unrecht erfolgt, weil das der Abmahnung zugrundeliegende Schutzrecht nicht bestandskräftig sei, ungeeignet. Das Rechtsschutzbedürfnis des Abgemahnten entfällt auch, wenn der Schutzrechtsinhaber die Leistungsklage

1325

---

954 BGH NJW 1983, 2025.
955 BGHZ, 93, 64.
956 BGH MDR 1988, 570.
957 BGH DB 1991, 2183.
958 LG Düsseldorf, GRUR 1990, 117, 119; *Klaka* GRUR 70, 265, 272 und GRUR 78, 70; *Benkard/Bruchhausen* zu § 9 PatG, Rdn 64, 66.
959 RG GRUR 1934, 444; OLG Düsseldorf GRUR 1955, 334.

gegen den Abgemahnten erhebt und er diese nicht mehr einseitig zurücknehmen kann.[960] In diesem Fall kann der zu Unrecht Abgemahnte im Rahmen der Widerklage auf Unterlassung und gegebenenfalls auf Schadenersatz klagen.[961]

1326   Eine zur Unterlassung oder gegebenenfalls zur Feststellungsklage berechtigende Abmahnung liegt nur dann vor, wenn mit dem Hinweis auf ein bestehendes Sortenschutzrecht, in dessen Schutzbereich das vom Abgemahnten verwendete Pflanzenmaterial nach Auffassung des Inhabers fällt, ein ernsthaftes und endgültiges Unterlassungsbegehren verbunden ist. Ein solches Unterlassungsbegehren kann sich, wenn es nicht ausdrücklich geäußert wird, auch aus den Begleitumständen ergeben.[962] Dagegen ist ein bloßer Hinweis auf ein Sortenschutzrecht verbunden mit der Frage, warum der Adressat glaube, dieses nicht beachten zu müssen, keine Verwarnung und somit nicht als Eingriff in das Recht am eingerichteten und ausgeübten Gewerbebetrieb des Verwarnten zu werten. Nicht als Eingriff in den eingerichteten und ausgeübten Gewerbebetrieb zu werten ist auch der Hinweis auf eine veröffentlichte Sortenschutzanmeldung, verbunden mit einer Entschädigungsforderung nach § 37 Abs. 2 S. 2 sowie Art. 95 EGSVO.[963] Dem Anmelder muß das Recht zugebilligt werden, zur Wahrung des Entschädigungsanspruches auf die veröffentlichte Sortenschutzanmeldung und die damit verbundenen Ansprüche hinzuweisen.[964] Auch derjenige, der eine möglicherweise zukünftig geschützte Sorte benutzt, hat in der Regel ein vitales Interesse, auf die Anmeldung hingewiesen zu werden, entweder weil er auch vermeiden will, einen Entschädigungsanspruch befriedigen zu müssen, oder um die Möglichkeit zu haben, sich rechtzeitig auf das Regime des Sortenschutzes einzustellen. Zu Recht hat deshalb das OLG Karlsruhe in einem Hinweis auf den Entschädigungsanspruch nach § 33 PatG keinen Eingriff in den eingerichteten Gewerbebetrieb gesehen,[965] und zwar auch keinen unzulässigen Behinderungswettbewerb,[966] sofern nicht gleichzeitig eine Unterlassung gefordert wird. Wegen weiterer Einzelheiten zur Verwarnung muß auf die Spezialliteratur verwiesen werden, insbesondere Baumbach/*Hefermehl*, Wettbewerbsrecht 2 D. A. Einl. UWG Rdn 529ff; Großkomm/Kreft, UWG vor § 16 Abschnitt C; Teplitzky, Wettbewerbsrechtliche Ansprüche, insbesondere § 41 sowie ergänzend *Benkard/ Bruchhausen*, PatG vor § 9–14, Rdn 13–24.

1327   Der Schutzrechtsinhaber haftet dafür, wenn sein Anwalt einen Dritten wegen Schutzrechtsverletzung unberechtigt verwarnt, es sei denn, es handelt sich um einen Fachanwalt. In diesem Fall ist das für die Haftungsbegründung erforderliche Verschulden üblicherweise nicht gegeben.[967] Stellt der Verwarnte die beanstandete Verletzungshandlung auf die Verwarnung hin ein, obwohl die Widerrechtlichkeit der Verwarnung erkennbar ist, so trifft ihn ein Mitverschulden, das die Ersatzpflicht des Verwarners mindern oder ausschließen kann.[968] Der Eingriff kann auch durch eine erfolglose Klage, später aufgehobene einstweilige Verfügung oder durch einen sachlich nicht begründeten Strafantrag gemäß § 39 Abs. 4 SortG erfolgen.

---

960 BGH GRUR 1987, 402.
961 RG GRUR 1938, 188.
962 BGH GRUR 1979, 332, 334 – Brombeerleuchte; OLG München WRP 1980, 228, 229.
963 A. A. *Schwanhäusser*, GRUR 1970, 163, 165 für die vergleichbare Problemlage bei einer offengelegten Patentanmeldung.
964 Vgl. BGH WRP 1975, 231, 233 – Metacolor.
965 WRP 1976, 215, 217 f.
966 OLG Karlsruhe aaO, 219.
967 Vgl. hierzu die ausführliche Rechtsprechung zum Patentrecht, *Benkard/Bruchhausen*, vor §§ 9–19 PatG, Rdn 20.
968 BGH GRUR 1963, 255, 259 – Kindernähmaschine.

D Prozessuale Durchsetzung

I. Zuständigkeit

1. Vorbemerkung

§ 38 Abs. 1 und 2 SortG sowie Art. 101, 102 EGSVO bestimmen die für Rechtsstreitigkeiten im Zusammenhang mit Sortenschutzrechten zuständigen Gerichte. Während die Zuständigkeit für nationale Sortenschutzrechte ausschließlich nach § 38 SortG die sachliche und örtliche Zuständigkeit regelt, bestimmen die genannten Vorschriften der EGSVO ganz allgemein die internationale Zuständigkeit der nationalen Gerichte in den Mitgliedsstaaten durch Verweis auf das Lugano-Übereinkommen für die in den Art. 94 bis 100 der EGSVO genannten Ansprüche. Das Lugano-Übereinkommen regelt, wie das EuGVÜ, neben der Vollstreckung gerichtlicher Entscheidungen in Zivil- und Handelssachen die sachliche und örtliche Zuständigkeit in diesen Verfahren. Allerdings regelt die EGSVO diese Fragen in Art. 101 Abs. 2 bis 4 weitgehend selbst, so daß bei Sortenschutzverletzungen die Anwendung des Lugano-Übereinkommens lediglich ergänzender Natur sein wird. 1328

Art. 101 Abs. 2 und 3 EGSVO bestimmen die Kriterien, die zur Bestimmung des Mitgliedstaates oder des Vertragsstaates des Lugano-Übereinkommens vorliegen müssen, um die Gerichte eines bestimmten Staates anrufen zu können. Das Verfahren und die Zuständigkeit in Sortenschutzverletzungsverfahren sowie bei Vindikationsklagen ergibt sich dann aus dem Recht des Staates, dessen Gerichte nach den Absätzen 2 und 3 für solche Klagen grundsätzlich zuständig sind (Art. 101 Abs. 4 EGSVO). Deshalb ist auch bei Rechtsstreitigkeiten, die im Zusammenhang mit gemeinschaftlichen Sortenschutzrechten bestehen, dann, wenn nach den Zuständigkeitsvorschriften der EGSVO die Rechtsstreitigkeit (auch) vor nationalen deutschen Gerichten verfolgt werden kann, gemäß Art. 101 Abs. 4 EGSVO die sachliche Zuständigkeitsregelung des § 38 Abs. 1 und 2 SortG einschlägig. Es ist daher zunächst auf die Zuständigkeitsregelung des deutschen Sortenschutzgesetzes einzugehen. 1329

2. Zuständigkeit gemäß § 38 SortG

a) Begriff der Sortenschutzstreitsache

§ 38 Abs. 1 definierte in der Fassung vom 11. Dezember 1985 den Begriff Sortenschutzstreitsache durch Verweisung auf die in § 37 in den Absätzen 1 bis 3 genannten Ansprüche. Damit waren Sortenschutzstreitigkeiten nur Klagen, die die Geltendmachung des Unterlassungsanspruches wegen Verletzung von materiellen bzw. formellen Rechten betrafen sowie hinsichtlich des Schadenersatzanspruches und des rückwirkenden Vergütungsanspruchs. Durch das Gesetz zur Bekämpfung der Produktpiraterie wurde die Zuständigkeitsregelung an die Formulierung in den übrigen Gesetzen zum Schutz des gewerblichen Eigentums angepaßt (vgl. § 143 Abs. 1 PatG; § 27 GbrMG). Sortenschutzstreitsache im Sinne des § 38 SortG sind nunmehr alle Ansprüche, die aus einem der im Sortenschutzgesetz ge- 1330 regelten Rechtsverhältnisse geltend gemacht werden können. Um den mit dieser Konzentrationsbestimmung verfolgten Zweck sicherzustellen, nämlich die Verfahren mit der gebotenen Beschleunigung durchzuführen und die Entscheidungen mit der nötigen Sachkunde zu treffen,[969] ist der Begriff Sortenschutzstreitsache weit auszulegen. Alle Ansprüche, die einen Anspruch auf die geschützte Züchtung/Entdeckung oder einen Anspruch hieraus zum Gegenstand haben, eröffnen die ausschließliche Zuständigkeit gemäß § 38 Abs. 1 SortG. Als Sortenschutzstreitigkeit werden auch Nebenansprüche, wie Rechnungslegungs- oder Beseitigungsanspruch verstanden, die als Sekundäransprüche mit den in § 37 Abs. 1 bis 3 SortG ausdrücklich genannten Ansprüchen in sachlichem Zusammenhang stehen. Maßnahmen des vorläufigen Rechtsschutzes sind, soweit sie Ansprüche im Sinne des § 37 Abs. 1 bis 3 SortG betreffen, ebenso Sortenschutzstreitigkeiten,[970] wie damit zusammenhängende Zwangsvollstreckungsverfahren – diese stehen in einem inneren Zusammenhang zum vorausgegangenen Erkenntnisverfahren.[971] Auch Ansprüche auf Unterlassung einer unberechtigten Verwarnung wegen angeblicher Verletzung fremder Sortenschutzrechte[972] sowie die damit zusammenhängende Klage auf Ersatz des aus einer unberechtigten Verwarnung entstehenden Schadens ist als Sortenschutzstreitsache im Sinne des § 38 zu werten. Einen wichtigen Bereich sortenschutzrechtlicher Streitigkeiten betreffen Streitigkeiten um den Bestand und den Umfang eines Lizenzvertrages[973] sowie aus lizenzähnlichen Rechtsverhältnissen.[974]

b) Zuständigkeit der Landgerichte

1331 § 38 Abs. 1 weist Sortenschutzstreitsachen den Landgerichten zu. Grund hierfür ist, daß in Sortenschutzstreitsachen oft schwierige Rechtsfragen zu entscheiden sind, für die eine besondere Sachkunde erforderlich ist. Zudem ist dafür Sorge zu tragen, daß nicht nur in Revisionsverfahren an den BGH, sondern auch bereits durch die unterinstanzliche Rechtsprechung die Einheitlichkeit mit der Rechtsprechung hinsichtlich gewerblicher Schutzrechte gewährleistet ist.[975]

aa) Ausschließliche Zuständigkeit

1332 Die Zuständigkeitsverweisung des § 38 Abs. 1 SortG begründet die ausschließliche Zuständigkeit der Landgerichte. Damit sind Zuständigkeitsvereinbarungen der Parteien für ein an sich unzuständiges Gericht grundsätzlich ausgeschlossen (§ 38,40 ZPO), es sei denn, daß beide Parteien Vollkaufleute, juristische Personen des öffentlichen Rechts oder Sondervermögen sind und die Zuständigkeit eines örtlich anderen, nach § 38 Abs. 1 und 2 SortG für Sortenschutzsachen allgemein zuständigen Landgerichts vereinbaren. Aus der ausschließ-

---

969 Vgl. amtliche Begründung zu dem gleichlautenden § 51 PatG 1936, Bl.f.PMZ 1936, 103, 104.
970 Vgl. OLG Düsseldorf, GRUR 1960, 123.
971 *Benkard/Rogge*, § 143 PatG, Rdn 6.
972 LG Mannheim, WRP 1965, 188.
973 Vgl. BGH GRUR 1968, 307, 310 – Haftbinde.
974 Vgl. LG Düsseldorf GRUR Int. 1968, 101, 102.
975 BT-Drs. V/1630, S. 64.

lichen sachlichen Zuständigkeit der Landgerichte für Sortenschutzstreitsachen folgt, daß Parteivereinbarungen nur im Hinblick auf die örtliche Zuständigkeit Gültigkeit besitzen (§ 40 Abs. 2 ZPO). Auch die rügelose Einlassung des Beklagten durch mündliche Verhandlung zur Hauptsache (§ 39 ZPO) begründet die Zuständigkeit des angerufenen Gerichts nur, wenn dies ein Landgericht ist. Hat der Beklagte aber die Unzuständigkeit des angerufenen Gerichts in der ersten Instanz schuldhaft nicht gerügt (§§ 529, 566 ZPO), so müssen die Urteile der nach Abs. 1 und 2 an sich unzuständigen Vorinstanzen von den Gerichten im weiteren Rechtszug hingenommen werden.[976]

Gemäß § 38 Abs. 2 SortG sind die Landesregierungen ermächtigt, durch Rechtsverordnung sortenschutzrechtliche Streitigkeiten für die Bezirke mehrerer Landgerichte einem von ihnen zuzuweisen, sofern dies der sachlichen Förderung oder schnelleren Erledigung der Verfahren dient. Konzentrierung der Streitigkeiten bei bestimmten fachlich versierten Gerichten soll nicht nur die Kompetenz dieser Gerichte in Sortenschutzsachen gewährleisten, sondern bewirkt auch eine weitergehende Einheitlichkeit der Rechtsprechung der erstinstanzlichen Gerichte.

1333

Folgende Bundesländer haben von dieser Konzentrationsermächtigung Gebrauch gemacht (Stand: 2. August 1996, vgl. Bl.f.PMZ 1996, 396 f.).

1334

Bundesland	Landgericht	Fundstelle (G = Gesetz, VO = Verordnung)
Baden-Württemberg	Mannheim	VO v. 21.10.1994 GBl.BW 1994, S. 610
Bayern	München I	VO v. 10.12.1996 GBl.BY 1996, S. 558
Bremen	Hamburg	G v. 18.5.1993, GBl.BR 1993, S. 154
Hamburg	Hamburg	G v. 2.2.1993, GVBl.HH 1993, S. 33
Hessen	Frankfurt	VO v. 3.12.1997, GVBl.HE 1997, S. 408
Mecklenburg-Vorpommern	Hamburg	G v. 6.11.1993, GVOBl.MV 1993, S. 919
Niedersachsen	Braunschweig	VO v. 22.1.1998, GVBl.NS 1998, S. 66
Nordrhein-Westfalen	Düsseldorf	VO v. 13.1.1998, GV NW 1998, S. 106
Sachsen	Leipzig	VO v. 14.7.1994, Sächs.GVBl.1994, S. 1313
Sachsen-Anhalt	Magdeburg	VO v. 5.12.1995, GVBl.LSA 1995, S. 360
Schleswig-Holstein	Hamburg	G v. 27.9.1993, GVBl.SH 1993, S. 497
Thüringen	Erfurt	VO v. 1.12.1995, GVBl.TH 1995, S. 404

---

976 BGHZ 8, 16, 22.

Ist das angerufene Gericht erster Instanz unzuständig, muß die Sache auf Antrag des Klägers an das zuständige Gericht verwiesen werden (§ 281 Abs. 1 ZPO). Andernfalls erfolgt Klageabweisung. Die Zuständigkeit ist nicht einer bestimmten Abteilung übertragen, sondern dem Landgericht allgemein. Durch einen Antrag an eine andere als der nach der Geschäftsverteilung vorgesehenen Kammer wird die sachliche Zuständigkeit daher nicht berührt.[977]

1335   Zur Konkurrenz mit anderen ausschließlichen sachlichen Zuständigkeiten, insbesondere der Kartellgerichte nach §§ 87 ff., 92 ff. GWB oder des EuGH nach Art. 177 EG-Vertrag, vgl. Benkard/*Rogge*, § 143 PatG, Rdn 10.

bb) Örtliche Zuständigkeit

1336   Die örtliche Zuständigkeit der Landgerichte ergibt sich aus den entsprechenden Normen der ZPO (§§ 12 ff.) In Betracht kommen insbesondere der allgemeine Gerichtsstand des Beklagten (§ 12 ZPO), der bei natürlichen Personen durch den Wohnsitz, bei juristischen Personen und gewerblichen Unternehmen durch den Sitz begründet wird (§§ 13, 17 ZPO). In Ermangelung eines inländischen Wohnsitzes ist der Beklagte an seinem inländischen Aufenthaltsort bzw. an seinem letzten inländischen Wohnsitz (§ 16 ZPO) oder am Gerichtsstand seines inländischen Vermögens (§ 23 ZPO) zu verklagen. Gemäß § 38 Abs. 5 SortG gilt als Ort des Vermögens der Ort, an dem sein Verfahrensvertreter im Sinne des § 15 Abs. 2 SortG seinen Geschäftsraum hat.

1337   Von besonderer Bedeutung ist der Gerichtsstand der unerlaubten Handlung (§ 32 ZPO). Die örtliche Zuständigkeit wird danach hinsichtlich der Verfolgung aller Verletzungshandlungen in jenem Bezirk begründet, in dem auch der Verletzungstatbestand verwirklicht worden ist.[978] Dies gilt für sämtliche in § 10 Abs. 1 i.V.m. § 2 SortG genannten und dem Sortenschutzinhaber sowie seinen Lizenznehmern vorbehaltenen Handlungen. Dies gilt selbst für angeforderte Zusendungen von Angeboten oder verletzendem Pflanzenmaterial an den Wohnsitz des Klägers.[979]

c) Internationale Zuständigkeit bei der Verletzung nationaler Sortenschutzrechte

1338   In Fällen mit Auslandsberührung muß das angerufene Gericht in jeder Lage des Verfahrens[980] die deutsche internationale Zuständigkeit prüfen. Diese ist dann gegeben, wenn die Voraussetzungen für einen bestimmten örtlichen Gerichtsstand vorliegen, wobei zu beachten ist, daß internationale Übereinkommen Vorrang haben.[981] Für den EG Bereich ist das Zuständigkeits- und Vollstreckungsabkommen vom 27. September 1998[982] vorrangig. Danach ist für die internationale Zuständigkeit grundsätzlich der Wohnsitz oder Firmensitz des Be-

---

977 BGH GRUR 1962, 305, 306.
978 RGZ 7, 241.
979 OLG Düsseldorf 1951, 516.
980 BGHZ 98, 263, 270.
981 Vgl. BGH WRP 1977, 487.
982 BGBl II 1972, 773 ff.

klagten maßgeblich. Die Anwendbarkeit des § 23 ZPO ist gegenüber solchen Personen ausgeschlossen, die ihren Sitz in einem anderen Vertragsstaat haben (Art. 2, 3). Die internationale Zuständigkeit wird nach diesem Übereinkommen unter anderem auch begründet für den Erfüllungsort bei vertraglichen Ansprüchen (Art. 5 Nr. 1), den Ort der Sortenschutzverletzung als unerlaubter Handlung (Art. 5 Nr. 3) und den Ort der betroffenen Niederlassung des Beklagten (Art. 5 Nr. 5). Neben anderen in dem genannten Übereinkommen enthaltenen weiteren Zuständigkeitsregelungen sind für die Frage der Ansprüche aus einem Sortenschutzrecht Art. 17 (ausdrückliche Vereinbarung) sowie rügelose Einlassung zur Hauptsache (Art. 18) wichtige Vorschriften für die Frage der internationalen Zuständigkeit. Wegen Einzelheiten zur internationalen Zuständigkeit vgl. insbesondere Stauder GRUR Int. 1976, 465 ff. und 510 ff.; Kropholler, Europäisches Zivilprozeßrecht, 5. Aufl. 1996.

3. Zuständigkeitsregelung des Art. 101 EGSVO

a) Bestimmung des Staates, dessen Gerichte zuständig sind

Nach Art. 100 Abs. 2 Satz 2 EGSVO sind die nach Art. 101 Abs. 2 Satz 1 EGSVO örtlich zuständigen nationalen Gerichte auch für die Entscheidung über die in einem jeden der Mitgliedstaaten begangenen Verletzungshandlungen zuständig. Hinsichtlich der sachlichen Zuständigkeit verweist damit die EGSVO auf die nationalen Vorschriften. Ist nach Art. 101 Abs. 2 Satz 1 oder Abs. 3 EGSVO ein Gerichtsstand in Deutschland eröffnet, bestimmt sich die örtliche und die sachliche Zuständigkeit des anzurufenden nationalen Gerichts auch bei der Verletzung gemeinschaftlicher Sortenschutzrechte grundsätzlich nach den deutschen Zuständigkeitsregelungen.[983]

1339

Gemäß Art. 101 Abs. 2a EGSVO sind für die in den Art. 94 bis 100 EGSVO genannten Ansprüche die Gerichte des Mitgliedstaates oder eines sonstigen Vertragsstaats des Lugano-Übereinkommens zuständig, in dem der Beklagte seinen Wohnsitz oder Sitz hat oder über eine Niederlassung verfügt (Art. 102 Abs. 3 EGSVO i.V.m. Art. 52, 53 Lugano-Übereinkommen). Damit wird unabhängig von der Staatsangehörigkeit der Grundsatz „actor sequitur forum rei" niedergelegt.

1340

Art. 101 Abs. 2b EGSVO behandelt den Fall, daß ein Beklagter keinen Wohnsitz im Hoheitsgebiet eines Mitgliedstaates oder Vertragsstaates hat. In diesem Fall sind die Gerichte des Wohnsitz- oder Sitzstaates des Klägers zuständig. Ist der Kläger eine Gesellschaft oder eine juristische Person und hat keinen Sitz in einem Mitgliedstaat oder Vertragsstaat, so kann ein Mitglied- oder Vertragsstaat gewählt werden, in dem diese eine Niederlassung hat.

1341

Ist mangels Wohnsitz oder Sitz bzw. Niederlassung des Klägers die Zuständigkeit von Gerichten eines Mitgliedstaates oder Verbandsstaates nicht eröffnet, sind die Gerichte des Mitgliedstaates zuständig, in dem das Gemeinschaftliche Sortenamt seinen Sitz hat. Dies ist gegenwärtig Frankreich (Angers).

1342

Entsprechend dem Geltungsbereich des gemeinschaftlichen Sortenschutzes, nämlich diesem eine einheitliche Wirkung für das gesamte Gebiet der Gemeinschaft zu verleihen, Art. 2, bestimmt Art. 101 Abs. 2 Satz 2 EGSVO, daß die nach den Zuständigkeitsregeln zuständigen Gerichte auch für eine Entscheidung über die in anderen Mitgliedstaaten begangenen Ver-

1343

---

983 Vgl. Rdn 1330 ff.

letzungshandlungen zuständig sind. Das angerufene Gericht entscheidet damit einheitlich für sämtliche Verletzungshandlungen in den einzelnen Mitgliedstaaten, die das vor dem angerufenen Gericht geltend gemachte Sortenschutzrecht betreffen und sämtlich vom Beklagten begangen wurden.

1344   Art. 101 Abs. 3 S. 1 EGSVO eröffnet den Gerichtsstand des Ortes, an dem das schädigende Ereignis eingetreten ist. Diesem Wortlaut entspricht Art. 5 Nr. 3 des Lugano-Übereinkommens, der wiederum deckungsgleich mit Art. 5 Nr. 3 des EuGVÜ ist. Der EuGH interpretiert die in Art. 5 Nr. 3 identische Wendung „Ort, an dem das schädigende Ereignis eingetreten ist" in dem Sinne, daß sie sowohl den Ort, an dem der Schaden eingetreten ist, als auch den Ort des ursächlichen Geschehens meint.[984] Etwas anderes gilt nur, wenn anstelle der oben erwähnten Gerichtsstände der Ort der unerlaubten Handlung für die Klage gewählt wird. Die Entscheidungskompetenz des angerufenen Gerichts wird in solchen Fällen jedoch auf solche Handlungen beschränkt, die sich auf das Hoheitsgebiet des Mitgliedstaates beschränken, dessen Gericht angerufen wurde, während, wie oben in Rdn 1340 hervorgehoben, bei Klagen am Wohnsitz, Sitz oder Niederlassung des Beklagten, ersatzweise des Klägers oder schließlich am Sitz des Gemeinschaftlichen Sortenamtes das angerufene Gericht mit gemeinschaftsweiter Wirkung entscheidet.

1345   Neben den in Art. 101 Abs. 2 EGSVO genannten Gerichtsständen ist auch der Gerichtsstand für Vertragsklagen (Art. 5 Nr. 1 Lugano-Übereinkommen) ein vereinbarter Gerichtsstand (Art. 17 Lugano-Übereinkommen) und der durch rügelose Einlassung begründete Gerichtsstand (Art. 18 Lugano-Übereinkommen) möglich, der zuletzt genannte jedoch nur, soweit das sachlich ausschließlich zuständige Gericht angerufen wurde.

1346   Art. 102 Abs. 2 EGSVO i.V.m. Art. 5 Nr. 1 Lugano-Übereinkommen eröffnet bei Vertragsverletzungen, die auch am Ort der unerlaubten Handlung nach Art. 101 Abs. 3 EGSVO verfolgt werden können, soweit sie als Sortenschutzverletzungen anzusehen sind (Art. 27 Abs. 2 EGSVO), neben der allgemeinen Zuständigkeit nach Art. 101 Abs. 2 EGSVO einen dritten Gerichtsstand in dem Mitgliedstaat, in dem die Vertragspflicht zu erfüllen gewesen wäre, oder zwar erfüllt wurde, aber nicht ordnungsgemäß. Unter der erfüllten oder zu erfüllenden Verpflichtung ist grundsätzlich diejenige Vertragspflicht zu verstehen, die den Gegenstand der Klage bildet[985]. Der Erfüllungsort dieser Vertragspflicht begründet den Gerichtsstand nach Art. 5 Nr. 1 Lugano-Übereinkommen.

1347   Sofern eine der Klageparteien eine(n) Sitz/Niederlassung oder Wohnsitz in einem Vertragsstaat des Lugano-Übereinkommens im Sinne der Art. 52, 53 hat, können diese bei Vorliegen der Voraussetzungen des Art. 17 Abs. 1 S. 2 Lugano-Übereinkommen die ausschließliche Zuständigkeit eines Gerichts eines Vertragsstaates des Übereinkommens vereinbaren. Wegen des Vorranges des Übereinkommens vor dem autonomen staatlichen Recht verdrängt Art. 17 Lugano-Übereinkommen in vollem Umfange die § 38, 40 ZPO.[986] Dies gilt auch für die sonstigen innerstaatlichen Verfahrensvorschriften, die die Zuständigkeit nationaler Gerichte regeln.[987]

1348   Gleiches gilt auch für die Begründung der Zuständigkeit des zunächst nicht zuständigen Gerichtes durch rügelose Einlassung (Art. 18 Lugano-Übereinkommen; Kropholler Art. 18, Rdn 5).

---

984 EuGH NJW 1977, 493 – 21/76 Bier/Mines de Portasse d'Alsace.
985 Kropholler, Art. 5 Rdn 12.
986 Z.B. OLG München, RIW 1981, 848.
987 *Kropholler*, Art. 17, Rdn 19.

b) Örtliche Zuständigkeit

Die örtliche Zuständigkeit der Gerichtsstände derjenigen Mitgliedstaaten, in denen eine 1349
Klage nach den vorstehenden Ausführungen eröffnet ist, richtet sich nach den Zuständigkeitsregelungen des jeweiligen Mitgliedstaates (Art. 101 Abs. 4 EGSVO). Ausgenommen hiervon sind die nach Art. 17 und 18 Lugano-Übereinkommen begründeten Gerichtsstände.[988]

c) Ausnahmen

Für die Vindikationsklage nach Art. 98 EGSVO schließt Art. 102 Abs. 1 EGSVO die An- 1350
wendung des Art. 5 Nr. 3 (Gerichtsstand der unerlaubten Handlung) und Nr. 5 (Gerichtsstand für zivilrechtliche Ansprüche, die im Rahmen eines strafrechtlichen Verfahrens geltend gemacht werden können; sogenanntes Adhäsionsverfahren) des Lugano-Übereinkommens aus.

Art. 102 Abs. 1 EGSVO will einerseits sicherstellen, daß dann, wenn das der rechts- 1351
widrigen Eintragung zugrundeliegende Verhalten als unerlaubte Handlung oder als Handlung, die einer solchen gleichzustellen ist, nur die Zuständigkeitsregelung des Art. 101 Abs. 2 EGSVO zur Anwendung kommt, nicht aber parallel hierzu der Gerichtsstand der unerlaubten Handlung. Ist das Verhalten des zu Unrecht Eingetragenen eine unerlaubte Handlung, die sogar nach nationalen Rechtsordnungen ein Strafverfahren eröffnet, soll andererseits verhindert werden, daß im Rahmen eines solchen Verfahrens auch der zivilrechtliche Anspruch auf Übertragung des erteilten oder angemeldeten gemeinschaftlichen Sortenschutzes geltend gemacht wird. Durch den Ausschluß des Art. 5 Nr. 4 Lugano-Übereinkommen soll offensichtlich eine einheitliche Gerichtsstandsregelung für den Vindikationsanspruch sichergestellt werden, was aufgrund der unterschiedlichen praktischen Bedeutung des Adhäsionsverfahrens in Mitgliedsstaaten der EG nicht gewährleistet ist. Gleiches gilt auch wohl für die Frage, inwieweit eine unerlaubte Handlung zu bejahen ist.

II. Legitimation

1. Aktivlegitimation

Verletzter im Sinne der §§ 37 ff. SortG und Art. 94 ff. EGSVO wird in der Regel der Sorten- 1352
schutzinhaber sein. Neben dem Sortenschutzinhaber können auch Dritte sortenschutzrechtliche Ansprüche geltend machen. Zu nennen sind hier der ausschließliche Lizenznehmer und der Nießbraucher sowie Pfandgläubiger. Soweit Schadenersatzansprüche geltend gemacht werden, ist zu beachten, daß der einzelne nur Ersatz des ihm entstandenen Schadens verlangen kann.

---

988 Siehe Rdn 1345.

a) Aufgrund eines nationalen Sortenschutzrechtes

1353 § 37 Abs. 1 SortG bestimmt, daß derjenige, der dem Sortenschutzinhaber vorbehaltene sowie solche Handlungen vornimmt, die Ansprüche aus der festgesetzten Sortenbezeichnung eröffnen, vom „Verletzten" in Anspruch genommen werden kann. Dies ist zunächst der Sortenschutzinhaber, hinsichtlich der in § 37 Abs. 3 SortG genannten rückwirkenden Vergütungsansprüche der Anmelder.

1354 Zur Geltendmachung der in § 37 SortG genannten Ansprüche ist darüber hinaus der Inhaber einer ausschließlichen Lizenz berechtigt, unabhängig davon, ob diese gemäß § 28 Abs. 1 Ziff. 5 SortG in der Sortenschutzrolle eingetragen ist. Der ausschließlichen Lizenz kommt dinglicher Charakter zu, so daß der Inhaber aus eigenem Recht gegen Verletzer vorgehen kann,[989] es sei denn, das Recht zur Verfolgung von Verletzungshandlungen ist ausgeschlossen. Bereits das Reichsgericht bejahte deshalb eine eigenständige Aktivlegitimation des Inhabers einer ausschließlichen Lizenz, soweit seine Rechte berührt werden.[990] Dieser Rechtsprechung folgt der BGH bis in die jüngste Zeit.[991]

1355 Der Inhaber einer einfachen Lizenz ist als solcher nicht aktivlegitimiert. Hier muß der Schutzrechtsinhaber bei einer Verletzungshandlung selbst klagen oder den Lizenznehmer zur Geltendmachung seiner Rechte ermächtigen oder diese Rechte abtreten. Als Ausfluß des obligatorischen Charakters einer einfachen Lizenz stehen dem einfachen Lizenznehmer nur Ansprüche gegen den Vertragspartner, nicht aber gegen Dritte zu.[992]

1356 Auch Nießbrauch- und Pfandgläubiger bzw. Pfändungspfandgläubiger können Ansprüche aus § 37 SortG geltend machen.[993] Für Pfandgläubiger und Pfändungspfandgläubiger ergibt sich dies hinsichtlich ihrer dem Pfandrecht unterliegenden Ansprüche des Schutzrechtsinhabers aus § 37 SortG durch die Anwendung der entsprechenden pfandrechtlichen Bestimmungen (§§ 1273 ff. BGB; § 803 ff., 828 ff., 857 ZPO).

b) Aufgrund eines gemeinschaftlichen Sortenschutzrechtes

1357 Die Aktivlegitimation hinsichtlich eines gemeinsamen Sortenschutzrechtes regelt Art. 104 EGSVO. Danach wird die Verletzungsklage durch den Inhaber erhoben. Wer Inhaber ist, regelt die EGSVO nicht ausdrücklich. Mittelbar ergibt sich aus Art. 22 Abs. 1a EGSVO, daß der im Register für gemeinschaftlichen Sortenschutz Eingetragene Inhaber ist. Hinsichtlich eines zum gemeinschaftlichen Sortenschutz angemeldeten Sortenschutzrechtes ist Inhaber der Antragsteller, gegebenenfalls sind es die gemeinsamen Antragsteller, Art. 50 Abs. 1c EGSVO.

1358 Art. 104 Abs. 1 S. 2 EGSVO eröffnet grundsätzlich auch dem ausschließlichen Lizenznehmer die Möglichkeit, die Verletzungsklage zu erheben, es sei denn, die Befugnis zur Erhebung der Verletzungsklage wurde durch eine Vereinbarung mit dem Inhaber des Sortenschutzrechtes ausdrücklich ausgeschlossen.

---

989 RGZ 83, 93, 94.
990 Z.B. RGZ 57, 38, 40 f.; 67, 167, 181; 83, 93, 94.
991 Vgl. u.a. zum Patentrecht BGH GRUR 1995, 338, 340 – Kleiderbügel; GRUR 1995, 591 – Wellplatten; GRUR 1992, 310 – Taschenbuch [Lizenz zum Urhebergesetz].
992 *Stumpff/Groß*, Rdn 388.
993 (RG GRUR 1937, 670, 672; *Reimer/Nastelski* § 47 Anm. 63.

Schließlich eröffnet Art. 104 Abs. 1 S. 2 EGSVO demjenigen, dem durch das Gemeinschaftliche Sortenamt gemäß den Art. 29 bzw. 100 Abs. 2 der EGSVO ein Zwangsnutzungsrecht eingeräumt wurde, die Aktivlegitimation, es sei denn, die Klagebefugnis wurde vom Amt ausgeschlossen. 1359

c) Rechtsnachfolge

Die Abtretbarkeit der Ansprüche aus § 37 SortG sowie Art. 94, 95, 97 EGSVO ist entsprechend der Patentrechtsprechung unterschiedlich zu handhaben. Der Unterlassungsanspruch gemäß § 37 Abs. 1 SortG, Art. 94, Abs. 1 EGSVO ist ohne gleichzeitige Übertragung des Sortenschutz- oder Lizenzrechts an Dritte nicht frei abtretbar. Er kann daher nur vom eingetragenen Sortenschutzinhaber oder von den oben in Rdn 1353, 1355 f. genannten Berechtigten geltend gemacht werden. Dagegen kann der Schadenersatzanspruch auch ohne das zugehörige Sortenschutz-, Lizenz-, Nießbrauchs- oder Pfandrecht frei abgetreten werden. Ein Dritter kann, wenn er ein eigenes rechtliches Interesse an der Geltendmachung des Anspruchs hat, ermächtigt werden, den Unterlassungsanspruch im eigenen Namen für Rechnung des ermächtigenden Schutzrechtsinhaber geltend zu machen. 1360

Soll der Rechtsnachfolger Schadensersatzansprüche für den Zeitraum vor Übertragung des Sortenschutzrechtes geltend machen können, bedarf es deren ausdrücklicher Abtretung.[994] Dagegen ist die Übertragung des Schutzrechtes und der damit verbundenen Ansprüche nach dem Eintritt der Rechtshängigkeit ohne Einfluß auf den Prozeß (§ 265 Abs. 2 ZPO). In diesem Fall muß der Antrag auf Verurteilung zur Leistung an den Erwerber umgestellt werden.[995] Wird er vom Erwerber ermächtigt, auch die Schadensersatzforderung weiterhin im eigenen Namen geltend zu machen, ist dies nicht erforderlich.[996] Der Auskunfts- bzw. Rechnungslegungsanspruch ist als Nebenanspruch nur zusammen mit dem Schadenersatzanspruch abtretbar. 1361

Hat zwischen der Veröffentlichung des Antrages auf Erteilung des Sortenschutzes und Erteilung desselben eine Abtretung des Anspruchs auf Erteilung des Sortenschutzrechtes stattgefunden, ist der durch § 37 Abs. 3 SortG , Art. 95 EGSVO eröffnete Anspruch für die Zeit vor der Übertragung der Anmeldung vom (späteren) Sortenschutzinhaber nur dann geltend zu machen, wenn die vor Übertragung entstandenen Ansprüche ausdrücklich mit übertragen wurden. Anderenfalls stehen die bis zu diesem Zeitpunkt entstandenen Ansprüche dem ursprünglichen Anmelder zu. 1362

d) Nachweis der Aktivlegitimation

Zwar hat die Eintragung in die Sortenschutzrolle bzw. Sortenregister keine rechtsbegründende, sondern nur eine legitimierende Wirkung.[997] Vielmehr ist für die materielle Berechtigung ausschließlich der Erteilungsbeschluß des Bundessortenamtes maßgebend. Wegen der Legitimationswirkung des Rolleneintrages ist zum Nachweis der Aktivlegitimation 1363

---

[994] BGH GRUR 1958, 288.
[995] RGZ 56, 301, 308.
[996] BGHZ 26, 31, 37.
[997] Vgl. Rdn 928.

der Eintrag des Klägers in der Sortenschutzrolle als Inhaber des Sortenschutzrechtes erforderlich, aber auch ausreichend (§ 28 Abs. 3 S. 2 SortG).[998] Gleiches gilt für das gemeinschaftliche Sortenschutzrecht. Art. 11 EGSVO bestimmt, wem die materiellen Rechte an einer neuen Sorte zustehen. Ebenso wie im nationalen Sortenschutzrecht können der materiell Berechtigte und der als Inhaber Eingetragene unterschiedlich sein. Wie im deutschen Recht kommt deshalb dem gemeinschaftlichen Sortenregister (vgl. Art. 87 EGSVO) nur deklaratorische Wirkung zu. Allerdings ist wie im deutschen Recht auch hinsichtlich des vom Kläger geltend gemachten gemeinschaftlichen Sortenschutzrechtes die Eintragung in das gemeinschaftliche Sortenregister ein widerlegbarer Nachweis zur Feststellung des ursprünglichen Inhabers der durch die Sortenschutzanmeldung und -erteilung begründeten Rechte. Für das gemeinschaftliche Sortenschutzrecht folgt dies aus Art. 104 Abs. 1 S. 1 EGSVO sowie Art. 23 Abs. 4 S. 1 EGSVO.

1364 Dritte, auf die der Sortenschutz oder Rechte aus der Sortenschutzanmeldung übertragen oder in anderer Weise übergegangen sind, können Ansprüche wegen Verletzung dieser Rechte gerichtlich deshalb nur geltend machen, wenn das Schutzrecht in der Sortenschutzrolle bzw. die Anmeldung auf den Rechtsnachfolger umgeschrieben ist. Dem nicht eingetragenen Kläger hilft daher die Glaubhaftmachung seines Rechtes mit anderen Mitteln ebensowenig, wie der Antragsgegner mit dem Bestreiten der Rechtsinhaberschaft oder der ausschließlichen Benutzungsberechtigung des noch oder fälschlicherweise eingetragenen Antragstellers gehört werden kann.[999] Die Aktivlegitimation ist deshalb durch beglaubigte Rollenauszüge nachzuweisen. § 28 Abs. 3 S. 2 SortG bzw. Art. 23 Abs. 4 S. 1 EGSVO sind nur dann nicht anzuwenden, wenn Ansprüche aus § 37 SortG, Art. 94, 95, 97 EGSVO vom tatsächlichen Rechtsinhaber gegen den in der Sortenschutzrolle eingetragenen materiellrechtlich nicht Berechtigten geltend gemacht werden.[1000] Hier muß der Kläger beweisen, daß der in der Sortenschutzrolle eingetragene Inhaber nicht Berechtigter ist und deshalb dem Kläger die Rechte aus dem Sortenschutz zustehen.

1365 Sind mehrere Personen gemeinsam Inhaber eines Sortenschutzrechtes, so kann jeder in entsprechender Anwendung des § 1011 BGB die in § 37 SortG bzw. Art. 94, 95, 97 EGSVO genannten Ansprüche gegen Dritte ohne Mitwirkung des anderen Mitinhabers selbständig geltend machen. Klagen sie gemeinsam, sind sie analog der ersten Alternative des § 62 Abs. 1 ZPO als notwendige Streitgenossen anzusehen.[1001]

1366 Im Falle des Rechtsübergangs können vom Rechtsnachfolger die dem Inhaber des Sortenschutzrechtes oder der Anmeldung zustehenden Rechte erst geltend gemacht werden, wenn der Rechtsnachfolger in das Register für Gemeinschaftliche Sortenschutzrechte eingetragen ist, Art. 23 Abs. 4 S. 1 EGSVO. Im übrigen ist auf die Ausführungen zum deutschen Recht zu verweisen.[1002]

---

998 *Jestaedt*, GRUR 1981, 153, 156.
999 *Jestaedt*, GRUR 1981, 153, 156 – FN 20; GRUR 1975, 455, 456.
1000 RG GRUR 1934, 657, 664.
1001 *Benkard/Rogge* § 139 PatG, Rdn 16 unter Hinweis auf *Stein/Jonas/Pohle*, 20. Aufl. § 62, Anm. I.1.c.
1002 Vgl. Rdn 1364.

2. Passivlegitimation

Passiv legitimiert ist der Verletzer. Dies ist derjenige, der 1367
- die dem Sortenschutzinhaber nach § 10 SortG, Art. 13 Abs. 2 EGSVO vorbehaltenen Handlungen ohne dessen Zustimmung vornimmt,
- die festgesetzte Sortenbezeichnung einer nach dem EGSVO geschützten Sorte nicht oder nicht entsprechend Art. 17 EGSVO verwendet oder
- die Sortenbezeichnung einer geschützten Sorte oder eine mit ihr verwechselbare Bezeichnung für eine andere Sorte derselben oder einer anderen Art verwendet (§ 37 Abs. 1 SortG, Art. 94 Abs. 1 EGSVO).

Verletzer ist der unmittelbare Täter, Mittäter oder Gehilfe, aber auch der Anstifter, wenn der Verletzer im Auftrage eines anderen gehandelt hat. Sie haften dem Verletzten als Gesamtschuldner (§§ 830, 840 BGB), jedoch nur, soweit sich ihre Pflicht zum Schadenersatz hinsichtlich des konkreten Verletzungsfalles und der Schadenshöhe decken.[1003] Bei Sortenschutzverletzung durch Unternehmen können neben Ansprüchen gegen das Unternehmen selbst und seine Organe auch solche gegen seine verantwortlichen Vertreter oder Mitarbeiter gegeben sein.

Bei Personengesellschaften sind Anspruchsgegner alle persönlich haftenden Gesell- 1368
schafter. Die juristischen Personen als solche sowie auch die OHG und KG haften nach § 31 BGB für Handlungen ihrer Organe. Die Haftung der unmittelbar handelnden oder unterlassenden Organe bleibt daneben bestehen.[1004] Personengesellschaften sowie juristische Personen haften auch nach § 831 BGB für ihre leitenden, nichtvertretungsberechtigten Angestellten,[1005] soweit sie nicht als Organe oder geschäftsführende Gesellschafter haften und die Sortenschutzverletzung nicht nur bei Gelegenheit begangen wurde, sondern in einem inneren Zusammenhang mit der Tätigkeit steht, die der Mitarbeiter als Verrichtungsgehilfe zu erledigen hat.[1006]

Für den Unterlassungsanspruch gilt dies immer. Soweit Schadenersatzpflicht besteht, nur 1369
dann, wenn eigenes, in mangelnder Unterweisung oder Beaufsichtigung liegendes Verschulden vorliegt.[1007] Grundlage der Haftung ist das vermutete Verschulden des Geschäftsherrn bei der Auswahl und Überwachung des Verrichtungsgehilfen.[1008] Entlastungsbeweis ist nach § 831 Abs. 1 S. 2 BGB möglich. Neben der juristischen Person und diesen insoweit gleichgestellten Personengesellschaften haften auch die gesetzlichen Vertreter bzw. vertretungsberechtigen Gesellschafter selbst auf Unterlassung und Schadenersatz, letzteres jedoch nur, wenn Verschulden vorliegt.

III. Klageanträge

Da der Verletzte zunächst in der Regel nicht weiß, welchen Umfang die Sortenschutz- 1370
verletzung hat, welche Berechnungsart zweckmäßig ist und welche Höhe der Schaden hat,

---

[1003] BGHZ 30, 203, 207 ff.
[1004] BGH VersR 1960, 421, 423.
[1005] LG Düsseldorf, GRUR 1951, 316, 317.
[1006] BGH NJW 1971, 31, 32 m.w.N.
[1007] Düsseldorf aaO.
[1008] RGZ 151, 296, 297.

wird der Unterlassungsanspruch mit dem Anspruch auf Feststellung der Schadenersatzpflicht zu verbinden und dementsprechend die Rechnungslegung zu fordern sein. In einem weiteren Verfahren wird sodann die Höhe des Schadens geltend gemacht (Betragsprozeß), nachdem Rechnung gelegt und damit die Entscheidung möglich ist, welche Berechnungsart zur Bestimmung des konkreten Schadenersatzbetrages die für den Anspruchsinhaber günstigste ist und die Bezifferung des Schadenersatzes erfolgen kann. Immer dann, wenn der Umfang der Verletzungshandlung erst über die Rechnungslegung bestimmbar ist, ist grundsätzlich nur die Feststellung der Schadenersatzpflicht zu begehren, die Bezifferung des Schadens jedoch dem nachfolgenden Verfahren vorzubehalten.

1371 Bei der gerichtlichen Durchsetzung des Unterlassungsanspruches muß der Unterlassungsantrag der konkreten Verletzungsform angepaßt sein. Er muß eindeutig zum Ausdruck bringen, welche Verletzungshandlungen vom Gericht untersagt werden sollen. Dafür genügt es nicht, einen Antrag zu stellen, wonach der Beklagte verurteilt werden soll, die den Sortenschutzinhaber nach § 10 SortG oder Art. 13 EGSVO vorbehaltenen, das Klageschutzrecht verletzenden Handlungen zu unterlassen. Der Klageantrag muß vielmehr die Verletzungsform, das heißt das Vermehrungsmaterial bzw. die Pflanzen oder Pflanzenteile, die zu erzeugen bzw. zu vertreiben dem Beklagten untersagt werden soll, zumindest nach ihren mit dem Klagesortenschutzrecht übereinstimmenden Merkmalen näher beschreiben. Es genügt dabei nicht, in den Unterlassungsantrag lediglich die wesentlichen, in die Sortenschutzrolle eingetragenen wichtigen Merkmale des Klagesortenschutzrechts aufzunehmen. Die bloße Wiedergabe der dem Erteilungsbeschluß zugrundeliegenden Merkmale der geschützten Sorte, wie diese in der Sortenbeschreibung festgehalten sind, ist jedoch ausreichend, wenn die Verletzungsform damit deutlich genug bezeichnet wird.[1009] Diese Möglichkeit wird aber nur dann eröffnet sein, wenn sich das Unterlassungsbegehren gegen identische Pflanzen oder Pflanzenmaterial der geschützten Sorte richtet, das von einem Dritten unrechtmäßig erzeugt oder ohne Zustimmung des Sortenschutzinhabers oder einem sonstigen Berechtigten in den freien Warenverkehr abgegeben wurde.

1372 Der Unterlassungsantrag muß die Verletzungsform so genau wie möglich beschreiben und zwar auch mit ihren ökologisch bedingten, geringfügigen Abweichungen vom Klagesortenschutzrecht bzw. Besonderheiten, wie sie bei Varianten ohne eigenen Wert vorkommen, die aber immer noch als zur geschützten Sorte zugehörig angesehen werden müssen.[1010] Die Urteilsformel ist entsprechend dem Klageantrag zu fassen. Die Entscheidung, ob eine bestimmte Verletzungsform unter den Schutzumfang der im Klagesortenschutzrecht erfaßten Sorte fällt oder nicht, ist vom Verletzungsgericht zu treffen und darf nicht in die Vollstreckungsinstanz verlegt werden. Das entsprechende Urteil muß klar die Grenzen der Rechtskraft, insbesondere für die Zwangsvollstreckung, erkennen lassen.[1011] Der Klageantrag muß deshalb einen vollstreckungsfähigen, genauen Inhalt haben.[1012] § 253 Abs. 2 Ziff. 2 ZPO bestimmt zwingend („muß enthalten"), daß die Klageschrift unter anderem die bestimmte Angabe des Streitgegenstandes enthalten muß. Verallgemeinerungen sind allerdings in gewissem Umfang möglich und können sogar zweckmäßig sein.[1013]

1009 So bereits RG GRUR 1935, 36, 39 zum Klageantrag in einer Patentstreitsache.
1010 *Wuesthoff*, GRUR 1975, 12, 14; *Hesse* GRUR 1975, 455, 458.
1011 BGH NJW 1994, 3103 m.w.N.
1012 BGH NJW 1994, 246.
1013 Vgl. hierzu insbesondere *Teplitzky*, Kap. 51.

Liegt bei der Verletzung nur eine der Benutzungsarten vor, die gemäß § 10 bzw. Art. 13 1373
EGSVO dem Sortenschutzinhaber vorbehalten ist, so kann gleichwohl der Kläger alle Benutzungsarten in seinen Unterlassungsantrag einbeziehen, also sowohl Erzeugung und Vorrätighalten als auch Vertrieb von Vermehrungsmaterial der geschützten Sorte, wenn eine einzige Verletzungshandlung die Besorgnis begründet, daß der Beklagte gegen alle dem Sortenschutzinhaber vorbehaltenen weiteren Benutzungsarten verstoßen könnte (Begehungs- und Beeinträchtigungsgefahr). Nur dann, wenn aufgrund der tatsächlichen Verhältnisse beim Beklagten eine bestimmte Verletzungsform nicht möglich ist, ist diese vom Antrag auszuschließen. Dies ist z.B. bei einer Handelsfirma gegeben, die weder eigene noch angemietete Vermehrungsanlagen hat.

Soweit die Verpflichtung zu Schadenersatz- und Rechnungslegung zu vor der deutschen 1374
Einheit (3.10.1990) erteilten Sortenschutzrechten auch vor dem 1.5.1992 (in Kraft treten des ErstG) begangenen Handlungen erfassen soll, ist klarzustellen, daß diese für den Bereich der Bundesrepublik Deutschland in den Grenzen vor dem 3.10.1990 einschließlich Westberlin (bei westdeutschen Anmeldungen) oder (auch) für das Beitrittsgebiet (nach altem DDR-Recht) geltend gemacht wird. Gleiches gilt für den rückwirkenden Vergütungsanspruch gemäß § 37 Abs. 3 SortG.

Mit dem Unterlassungsantrag wird regelmäßig die Androhung von Ordnungsgeld und/ 1375
oder Ordnungshaft für jeden Fall der Zuwiderhandlung gegen das Unterlassungsgebot verbunden, um diesem mehr Gewicht zu verschaffen. Ist dies unterblieben und daher in der Urteilsformel keine Strafandrohung enthalten, so muß sie nach einem entsprechenden Antrag durch Beschluß des erstinstanzlichen Gerichts ausgesprochen werden (vgl. § 890 Abs. 2 ZPO). Das einzelne Ordnungsgeld ist gemäß § 890 Abs. 1 ZPO auf DM 500.000,— und die Ordnungshaft auf insgesamt zwei Jahre beschränkt. Folgende Fassung der Klageanträge hat sich in Anlehnung an die Praxis im Patentrecht als empfehlenswert herausgebildet:

„Es wird beantragt: 1376

I. Den Beklagten zu verurteilen;

1. es bei Meidung eines vom Gericht für jeden Fall der Zuwiderhandlung festzusetzenden Ordnungsgeldes bis zu DM 500.000,—, ersatzweise Ordnungshaft bis zu sechs Monaten, oder einer Ordnungshaft bis zu sechs Monaten, im Falle mehrfacher Zuwiderhandlung bis zu zwei Jahren, zu unterlassen (genaue Beschreibung der Merkmale des angegriffenen Verletzungsmaterials), gewerbsmäßig in den Verkehr zu bringen, zur Abgabe vorrätig zu halten, anzubieten, an andere abzugeben oder zu diesen Zwecken zu vermehren,

2. dem Kläger Auskunft über die Herkunft und den Vertriebsweg des unter Ziffer I. beschriebenen Pflanzenmaterials zu erteilen, insbesondere unter Angabe der Namen und Anschriften der Hersteller, Lieferanten und anderer Vorbesitzer, der gewerblichen Abnehmer oder Auftraggeber sowie unter Angabe der Menge des hergestellten, ausgelieferten, erhaltenen oder bestellten Pflanzenmaterials,

3. dem Kläger gegenüber den Umfang der unter Ziffer I.1 beschriebenen und seit dem (Datum der Sortenschutzerteilung) begangenen Handlungen Rechnung zu legen und zwar unter Vorlage eines Verzeichnisses unter Angabe der Herstellungsmengen und Herstellungszeiten, der einzelnen Lieferungen, der Gestehungskosten mit Angabe der einzelnen Kostenfaktoren sowie des erzielten Gewinns sowie unter Angabe der einzelnen Angebote und der Werbung unter Nennung der Angebotsmengen, Angebotszeiten, Angebotspreise und Namen und Anschriften der Angebotsempfänger der einzelnen Werbeträger, deren Auflagenhöhe, Verbreitungszeitraum, Verbreitungsgebiet;

II. festzustellen, daß der Beklagte verpflichtet ist, dem Kläger allen Schaden zu ersetzen, der ihm durch die unter Ziffer I.1. beschriebenen und seitdem (Zeitpunkt der Veröffentlichung der Sortenschutzerteilung plus 4 Wochen) begangenen Handlungen entstanden ist und noch entsteht;

III. dem Beklagten die Kosten des Rechtsstreits aufzuerlegen;

IV. das Urteil – gegebenenfalls gegen Sicherheitsleistung (Bank- oder Sparkassenbürgschaft) – für vorläufig vollstreckbar zu erklären; notfalls dem Kläger zu gestatten, die Zwangsvollstreckung durch Sicherheitsleistung (Bank- oder Sparkassenbürgschaft) abzuwenden."

1377 Gegebenenfalls sind weitere Anträge zum Beispiel auf Vernichtung (§ 37a) in die Klageschrift mitaufzunehmen. Andererseits mag auch eine engere oder gar noch weitere Fassung der Anträge angebracht sein.

1378 Für Klageänderungen gelten die §§ 263, 267 bis 270 ZPO. Keine Klageänderung ist jedoch der Übergang von der Feststellungs- oder Rechnungslegungsklage zur Zahlungsklage, § 264 Nr. 2 ZPO. Der Klageantrag ist dann entsprechend umzustellen.

IV. Beweisfragen

1379 Von besonderer Bedeutung für die Geltendmachung von Verletzungsansprüchen ist die Behauptungs- und Beweislast. Hier liegen die Hauptschwierigkeiten im Sortenschutzverletzungsprozeß. Der ausreichende Beweisantritt hat die gleiche fundamentale Bedeutung für den Erfolg einer Verletzungsklage wie die hinreichende Substantiierung des Sachverhalts.

1. Behauptungs- und Beweislast

1380 Für das Verletzungsverfahren in Sortenschutzangelegenheiten gelten die allgemeinen zivilprozessualen Regeln. Jede Partei hat die tatsächlichen Umstände, welche die Anwendung einer ihr günstigen Rechtsnorm rechtfertigen, zu behaupten und im Bestreitensfall zu beweisen. Der Kläger trägt die Behauptungs- und Beweislast für die klagebegründenden Tatsachen, die Entstehung, den Bestand, die Inhaberschaft und den Inhalt des Schutzrechts, die Verletzungshandlung, das Verschulden und die Schadenshöhe, wobei ihm die zahlreichen, in der ZPO vorgesehenen Beweiserleichterungsregelungen zugute kommen. Der Beklagte hat die rechtshindernden, rechtsvernichtenden und rechtshemmenden Umstände, etwa Veränderungen der Schutzrechtslage, Erschöpfung, eigene Benutzungsrechte, geringes Verschulden usw. zu behaupten und zu beweisen.[1014]

1381 Aufgrund dieser Behauptungs- und Beweislastverteilung muß der Kläger in der Klage schlüssig vortragen und unter Beweis stellen, daß das Recht aus einem existenten oder existent gewesenen Sortenschutz, das er geltend zu machen berechtigt ist, vom Beklagten verletzt wird bzw. verletzt worden ist oder daß der Beklagte entgegen § 14 Abs. 3 SortG bzw. Art. 18 Abs. 3 EGSVO die Sortenbezeichnung einer geschützten Sorte oder einer mit ihr verwechselbaren Bezeichnung benutzt (§ 37 Abs. 1 Nr. 2 SortG bzw. Art. 94 Abs. 1c,

---

1014 *Jestaedt*, GRUR 1982, 599.

EGSVO). Das bedeutet im einzelnen, daß der Kläger schlüssig darlegen und im Falle des Bestreitens seitens des Beklagten beweisen muß,

a) daß das Klagesortenschutzrecht besteht bzw. im Verletzungszeitpunkt bestanden hat und welchen Inhalt es hat;

b) daß der Beklagte das Klagesortenschutzrecht verletzt, das heißt, daß er die dem Sortenschutzberechtigten aufgrund des § 10 S. 1 SortG bzw. Art. 13 1a)–g) vorbehaltenen Benutzungshandlungen ohne dessen Zustimmung vornimmt oder vorgenommen hat;

c) im Falle des § 14 Abs. 3 SortG bzw. Art. 18 Abs. 3 EGSVO, daß der Beklagte die Sortenbezeichnung einer in der BRD bzw. einem Mitgliedstaat oder in einem anderen Verbandsstaat geschützten Sorte oder einem mit dieser verwechselbaren Bezeichnung für eine andere Sorte derselben oder anderen Art unbefugt benutzt oder benutzt hat;

d) im Falle der Geltendmachung von Schadenersatz gemäß § 37 Abs. 2 SortG bzw. Art. 94 Abs. 2 EGSVO, daß die widerrechtliche Benutzung durch den Beklagten schuldhaft (vorsätzlich oder fahrlässig) erfolgt ist.

zu a) Bestand des Klagesortenschutzrechtes

Der Bestand und der wesentliche Inhalt des nationalen Klagesortenschutzrechtes ergeben sich aus der Sortenschutzrolle (§ 28 SortG) oder aus den entsprechenden Bekanntmachungen des Bundessortenamts im Bl.f.S und der Sortenbeschreibung. Hinsichtlich des gemeinschaftlichen Sortenschutzes ergibt sich der Bestand und der wesentliche Inhalt des Klagesortenschutzrechtes aus dem gemeinschaftlichen Sortenregister (Art. 87 EGSVO i.V.m. Art. 78 DVO) oder aus den entsprechenden Veröffentlichungen im Amtsblatt des Gemeinschaftlichen Sortenamtes (Art. 89 EGSVO i.V.m. Art. 78 DVO) sowie der Sortenbeschreibung des entsprechenden Sortenschutzrechtes. 1382

Durch Vorlage eines Rollenauszuges oder einer Kopie der entsprechenden Bekanntmachung des Bundessortenamts im Bl.f.S bzw. im Amtsblatt des Gemeinschaftlichen Sortenamtes sowie eines Nachweises über die jeweils jährliche Verlängerung des Klageschutzrechtes kann der Nachweis über die Existenz des Klagesortenschutzrechtes bewiesen werden. Der Inhalt des Klagesortenschutzrechtes wird bestimmt durch die Sortenbeschreibung, wie sie dem Erteilungsbeschluß des Bundessortenamts bzw. des Gemeinschaftlichen Sortenamtes zugrundeliegt. Auch eine Kopie des Erteilungsbeschlusses zusammen mit den Verlängerungsbestätigungen des Bundessortenamts bzw. der entsprechenden Veröffentlichungen im Bl.f.S bzw. im Amtsblatt des Gemeinschaftlichen Sortenamtes reichen aus, Inhalt und Existenz des Klagesortenschutzrechtes zu beweisen. Denkbar ist auch die Beiziehung der Erteilungsakten des Bundessortenamtes[1015] bzw. des Gemeinschaftlichen Sortenamtes. Diese Beweisführung ist aber wegen der dadurch bedingten Verfahrensverzögerungen nicht vorteilhaft. Es kann jedoch geboten sein, die Erteilungsakten beizuziehen, nämlich dann, wenn die aus der Sortenschutzrolle bzw. dem Sortenregister ersichtlichen Merkmale des Klagesortenschutzrechts nicht ausreichen, um dessen Inhalt, das heißt Umfang des Verbotsrechts im Hinblick auf das angegriffene Pflanzenmaterial zu ermitteln und festzulegen. Eines weitergehenden Nachweises über die Rechtsbeständigkeit des Klagesortenschutzrechtes durch den Kläger bedarf es nicht. Vielmehr ist der Verletzungsrichter an die Tatsache der Erteilung 1383

1015 *Hesse* GRUR 1974, 456.

des Schutzrechtes gebunden. Er hat das Schutzrecht grundsätzlich so hinzunehmen, wie es erteilt ist.[1016] Für das Gemeinschaftliche Sortenschutzrecht regelt dies die VO ausdrücklich in Art. 105.

zu b) Verletzung des Klagesortenschutzrechtes

1384 Der Kläger muß behaupten und beweisen, daß das angeblich schutzrechtsverletzende Material Pflanzenmaterial des Beklagten ist und die damit vorgenommenen Benutzungshandlungen in den gemäß § 10 SortG bzw. Art. 13 EGSVO dem Züchter bzw. Sortenschutzinhaber vorbehaltenen Benutzungsbereich fallen. Der Kläger muß substantiiert darlegen und unter Beweis stellen, daß der Beklagte Vermehrungsmaterial der geschützten Sorte erzeugt, für Vermehrungszwecke aufbereitet, in den Verkehr gebracht, ein- oder ausgeführt oder zu einem der genannten Zwecke aufbewahrt (hat) oder Verwertungshandlungen mit sonstigen Pflanzen und Pflanzenteilen oder hieraus unmittelbar gewonnenen Erzeugnissen vornimmt, die aus Vermehrungsmaterial hervorgegangen sind, das ohne Zustimmung des Sortenschutzinhabers erzeugt wurde und der Sortenschutzinhaber keine hinreichende Gelegenheit hatte, sein Sortenschutzrecht bezüglich Pflanzen, Pflanzenteile oder Erzeugnisse geltend zu machen. Entsprechendes gilt auch dann, wenn es sich nicht um Pflanzenmaterial und hieraus gewonnene Erzeugnisse einer geschützten Sorte handelt, sondern um solche, die als im wesentlichen abgeleitet im Sinne des § 10 Abs. 2 SortG bzw. Art. 13 Abs. 5 und 6 der EGSVO zu werten sind.

1385 Es reicht jedoch nicht aus, daß der Kläger Handlungen des Beklagten beweist, welche gemäß § 10 S. 1 SortG bzw. Art. 13 Abs. 2 EGSVO dem Sortenschutzinhaber vorbehalten sind. Er muß vielmehr beweisen, daß das Material, das Gegenstand solcher Handlungen war oder ist, in den Schutzbereich des Klagesortenschutzrechtes fällt. Der Schutzbereich wird bestimmt durch die Sortenbeschreibung, welche Gegenstand des Erteilungsbeschlusses[1017] ist und die geschützte Sorte charakterisiert. Zudem muß er diejenigen Abweichungen dieser dort festgehaltenen charakteristischen Merkmale beschreiben, die im Rahmen der zu tolerierenden Variationen liegen,[1018] soweit diese angesichts des Verletzungsmaterial relevant sind.

1386 Dieser Darlegungs- und Beweislast Genüge zu leisten, verursacht dann keine Schwierigkeiten, wenn feststellbar ist, daß es sich bei dem angeblich verletzenden Material um solches handelt, welches die identischen Merkmale der geschützten Sorte aufweist.

1387 Oft wird jedoch das beanstandete Pflanzenmaterial nicht in allen Einzelheiten die in der Sortenbeschreibung enthaltenen Merkmale identisch aufweisen. Für eine wirksame Verteidigung des Beklagten reicht es dann aus, wenn dieser einwendet, das angegriffene Pflanzenmaterial sei nicht Vermehrungsmaterial der geschützten Sorte oder sei nicht aus solchem Material hervorgegangen, sondern beruhe vielmehr auf einer eigenständigen Züchtung.[1019] Mit einem derartigen Einwand ist in der Regel dann zu rechnen, wenn das angegriffene

---

1016 Vgl. u.a. BGH GRUR 1950, 449 – Tauchpumpensatz; GRUR 1970, 237 – Appetitzügler II; *Nirk* in FS 10 Jahre BPatG, 85.
1017 BGH GRUR 1967, 419 ff. – Favorit; Jestaedt GRUR 1982, 579.
1018 BPatG E 11, 179, 182 = GRUR 1971, 182 = GRUR 1971, 151.
1019 OLG Frankfurt Mitt. 1982, 212.

Pflanzenmaterial im Vergleich zur geschützten Sorte Merkmalsunterschiede aufweist. In der Vergangenheit war der Sortenschutzinhaber gezwungen darzulegen, daß diese Unterschiede nicht auf einer Mutation oder auf einer Weiterzüchtung beruhen, sondern auf besonderen ökologischen Gegebenheiten oder auf andere äußere Einflüsse zurückzuführen ist. Insoweit handelt es sich nicht nur um die Frage, wie weit der Schutzbereich des Klagerechts zu ziehen ist, sondern um die tatsächliche Frage, ob bei dem angegriffenen Pflanzenmaterial das Ergebnis einer Mutation oder einer eigenständigen Züchtung vorliegt oder tatsächlich Material der geschützten Sorte benutzt wurde.[1020]

Diese für den Sortenschutzberechtigten erheblichen Beweisschwierigkeiten werden durch die Neuregelung des § 10 Abs. 2 SortG und die entsprechende Regelung in Art. 13 Abs. 5 EGSVO, die die Wirkungen des Sortenschutzes auch auf im wesentlichen abgeleitete Sorten erstrecken und damit die in § 37 SortG bzw. Art. 13 Abs. 2 EGSVO genannten Handlungen auch hinsichtlich einer im wesentlichen abgeleiteten Sorte unterwerfen, nicht mehr in dem Umfange auftreten wie in der Vergangenheit. Da § 10 Abs. 2 SortG bzw. Art. 13 Abs. 5 und 6 EGSVO den Rahmen definieren, innerhalb dessen eine Sorte als im wesentlichen abgeleitet und deshalb in den Schutzbereich des Ausgangssorten fallend zu gelten hat, wird der von dem in der Regel heranzuziehenden Sachverständigen anzuwendende Beurteilungsspielraum konkreter gefaßt, als dies nach der alten Rechtslage der Fall war. Dort bestand die Gefahr, daß diese sich an der Erteilungspraxis des Bundessortenamts orientierten. Für eine Sorte, welche die Mindestabstände zu den bereits bekannten Sorten einhielt, konnte unter der Geltung des SortG 85 für jede Sorte, die sich hinreichend von einer anderen unterschied, ein unabhängiger Schutz erteilt werden. Da nach der alten Rechtslage eine Abhängigkeit einer solchen Sorte von der Ausgangssorte nicht vorgesehen war, konnte die neue geschützte Sorte kaum in den Schutzbereich einer alten geschützten Sorte fallen. Zwar ist die Frage, wann für eine neue Sorte Schutz erteilt werden kann, davon zu trennen, welche Voraussetzungen eine neue Sorte erfüllen muß, um in den Schutzbereich eines prioritätsälteren Sortenschutzrechtes zu fallen. Diese zuletzt gestellte Frage, die von der Bestimmung des Schutzbereiches abhängt, ist ausschließlich durch den Verletzungsrichter zu bestimmen. Aufgrund der fehlenden Abhängigkeit nach dem alten Sortenschutzrecht wurde die Bestimmung des Schutzumfanges durch den Verletzungsrichter maßgeblich dadurch beeinflußt, welcher Abstand einer neuen Sorte als ausreichend von den zuständigen Erteilungsbehörden angesehen wurde, um für die betreffende Pflanze Sortenschutz zu gewähren. Das deutsche Sortenschutzrecht geht bei der Bestimmung des Schutzumfanges wie das UPOV-Übereinkommen von der botanischen Unterscheidbarkeit aus. Damit war eine Wertung vorgegeben, die auch vom Verletzungsrichter zu berücksichtigen war.[1021] War eine angebliche Verletzersorte wegen hinreichender Unterscheidbarkeit zur verletzenden Sorte schutzfähig, konnte sie nicht mehr in den Schutzbereich der angeblich verletzten Sorte fallen.

Zu beweisen hat der Kläger auch, daß der Beklagte entweder Vermehrungsmaterial der geschützten Sorte erzeugt oder damit eine der in § 10 Abs. 1 Ziff. 1 SortG, Art. 13 Abs. 2 EGSVO genannten Handlungen vorgenommen hat oder Pflanzen oder Pflanzenteile erzeugt und für Vermehrungszwecke aufbereitet, in den Verkehr bringt, ein- oder ausführt oder zu einem dieser Zwecke aufbewahrt. Gegebenenfalls muß der Kläger auch beweisen, daß derjenige, der pflanzliche Erzeugnisse, die unmittelbar aus verletzendem Material gewonnen

---

1020 *Hesse* GRUR 1975, 455, 458.
1021 Zur bisherigen Gesetzeslage und der dadurch bedingten Beweisprobleme siehe *Wuesthoff/Leßmann/Wendt*, Kommentar, § 37 Rdn 63–69.

wurden, anbietet, zur Abgabe vorrätig hält, feilhält, an andere verkauft, ein- oder ausführt, aber auch für Vermehrungszwecke aufbereitet sowie solche Erzeugnisse zu einem der genannten Zwecke aufbewahrt. In den meisten Fällen werden sich aus der Art und den Umständen der Erzeugung, des Vertriebs, dem Charakter des Betriebs des Verletzers sowie der Beschaffenheit seines Abnehmerkreises ausreichende Schlüsse daraus ziehen lassen, daß es sich um Verletzungsgut handelt, mit dem sich der Beklagte beschäftigt. Indiztatsachen dieser Art hat der Kläger in vollem Umfange zu behaupten und zu beweisen.[1022]

1390 Ein Vollbeweis wird in Sortenschutzangelegenheiten sehr selten gelingen. Vielmehr wird der Kläger auf den Beweis des ersten Anscheins angewiesen sein. Hierbei handelt es sich nicht um ein besonderes Beweismittel, sondern um den Einsatz von Sätzen der allgemeinen Lebenserfahrung bei der Überzeugungsbildung im Rahmen der freien Beweiswürdigung gemäß § 286 ZPO. Mit Hilfe der allgemeinen Lebenserfahrung können konkrete Indizien die tatsächlichen Schwierigkeiten bei der Beweisführung überbrücken. Die anzuwendenden Erfahrungssätze müssen aber geeignet sein, die volle Überzeugung des Gerichts von der Wahrheit einer Tatsachenbehauptung zu begründen.[1023] Der Beweispflichtige muß die Tatumstände darlegen, die nach der Lebenserfahrung auf eine bestimmte Ursache oder einen bestimmten Ablauf hinweisen.[1024] Es ist dann Sache des Beklagten, wenn er den Beweis des ersten Anscheins entkräften will, einen vom typischen Geschehensablauf abweichenden (atypischen) Verlauf darzulegen und unter Beweis zu stellen. Der Anscheinsbeweis stellt keine Umkehr der Beweislast dar, sondern liegt auf dem Gebiet der Erfahrungssätze sowie der Beweiswürdigung begründet. Er ist lediglich in den genannten Fällen Beweisanzeichen dafür, daß eine bestimmte Person ein Sortenschutzrecht verletzt hat.

1391 Nach § 37 Abs. 1 Nr. 2 SortG bzw. Art. 13 Abs. 2 und 3 EGSVO wird der Schutzumfang einer geschützten Sorte über das Vermehrungsmaterial hinaus auch auf sonstige Pflanzen- und Pflanzenteile in Übereinstimmung mit der in Art. 14 Abs. 3 des UPOV-Übereinkommens genannten Option auch auf das aus unrechtmäßig erzeugtem Pflanzenmaterial unmittelbar gewonnene Erzeugnis ausgedehnt. Erfaßt werden damit Erzeugnisse, die aus einer unlizenzierten Vermehrung hervorgegangen sind. Dies ist beispielsweise bei der Einfuhr von Enderzeugnissen aus nicht lizenzierter Auslandsvermehrung der Fall.[1025] Im deutschen Gesetz wurde in Übereinstimmung mit dem UPOV-Übereinkommen der Begriff „Erntegut" durch die Worte „sonstige Pflanzen oder Pflanzenteile" ersetzt. Es handelt sich dabei auch um Pflanzen oder Pflanzenteile für Konsumzwecke, wie beispielsweise Samen von Getreide, Speisekartoffeln, Topfpflanzen, Verzehrzwecke, Schnittblumen und Obst.[1026]

1392 Die Erstreckung des Schutzumfanges auf sonstige Pflanzen oder Pflanzenteile und daraus unmittelbar gewonnene Erzeugnisse ist allerdings nur dann wirksam, wenn es sich um Pflanzenmaterial handelt, das ohne Zustimmung des Sortenschutzinhabers erzeugt wurde und hinsichtlich dessen somit seine Rechte aus dem Sortenschutz noch nicht erschöpft sind. Gleiches gilt für Erntegut, das aus Pflanzenmaterial erzeugt wurde, hinsichtlich dessen Erzeugung nicht die Zustimmung des Sortenschutzinhabers vorlag. Insoweit hatte der Sortenschutzinhaber noch keine Gelegenheit, die mit dem Sortenschutzrecht verbundene Partizipierung des Züchters/Sortenschutzinhabers an der Auswertung seines Züchtungsergebnisses

---

[1022] *Hesse* GRUR 1975, 458.
[1023] BGH NJW 1998, 79, 81 m.w.N.
[1024] BGH NJW 1995, 67; BPatG GRUR 91, 822.
[1025] Vgl. BT-Drs. 72/97, S. 21.
[1026] Vgl. BT-Drs. 72/97, S. 21.

zu realisieren. Um jedoch den Sortenschutzinhaber zu veranlassen, seine Lizenzgebühren zum frühestmöglichen Zeitpunkt, nämlich auf der Vermehrungsstufe zu erheben, sehen in Entsprechung der in Art. 14 Abs. 2 und 3 des UPOV-Übereinkommens vorgegebenen Kaskadenlösung § 10 Abs. 1 Nr. 2 SortG sowie Art. 13 Abs. 3 EGSVO vor, daß sich der Schutzumfang auf Erntegut nur dann erstreckt, wenn der Sortenschutzinhaber auf der jeweils vorhergehenden Stufe (dem Vermehrungsmaterial oder den sonstigen Pflanzen oder Pflanzenteilen) keine Gelegenheit hatte, sein Recht geltend zu machen. Bei einer Erhebung auf den folgenden Stufen wird der Sortenschutzinhaber allerdings nur auf Einrede des angeblichen Verletzers den Beweis zu führen haben, daß es ihm nicht möglich war, auf der jeweils vorhergehenden Stufe das Sortenschutzrecht geltend zu machen.

zu c) Verstoß gegen § 14 Abs. 3 SortG bzw. Art. 18 Abs. 3 EGSVO

Bei der Verfolgung eines solchen Verstoßes hat der Sortenschutzinhaber darzulegen und unter Beweis zu stellen, daß   1393
- die Sortenbezeichnung einer in der BRD bzw. in einem anderen Vertragsstaat geschützten Sorte bzw. die Sortenbezeichnung einer in der Europäischen Union oder in einem Mitgliedstaat
- von einem dazu nicht berechtigten Dritten im Geltungsbereich des SortG bzw. der EGSVO identisch oder in einer verwechselbaren Form
- für eine andere Sorte derselben oder einer verwandten Art verwendet wurde oder wird.

Der Nachweis der kollidierenden Sortenbezeichnung wird in der Regel durch Vorlage   1394
entsprechender Verwendungsbeispiele, wie Etiketten, Werbung etc. erfolgen. Gegebenenfalls wird der entsprechende Beweis mangels entsprechender Unterlagen durch Zeugen zu erbringen sein.

Bei der Frage der Verwechselbarkeit werden die tatsächlichen Umstände zwar eine Rolle   1395
spielen. Die Frage der Verwechselbarkeit ist jedoch eine Rechtsfrage.[1027] Es ist deshalb unerheblich, ob der Anspruchsberechtigte bereits vorgekommene Verwechslungen nachweisen kann.

Ob es sich bei den Pflanzen der anderen Sorte um solche derselben oder einer verwandten   1396
Art handelt, läßt sich unter Bezugnahme auf die in Bl.f.S 1988, 163 ff. abgedruckte Klassenliste (Anlage zu den UPOV Empfehlungen für Sortenbezeichnungen vom 6. Oktober 1987) darlegen, in der gemäß der Bekanntmachung des Bundessortenamts Nr. 3/88 Ziff. 1 alle im Sinne des SortG verwandten Arten in jeweils einer Klasse zusammengefaßt sind.

zu d) Verschulden und Schadenersatz

Das für die Geltendmachung von Schadenersatz erforderliche Verschulden des in Anspruch   1397
genommenen Verletzers wird in dem auch hier anwendbaren Beweis des ersten Anscheins (prima facie-Beweis) bei gewerblich handelnden Benutzern regelmäßig angenommen und bedarf keiner Darlegung weiterer Tatumstände.

1027 Vgl. zur gleichen Problematik zum Kennzeichnungsrecht u.a. *Fezer*, § 14, Rdn 33 ff.; anders noch *Wuesthoff/Leßmann/Wendt*, Kommentar, § 37 Rdn 74.

1398   Hinsichtlich des Nachweises der Höhe des dem Sortenschutzinhaber entstandenen und von ihm geltend zu machenden Schadens werden aufgrund der dargestellten Wahlmöglichkeiten in den Berechnungsarten keine Beweisschwierigkeiten auftreten. Zur Bezifferung des Schadens werden nach Erfüllung des Auskunftsanspruches die zur Bestimmung des Schadens erforderlichen Tatsachen regelmäßig vorliegen. Sollte dies nicht der Fall sein, so kann die Höhe des Schadenersatzes gemäß § 287 ZPO vom Gericht geschätzt werden.

1399   Eine Schätzung wird auch in den Fällen des § 37 Abs. 2 S. 2 SortG bzw. Art. 94 Abs. 2 S. 2 EGSVO in Betracht kommen, da der Anspruchsinhaber zwar regelmäßig seinen Schaden darlegen können wird (meist die entgangene Lizenzgebühr), nicht jedoch den Vorteil, den der Verletzer durch die verletzende Handlung erzielt hat.

1400   Werden vom Sortenschutzinhaber Ansprüche gemäß § 37 Abs. 3 SortG bzw. Art. 95 EGSVO auf Zahlung einer angemessenen Vergütung für Benutzungshandlungen geltend gemacht, die zwischen der Bekanntmachung des Sortenschutzantrages und der Erteilung des Sortenschutzes erfolgt sind, so dürfte es genügen, wenn er darlegt, welche Lizenzgebühren der Benutzer für seine Benutzungshandlungen hätte abführen müssen, um die Höhe der Vergütung zu begründen. Auch hier wird das Gericht gemäß § 287 ZPO die angemessene Vergütung unter Berücksichtigung der üblichen Lizenzgebühren schätzen müssen.

V. Beweissicherung

1. Beweissicherung gemäß §§ 485 ff. ZPO

1401   Von besonderer Bedeutung ist das Beweissicherungsverfahren gemäß §§ 485 ff. ZPO, wenn die Besorgnis besteht, daß Beweismittel verlorengehen oder absichtlich beseitigt werden bzw. ihre Benutzung im Rahmen einer späteren Verletzungsklage erschwert wird. Die jeweils erforderliche Sicherungsmaßnahme kann in jedem Stadium des Verfahrens durchgeführt werden. Da grundsätzlich die Gefahr besteht, daß Verletzungsmaterial beseitigt oder vernichtet wird, um so den Nachweis der Zugehörigkeit des Vermehrungsmaterials bzw. dieser Pflanzen zu der geschützten Sorte zu verhindern oder den Umfang der Verletzung zu verschleiern, kann es angeraten sein, bereits vor Abmahnung des angeblichen Verletzers ein entsprechendes Verfahren durchzuführen.

a) Durchführung des Verfahrens

1402   Für die Durchführung der Beweissicherung ist in noch nicht rechtshängigen Verletzungsfällen gemäß § 486 Abs. 2 ZPO das Gericht zuständig, das nach dem Vortrag des Antragstellers zur Entscheidung in der Hauptsache berufen wäre. Ist bereits ein Rechtsstreit anhängig, so ist der Antrag bei dem Gericht zu stellen, bei dem das Verfahren in der Hauptsache läuft. In dringenden Fällen kann der Antrag auf Beweissicherung auch bei dem Amtsgericht gestellt werden, in dessen Bezirk der betreffende Zeuge wohnt oder wo der Verletzungsgegenstand sich befindet.

1403   Im Gesuch auf Durchführung der Beweissicherung müssen gemäß § 487 ZPO der Gegner sowie das Beweisthema und Beweismittel angegeben werden. Zudem muß der Sicherungsgrund glaubhaft gemacht werden. Der Gegner ist gemäß § 491 Abs. 1 ZPO unter Zustellung des Beweisbeschlusses nebst einer Abschrift zum Gesuch des Beweisaufnahmetermins so rechtzeitig zu laden, daß er im Termin seine Rechte wahrnehmen kann. Die Ladung des Gegners ist aber nur erforderlich, „sofern es nach den Umständen des Falles geschehen kann". Dies ist zu verneinen, wenn der Gegner überrascht werden muß. Die Beweisaufnahme kann auch bei Nichtbefolgung des § 491 Abs. 1 ZPO durchgeführt werden (§ 491 Abs. 2 ZPO). Die Kosten des Beweissicherungsverfahrens gehören zu den Prozeßkosten, auch wenn das Verletzungsurteil darüber keinen besonderen Ausspruch enthält.

Die praktische Durchführung der Beweissicherung durch Inaugenscheinnahme scheitert 1404 nach den in der Praxis gesammelten Erfahrungen allerdings nur zu oft daran, daß der Verletzer die Beweismittel, das heißt die von ihm widerrechtlich vermehrten Pflanzen bzw. das entsprechende Vermehrungsmaterial unmittelbar nach seiner gemäß § 491 ZPO vorgesehenen Ladung zur Beweisaufnahme von Anbauquartieren entfernt und verkauft, diese also rodet oder das Beweismaterial, wenn zum Verkauf keine Gelegenheit mehr besteht, an einen unbekannten Ort verbringt oder gar vernichtet. Um dies zu verhindern, ist zu empfehlen, vor einem Beweissicherungsantrag einen Antrag auf Erlaß einer einstweiligen Verfügung gemäß § 935 ZPO zu stellen, insbesondere dann, wenn zu befürchten ist, daß der Gegner gem. § 491 ZPO geladen wird. Der Antrag auf Erlaß einer solchen einstweiligen Verfügung muß sich darauf richten, daß es dem Verletzer bei Strafandrohung für den Fall der Zuwiderhandlung untersagt ist, bis nach Durchführung der Beweisaufnahme durch Besichtigung und Begutachtung eines Sachverständigen den Streitgegenstand des Verletzungsprozesses (das Vermehrungsmaterial bzw. die betreffenden Pflanzen, Pflanzenteile oder Erntegut) zu verwenden, zu entfernen und/oder zu vernichten. Im Hinblick auf die in § 945 ZPO vorgesehene Schadenersatzpflicht des Antragstellers sollte der Streitgegenstand bzw. Gegenstand der Beweisaufnahme sogleich nach Abschluß der Beweisaufnahme wieder freigegeben werden.

b) Kritik

Das selbständige Beweissicherungsverfahren gemäß §§ 485 ff. ZPO leidet an gravierenden 1405 Unzulänglichkeiten für das Sortenschutzverletzungsverfahren.

aa) Es besteht keine Möglichkeit, die Anordnung der Beweiserhebung im Rahmen des selb- 1406 ständigen Beweisverfahrens zwangsweise durchzusetzen.[1028] Verweigert der Gegner den Zugang zu den Vermehrungsflächen oder sonstigen Geschäftsräumen, so kann zwar das Gericht im Hauptsacheprozeß daraus schließen, daß die behauptete Sortenschutzverletzung stattgefunden hat. Dies setzt aber voraus, daß auch ohne Besichtigung der Vermehrungsanlagen oder sonstigen Geschäftsräume des Beklagten ein substantiierter Sachvortrag möglich ist.[1029]

bb) Ein weiteres Problem des meist unter Zeitdruck durchgeführten Beweissicherungs- 1407 verfahrens liegt darin, daß der in der Regel heranzuziehende Sachverständige durch einmalige oder auch wiederholte Inaugenscheinnahme die Verletzungsform nur in einigen, nicht aber in allen den Schutzumfang der verletzten Sorten bestimmenden Merkmalen feststellen kann. Hierzu bedarf es oft einer Beobachtung über eine Vegetationsperiode. Zwar ist auch dann, wenn nur ein Teil der Merkmale ermittelt werden kann, ein solches Gutachten eine

---
1028 Vgl. u.a. OLG Düsseldorf GRUR 1983, 741, 743; *Dreier* GRUR Int. 1996, 205, 217.
1029 Vgl. *Bork* NJW 1997, 1665, 1667 f.

wertvolle Beweishilfe. An diesem können die Beweiserleichterungsregeln der ZPO anknüpfen, wenn die angebliche Verletzungsform vernichtet oder unbrauchbar gemacht wird.[1030] Trotz Vorliegens von Indizien, die durch ein solches Gutachten bestätigt werden und vermuten lassen, daß tatsächlich eine Sortenschutzverletzung vorliegt, besteht die Gefahr, daß das angerufene Gericht ein non liquet annimmt. Das Beweissicherungsverfahren erweist sich daher wegen der meist nicht auf einmal feststellbaren Merkmalsgesamtheit nur dann als sinnvoll, wenn gleichzeitig das angegriffene Vermehrungsmaterial für eine spätere Beweisaufnahme z.B. durch eine Entnahme seitens des gerichtlichen Sachverständigen gesichert wird, der dazu im Beweisbeschluß ausdrücklich ermächtigt werden sollte.

2. Besichtigungsanspruch gemäß § 809 BGB

1408 Der Verletzte hat darüber hinaus gemäß § 809 BGB einen Anspruch auf Vorlage des Verletzungsgegenstandes, also des entsprechenden Vermehrungsmaterials bzw. der Pflanzen, den er auch im Wege einer einstweiligen Verfügung durchsetzen kann.[1031] Allerdings darf die Vorlage nur das letzte Glied in der sonst geschlossenen Beweiskette sein. Darüber hinaus muß ein erheblicher Grad an Wahrscheinlichkeit gegeben sein, daß das zu besichtigende Material schutzrechtsverletzend ist.[1032]

VI. Beweismittel

1409 Als Beweismittel kommen die im 6. bis 10. Teil des zweiten Buches der ZPO geregelten Arten in Betracht, nämlich Augenschein, Zeugen, Sachverständige, Urkunden, Parteivernehmung. Dazu tritt die amtliche Auskunft. Ähnlich wie im Verletzungsstreit über technische Schutzrechte wird auch bei Sortenschutzverletzungsprozessen meist das Gutachten eines Sachverständigen erforderlich sein. Dies gilt nicht nur für angeblich verletzendes Material, welches in den Schutzbereich der geschützten Sorte fällt, sondern bereits dann, wenn es sich um angeblich identisches Pflanzenmaterial handelt.

VII. Aussetzung und Unterbrechung des Verfahrens

1410 Der Verletzungsstreit kann nach § 148 ZPO ausgesetzt werden, insbesondere wenn ein Aufhebungsverfahren nach § 31 SortG in Betracht kommt und die voraussichtliche Aufhebung glaubhaft gemacht wird.[1033] Im Verfahren wegen Verletzung eines gemeinschaftlichen Sortenschutzrechtes sieht Art. 106 Abs. 2 EGSVO die Aussetzung des Verfahrens vor, wenn ein Verfahren zur Rücknahme oder zum Widerruf nach den Art. 20 oder 21 EGSVO eingeleitet

---

[1030] *Jestaedt* GRUR 1982, 599, 600.
[1031] LG Braunschweig, GRUR 1971, 28; *Jestaedt* GRUR 1982, 600.
[1032] Grundsätzlich zum Besichtigungsanspruch BGH GRUR 1985, 512 – Druckbalken; *Fritze/Stauder* GRUR Int. 1986, 342 ff.; *Götting* GRUR Int. 1988, 729, 737 ff.; *Bork* NJW 1997, 1665, 1668 ff.
[1033] BGH GRUR 1958, 175.

worden ist und die Entscheidung von der Rechtsgültigkeit des Gemeinschaftlichen Sortenschutzes abhängt. Dies ist regelmäßig der Fall, wenn der Beklagte das der Klage zugrundeliegende Sortenschutzrecht wegen Vorliegens von Nichtigkeitsgründen gemäß Art. 20 EGSVO angreift oder die Aufhebung des Gemeinschaftlichen Sortenschutzes gemäß Art. 21 Abs. 1 EGSVO beantragt hat.

Um einen Mißbrauch und eine Suspendierung des dem Schutzrechtsinhaber verliehenen Verbotsrechts für eine erhebliche Zeitspanne zu verhindern,[1034] müssen erhebliche Anhaltspunkte gegeben sein, die darauf schließen lassen, daß das Klageschutzrecht keinen Bestand haben wird. 1411

Daran fehlt es in der Regel, wenn im Aufhebungsverfahren gegenüber dem Erteilungsverfahren kein neues Material vorgetragen wird oder wenn ein Aufhebungsantrag – sofern man einen solchen nach § 31 weiter zuläßt[1035] – abgelehnt worden ist und der dagegen erhobene Widerspruch nichts Durchschlagendes entgegenzusetzen hat.[1036] 1412

Eine Aussetzung nach § 148 ZPO kann ferner in Betracht kommen, wenn der Beklagte den Kläger auf Übertragung des Sortenschutzes nach § 9 SortG bzw. Art. 98 EGSVO verklagt hat. Dagegen begründet der Antrag auf Erteilung eines Zwangsnutzungsrechtes gemäß § 13 SortG bzw. Art. 29 EGSVO die Aussetzung eines anhängigen Verletzungsprozesses nicht, da das Verbotsrecht aus dem Klagesortenschutzrecht bis zur etwaigen Erteilung der Zwangserlaubnis seine Gültigkeit behält und die Zwangserlaubnis regelmäßig nicht rückwirkend erteilt wird. 1413

Die Aussetzung als prozeßleitende Maßnahme zur Verhinderung sich widersprechender Entscheidungen wird nach Ermessen von Amts wegen in der Regel nach der mündlichen Verhandlung durch Beschluß angeordnet (§ 128 ZPO). 1414

Die Landgerichte sind ausschließlich zuständig für Sortenschutzverletzungsverfahren (§ 38 Abs. 1 SortG). Es sind also immer Anwaltsprozesse (§ 78 ZPO). Der Tod einer Partei (§ 239 ZPO), der Verlust ihrer Prozeßfähigkeit oder der Wegfall ihres gesetzlichen Vertreters (§ 241 Abs. 1 ZPO) bewirken daher keine Unterbrechung des Verfahrens. Sie berechtigen nur zur Stellung eines Antrags auf Aussetzung des Verfahrens (§ 246 ZPO). Dagegen bewirkt der Wegfall des Anwalts einer Partei die Unterbrechung des Verfahrens (§ 244 ZPO). Auch wenn über das Vermögen des inländischen Klägers Konkurs eröffnet wird, tritt eine Unterbrechung des Verfahrens ein (§ 240 ZPO). Das Gleiche gilt auch, wenn der inländische Verletzungsbeklagte in Konkurs gerät.[1037] 1415

VIII. Urteil, Rechtsmittel, Zwangsvollstreckung

Das Urteil kann ein Sachurteil sein, das – positiv oder negativ – in der Sache selbst entscheidet oder ein Prozeßurteil, das aus prozessualen Gründen die Klage als unzulässig abweist. Das dem Klagebegehren stattgebende Urteil ist im Verletzungsprozeß entweder ein Leistungsurteil (auf Unterlassung, Zahlung von Schadenersatz, Rechnungslegung usw.) oder ein Feststellungsurteil. Es gibt Teil-, Zwischen- und Endurteile (§§ 301, 303, 300 ZPO). So- 1416

1034 Vgl. OLG Düsseldorf, GRUR 1979, 188; OLG München, GRUR 1990, 353.
1035 Vgl. *Leßmann* GRUR 1986, 25, 26.
1036 BGH aaO, 179.
1037 BGH GRUR 1966, 218, 219 m.w.N.

weit das Urteil über den Streitgegenstand selbst, das heißt über die geltend gemachten Ansprüche entscheidet, ist es ein Endurteil. Die Urteilsformel muß den Klageanträgen entsprechen (§ 308 ZPO), das heißt sie darf weniger, aber nicht mehr oder anderes als der Klageantrag enthalten.[1038] Es muß auf die konkrete Verletzungsform abgestellt sein. Die Urteilsformel muß daher so konkret gefaßt sein, daß der Vollstreckungsrichter keine materielle Entscheidung mehr zu treffen hat.[1039] Was in der Begründung des Urteils auszuführen ist, wie die Ausführungen zu ordnen sind und wie eingehend sie zu den einzelnen Punkten sein müssen, hängt von den Umständen des Falles ab.[1040] Das Urteil muß jedoch insbesondere auch zu den streitigen biologischen Fragen die Gründe, die für die richterliche Überzeugung maßgebend gewesen sind, so ausreichend darlegen, daß sie durch das Revisionsgericht nachgeprüft werden können. Das Urteil muß zu erkennen geben, daß das Gericht keine wesentlichen Gesichtspunkte übersehen und alle erheblichen Beweismittel gewürdigt hat.[1041]

1417   Die Verurteilung zur Unterlassung enthält zweckmäßig gleich eine Ordnungsmittelandrohung gemäß § 890 Abs. 2 ZPO. Gegebenenfalls hat das Gericht gemäß § 139 ZPO einen entsprechenden Antrag des Klägers anzuregen. Ist die Ordnungsmittelandrohung nicht enthalten, muß sie im Bedarfsfall durch besonderen Beschluß erlassen werden. Die vorläufige Vollstreckbarkeit ergibt sich aus den §§ 708 ff. ZPO.

1418   Die Urteile sind mit der Berufung nach §§ 511 ff. ZPO an das übergeordnete Oberlandesgericht und der Revision nach §§ 545 ff. ZPO an den BGH anfechtbar. Anschlußberufung, §§ 521 ZPO, Anschlußrevision, §§ 566 ZPO, und sogenannte Sprungrevision, § 556a ZPO, sind ebenfalls möglich.

1419   Urteile auf Unterlassung werden nach §§ 890 ff. ZPO vollstreckt, also durch Verhängung eines Ordnungsgeldes bis zu jeweils DM 500.000,00 und/oder Ordnungshaft bis zu zwei Jahren. Die Vollstreckung des Rechnungslegungsurteils findet nach §§ 888 ff. ZPO, das Vollstreckungsverfahren nach § 891 ZPO statt. Für die Vollstreckung von Zahlungsansprüchen bestehen keine Besonderheiten.

IX. Einstweilige Verfügung

1420   Im Hinblick auf die gerade im vegetativen Bereich kurzen Vermarktungszyklen und die meist lange Dauer von Verletzungsverfahren, die regelmäßig eine umfangreiche Beweisaufnahme nötig machen, ist der Erlaß einer einstweiligen Verfügung zur Sicherung von Unterlassungsansprüchen wegen einer Sortenschutzverletzung von großer Bedeutung.[1042] Sie ist zum Zwecke der Regelung eines einstweiligen Zustandes zulässig, wenn diese Regelung zur Abwendung wesentlicher drohender Nachteile oder aus anderen Gründen als nötig erscheint (§ 940 ZPO), was vom Antragsteller glaubhaft zu machen ist, z.B. durch eidesstattliche Versicherungen oder sonstige Glaubhaftmachungsmittel.

1421   Anlaß für eine einstweilige Verfügung kann z.B. die Zurschaustellung von Pflanzenmaterial einer Sorte auf einer Gartenbau- oder Saatzuchtausstellung sein, das offensichtlich

---

1038 BGH GRUR 1951, 413.
1039 RG GRUR 1942, 312, 313; BHG GRUR 1963, 430.
1040 *Benkard/Rogge* PatG § 139, Rdn 135.
1041 BGHZ 3, 162, 175.
1042 *Hesse* GRUR 1975, 445 ff.; *Jestaedt* GRUR 1981, 153 ff.

ein Sortenschutzrecht verletzt. Dabei ist zu berücksichtigen, daß durch die große Publizität einer solchen Zurschaustellung eine erhebliche Schädigung des Sortenschutzinhabers bewirkt werden kann, wenn die Zurschaustellung nicht sofort unterbunden wird, was durch die Erhebung einer Klage nicht erreicht werden kann. Die einstweilige Verfügung kann auch gemäß § 935 ZPO auf Sicherstellung der vom Antragsteller beanstandeten Gegenstände gerichtet sein, z.B. Herausgabe des auf einer Ausstellung gezeigten sortenschutzverletzenden Verletzungsmaterials an einen Gerichtsvollzieher zur Verwahrung. Dabei darf nötigenfalls zur richtigen Identifizierung des entsprechenden Vermehrungsmaterials bzw. der entsprechenden Pflanzen der Antragsteller zugegen sein.

Die einstweilige Verfügung wegen Sortenschutzverletzung setzt voraus, daß der Antragsteller neben dem Bestand eines entsprechenden Schutzrechtes auch den Verletzungstatbestand glaubhaft darlegt. Darüber hinaus ist gemäß §§ 940, 936, 920 Abs. 2 ZPO vom Antragsteller das Vorliegen eines Verfügungsgrundes glaubhaft zu machen. Hinsichtlich des Verfügungsgrundes ist § 25 UWG nicht anwendbar, da Sortenschutzverletzungen, ähnlich wie Patentsachen, keine Wettbewerbssachen sind. 1422

Da hinsichtlich der Schwierigkeiten, den Verfügungsanspruch und Verfügungsgrund glaubhaft darzulegen, bei Sortenschutzverletzungen keine Unterschiede zur einstweiligen Verfügung im Patentverletzungsverfahren bestehen, wird auf die umfangreiche Literatur und Rechtsprechung zu Patentverletzungen verwiesen.[1043] 1423

X. Kosten

1. Kostentragungspflicht

Die Verfahrenskosten richten sich nach §§ 91 ff. ZPO. Danach treffen die Kosten die unterliegende Partei (§ 91 ZPO). Bei teilweisem Obsiegen bzw. Unterliegen werden die Kosten entsprechend geteilt (§ 92 ZPO). Die Kostenentscheidung kann dadurch beeinflußt werden, daß der Kläger vor Einreichung der Klage den Beklagten nicht verwarnt hatte. Hat der Beklagte in diesem Fall durch sein Verhalten keinen Anlaß zur Klageerhebung gegeben, so treffen die Kosten den Kläger, wenn der Beklagte den Klageanspruch sofort anerkennt (§ 93 ZPO). Wird das Sortenschutzrecht im Laufe des Verletzungsprozesses gemäß § 31 Abs. 2 SortG zurückgenommen, so treffen den Kläger die Kosten, da hierdurch die Klagegrundlage in der Regel rückwirkend wegfällt. 1424

2. Höhe

Die Höhe der Kosten hängt vom Wert des Streitgegenstandes ab, der vom Gericht regelmäßig nach § 3 ZPO nach freiem Ermessen festzusetzen ist. Maßgebend ist das Interesse, das der Kläger daran hat, daß dem Beklagten die Verletzung untersagt wird. Dabei sind unter anderem die wirtschaftliche Bedeutung der geschützten Sorte, Umfang und Ausmaß der 1425

1043 Zuletzt u.a. *Schulz/Süchting* GRUR 1988, 571; *Meier-Beck* GRUR 1988, 861 ff.; *Rogge* in FS v. *Gamm*, 461 sowie *Benkard/Rogge* § 139 PatG, Rdn 150 ff.

Verletzungshandlung und die weitere Laufzeit des Klagesortenschutzrechtes zu berücksichtigen. Beim Streitwert der einstweiligen Verfügung ist von dem Vorteil auszugehen, der dem Antragsteller voraussichtlich bis zu dem Zeitpunkt erwächst, in dem er ein rechtskräftiges Urteil im Hauptprozeß erwirkt.

3. Erstattung der Patentanwaltsgebühren

1426 Deutsche Patentanwälte sind in Sortenschutzstreitsachen bei allen deutschen Gerichten zur Mitwirkung zugelassen (§ 4 PatAnwO). In § 38 Abs. 4 SortG wird darum der unterlegenen Prozeßpartei die Erstattung auch der vom Kläger zu entrichtenden Patentanwaltsgebühren bis zu einer Höchstgrenze auferlegt. Mit dieser Regelung hat der Gesetzgeber die Notwendigkeit der Zuziehung eines Fachanwalts – neben dem Rechtsanwalt – für die im Sortenschutzrecht anfallenden Streitigkeiten generell anerkannt.

a) Voraussetzungen

1427 Voraussetzung der Erstattung ist eine den Auftraggeber zur Gebührenzahlung verpflichtende Tätigkeit des Patentanwalts. Dabei kommt es nicht darauf an, ob der Anwalt bestimmte technische oder sortenschutzrechtliche Fragen bearbeitet hat[1044] oder in der mündlichen Hauptverhandlung aufgetreten ist.[1045] Ausreichend ist vielmehr auch die Erörterung allgemeiner Rechtsfragen mit einer Partei oder dem Prozeßbevollmächtigten sowie jede Tätigkeit, die in irgendeiner Weise als prozeßfördernd anzusehen ist.[1046] Durch die gesetzliche Fixierung der Erstattungsfähigkeit der Mitwirkung eines Patentanwaltes ist eine Nachprüfung der Notwendigkeit seiner Mitwirkung nicht erforderlich.

b) Umfang

1428 aa) Der Umfang der Erstattungspflicht beträgt im Höchstmaß eine volle Gebühr nach § 11 BRAGO. Darüber hinausgehende Gebühren können nicht ersetzt verlangt werden.[1047] Durch diese Begrenzung soll das Prozeßkostenrisiko für beide Parteien kalkulierbar werden. Andererseits ist damit aber der Nachteil verbunden, daß eine weniger begüterte Partei von der Zuziehung des Patentanwalts möglicherweise absehen wird, wenn sie mit der Belastung weitergehender Kosten rechnen muß.

1429 bb) Sowohl für die Mitwirkung des Patentanwalts im Arrestverfahren und im Verfahren auf Erlaß einer einstweiligen Verfügung[1048] als auch für jede weitere Instanz kann die obsie-

---

1044 Vgl. LG Berlin, Mitt. 1969, 158, 159.
1045 OLG Frankfurt am Main, GRUR 1965, 505, 506.
1046 OLG Karlsruhe, GRUR 1960, 490.
1047 Teilweise wird aber Erstattung solcher Kosten über die Schadenersatzklage zugelassen, LG Düsseldorf, Mitt. 1968, 115 f.; ablehnend: *Klauer/Möhring*, § 51 PatG, Anm. 9.
1048 LG Mannheim, Mitt. 1959, 159.

gende Partei die Gebühren jeweils gesondert in Ansatz bringen.[1049] Dies gilt auch für das Zwangsvollstreckungsverfahren in Sortenschutzstreitsachen. Insoweit kann nichts anderes gelten als bei der Zwangsvollstreckung gemäß § 890 ZPO in Markenverletzungssachen[1050] oder Patentsachen, da in der Regel weitergehende Bemühungen erforderlich sind, die durch Gebührenzahlung für die Tätigkeit im vorhergehenden Verfahren nicht abgegolten werden. Außer den Gebühren muß die unterlegene Partei auch die Auslagen des Patentanwalts ersetzen, sofern sie im Rahmen der Rechtsverfolgung oder Verteidigung notwendig waren (§ 91 Abs. 1 ZPO). Kosten einer Reise zum Verhandlungstermin sind regelmäßig erstattungsfähig, weil keine Partei gezwungen werden kann, nur einen am Sitz des Prozeßgerichts ansässigen Patentanwalt zuzuziehen.[1051] Mit Rücksicht darauf, daß Patentanwälte nach § 4 PatAnwO zur Mitwirkung in Sortenschutzstreitsachen bei allen Landgerichten berufen sind, dürften auch unter diesem Gesichtspunkt Reisekosten eines Patentanwalts in Sortenschutzstreitsachen ebenso erstattungsfähig sein wie in Patentstreitsachen.[1052] Überwiegend wird die Erstattungspflicht auch hinsichtlich der Durchführung erforderlicher Recherchen[1053] oder der Beschaffung notwendiger Literatur[1054] bejaht. Gleiches gilt für Porto und Telefonkosten.

E Straf- und ordnungsrechtliche Folgen der Sortenschutzverletzung

I. Strafrechtliche Folgen

1. Vorbemerkung

Ebenso wie im Patentrecht und dem sonstigen gewerblichen Rechtsschutz und Urheberrecht (§§ 142 PatG; 25 GbrMG; 143 MarkenG; 106 UrhG) ist die Verletzung von Sortenschutzrechten strafbar. Strafrahmen und Nebenfolgen sind durch das am 1. Juli 1990 in Kraft getretene PPrG verschärft worden. Bis zum Inkrafttreten des PPrG hatten die strafrechtlichen Bestimmungen des SortG keine praktische Bedeutung. Dies hat sich grundlegend geändert. Durch das PPrG und die Neufassung der Nr. 261 ff. der Richtlinien für das Strafverfahren hat sich dieses als schnelles und wirksames Mittel bewährt, um gegen bereits erfolgte Verletzungen vorzugehen und etwaigen Verletzungshandlungen abschreckend entgegenzuwirken. Insbesondere in den Fällen, in denen lediglich starke Indizien von Schutzrechtsverletzungen vorliegen, diese aber für die erfolgreiche zivilrechtliche Verfolgung von

1430

1049 OLG Stuttgart, GRUR 1957, 96; OLG München, GRUR 1961, 375; anders: KG DJ 1983, 1922.
1050 Vgl. OLG München, Mitt. 1978, 499 und OLG Frankfurt am Main, Mitt. 1979, 57 = GRUR 1979, 340.
1051 Vgl. insoweit die parallel gelagerte Frage in Markenverletzungsverfahren, dazu u.a. OLG Frankfurt, GRUR 1979, 76; auf den Einzelfall abstellend: OLG München, AnwBl. 94, 249.
1052 Vgl. hierzu ausführlich: *Benkard/Rogge*, § 193 PatG, Rdn 171.
1053 OLG Düsseldorf, GRUR 1969, 104.
1054 LG München, Mitt. 1937, 309.

Verletzungshandlungen nicht ausreichen, haben sich die Strafbestimmungen des § 39 SortG als erfolgreiches Hilfsmittel auch zur Durchsetzung zivilrechtlicher Ansprüche bewährt.

1431 Das PPrG hat die Strafdrohung für die einfache vorsätzliche Schutzrechtsverletzung (Grunddelikt) von einem auf drei Jahre Höchstfreiheitsstrafe oder Geldstrafe angehoben. Für die vorsätzliche gewerbsmäßige Schutzrechtsverletzung wurde ein Qualifikationstatbestand mit einer Strafdrohung bis zu fünf Jahren Freiheitsstrafe oder Geldstrafe eingeführt. Auch ist nunmehr die Strafbarkeit des Versuches vorgesehen. Schließlich wird die qualifizierte Schutzrechtsverletzung als Offizialdelikt gewertet.

2. Straftatbestand

1432 Die Bestrafung setzt entsprechend den allgemeinen Strafbarkeitsvoraussetzungen objektiv einen rechtswidrigen und subjektiv einen vorsätzlichen Eingriff des Verletzers in ein erteiltes und rechtsbeständiges Sortenschutzrecht voraus.

a) Objektive Sortenschutzverletzung

1433 Durch die Bezugnahme auf § 10 Abs. 1 und Abs. 2 SortG (§ 39 Abs. 1 Nr. 1) bzw. Art. 13 Abs. 1, Abs. 2 Satz 1, Abs. 4 Satz 1, Abs. 5 der EGSVO (§ 39 Abs. 1 Nr. 2 SortG) deckt sich der objektive Tatbestand der Sortenschutzverletzung im Strafrecht mit den wichtigsten zivilrechtlichen Tatbeständen. Strafrechtlich geschützt ist nur das zur Zeit der Verletzungshandlung rechtlich wirksame Sortenschutzrecht. Fällt es rückwirkend weg, so bei der Rücknahme nach § 31 Abs. 2 oder bei der Nichtigerklärung gemäß Art. 20 Abs. 1 EGSVO oder Aufhebung des gemeinschaftlichen Sortenschutzes gemäß Art. 21 Abs. 1 Satz 2 EGSVO, entfällt auch der strafrechtliche Schutz. Im letztgenannten Fall ab dem Zeitpunkt, den das Gemeinschaftliche Sortenamt als Aufhebungszeitpunkt in seiner Entscheidung über die Aufhebung bestimmt. Bei Beendigung des Rechts mit ex nunc-Wirkung durch Verzicht oder Widerruf (§ 31 Abs. 1, 3 und 4; Art. 19 Abs. 3 EGSVO) bleiben die bis zu diesem Zeitpunkt vorgenommenen Übergriffe grundsätzlich strafbar. Im Falle der teilweisen Aufhebung oder Beschränkung ist entscheidend, ob die Handlung gerade den noch verbliebenen Schutzbereich tangiert.[1055]

1434 Nicht unter § 39 SortG fällt die unzulässige Benutzung der Sortenbezeichnung (§ 14 Abs. 3 SortG; Art. 17 Abs. 1 und 3 EGSVO). Dieses Verbot hat öffentlich-rechtlichen Charakter und richtet sich auch gegen den Sortenschutzinhaber selbst. Zuwiderhandlungen werden als Ordnungswidrigkeit ausschließlich nach § 40 SortG behandelt.[1056] Die Straftat ist mit der Verletzung des Rechts, auch der einmaligen, vollendet.

1435 Ob der unrechtmäßig Handelnde in den Schutzbereich des erteilten Sortenschutzrechtes eingreift und damit eine Sortenschutzverletzung begeht, ist im Rahmen des § 39 SortG in gleicher Weise zu bestimmen wie für die zivilrechtlichen Ansprüche. Es kann deshalb insoweit auf die Ausführungen in Rdn 335 ff. verwiesen werden.

1055 Vgl. hinsichtlich einer Patentverletzung RG St. 30, 187, 188.
1056 Rdn 1458 ff.

I. Strafrechtliche Folgen

Mehrere Sortenschutzverletzungen stehen als selbständige Handlungen in Realkonkurrenz, wenn der Täter für jede Sortenschutzverletzung einen neuen Vorsatz faßt, anderenfalls sind diese als sachlich einheitliche Handlung in Fortsetzungszusammenhang zu werten (§§ 52, 53 StGB).[1057] 1436

Die Verletzung muß rechtswidrig sein. Die Widerrechtlichkeit ist Tatbestandsmerkmal. Sie entfällt, wenn die dem Sortenschutzinhaber nach § 10 SortG, Art. 13 EGSVO vorbehaltene Handlung mit Zustimmung des Rechtsinhabers stattfindet oder die Benutzung des sortenschutzrechtlich geschützten Pflanzenmaterials gemäß §§ 10a und 10b sowie § 12 SortG bzw. Art. 14, 15 und 16 EGSVO erlaubt ist. 1437

b) Subjektive Sortenschutzverletzung

Nach § 15 StGB ist nur die vorsätzliche Verletzungshandlung strafbar. Vorsätzlich handelt auch, wer die Tatbestandsverwirklichung für möglich hält und den Eintritt des Erfolges billigend in Kauf nimmt.[1058] 1438

Hat sich der Verletzer über Umstände geirrt, die zum gesetzlichen Tatbestand gehören, so entfällt gemäß § 16 Abs. 1 StGB der Vorsatz und damit die Strafbarkeit. Zum gesetzlichen Tatbestand gehört beispielsweise die Tatsache des Sortenschutzes.[1059] Ein Irrtum über Bestehen und Tragweite dieses Schutzes führt also zur Straflosigkeit. Fehlte dem Täter das Bewußtsein, Unrecht zu tun, so liegt ein Verbotsirrtum im Sinne des § 17 StGB vor. Bei Unvermeidbarkeit dieses Irrtums entfällt die Schuld, anderenfalls kann die Strafe über § 49 Abs. 1 StGB gemildert werden. Nach herrschender Meinung erfordert das Unrechtsbewußtsein nicht die formale Kenntnis von der Strafbarkeit des Tuns, entscheidend ist vielmehr das Bewußtsein des Täters, daß sein Handeln im Widerspruch zu den Regeln steht, die für ein gedeihliches Zusammenleben von der Rechtsgemeinschaft als unentbehrlich angesehen werden.[1060] Nimmt der Täter irrig Umstände an, die, wenn sie vorlägen, einen Rechtfertigungsgrund darstellten, so zum Beispiel die vermeintliche Einwilligung des Sortenschutzinhabers, so ist dieser Irrtum über die Voraussetzungen eines Rechtfertigungsgrundes herrschender Auffassung zufolge nach den Regeln über den Tatbestandsirrtum zu behandeln.[1061] 1439

Ein beachtlicher Tatsachenirrtum (mit der Folge des Strafbarkeitsausschlusses nach § 16 StGB) kann unter anderem vorliegen, wenn der Irrtum sich auf bestimmte Tatumstände bezieht. 1440

c) Strafverschärfung bei gewerbsmäßiger Schutzrechtsverletzung

Handelt der Täter gewerbsmäßig, so sieht § 39 Abs. 2 StGB eine Freiheitsstrafe bis zu fünf Jahren oder Geldstrafe vor. Der Qualifikationstatbestand zielt auf die Veränderung ge- 1441

1057 Vgl. *Dreher/Tröndle* StGB, 47. Aufl., Rdn 2 f., 25 ff. vor § 52.
1058 Sog. bedingter Vorsatz, vgl. u.a. RG St. 15, 34, 38, 49, 202, 205.
1059 Anders noch *Witte*, GRUR 1958, 419 hinsichtlich der Patentierung; diese Auffassung ist abzulehnen, da sonst die unentschuldbare fahrlässige Nichtkenntnis zur Bestrafung wegen vorsätzlicher Handlung führen würde.
1060 Vgl. u.a. *Schönke/Schröder/Cramer* § 17 StGB.
1061 *Lackner* § 17 StGB, 5b.

werbsmäßiger Schutzrechtsverletzung ab (sogenannte Produktpiraterie). Zum Begriff „gewerbsmäßig" vgl. Literatur zum Allgemeinen Strafrecht, insbesondere zu §§ 243 Abs. 1 Nr. 3 und 260 StGB. Erfaßt von dieser Vorschrift wird die vorsätzliche, gezielte und wiederholte oder mit Wiederholungsabsicht begangene Handlung, bei der sich der Verletzer aus den Straftaten eine fortlaufende Einnahmequelle von einiger Dauer und einigem Umfang verschaffen will.[1062]

3. Täter

1442 Täter ist, wer die in § 39 Abs. 1 genannten Handlungen vornimmt. Als Verletzer kommt auch der gegenwärtige Sortenschutzinhaber in Betracht, wenn er einem Dritten ein ausschließliches Nutzungsrecht eingeräumt hat, das ihm die eigene Ausübung der sich aus § 10 SortG, Art. 13 EGSVO ergebenden Rechte verbietet. Ebenfalls strafbar macht sich der Mitinhaber, der das Sortenschutzrecht ohne Einwilligung des anderen allein für sich ausnutzt. Wer einen anderen vorschickt und die verletzenden Handlungen durch diesen vornehmen läßt, kann im strafrechtlichen Sinne als mittelbarer Täter, Mittäter, Anstifter oder Gehilfe strafbar sein. Wegen der zum Teil schwierigen Abgrenzung ist auf die strafrechtlichen Kommentare zu §§ 25 ff. StGB zu verweisen.

4. Strafbarkeit des Versuchs

1443 Der Versuch ist seit dem 01. Juli 1990 strafbar (§ 39 Abs. 3 SortG). Damit soll zur verbesserten Bekämpfung der Produktpiraterie ein früherer Zugriff auf den Verletzer und die Verletzungsgegenstände ermöglicht werden.[1063] Wegen der umfassenden Formulierung des zivilrechtlichen Verbotstatbestandes, der sich auch auf die Aufbewahrung von sortenschutzrechtsverletzendem Material bezieht und somit auch Vorbereitungshandlungen des Vertriebs schutzrechtsverletzender Ware dem Ausschließlichkeitsrecht unterstellt, ist die praktische Relevanz der Strafbarkeit des Versuchs beschränkt.[1064]

5. Erfordernis eines Strafantrages

1444 Die in § 39 Abs. 1 SortG genannten Grundtatbestände sind Antragsdelikte (§§ 77 ff. StGB), soweit nicht die Strafverfolgungsbehörde ein besonderes öffentliches Interesse an der Strafverfolgung sieht und in diesem Falle ein Einschreiten von Amts wegen geboten ist. Da oft der Umfang der Verletzungshandlungen nicht von vornherein bekannt und somit fraglich ist, ob aufgrund des tatsächlichen Umfanges der Verletzungshandlung ein öffentliches Interesse oder gar eine gewerbsmäßige Schutzrechtsverletzung vorliegt, sollte sicherheitshalber der Strafantrag immer innerhalb von drei Monaten ab Kenntnis der Verletzungshandlung gestellt

---

[1062] Begr. PPrG in Bl. PMZ 1990, 173, 179.
[1063] Begr. PPrG Bl.f.PMZ 1990, 173, 179.
[1064] Vgl. hierzu u.a. *Cremer*, Mitt. 92, 153, 160 zur Markenverletzung.

werden (§ 77b StGB). Die „einfache" Sortenschutzverletzung nach § 39 Abs. 1 SortG ist Privatklagedelikt (§ 274 Abs. 1 Nr. 8 StPO). Gemäß § 376 StPO erhebt in diesen Fällen die Staatsanwaltschaft die öffentliche Klage nur bei öffentlichem Interesse.

1445 Antragsberechtigt ist der Verletzte. Dies ist in der Regel der in der Sortenschutzrolle eingetragene Sortenschutzinhaber, bei der Vergabe einer ausschließlichen Lizenz auch der Lizenznehmer. Stellt ein nicht in der Sortenschutzrolle Eingetragener den Antrag, so ist dieser gleichwohl gültig, wenn die Eintragung innerhalb der Antragsfrist nachgeholt wird. Umstritten ist, ob die Nachholbarkeit auch noch nach Ablauf dieser Frist bis zur Hauptverhandlung möglich ist.[1065] Wenn der Verletzte eine juristische Person ist, ist der Antrag durch ihre gesetzlichen Vertreter zu stellen (§ 77 StGB). Bei nicht rechtsfähigen Personenzusammenschlüssen ist jedes Mitglied antragsberechtigt, bei der OHG also jeder einzelne Gesellschafter.[1066] Bei Insolvenz soll neben dem Sortenschutzinhaber aber auch dem Insolvenzverwalter die Antragsbefugnis eröffnet sein.[1067] Als höchstpersönliches Recht ist die Befugnis zur Stellung des Strafantrages mangels besonderer Bestimmung im Sortenschutzgesetz nicht übertragbar und nicht vererblich.[1068] Das Recht erlischt daher mit dem Tod des Verletzten, wenn es nicht bis dahin wirksam ausgeübt wurde. Dessenungeachtet ist aber Vertretung des Sortenschutzinhabers zulässig; für den Verfahrensvertreter vgl. § 15 Abs. 2 SortG.

1446 Der Antrag muß inhaltlich so gefaßt sein, daß er den Willen des Berechtigten, die Tat stratrechtlich verfolgt zu wissen, eindeutig zum Ausdruck bringt. Aus der Bedingungsfeindlichkeit des Antrags folgt seine Ungültigkeit, wenn er mit einer aufschiebenden Bedingung verknüpft wird.[1069] Die auflösende Bedingung ist rechtlich unbeachtlich. Im Zweifel umfaßt der Strafantrag die gesamte Tat im Sinne des § 264 StPO, also auch die nachweisbaren, dem Berechtigten aber unbekannten Verletzungen[1070] bzw. bei fortgesetzter Tat auch die nach Antragstellung verwirklichten Teilakte.[1071] Der Verletzte kann jedoch den Antrag sowohl in sachlicher als auch in persönlicher Hinsicht beschränken, zum Beispiel auf eine von mehreren Verletzungshandlungen[1072] oder auf bestimmte Personen.

1447 Zur Form des Antrages – schriftliche bzw. zu Protokoll gegebene Erklärung – vgl. § 158 Abs. 2 StPO. Wer in einem Mitgliedstaat der EG weder Wohnsitz noch Niederlassung hat, kann einen wirksamen Strafantrag nur durch einen von ihm bestellten Verfahrensvertreter stellen (vgl. § 15 Abs. 2 SortG). Der Strafantrag ist innerhalb einer Frist von drei Monaten zu stellen. Wegen Einzelheiten hierzu wird auf § 77b StGB verwiesen. Nach Fristablauf gestellte Anträge sind unwirksam und führen nicht zur Einleitung eines Strafverfahrens, es sei denn, daß aufgrund des vorgetragenen Sachverhaltes die Strafverfolgungsbehörde ein öffentliches Interesse anerkennt und somit ein Einschreiten von Amts wegen für geboten hält.

1065 Bejahend: *Benkard/Rogge*, § 142 PatG, Rdn 10; ablehnend: *Klauer/Möhring* § 49 PatG, Anm. 6, da sonst die Antragsfrist praktisch bis zur Verjährung des Delikts verlängert und die ursprüngliche Begrenzung überflüssig wäre.
1066 RG St. 41, 103.
1067 RG St. 35, 149; a.A. *Klauer/Möhring* § 49 PatG, Anm. 6 mit dem Hinweis, daß das Strafantragsrecht kein Vermögensrecht ist.
1068 RG St. 43, 335.
1069 RG St. 152, 155.
1070 RG St. 38, 434.
1071 OLG Hamburg NJW 1956, 522.
1072 RG St. 74, 203, 205.

1448   Bis zum rechtskräftigen Abschluß des Strafverfahrens ist die Zurücknahme des Antrags zulässig (§ 77d StGB) und zwar auch hinsichtlich einzelner Handlungen oder einzelner Täter oder Teilnehmer. Grundsätzlich ist die Rücknahme bedingungsfeindlich. Allerdings kann die Zurücknahme an die Bedingung geknüpft werden, daß den Antragsteller keine Kosten treffen.[1073]

6. Strafverfahren

1449   Verfahrensrechtlich stehen dem Verletzten zwei Vorgehensweisen zur Verfügung. Sein Strafantrag kann zum einen die Erhebung einer öffentlichen Klage durch die Staatsanwaltschaft (§§ 152 StPO) bewirken, sofern dies im öffentlichen Interesse liegt oder eine gewerbsmäßige Schutzrechtsverletzung vorliegt. Wird öffentliche Klage erhoben, so kann der Verletzte sich als Nebenkläger durch schriftliche Erklärung an das zuständige Gericht anschließen (§ 395 StPO), und zwar bis zum Abschluß des gesamten Verfahrens, also auch noch in der Revisionsinstanz. Lehnt die Staatsanwaltschaft die Einleitung des Verfahrens ab, kann der Verletzte Dienstaufsichtsbeschwerde oder Beschwerde zum Generalstaatsanwalt einlegen. Bei Erfolglosigkeit der Rechtsmittel steht dem Beschwerdeführer nur noch der Weg über die Privatklage offen.

1450   Der Verletzte kann aber auch ohne vorherige Anrufung der Staatsanwaltschaft das Privatklageverfahren nach § 374 Nr. 8 StPO einleiten. Die Privatklage ist eine Strafklage, in der – neben dem Streben des Verletzten nach Genugtuung – die Geltendmachung des Strafanspruches der Rechtsgemeinschaft zum Ausdruck kommt. Hat bereits einer von mehreren Berechtigten Privatklage eingereicht, können die übrigen dem eingeleiteten Verfahren nur noch beitreten (§ 375 Abs. 2 StPO). Zu Einzelheiten des Privatklageverfahrens vgl. §§ 374 ff., insbesondere §§ 381 ff. StPO. Zuständig für Privatklageverfahren ist der Amtsrichter (§ 25 Nr. 1 GVG), örtlich zuständig das Gericht des Begehungsortes oder des Wohnsitzes des Verletzers (§§ 7, 8 StPO). Auch im Privatklageverfahren sind Durchsuchung und Beschlagnahme (§§ 94 ff. StPO) und Erlaß eines Haftbefehls (§ 130 StPO) zulässig.

1451   Die Geltendmachung zivilrechtlicher Ansprüche ist im sogenannten Adhäsionsverfahren (§ 403 bis 406c StPO) grundsätzlich möglich. Dies gilt insbesondere für den zivilrechtlichen Vernichtungsanspruch nach § 37a SortG, der somit im Rahmen des Strafprozesses geltend gemacht werden kann. Wird einem zivilrechtlichen Vernichtungsanspruch stattgegeben, so hat die strafrechtliche Einziehung zurückzutreten (§ 39 Abs. 5 Satz 2 SortG).

1452   Wird im Laufe des Strafverfahrens das Sortenschutzrecht beendet, so ist auf Freispruch zu erkennen, auch wenn die Aufhebung erst im Revisionsverfahren erfolgt (RG St. 42, 340). Hat der Angeklagte Rücknahme bzw. Widerruf des Sortenschutzes nach § 31 Abs. 2 und 3 SortG bzw. Nichtigerklärung oder Aufhebung des Gemeinschaftlichen Sortenschutzes (Art. 20, 21 EGSVO) beantragt, so ist das Verfahren entsprechend § 262 StPO auszusetzen. Die Beendigung des Sortenschutzrechtes nach Erlaß eines rechtskräftigen Urteils ist ein Wiederaufnahmegrund nach § 359 Nr. 5 StPO.

1073 Vgl. § 470 StPO; BGH St. 9, 149, 154 ff.

7. Strafe

§ 39 Abs. 1 SortG bedroht die vorsätzliche Sortenschutzverletzung mit Geldstrafe oder 1453
Freiheitsstrafe bis zu drei Jahren, Abs. 2 bei Gewerbsmäßigkeit Freiheitsstrafe bis zu fünf
Jahren. Das Mindestmaß der Freiheitsstrafe beträgt einen Monat (§ 38 Abs. 2 StGB). Für die
Verhängung der Geldstrafe gilt das Tagessatzsystem (§ 40 Abs. 1 und 2 StGB). Danach wird
zunächst die Zahl der Tagessätze zwischen fünf und 360 Sätzen festgelegt. Erst in der zweiten
Phase bestimmt das Gericht die Höhe der einzelnen Tagessätze, wobei der Mindestsatz zwischen DM 2,00 und dem Höchstsatz DM 10.000,00 variieren kann. Mit dieser Zweispurigkeit
des Systems soll eine gerechte Bemessung nach den individuellen wirtschaftlichen Verhältnissen des Täters erreicht werden. Bei gewinnsüchtigem Streben des Verletzers kann das
Gericht Geld- und Freiheitsstrafe kombinieren. Ist die Geldstrafe uneinbringlich, tritt an ihre
Stelle Ersatzfreiheitsstrafe nach § 43 StGB, deren Mindestmaß – in Abweichung zu der sonstigen Freiheitsstrafe – einen Tag beträgt.

Als weitere staatliche Vollstreckungsmaßnahme kommt die Einziehung sortenschutz- 1454
verletzender Gegenstände (§§ 74, 74c StGB) in Betracht. § 74a StGB ermöglicht darüber
hinaus die Einziehung von nicht im Eigentum des Täters stehenden Gegenständen, zum
Beispiel bei nicht feststellbaren Eigentümern von importierter Ware. Zur Verfallsanordnung
des durch den Täter erlangten rechtswidrigen Vermögensvorteils vgl. §§ 73 ff. StGB.

Die Urteilsbekanntmachung ist sowohl Nebenstrafe wie auch private Genugtuung.[1074] Die 1455
Urteilsbekanntmachung setzt einen Antrag des Berechtigten voraus. Um mißbräuchlichen
Handhabungen vorzubeugen, muß der Verletzte nach §§ 39 Abs. 6 SortG zudem ein berechtigtes Interesse dartun. Von besonderer Bedeutung ist in diesem Zusammenhang die
Wertminderung des Sortenschutzrechtes durch Verunsicherung des Marktes und der Abnehmer. Art und Umfang der Bekanntmachung sind durch eine Abwägung der Interessen
der Geschädigten und der Verurteilten festzustellen, wobei eine unnötige Herabsetzung des
Verurteilten in der Öffentlichkeit zu vermeiden ist. Regelmäßig wird deshalb die Veröffentlichung des Urteilstenors ausreichend sein. Das Gericht bestimmt im Urteil Umfang und Art
der Bekanntmachung, nämlich wann, wie, wo und wie häufig die Bekanntmachung erfolgen
kann. Zur Veröffentlichungsverpflichtung der vom Gericht bestimmten Zeitungen vgl. § 10
PresseG. Wegen der Kosten der Bekanntmachung siehe §§ 464 ff. StPO.

Die im Urteil ausgesprochene Befugnis zur öffentlichen Bekanntmachung ist nicht mehr 1456
möglich, wenn der Berechtigte die Veröffentlichung nicht innerhalb eines Monats nach Zustellung der rechtskräftigen Entscheidung verlangt (§ 464c Abs. 2 StPO).

8. Strafbarkeit bei Verletzung des gemeinschaftlichen Sortenschutzrechtes

Durch die Neufassung des Sortenschutzrechtes vom 19. Dezember 1997 wurde § 39 dahin- 1457
gehend ergänzt, daß die Verletzung der Rechte, die durch die Erteilung eines gemeinschaftlichen Sortenschutzrechtes erworben werden, in gleicher Weise geahndet werden wie eine
Verletzung des nationalen Sortenschutzrechtes. Die EGSVO enthält keine eigenen Strafvorschriften, so daß zur effektiven Verfolgung von Schutzrechtsverletzungen, insbesondere

---
1074 Vgl. RG St. 73, 24; BGH St. 10, 306, 320.

der vorsätzlichen/gewerbsmäßigen Verletzung von gemeinschaftlichen Sortenschutzrechten die Ergänzung erforderlich war. Hierzu sind die Mitgliedstaaten nach Art. 107 EGSVO auch verpflichtet. Danach müssen die Mitgliedstaaten alle geeigneten Maßnahmen treffen, die sicherstellen, daß für die Ahndung von Verletzungen eines Gemeinschaftlichen Sortenschutzes die gleichen Vorschriften in Kraft treten, die für eine Verletzung nationaler Rechte gelten. Dieser Verpflichtung wird der neu gefaßte § 39 SortG in vollem Umfange gerecht.

II. Ordnungsrechtliche Folgen

1. Tatbestand

1458   Nach § 40 SortG werden vorsätzliche und fahrlässige Verstöße gegen die Vorschriften des § 14 Abs. 1 und 3 SortG bzw. Art. 17 Abs. 1 und 3 EGSVO (unterlassene bzw. unzulässige Benutzung der Sortenbezeichnung beim gewerbsmäßigen Vertrieb von Vermehrungsmaterial) als Ordnungswidrigkeiten angesehen und können mit Geldbuße geahndet werden. Entsprechend seinem öffentlich-rechtlichen Charakter verpflichtet § 40 SortG bzw. Art. 17 EGSVO auch den Sortenschutzinhaber selbst, dem Vertrieb von Vermehrungsmaterial ein und derselben Sorte unter verschiedenen Bezeichnungen vorzubeugen und Ordnung sowie Übersicht im Geschäftsverkehr zu wahren. § 40 Abs. 1 SortG nimmt insgesamt auf Abs. 1 sowie Art. 17 Abs. 1 und Abs. 3 EGSVO Bezug. Damit ist auch die unterlassene oder nicht ordnungsgemäße Verwendung der Sortenbezeichnung *nach Ablauf* des Sortenschutzes ordnungswidrig. Da das Bundessortenamt als hierfür nach Abs. 3 zuständige Verwaltungsbehörde insoweit kaum hinreichende Überwachungsmöglichkeiten hat und sich wesentlich mehr ungeschützte Pflanzensorten als geschützte im Handel befinden, die frei von einer gesetzlichen Benutzungsvorschrift für Sortenbezeichnungen verwertet werden können, wird diese Vorschrift insoweit, wie bereits in der Vergangenheit, auch in Zukunft ohne Bedeutung bleiben.

2. Rechtshilfe

1459   Mit Geldbuße bedroht werden kraft ausdrücklicher gesetzlicher Anordnung (§§ 40 Abs. 1 SortG, 10 OWiG) sowohl vorsätzliche als auch fahrlässige Verstöße. Der Versuch ist nicht strafbar (§§ 13 Abs. 2 OWiG, 40 SortG). Die Höhe der Geldbuße ist je nach der Begehungsform unterschiedlich zu bemessen. Im Falle der vorsätzlichen Handlung kann gemäß §§ 17 Abs. 1 OWiG, 40 Abs. 2 SortG ein Bußgeld zwischen DM 5,00 und DM 10.000,00 erhoben werden. Bei Fahrlässigkeit ist als Höchstbetrag die Hälfte des für die vorsätzliche Zuwiderhandlung angedrohten Höchstmaßes zulässig, also DM 5.000,00 (§ 17 Abs. 2 OWiG).

1460   Für die Bemessung der Geldbuße im Einzelfall spielen vorwiegend die Vorwerfbarkeit des Verhaltens sowie Umfang und sachlicher Gehalt der Tat eine Rolle (§ 17 Abs. 3 S. 1 OWiG). Erst in zweiter Linie können gemäß § 17 Abs. 3 S. 2 die wirtschaftlichen Verhältnisse des Täters Berücksichtigung finden.[1075] Wegen der Rechtfertigungs- und Schuldausschließungsgründe wird auf §§ 11, 12 OWiG verwiesen.

1075 Göhler, § 17 OWiG, Rdn 3.

II. Ordnungsrechtliche Folgen   519

Die Verjährungsfrist beträgt 2 Jahre (§§ 31 Abs. 2 Nr. 2 OWiG, 40 Abs. 2 SortG). Sie beginnt mit Beendigung der ordnungswidrigen Handlung (§ 31 Abs. 3 OWiG). 1461

3. Verfahren

a) Opportunitätsprinzip

Das Ordnungswidrigkeitsverfahren wird sowohl hinsichtlich des „ob" als auch des „wie" der Verfolgung nach § 47 Abs. 1 OWiG vom Opportunitätsgrundsatz (pflichtgemäßes Ermessen) beherrscht. Das Bundessortenamt als die nach § 36 Abs. 1 Nr. 1 OWiG zuständige Verwaltungsbehörde (§ 40 Abs. 3 SortG) ist danach nicht zur Einleitung des Verfahrens verpflichtet. Auch kann es das bei ihm anhängige Verfahren jederzeit einstellen. Dieser Spielraum findet seine Rechtfertigung in dem in der Regel geringeren Unrechtsgehalt und der minderen Gefährdung, die von Ordnungswidrigkeiten im Gegensatz zu Straftaten ausgehen. Bei geringfügigen Verstößen kann das Bundessortenamt daher auch nur eine Verwarnung aussprechen und gegebenenfalls ein Verwarnungsgeld erheben (§ 56 Abs. 1 OWiG). In vielen Fällen läßt sich so der Zweck, eine bestimmte Ordnung aufrechtzuerhalten, rascher und ohne großen Verwaltungsaufwand erreichen. 1462

b) Bußgeldbescheid, weiteres Verfahren

Nach § 65 OWiG werden Ordnungswidrigkeiten durch Bußgeldbescheid geahndet. Dabei sind der Betroffene und die ihm zur Last gelegte Tat eindeutig zu bezeichnen (§ 66 Abs. 1 OWiG). Erklärt sich der Adressat mit dem Bescheid einverstanden, so ist das Verfahren abgeschlossen. Anderenfalls besteht die Möglichkeit, gemäß § 67 OWiG beim Bundessortenamt schriftlich Einspruch einzulegen (Frist: zwei Wochen nach Zustellung; bei Fristversäumnis wird der Bescheid vollstreckbar, vgl. §§ 89 ff. OWiG). Bei Einspruch leitet das Bundessortenamt die Akten an die Staatsanwaltschaft weiter, wodurch sich die zunächst verbindliche Entscheidung in eine bloße Anschuldigung umwandelt. Insoweit hat der Bußgeldbescheid nur vorläufigen Charakter. Die Einzelheiten ergeben sich aus §§ 67 ff. OWiG. Wegen des Zustellungsverfahrens wird auf die Vorschriften des Verwaltungszustellungsgesetzes verwiesen. 1463

c) Einziehung

Der neu in § 40 SortG eingeführte Abs. 3 sieht die Einziehung von Gegenstände vor, auf die sich die Ordnungswidrigkeit bezieht, wie z.B. Etiketten, Aufkleber etc., die eine Sortenbezeichnung im Sinne des § 40 Abs. 1 Nr. 2 aufweisen. Satz 2 des § 40 Abs. 3 erklärt § 23 OWiG für anwendbar. Eingezogen werden können deshalb entsprechende Kennzeichnungsmittel, allerdings nur dann, wenn derjenige, dem die entsprechenden Kennzeichnungsmittel zur Zeit der Entscheidung gehören oder zustehen, wenigstens leichtfertig dazu beigetragen hat, daß die Sortenbezeichnungen entgegen § 14 Abs. 1 und 3 SortG bzw. Art. 17 Abs. 1 und 3 1464

EGSVO benutzt werden, oder solche Kennzeichnungsmittel in Kenntnis der Umstände, welche die Einziehung zugelassen hätten, in verwerflicher Weise erworben hat. Eine praktische Relevanz dieser Vorschriften ist nicht zu erwarten.

F Sonstige Maßnahmen zur Bekämpfung von Sortenschutzverletzungen: Die Grenzbeschlagnahme

I. Vorbemerkung

1465 § 40a SortG wurde im Rahmen des PPrG vom 7. März 1990 in der Absicht eingeführt, sortenschutzverletzendes Pflanzenmaterial bereits bei seiner Einfuhr oder Ausfuhr auf entsprechenden Antrag und gegen Sicherheitsleistung des Rechtsinhabers durch die Zollbehörde beschlagnahmen zu lassen. Für den Schutzrechtsinhaber ist es in der Regel unmöglich, eingeführte schutzrechtsverletzende Ware vollständig sicherstellen zu lassen, nachdem sie vom Zoll abgefertigt und anschließend auf viele einzelne Abnehmer verteilt worden ist. Gleiches gilt für den Export. Der Zugriff des Schutzrechtsinhabers bei der Zollabfertigung ist somit die wirksamste Bekämpfung von Schutzrechtsverletzungen durch Import und Export entsprechender Waren. Obwohl es aufgrund der pflanzlichen Materie naturgemäß schwierig ist, schutzrechtsverletzende Ware zu identifizieren,[1076] hat sich in der Praxis gerade auf dem Gebiet der pflanzlichen Materie das Verfahren der Beschlagnahme durch die Zollbehörden bewährt.

II. Anwendungsbereich

1466 § 40a Abs. 1 SortG unterwirft der Beschlagnahme durch die Zollbehörden nur Material, das Gegenstand der Verletzung *eines im Inland erteilten* Sortenschutzes ist. Inland im Sinne eines nationalen Gesetzes kann sich nur auf den Hoheitsbereich des jeweiligen nationalen Gesetzgebers beziehen, so daß unter „im Inland erteilten Sortenschutzes" nur bezogen auf nationale Sortenschutzrechte zu verstehen ist. Entsprechend verfährt auch gegenwärtig die bei Grenzbeschlagnahmen zuständige Oberfinanzdirektion Nürnberg, Außenstelle München. Verletzungsmaterial, das gemeinschaftlichen Sortenschutz verletzt, ist damit nicht durch § 40a SortG im Falle der offensichtlichen Sortenschutzverletzung dem Zugriff der Zollbehörden preisgegeben. Auch die Verordnung (EG) 3295/94 des Rates vom 22. Dezember 1994 über Maßnahmen zum Verbot der Überführung nachgeahmter Waren und unerlaubt hergestellter Vervielfältigungsstücke oder Nachbildungen in den zollrechtlich freien Verkehr oder in ein Nichterhebungsverfahren sowie zum Verbot ihrer Ausfuhr und Wiederausfuhr[1077] ist auf die Beschlagnahme von Material, das gemeinschaftliche Sortenschutzrechte verletzt, nicht anwendbar. Gemäß Art. 1 Abs. 1a) bezieht sich die Verordnung auf rechtswidrig mit

---

1076 Der Zugriff darf nur erfolgen, wenn die Rechtsverletzung offensichtlich ist, vgl. § 40a Abs. 1, Rdn 1473.
1077 GRUR Int. 1995, 483.

einem geschützten Kennzeichen oder Kennzeichnungsmitteln versehene Waren und Verpackungen (nachgeahmte Waren) sowie nach Art. 1 Abs. 1b) auf Waren, welche Vervielfältigungsstücke oder Nachbildungen sind oder solche enthalten und die ohne Zustimmung des Inhabers des Urheberrechts oder verwandter Schutzrechte oder ohne Zustimmung des Inhabers eines nach einzelstaatlichem Recht eingetragenen oder nichteingetragenen Geschmacksmusterrechts oder ohne Zustimmung einer von dem Rechtsinhaber im Herstellungsland ordnungsgemäß ermächtigten Person angefertigt wurden (unerlaubt hergestellte Vervielfältigungsstücke oder Nachbildungen). Sortenschutzrechte werden ebenso wie Patent- und Gebrauchsmusterrechte hiervon nicht erfaßt. Hier handelt es sich weder um Urheberrechte noch um hiermit verwandte Schutzrechte.[1078]

Art. 22 EGSVO verpflichtet die nationalen Gesetzgeber, den gemeinschaftlichen Sortenschutz wie ein entsprechendes Schutzrecht des Mitgliedstaates zu behandeln, der in a) und b) des Abs. 1 sowie in den Abs. 2 und 4 genauer bestimmt wird. Diese Vorschrift bezieht sich jedoch auf den Sortenschutz als Vermögensgegenstand. Das nationale Recht, das nach Art. 22 EGSVO für den Inhaber des betroffenen Schutzrechtes als einschlägig bestimmt wird, ist maßgebend für die Bestimmung, inwieweit das Sortenschutzrecht als Vermögensgegenstand verkehrsfähig ist, und zwar mit gemeinschaftsweiter Wirkung. Nicht erfaßt von Art. 22 EGSVO wird die verfahrensrechtliche Gleichstellung des gemeinschaftlichen Sortenschutzrechtes mit entsprechenden nationalen Rechten. Da auch Art. 97 EGSVO die ergänzende Anwendung nationalen Rechts nur hinsichtlich des Bereicherungsanspruchs bei Rechtsverletzungen für anwendbar erklärt, scheidet eine Anwendung des § 40a auf gemeinschaftliche Sortenschutzrechte aus. 1467

Ein Zugriff des Zolls auf gemeinschaftliche Sortenschutzrechte verletzendes Pflanzenmaterial ist somit durch die deutschen Zollbehörden nicht möglich. 1468

III. Zulässigkeitsvoraussetzungen

1. Formelle Voraussetzungen

a) Antrag

Die Grenzbeschlagnahme setzt einen entsprechenden Antrag des Schutzrechtsinhabers voraus. Antragsberechtigt ist auch der Lizenznehmer, unabhängig davon, ob es sich um eine ausschließliche oder einfache Lizenz handelt.[1079] 1469

Der Antrag ist bei der in der Oberfinanzdirektion Nürnberg, Außenstelle München (OFD) eingerichteten Zentralstelle, die alle Zolldienststellen im Bundesgebiet bei der Bekämpfung der Produktpiraterie fachlich unterstützt, einzureichen. In eiligen Fällen kann der Antrag auch unmittelbar bei der Zollstelle gestellt werden, bei der der Import sortenschutzverletzender Ware unmittelbar bevorsteht. Damit kann auch der Import von schutzrechtsverletzenden Waren in den Fällen unterbunden werden, in denen der Schutzrechtsinhaber kurzfristig von der Einfuhr erfährt. 1470

1078 So auch *Scheja*, CR 1995, 714, 718.
1079 *Ahrens* RIW 1996, 727, 729.

1471 Mit dem Antrag muß der Antragsteller durch einen beglaubigten Auszug aus dem Sortenregister die Existenz des Schutzrechtes glaubhaft machen. Bei der Verletzung von Sortenschutzrechten ist zudem eine Kopie der Sortenbeschreibung beizufügen, um dem Zoll die Merkmale an die Hand zu geben, die es ihm erlauben, Ware zu identifizieren, die mit der Sortenbeschreibung übereinstimmende Merkmale aufweist.

1472 Um dem Zoll zu ermöglichen, beim Import schutzrechtsverletzender Ware diese zu erkennen, sind in dem Antrag sämtliche Merkmale und Begleitumstände anzugeben, die darauf schließen lassen, daß es sich um die dem Antrag zugrundeliegende sortenschutzrechtsverletzende Ware handelt. Aufgrund der Masse der Güter, die an den Zollstellen täglich abgefertigt werden, werden diese, von Stichprobenkontrollen abgesehen, eine Beschau nur durchführen, wenn die Abfertigungspapiere den Verdacht erzeugen, daß es sich bei der abzufertigenden Ware möglicherweise um schutzrechtsverletzende Ware handelt. Da gerade bei der pflanzlichen Materie oft nicht sofort erkennbar ist, ob es sich um eine schutzrechtsverletzende Ware handelt, sind die Begleitumstände, die auf einen schutzrechtsverletzenden Import hindeuten, von eminent großer Bedeutung. So erlauben es Angaben über verdächtige Personen oder Firmen den Zollstellen, gezielte Kontrollen vorzunehmen.

1473 Da im Falle einer zu Unrecht erfolgten Grenzbeschlagnahme der Zoll das Risiko eingeht, auf Schadenersatz in Anspruch genommen zu werden, muß der Antragsteller eine Sicherheit in Form einer selbstschuldnerischen Bankbürgschaft hinterlegen. Art und Höhe der Sicherheitsleistung wird von der Zollbehörde nach pflichtgemäßem Ermessen bestimmt. Die Höhe bestimmt sich nach den voraussichtlich entstehenden Auslagen und dem bei einer ungerechtfertigten Beschlagnahme zu erwartenden Schaden. Bei Beschlagnahmeanträgen aufgrund Sortenschutzverletzung liegt die zu leistende Sicherheit in der Regel zwischen DM 10.000,— und DM 15.000,—.

1474 In eiligen Fällen, das heißt bei unmittelbar bevorstehendem Import schutzrechtsverletzender Ware, wird dem Antrag bereits gegen die Zusicherung stattgegeben, die Sicherheit alsbald zu leisten.

Die OFD Nürnberg erhebt zur Deckung des mit der Bearbeitung des Grenzbeschlagnahmeantrages verbundenen Aufwandes gegenwärtig eine Gebühr bis zu DM 300,—.

b) Weiteres Verfahren

1475 Wird dem Grenzbeschlagnahmeantrag stattgegeben, wird dieser in der Vorschriftensammlung der Bundesfinanzverwaltung veröffentlicht, um zu gewährleisten, daß sämtliche Außenzollstellen Kenntnis von dem Grenzbeschlagnahmeantrag sowie über die zur Identifizierung möglicherweise schutzrechtsverletzender Importe erforderlichen Informationen erhalten. Im übrigen leitet die OFD während der Geltungsdauer eingehende Hinweise per Dienstanweisung an alle Zollstellen im Bundesgebiet sowie an das Zollkriminalamt weiter.

2. Materielle Voraussetzungen der Grenzbeschlagnahme

1476 Beschlagnahmt werden kann nur pflanzliches Material, das Gegenstand der Verletzung eines im Inland erteilten Sortenschutzes ist. Ob es sich um schutzrechtsverletzende Ware handelt, bestimmt sich nach §§ 37 Abs. 1 i.V.m. 10 Abs. 1, 10 b SortG.

§ 40a Abs. 1 sieht die Beschlagnahme nur bei *offensichtlicher* Rechtsverletzung vor. Dieses   1477
Erfordernis soll sicherstellen, daß die Beschlagnahme von Waren, die einen erheblichen
Eingriff in den Warenverkehr bedeuten, bei unklarer Rechtslage unterbleibt und ungerechtfertigte Beschlagnahmen weitestgehend verhindert werden.[1080]

3. Verfahren nach Anordnung der Beschlagnahme

Ordnet die Zollbehörde eine Beschlagnahme an, so muß sie sowohl denjenigen, der über die   1478
zu importierende oder zu exportierende Ware verfügungsberechtigt ist, als auch den Antragsteller informieren. Der Antragsteller soll selbst oder durch beauftragte Dritte die Ware besichtigen, um festzustellen, ob es sich tatsächlich um schutzrechtsverletzende Ware handelt. § 40a Abs. 2 Satz 3 SortG sieht zwar vor, daß die Besichtigung dann nicht erfolgen darf, wenn dem Antragsteller Einblick in Geschäfts- oder Betriebsgeheimnisse gegeben wird. Dies wird jedoch bei der Besichtigung pflanzlichen Materials in der Regel nicht zutreffen.

Von besonderer Bedeutung ist auch die Verpflichtung der Zollbehörde, dem Antragsteller   1479
die Herkunft, Menge und Lagerung des Materials sowie insbesondere Name und Anschrift des Verfügungsberechtigten mitzuteilen. Dies ermöglicht nicht nur, sich rasch mit dem Verfügungsberechtigten hinsichtlich der Sicherstellung der mit dem schutzrechtsverletzenden Import verbundenen Ansprüche des Schutzrechtsinhabers (Befriedigung der Unterlassungs-, Auskunfts- und Schadenersatzansprüche durch Abgabe einer strafbewehrten Unterlassungserklärung) in Verbindung zu setzen, sondern gibt dem Antragsteller möglicherweise weitere Informationen über den Vertriebsweg schutzrechtsverletzender Ware.

Der von der Beschlagnahme Betroffene hat die Möglichkeit, innerhalb von zwei Wochen   1480
nach Zustellung der Mitteilung über die Beschlagnahme Widerspruch hiergegen zu erheben. Unterläßt er dies, werden die beschlagnahmten Waren von der Zollbehörde eingezogen, und das Beschlagnahmeverfahren ist damit abgeschlossen. Nach § 74 StG geht mit der Einziehung des Gegenstandes das Eigentum an der Sache an den Staat über. Wegen der Natur der pflanzlichen Materie vernichtet die Zollbehörde das beschlagnahmte pflanzliche Material in aller Regel nach der Einziehung.

4. Verfahren bei Widerspruch gegen die Beschlagnahme

Widerspricht der Verfügungsberechtigte der Beschlagnahme, so ist hiervon der Antragsteller   1481
unverzüglich durch die Zollbehörde zu unterrichten. Dieser hat zu entscheiden, ob er hinsichtlich des beschlagnahmten Materials den Antrag zurücknimmt oder aufrechterhält.

a) Antragsrücknahme und Aufhebung der Beschlagnahme

Nimmt der Antragsteller den Antrag zurück, hebt die Zollbehörde die Beschlagnahme un-   1482
verzüglich auf, § 40a Abs. 4 Nr. 1 SortG. Der Antragsteller muß hierbei unverzüglich, also
ohne schuldhaftes Zögern handeln, um sich nicht Schadenersatzansprüchen wegen unge-

---

[1080] BT-Drs. 11/4792, 41.

rechtfertigter Beschlagnahme nach Abs. 5 auszusetzen. Entschließt sich der Antragsteller, den Antrag zurückzunehmen, so hebt die Zollbehörde die Beschlagnahme unverzüglich auf.

b) Aufrechterhaltung des Beschlagnahmeantrages

1483 Hält der Antragsteller den Antrag aufrecht, so muß er innerhalb von zwei Wochen nach Mitteilung über den Widerspruch durch die Zollbehörde eine vollziehbare gerichtliche Entscheidung erwirken, die die Verwahrung der beschlagnahmten Ware oder eine Verfügungsbeschränkung anordnet, § 40a Abs. 4 Nr. 2 SortG. Aufgrund der Zwei-Wochen-Frist wird der Antragsteller unverzüglich nach der Mitteilung über den Widerspruch eine einstweilige Verfügung beantragen müssen. Hierbei ist zu beachten, daß die Beschlagnahmemitteilung des Zolls keinesfalls ausreichen wird, den Verletzungstatbestand darzulegen. Vielmehr ist durch eidesstattliche Erklärung des Antragstellers oder neutraler sachkompetenter Personen, die die Ware besichtigt haben, darzulegen, aufgrund welcher Umstände hier der Import/Export von schutzrechtsverletzendem Material vorliegt.

1484 Eine Alternative zum zivilgerichtlichen einstweiligen Verfügungsverfahren ist das strafrechtliche Ermittlungsverfahren, im Rahmen dessen eine nach § 94 ff. StPO angeordnete Beschlagnahme erkannt werden kann. Dies ist als eine vollziehbare gerichtliche Entscheidung im Sinne des § 40a Abs. 4 Nr. 2 SortG zu werten.

1485 Gelingt es nicht, eine einstweilige Verfügung innerhalb von zwei Wochen nach der Zustellung der Mitteilung über den Widerspruch über die zu importierende oder exportierende Ware zu erhalten, kann die Frist um zwei weitere Wochen auf eine Maximalfrist von vier Wochen verlängert werden (§ 40a Abs. 4 SortG), sofern das Verfügungsverfahren bereits eingeleitet ist.

5. Geltungsdauer des Beschlagnahmeantrages

1486 Der Antrag ist auf maximal zwei Jahre befristet. Dadurch soll vermieden werden, daß die Zollverwaltung aufgrund überholter Anträge ungerechtfertigte Beschlagnahmen vornimmt. Nach Ablauf der Zwei-Jahres-Frist kann der Antrag auf Grenzbeschlagnahme wiederholt werden.

6. Rechtsmittel gegen Beschlagnahme und Einziehung

1487 Die Beschlagnahme und die Einziehung können durch den von der Einziehungsverfügung Betroffenen angefochten werden. Da der von der Beschlagnahmeanordnung Betroffene durch seinen Widerspruch den Antragsteller zwingt, innerhalb von zwei Wochen eine vollziehbare gerichtliche Entscheidung vorzulegen, wird der Streit über die Berechtigung der Beschlagnahmeverfügung in der Regel im zivilgerichtlichen Verfahren ausgetragen, so daß die Bedeutung des § 40a Abs. 7 SortG gering ist. Allenfalls dann, wenn die Zollverwaltung die Ware nicht freigibt, obwohl nicht innerhalb der Zwei-Wochen-Frist, gegebenenfalls nach Verlängerung um zwei Wochen, eine vollziehbare gerichtliche Entscheidung vorgelegt wurde, kann der Betroffene gegen die Beschlagnahmeanordnung nach § 62 OWiG eine gerichtliche Entscheidung beim nach § 68 OWiG zuständigen Amtsgericht beantragen. Gegen die Einziehungsverfügung kann der Betroffene nach §§ 87, 67 Abs. 1, Abs. 2 OWiG Einspruch innerhalb von zwei Wochen einlegen. Gegen ablehnende Entscheidungen ist die sofortige Beschwerde nach § 40a Abs. 7 Satz 2 i.V.m. § 46 OWiG, § 311 Abs. 2 StPO innerhalb einer Woche zum OLG möglich.

Wuesthoff · Leßmann · Würtenberger

Handbuch zum deutschen und europäischen Sortenschutz

Band 2 Weitere Materialien

Handbuch zum deutschen und europäischen Sortenschutz

Band 2 Weitere Materialien

von

Dr. Franz Wuesthoff †

Prof. Dr. Herbert Leßmann
Universität Marburg

Dr. Gert Würtenberger
Rechtsanwalt in München

Weinheim · New York · Chichester · Brisbane · Singapore · Toronto

Prof. Dr. Herbert Leßmann
Habichtstalgasse 30
35037 Marburg

Dr. Gert Würtenberger
Wuesthoff & Wuesthoff
Schweigerstr. 2
81541 München

Das vorliegende Werk wurde sorgfältig erarbeitet. Dennoch übernehmen Autoren und Verlag für die Richtigkeit von Angaben, Hinweisen und Ratschlägen sowie für eventuelle Druckfehler keine Haftung.

Die Deutsche Bibliothek – CIP Einheitsaufnahme

Wuesthoff, Franz:
Handbuch zum deutschen und europäischen Sortenschutz / von Franz Wuesthoff ; Herbert Leßmann ; Gert Würtenberger. – Weinheim ;
New York ; Chichester ; Brisbane ; Singapore ; Toronto : Wiley-VCH
ISBN 3-527-28810-4
  Bd. 1. Gesetze und Erläuterungen. – 1999
  Bd. 2. Weitere Materialien. – 1999

© WILEY-VCH Verlag GmbH, D-69469 Weinheim (Federal Republic of Germany), 1999

Gedruckt auf säurefreiem und chlorfrei gebleichtem Papier

Alle Rechte, insbesondere die der Übersetzung in andere Sprachen, vorbehalten. Kein Teil dieses Buches darf ohne schriftliche Genehmigung des Verlages in irgendeiner Form – durch Photokopie, Mikroverfilmung oder irgendein anderes Verfahren – reproduziert oder in eine von Maschinen, insbesondere von Datenverarbeitungsmaschinen, verwendbare Sprache übertragen oder übersetzt werden. Die Wiedergabe von Warenbezeichnungen, Handelsnamen oder sonstigen Kennzeichen in diesem Buch berechtigt nicht zu der Annahme, daß diese von jedermann frei benutzt werden dürfen. Vielmehr kann es sich auch dann um eingetragene Warenzeichen oder sonstige gesetzlich geschützte Kennzeichen handeln, wenn sie nicht eigens als solche markiert sind.
All rights reserved (including those of translation into other languages). No part of this book may be reproduced in any form – by photoprinting, microfilm, or any other means – nor transmitted or translated into a machine language without written permission from the publishers. Registered names, trademarks, etc. used in this book, even when not specifically marked as such, are not to be considered unprotected by law.

Satz: Fotosatz Froitzheim AG, D-53113 Bonn
Druck: Betzdruck, D-63291 Darmstadt
Bindung: Osswald & Co., D-67433 Neustadt (Weinstraße)

Printed in the Federal Republic of Germany

Inhaltsverzeichnis

Band 2

Teil III: **Weitere Materialien (Gesetze, Verordnungen, Bekanntmachungen, Empfehlungen, Mitteilungen, Formulare usw.)** 527

1. Auszüge aus dem Verwaltungsverfahrensgesetz (VwVfG) in der Fassung der Bekanntmachung vom 21. September 1998 529
2. Auszüge aus der Verwaltungsgerichtsordnung (VwGO) in der Fassung der Bekanntmachung vom 19. März 1991 539
3. Auszüge aus dem Patentgesetz (PatG) in der Fassung der Bekanntmachung vom 16. Juli 1998 544
4. Auszug aus dem Europäischen Patentübereinkommen (EPÜ) und der Ausführungsverordnung zum EPÜ (AusfOEPÜ) 549
5. Richtlinie 98/44 (EG) des Europäischen Parlaments und des Rates vom 6. Juli 1988 über den rechtlichen Schutz biotechnologischer Erfindungen 552
6. Auszug aus dem Budapester Vertrag (BV) vom 28. April 1977 . 563
7. Verwaltungskostengesetz (VwKostG) vom 23. Juni 1970 mit Änderungen durch das Einführungsgesetz zur Abgabenverordnung (EGAO) 1977 mit dem PostneuordnungsG 1994 564
8. Verordnung über das Verfahren vor dem Bundessortenamt (BSAVfV) vom 30. Dezember 1985 573
9. Zweite Verordnung zur Änderung der Verordnung über Verfahren vor dem Bundessortenamt mit Gebührenverzeichnis (Anl. zur BSAVfV) vom 5. Oktober 1998 579
10. Revidierte Fassung der allgemeinen Einführung zu den Richtlinien für die Durchführung der Prüfung auf Unterscheidbarkeit, Homogenität und Beständigkeit von neuen Pflanzensorten (UPOV-Dokument TG 1/2 (Prüfungsrichtlinien) aus UPOV News Letter No. 22 vom Juni 1980) 588
11. Grundsätze des Bundessortenamtes für die Prüfung auf Unterscheidbarkeit, Homogenität und Beständigkeit von Pflanzensorten (Bl.f.S. 1980, 233 f.) 598
12. Bekanntmachung Nr. 3/88 des Bundessortenamtes über Sortenbezeichnungen und vorläufige Bezeichnungen vom 15. April 1988 (Bl.f.S. 1988, 163 ff.) 602
13. UPOV-Empfehlungen für Sortenbezeichnungen vom Rat der UPOV angenommen am 16. 10. 1987 und geändert am 25. 10. 1991 608
14. Bekanntmachung Nr. 8/98 des Bundessortenamtes über Bestimmungen über den Beginn des Prüfungsanbaues und die Vorlage des Vermehrungsmaterials vom 15. Mai 1998 (Bl.f.S. 1998, 239 ff.) 616

15. Bekanntmachung Nr. 14/98 des Bundessortenamtes betreffend
1. Änderung der Bekanntmachung Nr. 8/98 über Bestimmungen
über den Beginn des Prüfungsanbaues und die Vorlage des Vermehrungsmaterials vom 15. August 1998 (Bl.f.S. 1998, 337) 635

16. Bekanntmachung Nr. 9/98 des Bundessortenamtes über mehrjährige Pflanzenarten, für die nach § 13 Abs. 2 BSAVfV im
Aussaatjahr bzw. in Anwachsjahren die Hälfte der Prüfungsgebühren erhoben wird vom 15. Juni 1998 (Bl.f.S. 1998, 247 ff.) .. 636

17. UPOV Muster Verwaltungsvereinbarung für die internationale
Zusammenarbeit bei der Prüfung von Sorten in der vom Rat am
29. Oktober 1993 angenommenen Fassung 638

18. Übersicht über den Stand der Mitglieder (Verbandstaaten) des
internationalen Übereinkommens zum Schutz von Pflanzenzüchtungen (UPOV-Übereinkommen) vom 2. Dezember 1961,
geändert durch Zusatzakte von Genf vom 10. November 1972,
vom 23. Oktober 1978 und vom 19. März 1991 (Stand
30. September 1998) aus UPOV-Dokument C/32/3 vom
6. Oktober 1998 642

19. Saatgutverkehrsgesetz (SaatG) vom 20. August 1985, zuletzt
geändert durch Gesetz vom 25. Oktober 1994 646

20. Verordnung über den Verkehr mit Saatgut landwirtschaftlicher
Arten und von Gemüsearten (Saatgutverordnung = SaatGV)
vom 21. Januar 1981, zuletzt geändert durch Verordnung vom
23. Juli 1997 680

21. Antragsformular für deutsche Sortenschutzanmeldungen 742

22. Verordnung (EG) Nr. 1238/95 der Kommission zur Durchführung der Verordnung (EG) Nr. 2100/94 des Rates in Hinblick
auf die an das Gemeinschaftliche Sortenamt zu entrichtenden
Gebühren vom 31. Mai 1995 749

23. Verordnung (EG) Nr. 1239/95 der Kommission zur Durchführung der Verordnung (EG) Nr. 2100/94 des Rates im Hinblick auf das Verfahren vor dem Gemeinschaftlichen Sortenamt
vom 31. Mai 1995 757

24. Verordnung (EG) Nr. 1768/95 der Kommission über die Ausnahmeregelung gemäß Art. 14 Abs. 3 der Verordnung (EG)
Nr. 2100/94 über den gemeinschaftlichen Sortenschutz vom
24. Juli 1995 792

25. Entscheidung des Verwaltungsrates des Gemeinschaftlichen
Sortenamtes über Prüfungsrichtlinien Amtsblatt 1/95/67 803

26. Vorläufiger Beschluß des Verwaltungsrates über die Beauftragung der zuständigen Ämter in den Mitgliedstaaten der Europäischen Union mit der technischen Prüfung Amtsblatt 2/3/95/
126 806

27. Bekanntmachung Nr. 2/98 des Gemeinschaftlichen Sortenamtes bezüglich der technischen Prüfung von Rosen Amtsblatt 2/98/55-57 808
28. Änderung der Verfahrensordnung des Gerichts I. Instanz der Europäischen Gemeinschaften vom 6. Juli 1995 (Rechtsstreitigkeiten betreffend die Rechte des geistigen Eigentums) .. 811
29. Antragsformular für gemeinschaftliche Sortenschutzanmeldung 817

Stichwortverzeichnis 831

Teil III: Weitere Materialien
(Gesetze, Verordnungen, Bekanntmachungen, Empfehlungen, Mitteilungen, Formulare usw.)

1. Auszüge VwVfG

Teil I. Anwendungsbereich, örtliche Zuständigkeit, Amtshilfe

§ 1
Anwendungsbereich

(1) Dieses Gesetz gilt für die öffentlich-rechtliche Verwaltungstätigkeit der Behörden
1. des Bundes, der bundesunmittelbaren Körperschaften, Anstalten und Stiftungen des öffentlichen Rechts.

Teil II. Allgemeine Vorschriften über das Verwaltungsverfahren

Abschnitt 1
Verfahrensgrundsätze

§ 9
Begriff des Verwaltungsverfahrens

Das Verwaltungsverfahren im Sinne dieses Gesetzes ist die nach außen wirkende Tätigkeit der Behörden, die auf die Prüfung der Voraussetzungen, die Vorbereitung und den Erlaß eines Verwaltungsaktes oder auf den Abschluß eines öffentlich-rechtlichen Vertrages gerichtet ist; es schließt den Erlaß des Verwaltungsaktes oder den Abschluß des öffentlich-rechtlichen Vertrages ein.

§ 10
Nichtförmlichkeit des Verwaltungsverfahrens

[1]Das Verwaltungsverfahren ist an bestimmte Formen nicht gebunden, soweit keine besonderen Rechtsvorschriften für die Form des Verfahrens bestehen. [2]Es ist einfach, zweckmäßig und zügig durchzuführen.

§ 13
Beteiligte

(1) Beteiligte sind
1. Antragsteller und Antragsgegner,
2. diejenigen, an die die Behörde den Verwaltungsakt richten will oder gerichtet hat,
3. diejenigen, mit denen die Behörde einen öffentlich-rechtlichen Vertrag schließen will oder geschlossen hat,
4. diejenigen, die nach Absatz 2 von der Behörde zu dem Verfahren hinzugezogen worden sind.

(2) ¹Die Behörde kann von Amts wegen oder auf Antrag diejenigen, deren rechtliche Interessen durch den Ausgang des Verfahrens berührt werden können, als Beteiligte hinzuziehen. ²Hat der Ausgang des Verfahrens rechtsgestaltende Wirkung für einen Dritten, so ist dieser auf Antrag als Beteiligter zu dem Verfahren hinzuzuziehen; soweit er der Behörde bekannt ist, hat diese ihn von der Einleitung des Verfahrens zu benachrichtigen.

(3) Wer anzuhören ist, ohne daß die Voraussetzungen des Absatzes 1 vorliegen, wird dadurch nicht Beteiligter.

§ 14
Bevollmächtigte und Beistände

(1) ¹Ein Beteiligter kann sich durch einen Bevollmächtigten vertreten lassen. ²Die Vollmacht ermächtigt zu allen das Verwaltungsverfahren betreffenden Verfahrenshandlungen, sofern sich aus ihrem Inhalt nicht etwas anderes ergibt. ³Der Bevollmächtigte hat auf Verlangen seine Vollmacht schriftlich nachzuweisen. ⁴Ein Widerruf der Vollmacht wird der Behörde gegenüber erst wirksam, wenn er ihr zugeht.

(2) Die Vollmacht wird weder durch den Tod des Vollmachtgebers noch durch eine Veränderung in seiner Handlungsfähigkeit oder seiner gesetzlichen Vertretung aufgehoben; der Bevollmächtigte hat jedoch, wenn er für den Rechtsnachfolger im Verwaltungsverfahren auftritt, dessen Vollmacht auf Verlangen schriftlich beizubringen.

(3) ¹Ist für das Verfahren ein Bevollmächtigter bestellt, so soll sich die Behörde an ihn wenden. ²Sie kann sich an den Beteiligten selbst wenden, soweit er zur Mitwirkung verpflichtet ist. ³Wendet sich die Behörde an den Beteiligten, so soll der Bevollmächtigte verständigt werden. ⁴Vorschriften über die Zustellung an Bevollmächtigte bleiben unberührt.

(4) ¹Ein Beteiligter kann zu Verhandlungen und Besprechungen mit einem Beistand erscheinen. ²Das von dem Beistand Vorgetragene gilt als von dem Beteiligten vorgebracht, soweit dieser nicht unverzüglich widerspricht.

(5) Bevollmächtigte und Beistände sind zurückzuweisen, wenn sie geschäftsmäßig fremde Rechtsangelegenheiten besorgen, ohne dazu befugt zu sein.

(6) ¹Bevollmächtigte und Beistände können vom schriftlichen Vortrag zurückgewiesen werden, wenn sie hierzu ungeeignet sind; vom mündlichen Vortrag können sie zurückgewiesen werden, wenn sie zum sachgemäßen Vortrag nicht fähig sind. ²Nicht zurückgewiesen werden können Personen, die zur geschäftsmäßigen Besorgung fremder Rechtsangelegenheiten befugt sind.

(7) ¹Die Zurückweisung nach den Absätzen 5 und 6 ist auch dem Beteiligten, dessen Bevollmächtigter oder Beistand zurückgewiesen wird, mitzuteilen. ²Verfahrenshandlungen des zurückgewiesenen Bevollmächtigten oder Beistandes, die dieser nach der Zurückweisung vornimmt, sind unwirksam.

§ 20
Ausgeschlossene Personen

(1) ¹In einem Verwaltungsverfahren darf für eine Behörde nicht tätig werden,
1. wer selbst Beteiligter ist;
2. wer Angehöriger eines Beteiligten ist;
3. wer einen Beteiligten kraft Gesetzes oder Vollmacht allgemein oder in diesem Verwaltungsverfahren vertritt;
4. wer Angehöriger einer Person ist, die einen Beteiligten in diesem Verfahren vertritt;

5. wer bei einem Beteiligten gegen Entgelt beschäftigt ist oder bei ihm als Mitglied des Vorstandes, des Aufsichtsrates oder eines gleichartigen Organs tätig ist; dies gilt nicht für den, dessen Anstellungskörperschaft Beteiligte ist;
6. wer außerhalb seiner amtlichen Eigenschaft in der Angelegenheit ein Gutachten abgegeben hat oder sonst tätig geworden ist.

²Dem Beteiligten steht gleich, wer durch die Tätigkeit oder durch die Entscheidung einen unmittelbaren Vorteil oder Nachteil erlangen kann. ³Dies gilt nicht, wenn der Vor- oder Nachteil nur darauf beruht, daß jemand einer Berufs- oder Bevölkerungsgruppe angehört, deren gemeinsame Interessen durch die Angelegenheit berührt werden.

(2) Absatz 1 gilt nicht für Wahlen zu einer ehrenamtlichen Tätigkeit und für die Abberufung von ehrenamtlich Tätigen.

(3) Wer nach Absatz 1 ausgeschlossen ist, darf bei Gefahr im Verzug unaufschiebbare Maßnahmen treffen.

(4) ¹Hält sich ein Mitglied eines Ausschusses (§ 88) für ausgeschlossen oder bestehen Zweifel, ob die Voraussetzungen des Absatzes 1 gegeben sind, ist dies dem Vorsitzenden des Ausschusses mitzuteilen. ²Der Ausschuß entscheidet über den Ausschluß. ³Der Betroffene darf an dieser Entscheidung nicht mitwirken. ⁴Das ausgeschlossene Mitglied darf bei der weiteren Beratung und Beschlußfassung nicht zugegen sein.

(5) ¹Angehörige im Sinne des Absatzes 1 Nr. 2 und 4 sind:
1. der Verlobte,
2. der Ehegatte,
3. Verwandte und Verschwägerte gerader Linie,
4. Geschwister,
5. Kinder der Geschwister,
6. Ehegatten der Geschwister und Geschwister der Ehegatten,
7. Geschwister der Eltern,
8. Personen, die durch ein auf längere Dauer angelegtes Pflegeverhältnis mit häuslicher Gemeinschaft wie Eltern und Kind miteinander verbunden sind (Pflegeeltern und Pflegekinder).

²Angehörige sind die in Satz 1 aufgeführten Personen auch dann, wenn
1. in den Fällen der Nummern 2, 3 und 6 die die Beziehung begründende Ehe nicht mehr besteht;
2. in den Fällen der Nummern 3 bis 7 die Verwandschaft oder Schwägerschaft durch Annahme als Kind erloschen ist;
3. im Falle der Nummer 8 die häusliche Gemeinschaft nicht mehr besteht, sofern die Personen weiterhin wie Eltern und Kind miteinander verbunden sind.

§ 21
Besorgnis der Befangenheit

(1) ¹Liegt ein Grund vor, der geeignet ist, Mißtrauen gegen eine unparteiische Amtsausübung zu rechtfertigen, oder wird von einem Beteiligten das Vorliegen eines solchen Grundes behauptet, so hat, wer in einem Verwaltungsverfahren für eine Behörde tätig werden soll, den Leiter der Behörde oder den von diesem Beauftragten zu unterrichten und sich auf dessen Anordnung der Mitwirkung zu enthalten. ²Betrifft die Besorgnis der Befangenheit den Leiter der Behörde, so trifft diese Anordnung die Aufsichtsbehörde, sofern sich der Behördenleiter nicht selbst einer Mitwirkung enthält.

(2) Für Mitglieder eines Ausschusses (§ 88) gilt § 20 Abs. 4 entsprechend.

§ 22
Beginn des Verfahrens

¹Die Behörde entscheidet nach pflichtgemäßen Ermessen, ob und wann sie ein Verwaltungsverfahren durchführt. ²Dies gilt nicht, wenn die Behörde auf Grund von Rechtsvorschriften
1. von Amts wegen oder auf Antrag tätig werden muß;
2. nur auf Antrag tätig werden darf und ein Antrag nicht vorliegt.

§ 24
Untersuchungsgrundsatz

(1) ¹Die Behörde ermittelt den Sachverhalt von Amts wegen. ²Sie bestimmt Art und Umfang der Ermittlungen; an das Vorbringen und an die Beweisanträge der Beteiligten ist sie nicht gebunden.

(2) Die Behörde hat alle für den Einzelfall bedeutsamen, auch die für die Beteiligten günstigen Umstände zu berücksichtigen.

(3) Die Behörde darf die Entgegennahme von Erklärungen oder Anträgen, die in ihren Zuständigkeitsbereich fallen, nicht deshalb verweigern, weil sie die Erklärung oder den Antrag in der Sache für unzulässig oder unbegründet hält.

§ 26
Beweismittel

(1) ¹Die Behörde bedient sich der Beweismittel, die sie nach pflichtgemäßem Ermessen zur Ermittlung des Sachverhalts für erforderlich hält. ²Sie kann insbesondere
1. Auskünfte jeder Art einholen,
2. Beteiligte anhören, Zeugen und Sachverständige vernehmen oder die schriftliche Äußerung von Beteiligten, Sachverständigen und Zeugen einholen,
3. Urkunden und Akten beziehen,
4. den Augenschein einnehmen.

(2) ¹Die Beteiligten sollen bei der Ermittlung des Sachverhalts mitwirken. ²Sie sollen insbesondere ihnen bekannte Tatsachen und Beweismittel angeben. ³Eine weitergehende Pflicht, bei der Ermittlung des Sachverhalts mitzuwirken, insbesondere eine Pflicht zum persönlichen Erscheinen oder zur Aussage, besteht nur, soweit sie durch Rechtsvorschrift besonders vorgesehen ist.

(3) ¹Für Zeugen und Sachverständige besteht eine Pflicht zur Aussage oder zur Erstattung von Gutachten, wenn sie durch Rechtsvorschrift vorgesehen ist. ²Falls die Behörde Zeugen und Sachverständige herangezogen hat, werden sie auf Antrag in entsprechender Anwendung des Gesetzes über die Entschädigung von Zeugen und Sachverständigen entschädigt.

§ 32
Wiedereinsetzung in den vorigen Stand

(1) ¹War jemand ohne Verschulden verhindert, eine gesetzliche Frist einzuhalten, so ist ihm auf Antrag Wiedereinsetzung in den vorigen Stand zu gewähren. ²Das Verschulden eines Vertreters ist dem Vertretenen zuzurechnen.

(2) ¹Der Antrag ist innerhalb von zwei Wochen nach Wegfall des Hindernisses zu stellen. ²Die Tatsachen zur Begründung des Antrages sind bei der Antragstellung oder im Verfahren über den Antrag glaubhaft zu machen. ³Innerhalb der Antragsfrist ist die versäumte Handlung nachzuholen. ⁴Ist dies geschehen, so kann Wiedereinsetzung auch ohne Antrag gewährt werden.

(3) Nach einem Jahr seit dem Ende der versäumten Frist kann die Wiedereinsetzung nicht mehr beantragt oder die versäumte Handlung nicht mehr nachgeholt werden, außer wenn dies vor Ablauf der Jahresfrist infolge höherer Gewalt unmöglich war.

(4) Über den Antrag auf Wiedereinsetzung entscheidet die Behörde, die über die versäumte Handlung zu befinden hat.

(5) Die Wiedereinsetzung ist unzulässig, wenn sich aus einer Rechtsvorschrift ergibt, daß sie ausgeschlossen ist.

§ 39
Begründung des Verwaltungsaktes

(1) ¹Ein schriftlicher oder schriftlich bestätigter Verwaltungsakt ist schriftlich zu begründen. ²In der Begründung sind die wesentlichen tatsächlichen und rechtlichen Gründe mitzuteilen, die die Behörde zu ihrer Entscheidung bewogen haben. ³Die Begründung von Ermessensentscheidungen soll auch die Gesichtspunkte erkennen lassen, von denen die Behörde bei der Ausübung ihres Ermessens ausgegangen ist.

(2) Einer Begründung bedarf es nicht,
1. soweit die Behörde einem Antrag entspricht oder einer Erklärung folgt und der Verwaltungsakt nicht in Rechte eines anderen eingreift;
2. soweit demjenigen, für den der Verwaltungsakt bestimmt ist oder der von ihm betroffen wird, die Auffassung der Behörde über die Sach- und Rechtslage bereits bekannt oder auch ohne schriftliche Begründung für ihn ohne weiteres erkennbar ist;
3. wenn die Behörde gleichartige Verwaltungsakte in größerer Zahl oder Verwaltungsakte mit Hilfe automatischer Einrichtungen erläßt und die Begründung nach den Umständen des Einzelfalles nicht geboten ist;
4. wenn sich dies aus einer Rechtsvorschrift ergibt;
5. wenn eine Allgemeinverfügung öffentlich bekanntgegeben wird.

§ 48
Rücknahme eines rechtswidrigen Verwaltungsaktes

(1) Ein rechtswidriger Verwaltungsakt kann, auch nachdem er unanfechtbar geworden ist, ganz oder teilweise mit Wirkung für die Zukunft oder für die Vergangenheit zurückgenommen werden. Ein Verwaltungsakt, der ein Recht oder einen rechtlich erheblichen Vorteil begründet oder bestätigt hat (begünstigender Verwaltungsakt), darf nur unter den Einschränkungen der Absätze 2 bis 4 zurückgenommen werden.

(2) ¹Ein rechtswidriger Verwaltungsakt, der eine einmalige oder laufende Geldleistung oder teilbare Sachleistung gewährt oder hierfür Voraussetzung ist, darf nicht zurückgenommen werden, soweit der Begünstigte auf den Bestand des Verwaltungsaktes vertraut hat und sein Vertrauen unter Abwägung mit dem öffentlichen Interesse an einer Rücknahme schutzwürdig ist. ²Das Vertrauen ist in der Regel schutzwürdig, wenn der Begünstigte gewährte Leistungen verbraucht oder eine Vermögensdisposition getroffen hat, die er nicht mehr oder nur unter unzumutbaren Nachteilen rückgängig machen kann. ³Auf Vertrauen kann sich der Begünstigte nicht berufen, wenn er
1. den Verwaltungsakt durch arglistige Täuschung, Drohung oder Bestechung erwirkt hat;
2. den Verwaltungsakt durch Angaben erwirkt hat, die in wesentlicher Beziehung unrichtig oder unvollständig waren;
3. die Rechtswidrigkeit des Verwaltungsaktes kannte oder infolge grober Fahrlässigkeit nicht kannte.

⁴In den Fällen des Satzes 3 wird der Verwaltungsakt in der Regel mit Wirkung für die Vergangenheit zurückgenommen.

(3) ¹Wird ein rechtswidriger Verwaltungsakt, der nicht unter Absatz 2 fällt, zurückgenommen, so hat die Behörde dem Betroffenen auf Antrag den Vermögensnachteil auszugleichen, den dieser dadurch erlitten, daß er auf den Bestand des Verwaltungsaktes vertraut hat, soweit sein Vertrauen unter Abwägung mit dem öffentlichen Interesse schutzwürdig ist. ²Absatz 2 Satz 3 ist anzuwenden. ³Der Vermögensnachteil ist jedoch nicht über den Betrag des Interesses hinaus zu ersetzen, das der Betroffene an dem Bestand des Verwaltungsaktes hat. ⁴Der auszugleichende Vermögensnachteil wird durch die Behörde festgesetzt. ⁵Der Anspruch kann nur innerhalb eines Jahres geltend gemacht werden; die Frist beginnt, sobald die Behörde den Betroffenen auf sie hingewiesen hat.

(4) ¹Erhält die Behörde von Tatsachen Kenntnis, welche die Rücknahme eines rechtswidrigen Verwaltungsaktes rechtfertigen, so ist die Rücknahme nur innerhalb eines Jahres seit dem Zeitpunkt der Kenntnisnahme zulässig. ²Dies gilt nicht im Falle des Absatzes 2 Satz 3 Nr. 1.

(5) Über die Rücknahme entscheidet nach Unanfechtbarkeit des Verwaltungsaktes die nach § 3 zuständige Behörde; dies gilt auch dann, wenn der zurückzunehmende Verwaltungsakt von einer anderen Behörde erlassen worden ist.

§ 49
Widerruf eines rechtmäßigen Verwaltungsaktes

(1) Ein rechtmäßiger nicht begünstigender Verwaltungsakt kann, auch nachdem er unanfechtbar geworden ist, ganz oder teilweise mit Wirkung für die Zukunft widerrufen werden, außer wenn ein Verwaltungsakt gleichen Inhalts erneut erlassen werden müßte oder aus anderen Gründen ein Widerruf unzulässig ist.

(2) ¹Ein rechtmäßiger begünstigender Verwaltungsakt darf, auch nachdem er unanfechtbar geworden ist, ganz oder teilweise mit Wirkung für die Zukunft nur widerrufen werden,
1. wenn der Widerruf durch Rechtsvorschrift zugelassen oder im Verwaltungsakt vorbehalten ist;
2. wenn mit dem Verwaltungsakt eine Auflage verbunden ist und der Begünstigte diese nicht oder nicht innerhalb einer ihm gesetzten Frist erfüllt hat;
3. wenn die Behörde auf Grund nachträglich eingetretener Tatsachen berechtigt wäre, den Verwaltungsakt nicht zu erlassen, und wenn ohne den Widerruf das öffentliche Interesse gefährdet würde;
4. wenn die Behörde auf Grund einer geänderten Rechtsvorschrift berechtigt wäre, den Verwaltungsakt nicht zu erlassen, soweit der Begünstigte von der Vergünstigung noch keinen Gebrauch gemacht oder auf Grund des Verwaltungsaktes noch keine Leistungen empfangen hat, und wenn ohne den Widerruf das öffentliche Interesse gefährdet würde;
5. um schwere Nachteile für das Gemeinwohl zu verhüten oder zu beseitigen.

²§ 48 Abs. 4 gilt entsprechend.

(3) ¹Ein rechtmäßiger Verwaltungsakt, der eine einmalige oder laufende Geldleistung oder teilbare Sachleistung zur Erfüllung eines bestimmten Zweckes gewährt oder hierfür Voraussetzung ist, kann, auch nachdem er unanfechtbar geworden ist, ganz oder teilweise auch mit Wirkung für die Vergangenheit widerrufen werden,
1. wenn die Leistung nicht, nicht alsbald nach der Erbringung oder nicht mehr für den in dem Verwaltungsakt bestimmten Zweck verwendet wird;
2. wenn mit dem Verwaltungsakt eine Auflage verbunden ist und der Begünstigte diese nicht oder nicht innerhalb einer ihm gesetzten Frist erfüllt hat.

²§ 48 Abs. 4 gilt entsprechend.

(4) Der widerrufende Verwaltungsakt wird mit dem Wirksamwerden des Widerrufs unwirksam, wenn die Behörde keinen anderen Zeitpunkt bestimmt.

(5) Über den Widerruf entscheidet nach Unanfechtbarkeit des Verwaltungsaktes die nach § 3 zuständige Behörde; dies gilt auch dann, wenn der zu widerrufende Verwaltungsakt von einer anderen Behörde erlassen worden ist.

(6) ¹Wird ein begünstigender Verwaltungsakt in den Fällen des Absatzes 2 Nr. 3 bis 5 widerrufen, so hat die Behörde den Betroffenen auf Antrag für den Vermögensnachteil zu entschädigen, den dieser dadurch erleidet, daß er auf den Bestand des Verwaltungsaktes vertraut hat, soweit sein Vertrauen schutzwürdig ist. ²§ 48 Abs. 3 Satz 3 bis 5 gilt entsprechend. ³Für Streitigkeiten über die Entschädigung ist der ordentliche Rechtsweg gegeben.

Teil V. Besondere Verfahrensarten

Abschnitt 1
Förmliches Verwaltungsverfahren

§ 63
Anwendung der Vorschriften über das förmliche Verwaltungsverfahren

(1) Das förmliche Verwaltungsverfahren nach diesem Gesetz findet statt, wenn es durch Rechtsvorschrift angeordnet ist.

(2) Für das förmliche Verwaltungsverfahren gelten die §§ 64 bis 71 und, soweit sich aus ihnen nichts Abweichendes ergibt, die übrigen Vorschriften dieses Gesetzes.

(3) ¹Die Mitteilung nach § 17 Abs. 2 Satz 2 und die Aufforderung nach § 17 Abs. 4 Satz 2 sind im förmlichen Verwaltungsverfahren öffentlich bekanntzumachen. ²Die öffentliche Bekanntmachung wird dadurch bewirkt, daß die Behörde die Mitteilung oder die Aufforderung in ihrem amtlichen Veröffentlichungsblatt und außerdem in örtlichen Tageszeitungen, die in dem Bereich verbreitet sind, in dem sich die Entscheidung voraussichtlich auswirken wird, bekanntmacht.

§ 64
Form des Antrages

Setzt das förmliche Verwaltungsverfahren einen Antrag voraus, so ist er schriftlich oder zur Niederschrift bei der Behörde zu stellen.

§ 65
Mitwirkung von Zeugen und Sachverständigen

(1) ¹Im förmlichen Verwaltungsverfahren sind Zeugen zur Aussage und Sachverständige zur Erstattung von Gutachten verpflichtet. ²Die Vorschriften der Zivilprozeßordnung über die Pflicht, als Zeuge auszusagen oder als Sachverständiger ein Gutachten zu erstatten, über die Ablehnung von Sachverständigen sowie über die Vernehmung von Angehörigen des öffentlichen Dienstes als Zeugen oder Sachverständige gelten entsprechend.

(2) ¹Verweigern Zeugen oder Sachverständige ohne Vorliegen eines der in den §§ 376, 383 bis 385 und 408 der Zivilprozeßordnung bezeichneten Gründe die Aussage oder die Erstattung des Gutachtes, so kann die Behörde das für den Wohnsitz oder den Aufenthaltsort des Zeugen oder des Sachverständigen zuständige Verwaltungsgericht um die Vernehmung ersuchen. ²Befindet sich der Wohnsitz oder der Aufenthaltsort des Zeugen oder des Sachverständigen nicht am Sitz eines Verwaltungsgerichts oder einer besonders errichteten Kammer, so kann auch das zuständige Amtsgericht um die Vernehmung ersucht werden. ³In dem Ersuchen hat die Behörde den Gegenstand der Vernehmung darzulegen sowie die

Namen und Anschriften der Beteiligten anzugeben. ⁴Das Gericht hat die Beteiligten von den Beweisterminen zu benachrichtigen.

(3) Hält die Behörde mit Rücksicht auf die Bedeutung der Aussage eines Zeugen oder des Gutachtens eines Sachverständigen oder zur Herbeiführung einer wahrheitsgemäßen Aussage die Beeidigung für geboten, so kann sie das nach Absatz 2 zuständige Gericht um die eidliche Vernehmung ersuchen.

(4) Das Gericht entscheidet über die Rechtmäßigkeit einer Verweigerung des Zeugnisses, des Gutachtens oder der Eidesleistung.

(5) Ein Ersuchen nach Absatz 2 oder 3 an das Gericht darf nur von dem Behördenleiter, seinem allgemeinen Vertreter oder einem Angehörigen des öffentlichen Dienstes gestellt werden, der die Befähigung zum Richteramt hat oder die Voraussetzungen des § 110 Satz 1 des Deutschen Richtergesetzes erfüllt.

§ 66
Verpflichtung zur Anhörung von Beteiligten

(1) Im förmlichen Verwaltungsverfahren ist den Beteiligten Gelegenheit zu geben, sich vor der Entscheidung zu äußern.

(2) Den Beteiligten ist Gelegenheit zu geben, der Vernehmung von Zeugen und Sachverständigen und der Einnahme des Augenscheins beizuwohnen und hierbei sachdienliche Fragen zu stellen; ein schriftliches Gutachten soll ihnen zugänglich gemacht werden.

§ 67
Erfordernis der mündlichen Verhandlung

(1) ¹Die Behörde entscheidet nach mündlicher Verhandlung. ²Hierbei sind die Beteiligten mit angemessener Frist schriftlich zu laden. ³Bei der Ladung ist darauf hinzuweisen, daß bei Ausbleiben eines Beteiligten auch ohne ihn verhandelt und entschieden werden kann. ⁴Sind mehr als 50 Ladungen vorzunehmen, so können sie durch öffentliche Bekanntmachung ersetzt werden. ⁵Die öffentliche Bekanntmachung wird dadurch bewirkt, daß der Verhandlungstermin mindestens zwei Wochen vorher im amtlichen Veröffentlichungsblatt der Behörde und außerdem in örtlichen Tageszeitungen, die in dem Bereich verbreitet sind, mit dem Hinweis nach Satz 3 bekanntgemacht wird. ⁶Maßgebend für die Frist nach Satz 5 ist die Bekanntgabe im amtlichen Veröffentlichungsblatt.

(2) Die Behörde kann ohne mündliche Verhandlung entscheiden, wenn
1. einem Antrag im Einvernehmen mit allen Beteiligten in vollem Umfang entsprochen wird;
2. kein Beteiligter innerhalb einer hierfür gesetzten Frist Einwendungen gegen die vorgesehene Maßnahme erhoben hat;
3. die Behörde den Beteiligten mitgeteilt hat, daß sie beabsichtigt, ohne mündliche Verhandlung zu entscheiden, und kein Beteiligter innerhalb einer hierfür gesetzten Frist Einwendungen dagegen erhoben hat;
4. alle Beteiligten auf sie verzichtet haben;
5. wegen Gefahr im Verzug eine sofortige Entscheidung notwendig ist.

(3) Die Behörde soll das Verfahren so fördern, daß es möglichst in einem Verhandlungstermin erledigt werden kann.

§ 68
Verlauf der mündlichen Verhandlung

(1) ¹Die mündliche Verhandlung ist nicht öffentlich. ²An ihr können Vertreter der Aufsichtsbehörden und Personen, die bei der Behörde zur Ausbildung beschäftigt sind, teilnehmen. ³Anderen Personen kann der Verhandlungsleiter die Anwesenheit gestatten, wenn kein Beteiligter widerspricht.

(2) ¹Der Verhandlungsleiter hat die Sache mit den Beteiligten zu erörtern. ²Er hat darauf hinzuwirken, daß unklare Anträge erläutert, sachdienliche Anträge gestellt, ungenügende Angaben ergänzt sowie alle für die Feststellung des Sachverhalts wesentlichen Erklärungen abgegeben werden.

(3) ¹Der Verhandlungsleiter ist für die Ordnung verantwortlich. ²Er kann Personen, die seine Anordnungen nicht befolgen, entfernen lassen. ³Die Verhandlung kann ohne diese Personen fortgesetzt werden.

(4) ¹Über die mündliche Verhandlung ist eine Niederschrift zu fertigen. ²Die Niederschrift muß Angaben enthalten über
1. den Ort und den Tag der Verhandlung,
2. die Namen des Verhandlungsleiters, der erschienen Beteiligten, Zeugen und Sachverständigen,
3. den behandelten Verfahrensgegenstand und die gestellten Anträge,
4. den wesentlichen Inhalt der Aussagen der Zeugen und Sachverständigen,
5. das Ergebnis eines Augenscheines.

³Die Niederschrift ist von dem Verhandlungsleiter und, soweit ein Schriftführer hinzugezogen worden ist, auch von diesem zu unterzeichnen. ⁴Der Aufnahme in die Verhandlungsniederschrift steht die Aufnahme in eine Schrift gleich, die ihr als Anlage beigefügt und als solche bezeichnet ist; auf die Anlage ist in der Verhandlungsniederschrift hinzuweisen.

§ 69
Entscheidung

(1) Die Behörde entscheidet unter Würdigung des Gesamtergebnisses des Verfahrens.

(2) ¹Verwaltungsakte, die das förmliche Verfahren abschließen, sind schriftlich zu erlassen, schriftlich zu begründen und den Beteiligten zuzustellen; in den Fällen des § 39 Abs. 2 Nr. 1 und 3 bedarf es einer Begründung nicht. ²Sind mehr als 50 Zustellungen vorzunehmen, so können sie durch öffentliche Bekanntmachung ersetzt werden. ³Die öffentliche Bekanntmachung wird dadurch bewirkt, daß der verfügende Teil des Verwaltungsaktes und die Rechtsbehelfsbelehrung im amtlichen Veröffentlichungsblatt der Behörde und außerdem in örtlichen Tageszeitungen bekanntgemacht werden, die in dem Bereich verbreitet sind, in dem sich die Entscheidung voraussichtlich auswirken wird. ⁴Der Verwaltungsakt gilt mit dem Tage als zugestellt, an dem seit dem Tage der Bekanntmachung in dem amtlichen Veröffentlichungsblatt zwei Wochen verstrichen sind; hierauf ist in der Bekanntmachung hinzuweisen. ⁵Nach der öffentlichen Bekanntmachung kann der Verwaltungsakt bis zum Ablauf der Rechtsbehelfsfrist von den Beteiligten schriftlich angefordert werden; hierauf ist in der Bekanntmachung gleichfalls hinzuweisen.

(3) ¹Wird das förmliche Verwaltungsverfahren auf andere Weise abgeschlossen, so sind die Beteiligten hiervon zu benachrichtigen. ²Sind mehr als 50 Benachrichtigungen vorzunehmen, so können sie durch öffentliche Bekanntmachung ersetzt werden; Absatz 2 Satz 3 gilt entsprechend.

§ 71
Besondere Vorschriften für das förmliche Verfahren vor Ausschüssen

(1) ¹Findet das förmliche Verwaltungsverfahren vor einem Ausschuß (§ 88) statt, so hat jedes Mitglied das Recht, sachdienliche Fragen zu stellen. ²Wird eine Frage von einem Beteiligten beanstandet, so entscheidet der Ausschuß über ihre Zulässigkeit.

(2) ¹Bei der Beratung und Abstimmung dürfen nur Ausschußmitglieder zugegen sein, die an der mündlichen Verhandlung teilgenommen haben. ²Ferner dürfen Personen zugegen sein, die bei der Behörde, bei der der Ausschuß gebildet ist, zur Ausbildung beschäftigt sind, soweit der Vorsitzende ihre Anwesenheit gestattet. ³Die Abstimmungsergebnisse sind festzuhalten.

(3) ¹Jeder Beteiligte kann ein Mitglied des Ausschusses ablehnen, das in diesem Verwaltungsverfahren nicht tätig werden darf (§ 20) oder bei dem die Besorgnis der Befangenheit besteht (§ 21). ²Eine Ablehnung vor der mündlichen Verhandlung ist schriftlich oder zur Niederschrift zu erklären. ³Die Erklärung ist unzulässig, wenn sich der Beteiligte, ohne den ihm bekannten Ablehnungsgrund geltend zu

machen, in die mündliche Verhandlung eingelassen hat. ⁴Für die Entscheidung über die Ablehnung gilt § 20 Abs. 4 Satz 2 bis 4.

Teil VI. Rechtsbehelfsverfahren

§ 79
Rechtsbehelfe gegen Verwaltungsakte

Für förmliche Rechtsbehelfe gegen Verwaltungsakte gelten die Verwaltungsgerichtsordnung und die zu ihrer Ausführung ergangenen Rechtsvorschriften, soweit nicht durch Gesetz etwas anderes bestimmt ist; im übrigen gelten die Vorschriften dieses Gesetzes.

2. Auszüge aus der Verwaltungsgerichtsordnung (VwGO)

in der Fassung vom 19. März 1991

Teil I. Gerichtsverfassung

1. Abschnitt
Gerichte

§ 1
Unabhängigkeit der Verwaltungsgerichte

Die Verwaltungsgerichtsbarkeit wird durch unabhängige, von den Verwaltungsbehörden getrennte Gerichte ausgeübt.

6. Abschnitt
Verwaltungsrechtsweg und Zuständigkeit

§ 40
Zulässigkeit des Verwaltungsrechtsweges

(1) ¹Der Verwaltungsrechtsweg ist in allen öffentlich-rechtlichen Streitigkeiten nichtverfassungsrechtlicher Art gegeben, soweit die Streitigkeiten nicht durch Bundesgesetz einem anderen Gericht ausdrücklich zugewiesen sind. ²Öffentlich-rechtliche Streitigkeiten auf dem Gebiet des Landesrechts können einem anderen Gericht auch durch Landesgesetz zugewiesen werden.

(2) ¹Für vermögensrechtliche Ansprüche aus Aufopferung für das gemeine Wohl und aus öffentlich-rechtlicher Verwahrung sowie für Schadenersatzansprüche aus der Verletzung öffentlich-rechtlicher Pflichten, die nicht auf einem öffentlich-rechtlichen Vertrag beruhen, ist der ordentliche Rechtsweg gegeben. ²Die besonderen Vorschriften des Beamtenrechts sowie über den Rechtsweg bei Ausgleich von Vermögensnachteilen wegen Rücknahme rechtswidriger Verwaltungsakte bleiben unberührt.

§ 41

(weggefallen)

§ 42
Anfechtungs- und Verpflichtungsklage

(1) Durch Klage kann die Aufhebung eines Verwaltungsakts (Anfechtungsklage) sowie die Verurteilung zum Erlaß eines abgelehnten oder unterlassenen Verwaltungsakts (Verpflichtungsklage) begehrt werden.

(2) Soweit gesetzlich nichts anderes bestimmt ist, ist die Klage nur zulässig, wenn der Kläger geltend macht, durch den Verwaltungsakt oder seine Ablehnung oder Unterlassung in seinen Rechten verletzt zu sein.

§ 43
Feststellungsklage

(1) Durch Klage kann die Feststellung des Bestehens oder Nichtbestehens eines Rechtsverhältnisses oder der Nichtigkeit eines Verwaltungsakts begehrt werden, wenn der Kläger ein berechtigtes Interesse an der baldigen Feststellung hat (Feststellungsklage).

(2) ¹Die Feststellung kann nicht begehrt werden, soweit der Kläger seine Rechte durch Gestaltungs- oder Leistungsklage verfolgen kann oder hätte verfolgen können. ²Dies gilt nicht, wenn die Feststellung der Nichtigkeit eines Verwaltungsakts begehrt wird.

§ 58
Rechtsbehelfsbelehrung

(1) Die Frist für ein Rechtsmittel oder einen anderen Rechtsbehelf beginnt nur zu laufen, wenn der Beteiligte über den Rechtsbehelf, die Verwaltungsbehörde oder das Gericht, bei denen der Rechtsbehelf anzubringen ist, den Sitz und die einzuhaltende Frist schriftlich belehrt worden ist.

(2) ¹Ist die Belehrung unterblieben oder unrichtig erteilt, so ist die Einlegung des Rechtsbehelfs nur innerhalb eines Jahres seit Zustellung, Eröffnung oder Verkündung zulässig, außer wenn die Einlegung vor Ablauf der Jahresfrist infolge höherer Gewalt unmöglich war oder eine schriftliche Belehrung dahin erfolgt ist, daß ein Rechtsbehelf nicht gegeben sei. ²§ 60 Abs. 2 gilt für den Fall höherer Gewalt entsprechend.

§ 59
Belehrungspflicht der Bundesbehörden

Erläßt eine Bundesbehörde einen schriftlichen Verwaltungsakt, der der Anfechtung unterliegt, so ist eine Erklärung beizufügen, durch die der Beteiligte über den Rechtsbehelf, der gegen den Verwaltungsakt gegeben ist, über die Stelle, bei der der Rechtsbehelf einzulegen ist, und über die Frist belehrt wird.

§ 68
Vorverfahren

(1) ¹Vor Erhebung der Anfechtungsklage sind Rechtmäßigkeit *und* Zweckmäßigkeit des Verwaltungsakts in einem Vorverfahren nachzuprüfen. ²Einer solchen Nachprüfung bedarf es nicht, wenn ein Gesetz dies bestimmt oder wenn
1. der Verwaltungsakt von einer obersten Bundesbehörde oder von einer obersten Landesbehörde erlassen worden ist, außer wenn ein Gesetz die Nachprüfung vorschreibt, oder
2. der Abhilfebescheid oder der Widerspruchsbescheid erstmalig eine Beschwer enthält.

(2) Für die Verpflichtungsklage gilt Absatz 1 entsprechend, wenn der Antrag auf Vornahme des Verwaltungsakts abgelehnt worden ist.

§ 69
Widerspruch

Das Vorverfahren beginnt mit der Erhebung des Widerspruchs.

§ 70
Form und Frist des Widerspruchs

(1) ¹Der Widerspruch ist innerhalb eines Monats, nachdem der Verwaltungsakt dem Beschwerten bekanntgegeben worden ist, schriftlich oder zur Niederschrift bei der Behörde zu erheben, die den Verwaltungsakt erlassen hat. ²Die Frist wird auch durch Einlegung bei der Behörde, die den Widerspruchsbescheid zu erlassen hat, gewahrt.

(2) §§ 58 und 60 Abs. 1 bis 4 gelten entsprechend.

§ 80[1081]
Aufschiebende Wirkung

(1) ¹Widerspruch und Anfechtungsklage haben aufschiebende Wirkung. ²Das gilt auch bei rechtsgestaltenden und feststellenden Verwaltungsakten sowie bei Verwaltungsakten mit Doppelwirkung (§ 80 a).

(2) ¹Die aufschiebende Wirkung entfällt nur
1. bei der Anforderung von öffentlichen Abgaben und Kosten,
2. bei unaufschiebbaren Anordnungen und Maßnahmen von Polizeivollzugsbeamten,
3. in anderen durch Bundesgesetz oder für Landesrecht durch Landesgesetz vorgeschriebenen Fällen, insbesondere für Widersprüche und Klagen Dritter gegen Verwaltungsakte, die Investitionen oder die Schaffung von Arbeitsplätzen betreffen,
4. in den Fällen, in denen die sofortige Vollziehung im öffentlichen Interesse oder im überwiegenden Interesse eines Beteiligten von der Behörde, die den Verwaltungsakt erlassen oder über den Widerspruch zu entscheiden hat, besonders angeordnet wird.

²Die Länder können auch bestimmen, daß Rechtsbehelfe keine aufschiebende Wirkung haben, soweit sie sich gegen Maßnahmen richten, die in der Verwaltungsvollstreckung durch die Länder nach Bundesrecht getroffen werden.

(3) ¹In den Fällen des Absatzes 2 Nr. 4 ist das besondere Interesse an der sofortigen Vollziehung des Verwaltungsakts schriftlich zu begründen. ²Einer besonderen Begründung bedarf es nicht, wenn die Behörde bei Gefahr im Verzug, insbesondere bei drohenden Nachteilen für Leben, Gesundheit oder Eigentum vorsorglich eine als solche bezeichnete Notstandsmaßnahme im öffentlichen Interesse trifft.

(4) ¹Die Behörde, die den Verwaltungsakt erlassen oder über den Widerspruch zu entscheiden hat, kann in den Fällen des Absatzes 2 die Vollziehung aussetzen, soweit nicht bundesgesetzlich etwas anderes bestimmt ist. ²Bei der Anforderung von öffentlichen Abgaben und Kosten kann sie die Vollziehung auch gegen Sicherheit aussetzen. ³Die Aussetzung soll bei öffentlichen Abgaben und Kosten erfolgen, wenn ernstliche Zweifel an der Rechtmäßigkeit des angegriffenen Verwaltungsakts bestehen oder wenn die Vollziehung für den Abgaben- oder Kostenpflichtigen eine unbillige, nicht durch überwiegende öffentliche Interessen gebotene Härte zur Folge hätte.

(5) ¹Auf Antrag kann das Gericht der Hauptsache die aufschiebende Wirkung in den Fällen des Absatzes 2 Nr. 1 bis 3 ganz oder teilweise anordnen, im Falle des Absatzes 2 Nr. 4 ganz oder teilweise wieder-

---

[1081] § 80 Abs. 8 Satz 2 aufgeh. durch G v. 11.1.1993 (BGBl I S. 50), Abs. 2 bish. Text wird Satz 1, Nr. 3 neugef. u. Satz 2 angef. durch G v. 1.11.1996 (BGBl I S. 1626).

herstellen. ²Der Antrag ist schon vor Erhebung der Anfechtungsklage zulässig. ³Ist der Verwaltungsakt im Zeitpunkt der Entscheidung schon vollzogen, so kann das Gericht die Aufhebung der Vollziehung anordnen. ⁴Die Wiederherstellung der aufschiebenden Wirkung kann von der Leistung einer Sicherheit oder von anderen Auflagen abhängig gemacht werden. ⁵Sie kann auch befristet werden.

(6) ¹In den Fällen des Absatzes 2 Nr. 1 ist der Antrag nach Absatz 5 nur zulässig, wenn die Behörde einen Antrag auf Aussetzung der Vollziehung ganz oder zum Teil abgelehnt hat. ²Das gilt nicht, wenn
1. die Behörde über den Antrag ohne Mitteilung eines zureichenden Grundes in angemessener Frist sachlich nicht entschieden hat oder
2. eine Vollstreckung droht.

(7) ¹Das Gericht der Hauptsache kann Beschlüsse über Anträge nach Absatz 5 jederzeit ändern oder aufheben. ²Jeder Beteiligte kann die Änderung oder Aufhebung wegen veränderter oder im ursprünglichen Verfahren ohne Verschulden nicht geltend gemachter Umstände beantragen.

(8) In dringenden Fällen kann der Vorsitzende entscheiden.

§ 113
Urteilstenor

(1) ¹Soweit der Verwaltungsakt rechtswidrig und der Kläger dadurch in seinen Rechten verletzt ist, hebt das Gericht den Verwaltungsakt und den etwaigen Widerspruchsbescheid auf. ²Ist der Verwaltungsakt schon vollzogen, so kann das Gericht auf Antrag auch aussprechen, daß und wie die Verwaltungsbehörde die Vollziehung rückgängig zu machen hat. ³Dieser Ausspruch ist nur zulässig, wenn die Behörde dazu in der Lage und diese Frage spruchreif ist. ⁴Hat sich der Verwaltungsakt vorher durch Zurücknahme oder anders erledigt, so spricht das Gericht auf Antrag durch Urteil aus, daß der Verwaltungsakt rechtswidrig gewesen ist, wenn der Kläger ein berechtigtes Interesse an dieser Feststellung hat.

(2) ¹Begehrt der Kläger die Änderung eines Verwaltungsakts, der einen Geldbetrag festsetzt oder eine darauf bezogene Feststellung trifft, kann das Gericht den Betrag in anderer Höhe festsetzen oder die Feststellung durch eine andere ersetzen. ²Erfordert die Ermittlung des festzusetzenden oder festzustellenden Betrags einen nicht unerheblichen Aufwand, kann das Gericht die Änderung des Verwaltungsakts durch Angabe der zu Unrecht berücksichtigten oder nicht berücksichtigten tatsächlichen oder rechtlichen Verhältnisse so bestimmen, daß die Behörde den Betrag auf Grund der Entscheidung errechnen kann. ³Die Behörde teilt den Beteiligten das Ergebnis der Neuberechnung unverzüglich formlos mit; nach Rechtskraft der Entscheidung ist der Verwaltungsakt mit dem geänderten Inhalt neu bekanntzugeben.

(3) ¹Hält das Gericht eine weitere Sachaufklärung für erforderlich, kann es, ohne in der Sache selbst zu entscheiden, den Verwaltungsakt und den Widerspruchsbescheid aufheben, soweit nach Art oder Umfang die noch erforderlichen Ermittlungen erheblich sind und die Aufhebung auch unter Berücksichtigung der Belange der Beteiligten sachdienlich ist. ²Auf Antrag kann das Gericht bis zum Erlaß des neuen Verwaltungsakts eine einstweilige Regelung treffen, insbesondere bestimmen, daß Sicherheiten geleistet werden oder ganz oder zum Teil bestehen bleiben und Leistungen zunächst nicht zurückgewährt werden müssen. ³Der Beschluß kann jederzeit geändert oder aufgehoben werden. ⁴Eine Entscheidung nach Satz 1 kann nur binnen sechs Monaten seit Eingang der Akten der Behörde bei Gericht ergehen.

(4) Kann neben der Aufhebung eines Verwaltungsakts eine Leistung verlangt werden, so ist im gleichen Verfahren auch die Verurteilung zur Leistung zulässig.

(5) ¹Soweit die Ablehnung oder Unterlassung des Verwaltungsakts rechtswidrig und der Kläger dadurch in seinen Rechten verletzt ist, spricht das Gericht die Verpflichtung der Verwaltungsbehörde aus, die beantragte Amtshandlung vorzunehmen, wenn die Sache spruchreif ist. ²Andernfalls spricht es die Verpflichtung aus, den Kläger unter Beachtung der Rechtsauffassung des Gerichts zu bescheiden.

§ 114[1082]
Nachprüfung von Ermessensentscheidungen

[1]Soweit die Verwaltungsbehörde ermächtigt ist, nach ihrem Ermessen zu handeln, prüft das Gericht auch, ob der Verwaltungsakt oder die Ablehnung oder Unterlassung des Verwaltungsakts rechtswidrig ist, weil die gesetzlichen Grenzen des Ermessens überschritten sind oder von dem Ermessen in einer dem Zweck der Ermächtigung nicht entsprechenden Weise Gebrauch gemacht ist. [2]Die Verwaltungsbehörde kann ihre Ermessenserwägungen hinsichtlich des Verwaltungsaktes auch noch im verwaltungsgerichtlichen Verfahren ergänzen.

1082 § 114 Satz 2 angef. durch G v. 1.11.1996 (BGBl I S. 1626).

3. Auszüge aus dem Patentgesetz (PatG)

in der Fassung der Bekanntmachung vom 16. Dezember 1980
(Bundesgesetzbl. 1981 I S. 1; Bl. f. PMZ 1981, S. 3)
zuletzt geändert durch das Gesetz zur Abschaffung der Gerichtsferien vom 28. Oktober 1996
(Bundesgesetzbl. I S. 1546; Bl. f. PMZ 1996, S. 1)

§ 2

Patente werden nicht erteilt für
2. Pflanzensorten[1083] oder Tierarten sowie für im wesentlichen biologische Verfahren zur Züchtung von Pflanzen oder Tieren. Diese Vorschrift ist nicht anzuwenden auf mikrobiologische Verfahren und auf die mit Hilfe dieser Verfahren gewonnenen Erzeugnisse.

Verfahren vor dem Patentgericht
Beschwerdeverfahren

§ 73 (§ 36 l a. F.)

(1) Gegen die Beschlüsse der Prüfungsstellen und Patentabteilungen findet die Beschwerde statt.

(2) Die Beschwerde ist innerhalb eines Monats nach Zustellung schriftlich beim Patentamt einzulegen. Der Beschwerde und allen Schriftsätzen sollen Abschriften für die übrigen Beteiligten beigefügt werden. Die Beschwerde und alle Schriftsätze, die Sachanträge oder die Erklärung der Zurücknahme der Beschwerde oder eines Antrags enthalten, sind den übrigen Beteiligten von Amts wegen zuzustellen; andere Schriftsätze sind ihnen formlos mitzuteilen, sofern nicht die Zustellung angeordnet wird.

(3) Richtet sich die Beschwerde gegen einen Beschluß, durch den die Anmeldung zurückgewiesen oder über die Aufrechterhaltung, den Widerruf oder die Beschränkung des Patents entschieden wird, so ist innerhalb der Beschwerdefrist eine Gebühr nach dem Tarif zu entrichten; wird sie nicht entrichtet, so gilt die Beschwerde als nicht erhoben.

(4) Erachtet die Stelle, deren Beschluß angefochten wird, die Beschwerde für begründet, so hat sie ihr abzuhelfen. Sie kann anordnen, daß die Beschwerdegebühr zurückgezahlt wird. Wird der Beschwerde nicht abgeholfen, so ist sie vor Ablauf von drei Monaten ohne sachliche Stellungnahme dem Patentgericht vorzulegen.

(5) Steht dem Beschwerdeführer ein anderer an dem Verfahren Beteiligter gegenüber, so gilt die Vorschrift des Absatzes 4 Satz 1 nicht.

§ 74 (§ 36 m a. F.)

(1) Die Beschwerde steht den am Verfahren vor dem Patentamt Beteiligten zu.

(2) In den Fällen des § 31 Abs. 5 und des § 50 Abs. 1 und 2 steht die Beschwerde auch der zuständigen obersten Bundesbehörde[1084] zu.

1083 Vgl. hierzu das SortenschG.
1084 VO v. 24.5.1961.

§ 75 (§ 36 n a. F.)

(1) Die Beschwerde hat aufschiebende Wirkung.

(2) Die Beschwerde hat jedoch keine aufschiebende Wirkung, wenn sie sich gegen einen Beschluß der Prüfungsstelle richtet, durch den eine Anordnung nach § 50 Abs. 1 erlassen worden ist.

§ 76[1085]

Der Präsident des Patentamts kann, wenn er dies zur Wahrung des öffentlichen Interesses als angemessen erachtet, im Beschwerdeverfahren dem Patentgericht gegenüber schriftliche Erklärungen abgeben, den Terminen beiwohnen und in ihnen Ausführungen machen. Schriftliche Erklärungen des Präsidenten des Patentamts sind den Beteiligten von dem Patentgericht mitzuteilen.

§ 77[1086]

Das Patentgericht kann, wenn es dies wegen einer Rechtsfrage von grundsätzlicher Bedeutung als angemessen erachtet, dem Präsidenten des Patentamts anheimgeben, dem Beschwerdeverfahren beizutreten. Mit dem Eingang der Beitrittserklärung erlangt der Präsident des Patentamts die Stellung eines Beteiligten.

§ 78 (§ 36 o a. F.)

Eine mündliche Verhandlung findet statt, wenn
1. einer der Beteiligten sie beantragt,
2. vor dem Patentgericht Beweis erhoben wird (§ 88 Abs. 1) oder
3. das Patentgericht sie für sachdienlich erachtet.

§ 79 (§ 36 p a. F.)

(1) Über die Beschwerde wird durch Beschluß entschieden.

(2) Ist die Beschwerde nicht statthaft oder nicht in der gesetzlichen Form und Frist eingelegt, so wird sie als unzulässig verworfen. Der Beschluß kann ohne mündliche Verhandlung ergehen.

(3) Das Patentgericht kann die angefochtene Entscheidung aufheben, ohne in der Sache selbst zu entscheiden, wenn
1. das Patentamt noch nicht in der Sache selbst entschieden hat,
2. das Verfahren vor dem Patentamt an einem wesentlichen Mangel leidet,
3. neue Tatsachen oder Beweismittel bekannt werden, die für die Entscheidung wesentlich sind.

Das Patentamt hat die rechtliche Beurteilung, die der Aufhebung zugrundeliegt, auch seiner Entscheidung zugrunde zu legen.

1085 § 76 als § 36 o eingefügt durch Art. 8 Nr. 42 GPatG.
1086 § 77 als § 36 p eingefügt durch Art. 8 Nr. 42 GPatG.

Verfahren vor dem Bundesgerichtshof
1. Rechtsbeschwerdeverfahren

§ 100 (§ 41 p a. F.)

(1) Gegen die Beschlüsse der Beschwerdesenate des Patentgerichts, durch die über eine Beschwerde nach § 73 entschieden wird, findet die Rechtsbeschwerde an den Bundesgerichtshof statt, wenn der Beschwerdesenat die Rechtsbeschwerde in dem Beschluß zugelassen hat.

(2) Die Rechtsbeschwerde ist zuzulassen, wenn
1. eine Rechtsfrage von grundsätzlicher Bedeutung zu entscheiden ist oder
2. die Fortbildung des Rechts oder die Sicherung einer einheitlichen Rechtsprechung eine Entscheidung des Bundesgerichtshofs erfordert.

(3) Einer Zulassung zur Einlegung der Rechtsbeschwerde gegen Beschlüsse der Beschwerdesenate des Patentgerichts bedarf es nicht, wenn einer der folgenden Mängel des Verfahrens vorliegt und gerügt wird:
1. wenn das beschließende Gericht nicht vorschriftsmäßig besetzt war,
2. wenn bei dem Beschluß ein Richter mitgewirkt hat, der von der Ausübung des Richteramtes kraft Gesetzes ausgeschlossen oder wegen Besorgnis der Befangenheit mit Erfolg abgelehnt war,
3. wenn ein Beteiligter im Verfahren nicht nach Vorschrift des Gesetzes vertreten war, sofern er nicht der Führung des Verfahrens ausdrücklich oder stillschweigend zugestimmt hat,
4. wenn der Beschluß aufgrund einer mündlichen Verhandlung ergangen ist, bei der die Vorschriften über die Öffentlichkeit des Verfahrens verletzt worden sind, oder
5. wenn der Beschluß nicht mit Gründen versehen ist.

§ 101 (§ 41 q a. F.)

(1) Die Rechtsbeschwerde steht den am Beschwerdeverfahren Beteiligten zu.

(2) Die Rechtsbeschwerde kann nur darauf gestützt werden, daß der Beschluß auf einer Verletzung des Gesetzes beruht. Die §§ 550 und 551 Nr. 1 bis 3 und 5 bis 7 der Zivilprozeßordnung gelten entsprechend.

§ 102 (§ 41 r a. F.)

(1) Die Rechtsbeschwerde ist innerhalb eines Monats nach Zustellung des Beschlusses beim Bundesgerichtshof schriftlich einzulegen.

(2) In dem Rechtsbeschwerdeverfahren vor dem Bundesgerichtshof richten sich die Gebühren und Auslagen nach den Vorschriften des Gerichtskostengesetzes. Für das Verfahren wird eine volle Gebühr erhoben, die nach den Sätzen berechnet wird, die für das Verfahren in der Revisionsinstanz gelten. Die Bestimmungen des § 144 über die Streitwertfestsetzung gelten entsprechend.

(3) Die Rechtsbeschwerde ist zu begründen. Die Frist für die Begründung beträgt einen Monat; sie beginnt mit der Einlegung der Rechtsbeschwerde und kann auf Antrag von dem Vorsitzenden verlängert werden.

(4) Die Begründung der Rechtsbeschwerde muß enthalten
1. die Erklärung, inwieweit der Beschluß angefochten und seine Abänderung oder Aufhebung beantragt wird;
2. die Bezeichnung der verletzten Rechtsnorm;

3. insoweit die Rechtsbeschwerde darauf gestützt wird, daß das Gesetz in bezug auf das Verfahren verletzt sei, die Bezeichnung der Tatsachen, die den Mangel ergeben.

(5) Vor dem Bundesgerichtshof müssen sich die Beteiligten durch einen beim Bundesgerichtshof zugelassenen Rechtsanwalt als Bevollmächtigten vertreten lassen. Auf Antrag eines Beteiligten ist seinem Patentanwalt das Wort zu gestatten. § 157 Abs. 1 und 2 der Zivilprozeßordnung ist insoweit nicht anzuwenden. § 143 Abs. 5 gilt entsprechend.

§ 103 (§ 41 s a. F.)

Die Rechtsbeschwerde hat aufschiebende Wirkung. § 75 Abs. 2 gilt entsprechend.

§ 104 (§ 41 t a. F.)

Der Bundesgerichtshof hat von Amts wegen zu prüfen, ob die Rechtsbeschwerde an sich stattfindet und ob sie in der gesetzlichen Form und Frist eingelegt und begründet ist. Mangelt es an einem dieser Erfordernisse, so ist die Rechtsbeschwerde als unzulässig zu verwerfen.

§ 105 (§ 41 u a. F.)

(1) Sind an dem Verfahren über die Rechtsbeschwerde mehrere Personen beteiligt, so sind die Beschwerdeschrift und die Beschwerdebegründung den anderen Beteiligten mit der Aufforderung zuzustellen, etwaige Erklärungen innerhalb einer bestimmten Frist nach Zustellung beim Bundesgerichtshof schriftlich einzureichen. Mit der Zustellung der Beschwerdefrist ist der Zeitpunkt mitzuteilen, in dem die Rechtsbeschwerde eingelegt ist. Die erforderliche Zahl von beglaubigten Abschriften soll der Beschwerdeführer mit der Beschwerdeschrift oder der Beschwerdebegründung einreichen.

(2) Ist der Präsident des Patentamts nicht am Verfahren über die Rechtsbeschwerde beteiligt, so ist § 76 entsprechend anzuwenden.

§ 106 (§ 41 v a. F.)

(1) Im Verfahren über die Rechtsbeschwerde gelten die Vorschriften der Zivilprozeßordnung über Ausschließung und Ablehnung der Gerichtspersonen über Prozeßbevollmächtigte und Beistände, über Zustellungen von Amts wegen, über Ladungen, Termine und Fristen und über Wiedereinsetzung in den vorigen Stand entsprechend. Im Falle der Wiedereinsetzung in den vorigen Stand gilt § 123 Abs. 5 entsprechend.

(2) Für die Öffentlichkeit des Verfahrens gilt § 69 Abs. 1 entsprechend.

§ 107 (§ 41 w a. F.)

(1) Die Entscheidung über die Rechtsbeschwerde ergeht durch Beschluß; sie kann ohne mündliche Verhandlung getroffen werden.

(2) Der Bundesgerichtshof ist bei seiner Entscheidung an die in dem angefochtenen Beschluß getroffenen tatsächlichen Feststellungen gebunden, außer wenn in bezug auf diese Feststellungen zulässige und begründete Rechtsbeschwerdegründe vorgebracht sind.

(3) Die Entscheidung ist zu begründen und den Beteiligten von Amts wegen zuzustellen.

§ 108 (§ 41 x a. F.)

(1) Im Falle der Aufhebung des angefochtenen Beschlusses ist die Sache zur anderweitigen Verhandlung und Entscheidung an das Patentgericht zurückzuverweisen.

(2) Das Patentgericht hat die rechtliche Beurteilung, die der Aufhebung zugrunde gelegt ist, auch seiner Entscheidung zugrunde zu legen.

4. Auszug aus dem Übereinkommen über die Erteilung europäischer Patente (Europäisches Patentübereinkommen)

Zuletzt geändert durch den Beschluß des Verwaltungsrats vom 5. Dezember 1996 zur Änderung des Europäischen Patentübereinkommens und seiner Ausführungsordnung
(Bundesgesetzbl. II S. 763 ff.; Bl. f. PMZ 1997, S. 204)

Artikel 53
Ausnahmen von der Patentierbarkeit[1087, 1088]

Europäische Patente werden nicht erteilt für:
　a) Erfindungen, deren Veröffentlichung oder Verwertung gegen die öffentliche Ordnung oder die guten Sitten verstoßen würde; ein solcher Verstoß kann nicht allein aus der Tatsache hergeleitet werden, daß die Verwertung der Erfindung in allen oder einem Teil der Vertragsstaaten durch Gesetz oder Verwaltungsvorschrift verboten ist;
　b) Pflanzensorten oder Tierarten sowie für im wesentlichen biologische Verfahren zur Züchtung von Pflanzen oder Tieren; dieser Vorschrift ist auf mikrobiologische Verfahren und auf die mit Hilfe dieser Verfahren gewonnenen Erzeugnisse nicht anzuwenden.

Regel 28
Hinterlegung von biologischem Material[1089]

(1) Wird bei einer Erfindung biologisches Material verwendet oder bezieht sie sich auf biologisches Material, das der Öffentlichkeit nicht zugänglich ist und in der europäischen Patentanmeldung nicht so beschrieben werden kann, daß ein Fachmann die Erfindung danach ausführen kann, so gilt die Erfindung nur dann als gemäß Artikel 83 offenbart, wenn
a) eine Probe des biologischen Materials spätestens am Anmeldetag bei einer anerkannten Hinterlegungsstelle hinterlegt worden ist,
b) die Anmeldung in ihrer ursprünglich eingereichten Fassung die dem Anmelder zur Verfügung stehenden maßgeblichen Angaben über die Merkmale des biologischen Materials enthält,
c) die Hinterlegungsstelle und die Eingangsnummer des hinterlegten biologischen Materials in der Anmeldung angegeben sind und
d) – falls das biologische Material nicht vom Anmelder hinterlegt wurde – Name und Anschrift des Hinterlegers in der Anmeldung angegeben sind und dem Europäischen Patentamt durch Vorlage von Urkunden nachgewiesen wird, daß der Hinterleger den Anmelder ermächtigt hat, in der Anmeldung auf das hinterlegte biologische Material Bezug zu nehmen, und vorbehaltlos und unwiderruflich seine Zustimmung erteilt hat, daß das von ihm hinterlegte Material nach Maßgabe dieser Regel der Öffentlichkeit zugänglich gemacht wird.

(2) Die in Absatz 1 Buchstaben c und gegebenenfalls d genannten Angaben können nachgereicht werden

---

1087 Art. 53 EPÜ entspricht § 1 a PatG.
1088 Vgl. hierzu AusfOEPÜ.
1089 Regel 28 Erfordernisse europäischer Patentanmeldungen betreffend Mikroorganismen. Vgl. Art. 78 Erfordernisse der europäischen Patentanmeldung und Art. 83 Offenbarung der Erfindung.

a) innerhalb von sechzehn Monaten nach dem Anmeldetag oder, wenn eine Priorität in Anspruch genommen worden ist, nach dem Prioritätstag; die Frist gilt als eingehalten, wenn die Angaben bis zum Abschluß der technischen Vorbereitungen für die Veröffentlichung der europäischen Patentanmeldung mitgeteilt werden,
b) bis zum Tag der Einreichung eines Antrags auf vorzeitige Veröffentlichung der Anmeldung,
c) innerhalb eines Monats, nachdem das Europäische Patentamt dem Anmelder mitgeteilt hat, daß ein Recht auf Akteneinsicht nach Artikel 128 Absatz 2 besteht.

Maßgebend ist die Frist, die zuerst abläuft. Die Mitteilung dieser Angaben gilt vorbehaltlos und unwiderruflich als Zustimmung des Anmelders, daß das von ihm hinterlegte biologische Material nach Maßgabe dieser Regel der Öffentlichkeit zugänglich gemacht wird.

(3) Vom Tag der Veröffentlichung der europäischen Patentanmeldung an ist das hinterlegte biologische Material jedermann und vor diesem Tag demjenigen, der das Recht auf Akteneinsicht nach Artikel 128 Absatz 2 hat, auf Antrag zugänglich. Vorbehaltlich Absatz 4 wird der Zugang durch Herausgabe einer Probe des hinterlegten biologischen Materials an den Antragsteller hergestellt.

Die Herausgabe erfolgt nur, wenn der Antragsteller sich gegenüber dem Anmelder oder Patentinhaber verpflichtet hat, das biologische Material oder davon abgeleitetes biologisches Material Dritten nicht zugänglich zu machen und es lediglich zu Versuchszwecken zu verwenden, bis die Patentanmeldung zurückgewiesen oder zurückgenommen wird oder als zurückgenommen gilt oder das europäische Patent in allen benannten Vertragsstaaten erloschen ist, sofern der Anmelder oder Patentinhaber nicht ausdrücklich darauf verzichtet.

Die Verpflichtung, das biologische Material nur zu Versuchszwecken zu verwenden, ist hinfällig, soweit der Antragsteller dieses Material aufgrund einer Zwangslizenz verwendet. Unter Zwangslizenzen sind auch Amtslizenzen und Rechte zur Benutzung einer patentierten Erfindung im öffentlichen Interesse zu verstehen.

(4) Bis zum Abschluß der technischen Vorbereitungen für die Veröffentlichung der Anmeldung kann der Anmelder dem Europäischen Patentamt mitteilen, daß der in Absatz 3 bezeichnete Zugang
a) bis zu dem Tag, an dem der Hinweis auf die Erteilung des europäischen Patents bekanntgemacht wird, oder gegebenenfalls
b) für die Dauer von zwanzig Jahren ab dem Anmeldetag der Patentanmeldung, falls diese zurückgewiesen oder zurückgenommen worden ist oder als zurückgenommen gilt,
nur durch Herausgabe einer Probe an einen vom Antragsteller benannten Sachverständigen hergestellt wird.

(5) Als Sachverständiger kann benannt werden:
a) jede natürliche Person, sofern der Antragsteller bei der Einreichung des Antrags nachweist, daß die Benennung mit Zustimmung des Anmelders erfolgt,
b) jede natürliche Person, die vom Präsidenten des Europäischen Patentamts als Sachverständiger anerkannt ist.

Zusammen mit der Benennung ist eine Erklärung des Sachverständigen einzureichen, in der er die in Absatz 3 vorgesehenen Verpflichtungen gegenüber dem Anmelder bis zum Erlöschen des europäischen Patents in allen benannten Vertragsstaaten oder – falls die Patentanmeldung zurückgewiesen oder zurückgenommen wird oder als zurückgenommen gilt – bis zu dem in Absatz 4 Buchstabe b vorgesehenen Zeitpunkt eingeht, wobei der Antragsteller als Dritter anzusehen ist.

(6) Im Sinne dieser Regel gilt
a) als biologisches Material jedes Material, das genetische Informationen enthält und sich selbst reproduzieren oder in einem biologischen System reproduziert werden kann;
b) als abgeleitetes biologisches Material im Sinne des Absatzes 3 jedes Material, das noch die für die Ausführung der Erfindung wesentlichen Merkmale des hinterlegten Materials aufweist. Die in Absatz 3 vorgesehenen Verpflichtungen stehen einer für die Zwecke von Patentverfahren erforderlichen Hinterlegung eines abgeleiteten biologischen Materials nicht entgegen.

(7) Der in Absatz 3 vorgesehene Antrag ist beim Europäischen Patentamt auf einem von diesem Amt anerkannten Formblatt einzureichen. Das Europäische Patentamt bestätigt auf dem Formblatt, daß eine

europäische Patentanmeldung eingereicht worden ist, die auf die Hinterlegung des biologischen Materials Bezug nimmt, und daß der Antragsteller oder der von ihm benannte Sachverständige Anspruch auf Herausgabe einer Probe dieses Materials hat. Der Antrag ist auch nach Erteilung des europäischen Patents beim Europäischen Patentamt einzureichen.

(8) Das Europäische Patentamt übermittelt der Hinterlegungsstelle und dem Anmelder oder Patentinhaber eine Kopie des Antrags mit der in Absatz 7 vorgesehenen Bestätigung.

(9) Der Präsident des Europäischen Patentamts veröffentlicht im Amtsblatt des Europäischen Patentamts das Verzeichnis der Hinterlegungsstellen und Sachverständigen, die für die Anwendung dieser Regel anerkannt sind.

Regel 28 a
Erneute Hinterlegung von biologischem Material

(1) Ist nach Regel 28 Absatz 1 hinterlegtes biologisches Material bei der Stelle bei der es hinterlegt worden ist, nicht mehr zugänglich, weil
a) das biologische Material nicht mehr lebensfähig ist oder
b) die Hinterlegungsstelle aus anderen Gründen zur Abgabe von Proben nicht in der Lage ist,
und ist keine Probe des biologischen Materials an eine andere für die Anwendung der Regel 28 anerkannte Hinterlegungsstelle weitergeleitet worden, bei der dieses Material weiterhin zugänglich ist, so gilt die Unterbrechung der Zugänglichkeit als nicht eingetreten, wenn das ursprünglich hinterlegte biologische Material innerhalb von drei Monaten nach dem Tag erneut hinterlegt wird, an dem dem Hinterleger von der Hinterlegungsstelle diese Unterbrechung mitgeteilt wurde, und dem Europäischen Patentamt innerhalb von vier Monaten nach dem Tag der erneuten Hinterlegung eine Kopie der von der Hinterlegungsstelle ausgestellten Empfangsbescheinigung unter Angabe der Nummer der europäischen Patentanmeldung oder des europäischen Patents übermittelt wird.

(2) Die erneute Hinterlegung ist im Fall von Absatz 1 Buchstabe a bei der Hinterlegungsstelle vorzunehmen, bei der die ursprüngliche Hinterlegung vorgenommen wurde; sie kann in den Fällen des Absatzes 1 Buchstabe b bei einer anderen für die Anwendung der Regel 28 anerkannten Hinterlegungsstelle vorgenommen werden.

(3) Ist die Hinterlegungsstelle, bei der die ursprüngliche Hinterlegung vorgenommen wurde, für die Anwendung der Regel 28 entweder insgesamt oder für die Art des biologischen Materials, zu der die hinterlegte Probe gehört, nicht mehr anerkannt oder hat sie die Erfüllung ihrer Aufgaben in bezug auf hinterlegtes biologisches Material vorübergehend oder endgültig eingestellt und erfolgt die in Absatz 1 genannte Mitteilung der Hinterlegungsstelle nicht innerhalb von sechs Monaten nach dem Eintritt dieses Ereignisses, so beginnt die in Absatz 1 genannte Dreimonatsfrist zu dem Zeitpunkt, in dem der Eintritt dieses Ereignisses im Amtsblatt des Europäischen Patentamts veröffentlicht wurde.

(4) Jeder erneuten Hinterlegung ist eine vom Hinterleger unterzeichnete Erklärung beizufügen, in der bestätigt wird, daß das erneut hinterlegte biologische Material dasselbe wie das ursprünglich hinterlegte ist.

(5) Wird die erneute Hinterlegung nach dem Budapester Vertrag über die internationale Anerkennung der Hinterlegung von Mikroorganismen für die Zwecke von Patentverfahren vom 28. April 1977[1090] vorgenommen, so gehen die Vorschriften dieses Vertrages vor.

1090 Abgedruckt unter Nr. 635.

5. Richtlinie 98/44/EG des Europäischen Parlaments und des Rates

vom 6. Juli 1998
über den rechtlichen Schutz biotechnologischer Erfindungen

Das Europäische Parlament und der Rat der Europäischen Union – gestützt auf den Vertrag zur Gründung der Europäischen Gemeinschaft, insbesondere auf Artikel 100a, auf Vorschlag der Kommission[1091], nach Stellungnahme des Wirtschafts- und Sozialausschusses[1092] gemäß dem Verfahren des Artikels 189b des Vertrags[1093], in Erwägung nachstehender Gründe:

(1) Biotechnologie und Gentechnik spielen in den verschiedenen Industriezweigen eine immer wichtigere Rolle, und dem Schutz biotechnologischer Erfindungen kommt grundlegende Bedeutung für die industrielle Entwicklung der Gemeinschaft zu.

(2) Die erforderlichen Investitionen zur Forschung und Entwicklung sind insbesondere im Bereich der Gentechnik hoch und risikoreich und können nur bei angemessenem Rechtsschutz rentabel sein.

(3) Ein wirksamer und harmonisierter Schutz in allen Mitgliedstaaten ist wesentliche Voraussetzung dafür, daß Investitionen auf dem Gebiet der Biotechnologie fortgeführt und gefördert werden.

(4) Nach der Ablehnung des vom Vermittlungsausschuß gebilligten gemeinsamen Entwurfs einer Richtlinie des Europäischen Parlaments und des Rates über den rechtlichen Schutz biotechnologischer Erfindungen[1094] durch das Europäische Parlament haben das Europäische Parlament und der Rat festgestellt, daß die Lage auf dem Gebiet des Rechtsschutzes biotechnologischer Erfindungen der Klärung bedarf.

(5) In den Rechtsvorschriften und Praktiken der verschiedenen Mitgliedstaaten auf dem Gebiet des Schutzes biotechnologischer Erfindungen bestehen Unterschiede, die zu Handelsschranken führen und so das Funktionieren des Binnenmarktes behindern können.

(6) Diese Unterschiede könnten sich dadurch noch vergrößern, daß die Mitgliedstaaten neue und unterschiedliche Rechtsvorschriften und Verwaltungspraktiken einführen oder daß die Rechtsprechung der einzelnen Mitgliedstaaten sich unterschiedlich entwickelt.

(7) Eine uneinheitliche Entwicklung der Rechtsvorschriften zum Schutz biotechnologischer Erfindungen in der Gemeinschaft könnte zusätzliche ungünstige Auswirkungen auf den Handel haben und damit zu Nachteilen bei der industriellen Entwicklung der betreffenden Erfindungen sowie zur Beeinträchtigung des reibungslosen Funktionierens des Binnenmarkts führen.

(8) Der rechtliche Schutz biotechnologischer Erfindungen erfordert nicht die Einführung eines besonderen Rechts, das an die Stelle des nationalen Patentrechts tritt. Das nationale Patentrecht ist auch weiterhin die wesentliche Grundlage für den Rechtsschutz biotechnologischer Erfindungen; es muß jedoch in bestimmten Punkten angepaßt oder ergänzt werden, um der Entwicklung der Technologie, die biologisches Material benutzt, aber gleichwohl die Voraussetzungen für die Patentierbarkeit erfüllt, angemessen Rechnung zu tragen.

(9) In bestimmten Fällen, wie beim Ausschluß von Pflanzensorten, Tierrassen und von im wesentlichen biologischen Verfahren für die Züchtung von Pflanzen und Tieren von der Patentierbarkeit, haben bestimmte Formulierungen in den einzelstaatlichen Rechtsvorschriften, die sich auf internationale Übereinkommen zum Patent- und Sortenschutz stützen, in bezug auf den Schutz biotechnologischer

---

1091 ABl. C 296 vom 8.10.1996, S. 4 und ABl. C 311 vom 11.10.1997, S. 12.
1092 ABl. C 295 vom 7.10.1996, S. 11.
1093 Stellungnahme des Europäischen Parlaments vom 16. Juli 1997 (ABl. C 286 vom 22.9.1997, S. 87), gemeinsamer Standpunkt des Rates vom 26. Februar 1998 (ABl. C 110 vom 8.4.1998, S. 17) und Beschluß des Europäischen Parlaments vom 12. Mai 1998 (ABl. C 167 vom 1.6.1998). Beschluß des Rates vom 16. Juni 1998.
1094 ABl. C 68 vom 20.3.1995, S. 26.

und bestimmter mikrobiologischer Erfindungen für Unsicherheit gesorgt. Hier ist eine Harmonisierung notwendig, um diese Unsicherheit zu beseitigen.
(10) Das Entwicklungspotential der Biotechnologie für die Umwelt und insbesondere ihr Nutzen für die Entwicklung weniger verunreinigender und den Boden weniger beanspruchender Ackerbaumethoden sind zu berücksichtigen. Die Erforschung solcher Verfahren und deren Anwendung sollte mittels des Patentsystems gefördert werden.
(11) Die Entwicklung der Biotechnologie ist für die Entwicklungsländer sowohl im Gesundheitswesen und bei der Bekämpfung großer Epidemien und Endemien als auch bei der Bekämpfung des Hungers in der Welt von Bedeutung. Die Forschung in diesen Bereichen sollte ebenfalls mittels des Patentsystems gefördert werden. Außerdem sollten internationale Mechanismen zur Verbreitung der entsprechenden Technologien in der Dritten Welt zum Nutzen der betroffenen Bevölkerung in Gang gesetzt werden.
(12) Das Übereinkommen über handelsbezogene Aspekte der Rechte des geistigen Eigentums (TRIPS-Übereinkommen)[1095], das die Europäische Gemeinschaft und ihre Mitgliedstaaten unterzeichnet haben, ist inzwischen in Kraft getreten; es sieht vor, daß der Patentschutz für Produkte und Verfahren in allen Bereichen der Technologie zu gewährleisten ist.
(13) Der Rechtsrahmen der Gemeinschaft zum Schutz biotechnologischer Erfindungen kann sich auf die Festlegung bestimmter Grundsätze für die Patentierbarkeit biologischen Materials an sich beschränken; diese Grundsätze bezwecken im wesentlichen, den Unterschied zwischen Erfindungen und Entdeckungen hinsichtlich der Patentierbarkeit bestimmter Bestandteile menschlichen Ursprungs herauszuarbeiten. Der Rechtsrahmen kann sich ferner beschränken auf den Umfang des Patentschutzes biotechnologischer Erfindungen, auf die Möglichkeit, zusätzlich zur schriftlichen Beschreibung einen Hinterlegungsmechanismus vorzusehen, sowie auf die Möglichkeit der Erteilung einer nicht ausschließlichen Zwangslizenz bei Abhängigkeit zwischen Pflanzensorten und Erfindungen (und umgekehrt).
(14) Ein Patent berechtigt seinen Inhaber nicht, die Erfindung anzuwenden, sondern verleiht ihm lediglich das Recht, Dritten deren Verwertung zu industriellen und gewerblichen Zwecken zu untersagen. Infolgedessen kann das Patentrecht die nationalen, europäischen oder internationalen Rechtsvorschriften zur Festlegung von Beschränkungen oder Verboten oder zur Kontrolle der Forschung und der Anwendung oder Vermarktung ihrer Ergebnisse weder ersetzen noch überflüssig machen, insbesondere was die Erfordernisse der Volksgesundheit, der Sicherheit, des Umweltschutzes, des Tierschutzes, der Erhaltung der genetischen Vielfalt und die Beachtung bestimmter ethischer Normen betrifft.
(15) Es gibt im einzelstaatlichen oder europäischen Patentrecht (Münchener Übereinkommen) keine Verbote oder Ausnahmen, die eine Patentierbarkeit von lebendem Material grundsätzlich ausschließen.
(16) Das Patentrecht muß unter Wahrung der Grundprinzipien ausgeübt werden, die die Würde und die Unversehrtheit des Menschen gewährleisten. Es ist wichtig, den Grundsatz zu bekräftigen, wonach der menschliche Körper in allen Phasen seiner Entstehung und Entwicklung, einschließlich der Keimzellen, sowie die bloße Entdeckung eines seiner Bestandteile oder seiner Produkte, einschließlich der Sequenz oder Teilsequenz eines menschlichen Gens, nicht patentierbar sind. Diese Prinzipien stehen im Einklang mit den im Patentrecht vorgesehenen Patentierbarkeitskriterien, wonach eine bloße Entdeckung nicht Gegenstand eines Patents sein kann.
(17) Mit Arzneimitteln, die aus isolierten Bestandteilen des menschlichen Körpers gewonnen und/oder auf andere Weise hergestellt werden, konnten bereits entscheidende Fortschritte bei der Behandlung von Krankheiten erzielt werden. Diese Arzneimittel sind das Ergebnis technischer Verfahren zur Herstellung von Bestandteilen mit einem ähnlichen Aufbau wie die im menschlichen Körper vorhandenen natürlichen Bestandteile; es empfiehlt sich deshalb, mit Hilfe des Patentsystems die Forschung mit dem Ziel der Gewinnung und Isolierung solcher für die Arzneimittelherstellung wertvoller Bestandteile zu fördern.
(18) Soweit sich das Patentsystem als unzureichend erweist, um die Forschung und die Herstellung von biotechnologischen Arzneimitteln, die zur Bekämpfung seltener Krankheiten („Orphan-" Krank-

---

[1095] ABl. L 336 vom 23.12.1994, S. 213.

(19) Die Stellungnahme Nr. 8 der Sachverständigengruppe der Europäischen Kommission für Ethik in der Biotechnologie ist berücksichtigt worden.
(20) Infolgedessen ist darauf hinzuweisen, daß eine Erfindung, die einen isolierten Bestandteil des menschlichen Körpers oder einen auf eine andere Weise durch ein technisches Verfahren erzeugten Bestandteil betrifft und gewerblich anwendbar ist, nicht von der Patentierbarkeit ausgeschlossen ist, selbst wenn der Aufbau dieser Bestandteile mit dem eines natürlichen Bestandteils identisch ist, wobei sich die Rechte aus dem Patent nicht auf den menschlichen Körper und dessen Bestandteile in seiner natürlichen Umgebung erstrecken können.
(21) Ein solcher isolierter oder auf andere Weise erzeugter Bestandteil des menschlichen Körpers ist von der Patentierbarkeit nicht ausgeschlossen, da er – zum Beispiel – das Ergebnis technischer Verfahren zu seiner Identifizierung, Reinigung, Bestimmung und Vermehrung außerhalb des menschlichen Körpers ist, zu deren Anwendung nur der Mensch fähig ist und die die Natur selbst nicht vollbringen kann.
(22) Die Diskussion über die Patentierbarkeit von Sequenzen oder Teilsequenzen von Genen wird kontrovers geführt. Die Erteilung eines Patents für Erfindungen, die solche Sequenzen oder Teilsequenzen zum Gegenstand haben, unterliegt nach dieser Richtlinie denselben Patentierbarkeitskriterien der Neuheit, erfinderischen Tätigkeit und gewerblichen Anwendbarkeit wie alle anderen Bereiche der Technologie. Die gewerbliche Anwendbarkeit einer Sequenz oder Teilsequenz muß in der eingereichten Patentanmeldung konkret beschrieben sein.
(23) Ein einfacher DNA-Abschnitt ohne Angabe einer Funktion enthält keine Lehre zum technischen Handeln und stellt deshalb keine patentierbare Erfindung dar.
(24) Das Kriterium der gewerblichen Anwendbarkeit setzt voraus, daß im Fall der Verwendung einer Sequenz oder Teilsequenz eines Gens zur Herstellung eines Proteins oder Teilproteins angegeben wird, welches Protein oder Teilprotein hergestellt wird und welche Funktion es hat.
(25) Zur Auslegung der durch ein Patent erteilten Rechte wird in dem Fall, daß sich Sequenzen lediglich in für die Erfindung nicht wesentlichen Abschnitten überlagern, patentrechtlich jede Sequenz als selbständige Sequenz angesehen.
(26) Hat eine Erfindung biologisches Material menschlichen Ursprungs zum Gegenstand oder wird dabei derartiges Material verwendet, so muß bei einer Patentanmeldung die Person, bei der Entnahmen vorgenommen werden, die Gelegenheit erhalten haben, gemäß den innerstaatlichen Rechtsvorschriften nach Inkenntnissetzung und freiwillig der Entnahme zuzustimmen.
(27) Hat eine Erfindung biologisches Material pflanzlichen oder tierischen Ursprungs zum Gegenstand oder wird dabei derartiges Material verwendet, so sollte die Patentanmeldung gegebenenfalls Angaben zum geographischen Herkunftsort dieses Materials umfassen, falls dieser bekannt ist. Die Prüfung der Patentanmeldung und die Gültigkeit der Rechte aufgrund der erteilten Patente bleiben hiervon unberührt.
(28) Diese Richtlinie berührt in keiner Weise die Grundlagen des geltenden Patentrechts, wonach ein Patent für jede neue Anwendung eines bereits patentierten Erzeugnisses erteilt werden kann.
(29) Diese Richtlinie berührt nicht den Ausschluß von Pflanzensorten und Tierrassen von der Patentierbarkeit. Erfindungen, deren Gegenstand Pflanzen oder Tiere sind, sind jedoch patentierbar, wenn die Anwendung der Erfindung technisch nicht auf eine Pflanzensorte oder Tierrasse beschränkt ist.
(30) Der Begriff der Pflanzensorte wird durch das Sortenschutzrecht definiert. Danach wird eine Sorte durch ihr gesamtes Genom geprägt und besitzt deshalb Individualität. Sie ist von anderen Sorten deutlich unterscheidbar.
(31) Eine Pflanzengesamtheit, die durch ein bestimmtes Gen (und nicht durch ihr gesamtes Genom) gekennzeichnet ist, unterliegt nicht dem Sortenschutz. Sie ist deshalb von der Patentierbarkeit nicht ausgeschlossen, auch wenn sie Pflanzensorten umfaßt.
(32) Besteht eine Erfindung lediglich darin, daß eine bestimmte Pflanzensorte genetisch verändert wird, und wird dabei eine neue Pflanzensorte gewonnen, so bleibt diese Erfindung selbst dann von der Patentierbarkeit ausgeschlossen, wenn die genetische Veränderung nicht das Ergebnis eines im wesentlichen biologischen, sondern eines biotechnologischen Verfahrens ist.

(33) Für die Zwecke dieser Richtlinie ist festzulegen, wann ein Verfahren zur Züchtung von Pflanzen und Tieren im wesentlichen biologisch ist.

(34) Die Begriffe „Erfindung" und „Entdeckung", wie sie durch das einzelstaatliche, europäische oder internationale Patentrecht definiert sind, bleiben von dieser Richtlinie unberührt.

(35) Diese Richtlinie berührt nicht die Vorschriften des nationalen Patentrechts, wonach Verfahren zur chirurgischen oder therapeutischen Behandlung des menschlichen oder tierischen Körpers und Diagnostizierverfahren, die am menschlichen oder tierischen Körper vorgenommen werden, von der Patentierbarkeit ausgeschlossen sind.

(36) Das TRIPS-Übereinkommen räumt den Mitgliedern der Welthandelsorganisation die Möglichkeit ein, Erfindungen von der Patentierbarkeit auszuschließen, wenn die Verhinderung ihrer gewerblichen Verwertung in ihrem Hoheitsgebiet zum Schutz der öffentlichen Ordnung oder der guten Sitten einschließlich des Schutzes des Lebens und der Gesundheit von Menschen, Tieren oder Pflanzen oder zur Vermeidung einer ernsten Schädigung der Umwelt notwendig ist, vorausgesetzt, daß ein solcher Ausschluß nicht nur deshalb vorgenommen wird, weil die Verwertung durch innerstaatliches Recht verboten ist.

(37) Der Grundsatz, wonach Erfindungen, deren gewerbliche Verwertung gegen die öffentliche Ordnung oder die guten Sitten verstoßen würde, von der Patentierbarkeit auszuschließen sind, ist auch in dieser Richtlinie hervorzuheben.

(38) Ferner ist es wichtig, in die Vorschriften der vorliegenden Richtlinie eine informatorische Aufzählung der von der Patentierbarkeit ausgenommenen Erfindungen aufzunehmen, um so den nationalen Gerichten und Patentämtern allgemeine Leitlinien für die Auslegung der Bezugnahme auf die öffentliche Ordnung oder die guten Sitten zu geben. Diese Aufzählung ist selbstverständlich nicht erschöpfend. Verfahren, deren Anwendung gegen die Menschenwürde verstößt, wie etwa Verfahren zur Herstellung von hybriden Lebewesen, die aus Keimzellen oder totipotenten Zellen von Mensch und Tier entstehen, sind natürlich ebenfalls von der Patentierbarkeit auszunehmen.

(39) Die öffentliche Ordnung und die guten Sitten entsprechen insbesondere den in den Mitgliedstaaten anerkannten ethischen oder moralischen Grundsätzen, deren Beachtung ganz besonders auf dem Gebiet der Biotechnologie wegen der potentiellen Tragweite der Erfindungen in diesem Bereich und deren inhärenter Beziehung zur lebenden Materie geboten ist. Diese ethischen oder moralischen Grundsätze ergänzen die übliche patentrechtliche Prüfung, unabhängig vom technischen Gebiet der Erfindung.

(40) Innerhalb der Gemeinschaft besteht Übereinstimmung darüber, daß die Keimbahnintervention am menschlichen Lebewesen und das Klonen von menschlichen Lebewesen gegen die öffentliche Ordnung und die guten Sitten verstoßen. Daher ist es wichtig, Verfahren zur Veränderung der genetischen Identität der Keimbahn des menschlichen Lebewesens und Verfahren zum Klonen von menschlichen Lebewesen unmißverständlich von der Patentierbarkeit auszuschließen.

(41) Als Verfahren zum Klonen von menschlichen Lebewesen ist jedes Verfahren, einschließlich der Verfahren zur Embryonenspaltung, anzusehen, das darauf abzielt, ein menschliches Lebewesen zu schaffen, das im Zellkern die gleiche Erbinformation wie ein anderes lebendes oder verstorbenes menschliches Lebewesen besitzt.

(42) Ferner ist auch die Verwendung von menschlichen Embryonen zu industriellen oder kommerziellen Zwecken von der Patentierbarkeit auszuschließen. Dies gilt jedoch auf keinen Fall für Erfindungen, die therapeutische oder diagnostische Zwecke verfolgen und auf den menschlichen Embryo zu dessen Nutzen angewandt werden.

(43) Nach Artikel F Absatz 2 des Vertrags über die Europäische Union achtet die Union die Grundrechte wie sie in der am 4. November 1950 in Rom unterzeichneten Europäischen Konvention zum Schutze der Menschenrechte und Grundfreiheiten gewährleistet sind und wie sie sich aus den gemeinsamen Verfassungsüberlieferungen der Mitgliedstaaten als allgemeine Grundsätze des Gemeinschaftsrechts ergeben.

(44) Die Europäische Gruppe für Ethik der Naturwissenschaften und der Neuen Technologien der Kommission bewertet alle ethischen Aspekte im Zusammenhang mit der Biotechnologie. In diesem Zusammenhang ist darauf hinzuweisen, daß die Befassung dieser Gruppe auch im Bereich des Patentrechts nur die Bewertung der Biotechnologie anhand grundlegender ethischer Prinzipien zum Gegenstand haben kann.

(45) Verfahren zur Veränderung der genetischen Identität von Tieren, die geeignet sind, für die Tiere Leiden ohne wesentlichen medizinischen Nutzen im Bereich der Forschung, der Vorbeugung, der Diagnose oder der Therapie für den Menschen oder das Tier zu verursachen, sowie mit Hilfe dieser Verfahren erzeugte Tiere sind von der Patentierbarkeit auszunehmen.

(46) Die Funktion eines Patents besteht darin, den Erfinder mit einem ausschließlichen, aber zeitlich begrenzten Nutzungsrecht für seine innovative Leistung zu belohnen und damit einen Anreiz für erfinderische Tätigkeit zu schaffen; der Patentinhaber muß demnach berechtigt sein, die Verwendung patentierten selbstreplizierenden Materials unter solchen Umständen zu verbieten, die den Umständen gleichstehen, unter denen die Verwendung nicht selbstreplizierenden Materials verboten werden könnte, d. h. die Herstellung des patentierten Erzeugnisses selbst.

(47) Es ist notwendig, eine erste Ausnahme von den Rechten des Patentinhabers vorzusehen, wenn Vermehrungsmaterial, in das die geschützte Erfindung Eingang gefunden hat, vom Patentinhaber oder mit seiner Zustimmung zum landwirtschaftlichen Anbau an einen Landwirt verkauft wird. Mit dieser Ausnahmeregelung soll dem Landwirt gestattet werden, sein Erntegut für spätere generative oder vegetative Vermehrung in seinem eigenen Betrieb zu verwenden. Das Ausmaß und die Modalitäten dieser Ausnahmeregelung sind auf das Ausmaß und die Bedingungen zu beschränken, die in der Verordnung (EG) Nr. 2100/94 des Rates vom 27. Juli 1994 über den gemeinschaftlichen Sortenschutz[1096] vorgesehen sind.

(48) Von dem Landwirt kann nur die Vergütung verlangt werden, die im gemeinschaftlichen Sortenschutzrecht im Rahmen einer Durchführungsbestimmung zu der Ausnahme vom gemeinschaftlichen Sortenschutzrecht festgelegt ist.

(49) Der Patentinhaber kann jedoch seine Rechte gegenüber dem Landwirt geltend machen, der die Ausnahme mißbräuchlich nutzt, oder gegenüber dem Züchter, der die Pflanzensorte, in welche die geschützte Erfindung Eingang gefunden hat, entwickelt hat, falls dieser seinen Verpflichtungen nicht nachkommt.

(50) Eine zweite Ausnahme von den Rechten des Patentinhabers ist vorzusehen, um es Landwirten zu ermöglichen, geschütztes Vieh zu landwirtschaftlichen Zwecken zu benutzen.

(51) Mangels gemeinschaftsrechtlicher Bestimmungen für die Züchtung von Tierrassen müssen der Umfang und die Modalitäten dieser zweiten Ausnahmeregelung durch die nationalen Gesetze, Rechts- und Verwaltungsvorschriften und Verfahrensweisen geregelt werden.

(52) Für den Bereich der Nutzung der auf gentechnischem Wege erzielten neuen Merkmale von Pflanzensorten muß in Form einer Zwangslizenz gegen eine Vergütung ein garantierter Zugang vorgesehen werden, wenn die Pflanzensorte in bezug auf die betreffende Gattung oder Art einen bedeutenden technischen Fortschritt von erheblichem wirtschaftlichem Interesse gegenüber der patentgeschützten Erfindung darstellt.

(53) Für den Bereich der gentechnischen Nutzung neuer, aus neuen Pflanzensorten hervorgegangener pflanzlicher Merkmale muß in Form einer Zwangslizenz gegen eine Vergütung ein garantierter Zugang vorgesehen werden, wenn die Erfindung einen bedeutenden technischen Fortschritt von erheblichem wirtschaftlichem Interesse darstellt.

(54) Artikel 34 des TRIPS-Übereinkommens enthält eine detaillierte Regelung der Beweislast, die für alle Mitgliedstaaten verbindlich ist. Deshalb ist eine diesbezügliche Bestimmung in dieser Richtlinie nicht erforderlich.

(55) Die Gemeinschaft ist gemäß dem Beschluß 93/626/EWG[1097] Vertragspartei des Übereinkommens über die biologische Vielfalt vom 5. Juni 1992. Im Hinblick darauf tragen die Mitgliedstaaten bei Erlaß der Rechts- und Verwaltungsvorschriften zur Umsetzung dieser Richtlinie insbesondere Artikel 3, Artikel 8 Buchstabe j), Artikel 6 Absatz 2 Satz 2 und Absatz 5 des genannten Übereinkommens Rechnung.

(56) Die dritte Konferenz der Vertragsstaaten des Übereinkommens über die biologische Vielfalt, die im November 1996 stattfand, stellte im Beschluß III/17 fest, daß weitere Arbeiten notwendig sind, um zu einer gemeinsamen Bewertung des Zusammenhangs zwischen den geistigen Eigentums-

---

1096 ABl. L 227 vom 1.9.1994, S. 1. Verordnung geändert durch die Verordnung (EG) Nr. 2506/95 (ABl. L 258 vom 28.10.1995, S. 3).

1097 ABl. L 309 vom 13.12.1993, S. 1.

rechten und den einschlägigen Bestimmungen des Übereinkommens über handelsbezogene Aspekte des geistigen Eigentums und des Übereinkommens über die biologische Vielfalt zu gelangen, insbesondere in Fragen des Technologietransfers, der Erhaltung und nachhaltigen Nutzung der biologischen Vielfalt sowie der gerechten und fairen Teilhabe an den Vorteilen, die sich aus der Nutzung der genetischen Ressourcen ergeben, einschließlich des Schutzes von Wissen, Innovationen und Praktiken indigener und lokaler Gemeinschaften, die traditionelle Lebensformen verkörpern, die für die Erhaltung und nachhaltige Nutzung der biologischen Vielfalt von Bedeutung sind – HABEN FOLGENDE RICHTLINIE ERLASSEN:

Kapitel 1
Patentierbarkeit

Artikel 1

(1) Die Mitgliedstaaten schützen biotechnologische Erfindungen durch das nationale Patentrecht. Sie passen ihr nationales Patentrecht erforderlichenfalls an, um den Bestimmungen dieser Richtlinie Rechnung zu tragen.

(2) Die Verpflichtungen der Mitgliedstaaten aus internationalen Übereinkommen, insbesondere aus dem TRIPS-Übereinkommen und dem Übereinkommen über die biologische Vielfalt, werden von dieser Richtlinie nicht berührt.

Artikel 2

(1) Im Sinne dieser Richtlinie ist
a) „biologisches Material" ein Material, das genetische Informationen enthält und sich selbst reproduzieren oder in einem biologischen System reproduziert werden kann;
b) „mikrobiologisches Verfahren" jedes Verfahren, bei dem mikrobiologisches Material verwendet, ein Eingriff in mikrobiologisches Material durchgeführt oder mikrobiologisches Material hervorgebracht wird.

(2) Ein Verfahren zur Züchtung von Pflanzen und Tieren ist im wesentlichen biologisch, wenn es vollständig auf natürlichen Phänomenen wie Kreuzung oder Selektion beruht.

(3) Der Begriff der Pflanzensorte wird durch Artikel 5 der Verordnung (EG) Nr. 2100/94 definiert.

Artikel 3

(1) Im Sinne dieser Richtlinie können Erfindungen, die neu sind, auf einer erfinderischen Tätigkeit beruhen und gewerblich anwendbar sind, auch dann patentiert werden, wenn sie ein Erzeugnis, das aus biologischem Material besteht oder dieses enthält, oder ein Verfahren, mit dem biologisches Material hergestellt, bearbeitet oder verwendet wird, zum Gegenstand haben.

(2) Biologisches Material, das mit Hilfe eines technischen Verfahrens aus seiner natürlichen Umgebung isoliert oder hergestellt wird, kann auch dann Gegenstand einer Erfindung sein, wenn es in der Natur schon vorhanden war.

Artikel 4

(1) Nicht patentierbar sind
a) Pflanzensorten und Tierrassen,
b) im wesentlichen biologische Verfahren zur Züchtung von Pflanzen oder Tieren.

(2) Erfindungen, deren Gegenstand Pflanzen oder Tiere sind, können patentiert werden, wenn die Ausführungen der Erfindung technisch nicht auf eine bestimmte Pflanzensorte oder Tierrasse beschränkt ist.

(3) Absatz 1 Buchstabe b) berührt nicht die Patentierbarkeit von Erfindungen, die ein mikrobiologisches oder sonstiges technisches Verfahren oder ein durch diese Verfahren gewonnenes Erzeugnis zum Gegenstand haben.

Artikel 5

(1) Der menschliche Körper in den einzelnen Phasen seiner Entstehung und Entwicklung sowie die bloße Entdeckung eines seiner Bestandteile, einschließlich der Sequenz oder Teilsequenz eines Gens, können keine patentierbaren Erfindungen darstellen.

(2) Ein isolierter Bestandteil des menschlichen Körpers oder ein auf andere Weise durch ein technisches Verfahren gewonnener Bestandteil, einschließlich der Sequenz oder Teilsequenz eines Gens, kann eine patentierbare Erfindung sein, selbst wenn der Aufbau dieses Bestandteils mit dem Aufbau eines natürlichen Bestandteils identisch ist.

(3) Die gewerbliche Anwendbarkeit einer Sequenz oder Teilsequenz eines Gens muß in der Patentanmeldung konkret beschrieben werden.

Artikel 6

(1) Erfindungen, deren gewerbliche Verwertung gegen die öffentliche Ordnung oder die guten Sitten verstoßen würde, sind von der Patentierbarkeit ausgenommen, dieser Verstoß kann nicht allein daraus hergeleitet werden, daß die Verwertung durch Rechts- oder Verwaltungsvorschriften verboten ist.

(2) Im Sinne von Absatz 1 gelten unter anderem als nicht patentierbar:
a) Verfahren zum Klonen von menschlichen Lebewesen;
b) Verfahren zur Veränderung der genetischen Identität der Keimbahn des menschlichen Lebewesens;
c) die Verwendung von menschlichen Embryonen zu industriellen oder kommerziellen Zwecken;
d) Verfahren zur Veränderung der genetischen Identität von Tieren, die geeignet sind, Leiden dieser Tiere ohne wesentlichen medizinischen Nutzen für den Menschen oder das Tier zu verursachen, sowie die mit Hilfe solcher Verfahren erzeugten Tiere.

Artikel 7

Die Europäische Gruppe für Ethik der Naturwissenschaften und der Neuen Technologien der Kommission bewertet alle ethischen Aspekte im Zusammenhang mit der Biotechnologie.

Kapitel II
Umfang des Schutzes

Artikel 8

(1) Der Schutz eines Patents für biologisches Material, das aufgrund der Erfindung mit bestimmten Eigenschaften ausgestattet ist, umfaßt jedes biologische Material, das aus diesem biologischen Material

durch generative oder vegetative Vermehrung in gleicher oder abweichender Form gewonnen wird und mit denselben Eigenschaften ausgestattet ist.

(2) Der Schutz eines Patents für ein Verfahren, das die Gewinnung eines aufgrund der Erfindung mit bestimmten Eigenschaften ausgestatteten biologischen Materials ermöglicht, umfaßt das mit diesem Verfahren unmittelbar gewonnene biologische Material und jedes andere mit denselben Eigenschaften ausgestattete biologische Material, das durch generative oder vegetative Vermehrung in gleicher oder abweichender Form aus dem unmittelbar gewonnenen biologischen Material gewonnen wird.

Artikel 9

Der Schutz, der durch ein Patent für ein Erzeugnis erteilt wird, das aus einer genetischen Information besteht oder sie enthält, erstreckt sich vorbehaltlich des Artikels 5 Absatz 1 auf jedes Material, in das dieses Erzeugnis Eingang findet und in dem die genetische Information enthalten ist und ihre Funktion erfüllt.

Artikel 10

Der in den Artikeln 8 und 9 vorgesehene Schutz erstreckt sich nicht auf das biologische Material, das durch generative oder vegetative Vermehrung von biologischem Material gewonnen wird, das im Hoheitsgebiet eines Mitgliedstaats vom Patentinhaber oder mit dessen Zustimmung in Verkehr gebracht wurde, wenn die generative oder vegetative Vermehrung notwendigerweise das Ergebnis der Verwendung ist, für die das biologische Material in Verkehr gebracht wurde, vorausgesetzt, daß das so gewonnene Material anschließend nicht für andere generative oder vegetative Vermehrung verwendet wird.

Artikel 11

(1) Abweichend von den Artikeln 8 und 9 beinhaltet der Verkauf oder das sonstige Inverkehrbringen von pflanzlichem Vermehrungsmaterial durch den Patentinhaber oder mit dessen Zustimmung an einen Landwirt zum landwirtschaftlichen Anbau dessen Befugnis, sein Erntegut für die generative oder vegetative Vermehrung durch ihn selbst im eigenen Betrieb zu verwenden, wobei Ausmaß und Modalitäten dieser Ausnahmeregelung denjenigen des Artikels 14 der Verordnung (EG) Nr. 2100/94 entsprechen.

(2) Abweichend von den Artikeln 8 und 9 beinhaltet der Verkauf oder das sonstige Inverkehrbringen von Zuchtvieh oder von tierischem Vermehrungsmaterial durch den Patentinhaber oder mit dessen Zustimmung an einen Landwirt dessen Befugnis, das geschützte Vieh zu landwirtschaftlichen Zwecken zu verwenden. Diese Befugnis erstreckt sich auch auf die Überlassung des Viehs oder anderen tierischen Vermehrungsmaterials zur Fortführung seiner landwirtschaftlichen Tätigkeit, jedoch nicht auf den Verkauf mit dem Ziel oder im Rahmen einer gewerblichen Viehzucht.

(3) Das Ausmaß und die Modalitäten der in Absatz 2 vorgesehenen Ausnahmeregelung werden durch die nationalen Gesetze, Rechts- und Verwaltungsvorschriften und Verfahrensweisen geregelt.

Kapitel III
Zwangslizenzen wegen Abhängigkeit

Artikel 12

(1) Kann ein Pflanzenzüchter ein Sortenschutzrecht nicht erhalten oder verwerten, ohne ein früher erteiltes Patent zu verletzen, so kann er beantragen, daß ihm gegen Zahlung einer angemessenen Ver-

gütung eine nicht ausschließliche Zwangslizenz für die patentgeschützte Erfindung erteilt wird, soweit diese Lizenz zur Verwertung der zu schützenden Pflanzensorte erforderlich ist. Die Mitgliedstaaten sehen vor, daß der Patentinhaber, wenn eine solche Lizenz erteilt wird, zur Verwertung der geschützten Sorte Anspruch auf eine gegenseitige Lizenz zu angemessenen Bedingungen hat.

(2) Kann der Inhaber des Patents für eine biotechnologische Erfindung diese nicht verwerten, ohne ein früher erteiltes Sortenschutzrecht zu verletzen, so kann er beantragen, daß ihm gegen Zahlung einer angemessenen Vergütung eine nicht ausschließliche Zwangslizenz für die durch dieses Sortenschutzrecht geschützte Pflanzensorte erteilt wird. Die Mitgliedstaaten sehen vor, daß der Inhaber des Sortenschutzrechts, wenn eine solche Lizenz erteilt wird, zur Verwertung der geschützten Erfindung Anspruch auf eine gegenseitige Lizenz zu angemessenen Bedingungen hat.

(3) Die Antragsteller nach den Absätzen 1 und 2 müssen nachweisen, daß
a) sie sich vergebens an den Inhaber des Patents oder des Sortenschutzrechts gewandt haben, um eine vertragliche Lizenz zu erhalten;
b) die Pflanzensorte oder Erfindung einen bedeutenden technischen Fortschritt von erheblichem wirtschaftlichen Interesse gegenüber der patentgeschützten Erfindung oder der geschützten Pflanzensorte darstellt.

(4) Jeder Mitgliedstaat benennt die für die Erteilung der Lizenz zuständige(n) Stelle(n). Kann eine Lizenz für eine Pflanzensorte nur vom Gemeinschaftlichen Sortenamt erteilt werden, findet Artikel 29 der Verordnung (EG) Nr. 2100/94 Anwendung.

Kapitel IV
Hinterlegung von, Zugang zu und erneute Hinterlegung von biologischem Material

Artikel 13

(1) Betrifft eine Erfindung biologisches Material, das der Öffentlichkeit nicht zugänglich ist und in der Patentanmeldung nicht so beschrieben werden kann, daß ein Fachmann diese Erfindung danach ausführen kann, oder beinhaltet die Erfindung die Verwendung eines solchen Materials, so gilt die Beschreibung für die Anwendung des Patentrechts nur dann als ausreichend, wenn
a) das biologische Material spätestens am Tag der Patentanmeldung bei einer anerkannten Hinterlegungsstelle hinterlegt wurde. Anerkannt sind zumindest die internationalen Hinterlegungsstellen, die diesen Status nach Artikel 7 des Budapester Vertrags vom 28. April 1977 über die internationale Anerkennung der Hinterlegung von Mikroorganismen für Zwecke von Patentverfahren (im folgenden „Budapester Vertrag" genannt) erworben haben;
b) die Anmeldung die einschlägigen Informationen enthält, die dem Anmelder bezüglich der Merkmale des hinterlegten biologischen Materials bekannt sind;
c) in der Patentanmeldung die Hinterlegungsstelle und das Aktenzeichen der Hinterlegung angegeben sind.

(2) Das hinterlegte biologische Material wird durch Herausgabe einer Probe zugänglich gemacht:
a) bis zur ersten Veröffentlichung der Patentanmeldung nur für Personen, die nach dem innerstaatlichen Patentrecht hierzu ermächtigt sind;
b) von der ersten Veröffentlichung der Anmeldung bis zur Erteilung des Patents für jede Person, die dies beantragt, oder, wenn der Anmelder dies verlangt, nur für einen unabhängigen Sachverständigen;
c) nach der Erteilung des Patents ungeachtet eines späteren Widerrufs oder einer Nichtigerklärung des Patents für jede Person, die einen entsprechenden Antrag stellt.

(3) Die Herausgabe erfolgt nur dann, wenn der Antragsteller sich verpflichtet, für die Dauer der Wirkung des Patents

a) Dritten keine Probe des hinterlegten biologischen Materials oder eines daraus abgeleiteten Materials zugänglich zu machen und
b) keine Probe des hinterlegten Materials oder eines daraus abgeleiteten Materials zu anderen als zu Versuchszwecken zu verwenden, es sei denn, der Anmelder oder der Inhaber des Patents verzichtet ausdrücklich auf eine derartige Verpflichtung.

(4) Bei Zurückweisung oder Zurücknahme der Anmeldung wird der Zugang zu dem hinterlegten Material auf Antrag des Hinterlegers für die Dauer von 20 Jahren ab dem Tag der Patentanmeldung nur einem unabhängigen Sachverständigen erteilt. In diesem Fall findet Absatz 3 Anwendung.

(5) Die Anträge des Hinterlegers gemäß Absatz 2 Buchstabe b) und Absatz 4 können nur bis zu dem Zeitpunkt eingereicht werden, zu dem die technischen Vorarbeiten für die Veröffentlichung der Patentanmeldung als abgeschlossen gelten.

Artikel 14

(1) Ist das nach Artikel 13 hinterlegte biologische Material bei der anerkannten Hinterlegungsstelle nicht mehr zugänglich, so wird unter denselben Bedingungen wie denen des Budapester Vertrags eine erneute Hinterlegung des Materials zugelassen.

(2) Jeder erneuten Hinterlegung ist eine vom Hinterleger unterzeichnete Erklärung beizufügen, in der bestätigt wird, daß das erneut hinterlegte biologische Material das gleiche wie das ursprünglich hinterlegte Material ist.

Kapitel V
Schlußbestimmungen

Artikel 15

(1) Die Mitgliedstaaten erlassen die erforderlichen Rechts- und Verwaltungsvorschriften, um dieser Richtlinie bis zum 30. Juli 2000 nachzukommen. Sie setzen die Kommission unmittelbar davon in Kenntnis.
Wenn die Mitgliedstaaten dieser Vorschriften erlassen, nehmen sie in den Vorschriften selbst oder durch einen Hinweis bei der amtlichen Veröffentlichung auf diese Richtlinie Bezug. Die Mitgliedstaaten regeln die Einzelheiten der Bezugnahme.

(2) Die Mitgliedstaaten teilen der Kommission die innerstaatlichen Rechtsvorschriften mit, die sie auf dem unter diese Richtlinie fallenden Gebiet erlassen.

Artikel 16

Die Kommission übermittelt dem Europäischen Parlament und dem Rat folgendes:
a) alle fünf Jahre nach dem in Artikel 15 Absatz 1 vorgesehenen Zeitpunkt einen Bericht zu der Frage, ob durch diese Richtlinie im Hinblick auf internationale Übereinkommen zum Schutz der Menschenrechte, denen die Mitgliedstaaten beigetreten sind, Probleme entstanden sind;
b) innerhalb von zwei Jahren nach dem Inkrafttreten dieser Richtlinie einen Bericht, in dem die Auswirkungen des Unterbleibens oder der Verzögerung von Veröffentlichungen, deren Gegenstand patentfähig sein könnte, auf die gentechnologische Grundlagenforschung evaluiert werden;
c) jährlich ab dem in Artikel 15 Absatz 1 vorgesehenen Zeitpunkt einen Bericht über die Entwicklung und die Auswirkungen des Patentrechts im Bereich der Bio- und Gentechnologie.

Artikel 17

Diese Richtlinie tritt am Tag ihrer Veröffentlichung im *Amtsblatt der Europäischen Gemeinschaften* in Kraft.

Artikel 18

Diese Richtlinie ist an die Mitgliedstaaten gerichtet.

Geschehen zu Brüssel am 6. Juli 1998.

Im Namen des Europäischen Parlaments
Der Präsident
J. M. Gil-Robles

Im Namen des Rates
Der Präsident
R. Edlinger

6. Auszug aus dem Budapester Vertrag (BV)

vom 28.4.1977
(Hinterlegung von Mikroorganismen)

Artikel 3
Anerkennung und Wirkung der Hinterlegung von Mikroorganismen

(1) a) Vertragsstaaten, die die Hinterlegung von Mikroorganismen für die Zwecke von Patentverfahren zulassen oder verlangen, erkennen für diese Zwecke die Hinterlegung eines Mikroorganismus bei jeder internationalen Hinterlegungsstelle an. Diese Anerkennung schließt die Anerkennung der Tatsache und des Zeitpunkts der Hinterlegung, wie sie von der internationalen Hinterlegungsstelle angegeben sind, sowie die Anerkennung der Tatsache ein, daß die gelieferte Probe eine Probe des hinterlegten Mikroorganismus ist.

b) Jeder Vertragsstaat kann eine Abschrift der von der internationalen Hinterlegungsstelle ausgestellten Empfangsbestätigung über die Hinterlegung nach Buchstabe a verlangen.

(2) In Angelegenheiten, die in diesem Vertrag und der Ausführungsordnung geregelt werden, kann kein Vertragsstaat die Erfüllung von Erfordernissen, die von den in diesem Vertrag und der Ausführungsordnung vorgesehenen abweichen, oder zusätzliche Erfordernisse verlangen.

7. Verwaltungskostengesetz (VwKostG)

Vom 23. Juni 1970
(BGBl I S. 821), geänd. durch Art. 41 EinführungsG zur Abgabenordnung v. 14.12.1976 (BGBl I S. 3341), Art. 12 Abs. 6 PostneuordnungsG v. 14.9.1994 (BGBl I S. 2325) und Art. 4 EinführungsG zur Insolvenzordnung v. 5.10.1994[1098] (BGBl I S. 2911)
BGBl III 202–4

Nichtamtliche Inhaltsübersicht

§§

1. Abschnitt.	**– Anwendungsbereich**	
	Anwendungsbereich	1
2. Abschnitt.	**– Allgemeine Grundsätze für Kostenverordnungen**	
	Bindung des Verordnungsgebers	2
	Gebührengrundsätze	3
	Gebührenarten	4
	Pauschgebühren	5
	Kostenermäßigung und Kostenbefreiung	6
	Sachliche Gebührenfreiheit	7
3. Abschnitt.	**– Allgemeine kostenrechtliche Vorschriften**	
	Persönliche Gebührenfreiheit	8
	Gebührenbemessung	9
	Auslagen	10
	Entstehung der Kostenschuld	11
	Kostengläubiger	12
	Kostenschuldner	13
	Kostenentscheidung	14
	Gebühren in besonderen Fällen	15
	Vorschußzahlung und Sicherheitsleistung	16
	Fälligkeit	17
	Sämniszuschlag	18
	Stundung, Niederschlagung und Erlaß	19
	Verjährung	20
	Erstattung	21
	Rechtsbehelf	22
4. Abschnitt.	**– Schlußvorschriften**	
	Verwaltungsvorschriften	23
	Gesetzesänderungen	24
	Berlin-Klausel	25
	Inkrafttreten	26

1098 Inkrafttreten: *1.1.1999.* Vom Abdruck der geänd. Fassung wird vorerst abgesehen.

Der Bundestag hat mit Zustimmung des Bundesrates das folgende Gesetz beschlossen:

1. Abschnitt
Anwendungsbereich

§ 1[1099]
Anwendungsbereich

(1) Dieses Gesetz gilt für die Kosten (Gebühren und Auslagen) öffentlich-rechtlicher Verwaltungstätigkeit der Behörden
1. des Bundes, der bundesunmittelbaren Körperschaften, Anstalten und Stiftungen des öffentlichen Rechts,
2. der Länder, der Gemeinden und Gemeindeverbände, der sonstigen der Aufsicht des Landes unterstehenden juristischen Personen des öffentlichen Rechts, wenn sie Bundesrecht ausführen,

soweit die bei Inkrafttreten dieses Gesetzes geltenden bundesrechtlichen Vorschriften für eine besondere Inanspruchnahme oder Leistung der öffentlichen Verwaltung (kostenpflichtige Amtshandlung) die Erhebung von Verwaltungsgebühren oder die Erstattung von Auslagen vorsehen und keine inhaltsgleichen oder entgegenstehenden Bestimmungen enthalten oder zulassen.

(2) ¹Dieses Gesetz gilt ferner für Kosten auf Grund von Bundesgesetzen, die nach Inkrafttreten dieses Gesetzes erlassen werden,
1. wenn die Gesetze von den in Absatz 1 Nr. 1 bezeichneten Behörden ausgeführt werden,
2. wenn die Gesetze von den in Absatz 1 Nr. 2 bezeichneten Behörden im Auftrag des Bundes ausgeführt werden.

²Im übrigen gilt dieses Gesetz nur, soweit es durch Bundesgesetz mit Zustimmung des Bundesrates für anwendbar erklärt wird.

(3) Dieses Gesetz gilt nicht für die Kosten
1. des Auswärtigen Amtes und der Vertretungen des Bundes im Ausland,
2. der Gerichte,
3. der Behörden der Justizverwaltung und der Gerichtsverwaltungen sowie des Deutschen Patentamtes,
4. der Behörden nach Absatz 1, soweit sie in den in § 51 des Sozialgerichtsgesetzes bezeichneten Angelegenheiten tätig werden,
5. der Bundes- und Landesfinanzbehörden im Verwaltungsvollstreckungsverfahren nach der Abgabenordnung,
6. *(aufgehoben)*
7. der Industrie- und Handelskammer, der Handwerkskammer, Handwerksinnungen und Kreishandwerkerschaften.

(4) Behörde im Sinne dieses Gesetzes ist jede Stelle, die Aufgaben der öffentlichen Verwaltung wahrnimmt.

1099 § 1 Abs. 3 Nr. 5 geänd. durch G v. 14.12.1976 (BGBl I S. 3341), Nr. 6 aufgeh. durch G v. 14.9.1994 (BGBl I S. 2325).

2. Abschnitt
Allgemeine Grundsätze für Kostenverordnungen

§ 2
Bindung des Verordnungsgebers

Beim Erlaß von Rechtsverordnungen, die auf Grund bundesrechtlicher Ermächtigung gebührenpflichtige Tatbestände, Gebührensätze sowie die Auslagenerstattung regeln, hat der Verordnungsgeber sich im Rahmen der Vorschriften dieses Abschnitts zu halten.

§ 3
Gebührengrundsätze

^{1}Die Gebührensätze sind so zu bemessen, daß zwischen der den Verwaltungsaufwand berücksichtigenden Höhe der Gebühr einerseits und der Bedeutung, dem wirtschaftlichen Wert oder dem sonstigen Nutzen der Amtshandlung andererseits ein angemessenes Verhältnis besteht. ^{2}Ist gesetzlich vorgesehen, daß Gebühren nur zur Deckung des Verwaltungsaufwandes erhoben werden, sind die Gebührensätze so zu bemessen, daß das geschätzte Gebührenaufkommen den auf die Amtshandlungen entfallenden durchschnittlichen Personal- und Sachaufwand für den betreffenden Verwaltungszweig nicht übersteigt.

§ 4
Gebührenarten

Die Gebühren sind durch feste Sätze, Rahmensätze oder nach dem Wert des Gegenstandes zu bestimmen.

§ 5
Pauschgebühren

Zur Abgeltung mehrfacher gleichartiger Amtshandlungen für denselben Gebührenschuldner können Pauschgebühren vorgesehen werden. Bei der Bemessung der Pauschgebührensätze ist der geringere Umfang des Verwaltungsaufwandes zu berücksichtigen.

§ 6
Kostenermäßigung und Kostenbefreiung

Für bestimmte Arten von Amtshandlungen können aus Gründen der Billigkeit oder des öffentlichen Interesses Gebührenermäßigung und Auslagenermäßigung sowie Gebührenbefreiung und Auslagenbefreiung vorgesehen oder zugelassen werden.

§ 7
Sachliche Gebührenfreiheit

Gebühren sind nicht vorzusehen für

1. mündliche und einfache schriftliche Auskünfte,
2. Amtshandlungen in Gnadensachen und bei Dienstaufsichtsbeschwerden,
3. Amtshandlungen, die sich aus einem bestehenden oder früheren Dienst- oder Arbeitsverhältnis von Bediensteten im öffentlichen Dienst oder aus einem bestehenden oder früheren öffentlich-rechtlichen Amtsverhältnis ergeben,
4. Amtshandlungen, die sich aus einer bestehenden oder früheren gesetzlichen Dienstpflicht oder einer Tätigkeit ergeben, die an Stelle der gesetzlichen Dienstpflicht geleistet werden kann.

3. Abschnitt
Allgemeine kostenrechtliche Vorschriften

§ 8
Persönliche Gebührenfreiheit

(1) Von der Zahlung der Gebühren für Amtshandlungen sind befreit:
1. Die Bundesrepublik Deutschland und die bundesunmittelbaren juristischen Personen des öffentlichen Rechts, deren Ausgaben ganz oder teilweise auf Grund gesetzlicher Verpflichtung aus dem Haushalt des Bundes getragen werden,
2. die Länder und die juristischen Personen des öffentlichen Rechts, die nach den Haushaltsplänen eines Landes für Rechnung eines Landes verwaltet werden,
3. die Gemeinden und Gemeindeverbände, sofern die Amtshandlungen nicht ihre wirtschaftlichen Unternehmen betreffen.

(2) Die Befreiung tritt nicht ein, soweit die in Absatz 1 Genannten berechtigt sind, die Gebühren Dritten aufzuerlegen.

(3) Gebührenfreiheit nach Absatz 1 besteht nicht für Sondervermögen und Bundesbetriebe im Sinne des Artikel 110 Abs. 1 des Grundgesetzes, für gleichartige Einrichtungen der Länder sowie für öffentlich-rechtliche Unternehmen, an denen der Bund oder ein Land beteiligt ist.

(4) Zur Zahlung von Gebühren bleiben die in Absatz 1 genannten Rechtsträger für Amtshandlungen folgender Behörden verpflichtet:
1. Bundesanstalt für Bodenforschung,
2. Physikalisch-Technische Bundesanstalt,
3. Bundesanstalt für Materialprüfung,
4. Bundessortenamt,
5. Deutsches Hydrographisches Institut,
6. Bundesamt für Schiffsvermessung,
7. See-Berufsgenossenschaft.

§ 9
Gebührenbemessung

(1) Sind Rahmensätze für Gebühren vorgesehen, so sind bei der Festsetzung der Gebühr im Einzelfall zu berücksichtigen
1. der mit der Amtshandlung verbundene Verwaltungsaufwand, soweit Aufwendungen nicht als Auslagen gesondert berechnet werden, und
2. die Bedeutung, der wirtschaftliche Wert oder der sonstige Nutzen der Amtshandlung für den Gebührenschuldner sowie dessen wirtschaftliche Verhältnisse.

(2) Ist eine Gebühr nach dem Wert des Gegenstandes zu berechnen, so ist der Wert zum Zeitpunkt der Beendigung der Amtshandlung für die Berechnung maßgebend.

(3) Pauschgebühren werden nur auf Antrag festgesetzt; sie sind im voraus festzusetzen.

§ 10
Auslagen

(1) Soweit die Auslagen nicht bereits in die Gebühr einbezogen sind und die Erstattung von Auslagen vorgesehen ist, die im Zusammenhang mit einer Amtshandlung entstehen, werden vom Gebührenschuldner folgende Auslagen erhoben:
1. Fernsprechgebühren im Fernverkehr, Telegrafen- und Fernschreibgebühren,
2. Aufwendungen für weitere Ausfertigungen, Abschriften und Auszüge, die auf besonderen Antrag erteilt werden; für die Berechnung der als Auslagen zu erhebenden Schreibgebühren gelten die Vorschriften des § 136 Abs. 3 bis 6 der Kostenordnung,
3. Aufwendungen für Übersetzungen, die auf besonderen Antrag gefertigt werden,
4. Kosten, die durch öffentliche Bekanntmachung entstehen, mit Ausnahme der hierbei erwachsenden Postgebühren,
5. die in entsprechender Anwendung des Gesetzes über die Entschädigung von Zeugen und Sachverständigen zu zahlenden Beträge; erhält ein Sachverständiger auf Grund des § 1 Abs. 3 jenes Gesetzes keine Entschädigung, so ist der Betrag zu erheben, der ohne diese Vorschrift nach dem Gesetz zu zahlen wäre,
6. die bei Geschäften außerhalb der Dienststelle den Verwaltungsangehörigen auf Grund gesetzlicher oder vertraglicher Bestimmungen gewährten Vergütungen (Reisekostenvergütung, Auslagenersatz) und die Kosten für die Bereitstellung von Räumen,
7. die Beträge, die anderen in- und ausländischen Behörden, öffentlichen Einrichtungen oder Beamten zustehen; und zwar auch dann, wenn aus Gründen der Gegenseitigkeit, der Verwaltungsvereinfachung und dergleichen an die Behörden, Einrichtungen oder Beamten keine Zahlungen zu leisten sind,
8. die Kosten für die Beförderung von Sachen, mit Ausnahme der hierbei erwachsenden Postgebühren, und die Verwahrung von Sachen.

(2) Die Erstattung der in Absatz 1 aufgeführten Auslagen kann auch verlangt werden, wenn für eine Amtshandlung Gebührenfreiheit besteht oder von der Gebührenerhebung abgesehen wird.

§ 11
Entstehung der Kostenschuld

(1) Die Gebührenschuld entsteht, soweit ein Antrag notwendig ist, mit dessen Eingang bei der zuständigen Behörde, im übrigen mit der Beendigung der gebührenpflichtigen Amtshandlung.

(2) Die Verpflichtung zur Erstattung von Auslagen entsteht mit der Aufwendung des zu erstattenden Betrages, in den Fällen des § 10 Abs. 1 Nr. 5 zweiter Halbsatz und Nr. 7 zweiter Halbsatz mit der Beendigung der kostenpflichtigen Amtshandlung.

§ 12
Kostengläubiger

Kostengläubiger ist der Rechtsträger, dessen Behörde eine kostenpflichtige Amtshandlung vornimmt.

§ 13
Kostenschuldner

(1) Zur Zahlung der Kosten ist verpflichtet,
1. wer die Amtshandlung veranlaßt oder zu wessen Gunsten sie vorgenommen wird,
2. wer die Kosten durch eine vor der zuständigen Behörde abgegebene oder ihr mitgeteilte Erklärung übernommen hat,
3. wer für die Kostenschuld eines anderen kraft Gesetzes haftet.

(2) Mehrere Kostenschuldner haften als Gesamtschuldner.

§ 14
Kostenentscheidung

(1) Die Kosten werden von Amts wegen festgesetzt. Die Entscheidung über die Kosten soll, soweit möglich, zusammen mit der Sachentscheidung ergehen. Aus der Kostenentscheidung müssen mindestens hervorgehen
1. die kostenerhebende Behörde,
2. der Kostenschuldner,
3. die kostenpflichtige Amtshandlung,
4. die als Gebühren und Auslagen zu zahlenden Beträge sowie
5. wo, wann und wie die Gebühren und die Auslagen zu zahlen sind.

Die Kostenentscheidung kann mündlich ergehen; sie ist auf Antrag schriftlich zu bestätigen. Soweit sie schriftlich ergeht oder schriftlich bestätigt wird, ist auch die Rechtsgrundlage für die Erhebung der Kosten sowie deren Berechnung anzugeben.

(2) Kosten, die bei richtiger Behandlung der Sache durch die Behörde nicht entstanden wären, werden nicht erhoben. Das gleiche gilt für Auslagen, die durch eine von Amts wegen veranlaßte Verlegung eines Termins oder Vertagung einer Verhandlung entstanden sind.

§ 15
Gebühren in besonderen Fällen

(1) Wird ein Antrag ausschließlich wegen Unzuständigkeit der Behörde abgelehnt, so wird keine Gebühr erhoben.

(2) Wird ein Antrag auf Vornahme einer Amtshandlung zurückgenommen, nachdem mit der sachlichen Bearbeitung begonnen, die Amtshandlung aber noch nicht beendet ist, oder wird ein Antrag aus anderen Gründen als wegen Unzuständigkeit abgelehnt, oder wird eine Amtshandlung zurückgenommen oder widerrufen, so ermäßigt sich die vorgesehene Gebühr um ein Viertel; sie kann bis zu einem Viertel der vorgesehenen Gebühr ermäßigt oder es kann von ihrer Erhebung abgesehen werden, wenn dies der Billigkeit entspricht.

§ 16
Vorschußzahlung und Sicherheitsleistung

Eine Amtshandlung, die auf Antrag vorzunehmen ist, kann von der Zahlung eines angemessenen Vorschusses oder von einer angemessenen Sicherheitsleistung bis zur Höhe der voraussichtlich entstehenden Kosten abhängig gemacht werden.

§ 17
Fälligkeit

Kosten werden mit der Bekanntgabe der Kostenentscheidung an den Kostenschuldner fällig, wenn nicht die Behörde einen späteren Zeitpunkt bestimmt.

§ 18
Säumniszuschlag

(1) Werden bis zum Ablauf eines Monats nach dem Fälligkeitstag Gebühren oder Auslagen nicht entrichtet, so kann für jeden angefangenen Monat der Säumnis ein Säumniszuschlag von eins vom Hundert des rückständigen Betrages erhoben werden, wenn dieser 100 Deutsche Mark übersteigt.

(2) Absatz 1 gilt nicht, wenn Säumniszuschläge nicht rechtzeitig entrichtet werden.

(3) Für die Berechnung des Säumniszuschlages wird der rückständige Betrag auf volle 100 Deutsche Mark nach unten abgerundet.

(4) Als Tag, an dem eine Zahlung entrichtet worden ist, gilt
1. bei Übergabe oder Übersendung von Zahlungsmitteln an die für den Kostengläubiger zuständige Kasse der Tag des Eingangs;
2. bei Überweisung oder Einzahlung auf ein Konto der für den Kostengläubiger zuständigen Kasse und bei Einzahlung mit Zahlkarte oder Postanweisung der Tag, an dem der Betrag der Kasse gutgeschrieben wird.

§ 19
Stundung, Niederschlagung und Erlaß

Für die Stundung, die Niederschlagung und den Erlaß von Forderungen des Bundes auf Zahlung von Gebühren, Auslagen und sonstigen Nebenleistungen gelten die Vorschriften der Bundeshaushaltsordnung. In Fällen, in denen ein anderer Rechtsträger als der Bund Kostengläubiger ist, gelten die für ihn verbindlichen entsprechenden Vorschriften.

§ 20
Verjährung

(1) Der Anspruch auf Zahlung von Kosten verjährt nach drei Jahren, spätestens mit dem Ablauf des vierten Jahres nach der Entstehung. Die Verjährung beginnt mit Ablauf des Kalenderjahres, in dem der Anspruch fällig geworden ist. Mit dem Ablauf dieser Frist erlischt der Anspruch.

(2) Die Verjährung ist gehemmt, solange der Anspruch innerhalb der letzten sechs Monate der Frist wegen höherer Gewalt nicht verfolgt werden kann.

(3) Die Verjährung wird unterbrochen durch schriftliche Zahlungsaufforderung, durch Zahlungsaufschub, durch Stundung, durch Aussetzen der Vollziehung, durch Sicherheitsleistung, durch eine Vollstreckungsmaßnahme, durch Vollstreckungsaufschub, durch Anmeldung im Konkurs und durch Ermittlungen des Kostengläubigers über Wohnsitz oder Aufenthalt des Zahlungspflichtigen.

(4) Mit Ablauf des Kalenderjahres, in dem die Unterbrechung endet, beginnt eine neue Verjährung.

(5) Die Verjährung wird nur in Höhe des Betrages unterbrochen, auf den sich die Unterbrechungshandlung bezieht.

(6) Wird eine Kostenentscheidung angefochten, so erlöschen Ansprüche aus ihr nicht vor Ablauf von sechs Monaten, nachdem die Kostenentscheidung unanfechtbar geworden ist oder das Verfahren sich auf andere Weise erledigt hat.

§ 21
Erstattung

(1) Überzahlte oder zu Unrecht erhobene Kosten sind unverzüglich zu erstatten, zu Unrecht erhobene Kosten jedoch nur, soweit eine Kostenentscheidung noch nicht anfechtbar geworden ist; nach diesem Zeitpunkt können zu Unrecht erhobene Kosten nur aus Billigkeitsgründen erstattet werden.

(2) Der Erstattungsanspruch erlischt durch Verjährung, wenn er nicht bis zum Ablauf des dritten Kalenderjahres geltend gemacht wird, das auf die Entstehung des Anspruchs folgt; die Verjährung beginnt jedoch nicht vor der Unanfechtbarkeit der Kostenentscheidung.

§ 22
Rechtsbehelf

(1) Die Kostenentscheidung kann zusammen mit der Sachentscheidung oder selbständig angefochten werden; der Rechtsbehelf gegen eine Sachentscheidung erstreckt sich auf die Kostenentscheidung.

(2) Wird eine Kostenentscheidung selbständig angefochten, so ist das Rechtsbehelfsverfahren kostenrechtlich als selbständiges Verfahren zu behandeln.

4. Abschnitt
Schlußvorschriften

§ 23
Verwaltungsvorschriften

Der Bundesminister des Innern wird ermächtigt, zur Durchführung dieses Gesetzes mit Zustimmung des Bundesrates allgemeine Verwaltungsvorschriften zu erlassen.

§ 24
Gesetzesänderungen

(hier nicht abgedruckt)

§ 25
Berlin-Klausel

(gegenstandslos)

§ 26
Inkrafttreten

Dieses Gesetz tritt am Tage nach der Verkündung[1100] in Kraft.

[1100] Das Gesetz wurde am 26.6.1970 verkündet.

8. Verordnung über Verfahren vor dem Bundessortenamt

vom 30. Dezember 1985
(Bundesgesetzbl. I S. 23; Bl. f. PMZ 1986 S. 159)
zuletzt geändert durch die Verordnung vom 7. November 1994
(BGBl I S. 3493; Bl. f. PMZ 1995 S. 136)

Auf Grund des § 32 des Sortenschutzgesetzes vom 11. Dezember 1985 (BGBl I S. 2170) und der §§ 53 und 55 Abs. 2 Satz 1 des Saatgutverkehrsgesetzes vom 20. August 1985 (BGBl I S. 1633) verordnet der Bundesminister für Ernährung, Landwirtschaft und Forsten und auf Grund des § 33 Abs. 2 des Sortenschutzgesetzes und des § 54 Abs. 2 des Saatgutverkehrsgesetzes, jeweils in Verbindung mit dem 2. Abschnitt des Verwaltungskostengesetzes vom 23. Juni 1970 (BGBl I S. 821), verordnet der Bundesminister für Ernährung, Landwirtschaft und Forsten im Einvernehmen mit dem Bundesminister der Finanzen:

Abschnitt 1
Verfahren

§ 1
Antrag

(1) Der Sortenschutzantrag ist in zweifacher Ausfertigung, der Antrag auf Sortenzulassung in dreifacher Ausfertigung zu stellen, die Sortenbezeichnung ist in zweifacher Ausfertigung anzugeben.

(2) Für die Anträge und die Angabe der Sortenbezeichnung sind Vordrucke des Bundessortenamtes zu verwenden.

(3) Betrifft der Antrag auf Sortenzulassung eine Sorte von
1. Getreide
2. Welschem Weidelgras,
3. Deutschem Weidelgras mit Ausnahme von Sorten, deren Aufwuchs nicht zur Nutzung als Futterpflanze bestimmt ist,
4. Winterraps zur Körnernutzung oder
5. Kartoffel,

so sind ihm Ergebnisse von Prüfungen beizufügen, die Aufschluß über die Eigenschaften der Sorte geben. Das Bundessortenamt setzt, soweit es zur Sicherstellung der Vergleichbarkeit der Ergebnisse notwendig ist, nach Anhörung der betroffenen Spitzenverbände allgemeine Anforderungen an die Prüfungen fest und teilt diese auf Anfrage mit.

§ 2
Registerprüfung

(1) Das Bundessortenamt beginnt die Prüfung der Sorte auf Unterscheidbarkeit, Homogenität und Beständigkeit (Registerprüfung) in der auf den Antragstag folgenden Vegetationsperiode, wenn der Antrag bis zu dem für die jeweilige Art bekanntgemachten Termin eingegangen ist. Im Falle des § 26 Abs. 4 des Sortenschutzgesetzes beginnt das Bundessortenamt die Registerprüfung in der Vegetationsperiode, die dem Einsendetermin folgt, bis zu dem das Vermehrungsmaterial vorgelegt worden ist.

Grundlage der Registerprüfung ist das vom Antragsteller für die Prüfung erstmals vorgelegte Vermehrungsmaterial oder Saatgut.

(2) Bei Sorten, deren Pflanzen durch Kreuzung bestimmter Erbkomponenten erzeugt werden, kann das Bundessortenamt die Registerprüfung von Amtswegen auf alle Erbkomponenten erstrecken.

(3) Bei Rebe und Baumarten kann das Bundessortenamt auf Antrag die Registerprüfung später beginnen, und zwar bei
1. Sorten nach Artengruppe 6 der Anlage bis zur Zulassung als Ausgangsmaterial nach den §§ 5 oder 6 des Gesetzes über forstliches Saat- und Pflanzgut in der Fassung der Bekanntmachung vom 26. Juli 1979 (BGBl I S. 1242);
2. Sorten von Obstarten einschließlich Unterlagssorten sowie von Gehölzen für den Straßen- und Landschaftsbau bis längstens 15 Jahre nach der Antragstellung;
3. Ziersorten bis längstens 8 Jahre nach der Antragstellung.

(4) Die Registerprüfung dauert bis zur Unanfechtbarkeit der Entscheidung über die Erteilung des Sortenschutzes oder die Sortenzulassung.

(5) Bei der Registerprüfung kann das Bundessortenamt auch Ergebnisse der Wertprüfung heranziehen.

§ 3
Wertprüfung

(1) Das Bundessortenamt beginnt im Verfahren der Sortenzulassung die Prüfung der Sorte auf landeskulturellen Wert (Wertprüfung), sobald es nach den Ergebnissen der Registerprüfung annimmt, daß die Sorte voraussichtlich unterscheidbar, homogen und beständig ist. Das Bundessortenamt kann mit der Wertprüfung früher, jedoch nicht vor der Registerprüfung beginnen.

(2) Auf Antrag kann das Bundessortenamt die Wertprüfung später als nach Absatz 1 Satz 1 beginnen oder sie, falls es sie bereits begonnen hat, aussetzen, wenn ein wichtiger Grund vorliegt, insbesondere wenn der Antragsteller ohne Verschulden nicht über das für die Wertprüfung erforderliche Saatgut verfügt. In diesem Fall setzt es dem Antragsteller eine Frist, innerhalb derer das erforderliche Saatgut vorzulegen ist.

(3) Das Bundessortenamt kann die Wertprüfung von Amts wegen aussetzen, wenn sich in der Registerprüfung Zweifel hinsichtlich der Unterscheidbarkeit der Sorte oder Mängel in der Homogenität oder Beständigkeit ergeben haben.

(4) Die Wertprüfung dauert in der Regel drei Ertragsjahre.

(5) Bei der Wertprüfung kann das Bundessortenamt auch Ergebnisse der Registerprüfung heranziehen.

§ 4
Prüfung der physiologischen Merkmale bei Rebe

(1) Im Verfahren der Sortenzulassung gilt für die Prüfung der physiologischen Merkmale bei Sorten von Rebe § 3 Abs. 1 bis 3 und 5 entsprechend. Die Prüfung dauert mindestens fünf Ertragsjahre.

(2) Bei der Prüfung kann das Bundessortenamt auch Feststellungen auf Grund vergleichender Sortenprüfungen heranziehen, wenn diese amtlich oder unter amtlicher Überwachung angelegt und ausgewertet worden sind.

§ 5
Vermehrungsmaterial, Saatgut

Das Bundessortenamt bestimmt, wann, wo und in welcher Menge und Beschaffenheit das Vermehrungsmaterial oder Saatgut für die Registerprüfung sowie das Saatgut für die Wertprüfung und bei Sorten von Rebe für die Prüfung der physiologischen Merkmale vorzulegen ist. Das Vermehrungsmaterial oder Saatgut darf keiner Behandlung unterzogen worden sein, soweit nicht das Bundessortenamt eine solche vorgeschrieben oder gestattet hat.

§ 6
Durchführung der Prüfungen

(1) Unter Berücksichtigung der botanischen Gegebenheiten wählt das Bundessortenamt für die einzelnen Arten die für die Unterscheidbarkeit der Sorten wichtigen Merkmale aus und setzt Art und Umfang der Prüfungen fest.

(2) Gibt der Antragsteller im Antrag auf Sortenzulassung verschiedene, nicht vom selben Prüfungsumfang erfaßte Anbauweisen oder Nutzungsrichtungen an, so werden die Wertprüfung und bei Sorten von Rebe die Prüfung der physiologischen Merkmale für jede angegebene Anbauweise oder Nutzungsrichtung gesondert durchgeführt.

§ 7
Prüfungsberichte

Das Bundessortenamt übersendet dem Antragsteller jeweils einen Prüfungsbericht, sobald es das Ergebnis der Registerprüfung, der Wertprüfung oder bei Sorten von Rebe der Prüfung der physiologischen Merkmale zur Beurteilung der Sorte für ausreichend hält.

§ 8
Nachprüfung des Fortbestehens der Sorte, Überwachung der Sortenerhaltung

(1) Für die Nachprüfung des Fortbestehens der geschützten Sorte und die Überwachung der Erhaltung der zugelassenen Sorten gelten die §§ 5 und 6 Abs. 1 entsprechend.

(2) Das Bundessortenamt kann für die Überwachung auch Proben, die
1. in Betrieben, die Saatgut erzeugen,
2. aus im Verkehr befindlichem Saatgut oder
3. von den jeweils zuständigen Stellen für andere Zwecke
entnommen worden sind, heranziehen.

(3) Der Sortenschutzinhaber hat dem Bundessortenamt die für die Nachprüfung des Fortbestehens der Sorte notwendigen Auskünfte zu erteilen und die Überprüfung der zur Sicherung des Fortbestehens der Sorte getroffenen Maßnahmen zu gestatten. Der Züchter und jeder weitere Züchter hat dem Bundessortenamt die für die Sortenüberwachung oder die Überwachung der weiteren Erhaltungszüchtung notwendigen Auskünfte zu erteilen und die Überprüfung der für die systematische Erhaltungszüchtung getroffenen Maßnahmen zu gestatten.

(4) Ergibt die Nachprüfung des Fortbestehens der Sorte oder die Sortenüberwachung, daß die Sorte nicht homogen oder nicht beständig ist, so übersendet das Bundessortenamt dem Sortenschutzinhaber oder dem Züchter einen Prüfungsbericht.

§ 9
Anbau- und Marktbedeutung

Zur Feststellung der Anbau- und Marktbedeutung einer Sorte nach § 36 Abs. 2 Nr. 2 des Saatgutverkehrsgesetzes kann das Bundessortenamt die Sorte anbauen. Die §§ 5 und 6 gelten entsprechend.

§ 10
Bekanntmachungen

Als Blatt für Bekanntmachungen des Bundessortenamtes wird das vom Bundessortenamt herausgegebene Blatt für Sortenwesen bestimmt.

Abschnitt 2
Anerkennung von Saatgut nicht zugelassener Sorten

§ 11

(1) Saatgut von Sorten nach § 55 Abs. 1 des Saatgutverkehrsgesetzes und von Sorten, die in einem der Sortenliste entsprechenden Verzeichnis eines anderen Vertragsstaates eingetragen sind und für die die Erhaltungszüchtung im Geltungsbereich des Saatgutverkehrsgesetzes durchgeführt wird, darf anerkannt werden,
1. soweit dies erforderlich ist, um zur Verbesserung der Saatgutversorgung in Vertragsstaaten Vermehrungsvorhaben im Geltungsbereich des Saatgutverkehrsgesetzes durchführen zu können, und
2. wenn Unterlagen vorliegen, die für die Anerkennung und die Nachprüfung die gleichen Informationen ermöglichen wie bei zugelassenen Sorten.

(2) Das Bundessortenamt stellt auf Antrag fest, ob die Voraussetzungen nach Absatz 1 vorliegen, und erteilt dem Antragsteller hierüber einen Bescheid.

Abschnitt 3
Kosten, Verkehr mit anderen Stellen

§ 12
Grundvorschrift

(1) Die Gebührentatbestände und Gebührensätze bestimmen sich nach dem Gebührenverzeichnis (Anlage).

(2) Das Bundessortenamt erhebt nur die in § 10 Abs. 1 Nr. 1 bis 3 und 5 des Verwaltungskostengesetzes bezeichneten Auslagen.

§ 13
Prüfungsgebühren

(1) Die Prüfungsgebühren (Gebührennummern 102, 202, 203, 204, 222 und 232 der Anlage) werden, soweit in der Anlage nichts anderes bestimmt ist, für jede angefangene Prüfungsperiode erhoben. Die

Gebührenschuld entsteht für jede Prüfungsperiode zu dem vom Bundessortenamt bestimmten Zeitpunkt. Die Gebühren werden nicht erhoben für eine Prüfungsperiode, in der das Bundessortenamt die Prüfung der Sorte oder Erhaltungszüchtung aus einem vom Antragsteller nicht zu vertretenden Grund nicht begonnen hat.

(2) Können bei Sorten mehrjähriger Arten wegen der artbedingten Entwicklung der Pflanzen die Ausprägungen der Merkmale oder Eigenschaften in einer Prüfungsperiode nicht oder nicht vollständig festgestellt werden, so wird für diese Prüfungsperiode die Hälfte der Prüfungsgebühren erhoben.

(3) Hat der Antragsteller für eine Sorte mehr als eine Nutzungsrichtung oder Anbauweise angegeben, so wird die Gebühr für jede Nutzungsrichtung oder Anbauweise angegeben, so wird die Gebühr für jede Nutzungsrichtung oder Anbauweise erhoben, für die eine besondere Prüfung notwendig ist.

(4) Die Prüfungsgebühren (Gebührennummer 102, 202, 203, 204 der Anlage) erhöhen sich bis zur Höhe der entstandenen Kosten im Falle
1. der Durchführung der vollständigen Anbauprüfung oder sonst erforderlicher Untersuchungen durch eine andere Stelle im Ausland oder Übernahme von Prüfungsergebnissen einer solchen Stelle oder
2. einer Prüfung außerhalb des üblichen Rahmens der Prüfung von Sorten der gleichen Art.

(5) Bei Sorten, deren Pflanzen durch Kreuzung bestimmter Erbkomponenten erzeugt werden und bei denen das Bundessortenamt die Registerprüfung auf die Erbkomponenten erstreckt, wird für diese Prüfung zusätzlich eine Gebühr nach den Gebührennummern 102 und 202 der Anlage erhoben.

§ 14
Jahresgebühren, Überwachungsgebühren

(1) Die Gebühren für jedes Schutzjahr (Jahresgebühren) oder für die Überwachung einer Sorte oder einer weiteren Erhaltungszüchtung (Überwachungsgebühren) sind während der Dauer des Sortenschutzes, der Zulassung der Sorte oder der Eintragung des weiteren Züchters für jedes angefangene Kalenderjahr zu entrichten, das auf das Jahr der Erteilung des Sortenschutzes, der Zulassung oder der Eintragung folgt.

(2) In den Fällen des § 13 Abs. 2 und des § 41 Abs. 2 des Sortenschutzgesetzes werden bei der Einstufung der Jahresgebühren die Jahre mitgerechnet, um die nach diesen Vorschriften die Dauer des Sortenschutzes zu kürzen ist. Bei der erneuten Zulassung einer Sorte werden die Zeiten der früheren Zulassung bei der Einstufung der Überwachungsgebühren mitgerechnet. Für die Einstufung der Gebühr für die Überwachung einer weiteren Erhaltungszüchtung ist der Zeitpunkt der Zulassung der Sorte maßgebend.

(3) Soweit für eine Sorte eine Jahresgebühr zu entrichten ist, wird daneben eine Überwachungsgebühr nicht erhoben.

(4) Für Sorten von Obst, deren Zulassung erstmalig nach § 62 Abs. 2 des Saatgutverkehrsgesetzes erfolgte, ist eine Überwachungsgebühr entsprechend Artengruppe 6 zu entrichten.

Abschnitt 4
Schlußvorschriften

§ 15
Verkehr mit anderen Stellen

Der Verkehr mit den zuständigen Behörden anderer Mitgliedstaaten und der Kommission der Europäischen Gemeinschaft obliegt dem Bundessortenamt in den Angelegenheiten, für die es nach § 37 des Saatgutverkehrsgesetzes zuständig ist.

§ 16
Inkrafttreten

(1) Diese Verordnung tritt vorbehaltlich des Absatzes 2 am Tage nach der Verkündung in Kraft. Gleichzeitig treten außer Kraft:
1. die Sortenschutzverordnung vom 16. Dezember 1974 (BGBl I S. 3551),
2. die Sorteneintragungsverordnung vom 2. Juli 1975 (BGBl I S. 1654).

(2) Abschnitt 3 und § 15 Abs. 2 treten mit Wirkung vom 18. Dezember 1985 in Kraft.

Bonn, den 30. Dezember 1985

Der Bundesminister
für Ernährung, Landwirtschaft und Forsten

9. Zweite Verordnung zur Änderung der Verordnung über Verfahren vor dem Bundessortenamt

Vom 5. Oktober 1998

Auf Grund des § 33 Abs. 2 des Sortenschutzgesetzes in der Fassung der Bekanntmachung vom 19. Dezember 1997 (BGBl. I S. 3164) und des § 54 Abs. 2 des Saatgutverkehrsgesetzes vom 20. August 1985 (BGBl. I S. 1633), der zuletzt durch Artikel 2 Nr. 39 des Gesetzes vom 25. November 1993 (BGBl. I S. 1917) geändert worden ist, jeweils in Verbindung mit dem 2. Abschnitt des Verwaltungskostengesetzes vom 23. Juni 1970 (BGBl. I S. 821), verordnet das Bundesministerium für Ernährung, Landwirtschaft und Forsten im Einvernehmen mit dem Bundesministerium der Finanzen und für Wirtschaft:

Artikel 1

Die Verordnung über Verfahren vor dem Bundessortenamt vom 30. Dezember 1985 (BGBl. 1986 I S. 23), zuletzt geändert durch Artikel 1 der Verordnung vom 7. November 1994 (BGBl. I S. 3493), wird wie folgt geändert:
1. Der Überschrift wird folgende Abkürzung angefügt:
   „(BSAVfV)".
2. § 14 wird wie folgt geändert:
   a) In Absatz 2 Satz 1 wird die Angabe „§ 13 Abs. 2 und des § 41 Abs. 2" durch die Angabe „§ 41 Abs. 2 und 3" ersetzt.
   b) Absatz 4 wird aufgehoben.
5. Die Anlage wird wie folgt gefaßt:
   „Anlage S. (zu § 2 Abs. 3; §§ 12 bis 14)
3. nach § 15 wird folgende Vorschrift eingefügt:

„§ 16
Übergangsvorschrift

(1) Prüfungsgebühren, bei denen die Gebührenschuld nach § 13 Abs. 1 Satz 2 bis zum 14. Oktober 1998 entstanden ist, sind noch nach den bis zum 13. Oktober 1998 geltenden Vorschriften dieser Verordnung zu erheben.

(2) Jahresgebühren und Überwachungsgebühren sind bis zum 31. Dezember 1998 noch nach den bis zum 13. Oktober 1998 geltenden Vorschriften dieser Verordnung zu erheben.

(3) Für eine Amtshandlung bei der Bearbeitung eines Antrages auf Feststellung der Anerkennungsfähigkeit bei Sorten von Obst (Gebührennummer 245.1), die vor dem 14. Oktober 1998 vorgenommen worden ist, können Kosten nach Maßgabe des § 12 erhoben werden, soweit vor der Amtshandlung unter Hinweis auf den bevorstehenden Erlaß der Zweiten Verordnung zur Änderung der Verordnung über Verfahren vor dem Bundessortenamt eine Kostenentscheidung ausdrücklich vorbehalten ist."
4. Der bisherige § 16 wird § 17.

Gebührenverzeichnis

Vorbemerkung
Die im Gebührenverzeichnis aufgeführten Artengruppen werden wie folgt gebildet:
1 Artengruppe 1
   Getreide außer Perlmais, Puffmais (Popcorn), Zuckermais und Mais für Zierzwecke, Deutsches Weidelgras, Futtererbse, Ackerbohne, Raps, Sonnenblume, Runkelrübe, Zuckerrübe, Kartoffel
2 Artengruppe 2
   im Artenverzeichnis zum Saatgutverkehrsgesetz aufgeführte landwirtschaftliche Arten, soweit nicht in Artengruppe 1 aufgeführt
3 Artengruppe 3
   Zierpflanzenarten, außer Stauden und Sonnenblumen
4 Artengruppe 4
   im Artenverzeichnis zum Saatgutverkehrsgesetz aufgeführte Gemüsearten
5 Artengruppe 5
   Sonstige Arten, soweit nicht unter eine andere Artengruppe fallend
6 Artengruppe 6
   Baumarten, soweit das Vermehrungsmaterial hinsichtlich des Inverkehrbringens dem Gesetz über forstliches Saat- und Pflanzgut unterliegt.

Gebühren-nummer	Gebührentatbestand	Bezogene Vorschrift (SortG)	Gebühr (DM)
1	2	3	4
1	**Sortenschutzgesetz (SortG)**		
100	Verfahren zur Erteilung des Sortenschutzes	§ 21	
101	Entscheidung	§ 22	
101.1	bei Sorten der Artengruppen 1 bis 5		830
101.2	bei Sorten der Artengruppe 6		90
102	Registerprüfung	§ 26 Abs. 1 bis 5	
102.1	bei Sorten der Artengruppen 1 und 2		1 160
102.2	bei Sorten der Artengruppen 3 bis 5		830
102.3	bei Sorten der Artengruppe 6		90
102.4	bei Übernahme vollständiger früherer eigener Prüfungsergebnisse, einmalig	§ 26 Abs. 1 Satz 2	330
102.5	bei Übernahme vollständiger Anbauprüfungs- und Untersuchungsergebnisse einer anderen Stelle, einmalig	§ 26 Abs. 2	550

Gebühren-nummer	Gebühren-tatbestand	Bezogene Vorschrift (SortG)	Gebühr (DM					
1	2	3	4					
110	Jahresgebühren	§ 33 Abs. 1	Artengruppe					
			1 (DM)	2 (DM)	3 (DM)	4 (DM)	5 (DM)	6 (DM)
110.1	bei Sorten, für die Sorten der Sortenschutz nicht ruht	§ 10 c						
110.1.1	1. Schutzjahr		300	200	100	100	100	20
110.1.2	2. Schutzjahr		400	200	200	100	100	20
110.1.3	3. Schutzjahr		500	300	200	200	200	20
110.1.4	4. Schutzjahr		600	300	300	300	200	30
110.1.5	5. Schutzjahr		700	400	300	300	300	30
110.1.6	6. Schutzjahr		800	500	400	300	300	30
110.1.7	7. Schutzjahr		1 100	500	400	300	300	30
110.1.8	8. Schutzjahr		1 400	600	500	400	400	30
110.1.9	9. Schutzjahr		1 700	700	600	400	400	30
110.1.10	10. Schutzjahr		2 000	800	700	500	500	30
110.1.11	11. Schutzjahr		2 000	1 000	900	600	500	60
110.1.12	12. Schutzjahr		2 000	1 200	1 100	700	500	60
110.1.13	13. Schutzjahr		2 000	1 400	1 200	800	600	60
110.1.14	14. Schutzjahr		2 000	1 600	1 200	900	600	60
110.1.15	15. Schutzjahr		2 000	1 600	1 200	1 000	700	60
110.1.16	16. Schutzjahr		2 000	1 600	1 200	1 000	700	60
110.1.17	17. Schutzjahr		2 000	1 800	1 300	1 000	800	60
110.1.18	18. Schutzjahr		2 000	1 800	1 300	1 000	800	60
110.1.19	19. Schutzjahr		2 000	1 800	1 300	1 000	800	60
110.1.20	20. Schutzjahr und folgende je		2 000	1 800	1 300	1 000	800	60
110.2	bei Sorten, für die der Sortenschutz ruht und keine Sortenzulassung nach § 30 SaatG besteht, für jedes Jahr des Ruhens des Sortenschutzes	§ 10 c	300	200	100	100	100	20

Gebühren-nummer	Gebührentatbestand	Bezogene Vorschrift (SortG)	Gebühr (DM)
1	2	3	4
120	Sonstige Verfahren		
121	Erteilung eines Zwangsnutzungsrechtes	§ 12 Abs. 1	1 100
122	Eintragungen oder Löschungen eines ausschließlichen Nutzungsrechtes oder Eintragung von Änderungen in der Person eines in der Sortenschutzrolle Eingetragenen, je Sorte	§ 28 Abs. 1 Nr. 5 und Abs. 3	220
123	Rücknahme oder Widerruf einer Erteilung des Sortenschutzes	§ 31 Abs. 2 bis 4 Nr. 1 und 2	
123.1	bei Sorten der Artengruppen 1 bis 5		830
123.2	bei Sorten der Artengruppe 6		90
124	Widerspruch		
124.1	gegen die Zurückweisung eines Sortenschutzantrags oder die Rücknahme oder den Widerruf einer Erteilung des Sortenschutzes	§ 18 Abs. 3; § 31 Abs. 2 bis 4 Nr. 1 und 2	
124.1.1	bei Sorten der Artengruppen 1 bis 5		830
124.1.2	bei Sorten der Artengruppe 6		90
124.2	gegen die Entscheidung über einen Antrag auf ein Zwangsnutzungsrecht	§ 12 Abs. 1	1 100
124.3	gegen eine andere Entscheidung		280
125	Abgabe eigener Prüfungsergebnisse zur Vorlage bei einer anderen Stelle im Ausland	§ 26 Abs. 5	550

Gebühren-nummer	Gebührentatbestand	Bezogene Vorschrift (SortG)*	Gebühr (DM)
1	2	3	4
2	**Saatgutverkehrsgesetz (SaatG)**		
200	Verfahren der Sortenzulassung	§ 41	
201	Entscheidung	§ 42	
201.1	bei Sorten von Gemüse, Obst und Zierpflanzen		280
201.2	bei Sorten anderer Arten		550
202	Registerprüfung	§ 44 Abs. 1 bis 3	
202.1	bei Sorten der Artengruppen 1 und 2		1 160
202.2	bei Sorten der Artengruppen 3 bis 5		830
202.3	bei Übernahme vollständiger früherer eigener Prüfungsergebnisse, einmalig		330
202.4	bei Übernahme vollständiger Anbauprüfungs- und Untersuchungsergebnisse einer anderen Stelle, einmalig		550
203	Wertprüfung	§ 44 Abs. 1 bis 3	
203.1	bei Sorten der Artengruppe 1		2 860
203.2	bei Sorten der Artengruppe 2		1 760
204	Prüfung der physiologischen Merkmale bei Rebe	§ 30 Abs. 4	
204.1	durch gesonderten Anbau		2 860
204.2	durch ergänzenden Anbau zur Registerprüfung		440
204.3	durch Übernahme von Ergebnissen anderer amtlicher oder unter amtlicher Überwachung vorgenommener Prüfungen, einmalig		830

---

* Soweit nichts anderes angegeben.

Gebühren-nummer	Gebühren-tatbestand	Bezogene Vorschrift (SortG)	Gebühr (DM				
1	2	3	4				
210	Überwachung der Erhaltung einer Sorte oder einer weiteren Erhaltungszüchtung	§ 37 Satz 2	Artengruppe				
			1 (DM)	2 (DM)	3 (DM)	4 (DM)	5 (DM)
210.1	1. Zulassungsjahr		300	200	100	200	50
210.2	2. Zulassungsjahr		400	200	200	200	75
210.3	3. Zulassungsjahr		500	300	200	200	75
210.4	4. Zulassungsjahr		600	300	300	200	75
210.5	5. Zulassungsjahr		700	400	300	200	100
210.6	6. Zulassungsjahr		800	400	400	200	100
210.7	7. Zulassungsjahr		1 000	500	400	200	100
210.8	8. Zulassungsjahr		1 200	600	500	200	100
210.9	9. Zulassungsjahr		1 400	700	600	200	150
210.10	10. Zulassungsjahr		1 400	900	700	200	150
210.11	11. Zulassungsjahr		1 400	900	800	200	150
210.12	12. Zulassungsjahr		1 400	1 200	900	200	150
210.13	13. Zulassungsjahr		1 400	1 200	1 000	200	150
210.14	14. Zulassungsjahr		1 600	1 400	1 000	200	200
210.15	15. Zulassungsjahr		1 600	1 400	1 000	200	200
210.16	16. Zulassungsjahr		1 600	1 400	1 000	200	200
210.17	17. Zulassungsjahr		1 600	1 400	1 100	200	200
210.18	18. Zulassungsjahr		1 600	1 400	1 100	200	200
210.19	19. Zulassungsjahr		1 600	1 400	1 100	200	250
210.20	20. Zulassungsjahr und folgende je		1 600	1 400	1 100	200	250

Gebühren- nummer	Gebührentatbestand	Bezogene Vorschrift (SortG)*)	Gebühr (DM)
1	2	3	4
220	Verfahren zur Verlängerung einer Sortenzulassung	§ 34⁶ Abs. 2 und 3	
221	Entscheidung		
221.1	bei Sorten von Gemüse, Obst und Zierpflanzen		280
221.2	bei Sorten anderer Arten		550
222	Prüfung auf Anbau- und Marktbedeutung		
222.1	bei Sorten der Artengruppe 1		2 860
222.2	bei Sorten der Artengruppe 2		1 760
230	Verfahren zur Eintragung eines weiteren Züchters	§ 46	
231	Entscheidung		
231.1	bei Sorten von Gemüse, Obst und Zierpflanzen		220
231.2	bei Sorten anderer Arten		550
232	Prüfung einer weiteren Erhaltungszüchtung		
232.1	bei Sorten der Artengruppe 1		940
232.2	bei Sorten von Gemüse, Obst und Zierpflanzen		220
232.3	bei Sorten anderer Arten		660
240	Sonstige Verfahren		
241	Eintragung von Änderungen in der Person eines in der Sortenliste Eingetragenen, je Sorte	§ 47 Abs. 4 Satz 1	220
242	Rücknahme oder Widerruf einer Sortenzulassung	§ 52 Abs. 2 bis 4 Nr. 1 bis 8	
242.1	bei Sorten von Gemüse, Obst und Zierpflanzen		280
242.2	bei Sorten anderer Arten		550
243	Widerruf der Eintragung eines weiteren Züchters	§ 52 Abs. 5 in Verbindung mit § 52 Abs. 3 und 4 Nr. 5, 6 und 8	
243.1	bei Sorten von Gemüse, Obst und Zierpflanzen		220
243.2	bei Sorten anderer Arten		550
244	Genehmigung des Inverkehrbringens von Saatgut zu gewerblichen Zwecken vor der Zulassung der Sorte	§ 3 Abs. 2	280
245	Feststellung der Anerkennungsfähigkeit		
245.1	bei Sorten von Obst, soweit die Sorten unter eine Rechtsverordnung nach § 14 b Abs. 3 des Saatgutverkehrsgesetzes fallen	§ 14 b Abs. 3	100
245.2	bei Sorten anderer Arten	§ 55 Abs. 2 Satz 1	280
246	Widerspruch		
246.1	gegen die Zurückweisung des Zulassungsantrags und die Rücknahme oder den Widerruf einer Sortenzulassung	§ 38 Abs. 3; § 52 Abs. 2 bis 4 Nr. 1 bis 8	
246.1.1	bei Sorten von Gemüse, Obst und Zierpflanzen		280
246.1.2	bei Sorten anderer Arten		550
246.2	gegen die Zurückweisung eines Antrags auf Verlängerung einer Sortenzulassung	§ 36 Abs. 2 und 3	
246.2.1	bei Sorten von Gemüse, Obst und Zierpflanzen		280

Gebühren-nummer	Gebührentatbestand	Bezogene Vorschrift (SortG)*	Gebühr (DM)
1	2	3	4
246.2.2	bei Sorten anderer Arten		550
246.3	gegen die Zurückweisung eines Antrags auf Eintragung oder den Widerruf der Eintragung eines weiteren Züchters	§ 36; § 52 Abs. 5 in Verbindung mit § 52 Abs. 3 und 4 Nr. 5, 6 und 8	
246.3.1	bei Sorten von Gemüse, Obst und Zierpflanzen		220
246.3.2	bei Sorten anderer Arten		550
246.4	gegen die Zurückweisung eines Antrags für das Inverkehrbringen von Saatgut zu gewerblichen Zwecken vor der Zulassung der Sorte	§ 3 Abs. 2	280
246.5	gegen die Zurückweisung eines Antrags für die Feststellung der Anerkennungsfähigkeit	§ 55 Abs. 2 Satz 1	280
246.6	gegen eine andere Entscheidung		280
247	Abgabe eigener Prüfungsergebnisse zur Vorlage bei einer anderen Stelle im Ausland	§ 44 Abs. 5	550
248	Prüfung oder Registrierung einer Bezeichnung oder Beschreibung von nicht zugelassenen oder geschützten Sorten von Obst und Zierpflanzen	§ 3 a Abs. 2 und 3	280
249	Registrierung des Hinweises auf die Erhaltungszüchtung	§ 33 Abs. 8 SaatgutV	220
3	**Verwaltungsgebühren in besonderen Fällen**		
300	Auskunft, soweit sie nicht die eigene Sorte betrifft, sowie Auszüge aus der Sortenschutzrolle, der Sortenliste oder anderen Unterlage, je Sorte	§ 29 SortG § 49 SaatG	35
310	Rücknahme oder Widerruf einer Amtshandlung in den Fällen der Gebührennummern 121, 221, 244 und 245	75 v. H. der Amtshandlungsgebühr; Ermäßigung bis zu 25 v. H. der Amtshandlungsgebühr oder Absehen von der Gebührenerhebung, wenn dies der Billigkeit entspricht (§ 15 Abs. 2 VwKostG)	
320	Rücknahme eines Antrags, nachdem mit der sachlichen Bearbeitung begonnen worden ist, in den Fällen der Gebührennummern 101, 121, 201, 221, 231, 244 und 245		
330	Ablehnung eines Antrags aus anderen Gründen als wegen Unzuständigkeit in den Fällen der Gebührennummern 121, 221, 231, 244 und 245		

---

* Soweit nichts anderes angegeben.

Artikel 2
Neufassung der Verordnung über Verfahren vor dem Bundessortenamt

Das Bundesministerium für Ernährung, Landwirtschaft und Forsten kann den Wortlaut der Verordnung über Verfahren vor dem Bundessortenamt in der vom Inkrafttreten dieser Verordnung an geltenden Fassung im Bundesgesetzblatt bekanntmachen.

Artikel 3
Inkrafttreten

Diese Verordnung tritt am Tage nach der Verkündung in Kraft.

Bonn, den 5. Oktober 1998

Der Bundesminister
für Ernährung, Landwirtschaft und Forsten
Jochen Borchert

10. Revidierte Fassung der allgemeinen Einführung zu den Richtlinien für die Durchführung der Prüfung auf Unterscheidbarkeit, Homogenität und Beständigkeit von neuen Pflanzensorten*

    A. Einleitung
    B. Allgemeine Erwägungen zur Prüfung
  I. Bestimmung und Erfassung der Merkmale
      (a) Allgemeines
      (b) Qualitative und quantitative Merkmale
  II. Prüfung auf Unterscheidbarkeit
      (a) Allgemeines
      (b) Kriterien für die Unterscheidbarkeit
      (c) Qualitative Merkmale
      (d) Gemessene quantitative Merkmale
      (e) Normalerweise visuell erfaßte quantitative Merkmale
      (f) Kombination von Daten
  III. Prüfung auf Homogenität
      a) Allgemeines
      b) Vegetativ vermehrte Sorten und eindeutig selbstbefruchtende Sorten
      c) Überwiegend selbstbefruchtende Sorten
      d) Fremdbefruchtende Sorten einschließlich synthetischer Sorten
      e) Hybrid-Sorten
  IV. Prüfung auf Beständigkeit
  V. Vergleichssammlung
  C. Aufbau und Form der Prüfungsrichtlinien
  I. Ursprungssprache
  II. Technische Hinweise
  III. Merkmaltabelle
      a) Allgemeines
      b) Reihenfolge der Merkmale
      c) Qualitative Merkmale
      d) Quantitative Merkmale
      e) Beispielssorten
      f) Merkmale, die in jeder Sortenbeschreibung enthalten sein sollten
  IV. Erläuterungen und Methoden
  V. Technischer Fragebogen

---

* In Dokument TG/1/2 veröffentlicht und Dokument TG/1/1 ersetzend.

Allgemeine Einführung zu den Prüfungsrichtlinien 589

A. Einleitung

1. Das internationale Übereinkommen zum Schutz von Pflanzenzüchtungen sieht vor, daß der Schutz nur nach Prüfung der Sorte erteilt wird. Die vorgesehene Prüfung muß den besonderen Bedingungen einer jeden Gattung oder Art angepaßt sein und muß in jedem Fall die für den Anbau der Pflanzensorten einzuhaltenden besonderen Anforderungen berücksichtigen.

2. Um Anleitungen für diese Anpassung zu geben, hat die UPOV Richtlinien für die Durchführung der Prüfung auf Unterscheidbarkeit, Homogenität und Beständigkeit von neuen Pflanzensorten veröffentlicht. Mit diesen „Prüfungsrichtlinien" verfügen die Verbandsstaaten über eine gemeinsame Grundlage für die Prüfung von Sorten und die Aufstellung von Sortenbeschreibungen in einheitlicher Form; dies wird die internationale Zusammenarbeit bei der Prüfung zwischen ihren Behörden erleichtern. Die Prüfungsrichtlinien sind außerdem für die Sortenschutzanmelder eine Hilfe, da sie diese über die zu prüfenden Merkmale sowie über Fragen unterrichten, welche ihnen zu ihren Sorten gestellt werden können.

3. Die Prüfungsrichtlinien sind nicht als ein vollkommen starres System zu sehen. Es können Fälle oder Gegebenheiten eintreten, die außerhalb des durch sie gezogenen Rahmens liegen; diese sind im Einklang mit den in den Prüfungsrichtlinien aufgestellten Grundsätzen zu behandeln. Die Prüfungsrichtlinien werden von technischen Arbeitsgruppen erstellt, die von einem vom Rat der UPOV eingesetzten Technischen Ausschuß koordiniert werden; sie werden zu gegebener Zeit im Lichte der Erfahrungen überarbeitet werden.

4. Die Prüfungsrichtlinien bestehen aus:
   – technischen Hinweise,
   – einer Merkmalstabelle,
   – Erläuterungen und Methoden sowie
   – einem technischen Fragebogen.

Einzelheiten sind in den Absätzen 39 ff. im Kapitel „Aufbau und Form der Prüfungsrichtlinien" wiedergegeben.

5. In der Regel werden für jede Art gesonderte Prüfungsrichtlinien ausgearbeitet. Es kann jedoch für notwendig erachtet werden, mehrere Arten in einem einzigen Prüfungsrichtliniendokument zusammenzufassen oder für eine Art verschiedene Prüfungsrichtlinien aufzustellen. Eine solche Aufstellung ist nur möglich, wenn die Trennungslinie zwischen den Gruppen innerhalb einer Art klar bestimmt werden kann.

B. Allgemeine Erwägungen zur Prüfung

6. Nach Artikel 6 des Übereinkommens sind Kriterien für die Erteilung des Sortenschutzrechts
   i) Unterscheidbarkeit,
   ii) Homogenität und
   iii) Beständigkeit.

Diese werden auf der Grundlage von Merkmalen und ihren Ausprägungen beurteilt.

I. Bestimmung und Erfassung von Merkmalen

a) Allgemeines

7. Die in den Prüfungsrichtlinien aufgeführten Merkmale sind solche, die als wichtig für die Unterscheidung einer Sorte von einer anderen angesehen werden und deshalb auch für die Prüfung der Homogenität und Beständigkeit wichtig sind. Es handelt sich nicht unbedingt um Eigenschaften, welche die Vorstellung von einem bestimmten Wert der Sorte vermitteln. Die Merkmale müssen genau erkannt und

beschrieben werden können. Die Merkmalstabellen sind nicht erschöpfend, sondern können durch weitere Merkmale ergänzt werden, wenn sich dies als nützlich erweisen sollte.

8. Um die Prüfung der Sorten und die Aufstellung einer Sortenbeschreibung zu ermöglichen, sind die Merkmale in den Prüfungsrichtlinien in ihre verschiedenen Ausprägungsstufen, kurz „Stufen" genannt, aufgegliedert, und der Bezeichnung jeder dieser Stufen ist eine „Note" hinzugefügt worden. Zur besseren Bestimmung der Ausprägungsstufe eines Merkmals in den Prüfungsrichtlinien werden, wo immer möglich, Beispielssorten angegeben.

b) Qualitative und quantitative Merkmale

9. Die Merkmale für die Bestimmung der Unterscheidbarkeit von Sorten können qualitativer oder quantitativer Art sein.

10. Als „qualitative Merkmale" sollten Merkmale verstanden werden, die diskrete, diskontinuierliche Ausprägungsstufen aufweisen, ohne daß die Anzahl der Stufen willkürlich begrenzt wird. Einige Merkmale, die nicht unter diese Definition fallen, können wie qualitative Merkmale behandelt werden, wenn die vorgefundenen Ausprägungsstufen ausreichend verschieden sind.

11. „Quantitative Merkmale" sind Merkmale, die auf einer eindimensionalen Skala meßbar sind und eine kontinuierliche Variation von einem Extrem zum anderen aufweisen. Sie sind zum Zweck der Beschreibung in eine Anzahl Ausprägungsstufen aufgeteilt worden.

12. Getrennt erfaßte Merkmale können nachträglich kombiniert werden, z. B. zu dem Längen-/Breitenverhältnis. Kombinierte Merkmale sind entsprechend zu behandeln wie andere Merkmale.

c) Erfassung der Merkmale

13. Um in den einzelnen Verbandsstaaten vergleichbare Ergebnisse zu erhalten, muß der Umfang der Prüfung (z. B. Größe der Parzellen, Probengröße, Anzahl der Wiederholungen, Dauer der Prüfung usw.) festgelegt werden.

14. Qualitative Merkmale werden in der Regel visuell erfaßt, quantiative Merkmale können gemessen werden; in vielen Fällen genügt jedoch eine visuelle Erfassung oder, wo angezeigt, eine sonstige sensorische Erfassung (z. B. Geschmack, Geruch), vor allem, wenn eine Messung nur mit hohem Aufwand vorgenommen werden kann.

15. Wird bei der Erfassung eines qualitative oder quantitativen Merkmals eine festgelegte Skala während aller Prüfungen und über die Jahre hinweg verwendet, so spiegelt sich der Umwelteinfluß in den Zahlen wider. Bevor diese Zahlen einem statistischen Verfahren unterworfen werden, muß die Anwendbarkeit der Skala geprüft werden, z. B. ob die Beobachtungen normale (Gauß) Verteilung aufweisen und falls nicht, warum nicht. Insbesondere bei Merkmalen, die durch die Kombination bestimmter Merkmale gebildet wurden (siehe Absatz 12), ist zu prüfen, ob die Axiome der zu verwendenden statistischen Methoden erfüllt sind.

16. Soweit visuell erfaßte Merkmale mit einer Skala erfaßt werden, die nicht den Voraussetzungen normaler parametrischer Statistik entspricht, können in der Regel nur nichtparametrische Verfahren angewendet werden. Die Berechnung eines Mittelwertes ist zum Beispiel nur dann gestattet, wenn die Werte auf einer Rangskala liegen, die auf der gesamten Skala eine gleichmäßige Aufteilung aufweist. Bei nichtparametrischen Verfahren ist es ratsam, eine Skala zu verwenden, die auf der Grundlage von Beispielssorten, die die einzelnen Stufen des Merkmals vertreten, aufgestellt worden sind. Die gleiche Sorte sollte dann immer ungefähr die gleiche Note erhalten und so die Auswertung der Daten erleichtern.

17. Sowohl qualitative als auch quantitative Merkmale können in mehr oder weniger großem Ausmaß von Umweltfaktoren beeinflußt werden, die die Ausprägung genetisch bedingter Unterschiede modifizieren können. Merkmalen, die am wenigsten von Umweltfaktoren beeinflußt werden, wird der Vorrang gegeben. Ist in bestimmten Fällen die Ausprägung eines Merkmals mehr als normal durch Umweltfaktoren beeinträchtigt worden, sollte es nicht verwendet werden.

II. Prüfung auf Unterscheidbarkeit

a) Allgemeines

18. Nach Artikel 6 Absatz 1 Buchstabe a des Übereinkommens muß sich die Sorte durch ein oder mehrere wichtige Merkmale von jeder andern Sorte deutlich unterscheiden lassen, deren Vorhandensein im Zeitpunkt der Schutzrechtsanmeldung allgemein bekannt ist. Die Merkmale, die es ermöglichen, eine Sorte zu bestimmen und zu unterscheiden, müssen genau erkannt und beschrieben werden können.
19. Die Sorten, mit denen eine zu prüfende Sorte zu vergleichen ist, sind Sorten, die allgemein bekannt sind. Eine erste Grundlage für einen Vergleich bilden in der Regel die Sorten, die als der zu prüfenden Sorte ähnlich angesehen werden und in dem prüfenden Staat verfügbar sind, z. B. in einer Vergleichssammlung.

b) Kriterien für die Unterscheidbarkeit

20. Zwei Sorten sind als unterscheidbar anzusehen, wenn der Unterschied
– an mindestens einem Prüfungsort festgestellt wird,
– deutlich ist und
– gleichgerichtet ist.

c) Qualitative Merkmale

21. Im Falle echter qualitativer Merkmale ist der Unterschied zwischen zwei Sorten als deutlich anzusehen, wenn die entsprechenden Merkmale Ausprägungen aufweisen, die in zwei verschiedene Ausprägungsstufen fallen. Im Falle anderer qualitativ behandelter Merkmale müssen eventuelle Fluktuationen bei der Feststellung der Unterscheidbarkeit berücksichtigt werden.

d) Gemessene quantitative Merkmale

22. Wenn die Unterscheidbarkeit von gemessenen Merkmalen abhängt, ist der Unterschied als deutlich anzusehen, wenn er mit einprozentiger Irrtumswahrscheinlichkeit auftritt, z. B. aufgrund der Methode der kleinsten gesicherten Differenz. Die Unterschiede sind gleichgerichtet, wenn sie mit demselben Vorzeichen in zwei aufeinanderfolgenden oder in zwei von drei Wachstumsperioden auftreten.

e) Normalerweise visuell erfaßte quantitative Merkmale

23. Stellt ein normalerweise visuell erfaßtes quantitatives Merkmal das einzige unterscheidende Merkmal zu einer anderen Sorte dar, so sollte es im Zweifelsfall gemessen werden, wenn dies mit vertretbarem Aufwand möglich ist.
24. In jedem Fall empfiehlt es sich, einen unmittelbaren Vergleich zwischen zwei ähnlichen Sorten durchzuführen, da unmittelbare paarweise Vergleiche die geringsten Beeinflussungen aufweisen. Bei jedem Vergleich ist es vertretbar, einen Unterschied zwischen zwei Sorten anzunehmen, wenn dieser Unterschied mit dem Auge erfaßt werden kann und auch gemessen werden könnte, wenn auch nur mit unvertretbar hohem Aufwand.
25. Das einfachste Kriterium für die Begründung der Unterscheidbarkeit sind gleichgerichtete Unterschiede (gesicherte Unterschiede mit demselben Vorzeichen) in paarweisen Vergleichen, vorausgesetzt, daß erwartet werden kann, daß sie in den folgenden Versuchen wiederkehren. Die Anzahl der Vergleiche

muß ausreichend sein, um eine den gemessenen Merkmalen vergleichbare Zuverlässigkeit zu ermöglichen.

f) *Kombination von Daten*

26. Es können Fälle auftreten, in denen bei zwei Sorten in mehreren getrennt erfaßten Merkmalen Unterschiede feststellbar sind; wenn eine Kombination solcher Daten für die Feststellung der Unterscheidbarkeit verwendet wird, sollte sichergestellt sein, daß der Grad der Zuverlässigkeit mit dem in den Absätzen 22–25 vorgesehenen Grad vergleichbar ist.

III. Prüfung auf Homogenität

a) Allgemeines

27. Nach Artikel 6 Absatz 1 Buchstabe c des Übereinkommens muß die Sorte hinreichend homogen sein; dabei ist den Besonderheiten ihrer generativen Vermehrung Rechnung zu tragen. Um als homogen angesehen zu werden, muß die bei einer Sorte sich zeigende Variation, in Abhängigkeit vom Züchtungssystem der Sorte und bedingt durch infolge Vermischung, Mutation oder andere Ursachen auftretende Abweicher so gering sind, wie dies erforderlich ist, damit ihre genaue Beschreibung und die Feststellung ihrer Unterscheidbarkeit möglich sowie ihre Beständigkeit sichergestellt ist. Dies erfordert eine bestimmte Toleranz, die je nach Vermehrungsweise der Sorte – vegetative Vermehrung, Selbstbefruchtung oder Fremdbefruchtung – unterschiedlich sein muß. Die Zahl der auftretenden Abweicher, d. h. von Pflanzen, die in ihrer Merkmalsausprägung von derjenigen der Sorte abweichen, sollte – sofern in den entsprechenden Prüfungsrichtlinien nichts anderes angegeben ist – die nachfolgend angegebenen Toleranzen nicht überschreiten.

b) Vegetativ vermehrte Sorten und eindeutig selbstbefruchtende Sorten

28. Für vegetativ vermehrte Sorten und eindeutig selbstbefruchtende Sorten gibt die folgende Tabelle, die sich auf die vorhandene Erfahrung gründet, die jeweils maximal zulässig Anzahl von Abweichern für Proben verschiedener Größe an.

Probengröße	maximale Anzahl Abweicher
≤ 5	0
6– 35	1
36– 82	2
83–137	3

Unter Probengröße ist die in den Prüfungsrichtlinien festgelegte zu verstehen.

c) Überwiegend selbstbefruchtende Sorten

29. Überwiegend selbstbefruchtende Sorten sind Sorten, die nicht eindeutig selbstbefruchtend sind, aber für die Prüfung als solche behandelt werden. Für diese Sorten ist eine größere Toleranz angezeigt, und die nach der Tabelle für vegetativ vermehrbare Sorten und eindeutig selbstbefruchtende Sorten jeweils *maximal* zulässige Anzahl von Abweichern ist verdoppelt worden.

d) Fremdbefruchtende Sorten einschließlich synthetischer Sorten

30. Fremdbefruchtende Sorten weisen normalerweise eine größere Variation innerhalb der Sorte auf als vegetativ vermehrte oder selbstbefruchtende Sorten, und es ist manchmal schwierig, Abweicher festzustellen. Daher können keine festen Toleranzen bestimmt werden; vielmehr können nur durch einen Vergleich mit vergleichbaren bereits bekannten Sorten relative Toleranzgrenzen Anwendung finden.

31. Für *gemessene Merkmale* sollte die Standardabweichung oder Varianz als Vergleichskriterium angewandt werden. Bei einem gemessenen Merkmal wird eine Sorte als nicht homogen angesehen, wenn ihre Varianz das 1,6-fache der durchschnittlichen Varianz der für den Vergleich verwendeten Sorten überschreitet.

32. *Visuell erfaßte Merkmale* sind ebenso zu behandeln wie diejenigen, die gemessen werden. Die Anzahl von visuell erfaßten Abweichern sollte diejenige der vergleichbaren bereits bekannten Sorten nicht signifikant (5 % Irrtumswahrscheinlichkeit) überschreiten.

e) Hybrid-Sorten

33. *Sorten aus Einfachkreuzungen* sind wie überwiegend selbstbefruchtende Sorten zu behandeln, jedoch ist auch eine Toleranz für Inzuchtpflanzen zuzulassen. Es ist nicht möglich, hierfür einen Prozentsatz festzusetzen, da die Entscheidungen je nach Art und Züchtungsmethode unterschiedlich sind. Jedoch sollte der Anteil an Inzuchtpflanzen nicht derart hoch sein, daß er die Prüfungen beeinflußt. Die technischen Arbeitsgruppen setzen in den entsprechenden Prüfungsrichtlinien die höchstzulässige Anzahl fest.

34. Für *andere Typen von Hybriden* ist ein Aufspalten in einigen Merkmalen zulässig, wenn dies gemäß der Formel der Sorte geschieht. Ist die Ererbbarkeit eines eindeutig aufspaltenden Merkmals bekannt, so ist dieses Merkmal wie ein qualitatives Merkmal zu behandeln. Ist das beschriebene Merkmal kein eindeutig aufspaltendes Merkmal, so ist es wie in Fällen von anderen Typen von fremdbefruchtenden Sorten zu behandeln, das bedeutet, daß die Homogenität mit derjenigen vergleichbarer bereits bekannter Sorten zu vergleichen ist. Für die Festsetzung der Toleranz für Inzucht- oder Elternpflanzen gelten die gleichen Überlegungen wie im Falle einer Sorte aus einer Einfachkreuzung.

IV. Prüfung auf Beständigkeit

35. Nach Artikel 6 Absatz 1 Buchstabe d des Übereinkommens muß die Sorte in ihren wesentlichen Merkmalen beständig sein, d. h. sie muß nach ihren aufeinanderfolgenden Vermehrungen oder, wenn der Züchter einen besonderen Vermehrungszyklus festgelegt hat, am Ende eines jeden Zyklus weiterhin ihrer Beschreibung entsprechen.

36. Es ist im allgemeinen nicht möglich, während eines Zeitraums von 2 bis 3 Jahren Prüfungen auf Beständigkeit durchzuführen, die die gleiche Verläßlichkeit aufweisen wie die Prüfung auf Unterscheidbarkeit und Homogenität.

37. Ganz allgemein kann man Pflanzenmaterial als beständig ansehen, wenn das eingesandte Muster sich als homogen erwiesen hat. Dennoch muß der Beständigkeit während der Prüfung auf Unterscheidbarkeit und Homogenität sorgfältige Beachtung geschenkt werden. Soweit erforderlich, sollte die Beständigkeit durch den Anbau einer weiteren Generation oder von neuem Saatgut geprüft werden, um festzustellen, daß es dieselben Merkmale aufweist wie diejenigen, die das zuvor eingesandte Material aufgewiesen hatte.

V. Vergleichssammlung

38. Soweit dies im Hinblick auf die betreffenden Arten möglich und notwendig ist, hat jedes Land entweder selbst eine Vergleichssammlung von lebensfähigem Saatgut oder vegetativem Vermehrungsgut

von Sorten, für die es Schutz gewährt hat, zu unterhalten oder Maßnahmen dafür zu treffen, daß für seine Bedürfnisse ein anderes Land diese Vergleichssammlung unterhält. Die Vergleichssammlung sollte auch, falls möglich, Saatgut oder vegetatives Vermehrungsmaterial aller anderen Sorten, die als Bezugssorten nützlich sein könnten, enthalten. Im allgemeinen sollten Saatgut und vegetatives Vermehrungsgut vom Züchter gestellt werden; wenn das vorhandene Saat- oder Pflanzgut erneuert werden muß, sollte die neue Partie vor ihrem Gebrauch in einem Prüfungsanbau getestet werden.

C. Aufbau und Form der Prüfungrichtlinien

I. Ursprungssprache

39. Prüfungsrichtlinien werden zunächst in einer der drei Arbeitssprachen der UPOV (deutsch, englisch oder französisch) abgefaßt und in dieser Fassung angenommen. Bei Unterschieden zwischen der Originalfassung und den Übersetzungen in die anderen beiden Sprachen ist stets die Originalfassung maßgebend. Deshalb wird in den einzelnen Prüfungsrichtlinien die Sprache ihrer Originalfassung angegeben.

II. Technische Hinweise

40. Die einzelnen Prüfungsrichtlinien für eine bestimmte Art beginnen mit einer Bezugnahme auf dieses Dokument, unmittelbar gefolgt von „Technischen Hinweisen". Während dieses Dokument überwiegend allgemeine Empfehlungen und Hinweise enthält, die für alle Prüfungsrichtlinien gelten, geben die Technischen Hinweise technische Empfehlungen und besondere Hinweise für die von den entsprechenden Prüfungsrichtlinien behandelte Art. Die Empfehlungen behandeln zum Beispiel die Menge und Beschaffenheit des einzusenden Pflanzenmaterials, die Bedingungen, unter denen die Prüfungen durchzuführen sind, einschließlich der Parzellengröße und der Anzahl der Wiederholungen, der Dauer der Prüfungen, der Gruppierung der Sorten in der Prüfung sowie andere Angaben zu dem Teil der Pflanze, an dem ein bestimmtes Merkmal zu erfassen ist, sowie zu welchem Zeitpunkt und in welcher Art und Weise dies zu erfolgen hat. Weitere Einzelheiten über Wachstumsbedingungen können in einer besonderen Anlage wiedergegeben werden.

III. Merkmalstabelle

a) Allgemeines

41. Die Merkmalstabelle enthält die Merkmale einer bestimmten Art, die geprüft und in die Sortenbeschreibung aufgenommen werden müssen; sie sind mit einem Sternchen (*) versehen. Sie enthält außerdem zusätzliche Merkmale, die als förderlich für die endgültige Entscheidung über die Sorte angesehen werden. In dieser Merkmalstabelle ist für jedes Merkmal eine Skala von möglichen Ausprägungsstufen (sogenannte „Stufen") angegeben. Den Stufen folgen „Noten", die als Schlüsselzahlen die Eingabe der Sortenbeschreibung in eine Datenverarbeitungsanlage ermöglichen. Soweit möglich, sind für jede Ausprägungsstufe „Beispielssorten" angegeben. Einige Merkmale sind mit dem Zeichen (+) versehen, das anzeigt, daß das Merkmal durch Erläuterungen und Zeichnungen erklärt ist oder daß Prüfungsmethoden in dem Kapitel „Erläuterungen und Methoden" angegeben sind.

b) Reihenfolge der Merkmale

42. In den Prüfungsrichtlinien sind morphologische Merkmale gemäß der zeitlichen Abfolge ihrer Erfassung angeordnet, beginnend mit der Pflanz- oder Aussaatzeit (in einigen Fällen auch zu einem frü-

heren Zeitpunkt). Innerhalb dieser Reihenfolge wird die folgende Untergliederung der Merkmale der einzelnen Pflanzenorgane vorgenommen:

Haltung
Höhe
Länge
Breite
Größe
Form
Farbe

andere Einzelheiten (z. B. Oberfläche, Basis und Spitze)

43. Wo angezeigt, wird zwischen den einzelnen Stadien im Leben einer Pflanze unterschieden, wie Ruhe- und Wachstumsperioden, Jugend- und Reifestadien, sowie zwischen eingesandten Körnern und Körnern, die von Pflanzen geerntet werden, welche aus dem eingesandten Material erzeugt worden sind. Für die verschiedenen Organe wird die folgende Reihenfolge eingehalten:

Korn (Samen)
Sämling
Pflanze (z. B. Haltung)
Wurzel
Wurzelsystem oder andere unterirdische Organe
Stengel, Halm
Blatt
Blütenstand
Blüte
Frucht
Korn

c) Qualitative Merkmale

44. Qualitative Merkmale, wie auch diejenigen quantitativen Merkmale, die wie echte qualitative Merkmale behandelt werden, werden nach ihrer Ausprägung mit fortlaufenden Noten versehen, beginnend mit 1 und ohne obere Begrenzung, zum Beispiel:

Pappel: Geschlecht der Pflanze

zweihäusig weiblich	(1)
zweihäusig männlich	(2)
einhäusig eingeschlechtlich	(3)
einhäusig zwittrig	(4)

Soweit sich eine Reihenfolge der Ausprägungen aufstellen läßt, ist eine kleinere, schwächere oder niedigere Ausprägung möglichst mit einer kleineren Note zu belegen.

d) Quantitative Merkmale

45. In der Regel werden die Ausprägungsstufen in der Weise gebildet, daß für die schwache und die starke Ausprägung ein geeignetes Wortpaar gewählt wird, zum Beispiel:

gering/stark
kurz/lang
klein/groß

Diesem Wortpaar werden die Noten 3 und 7 sowie dem Wort „mittel" die Note 5 zugeordnet. Die übrigen Ausprägungsstufen der Skala, die mit den Noten 1 bis 9 gekennzeichnet ist, werden nach folgendem Beispiel gebildet:

Ausprägungsstufen	Note
sehr gering	1
sehr gering bis gering	2
gering	3
gering bis mittel	4
mittel	5
mittel bis stark	6
stark	7
stark bis sehr stark	8
sehr stark	9

45. Es kann die volle Skala (1 bis 9) verwendet werden, auch wenn in den Prüfungsrichtlinien aus Vereinfachungsgründen nur einzelne Stufen (z. B. nur 1, 3, 5, 7, 9 oder 3, 5, 7) angegeben sind.

47. Bei alternativen Beobachtungen wird die Stufe „fehlend" mit der Note 1 gekennzeichnet, und die Stufe „vorhanden" mit der Note 9. Muß in einem Merkmal zwischen vollständigen Fehlen und verschieden stärker Ausprägung unterschieden werden, so wird das Merkmal geteilt in ein Alternativmerkmal mit den Ausprägungsstufen „fehlend (1)" und „vorhanden (9)" und in ein anderes quantitatives Merkmal mit den Noten von 1 bis 9. Bei Merkmalen, bei denen nicht zwischen „fehlend" und „sehr gering" unterschieden werden kann, erhält die Note 1 die Bedeutung „fehlend oder sehr gering" und stellt dann die erste Stufe der für quantitative Merkmale verwendeten Skala von 1 bis 9 dar.

a) Beispielssorten

48. Nach Möglichkeit werden Beispielssorten angegeben, die die unterschiedlichen Ausprägungsstufen der einzelnen Merkmale veranschaulichen. Zahlen werden – falls überhaupt – nur in den ersten Fassungen der Prüfungsrichtlinien verwendet und sobald wie möglich ersetzt. Beispielssorten werden nur als Hilfen verwendet. Die Prüfung würde zu schwierig werden, sollte für jedes Merkmal und für jede Ausprägungsstufe eine Beispielssorte verwendet werden. Aus den in den Prüfungsrichtlinien angegebenen Beispielssorten wählt die nationale Behörde diejenige aus, die sie als am besten geeignet für die Lösung eines gegebenen Problems ansieht.

f) Merkmale, die in jeder Sortenbeschreibung enthalten sein sollten

49. Nicht in jedem Falle müssen alle aufgeführten Merkmale zur Identifizierung und Beschreibung einer Sorte herangezogen werden. Um die Beschreibungen, die von den Verbandsstaaten gemäß den Vorschriften des Übereinkommens herausgegeben werden, zu harmonisieren, werden einige Merkmale mit einem Sternchen (*) versehen, was anzeigt, daß sie in jeder Wachstumsperiode zur Prüfung aller Sorten heranzuziehen und in jeder Sortenbeschreibung zu berücksichtigen sind, sofern die Ausprägungsstufe eines vorausgehenden Merkmals dies nicht ausschließt. Merkmale, die nicht auf diese Weise gekennzeichnet sind, müssen nur dann erfaßt werden, wenn sie zur Unterscheidung der zu prüfenden Sorte von einer anderen Sorte erforderlich sind. Die Merkmalstabelle ist jedoch nicht erschöpfend, und weitere Merkmale können von der prüfenden Behörde herangezogen werden, wenn sie als nützlich oder notwendig erachtet werden.

IV. Erläuterungen und Methoden

50. Der Merkmalstabelle der Prüfungsrichtlinien liegt normalerweise ein Kapitel mit der Überschrift „Erläuterungen und Methoden". Es enthält Erläuterungen, Zeichnungen, Fotografien oder eine Angabe von Methoden, die für das Verständnis der einzelnen in der Merkmalstabelle angegebenen Merkmale erforderlich sind.

V. Technischer Fragebogen

51. Die Prüfungsrichtlinien enthalten in einer Anlage einen „Technischen Fragebogen" (der) in Verbindung mit der Anmeldung zum Sortenschutz auszufüllen (ist)". In dem Technischen Fragebogen sind einige Angaben zu dem Ursprung, der Erhaltung und der vegetativen und generativen Vermehrung der Sorte zu machen, um der prüfenden Behörde das Verständnis bestimmter während der Prüfung erzielter Ergebnisse zu erleichtern. Diejenigen Merkmale aus der Merkmalstabelle der Prüfungsrichtlinien sind aufgeführt, für die eine Information als notwendig erachtet wird, um es den prüfenden Behörden zu ermöglichen, die Sorte so mit anderen Sorten zu gruppieren, daß die Prüfung in einer sinnvollen Art und Weise durchgeführt werden kann. In besonderen Fällen werden über die Merkmale hinaus auch Angaben vorgesehen, die wertvolle Informationen über die Sorte vermitteln (z. B. Gartenbauliche Klassifizierung von Lilien zur Registrierung). Aus demselben Grunde wird der Anmelder in einem anderen Teil gebeten, dasjenige Merkmal oder diejenigen Merkmale anzugeben, in denen sich seine Sorte seiner Meinung nach von anderen ihr am nächsten kommenden Sorten unterscheidet. Im abschließenden Teil des technischen Fragebogens hat der Sortenschutzanmelder die Möglichkeit, zusätzliche Informationen, die er für die Begründung der Unterscheidbarkeit der Sorte als zweckmäßig ansieht, sowie alle Besonderheiten, die er für die Prüfung der Sorte als nützlich erachtet, anzugeben.

11. Grundsätze des Bundessortenamtes für die Prüfung auf Unterscheidbarkeit, Homogenität und Beständigkeit von Pflanzensorten

1. Allgemeines

Voraussetzungen für die Erteilung des Sortenschutzes für eine Pflanzensorte (Sorte) und für die Eintragung in die Sortenliste sind u. a. Unterscheidbarkeit, Homogenität und Beständigkeit der Sorte. Zur Prüfung dieser Voraussetzungen wird die Sorte in den Prüfungen (Registerprüfungen) des Bundessortenamtes oder – soweit Prüfungsvereinbarungen mit den zuständigen Stellen in anderen Staaten abgeschlossen sind – in entsprechenden Prüfungen der anderen Staaten angebaut. Dabei wird die Ausprägung der Merkmale erfaßt. Die zu erfassenden Merkmale sind in Merkmalstabellen festgelegt. Diese Merkmalstabellen sind Bestandteil der Prüfungsrichtlinien für die einzelnen Pflanzenarten. – Die Prüfungsrichtlinien werden den Anmeldern zur Verfügung gestellt.

Bei allen Pflanzenarten gelten für die Prüfungen die nachstehenden Grundsätze. Diese lehnen sich an international vereinbarte Regeln an, insbesondere an die, die durch den Internationalen Verband zum Schutz von Pflanzenzüchtungen (UPOV) erstellt worden sind.[1101]

Die Grundsätze sind kein absolut starres System. Soweit Umstände eintreten, die nicht vollständig durch die Grundsätze abgedeckt sind, werden sie in möglichst enger Anlehnung an diese behandelt. Je nach Erfordernissen und Erfahrungen werden die Grundsätze überarbeitet.

2. Merkmale und Erfassung ihrer Ausprägungen

2.1 Die Prüfung einer Sorte erstreckt sich auf Merkmale, die als wichtig für die Unterscheidbarkeit einer Sorte angesehen werden; sie sind deshalb auch für die Prüfung der Homogenität und Beständigkeit wichtig. Es handelt sich nicht unbedingt um Eigenschaften, welche die Vorstellung von einem bestimmten Wert der Sorte vermitteln. Soweit möglich werden Merkmale festgelegt, die nur in geringem Maße von Umweltfaktoren beeinflußt werden. Die festgelegten Merkmale können durch weitere Merkmale ergänzt werden, soweit dies erforderlich erscheint.

2.2 Für die Prüfung auf Unterscheidbarkeit, Homogenität und Beständigkeit werden die nachstehenden Gruppen von Merkmalen unterschieden.

2.2.1 Qualitative Merkmale sind Merkmale, die diskrete, diskontinuierliche Ausprägungsstufen aufweisen, ohne daß die Anzahl der Stufen willkürlich begrenzt ist. Merkmale, die nicht unter diese Definition fallen, können wie qualitative Merkmale behandelt werden, sofern die vorgefundenen Ausprägungsstufen ausreichend verschieden sind.
Alternativmerkmale sind ein Sonderfall von qualitativen Merkmalen.

2.2.2 Quantitative Merkmale sind Merkmale, die auf einer eindimensionalen Skala meßbar sind und eine kontinuierliche Variation von einem Extrem zum anderen aufweisen. Getrennt erfaßte quantitative Merkmale können zu einem weiteren Merkmal kombiniert werden, z. B. zu dem Merkmal „Verhältnis Länge zu Breite".

1101 Vgl. UPOV-Dok. TG/1/2 „Revidierte Fassung der Allgemeinen Einführung zu den Richtlinien für die Durchführung der Prüfung auf Unterscheidbarkeit, Homogenität und Beständigkeit von neuen Pflanzensorten", UPOV Newsletter Nr. 22, Juni 1980, Seite 20–28.

2.3 Im Verlauf der Prüfung werden die Merkmalsausprägungen der einzelnen Sorten z. B. durch Messen, Wiegen, Zählen oder Benoten erfaßt. Die so erfaßten Ausprägungen werden für die Beschreibung der Sorten bestimmten Ausprägungsstufen zugeordnet.

Die Ausprägungsstufen werden jeweils durch einen Begriff und eine Note gekennzeichnet. Den einzelnen Ausprägungsstufen werden – soweit möglich – Beispielssorten zugeordnet.

2.3.1 Bei qualitativen Merkmalen und solchen, die wie qualitative Merkmale behandelt werden (s. Tz. 2.2.1), werden die Ausprägungsstufen mit den jeweils zutreffenden Begriffen und Noten versehen, beginnend mit der Note 1 und ohne feste obere Begrenzung.

Beispiel:
Pappel: Geschlecht der Pflanze

Ausprägungsstufe	Note
zweihäusig weiblich	1
zweihäusig männlich	2
einhäusig eingeschlechtlich	3
einhäusig zweigeschlechtlich	4

Soweit sich eine Reihenfolge der Ausprägungen aufstellen läßt, wird eine kleinere, schwächere oder niedrigere Ausprägung möglichst mit einer kleineren Note belegt.

2.3.2 Bei quantitativen Merkmalen werden die Ausprägungsstufen in der Regel in der Weise gebildet, daß für die schwache und die starke Ausprägung ein geeignetes Begriffspaar gebildet wird, zum Beispiel:

gering/stark
kurz/lang
klein/groß

Diesem Begriffspaar werden die Noten 3 und 7 sowie dem Wort „mittel" die Note 5 zugeodnet. Die übrigen Ausprägungen der Skala, die mit den Noten 1 bis 9 gekennzeichnet ist, werden nach folgendem Beispiel gebildet

Ausprägungsstufe	Note
sehr gering	1
sehr gering bis gering	2
gering	3
gering bis mittel	4
mittel	5
mittel bis stark	6
stark	7
stark bis sehr stark	8
sehr stark	9

Die volle Skala (1 bis 9) kann auch dann verwendet werden, wenn in den Merkmalstabellen für die einzelnen Pflanzenarten aus Vereinfachungsgründen nur bestimmte Ausprägungsstufen (z. B. 1, 3, 5, 7 oder 3, 5, 7) angegeben werden.

2.3.3 Bei Alternativmerkmalen, z. B. dem Merkmal „Anthocyanfärbung: fehlend/vorhanden" wird die Ausprägungsstufe „fehlend" mit der Note 1 gekennzeichnet und die Ausprägungsstufe „vorhanden" mit der Note 9. Muß in einem Merkmal zwischen vollständigem Fehlen und verschieden starker Ausprägung unterschieden werden, so wird das Merkmal geteilt in ein Alternativmerkmal mit den Ausprägungsstufen „fehlend (1)" und „vorhanden (9)" und in ein quantitatives Merkmal mit den Noten 1 bis 9. Bei Merkmalen, bei denen nicht zwischen „fehlend" und „sehr gering" unterschieden werden kann, erhält die Note 1 die Bedeutung „fehlend oder sehr gering" und stellt dann die erste Stufe der für quantitative Merkmale verwendeten Skala von 1 bis 9 dar.

2.4 Die Ausprägungen der Merkmale werden in der Regel an einem Prüfort erfaßt. Ein etwa vorhandener zweiter Prüfort dient als Reserveprüfort.

2.5 Qualitative Merkmale werden in der Regel visuell erfaßt. Quantitative Merkmale können gemessen werden. Sie werden jedoch in den Fällen, in denen dies genügt, visuell oder sonst sensorisch ertfaßt.

3. Prüfung auf Unterscheidbarkeit

3.1 Zwei Sorten sind unterscheidbar, wenn der Unterschied nach den Feststellungen an in der Regel einem Prüfort deutlich und gleichgerichtet ist.

3.2 Der Unterschied zwischen zwei Sorten ist deutlich

3.2.1 bei quantitativen Merkmalen, wenn die entsprechenden Merkmale Ausprägungen aufweisen, die in zwei verschiedene Ausprägungsstufen fallen. Bei Merkmalen, die wie qualitative Merkmale behandelt werden (s. Tz. 2.2.1), werden eventuelle Fluktuationen bei der Feststellung der Unterscheidbarkeit berücksichtigt,

3.2.2 bei gemessenen quantitativen Merkmalen, wenn der Unterschied mit einprozentiger Irrtumswahrscheinlichkeit auftritt, z. B. aufgrund der Methode der kleinsten gesicherten Differenz,

3.2.3 bei visuell erfaßten quantitativen Merkmalen, wenn der Unterschied größer ist als die Fluktuation der Ausprägung der Merkmale in den miteinander verglichenen Sorten. Soweit möglich, wird zwischen zwei ähnlichen Sorten ein unmittelbarer paarweiser Vergleich durchgeführt.

3.3 Der deutliche Unterschied zwischen zwei Sorten ist gleichgerichtet, wenn er in zwei aufeinanderfolgenden oder in zwei von drei Vegetationsperioden auftritt und dabei mit demselben Vorzeichen erscheint.

4. Prüfung auf Homogenität

4.1 Eine Sorte ist hinreichend homogen, wenn ihre Variation entsprechend dem Züchtungssystem und die durch Vermischung, Mutation oder andere Ursachen bedingte Anzahl Abweicher so gering sind, daß eine genaue Sortenbeschreibung und die Feststellung der Unterscheidbarkeit möglich ist.

Die Beurteilung der Homogenität erfordert daher eine bestimmte Toleranz, die je nach Vermehrungsweise der Sorte – vegetative Vermehrung, Selbstbefruchtung oder Fremdbefruchtung – unterschiedlich ist. Soweit in den Prüfungsrichtlinien für bestimmte Pflanzenarten nichts anderes festgelegt ist, darf die Anzahl auftretender abweichender Pflanzen, d. h. der Pflanzen, die in ihrer Merkmalsausprägung zu stark von derjenigen der Sorte abweichen, nachstehende Toleranzen in der ersten Vegetationsperiode nicht erheblich und/oder in zwei aufeinanderfolgenden oder in zwei von drei Vegetationsperioden nicht in derselben Stichprobeneinheit, die sich auf ein Merkmal oder mehrere Merkmale bezieht, überschreiten.

4.1.1 Für vegetativ vermehrte Sorten und eindeutig selbstbefruchtende Sorten gibt die folgende Tabelle die jeweils maximal zulässige Anzahl von abweichenden Pflanzen für Proben verschiedener Größe an

Probengröße	maximale Anzahl abweichender Pflanzen
≤ 5	0
6– 35	1
36– 82	2
83–137	3

4.1.2 Überwiegend selbstbefruchtende Sorten sind Sorten, die nicht eindeutig selbstbefruchtend sind, aber in der Prüfung als solche behandelt werden, z. B. Inzuchtlinien. Für diese Sorten gilt das Doppelte der unter Tz. 4.1.1 angegebenen Toleranz.

4.1.3 Fremdbefruchtende Sorten einschließlich synthetischer Sorten weisen normalerweise eine größere Variation innerhalb der Sorte auf als vegetativ vermehrte oder selbstbefruchtende Sorten, was die Feststellung von abweichenden Pflanzen erschwert. Daher werden hierfür keine festen Toleranzen bestimmt, vielmehr durch einen Vergleich mit bereits bekannten vergleichbaren Sorten – in der Regel die eingetragenen Sorten desselben Typs – relative Toleranzgrenzen angewendet (Relative Homogenität).

4.1.3.1 Bei einem gemessenen Merkmal darf eine Sorte in ihrer Varianz das 1,6fache der durchschnittlichen Varianz der für den Vergleich verwendeten Sorte nicht überschreiten.

4.1.3.2 Bei visuell erfaßten Merkmalen darf die Anzahl von visuell erfaßten abweichenden Pflanzen die der vergleichbaren bereits bekannten Sorten nicht signifikant (5 % Irrtumswahrscheinlichkeit) überschreiten.

4.1.4 Hybridsorten als Einfachkreuzungen werden wie überwiegend selbstbefruchtende Sorten behandelt. Je nach Pflanzenart und Züchtungsmethode wird gegebenenfalls eine zusätzliche Toleranz für Inzuchtpflanzen eingeräumt.

4.1.5 Für andere Hybridsorten ist ein Aufspalten in der Ausprägung von Merkmalen zulässig, soweit dies gemäß der Zuchtformel der Sorte geschieht.
Ist die Vererbbarkeit eines eindeutig aufspaltenden Merkmals bekannt, so wird dieses Merkmal wie ein qualitatives Merkmal behandelt. Ist das beschriebene Merkmal kein eindeutig aufspaltendes Merkmal, so wird es wie bei anderen Typen von fremdbefruchteten Sorten nach der realiven Homogenität behandelt. Für eine etwaige Festsetzung der Toleranz für Inzucht- oder Elternpflanzen gilt Tz. 4.1.4, letzter Satz, entsprechend.

5. Prüfung auf Beständigkeit

5.1 Eine Sorte ist beständig, wenn in den Fällen, in denen die Prüfung der Sorte

5.1.1 – an einem Prüfmuster erfolgt, die Sorte sich als homogen erwiesen hat,

5.1.2 – an mehreren Prüfmustern aus verschiedenen Vermehrungen erfolgt, die Aufwüchse aus den verschiedenen Prüfmustern einander entsprechen.

5.2 Nach ihrer Schutzerteilung bzw. Eintragung in die Sortenliste ist eine Sorte beständig, wenn der Aufwuchs aus ihrem Vermehrungsmaterial dem Aufwuchs aus dem hinterlegten Standardmuster entspricht.

5.3 Mit der Veröffentlichung der vorstehenden Grundsätze finden die im Blatt für Sortenwesen, 1974, S. 127, 162, 179 und 205 veröffentlichten Grundsätze des Bundessortenamtes keine Anwendung mehr.

12. Bekanntmachung Nr. 3/88 des Bundessortenamts über Sortenbezeichnungen und vorläufige Bezeichnungen

vom 15. April 1988

Bezug: Bekanntmachung Nr. 2/86 des Bundessortenamtes über Sortenbezeichnungen und vorläufige Bezeichnungen vom 15. Februar 1986 (Bl.f.S. 1986, 103)

Aufgrund von § 7 Abs. 2 Satz 2 und § 22 Abs. 2 des Sortenschutzgesetzes (SortG) vom 11. 12. 1985 (BGBl. I S. 2170) sowie von § 35 Abs. 2 Satz 2 und § 42 Abs. 4 Satz 2 des Saatgutverkehrsgesetzes (SaatG) vom 20. 8. 1985 (BGBl. I S. 1633) wird bekanntgemacht:

1. Das Bundessortenamt sieht diejenigen Arten als verwandt im Sinne von § 7 Abs. 2 Satz 1 Nr. 4 SortG und § 35 Abs. 2 Satz 1 Nr. 4 SaatG an, die in der Anlage I zu den nachstehend abgedruckten UPOV-Empfehlungen für Sortenbezeichnungen jeweils in einer Klasse zusammengefaßt sind.
2. Das Bundessortenamt stimmt allgemein zu, daß die Antragsteller für das Verfahren zur Erteilung des Sortenschutzes und das Sortenzulassungsverfahren eine vorläufige Bezeichnung der Sorten angeben. Für die vorläufigen Bezeichnungen gelten, abgesehen davon, daß sie nicht mit anderen Bezeichnungen übereinstimmen dürfen, nicht die Grundsätze für die Bildung von Sortenbezeichnungen. Sie dürfen aus datenverarbeitungstechnischen Gründen nicht mehr als 20 Zeichen umfassen.
3. Hinsichtlich der Prüfung von Sortenbezeichnungen auf das Vorliegen der Voraussetzungen nach § 7 Abs. 2 SortG, § 35 Abs. 2 SaatG wird in diesem Zusammenhang darauf hingewiesen, daß das Bundessortenamt dabei die in den nachstehend abgedruckten UPOV-Empfehlungen für Sortenbezeichnungen niedergelegten Grundsätze berücksichtigen wird.

Die Bekanntmachung Nr. 2/86 wird aufgehoben.
Dr. Böringer

UPOV-Empfehlungen für Sortenbezeichnungen vom Rat der UPOV angenommen

am 16. Oktober 1987

Der Rat des Internationalen Verbands zum Schutz von Pflanzenzüchtungen (UPOV) nimmt Bezug auf Artikel 6 Absatz (1) Buchstabe e) sowie auf Artikel 13 des Internationalen Übereinkommens zum Schutz von Pflanzenzüchtungen vom 2. Dezember 1961, revidiert in Genf am 10. November 1972 und am 23. Oktober 1978, und insbesondere auf die Tatsache, daß nach diesem Übereinkommen die Sorte, bevor ein Schutzrecht für sie erteilt wird, mit einer Sortenbezeichnung als Gattungsbezeichnung zu kennzeichnen ist.

Der Rat bringt in Erinnerung, daß eine Sortenbezeichnung nach Artikel 14 als Gattungsbezeichnung und für die Identifizierung der Sorte geeignet sein muß und daß sie nicht geeignet sein darf, hinsichtlich der Merkmale, des Wertes oder der Identität der Sorte oder der Identität des Züchters irrezuführen oder Verwechslungen hervorzurufen.

Der Rat unterstreicht, daß es der wesentliche Zweck der Regeln des Artikels 13 ist sicherzustellen, daß, soweit dies möglich ist, geschützte Sorten in allen Verbandsstaaten mit der gleichen Sortenbezeichnung gekennzeichnet werden, daß die eingetragenen Sortenbezeichnungen sich als Gattungsbezeichnungen durchsetzen und daß sie beim Vertrieb von Vermehrungsmaterial benutzt werden, auch nach Ablauf des Schutzrechts.

Der Rat ist ferner der Auffassung, daß ein solches Ziel nur erreichbar ist, wenn die allgemein gehaltenen Bestimmungen über Sortenbezeichnungen des genannten Artikels 13 von den Verbandsstaaten einheitlich ausgelegt und angewandt werden, was die Annahme von entsprechenden Anleitungen angezeigt erscheinen läßt.

Der Rat ist schließlich der Auffassung, daß die Annahme solcher Anleitungen für eine einheitliche Auslegung und Anwendung der Bestimmungen des Artikels 13 nicht nur eine Hilfe für die Behörden der Verbandsstaaten, sondern auch für die Züchter, die die Sortenbezeichnungen auszuwählen haben, darstellen wird.

Gestützt auf Artikel 21 Buchstabe h), wonach es seine Aufgabe ist, alle Beschlüsse für ein erfolgreiches Wirken des Verbands zu fassen, sowie auf die Erfahrung, die die Verbandsstaaten auf dem Gebiet der Sortenbezeichnungen erworben haben, empfiehlt der Rat, daß die Behörden der Verbandsstaaten

(i) ihre Entscheidungen über die Eintragungsfähigkeit von vorgeschlagenen Sortenbezeichnungen auf die nachfolgend in Teil I aufgeführten Anleitungen stützen,

(ii) bei der Beurteilung dieser Eintragungsfähigkeit die nachfolgend in Teil II aufgeführten Anleitungen über den Austausch von Informationen sowie der Verfahren berücksichtigen,

(iii) die Züchter umfassend über die Anleitungen unterrichten, so daß sie diese bei der Auswahl von Sortenbezeichnungen berücksichtigen können.

Teil I
Eintragungsfähigkeit von vorgeschlagenen Sortenbezeichnungen

Anleitung 1

Ungeeignet als Gattungsbezeichnung und daher auch als Sortenbezeichnung sind Bezeichnungen, die nicht klar genug als Sortenbezeichnungen erkannt werden. Dies kann insbesondere dann der Fall sein, wenn Bezeichnungen anderen Angaben ähnlich sind oder mit diesen verwechselt werden können, insbesondere mit Angaben, die üblicherweise im Handel gebraucht werden.

Anleitung 2

(1) Ungeeignet als Gattungsbezeichnung und daher auch als Sortenbezeichnung sind Bezeichnungen, die ein Durchschnittsbenutzer in Sprache oder Schrift weder erkennen noch wiedergeben kann.
(2) Für Sorten, deren Vermehrungsmaterial ausschließlich innerhalb eines begrenzten, fachmännisch vorgebildeten Kreises vertrieben wird, wie insbesondere Elternsorten für die Erzeugung von Hybridsorten, tritt an die Stelle des Durchschnittbenutzers der diesem Kreis zugehörende Durchschnittsfachmann.

Anleitung 3

Ungeeignet als Gattungsbezeichnung und daher auch als Sortenbezeichnung sind Bezeichnungen, für die ein Freihaltungsbedürfnis besteht. Dies kann insbesondere der Fall sein bei Bezeichnungen, die ausschließlich oder überwiegend aus Angaben des allgemeinen Sprachgebrauchs bestehen und deren Anerkennung als Sortenbezeichnung Dritte hindern würde, sie beim Vertrieb von Vermehrungsmaterial anderer Sorten zu benutzen.

Anleitung 4

Ungeeignet als Gattungsbezeichnung und daher auch als Sortenbezeichnung sind Bezeichnungen, deren Verwendung beim Vertrieb von Vermehrungsmaterial der Sorte untersagt werden könnte. Dies kann insbesondere der Fall sein bei:

(i) Bezeichnungen, an denen der Anmelder selbst ein anderweitiges Recht hat (z. B. ein Namensrecht oder ein Recht an einer Fabrik- und Handelsmarke), das er nach dem Recht des betreffenden Verbandsstaats der Benutzung der – eingetragenen – Sortenbezeichnung durch andere, entweder ständig oder jedenfalls nach Ablauf der Schutzdauer, entgegensetzen könnte.

(ii) Bezeichnungen, an denen ältere Rechte Dritter bestehen.

(iii) Bezeichnungen, die gegen die öffentliche Ordnung des Verbandsstaats verstoßen.

Anleitung 5

Ungeeignet als Gattungsbezeichnung und daher auch als Sortenbezeichnung sind Namen und Abkürzungen internationaler Organisationen, die nach internationalen Übereinkommen von der Verwendung als Fabrik- oder Handelsmarke oder als Bestandteile solcher Marken ausgeschlossen sind.

Anleitung 6

Eine Sortenbezeichnung ist wegen Irreführungsgefahr ungeeignet, wenn zu befürchten ist, daß sie falsche Vorstellungen hinsichtlich der Merkmale oder des Werts der Sorte vermittelt. Das kann besonders der Fall sein bei

(i) Bezeichnungen, die den Eindruck erwecken, daß die Sorte bestimmte Eigenschaften hat, die sie tatsächlich nicht besitzt.

(ii) Bezeichnungen, die auf bestimmte Eigenschaften der Sorte in einer Weise hinweisen, daß der Eindruck entsteht, nur diese Sorte besitze solche Eigenschaften, während tatsächlich auch andere Sorten der betreffenden Art diese Eigenschaften haben oder haben können.

(iii) Vergleichende und superlative Bezeichnungen.

(iv) Bezeichnungen, die den Eindruck erwecken, daß die Sorte von einer anderen Sorte abstamme oder mit ihr verwandt sei, wenn dies tatsächlich nicht der Fall ist (Berichtigung aus Bl.f.S. 1988, 287).

Anleitung 7

Eine Sortenbezeichnung ist wegen Irreführungsgefahr ungeeignet, wenn zu befürchten steht, daß sie falsche Vorstellungen hinsichtlich der Identität des Züchters vermittelt.

Anleitung 8

(1) Ungeeignet wegen Verwechselbarkeit und/oder wegen Irreführungsgefahr ist eine Bezeichnung, die mit einer Bezeichnung identisch oder einer Bezeichnung ähnlich ist, unter der früher eine Sorte der gleichen botanischen oder einer verwandten Art bekanntgemacht oder amtlich eingetragen oder unter der Vermehrungsmaterial einer solchen Sorte vertrieben worden ist.

(2) Absatz (1) ist nicht anzuwenden, wenn die früher bekanntgemachte oder eingetragene oder bereits vertriebene Sorte nicht mehr angebaut wird und ihre Sortenbezeichnung keine größere Bedeutung erlangt hat, es sei denn, daß besondere Umstände die Irreführungsgefahr begründen können.

Anleitung 9

Für die Anwendung des vierten Satzes von Artikel 13 Absatz (2) des Übereinkommens werden alle taxonomischen Einheiten der gleichen botanischen Gattung oder diejenigen taxonomischen Einheiten, die in der Anlage I zu diesen Empfehlungen jeweils in einer Klasse zusammengefaßt sind, als verwandt angesehen (Berichtigung Bl.f.S. 1998, 227).

Teil II
Verfahren

Anleitung 10

(1) Die in Artikel 30 Absatz (1) Buchstabe b) genannte Behörde (nachstehend als „Behörde" bezeichnet) zieht bei ihrer Entscheidung über die Eignung einer Sortenbezeichnung alle Bemerkungen, die von den Behörden anderer Verbandsstaaten vorgetragen werden, in Betracht.
(2) Die Behörden übernehmen nach Möglichkeit die in einem anderen Verbandsstaat festgesetzte Sortenbezeichnung auch dann, wenn sie hiergegen Bedenken haben.

Anleitung 11

(1) Die in Artikel 13 Satz (6) des UPOV-Übereinkommens vorgeschriebene gegenseitige Unterrichtung der Behörden der Verbandsstaaten über Sortenbezeichnungen und die Mitteilung von Bemerkungen zu vorgeschlagenen Sortenbezeichnungen erfolgt durch einen Austausch der von den Verbandsstaaten gemäß Artikel 30 Absatz (1) Buchstabe c) des UPOV-Übereinkommens herausgegebenen Amtsblätter. Diese Amtsblätter werden entsprechend dem UPOV-Musteramtsblatt für Sortenbezeichnung (Dokument UPOV/INF/5) und gegebenenfalls weiteren Empfehlungen der UPOV ausgestattet; insbesondere werden die Kapitel, die Informationen über Sortenbezeichnungen enthalten, im Inhaltsverzeichnis entsprechend gekennzeichnet.
(2) Jede Behörde übersendet den Behörden der anderen Verbandsstaaten sofort nach Erscheinen einer Ausgabe des Amtsblatts eine zwischen diesen Behörden vereinbarte Anzahl von Exemplaren.

Anleitung 12

(1) Jede Behörde unterzieht die in dem Amtsblatt eines anderen Verbandsstaats bekanntgemachten angemeldeten Bezeichnungen einer Prüfung. Falls sie eine Sortenbezeichnung für ungeeignet hält, verfährt sie wie folgt:
   (i) Auf dem Formblatt nach Anlage II zu diesen Empfehlungen übermittelt sie der Behörde, die die Sortenbezeichnung bekanntgemacht hat, sobald wie möglich, spätestens jedoch innerhalb von drei Monaten nach der Veröffentlichung der Ausgabe des Amtsblatts, in dem die angemeldete Sortenbezeichnung enthalten war, ihre Bemerkungen unter Angabe der Gründe für ihre Bedenken. (In bestimmten Staaten kann jedoch die Frist für die Hinterlegung von Bemerkungen zu einer vorgeschlagenen Sortenbezeichnung kürzer als drei Monate sein, so daß nach Ablauf dieser Frist eingehende Bemerkungen möglicherweise nicht mehr berücksichtigt werden können.)
   (ii) Den Behörden der übrigen Verbandsstaaten wird gleichzeitig eine Durchschrift der vorgenannten Mitteilung übersandt.
(2) Die Behörde, die die angemeldete Bezeichnung bekanntgemacht hat, prüft umgehend die von den Behörden der anderen Verbandsstaaten übermittelten Bemerkungen und verfährt wie folgt:

(i) Bezieht sich die Bemerkung auf ein Eintragungshindernis, das auf Grund des Übereinkommens für alle Verbandsstaaten gilt, so macht sich die zuständige Behörde die Bemerkung im Zweifel zu eigen und weist die angemeldete Bezeichnung zurück. Teilt die zuständige Behörde die Bedenken der anderen Behörde nicht, so unterrichtet sie die andere Behörde hiervon unter Angabe der Gründe. Soweit möglich, sollen die beteiligten Behörden eine Übereinstimmung in der Frage anstreben.

(ii) Bezieht sich die Bemerkung auf einen Umstand, der nur in dem Staat, dessen Behörde die Bemerkung übermittelt hat, ein Eintragungshindernis darstellt, nicht aber in dem Staat, dessen Behörde die angemeldet Bezeichnung bekanntgemacht hat (z. B. Übereinstimmung der Bezeichnung mit einer in dem erstgenannten Staat geschützten Fabrik- oder Handelsmarke eines Dritten), so weit die letztgenannte Behörde entweder die angemeldete Sortenbezeichnung zurück oder sie unterrichtet den Anmelder entsprechend und fordert ihn auf, eine andere Sortenbezeichnung anzumelden, falls in dem Verbandsstaat, dessen Behörde die Bemerkung übermittelt hat, die Sorte ebenfalls zur Erteilung des Sortenschutzes angemeldete werden soll oder zu erwarten ist, daß dort Vermehrungsmaterial in der Sorte vertrieben wird. Falls dies Verfahren nicht zur Anmeldung einer anderen Sortenbezeichnung führt, bedarf es keiner Mitteilung an die Behörde, die die Bemerkung übermittelt hat.

UPOV-Empfehlungen für Sortenbezeichnungen
– Berichtigung –

Bezug: Bl.f.S. 1988, 163

Die deutsche Fassung der Empfehlungen enthielt einen Übertragungsfehler. In der vom Rat der UPOV angenommenen Fassung der Empfehlungen für Sortenbezeichnungen lautet der Abs. (iv) in Anleitung 6:
(iv) Bezeichnungen, die den Eindruck erwecken, daß die Sorte von einer anderen Sorte abstamme oder mit ihr verwandt sei, wenn dies tatsächlich nicht der Fall ist.

13. UPOV-Empfehlungen für Sortenbezeichnungen

Vom Rat der UPOV angenommen
am 16. Oktober 1987
und geändert am 25. Oktober 1991

UPOV-Empfehlungen für Sortenbezeichnungen

Der Rat des Internationalen Verbands zum Schutz von Pflanzenzüchtungen (UPOV) nimmt Bezug auf Artikel 6 Absatz 1 Buchstabe e sowie auf Artikel 13 des Internationalen Übereinkommens zum Schutz von Pflanzenzüchtungen vom 2. Dezember 1961, revidiert in Genf am 10. November 1972 und am 23. Oktober 1978, und insbesondere auf die Tatsache, daß nach diesem Übereinkommen die Sorte, bevor ein Schutzrecht für sie erteilt wird, mit einer Sortenbezeichnung als Gattungsbezeichnung zu kennzeichnen ist.

Der Rat bringt in Erinnerung, daß eine Sortenbezeichnung nach Artikel 13 als Gattungsbezeichnung und für die Identifizierung der Sorte geeignet sein muß und daß sie nicht geeignet sein darf, hinsichtlich der Merkmale, des Wertes oder der Identität der Sorte oder der Identität des Züchters irreführen oder Verwechslungen hervorzurufen.

Der Rat unterstreicht, daß es der wesentliche Zweck der Regeln des Artikels 13 ist sicherzustellen, daß, soweit dies möglich ist, geschützte Sorten in allen Verbandsstaaten mit der gleichen Sortenbezeichnung gekennzeichnet werden, daß die eingetragenen Sortenbezeichnungen sich als Gattungsbezeichnungen durchsetzen und daß sie beim Vertrieb von Vermehrungsmaterial benutzt werden, auch nach Ablauf des Schutzrechts.

Der Rat ist ferner der Auffassung, daß ein solches Ziel nur erreichbar ist, wenn die allgemein gehaltenen Bestimmungen über Sortenbezeichnungen des genannten Artikels 13 von den Verbandsstaaten einheitlich ausgelegt und angewandt werden, was die Annahme von entsprechenden Anleitungen angezeigt erscheinen läßt.

Der Rat ist schließlich der Auffassung, daß die Annahme solcher Anleitungen für eine einheitliche Auslegung und Anwendung der Bestimmungen des Artikels 13 nicht nur eine Hilfe für die Behörden der Verbandsstaaten, sondern auch für die Züchter, die die Sortenbezeichnungen auszuwählen haben, darstellen wird.

Gestützt auf Artikel 21 Buchstabe h, wonach es seine Aufgabe ist, alle Beschlüsse für ein erfolgreiches Wirken des Verbands zu fassen, sowie auf die Erfahrung, die die Verbandsstaaten auf dem Gebiet der Sortenbezeichnungen erworben haben, empfiehlt der Rat, daß die Behörden der Verbandsstaaten

i) Ihre Entscheidungen über die Eintragungsfähigkeit von vorgeschlagenen Sortenbezeichnungen auf die nachfolgend in Teil I aufgeführten Anleitungen stützen,

ii) bei der Beurteilung dieser Eintragungsfähigkeit die nachfolgend in Teil II aufgeführten Anleitungen über den Austausch von Informationen sowie der Verfahren berücksichtigen,

iii) die Züchter umfassend über die Anleitungen zu unterrichten, so daß sie diese bei der Auswahl der Sortenbezeichnungen berücksichtigen können.

Teil I
Eintragungsfähigkeit von vorgeschlagenen Sofortbezeichnungen

Anleitung 1

Ungeeignet als Gattungsbezeichnung und daher auch als Sortenbezeichnung sind Bezeichnungen, die nicht klar genug als Sortenbezeichnungen erkannt werden. Dies kann besonders dann der Fall sein, wenn Bezeichnungen anderen Angaben ähnlich sind oder mit diesen verwechselt werden können, insbesondere mit Angaben, die üblicherweise im Handel gebraucht werden.

Anleitung 2

(1) Ungeeignet als Gattungsbezeichnung und daher auch als Sortenbezeichnung sind Bezeichnungen, die ein Durchschnittsbenutzer in Sprache oder Schrift weder erkennen noch wiedergeben kann.
(2) Für Sorten, deren Vermehrungsmaterial ausschließlich innerhalb eines begrenzten, fachmännisch vorgebildeten Kreises vertrieben wird, wie insbesondere Elternsorten für die Erzeugung von Hybridsorten, tritt an die Stelle des Durchschnittsbenutzers der diesem Kreis zugehörende Durchschnittsfachmann.

Anleitung 3

Ungeeignet als Gattungsbezeichnung und daher auch als Sortenbezeichnung sind Bezeichnungen, für die ein Freihaltungsbedürfnis besteht. Dies kann besonders der Fall sein bei Bezeichnungen, die ausschließlich oder überwiegend aus Angaben des allgemeinen Sprachgebrauchs bestehen und deren Anerkennung als Sortenbezeichnung Dritte hindern würde, sie beim Vertrieb von Vermehrungsmaterial anderer Sorten zu benutzen.

Anleitung 4

Ungeeignet als Gattungsbezeichnung und daher auch als Sortenbezeichnung sind Bezeichnungen, deren Verwendung beim Vertrieb von Vermehrungsmaterials der Sorte untersagt werden könnte. Dies kann besonders der Fall sein bei:
i) Bezeichnungen, an denen der Anmelder selbst ein anderweitiges Recht hat (z. B. ein Namensrecht oder ein Recht an einer Fabrik- oder Handelsmarke), das er nach dem Recht des betreffenden Verbandsstaats der Benutzung der – eingetragenen Sortenbezeichnung – durch andere, entweder ständig oder jedenfalls nach Ablauf der Schutzdauer, entgegensetzen könnte.
ii) Bezeichnungen, an denen ältere Rechte Dritter bestehen.
iii) Bezeichnungen, die gegen die öffentliche Ordnung des Verbandsstaats verstoßen.

Anleitung 5

Ungeeignet als Gattungsbezeichnung und daher auch als Sortenbezeichnung sind Namen und Abkürzungen internationaler Organisationen, die nach Internationalen Übereinkommen von der Verwendung als Fabrik- oder Handelsmarke oder als Bestandteile solcher Marken ausgeschlossen sind.

Anleitung 6

Eine Sortenbezeichnung ist wegen Irreführungsgefahr ungeeignet, wenn zu befürchten ist, daß sie falsche Vorstellungen hinsichtlich der Merkmale oder des Wertes der Sorte vermittelt. Dies kann besonders der Fall sein bei:
  i) Bezeichnungen, die den Eindruck erwecken, daß die Sorte bestimmte Eigenschaften hat, die sie tatsächlich nicht besitzt.
  ii) Bezeichnungen, die auf bestimmte Eigenschaften der Sorte in einer Weise hinweisen, daß der Eindruck entsteht, nur diese Sorte besitze solche Eigenschaften, während tatsächlich auch andere Sorten der betreffenden Art diese Eigenschaften haben oder haben können.
  iii) Vergleichende und superlative Bezeichnungen.
  iv) Bezeichnungen, die den Eindruck erwecken, daß die Sorte von einer anderen Sorte abstamme oder mit ihr verwandt sei, wenn dies tatsächlich nicht der Fall ist.

Anleitung 7

Eine Sortenbezeichnung ist wegen Irreführungsgefahr ungeeignet, wenn zu befürchten steht, daß sie falsche Vorstellungen hinsichtlich der Identität des Züchters vermittelt.

Anleitung 8

(1) Ungeeignet wegen Verwechselbarkeit und/oder wegen Irreführungsgefahr ist eine Bezeichnung, die mit einer Bezeichnung identisch oder einer Bezeichnung ähnlich ist, unter der früher eine Sorte der gleichen botanischen oder einer verwandten Art bekanntgemacht oder amtlich eingetragen oder unter der Vermehrungsmaterial einer solchen Sorte vertrieben worden ist.
(2) Absatz 1 ist nicht anzuwenden, wenn die früher bekanntgemachte oder eingetragene oder bereits vertriebene Sorte nicht mehr angebaut wird und ihre Sortenbezeichnung keine größere Bedeutung erlangt hat, es sei denn, daß besondere Umstände die Irreführungsgefahr begründen können.

Anleitung 9

Für die Anwendung des vierten Satzes von Artikel 13 Absatz 2 des Übereinkommens werden alle taxonomischen Einheiten der gleichen botanischen Gattung oder diejenigen taxonomischen Einheiten, die in der Anlage I zu diesen Empfehlungen jeweils in einer Klasse zusammengefaßt sind, als verwandt angesehen.

Teil II
Verfahren

Anleitung 10

(1) Die in Artikel 30 Abs. 1 Buchstabe b genannte Behörde (nachstehend als „Behörde" bezeichnet) zieht bei ihrer Entscheidung über die Eignung einer Sortenbezeichnung alle Bemerkungen, die von den Behörden anderer Verbandsstaaten vorgetragen werden, in Betracht.
(2) Die Behörden übernehmen nach Möglichkeit die in einem anderen Verbandsstaat festgesetzte Sortenbezeichnung auch dann, wenn sie hiergegen Bedenken haben.

Anleitung 11

(1) Die in Artikel 13 Abs. 6 des UPOV-Übereinkommens vorgeschriebene gegenseitige Unterrichtung der Behörden der Verbandsstaaten über Sortenbezeichnungen und die Mitteilung von Bemerkungen zu vorgeschlagenen Sortenbezeichnungen erfolgt durch einen Austausch der von den Verbandsstaaten gemäß Artikel 30 Abs. 1 Buchstabe c des UPOV-Übereinkommens herausgegebenen Amtsblätter. Diese Amtsblätter werden entsprechend dem UPOV-Musteramtsblatt für Sortenschutz (Dokument UPOV/INF/5) und gegebenenfalls weiteren Empfehlungen der UPOV ausgestaltet; insbesondere werden die Kapitel, die Informationen über Sortenbezeichnungen enthalten, im Inhaltsverzeichnis entsprechend gekennzeichnet.

(2) Jede Behörde übersendet den Behörden der anderen Verbandsstaaten sofort nach Erscheinen einer Ausgabe des Amtsblatts eine zwischen diesen Behörden vereinbarte Anzahl von Exemplaren.

Anleitung 12

(1) Jede Behörde unterzieht die in dem Amtsblatt des anderen Verbandsstaats bekanntgemachten angemeldeten Bezeichnungen einer Prüfung. Falls sie eine Sortenbezeichnung für ungeeignet hält, verfährt sie wie folgt:

i) Auf dem Formblatt nach Anlage II zu diesen Empfehlungen übermittelt sie der Behörde, die die Sortenbezeichnung bekanntgemacht hat, so bald wie möglich, spätestens jedoch innerhalb von drei Monaten nach der Veröffentlichung der Ausgabe des Amtsblatts, in dem die angemeldete Sortenbezeichnung enthalten war, ihre Bemerkungen unter Angabe der Gründe für ihre Bedenken. (In bestimmten Staaten kann jedoch die Frist für die Hinterlegung von Bemerkungen zu einer vorgeschlagenen Sortenbezeichnung kürzer als drei Monate sein, so daß nach Ablauf dieser Frist eingehende Bemerkungen möglicherweise nicht mehr berücksichtigt werden können.)

ii) Den Behörden der übrigen Verbandsstaaten wird gleichzeitig eine Durchschrift der vorgenannten Mitteilung übersandt.

(2) Die Behörde, die die angemeldete Bezeichnung bekanntgemacht hat, prüft umgehend die von den Behörden der anderen Verbandsstaaten übermittelten Bemerkungen und verfährt wie folgt:

i) Bezieht sich die Bemerkung auf ein Eintragungshindernis, das auf Grund des Übereinkommens für alle Verbandsstaaten gilt, so macht sich die zuständige Behörde die Bemerkung im Zweifel zu eigen und weist die angemeldete Bezeichnung zurück. Teilt die zuständige Behörde die Bedenken der anderen Behörde nicht, so unterrichtet sie die andere Behörde hiervon unter Angabe der Gründe. Soweit möglich, sollen die beteiligten Behörden eine Übereinstimmung in der Frage anstreben.

ii) Bezieht sich die Bemerkung auf einen Umstand, der nur in dem Staat, dessen Behörde die Bemerkung übermittelt hat, ein Eintragungshindernis darstellt, nicht aber in dem Staat, dessen Behörde die angemeldete Bezeichnung bekanntgemacht hat (z. B. Übereinstimmung der Bezeichnung mit einer in dem erstgenannten Staat geschützten Fabrik- oder Handelsmarke eines Dritten), so weist die letztgenannte Behörde entweder die angemeldete Sortenbezeichnung zurück, oder sie unterrichtet den Anmelder entsprechend und fordert ihn auf, eine andere Sortenbezeichnung anzumelden, falls in dem Verbandsstaat, dessen Behörde die Bemerkung übermittelt hat, die Sorte ebenfalls zur Erteilung des Sortenschutzes angemeldet werden soll oder zu erwarten ist, daß dort Vermehrungsmaterial der Sorte vertrieben wird. Falls dieses Verfahren nicht zur Anmeldung einer anderen Sortenbezeichnung führt, bedarf es keiner Mitteilung an die Behörde, die die Bemerkung übermittelt hat.

[Anlagen folgen]

Annex I/Annexe I/Analage I

List of classes for variety denomination purposes[1102]
(Recommendation 9)

Liste des classes aux fins de la denomination des varietes[1103]
(Recommandation 9)

Klassenliste für Zwecke der Bezeichnung von Sorten[1104]
(Anleitung 9)

Note: Classes which contain subdivisions of a genus may lead to the existence of a complementary class containing the other subdivisions of the genus concerned (example: Class 9 (Vicia faba) leads to the existence of another class containing the other species of the genus Vicia).
Note: Les classes contenant des subdivisions d'un genre peuvent entraîner l'existence d'une clase complémentaire contenant les autres subdivisions du genre concerné (exemple: la classe 9 (Vicia faba) entraîine l'existence d'une autre classe contenant les autres espèces du genre Vicia).
Anmerkung: Klassen, die Unterteilungen einer Gattung enthalten, können zum Bestehen einer zusätzlichen Klasse führen, die die anderen Unterteilungen der betreffenden Gattung enthält (Beispiel: Klasse 9 (Vicia faba) führt zum Bestehen einer anderen Klasse, die die sonstigen Arten der Gattung Vicia enthält).

Class 1 / Classe 1 / Klasse 1
Avena, Hordeum, Secale, Triticale, Triticum

Class 2 / Classe 2 / Klasse 2
Panicum, Setaria

Class 3 / Classe 3 / Klasse 3
Sorghum, Zea

Class 4 / Classe 4 / Klasse 4
Agrostis, Alopecurus, Arrhenatherum, Bromus, Cynosurus, Dactylis, Festuca, Lolium, Phalaris, Phleum, Poa, Trisetum

Class 5 / Classe 5 / Klasse 5
Brassica oleracea, Brassica chinensis, Brassica pekinensis

Class 6 / Classe 6 / Klasse 6
Brassica napus, B. campestris, B. rapa, B. juncea, B. nigra, Sinapis

Class 7 / Classe 7 / Klasse 7
Lotus, Medicago, Ornithopus, Onobrychis, Trifolium

Class 8 / Classe 8 / Klasse 8
Lupinus albus L., L. angustifolis L., L. luteus L.

1102 As amended by the council at its twenty-fifth ordinary session, on October 25, 1991.
1103 Telle que modifiée par le Conseil à sa vingt-cinquième session ordinaire, le 25 octobre 1991.
1104 In der vom Rat auf seiner fünfundzwanzigsten ordentlichen Tagung am 25. Oktober 1991 geänderten Fassung.

Class 9 / Classe 9 / Klasse 9
Vicia faba L.

Class 10 / Classe 0 / Klasse 10
Beta vulgaris L. vr. alba DC., Beta vulgaris L. var. altissima

Class 11 / Classe 11 / Klasse 11
Beta vulgaris ssp. vulgaris var. conditiva Alef. (syn.: Beta vulgaris L. var. rubra L.), Beta vulgaris L. var. cicla L., Beta vulgaris L. ssp. vulgaris var. vulgaris.

Class 12 / Classe 12 / Klasse 12
Lactuca, Valerianella, Cichorium

Class 13 / Classe 13 / Klasse 13
Cucumis sativus

Class 14 / Classe 14 / Klasse 14
Citrullus, Cucumis melo, Cucurbita

Class 15 / Classe 15 / Klasse 15
Anthriscus, Petroselinum

Class 16 / Classe 16 / Klasse 16
Daucus, Pastinaca

Class 17 / Classe 17 / Klasse 17
Anethum, Carum, Foeniculum

Class 18 / Classe 18 / Klasse 18
Bromeliceae

Class 19 / Classe 19 / Klasse 19
Picea, Abies, Pseudotsuga, Pinus, Larix

Class 20 / Classe 20 / Klasse 20
Calluna, Erica

Class 21 / Classe 21 / Klasse 21
Solanum tuberosum L

Class 22 / Classe 22 / Klasse 22
Nicotiana rustica L., N. tabacum L.

Class 23 / Classe 23 / Klasse 23
Helianthus tuberosus

Class 24 / Classe 24 / Klasse 24
Helianthus annuus

Class 25 / Classe 25 / Klasse 25
Orchidaceae

Class 26 / Classe 26 / Klasse 26
Epiphyllum, Rhipsalidopsis, Schlumbergera, Zygocactus

Class 27 / Classe 27 / Klasse 27
Proteacae

[Annex II follows/
L'annexe II suit/
Anlage II folgt]

Annex II/Annexe II/Analage II

UPOV Form/Formulaire de l'UPOV/UPOV-Formblatt

From/De/Von   Your ref./Votre réf./Ihr Zeichen
                                                                        Our ref./Notre réf./Unser Zeichen

Observations on a Submitted Variety Denomination
Observations sur une dénomination variétale déposée
Bemerkungen zu einer angemeldeten Sortenbezeichnung

To/A/An

Variety Denomination:
Dénomination variétale:
Sortenbezeichnung: _____

Species (Latin Name):
Espèce (nom latin):
Art (botanische Bezeichnung):   _____

Bulletin:
Amtsblatt: _____
                                      (Year/Année/Jahr)   (Month/Mois/Monat)   (Page/Seite)

Applicant:
Demandeur:
Anmelder: _____

Observations:
Bemerkungen.

If the observations refer to a trademark or another right, name and address of the holder thereof (if posible):
Si les observations se réfèrent à une marque des fabrique ou à un autre droit, nom et adresse de son titulaire (si possible):
Falls sich die Bemerkungen auf ein Warenzeichen oder ein anderes Recht beziehen, Name und Anschrift des Inhabers (falls möglich):

Copies to the competent authorities of the other UPOV member States.
Copies aux services compétents des autres Etats membres de L'UPOV.
Kopien an die zuständigen Behörden der anderen UPOV-Verbandsstaaten.

Date/Datum: Signature/Unterschrift:

14. Bekanntmachung Nr. 8/98 des Bundessortenamtes über Bestimmungen für den Beginn des Prüfungsanbaues und die Vorlage des Vermehrungsmaterials

vom 15. Mai 1998

Aufgrund der §§ 2, 3, 5 und 8 der Verordnung über Verfahren vor dem Bundessortenamt (BSAVfV) vom 30. 12. 1985 (BGBl. 1986 I., S. 23) in der jeweils geltenden Fassung wird bestimmt:

1 Beginn des Prüfungsanbaues

1.1 Antragstermin, Beginn der Registerprüfung

Anträge auf Erteilung des Sortenschutzes, Sortenzulassung und Eintragung als weiterer Züchter in die Sortenliste können jederzeit gestellt werden. Antragstag ist der Tag, an dem der Antrag beim Bundessortenamt eingeht. Der Antrag ist auf den Vordrucken des Bundessortenamtes in der jeweils vorgeschriebenen Zahl von Ausfertigungen einzureichen (§ 1 BSAVfV). Bei der Anforderung der Vordrucke ist die Pflanzenart, der die Sorte zugehört, anzugeben, Anträgen auf Zulassung von Sorten von Getreide, Welschem Weidelgras, Deutschem Weidelgras, mit Ausnahme von Sorten, deren Aufwuchs nicht zur Nutzung als Futterpflanze bestimmt ist. Winterraps zur Körnernutzung und Kartoffel sind gemäß § 1 Abs. 3 BSAVfV Prüfungsergebnisse gemäß besonderer Bestimmung des Bundessortenamtes beizufügen.

Die Registerprüfung (Prüfung auf Unterscheidbarkeit, Homogenität und Beständigkeit der Sorte) sowie die Prüfung einer weiteren Erhaltungszüchtung beginnt für Sorten der in den Anlagen A Teil I und B aufgeführten Arten in der nächsten auf den Antragstag folgenden Vegetationsperiode, wenn der Antrag bis zu dem in Spalte 2 der Anlagen für die jeweilige Pflanzenart aufgeführten Termin beim Bundessortenamt eingegangen ist. Im übrigen gemäß besonderer Bestimmung des Bundessortenamtes.
Wird bei Stellung eines Sortenschutzantrages ein Zeitvorrang gemäß § 23 Abs. 2 SortG geltend gemacht, so kann die Prüfung später beginnen (§ 26 Abs. 4 SortG in Verbindung mit § 2 Abs. 1 BSAVfV). Soll von dieser Möglichkeit Gebrauch gemacht werden, so soll dies dem Bundessortenamt spätestens bis zu dem jeweiligen Vorlagetermin mitgeteilt werden.
Bei Arten, für die mit einem anderen UPOV-Verbandsmitglied die Übernahme von Prüfungsergebnissen vereinbart ist, entfällt die Vorlage von Vermehrungsmaterial für die Registerprüfung, wenn die betreffende Sorte bei diesem UPOV-Verbandsmitglied bereits aufgrund eines früheren Antrages auf Erteilung des Sortenschutzes oder auf Zulassung geprüft worden ist oder wird.
Bei Sorten landwirtschaftlicher Pflanzenarten, deren Pflanzen durch Kreuzung bestimmter Erbkomponenten erzeugt werden, erstreckt das Bundessortenamt gemäß § 2 Abs. 2 BSAVfV die Registerprüfung in der Regel auf die Erbkomponenten.
Bei Sorten von Rebe und Baumarten kann bis zur Vorlage des Vermehrungsmaterials der spätere Beginn der Prüfung beantragt werden (§ 2 Abs. 3 BSAVfV).

1.2 Beginn der Wertprüfung

Die Wertprüfung (Prüfung auf den landeskulturellen Wert der Sorte, wenn dieser gemäß § 30 SaatG Zulassungsvoraussetzung ist), wird vom Bundessortenamt aufgrund des § 3 Abs. 1 Satz 2 BSAVfV in der Regel gleichzeitig mit der Registerprüfung begonnen. Bei Pflanzenarten, für die das Bundessortenamt besondere Bestimmungen für die Durchführung der Wertprüfungen erlassen hat, gilt dies nur für solche Sorten, die in das den Bestimmungen entsprechende Prüfungssystem einbezogen sind, andernfalls beginnt die Wertprüfung, sofern sie nicht aus anderen Gründen völlig entfällt, gemäß § 3 Abs. 1 Satz 1 BSAVfV erst, wenn die Registerprüfung ergeben hat, daß die Sorte unterscheidbar, homogen und beständig ist.

Bei mehrjährigen Futterpflanzenarten, für die das Bundessortenamt dies bekanntgemacht hat, beginnt die Wertprüfung nicht in der auf den Antragstag folgenden Vegetationsperiode, sondern in gewissen Zeitabständen.

Die besonderen Bestimmungen für die Durchführung der Wertprüfungen und die davon erfaßten Pflanzenarten werden im Blatt für Sortenwesen veröffentlicht.

Anträge auf späteren Beginn oder Aussetzung der Wertprüfung sind beim Bundessortenamt bis zu den in Spalte 3 der Anlage A Teil I aufgeführten jeweiligen Vorlageterminen eines jeden Jahres schriftlich zu stellen.

2 Vorlage des Vermehrungsmaterials

2.1 Vermehrungsmaterial

Vermehrungsmaterial im Sinne dieser Bekanntmachung ist auch Saatgut gemäß § 2 Abs. 1 Nr. 1 SaatG.

2.2 Formelle Erfordernisse

Bei der Vorlage des Vermehrungsmaterials sind anzugeben:
– der Name des Antragstellers,
– die vorläufige Bezeichnung/Sortenbezeichnung,
– die BSA-Kenn-Nr.; wenn diese dem Antragsteller noch nicht bekannt ist, die Pflanzenart,
– die Art einer etwaigen chemischen oder physikalischen Behandlung des Vermehrungsmaterials sowie das angewendete Mittel,
– bei Vermehrungsmaterial generativ vermehrter Sorten (Zierpflanzen ausgenommen) darüber hinaus Keimfähigkeit, Tausendkorngewicht, Erntejahr und Herkunftsland,
– ein entsprechender Hinweis, falls das Vermehrungsmaterial aus In-vitro-Vermehrung stammt.

Diese Angaben sind dem Bundessortenamt zusätzlich in gesondertem Schreiben mitzuteilen.

Im Falle einer Einsendung ist das Vermehrungsmaterial ohne Kosten für das Bundessortenamt oder für sonstige Vorlagestellen (unentgeltlich, mit dem Frachtvermerk „frei Haus", portofrei, verzollt und versteuert) vorzulegen. Das Bundessortenamt oder die sonstigen Vorlagestellen übernehmen keine Abwicklung von Zoll- und Einfuhrformalitäten.

2.3 Registerprüfung

Die Registerprüfung umfaßt die Prüfung auf Unterscheidbarkeit, Homogenität und Beständigkeit einer Sorte, für die
– der Sortenschutzantrag,
– der Zulassungsantrag
gestellt wurde. Sie umfaßt ferner
– die Prüfung einer weiteren Erhaltungszüchtung einer Sorte,
– die Nachprüfung des Fortbestehens einer geschützten Sorte,
– die Überwachung der Erhaltung einer zugelassenen Sorte,
– die Überwachung einer weiteren Erhaltungszüchtung.

2.3.1 Vorlagetermine

Das Vermehrungsmaterial ist, soweit für die betreffende Pflanzenart in den Anlagen A Teil I und B in Spalte 3 ein Vorlagetermin angegeben ist, *ohne weitere Aufforderung* bis zu diesem Termin zur ersten Prüfungsperiode, im übrigen entsprechend der Aufforderung des Bundessortenamtes vorzulegen, soweit nicht in den Anlagen für einzelne Arten etwas anderes bestimmt ist.

Der Vorlagetermin ist gleichzeitig auch für das Entstehen der Gebührenschuld maßgebende Zeitpunkt nach § 13 Abs. 1 Satz 2 BSAVfV, soweit das Bundessortenamt nicht für einzelne Prüfungsperioden und einzelne Pflanzenarten etwas anderes bestimmt. Für Anträge auf Sortenschutz und auf Sortenzulassung wird davon abweichend als der für das Entstehen der Gebührenschuld maßgebende Zeitpunkt bestimmt:

Zuckerrübe   20. 2.
Kartoffel   1. 3.

2.3.2 Vorlagestellen

Das Vermehrungsmaterial für die Registerprüfung ist der in Spalte 4 der Anlagen A Teil I und B aufgeführten, bei darin nicht genannten Arten der jeweils vom Bundessortenamt bezeichneten Stelle vorzulegen.

Anschriften:

Bamberg
Bundessortenamt,
Prüfstelle Bamberg
Am Sendelbach 15
96050 Bamberg
Telefon: 0951 – 9 16 02-0
Telefax: 0951 – 0 16 02-30

Dachwig
Bundessortenamt,
Prüfstelle Dachwig
Kirchstraße 28
99100 Dachwig
Telefon: 036206 – 2 45-0
Telefax: 036206 – 2 45-99

Hannover
Bundessortenamt
Saatgutzentrale
Osterfelddamm 80
30627 Hannover
Telefon: 0511 – 95 66-5
Telefax: 0511 – 56 33 62

Haßloch
Bundessortenamt,
Prüfstelle Haßloch
Böhler Straße 100
67454 Haßloch/Pfalz
Telefon: 06324 – 92 40-0
Telefax: 06324 – 92 40-30

Marquardt
Bundessortenamt
Prüfstelle Marquardt
Hauptstraße 36
14476 Marquardt
Telefon: 033208 – 5 72 34
Telefax: 033208 – 5 72 07

Rethmar	Bundessortenamt, Prüfstelle Rethmar Hauptstraße 1 31319 Sehnde Telefon: 05138 – 60 86-0 Telefax: 05138 – 60 86-70
Scharnhorst	Bundessortenamt, Prüfstelle Scharnhorst 31535 Neustadt am Rübenberge Telefon: 05032 – 9 61-0 Telefax: 05032 – 96 11 99
Wurzen	Bundessortenamt, Prüfstelle Wurzen Torgauer Straße 100 04808 Wurzen Telefon: 03425 – 90 40-0 Telefax: 03425 – 90 40-20

Läßt das Bundessortenamt die Registerprüfung gemäß § 26 Abs. 2 SortG, § 44 Abs. 2 SaatG durch andere Stellen durchführen, werden die Anschriften bei der gesonderten Aufforderung zur Vorlage des Vermehrungsmaterials mitgeteilt.

2.3.3 Menge des vorzulegenden Vermehrungsmaterials

Die Menge des vorzulegenden Vermehrungsmaterials ergibt sich bei Sorten der in den Anlagen A Teil I und B aufgeführten Arten jeweils aus Spalte 5 dieser Anlagen, im übrigen aus der Anforderung des Bundessortenamtes. Die Prüfung wird in der Regel in allen Prüfungsperioden mit dem Vermehrungsmaterial aus dem ersten vorgelegten Muster durchgeführt. Für Sorten, die gleichzeitig auf landeskulturellen Wert geprüft werden, ist in der ersten Prüfungsperiode nur *eine* Vorlage von Vermehrungsmaterial entsprechend der Anlage A Teil I, Spalte 6 erforderlich. Für die übrigen Prüfungsperioden kann die Menge von Spalte 6 um die in Spalte 5 angegebenen Werte gekürzt werden. Für Sorten von Getreide (außer Mais) ist auch für die zweite Prüfungsperiode die in Spalte 6 angegebene Menge vorzulegen.
Bei Sorten, für die sowohl der Sortenschutz- als auch der Zulassungsantrag gestellt wurde und Sorten, die in mehr als einer Nutzungsrichtung geprüft werden, wird nur eine Registerprüfung durchgeführt, so daß die genannten Saatgutmengen für die Registerprüfung nur einmal vorzulegen sind.

2.3.4 Standardmuster

Die Nachprüfung des Fortbestehens geschützter Sorten sowie die Überwachung der Erhaltung zugelassener Sorten und der Erhaltungszüchtung eines weiteren Züchters (§ 8 BSAVfV) erfolgen bei generativ vermehrten Sorten im Vergleich mit dem beim Bundessortenamt eingelagerten Standardmuster. Dieses wird vom Bundessortenamt beim Sortenschutzinhaber/eingetragenen Züchter angefordert und zwar
– nach der Erteilung des Sortenschutzes/nach der Zulassung/nach der Eintragung als weiterer Züchter;
– bei landwirtschaftlichen Arten in der Regel in der in Spalte 7 der Anlage A Teil I angegebenen Menge;
– ausschließlich zur Vorlage beim

BUNDESSORTENAMT
–Saatgutzentrale–
Osterfelddamm 80
30627 Hannover

Bei den generativ vermehrten gartenbaulichen sowie den in der Anlage A entsprechend gekennzeichneten landwirtschaftlichen Pflanzenarten ist die gesonderte Vorlage eines Standardmusters nicht erforderlich, da dieses zusammen mit dem Saatgut für die Registerprüfung vorzulegen ist.

2.3.5 Beschaffenheit des vorzulegenden Vermehrungsmaterials

Das Vermehrungsmaterial muß gesund sein und darf keiner chemischen oder physikalischen Behandlung unterzogen worden sein, soweit das Bundessortenamt nicht ausdrücklich etwas anderes vorschreibt oder gestattet (§ 5 Satz 2 BSAVfV).
Bei Sorten von Baumobstarten und Himbeere ist ein amtliches Zeugnis über Virusfreiheit vorzulegen.
Bei Pflanzenarten, die dem Saatgutverkehrsgesetz unterliegen, muß das Vermehrungsmaterial folgenden Anforderungen entsprechen:
Landwirtschaftliche Pflanzenarten:
Keimfähigkeit wie in Spalte 8 der Anlage A Teil I angegeben; im übrigen den in der Saatgutverordnung vom 21. 1. 1986 (BGBl. I S. 146) in der jeweils geltenden Fassung niedergelegten Mindestanforderungen und den zusätzlich festgelegten Anforderungen für Basissaatgut. Für Kartoffel gelten die in der Pflanzkartoffelverordnung vom 21. 1. 1986 (BGBl. I S. 192) für Rebe die in der Rebenpflanzgutverordnung vom 21. 1. 1986 (BGBl. I S. 204) in der jeweils geltenden Fassung niedergelegten Mindestanforderungen.
Gemüsearten:
Keimfähigkeit wie in Spalte 6 der Anlage B angegeben; im übrigen den in der Saatgutverordnung vom 21. 1. 1986 (BGBl. I S. 146) in der jeweils geltenden Fassung niedergelegten Mindestanforderungen.
Das Vermehrungsmaterial muß bei Sorten der in den Anlagen A Teil II und B aufgeführten Arten, die nicht dem Saatgutverkehrsgesetz unterliegen, den jeweils in diesen Anlagen aufgeführten sowie den vom Bundessortenamt festgelegten Mindestanforderungen entsprechen. Es muß im übrigen in seiner Beschaffenheit einschließlich seiner Sortierung den handelsüblichen Normen entsprechen und darf nicht mit Schadorganismen befallen sein.

2.4 Wertprüfung

Die Wertprüfung bei landwirtschaftlichen Pflanzenarten umfaßt nach den Bestimmungen dieser Teilziffer die Prüfung auf
a) den landeskulturellen Werten einer Sorte,
– für die Zulassung beantragt wurde,
– deren Erhaltung überwacht wird,
b) die Anbaubedeutung einer Sorte, für die die Verlängerung der Zulassung beantragt wurde.

2.4.1 Vorlagetermine

Das Vermehrungsmaterial für die Wertprüfung ist für jede Prüfungsperiode bis zum jeweiligen in Spalte 3 der Anlage A Teil I genannten Termin wie folgt vorzulegen:

Ohne weitere Aufforderung
– für Sorten, bei denen das 1. Wertprüfungsjahr beginnt,
– für Sorten, die im ersten oder zweiten Jahr der Prüfung im Sinne der Teilziffer 2.4 gestanden haben. Ausgenommen sind Sorten von mehrjährigen Futterpflanzenarten, Zuckerrübe und Winterraps zur Körnernutzung.

Nur nach Aufforderung
– für Sorten derjenigen Futterpflanzenarten, die in Anlage A Teil I mit der Anmerkung 3 gekennzeichnet sind,

– für zugelassene Sorten einjähriger Pflanzenarten und mehrjähriger Futterpflanzenarten für das erste Jahr der Überwachungs- oder Anbaubedeutungsprüfung.

Für Kartoffel ergeben sich weitere Einzelheiten aus den Anforderungsschreiben.
Besonderheiten für einzelne Prüfungen oder jahresweise bedingte Abweichungen ergeben sich aus den jeweils im Blatt für Sortenwesen bekanntgemachten besonderen Vorlagebestimmungen.
Für das Entstehen der Gebührenschuld gelten die Ausführungen zu Teilziffer 2.3.1 entsprechend.

2.4.2 Vorlagestellen

Das Vermehrungsmaterial ist, soweit nichts anderes in dieser Bekanntmachung, in besonderen Vorlagebestimmungen oder bei Kartoffel in besonderen Anforderungsschreiben angegeben ist, dem

BUNDESSORTENAMT
–Saatgutzentrale–
Osterfelddamm 80
30627 Hannover
vorzulegen.

2.4.3 Menge des vorzulegenden Vermehrungsmaterials

Die Menge des vorzulegenden Vermehrungsmaterials ergibt sich aus Spalte 6 der Anlage A Teil I. Das Saatgut ist in einer Menge vorzulegen. Von dieser Menge wird in der ersten Prüfungsperiode das für die Registerprüfung erforderliche Vermehrungsmaterial entnommen. In den späteren Prüfungen kann die Menge von Spalte 6 um die in Spalte 5 angegebene Menge gekürzt werden. Für Sorten von Getreide (außer Mais) (vgl. Teilziffer 2.3.3) gilt diese Regelung erst nach der zweiten Prüfungsperiode. Wird eine Sorte in verschiedenen Nutzungsrichtungen geprüft, ist Vermehrungsmaterial in entsprechend größerer Menge vorzulegen, bei Kartoffel zusätzlich die jeweils im Anforderungsschreiben aufgeführte Menge an Vermehrungsmaterial für weitere Prüfungen.
Bei Kartoffel ergibt sich die Anzahl der Wertprüfungsstellen, denen Vermehrungsmaterial vorzulegen ist, aus dem jeweiligen Anforderungsschreiben.

2.4.4 Beschaffenheit des vorzulegenden Vermehrungsmaterials

Hier gilt das zu Teilziffer 2.3.5 Aufgeführte entsprechend. Das Vermehrungsmaterial muß hinsichtlich der Vermehrungsstufe der Kategorie „Zertifiziertes Saatgut" entsprechen.

2.5 Saumnis

Kommt der Antragsteller der in Teilziffer 1.1 und 2 dieser Bekanntmachung ausgesprochenen Aufforderung zur Vorlage von Unterlagen oder des Vermehrungsmaterials entsprechend den vorstehenden Bestimmungen nicht nach, so kann gemäß § 27 Abs. 1 Nr. 1 SortG, § 45 Abs. 1 Nr. 1 SaatG der Sortenschutzantrag, der Antrag auf Sortenzulassung oder der Antrag auf Eintragung als weiterer Züchter zurückgewiesen werden. Im Falle der Nichtvorlage oder der nicht ordnungsgemäßen Vorlage von Vermehrungsmaterial für den Beginn der Registerprüfung oder der in Teilziffer 1.1 genannten Unterlagen wird das Bundessortenamt von dieser Möglichkeit grundsätzlich Gebrauch machen.

3 Inkrafttreten

Diese Bestimmungen treten am 15. Juni 1998 in Kraft. Gleichzeitig tritt die Bekanntmachung des Bundessortenamtes Nr. 10/95 vom 15. Mai 1995 (Bl.f.S. 1995, 302) zuletzt geändert durch Bekanntmachung Nr. 4/98 vom 15. Februar 1998 (Bl.f.S. 1998, 86) außer Kraft.

Anlagen A   Landwirtschaftliche Pflanzenarten
        B   Gartenbauliche und forstliche Pflanzenarten

Dr. Jördens

Anlage A, Teil I zur Bekanntmachung Nr. 8/98 – Landwirtschaftliche Pflanzenarten

Pflanzenart	Antrags-termin	Vorlage des Vermehrungsmaterials					
		Vorlage-termin	Vorlage-stelle	Menge nur f. Register-prüfung in kg	Menge f. Wert- und Register-prüfung in kg	Menge f. Standard-muster in kg*)	Keimfähig-keit in v. H. der reinen Körner
1	2	3	4	5	6	7	8
1 Getreide							
Gerste							
Sommergerste	5. 1.	20. 1.	Hannover	5,0[1]	–	20,0	94
1. Wertprüfungsjahr			Hannover	–	23,0[10]	–	94
2. Wertprüfungsjahr			Hannover	–	27,0[10]	–	94
3. Wertprüfungsjahr			Hannover	–	50,0[10]	–	94
Wintergerste	15. 8.	1. 9.	Hannover	5,0[1]	–	20,0	94
1. Wertprüfungsjahr			Hannover	–	25,0[10]	–	94
2. Wertprüfungsjahr			Hannover	–	28,0[10]	–	94
3. Wertprüfungsjahr			Hannover	–	55,0[10]	–	94
Hafer	30. 11.	15. 12.	Hannover	5,0[1]	–	20,0	94
1. Wertprüfungsjahr			Hannover	–	22,0[10]	–	94
2. Wertprüfungsjahr			Hannover	–	24,0[10]	–	94
3. Wertprüfungsjahr			Hannover	–	40,0[10]	–	94
Winterhafer	15. 8.	1. 9.	Hannover	–	20,0[10]	–	94
Mais	1. 2.	1. 3.	Hannover	2,0	–	7,0	94
1. Wertprüfungsjahr			Hannover	–	14,0[10]	–	94
2. Wertprüfungsjahr							
– Sortiment früh und mittelfrüh			Hannover	–	23,0[10]	–	94
– Sortiment msp.-spät			Hannover	–	14,0[10]	–	94
Erbkomponenten[4]			Hannover	3 000 keim-fähige Körner	–	8 000 keim-fähige Körner	85
Roggen							
Sommerroggen	5. 1.	15. 1.	Hannover	5,0	20,0[10]	20,0	94
Winterroggen	25. 8.	10. 9.	Hannover	5,0	–	20,0	94
1. Wertprüfungsjahr			Hannover	–	20,0[10]	–	94
2.+3. Wertprüfungsjahr			Hannover	–	38,0[10]	–	94
außerdem bei Hybrid-sorten zum 2. Prüfungsjahr[5]							
a) I-Linien			Hannover	1,5	–	4,0	85
b) Einfachkreuzungen			Hannover	1,5	–	4,0	85
c) Restorer-Synthetik			Hannover	1,5	–	4,0	85
Triticale							
Sommertriticale	5. 1.	15. 1.	Hannover	5,0[1]	28,0[10]	20,0	94
Wintertriticale	25. 8.	10. 9.	Hannover	5,0[1]	–	20,0	94
1. Wertprüfungsjahr			Hannover	–	26,0[10]	–	94
2.+3. Wertprüfungsjahr			Hannover	–	48,0[10]	–	94
außerdem bei Hybrid-sorten zum 2. Prüfungsjahr[5]							
je Erbkomponente			Hannover	5,0[1]		20,0	94
Weizen							
Sommerweizen							
Hartweizen	5. 1.	15. 1.	Hannover	5,0[1]	32,0[10]	20,0	94
Spelz	5. 1.	15. 1.	Hannover	5,0[1]	20,0	20,0	94
Weichweizen	5. 1.	15. 1.	Hannover	5,0[1]	–	20,0	94
1. Wertprüfungsjahr			Hannover	–	30,0[10]	–	94
2. Wertprüfungsjahr			Hannover	–	32,0[10]	–	94
3. Wertprüfungsjahr			Hannover	–	50,0[10]	–	94

Pflanzenart	Antrags-termin	Vorlage des Vermehrungsmaterials					
		Vorlage-termin	Vorlage-stelle	Menge nur f. Register-prüfung in kg	Menge f. Wert- und Register-prüfung in kg	Menge f. Standard-muster in kg*)	Keimfähig-keit in v. H. der reinen Körner
1	2	3	4	5	6	7	8
Winterweizen							
Hartweizen	1. 9.	15. 9.	Hannover	5,0[1]	30,0[10]	20,0	94
Spelz	1. 9.	15. 9.	Hannover	5,0[1]	25,0	20,0	94
Weichweizen	1. 9.	15. 9.	Hannover	5,0[1]	–	20,0	94
1. Wertprüfungsjahr			Hannover	–	28,0[10]	–	94
2. Wertprüfungsjahr			Hannover	–	30,0[10]	–	94
3. Wertprüfungsjahr			Hannover	–	60,0[10]	–	94
außerdem bei Hybrid-sorten zum 2. Prüfungsjahr[5]							
je Erbkomponente			Hannover	5,0[1]	–	20,0	94
2 Futterpflanzen							
2.1 Gräser							
Festulolium	15. 1.	15. 2.	Hannover	1,5	8,0[3]	2,5	85
Glatthafer	15. 1.	15. 2.	Hannover	1,5	4,0[3]	2,0	80
Goldhafer	15. 1.	15. 2.	Hannover	1,5	4,0[3]	2,0	70
Kammgras+)	1. 11.	1. 11.	Hannover	1,5	–	3,0	80
Knaulgras	15. 1.	15. 2.	Hannover	1,5	4,0[3]	3,0	85
Lieschgras							
Wiesenlieschgras	15. 1.	15. 2.	Hannover	1,0	3,0[3]	2,5	90
Zwiebellieschgras	15. 1.	15. 2.	Hannover	1,0	2,5[3]	2,5	90
Zarte Kammschmiele+)	15. 1.	15. 2.	Hannover	1,5	–	3,0	70
Rasenschmiele+)	15. 1.	15. 2.	Hannover	2,0	–	3,0	80
Rispenarten							
Gemeine Rispe	15. 1.	15. 2.	Hannover	1,5	3,0[3]	3,0	85
Hainrispe	15. 1.	15. 2.	Hannover	1,5	3,0[3]	3,0	85
Sumpfrispe	15. 1.	15. 2.	Hannover	1,5	3,0[3]	3,0	85
Wiesenrispe	15. 1.	15. 2.	Hannover	1,5	3,0[3]	4,0	80
Sonst. Rispengräser+)	15. 1.	15. 2.	Hannover	1,5	–	3,0	85
Rohrglanzgras+)	15. 1.	15. 2.	Hannover	1,5	–	2,0	75
Schwingel							
Rohrschwingel	1. 12.	15. 12.	Hannover	1,5	5,0[3]	3,0	86
Rotschwingel	15. 1.	15. 2.	Hannover	1,5	4,5[3]	4,0	86
Schafschwingel	15. 1.	15. 2.	Hannover	1,5	4,5[3]	4,0	86
Wiesenschwingel	15. 1.	15. 2.	Hannover	1,5	5,0[3]	4,0	86
Sonst. Schwingelarten+)	15. 1.	15. 2.	Hannover	1,5	–	4,0	86
Straußgras	1. 11.	1. 11.	Hannover	1,0	2,0[3]	1,0	85
Wehrlose Trespe+)	15. 1.	15. 2.	Hannover	1,5	–	2,0	85
Weidelgras							
Bastardweidelgras	15. 1.	15. 2.	Hannover	1,5	5,5[3]	3,0	90
Deutsches Weidelgras	15. 1.	15. 2.	Hannover	1,5	6,5[3]	3,0	90
Einjähriges Weidelgras	15. 1.	15. 2.	Hannover	1,0	–	4,0	90
Zwischenfruchtanbau			Hannover	–	6,5	–	90
Hauptfruchtanbau			Hannover	–	4,5	–	90
Welsches Weidelgras	15. 1.	15. 2.	Hannover	1,5	7,0	5,0	90
Sonstige Weidelgräser+)	15. 1.	15. 2.	Hannover	1,5	–	4,0	90
Wiesenfuchsschwanz	15. 1.	15. 2.	Hannover	1,5	4,0[3]	2,0	70

Pflanzenart	Antrags-termin	Vorlage des Vermehrungsmaterials					Keimfähig-keit in v. H. der reinen Körner
		Vorlage-termin	Vorlage-stelle	Menge nur f. Register-prüfung in kg	Menge f. Wert- und Register-prüfung in kg	Menge f. Standard-muster in kg[*)]	
1	2	3	4	5	6	7	8

2.2 Landwirtschaftliche Leguminosen
2.2.1 Kleinkörnige Leguminosen

Pflanzenart	Antrags-termin	Vorlage-termin	Vorlage-stelle	Menge nur f. Registerprüfung in kg	Menge f. Wert- und Registerprüfung in kg	Menge f. Standardmuster in kg	Keimfähigkeit
Esparsette	15. 1.	15. 2.	Hannover	5,0	12,0[2)3)]	x)	80
Klee							
Alexandriner Klee	15. 1.	15. 2.	Hannover	2,0	5,0	3,5	85
Bodenfrüchtiger Klee[+)]	15. 1.	15. 2.	Hannover	2,0	–	x)	85
Gelbklee	15. 1.	15. 2.	Hannover	2,0	4,0	x)	85
Hornklee	15. 1.	15. 2.	Hannover	2,0	3,5[3)]	x)	80
Inkarnatklee	10. 7.	1. 8.	Hannover	2,0	7,5	x)	85
Persischer Klee	15. 1.	15. 2.	Hannover	2,0	3,5	x)	85
Rotklee	15. 1.	15. 2.	Hannover	2,0	5,0	3,5	85
Schwedenklee	15. 1.	15. 2.	Hannover	2,0	3,5	x)	85
Steinklee[+)]	15. 1.	15. 2.	Hannover	2,0	–	x	80
Sumpfschotenklee[+)]	15. 1.	15. 2.	Hannover	2,0	–	x)	80
Weißklee	15. 1.	15. 2.	Hannover	1,0	2,5[3)]	3,5	85
Luzerne	1. 12.	15. 12.	Hannover	1,5	4,5[3)]	3,5	85
Serradella[+)]	15. 1.	15. 2.	Hannover	2,0	–	x)	83

2.2.2 Mittel- und großkörnige Leguminosen

Pflanzenart	Antrags-termin	Vorlage-termin	Vorlage-stelle	Menge nur f. Registerprüfung in kg	Menge f. Wert- und Registerprüfung in kg	Menge f. Standardmuster in kg	Keimfähigkeit
Ackerbohne	15. 12.	1. 2.	Hannover	10,0	45,0[11)]	20,0	90
Winteranbau	15. 8.	10. 9.	Hannover	–	28,0[11)]	–	90
Futtererbse	15. 12.	1. 2.	Hannover	6,0	40,0[11)]	18,0	88
Linse[+)]	15. 12.	1. 2.	Hannover	2,0	–	x)	92
Lupine							
Andenlupine[+)]	15. 12.	1. 2.	Hannover	4,0	–	5,0	85
Blaue Lupine	15. 12.	1. 2.	Hannover	4,0	36,0[11)]	12,0	85
Gelbe Lupine	15. 12.	1. 2.	Hannover	4,0	36,0[11)]	12,0	85
Weiße Lupine	15. 12.	1. 2.	Hannover	6,0	38,0[11)]	18,0	85
Platterbse[+)]	15. 12.	1. 2.	Hannover	4,0	–	x)	88
Saatwicke	15. 12.	1. 2.	Hannover	2,0	14,0[11)]	8,0	88
Wicklinse[+)]	15. 12.	1. 2.	Hannover	2,0	–	x)	90
Winterwicke							
Pannonische Wicke	20. 7.	15. 8.	Hannover	1,5	16,0[11)]	6,0	85
Zottelwicke	20. 7.	15. 8.	Hannover	1,5	16,0[11)]	6,0	85
Zaunwicke[+)]	15. 12.	1. 2.	Hannover	3,0	–	x)	88

2.3 Sonstige Futterpflanzen

Pflanzenart	Antrags-termin	Vorlage-termin	Vorlage-stelle	Menge nur f. Registerprüfung in kg	Menge f. Wert- und Registerprüfung in kg	Menge f. Standardmuster in kg	Keimfähigkeit
Futterkohl	15. 12.	1. 2.	Hannover	2,0	3,0	x)	85
Kohlrübe	15. 12.	1. 2.	Hannover	1,0	2,0	x)	85
Ölrettich	15. 12.	1. 2.	Hannover	2,0	5,5	2,0	85
Phazelie	15. 12.	1. 2.	Hannover	1,0	2,5	x)	85

3 Öl- und Faserpflanzen

Pflanzenart	Antrags-termin	Vorlage-termin	Vorlage-stelle	Menge nur f. Registerprüfung in kg	Menge f. Wert- und Registerprüfung in kg	Menge f. Standardmuster in kg	Keimfähigkeit
Hanf	15. 12.	1. 2.	Hannover	1,0	12,0	x)	85
Kreuzblättrige Wolfsmilch[+)]	15. 12.	1. 2.	Hannover	1,0	–	x)	70
Lein	15. 12.	15. 1.	Hannover	1,5	–	5,0	90
Körnernutzung			Hannover	–	7,0[11)]	–	90
Fasernutzung			Hannover	–	14,0[11)]	–	90
Leindotter[+)]	15. 12.	1. 2.	Hannover	0,25	–	x)	80
Mohn	15. 12.	1. 2.	Hannover	0,25	1,0	x)	80
Ölkürbis[+)]	15. 12.	1. 2.	Hannover	0,4	–	x)	80

Pflanzenart	Antrags-termin	Vorlage des Vermehrungsmaterials					
		Vorlage-termin	Vorlage-stelle	Menge nur f. Register-prüfung in kg	Menge f. Wert- und Register-prüfung in kg	Menge f. Standard-muster in kg[*)]	Keimfähig-keit in v. H. der reinen Körner
1	2	3	4	5	6	7	8

Raps

Männlich-sterile Hybridsorten, die in Kombination mit einem oder mehreren Bestäubern in den Verkehr gebracht werden sollen, sind für die Wertprüfung in der vorgesehenen Mischung vorzulegen (Mengen s. Spalte 6). Für die Registerprüfung (Mengen s. Spalte 5) ist sortenreines Vermehrungsmaterial davon getrennt vorzulegen.

Pflanzenart	Antrags-termin	Vorlage-termin	Vorlage-stelle	Menge nur f. Registerprüfung in kg	Menge f. Wert- und Registerprüfung in kg	Menge f. Standardmuster in kg	Keimfähigkeit
Sommerraps	15. 12.	1. 2.	Hannover	1,5	–	2,0	94
Körnernutzung			Hannover	–	2,5	–	94
Sommerzwischen-fruchtanbau			Hannover	–	3,0	–	94
Winterraps	1. 8.	10. 8.	Hannover	1,5	–	2,0	94
Sommerzwischen-fruchtanbau			Hannover	–	3,0	–	94
Winterzwischen-fruchtanbau			Hannover	–	3,0	–	94
Körnernutzung einmalige Vorlage für den gesamten Prüfungszeitraum			Hannover	4,0	10,0	x)	94
außerdem bei Hybrid-sorten und synthetischen Sorten Erbkomponenten[4)]							
– soweit nicht selbst zu Sortenschutz und/oder Sortenzulassung beantragt			Hannover	0,25	–	0,4	94
– soweit Sortenschutz und/oder Sortenzulas-sung beantragt			Hannover	1,5	–	x)	94
Rübsen							
Sommerrübsen	15. 12.	1. 2.	Hannover	1,0	–	2,0	94
Körnernutzung			Hannover	–	2,0	–	94
Sommerzwischen-fruchtanbau			Hannover	–	2,5	–	94
Winterrübsen	10. 7.	1. 8.	Hannover	1,5	–	2,0	94
Körnernutzung			Hannover	–	2,5	–	94
Winterzwischen-fruchtanbau			Hannover	–	3,0	–	94
Sommerzwischen-fruchtanbau			Hannover	–	3,0	–	94
Senf							
Weißer Senf	15. 12.	1. 2.	Hannover	1,5	4,0	2,0	85
Schwarzer Senf	15. 12.	1. 2.	Hannover	1,0	2,5	2,0	85
Sareptasenf	15. 12.	1. 2.	Hannover	1,0	3,0	2,0	85
Sojabohne	15. 12.	15. 1.	Hannover	4,0	15,0[11)]	6,0	85
Sonnenblume	15. 12.	15. 1.	Hannover	1,5	6,0[11)]	2,0	85
Erbkomponenten[4)]			Hannover	6 000 keim-fähige Körner	–	6 000 keim-fähige Körner	85

Pflanzenart	Antrags-termin	Vorlage des Vermehrungsmaterials					
		Vorlage-termin	Vorlage-stelle	Menge nur f. Registerprüfung in kg	Menge f. Wert- und Registerprüfung in kg	Menge f. Standardmuster in kg*)	Keimfähigkeit in v. H. der reinen Körner
1	2	3	4	5	6	7	8
4 Rüben							
Runkelrübe	15. 12.	1. 2.	Hannover	1,5 (mono) 2,0 (multi)	5,5 (mono) 6,0 (multi)	4,5 (mono) 7,5 (multi)	75 75
Zuckerrübe	15. 12.	10. 1.	Hannover				
einmalige Vorlage für den gesamten Prüfungszeitraum				s. Sp. 6	5,0[12]	x)	80
zusätzlich bei Prüfung auf Rizomania-Toleranz					1,5[12]		
Sonstige Sorten[13]			Hannover	1,0	–	x)	80
5 Kartoffel							
alle Reifegruppe	15. 11.						
Registerprüfung		10. 12.	Rethmar	150 Knollen[6]	–	–	–
Wertprüfung		10. 12.	–	–	350 Knollen[9]	–	–
sehr frühe Sorten							
frühe Sorten		10. 12.	–	–	175 Knollen[9]	–	–
mittelfrühe bis sehr späte Sorten		1, 3.	–	–	175 Knollen[9]	–	–
6 Rebe							
Ertragsrebe	15. 2.	15. 4.	Haßloch	je 30 Propfreben[3][7]	je 50 Propfreben[3][7][8]	–	–
Unterlagsrebe	15. 2.	15. 4.	Haßloch	je 20 Wurzelreben[3][7]	je 40 Wurzelreben[3][7][8]	–	–
7 Sonstige Arten							
Buchweizen+)	15. 12.	1. 2.	Hannover	2,0	–	2,5	83
Hirse+)	15. 12.	1. 2.	Haßloch	0,7	–	x)	75
Hopfen+)	15. 1.	15. 3.	Haßloch	20 Fechser[3]	–	–	–
Tabak+)	15. 12.	1. 2.	Haßloch	10 g	–	x)	82
Topinambur+)	15. 1.	15. 3.	Haßloch	60 Knollen	–	–	–

Anmerkungen:
*) Nur auf besondere Anforderung vorzulegen.
+) Arten, die nicht dem Saatgutverkehrsgesetz unterliegen.
x) Bereits in Spalte 5 enthalten.
1) Auf besondere Anforderung außerdem 120 Einzelähren/rispen (Sommergetreide) bzw. 170 Einzelähren/rispen (Wintergetreide).
2) Nicht enthülste Sorten.
3) Mehrjährige Arten, weitere Einsendungen nur nach Aufforderung.
4) Inzuchtlinien, Einfachkreuzungen, sonstige Erbkomponenten. Obligatorische Vorlage sämtlicher Erbkomponenten bei der Prüfung von Hybridsorten. Bei Verwendung von männlicher Sterilität incl. der männlich fertilen Linie.
5) Ist bei Hybriden nur der Sortenschutz, nicht aber die Sortenzulassung beantragt, sind alle Erbkomponenten bereits zum 1. Prüfungsjahr vorzulegen.
6) Vorlage ohne weitere Aufforderung jährlich für jede Prüfungsperiode bei Sorten im Sortenschutz und/oder zulassungsverfahren sowie bei geschützten und/oder zugelassenen Sorten. In Pflanzgutgröße durchschnittliches Knollengewicht nicht über 99 g.
7) Keine Kartonage- bzw. Topfreben.
8) Menge bei Antrag auf Sortenzulassung. Ist die Eintragung als weiterer Züchter beantragt, sind lediglich 5 Propfreben je Klon vorzulegen.
9) Nur für Wertprüfung. Menge je Prüfungstelle. Vorlage in Pflanzgutgröße, durchschnittliches Knollengewicht nicht über 99 g.
10) Die Menge ist berechnet für ein TKG von: 300 g bei Mais, 40 g bei Hafer und Roggen, 50 g bei übrigen Getreidearten. Abweichungen im TKG sind in der Vorlagemenge entsprechend zu berücksichtigen.

11) Die Menge ist berechnet für ein TKG von: 500 g Ackerbohne, 300 g bei Futtererbse, 250 g bei Lupinen, 50 g bei Winterwicke, 60 g bei Saatwicke, 150 g bei Sojabohne, 80 g bei Sonnenblume, 7 g bei Lein. Abweichungen im TKG sind in der Vorlagemenge entsprechend zu berücksichtigen.
12) Vorlagemenge: Die Menge ist berechnet für ein TKG von 10 g. Abweichungen im TKG sind in der Vorlagemenge entsprechend zu berücksichtigen.
    Vorlageform: Es ist kalibriertes aber unpilliertes Monogerm- bzw. Präzisionssaatgut vorzulegen. Kalibrierung 3,00–4,75 mm.
13) Nur bei Sorten, für die ausschließlich die Zulassung ohne Voraussetzung des landeskulturellen Wertes gemäß § 30 Abs. 2 Nr. 4 SaatG oder zum Anbau außerhalb der Vertragsstaaten (§ 30 Abs. 2 Nr. 5 SaatG) beantragt wurde. Einmalige Saatgutvorlage.

**Anlage A, Teil II zur Bekanntmachung Nr. 8/98 – Landwirtschaftliche Pflanzenarten
Anforderung an die Beschaffenheit des Verkehrsmaterials bei nicht dem Saatgutverkehrsgesetz
unterliegenden landwirtschaftlichen Pflanzenarten**

Pflanzenart	Technische Mindestreinheit (in v. H. des Gewichtes)	Höchstanteil an Unkrautkörnern (in v. H. des Gewichtes)	Mindestkeimfähigkeit (in v. H. der reinen Körner)	Höchstanteil an hartschaligen Körnern (in v. H. der reinen Körner)	Höchstzulässiger Feuchtigkeitsgehalt (in v. H. des Gewichtes)
	1	2	3	4	5
1 Anforderungen an Saatgut					
Kammgras	95	0,1	80	–	14
Zarte Kammschmiele	75	0,3	70	–	14
Rasenschmiele	95	0,1	80	–	14
Rispengras außer Gemeine Rispe Hainrispe Sumpfrispe Wiesenrispe	95	0,1	85	–	14
Rohrglanzgras	94	0,1	75	–	14
Schwingel außer Rohrschwingel Rotschwngel Schafschwingel Wiesenschwingel	95	0,1	86	–	14
Wehrlose Trespe	95	0,1	85	–	14
Weidelgras außer Bastardweidelgras Deutsches Weidelgras Einjähriges Weidelgras Welsches Weidelgras	96	0,1	85	–	14
Bodenfrüchtiger Klee	95	0,1	85	–	12
Steinklee	95	0,1	80	40	12
Sumpfschotenklee	95	0,1 keine Seide	80	40	12
Serradella	94	0,1	83	–	15
Linse	97	0,1	92	15	15
Andenlupine	98	0,3	80	20	15
Platterbse	97	0,1	88	–	15
Wicklinse	97	0,1	90	15	15
Zaunwicke	97	0,1	88	15	15
Kreuzblättrige Wolfsmilch	95	0,1	70	–	15
Leindotter	98	0	85	–	10
Ölkürbis	98	0	80	–	15
Buchweizen	95	0	83	–	15
Hirse	97	0,1	75	–	15
Tabak	98	0	82	–	12

Zusätzliche Anforderungen bei allen vorgenannten Arten: Kein Besatz mit Flughafer, Besatz mit Körnern anderer Pflanzenarten höchstens 0,1 v. H. des Gewichts, Besatz mit Ackerfuchsschwanz höchstens 5 Körner in 25 g.

2 Anforderungen an sonstiges Vermehrungsmaterial

Tapinambur	Das Vermehrungsmaterial muß frei von faulen, verpilzten und beschädigten Knollen sein.
Hopfen	Die Setzlinge (Fechser) müssen mindestens 10 cm lang, dem Nutzungszweck entsprechend stark, unverletzt und frei von Resten alter Reben sein sowie mindestens 3 Augenkreise, glatte Schnittfläche und einen weißen Kern aufweisen.

Anlage B zur Bekanntmachung Nr. 8/98 – Gartenbauliche und forstliche Pflanzenarten

Pflanzenart	Vorlage des Vermehrungsmaterials				
	Antrags-termin	Vorlage-termin	Vorlage-stelle	Saatgutmenge für Registerprüfung und Standardmuster	Keimfähigkeit in v. H. der reinen Körner oder Knäuel
1	2	3	4	5	6
1 Gemüse-, Heil- und Gewürzpflanzenarten					
Bohne					
Buschbohne	1. 2.	1. 3.	Rethmar	9 000 Korn	85
Stangenbohne	1. 2.	1. 3.	Rethmar	9 000 Korn	85
Prunkbohne	1. 2.	1. 3.	Rethmar	9 000 Korn	85
Dicke Bohne	15. 1.	1. 2.	Rethmar	6 000 Korn	85
Dill	1. 2.	1. 3.	Dachwig	20 g	80
Erbse	15. 1.	15. 2.	Rethmar	20 000 Korn	85
Feldsalat	1. 3.	15. 4.	Bamberg	200 g	80
Fenchel (Knollenfenchel)	15. 1.	15. 2.	Bamberg	60 g	80
Gurke					
– Unterglasanbau	1. 12.	15. 1.	Bamberg	1 300 Korn	90
– Freilandanbau	1. 3.	1. 4.	Bamberg	130 g	90
Herbstrübe, Mairübe	1. 2.	1. 2.	Rethmar	1 000 g	85
Kamille	1. 10.	1. 11.	Dachwig	10 g	80
Kohl					
Blumenkohl	1. 1.	1. 2.	Rethmar	60 g	80
Brokkoli	1. 2.	1. 3.	Rethmar	70 g	85
Chinakohl	1. 3.	1. 4.	Rethmar	60 g	85
Grünkohl	1. 3.	1. 4.	Rethmar	60 g	85
Kohlrabi	1. 11.	1. 12.	Rethmar	60 g	85
Kopfkohl	1. 1.	1. 2.	Rethmar	60 g	85
Rosenkohl	15. 12.	15. 1.	Rethmar	135 g	85
Kürbis					
Gartenkürbis, Zucchini	1. 11.	15. 12.	Bamberg	200 g	85
Riesenkürbis	1. 2.	1. 3.	Bamberg	400 g	85
Majoran	15. 11.	15. 12.	Dachwig	10 g	65
Mangold	15. 1.	15. 2.	Bamberg	180 g	75
Möhre	15. 1.	15. 2.	Rethmar	150 g	80
Paprika	1. 11.	15. 12.	Bamberg	20 g	85
Petersilie	1. 1.	1. 2.	Bamberg	25 g	80
Porree	15. 1.	15. 2.	Bamberg	100 g	80
Radieschen					
– Unterglasanbau	1. 11.	1. 12.	Bamberg	525 g	85
– Freilandanbau	1. 2.	1. 3.	Bamberg	525 g	85
Rettich					
– Unterglasanbau	1. 11.	1. 12.	Bamberg	175 g	85
– Freilandanbau	1. 2.	1. 3.	Bamberg	175 g	85
Rote Rübe	1. 2.	1. 3.	Rethmar	800 g	80
Salat					
– Unterglasanbau	1. 11.	1. 12.	Bamberg	50 g	90
– Freilandanbau	15. 1.	15. 2.	Bamberg	75 g	90
Schnittlauch	1. 12.	1. 2.	Bamberg	125 g	80
Schwarzwurzel	1. 12.	1. 2.	Bamberg	240 g	85
Sellerie	15. 1.	1. 2.	Rethmar	10 g	70
Spargel	1. 1.	1. 2.	Rethmar	2 000 Korn	80
Spinat	15. 1.	1. 2.	Rethmar	1 000 g	80
Tomate	1. 11.	15. 12.	Bamberg	20 g	90
Winterendivie	1. 11.	15. 12.	Bamberg	30 g	80
Winterheckenzwiebel	1. 12.	15. 1.	Bamberg	600 g	85
Zichorie					
Salatzichorie	1. 3.	1. 4.	Bamberg	75 g	90
Wurzelzichorie	1. 1.	1. 2.	Bamberg	60 g	75
Zwiebel					
– Normalanbau	1. 12.	15. 1.	Bamberg	450 g	85
– Überwinterungsanbau	1. 7.	15. 7.	Bamberg	580 g	85

Pflanzenart		Vorlage des Vermehrungsmaterials			
	Antrags-termin	Vorlage-termin	Vorlage-stelle	Anzahl Pflanzen bzw. Saatgutmenge für Registerprüfung und Standardmuster	Beschaffenheit
1	2	3	4	5	6
2 *Obstarten*[1)3)]					
Apfel	15. 2.	15. 3.	Wurzen	10 10	Veredelungsruten oder einjährige Veredelungen auf virusfreien M 9 mit Zwischenveredelung („Hibernal")
Unterlagen	15. 2.	15. 3.	Wurzen	25 25	einjährige bewurzelte Triebe aus *vegetativer* Vermehrung Jungpflanzen aus *generativer* Vermehrung, zusätzlich 300 Samen
Birne	15. 2.	15. 3.	Wurzen	10 10	Veredelungsruten oder einjährige Veredelungen auf virusfreien EM Quitte A mit Zwischenveredelung („Gellerts Butterbirne")
Unterlagen	15. 2.	15. 3.	Wurzen	25 25	einjährige bewurzelte Triebe aus *vegetativer Vermehrung* Jungpflanzen aus *generativer* Vermehrung, zusätzlich 300 Samen
Brombeere	15. 2.	15. 3.	Wurzen	25 6	gut bewurzelte Pflanzen mit gutem Wurzelknospenansatz bei *nicht rankenden* Sorten gut bewurzelte Pflanzen mit gutem Wurzelknospenansatz bei *rankenden* Sorten
Erdbeere					
– vegetativ vermehrt	15. 7.	15. 8.	Wurzen	30	gut bewurzelte, kräftige Pflanzen
– generativ vermehrt	15. 11.	15. 12.	Wurzen	1,5 g	Samen, Mindestkeimfähigkeit 60 %
Himbeere	15. 2.	15. 3.	Wurzen	25	gut bewurzelte Pflanzen mit gutem Wurzelknospenansatz
Johannisbeere	15. 2.	15. 3.	Wurzen	6	Sträucher mit mindestens drei kräftigen Trieben
Jostabeere	15. 2.	15. 3.	Wurzen	6	Sträucher mit mindestens drei kräftigen Trieben
Kirsche					
Sauerkirsche	15. 2.	15. 3.	Marquardt	6	gut bewurzelte einjährige Veredelungen auf virusfreien Prunus mahaleb
Süßkirsche	15. 2.	15. 3.	Marquardt	6	gut bewurzelte einjährige Veredelungen auf virusfreien Prunus avium oder Prunus avium xP. pseudocerasus
Kiwi	15. 2.	1. 4.	Marquardt	4	gut entwickelte Pflanzen mit Ballen
Kulturheidelbeere	15. 2.	1. 4.	Marquardt	4	gut entwickelte Pflanzen mit Ballen
Pflaume	15. 2.	15. 3.	Marquardt	6	gut bewurzelte einjährige Veredelungen auf virusfreien Prunus cerasifera Myrobalane
Preiselbeere	15. 2.	1. 4.	Marquardt	10	gut entwickelte Pflanzen mit Ballen
Prunus-Unterlagen	15. 2.	15. 3.	Marquardt	25	Jungpflanzen aus vegetativer oder generativer Vermehrung. Bei generativer Vermehrung zusätzlich 300 Samen
Quitte	15. 2.	15. 3.	Wurzen	10	einjährige Veredelungen auf virusfreien EM Quitte A
Unterlagen	15. 2.	15. 3.	Wurzen	25 25	einjährige bewurzelte Triebe aus *vegetativer* Vermehrung Jungpflanzen aus *generativer* Vermehrung, zusätzlich 300 Samen
Stachelbeere	15. 2.	15. 3.	Wurzen	6	Sträucher mit mindestens drei kräftigen Trieben

Pflanzenart	Vorlage des Vermehrungsmaterials				Beschaffenheit
	Antrags-termin	Vorlage-termin	Vorlage-stelle	Anzahl Pflanzen	
1	2	3	4	5	6
3 Gehölzarten (einschließlich forstliche Baumarten)[1)4)]					
Apfel (Ziersorten)	1. 10.	[2)]	Scharnhorst	5	vegetativ vermehrte zwei- bis vierjährige Pflanzen
Douglasie	15. 2.	15. 3.	Scharnhorst	5	gut bewurzelte zwei- bis fünfjährige Pflanzen
Fichte	15. 2.	15. 3.	Scharnhorst	5	gut bewurzelte zwei- bis fünfjährige Pflanzen
Juglans-Hybriden	15. 2.	15. 3.	Scharnhorst	5	gut bewurzelte Pflanzen; bei Veredelungen sollten die Veredelungen einjährig sein
Kiefer	15. 2.	15. 3.	Scharnhorst	5	gut bewurzelte zwei- bis fünfjährige Pflanzen
Lärche	15. 2.	15. 3.	Scharnhorst	5	gut bewurzelte zwei- bis fünfjährige Pflanzen
Linde	15. 2.	15. 3.	Scharnhorst	5	gut bewurzelte ein-bis dreijährige Pflanzen
Pappel	15. 2.	15. 3.	Scharnhorst	15 Nr. 25	gut bewurzelte einjährige Pflanzen oder Stecklinge, 20 cm lang und mindestens 1 cm stark (bei Sorten, die durch Steck-hölzer vermehrt werden)
Prunus					
Ziersorten	1. 10.	[2)]	Scharnhorst	5	vegetativ vermehrte zwei- bis vierjährige Pflanzen
forstliche Sorten	15. 2.	15. 3.	Scharnhorst	5	gut bewurzelte ein- bis dreijährige Pflanzen
Rhododendron					
Freiland-rhododendron	1. 9.	1. 10.	Bremen und Rethmar	je 3	Pflanzen mit mindestens drei Blütenknospen
Spitzahorn	15. 2.	15. 3.	Scharnhorst	5	gut bewurzelte ein- bis dreijährige Pflanzen
Tanne	15. 2.	15. 3.	Scharnhorst	5	gut bewurzelte zwei- bis fünfjährige Pflanzen
Ulme	15. 2.	[2)]	NL-Wageningen	3	ein- bis zweijährige Pflanzen
Weide	15. 2.	15. 3.	Scharnhorst	15 25	gut bewurzelte ein- bis zweijährige Pflanzen oder Stecklinge, 20 cm lang und mindestens 1 cm stark (bei Sorten, die durch Steck-hölzer vermehrt werden)

Pflanzenart	Vorlage des Vermehrungsmaterials				
	Antrags-termin	Vorlage-termin	Vorlage-stelle	Anzahl Pflanzen bzw. Saatgutmenge für Registerprüfung und Standardmuster	Beschaffenheit
1	2	3	4	5	6
4 Zierpflanzenarten[13]					
Aeschynanthus	1. 2.	15. 3.	Hannover	30	Jungpflanzen in Töpfen mit je 2–3 Jungpflanzen
Azalee (Topf-)	15. 10.	15. 11.	Bad Zwischenahn	30	zweimal gestutzte Jungpflanzen
Besenheide	1. 9.	1. 10.	Rethmar	30	mindestens ein Jahr alte Pflanzen
Christusdorn	1. 2.	15. 3.	Hannover	20	gut bewurzelte Jungpflanzen nicht blühend
Chrysantheme	15. 9.	2)	GB-Cambridge	25	unbewurzelte Stecklinge
Edelpelargonie	1. 9.	1. 11.	Hannover	20	handelsübliche, ungestutzte Jungpflanzen
Elatior-Begonie	15. 12.	15. 4.	Hannover	30	Jungpflanzen aus nicht induzierten Kopfstecklingen
Erika	1. 9.	1. 10.	Rethmar	30	mindestens ein Jahr alte Pflanzen
Exacum					
– vegetativ vermehrt	15. 1.	1.–15. 4.	DK-Aarslev	20	Jungpflanzen mit vier bis fünf Blattpaaren
Flamingoblume					
– Schnitt-Sorten	1. 2.	1.–31. 3.	NL-Bennekom	6	Pflanzen aus In-vitro-Vermehrung mit mindestens einer Blüten-knospe oder Blüte
– Topf-Sorten	1. 2.	1.–31. 3.	NL-Bennekom	6	Jungpflanzen aus In-vitro-Vermehrung mit mindestens einer Blütenknospe oder Blüte
Freesie	15. 5.	15. 6.–15. 7.	NL-Roelofarends-veen	40	Knollen, unbehandelt, mit mindestens 4 cm Umfang (Größenklasse 5)
Fuchsie	1. 12.	15. 1.	Hannover	20	bewurzelte Stecklinge
Gerbera	1. 4.	1.–15. 5.	NL-Bennekom	12	handelsübliche Jungpflanzen, geeignet für die Auspflanzung in gewachsenen Boden
Gloxinie					
– vegetativ vermehrt	1. 1.	1. 3.	Hannover	30	Jungpflanzen aus in-vitro-Vermehrung, zweimal pikiert
– generativ vermehrt	1. 9.	1. 10.	Hannover	3 000 Korn	in 6 Portionen
Inkalilie	1. 9.	1.–31. 10.	NL-Bennekom	4	handelsübliche Jungpflanzen
Kalanchoe	15. 2.	15. 4.	Hannover	40	unbewurzelte Stecklinge
Korallenranke	1. 1.	15. 2.–1. 3.	DK-Aarslev	20	bewurzelte Stecklinge
Lilie	1. 12.	1.–15. 1.	NL-Bennekom	35	handelsübliche, unbehandelte Zwiebeln
Nelke	1. 1.	1.–15. 2.	NL-Bennekom	60	bewurzelte Stecklinge
Neu-Guinea-Impatiens	15. 12.	15. 3.	Hannover	20	handelsübliche, ungestutzte Jungpflanzen
Orchideen	1. 12.	2)	NL-Bennekom	5	blühende oder knospige Pflanzen
Osteospermum	1. 11.	15. 12.	Hannover	20	bewurzelte Stecklinge
Osterkaktus	15. 4.	15.–30. 4.	DK-Aarslev	20	unbewurzelte Stecklinge
Pelargonie					
– vegetativ vermehrt	1. 7.	1. 10.	Hannover	15	handelsübliche, ungestutzte Jung-pflanzen
– generativ vermehrt	1. 8.	15. 11.	Hannover	500 Korn	in 5 Portionen, Mindestkeimfähigkeit 85 %

Pflanzenart			Vorlage des Vermehrungsmaterials		
	Antrags-termin	Vorlage-termin	Vorlage-stelle	Anzahl Pflanzen bzw. Saatgutmenge für Registerprüfung und Standardmuster	Beschaffenheit
1	2	3	4	5	6
Petunie					
– vegetativ vermehrt	15. 1.	15. 3.	Marquardt	35	bewurzelte Stecklinge
Rose					
– Beet- und Topfrosen	15. 2.	31. 3.	Rethmar	6	Pflanzen mit mindestens drei starken Trieben als einjährige Veredelungen auf frostharter Unterlage oder wurzelecht
– Strauch- und Kletterrosen	15. 2.	31. 3.	Rethmar	3	Pflanzen mit mindestens drei starken Trieben als einjährige Veredelungen auf frostharter Unterlage oder wurzelecht
Spathiphyllum	1. 2.	1.–31. 3.	NL-Bennekom	10	handelsübliche, ausgewachsene Pflanzen und
				25	handelsübliche Jungpflanzen
Strauchmargerite	15. 1.	1. 3.	Hannover	20	bewurzelte Stecklinge
Streptocarpus	1. 1.	1. 3.	Hannover	20	handelsübliche Jungpflanzen
Usambaraveilchen	1. 7.	15. 8.	Hannover	20	knospige Pflanzen
Weihnachtskaktus	1. 12.	8.–16. 1.	DK-Aarslev	20	unbewurzelte Stecklinge
Weihnachtsstern	1. 12.	1.–7. 3.	DK-Aarslev	10	bewurzelte Stecklinge
Ziererdbeere	15. 7.	15. 8.	Marquardt	30	gut bewurzelte, kräftige Pflanzen

Anmerkungen:
1) Vorlage des Vermehrungsmaterials nur nach Anforderung.
2) Vorlagetermin wird bei Anforderung mitgeteilt.
3) Das vorzulegende Vermehrungsmaterial muß gesund sein, insbesondere virusfrei, bei Baumobstarten gemäß Verordnung zur Bekämpfung von Viruskrankheiten im Obstbau vom 26. 7. 1978 (BGBl. I S. 1120) in der jeweils geltenden Fassung.
4) Bei Gehölzarten ist das Ausgangsmaterial so auszuwählen, daß topophysis-bedingte Induktionserscheinungen möglichst nicht auftreten. D. h. Stecklinge sind aus einjährigen Haupttrieben zu schneiden, bewurzelte Pflanzen eines Klones sollen möglichst aus Zweigen gleicher Rangordnung erwachsen sein.

Sofern nicht anders angegeben, sollte das Vermehrungsmaterial nicht aus In-vitro-Vermehrung stammen. Wenn es aus In-vitro-Vermehrung stammt, ist dies anzugeben.

15. Bekanntmachung Nr. 14/98 des Bundessortenamtes betreffend 1. Änderung der Bekanntmachung Nr. 8/98 über Bestimmungen für den Beginn des Prüfungsanbaues und die Vorlage des Vermehrungsmaterials

vom 15. August 1998

Bezug: Bekanntmachung Nr. 8/98 (Bl.f.S. 1998, 239)

Die Bekanntmachung Nr. 8/98 über Bestimmungen für den Beginn des Prüfungsanbaues und die Vorlage des Vermehrungsmaterials wird wie folgt geändert:

Die Bekanntmachung Nr. 8/98 wird unter Tz. 2.3.5 wie folgt ergänzt:

2.3.5 Die Beschaffenheit des vorzulegenden Vermehrungsmaterials

Das Vermehrungsmaterial muß gesund . . . (§ 5 Satz 2 BSAVfV).

Das vorzulegende Vermehrungsmaterial von Obstarten muß frei von den in Anlage 2 der Verordnung über das Inverkehrbringen von Anbaumaterial von Gemüse-, Obst und Zierpflanzenarten (Anbaumaterialverordnung) vom 16. 6. 1998 in der jeweils gültigen Fassung aufgeführten Schadorganismen und frei von den in Anlage 4 Spalte 2 der obengenannten Verordnung aufgeführten Viren sein.

Bei Sorten von Baumobstarten und Himbeere. . .

16. Bekanntmachung Nr. 9/98 des Bundessortenamtes über mehrjährige Pflanzenarten, für die nach § 13 Abs. 2 BSAVfV im Aussaatjahr bzw. in Anwachsjahren die Hälfte der Prüfungsgebühren erhoben wird

Vom 15. Juni 1998

Bezug: Bekanntmachungen Nr. 20/96, Nr. 4/97, Nr. 7/97, Nr. 17/97 und Nr. 2/98 (Bl.f.S. 1996, 393; 1997, 71, 111, 438; 1998, 55)

Bei den nachfolgenden Pflanzenarten kann das Bundessortenamt in den jeweils genannten Aussaat- bzw. Anwachsjahren die Merkmale oder Eigenschaften in der jeweiligen Prüfungsperiode in der Regel nicht oder nicht vollständig feststellen und erhebt für diese Prüfungsperiode die Hälfte der Prüfungsgebühren.

Landwirtschaftliche Pflanzenarten
Anzahl Aussaat- bzw. Anwachsjahre

	Registerprüfung	Wertprüfung		Registerprüfung	Wertprüfung
Festulolium	1	1	Trespe		
Glatthafer	1	1	Wehrlose Trespe	1	_(1)
Goldhafer	1	1	Horntrespe	1	_(1)
Kammgras	1	_(1)	Alaska-Trespe	1	_(1)
Knaulgras	1	1	Weidelgras		
Waldknaulgras	1	_(1)	Bastardweidelgras	1	*(3)
Lieschgras			Deutsches Weidelgras	1	1
Wiesenlieschgras	1	1	Wiesenfuchsschwanz	1	1
Zwiebellieschgras	1	1	Zarte Kammschmiele	1	–
Rasenschmiele	1	_(1)	Esparsette	1	*(3)
Rispengras			Gelbklee (Hopfenklee)	1	1
Alpenrispe	1	_(1)	Hornklee	1	*(3)
Gemeine Rispe	1	1	Rotklee	1	1
Hainrispe	1	1	Schwedenklee	1	1
Lägerrispe	1	_(1)	Sumpfschotenklee	1	_(1)
Sumpfrispe	1	1	Weißklee	1	*(3)
Wiesenrispe	1	1	Luzerne		
Platthalmrispe	1	_(1)	Bastardluzerne	1	*(3)
sonstige Rispengräser	1	_(1)	Blaue Luzerne	1	*(3)
Rohrglanzgras	1	_(1)	Sichelluzerne	1	_(1)
Schwingel			Kronwicke	1	_(1)
Rohrschwingel	1	1	Kreuzblättrige Wolfsmilch	1(4)	_(1)
Rotschwingel	1	1	Rebe	2	2(5)
Schaftschwingel	1	1	Chinaschilf	2	_(1)
Wiesenschwingel	1	1	Färberwald	1	_(1)
sonstige Schwingel	1	_(1)	Bastardsorghum	1(4)	_(1)
Straußgras			Hopfen	2	_(1)
Flechtstraußgras	1	1	Riesenknöterich	1	_(1)
Hundsstraußgras	1	1			
Rotes Straußgras	1	1			
Weißes Straußgras	1	1			

Gartenbauliche Pflanzenarten
Anzahl Anwachsjahre

	Registerprüfung
Spargel	
bei generativer Vermehrung	2[6]
bei vegetativer Vermehrung	1[6]
Apfel	2
Apfelunterlage	2
Apfelbeere	2
Aprikose	3
Birne	3
Birnenunterlage	2
Brombeere	1
Echte Feige	3
Haselnuß	3
Himbeere	1
Holunder	3
Johannisbeere	
Rote Johannisbeere	1
Weiße Johannisbeere	1
Schwarze Johannisbeere	1
Jostabeere	1
Johannisbeerunterlage	2
Kirsche	
Sauerkirsche	2
Süßkirsche	3
Kiwi	3
Kulturheidelbeere	2
Lonicera kamtschatica	3
Pfirsich	3
Pflaume, Zwetschge	3
Preiselbeere	2
Prunusunterlage	3
Quitte	3
Quittenunterlage	2
Sanddorn	2
Scheinquitte	2
Stachelbeere	1
Walnuß	3
Ahorn	1
Amberbaum	1
Apfel (Ziersorten)	1
Bambus	1
Birke	1
Birne (Ziersorten)	1
Blasenspiere	1
Cotoneaster	1
Douglasie	1
Euonymus	1
Feuerdorn	1
Fichte	1
Ringerstrauch	1
Flieder	1
Forsythie	1
Hasel	1
Hypericum	1
Immergrün	1
Juglans-Hybriden	1
Kiefer	1
Lärche	1
Lebensbaum	1
Linde	1
Pappel	1[7]
Penstemon	1
Prunus (Ziersorten)	1
Ribes (Ziersorten)	1
Robinie	1
Scheinzypresse	1
Schneebeere	1
Schwarzkiefer (Ziersorten)	1
Sommerflieder	1
Stechpalme	1
Tanne	1
Ulme	1
Wacholder	1
Waldrebe	1
Weide	1[7]
Weigelie	1
Achillea	1
Ballonblume	1
Blaukissen	1
Segge	1
Viola	1
Arnika	1
Brennessel	1
Goldrute	1
Johanniskraut	1
Kümmel	1
Zitronenmelisse	1

Anmerkungen:
(1) Wertprüfung entfällt, weil die Art nicht in der SaatArtV aufgeführt ist.
(2) (Fußnote 2 entfällt).
(3) Vollständige Feststellung der Eigenschaftsausprägungen im Aussaatjahr. Insoweit findet § 13 Abs. 2 BSAVfV keine Anwendung auf die Wertprüfung.
(4) Wenn ein Antragsteller für die Sorte unter Nr. 5.1 des Technischen Fragebogens eine mehrjährige Vegetationsdauer angegeben hat.
(5) Prüfung der physiologischen Merkmale.
(6) Je nach Angabe des Antragstellers zur Vermehrungsmaterial in Nr. 4.2 des Technischen Fragebogens.
(7) Außer durch Stecklhölzer vermehrte Sorten.

Diese Bestimmungen treten am 15. Juni 1998 in Kraft. Gleichzeitig tritt die Bekanntmachung des Bundessortenamtes Nr. 20/96 (Bl.f.S. 1996, 393), zuletzt geändert durch Bekanntmachung Nr. 2/98 vom 15. Januar 1998 (Bl.f.S. 1998, 55) außer Kraft.

Dr. Jördens

17. Musterverwaltungsvereinbarung für die Internationale Zusammenarbeit bei der Prüfung von Sorten

vom Rat am 29. Oktober 1993 angenommen

Dokument C/27/15, Anlage III

C/27/15
ANLAGE III

**Musterverwaltungsvereinbarung
für die Internationale Zusammenarbeit bei der Prüfung von Sorten**

- IN DER ERKENNTNIS der Bedeutung, die der Zusammenarbeit zwischen den Mitgliedern des Internationalen Verbandes zum Schutz von Pflanzenzüchtungen (UPOV) bei der Prüfung und Unterscheidbarkeit, Homogenität und Beständigkeit der Sorten, die Gegenstand eines Antrags auf Erteilung eines Züchterrechts sind, als Mittel für eine optimale Wirkungsweise ihrer Züchterrechtssysteme beizumessen ist,

- IN DER ERWÄGUNG, daß die Zusammenarbeit nach Maßgabe der biologischen, technischen und wirtschaftlichen Besonderheiten der jeweiligen botanischen Taxa unterschiedliche Formen annehmen kann,

- ÜBERZEUGT, daß die Zentralisierung der Prüfung und die durch andere Formen der Zusammenarbeit herbeigeführte Vereinheitlichung der technischen Verfahren eine positive Auswirkung auf den zwischenstaatlichen Handel auf dem Gebiet des Sorten- und Saatgutwesens haben,

- IN DER ERWÄGUNG, daß es bei nichterfolgter Zentralisierung der Prüfung wünschenswert sein kann, daß die Prüfung auf Unterscheidbarkeit, Homogenität und Beständigkeit einer in mehreren Staaten angemeldeten Sorte nur einmal durchgeführt wird,

- IN DER ERWÄGUNG, daß diese Vereinbarung dergestalt sein muß, daß sie auch geeignet ist, als Grundlage für eine Zusammenarbeit in Bereichen zu dienen, die mit dem Schutz von Pflanzenzüchtungen verwandt sind, insbesondere in dem Bereich der Verwaltung der Listen der zum Handel zugelassenen Sorten,

- IN DER ERWÄGUNG, daß die Vereinbarungsparteien ebenfalls bestrebt sind, vergleichbare Vereinbarungen mit anderen Mitgliedern des Verbandes zu schließen, und daß es somit notwendig ist, diese Vereinbarung auf die Musterverwaltungsvereinbarung für die Internationale Zusammenarbeit bei der Prüfung von Sorten zu stützen, die von der UPOV erstellt und vom Rat der UPOV auf dessen siebenundzwanzigsten ordentlichen Tagung am 29. Oktober 1993 angenommen wurde,

- IN DER ERWÄGUNG, daß alle diesbezüglichen Vereinbarungen notwendigerweise regelmäßig überprüft, bewertet und angepaßt werden müssen,

haben

die Partei A

und

die Partei B

folgendes vereinbart:

Artikel 1

(1) Behörde A leistet der Behörde B auf deren Verlangen folgende Dienste in bezug auf Sorten, die bei Behörde B Gegenstand eines Antrags auf Erteilung eines Züchterrechts gemäß dem Internationalen Übereinkommen zum Schutz von Pflanzenzüchtungen oder auf Eintragung in die Liste der zum Handel zugelassenen Sorten sind:

i) für die in *Anlage A.1* aufgeführten Gattungen und Arten die Durchführung der Prüfung auf Unterscheidbarkeit, Homogenität und Beständigkeit der betreffenden Sorten;

ii) für die in *Anlage A.2* (oder *A.2/B.2*) aufgeführten Gattungen und Arten die Durchführung des in der genannten Anlage bestimmten Teils der Prüfung auf Unterscheidbarkeit, Homogenität und Beständigkeit;

iii) für die in *Anlage A.3* aufgeführten Gattungen und Arten die Überwachung der Prüfung der Sorte und die Auswertung deren Ergebnisse, wenn die Prüfung in ihrem Zuständigkeitsgebiet durch den Antragsteller oder in dessen Auftrag durch einen Dritten durchgeführt wird;

iv) für die in *Anlage A.4* (oder *A.4/B.4*) aufgeführten Gattungen und Arten die Übermittlung der Ergebnisse der Prüfung oder deren Überwachung, die sie aufgrund eines früheren Antrags durchgeführt hat oder durchführen wird;

(2) Behörde B leistet entsprechend der Behörde A die gleichen Dienste in bezug auf Sorten der in *Anlagen B.1, B.2* (oder *A.2/B.2*) *B.3* bzw. *B.4* (oder *A.4/B.4*) aufgeführten Gattungen und Arten.

(3) Die Behörden können ad hoc vereinbaren, diese Vereinbarung auf eine Sorte einer Gattung oder Art anzuwenden, die in der einschlägigen Anlage nicht aufgeführt ist.

(4) Im Sinne dieser Vereinbarung sind:

i) „durchführende Behörde": die Behörde, die eine der in Absatz 1 Nummern i bis iv erwähnten Tätigkeiten durchführt;

ii) „übernehmende Behörde": die Behörde, für die eine der genannten Tätigkeiten durchgeführt wird.

Artikel 2

Hat der Rat der UPOV Prüfungsrichtlinien für eine Art, auf die diese Vereinbarung Anwendung findet, angenommen, so wird die Prüfung entsprechend diesen Richtlinien durchgeführt. Bestehen solche Richtlinien nicht, so bestimmen die Behörden in gegenseitigem Einvernehmen die Prüfungsmethoden, bevor diese Vereinbarung auf die betreffende Art angewandt wird.

Artikel 3

(1) Für jede Sorte übermittelt die durchführende Behörde je nach dem Fall der übernehmenden Behörde:

i) die Berichte für jede Prüfungsperiode und einen abschließenden Prüfungsbericht;

ii) die Berichte über den von ihr durchzuführenden Teil der Prüfung;

iii) die Berichte über die Überwachung der durch den Antragsteller oder in dessen Auftrag durch einen Dritten durchgeführten Prüfung der Sorte und über die Auswertung der Ergebnisse dieser Prüfung sowie einen abschließenden Prüfungsbericht.

(2) Der abschließende Bericht muß die Ergebnisse der Prüfungen und sonstigen Untersuchungen für die Merkmale der Sorte im einzelnen wiedergeben und soll die Auffassung der durchführenden Behörde zur Unterscheidbarkeit, Homogenität und Beständigkeit der Sorte angeben. Wenn diese Voraussetzungen als erfüllt angesehen werden oder die übernehmende Behörde darum ersucht, wird dem Bericht eine Beschreibung der Sorte beigefügt.

(3) Berichte und Beschreibungen werden in ... (Sprache) abgefaßt.

(4) Über alle auftretenden Probleme ist die übernehmende Behörde unverzüglich zu unterrichten.

(5) In bezug auf die Voraussetzungen der Unterscheidbarkeit, Homogenität und Beständigkeit entscheidet die übernehmende Behörde über den Antrag in der Regel auf der Grundlage des abschließenden Prüfungsberichts oder unter gebührender Berücksichtigung der Teilberichte der durchführenden Behörde. Wenn außergewöhnliche Umstände es erfordern, kann die übernehmende Behörde zusätzliche Prüfungen vornehmen. Entscheidet sie sich zu deren Durchführung, so setzt sie die durchführende Behörde davon in Kenntnis.

Artikel 4

(1) Die Behörden ergreifen alle notwendigen Maßnahme, um die Rechte des Antragstellers sicherzustellen.

(2) Ohne ausdrückliche Genehmigung der übernehmenden Behörde und des Antragstellers überläßt die durchführende Behörde kein Material der Sorten, um deren Prüfung ersucht wurde, an Dritte.

(3) Zugang zu den Aktenunterlagen und zum Prüfungsanbau wird nur gewährt:
 i) der übernehmenden Behörde und dem Antragsteller sowie allen ordnungsgemäß ermächtigten Personen;
 ii) dem erforderlichen Personal der Stelle, die die Prüfung durchführt, sowie beigezogenen besonderen Sachverständigen, die zur Geheimhaltung im öffentlichen Dienst verpflichtet sind. Diese besonderen Sachverständigen haben Zugang zu den Zuchtformeln von Hybridsorten nur, wenn dies unbedingt erforderlich ist und der Antragsteller dem nicht widerspricht.
Dieser Absatz schließt den allgemeinen Zugang von Besuchern zu Anbauprüfungen nicht aus, wenn dem Absatz 1 hinreichend Rechnung getragen ist.

(4) Ist auch eine andere Behörde aufgrund einer vergleichbaren Vereinbarung eine übernehmende Behörde, so kann Zugang gemäß den Regeln gewährt werden, die aufgrund jener Vereinbarung gelten.

Artikel 5

Wird im Falle einer in Artikel 1 Satz 1 Nummer iv erwähnten Dienstleistung der frühere Antrag zurückgewiesen oder zurückgenommen, so können die Behörden die Fortsetzung der Prüfung oder der Überwachung für die übernehmende Behörde vereinbaren.

Artikel 6

Die praktischen Einzelheiten, die sich aus dieser Vereinbarung ergeben, insbesondere hinsichtlich der Bestimmungen über Entgelte, der Antragsvordrucke, der technischen Fragebogen, der Anforderungen an das Vermehrungsmaterial, der Prüfungsmethoden, des Austausches von Vergleichsproben, der Unterhaltung von Vergleichssortimenten und der Vorlage der Ergebnisse, werden zwischen den Behörden durch Schriftwechsel geregelt.

Artikel 7

(1) Die übernehmende Behörde zahlt der durchführenden Behörde das nach Artikel 6 vereinbarte Entgelt.

(2) i) Im Falle einer in Artikel 1 Absatz 1 Nummer iv erwähnten Dienstleistung wird ein Verwaltungsentgelt erhoben, das rund 350 Schweizer Franken entspricht oder dessen Betrag zwischen den Behörden durch Schriftwechsel vereinbart wird.

ii) Wurde der frühere Antrag zurückgewiesen oder zurückgenommen und haben die Behörden nach Artikel 5 die Fortsetzung der Prüfung oder Überwachung für die übernehmende Behörde vereinbart, so entspricht der zu zahlende Betrag den zusätzlichen, sich aus der Fortsetzung der Prüfung oder Überwachung ergebenden Kosten.

(3) Zahlungen werden innerhalb von drei Monaten nach Erhalt einer aufgeschlüsselten Rechnung geleistet.

Artikel 8

Jede Behörde stellt Informationen, Prüfungseinrichtungen oder Dienstleistungen von Sachverständigen, die die andere Behörde zusätzlich benötigt, unter der Bedingung zur Verfügung, daß die andere Behörde die hierdurch verursachten Kosten übernimmt.

Artikel 9

(1) Diese Vereinbarung tritt am ... (Datum) in Kraft (und ersetzt die Vereinbarung vom ... (Datum) über die Zusammenarbeit bei der Prüfung von Sorten).
(2) Diese Vereinbarung und ihre Anlagen können im gegenseitigen Einvernehmen geändert werden.
(3) Jede Partei, die diese Vereinbarung ganz oder zum Teil widerrufen möchte, teilt dies der anderen Partei mit.
(4) Sofern die Parteien nichts anderes vereinbaren, wird ein solcher Widerruf erst nach Ablauf von zwei Jahren nach Abschluß der laufenden Prüfungen und Übermittlung der betreffenden Berichte wirksam.

(Anlage IV folgt)

18. Übersicht über den Stand der Mitglieder (Verbandsstaaten) des internationalen Übereinkommens zum Schutz von Pflanzenzüchtungen (UPOV-Übereinkommen)

vom 2. Dezember 1961, geändert durch Zusatzakte von Genf vom 10. November 1972, vom 23. Oktober 1978 und vom 19. März 1991 (Stand: 30. September 1998) aus UPOV-Dokument C/32/3 vom 6. Oktober 1998

Anlage
Lage des Verbandes (Stand 30. September 1998)

Staat	Datum der Unterzeichnung[1]	Datum der Hinterlegung der Urkunde[1,2]	Datum des Inkrafttretens[1]
Argentinien	- - - -	- - 25. November 1994 -	- - 25. Dezember 1994 -
Australien	- - - -	- - 1. Februar -	- - 1. März 1989 -
Belgien	2. Dezember 1961 10. November 1972 23. Oktober 1978 19. März 1991	5. November 1976 5. November 1976 - -	5. Dezember 1976 11. Februar 1977 - -
Brasilien	- - - -	- - 23. April 1999 -	- - 23. Mai 1999 -
Bolivien	- - - -	- - 21. April 1999 -	- - 21. Mai 1999 -
Bulgarien	- - - -	- - - 24. März 1998	- - - 24. April 1998
Chile	- - - -	- - 5. Dezember 1995 -	- - 5. Januar 1996 -
China VR	- - - -	- - 23. März 1999 -	- - 23. April 1999 -

---

1 *Erste Zeile:* Internationales Übereinkommen zum Schutz von Pflanzenzüchtungen vom 2. Dezember 1961
Zweite Zeile: Zusatzakte vom 10. November 1972
Dritte Zeile: Akte vom 23. Oktober 1978
Vierte Zeile: Akte vom 19. März 1991.

2 Der Ratifizierungsurkunde, sofern der Staat das Übereinkommen bzw. die Zusatzakte unterzeichnet hat; der Ratifizierungs-, Annahme- oder Beitrittsurkunde, sofern der Staat die Akte von 1978 unterzeichnet hat; der Beitrittsurkunde, sofern der Staat den besagten Wortlaut nicht unterzeichnet hat.

Übersicht über UPOV-Mitgliederbestand

Staat	Datum der Unterzeichnung[1]	Datum der Hinterlegung der Urkunde[1,2]	Datum des Inkrafttretens[1]
Dänemark	26. November 1962 10. November 1972 23. Oktober 1978 19. März 1991	6. September 1968 8. Februar 1974 8. Oktober 1981 26. April 1996	6. Oktober 1968 11. Februar 1977 8. November 1981 24. April 1998
Deutschland	2. Dezember 1961 10. November 1972 23. Oktober 1978 19. März 1991	11. Juli 1968 23. Juli 1976 12. März 1986 25. Juni 1998	10. August 1968 11. Februar 1977 12. April 1986 25. Juli 1998
Ecuador	– – – –	– – 8. Juli 1997 –	– – 8. August 1997 –
Finnland	– – – –	– – 16. März 1993 –	– – 16. April 1993 –
Frankreich	2. Dezember 1961 10. November 1972 23. Oktober 1978 19. März 1991	3. September 1971 22. Januar 1975 17. Februar 1983 –	3. Oktober 1971 11. Februar 1971 17. März 1983 –
Irland	– – 27. September 1979 21. Februar 1992	– – 19. Mai 1981 –	– – 8. November 1981 –
Israel	– – – 23. Oktober 1991	12. November 1979 12. November 1979 12. April 1984 3. Juni 1996	12. Dezember 1979 12. Dezember 1979 12. Mai 1984 24. April 1998
Italien	2. Dezember 1961 10. November 1972 23. Oktober 1978 19. März 1991	1. Juni 1977 1. Juni 1977 28. April 1986 –	1. Juli 1977 1. Juli 1977 28. Mai 1986 –
Japan	– – 17. Oktober 1979 –	– – 3. August 1982 24. November 1998	– – 3. September 1982 24. Dezember 1998
Kanada	– – 31. Oktober 1979 9. März 1992	– – 4. Februar 1991 –	– – 4. März 1991 –
Kenia	– – – –	– – 13. April 1999 –	– – 13. Mai 1999 –
Kolumbien	– – – –	– – 13. August 1996 –	– – 13. September 1996 –
Mexiko	– – 25. Juli 1979 –	– – 9. Juli 1997 –	– – 9. August 1997 –
Neuseeland	– – 25. Juli 1979 19. Dezember 1991	– – 3. November 1980 –	– – 8. November 1981 –

644 *Übersicht über UPOV-Mitgliederbestand*

Staat	Datum der Unterzeichnung[1]	Datum der Hinterlegung der Urkunde[1,2]	Datum des Inkrafttretens[1]
Niederlande	2. Dezember 1961 10. November 1972 23. Oktober 1978 19. März 1991	8. August 1967 12. Januar 1977 2. August 1984 14. Oktober 1996	10. August 1968 11. Februar 1977 2. September 1984 24. April 1998
Norwegen	– – – –	– – 13. August 1993 –	– – 13. September 1993 –
Österreich	– – – –	– – 14. Juni 1994 –	– – 14. Juli 1994 –
Paraguay	– – – –	– – 8. Januar 1997 –	– – 8. Februar 1997 –
Polen	– – – –	– – 11. Oktober 1989 –	– – 11. November 1989 –
Portugal	– – – –	– – 14. September 1995 –	– – 14. Oktober 1995 –
Republik Moldau	– – – –	– – – 28. September 1998	– – – 28. Oktober 1998
Russische Föderation	– – – –	– – – 24. März 1998	– – – 24. April 1998
Schweden	– 11. Januar 1973 6. Dezember 1978 17. Dezemeber 1991	17. November 1971 11. Januar 1973 1. Dezember 1982 18. Dezember 1997	17. Dezember 1971 11. Februar 1977 1. Januar 1983 24. April 1998
Schweiz	30. November 1962 10. November 1972 23. Oktober 1978 19. März 1991	10. Juni 1977 10. Juni 1977 17. Juni 1981 –	10. Juli 1977 10. Juli 1977 8. November 1981 –
Slowakei[3]	– – – –	– – – –	– – 1. Januar 1993 –
Spanien	– – – 19. März 1991	18. April 1980 18. April 1980 – –	18. Mai 1980 18. Mai 1980 – –
Südafrika	– – 23. Oktober 1978 19. März 1991	7. Oktober 1977 7. Oktober 1977 21. Juli 1981 –	6. November 1977 6. November 1977 8. November 1981 –

Staat	Datum der Unterzeichnung[1]	Datum der Hinterlegung der Urkunde[1,2]	Datum des Inkrafttretens[1]
Tschechische Republik[3]	–	–	–
	–	–	1. Januar 1993
	–	–	–
	–	–	–
Trinidad und Tobago	–	–	–
	–	30. Dezember 1997	30. Januar 1998
	–	–	–
Ukraine	–	–	–
	–	–	–
	–	3. Oktober 1995	3. November 1995
	–	–	–
Ungarn	–	–	–
	–	–	–
	–	16. März 1983	16. April 1983
	–	–	–
Uruguay	–	–	–
	–	–	–
	–	13. Oktober 1994	13. November 1994
	–	–	–
Vereinigtes Königreich	26. November 1962	17. September 1965	10. August 1968
	10. November 1972	1. Juli 1980	31. Juli 1980
	23. Oktober 1978	24. August 1983	24. September 1983
	19. März 1991	–	–
Vereinigte Staaten von Amerika	–	–	–
	–	–	–
	23. Oktober 1978	12. November 1980	8. November 1981
	25. Oktober 1991	22. Januar 1999	22. Februar 1999

Insgesamt: 38 Verbandsstaaten

---

3 Fortsetzung des Beitritts der Tschechoslowakei (Urkunde am 4. November 1991 hinterlegt; in Kraft getreten am 4. Dezember 1991).

19. Saatgutverkehrsgesetz

vom 20. August 1985

(Bundesgesetzbl. I S. 1633; Bl. f. PMZ 1986 S. 3)
zuletzt geändert durch das Gesetz vom 25. Oktober 1994
(Bundesgesetzbl. I S. 3082, Bl. f., PMZ 1994 Sonderheft S. 1)

Der Bundestag hat mit Zustimmung des Bundesrates das folgende Gesetz beschlossen:

Abschnitt
Saatgutordnung

Unterabschnitt 1
Allgemeine Vorschriften

§ 1
Anwendungsbereich

(1) Dieses Gesetz gilt vorbehaltlich der §§ 56 und 57 für Saatgut und Vermehrungsmaterial der im Artenverzeichnis zu diesem Gesetz aufgeführten Arten.

(2) Das Bundesministerium für Ernährung, Landwirtschaft und Forsten wird ermächtigt, durch Rechtsverordnung mit Zustimmung des Bundesrates das Artenverzeichnis zu diesem Gesetz aufzustellen. Eine Art darf in das Artenverzeichnis nur aufgenommen werden, wenn dies zur Durchführung von Rechtsakten der Europäischen Gemeinschaft oder zum Schutz des Verbrauchers erforderlich ist. Eine Art darf im Artenverzeichnis gestrichen werden, wenn der Schutz des Verbrauchers eine Regelung nach diesem Gesetz nicht mehr erfordert und Rechtsakte der Europäischen Gemeinschaft nicht entgegenstehen.

§ 2
Begriffsbestimmungen

(1) Im (1) Im Sinne des Gesetzes sind

1. Saatgut:
    a) Samen, der zur Erzeugung von Pflanzen bestimmt ist; ausgenommen sind Samen von Obst- und Zierpflanzen,
    b) Pflanzgut von Kartoffel,
    c) Pflanzgut von Rebe einschließlich Ruten und Rutenteilen;
1a. Vermehrungsmaterial: Pflanzen und Pflanzenteile von Gemüse, Obst oder Zierpflanzen, die für die Erzeugung von Pflanzen und Pflanzenteilen oder sonst zum Anbau bestimmt sind; ausgenommen sind Samen von Gemüse,
2. Kategorien (für Saatgut): Basissaatgut, Zertifizierten Saatgut, Standardpflanzgut, Standardsaatgut, Handelssaatgut und Behelfssaatgut; dem Basissaatgut, Zertifiziertes Saatgut, Handelssaatgut und Behelfssaatgut steht jeweils Basispflanzgut, Zertifiziertes Pflanzgut, Handelspflanzgut oder Behelfspflanzgut gleich;

3. Basissaatgut: Saatgut, das nach den Grundsätzen systematischer Erhaltungszüchtung von dem in der Sortenliste für die Sorte eingetragenen Züchter oder unter dessen Aufsicht und nach dessen Anweisung gewonnen und als Basissaatgut anerkannt ist.
4. Zertifiziertes Saatgut:
   a) unmittelbar aus Basissaatgut, anerkanntem Vorstufensaatgut oder im Falle des § 5 Abs. 1 Nr. 4 Buchstabe a aus Zertifiziertem Saatgut erwachsen und als Zertifiziertes Saatgut anerkannt oder
   b) im Falle des § 5 Abs. 1 Nr. 3 unmittelbar aus Zertifiziertem Saatgut, Basissaatgut oder anerkanntem Vorstufensaatgut erwachsen und als Zertifiziertes Saatgut oder Zertifiziertes Saatgut zweiter Generation anerkannt
   ist;
5. Standardpflanzgut: Pflanzgut bestimmter Rebsorten, das als Standardpflanzgut anerkannt ist;
6. Standardsaatgut: Saatgut einer zugelassenen oder im gemeinsamen Sortenkatalog für Gemüsearten veröffentlichten Gemüsesorte, das den festgesetzten Anforderungen entspricht;
7. Handelssaatgut: Saatgut bestimmter Arten außer Gemüsearten, das artecht und als Handelssaatgut zugelassen ist;
8. Behelfssaatgut: Saatgut, das artecht ist und den festgesetzten Anforderungen entspricht;
9. Vorstufensaatgut: Saatgut einer dem Basissaatgut vorhergehenden Generation; dem Vorstufenssaatgut steht Vorstufenpflanzgut gleich;
10. Arten: Pflanzenarten sowie Zusammenfassung und Unterteilungen von Pflanzenarten;
11. Erbkomponenten: Sorten oder Zuchtlinien, die zur Erzeugung einer anderen Sorte verwendet werden sollen;
12. Inverkehrbringen: das Anbieten, Vorrätighalten zur Abgabe, Feilhalten und jedes Abgeben an andere;
13. Anerkennungsstelle: die nach Landesrecht für die Anerkennung zuständige Behörde;
14. Nachkontrollstelle: die nach Landesrecht für die Nachkontrolle zuständige Behörde;
15. Antragstag: der Tag, an dem der Antrag auf Sortenzulassung dem Bundessortenamt zugeht;
16. Gemeinsame Sortenkataloge: die von der Kommission der Europäischen Gemeinschaft veröffentlichten gemeinsamen Sortenkataloge für landwirtschaftliche Pflanzenarten und für Gemüsearten;
17. Vertragsstaat: Staat, der Vertragspartei des Abkommens über den Europäischen Wirtschaftsraum ist;
17a. Vertragsstaat: Staat, der Vertragspartei des Abkommens über den Europäischen Wirtschaftsraum ist;
18. Verbandsstaat: Staat, der Mitglied des durch das Internationale Übereinkommen vom 2. Dezember 1961 zum Schutz von Pflanzenzüchtungen (BGBl. 1968 II S. 428) gegründeten Internationalen Verbandes zum Schutz von Pflanzenzüchtungen ist.

(2) Das Bundesministerium für Ernährung, Landwirtschaft und Forsten wird ermächtigt, soweit es zum Schutz des Verbrauchers erforderlich ist, durch Rechtsverordnung mit Zustimmung des Bundesrates Kategorien für Vermehrungsmaterial einschließlich der Anforderungen festzusetzen, denen Vermehrungsmaterial der jeweiligen Kategorie entsprechen muß.

§ 3
Inverkehrbringen von Saatgut

(1) Saatgut darf zu gewerblichen Zwecken nur in den Verkehr gebracht werden, wenn
1. es als Basissaatgut, Zertifiziertes Saatgut oder Standardpflanzgut anerkannt ist,
2. sein Inverkehrbringen als Standardsaatgut, Handelssaatgut oder Behelfssaatgut durch Rechtsverordnung nach § 11 gestattet ist und es
   a) bei Standardsaatgut den dafür festgesetzten Anforderungen entspricht,
   b) bei Handelssaatgut zugelassen und in den Fällen des § 13 Abs. 2 formecht ist,
   c) bei Behelfssaatgut den dafür festgesetzten Anforderungen entspricht und in den Fällen des § 14 formecht ist,

3. sein Inverkehrbringen nach Absatz 2 oder nach § 6, auch in Verbindung mit § 13 Abs. 1, genehmigt ist,
4. seine Einfuhr nach § 15 zulässig oder nach § 18 Abs. 2 genehmigt ist,
5. es als Vorstufensaatgut einer zugelassenen Sorte auf Grund eines Vermehrungsvertrages an eine der Vertragsparteien abgegeben wird und im Falle des § 5 Abs. 1 Nr. 2 anerkannt ist,
6. es für eine Bearbeitung, insbesondere Aufbereitung, bestimmt ist oder
7. es für Züchtungs-, Forschungs- oder Ausstellungszwecke oder für den Anbau außerhalb eines Vertragsstaates bestimmt ist.

Saatgut darf nach den Nummern 1, 2 und 4 nur so lange in den Verkehr gebracht werden, als es den durch Rechtsverordnung nach § 5 Abs. 1 Nr. 1 Buchstabe b, Abs. 2 Nr. 1, § 11 oder § 25 festgesetzten Anforderungen entspricht. Saatgut darf in Mischungen zu gewerblichen Zwecken nur in den Verkehr gebracht werden, wenn dies durch Rechtsverordnung nach § 26 gestattet ist.

(2) Abweichend von Absatz 1 kann das Bundessortenamt für Sorten, deren Zulassung oder deren Eintragung in ein der Sortenliste entsprechendes Verzeichnis eines anderen Vertragsstaates beantragt worden ist, das Inverkehrbringen von Saatgut zu gewerblichen Zwecken genehmigen und hierfür Höchstmengen festsetzen. Es hat die Genehmigung mit den zum Schutz des Verbrauchers erforderlichen Auflagen zu verbinden.

§ 3a
Inverkehrbringen von Vermehrungsmaterial

(1) Vermehrungsmaterial darf zu gewerblichen Zwecken nur in den Verkehr gebracht werden, wenn
1. es als Vermehrungsmaterial von Obst anerkannt ist,
2. es als Vermehrungsmaterial von Obst oder Zierpflanzen, ohne anerkannt zu sein,
    a) einer Sorte zugehört, die nach § 30 zugelassen oder nach dem Sortenschutzgesetz geschützt ist, oder
    b) einer Sorte oder Pflanzengruppe zugehört, die bezeichnet und hinreichend genau beschrieben worden ist, ohne daß der Bezeichnung ein Ausschließungsgrund nach § 35 Abs. 1 Nr. 1 bis 3, 5 oder 6 entgegensteht, und
    den nach § 14 a Nr. 3 Buchstabe c und d festgesetzten Anforderungen entspricht,
3. es als Vermehrungsmaterial von Gemüse einer Sorte zugehört, die
    a) nach § 30 zugelassen oder
    b) in einem der Sortenliste entsprechenden Verzeichnis eines anderen Vertragsstaates eingetragen ist und den nach § 14 a Nr. e Buchstabe c und d festgesetzten Anforderungen entspricht, oder
4. seine Einfuhr nach § 15 a zulässig oder nach § 18 Abs. 3 in Verbindung mit Abs. 2 genehmigt ist.

Vermehrungsmaterial darf nur so lange zu gewerblichen Zwecken in den Verkehr gebracht werden, als es den Voraussetzungen nach Satz 1 entspricht. § 3 Abs. 1 Satz 1 Nr. 6 und 7 und Abs. 2 gilt für Vermehrungsmaterial entsprechend.

(2) Das Bundesministerium für Ernährung, Landwirtschaft und Forsten wird ermächtigt, soweit es zum Schutz des Verbrauchers erforderlich ist,
1. durch Rechtsverordnung mit Zustimmung des Bundesrates vorzuschreiben, daß bestimmtes Vermehrungsmaterial nur dann zu gewerblichen Zwecken in den Verkehr gebracht werden darf, wenn dem Bundessortenamt eine Bezeichnung und Beschreibung nach Absatz 1 Satz 1 Nr. 2 Buchstabe b vorgelegt worden ist;
2. durch Rechtsverordnung, die nicht der Zustimmung des Bundesrates bedarf,
    a) weitere Anforderungen an die Bezeichnung sowie die Anforderungen an die Beschreibung nach Absatz 1 Satz 1 Nr. 2 Buchstabe b festzusetzen und
    b) die Befugnis nach Buchstabe a auf das Bundessortenamt zu übertragen.

(3) Das Bundesministerium für Ernährung, Landwirtschaft und Forsten wird ermächtigt, soweit es zur Durchführung von Rechtsakten der Europäischen Gemeinschaft erforderlich und mit dem Schutz des Verbrauchers vereinbar ist, durch Rechtsverordnung mit Zustimmung des Bundesrates für bestimmtes

Vermehrungsmaterial Ausnahmen von den Voraussetzungen nach Absatz 1 oder den auf Grund des Absatzes 2 erlassenen Rechtsverordnungen vorzusehen; dabei kann es das Inverkehrbringen von Vermehrungsmaterial zu gewerblichen Zwecken von bestimmten Mindestanforderungen abhängig machen. Ist die Versorgung mit Vermehrungsmaterial bestimmter Arten in einem Mitgliedstaat nicht gesichert, so bedarf eine Rechtsverordnung nach Satz 1 nicht der Zustimmung des Bundesrates, wenn das Inverkehrbringen für einen bestimmten Zeitraum von höchstens einem Jahr gestattet wird.

Unterabschnitt 2
Anerkanntes Saatgut

§ 4
Voraussetzungen für die Anerkennung

(1) Saatgut wird anerkannt, wenn
1. a) die Sorte nach § 30 zugelassen ist,
2. b) eine vom Bundessortenamt für die Anerkennung von Saatgut der Sorte nach § 52 Abs. 6 festgesetzte Auslauffrist noch nicht abgelaufen ist oder
    c) das Saatgut der Sorte nach § 55 Abs. 2 anerkannt werden darf;
2. der Feldbestand der Vermehrungsfläche, auf der das Saatgut erwachsen ist, den festgesetzten Anforderungen entspricht;
3. das Saatgut den festgesetzten Anforderungen an seine Beschaffenheit entspricht;
4. die nach § 5 Abs. 1 Nr. 5 festgesetzten Voraussetzungen erfüllt sind und
5. mit der Sortenzulassung verbundene Auflagen erfüllt sind.

Die Anerkennung als Standardpflanzgut setzt ferner voraus, daß das Inverkehrbringen von Standardpflanzgut der jeweiligen Rebsorte zu gewerblichen Zwecken durch Rechtsverordnung nach Absatz 3 gestattet ist. Die Anerkennung als Vorstufensaatgut setzt ferner voraus, daß das Saatgut den für Basissaatgut festgesetzten Anforderungen entspricht, soweit nicht durch Rechtsverordnung nach § 5 Abs. 1 Nr. 1 Buchstabe a oder b für Vorstufensaatgut abweichende Anforderungen festgesetzt sind.

(2) Saatgut einer Sorte, die ausschließlich in einem der Sortenliste entsprechenden amtlichen Verzeichnis außerhalb der Vertragsstaaten eingetragen ist, kann anerkannt werden, wenn eine ausreichende Sortenbeschreibung vorliegt und das Saatgut zur Ausfuhr in ein Gebiet außerhalb der Mitgliedstaaten bestimmt ist.

(3) Das Bundesministerium für Ernährung, Landwirtschaft und Forsten wird ermächtigt, wenn die Versorgung mit Pflanzgut von Rebe in einem Vertragsstaat nicht gesichert ist, durch Rechtsverordnung mit Zustimmung des Bundesrates das Inverkehrbringen von Standardpflanzgut zu gewerblichen Zwecken zu gestatten. Die Rechtsverordnung bedarf nicht der Zustimmung des Bundesrates, wenn das Inverkehrbringen für einen bestimmten Zeitraum von höchstens einem Jahr gestattet wird.

§ 5
Ausführungsvorschriften für die Anerkennung

(1) Das Bundesministerium für Ernährung, Landwirtschaft und Forsten wird ermächtigt, durch Rechtsverordnung mit Zustimmung des Bundesrates
1. zur Förderung der Saatgutqualität festzusetzen:
    a) die Anforderungen an den Feldbestand der Vermehrungsfläche, insbesondere in bezug auf
        aa) den zulässigen Besatz mit Pflanzen anderer Sorten und Arten und mit Pflanzen, die den in der Entscheidung über die Sortenzulassung festgestellten Ausprägungen der wichtigen Merkmale nicht hinreichend entsprechen (Fremdbesatz),

bb) den zulässigen Befall mit Schadorganismen und Krankheiten (Gesundheitszustand),
cc) Mindestentfernungen zu anderen Beständen,
b) die Anforderungen an die Beschaffenheit des Saatgutes, insbesondere in bezug auf Reinheit, Keimfähigkeit und Gesundheitszustand,
c) bei Pfropfrebe die Kombination von Edelreisern und Unterlagen;
2. soweit es zur Förderung der Saatgutqualität im Interesse der Verbraucher geboten ist, Arten zu bestimmen, bei denen Basissaatgut nur aus anerkanntem Vorstufensaatgut erwachsen sein darf;
4. soweit es zur Sicherstellung der Saatgutversorgung in einem Mitgliedstaat erforderlich ist, Arten zu bezeichnen, bei denen Zertifiziertes Saatgut als Zertifiziertes Saatgut oder Zertifiziertes Saatgut zweiter Generation unmittelbar erwachsen sein darf
   a) aus Zertifiziertem Saatgut, das unmittelbar aus Basissaatgut oder anerkanntem Vorstufensaatgut erwachsen ist,
   b) aus Basissaatgut oder anerkanntem Vorstufensaatgut,
4. bei Kartoffel, soweit es einerseits zur Sicherstellung der Versorgung mit preisgünstigem Pflanzgut im Interesse des Verbrauchers geboten und andererseits mit der Erhaltung der Pflanzgutqualität vereinbar ist,
   a) zu bestimmen, daß Basispflanzgut auch aus Basispflanzgut und zertifiziertes Pflanzgut auch aus zertifiziertem Pflanzgut erwachsen sein darf; soweit es zur Verbesserung des Pflanzgutwertes erforderlich ist, kann er hierfür Voraussetzungen festsetzen,
   b) zur Verbesserung des Pflanzgutwertes zu verbieten, daß zur Erzeugung von Pflanzgut nach Buchstabe a Pflanzgut aus fremden Betrieben verwendet wird;
5. zur Förderung der Saatgutqualität Anforderungen an die fachgerechte Erzeugung festzusetzen, insbesondere dahingehend, daß in einem Betrieb nur Saatgut bestimmter Arten oder Kategorien oder einer bestimmten Anzahl von Sorten vermehrt, gelagert oder aufbereitet werden darf und daß Mindestgrößen der Vermehrungsflächen einzuhalten sind;
6. das Verfahren der Anerkennung einschließlich der Probenahme zu regeln.

(2) Das Bundesministerium für Ernährung, Landwirtschaft und Forsten kann, soweit es erforderlich ist, um die Versorgung mit Saatgut in einem Vertragsstaat sicherzustellen, durch Rechtsverordnung, die nicht der Zustimmung des Bundesrates bedarf, für einen bestimmten Zeitraum von höchstens einem Jahr
1. die nach Absatz 1 Nr. 1 Buchstaben 3a und b festgesetzten Anforderungen herabsetzen,
2. Arten nach Absatz 1 Nr. 4 bezeichnen.

§ 6
Inverkehrbringen vor Abschluß der Prüfung und Keimfähigkeit

Die Anerkennungsstelle kann bereits vor Abschluß der Prüfung auf Keimfähigkeit das Inverkehrbringen von Saatgut zu gewerblichen Zwecken an bestimmte Händler genehmigen, wenn der Antragsteller die Keimfähigkeit durch das Ergebnis einer vorläufigen Analyse nachgewiesen hat.

§ 7
Prüfung des Feldbestandes und der Beschaffenheit des Saatgutes einer nicht zugelassenen Sorte

Die Anerkennungsstelle kann mit Wirkung für die Anerkennung von Saatgut einer Sorte,
1. deren Zulassung beantragt ist oder
2. deren Eintragung in ein der Sortenliste entsprechendes Verzeichnis eines anderen Vertragsstaates beantragt ist und deren Erhaltungszüchtung im Inland durchgeführt wird, auch einen Feldbestand, aus dem das Saatgut gewonnen werden soll, sowie die Beschaffenheit des Saatgutes prüfen.

Ergibt die Prüfung, daß die Anforderungen an den Feldbestand oder an die Beschaffenheit des Saatgutes nicht erfüllt sind, so kann die Anerkennungsstelle die Verwendung des Saatgutes zur Vermehrung untersagen.

§ 8
Verpflichtungen des Saatguterzeugers

Wer Saatgut erzeugt, das anerkannt werden soll, hat Aufzeichnungen zu machen über
1. das Gewicht oder die Stückzahl sowie die Herkunft des zur Erzeugung verwendeten Saatgutes,
2. das Gewicht oder die Stückzahl sowie die Empfänger des abgegebenen Saatgutes,
3. das Gewicht oder die Stückzahl des im eigenen Betrieb verwendeten Saatgutes und
4. den Verbleib von Erntegut, für das der Antrag auf Anerkennung abgelehnt oder zurückgenommen worden ist.

Er hat die Aufzeichnungen und die dazugehörigen Belege drei Jahre aufzubewahren.

§ 9
Nachprüfung

(1) Das Bundesministerium für Ernährung, Landwirtschaft und Forsten wird ermächtigt, durch Rechtsverordnung mit Zustimmung des Bundesrates zum Schutz des Verbrauchers vorzuschreiben, daß anerkanntes Saatgut darauf nachzuprüfen ist, ob das Saatgut oder sein Aufwuchs unter Berücksichtigung der biologischen Gegebenheiten
1. den in der Entscheidung über die Sortenzulassung festgestellten Ausprägungen der wichtigen Merkmale entspricht (sortenecht ist) und
2. erkennen läßt, daß die Anforderungen an den Gesundheitszustand erfüllt waren, soweit eine solche Nachprüfung erforderlich ist.

In der Rechtsverordnung kann das Verfahren geregelt und dabei das Bundessortenamt mit der Durchführung der Nachprüfung auf Sortenechtheit beauftragt werden.

(2) Wird die Anerkennung zurückgenommen, weil die Nachprüfung ergeben hat, daß das Saatgut nicht sortenecht ist oder festgesetzten Anforderungen an seinen Gesundheitszustand nicht entspricht, so besteht kein Anspruch auf Ausgleich eines Vermögensnachteils nach § 48 Abs. 3 des Verwaltungsverfahrensgesetzes sowie nach den entsprechenden Vorschriften der Verwaltungsverfahrensgesetze der Länder.

§ 10
Im Ausland erzeugtes Saatgut

(1) Saatgut, außer von Kartoffel, das im Ausland erzeugt worden ist, darf ohne Prüfung des Feldbestandes im Inland anerkannt werden
1. als Basissaatgut, wenn es aus anerkanntem Vorstufensaatgut erwachsen ist,
2. als zertifiziertes Saatgut,
wenn eine der Prüfung des Feldbestandes im Inland gleichstehende Prüfung ergeben hat, daß der Feldbestand den festgesetzten Anforderungen entspricht.

(2) Der Prüfung des Feldbestandes im Inland steht gleich die Prüfung durch eine mit solchen Prüfungen amtlich betraute Stelle
1. in einem anderen Vertragsstaat,
2. in einem anderen Staat, soweit nach Feststellung in Rechtsakten der Europäischen Gemeinschaft die Prüfung des Feldbestandes den in den Mitgliedstaaten durchgeführten Prüfungen entspricht; das

Bundesministerium für Ernährung, Landwirtschaft und Forsten macht die Feststellung im Bundesanzeiger bekannt.

(3) Das Bundesministerium für Ernährung, Landwirtschaft und Forsten wird ermächtigt, durch Rechtsverordnung mit Zustimmung des Bundesrates die für die Anerkennung von Rebpflanzgut nach Absatz 1 zuständige Behörde zu bestimmen.

Unterabschnitt 3
Standardsaatgut, Handelssaatgut und Behelfssaatgut

§ 11
Ermächtigungen

(1) Das Bundesministerium für Ernährung, Landwirtschaft und Forsten wird ermächtigt, wenn die Versorgung mit Zertifiziertem Saatgut in einem Vertragsstaat nicht gesichert ist, durch Rechtsverordnung mit Zustimmung des Bundesrates das Inverkehrbringen
1. von Standardsaatgut,
2. von Handelssaatgut, bei Arten mit verschiedenen Formen auch unter Beschränkung auf bestimmte Formen,

zu gewerblichen Zwecken zu gestatten und dabei zur Sicherstellung einer ausreichenden Beschaffenheit die Anforderungen an das Saatgut, insbesondere in bezug auf Reinheit, Keimfähigkeit und Gesundheitszustand, bei Standardsaatgut auch in bezug auf Fremdbesatz, festzusetzen.

(2) Eine Rechtsverordnung nach Absatz 1 bedarf nicht der Zustimmung des Bundesrates, wenn das Inverkehrbringen für einen bestimmten Zeitraum von höchstens einem Jahr gestattet wird; in einer solchen Verordnung können die nach Absatz 1 festgesetzten Anforderungen herabgesetzt werden.

(3) Das Bundesministerium für Ernährung, Landwirtschaft und Forsten wird ferner ermächtigt, soweit es zur Sicherung der Versorgung mit Saatgut in einem Vertragsstaat erforderlich ist, durch Rechtsverordnung, die nicht der Zustimmung des Bundesrates bedarf, für einen bestimmten Zeitraum das Inverkehrbringen von Saatgut als Behelfssaatgut zu gewerblichen Zwecken, bei Arten mit verschiedenen Formen auch unter Beschränkung auf bestimmte Formen, zu gestatten und dabei
1. das Inverkehrbringen von einer Genehmigung der nach Landesrecht zuständigen Behörde abhängig zu machen,
2. Anforderungen an die Beschaffenheit des Saatgutes, insbesondere in bezug auf Reinheit, Keimfähigkeit und Gesundheitszustand, festzusetzen,
3. vorzuschreiben, daß die Einhaltung der Anforderungen geprüft wird, und die Probenahme hierfür zu regeln sowie
4. die Führung und Aufbewahrung von Aufzeichnungen vorzuschreiben.

§ 12
Standardsaatgut

(1) Standardsaatgut unterliegt der Nachkontrolle durch die Nachkontrollstelle. Die Nachkontrollstelle erstreckt sich auf die Sortenechtheit des Saatgutes und seines Aufwuchses, die Erfüllung der Anforderungen an das Saatgut sowie auf die Erfüllung der Verpflichtungen nach den Absätzen 2 bis 4.

(2) Wer Saatgut, das als Standardsaatgut zu gewerblichen Zwecken in den Verkehr gebracht werden soll, im Inland erzeugt, hat Aufzeichnungen zu machen über
1. das Gewicht oder die Stückzahl sowie die Herkunft des zur Erzeugung verwendeten Saatgutes,

2. das Gewicht oder die Stückzahl sowie die Beschaffenheit und die Empfänger des abgegebenen Saatgutes,
3. das Gewicht oder die Stückzahl des im eigenen Betrieb verwendeten Saatgutes.

(3) Wer Standardsaatgut im Inland als erster zu gewerblichen Zwecken in den Verkehr bringt oder neu verpackt und gewerbsmäßig in den Verkehr bringt, hat Aufzeichnungen über das Gewicht oder die Stückzahl sowie die Herkunft des zum Inverkehrbringen vorgesehenen Saatgutes und Aufzeichnungen nach Absatz 2 Nr. 2 und 3 zu machen.

(4) Wer nach Absatz 2 oder 3 zu Aufzeichnungen verpflichtet ist, hat
1. die Aufzeichnungen und die dazugehörigen Belege drei Jahre aufzubewahren,
2. von jeder Saatgutpartie eine Probe zu ziehen und diese zum Zweck der Nachkontrolle zwei Jahre aufzubewahren.

(5) Das Bundesministerium für Ernährung, Landwirtschaft und Forsten wird ermächtigt, durch Rechtsverordnung mit Zustimmung des Bundesrates das verfahren der Nachkontrolle zu regeln; es kann dabei
1. das Bundessortenamt mit der Nachprüfung auf Sortenechtheit beauftragen und
2. für Saatgutpartien, die aus einer geringen Anzahl von Kleinpackungen bestehen, Ausnahmen von Absatz 4 Nr. 2 zulassen, soweit dies mit dem Schutz des Verbrauchers vereinbar ist.

(6) Die nach Landesrecht zuständige Behörde kann demjenigen, der Standardsaatgut erzeugt, erstmalig zu gewerblichen Zwecken in den Verkehr bringt oder es neu verpackt und zu gewerblichen Zwecken in den Verkehr bringt, das Inverkehrbringen von Standardsaatgut zu gewerblichen Zwecken ganz oder teilweise, auf Dauer oder Zeit, untersagen, wenn durch die Nachkontrolle wiederholt festgestellt worden ist, daß das Saatgut oder sein Aufwuchs nicht sortenecht ist oder daß Verpflichtungen nach den Absätzen 2 bis 4 nicht ordnungsgemäß erfüllt sind, und sich hieraus die Unzuverlässigkeit des Betriebsinhabers oder einer mit der Leitung des Betriebes beauftragten Person ergibt.

§ 13
Handelssaatgut

(1) Saatgut wird als Handelssaatgut zugelassen, wenn es den festgesetzten Anforderungen an die Beschaffenheit entspricht. Das Bundesministerium für Ernährung, Landwirtschaft und Forsten wird ermächtigt, durch Rechtsverordnung mit Zustimmung des Bundesrates das Verfahren der Zulassung einschließlich der Probenahme zu regeln. § 6 gilt entsprechend.

(2) Handelssaatgut muß bei Arten mit einer Sommerform und einer Winterform sowie bei Arten, bei denen die Gestattung des Inverkehrbringens von Saatgut auf bestimmte andere Formen beschränkt ist, formecht sein.

(3) Wer die Zulassung von Saatgut als Handelssaatgut beantragt, hat Aufzeichnungen über das Gewicht oder die Stückzahl sowie die Empfänger des abgegebenen Saatgutes zu machen. Er hat die Aufzeichnungen und die dazugehörigen Belege drei Jahre aufzubewahren.

§ 14
Behelfssaatgut

Behelfssaatgut muß bei Arten mit einer Sommerform und einer Winterform sowie bei Arten, bei denen die Gestattung des Inverkehrbringens von Saatgut auf bestimmte andere Formen beschränkt ist, formecht sein.

Unterabschnitt 3a
Vermehrungsmaterial

§ 14a
Ausführungsvorschriften für Vermehrungsmaterial

Das Bundesministerium für Ernährung, Landwirtschaft und Forsten wird ermächtigt, soweit es zum Schutz des Verbrauchers erforderlich ist, durch Rechtsverordnung mit Zustimmung des Bundesrates
1. das Inverkehrbringen von Vermehrungsmaterial zu gewerblichen Zwecken abhängig zu machen
    a) von einer Zulassung oder Registrierung des Betriebs, der das Vermehrungsmaterial erzeugt, in den Verkehr bringt oder lagert,
    b) von der Begleitung durch bestimmte Bescheinigungen;
2. für bestimmtes Vermehrungsmaterial vorzuschreiben, daß es zu gewerblichen Zwecken nur in den Verkehr gebracht werden darf, wenn es anerkannt ist oder einer nach § 30 zugelassenen Sorte zugehört;
e. zur Förderung der Qualität des Vermehrungsmaterials, insbesondere im Hinblick auf den Gesundheitszustand, die Anforderungen festzusetzen an
    a) den Bestand der Anbau- und Vermehrungsfläche,
    b) die fachgerechte Erzeugung von Vermehrungsmaterial einschließlich der Ernte oder Entnahme,
    c) die Beschaffenheit von Vermehrungsmaterial, insbesondere in bezug auf Sortenechtheit oder Zugehörigkeit zur beschriebenen Pflanzengruppe sowie auf Gesundheitszustand,
    d) die Veredelung;
4. Vorschriften zu erlassen über
    a) die Durchführung von Untersuchungen,
    b) die Prüfung des Vermehrungsmaterials und seines Aufwuchses sowie der Einhaltung der Anforderungen nach Nummer 3 Buchstabe a und b,
    c) das Verfahren der Prüfung nach Buchstabe b einschließlich der Probenahmen,
    d) Inhalt, Form und Ausstellung der Bescheinigungen nach Nummer 1 Buchstabe b,
    e) die Aufbewahrung von Bescheinigungen nach Nummer 1 Buchstabe b oder deren Vorlage bei der zuständigen Behörde,
    f) die Voraussetzungen und das Verfahren für die Zulassung oder Registrierung der Betriebe nach Nummer 1 Buchstabe a einschließlich des Ruhens der Zulassung, von Beschränkungen für zugelassene oder registrierte Betriebe bei der Pflanzenerzeugung und beim Inverkehrbringen oder Lagern von Vermehrungsmaterial sowie der Verarbeitung und Nutzung der in dem Verfahren erhobenen Daten,
    g) die Voraussetzungen und das Verfahren für die Zulassung von Einrichtungen, die die Beschaffenheit von Vermehrungsmaterial untersuchen, einschließlich des Ruhens der Zulassung oder von Beschränkungen der Untersuchungstätigkeit sowie der Verarbeitung und Nutzung der in dem Verfahren erhobenen Daten.

§ 14b
Anerkennung von Vermehrungsmaterial von Obst

(1) Vermehrungsmaterial von Obst wird anerkannt, wenn
1. a) die Sorte nach § 30 zugelassen oder nach dem Sortenschutzgesetz geschützt ist,
   b) eine vom Bundessortenamt für die Anerkennung von Vermehrungsmaterial der Sorte nach § 52 Abs. 6 festgesetzte Auslauffrist noch nicht abgelaufen ist oder
   c) das Vermehrungsmaterial der Sorte gemäß § 55 Abs. 2 Satz 4 anerkannt werden darf,
2. es den für anerkanntes Vermehrungsmaterial auf Grund des § 14a Nr. 3 festgesetzten Anforderungen an den Bestand der Anbau- und Vermehrungsfläche, die Erzeugung und die Beschaffenheit entspricht und

3. die mit der Sortenzulassung verbundenen Auflagen erfüllt sind.
§ 4 Abs. 2 gilt für Vermehrungsmaterial von Obst entsprechend.

(2) Das Bundesministerium für Ernährung, Landwirtschaft und Forsten wird ermächtigt, durch Rechtsverordnung mit Zustimmung des Bundesrates
1. das Verfahren der Anerkennung von Vermehrungsmaterial von Obst einschließlich der Probenahme zu regeln;
2. vorzuschreiben, daß anerkanntes Vermehrungsmaterial von Obst darauf nachzuprüfen ist, ob das Vermehrungsmaterial oder sein Aufwuchs die Anforderungen an die Beschaffenheit erfüllt, sowie das Verfahren der Nachprüfung zu regeln und dabei das Bundessortenamt mit der Durchführung der Nachprüfung auf Sortenechtheit zu beauftragen.

(3) Das Bundesministerium für Ernährung, Landwirtschaft und Forsten wird ermächtigt, soweit es zur Durchführung von Rechtsakten der Europäischen Gemeinschaft erforderlich ist, durch Rechtsverordnung mit Zustimmung des Bundesrates für Vermehrungsmaterial von Obst bestimmter Sorten Ausnahmen von den Voraussetzungen nach Absatz 1 Nr. 1 vorzusehen.

(4) § 9 Abs. 2 gilt für anerkanntes Vermehrungsmaterial von Obst entsprechend.

Unterabschnitt 4
Einfuhr und Ausfuhr

§ 15
Einfuhr von Saatgut

(1) Saatgut darf zu gewerblichen oder sonst zu Erwerbszwecken nur eingeführt werden
1. als Basissaatgut, zertifiziertes Saatgut, Standardpflanzgut oder Standardsaatgut, wenn
   a) die Sorte, der das Saatgut zugehört,
      aa) zugelassen ist und eine mit der Sortenzulassung verbundene Auflage für das gesamte Inland nicht entgegensteht,
      bb) unter eine vom Bundessortenamt für die Anerkennung oder das Inverkehrbringen von Saatgut der Sorte festgesetzte Auslauffrist fällt, die noch nicht abgelaufen ist,
      cc) nach den Rechtsakten der Europäischen Gemeinschaft keinen Verkehrsbeschränkungen unterliegen darf, es sei denn, daß die Bundesrepublik Deutschland ermächtigt ist, das Inverkehrbringen von Saatgut dieser Sorte für das gesamte Inland zu untersagen, oder
      dd) unter eine in einem der Gemeinsamen Sortenkataloge veröffentlichte Auslauffrist für das Inverkehrbringen von Saatgut der Sorte fällt, die noch nicht abgelaufen ist, und
   b) das Saatgut im Inland als Basissaatgut, Zertifiziertes Saatgut oder Standardpflanzgut anerkannt ist oder als Standardsaatgut den festgesetzten Anforderungen an die Beschaffenheit entspricht;
2. als Handelssaatgut, wenn das Saatgut im Inland als Handelssaatgut zugelassen ist, oder
3. als Behelfssaatgut.
Die Einfuhr von Standardpflanzgut, Standardsaatgut, Handelssaatgut und Behelfssaatgut setzt voraus, daß das Inverkehrbringen zu gewerblichen Zwecken durch Rechtsverordnung nach § 4 Abs. 3 oder § 11 gestattet ist. Die Einfuhr ist nur zulässig, solange das Saatgut den durch Rechtsverordnung nach § 1 Abs. 1 Nr. 1 Buchstabe b, Abs. 2, Nr. 1, § 11 Abs. 1 und 2 oder § 25 festgesetzten Anforderungen entspricht; ist das Saatgut in einem anderen Vertragsstaat anerkannt oder zugelassen, so genügt es, wenn das Saatgut den Anforderungen dieses Vertragsstaates entspricht, sofern diese mindestens den in Rechtsakten der Europäischen Gemeinschaft festgesetzten Voraussetzungen für die Anerkennung oder Zulassung entsprechen.

(2) Das Bundesministerium für Ernährung, Landwirtschaft und Forsten wird ermächtigt, soweit es zur Sicherstellung der Versorgung mit Saatgut bestimmter Arten erforderlich ist, durch Rechtsverordnung, die nicht der Zustimmung des Bundesrates bedarf, für einen bestimmten Zeitraum von höchstens einem

Jahr vorzuschreiben, daß anerkanntes, dem Zertifizierten Saatgut entsprechendes Saatgut bestimmter Sorten, für die die Voraussetzungen des Absatzes 1 Nr. 1 Buchstabe a nicht vorliegen, eingeführt werden darf, wenn die Anerkennung nach § 16 der Anerkennung im Inland gleichsteht.

(3) Saatgut darf in Mischungen nur eingeführt werden, wenn sie in einem Vertragsstaat hergestellt worden sind und das Inverkehrbringen zu gewerblichen Zwecken durch Rechtsverordnung nach § 26 gestattet ist. Das Bundesministerium für Ernährung, Landwirtschaft und Forsten wird ermächtigt, durch Rechtsverordnung mit Zustimmung des Bundesrates die Einfuhr von Saatgut in Mischungen aus anderen Vertragsstaaten zu verbieten, in denen die Herstellung oder das Inverkehrbringen von Saatgutmischungen untersagt ist.

§ 15a
Einfuhr von Vermehrungsmaterial

(1) Vermehrungsmaterial darf zu gewerblichen Zwecken nur eingeführt werden
1. als anerkanntes Vermehrungsmaterial von Obst, wenn
   a) die Sorte, der das Vermehrungsmaterial zugehört
      aa) zugelassen ist und eine mit der Sortenzulassung verbundene Auflage für das gesamte Inland nicht entgegensteht,
      bb) nach dem Sortenschutzgesetz geschützt ist,
      cc) unter eine vom Bundessortenamt für die Anerkennung oder das Inverkehrbringen von Vermehrungsmaterial der Sorte festgesetzte Auslauffrist fällt, die noch nicht abgelaufen ist, oder
      dd) in einem anderen Mitgliedstaat in ein der Sortenliste oder der Sortenschutzrolle entsprechendes Verzeichnis eingetragen ist oder
   b) das Vermehrungsmaterial im Inland anerkannt ist oder
2. wenn es die Voraussetzungen nach § 3a Abs. 1 Nr. 2 und 3 erfüllt oder auf Grund einer Rechtsverordnung nach § 3a Abs. 3 in den Verkehr gebracht werden darf.
Aus einem Mitgliedstaat darf Vermehrungsmaterial ferner zu gewerblichen Zwecken eingeführt werden, wenn es den in Rechtsakten der Europäischen Gemeinschaft festgesetzten Voraussetzungen für das Inverkehrbringen von Vermehrungsmaterial entspricht.

(2) Das Bundesministerium für Ernährung, Landwirtschaft und Forsten wird ermächtigt, durch Rechtsverordnung mit Zustimmung des Bundesrates
1. zum Schutz des Verbrauchers die Einfuhr von Vermehrungsmaterial abhängig zu machen von
   a) einer Gleichstellung mit im Inland erzeugtem Vermehrungsmaterial,
   b) der Begleitung durch bestimmte Bescheinigungen,
   c) bestimmten Anforderungen an den Bestand der Anbau- und Vermehrungsfläche,
   d) dem Nachweis über die fachgerechte Erzeugung des Vermehrungsmaterials einschließlich der Ernte oder Entnahme;
2. Vorschriften zu erlassen über Inhalt, Form und Ausstellung der Bescheinigungen nach Nummer 1 Buchstabe b und der Nachweise nach Nummer 1 Buchstabe d;
3. soweit es mit dem Schutz des Verbrauchers vereinbar ist, die Einfuhr von Vermehrungsmaterial bestimmter Arten zu gestatten, das die Anforderungen des Absatzes 1 nicht erfüllt; dabei kann es die Einfuhr des Vermehrungsmaterials von bestimmten Mindestanforderungen abhängig machen.
Ist die Versorgung mit Vermehrungsmaterial bestimmter Art nicht gesichert, so bedarf eine Rechtsverordnung nach Satz 1 Nr. 3 nicht der Zustimmung des Bundesrates, wenn das Inverkehrbringen für einen bestimmten Zeitraum von höchstens einem Jahr gestattet wird.

§ 16
Gleichstellungen

(1) Die im Inland erteilten Anerkennungen oder Zulassungen von Saatgut sowie den Anerkennungen von Vermehrungsmaterial von Obst stehen Anerkennungen oder Zulassungen gleich, die erteilt worden sind
1. in einem anderen Vertragsstaat nach den in Rechtsakten der Europäischen Gemeinschaft festgesetzten Regeln oder
2. in einem Staat außerhalb der Vertragsstaaten, soweit die Anerkennungen oder Zulassungen durch Rechtsakte der Europäischen Gemeinschaft gleichgestellt sind.

Anderes Vermehrungsmaterial, das nicht im Inland erzeugt worden ist, gilt als gleichgestellt, soweit Rechtsakte der Europäischen Gemeinschaft eine Gleichstellung vorsehen. Das Bundesministerium für Ernährung, Landwirtschaft und Forsten macht die Gleichstellung im Bundesanzeiger bekannt.

(2) Das Bundesministerium für Ernährung, Landwirtschaft und Forsten wird ermächtigt, zum Schutz des Verbrauchers oder zur Sicherung der Versorgung mit bestimmtem Vermehrungsmaterial durch Rechtsverordnung mit Zustimmung des Bundesrates im Ausland erzeugtes Vermehrungsmaterial im Inland erzeugtem Vermehrungsmaterial gleichzustellen.

§ 17
Einfuhrverbot für Pflanzgut von Kartoffel

Das Bundesministerium für Ernährung, Landwirtschaft und Forsten wird ermächtigt,
1. soweit es zur Erhaltung der Qualität der inländischen Kartoffelerzeugung erforderlich ist, durch Rechtsverordnung mit Zustimmung des Bundesrates die Einfuhr von Pflanzgut bestimmter Kartoffelsorten, das im Ausland anerkannt ist, zu verbieten oder zu beschränken,
2. bei Gefahr im Verzug für einen bestimmten Zeitraum von höchstens 6 Monaten Rechtsverordnungen nach Nummer 1 zu erlassen, die nicht der Zustimmung des Bundesrates bedürfen.

§ 18
Ausnahmen

(1) § 15 Abs. 1 und 3 Satz 1, § 15 a Abs. 1 sowie die nach § 15 Abs. 3 Satz 2, § 15 a Abs. 2 und § 17 erlassenen Rechtsverordnungen sind nicht anzuwenden auf Saatgut und Vermehrungsmaterial,
1. das sich in einem Freihafen oder unter zollamtlicher Überwachung befindet,
2. das zur Aussaat oder zum Anpflanzen auf Grundstücken im Grenzbereich diesseits der Grenze bestimmt ist, die von Wohn- oder Wirtschaftsgebäuden jenseits der Grenze aus bewirtschaftet werden.

(2) Die Bundesanstalt für Landwirtschaft und Ernährung kann die Einfuhr von Saatgut, das den Vorschriften des § 15 nicht entspricht, genehmigen, wenn das Saatgut
1. für die Vermehrung auf Grund eines Vermehrungsvertrages bestimmt ist und das erzeugte Saatgut ausgeführt werden soll,
2. auf Grund eines Vermehrungsvertrages nach § 3 Abs. 1 Nr. 5 im Ausland vermehrt worden ist,
3. auf Grund einer Genehmigung nach § 3 Abs. 2 in den Verkehr gebracht werden darf,
4. nach § 10 anerkannt werden soll,
5. für eine Bearbeitung bestimmt ist und nach der Bearbeitung
   a) wieder ausgeführt werden soll oder
   b) als Standardsaatgut zu gewerblichen Zwecken in den Verkehr gebracht oder als Handelssaatgut zugelassen werden soll, soweit das Inverkehrbringen von Saatgut dieser Kategorien durch Rechtsverordnung nach § 11 Abs. 1 oder 2 gestattet ist,
6. als nicht den Vorschriften dieses Gesetzes entsprechendes Saatgut ausgeführt worden ist,

7. für Züchtungs-, Forschungs- oder Ausstellungszwecke bestimmt ist,
8. für Prüfungen zu amtlichen Zwecken bestimmt ist.

(3) Absatz 2 Nr. 1, 5 Buchstabe a, Nr. 6, 7 und 8 sowie Nr. 3 in Verbindung mit § 3 a Abs. 1 Satz 3 gilt entsprechend für Vermehrungsmaterial, das die Voraussetzungen für die Einfuhr nach § 15 a nicht erfüllt.

§ 19
Überwachung der Einfuhr

(1) Die Bundesanstalt für Landwirtschaft und Ernährung überwacht die Einfuhr von Saatgut und Vermehrungsmaterial. Das Bundesministerium der Finanzen und die von ihm bestimmten Zollstellen wirken bei der Überwachung der Einfuhr mit. Die genannten Behörden können
1. Sendungen von Saatgut und Vermehrungsmaterial einschließlich deren Beförderungsmittel, Behälter-, Lade- und Verpackungsmittel bei der Einfuhr zur Überwachung anhalten;
2. den Verdacht von Verstößen gegen Verbote und Beschränkungen dieses Gesetzes oder der nach diesem Gesetz erlassenen Rechtsverordnungen, der sich bei der Abfertigung ergibt, den zuständigen Verwaltungsbehörden mitteilen;
3. in den Fällen der Nummer 2 anordnen, daß die Sendungen von Saatgut oder Vermehrungsmaterial auf Kosten und Gefahr des Verfügungsberechtigten einer für die Überwachung des Inverkehrbringens von Saatgut und Vermehrungsmaterial (Saatgutverkehrskontrolle) zuständigen Behörde vorgeführt werden.

(2) Das Bundesministerium für Ernährung, Landwirtschaft und Forsten wird ermächtigt, im Einvernehmen mit dem Bundesministerium der Finanzen durch Rechtsverordnung, die nicht der Zustimmung des Bundesrates bedarf, die Einzelheiten des Verfahrens nach Absatz 1 Satz 1 und 3 zu regeln. Das Bundesministerium der Finanzen wird ermächtigt, im Einvernehmen mit dem Bundesministerium für Ernährung, Landwirtschaft und Forsten durch Rechtsverordnung, die nicht der Zustimmung des Bundesrates bedarf, die Einzelheiten des Verfahrens nach Absatz 1 Satz 2 und 3 zu regeln. In der Rechtsverordnung nach Satz 1 oder 2 können insbesondere Pflichten zu Anzeigen, Anmeldungen, Auskünften und zur Leistung von Hilfsdiensten bei der Durchführung von Überwachungsmaßnahmen sowie zur Duldung der Einsichtnahme in Geschäftspapiere und sonstige Unterlagen und zur Duldung von Besichtigungen und der unentgeltlichen Entnahme von Proben vorgesehen werden.

(3) Das Bundesministerium für Ernährung, Landwirtschaft und Forsten wird ermächtigt, im Einvernehmen mit dem Bundesministerium der Finanzen durch Rechtsverordnung mit Zustimmung des Bundesrates die Einfuhr von Saatgut oder Vermehrungsmaterial
1. zur Überwachung der nach § 15 oder § 15a festgesetzten Voraussetzungen auf bestimmte Zollstellen zu beschränken und von der Meldung oder Vorführung bei der zuständigen Behörde, von einer Untersuchung oder von der Beibringung einer amtlichen Bescheinigung und
2. von einer amtlichen Probenahme für die Sortenüberwachung
abhängig zu machen.

(4) Das Bundesministerium für Ernährung, Landwirtschaft und Forsten gibt im Einvernehmen mit dem Bundesministerium der Finanzen im Bundesanzeiger die Zollstellen bekannt, bei denen Saatgut oder Vermehrungsmaterial zur Einfuhr abgefertigt wird, wenn die Einfuhr nach Absatz 3 Nr. 1 beschränkt wird.

§ 19a
Ausfuhr von Vermehrungsmaterial

Das Bundesministerium für Ernährung, Landwirtschaft und Forsten wird ermächtigt, soweit es zur Durchführung von Rechtsakten der Europäischen Gemeinschaft erforderlich ist, durch Rechtsverordnung mit Zustimmung des Bundesrates vorzuschreiben, daß für die Ausfuhr in ein Gebiet außerhalb der Mitgliedstaaten bestimmtes Vermehrungsmaterial von anderen Vermehrungsmaterialien getrennt zu halten und entsprechend zu kennzeichnen ist; es kann dabei Vorschriften über die erforderlichen Angaben und die Art der Kennzeichnung erlassen.

Unterabschnitt 5
Kennzeichnung, Verpackung

§ 20
Angabe der Sortenbezeichnung

(1) Saatgut, außer Handelssaatgut und Behelfssaatgut, darf zu gewerblichen Zwecken nur in den Verkehr gebracht werden, wenn hierbei die Sortenbezeichnung angegeben ist; bei schriftlicher Angabe muß dies leicht erkennbar und deutlich lesbar sein. Dies gilt entsprechend für Vermehrungsmaterial nach § 3a Abs. 1 Satz 1 Nr. 1, 2 Buchstabe a und Nr. 3.

(2) Aus einem Recht an einer mit der Sortenbezeichnung übereinstimmenden Bezeichnung kann die Verwendung der Sortenbezeichnung für die Sorte nicht untersagt werden. Ältere Rechte Dritter bleiben unberührt.

§ 21
Verpackung und Kennzeichnung von Saatgut

(1) Saatgut darf nur in Packungen oder Behältnissen eingeführt oder zu gewerblichen Zwecken in den Verkehr gebracht werden, die nach Maßgabe des Absatzes 2 und der Rechtsverordnungen nach § 22 verpackt und gekennzeichnet sind. Bei Rebe stehen Bündel den Packungen gleich.

(2) An oder auf den Packungen oder Behältnissen sind anzugeben
1. die Art,
2. die Sortenbezeichnung, außer bei Handelssaatgut und Behelfssaatgut,
3. die Kategorie,
4. bei Baissaatgut, Zertifiziertem Saatgut und Stanardpflanzgut die Anerkennungsnummer, bei Handelssaatgut die Zulassungsnummer.

§ 22
Ausführungsvorschriften für die Verpackung und Kennzeichnung von Saatgut

(1) Das Bundesministerium für Ernährung, Landwirtschaft und Forsten wird ermächtigt, soweit es zum Schutz des Verbrauchers oder zur Ordnung des Saatgutverkehrs erforderlich ist, durch Rechtsverordnung mit Zustimmung des Bundesrates
1. die Art der Kennzeichnung der Packungen oder Behältnisse, ihre Schließung und die Verschlußsicherung zu regeln,
2. vorzuschreiben, daß die Packungen oder Behältnisse durch Beauftragte der nach Landesrecht zuständigen Behörde zu kennzeichnen, zu schließen und mit einer Verschlußsicherung zu versehen sind, sowie das Verfahren hierfür zu regeln,
3. vorzuschreiben, daß die Angaben nach § 21 Abs. 2 auch in den Packungen oder Behältnissen enthalten sein müssen.

4. für bestimmtes Saatgut vorzuschreiben ist, daß an, in oder auf den Packungen oder Behältnissen zusätzliche Angaben, insbesondere über den Vermehrer oder Händler, die Herkunft, den Zeitpunkt und die Art der Erzeugung, Vermehrung und Behandlung, den Zeitpunkt der Probenahme und Anbringung der Verschlußsicherung, die Beschaffenheit, die Sortierung, die Zusammensetzung, den Verwendungszweck und das Gewicht oder die Stückzahl, anzubringen sind,
5. vorzuschreiben, daß für die Verpackung von Saatgut bestimmter Arten oder Kategorien nur ungebrauchtes Verpackungsmaterial oder besonders behandelte Behältnisse benutzt werden dürfen.

(2) Das Bundesministerium für Ernährung, Landwirtschaft und Forsten wird ferner ermächtigt, zur Erleichterung des Verkehrs mit Saatgut, soweit es mit dem Schutz des Verbrauchers vereinbar ist, durch Rechtsverordnung mit Zustimmung des Bundesrates Ausnahmen von § 21 zuzulassen; dies gilt insbesondere für Saatgut in bestimmten Packungen oder Behältnissen und für Saatgut, das in kleinen Mengen an den Letztverbraucher abgegeben wird.

(3) In den Fällen des § 5 Abs. 2 und 3 sowie des § 15 Abs. 2 kann das Bundesministerium für Ernährung, Landwirtschaft und Forsten Rechtsverordnungen nach den Absätzen 1 und 2 erlassen, die nicht der Zustimmung des Bundesrates bedürfen.

§ 22a
Verpackung und Kennzeichnung von Vermehrungsmaterial

Das Bundesministerium für Ernährung, Landwirtschaft und Forsten wird ermächtigt, soweit es zum Schutz des Verbrauchers oder zur Ordnung des Verkehrs mit Vermehrungsmaterial erforderlich ist, durch Rechtsverordnung mit Zustimmung des Bundesrates vorzuschreiben, daß bestimmtes Vermehrungsmaterial nur gebündelt, verpackt oder gekennzeichnet eingeführt oder zu gewerblichen Zwecken in den Verkehr gebracht werden darf. Es kann dabei insbesondere
1. die Angaben für die Kennzeichnung vorschreiben,
2. die Art und die Sicherung der Kennzeichnung regeln,
3. die Verwendung bestimmter Verpackungsmaterialien oder Behältnisse vorschreiben,
4. die Schließung der Packungen oder Behältnisse sowie die Verschlußsicherung regeln,
5. vorschreiben, daß die Packungen oder Behältnisse durch Beauftragte der nach Landesrecht zuständigen Behörde zu kennzeichnen, zu schließen und mit einer Verschlußsicherung zu versehen sind, sowie das Verfahren hierfür regeln.

Unterabschnitt 6
Verbot der Irreführung, Gewährleistung

§ 23
Verbot der Irreführung

(1) Saatgut oder Vermehrungsmaterial darf nicht unter einer Bezeichnung, Angabe oder Aufmachung zu gewerblichen Zwecken in den Verkehr gebracht werden, die zur Irreführung, insbesondere über Eigenschaften, Herkunft, Beschaffenheit und Behandlung führen kann.

(2) Erntegut, das nach den Vorschriften dieses Gesetzes nicht als Saatgut oder Vermehrungsmaterial in den Verkehr gebracht werden darf, darf nicht unter einer Bezeichnung, Angabe oder Aufmachung gewerbsmäßig in den Verkehr gebracht werden, die es als Saatgut oder Vermehrungsmaterial verwendbar erscheinen läßt.

§ 24
Gewährleistung

(1) Wird Saatgut oder Vermehrungsmaterial zu gewerblichen Zwecken in den Verkehr gebracht, so gilt als zugesichert, daß das Saatgut oder Vermehrungsmaterial artecht und, soweit es einer Sorte zugehört, sortenecht ist und daß es die durch dieses Gesetz oder auf Grund dieses Gesetzes festgesetzten Anforderungen erfüllt. Das Bundesministerium für Ernährung, Landwirtschaft und Forsten wird ermächtigt, soweit es mit dem Schutz des Verbrauchers vereinbar ist, durch Rechtsverordnung mit Zustimmung des Bundesrates für bestimmtes Vermehrungsmaterial Ausnahmen hiervon vorzusehen.

(2) Weist der Verkäufer nach, daß das Fehlen einer nach Absatz 1 als zugesichert geltenden Eigenschaft auf einem Umstand beruht, den er nicht zu vertreten hat, so kann der Käufer Schadensersatz wegen Nichterfüllung insoweit nicht verlangen, als die Erfüllung der Ersatzpflicht für den Verkäufer, auch unter Berücksichtigung der berechtigten Interessen des Käufers, zu einer unbilligen Härte führen würde.

(3) Beim Kauf von Saatgut oder Vermehrungsmaterial tritt an die Stelle der Verjährungsfrist von sechs Monaten nach § 477 Abs. 1 Satz 1 des Bürgerlichen Gesetzbuchs eine Frist von einem Jahr, beim Kauf von Vermehrungsmaterial von Kern- und Steinobst in bezug auf die Sortenechtheit eine Frist von drei Jahren.

Unterabschnitt 7
Sonstige Vorschriften der Saatgutordnung

§ 25
Zusätzliche Anforderungen für das Inverkehrbringen

Das Bundesministerium für Ernährung, Landwirtschaft und Forsten wird ermächtigt, zur Förderung der Erzeugung und der Qualität von Saatgut, Vermehrungsmaterial und Erntegut durch Rechtsverordnung mit Zustimmung des Bundesrates vorzuschreiben, daß Saatgut und Vermehrungsmaterial bestimmter Arten oder Kategorien zu gewerblichen Zwecken nur in den Verkehr gebracht werden darf, wenn es zusätzlich bestimmten Anforderungen an die Sortierung, die physikalische oder chemische Behandlung oder bei polyploiden Sorten an das Ploidiestufenverhältnis entspricht.

§ 26
Saatgutmischungen

Das Bundesministerium für Ernährung, Landwirtschaft und Forsten wird ermächtigt, soweit es mit dem Schutz des Verbrauchers vereinbar ist, durch Rechtsverordnung mit Zustimmung des Bundesrates zu gestatten, daß Saatgut verschiedener Arten, Sorten oder Kategorien in Mischungen untereinander sowie in Mischungen mit Saatgut von Arten, die nicht der Saatgutverkehrsregelung unterliegen, zu gewerblichen Zwecken in den Verkehr gebracht wird. In der Rechtsverordnung
1. ist die Kennzeichnung der Mischungsanteile zu regeln,
2. kann eine stichprobenweise amtliche Prüfung der Mischungen auf ihre Zusammensetzung geregelt werden.

§ 27
Anzeige- und Aufzeichnungspflicht

(1) Wer Saatgut zu gewerblichen Zwecken in den Verkehr bringt, abfüllt oder für andere bearbeitet, hat
1. den Beginn und die Beendigung des Betriebs innerhalb eines Monats der nach Landesrecht zuständigen Behörde anzuzeigen; dies gilt nicht, soweit lediglich
   a) im eigenen Betrieb erzeugtes Basissaatgut, zertifiziertes Saatgut oder Standardpflanzgut in den Verkehr gebracht, abgefüllt oder bearbeitet wird oder
   b) Saatgut in Kleinpackungen an Letztverbraucher abgegeben wird;
2. über Eingänge und Ausgänge von Saatgut Aufzeichnungen zu machen und diese sechs Jahre aufzubewahren.

(2) Wer Vermehrungsmaterial zu gewerblichen Zwecken in den Verkehr bringt, hat Aufzeichnungen über Erzeugung, Herkunft und Verbleib des Vermehrungsmaterials sowie über durchgeführte Untersuchungen zu machen.

(3) Das Bundesministerium für Ernährung, Landwirtschaft und Forsten wird ermächtigt, zum Schutz des Verbrauchers durch Rechtsverordnung mit Zustimmung des Bundesrates Vorschriften über die Aufzeichnungen nach Absatz 1 Nr. 2 und Absatz 2 zu erlassen sowie die Aufbewahrung der Aufzeichnungen zu regeln; dabei kann es Ausnahmen von den Aufzeichnungspflichten nach Absatz 2 vorsehen.

§ 28
Durchführung in den Ländern

Die Durchführung dieses Gesetzes einschließlich der Überwachung der Einhaltung seiner Vorschriften sowie der nach diesem Gesetz erlassenen Rechtsverordnungen und erteilten Auflagen obliegt den nach Landesrecht zuständigen Behörden, soweit dieses Gesetz keine anderen Regelungen trifft.

§ 29
Geschlossene Anbaugebiete

Die Länder können geschlossene Anbaugebiete für die Erzeugung von Saatgut errichten.

Abschnitt 2
Sortenordnung

Unterabschnitt § 1
Sortenzulassung

§ 30
Voraussetzungen für die Sortenzulassung

(1) Eine Sorte wird zugelassen, wenn sie
1. unterscheidbar,
2. homogen und
3. beständig ist,

4. landeskulturellen Wert hat sowie
5. durch eine eintragbare Sortenbezeichnung bezeichnet ist.

(2) Die Voraussetzung des landeskulturellen Wertes entfällt bei
1. Sorten von Gemüse, Obst und Zierpflanzen,
2. Sorten von Gräsern, bei denen der Aufwuchs des Saatgutes nicht zur Nutzung als Futterpflanze bestimmt ist,
3. Sorten, die ausschließlich zur Verwendung als Erbkomponenten bestimmt sind,
4. anderen als den in den Nummern 1 bis 3 bezeichneten Sorten, wenn sie in einem anderen Vertragsstaat die Voraussetzung des landeskulturellen Wertes erfüllt haben und in ein der Sortenliste entsprechendes Verzeichnis eingetragen worden sind und der Antragsteller beantragt, die Sorte ohne Prüfung des landeskulturellen Wertes zuzulassen,
5. Sorten, deren Saatgut nicht zum Anbau in einem Vertragsstaat bestimmt ist. Die Zulassung einer solchen Sorte kann versagt werden, wenn der Anbau die Gesundheit von Menschen, Tieren oder Pflanzen gefährdet.

(3) Das Bundesministerium für Ernährung, Landwirtschaft und Forsten wird ermächtigt, zum Schutz des Verbrauchers durch Rechtsverordnung mit Zustimmung des Bundesrates
1. vorzusehen, daß Sorten von Obst oder Zierpflanzen nur zugelassen werden, wenn sie zusätzlich zu den Voraussetzungen nach Absatz 1 Nr. 1 bis 3 und 5 bestimmte weitere Eigenschaften, insbesondere in bezug auf Anbau und Verwendung, aufweisen,
2. vorzuschreiben, daß in den Fällen des Absatzes 2 Satz 1 Nr. 1 und 2 die Zulassung einer Sorte ihren landeskulturellen Wert voraussetzt, im Falle des Absatzes 2 Satz 1 Nr. 1 jedoch nur, soweit dies in Rechtsakten der Europäischen Gemeinschaft vorgesehen ist.

(4) Bei Sorten von Rebe tritt an die Stelle der Voraussetzung des landeskulturellen Wertes die Feststellung der physiologischen Merkmale, insbesondere der Anbaueigenschaften und des Verwendungszwecks, die in Rechtsakten der Europäischen Gemeinschaft über den Verkehr mit vegetativem Vermehrungsgut von Rebe als zu prüfende Merkmale aufgeführt sind.

§ 31
Unterscheidbarkeit

Eine Sorte ist unterscheidbar, wenn ihre Pflanzen sich in der Ausprägung wenigstens eines wichtigen Merkmals von den Pflanzen jeder anderen Sorte deutlich unterscheiden, die
1. zugelassen oder deren Zulassung beantragt ist,
2. in einem der gemeinsamen Sortenkataloge veröffentlicht ist oder
3. in einem anderen Vertragsstaat in ein der Sortenliste entsprechendes Verzeichnis eingetragen oder deren Eintragung in ein solches Verzeichnis beantragt ist.

Das Bundessortenamt teilt auf Anfrage für jede Art die Merkmale mit, die es für die Unterscheidbarkeit der Sorte dieser Art als wichtig ansieht; die Merkmale müssen genau erkannt und beschrieben werden können.

§ 32
Homogenität

Eine Sorte ist homogen, wenn ihre Pflanzen, von wenigen Abweichungen abgesehen und unter Berücksichtigung der Besonderheiten der generativen oder vegetativen Vermehrung, in der Ausprägung der für die Unterscheidbarkeit wichtigen Merkmale hinreichend gleich sind.

§ 33
Beständigkeit

Eine Sorte ist beständig, wenn ihre Pflanzen in den für die Unterscheidbarkeit wichtigen Merkmale nach jeder Vermehrung oder, im Falle eines Vermehrungszyklus, nach jedem Vermehrungszyklus den für die Sorte festgestellten Ausprägungen entsprechen.

§ 34
Landeskultureller Wert

Eine Sorte hat landeskulturellen Wert, wenn sie in der Gesamtheit ihrer wertbestimmenden Eigenschaften gegenüber den zugelassenen vergleichbaren Sorten eine deutliche Verbesserung für den Pflanzenbau, die Verwertung des Erntegutes oder die Verwertung aus dem Erntegut gewonnener Erzeugnisse erwarten läßt.

§ 35
Sortenbezeichnung

(1) Eine Sortenbezeichnung ist eintragbar, wenn kein Ausschließungsgrund nach Absatz 2 oder 3 vorliegt.

(2) Ein Ausschließungsgrund liegt vor, wenn die Sortenbezeichnung
1. zur Kennzeichnung der Sorte, insbesondere aus sprachlichen Gründen, nicht geeignet ist,
2. keine Unterscheidungskraft hat,
3. ausschließlich aus Zahlen besteht,
4. mit einer Sortenbezeichnung übereinstimmt oder verwechselt werden kann, unter der in einem Vertragsstaat oder Verbandsstaat eine Sorte derselben oder einer verwandten Art in einem amtlichen Verzeichnis von Sorten eingetragen ist oder war oder Saatgut einer solchen Sorte in den Verkehr gebracht worden ist, es sei denn, daß die Sorte nicht mehr eingetragen ist und nicht mehr angebaut wird und ihre Sortenbezeichnung keine größere Bedeutung erlangt hat,
5. irreführen kann, insbesondere wenn sie geeignet ist, unrichtige Vorstellungen über die Herkunft, die Eigenschaften oder den Wert der Sorte oder über den Züchter hervorzurufen,
6. Ärgernis erregen kann.

Das Bundessortenamt macht bekannt, welche Arten es als verwandt im Sinne der Nummer 4 ansieht.

(3) Ist die Sorte bereits
1. in einem anderen Vertragsstaat oder Verbandsstaat oder
2. in einem anderen Staat, der nach einer vom Bundessortenamt bekanntzumachenden Feststellung in Rechtsakten der Europäischen Gemeinschaft Sorten nach Regeln beurteilt, die denen der Richtlinien über die Gemeinsamen Sortenkataloge entsprechen,

in einem amtlichen Verzeichnis von Sorten eingetragen oder ist ihre Eintragung in ein solches Verzeichnis beantragt worden, so ist nur die dort eingetragene oder angegebene Sortenbezeichnung eintragbar. Dies gilt nicht, wenn ein Ausschließungsgrund nach Absatz 2 entgegensteht oder der Antragsteller glaubhaft macht, daß ein Recht eines Dritten entgegensteht.

(4) Für eine nach dem Sortenschutzgesetz geschützte Sorte ist nur die in der Sortenschutzrolle eingetragene Sortenbezeichnung eintragbar.

§ 36
Dauer der Sortenzulassung

(1) Die Sortenzulassung gilt bis zum Ende des zehnten, bei Rebe und Obst bis zum Ende des zwanzigsten auf die Zulassung folgenden Kalenderjahres.

(2) Die Sortenzulassung wird auf Antrag des eingetragenen Züchters oder, falls mehrere Züchter eingetragen sind, eines dieser Züchter um jeweils höchstens zehn Jahre, bei Rebe und Obst um jeweils höchstens zwanzig Jahre, verlängert, wenn
1. die Sorte noch unterscheidbar, homogen und beständig ist und
2. die Anbau- und Marktbedeutung der Sorte eine Verlängerung rechtfertigt.

Die Voraussetzung nach Nummer 2 entfällt in den Fällen des § 30 Abs. 2 Nr. 3 bis 5. Der Antrag auf Verlängerung ist spätestens zwei Jahre vor Ablauf der Sortenzulassung zu stellen.

(3) Wird über einen Antrag auf Verlängerung vor Ablauf der Sortenzulassung nicht unanfechtbar entschieden, so verlängert sich die Dauer der Sortenzulassung bis zum Eintritt der Unanfechtbarkeit der Entscheidung. Wird die Verlängerung abgelehnt, so kann das Bundessortenamt für die Anerkennung und das Inverkehrbringen von Saatgut oder Vermehrungsmaterial dieser Sorte Auslauffristen bis längstens zum 30. Juni des dritten Jahres nach Ablauf der Zulassungsdauer festsetzen.

(4) Das Bundesministerium für Ernährung, Landwirtschaft und Forsten wird ermächtigt, soweit es zur Durchführung von Rechtsakten der Europäischen Gemeinschaft erforderlich ist, durch Rechtsverordnung ohne Zustimmung des Bundesrates die Dauer der Sortenzulassung bei Rebe und Obst abweichend von den Absätzen 1 und 2 festzusetzen.

Unterabschnitt 2
Bundessortenamt

§ 37
Aufgaben

Das Bundessortenamt ist zuständig für die Sortenzulassung und die hiermit zusammenhängenden Angelegenheiten. Es führt die Sortenliste und überwacht die Erhaltung der zugelassenen Sorten.

§ 38
Sortenausschüsse und Widerspruchsausschüsse

(1) Im Bundessortenamt werden gebildet
1. Sortenausschüsse,
2. Widerspruchsausschüsse für Sortenzulassungssachen.

Der Präsident des Bundessortenamtes setzt die Zahl fest und regelt die Geschäftsverteilung.

(2) Die Sortenausschüsse sind zuständig für die Entscheidung über
1. Anträge auf Sortenzulassung,
2. Anträge auf Verlängerung der Sortenzulassung,
3. Anträge auf Eintragung anderer Züchter in die Sortenliste,
4. die Aufhebung der Sortenzulassung hinsichtlich der Sortenbezeichnung,
5. die Eintragung einer anderen Sortenbezeichnung und für die Festsetzung einer Sortenbezeichnung nach § 51 Abs. 3,
6. die Rücknahme und den Widerruf der Sortenzulassung oder einer Eintragung in die Sortenliste.

(3) Die Widerspruchsausschüsse sind zuständig für die Entscheidung über Widersprüche gegen Entscheidungen der Sortenausschüsse.

§ 39
Zusammensetzung der Sortenausschüsse

Die Sortenausschüsse bestehen jeweils aus dem Vorsitzenden und zwei Beisitzern. Der Vorsitzende und die Beisitzer sind vom Präsidenten bestimmte Mitglieder des Bundessortenamtes.

§ 40
Zusammensetzung der Widerspruchsausschüsse

(1) Die Widerspruchsausschüsse bestehen jeweils aus dem Präsidenten oder einem von ihm bestimmten Mitglied des Bundessortenamtes als Vorsitzenden, einem vom Präsidenten bestimmten rechtskundigen Mitglied des Bundessortenamtes als Beisitzer und fünf ehrenamtlichen Beisitzern. Die Widerspruchsausschüsse sind bei Anwesenheit des Vorsitzenden, des rechtskundigen Beisitzers und dreier ehrenamtlicher Beisitzer beschlußfähig.

(2) Die ehrenamtlichen Beisitzer werden vom Bundesministerium für Ernährung, Landwirtschaft und Forsten für sechs Jahre berufen; Wiederberufung ist zulässig. Scheidet ein ehrenamtlicher Beisitzer vorzeitig aus, so wird sein Nachfolger für den Rest der Amtszeit berufen. Die ehrenamtlichen Beisitzer sollen besondere Fachkunde auf dem Gebiet des Sortenwesens haben. Inhaber oder Angestellte von Zuchtbetrieben oder Angestellte von Züchterverbänden sollen nicht berufen werden.

(3) Für jeden ehrenamtlichen Beisitzer wird ein Stellvertreter berufen. Absatz 2 gilt entsprechend.

Unterabschnitt 3
Verfahren vor dem Bundessortenamt

§ 41
Förmliches Verwaltungsverfahren

Auf das Verfahren vor den Sortenausschüssen und den Widerspruchsausschüssen sind die Vorschriften der §§ 63 bis 69 und 71 des Verwaltungsverfahrensgesetzes über das förmliche Verwaltungsverfahren anzuwenden.

§ 42
Antrag auf Sortenzulassung

(1) Die Sortenzulassung kann beantragen, wer hierzu von der Sache und der Person her befugt ist.

(2) Von der Sache her ist befugt:
1. bei einer nach dem Sortenschutzgesetz geschützten Sorte der Sortenschutzinhaber,
2. bei einer Sorte, für die ein Sortenschutzantrag gestellt worden ist, der Antragsteller im Sortenschutzverfahren,
3. bei einer anderen Sorte, wer die Sorte nicht nur vorübergehend nach den Grundsätzen systematischer Erhaltungszüchtung bearbeitet oder unter seiner Verantwortung bearbeiten läßt.

(3) Von der Person her sind befugt:
1. Deutsche im Sinne des Artikels 116 Abs. 1 des Grundgesetzes sowie natürliche und juristische Personen und Personenhandelsgesellschaften mit Wohnsitz oder Sitz im Inland,
2. Angehörige eines anderen Vertragsstaates sowie natürliche und juristische Personen und Personenhandelsgesellschaften mit Wohnsitz oder Sitz in einem anderen Vertragsstaat,

3. andere natürliche und juristische Personen und Personenhandelsgesellschaften, soweit in dem Staat, dem sie angehören oder in dem sie ihren Wohnsitz oder Sitz haben, nach einer Bekanntmachung des Bundesministeriums für Ernährung, Landwirtschaft und Forsten im Bundesgesetzblatt die Gegenseitigkeit gewährleistet ist.

(4) Der Antragsteller hat die Sortenbezeichnung anzugeben. Bei einer nicht geschützten Sorte kann er mit Zustimmung des Bundessortenamtes für das Sortenzulassungsverfahren eine vorläufige Bezeichnung angeben.

(5) Ist die Sortenbezeichnung für Waren, die Saatgut oder Vermehrungsmaterial der Sorte umfassen, als Marke für den Antragsteller in der Zeichenrolle des Patentamtes eingetragen oder zur Eintragung angemeldet, so steht ihm der Zeitrang der Anmeldung, der Marke als Zeitvorrang für die Sortenbezeichnung zu. Der Zeitvorrang erlischt, wenn der Antragsteller nicht innerhalb von drei Monaten nach Angabe der Sortenbezeichnung dem Bundessortenamt eine Bescheinigung des Patentamtes über die Eintragung oder Anmeldung der Marke vorlegt. Die Sätze 1 und 2 gelten entsprechend für Marken, die nach dem Madrider Abkommen vom 14. April 1891 über die internationale Registrierung von Marken in der jeweils geltenden Fassung international registriert worden sind und im Inland Schutz genießen.

(6) Wer in einem Vertragsstaat weder Wohnsitz noch Niederlassung hat, kann an einem in diesem Gesetz geregelten Verfahren vor dem Bundessortenamt nur teilnehmen, wenn er einen Vertreter mit Wohnsitz oder Geschäftsraum in einem Vertragsstaat (Verfahrensvertreter) bestellt hat. Dieser ist im Verfahren vor dem Bundessortenamt und in Rechtsstreitigkeiten, die die Sortenzulassung betreffen, zur Vertretung befugt.

§ 43
Bekanntmachung des Antrags auf Sortenzulassung

(1) Das Bundessortenamt macht den Antrag auf Sortenzulassung unter Angabe der Art, der angegebenen Sortenbezeichnung oder vorläufigen Bezeichnung, des Antragstages sowie des Namens und der Anschrift des Antragstellers, des Züchters und eines Verfahrensvertreters bekannt.

(2) Ist der Antrag nach seiner Bekanntmachung zurückgenommen worden, gilt er nach § 45 Abs. 2 wegen Säumnis als nicht gestellt oder ist die Sortenzulassung abgelehnt worden, so macht das Bundessortenamt dies ebenfalls bekannt.

§ 44
Prüfung

(1) Bei der Prüfung, ob die Sorte die Voraussetzungen für ihre Zulassung erfüllt, baut das Bundessortenamt die Sorte an oder stellt die sonst erforderlichen Untersuchungen an. Hiervon kann es absehen,
1. soweit ihm frühere eigene Prüfungsergebnisse zur Verfügung stehen,
2. wenn sich aus anderen Erkenntnisquellen, insbesondere aus den vom Antragsteller vorgelegten Unterlagen (§ 53 Nr. 2), ergibt, daß die Sorte die Voraussetzungen für ihre Zulassung nicht erfüllt.

(2) Das Bundessortenamt kann den Anbau oder die sonst erforderlichen Untersuchungen durch andere fachlich geeignete Stellen, auch im Ausland, durchführen lassen und Ergebnisse von Anbauprüfungen oder sonstigen Untersuchungen solcher Stellen berücksichtigen.

(3) Das Bundessortenamt fordert den Antragsteller auf, ihm oder der von ihm bezeichneten Stelle innerhalb einer bestimmten Frist das erforderliche Saatgut oder Vermehrungsmaterial, das erforderliche sonstige Material und die erforderlichen weiteren Unterlagen vorzulegen, die erforderlichen Auskünfte zu erteilen und deren Prüfung zu gestatten.

(4) Bei der Prüfung, ob die Anbau- und Marktbedeutung der Sorte eine Verlängerung der Sortenzulassung rechtfertigt, kann das Bundessortenamt auch Ergebnisse anderer amtlicher Prüfungen oder den Anbau in der Praxis zugrunde legen.

(5) Das Bundessortenamt kann Behörden und Stellen im Ausland Auskünfte über Prüfungsergebnisse erteilen, soweit dies zur gegenseitigen Unterrichtung erforderlich ist.

(6) Das Bundessortenamt fordert den Antragsteller auf, innerhalb einer bestimmten Frist schriftlich
1. eine Sortenbezeichnung anzugeben, wenn er eine vorläufige Bezeichnung angegeben hat,
2. eine andere Sortenbezeichnung anzugeben, wenn die angegebene Sortenbezeichnung nicht eintragbar ist.
§ 43 gilt entsprechend.

§ 45
Säumnis

(1) Kommt der Antragsteller einer Aufforderung des Bundessortenamtes,
1. das erforderliche Saatgut oder Vermehrungsmaterial, das erforderliche sonstige Material oder erforderliche weitere Unterlagen vorzulegen,
2. eine Sortenbezeichnung anzugeben oder
3. fällige Prüfungsgebühren zu entrichten,
innerhalb der ihm gesetzten Frist nicht nach, so kann das Bundessortenamt den Antrag auf Sortenzulassung zurückweisen, wenn es bei der Fristsetzung auf diese Folge der Säumnis hingewiesen hat.

(2) Entrichtet ein Antragsteller oder Widerspruchsführer die fällige Gebühr für die Entscheidung über einen Antrag auf Sortenzulassung oder über einen Widerspruch nicht, so gilt der Antrag als nicht gestellt oder der Widerspruch als nicht erhoben, wenn die Gebühr nicht innerhalb eines Monats entrichtet wird, nachdem das Bundessortenamt die Gebührenentscheidung bekanntgegeben und dabei auf diese Folge der Säumnis hingewiesen hat.

§ 46
Antrag auf Eintragung als weiterer Züchter

Wird im Falle des § 42 Abs. 2 Nr. 3 die Sorte von weiteren Züchtern oder unter deren Verantwortung unter den dort genannten Voraussetzungen bearbeitet, so kann jeder dieser Züchter seine Eintragung in die Sortenliste als weiterer Züchter beantragen. § 42 Abs. 3 und 6, §§ 44 Abs. 1 bis 3 und § 45 gelten entsprechend.

§ 47
Sortenliste

(1) In die Sortenliste werden nach Eintritt der Unanfechtbarkeit der Sortenzulassung eingetragen
1. die Art und die Sortenbezeichnung; wird Saatgut oder Vermehrungsmaterial einer Sorte in einem anderen Vertragsstaat oder Verbandsstaat unter einer anderen Sortenbezeichnung in den Verkehr gebracht, so soll diese zusätzlich vermerkt werden,
2. die festgestellten Ausprägungen der für die Unterscheidbarkeit wichtigen Merkmale; bei Sorten, deren Pflanzen durch Kreuzung bestimmter Erbkomponenten erzeugt werden, auch der Hinweis hierauf,
3. der Name und die Anschrift
   a) des Züchters,
   b) im Falle des § 46 der weiteren Züchter,
   c) der Verfahrensvertreter,

4. der Zeitpunkt des Beginns und der Beendigung der Sortenzulassung sowie der Beendigungsgrund,
5. Auflagen oder eine Befristung.

(2) Wird im Falle des § 35 Abs. 4 die in der Sortenschutzrolle eingetragenen Sortenbezeichnung durch eine andere ersetzt oder wird für eine zugelassene Sorte Sortenschutz unter einer anderen Sortenbezeichnung erteilt, so ist diese Sortenbezeichnung in die Sortenrolle einzutragen.

(3) Die Eintragung der festgestellten Ausprägungen der für die Unterscheidbarkeit wichtigen Merkmale kann durch einen Hinweis auf Unterlagen des Bundessortenamtes ersetzt werden. Die Eintragung kann hinsichtlich der Anzahl und Art der Merkmale sowie der festgestellten Ausprägungen dieser Merkmale von Amts wegen geändert werden, soweit dies erforderlich ist, um die Beschreibung der Sorte mit den Beschreibungen anderer Sorten vergleichbar zu machen.

(4) Änderungen in der Person eines Züchters oder Verfahrensvertreters werden nur eingetragen, wenn sie nachgewiesen sind. Der eingetragene Züchter oder Verfahrensvertreter bleibt bis zur Eintragung der Änderung nach diesem Gesetz berechtigt und verpflichtet.

(5) Das Bundessortenamt macht die Eintragungen bekannt.

§ 48
Übernahme der Erhaltungszüchtung

Hat jemand die Erhaltungszüchtung einer Sorte von einem in der Sortenliste eingetragenen Züchter übernommen, so wird er ohne erneute Prüfung der Sorte als Züchter eingetragen.

§ 49
Einsichtnahme

(1) Jedem steht die Einsicht frei in
1. die Sortenliste,
2. die Unterlagen
    a) nach § 47 Abs. 3 Satz 1,
    b) eines bekanntgemachten Antrags auf Sortenzulassung oder auf Eintragung als weiterer Züchter,
    c) einer Eintragung in die Sortenliste,
3. den Anbau
    a) zur Prüfung einer Sorte,
    b) zur Sortenüberwachung.

(2) Bei Sorten, deren Pflanzen durch Kreuzung bestimmter Erbkomponenten erzeugt werden, sind die Angaben über die Erbkomponenten auf Antrag desjenigen, der den Antrag auf Sortenzulassung gestellt hat, von der Einsichtnahme auszuschließen. Der Antrag kann nur bis zur Entscheidung über die Sortenzulassung gestellt werden.

§ 50
Sortenerhaltung

(1) Jeder eingetragene Züchter hat die Sorte in einem Vertragsstaat nach den Grundsätzen systematischer Erhaltungszüchtung zu erhalten. Die Erhaltungszüchtung kann außerhalb der Vertragsstaaten betrieben werden, wenn die Nachprüfung durch eine vom Bundessortenamt anerkannte amtliche Stelle außerhalb dieses Gebiets sichergestellt ist.

(2) Der Züchter hat bei der Durchführung der Erhaltungszüchtung Aufzeichnungen über das für die einzelnen Zuchtgenerationen oder Zuchtstufen verwendete Material und über die angewandte Methode zu machen. Er hat die Aufzeichnungen sechs Jahre aufzubewahren.

§ 51
Aufhebung der Sortenzulassung hinsichtlich der Sortenbezeichnung

(1) Die Zulassung einer nicht geschützten Sorte ist, soweit sie die Sortenbezeichnung betrifft, zurückzunehmen, wenn ein Ausschließungsgrund nach § 35 Abs. 2 oder 3 bei der Zulassung bestanden hat und fortbesteht. Ein Anspruch auf Ausgleich eines Vermögensnachteils nach § 48 Abs. 3 des Verwaltungsverfahrensgesetzes besteht nicht. Eine Rücknahme aus anderen Gründen ist nicht zulässig.

(2) Die Zulassung einer nicht geschützten Sorte ist, soweit sie die Sortenbezeichnung betrifft, zu widerrufen, wenn
1. ein Ausschließungsgrund nach § 35 Abs. 2 Nr. 5 oder 6 nachträglich eingetreten ist,
2. ein entgegenstehendes Recht glaubhaft gemacht wird und der Züchter mit der Eintragung einer anderen Sortenbezeichnung einverstanden ist,
3. dem Züchter durch rechtskräftige Entscheidung die Verwendung der Sortenbezeichnung untersagt worden ist oder
4. einem sonst nach § 20 Abs. 1 zur Verwendung der Sortenbezeichnung Verpflichteten durch rechtskräftige Entscheidung die Verwendung der Sortenbezeichnung untersagt worden ist und der Züchter als Nebenintervenient am Rechtsstreit beteiligt oder ihm der Streit verkündet war, sofern er nicht durch einen der in § 68 zweiter Halbsatz der Zivilprozeßordnung genannten Umstände an der Wahrnehmung seiner Rechte gehindert war.

Ein Widerruf aus anderen Gründen ist nicht zulässig.

(3) Das Bundessortenamt fordert den Züchter auf, innerhalb einer bestimmten Frist eine andere Sortenbezeichnung anzugeben. Nach fruchtlosem Ablauf der Frist kann es eine Sortenbezeichnung von Amts wegen festsetzen. Auf Antrag des Züchters oder eines Dritten setzt das Bundessortenamt eine Sortenbezeichnung fest, wenn der Antragsteller ein berechtigtes Interesse glaubhaft macht. § 43 gilt entsprechend.

§ 52
Beendigung der Sortenzulassung

(1) Die Sortenzulassung erlischt, wenn der eingetragene Züchter oder falls mehrere Züchter eingetragen sind, alle diese Züchter hierauf gegenüber dem Bundessortenamt schriftlich verzichten.

(2) Die Sortenzulassung ist zurückzunehmen, wenn sich ergibt, daß die Sorte bei der Zulassung nicht unterscheidbar war, und wenn eine andere Entscheidung nicht möglich war. Ein Anspruch auf Ausgleich eines Vermögensnachteils nach § 48 Abs. 3 des Verwaltungsverfahrensgesetzes besteht nicht. Eine Rücknahme aus anderen Gründen ist nicht zulässig.

(3) Die Sortenzulassung ist zu widerrufen, wenn sich ergibt, daß die Sorte nicht homogen oder nicht beständig ist.

(4) Im übrigen kann die Sortenzulassung nur widerrufen werden, wenn
1. die Sorte keinen landeskulturellen Wert mehr hat,
2. es sich um eine Sorte nach § 30 Abs. 2 Satz 1 Nr. 1 handelt, die dort genannte Voraussetzung entfallen ist und eine andere Entscheidung nicht möglich ist,
3. der Anbau der Sorte die Gesundheit von Menschen, Tieren oder Pflanzen gefährdet,
4. die Sortenzulassung verlängert worden ist und die Anbau- und Marktbedeutung der Sorte die Zulassung nicht mehr rechtfertigt,

5. mit der Sortenzulassung oder ihrer Verlängerung eine Auflage verbunden ist und der Züchter diese nicht oder nicht innerhalb einer ihm gesetzten Frist erfüllt hat,
6. der Züchter die Verpflichtung zur Sortenerhaltung nach § 50 Abs. 1 trotz Mahnung nicht erfüllt hat,
7. der Züchter einer Aufforderung nach § 51 Abs. 3 zur Angabe einer anderen Sortenbezeichnung nicht nachgekommen ist,
8. der Züchter eine durch Rechtsverordnung nach § 53 Nr. 1 begründete Verpflichtung hinsichtlich der Sortenüberwachung trotz Mahnung nicht erfüllt hat oder
9. der Züchter fällige Überwachungsgebühren innerhalb einer Nachfrist nicht entrichtet hat.

(5) Für die Eintragung eines weiteren Züchters gelten die Absätze 3 und 4 Nr. 5, 6, 8 und 9 entsprechend.

(6) Das Bundessortenamt kann eine Auslauffrist für die Anerkennung und das Inverkehrbringen von Saatgut oder Vermehrungsmaterial der Sorte zu gewerblichen Zwecken bis längstens zum 30. Juni des dritten Jahres nach der Beendigung der Sortenzulassung festsetzen.

§ 53
Ermächtigung zum Erlaß von Verfahrensvorschriften

Das Bundesministerium für Ernährung, Landwirtschaft und Forsten wird ermächtigt, durch Rechtsverordnung, die nicht der Zustimmung des Bundesrates bedarf,
1. die Einzelheiten des Verfahrens vor dem Bundessortenamt einschließlich der Auswahl der für die Unterscheidbarkeit wichtigen Merkmale, der Festsetzung des Prüfungsumfangs und der Sortenüberwachung zu regeln,
2. soweit es zur Sicherstellung einer ordnungsgemäßen Prüfung erforderlich ist, vorzuschreiben, daß der Antragsteller bei bestimmten Arten Ergebnisse bestimmter Prüfungen beizubringen hat, die Aufschluß über die Eigenschaften der Sorte geben,
3. das Blatt für Bekanntmachungen des Bundessortenamtes zu bestimmen.

§ 54
Kosten

(1) Das Bundessortenamt erhebt für seine Amtshandlungen nach diesem Gesetz und für die Prüfung von Sorten auf Antrag ausländischer oder supranationaler Stellen Kosten (Gebühren und Auslagen).

(2) Das Bundesministerium für Ernährung, Landwirtschaft und Forsten wird ermächtigt, im Einvernehmen mit den Bundesministerien der Finanzen und für Wirtschaft durch Rechtsverordnung, die nicht der Zustimmung des Bundesrates bedarf, die gebührenpflichtigen Tatbestände und die Gebührensätze zu bestimmen und dabei feste Sätze oder Rahmensätze vorzusehen sowie den Zeitpunkt der Gebührenerhebung zu regeln. Die Bedeutung, der wirtschaftliche Wert oder der sonstige Nutzen der Amtshandlung, auch für das Züchtungswesen und die Allgemeinheit, sind angemessen zu berücksichtigen. Die zu erstattenden Auslagen können abweichend vom Verwaltungskostengesetz geregelt werden. In der Rechtsverordnung kann vorgesehen werden, daß Gebühren für die Überwachung einer Sorte nicht erhoben werden, soweit für die Sorte eine Jahresgebühr nach § 33 Abs. 1 des Sortenschutzgesetzes erhoben wird.

(3) (aufgehoben)

(4) Bei Gebühren für die Prüfung einer Sorte oder einer weiteren Erhaltungszüchtung sowie für die ablehnende Entscheidung über einen Antrag auf Sortenzulassung wird keine Ermäßigung nach § 15 Abs. 2 des Verwaltungskostengesetzes gewährt.

(5) Hat ein Widerspruch Erfolg, so ist die Widerspruchsgebühr zu erstatten. Bei teilweisem Erfolg ist die Widerspruchsgebühr zu einem entsprechenden Teil zu erstatten. Die Erstattung kann jedoch ganz oder teilweise unterbleiben, wenn die Entscheidung auf Tatsachen beruht, die früher hätten geltend gemacht oder bewiesen werden können. Für Auslagen im Widerspruchsverfahren gelten die Sätze 1 bis 3

entsprechend. Ein Anspruch auf Erstattung von Kosten nach § 80 des Verwaltungsverfahrensgesetzes besteht nicht.

Unterabschnitt 4
In anderen Vertragsstaaten eingetragene Sorten

§ 55

(1) Das Bundessortenamt macht die Sorten bekannt,
1. die in einem der Gemeinsamen Sortenkataloge veröffentlicht sind, sofern die Bundesrepublik Deutschland nicht durch Rechtsakte der Europäischen Gemeinschaft ermächtigt ist, das Inverkehrbringen von Saatgut dieser Sorte für das gesamte Inland zu untersagen, oder
2. für die nach Ende der Veröffentlichung gemäß Nummer 1 in einem anderen Vertragsstaat eine Auslauffrist für das Inverkehrbringen von Saatgut oder Vermehrungsmaterial festgesetzt worden und in einem der gemeinsamen Sortenkataloge veröffentlicht ist.

Die Bekanntmachung kann sich auf einen Hinweis auf Veröffentlichungen der gemeinsamen Sortenkataloge im Amtsblatt der Europäischen Gemeinschaft beschränken.

(2) Saatgut von Sorten,
1. die in einem der Sortenliste entsprechenden Verzeichnis eines anderen Vertragsstaates eingetragen sind,
2. für die das Bundessortenamt festgestellt hat, daß Unterlagen vorliegen, die für die Anerkennung und die Nachprüfung die gleichen Informationen ermöglichen wie bei zugelassenen Sorten, und
3. bei denen
   a) die Voraussetzungen nach Absatz 1 vorliegen oder
   b) die Erhaltungszüchtung im Inland durchgeführt wird,

kann anerkannt werden. Saatgut von Sorten nach Satz 1, bei denen keine der Voraussetzungen nach Nummer 3 vorliegt, kann anerkannt werden, wenn es die Voraussetzungen des § 10 Abs. 1 erfüllt. Das Bundessortenamt macht die Sorten bekannt, für die es die Feststellung nach Satz 1 Nr. 2 getroffen hat. Die Sätze 1 und 3 gelten für Vermehrungsmaterial von Obstsorten entsprechend.

Abschnitt 3
andere Aufgaben des Bundessortenamtes

§ 56
Beschreibende Sortenliste

(1) Das Bundessortenamt veröffentlicht eine beschreibende Liste der zugelassenen Sorten (Beschreibende Sortenliste). In die Beschreibende Sortenliste können auch Sorten oder Pflanzengruppen aufgenommen werden, die
1. in einem der Gemeinsamen Sortenkataloge veröffentlicht sind,
2. im Sinne des § 3 a Abs. 1 Satz 1 Nr. 2 Buchstabe b hinreichend genau beschrieben worden sind oder
3. einer Art zugehören, die nicht im Artenverzeichnis aufgeführt ist, soweit dies im Hinblick auf die Bedeutung des Verkehrs mit Saatgut oder Vermehrungsmaterial von Sorten oder Pflanzengruppen dieser Art zur Förderung der Erzeugung qualitativ hochwertiger pflanzlicher Produkte zweckmäßig ist und das Bundessortenamt die erforderlichen Informationen erlangen kann.

(2) In der Beschreibenden Sortenliste sollen die für den Anbau wesentlichen Merkmale und Eigenschaften sowie die Eignung der Sorten oder Pflanzengruppen für bestimmte Boden- und Klimaverhältnisse oder Verwendungszwecke aufgeführt werden.

(3) In der Beschreibenden Sortenliste können Prüfungsergebnisse anderer amtlicher Stellen und Erfahrungen aus dem Anbau in der Praxis verwertet werden. Das Bundessortenamt kann für die Beschreibende Sortenliste besondere Prüfungen und Anbauversuche durchführen.

§ 57
Prüfung der Sortenechtheit in besonderen Fällen

Soweit auf Grund von Rechtsvorschriften bei anderen als den im Artenverzeichnis zu diesem Gesetz aufgeführten Arten die Sortenechtheit Voraussetzung für das Inverkehrbringen von Pflanzen oder Pflanzenteilen ist, kann das Bundessortenamt auf Ersuchen einer für die Überwachung zuständigen Stelle die Sortenechtheit prüfen.

Abschnitt 4
Verfahren vor Gericht, Auskunftspflicht, Übermittlung von Daten und Bußgeldvorschriften

§ 58
Ausschluß der Berufung

Hat im Vorverfahren der Widerspruchsausschuß entschieden, so ist die Berufung gegen das Urteil des Verwaltungsgerichtes ausgeschlossen.

§ 59
Auskunftspflicht

(1) Natürliche und juristische Personen und nichtsrechtsfähige Personenvereinigungen haben der zuständigen Behörde auf Verlangen die Auskünfte zu erteilen, die zur Durchführung der der Behörde durch dieses Gesetz oder auf Grund dieses Gesetzes übertragenen Aufgaben erforderlich sind.

(2) Personen, die von der zuständigen Behörde beauftragt sind, dürfen im Rahmen des Absatzes 1 Grundstücke, Geschäftsräume, Betriebsräume und Transportmittel des Auskunftspflichtigen während der Geschäfts- und Betriebszeiten betreten und dort
1. Besichtigungen vornehmen,
2. Proben gegen Empfangsbescheinigung entnehmen und
3. geschäftliche Unterlagen einsehen.

Der Auskunftspflichtige hat die Maßnahmen zu dulden, die mit der Überwachung beauftragten Personen zu unterstützen und die geschäftlichen Unterlagen vorzulegen. Für Proben, die im Rahmen der Saatgutverkehrskontrolle gezogen werden, ist auf Verlangen eine angemessene Entschädigung zu leisten, es sei denn, daß die unentgeltliche Überlassung wirtschaftlich zumutbar ist.

(3) Der Auskunftspflichtige kann die Auskunft auf solche Fragen verweigern, deren Beantwortung ihn selbst oder einen der in § 383 Abs. 1 Nr. 1 bis 3 der Zivilprozeßordnung bezeichneten Angehörigen der Gefahr strafgerichtlicher Verfolgung oder eines Verfahrens nach dem Gesetz über Ordnungswidrigkeiten aussetzen würde.

§ 59a
Übermittlung von Daten

(1) Die zuständigen Behörden können, soweit es zum Schutz des Verbrauchers erforderlich oder durch Rechtsakte der Europäischen Gemeinschaft vorgeschrieben ist, Daten, die sie bei der Durchführung dieses Gesetzes gewonnen haben, den zuständigen Behörden anderer Länder, des Bundes oder anderer Mitgliedstaaten sowie der Kommission der Europäischen Gemeinschaft mitteilen.

(2) Der Verkehr mit den zuständigen Behörden anderer Mitgliedstaaten und der Kommission der Europäischen Gemeinschaft obliegt dem Bundesministerium für Ernährung, Landwirtschaft und Forsten, soweit dieses Gesetz keine andere Regelung trifft. Es kann diese Befugnis durch Rechtsverordnung ohne Zustimmung des Bundesrates auf die Bundesanstalt für Landwirtschaft und Ernährung oder das Bundessortenamt übertragen. Ferner kann es diese Befugnis durch Rechtsverordnung mit Zustimmung des Bundessortenamtes auf die zuständigen obersten Landesbehörden übertragen. Die obersten Landesbehörden können die Befugnis nach Satz 3 auf andere Behörden übertragen.

§ 60
Ordnungswidrigkeiten

(1) Ordnungswidrig handelt, wer vorsätzlich oder fahrlässig
1. entgegen § 3 Abs. 1 Saatgut oder entgegen § 3a Abs. 1 Vermehrungsmaterial in den Verkehr bringt,
2. einer vollziehbaren Auflage zuwiderhandelt, die
   a) mit einer Genehmigung nach § 3 Abs. 2, auch in Verbindung mit § 3a Abs. 1 Satz 3, nach § 6 in Verbindung mit § 13 Abs. 1 Satz 3, oder nach § 18 Abs. 2, auch in Verbindung mit § 18 Abs. 3,
   b) mit einer auf Grund einer Rechtsverordnung nach § 11 Abs. 3 Nr. 1 erteilten Genehmigung, soweit die Rechtsverordnung für einen bestimmten Tatbestand auf diese Bußgeldvorschrift verweist,
   c) mit einer Anerkennung oder Zulassung von Saatgut oder Vermehrungsmaterial oder
   d) mit der Sortenzulassung verbunden ist,
3. einer Rechtsverordnung nach § 3a Abs. 2 Nr. 1 oder 2 Buchstabe a oder Abs. 3, § 5 Abs. 1 Nr. 4 Buchstabe b, § 14a, § 14b Abs. 2, § 15a Abs. 2, § 17, § 19 Abs. 3, § 19a, § 22a oder § 27 Abs. 3 zuwiderhandelt, soweit sie für einen bestimmten Tatbestand auf diese Bußgeldvorschrift verweist,
4. entgegen §§ 8, § 12 Abs. 2, 3 oder 4 Nr. 1, § 13 Abs. 3, § 27 Abs. 1 Nr. 2 oder § 50 Abs. 2 Aufzeichnungen nicht, nicht richtig oder nicht vollständig macht oder die Aufzeichnungen oder Belege nicht aufbewahrt,
5. entgegen § 12 Abs. 4 Nr. 2 eine Probe nicht zieht oder nicht aufbewahrt,
6. entgegen einer vollziehbaren Anordnung nach § 12 Abs. 6 Standardsaatgut in den Verkehr bringt,
7. entgegen § 20 Abs. 1 oder 3 Satz 1 Saatgut oder entgegen § 15a Abs. 1 Vermehrungsmaterial einführt,
8. entgegen § 20 Abs. 1 Satz 1 Saatgut oder entgegen Satz 2 Vermehrungsmaterial, das einer Sorte zugehört, in den Verkehr bringt, wenn hierbei die Sortenbezeichnung nicht, nicht in der vorgeschriebenen Weise oder unter Verstoß gegen § 3a Abs. 1 Satz 1 Nr. 2 Buchstabe b in Verbindung mit § 35 Abs. 2 Nr. 1, 3, 5 oder 6 angegeben ist,
9. entgegen § 21 Abs. 1 in Verbindung mit Abs. 2 oder einer Rechtsverordnung nach § 22 Abs. 1 oder 3 Saatgut einführt oder in den Verkehr bringt, das nicht vorschriftsmäßig verpackt oder gekennzeichnet ist,
10. entgegen § 23 Abs. 1 Saatgut oder Vermehrungsmaterial unter einer irreführenden Bezeichnung, Angabe oder Aufmachung oder entgegen § 23 Abs. 2 Erntegut unter einer Bezeichnung, Angabe oder Aufmachung, die es als Saatgut oder Vermehrungsmaterial verwendbar erscheinen läßt, in den Verkehr bringt,
11. entgegen § 27 Abs. 1 Nr. 1 eine Anzeige nicht oder nicht rechtzeitig erstattet,
12. entgegen § 59 Abs. 1 eine Auskunft nicht, nicht richtig oder nicht vollständig erteilt oder entgegen § 59 Abs. 2 Satz 2 eine Überwachungsmaßnahme nicht duldet, eine mit der Überwachung beauftragte Person nicht unterstützt oder Unterlagen nicht vorlegt oder

13. im Anerkennungs- oder Zulassungsverfahren, bei der Sortenprüfung oder der Sortenüberwachung falsches Saatgut oder falsches Vermehrungsmaterial zur Untersuchung vorstellt, entnehmen läßt oder einsendet.

(2) Die Ordnungswidrigkeit kann in den Fällen des Absatzes 1 Nr. 1 bis 3, 6, 7, 10 und 13 mit einer Geldbuße bis zu fünfzigtausend Deutsche Mark, in den Fällen des Absatzes 1 Nr. 4, 5, 8, 9, 11 und 12 mit einer Geldbuße bis zu zehntausend Deutsche Mark geahndet werden.

(3) Saatgut, Vermehrungsmaterial oder Erntegut, auf das sich eine Ordnungswidrigkeit nach Absatz 1 Nr. 1 bis 3, 6 bis 10 oder 13 bezieht, kann eingezogen werden.

(4) Verwaltungsbehörde im Sinne des § 36 Abs. 1 Nr. 1 des Gesetzes über Ordnungswidrigkeiten ist
1. das Bundessortenamt in den Fällen
   a) des Absatzes 1 Nr. 2 Buchstabe a, soweit die Ordnungswidrigkeit eine mit einer Genehmigung nach § 3 Abs. 2 auch in Verbindung mit § 3a Abs. 1 Satz 3, verbundene Auflage betrifft,
   b) des Absatzes 1 Nr. 2 Buchstabe d,
   c) des Absatzes 1 Nr. 4, soweit die Ordnungswidrigkeit eine Zuwiderhandlung gegen § 50 Abs. 2 betrifft, und
   d) des Absatzes 1 Nr. 12 und 13, soweit die Ordnungswidrigkeit ihm gegenüber begangen worden ist;
2. die Bundesrat für Landwirtschaft und Ernährung in den Fällen
   a) des Absatzes 1 Nr. 2 Buchstabe a, soweit die Ordnungswidrigkeit eine mit einer Genehmigung nach § 18 Abs. 2 oder 3 verbundene Auflage betrifft,
   b) des Absatzes 1 Nr. 3, soweit die Ordnungswidrigkeit eine Zuwiderhandlung gegen eine Rechtsverordnung nach § 15a Abs. 2, § 19 Abs. 3 oder in Fällen der Einfuhr nach § 22a betrifft,
   c) des Absatzes 1 Nr. 7,
   d) des Absatzes 1 Nr. 9, soweit die Ordnungwidrigkeit bei der Einfuhr begangen worden ist, und
   e) des Absatzes 1 Nr. 12, soweit die Ordnungswidrigkeit ihr gegenüber begangen worden ist.

Abschnitt 5
Schlußvorschriften

§ 61
Durchführung von Vorschriften der Europäischen Gemeinschaft

Rechtsverordnungen nach den Abschnitten 1 und 2 können auch zur Durchführung von Rechtsakten der Europäischen Gemeinschaft über den Verkehr mit Saatgut oder Vermehrungsmaterial erlassen werden.

§ 61a
Sonderregelung für Rebenpflanzgut

§ 3 Abs. 1 Nr. 7 und Abs. 2 Satz 1, § 4 Abs. 2 und 3 Satz 1, § 10 Abs. 2 Nr. 1, § 15 Abs. 1 Satz 3 und § 16 Abs. 1 Satz 1 Nr. 1 finden für Vertragsstaaten, die nicht Mitgliedstaaten der Europäischen Gemeinschaft sind, keine Anwendung auf Pflanzgut von Rebe einschließlich Ruten und Rutenteilen. Das Bundesministerium für Ernährung, Landwirtschaft und Forsten wird ermächtigt, durch Rechtsverordnung mit Zustimmung des Bundesrates die Anwendung der Regelungen nach Satz 1 auf die genannten Vertragsstaaten auszudehnen, wenn die Rechtsvorschriften der Europäischen Gemeinschaft über den Verkehr mit vegetativem Vermehrungsgut von Reben für die genannten Vertragsstaaten anwendbar werden.

§ 62
Übergangsvorschriften

(1) Die Sortenliste nach dem Saatgutverkehrsgesetz in der Fassung der Bekanntmachung vom 23. Juni 1975 (BGBl. I S. 1453) wird nach diesem Gesetz weitergeführt. Bisher eingetragene Sorten gelten als zugelassene Sorten im Sinne dieses Gesetzes.

(2) Das Bundesministerium für Ernährung, Landwirtschaft und Forsten wird ermächtigt, soweit es mit dem Schutz des Verbrauchers vereinbar ist, durch Rechtsverordnung mit Zustimmung des Bundesrates die Zulassung bestimmter Sroten von Obst und Gemüse abweichend von § 30 Abs. 1 vorzusehen, sofern Vermehrungsmaterial der Sorte vor dem 1. Januar 1993 zu gewerblichen Zwecken in den Verkehr gebracht worden ist und dem Bundessortenamt eine Sortenbeschreibung vorliegt. Zulassungen nach Satz 1 enden für Sorten von Gemüse spätestens am 30. Juni 1998, für Sorten von Obst spätestens am 30. Juni 2000. Die Zulassungen können nach § 36 Abs. 2 verlängert werden.

§ 62a
Allgemeine Verwaltungsvorschriften

Das Bundesministerium für Ernährung, Landwirtschaft und Forsten erläßt mit Zustimmung des Bundesrates die allgemeinen Verwaltungsvorschriften, die zur Durchführung dieses Gesetzes erforderlich sind.

§ 63
Inkrafttreten

Dieses Gesetz tritt am Tage nach der Verkündung in Kraft.
Das vorstehende Gesetz wird hiermit ausgefertigt und wird im Bundesgesetzblatt verkündet.

Anlage

Artenverzeichnis

I. Getreibe

1. Avena nuda Hoejer   Nackthafer
2. Avena sativa L.   Hafer
3. Hordeum vulgare L. convar. distichon (L.) Alef.   Zweizeilige Gerste
4. Hordeum vulgare L. convar. vulgare   Mehrzeilige Gerste
5. Secale cereale L.   Roggen
6. Triticum aestivum L.   Weichweizen
7. Triticum spelta L.   Spelz
8. Zea mays L.   Mais außer für Zierzwecke

II. Hackfrüchte außer Kartoffel

1. Beta vulgaris L. ssp. vulgaris var. alba DC.   Runkelrübe
2. Beta vulgaris L. ssp. vulgaris var. altissima (Doell)   Zuckerrübe
3. Brassica napus L. emend.
   Metzger var. napobrassica (L.) Rchb.   Kohlrübe
4. Brassica oleracea L. convar. acephala (DC.) Alef.
   var. viridis L. + var. medulossa Thell. in Hegi   Futterkohl

III. Kartoffel

Solanum tuberosum L.   Kartoffel

IV. Gräser und landwirtschaftliche Leguminosen
A. Gräser

1. Agrostis spec.   Straußgras
2. Alopecurus pratensis L.   Wiesenfuchsschwanz
3. Arrhenatherum elatius (L.) P. Beauv. ex S. et K. B. Presl   Glatthafer
4. Dactylis glomerata L.   Knaulgras
5. Festuca arundinacea Schreb.   Rohrschwingel
6. Festuca ovina L.   Schafschwingel
7. Festuca pratensis Huds.   Wiesenschwingel
8. Festuca rubra L. s. lat.   Ausläuferrotschwingel, Horstrotschwingel
9. Lolium x hybridum Hausskn.   Bastardweidelgras
10. Lolium multiflorum Lam. ssp. gaudini (Parl.)
    Schinz et Kell. (var. westerwoldicum [Mansh.] Wittm.)   Einjähriges Weidelgras
11. Lolium multiflorum Lam. ssp. italicum
    Volkart ex Schinz et Kell.   Welsches Weidelgras
12. Lolium perenne L.   Deutsches Weidelgras
13. Phleum pratense L.   Wiesenlieschgras
14. Poa nemoralis L.   Hainrispe
15. Poa palustris L.   Sumpfrispe
16. Poa pratensis L.   Wiesenrispe
17. Poa trivialis L.   Gemeine Rispe
18. Trisetum flavescens (L.) P. Beauv.   Goldhafer

B. Landwirtschaftliche Leguminosen

1. Lotus corniculatus L.   Hornschotenklee
2. Lupinus albus L.   Weißlupine

3. Lupinus angustifolius L. — Blaue Lupine
4. Lupinus luteus L. — Gelbe Lupine
5. Medicago lupulina L. — Gelbklee, Hopfenklee
6. Medicago sativa L. — Blaue Luzerne
7. Medicago x varia Martyn — Bastardluzerne
8. Onobrychis viciifolia Scop. — Esparsette
9. Pisum sativum L. — Futtererbse, Trockenspeiseerbse
10. Trifolium alexandrinum L. — Alexandringer Klee
11. Trifolium hybridum L. — Schwedenklee
12. Trifolium incarnatum L. — Inkarnatklee
13. Trifolium pratense L. — Rotklee
14. Trifolum repens L. — Weißklee
15. Trifolium resupinatum L. — Persischer Klee
16. Vicia faba L. var. minor (Peterm.) Beck (v. equina Pers.) — Ackerbohne
17. Vicia pannonica Grantz — Pannonische Wicke
18. Vicia sativa L. — Saatwicke
19. Vicia villosa Roth — Zottelwicke

V. Öl- und Faserpflanzen

1. Brassica juncea (L.) Czern et Coss. ssp. juncea — Sareptasenf
2. Brassica napus L. emend. Metzger var. napus — Raps
3. Brassica nigra (L.) W.D. J. Koch — Schwarzer Senf
4. Brassica rapa L. var. silvestris (Lam.) Briggs — Rübsen
5. Cannabis sativa L. — Hanf außer für Zierzwecke
6. Helianthus annuus L. — Sonnenblume außer für Zierzwecke
7. Linum usitatissimum L. — Lein
8. Papaver somniferum L. — Mohn außer für Zierzwecke
9. Raphanus sativus L. var. oleiformis Pers. — Ölrettich
10. Sinapis alba L. — Weißer Senf

VI. Rebe

Vitis spec. — Ertragsrebe und Unterlagsrebe außer für Zierzwecke

VII. Gemüse

1. Allium cepa L. — Speisezwiebel
2. Allium porrum L. — Porree
3. Apium graveolens L. var. rapaceum (Mill.) Gaud. — Knollensellerie
4. Beta vulgaris L. ssp. vulgaris var. conditiva Alef. — Rote Rübe
5. Beta vulgaris L. ssp. vulgaris var. vulgaris — Mangold
6. Brassica oleracea L. convar. acephala (DC.) Alef. var. gongylodes L. — Kohlrabi
7. Brassica oleracea L. convar. acephala (DC.) Alef. var. sabellica L. — Grünkohl
8. Brassica oleracea L. convar. botrytis (L.) Alef. var. botrytis — Blumenkohl
9. Brassica oleracea L. convar. capitata (L.) Alef. var. capitata — Rotkohl, Weißkohl
10. Brassica oleracea L. convar. capitata (L.) Alef. var. sabauda L. — Wirsing
11. Brassica oleracea L. convar. oleracea var. gemmifera DC. — Rosenkohl

12. Brassica rapa L. emend. Metzger var. rapa	Herbstrübe, Mairübe, Stoppelrübe
13. Cichorium endivia L.	Endivie
14. Cucumis sativus L.	Gurke
15. Daucus carota L. ssp. sativus (Hoffm.) Arcang.	Möhre
16. Lactuca sativa L. var. capitata L.	Kopfsalat
17. Lactuca sativa L. var. crispa L.	Pflücksalat, Schnittsalat
18. Lycopersicon esculentum Mill.	Tomate
19. Petroselinum Hill. crispum (Mill). Nym. ex hort. Kew.	Petersilie
20. Phaseolus vulgaris L. var. nanus (L.) Aschers.	Buschbohne
21. Phaeolus vulgaris L. var. vulgaris	Stangenbohne
22. Pisum sativum L.	Gemüseerbse
23. Raphanus sativus L. var. niger (Mill.) S. Kerner	Rettich
24. Raphanus sativus L. var. sativus	Radieschen
25. Scorzonera hispanica L.	Schwarzwurzel
26. Spinacia oleracea L.	Spinat
27. Valerianella Mill. locusta (L.) Laterrade	Feldsalat
28. Vicia faba L. var. major Harz	Dicke Bohne, Puffbohne

20. Verordnung über den Verkehr mit Saatgut landwirtschaftlicher Arten und von Gemüsearten

(Saatgutverordnung – SaatgutV)

Vom 21. Januar 1986 (BGBl. I S. 146),
zuletzt geändert durch Verordnung vom 6. August 1998 (BGBl. I S. 2090)

Inhaltsverzeichnis:

Abschnitt 1	–	**Allgemeine Vorschriften**
§ 1	–	Anwendungsbereich
§ 2	–	Begriffsbestimmungen
Abschnitt 2	–	**Anerkennung von Saatgut**
§ 3	–	Anerkennungsstelle
§ 4	–	Antrag
§ 5	–	Anforderungen an die Vermehrungsfläche und den Vermehrungsbetrieb
§ 6	–	Anforderungen an den Feldbestand und an die Beschaffenheit des Saatgutes
§ 7	–	Feldbestandsprüfung
§ 8	–	Mängel des Feldbestandes
§ 9	–	Mitteilung des Ergebnisses der Feldbestandsprüfung
§ 10	–	Wiederholungsbesichtigung
§ 11	–	Probenahme
§ 12	–	Beschaffenheitsprüfung
§ 13	–	Mitteilung des Ergebnisses der Beschaffenheitsprüfung
§ 14	–	Bescheid
§ 15	–	Erneute Beschaffenheitsprüfung
§ 16	–	Nachprüfung
§ 17	–	Verfahren für die Nachprüfung durch den Anbau
§ 18	–	Rücknahme der Anerkennung
Abschnitt 3	–	**Standardsaatgut von Gemüse**
§ 19	–	Gestattung des Inverkehrbringens
§ 20	–	Anforderungen an die Beschaffenheit; Höchstgewicht einer Partie
§ 21	–	Nachkontrolle
Abschnitt 4	–	**Handelssaatgut**
§ 22	–	Gestattung des Inverkehrbringens
§ 23	–	Anforderungen an die Beschaffenheit
§ 24	–	Zulassungsverfahren
§ 25	–	Bescheid
Abschnitt 5	–	**Saatgutmischungen**
§ 26	–	Gestattung des Inverkehrbringens
§ 27	–	Antrag, Probenahme
§ 28	–	Rücknahme der Erteilung der Mischungsnummer oder Kennummer

Abschnitt 6	–	**Kennzeichnung, Verschließung, Schließung und Verpackung**
§ 29	–	Etikett
§ 30	–	Aufdrucketikett
§ 31	–	Einleger
§ 32	–	Angabe einer Saatgutbehandlung
§ 33	–	Angaben in besonderen Fällen
§ 34	–	Verschließung
§ 35	–	Ablieferung ungültiger Etiketten, Einleger und Verschlußsicherungen
§ 36	–	Verpacken nach Probenahme
§ 37	–	Wiederverschließung
§ 38	–	Schließung bei Standardsaatgut
§ 39	–	Kennzeichnung bei erneuter Beschaffenheitsprüfung
§ 40	–	Kleinpackungen
§ 41	–	Antrag für eine Kennummer
§ 42	–	Abgabe an Letztverbraucher
§ 43	–	Kennzeichnung von nicht anerkanntem Saatgut in besonderen Fällen
Abschnitt 7	–	**Kennzeichnung, Verschließung und Schließung im Rahmen eines OECD-Systems**
§ 44	–	Grundvorschrift
§ 45	–	Zertifikat
§ 46	–	Kennzeichnung
§ 47	–	Kennzeichnung in besonderen Fällen
§ 48	–	Verschließung, Wiederverschließung
§ 48a	–	Übergangsvorschriften
Abschnitt 8	–	**Schlußvorschriften**
§ 49	–	Inkrafttreten

Verordnung über den Verkehr mit Saatgut landwirtschaftlicher Arten und von Gemüsearten

(Saatgutverordnung – SaatgutV)

Vom 21. Januar 1986,
zuletzt geändert durch die Verordnung vom 6. August 1998

Auf Grund des § 1 Abs. 2 Satz 1 und 3, des § 5 Abs. 1 Nr. 1 Buchstabe a und b, Nr. 5 und 6, des § 9 Abs. 1, des § 11 Abs. 1, des § 12 Abs. 5, des § 13 Abs. 1 Satz 2, des § 22 Abs. 1 und 2 und der §§ 25, 26 und 61 des Saatgutverkehrsgesetzes vom 20. August 1985 (BGBl. I S. 1633) wird mit Zustimmung des Bundesrates verordnet:

Abschnitt 1
Allgemeine Vorschriften

§ 1
Anwendungsbereich

Die Vorschriften dieser Verordnung gelten für Saatgut landwirtschaftlicher Arten außer Kartoffel und Rebe und für Saatgut von Gemüsearten.

§ 2
Begriffsbestimmungen

Im Sinne dieser Verordnung sind
1. Monogermsaatgut: genetisch einkeimiges Saatgut von Runkelrübe, Zuckerrübe und Roter Rübe;
2. Präzisionssaatgut: auf technischem Weg einkeimig gemachtes Saatgut von Runkelrübe, Zuckerrübe und Roter Rübe;
3. Saatgutmischung: Mischung von Saatgut verschiedener Arten, Sorten oder Kategorien;
4. Kennfarbe: zur Kennzeichnung von Saatgut dienende Farbe von Etiketten, Aufdrucketiketten, Einlegern und Klebemarken; die Kennfarbe ist bei
    a) Basissaatgut   weiß,
    b) Zertifiziertem Saatgut außer
       Zertifiziertem Saatgut zweiter Generation   blau,
    c) Zertifiziertem Saatgut zweiter Generation   rot,
    d) Standardsaatgut   dunkelgelb,
    e) Handelssaatgut   braun,
    f) Vorstufensaatgut   weiß mit einem von links unten nach rechts oben verlaufenden 5 mm breiten violetten Diagonalstreifen,
    g) Saatgutmischungen   grün;
5. Schadinsekten: lebende Insekten, die an Saatgut schädigend auftreten;
6. OEGD-System: jeweiliges System der Organisation für wirtschaftliche Zusammenarbeit und Entwicklung (OECD)
    a) für die sortenmäßige Zertifizierung von
        aa) Getreidesaatgut (außer Maissaatgut),

bb) Maissaatgut,
cc) Futterpflanzen- und Ölpflanzensaatgut,
dd) Runkelrüben- und Zuckerrübensaatgut,
b) für die Kontrolle von Gemüsesaatgut,

das für den internationalen Handel bestimmt ist.

§ 2a
Zertifiziertes Saatgut zweiter Generation

Bei Hafer, Gerste, Triticale, Weichweizen, Hartweizen, Spelz, Weißer Lupine, Blauer Lupine, Gelber Lupine, Futtererbse, Ackerbohne, Pannonischer Wicke, Saatwicke, Zottelwicke, monözischem Hanf, Sojabohne und Lein darf, außer bei Hybridsorten, Zertifiziertes Saatgut zweiter Generation anerkannt werden.

Abschnitt 2
Anerkennung von Saatgut

§ 3
Anerkennungsstelle

(1) Der Antrag auf Anerkennung ist bei der Anerkennungsstelle zu stellen, in deren Bereich der Betrieb liegt, in dem das Saatgut aufwächst. Liegt eine Vermehrungsfläche nicht im Bereich dieser Anerkennungsstelle, so kann der Antrag auf Anerkennung für Saatgut von dieser Fläche auch bei der Anerkennungsstelle gestellt werden, in deren Bereich die Vermehrungsfläche liegt; der Antrag ist bei dieser Anerkennungsstelle zu stellen, wenn der Betrieb im Ausland liegt.

(2) Wird Saatgut außerhalb des Zuständigkeitsbereichs der nach Absatz 1 zuständigen Anerkennungsstelle aufbereitet, so gibt sie das Verfahren auf Antrag an die Anerkennungsstelle ab, in deren Bereich das Saatgut aufbereitet wird.

(3) Der Antrag auf Anerkennung von Saatgut im Falle des § 10 Abs. 1 des Saatgutverkehrsgesetzes ist bei der Anerkennungsstelle zu stellen, in deren Bereich das Saatgut lagert.

§ 4
Antrag

(1) Der Antrag auf Anerkennung ist bis zu dem in Anlage 1 jeweils genannten Termin zu stellen. Die Anerkennungsstelle kann hiervon Ausnahmen genehmigen, wenn Besonderheiten der Saatguterzeugung oder des Verfahrens der Sortenzulassung dies rechtfertigen. Satz 1 gilt nicht für Anträge auf Anerkennung von Saatgut im Falle des § 10 Abs. 1 des Saatgutverkehrsgesetzes.

(2) Für den Antrag ist ein Vordruck der Anerkennungsstelle zu verwenden.

(3) Der Antragsteller hat im Antrag zu erklären
1. bei Basissaatgut,
    a) daß der Feldbestand aus Vorstufensaatgut der angegebenen Sorte erwächst, das nach den Grundsätzen systematischer Erhaltungszüchtung vom Züchter oder unter seiner Aufsicht und nach seiner Anweisung gewonnen worden ist;
    b) im Falle von Sorten, deren Pflanzen durch Kreuzung bestimmter Erbkomponenten erzeugt werden, ferner, daß der Feldbestand aus Saatgut der angegebenen Erbkomponenten erwächst; soweit diese Erbkomponenten bestimmte Funktionen haben (mütterlicher, väterlicher Elternteil), sind diese jeweils anzugeben;

2. bei Zertifiziertem Saatgut außer Zertifiziertem Saatgut zweiter Generation,
   a) daß der Feldbestand aus Basissaatgut oder anerkanntem Vorstufensaatgut erwächst;
   b) im Falle von Sorten, deren Pflanzen durch Kreuzung bestimmter Erbkomponenten erzeugt werden, ferner, daß der Feldbestand aus Saatgut der angegebenen Erbkomponenten erwächst; soweit diese Erbkomponenten bestimmte Funktionen haben (mütterlicher, väterlicher Elternteil), sind diese jeweils anzugeben;
   c) bei der Verwendung von Saatgut einer Sorte als Erbkomponente zur Erzeugung von Saatgut einer Hybridsorte, ferner, daß das Saatgut der als Erbkomponente verwendeten Sorte anerkannt war; im Falle der Verwendung einer Hybridsorte als Erbkomponente, daß das Saatgut dieser Sorte als Zertifiziertes Saatgut anerkannt war;
3. bei Zertifiziertem Saatgut zweiter Generation, daß der Feldbestand aus Zertifiziertem Saatgut, Basissaatgut oder anerkanntem Vorstufensaatgut erwächst.

(4) Erwächst ein Feldbestand aus anerkanntem Saatgut, so sind im Antrag die Anerkennungsnummer und die Kategorie anzugeben, unter der das Saatgut anerkannt worden ist; im Falle der Anerkennung im Ausland ist auch die Anerkennungsstelle anzugeben.

(5) Stammt das Saatgut von Samenträgern, die aus Stecklingen erwachsen, so ist mit dem Antrag auf Anerkennung der Nachweis über die erfolgreiche Prüfung des Bestandes der Stecklinge im Aussaatjahr nach § 7 Abs. 5 zu führen.

(6) Wird die Prüfung des Feldbestandes durch eine amtlich betraute Stelle in einem der in § 10 Abs. 2 des Saatgutverkehrsgesetzes bezeichneten Staaten durchgeführt, so sind dem Antrag die Bescheinigung dieser Stelle über das Ergebnis der mit Erfolg vorgenommenen Prüfung des Feldbestandes und ein Nachweis der Genehmigung der Saatguteinfuhr nach § 18 Abs. 2 Nr. 4 des Saatgutverkehrsgesetzes beizufügen.

§ 5
Anforderungen an die Vermehrungsfläche und den Vermehrungsbetrieb

(1) Saatgut wird nur anerkannt, wenn
1. die Vermehrungsfläche bei Getreide außer Mais mindestens 2 Hektar, bei den übrigen landwirtschaftlichen Arten mindestens 0,5 Hektar groß ist;
2. der Kulturzustand der Vermehrungsfläche eine ordnungsgemäße Bearbeitung und Behandlung erkennen läßt;
3. nach den Vorfruchtverhältnissen anzunehmen ist, daß auf der Vermehrungsfläche keine Pflanzen anderer Arten, Sorten oder Kategorien vorhanden sind, die zu Fremdbefruchtung oder Sortenvermischung führen können und
4. in dem Betrieb, der Saatgut für andere vermehrt (Vermehrungsbetrieb), Saatgut
   a) nur von jeweils einer Sorte einer Art oder, soweit Artengruppen nach Satz 2 bestehen, einer Artengruppe
   b) nur von jeweils einer Kategorie einer Sorte und
   c) einer Sorte nur für einen Vertragspartner erzeugt wird.

Für die Anwendung von Satz 1 Nr. 4 Buchstabe a werden folgende Artengruppen gebildet:
1. Runkelrübe, Zuckerrübe und Rote Rübe,
2. Kohlrübe und Futterkohl,
3. Kohlrabi, Grünkohl, Blumenkohl, Rotkohl, Weißkohl, Wirsing und Rosenkohl,
4. Rübsen, Herbstrübe und Mairübe.

(1 a) Bei Hybridsorten von Roggen gelten die Anforderungen nach Absatz 1 Satz 1 Nr. 3 nur dann als erfüllt, wenn auf der Vermehrungsfläche im Falle der Erzeugung von
1. Basissaatgut der mütterlichen Erbkomponente in den letzten zwei Jahren,
2. Basissaatgut der väterlichen Erbkomponente und von Zertifiziertem Saatgut im letzten Jahr
vor der Vermehrung kein Roggen angebaut worden ist.

(2) Bei Saatgut, das im Rahmen eines OECD-Systems nach Abschnitt 7 gekennzeichnet werden soll, gelten die Anforderungen nach Absatz 1 Satz 1 Nr. 3 nur dann als erfüllt, wenn

1. bei Getreide außer Mais sowie bei Gräsern, Phazelie, Hanf, Sojabohne, Sonnenblume, Lein und Mohn in den letzten zwei Jahren,
2. bei Leguminosen landwirtschaftlicher Arten in den letzten drei Jahren,
3. bei Sareptasenf, Raps, Schwarzem Senf, Rübsen, Ölrettich, Weißem Senf, Kohlrübe und Futterkohl in den letzen fünf Jahren

vor der Vermehrung keine andere Art, die zu Fremdbefruchtung führen kann, keine andere Sorte derselben Art oder Artengruppe und keine andere Kategorie derselben Sorte auf der Vermehrungsfläche angebaut worden ist.

(3) Die Anerkennungsstelle kann Ausnahmen von Absatz 1 Satz 1 Nr. 1 und 4 genehmigen, soweit keine Beeinträchtigung der Saatgutqualität zu erwarten ist. Die Ausnahmegenehmigung kann mit Auflagen insbesondere darüber verbunden werden, daß Partien kenntlich zu machen und getrennt zu lagern sind.

(4) Die Vermehrungsflächen sind durch Schilder zu kennzeichnen.

§ 6
Anforderungen an den Feldbestand und an die Beschaffenheit des Saatgutes

Die Anforderungen an den Feldbestand ergeben sich aus Anlage 2. Die Anforderungen an die Beschaffenheit des Saatgutes ergeben sich aus Anlage 3. Für Vorstufensaatgut gelten die Anforderungen für Basissaatgut entsprechend.

§ 7
Feldbestandsprüfung

(1) Jede Vermehrungsfläche ist im Jahr der Saatguterzeugung mindestens einmal vor der Ernte des Saatgutes durch Feldbesichtigung auf das Vorliegen der Anforderungen an den Feldbestand zu prüfen.

(1 a) Jede Vermehrungsfläche zur Erzeugung von Vorstufen- und Basissaatgut bei Getreide ist zusätzlich mindestens ein weiteres Mal durch Feldbesichtigung auf das Vorliegen der Anforderungen an den Feldbestand zu prüfen, soweit nicht mindestens eine oder mehrere zusätzliche Feldbesichtigungen nach Absatz 2 oder 3 vorgeschrieben sind.

(2) Jede Vermehrungsfläche von Hybridsorten von Roggen ist zusätzlich
1. bei der Erzeugung von Basissaatgut der mütterlichen Erbkomponente hinsichtlich der männlich sterilen Erbkomponente mindestens zweimal,
2. bei der Erzeugung von Basissaatgut der mütterlichen Erbkomponente hinsichtlich der fertigen Erbkomponente und bei der Erzeugung von Zertifiziertem Saatgut mindestens einmal

durch Feldbesichtigung auf das Vorliegen der Anforderungen an den Feldbestand zu prüfen; dies gilt nicht bei der Erzeugung von Basissaatgut der väterlichen Erbkomponente.

(3) Jede Vermehrungsfläche mit Hybridsorten oder Inzuchtlinien von Mais ist zusätzlich bei der Erzeugung von Basissaatgut mindestens dreimal und bei der Erzeugung von Zertifiziertem Saatgut mindestens zweimal durch Feldbesichtigung auf das Vorliegen der Anforderungen an den Feldbestand zu prüfen.
Die erste Feldbesichtigung erfolgt unmittelbar vor Erscheinen der Narbenfäden des mütterlichen Elternteils. Ist auf der Vermehrungsfläche in einem der beiden vorangegangenen Jahre Mais angebaut worden, so ist festzustellen, ob der Vermehrungsbestand frei von Durchwuchs ist. Ist zur Prüfung des zulässigen Fremdbesatzes eine Prüfung der Kolben erforderlich, so kann nach der Ernte oder auf Antrag des Vermehrers unmittelbar vor der Ernte eine zusätzliche Besichtigung der Kolben vorgenommen werden.

(4) Jede Vermehrungsfläche
1. im Überwinterungsanbau mit Kohlrübe, Futterkohl, Runkelrübe, Zuckerrübe und Arten von Öl- und Faserpflanzen ist zusätzlich im Herbst des Aussaatjahres,
2. von Hybridsorten von Sonnenblume ist zusätzlich mindestens einmal zur Zeit der Blüte

durch Feldbesichtigung auf das Vorliegen der Anforderungen an den Feldbestand zu prüfen.

(5) Bei Vermehrungsflächen mit Samenträgern aus Stecklingen setzt die Feldbestandsprüfung voraus, daß auch der Bestand der Stecklinge im Aussaatjahr mindestens einmal durch Feldbesichtigung auf das Vorliegen der Anforderungen an den Feldbestand geprüft worden ist.

(6) Erweist sich der Feldbestand auf einem Teil einer zusammenhängenden Vermehrungsfläche als für die Anerkennung nicht geeignet, so wird der Feldbestand der restlichen Vermehrungsfläche nur berücksichtigt, wenn er deutlich abgegrenzt worden ist.

§ 8
Mängel des Feldbestandes

(1) Soweit Mängel des Feldbestandes behoben werden können, wird auf einen spätestens drei Werktage nach Mitteilung der Mängel vom Antragsteller oder Vermehrer gestellten Antrag in angemessener Frist eine Nachbesichtigung durchgeführt. Sie wird jedoch nicht durchgeführt, wenn der Mangel durch Befall mit Schadorganismen oder Krankheiten verursacht worden ist, die durch das Saatgut übertragen werden können.

(2) Die Anerkennungsstelle kann das Anerkennungsverfahren fortsetzen und Voraussetzungen hierfür festsetzen, wenn
1. zu erwarten ist, daß die festgestellten Mängel durch spätere Behandlung des Saatgutes auf ein zulässiges Ausmaß zurückgeführt werden können, und
2. die Durchführung dieser Behandlung bei der Prüfung der Beschaffenheit des Saatgutes nachgeprüft werden kann.

§ 9
Mitteilung des Ergebnisses der Feldbestandsprüfung

Das Ergebnis der Feldbestandsprüfung sowie das Ergebnis der Prüfung des Bestandes von Stecklingen im Ansaatjahr werden dem Antragsteller und dem Vermehrer schriftlich mitgeteilt; im Falle mehrfacher Feldbesichtigung oder Nachbesichtigung jedoch erst nach der letzten Besichtigung.

§ 10
Wiederholungsbesichtigung

(1) Der Antragsteller oder Vermehrer kann innerhalb von drei Werktagen nach Zugang der Mitteilung nach § 9 eine Wiederholung der Besichtigung (Wiederholungsbesichtigung) beantragen. Die Wiederholungsbesichtigung findet statt, wenn durch Darlegung von Umständen glaubhaft gemacht wird, daß das mitgeteilte Ergebnis der Prüfung nicht den tatsächlichen Verhältnissen entspricht. Bei Hybridmais findet sie jedoch nicht statt, wenn nach dem Ergebnis der Feldbesichtigung der zulässige Anteil nicht entfahnter Pflanzen überschritten war.

(2) Die Wiederholungsbesichtigung soll von einem anderen Prüfer vorgenommen werden. In der Zeit zwischen der letzten Besichtigung und der Wiederholungsbesichtigung darf der Feldbestand nicht verändert werden. § 9 gilt entsprechend.

§ 11
Probenahme

(1) Der von der zuständigen Behörde Beauftragte (Probenehmer) entnimmt dem für das Inverkehrbringen zu gewerblichen Zwecken aufbereiteten und verpackten Saatgut die Probe für die Beschaffenheitsprüfung nach § 12 und für die Nachprüfung nach § 16. Bei Saatgut, das umhüllt (z. B. pilliert oder inkrustiert) in den Verkehr gebracht werden soll, entnimmt der Probenehmer eine zusätzliche Probe aus dem bearbeiteten, aber noch nicht umhüllten Saatgut zur Feststellung der technischen Mindestreinheit.

(1 a) Für die Nachprüfung des Basissaatguts von Hybridsorten von Roggen nach § 16 entnimmt der Probenehmer nach dem Mischen des anerkannten Saatguts der mütterlichen und väterlichen Erbkomponente eine zusätzliche Probe aus dem für das Inverkehrbringen zu gewerblichen Zwecken verpackten Basissaatgut.

(2) Das Höchstgewicht einer Partie, aus der jeweils eine Probe zu entnehmen ist, und das Mindestgewicht oder die Mindestmenge der Probe ergeben sich aus Anlage 4.

(3) Der Probenehmer kann von Saatgut, das noch nicht verpackt ist, Proben entnehmen, wenn die Zugehörigkeit der jeweiligen Probe zu der Partie durch Absonderung und Kenntlichmachung der Partie bis zur endgültigen Verschließung sichergestellt ist. Im Falle der Zusammenlagerung einer das Höchstgewicht einer Partie übersteigenden Saatgutmenge genügt es, wenn die Zugehörigkeit der Proben zu der Saatgutmenge sichergestellt ist.

(4) Der Probenehmer entnimmt die Probe nur, wenn derjenige, in dessen Betrieb die Probenahme stattfinden soll, der Anerkennungsstelle oder der von ihr bestimmten Stelle oder Person
1. angezeigt hat, daß das Saatgut aufbereitet ist; dabei sind das voraussichtliche Gewicht der Partie und die voraussichtliche Zahl der Packungen oder die Absicht des Inverkehrbringens zu gewerblichen Zwecken in Kleinpackungen anzugeben;
2. schriftlich erklärt hat, daß die Partie ausschließlich aus Feldbeständen stammt,
    a) die sich bei ihrer Prüfung als für die Anerkennung geeignet erwiesen haben oder
    b) hinsichtlich derer die Anerkennungsstelle das Anerkennungsverfahren nach § 8 Abs. 2 fortsetzt und die von ihr hierfür festgesetzten Voraussetzungen erfüllt sind;
3. im Falle der Probenahme nach Absatz 1a schriftlich erklärt hat, daß das Basissaatgut dem vom Züchter für die mütterliche und väterliche Erbkomponente vorgegebenen Mischungsverhältnis entspricht.

(5) Der Probenehmer verweigert die Probenahme, wenn eine Auflage nach § 5 Abs. 3 Satz 2 nicht erfüllt ist.

(6) Im Falle eines Antrags auf Anerkennung nach § 10 Abs. 1 des Saatgutverkehrsgesetzes entnimmt der Probenehmer die Probe, wenn der Antragsteller anstelle der Erklärung nach Absatz 4 Nr. 2 schriftlich erklärt hat, daß die Partie ausschließlich aus Feldbeständen stammt, auf welche sich die nach § 4 Abs. 6 beigefügte Bescheinigung bezieht.

§ 12
Beschaffenheitsprüfung

(1) Die Beschaffenheit wird an Hand der dafür entnommenen Probe geprüft. Auf Antrag wird bei Getreide zusätzlich geprüft, ob die besonderen Voraussetzungen bezüglich des Freiseins von Flughafer erfüllt sind, die in Rechtsakten von Organen der Europäischen Gemeinschaften festgesetzt sind. Auf Antrag kann außerdem das Tausendkorngewicht festgestellt werden.

(2) Ergibt die Prüfung, daß die Anforderungen nicht erfüllt sind, so gestattet die Anerkennungsstelle auf Antrag die Entnahme einer weiteren Probe, wenn durch Darlegung von Umständen glaubhaft gemacht wird, daß der festgestellte Mangel beseitigt ist. Dies gilt nicht für die zusätzliche Prüfung bei Ge-

treide nach Abs. 1 Satz 2. Ergibt im Falle des § 11 Abs. 3 Satz 2 die Prüfung einer aus der Saatgutmenge entnommenen Probe, daß die Anforderungen nicht erfüllt sind, so erfüllt die gesamte Saatgutmenge nicht die Anforderungen.

(3) Saatgut, das die Anforderungen der Anlage 3 für Basissaatgut außer der Anforderung an die Keimfähigkeit erfüllt, darf auf Antrag auch dann als Basissaatgut oder Vorstufensaatgut anerkannt werden, wenn die Keimfähigkeit 50 vom Hundert der reinen Körner oder Knäuel nicht unterschreitet. Die Anerkennung ist mit der Auflage zu verbinden, daß das Saatgut nicht zu anderen Saatzwecken als zur weiteren Vermehrung zur gewerblichen Zwecken in den Verkehr gebracht werden darf.

§ 13
Mitteilung des Ergebnisses der Beschaffenheitsprüfung

Das Ergebnis der Beschaffenheitsprüfung wird dem Antragsteller, dem Vermehrer und demjenigen, in dessen Betrieb die Probe entnommen worden ist, schriftlich mitgeteilt. Über das Ergebnis der zusätzlichen Prüfung bei Getreide nach § 12 Abs. 1 Satz 2 wird eine gesonderte Bescheinigung ausgestellt; wird diese Prüfung erst nach der Anerkennung vorgenommen, so wird in der Bescheinigung auch die Anerkenntnungsnummer der Partie angegeben.

§ 14
Bescheid

(1) In dem Bescheid über den Antrag auf Anerkennung sind anzugeben:
1. der Name des Antragstellers,
2. der Name des Vermehrers,
3. die Art und die Sortenbezeichnung,
4. die Größe und Bezeichnung der Vermehrungsfläche,
5. das Erntejahr,
6. das angegebene Nettogewicht der Partie, aus der die Probe für die Beschaffenheitsprüfung entnommen worden ist,
7. im Falle des 12 Abs. 1 Satz 3 das Tausendkorngewicht,
8. im Falle der Anerkennung die Kategorie und die Anerkennungsnummer.

(2) Die Anerkennungsnummer setzt sich aus dem Buchstaben „D", einem Schrägstrich, dem für den Sitz der Anerkennungsstelle geltenden Unterscheidungszeichen der Verwaltungsbezirke nach § 23 Abs. 2 in Verbindung mit Anlage I der Straßenverkehrs-Zulassungs-Ordnung (Kennzeichen der Anerkennungsstelle) und einer mehrstelligen, von der Anerkennungsstelle festgesetzten Zahl zusammen.

(3) Die Anerkennungsstelle benachrichtigt den Vermehrer von der Erteilung des Bescheides.

(4) Erfüllt Saatgut, dessen Anerkennung als Basissaatgut beantragt worden ist, nicht die Anforderungen für Basissaatgut, so wird es auf Antrag als Zertifiziertes Saatgut anerkannt, wenn es aus anerkanntem Vorstufensaatgut erwachsen ist und die Anforderungen für Zertifiziertes Saatgut erfüllt. Dies gilt nicht für Sorten, deren Pflanzen durch Kreuzung bestimmter Erbkomponenten erzeugt werden.

§ 15
Erneute Beschaffenheitsprüfung

(1) Ist Saatgut von Mais nach der Anerkennung kalibriert worden, so wird es erneut auf die Einhaltung der Anforderungen an die Beschaffenheit geprüft. Ist anerkanntes Saatgut von Runkelrübe, Zuckerrübe oder Roter Rübe zu Präzisionssaatgut aufbereitet worden, so wird es auf die Einhaltung der Anforderungen an die Beschaffenheit bei Präzisionssaatgut geprüft.

(2) Auf Antrag entnimmt der Probenehmer eine Probe aus anerkanntem oder zugelassenem Saatgut zu einer erneuten Beschaffenheitsprüfung.

(3) Die Prüfungen sind bei der Anerkennungsstelle zu beantragen, in deren Bereich das Saatgut lagert. Für den Antrag ist ein Vordruck der Anerkennungsstelle zu verwenden; die Anerkennungs- oder Zulassungsnummer und die Behandlung, der das Saatgut unterworfen war, sind anzugeben.

(4) § 11 Abs. 1 bis 4 Nr. 1, § 12 Abs. 1 Satz 3 und Abs. 2 Satz 1 gelten entsprechend. Das Ergebnis der Prüfung wird dem Antragsteller schriftlich mitgeteilt.

§ 16
Nachprüfung

(1) Die Anerkennungsstelle prüft, soweit sie es für erforderlich hält, anerkanntes Saatgut an Hand der dafür entnommenen Probe daraufhin nach, ob es oder sein Aufwuchs sortenecht ist und erkennen läßt, daß die Anforderungen an den Gesundheitszustand erfüllt waren. Anerkanntes Vorstufensaatgut sowie Basissaatgut von Hybridsorten von Roggen ist in jedem Falle, anderes anerkanntes Saatgut im Falle der Kennzeichnung nach einem OECD-System nach Maßgabe des Absatzes 3 nachzuprüfen; in diesen Fällen führt das Bundessortenamt die Nachprüfung auf Sortenechtheit durch und unterrichtet die Anerkennungsstelle und den Züchter über das Ergebnis.

(2) Absatz 1 gilt nicht für anerkanntes Vorstufensaatgut und Basissaatgut von Runkelrübe, Zuckerrübe und Roter Rübe.

(3) Im Falle der Kennzeichnung nach einem OECD-System wird für Basissaatgut, außer bei Rüben, und für Zertifiziertes Saatgut eine Nachprüfung durchgeführt. Bei Zertifiziertem Saatgut von Roggen, Futterpflanzen, Öl- und Faserpflanzen und Rüben wird diese Nachprüfung an mindestens 25 vom Hundert, bei Zertifiziertem Saatgut der übrigen Getreidearten und der Gemüsearten an mindestens 10 vom Hundert der entnommenen Proben durchgeführt; dies gilt nicht für auszuführendes Saatgut, das aus Saatgut erwachsen ist, dessen Einfuhr zur Vermehrung nach § 18 Abs. 2 Nr. 1 des Saatgutverkehrsgesetzes genehmigt worden war.

(3 a) Die Nachprüfung muß bei Basissaatgut von Hybridsorten von Roggen vor der Anerkennung des daraus erwachsenen Zertifizierten Saatgutes abgeschlossen sein. Bei Basissaatgut der mütterlichen Erbkomponente gilt die Sortenechtheit nur als gegeben, wenn im Aufwuchs der Anteil der Pflanzen,
1. die nicht hinreichend sortenecht sind, 0,6 v. H.
2. die keine männliche Sterilität aufweisen, 2 v. H.
nicht übersteigt.

(4) Soweit die Bundesrepublik Deutschland durch Rechtsakte von Organen der Europäischen Gemeinschaften verpflichtet ist,
1. eine Nachprüfung durchzuführen, wird diese vom Bundessortenamt durchgeführt;
2. Proben für eine Nachprüfung im Ausland zur Verfügung zu stellen, leitet das Bundessortenamt die Proben an die Stelle weiter, die die Nachprüfung durchführt.

Wird im Rahmen eines OECD-Systems eine Nachprüfung auf Sortenechtheit von im Ausland erzeugtem Saatgut erforderlich, wird diese vom Bundessortenamt durchgeführt. Soweit eine Stelle im Ausland im Rahmen eines OECD-Systems einen Antrag auf Übersendung von Proben für eine Nachprüfung stellt und dem Antrag entsprochen werden soll, gilt Satz 1 Nr. 2 entsprechend.

(5) In den Fällen des Absatzes 1 Satz 2 und des Absatzes 4 leitet die Anerkennungsstelle die erforderlichen Proben dem Bundessortenamt zu.

§ 17
Verfahren für die Nachprüfung durch Anbau

Die Nachprüfung durch Anbau soll in der der Probenahme folgenden Vegetationsperiode durchgeführt werden. Die Proben für die Nachprüfung durch Anbau sind zusammen mit Vergleichsproben anzubauen.

§ 18
Rücknahme der Anerkennung

Wird auf Grund des Ergebnisses der Nachprüfung die Anerkennung zurückgenommen und ist der Antragsteller nicht mehr im Besitz des Saatgutes, so hat er der Anerkennungsstelle Namen und Anschrift desjenigen mitzuteilen, an den er das Saatgut abgegeben hat. Dies gilt entsprechend für den Erwerber dieses Saatgutes. Die Anerkennungsstelle, welche die Anerkennung zurückgenommen hat, hat die für den Besitzer des Saatgutes zuständige Anerkennungsstelle unter Angabe von Art, Sortenbezeichnung und Anerkennungsnummer von der Rücknahme zu unterrichten.

Abschnitt 3
Standardsaatgut von Gemüse

§ 19
Gestattung des Inverkehrbringens

Standardsaatgut von Gemüsearten darf zu gewerblichen Zwecken in den Verkehr gebracht werden.

§ 20
Anforderungen an die Beschaffenheit; Höchstgewicht einer Partie

(1) Die Anforderungen an die Beschaffenheit des Standardsaatgutes ergeben sich aus Anlage 3 Nr. 7.
(2) Das Höchstgewicht einer Partie ergibt sich aus Anlage 4.

§ 21
Nachkontrolle

(1) Die Nachkontrolle von Standardsaatgut wird stichprobenweise durchgeführt. Die Nachkontrollstelle zieht die erforderlichen Proben aus den nach § 12 Abs. 4 Nr. 2 des Saatgutverkehrsgesetzes aufzubewahrenden Proben. Sie kann durch einen Probenehmer Proben aus der Partie ziehen lassen, soweit dies für eine ausreichende Nachkontrolle, insbesondere zur Sicherstellung der Zugehörigkeit der aufbewahrten Proben zu der Partie, erforderlich ist.
(2) Das Mindestgewicht einer Probe, die von einem nach § 12 Abs. 4 Nr. 2 des Saatgutverkehrsgesetzes Verpflichteten oder im Falle der Probenahme nach Absatz 1 Satz 3 zu ziehen ist, ergibt sich aus Anlage 4 Nr. 6.
(3) Besteht die gesamte Saatgutpartie aus Kleinpackungen, deren Nettosaatgutgewicht insgesamt weniger als das Hundertfache des Mindestgewichtes einer Probe nach Anlage 4 Nr. 6 beträgt, so entfällt die Verpflichtung nach § 12 Abs. 4 Nr. 2 des Saatgutverkehrsgesetzes, eine Probe zu ziehen und aufzubewahren.

(4) Das Bundessortenamt führt die Nachprüfung auf Sortenechtheit durch. Die Nachkontrollstelle stellt ihm hierfür Teilmengen der nach Abs. 1 Satz 2 gezogenen Proben zur Verfügung; die Nachprüfung kann sich auch auf die nach Absatz 1 Satz 3 gezogenen Proben erstrecken. Das Bundessortenamt teilt das Ergebnis der Nachprüfung auf Sortenechtheit der Nachkontrollstelle mit.

(5) Haben sich bei der Nachkontrolle Abweichungen ergeben, so teilt die Nachkontrollstelle dies demjenigen mit, der nach § 12 Abs. 2 oder 3 des Saatgutverkehrsgesetzes zur Aufzeichnung verpflichtet ist.

Abschnitt 4
Handelssaatgut

§ 22
Gestattung des Inverkehrbringens

Handelssaatgut folgender Arten darf nach Zulassung zu gewerblichen Zwecken in den Verkehr gebracht werden:
1. Leguminosen:
   Esparsette,
   Pannonische Wicke;
2. Öl- und Faserpflanzen:
   Schwarzer Senf.

§ 23
Anforderungen an die Beschaffenheit

Die Anforderungen an die Beschaffenheit des Saatgutes ergeben sich aus Anlage 3.

§ 24
Zulassungsverfahren

(1) Der Antrag auf Zulassung ist bei der Anerkennungsstelle zu stellen, in deren Bereich das Saatgut lagert.

(2) Für den Antrag ist ein Vordruck der Anerkennungsstelle zu verwenden.

(3) Im übrigen gelten für das Verfahren der Zulassung folgende Vorschriften entsprechend:
1. für die Probenahme einschließlich des Höchstgewichtes einer Partie und des Mindestgewichtes oder der Mindestmenge der Probe § 11 Abs. 1 bis 4 Nr. 1,
2. für die Beschaffenheitsprüfung § 12 Abs. 1 und 2,
3. für die Mitteilung des Ergebnisses der Beschaffenheitsprüfung § 13.

§ 25
Bescheid

(1) In dem Bescheid über den Antrag auf Zulassung sind anzugeben:
1. der Name des Antragstellers,
2. die Art,

3. das Aufwuchsgebiet,
4. das Erntejahr,
5. das angegebene Nettogewicht der Partie, aus der die Probe für die Beschaffenheitsprüfung entnommen worden ist,
6. im Falle der Zulassung die Zulassungsnummer.

(2) Für die Zulassungsnummer gilt § 14 Abs. 2 entsprechend.

Abschnitt 5
Saatgutmischungen

§ 26
Gestattung des Inverkehrbringens

(1) Saatgutmischungen dürfen, soweit sich aus den Absätzen 2 bis 5 keine Einschränkungen ergeben, zu gewerblichen Zwecken in den Verkehr gebracht werden, wenn
1. sie im Inland hergestellt worden sind und für ihre Herstellung eine Mischungsnummer nach § 27 erteilt ist oder
2. sie in einem Vertragsstaat hergestellt worden sind und kein Saatgut enthalten, das seiner Sorte oder Kategorie nach im Inland nicht zu gewerblichen Zwecken in den Verkehr gebracht werden darf.

(2) Saatgutmischungen für Verwendungszwecke in der Landwirtschaft dürfen zu gewerblichen Zwecken nur in den Verkehr gebracht werden, wenn der Aufwuchs
1. zur Körnererzeugung bestimmt ist und die Mischung nur Saatgut von Getreide oder Leguminosen landwirtschaftlicher Arten enthält;
2. zur Futternutzung außer Körnernutzung bestimmt ist und die Mischung nur Saatgut von Getreide, Futterpflanzen oder Öl- und Faserpflanzen enthält, jedoch kein Saatgut von Gräsersorten,
   a) bei denen der Aufwuchs nicht zur Nutzung als Futterpflanze bestimmt ist oder
   b) die in dem gemeinsamen Sortenkatalog für landwirtschaftliche Pflanzenarten als „nicht zur Nutzung als Futterpflanze bestimmt" bezeichnet sind oder
3. zur Gründüngung bestimmt ist und die Mischung nur Saatgut von Getreide, Futterpflanzen oder Öl- und Faserpflanzen enthält.

(3) Saatgutmischungen dürfen ferner zu gewerblichen Zwecken nur in den Verkehr gebracht werden, wenn
1. sie nur Saatgut von im Artenverzeichnis aufgeführten Arten enthalten und
2. das Saatgut vor dem Mischen anerkannt oder als Handelssaatgut zugelassen worden war oder als Standardsaatgut oder Behelfssaatgut zu gewerblichen Zwecken in den Verkehr gebracht werden durfte.

Saatgutmischungen für Verwendungszwecke außerhalb der Landwirtschaft dürfen jedoch zu gewerblichen Zwecken auch in den Verkehr gebracht werden, wenn sie Saatgut von im Artenverzeichnis nicht aufgeführten Arten enthalten, sofern sie die Anforderungen der Anlage 3 Nr. 8 erfüllen.

(4) Saatgutmischungen, die Saatgut enthalten, dessen Inverkehrbringen zu gewerblichen Zwecken durch Rechtsverordnung nach § 11 Abs. 2 oder 3 des Saatgutverkehrsgesetzes nur befristet gestattet ist, dürfen nur innerhalb dieser Frist zu gewerblichen Zwecken in den Verkehr gebracht werden.

(5) Saatgutmischungen, die nur Saatgut von Rüben oder Gemüsearten enthalten, dürfen nicht zu gewerblichen Zwecken in den Verkehr gebracht werden.

§ 27
Antrag, Probenahme

(1) Wer eine Saatgutmischung herstellen will, hat für jede Partie der Mischung eine Mischungsnummer bei der Anerkennungsstelle zu beantragen, in deren Bereich die Mischung hergestellt werden soll. Die Mischungsnummer setzt sich zusammen aus dem Buchstaben „D", einem Schrägstrich, dem Kennzeichen der Anerkennungsstelle, einer mehrstelligen, von der Anerkennungsstelle festgesetzten Zahl und dem Buchstaben „M". Das Höchstgewicht einer Partie ergibt sich aus Anlage 4 Nr. 7.

(2) Für den Antrag ist ein Vordruck der Anerkennungsstelle zu verwenden.

(3) Der Antragsteller hat im Antrag
1. anzugeben:
    a) den Verwendungszweck und im Falle des § 29 Abs. 7 Satz 4 die Mischungsbezeichnung,
    b) die Zusammensetzung nach Arten und bei anerkanntem Saatgut und Standardsaatgut nach Sorten in vom Hundert des Gewichtes,
    c) das voraussichtliche Gewicht der Partie,
    d) die voraussichtliche Zahl der Packungen oder die Absicht des Inverkehrbringens von Kleinpackungen zu gewerblichen Zwecken;
2. zu erklären, daß er in die Saatgutmischung von den im Artenverzeichnis aufgeführten Arten nur Saatgut aufnimmt, das die Anforderungen des § 26 Abs. 3 Satz 1 Nr. 2 erfüllt.

(4) Der Antragsteller hat ferner anzugeben:
1. für jeden Bestandteil der Mischung
    a) bei anerkanntem Saatgut die Anerkennungsnummer,
    b) bei Handelssaatgut die Zulassungsnummer,
    c) bei Standardsaatgut die Bezugsnummer,
    d) bei Behelfssaatgut die Partienummer,
    e) bei im Ausland anerkanntem oder zugelassenem Saatgut auch die Anerkennungsstelle;
2. bei Saatgutmischungen, die Saatgut enthalten, dessen Inverkehrbringen zu gewerblichen Zwecken durch Rechtsverordnung nach § 11 Abs. 2 oder 3 des Saatgutverkehrsgesetzes nur befristet gestattet ist, das Ende der Frist.

(5) Der Probenehmer entnimmt der für das Inverkehrbringen zu gewerblichen Zwecken verpackten Saatgutmischung, außer bei Kleinpackungen, eine Probe für eine Untersuchung oder Nachprüfung oder zur Beweissicherung. Das Mindestgewicht oder die Mindestmenge der Probe ergibt sich aus Anlage 4.

§ 28
Rücknahme der Erteilung der Mischungsnummer oder Kennummer

Wird auf Grund des Ergebnisses der Untersuchung der nach § 27 Abs. 5 entnommenen Probe die Erteilung der Mischungsnummer oder Kennummer (§ 40 Abs. 6) für diese Saatgutmischung zurückgenommen und ist der Antragsteller nicht mehr im Besitz des Saatgutes, so hat er der Anerkennungsstelle Namen und Anschrift desjenigen mitzuteilen, an den er das Saatgut abgegeben hat. Dies gilt entsprechend für den Erwerber dieses Saatgutes. Die Anerkennungsstelle, welche die Erteilung der Mischungsnummer oder Kennummer zurückgenommen hat, hat die für den Besitzer des Saatgutes zuständige Anerkennungsstelle unter Angabe der Mischungsnummer oder Kennummer von der Rücknahme zu unterrichten.

Abschnitt 6
Kennzeichnung, Verschließung, Schließung und Verpackung

§ 29
Etikett

(1) Vor oder bei der Probenahme nach § 11 Abs. 1, § 24 Abs. 3 Nr. 1 und § 27 Abs. 5 ist jede Packung oder jedes Behältnis des Saatgutes durch den Probenehmer oder unter seiner Aufsicht mit einem Etikett zu kennzeichnen. Als Etikett gilt auch ein Klebeetikett der Anerkennungsstelle.

(2) Jede Packung oder jedes Behältnis von Standardsaatgut ist von demjenigen, der das Saatgut als erster zu gewerblichen Zwecken in den Verkehr bringt oder neu verpackt und zu gewerblichen Zwecken in den Verkehr bringt, mit einem Etikett zu kennzeichnen. Bei Standardsaatgut, das in einem anderen Vertragsstaat in der in Rechtsakten von Organen der Europäischen Gemeinschaften bestimmten Form gekennzeichnet und geschlossen worden ist, entfällt diese Verpflichtung für denjenigen, der es, ohne es neu zu verpacken, im Inland zu gewerblichen Zwecken in den Verkehr bringt.

(3) Das Etikett muß rechteckig und mindestens 110 × 67 mm groß sein, die jeweilige Kennfarbe haben und als unverwischbaren Aufdruck die jeweiligen Angaben nach Anlage 5 enthalten; sie können auch zusätzlich in anderen Sprachen gemacht werden. Die Betriebsnummer bei Standardsaatgut (Anlage 5 Nr. 2.3) wird von der Nachkontrollstelle, in deren Bereich der Betrieb liegt, auf Antrag festgesetzt; sie setzt sich zusammen aus dem Buchstaben „D", einer Zahl und einem dem Kennzeichen der Anerkennungsstelle nach § 14 Abs. 2 entsprechenden Kennzeichen der Nachkontrollstelle. Die Bezugsnummer bei Standardsaatgut (Anlage 5 Nr. 2.6) setzt sich aus der Betriebsnummer, der vom Betrieb festgesetzten Partienummer und den Buchstaben „St" zusammen.

(4) Bei Monogermsaatgut und Präzisionssaatgut muß das Etikett zusätzlich die Angabe „Monogermsaatgut" beziehungsweise „Präzisionssaatgut" sowie die angegebenen Ober- und Untergrenzen der Sortierung (Kaliber) enthalten.

(5) Bei Hybridsorten muß auf dem Etikett zusätzlich zur Sortenbezeichnung angegeben sein:
1. bei Vorstufensaatgut und Basissaatgut die Bezeichnung der Erbkomponente und deren Funktion (mütterlicher oder väterlicher Elternteil),
2. bei Zertifiziertem Saatgut die Bezeichnung „Hybride".

(6) Das Etikett kann Angaben enthalten über
1. die Keimfähigkeit und das Tausendkorngewicht, soweit diese Eigenschaften amtlich festgestellt worden sind,
2. das angegebene Kaliber bei Saatgut von Mais,
3. die Zahl der höchstens vorgesehenen Generationen bis zum Zertifizierten Saatgut bei anerkanntem Vorstufensaatgut.

(7) Bei Saatgutmischungen muß das Etikett für jeden Bestandteil zusätzlich folgende Angaben enthalten:
1. die Art,
2. bei anerkanntem Saatgut und Standardsaatgut die Sortenbezeichnung,
3. den Anteil in vom Hundert des Gewichtes.
Enthält die Saatgutmischung Saatgut einer Art, die nicht im Artenverzeichnis aufgeführt ist, mit einem Anteil von mehr als 3 vom Hundert des Gewichtes, so sind für diese Art auch die Reinheit in vom Hundert des Gewichtes und die Keimfähigkeit in vom Hundert der reinen Körner anzugeben. Die Angaben nach den Sätzen 1 und 2 können auch auf der Rückseite des Etikettes, die Angaben nach Satz 2 auch auf einem Zusatzetikett gemacht werden. Anstelle der Angaben nach den Sätzen 1 und 2 kann auf dem Etikett eine Mischungsbezeichnung ausgegeben werden, wenn die Angaben bei der in § 27 Abs. 1 Satz 1 bezeichneten Anerkennungsstelle niedergelegt sind und auf jeder Packung aufgedruckt, auf einem Zusatzetikett vermerkt oder in einem jeder Packung oder jedem Behältnis beigegebenen Begleitpapier enthalten sind.

(8) Bei Saatgutmischungen, die Saatgut enthalten, dessen Inverkehrbringen zu gewerblichen Zwecken durch Rechtsverordnung nach § 11 Abs. 2 oder 3 des Saatgutverkehrsgesetzes nur befristet gestattet ist, ist zusätzlich diese Frist anzugeben mit dem Hinweis, daß die Saatgutmischung nur während dieser Frist zu gewerblichen Zwecken in den Verkehr gebracht werden darf.

(9) Auf Antrag kann die Anerkennungsstelle Etiketten ausgeben, auf denen eine laufende Nummer, ein Abdruck ihres Siegels oder beides aufgedruckt ist.

§ 30
Aufdrucketikett

Bei anerkanntem Saatgut von Getreide, Futterpflanzen oder Öl- und Faserpflanzen kann, wenn die Packung oder das Behältnis eine von der Anerkennungsstelle zugeteilte Ordnungsnummer trägt, anstelle des Etikettes ein unverwischbarer Aufdruck oder Stempelaufdruck mit den Angaben nach § 29 Abs. 3, 5 und 6 in der jeweiligen Kennfarbe angebracht werden (Aufdrucketikett). Die Anerkennungsnummer sowie Monat und Jahr der Probenahme sind in zeitlicher Verbindung mit der Probenahme nach § 11 Abs. 1 oder dem Verpacken nach § 36 Satz 1 durch den Probenehmer oder unter seiner Aufsicht anzubringen.

§ 31
Einleger

Jede Packung oder jedes Behältnis ist mit einem Einleger in der jeweiligen Kennfarbe zu versehen, der als Aufdruck die Bezeichnung „Einleger" und mindestens folgende Angaben der Anlage 5 enthält:
1. bei anerkanntem Saatgut die Angaben nach den Nummern 1.4 bis 1.7 und bei Monogerm- oder Präzisionssaatgut die Zusätze nach § 29 Abs. 4,
2. bei Standardsaatgut die Angaben nach den Nummern 2.2, 2.4 bis 2.6 und bei Monogerm- oder Präzisionssaatgut die Zusätze nach § 29 Abs. 4,
3. bei Handelssaatgut die Angaben nach den Nummern 3.4 bis 3.6,
4. bei Saatgutmischungen die Angaben nach den Nummern 4.3 und 4.4 und im Falle des § 29 Abs. 7 Satz 4 die Mischungsbezeichnung.

Der Einleger ist nicht erforderlich, wenn ein Etikett aus reißfestem Material, ein Klebeetikett oder ein Aufdrucketikett verwendet wird oder die Angaben nach Satz 1 auf der Packung oder dem Behältnis unverwischbar aufgedruckt sind.

§ 32
Angabe einer Saatgutbehandlung

Ist Saatgut einer chemischen, besonderen physikalischen oder gleichartigen Behandlung unterzogen worden, so ist dies anzugeben. Ist dabei ein Pflanzenschutzmittel angewendet worden, so ist dessen Bezeichnung und die Zulassungsnummer anzugeben; anstelle der Bezeichnung und der Zulassungsnummer kann der Wirkstoff oder dessen Kurzbezeichnung angegeben werden. Die Angaben sind unverwischbar aufzudrucken
1. auf dem Etikett und, falls ein Einleger erforderlich ist, auf dem Einleger,
2. auf einem Zusatzetikett und, falls es nicht aus reißfestem Material besteht, auf dem Einleger oder einem zusätzlichen Einleger oder
3. auf einem Klebeetikett oder im Aufdrucketikett.

§ 33
Angaben in besonderen Fällen

(1) Die Packungen oder Behältnisse mit anerkanntem Saatgut müssen auf dem Etikett, im Falle der Nummern 2 und 3 auf dem Etikett oder einem Zusatzetikett, jeweils zusätzlich folgende Angaben tragen:
1. „Nicht zur Nutzung als Futterpflanze bestimmt" bei Saatgut von Gräsersorten, dessen Aufwuchs nicht zur Nutzung als Futterpflanze bestimmt ist (§ 30 Abs. 2 Satz 1 Nr. 2 des Saatgutverkehrsgesetzes);
2. (gestrichen)
3. „Zur Ausfuhr außerhalb der Vertragsstaaten" bei Saatgut, das nach § 4 Abs. 2 des Saatgutverkehrsgesetzes anerkannt worden oder das nicht zum Anbau in einem Vertragsstaat bestimmt ist (§ 30 Abs. 2 Satz 1 Nr. 5 des Saatgutverkehrsgesetzes).

(2) Hat das Bundessortenamt die Sortenzulassung oder ihre Verlängerung mit einer Auflage für die Kennzeichnung des Saatgutes der Sorte verbunden, so ist auf dem Etikett oder einem Zusatzetikett zusätzlich eine Angabe entsprechend der Auflage anzubringen.

(3) Die Packungen oder Behältnisse mit Saatgutmischungen, die Saatgut von Gräsersorten enthalten, dessen Aufwuchs nicht zur Nutzung als Futterpflanze bestimmt ist (§ 30 Abs. 2 Satz 1 Nr. 2 des Saatgutverkehrsgesetzes), müssen auf dem Etikett zusätzlich die Angabe tragen: „Nicht zur Nutzung als Futterpflanze bestimmt". Die Angabe ist entbehrlich, wenn aus dem angegebenen Verwendungszweck eindeutig hervorgeht, daß die Saatgutmischung nicht für Verwendungszwecke in der Landwirtschaft bestimmt ist.

(4) Bei Packungen oder Behältnissen mit pilliertem, granuliertem oder inkrustiertem Saatgut ist auf dem Etikett zusätzlich anzugeben:
1. die Art der Behandlung,
2. bei pilliertem oder granuliertem Saatgut und bei Angabe des Gewichtes das Verhältnis der reinen Körner oder Knäuel zum Gesamtgewicht und
3. bei granuliertem Saatgut die Zahl der keimfähigen Samen je Gewichtseinheit.

Bei Packungen oder Behältnissen mit Saatgut, dem feste Zusätze hinzugefügt worden sind, sind auf dem Etikett zusätzlich anzugeben:
1. die Art der Zusätze und
2. bei Angabe des Gewichtes das Verhältnis des Gewichtes der reinen Körner oder Knäuel zum Gesamtgewicht.

(5) Bei Packungen oder Behältnissen mit
1. nach § 12 Abs. 3 anerkanntem Basissaatgut oder Vorstufensaatgut muß auf dem Etikett zusätzlich folgende Angabe gemacht werden: „Verminderte Keimfähigkeit, nur zur weiteren Vermehrung bestimmt"; außerdem müssen auf einem Zusatzetikett Name und Anschrift desjenigen, der das Saatgut als erster nach der Anerkennung zu gewerblichen Zwecken in den Verkehr bringen will, sowie die in der Beschaffenheitsprüfung festgestellte Keimfähigkeit angegeben sein;
2. Saatgut, das nach § 6 des Saatgutverkehrsgesetzes zu gewerblichen Zwecken in den Verkehr gebracht wird, müssen auf einem Zusatzetikett zusätzlich die Keimfähigkeit sowie Name und Anschrift des Absenders und des Empfängers angegeben sein.

(6) Packungen oder Behältnisse mit eingeführtem Saatgut,
1. für das eine nach § 16 des Saatgutverkehrsgesetzes gleichgestellte Anerkennung oder Zulassung vorliegt oder
2. das als Standardsaatgut in den Verkehr gebracht werden soll,

müssen in der in Rechtsakten von Organen der Europäischen Gemeinschaften bestimmten Form gekennzeichnet sein.

Soweit die Kennzeichnung zusätzliche Angaben nach Anlage 5 Nr. 1.11, 2.10, 3.10 oder 4.7 enthält und diese nicht in deutscher Sprache angegeben oder in die deutsche Sprache übersetzt sind, sind die Packungen und Behältnisse nach Ankunft am Bestimmungsort im Inland mit einem Zusatzetikett zu versehen, das die Angaben des Originaletiketts in deutscher Sprache enthält; an die Stelle des Zusatz-

etikettes kann bei Packungen ein unverwischbarer Aufdruck treten. Satz 2 gilt nicht, wenn am ersten Bestimmungsort im Inland
1. die Packungen oder die Behältnisse nach § 37 oder § 48 Abs. 2 und 3 wiederverschlossen werden sollen,
2. das Saatgut bei der Herstellung von Saatgutmischungen verwendet werden soll oder
3. das Saatgut in Kleinpackungen abgepackt oder in kleinen Mengen an Letztverbraucher abgegeben werden soll.

(7) Bei Saatgutmischungen nach § 26 Abs. 1 Nr. 2 ist eine Kennzeichnung nach § 29 Abs. 7 und § 31 nicht erforderlich, wenn die Packungen nach den Vorschriften desjenigen Vertragsstaates gekennzeichnet sind, in dem die Saatgutmischungen hergestellt worden sind. Absatz 6 Satz 2 gilt entsprechend. Sind die Packungen und Behältnisse entsprechend § 29 Abs. 7 Satz 4 gekennzeichnet worden, so sind die nach § 29 Abs. 7 Satz 1 und 2 vorgeschriebenen Angaben in deutscher Sprache nach Ankunft am ersten Bestimmungsort im Inland auf einem Zusatzetikett oder jeder Packung oder jedem Behältnis beigegebenen Begleitpapier unter zusätzlicher Angabe der amtlichen Stelle, bei der sie niedergelegt sind, zu machen.

(8) Bei Gemüsesorten, die am 1. Juli 1970 allgemein bekannt waren, kann zusätzlich auf die Erhaltungszüchtung hingewiesen werden, wenn dies der zuständigen Stelle eines Vertragsstaates vorher angezeigt worden ist. Zuständige Stelle im Inland ist das Bundessortenamt. Auf besondere Eigenschaften im Zusammenhang mit der Erhaltungszüchtung darf nicht hingewiesen werden.

§ 34
Verschließung

(1) Im Anschluß an die Kennzeichnung nach § 29 Abs. 1 wird jede Packung oder jedes Behältnis durch den Probenehmer oder unter seiner Aufsicht geschlossen und mit einer amtlichen Verschlußsicherung versehen (Verschließung).

(2) Als Verschlußsicherung kann verwendet werden:
1. eine Plombe,
2. eine Banderole,
3. eine Siegelmarke,
4. ein Klebeetikett,
5. bei maschinell zugenähten Packungen ein Etikett der Anerkennungs- oder Zulassungsstelle, das von einer Seite zur gegenüberliegenden Seite mit der Maschinennaht durchgenäht ist und kein Loch zum Anhängen hat,
6. bei Packungen aus nicht gewebtem Material mit zugenähter Öffnung eine mindestens an einer Seite der Kante angebrachte unverwischbare Nummernleiste, beginnend am oberen Rand mir der Nummer 1, die ausweist, daß die Säcke ihre ursprüngliche Größe bewahrt haben,
7. bei Papier- und Plastikpackungen, die außer der Füllöffnung keine sonstige Öffnung haben, ein Selbstklebesystem oder Selbstschweißsystem, das die Füllöffnung nach dem Einfüllen in der Weise schließt, daß sie nicht mehr geöffnet werden kann, ohne daß das Verschlußsystem verletzt wird, oder
8. bei Packungen mit Saatgut der nachstehend aufgeführten Arten eine Füllvorrichtung, die durch den Druck des eingefüllten Saatgutes geschlossen wird, sofern die Füllvorrichtung mindestens eine Länge von 22 vom Hundert der Sackbreite hat und die Packung keine sonstige Öffnung hat:
    a) Getreidearten,
    b) Weiße Lupine,
    c) Blaue Lupine,
    d) Gelbe Lupine,
    e) Futtererbse,
    f) Ackerbohne,
    g) Pannonische Wicke,
    h) Saatwicke,
    i) Zottelwicke,

j) Sojabohne und
k) Sonnenblume.

(3) Die Verschlußsicherung nach Absatz 2 Nr. 1 bis 3 trägt die Aufschrift „Saatgut amtlich verschlossen" und das Kennzeichen der Anerkennungsstelle.

(4) Die verschlossenen Packungen oder Behältnisse müssen so beschaffen sein, daß jeder Zugriff auf den Inhalt oder das Etikett die Verschlußsicherung unbrauchbar macht oder andere deutliche Spuren hinterläßt. Bei Verwendung eines Klebeetikettes oder eines Aufdrucketikettes gilt diese Anforderung auch dann als erfüllt, wenn es
1. an einer Packung mit nicht wieder verwendbarem Verschluß so angebracht ist, daß es beim Öffnen des Verschlusses nicht unbrauchbar wird;
2. bei einer maschinell zugenähten Packung von einer Seite zur gegenüberliegenden Seite mit der Maschinennaht durchgenäht ist.

§ 35
Ablieferung ungültiger Etiketten, Einleger und Verschlußsicherungen

Die Etiketten, Einleger und Verschlußsicherungen der Packungen oder Behältnisse sowie die Packungen mit Aufdrucketikett sind nach näherer Anweisung der Anerkennungsstelle abzuliefern oder unbrauchbar zu machen, wenn
1. das Saatgut auf Grund der Beschaffenheitsprüfung nicht anerkannt oder nicht zugelassen wird,
2. die Anerkennung des Saatgutes nach § 18 zurückgenommen wird,
3. das Saatgut für die Herstellung von Saatgutmischungen verwendet wird oder
4. die Erteilung der Mischungsnummer nach § 28 zurückgenommen wird.

§ 36
Verpacken nach Probenahme

Ist eine Probe nach § 11 Abs. 3 entnommen worden, so darf das Saatgut nur unter Aufsicht eines Probenehmers verpackt werden. Beim Verpacken kann eine Probe nach § 11 Abs. 1 entnommen werden. Für die Kennzeichnung und Verschließung der Packungen oder Behältnisse sowie die Ablieferung ungültiger Etiketten, Einleger und Verschlußsicherungen gelten die §§ 29 bis 35 entsprechend.

§ 37
Wiederverschließung

(1) Auf Antrag findet eine Wiederverschließung statt. In dem Antrag sind die Einwirkungen und Behandlungen anzugeben, denen das Saatgut unterworfen war; ferner ist zu erklären, daß das Saatgut aus Packungen oder Behältnissen stammt, die vorschriftsmäßig verschlossen waren, und es nur den im Antrag angegebenen Einwirkungen und Behandlungen unterworfen war. Der Antrag ist an die Anerkennungsstelle, in deren Bereich das Saatgut lagert, oder an eine von ihr bestimmte Stelle zu richten. Die Wiederverschließung darf nur durch einen Probenehmer oder unter seiner Aufsicht durchgeführt werden.

(2) Bei der Wiederverschließung entnimmt der Probenehmer eine Probe nach § 11 Abs. 1.

(3) Auf dem Etikett jeder wiederverschlossenen Packung oder jedes wiederverschlossenen Behältnisses sind außer den nach den §§ 29, 32 und 33 vorgeschriebenen Angaben der Monat und das Jahr der Wiederverschließung und eine Wiederverschließungsnummer anzugeben. Für die Wiederverschließungsnummer gilt § 14 Abs. 2 entsprechend mit der Maßgabe, daß hinter der Zahl der Buchstabe „W" angefügt ist.

(4) Werden Originaletiketten nicht wieder verwendet und sind Originaleinleger noch vorhanden, so sind sie an den Probenehmer zur Vernichtung abzuliefern.

§ 38
Schließung bei Standardsaatgut

(1) Packungen oder Behältnisse von Standardsaatgut sind von demjenigen zu schließen und mit einer Sicherung zu versehen, der sie gekennzeichnet hat. § 34 Abs. 2 und 4 gilt entsprechend.

(2) Die Sicherungen dürfen nach Farbe und Aufschrift nicht mit Plomben, Banderolen oder Siegelmarken für Packungen anerkannten Saatgutes verwechselbar sein.

§ 39
Kennzeichnung bei erneuter Beschaffenheitsprüfung

Ergibt die erneute Beschaffenheitsprüfung nach § 15, daß die Anforderungen an die Beschaffenheit noch erfüllt sind, so kann hierauf durch den zusätzlichen Vermerk auf dem Etikett hingewiesen werden: „Durch... (Anerkennungsstelle) erneut geprüft..." (Monat und Jahr).

§ 40
Kleinpackungen

(1) Kleinpackungen im Sinne dieser Verordnung sind Packungen von Zertifiziertem Saatgut, Standardsaatgut, Handelssaatgut und Saatgutmischungen mit den in Anlage 6 Nr. 1.1, 2.1 und 3.1 jeweils angegebenen Höchstmengen.

(2) Bei Kleinpackungen sind die Kennzeichnung und Verschließung durch den Probenehmer oder unter seiner Aufsicht sowie die Verwendung von Verschlußsicherungen nach § 34, bei Kleinpackungen von Standardsaatgut die Sicherung nach § 38 Abs. 1 Satz 1 nicht erforderlich.

(3) Bei Kleinpackungen sind zur Kennzeichnung die Angaben nach Anlage 6 Nr. 1.2, 2.2 und 3.2 an oder auf der Packung anzubringen. Werden die Angaben auf einem Etikett oder bei Klarsichtpackungen, bei denen die Angaben durch die Verpackung hindurch deutlich lesbar sind, auf einem eingelegten Etikett gemacht, so muß das Etikett die jeweilige Kennfarbe haben.

(4) Bei Standardsaatgut kann die Angabe nach Anlage 6 Nr. 2.2.7 verschlüsselt angegeben werden; das Bundessortenamt gibt den jeweils anzuwendenden Jahresschlüssel bekannt.

(5) Die in Anlage 6 Nr. 1.2.2, 2.2.2 und 3.2.2 vorgesehene Betriebsnummer wird für Betriebe, die Kleinpackungen herstellen, von der Anerkennungsstelle, in deren Bereich der Betrieb liegt, auf Antrag festgesetzt. Die Betriebsnummer setzt sich aus dem Buchstaben „D", einer Zahl und dem Kennzeichen der Anerkennungsstelle zusammen.

(6) Die nach Anlage 6 Nr. 1.2.5, 2.2.5 und 3.2.4 erforderliche Kennummer der Partie wird Betrieben, die Kleinpackungen herstellen, von der zuständigen Anerkennungsstelle auf Antrag zugeteilt. Die Kennummer setzt sich aus der Betriebsnummer des die Kleinpackungen herstellenden Betriebes und einer für jeden Antrag des Betriebes festgesetzten laufenden Nummer zusammen; der Betrieb kann dieser laufenden Nummer eine durch einen Bindestrich abgesetzte weitere laufende Nummer für jede Packung hinzufügen. Bei Standardsaatgut ist anstelle der Kennummer eine Partienummer nach Anlage 6 Nr. 2.2.6 anzugeben. Auf Antrag kann die Anerkennungsstelle Betrieben, die Saatgutmischungen nach der Herstellung unmittelbar in Kleinpackungen abpacken, Kennummern zuteilen, die sich aus der Mischungsnummer und einer durch einen Bindestrich abgesetzten laufenden Nummer für jede Packung zusammensetzen.

(7) Bei Kleinpackungen nach Anlage 6 Nr. 1.1.1 und 1.1.2 sind die Kennummer, die Angabe der Kategorie, die Füllmenge oder Stückzahl der Körner oder Knäuel entbehrlich, wenn die Kleinpackung mit einer amtlichen Klebemarke in der jeweiligen Kennfarbe versehen ist, die mindestens folgende Angaben enthält:
1. den Buchstaben „D", einen Schrägstrich und das Kennzeichen oder die Bezeichnung der Anerkennungsstelle,
2. eine laufende Nummer,
3. die Nennfüllmenge,
4. die Kategorie.

Dies gilt entsprechend für Kleinpackungen EG B mit Saatgutmischungen (Anlage 6 Nr. 3.1.2 Spalte 3) mit der Maßgabe, daß an oder auf der Packung die Mischungsnummer ausgegeben ist. Die Klebemarke enthält mindestens die Angaben nach Satz 1 Nr. 1 bis 3 und die Angabe „Saatgutmischung".

(8) Kleinpackungen sind so zu schließen, daß sie nicht geöffnet werden können, ohne das Verschlußsystem zu verletzen oder auf der Packung andere deutliche Spuren zu hinterlassen. Kleinpackungen nach Anlage 6 Nr. 1.1.1, 1.1.2 und Kleinpackungen EG B mit Saatgutmischungen (Anlage 6 Nr. 3.1 Spalte 3) dürfen nur unter amtlicher Aufsicht erneut geschlossen werden.

§ 41
Antrag für eine Kennummer

Der Antrag auf Zuteilung einer Kennummer muß sich jeweils auf eine Partie von Kleinpackungen beziehen und folgende Angaben enthalten:
1. bei Zertifiziertem Saatgut und Handelssaatgut
   a) die Art,
   b) bei Zertifiziertem Saatgut die Sortenbezeichnung,
   c) die Anerkennungs- oder Zulassungsnummer;
2. bei Saatgutmischungen
   a) den Verwendungszweck,
   b) die Mischungsnummer;
3. das Gewicht der Partie oder Teilmenge der Partie, die für die Herstellung der Kleinpackungen verwendet werden soll;
4. die vorgesehenen Nennfüllmengen der Kleinpackungen und die vorgesehene Zahl der Kleinpackungen je Nennfüllmenge.

§ 42
Abgabe an Letztverbraucher

(1) Zertifiziertes Saatgut, Standardsaatgut, Handelssaatgut und Saatgutmischungen dürfen aus vorschriftsmäßig gekennzeichneten und verschlossenen Packungen oder Behältnissen bis zu der in Anlage 6 Nr. 1.1, 2.1 und 3.1 jeweils festgesetzten Höchstmenge ungekennzeichnet und ohne verschlossene Verpackung an Letztverbraucher abgegeben werden, sofern dem Erwerber auf Verlangen bei der Übergabe schriftlich angegeben werden:
1. bei Zertifiziertem Saatgut
   a) die Art,
   b) die Kategorie,
   c) die Sortenbezeichnung,
   d) die Anerkennungsnummer;
2. bei Handelssaatgut
   a) die Art,
   b) die Kategorie,
   c) die Zulassungsnummer;

3. bei Standardsaatgut
   a) die Art,
   b) die Kategorie,
   c) die Sortenbezeichnung und im Fall des § 33 Abs. 8 ein Hinweis auf die Erhaltungszüchtung,
   d) die Bezugsnummer;
4. bei Saatgutmischungen
   a) der Verwendungszweck,
   b) die Mischungsnummer,
   c) der Anteil jeder Art an der Saatgutmischung in vom Hundert des Gewichtes,
   d) bei anerkanntem Saatgut und Standardsaatgut die Sortenbezeichnung,
   e) bei Saatgut von Arten, die nicht im Artenverzeichnis aufgeführt sind – soweit sein Anteil 3 vom Hundert übersteigt –, die Reinheit in vom Hundert des Gewichtes und die Keimfähigkeit in vom Hundert der reinen Körner.

Beim Inverkehrbringen von Saatgut aus Kleinpackungen zu gewerblichen Zwecken treten an die Stelle der Anerkennungsnummer, der Zulassungsnummer, der Bezugsnummer oder der Mischungsnummer Name und Anschrift des Herstellers der Kleinpackungen oder seine Bertiebsnummer sowie die nach Anlage 6 Nr. 1.2.5, 1.2.6, 2.2.5, 2.2.6, 3.2.4 oder 3.2.5 jeweils vorgeschriebene Nummer.

(2) Ist das Saatgut chemisch behandelt worden, so ist der Erwerber auch ohne sein Verlangen hierauf hinzuweisen. § 32 Satz 2 gilt entsprechend.

(3) Zertifiziertes Saatgut nach Absatz 1 Satz 1 von Getreide außer Mais sowie von Futtererbse und Ackerbohne kann bis zum 30. Juni 2000 mit Genehmigung der zuständigen Anerkennungsstelle abweichend von den in Absatz 1 Satz 1 festgesetzten Höchstmengen an Letztverbraucher abgegeben werden. Die zuständige Anerkennungsstelle erteilt die Genehmigung auf schriftlichen Antrag, wenn sichergestellt ist, daß
1. die Angaben der vorschriftsmäßigen Kennzeichnung dem Erwerber schriftlich mitgeteilt werden,
2. die vom Erwerber verwendeten Behältnisse nach dem Befüllen mit dem Saatgut vom Abgebenden oder vom Erwerber verschlossen werden,
3. der Abgebende am Ende jedes Kalenderjahres der zuständigen Anerkennungsstelle die im betreffenden Kalenderjahr im Rahmen der Genehmigung abgegebenen Saatgutmengen schriftlich mitteilt und
4. beim Befüllen der vom Erwerber verwendeten Behältnisse amtliche Stichproben zum Zweck der Nachprüfung gezogen werden.

§ 43
Kennzeichnung von nicht anerkanntem Saatgut in besonderen Fällen

(1) Wird Saatgut, das nicht anerkannt ist, in den Fällen des § 3 Abs. 1 Nr. 5 bis 7 und Abs. 2 des Saatgutverkehrsgesetzes zu gewerblichen Zwecken in den Verkehr gebracht, so ist jede Packung oder jedes Behältnis mit einem besonderen Etikett und einem besonderen Einleger zu versehen. Dieses Etikett und dieser Einleger müssen folgende Angaben enthalten:
1. Name und Anschrift des Absenders;
2. die Art und bei Saatgut, das einer Sorte zugehört, die Sortenbezeichnung sowie
3. im Falle
   a) des § 3 Abs. 1 Nr. 5 des Saatgutverkehrsgesetzes den Hinweis „Nicht anerkanntes Vorstufensaatgut zum vertraglichen Vermehrungsanbau",
   b) des § 3 Abs. 1 Nr. 6 des Saatgutverkehrsgesetzes den Hinweis „Nicht anerkanntes Saatgut, zur Bearbeitung",
   c) des § 3 Abs. 1 Nr. 7 des Saatgutverkehrsgesetzes je nach Verwendungszweck den Hinweis
      „Saatgut für Züchtungszwecke",
      „Saatgut für Forschungszwecke",

„Saatgut für Ausstellungszwecke" oder

„Zum Anbau außerhalb der Vertragsstaaten bestimmt",

d) des § 3 Abs. 2 des Saatgutverkehrsgesetzes den Hinweis „Saatgut einer nicht zugelassenen Sorte"; hat das Bundessortenamt die Genehmigung mit einer Auflage für die Kennzeichnung des Saatgutes verbunden, so ist eine Angabe entsprechend der Auflage zu machen.

(2) Bei Saatgut nach Absatz 1 Satz 2 Nr. 3 Buchstabe b, das von einer Vermehrungsfläche stammt, deren Feldbestand für die Anerkennung als geeignet befunden worden ist, und das zur Ausfuhr in einen anderen Vertragsstaat bestimmt ist, ist anstelle der Kennzeichnung nach Absatz 1 jede Packung oder jedes Behältnis durch den Probenehmer oder unter seiner Aufsicht mit je einem besonderen grauen Etikett der Anerkennungsstelle, das die Angaben nach Anlage 5 Nr. 6 enthalten muß, zu kennzeichnen und nach § 34 zu verschließen. Der Gesamtpartie, der die nach Satz 1 gekennzeichneten Packungen oder Behältnisse zugehören, ist eine amtliche Bescheinigung, die folgende Angaben enthalten muß, beizugeben:

1. Name der für die Feldbesichtigung zuständigen Behörde,
2. Art; entsprechend der Angabe nach Anlage 5 Nr. 6.3,
3. Sortenbezeichnung,
4. Kategorie,
5. Bezugsnummer des zur Aussaat verwendeten Saatgutes,
6. Land, das das Saatgut anerkannt hat,
7. Kennummer des Feldes oder der Partie,
8. Anbaufläche der Partie, für die die Bescheinigung gilt,
9. Menge des geernteten Saatgutes und Anzahl der Packungen,
10. bei Zertifiziertem Saatgut die Vermehrungsstufe nach Basissaatgut,
11. Bestätigung, daß der Feldbestand, dem das Saatgut entstammt, die gestellten Anforderungen erfüllt hat.

Die Sätze 1 und 2 gelten entsprechend für Saatgut nach § 18 Abs. 2 Nr. 5 Buchstabe a des Saatgutverkehrsgesetzes.

(2a) Auf Antrag ist bei Saatgut nach Absatz 1 Satz 2 Nr. 3 Buchstabe b, das nicht zur Ausfuhr in einen anderen Vertragsstaat bestimmt ist, Abatz 2 Satz 1 entsprechend anzuwenden.

(3) § 32 gilt entsprechend; die Ausgaben sind auf den besonderen Etiketten und Einlegern zu machen.

Abschnitt 7
Kennzeichnung, Verschließung und Schließung im Rahmen eines OECD-Systems

§ 44
Grundvorschrift

(1) Das Bundessortenamt macht bekannt, welche Arten den jeweiligen OECD-Systemen unterliegen.

(2) Die Packungen oder Behältnisse von Saatgut, das im Inland erwachsen ist und die Voraussetzungen für die Anerkennung erfüllt, sowie von Saatgut, das nach § 10 des Saatgutverkehrsgesetzes anerkannt werden kann, können von der Anerkennungsstelle auf Antrag nach den Vorschriften dieses Abschnittes gekennzeichnet werden, wenn das Saatgut zum Anbau außerhalb eines Vertragsstaates bestimmt ist und einem OECD-System unterliegt. Bei Sorten, die nicht nach § 30 des Saatgutverkehrsgesetzes zugelassen sind, ist eine solche Kennzeichnung nur zulässig, wenn vor oder bei der Anlage des Vermehrungsvorhabens zwischen der Anerkennungsstelle und der zuständigen Stelle im Ursprungsland der Sorte Einvernehmen über das Vorhaben herbeigeführt worden ist.

(3) Bei Standardsaatgut von Gemüse hat sich der Betrieb bei Beantragung der Betriebsnummer nach § 29 Abs. 3 Satz 2 zu verpflichten, Menge, Art, Sortenbezeichnung und Bezugsnummer des gekennzeichneten Standardsaatguts der die Betriebsnummer festsetzenden Nachkontrollstelle zum Abschluß eines jeden Kalenderhalbjahres schriftlich anzugeben.

§ 45
Zertifikat

(1) An die Stelle des Bescheides über die Anerkennung nach § 14 Abs. 1 tritt ein Zertifikat nach dem jeweiligen Muster der Anlage 7. Bei Basissaatgut von Hybriden und bei Saatgut von Inzuchtlinien von Mais ist in der die Sorte betreffenden Zeile die vom Bundessortenamt festgesetzte Bezeichnung oder, falls eine solche nicht festgesetzt ist, eine Bezeichnung, die die Identifizierung ermöglicht, anzugeben; zusätzlich ist bei Saatgut von Mais in deutscher, englischer und französischer Sprache anzugeben, ob es sich um eine frei abblühende Sorte, eine Hybride oder eine Inzuchtlinie handelt. Bei Saatgut, das nach § 6 des Saatgutverkehrsgesetzes vor Abschluß der Prüfung auf Keimfähigkeit zu gewerblichen Zwecken in den Verkehr gebracht werden soll, kann das Zertifikat vor Abschluß dieser Prüfung ausgestellt werden.

(2) An die Stelle der Mitteilung des Ergebnisses der Beschaffenheitsprüfung nach § 13 tritt der Internationale Orange-Bericht über eine Saatgutpartie der Internationalen Vereinigung für Saatgutprüfung. In diesem Bericht ist die Referenznummer des Zertifikats nach Absatz 1 anzugeben.

§ 46
Kennzeichnung

(1) An die Stelle der Etiketten nach § 29 Abs. 1 und der Einleger nach § 31 treten Etiketten, die in Form, Größe und Farbe denen des § 29 Abs. 3 entsprechen müssen, und Einleger in der jeweiligen Kennfarbe, die die Angaben nach Anlage 8 aufgedruckt enthalten müssen. Es gelten für die Referenznummern bei anerkanntem Saatgut § 14 Abs. 2 und bei Standardsaatgut § 29 Abs. 3 Satz 3 sowie für die Angabe einer Saatgutbehandlung § 32 entsprechend.

(2) Für Kleinpackungen von Zertifiziertem Saatgut von Gemüse tritt an die Stelle der Kennzeichnung nach § 40 Abs. 3 ein Etikett, Einleger oder Aufdruck mit den Angaben nach Anlage 8 Nr. 1.3.

(3) Soll anerkanntes Vorstufensaatgut nach den Vorschriften dieses Abschnittes gekennzeichnet werden, so müssen Etiketten und Einleger die Angaben nach Anlage 8 Nr. 1.4 enthalten.

§ 47
Kennzeichnung in besonderen Fällen

(1) Packungen oder Behältnisse von
1. Basissaatgut und Zertifiziertem Saatgut von Runkelrübe und Zuckerrübe und
2. Zertifiziertem Saatgut von Gemüsearten,

das von einer Vermehrungsfläche stammt, die die Anforderungen an den Feldbestand erfüllt hat, dürfen nach den Vorschriften dieses Abschnittes auch dann gekennzeichnet werden, wenn es vor der Untersuchung der Beschaffenheit ausgeführt werden soll. In diesem Falle sind das Etikett und der Einleger nach § 46 zusätzlich mit einem mindestens 5 mm breiten, orangefarbenen Streifen zu versehen, der von der linken unteren zur rechten oberen Ecke der mit der Kennfarbe gefärbten Fläche verläuft. Auf dem Etikett und dem Einleger sind zusätzlich die Angaben nach Anlage 8 Nr. 3.1 zu machen.

(2) Werden bei Runkelrübe und Zuckerrübe nach dem Zuchtschema für die jeweilige Sorte auf der Stufe von Basissaatgut oder von Vorstufensaatgut unterschiedliche Erbkomponenten gekreuzt, so sind zur Kennzeichnung der Packungen oder Behältnisse mit Saatgut einer Erbkomponente, das zusammen mit Saatgut einer oder mehrerer anderer Erbkomponenten Basissaatgut oder Zertifiziertes Saatgut ergeben soll, Etiketten und Einleger nach Absatz 1 Satz 2 zu verwenden. Auf dem Etikett und dem Einleger ist anstelle einer Sortenbezeichnung oder in Verbindung mit ihr die Angabe nach Anlage 8 Nr. 3.2 zu machen; innerhalb dieser Angabe kann der Hinweis auf den Anbau nach einem Zuchtschema auch auf der Rückseite des Etiketts oder des Einlegers angebracht werden.

§ 48
Verschließung, Wiederverschließung

(1) Im Anschluß an die Kennzeichnung sind die Packungen oder Behältnisse zu verschließen. § 34 gilt entsprechend. Für Packungen oder Behältnisse von Standardsaatgut findet § 38 Anwendung.

(2) Packungen oder Behältnisse, die im Ausland entsprechend den Regeln eines OECD-Systems nach § 46 gekennzeichnet waren, dürfen bei einer Wiederverschließung nur dann erneut nach den Vorschriften dieses Abschnitts gekennzeichnet und verschlossen werden, wenn mit der zuständigen Stelle, deren Name und Anschrift auf den Etiketten oder Behältnissen angegeben ist, eine entsprechende Vereinbarung getroffen worden ist und wenn von der Entfernung der ursprünglichen Kennzeichnung und Verschlußsicherung bis zur Wiederverschließung alle Behandlungen des Saatgutes unter Aufsicht eines Probenehmers vorgenommen worden sind.

(3) Bei der Wiederverschließung sind Etiketten und Einleger nach den §§ 46 oder 47 mit der Maßgabe zu verwenden, daß
1. an die Stelle der ursprünglichen Referenznummer eine Wiederverschließungsnummer nach § 37 Abs. 3 tritt,
2. zusätzlich die Anerkennungsstelle angegeben wird, die die Wiederverschließung vorgenommen hat, und
3. sie die Angabe nach der Anlage 8 Nr. 3.3 enthalten.
§ 37 Abs. 2 und 4 gilt entsprechend.

Abschnitt 8
Schlußvorschriften

§ 48a
Übergangsvorschriften

(1) Saatgut, das mit der Angabe „EWG-Norm" gekennzeichnet ist, darf noch bis zum 31. Dezember 2001 in den Verkehr gebracht werden.

(2) Abweichend von § 6 Satz 2 kann Saatgut, dessen Anerkennung bis zu den in Anlage 1 genannten Terminen im Jahre 1994 beantragt wurde, als Zertifiziertes Saatgut anerkannt werden, wenn es die bis zum Zeitpunkt des Inkrafttretens dieser Verordnung geltenden Anforderungen an die Beschaffenheit erfüllt.

§ 49
Inkrafttreten

Diese Verordnung tritt am Tage nach der Verkündung in Kraft.

Anlage 1
(zu § 4 Abs. 1 Satz 1)

Termin für den Antrag auf Anerkennung von Saatgut

1   *28. Februar*
    Kohlrabi (außer Sorten für Unterglasanbau),
    Salat (Sorten für Unterglasanbau)

2   *15. April*
2.1 Hybridsorten von Roggen
2.2 Gemüsearten, soweit sie nicht in den Nummern 1, 5.3 und 9.2 aufgeführt sind

3   *30. April*
3.1 Winterhafer, Wintergerste, Winterroggen, Wintertriticale, Winterweichweizen, Winterhartweizen, Spelz
3.2 Gräser, außer Weidelgräsern mit Samenernte im zweiten Schnitt
3.3 Leguminosen (Überwinterungsanbau), außer Luzernen und Rotklee mit Samenernte im zweiten Schnitt

4   *15. Mai*
4.1 Sommerhafer, Sommergerste, Sommerroggen, Sommertriticale, Sommerweichweizen, Sommerhartweizen
4.2 Leguminosen (außer Überwinterungsanbau), Phazelie, Ölrettich
4.3 Öl- und Faserpflanzen (außer Überwinterungsanbau), außer Sojabohne und Sonnenblume
4.4 Kohlrübe, Futterkohl, Runkelrübe und Zuckerrübe (Samenernte von Samenträgern aus Sommerstecklingen)

5   *31. Mai*
5.1 Mais
5.2 Sojabohne, Sonnenblume
5.3 Gurke und Tomate (Sorten für Freilandanbau), Buschbohne, Stangenbohne, Dicke Bohne

| 6 | *10. Juni* |
| | Weidelgräser mit Samenernte im zweiten Schnitt |

7	*30. Juni*
7.1	Kohlrübe, Futterkohl, Runkelrübe und Zuckerrübe (Prüfung des Aufwuchses von Sommerstecklingen)
7.2	Spargel, Brokkoli

| 8 | *15. Juli* |
| | Rotklee mit Samenernte im zweiten Schnitt |

9	*15. August*
9.1	Luzernen mit Samenernte im zweiten Schnitt
9.2	mehrjährige Gemüsearten, Kohlrabi (Sorten für Unterglasanbau), Chinakohl

10	*30. September*
10.1	Öl- und Faserpflanzen (Überwinterungsanbau)
10.2	Kohlrübe, Futterkohl, Runkelrübe und Zuckerrübe (Samenernte von Samenträgern aus Überwinterungsanbau)

Anlage 2
(zu § 6 Satz 1)

Anforderungen an den Feldbestand

1   **Getreide außer Mais**

1.1   *Fremdbesatz*

1.1.1   Der Feldbesatz darf im Durchschnitt der Auszählungen je 150 m² Fläche höchstens folgenden Fremdbesatz aufweisen:

	Basissaatgut (Pflanzen)	Zertifiziertes Saatgut (Pflanzen)	Zertifiziertes Saatgut 2. Generation (Pflanzen)
1	2	3	4

1.1.1.1   Pflanzen, die

1.1.1.1.1   nicht hinreichend sortenecht sind oder einer anderen Sorte derselben Art oder einer anderen Art, deren Pollen zu Fremdbefruchtung führen können, zugehören:

	Basissaatgut	Zertifiziertes Saatgut	Zert. Saatgut 2. Gen.
bei Gereide außer Roggen	5	15	30
bei Roggen	5	15	

	Basissaatgut (Pflanzen)	Zertifiziertes Saatgut (Pflanzen)	Zertifiziertes Saatgut 2. Generation (Pflanzen)
1	2	3	4

1.1.1.1.2	im Falle von Hybridsorten von Roggen hinsichtlich ihrer Erbkomponenten den bei der Zulassung der Sorte festgestellten Ausprägungen der wichtigen Merkmale nicht hinreichend entsprechen oder einer anderen Hybridsorte oder Erbkomponente von Roggen zugehören; wird Zertifiziertes Saatgut in einer Mischung der mütterlichen und väterlichen Erbkomponente erzeugt, so gilt der Anteil der Pflanzen der väterlichen Erbkomponente nicht als Fremdbesatz	5	15	
1.1.1.2	Pflanzen anderer Getreidearten, die zur Samenbildung gelangen	2	6	6
1.1.1.3	Pflanzen anderer Arten, deren Samen sich aus dem Saatgut nur schwer herausreinigen lassen,	5	10	10
	davon Flughafer und Flughaferbastarde bei anderem Getreide als Hafer	1	2	2
1.1.2	Der Feldbestand darf bei Hafer keinen Besatz mit Flughafer oder Flughaferbastarden aufweisen			

1.2 *Gesundheitszustand*

1.2.1 Der Anteil der Pflanzen, die jeweils von folgenden Krankheiten befallen sind, darf im Durchschnitt der Auszählungen je 150 m² Fläche höchstens betragen:

	Basissaatgut (Pflanzen)	Zertifiziertes Saatgut (Pflanzen)
1	2	3

1.2.1.1	Mutterkorn (Claviceps purpurea), soweit nicht nur der Rand des Feldbestandes befallen ist; gilt nicht für Hybridsorten von Roggen	10	20
1.2.1.2	Weizensteinbrand (Tilletia tritici), Roggenstengelbrand (Urocystis occulta), Haferflugbrand (Ustilago avenae), Gerstenhartbrand (Ustilago hordei), Gerstenflugbrand (Ustilago nuda) und Weizenflugbrand (Ustilago tritici)	3	5
1.2.1.3	Zwergsteinbrand (Tilletia brevifaciens)	1	1

1.2.2 Aus dem Feldbestand dürfen flugbrandkranke Pflanzen nicht entfernt worden sein.

1.2.3 In dem Zeitraum, in dem der Feldbestand durch Flugbrand infizierbar ist, dürfen im Umkreis von 50 m benachbarte Bestände derselben Fruchtart im Durchschnitt der Auszählungen je 150 m§ Fläche nicht mehr als 15 Flugbrandsporen abgebende Pflanzen aufweisen.

	Basissaatgut (m)	Zertifiziertes Saatgut (m)
1	2	3

1.3 *Mindestentfernungen*

1.3.1 Folgende Mindestentfernungen müssen eingehalten sein:

1.3.1.1 bei fremdbefruchtenden Arten zu gleichzeitig Pollen abgebenden Feldbeständen
   a) anderer Sorten derselben Art,
   b) derselben Sorte mit starker Unausgeglichenheit
   und
   c) anderen Arten, deren Pollen zu Fremdbefruchtung führen können

	300	250

1.3.1.2 bei Wintergerste zu gleichzeitig Pollen abgebenden Feldbeständen von Wintergerstensorten mit anderer Zeiligzeit

	100	50

1.3.1.3 bei Hybridsorten von Roggen zu Feldbeständen
   a) anderer Sorten oder Erbkomponenten von Roggen, Basissaatgut, Zertiziertes Saatgut
   b) derselben Erbkomponente, die einen über der Norm liegenden Besatz mit nicht hinreichend sortenrechten Pflanzen aufweisen, und
   c) anderer Arten, deren Pollen zu Fremdbefruchtung führen können,
   im Falle der Erzeugung mit einer männlich sterilen Erbkomponente
   bei Erzeugung der väterlichen Erbkomponente

	1 000	500
	600	

1.3.1.4 bei Triticale zu gleichzeitig Pollen abgebenden Feldbeständen anderer Sorten derselben Art

	50	20

1.3.2 Eine Unterschreitung der Mindestentfernungen nach Nummer 1.3.1 ist zulässig, sofern der Feldbestand ausreichend gegen Fremdbefruchtung abgeschirmt ist.

1.3.3 Soweit nicht nach Nummer 1.3.1 eine größere Mindestentfernung einzuhalten ist, sind die Bestände zu allen benachbarten Beständen von Getreide durch einen Trennstreifen abzutrennen.

1.4 *Befruchtungslenkung bei Hybridsorten von Roggen*
Bei Hybridsorten von Roggen

1.4.1 muß bei der Erzeugung von Basissaatgut der mütterlichen Erbkomponente der Sterilitätsgrad der männlich sterilen Erbkomponente mindestens 98 v. H. betragen,

1.4.2 darf bei der Erzeugung von Zertifiziertem Saatgut der Anteil der Pflanzen der väterlichen Erbkomponente das vom Züchter angegebene Mischungsverhältnis der mütterlichen und väterlichen Erbkomponenten zur Erzeugung von Zertifiziertem Saatgut nicht deutlich überschreiten.

2 Mais

2.1 *Fremdbesatz*

2.1.1 Der Anteil an Pflanzen, die nicht hinreichend sortenecht sind oder im Falle von Hybridsorten den bei Zulassung der Sorte festgestellten Ausprägungen der wichtigen Merkmale nicht hinreichend entsprechen, oder die einer anderen Maissorte oder bei Hybridsorten einer anderen Erbkomponente angehören, darf im Durchschnitt der Auszählungen höchstens betragen:

	Basissaatgut (v. H.)	Zertifiziertes Saatgut (v. H.)
1	2	3
2.1.1.1 bei Hybridsorten (im väterlichen Elternteil werden nur Pflanzen, die Pollen abgeben oder abgegeben haben, im mütterlichen Elternteil nur die bei der letzten Feldbesichtigung vorhandenen Pflanzen gezählt)	0,1	0,1
2.1.3.2 bei frei abblühenden Sorten	0,1	0,5

2.1.2 Bei der Prüfung der Kolben von Hybridsorten darf der Anteil der Kolben, die den bei Zulassung der Sorte festgelegten Merkmalen nicht hinreichend entsprechen, hinsichtlich der Kornmerkmale 0,2 v. H. und hinsichtlich der Kolbenmerkmale 0,1 v. H. nicht übersteigen.

2.2 *Befruchtungslenkung bei Hybridsorten*

2.2.1 In dem Zeitraum, in dem mehr als 5 v. H. der Pflanzen des mütterlichen Elternteils empfängnisfähige Narben aufweisen, darf in dem Feldbestand der Anteil der Pflanzen des mütterlichen Elternteils, die Pollen abgeben oder abgegeben haben, höchstens betragen:

2.2.1.1 bei einer Feldbesichtigung 0,5 v. H.

2.2.1.2 bei allen Feldbesichtigungen zusammen 1 v. H.

2.2.2 Die Pflanzen des väterlichen Elternteils müssen

2.2.2.1 in ausreichender Zahl vorhanden sein und

2.2.2.2 in dem Zeitraum, in dem die Pflanzen des mütterlichen Elternteils empfängnisfähige Narben aufweisen, ausreichend Pollen abgeben.

2.2.3 Ein Feldbestand zur Erzeugung von Zertifiziertem Saatgut, in dem der väterliche Elternteil die männliche Fruchtbarkeit des männlich sterilen mütterlichen Elternteils nicht wiederherstellt, muß in einem der Sorte entsprechenden Verhältnis auch männlich fruchtbare Pflanzen des mütterlichen Elternteils enthalten; dies gilt nicht, wenn sichergestellt ist, daß nach der Ernte Saatgut des männlich sterilen und männlich fruchtbaren mütterlichen Elternteils in einem der Sorte entsprechenden Verhältnis gemischt wird.

2.3 *Gesundheitszustand*

Der Feldbestand darf nicht in größerem Ausmaß Maisbeulenbrand (Ustilago maydis) an den Kolben aufweisen; dies gilt nicht für Feldbestände von Inzuchtlinien.

2.4 *Mindestentfernungen*

2.4.1 Bei Hybridsorten muß zu allen Feldbeständen von Mais außer zu solchen Feldbeständen des väterlichen Elternteils der Sorte oder solchen Vermehrungsbeständen derselben Sorte und Kategorie, die die Anforderungen für die Anerkennung von Saatgut hinsichtlich des Fremdbesatzes und der Entfahnung erfüllen, eine Mindestentfernung von 200 m eingehalten sein.

2.4.2 Bei frei abblühenden Sorten muß zu Feldbeständen anderer Maissorten, zu Feldbeständen derselben Sorte mit starker Unausgeglichenheit und zu Feldbeständen anderer Arten, deren Pollen zu Fremdbefruchtung führen können, eine Mindestentfernung von 200 m eingehalten sein, sofern die Feldbestände in dem Zeitraum, in dem mehr als 5 v. H. der Pflanzen empfängnisfähige Narben aufweisen, Pollen abgeben.

2.4.3   Eine Unterschreitung der Mindestentfernungen nach den Nummern 2.4.1 und 2.4.2 ist zulässig, sofern der Feldbestand ausreichend gegen unerwünschte Fremdbefruchtung abgeschirmt ist.

2.4.4   Überschreitet in benachbarten Vermehrungsbeständen derselben Sorte und Kategorie der Anteil nicht entfahnter Pflanzen des mütterlichen Elternteils nicht 10 v. H, so genügt als Mindestentfernung das Zehnfache in Metern des mit einer Dezimalstelle ausgedrückten Prozentsatzes der nicht entfahnten Pflanzen des mütterlichen Elternteils (z. B. 5,7 v. H. nicht entfahnter Pflanzen 57 m).

3   Gräser, Leguminosen und sonstige Futterpflanzen

3.1   *Fremdbesatz*

3.1.1   Der Feldbestand darf im Durchschnitt der Auszählungen je 150 m² Fläche höchstens folgenden Fremdbesatz aufweisen:

	Basissaatgut (Pflanzen)	Zertifiziertes Saatgut (Pflanzen)	Zertifiziertes Saatgut 2. Generation (Pflanzen)
1	2	3	4
3.1.1.1 Pflanzen, die nicht hinreichend sortenecht sind, einer anderen Sorte derselben Art oder einer anderen Art, deren Pollen zu Fremdbefruchtung führen können oder deren Samen sich von dem Saatgut bei der Beschaffenheitsprüfung nur schwer unterscheiden lassen, zugehören: bei Weißer Lupine, Blauer Lupine, Gelber Lupine, Futtererbse, Ackerbohne, Pannonischer Wicke, Saatwicke und Zottelwicke	5	15	30
bei allen anderen Arten	5	15	
3.1.1.2 Pflanzen anderer Arten, deren Samen sich aus dem Saatgut nur schwer herausreinigen lassen, davon	10	30	30
Ackerfuchsschwanz, Flughafer und Flughaferbastarde bei Glatthafer, Rohrschwingel, Wiesenschwingel, Weidelgräsern und Goldhafer	je 3	je 5	je 5
Weidelgräser anderer Arten bei Weidelgras	3	10	
Weidelgräser anderer Sorten von Festulolium bei Festulolium	3	10	

3.1.2   Der Feldbestand darf keinen Besatz mit Seide aufweisen.

3.2   *Gesundheitszustand*

3.2.1   Der Anteil der Pflanzen, die jeweils von folgenden Krankheiten befallen sind, darf im Durchschnitt der Auszählungen je 150 m² Fläche höchstens betragen:

	Basissaatgut (Pflanzen)	Zertifiziertes Saatgut (Pflanzen)
1	2	3

3.2.1.1 Brandkrankheiten bei Gräsern — 3 — 15

3.2.1.2 samenübertragbare Viruskrankheiten bei Leguminosen, Brennfleckenkrankheit bei Futtererbse, Ackerbohne und Wicken — je 10 — je 30

3.2.1.3 Anthraknose bei Lupinen — 0 — 2

3.2.2 Der Feldbestand von Luzernen oder Klee darf nicht in größerem Ausmaß von Stengelbrenner befallen sein.

3.3 *Mindestentfernungen*

3.3.1 Folgende Mindestentfernungen müssen eingehalten sein:

	Basissaatgut (m)	Zertifiziertes Saatgut (m)
1	2	3

3.3.1.1 zu gleichzeitig Pollen abgebenden Feldbeständen
a) anderer Sorten derselben Art,
b) derselben Sorte mit starker Unausgeglichenheit und
c) anderer Arten, deren Pollen zu Fremdbefruchtung führen können, bei Samenträgern von Kohlrübe und Futterkohl sowie bei Phazelie und Ölrettich — 400 — 200

bei fremdbefruchtenden Arten,
wenn die Vermehrungsfläche höchstens 2 ha groß ist — 200 — 100
wenn die Vermehrungsfläche größer als 2 ha ist — 100 — 50

3.3.2 Eine Unterschreitung der Mindestentfernungen nach Nummer 3.3.1.1 ist zulässig, sofern der Feldbestand ausreichend gegen Fremdbefruchtung abgeschirmt ist.

3.3.3 Bei selbstbefruchtenden Arten muß zu allen benachbarten Beständen, bei fremdbefruchtenden Arten muß zu Beständen, die nicht unter Nummer 3.3.1.1 fallen, ein Trennstreifen vorhanden sein.

4 Öl- und Faserpflanzen außer Sonnenblume

4.1 *Fremdbesatz*

4.1.1 Der Feldbestand darf im Durchschnitt der Auszählungen je 150 m² Fläche höchstens folgenden Fremdbesatz aufweisen:

	Basissaatgut (Pflanzen)	Zertifiziertes Saatgut (Pflanzen)
1	2	3
4.1.1.1 Pflanzen, die nicht hinreichend sortenecht sind, einer anderen Sorte derselben Art, deren Pollen zu Fremdbefruchtung führen können oder deren Samen sich von dem Saatgut bei der Beschaffenheitsprüfung nur schwer unterscheiden lassen, zugehören	5	15
4.1.1.2 Pflanzen anderer Arten, deren Samen sich aus dem Saatgut nur schwer herausreinigen lassen	10	25
4.1.1.3 Ackerwinde, Gänsefuß, Knöthericharten und Melde bei Lein	je 10	je 10
4.1.1.4 Leindotter und Leinlolch bei Lein	je 1	je 2

4.1.2 Der Feldbestand darf bei Lein keinen Besatz mit Seide aufweisen.

4.2 *Gesundheitszustand*

4.2.1 Der Anteil der Pflanzen, die von folgenden Krankheiten befallen sind, darf im Durchschnitt der Auszählungen je 150 m² Fläche höchstens betragen:

4.2.1.1 Brennfleckenkrankheiten bei Lein	10 Pflanzen
4.2.1.2 Welkekrankheiten bei Lein	10 Pflanzen

4.2.2 Der Feldbestand von Sojabohne darf nicht in größerem Ausmaß von Diaporthe phaseolorum vat. caulivora oder var. sojae, Phialophora gregata, Phytophthora megasperma f. sp. glycinea oder Pseudomonas syringae pv. glycinea befallen sein.

4.3 *Mindestentfernungen*

4.3.1 Folgende Mindestentfernungen müssen eingehalten sein:

	Basissaatgut (m)	Zertifiziertes Saatgut (m)
1	2	3
4.3.1.1 zu gleichzeitig Pollen abgebenden Feldbeständen a) anderer Sorten derselben Art, b) derselben Sorte mit starker Unausgeglichenheit und c) anderer Arten, deren Pollen zu Fremdbefruchtung führen können,		
bei Raps	200	100
bei monözischem Hanf	5 000	1 000
bei anderen fremdbefruchtenden Öl- und Faserpflanzen	400	200

4.3.2 Eine Unterschreitung der Mindestentfernungen nach Nummer 4.3.1.1 ist zulässig, sofern der Feldbestand ausreichend gegen Fremdbefruchtung abgeschirmt ist.

4.3.3 Bei selbstbefruchtenden Arten muß zu allen benachbarten Beständen, bei fremdbefruchtenden Arten muß zu Beständen, die nicht unter Nummer 4.3.1.1 fallen, ein Trennstreifen vorhanden sein.

5 Sonnenblume

5.1 *Fremdbesatz*

5.1.1 Der Feldbestand frei abblühender Sorten darf im Durchschnitt der Auszählungen je 150 m² Fläche höchstens folgenden Fremdbesatz aufweisen:

	Basissaatgut (Pflanzen)	Zertifiziertes Saatgut (Pflanzen)
1	2	3
Pflanzen, die nicht hinreichend sortenecht sind, einer anderen Sorte derselben Art oder einer anderen Art, deren Pollen zu Fremdbefruchtung führen können oder deren Samen sich von dem Saatgut bei der Beschaffenheitsprüfung nur schwer unterscheiden lassen, zugehören	2	7

	Basissaatgut (v. H.)	Zertifiziertes Saatgut (v. H.)
1	2	3

5.1.2 Bei Hybridsorten darf der Anteil der Pflanzen, die den bei der Zulassung der Sorte festgestellten Ausprägung der Erbkomponenten nicht hinreichend entsprechen oder die einer anderen Sonnenblumensorte oder Erbkomponente zugehören, im Durchschnitt der Auszählungen höchstens betragen:

5.1.2.1 Inzuchtlinien — 0,2

5.1.2.2 Einfachhybriden bei der Verwendung als
a) männliche Erbkomponente (nur Pflanzen, die Pollen abgeben, sobald mehr als 2 v. H. der weiblichen Komponenten empfängnisfähige Blüten aufweisen, werden gezählt) — 0,2
b) weibliche Erbkomponente (auch Pflanzen, die Pollen abgegeben haben oder Pollen abgeben, werden gezählt) — 0,5

5.1.2.3 Inzuchtlinien und Einfachhybriden bei der Verwendung als
a) männliche Erbkomponente (nur Pflanzen, die Pollen abgeben, sobald mehr als 5 v. H. der weiblichen Komponenten empfängnisfähige Blüten aufweisen, werden gezählt) — 0,5
b) weibliche Erbkomponente — 1,0

5.2 *Befruchtungslenkung bei Hybridsorten*

5.2.1 Der Anteil pollenabgebender Pflanzen der weiblichen Erbkomponente darf im Feldbestand während der Blütezeit 0,5 v. H. nicht überschreiten.

5.2.2 Pflanzen der männlichen Komponente müssen in ausreichender Zahl vorhanden sein und während der Blütezeit der Pflanzen der weiblichen Komponente ausreichend Pollen abgeben.

5.2.3 Wird Zertifiziertes Saatgut mit einer männlich sterilen weiblichen Erbkomponente erzeugt, so muß in dem Hybridsaatgut die männliche Fertilität so weit wiederhergestellt werden, daß mindestens ein Drittel der daraus erwachsenden Pflanzen Pollen abgeben. Falls weniger als ein Drittel der erwachsenden Pflanzen Pollen abgeben, ist das von der männlich sterilen weiblichen Erbkomponente erzeugte Hybridsaatgut im Verhältnis von höchstens 2:1 mit Saatgut zu mischen, das mit einer männlich fruchtbaren Linie der weiblichen Erbkomponente erzeugt worden ist.

5.3 *Gesundheitszustand*

Der Feldbestand darf nicht in größerem Ausmaß von Krankheiten befallen sein, die den Saatgutwert beeinträchtigen.

5.4 *Mindestentfernungen*

5.4.1 Folgende Mindestentfernungen müssen im Feldbestand zu anderen Sorten oder Erbkomponenten oder zu derselben Sorte oder Erbkomponente mit starker Unausgeglichenheit oder anderen Arten, deren Pollen zu Fremdbefruchtung führen können, eingehalten sein:

	Basissaatgut (m)	Zertifiziertes Saatgut (m)
1	2	3
5.4.1.1 bei Hybridsorten	1 500	500
5.4.1.2 bei anderen als Hybridsorten	750	500

5.4.2 Eine Unterschreitung der Mindestentfernungen nach Nummer 5.4.1 ist zulässig, sofern der Feldbestand ausreichend gegen unerwünschte Fremdbefruchtung abgeschirmt ist.

6 Rüben

6.1 *Fremdbesatz*

6.1.1 Der Feldbestand darf im Durchschnitt der Auszählungen höchstens folgenden Fremdbesatz aufweisen:

	Basissaatgut (v. H.)	Zertifiziertes Saatgut (v. H.)
1	2	3
6.1.1.1 Pflanzen, die nicht hinreichend sortenecht sind, einer anderen Sorte derselben Art oder einer anderen Art, deren Pollen zu Fremdbefruchtung führen können oder deren Samen sich von dem Saatgut bei der Beschaffenheitsprüfung nur schwer unterscheiden lassen, zugehören	0,5	1
davon Pflanzen mit anderer Rübenform oder Rübenfarbe	0,1	0,2
6.1.1.2 Pflanzen anderer Arten, deren Samen sich aus dem Saatgut nur schwer herausreinigen lassen	1	1

6.2 *Gesundheitszustand*

Der Feldbestand darf nicht in größerem Ausmaß von Krankheiten befallen sein, die den Saatgutwert beeinträchtigen.

6.3 *Mindestentfernungen*

6.3.1 Folgende Mindestentfernungen müssen eingehalten sein:

	(m)
1	2
6.3.1.1 für die Erzeugung von Basissaatgut zu Bestäubungsquellen der Gattung Beta	1 000
6.3.1.2 für die Erzeugung von Zertifiziertem Saatgut von Zuckerrübe	
6.3.1.2.1 zu diploiden Zuckerrübenbestäubungsquellen, wenn a) der vorgesehene Pollenspender ausschließlich tetraploid ist	600
b) der vorgesehene Pollenspender oder einer der vorgesehenen Pollenspender diploid ist	300

		(m)
	1	2

6.3.1.2.2	zu tetraploiden Zuckerrübenbestäubungsquellen, wenn	
	a) der vorgesehene Pollenspender oder einer der vorgesehenen Pollenspender diploid ist	600
	b) der vorgesehene Pollenspender ausschließlich tetraploid ist	300
6.3.1.2.3	zu Zuckerrübenbestäubungsquellen, bei denen der Ploidiegrad unbekannt ist	600
6.3.1.2.4	zwischen zwei Vermehrungsflächen zur Erzeugung von Zuckerrübensaatgut ohne männliche Sterilität	300
6.3.1.2.5	zu allen vorstehend nicht genannten Bestäubungsquellen der Gattung Beta	1 000
6.3.1.3	Nummer 6.3.1.2 gilt entsprechend für die Erzeugung von Zertifiziertem Saatgut von Runkelrübe;	
6.3.2	Eine Unterschreitung der Mindestentfernungen nach Nummer 6.3.1 ist zulässig, sofern der Feldbestand ausreichend gegen Fremdbefruchtung abgeschirmt ist.	
6.3.3	Bei Feldbeständen von Samenträgern muß zu nicht unter die Nummer 6.3.1 fallenden benachbarten Beständen, bei Feldbeständen zur Erzeugung von Stecklingen muß zu allen benachbarten Beständen ein Trennstreifen von mindestens doppeltem Reihenabstand vorhanden sein.	

7 Gemüse

7.1 *Fremdbesatz*

Der Feldbestand darf höchstens folgenden Fremdbesatz aufweisen:

7.1.1 Pflanzen, die nicht hinreichend sortenecht sind oder einer anderen Sorte derselben Art oder einer anderen Art, deren Pollen zu Fremdbefruchtung führen können, zugehören:

		in Drillsaat gesäte Bestände (im Durchschnitt der Auszählungen je 150 m²)		gepflanzte oder in Einzelkornablage gesäte Bestände	
		abweichende Typen (Pflanzen)	andere Sorten (Pflanzen)	abweichende Typen (v. H.)	andere Sorten (v. H.)
	1	2	3	4	5
7.1.1.1	Zwiebel, Petersilie, Rettich, Radieschen	20	5	1	0,2
7.1.1.2	Porree, Kohlrabi, Grünkohl, Blumenkohl, Brokkoli, Weißkohl, Rotkohl, Wirsing, Rosenkohl, Chinakohl	20	2	2	0,2
7.1.1.3	Sellerie, Paprika, Tomate			1	0,2
7.1.1.4	Rote Rübe			2	0,2
7.1.1.5	Herbstrübe, Mairübe, Möhre, Schwarzwurzel	20	5	2	0,2
7.1.1.6	Winterendivie, Salat, Spinat, Feldsalat	20	5	1	0,1
7.1.1.7	Gurke, Gartenkürbis, Zucchini			0,1	0
7.1.1.8	Prunkbohne, Buschbohne, Stangenbohne, Erbse, Dicke Bohne	10	1		

7.1.2	Der Feldbestand darf keinen Fremdbesatz mit Pflanzen anderer Arten aufweisen, deren Samen sich aus dem Saatgut nur schwer herausreinigen lassen oder von denen samenübertragende Krankheiten übertragen werden können; zu den Samen, die sich aus dem Saatgut nur schwer herausreinigen lassen, gehört bei Möhre auch Seide.
7.1.3	Wird Erbse zusammen mit einer Stützfrucht angebaut, so muß die Beurteilung trotz Vorhandenseins der Stützfrucht möglich sein.
7.2	*Gesundheitszustand*
7.2.1	Bei Drillsaat darf die Zahl der Pflanzen, die von folgenden Krankheiten befallen sind, im Durchschnitt der Auszählungen je 150 m² Fläche höchstens betragen:

7.2.1.1	Brennflecken (Ascochyta pisi, Colletotrichum lindemuthianum, Didymella pinodes – Nebenfruchtform: Ascochyta pinodes –) Phoma medicaginis var. pinodella – Nebenfruchtform: Ascochyta pinodella –, bei Prunkbohne, Buschbohne, Stangenbohne und Erbse, soweit dadurch eine Beeinträchtigung des Saatgutwertes zu erwarten ist	25
7.2.1.2	Fettflecken (Pseudomonas phaseolicola) bei Prunkbohne, Buschbohne und Stangenbohne, soweit dadurch eine Beeinträchtigung des Saatgutwertes zu erwarten ist	10
7.2.2	Bei Pflanzung oder Einzelkornablage darf der Anteil der Pflanzen, die von folgenden Krankheiten befallen sind, höchstens betragen:	
7.2.2.1	Blattflecken (Septoria apiicola) bei Sellerie	1 v. H.
7.2.2.2	Bakterienwelke (Corynebacterium michiganese) und Stengelfäule (Didymella lycopersici) bei Tomate	0
7.2.3	In dem Feldbestand darf der Anteil der Pflanzen, die von folgenden Krankheiten befallen sind, höchstens betragen:	
7.2.3.1	Umfallkrankheit (Leptosphaeria maculans – Nebenfruchtform: Phoma lingam –) bei Kohlrabi, Grünkohl, Blumenkohl, Rotkohl, Weißkohl, Wirsing, Rosenkohl	0
7.2.3.2	Adernschwärze (Xanthomonas campestris) bei Kohlrabi, Grünkohl, Blumenkohl, Rotkohl, Weißkohl, Wirsing, Rosenkohl	1 v. H.
7.2.3.3	Krätze (Cladosporium cucumerinum) oder Stengelfäule (Scleotinia sclerotiorum) bei Gurke	je 5 v. H.
7.2.3.4	Bakterienwelke (Erwinia tracheiphila), Fusariumwelke (Fusarium oxysporum f. sp. cucumerinum) und Eckige Blattfleckenkrankheit (Pseudomonas lachrymans) bei Gurke	0
7.2.4	Der Feldbestand darf bei Winterendivie, Salat, Prunkbohne, Buschbohne und Stangenbohne nicht in größerem Ausmaß von Viruskrankheiten befallen sein.	

Anlage 717

7.3 *Mindestentfernungen*

7.3.1 Folgende Mindestentfernungen müssen eingehalten sein:

	Basissaatgut (m)	Zertifiziertes Saatgut (m)
1	2	3

7.3.1.1 bei Roter Rübe

		Basissaatgut (m)	Zertifiziertes Saatgut (m)
7.3.1.1.1	zu Bestäubungsquellen von Sorten derselben Unterart und derselben Sortengruppe[1]	600	300
7.3.1.1.2	zu Bestäubungsquellen von Sorten derselben Unterart und anderen Sortengruppen[1]	1 000	600
7.3.1.1.3	zu Bestäubungsquellen von Sorten einer anderen Art der Gattung Beta	1 000	1 000

[1] Sortengruppen von Roter Rübe:

Gruppe	Merkmale
1	2
1	Mit quer schmal elliptischer oder quer elliptischer Rübenform im Längsschnitt und roter oder purpurner Rübenfleischfarbe
2	Mit runder oder breit elliptischer Rübenform im Längsschnitt und weißer Rübenfleischfarbe
3	Mit runder oder breit elliptischer Rübenform im Längsschnitt und gelber Rübenfleischfarbe
4	Mit runder oder breit elliptischer Rübenform im Längsschnitt und roter oder purpurner Rübenfleischfarbe
5	Mit schmal rechteckiger Rübenform im Längsschnitt und roter oder purpurner Rübenfleischfarbe
6	Mit schmal verkehrt dreieckiger Rübenform im Längsschnitt und roter oder purpurner Rübenfleischfarbe

	Basissaatgut (m)	Zertifiziertes Saatgut (m)
1	2	3

		Basissaatgut (m)	Zertifiziertes Saatgut (m)
7.3.1.2	bei Brassica-Arten zu Bestäubungsquellen anderer Sorten derselben Art und von Pflanzen anderer Brassica-Arten	1 000	600
7.3.1.3	bei anderen fremdbefruchtenden Arten zu Pflanzen anderer Sorten derselben Art und zu Pflanzen anderer Arten, deren Pollen zu Fremdbefruchtung führen können	500	300
7.3.1.4	bei allen Arten zu Pflanzen, von denen Viruskrankheiten auf das Saatgut übertragen werden können	500	300

7.3.2 Eine Unterschreitung der Mindestentfernungen nach Nummer 7.3.1 ist zulässig, sofern der Feldbestand ausreichend gegen Fremdbefruchtung oder Übertragung von Viruskrankheiten abgeschirmt ist.

7.3.3 Feldbestände monözischer Spinatsorten müssen so isoliert sein, daß Fremdbefruchtung in größerem Ausmaß nicht eintreten kann.

Anlage 3
(zu § 6 Satz 2, § 12 Abs. 3 und 4, § 20 Abs. 1, §§ 23, 26 Abs. 3 Satz 2)

Anforderungen an die Beschaffenheit des Saatgutes

1 Getreide
1.1 Reinheit, Keimfähigkeit und Gehalt an Feuchtigkeit

	Art	Kategorie (B = Basissaatgut, Z = Zertifiziertes Saatgut, Z-2 = Zertifiziertes Saatgut zweiter Generation)	Mindestkeimfähigkeit (v. H. der reinen Körner)	Höchstgehalt an Feuchtigkeit (v. H.)	Technische Mindestreinheit (v. H. des Gewichts)	Höchstbesatz mit anderen Pflanzenarten in einem Probenteil nach Spalte 12[1]				innerhalb der Menge nach Spalte 8		Gewicht des Probenteils für die Prüfung nach den Spalten 6 bis 11 (g)	Sonstige Anforderungen
						insgesamt	andere Getreidearten	andere Arten als Getreide	Hederich und Kornrade zusammen	Flughafer und Flughaferbastarde	Taumellolch		
						innerhalb der Menge nach Spalte 6							
						(Körner)	(Körner)	(Körner)	(Körner)	(Körner)	(Körner)		
1		2	3	4	5	6	7	8	9	10	11	12	13
1.1.1	Hafer	B	85	16[2]	99	4	1[3]	3	1	0	0	500	–
		Z	85[6]	16[2]	98	6	3	4	3	0	0	500	–
		Z-2	85[6]	16[2]	98	10	7	–	3	0	0	500	–
1.1.2	Gerste	B	92	16[2]	99	4	1[3]	3	1	0	0	500	[5]
		Z	92	16[2]	98	6	3	4	3	0	0	500	[5]
		Z-2	85	16[2]	98	10	7	7	3	0	0	500	[5]
1.1.3	Roggen	B	85	15[2]	98	4	1[3]	3	1	0	0	500	–
		Z	85	15[2]	98	6	3	4	3	0	0	500	–
1.1.4	Triticale	B	85	16[2]	98	4	1[3]	3	1	0	0	500	–
		Z	85	16[2]	98	6	3	4	3	0	0	500	–
		Z-2	85	16[2]	98	10	7	7	3	0	0	500	–
1.1.5	Weichweizen, Hartweizen, Spelz	B	92	16[2]	99	4	1[3]	3	1	0	0	500	–
		Z	92[7]	16[2]	98	6	3	4	3	0	0	500	–
		Z-2	85	16[2]	98	10	7	7	3	0	0	500	–
1.1.6	Mais	B	90	14	98	0	0	0	0	0	0	1 000[4]	–
		Z	90	14	98	0	0	0	0	0	0	1 000	–

[1]) Die Anforderungen an den Höchstbesatz mit Samen anderer Pflanzenarten müssen in bezug auf solche Arten erfüllt sein, die sich an samendiagnostischen Merkmalen eindeutig von dem zu untersuchenden Saatgut unterscheiden lassen. Der Besatz mit anderen Sorten derselben Art darf, soweit es an äußerlich erkennbaren Merkmalen des Saatgutes feststellbar ist, in einem Probenteil nach Spalte 12 bei Basissaatgut 10, bei Zertifiziertem Saatgut 30 und bei Zertifiziertem Saatgut zweiter Generation 100 Körner nicht überschreiten; dies gilt auch für die Fluoreszenz bei Hafer. Ergibt sich bei der Beschaffenheitsprüfung ein Verdacht auf Besatz mit Körner anderer Sorten derselben Art, kann diese Feststellung auch anhand weiterer Merkmale erfolgen.
[2]) Der Gehalt an Feuchtigkeit wird nur geprüft, wenn sich dies bei der Probennahme oder bei der Prüfung ergibt, daß der Höchstwert überschritten ist.
[3]) Ein weiteres Korn gilt nicht als Unreinheit, wenn eine weitere Teilprobe von 500 g Gewicht frei ist.
[4]) Bei Inzuchtlinien 250 g.
[5]) In 100 Körnern höchstens 5 Körner, deren Grannenlänge die halbe Kornlänge übertrifft.
[6]) Für Sorten von Hafer, die amtlich als von Typ „Nackthafer" eingestuft sind, beträgt die Mindestkeimfähigkeit 75 v. H. der reinen Körner.
[7]) Für Sorten von Hartweizen beträgt die Mindestkeimfähigkeit 85 v. H. der reinen Körner.

1.2 Saatgut von Arten der Nrn. 1.1.1 bis 1.1.3, 1.1.5 und 1.1.6 darf bei der Prüfung nach § 12 Abs. 1 Satz 2 keinen Besatz mit Flughafer in 3 kg aufweisen; die Größe der Probe ermäßigt sich auf 1 kg, wenn bei der Prüfung des Feldbestandes festgestellt worden ist, daß dieser frei von Flughafer ist.

1.3 Gesundheitszustand
1.3.1 Das Saatgut darf nicht von lebenden Schadinsekten oder lebenden Milben befallen sein, wenn sich bei der Beschaffenheitsprüfung der Verdacht eines Befalls ergeben hat.

Anlage 719

1.3.2	An Mutterkorn (Claviceps purpurea) dürfen 500 g Saatgut nicht mehr als folgende Stücke oder Bruchstücke enthalten:
1.3.2.1	bei Basissaatgut 1
1.3.2.2	bei Zertifiziertem Saatgut
1.3.2.2.1	von Hybridsorten von Roggen 4¹)
1.3.2.2.2	außer Hybridsorten von Roggen 3
1.3.3	An Brandkrankheiten darf das Saatgut Brandbutten oder größere Mengen von Brandsporen nur dann enthalten, wenn geeignete Bekämpfungsmaßnahmen sichergestellt sind.
1.3.4	Das Saatgut darf nicht in größerem Ausmaß von anderen parasitischen Pilzen als Mutterkorn oder Brandkrankheiten und von parasitischen Bakterien befallen sein, wenn sich bei der Beschaffenheitsprüfung der Verdacht eines Befalls ergeben hat.

¹) Eine weitere Sklerotie oder ein weiteres Bruchstück gilt nicht als Unreinheit, wenn eine weitere Teilprobe von 500 g nicht mehr als 4 Sklerotien oder Bruchstücke von Sklerotien enthält.

2 Gräser
2.1 Reinheit, Keimfähigkeit und Gehalt an Feuchtigkeit

	Art	Kategorie (B = Basissaatgut, Z = Zertifiziertes Saatgut, H = Handelssaatgut)	Mindestkeimfähigkeit (v. H. der reinen Körner)	Höchstgehalt an Feuchtigkeit (v. H.)	Technische Mindesteinheit (v. H. des Gewichts)	Höchstbesatz mit anderen Pflanzenarten²)										Gewicht des Probenteils für die Prüfung nach den Spalten 10 bis 15 (g)	Sonstige Anforderungen
						bezogen auf das Gewicht				in einem Probenteil nach Spalte 16 innerhalb der Menge nach Spalte 7 oder 10							
						insgesamt (v.H.)	eine einzelne Art (v.H.)	innerhalb der Menge nach Spalte 6		eine einzelne Art (Körner)	Quecke (Körner)	Ackerfuchsschwanz (Körner)	abweichend von Spalte 7 oder 10				
								Quecke (v.H.)	Ackerfuchsschwanz (v.H.)				Flughafer und Flughaferbastarde (Körner)	Seide³) (Körner)	Ampfer außer Kl. Sauerampfer und Strandampfer (Körner)		
1		2	3	4	5	6	7	8	9	10	11	12	13	14	15	16	17
2.1.1	Weißes Straußgras	B Z	80 80	14 14	90 90	0,3 2,0	1,0	0,3	0,3	20	1 1	1 1	0 0	0 0¹²)	1 2³)	5 5	
2.1.2	sonstige Straußgräser	B Z	75 75	14 14	90 90	0,3 2,0	1,0	0,3	0,3	30	1 1	1 1	0 0	0 0¹²)	1 2³)	5 5	
2.1.3	Wiesenfuchsschwanz	B Z	70 70	14 14	75 75	0,3 2,5	1,0⁷)	0,3	0,3	20⁶)	5 5	5 5	0 0	0 0¹²)	2 5³)	30 30	
2.1.4	Glatthafer	B Z	75 75	14 14	90 90	0,3 3,0	1,0⁷)	0,5	0,3	20⁶)	5 5	5 5	0 0¹⁰)	0 0¹²)	2 5³)	80 80	
2.1.5	Knaulgras	B Z	80 80	14 14	90 90	0,3 1,5	1,0	0,3	0,3	20⁶)	5 5	5 5	0 0	0 0¹²)	2 5³)	30 30	
2.1.6	Rohrschwingel	B Z	80 80	14 14	95 95	0,3 1,5	1,0	0,5	0,3	20⁶)	5 5	5 5	0 0	0 0¹²)	2 5³)	50 50	
2.1.7	Schafschwingel	B Z	75 75	14 14	85 85	0,3 2,0	1,0	0,5	0,3	20⁶)	5 5	5 5	0 0	0 0¹²)	2 5³)	30 30	

	Art	Kategorie (B = Basissaatgut Z = Zertifiziertes Saatgut H = Handelssaatgut)	Mindestkeimfähigkeit	Höchstgehalt an Feuchtigkeit[1])	Technische Mindesteinheit	Höchstbesatz mit anderen Pflanzenarten[2])										Gewicht des Probenteils für die Prüfung nach den Spalten 10 bis 15	Sonstige Anforderungen
						bezogen auf das Gewicht				in einem Probenteil nach Spalte 16 innerhalb der Menge nach Spalte 6							
						insgesamt	innerhalb der Menge nach Spalte 6			abweichend von Spalte 7 oder 10							
							eine einzelne Art	abweichend von Spalte 7		eine einzelne Art	Quecke	Ackerfuchsschwanz	Flughafer und Flughaferbastarde	Seide[2])	Ampfer außer Kl. Sauerampfer und Strandampfer		
								Quecke	Ackerfuchsschwanz								
			(v.H. der reinen Körner)	(v.H.)	(v.H. des Gewichts)	(v.H.)	(v.H.)	(v.H.)	(v.H.)	(Körner)	(Körner)	(Körner)	(Körner)	(Körner)	(Körner)	(g)	
1		2	3	4	5	6	7	8	9	10	11	12	13	14	15	16	17
2.1.8	Wiesenschwingel	B	80	14	95	0,3				20[6])			0	0	2	50	
		Z	80	14	95	1,5	1,0	0,5	0,3	20[6])	5	5	0	0[12])	5[3])	50	
2.1.9	Rotschwingel	B	75	14	90	0,3				20[6])			0	0	2	30	
		Z	75	14	90	1,5	1,0	0,5	0,3	20[6])	5	5	0	0[12])	5[3])	30	
2.1.10	Deutsches Weidelgras	B	80	14	96	0,3				20[6])			0	0	2	60	
		Z	80	14	96	1,5	1,0	0,5	0,3	20[6])	5	5	0	0[12])	5[3])	60	
2.1.11	sonstige Weidelgräser, Festulolium	B	75	14	96	0,3				20[6])			0	0	2	60	
		Z	75	14	96	1,5	1,0	0,5	0,3	20[6])	5	5	0	0[12])	5[3])	60	
2.1.12	Lieschgräser	B	80	14	96	0,3				20			0	0	2	10	
		Z	80	14	96	1,5	1,0	0,3	0,3	20[8])	1	1	0	0[12])	5	10	
2.1.13	Hainrispe, Gemeine Rispe	B	75	14	85	0,3				20[8])			0	0	1	5	
		Z	75	14	85	2,0[4])	1,0[4])	0,3	0,3	20[8])	1	1	0	0[12])	2[3])	5	
2.1.14	Sumpfrispe, Wiesenrispe	B	75	14	85	0,3				20[8])			0	0	1	5	
		Z	75	14	85	2,0[4])	1,0[4])	0,3	0,3	20[8])	1	1	0	0[12])	2[3])	5	
2.1.15	Goldhafer	B	70	14	75	0,3				20[6])			0	0	1	5	
		Z	70	14	75	3,0	1,0[7])	0,3	0,3	20[6])	1	1	0[11])	0[12])	2[3])	5	

[1]) Der Gehalt an Feuchtigkeit wird nur geprüft, wenn sich bei der Probenahme oder bei der Beschaffenheitsprüfung der Verdacht ergibt, daß der Höchstwert überschritten ist.
[2]) Die Anforderungen an den Höchstbesatz mit anderen Pflanzenarten müssen nur in bezug auf solche Arten erfüllt sein, die sich an samendiagnostischen Merkmalen eindeutig von dem zu untersuchenden Saatgut unterscheiden lassen. Der Besatz mit anderen Sorten derselben Art darf, soweit er an äußerlich erkennbaren Merkmalen des Saatgutes feststellbar ist, bei Basissaatgut und Zertifiziertem Saatgut den in Spalte 6 jeweils angegebenen Höchstwert nicht überschreiten. Ergibt sich bei der Beschaffenheitsprüfung ein Verdacht auf Besatz mit Körnern anderer Sorten derselben Art, kann diese Feststellung auch anhand weiterer Merkmale erfolgen.
[3]) Die zahlenmäßige Bestimmung wird nur durchgeführt, wenn sich bei der Beschaffenheitsprüfung des Saatguts der Verdacht auf Besatz ergibt.
[4]) Ein Höchstbesatz von 0,8 v. H. des Gewichts an Körnern anderer Rispenarten gilt nicht als Unreinheit.
[5]) Ein Höchstbesatz von 3 v. H. des Gewichts an Körnern anderer Rispenarten gilt nicht als Unreinheit.
[6]) Ein Höchstbesatz von 80 Körnern an Rispenarten, die unter das Saatgutverkehrsgesetz fallen, gilt nicht als Unreinheit.
[7]) Der Höchstwert gilt nicht für Körner von Rispenarten.
[8]) Gilt nicht für den Besatz mit anderen Rispenarten; der Höchstbesatz an anderen Rispenarten als der zu untersuchenden Art überschreitet nicht 1 Korn in 500 Körnern.
[9]) Ein Höchstbesatz von 20 Körnern von Rispenarten, die unter das Saatgutverkehrsgesetz fallen, gilt nicht als Unreinheit.
[10]) Zwei Körner gelten nicht als Unreinheit, wenn ein weiterer Probenteil nach Spalte 16 frei ist.
[11]) Ein Korn gilt nicht als Unreinheit, wenn ein weiterer Probenteil mit dem Doppelten des Gewichts nach Spalte 16 frei ist.
[12]) Ein Korn gilt nicht als Unreinheit, wenn ein weiterer Probenteil mit dem Gewicht nach Spalte 16 frei ist.

Anlage 721

2.2 Gesundheitszustand
2.2.1 Das Saatgut darf nicht von lebenden Schadinsekten oder lebenden Milben befallen sein, wenn sich bei der Beschaffenheitsprüfung der Verdacht eines Befalls ergibt.
2.2.2 Gallen von Samenälchen (Anguina spp.) dürfen in Basissaatgut nicht in größerem Ausmaß vorhanden sein.
2.2.3 Das Saatgut darf nicht von parasitischen Pilzen oder Bakterien in größerem Ausmaß befallen sein, wenn sich bei der Beschaffenheitsprüfung der Verdacht eines Befalls ergibt.

3 Leguminosen
3.1 Reinheit, Keimfähigkeit und Gehalt an Feuchtigkeit

	Art	Kategorie (B = Basissaatgut, Z = Zertifiziertes Saatgut, Z-2 = Zertifiziertes Saatgut zweiter Generation, H = Handelssaatgut)	Mindestkeimfähigkeit	Höchstanteil an hartschaligen Körnern	Höchstgehalt an Feuchtigkeit	Technische Mindestreinheit	Höchstbesatz mit anderen Pflanzenarten								Gewicht des Probenteils für die Prüfung nach den Spalten 10 bis 14	Sonstige Anforderungen
							bezogen auf das Gewicht			in einem Probenteil nach Spalte 15 innerhalb der Menge nach Spalte 7						
							insgesamt	eine einzelne Art	abweichend von Spalte 8 Steinklee	eine einzelne Art	Steinklee	Flughafer und Flughaferbastarde	Seide	Ampfer außer Kl. Sauerampfer und Strandampfer		
			(v.H. der reinen Körner)	(v.H. der reinen Körner)	(v.H.)	(v.H. des Gewichts)	(v.H.)	(v.H.)	(Körner)	(Körner)	(Körner)	(Körner)	(Körner)	(Körner)	(g)	
1		2	3	4	5	6	7	8	9	10	11	12	13	14	15	16
3.1.1	Hornschotenklee	B	75	40	12	95	0,3			20	0⁷)	0	0⁸)	2	30	
		Z	75	40	12	95	1,8⁵)	1,0⁵)	0,3	20		0	0⁹)¹⁰)	5	30	
3.1.2	Weiße Lupine, Gelbe Lupine	B	80	20	15	98	0,3	0,3⁶)		20	0⁸)	0⁸)	0⁸)	2	1000¹¹)¹²)	
		Z, Z-2	80	20	15	98	0,5⁶)		0,3			0⁸)	0⁸)	5⁸)	1000¹²)¹³)	
		H	80	20	15	97	1,5⁶)	1,3⁶)	0,3			0⁸)	0⁸)	5⁸)	1000¹⁴)¹³)	
3.1.3	Blaue Lupine	B	75	20	15	98	0,3	0,3⁶)		20	0⁸)	0⁸)	0⁸)	2	1000¹¹)	
		Z, Z-2	75	20	15	98	0,5⁶)		0,3			0⁸)	0⁸)	5⁸)	1000¹²)¹³)	
3.1.4	Gelbklee	B	80	20	12	97	0,3	1,0	0,3	20	0⁷)	0	0⁸)	2	50	
		Z	80	20	12	97	1,5	2,0	0,3			0	0⁹)¹⁰)	5	50	
		H	80	20	12	97	2,5					0	0⁹)¹⁰)	5	50	
3.1.5	Luzernen	B	80	40	12	97	0,3	1,0	0,3	20	0⁷)	0	0⁸)	2	40	
		Z	80	40	12	97	1,5					0	0⁹)¹⁰)	5	50	
3.1.6	Esparsette	B	75	20	12	95	0,3	1,0	0,3	20	0⁸)	0	0⁸)	2	600 (Früchte)	
		Z	75	20	12	95	2,5	2,0	0,3			0	0⁸)	5	400 (Samen)	
		H	75	20	12	95	3,5					0	0⁸)	5		
3.1.7	Futtererbse	B	80	–	15	98	0,3	0,3		20	0⁸)	0	0⁸)	2	1 000	
		Z, Z-2	80	–	15	98	0,5					0	0⁸)	5⁸)	1 000	
3.1.8	Alexandriner Klee	B	80	20	12	97	0,3	1,0	0,3	20	0⁷)	0	0⁸)	2	60	
		Z	80	20	12	97	1,5					0	0⁹)¹⁰)	5	60	
3.1.9	Schwedenklee	B	80	20	12	97	0,3	1,0	0,3	20	0⁷)	0	0⁸)	2	20	
		Z	80	20	12	97	1,5					0	0⁹)¹⁰)	5	20	

	Art	Kategorie (B = Basissaatgut, Z = Zertifiziertes Saatgut, Z-2 = Zertifiziertes Saatgut zweiter Generation, H = Handelssaatgut)	Mindestkeimfähigkeit [1][2] (v. H. der reinen Körner)	Höchstanteil an hartschaligen Körnern (v. H. der reinen Körner)	Höchstgehalt an Feuchtigkeit[3] (v. H.)	Technische Mindestreinheit (v. H. des Gewichts)	Höchstbesatz mit anderen Pflanzenarten[4]								Gewicht des Probenteils für die Prüfung nach den Spalten 10 bis 14 (g)	Sonstige Anforderungen
							bezogen auf das Gewicht			in einem Probenteil nach Spalte 15 innerhalb der Menge nach Spalte 7 abweichend von Spalte 8 oder 10						
							insgesamt	innerhalb der Menge nach Spalte 7		eine einzelne Art	Steinklee	Flughafer und Flughaferbastarde	Seide	Ampfer außer Kl. Sauerampfer und Strandampfer		
								eine einzelne Art	abweichend von Spalte 8 Steinklee							
						(v. H.)	(v. H.)	(v. H.)	(Körner)	(Körner)	(Körner)	(Körner)	(Körner)	(Körner)		
1		2	3	4	5	6	7	8	9	10	11	12	13	14	15	16
3.1.10	Inkarnatklee	B	75	20	12	97	0,3	1,0		20	0[7]	0	0[9][10]	2	80	
		Z	75	20	12	97	1,5							5	80	
3.1.11	Rotklee	B	80	20	12	97	0,3	1,0	0,3	20	0[7]	0	0[9][10]	2	50	
		Z	80	20	12	97	1,5							5	50	
3.1.12	Weißklee	B	80	40	12	97	0,3	1,0	0,3	20	0[7]	0	0[9][12]	2	20	
		Z	80	40	12	97	1,5							5	20	
3.1.13	Persischer Klee	B	80	20	12	97	0,3	1,0	0,3	20	0[7]	0	0[9][10]	2	20	
		Z	80	20	12	97	1,5							5	20	
3.1.14	Ackerbohne	B	85	5	15	98	0,3	0,3			0[8]	0[8]	0[8]	2	1 000	
		Z,Z-2	85	5	15	98	0,5							5[8]	1 000	
3.1.15	Pannonische Wicke, Saatwicke	B	85	20	15	98	0,3	0,5[6]	0,3	20	0[8]	0[8]	0[8]	2	1 000	
		Z,Z-2	85	20	15	98	1,0[6]							5[8]	1 000	
		H	85	20	15	97	2,0[6]							5[8]	1 000	
3.1.16	Zottelwicke	B	85	20	15	98	0,3	0,5[6]	0,3	20	0[8]	0[8]	0[8]	2	1 000	
		Z,Z-2	85	20	15	98	1,0[6]							5[8]	1 000	

[1]) Alle frischen und gesunden, nach Vorbehandlung nicht gekeimten Körner gelten als gekeimt.
[2]) Hartschalige Körner gelten bis zu dem Höchstanteil nach Spalte 4 als keimfähige Körner.
[3]) Der Gehalt an Feuchtigkeit wird nur geprüft, wenn sich bei der Probenahme oder bei der Beschaffenheitsprüfung der Verdacht ergeben hat, daß der Höchstwert überschritten ist.
[4]) Die Anforderungen an den Höchstsatz mit Samen anderer Pflanzenarten müssen nur in bezug auf solche Arten erfüllt sein, die sich an samendiagnostischen Merkmalen eindeutig von den zu untersuchenden Saatgut unterscheiden lassen. Der Besatz mit anderen Sorten derselben Art darf, soweit es an äußerlich erkennbaren Merkmalen des Saatgutes feststellbar ist, bei Basissaatgut, Zertifiziertem Saatgut und Zertifiziertem Saatgut zweiter Generation den in Spalte 7 jeweils angegebenen Höchstwert nicht überschreiten Bei Zertifiziertem Saatgut zweiter Generation von Ackerbohnen beträgt dieser Höchstwert 1 v. H. Ergibt sich bei der Beschaffenheitsprüfung ein Verdacht auf Besatz mit Körnern anderer Sorten derselben Art, kann diese Feststellung auch anhand weiterer Merkmale erfolgen.
[5]) Ein Höchstbesatz von 1 v. H. des Gewichtes an Körnern von Rotklee gilt nicht als Unreinheit.
[6]) Ein Höchstbesatz von 0,5 v. H. des Gewichtes an Körnern von Weißer Lupine, Blauer Lupine, Gelber Lupine, Futtererbse, Ackerbohnen, Pannonischer Wicke, Saatwicke oder Zottelwicke – außer der jeweils betroffenen Art – gilt nicht als Unreinheit; bei Handelssaatgut von Pannonischer Wicke und von Saatwicke gilt ein Höchstbesatz von 6 v. H. des Gewichtes an Körnern von Pannonischer Wicke, Zottelwicke oder verwandter Kulturpflanzenarten – außer der jeweils betroffenen Art – nicht als Unreinheit.
[7]) Ein Korn gilt nicht als Unreinheit, wenn in einer weiteren Probeneinheit von Saatwicke kein weiteres Korn festgestellt wird.
[8]) Die zahlenmäßige Bestimmung wird nur durchgeführt, wenn sich bei der Beschaffenheitsprüfung des Saatgutes der Verdacht auf Besatz ergibt.
[9]) Der Höchstbesatz an Seide bezieht sich auf einen Probenteil mit dem Doppelten des Gewichtes nach Spalte 15; dies gilt nicht für Saatgut, das ausschließlich im Inland oder in Dänemark, Luxemburg, den Niederlanden und dem Vereinigten Königreich aufgewachsen ist.
[10]) Ein Korn gilt nicht als Unreinheit, wenn ein weiterer Probenteil mit dem Vierfachen des Gewichtes nach Spalte 15 frei ist.
[11]) Bei bitterstoffarmen Lupinen darf in 100 Körnern höchstens 1 bitteres Korn enthalten sein.
[12]) In 100 Körnern dürfen an Körnern anderer Farbe höchstens 1 Korn bei bitterstoffarmen Lupinen; 2 Körner bei anderen Lupinen enthalten sein.
[13]) Bei bitterstoffarmen Lupinen dürfen in 200 Körnern höchstens 5 bittere Körner enthalten sein.
[14]) In 100 Körnern dürfen an Körnern anderer Farbe höchstens 2 Körner bei bitterstoffarmen Lupinen; 4 Körner bei anderen Lupinen enthalten sein.

Anlage 723

3.2 Gesundheitszustand
3.2.1 Das Saatgut darf nicht von lebenden Schadinsekten befallen sein.
3.2.2 Das Saatgut darf nicht von lebenden Milben befallen sein, wenn sich bei der Beschaffenheitsprüfung der Verdacht eines Befalls ergibt.
3.2.3 Von Stengelälchen (Ditylenchus dipsaci), parasitischen Pilzen oder Bakterien darf das Saatgut nicht in größerem Ausmaß befallen sein, wenn sich bei der Beschaffenheitsprüfung der Verdacht eines Befalls ergibt; bei Ackerbohne und Futtererbse ist ein größeres Ausmaß hinsichtlich des Befalls mit Stengelälchen gegeben, wenn in 300 Körnern mehr als 5 Stengelälchen nachgewiesen werden.

4 Sonstige Futterpflanzen
4.1 Reinheit, Keimfähigkeit und Gehalt an Feuchtigkeit

	Art	Kategorie B = Basissaatgut Z = Zertifiziertes Saatgut H = Handelssaatgut	Mindestkeimfähigkeit	Höchstgehalt an Feuchtigkeit[1]	Technische Mindestreinheit	Höchstbesatz mit anderen Pflanzenarten[2]								Gewicht des Probenteils für die Prüfung nach den Spalten 10 bis 13	Sonstige Anforderungen
						bezogen auf das Gewicht				in einem Probenteil nach Spalte 14 innerhalb der Menge nach Spalte 6					
						insgesamt	innerhalb der Menge nach Spalte 6		abweichend von Spalte 7		eine einzelne Art	abweichend von Spalte 7 oder 10				
							eine einzelne Art	Hederich	Ackersenf			Flughafer und Flughaferbastarde	Seide[3]	Ampfer außer Kl. Sauerampfer und Strandampfer		
		(v. H. der reinen Körner)	(v. H.)	(v. H. des Gewichts)	(v. H.)	(v. H.)	(v. H.)	(v. H.)	(Körner)	(Körner)	(Körner)	(Körner)	(g)	
1		2	3	4	5	6	7	8	9	10	11	12	13	14	15
4.1.1	Kohlrübe	B	80	10	98	0,3	0,5	0,3	0,3	20	0	0	2	100	
		Z	80	10	98	1,0					0	0[4]	5	100	
4.1.2	Futterkohl	B	75	10	98	0,3	0,5	0,3	0,3	20	0	0	3	100	
		Z	75	10	98	1,0					0	0[4]	10	100	
4.1.3	Phazelie	B	80	13	96	0,3	0,5			20	0	0		40	
		Z	80	13	96	1,0					0	0		40	
4.1.4	Ölrettich	B	80	10	97	0,3	0,5	0,3	0,3	20	0	0	2	300	
		Z	80	10	97	1,0					0	0	5	300	

[1] Die Anforderungen an den Gehalt an Feuchtigkeit gelten nicht für pilliertes, granuliertes oder inkrustiertes Saatgut.
[2] Die Anforderungen an den Höchstbesatz mit Samen anderer Pflanzenarten müssen nur in bezug auf solche Arten erfüllt sein, die sich an samendiagnostischen Merkmalen eindeutig von dem zu untersuchenden Saatgut unterscheiden lassen. Der Besatz mit anderen Sorten derselben Art darf, soweit es an äußerlich erkennbaren Merkmalen des Saatgutes feststellbar ist, bei Basissaatgut und Zertifiziertem Saatgut den in Spalte 6 jeweils angegebenen Höchstwert nicht überschreiten. Ergibt sich bei der Beschaffenheitsprüfung ein Verdacht auf Besatz mit Körnern anderer Sorten derselben Art, kann diese Feststellung auch anhand weiterer Merkmale erfolgen.
[3] Die zahlenmäßige Bestimmung wird nur durchgeführt, wenn sich bei der Beschaffenheitsprüfung des Saatgutes der Verdacht auf Besatz ergibt.
[4] Ein Korn gilt nicht als Unreinheit, wenn in einer weiteren Probenteil nach Spalte 14 frei ist.

4.2 Gesundheitszustand
4.2.1 Das Saatgut darf nicht von Schadinsekten befallen sein, wenn sich bei der Beschaffenheitsprüfung der Verdacht eines Befalls ergibt.
4.2.2 Das Saatgut darf nicht von lebenden Milben befallen sein.
4.2.3 Das Saatgut darf nicht von parasitischen Pilzen oder Bakterien in größerem Ausmaß befallen sein.

5 Öl- und Faserpflanzen
5.1 Reinheit, Keimfähigkeit und Gehalt an Feuchtigkeit

						Höchstbesatz mit anderen Pflanzenarten[2]								
								bezogen auf das Gewicht		innerhalb der Menge nach Spalte 6 oder 7 abweichend von Spalte 8 oder 10				
Art	Kategorie (B = Basissaatgut Z = Zertifiziertes Saatgut Z-2 = Zertifiziertes Saatgut zweiter Generation H = Handelssaatgut)	Mindestkeimfähigkeit	Höchstgehalt an Feuchtigkeit[1]	Technische Mindestreinheit	bezogen auf das Gewicht	insgesamt	Flughafer und Flughaferbastarde	Seide[3]	Hederich	Ampfer außer Kl. Sauerampfer und Strandampfer	Ackerfuchsschwanz	Taumellolch	Gewicht des Probenteils für die Prüfung nach den Spalten 7 bis 13	Sonstige Anforderungen
		(v. H. der reinen Körner)	(v. H.)	(v. H. des Gewichts)	(v. H.)	(Körner)	(Körner)	(Körner)	(Körner)	(Körner)	(Körner)	(Körner)	(g)	
1	2	3	4	5	6	7	8	9	10	11	12	13	14	15
5.1.1 Sareptasenf	B	85	10	98	0,3		0	0[4]	10	2			40	
	Z	85	10	98	0,3		0	0[4]	10	5			40	
5.1.2 Raps	B	85	9	98	0,3		0	0[4]	10	2			100	[5]
	Z	85	9	98	0,3		0	0[4]	10	5			100	[6]
5.1.3 Schwarzer Senf	B	85	10	98	0,3		0	0[4]	10	2			40	
	Z	85	10	98	0,3		0	0[4]	10	5			40	
	H	85	10	98	0,3		0	0[4]	10	5			40	
5.1.4 Rübsen	B	85	9	98	0,3		0	0[4]	10	2			70	[5]
	Z	85	9	98	0,3		0	0[4]	10	5			70	[6]
5.1.5 Hanf	B	75	10	98		30[3]	0	0[4]					600	[7]
	Z	75	10	98		30[3]	0	0[4]					600	[7]
5.1.6 Sojabohne	B	80	12	98		5	0	0					1 000	[8]
	Z, Z-2	80	12	98		5	0	0					1 000	[8]
5.1.7 Sonnenblume	B	85	10	98		5	0	0					1 000	
	Z	85	10	98		5	0	0					1 000	
5.1.8 Lein														
Faserlein	B	92	13	99		15	0	0[4]			4	2	150	
	Z, Z-2	92	13	99		15	0	0[4]			4	2	150	
sonstiger Lein	B	85	13	99		15	0	0[4]			4	2	150	
	Z, Z-2	85	13	99		15	0	0[4]			4	2	150	

	Art	Kategorie (B = Basissaatgut Z = Zertifiziertes Saatgut Z-2 = Zertifiziertes Saatgut zweiter Generation H = Handelssaatgut	Mindestkeimfähigkeit (v. H. der reinen Körner)	Höchstgehalt an Feuchtigkeit[1]) (v.H.)	Technische Mindestreinheit (v. H. des Gewichts)	Höchstbesatz mit anderen Pflanzenarten[2])								Gewicht des Probenteils für die Prüfung nach den Spalten 7 bis 13 (g)	Sonstige Anforderungen
						bezogen auf das Gewicht (v.H.)	insgesamt (Körner)	Flughafer und Flughaferbastarde (Körner)	Se de[3]) (Körner)	abweichend von Spalte 8 oder 10					
										Hederich (Körner)	Ampfer außer Kl. Sauerampfer und Strandampfer (Körner)	Ackerfuchsschwanz (Körner)	Taumellolch (Körner)		
1		2	3	4	5	6	7	8	9	10	11	12	13	14	15
5.1.9	Mohn	B	80	10	98		25[5])	0	0[4])					10	
		Z	80	10	98		25[5])	0	0[4])					10	
		H	80	10	98		25[5])	0	0[4])					10	
5.1.10	Weißer Senf	B	85	10	98	0,3		0	0[4])	10	2			200	
		Z	85	10	98	0,3		0	0[4])	10	5			200	

[1]) Die Anforderungen an den Gehalt an Feuchtigkeit gelten nicht für granuliertes und inkrustiertes Saatgut.
[2]) Die Anforderungen an den Höchstbesatz mit Samen anderer Pflanzenarten müssen nur in bezug auf solche Arten erfüllt sein, die sich an samendiagnostischen Merkmalen eindeutig von dem zu untersuchenden Saatgut unterscheiden lassen. Der Besatz mit anderen Sorten derselben Artdarf, soweit es an äußerlich erkennbaren Merkmalen des Saatgutes feststellbar ist, bei Basissaatgut, Zertifiziertem, Zertifiziertem Saatgut zweiter Generation den in den Spalten 6 und 7 jeweils angegebenen Höchstwert nicht überschreiten. Ergibt sich bei der Beschaffenheitsprüfung ein Verdacht auf Besatz mit Körnern anderer Sorten derselben Art, kann diese Feststellung auch anhand weiterer Merkmale erfolgen.
[3]) Die zahlenmäßige Bestimmung wird nur durchgeführt, wenn sich bei der Beschaffenheitsprüfung des Saatgutes der Verdacht auf Besatz ergibt.
[4]) Ein Korn gilt nicht als Unreinheit, wenn ein weiterer Probenteil nach Spalte 14 frei ist.
[5]) Bei genetisch erucasäurefreien Sorten darf der Erucasäureanteil höchstens 2 v. H. an der Gesamtfettsäure betragen.
[6]) Bei genetisch erucasäurefreien Sorten darf der Erucasäureanteil höchstens 5 v. H. an der Gesamtfettsäure betragen.
[7]) Das Saatgut muß frei von Sommerwurz sein; ein Korn Sommerwurz in einem Probenteil von 100 g gilt nicht als Unreinheit, wenn ein weiterer Probenteil von 200 g frei ist.
[8]) Der Anteil an unschädlichen Verunreinigungen darf 0,3 v. H. des Gewichtes nicht überschreiten.

5.2 Gesundheitszustand

5.2.1 Das Saatgut darf nicht von lebenden Schadinsekten oder lebenden Milben befallen sein, wenn sich bei der Beschaffenheitsprüfung der Verdacht eines Befalls ergibt.

5.2.2 Von Botrytis-Pilzen dürfen Hanf, Sonnenblume und Lein nur bis zu 5 v. H. der Körner befallen sein.

5.2.3 Von Keimlingskrankheiten (Alternaria spp. Ascochyta linicola, Colletotrichum lini, Fusarium lini) darf Lein nur bis zu 5 v. H. der Körner befallen sein; Faserlein darf nur bis zu 1 v. H. der Körner mit Ascochyta linicola befallen sein.

5.2.4 Das Saatgut darf von Sclerotinia sclerotiorum
    bei Sareptasenf, Schwarzem Senf nur bis zu 20
    bei Raps, Sonnenblume nur bis zu 10
    bei Rübsen, Weißem Senf nur bis zu 5
Sklerotien oder Bruchstücken von Sklerotien in einem Probenteil nach Spalte 14 befallen sein, wenn sich bei der Beschaffenheitsprüfung der Verdacht eines Befalls ergibt.

5.2.5 Das Saatgut von Sojabohne darf befallen sein

5.2.5.1 von Diaporthe phaseolorum nur bis 15 v. H. der Körner,

5.2.5.2 von Pseudomonas syringae pv. glycinea bei einer Untersuchung von 5 Stichproben mit je 1 000 Körnern nur in höchstens 4 Stichproben.

6 Rüben
6.1 Reinheit, Keimfähigkeit und Gehalt an Feuchtigkeit

Art	Mindest-keimfähigkeit (v. H. der reinen Körner)	Höchstgehalt an Feuchtigkeit[1]) (v. H.)	Technische Mindest-reinheit (v. H. des Gewichts)	Höchstbesatz mit anderen Pflanzenarten bezogen auf das Gewicht[2]) (v. H.)	Sonstige Anforderungen
1	2	3	4	5	6
6.1.1 Runkelrübe					
Monogermsaatgut	73	15	97	0,3	[3])[5])
Präzisionssaatgut	73	15	97	0,3	[4])[5])
anderes Saatgut					
Sorten mit mehr als 85 v. H.					
Diploiden	73	15	97	0,3	
sonstige Sorten	68	15	97	0,3	
6.1.2 Zuckerrübe					
Monogermsaatgut	80	15	97	0,3	[3])[5])
Präzisionssaatgut	75	15	97	0,3	[4])[5])
anderes Saatgut					
Sorten mit mehr als 85 v. H.					
Diploiden	73	15	97	0,3	
sonstige Sorten	68	15	97	0,3	

[1]) Die Anforderungen an den Gehalt an Feuchtigkeit gelten nicht für pilliertes, granuliertes oder inkrustiertes Saatgut.
[2]) Die Anforderungen an den Höchstbesatz mit Samen anderer Pflanzenarten müssen nur in bezug auf solche Arten erfüllt sein, die sich an samendiagnostischen Merkmalen eindeutig von dem zu untersuchenden Saatgut unterscheiden lassen. Der Besatz mit anderen Sorten derselben Art darf, soweit es an äußerlich erkennbaren Merkmalen des Saatgutes feststellbar ist, den in Spalte 5 jeweils angegebenen Höchstwert nicht überschreiten. Ergibt sich bei der Beschaffenheitsprüfung ein Verdacht auf Besatz mit Körnern anderer Sorten derselben Art, kann diese Feststellung auch anhand weiterer Merkmale erfolgen.
[3]) Bei Monogermsaatgut müssen mindestens 90 v. H. der gekeimten Knäuel nur einen Keimling enthalten. Knäuel mit drei und mehr Keimlingen dürfen höchstens zu 5 v. H. der gekeimten Knäuel vorhanden sein.
[4]) Bei Präzisionssaatgut müssen mindestens 70 v. H. der gekeimten Knäuel nur einen Keimling enthalten; Knäuel mit drei oder mehr Keimlingen dürfen höchstens zu 5 v. H. der gekeimten Knäuel vorhanden sein.
[5]) Bei Monogermsaatgut und Präzisionssaatgut darf der Anteil an unschädlichen Verunreinigungen bei Basissaatgut 1 v. H. und bei Zertifiziertem Saatgut 0,5 v. H. des Gewichtes nicht überschreiten; soweit eine Probe nach § 11 Abs. 1 Satz 2 gezogen worden ist, ist das Ergebnis der Prüfung dieser Probe maßgeblich.

6.2 Gesundheitszustand

6.2.1 Das Saatgut darf nicht von lebenden Schadinsekten oder lebenden Milben oder mit parasitischen Pilzen oder Bakterien in größerem Ausmaß befallen sein, wenn sich bei der Beschaffenheitsprüfung der Verdacht eines Befalls ergibt.

7 Gemüse

7.1 Reinheit, Keimfähigkeit und Gehalt an Feuchtigkeit

	Art	Mindestkeimfähigkeit[1] (v. H. der reinen Körner oder Knäuel)	Höchstgehalt an Feuchtigkeit[2] (v. H.)	Technische Mindestreinheit (v. H. des Gewichts)	Höchstbesatz mit anderen Pflanzenarten bezogen auf das Gewicht[3] (v. H.)	Sonstige Anforderungen
	1	2	3	4	5	6
7.1.1	Zwiebel	70	13	97	0,5	
7.1.2	Porree	65	13	97	0,5	
7.1.3	Sellerie	70	13	97	1	
7.1.3a	Spargel	70	15	96	0,5	
7.1.4	Rote Rübe	70	15	97	0,5	[4])
7.1.5	Kohlrabi, Grünkohl, Brokkoli, Weißkohl, Rotkohl, Wirsing, Rosenkohl, Chinakohl	75	10	97	1	
7.1.6	Blumenkohl	70	10	97	1	
7.1.7	Herbstrübe, Mairübe	80	10	97	1	
7.1.8	Paprika	65	13	97	0,5	
7.1.9	Winterendivie	65	13	95	1	
7.1.10	Gurke	80	13	98	0,1	
7.1.11	Gartenkürbis, Zucchini	75	13	98	0,1	

Art	Mindest-keimfähigkeit[1] (v. H. der reinen Körner oder Knäuel)	Höchstgehalt an Feuchtigkeit[2] (v. H.)	Technische Mindest-reinheit (v. H. des Gewichts)	Höchstbesatz mit anderen Pflanzenarten bezogen auf das Gewicht[3] (v. H.)	Sonstige Anforderungen
1	2	3	4	5	6
7.1.12 Möhre	65	13	95	1	[5])
7.1.13 Salat	75	13	95	0,5	
7.1.14 Tomate	75	13	97	0,5	
7.1.15 Petersilie	65	13	97	1	
7.1.16 Prunkbohne	80	15	98	0,1	
7.1.17 Buschbohne, Stangenbohne	75	15	98	0,1	
7.1.18 Erbse (außer Futtererbse)	80	15	98	0,1	[6])
7.1.19 Rettich, Radieschen	70	10	97	1	
7.1.20 Schwarzwurzel	70	13	95	1	
7.1.21 Spinat	75	13	97	1	
7.1.22 Feldsalat	65	13	95	1	
7.1.23 Dicke Bohne	80	15	98	0,1	

[1]) Bei Prunkbohne, Buschbohne, Stangenbohne, Erbse und Dicker Bohne gelten frische und gesunde, nach Vorbehandlung nicht gekeimte Körner als gekeimt; bei Prunkbohne, Buschbohne, Stangenbohne und Dicker Bohne gilt ein Höchstanteil von 5 v. H. an hartschaligen Körnern als keimfähige Körner.
[2]) Der Gehalt an Feuchtigkeit wird nur geprüft, wenn sich bei der Probenahme oder bei der Beschaffenheitsprüfung der Verdacht ergibt, daß der Höchstwert überschritten ist.
[3]) Die Anforderungen an den Höchstbesatz mit Samen anderer Pflanzenarten müssen nur in bezug auf solche Arten erfüllt sein, die sich an samendiagnostischen Merkmalen eindeutig von dem zu untersuchenden Saatgut unterscheiden lassen. Der Besatz mit anderen Sorten derselben Art darf, soweit es an äußerlich erkennbaren Merkmalen des Saatgutes feststellbar ist, den in Spalte 5 jeweils angegebenen Höchstwert nicht überschreiten. Ergibt sich bei der Beschaffenheitsprüfung ein Verdacht auf Besatz mit Körnern anderer Sorten derselben Art, kann diese Feststellung auch anhand weiterer Merkmale erfolgen.
[4]) Bei Monogermsaatgut müssen mindestens 90 v. H., bei Präzisionssaatgut mindestens 70 v. H. der gekeimten Knäuel nur einen Keimling enthalten; Knäuel mit drei und mehr Keimlingen dürfen höchstens zu 5 v. H. der gekeimten Knäuel vorhanden sein.
[5]) Das Saatgut darf keinen Besatz mit Seide aufweisen; die zahlenmäßige Bestimmung wird nur durchgeführt, wenn sich bei der Beschaffenheitsprüfung der Verdacht auf Besatz ergibt.
[6]) Innerhalb des Besatzes nach Spalte 5 darf kein Besatz mit Futtererbse vorhanden sein.

7.2 *Gesundheitszustand*

7.2.1 Das Saatgut darf nicht von lebenden Milben oder von parasitischen Pilzen oder Bakterien in größerem Ausmaß sowie bei Prunkbohne, Buschbohne, Stangenbohne, Erbse und Dicker Bohne nicht von lebenden Samenkäfern (Bruchidae) befallen sein, wenn sich bei der Beschaffenheitsprüfung der Verdacht eines Befalls ergibt.

8 Saatgutmischungen

8.1 Mischungen nach § 26 Abs. 3 Satz 2, die Saatgut von Arten enthalten, die nicht im Artenverzeichnis aufgeführt sind, müssen folgende Anforderungen erfüllen:

8.1.1 Die Mischung muß frei von Flughafer, Flughaferbastarden und Seide sein, 1 Korn Flughafer, Flughaferbastard oder Seide in 100 g Saatgut gilt nicht als Unreinheit, wenn weitere 200 g Saatgut frei von Flughafer, Flughaferbastarden oder Seide sind.

8.1.2 Der Besatz mit Körnern von Ackerfuchsschwanz darf höchstens 0,3 v. H. des Gewichts betragen.

8.1.3 Der Besatz mit Ampfer außer Kleinem Sauerampfer und Strandampfer darf höchstens 2 Körner in 5 g betragen.

Anlage 4
(zu § 11 Abs. 2, § 20 Abs. 2, § 21 Abs. 2 und 3, § 27 Abs. 1 und 5)

Größe der Partien und Proben

		Höchstgewicht einer Partie (t)	Mindestgewicht einer Probe (g)
	1	2	3
1	*Getreide*		
1.1	Getreide außer Mais	25	1 000
1.2	Mais		
1.2.1	Vorstufensaatgut und Basissaatgut von Inzuchtlinien	40	250
1.2.2	Sonstiges Saatgut	40	1 000
2	*Gräser*		
2.1	Straußgräser, Lieschgräser, Rispenarten, Goldhafer	10	50
2.2	Wiesenfuchsschwanz, Knaulgras, Schwingelarten	10	100
2.3	Glatthafer, Festulolium, Weidelgräser	10	200
3	*Leguminosen und sonstige Futterpflanzen*		
3.1	Hornschotenklee, Schwedenklee, Weißklee, Persischer Klee; Kohlrübe, Futterkohl	10	200
3.2	Lupinen, Futtererbse, Ackerbohne, Saatwicke	25	1 000
3.2 a	Pannonische Wicke, Zottelwicke	20	1 000
3.3	Gelbklee, Luzernen, Rotklee; Phazelie, Ölrettich	10	300
3.4	Esparsette		
	– Frucht	10	600
	– Samen	10	400
3.5	Alexandriner Klee	10	400
3.6	Inkarnatklee	10	500
4	*Öl- und Faserpflanzen*		
4.1	Sareptasenf, Schwarzer Senf	10	100
4.2	Raps, Rübsen	10	200
4.3	Hanf	10	600
4.4	Sojabohne, Sonnenblume	25	1 000
4.5	Lein	10	300
4.6	Mohn	10	50
4.7	Weißer Senf	10	400
5	*Rüben*		
5.1	Runkelrübe, Zuckerrübe	20	500
6	*Gemüse**		
6.1	Zwiebel, Kohlrabi, Grünkohl, Blumenkohl, Brokkoli, Weißkohl, Rotkohl, Wirsing, Rosenkohl, Gurke	10	25 (12,5)

* Die eingeklammerten Zahlen in Spalte 3 beziehen sich auf Hybridsorten.

		Höchstgewicht einer Partie (t)	Mindestgewicht einer Probe (g)
	1	2	3
6.2	Porree, Chinakohl, Herbstrübe, Mairübe, Tomate, Feldsalat	10	20 (10)
6.3	Sellerie	10	5 (2,5)
6.4	Spargel, Rote Rübe	10	100 (50)
6.5	Paprika	10	40 (20)
6.6	Winterendivie	10	15 (7,5)
6.7	Gartenkürbis, Zucchini	20	150 (75)
6.8	Möhre, Salat, Petersilie	10	10 (5)
6.9	Prunkbohne	20	1 000 (500)
6.9 a	Dicke Bohne	25	1 000 (500)
6.10	Buschbohne, Stangenbohne	25	700 (350)
6.11	Erbse	25	500 (250)
6.12	Rettich, Radieschen	10	50 (25)
6.13	Schwarzwurzel	10	30 (15)
6.14	Spinat	10	75 (37,5)
7	*Saatgutmischungen*		
7.1	Saatgutmischungen, deren Aufwuchs zur Futternutzung, Gründüngung oder zur Körnererzeugung bestimmt ist und die zu mehr als 50 v. H. des Gewichtes aus Saatgut von Getreide, Lupinen, Futtererbse, Ackerbohne, Wicken, Sojabohne und Sonnenblume bestehen	20	750
7.2	Sonstige Saatgutmischungen	10	300

Mindestmenge einer Probe beträgt bei pilliertem, inkrustiertem oder granuliertem Saatgut sowie bei Saatgutmischungen, für die pilliertes, inkrustiertes oder granuliertes Saatgut verwendet oder deren Saatgut nach dem Mischen pilliert, inkrustiert oder granuliert worden ist, sowie bei Saatgutträgern 7 500 Körner oder Knäuel.

Anlage 5
(zu § 29 Abs. 3 und 7, §§ 31, 43 Abs. 2 und § 49 Abs. 2)

Angaben auf dem Etikett und dem Einleger

1 *Basissaatgut, Zertifiziertes Saatgut*
1.1 „EG-Norm"
1.2 „Bundesrepublik Deutschland"
1.3 Kennzeichen der Anerkennungsstelle
1.4 Art[1]
1.5 Sortenbezeichnung[2)4]
1.6 Kategorie[3]
1.7 Anerkennungsnummer; bei Basissaatgut von Hybridsorten von Roggen, das aus einer Mischung der mütterlichen und väterlichen Erbkomponente besteht, ist zusätzlich anzugeben „Technische Mischung"
1.8 „Probenahme..." (Monat, Jahr)
1.9 Erzeugerland
1.10 Angegebenes Gewicht der Packung oder angegebene Zahl der Körner oder – bei Runkelrübe, Zuckerrübe und Roter Rübe – der Knäuel
1.11 Zusätzliche Angaben

2 *Standardsaatgut*
2.1 „EG-Norm"
2.2 „Standardsaatgut"
2.3 Name und Anschrift des Kennzeichnenden oder seine Betriebsnummer
2.4 Art[1]
2.5 Sortenbezeichnung[2]
2.6 Bezugsnummer
2.7 Wirtschaftsjahr der Schließung
2.8 (gestrichen)
2.9 Angegebenes Gewicht der Packung oder angegebene Zahl der Körner oder – bei Roter Rübe – der Knäuel
2.10 Zusätzliche Angaben

3 *Handelssaatgut*
3.1 „EG-Norm"
3.2 „Bundesrepublik Deutschland"
3.3 Kennzeichen der Zulassungsstelle
3.4 „Handelssaatgut (nicht der Sorte nach anerkannt)"
3.5 Art[1]
3.6 Zulassungsnummer
3.7 „Probenahme..." (Monat, Jahr)
3.8 Aufwuchsgebiet
3.9 Angegebenes Gewicht der Packung oder angegebene Zahl der Körner
3.10 Zusätzliche Angaben

4 *Saatgutmischungen*
4.1 „Bundesrepublik Deutschland"
4.2 Kennzeichen der Anerkennungsstelle
4.3 „Saatgutmischung für..." (Verwendungszweck)
4.4 Mischungsnummer
4.5 „Verschließung..." (Monat, Jahr)
4.6 Angegebenes Gewicht der Packung oder angegebene Zahl der Körner
4.7 Zusätzliche Angaben

5 *Anerkanntes Vorstufensaatgut*
5.1 Angaben nach den Nummern 1.2 bis 1.5 und 1.7 bis 1.11
5.2 „Vorstufensaatgut"

6 *Nicht anerkanntes Saatgut*
6.1 Name der für die Feldbesichtigung zuständigen Behörde
6.2 „Bundesrepublik Deutschland"
6.3 Art[1]
6.4 Sortenbezeichnung; bei Sorten, die nur als Komponenten zur Erzeugung von Hybridsorten verwendet werden, das Wort „Komponente"
6.5 Kategorie
6.6 Bei Hybridsorten das Wort „Hybride"
6.7 Kennummer des Feldes oder der Partie
6.8 Angegebenes Gewicht der Packung
6.9 „Noch nicht anerkanntes Saatgut"

---

[1] Botanische Bezeichnung (ohne Autorennamen) und deutsche Bezeichnung.
[2] Bei Saatgut von Gemüsesorten ist der Hinweis nach § 33 Abs. 8 im Anschluß an die Sortenbezeichnung und von dieser durch einen Schrägstrich getrennt anzugeben. Der Hinweis darf nicht auffälliger sein als die Sortenbezeichnung.
[3] Bei Zertifiziertem Saatgut zweiter Generation sind der Kategoriebezeichnung „Zertifiziertes Saatgut" die Worte „zweiter Generation" anzufügen.
[4] Bei Zertifiziertem Saatgut und Zertifiziertem Saatgut zweiter Generation von Sorten von Hafer, die amtlich als vom Typ „Nackthafer" eingestuft sind, ist auf dem Etikett zusätzlich der Hinweis „Mindestkeimfähigkeit 75 %" anzugeben.

Anlage 6
(zu §§ 40 und 42 Abs. 1)

Kleinpackungen
Höchstmengen und Kennzeichnung

1 Landwirtschaftliche Arten

1.1 *Bezeichnung, Höchstmengen*

Bezeichnung		Nettogewicht der reinen Körner oder Knäuel (kg)
1	2	3
1.1.1 „Kleinpackung EG B"	Futterpflanzen	10
1.1.2 „Kleinpackung EG"	Monogerm- und Präzisionssaatgut von Rüben	2,5
	sonstiges Saatgut von Rüben	10
1.1.3 „Kleinpackung, Inverkehrbringen nur in der Bundesrepublik Deutschland zulässig"	Getreide außer Mais	30
	Mais	10
	Öl- und Faserpflanzen	10

1.1.4 Die Höchstmenge einer Kleinpackung beträgt bei nach Stückzahl abgepackten Kleinpakkungen 100 000 Körner oder Knäuel.

1.2 *Kennzeichnung*

1.2.1 Bezeichnung

1.2.2 Name und Anschrift des Herstellers der Kleinpackung oder seine Betriebsnummer

1.2.3 Art und Kategorie

1.2.4 Sortenbezeichnung (bei Zertifiziertem Saatgut)

1.2.5 Kennummer der Partie (bei den Nummern 1.1.1 und 1.1.2)

1.2.6 von dem abfüllenden Betrieb festgesetzte Partienummer (bei Nummer 1.1.3)

1.2.7 Füllmenge oder Stückzahl der Körner oder Knäuel

1.2.8 bei Monogerm- und Präzisionssaatgut die Angaben nach § 29 Abs. 4

1.2.9 bei chemisch, besonders physikalisch oder gleichartig behandeltem Saatgut die Angaben nach § 32

1.2.10 bei Zertifiziertem Saatgut von Gräsersorten die Angaben nach § 33 Abs. 1 Nr. 1

1.2.11 bei pilliertem, granuliertem oder inkrustiertem Saatgut oder Saatgut mit festen Zusätzen die Angaben nach § 33 Abs. 4

2 Gemüsearten

2.1 Höchstmengen

Art	Nettogewicht der reinen Körner oder Knäuel (kg)
1	2

2.1.1	Zwiebel, Spargel, Rote Rübe, Herbstrübe, Mairübe, Gartenkürbis, Zucchini, Möhre, Rettich, Radieschen, Schwarzwurzel, Spinat, Feldsalat	0,5
2.1.2	Porree, Sellerie, Kohlrabi, Grünkohl, Blumenkohl, Brokkoli, Weißkohl, Rotkohl, Wirsing, Rosenkohl, Chinakohl, Paprika, Winterendivie, Gurke, Salat, Tomate, Petersilie	0,1
2.1.3	Prunkbohne, Buschbohne, Stangenbohne, Erbse, Dicke Bohne	5
2.1.4	Die Höchstmenge einer Kleinpackung beträgt für nach Stückzahl abgepacktes Saatgut 50 000 Körner oder Knäuel.	

2.2 Kennzeichnung

2.2.1 „EG-Norm"

2.2.2 Name und Anschrift des Herstellers der Kleinpackung oder seine Betriebsnummer

2.2.3 Art und Sortenbezeichnung

2.2.4 Kategorie (dabei kann Zertifiziertes Saatgut durch den Buchstaben „Z", Standardsaatgut durch die der Partienummer angefügten Buchstaben „St" abgekürzt werden)

2.2.5 Kennummer (außer bei Standardsaatgut)

2.2.6 von dem abfüllenden Betrieb festgesetzte Partienummer (bei Standardsaatgut)

2.2.7 Wirtschaftsjahr der Verschließung oder der letzten Prüfung der Keimfähigkeit (das Ende des Wirtschaftsjahres kann angegeben werden)

2.2.8 Nettogewicht oder Stückzahl der reinen Körner oder Knäuel bei Packungen von mehr als 500 g

2.2.9 bei Monogerm- und Präzisionssaatgut die Angaben nach § 29 Abs. 4

2.2.10 bei chemisch, besonders physikalisch oder gleichartig behandeltem Saatgut die Angaben nach § 32

2.2.11 bei pilliertem, granuliertem oder inkrustiertem Saatgut oder Saatgut mit festen Zusätzen die Angaben nach § 33 Abs. 4

2.2.12 bei Saatgut von Gemüsesorten ist der Hinweis nach § 33 Abs. 8 im Anschluß an die Sortenbezeichnung und von dieser durch einen Schrägstrich getrennt anzugeben

3 Saatgutmischungen

3.1 Zweckbestimmungen, Bezeichnung und Höchstmengen

	1	2	3	4
		"Kleinpackung EG A"	"Kleinpackung EG B"	"Kleinpackung, Inverkehrbringen nur in der Bundesrepublik Deutschland zulässig"
		Nettogewicht in reinen Körnern		
		(kg)	(kg)	(kg)
3.1.1	Landwirtschaftliche Nutzung (§ 26 Abs. 2)			
3.1.1.1	Gründüngung	2	über 2 bis 10	über 10 bis 15*
3.1.1.2	Futternutzung	–	10	über 10 bis 15*
3.1.1.3	Körnererzeugung			
3.1.1.3.1	Getreide	–	–	30
3.1.1.3.2	Leguminosen (auch mit Getreide)	2	über 2 bis 10	über 10 bis 30
3.1.2	Verwendungszwecke außerhalb der Landwirtschaft (§ 26 Abs. 3 Satz 2)	2	über 2 bis 10	über 10 bis 30

* Bei Mischungen mit mehr als 50 v. H. des Gewichtes an Saatgut von Getreide, Lupinen, Futtererbse, Ackerbohne, Wicken, Sojabohne oder Sonnenblume bis 30 kg.

3.2 Kennzeichnung

- 3.2.1 Bezeichnung
- 3.2.2 Name und Anschrift des Herstellers der Kleinpackung oder seine Betriebsnummer
- 3.2.3 „Saatgutmischung für..." (Verwendungszweck)
- 3.2.4 Kennummer (bei Kleinpackung EG B)
- 3.2.5 Mischungsnummer (außer bei Kleinpackung EG B)
- 3.2.6 Füllmenge oder Stückzahl der Körner
- 3.2.7 die Angben nach § 29 Abs. 7 Satz 1, 2 und 4, bei Kleinpackung EG A jedoch nur die Angaben nach § 29 Abs. 7 Satz 1 Nr. 1 und 3
- 3.2.8 bei chemisch, besonders physikalisch oder gleichartig behandeltem Saatgut die Angaben nach § 32
- 3.2.9 bei Zertifiziertem Saatgut von Gräsersorten die Angaben nach § 33 Abs. 1 Nr. 1
- 3.2.10 bei pilliertem, granuliertem oder inkrustiertem Saatgut oder Saatgut mit festen Zusätzen die Angaben nach § 33 Abs. 4.

Anlage 7
(zu § 45 Abs. 1)

Muster 1

Zertifikat
ausgestellt aufgrund des OECD-Systems für die sortenmäßige Zertifizierung von Getreid-*, Mais-*), Futter- und Ölpflanzen-*), Runkelrüben- und Zuckerrüben-*)Saatgut, das für den internationalen Handel bestimmt ist

Certificate
issued under the OECD-Scheme for the Varietal Certification of Cereal*), Maize*), Herbage and Oil*), Sugar Beet and Fodder Beet*) Seed Moving in International Trade

Certificat
délivré conformément au système de l'OECD pour la certification variétale des semences de céréales*), de mais*), de plantes fourragères et oléagineuses*), de betteraves sucrières et de betteraves fourragères*) destinées au commerce international

Name der zuständigen Behörde, die das Zertifikat ausstellt
Name of Designated Authority issuing the certificate _____ : _____
Nom de l'Autorité désignée délivrant le certificat

Referenznummer
Reference Number _____ : _____
Numéro de référence

Art
Species _____ : _____
Espèce

Sorte
Cultivar _____ : _____
Cultivar

Zahl der Packungen und angegebenes Gewicht der Partie
Number of containers and declared weight of lot _____ : _____
Nombre d'emballages et poids déclaré du lot

Das Saatgut, das diese Referenznummer trägt, ist gemäß dem System erzeugt und anerkannt als:
The seed lot bearing this reference number has been produced in accordance with the Scheme and is approved as:
Le lot de semences portant ce numéro de référence a été produit conformément aux dispositions du système et il a été agréé comme:

    *) Basissaatgut (weißes Etikett)   *) Zertifiziertes Saatgut (blaues Etikett)
       Basic Seed (white label)   Certified Seed (blue label)
       Semences de base (étiquette blanche)   Semences certifiées (étiquette bleue)

    *) Zertifiziertes Saatgut zweiter Generation (rotes Etikett)
       Certified Seed 2nd generation (red label)
       Semences certifiées de 2ème génération (étiquette rouge)

    *) Vorstufensaatgut (weißes Etikett mit violettem Streifen)
       Pre-Basic Seed (white label with violet stripe)
       Semences pré-base (étiquette blanche avec une bande violette)

Ort und Staat   Datum   Unterschrift
Place and country   Date   Signature
Localité et pays

*) Nichtzutreffendes streichen
   Delete as necessary
   Rayer le mention inutile

Muster 2

**Zertifikat
ausgestellt aufgrund des OECD-Systems für die Kontrolle von Gemüsesaatgut,
das für den internationalen Handel bestimmt ist**

**Certificate
issued under the OECD-Scheme for the Control of Vegetable Seed Moving
in International Trade**

**Certificat
délivré conformément au système de l'OECD pour le contrôle des semences
de légumes destinées au commerce international**

Name der zuständigen Behörde, die das Zertifikat ausstellt
Name of Designated Authority issuing the certificate _____ : _____
Nom de l'Autorité désignée délivrant le certificat

Referenznummer
Reference Number _____ : _____
Numéro de référence

Art
Species _____ : _____
Espèce

Sorte
Cultivar _____ : _____
Cultivar

Zahl der Packungen und angegebenes Gewicht der Partie
Number of containers and declared weight of lot _____ : _____
Nombre d'emballages et poids déclaré du lot

Das Saatgut, das diese Referenznummer trägt, ist gemäß dem System erzeugt und anerkannt als:
The seed lot bearing this reference number has been produced in accordance with the Scheme and is approved as:
Le lot de semences portant ce numéro de référence a été produit conformément aux dispositions du système et il a été agréé comme:

    *) Basissaatgut (weißes Etikett)
        Basic Seed (white label)
        Semences de base (étiquette blanche)

    *) Zertifiziertes Saatgut (blaues Etikett)
        Certified Seed (blue label)
        Semences certifiées (étiquette bleue)

    *) Vorstufensaatgut (weißes Etikett mit violettem Streifen)
        Pre-Basic Seed (white label with violet stripe)
        Semences pré-base (étiquette blanche avec une bande violette)

Ort und Staat	Datum	Unterschrift
Place and country	Date	Signature
Localité et pays		

---

*) Nichtzutreffendes streichen
    Delete as necessary
    Rayer le mention inutile

Anlage 8
(zu §§ 46, 47 und 48 Abs. 3 Nr. 3)

Etiketten und Einleger

1	**Vorgeschriebene Angaben**
1.1	*Basissaatgut und Zertifiziertes Saatgut*
1.1.1	„Name und Anschrift der zuständigen Behörde" „Name and address of Designated Authority" „Nom et adresse de l'Autorité désignée"
1.1.2	„Art (botanischer Name)" „Species (Latin name)" „Espèce (nom latin)"
1.1.3	„Sortenbezeichnung" (Bei Mais Angaben nach Nummer 3.4) „Cultivar name" „Nom du cultivar"
1.1.4	„Kategorie" „Category" „Catégorie"
1.1.5	„Referenznummer" „Reference number" „Numéro de référence"
1.1.6	„Datum der Probenahme" „Date of sampling" „Date de l'échantillonnage"
1.1.7	Bei Runkelrübe und Zuckerrübe zusätzlich „Saatgutbeschreibung (Monogerm-, Präzisions- oder natürliches Saatgut)" „Seed description (Monogerm, precision or natural seed)" „Description de la semence (semence monogerme, précision ou naturelle)"
1.1.8	Bei Gemüsesaatgut zusätzlich „Landesüblicher Name" „Common name" „Nom commun"
1.2	*Standardsaatgut*
1.2.1	„Landesüblicher Name" „Common name" „Nom commun"
1.2.2	„Sortenbezeichnung" „Cultivar name" „Nom du cultivar"
1.2.3	„Kategorie" „Category" „Catégorie"
1.2.4	„Referenznummer der Partie" „Identification number of the lot" „Numéro d'identification du lot"
1.2.5	„Name und Anschrift der für die Partie verantwortlichen Person oder Firma" „Name and address of the person or firm responsible for the lot" „Nom et adresse de la personne ou de l'entreprise responsable du lot"

1.2.6 „Dieses Saatgut unterliegt nur einer stichprobenweisen Nachkontrolle"
„Seed subject only to random post control"
„Semences soumises seulement par sondage à un postcontrôle"

1.3 *Zertifiziertes Saatgut von Gemüse in Kleinpackungen*

1.3.1 „Landesüblicher Name des Gemüses"
„Common name of the vegetable"
„Nom commun du légume"

1.3.2 „Sortenbezeichnung"
„Cultivar name"
„Nom du cultivar"

1.3.3 „Partienummer"
„Code number"
„Numéro de code"

1.3.4 „Name und Anschrift des Herstellers der Packung"
„Name and address of packager"
„Nom et adresse de l'emballeur"

1.3.5 „Abgepackt aus OECD-Zertifiziertem Saatgut"
„Packaged from OECD Certified Seed"
„Emballage rempli à partir de semences certifiées OECD"

1.4 *Anerkanntes Vorstufensaatgut*

1.4.1 Angaben nach den Nummern 1.1.1 bis 1.1.3 und 1.1.5 bis 1.1.8

1.4.2 „Vorstufensaatgut"
„Pre-Basic seed"
„Semences pré-base"

1.4.3 Zusätzlich kann die Zahl der höchstens vorgesehenen Generationen bis zum Zertifizierten Saatgut angegeben werden

2 Aufdruck und Mindestgröße

2.1 *Aufdruck*

2.1.1 Das Etikett und der Einleger sind an einem Ende 3 cm schwarz zu färben und mit den Worten „OECD-Seed-Scheme" und „Système OECD pour les semences" zu versehen. Die verbleibende Fläche muß in schwarzem Druck die Angaben nach Nummer 1 enthalten.

2.1.2 Das Etikett und der Einleger kann doppelseitig bedruckt werden.

2.2 Mindestgröße 110 × 67 mm

3 Zusätzliche Angaben

3.1 nach § 47 Abs. 1
bei Basissaatgut und Zertifiziertem Saatgut von Runkelrübe und Zuckerrübe und bei Zertifiziertem Saatgut von Gemüsearten
„Saatgut nicht abschließend geprüft, Anforderungen an den Feldbestand erfüllt"
„Seed not finally certified, requirements of field inspection are fulfilled"
„Semences ne pas certifiées définitivement; la culture est conformement aux règles pour l'inspection sur pied"

3.2 nach § 47 Abs. 2
bei Basissaatgut von Runkelrübe und Zuckerrübe
„Saatgut der Linie . . ."
„Seed of the line . . ."
„Semences de la lignée . . ."
„Erbkomponente auf Basissaatgutstufe – Anbau nur nach Zuchtschema"

	„Individual line on Basic Seed level – Cultivation only according to breeding scheme"
	„Lignée individuelle au niveau des Semences de base – Cultivation seulement à la formule"
3.3	nach § 48 Abs. 3 Nr. 3
	„Wiederverschlossen"
	„Resealed"
	„Reconditionné"
3.4	Basissaatgut und Zertifiziertes Saatgut von Mais
3.4.1	bei Basissaatgut und Vorstufensaatgut anstelle der Sortenbezeichnung je nach gegebenem Fall
	„Frei abblühend"
	„Open pollinated"
	„à pollinisation libre"
	„Hybride"
	„cross"
	„hybride" oder
	„Inzuchtlinie"
	„inbred line"
	„lignée inbred"
	sowie die vom Bundessortenamt festgesetzte Bezeichnung, anderenfalls eine Bezeichnung, die die Identifizierung ermöglicht
3.4.2	bei Zertifiziertem Saatgut zusätzlich zur Sortenbezeichnung je nach gegebenem Fall
	„Frei abblühend"
	„Open pollinated"
	„à pollinisation libre" oder
	„Hybridsorte"
	„hybrid"
	„hybride"
3.5	bei Zertifiziertem Saatgut zweiter Generation zusätzlich zur Kategorie:
	„zweiter Generation"
	„2nd generation"
	„de 2ème génération"

21. Antragsformular für deutsche Sortenschutzanmeldungen

An das
BUNDESSORTENAMT
Osterfelddamm 80 / Postfach 61 04 40
30627 Hannover / 30604 Hannover

Hinweise:
Bitte zweifach einreichen !
Zutreffendes ankreuzen [X].
Siehe umstehende Erläuterungen!

Kenn-Nr.: ....

S - Sortenschutzantrag

Ref.: ....

1. Antragsteller: Name(n)/Firma/sonstige Bezeichnung und Anschrift(en):	2. Anschrift, an die jeder Schriftwechsel zu richten ist (falls abweichend von Nr. 1):
Fernruf: Staatsangehörigkeit(en): [ ] deutsch [ ] folgende:	Fernruf: Dies ist die Anschrift als [ ] Verfahrensvertreter nach § 15 Abs. 2 SortG [ ] Bevollmächtigter nach § 14 VwVfG [ ] Zustellungsbevollmächtigter [ ] Postanschrift

3. Art und ggf. Unterart:

4. Vorläufige Bezeichnung:

5. Ursprungszüchter/Entdecker ist (sind)
[ ] der/die Antragsteller
[ ] folgende Person(en), Name(n) und Anschrift(en)

Andere Personen waren nach Wissen des/der Antragsteller/s an der Züchtung/Entdeckung der Sorte nicht beteiligt. Die Sorte ist auf den/die Antragsteller übergegangen durch:

[ ] Vertrag   [ ] Erbfolge   [ ] sonstwie (bitte angeben)

Die Sorte wurde gezüchtet/entdeckt in (Staat(en)):

6. Bisherige Anträge	Antrag (Staat und Datum)	Antrags-nummer	Stand	Sortenbezeichnung oder vorläufige Bezeichnung
Sorten-schutz				
Amtliche Sortenliste				

7. Für den Antrag wird der <u>Zeitvorrang</u> der ersten Hinterlegung in (Staat):

am (Datum): beansprucht.

8. Vermehrungsmaterial oder Erntegut der Sorte wurde [ ] noch nicht   [ ] erstmalig am:
unter der Bezeichnung: in (Staat(en)):

zu gewerblichen Zwecken in den Verkehr gebracht.

9. Mir/uns ist bekannt, daß das Bundessortenamt mit Stellen im Ausland Auskünfte über Prüfungsergebnisse austauschen kann.

10. In der Anlage sind beigefügt: [ ] 1. Vordruck (Technischer Fragebogen)   [ ] 2. Vollmachten gem. Nr.2
                                   [ ] 3. Zeitvorrangsunterlagen gem. Nr.7   [ ] 4. folgende Unterlagen:

11. Ich/wir erkläre(n), daß nach meinem/unserem besten Wissen die in diesem Antrag und in den Anlagen gemachten Angaben vollständig und richtig sind. Ich/wir beantrage(n) die Erteilung des Sortenschutzes.

Ort: ....   Datum: ....   Unterschrift(en): ....

Hinweis des Bundessortenamtes nach § 33 Abs. 1 Bundesdatenschutzgesetz:
Die personenbezogenen Daten werden gespeichert.

BSA - V 1 / 0794

Erläuterungen

Allgemeines
0.1 Staaten sind mit den Kfz-Nationalitätszeichen anzugeben.

Zu 1.
1.1 Bei mehreren Antragstellern alle vollständig angeben. Ggf. unter 1. nur die Namen, die übrigen Angaben auf besonderem Blatt.
1.2 Die Staatsangehörigkeit ist nur bei natürlichen Personen anzugeben. Der Status als Deutscher richtet sich nach Art. 116 Abs. 1 des Grundgesetzes.
1.3 Tritt eine in einem Register (z.B. Handelsregister) eingetragene juristische Person oder Personenhandelsgesellschaft erstmals als Antragsteller auf, so ist ein Auszug aus dem Register beizufügen. Für einen Einzelkaufmann gilt dies entsprechend, wenn er den Antrag unter einer mit seinem Namen nicht identischen Firma stellt.

Zu 2.
Wer in einem Vertragsstaat des Abkommens über den Europäischen Wirtschaftsraum weder Wohnsitz noch Niederlassung hat, kann am Verfahren nur teilnehmen und Rechte aus dem Sortenschutzgesetz nur geltend machen, wenn er einen Vertreter mit Wohnsitz oder Geschäftsraum in einem Vertragsstaat (Verfahrensvertreter) bestellt hat. Ist ein Verfahrensvertreter oder Bevollmächtigter (auch aus dem Kreis der Antragsteller) bestellt, so ist eine von allen zu Vertretenen unterschriebene Vollmacht vorzulegen. Als Verfahrensvertreter oder Bevollmächtigte können nur <u>natürliche</u> Personen bestellt werden.

Zu 3.
Es ist die botanische und die deutsche Bezeichnung anzugeben.

Zu 4.
Es ist die für das Verfahren maßgebliche vorläufige Bezeichnung anzugeben. Es kann dies die zur Angabe als Sortenbezeichnung vorgesehene oder eine nur für die Dauer des Verfahrens vorgesehene Bezeichnung sein. Für die förmliche Angabe einer Sortenbezeichnung ist in jedem Falle ein besonderer Vordruck zu verwenden, der vom Bundessortenamt zur Verfügung gestellt wird.

Zu 5.
5.1 Sind von mehreren Antragstellern nur einzelne Ursprungszüchter/Entdecker, so sind diese unter Ankreuzung des zweiten Kästchens namentlich aufzuführen.
5.2 Als Ursprungszüchter/Entdecker können nur <u>natürliche</u> Personen angegeben werden.

Zu 6.
6.1 Der Begriff "Sortenschutz" umfaßt Sortenschutzrechte und Sortenpatente.
6.2 Der Begriff "Amtliche Sortenliste" umfaßt die Sortenliste nach § 47 SaatG sowie die ihr entsprechenden Verzeichnisse anderer Staaten.
6.3 Es sind alle bisherigen Anträge in zeitlicher Reihenfolge anzugeben.
6.4 In der Spalte "Stand" sind die folgenden Abkürzungen zu verwenden:
    A = Antrag anhängig
    B = Antrag zurückgewiesen
    C = Antrag zurückgenommen
    D = Sortenschutz ist erteilt oder die Sorte ist in die amtliche Sortenliste eingetragen worden.
6.5 Ist eine Sortenbezeichnung durch eine Behörde bereits festgesetzt worden, so ist sie in der letzten Spalte zu unterstreichen.

Zu 7.
Es kann nach § 23 Abs. 2 SortG nur der Zeitvorrang der ersten Hinterlegung in einem anderen Verbandsstaat (Staat, der Mitglied des Internationalen Verbandes zum Schutz von Pflanzenzüchtungen ist) beansprucht werden. Falls Staat und Datum der ersten Hinterlegung nicht in diesem Vordruck angegeben werden, kann dieser Zeitvorrang nicht mehr beansprucht werden. Siehe im übrigen Ziffer 10.2,3. der Erläuterungen.

Zu 8.
Inverkehrbringen im Sinne des SortG ist das Anbieten, Vorrätighalten zur Abgabe, Feilhalten und jedes Abgeben an andere. Für den Bereich eines bereits erfolgten Inverkehrbringens genügt die Angabe des Staates/der Staaten (einschließlich der Bundesrepublik Deutschland).

Zu 9.
Die Voraussetzungen für den Austausch von Prüfungsergebnissen mit anderen Stellen ergeben sich aus § 26 Abs. 2 und 5 SortG.

Zu 10.
10.1 Für den Antrag einschließlich des Technischen Fragebogens sind die vom Bundessortenamt herausgegebenen Vordrucke zu verwenden.
10.2 Zusätzlich zu dem umstehenden Vordruck sind einzureichen:
  1. <u>Technischer Fragebogen</u>

  2. <u>Vollmacht:</u>   Ist ein Verfahrensvertreter oder Bevollmächtigter (auch aus dem Kreis der Antragsteller) bestellt, so ist die in Erläuterung 2 genannte Vollmacht beizufügen.

  3. <u>Zeitvorrangsanspruch:</u>   Wird der Zeitvorrang des ersten Antrags in einem anderen Verbandsstaat in Anspruch genommen, so ist eine von der für diesen Antrag zuständigen Behörde beglaubigte Abschrift der Antragsunterlagen der ersten Hinterlegung innerhalb von drei Monaten nach dem Antragstag (Eingangstag beim Bundessortenamt) vorzulegen.

Zu 11.
In Fällen, in denen der Sortenschutz für mehrere gemeinschaftlich beantragt wird, sind Angaben über die Aufteilung der Anteile der Berechtigten oder über das für die Gemeinschaft maßgebende Rechtsverhältnis zu machen. Beispiele für derartige Angaben: "Für die Antragsteller zu gleichen Teilen", "Für den Antragsteller NN zur Hälfte, für die Antragsteller NN und NN zu je einem Viertel", "Für die Antragsteller in ungeteilter Erbengemeinschaft", "Für die Antragsteller als Gesellschaft des bürgerlichen Rechts".

Sortenschutzantrag

An das
BUNDESSORTENAMT
Osterfelddamm 80 / Postfach 61 04 40
30627 Hannover / 30604 Hannover

Hinweise:
Bitte zweifach einreichen !
Zutreffendes ankreuzen [X].
Siehe umstehende Erläuterungen!
Kopfleiste und Randspalte
nicht ausfüllen !

B - Angabe einer Sortenbezeichnung

105 | 111 | Ref. | Prüfabteilung / Referat

1. Die Angabe bezieht sich auf die Sorte mit der vorläufigen Bezeichnung /bisherigen Sortenbezeichnung:

   BSA-Kenn-Nr. :

2. Antragsteller/Sortenschutzinhaber/Züchter:

3. Art und ggf. Unterart:

4. Als (andere) Sortenbezeichnung
   wird angegeben
   (in Groß-/Kleinschreibung in die Kästchen):

5. In anderen Verbandsstaaten des Internationalen Übereinkommens zum Schutz von Pflanzenzüchtungen (UPOV) oder Vertragsstaaten des Abkommens über den Europäischen Wirtschaftsraum angegebene oder eingetragene Sortenbezeichnung(en) der Sorte

Staat	Stand	Sortenbezeichnung (wenn anders als unter 4.)

   Nat. [D]   BSA-Klasse

6. [ ] Die angegebene Sortenbezeichnung ist für dieselben Waren für den /die Antragsteller/Sortenschutzinhaber/Züchter als Warenzeichen eingetragen oder zur Eintragung angemeldet oder beim Internationalen Büro der Weltorganisation für geistiges Eigentum (WIPO) als Marke international registriert worden.

Staat und/oder WIPO	Anmeldedatum	Datum und Nummer der Eintragung	Registrierung

   Kenn-Buchst.   Kenn-Nr.

   einge. Sort. bez. vorh. [X]   4-stell.Zücht.Abk.

   [ ] Der Zeitvorrang der Anmeldung als Warenzeichen / der Registrierung der Marke wird für die Sortenbezeichnung beansprucht (§ 23 Abs. 3 SortG, § 42 Abs. 5 SaatG).

   Eine Bescheinigung des Deutschen Patentamts über die Eintragung/Anmeldung des Warenzeichens/des Internationalen Büros der WIPO über die internationale Registrierung der Marke

   [ ] ist beigefügt   [ ] wird innerhalb von drei Monaten vorgelegt.

   Prioritätsdatum

7. Mir/uns ist bekannt, daß aus dem Recht an dem Warenzeichen die Verwendung der Sortenbezeichnung für die Sorte nicht untersagt werden kann (§ 14 Abs. 2 SortG / § 20 Abs. 2 SaatG).

   Priorität aus Warenzeichen

....
Ort   Datum   Unterschrift(en)

Hinweis des Bundessortenamtes nach § 33 Abs. 1 Bundesdatenschutzgesetz:
Die personenbezogenen Daten werden gespeichert.

BSA - V 3 / 0395

Sortenschutzantrag

Erläuterungen

Allgemeines

0.1 Staaten sind mit den Kfz-Nationalitätszeichen anzugeben.

Zu 1.

Dieser Vordruck gilt für die erstmalige oder wiederholte Angabe einer Sortenbezeichnung sowohl im Verfahren zur Erteilung des Sortenschutzes als auch im Verfahren zur Zulassung einer Sorte sowie für die Angabe einer anderen Sortenbezeichnung für eine geschützte / zugelassene Sorte in den Fällen des § 30 Abs. 3 SortG, § 51 Abs. 3 SaatG. Wurde beides beantragt oder ist die Sorte sowohl geschützt als auch zugelassen, ist dieser Vordruck nur einmal (in 2 Stücken) einzureichen. Der Vordruck ist auch dann einzureichen, wenn die Sortenbezeichnung bereits in dem Vordruck für den Sortenschutzantrag / Antrag auf Sortenzulassung als vorläufige Bezeichnung angegeben wurde.

Zu 2.

Die Sortenbezeichnung ist vom Antragsteller des Sortenschutzantrages/ Antrages auf Sortenzulassung, im Fall des § 30 Abs. 3 SortG vom Sortenschutzinhaber und im Fall des § 51 Abs. 3 SaatG vom in der Sortenliste eingetragenen Züchter (oder für diesen vom Verfahrensvertreter / Bevollmächtigten) anzugeben.

Zu 3.

Es ist die botanische und die deutsche Bezeichnung anzugeben.

Zu 4.

Zu den Voraussetzungen, die die angegebene Sortenbezeichnung erfüllen muß, siehe § / SortG / § 44 SaatG.

Der Anfangsbuchstabe einer Sortenbezeichnung wird groß, alle weiteren Buchstaben werden klein geschrieben. Besteht eine Sortenbezeichnung aus mehr als einem Wort, werden die Anfangsfangsbuchstaben der einzelnen Worte groß und alle weiteren Buchstaben klein geschrieben.

Zu 5.

5.1 Es sind alle anderen Sortenbezeichnungen in zeitlicher Reihenfolge der Anmeldungen anzugeben.

5.2 In der Spalte "Stand" sind die folgenden Abkürzungen zu verwenden:

- A = Sortenbezeichnung anhängig
- B = Sortenbezeichnung zurückgewiesen
- C = Sortenbezeichnung zurückgenommen
- D = Sortenbezeichnung festgesetzt.

Zu 6.

Wird der Zeitvorrang aus einem beim Deutschen Patentamt eingetragenen /angemeldeten Warenzeichen / oder einer international registrierten Marke beansprucht, so ist die entsprechende Bescheinigung beizufügen oder innerhal von 3 Monaten nach Einreichung dieses Vordrucks nachzureichen. Geschieht dies nicht, so erlischt der Anspruch auf den Zeitvorrang für die Sortenbezeichnung. Der Zeitvorrang einer international registrierten Marke kann nur in Anspruch genommen werden, wenn diese im Inland Schutz genießt.

Sortenschutzantrag

Diesen Vordruck jedem Antragsvordruck beifügen [ROS]

BUNDESSORTENAMT
Postfach 61 04 40
30604 Hannover
Osterfelddamm 80
30627 Hannover

Hinweis:
Bitte beim Ausfüllen darauf acht(
daß bei allen Stücken die Angabei
übereinstimmen.

TECHNISCHER FRAGEBOGEN

Anlage zum Sortenschutzantrag / Antrag auf Sortenzulassung

1. Art Rosa L. Rose	
2. Antragsteller (Name und Anschrift)	
3. Vorläufige Bezeichnung oder Sortenbezeichnung	

4. Informationen über Ursprung, Erhaltung und Vermehrung der Sorte

4.1 Ursprung /Züchtungsverfahren

    i) Sämling (Elternsorten angeben) .... [ ]

    ii) Mutation (Ausgangssorte angeben) .... [ ]

    iii) Entdeckung (Wo und zu welchem Zeitpunkt ?) .... [ ]

Bei Sorten, die durch gentechnische Arbeiten im Sinne des Gentechnikgesetzes hervorgebracht wurden, bitte beglaubigte Abschrift der Genehmigung nach § 14 GenTG beifügen sowie Ursprungssorte und Veränderung im Vergleich zur Ursprungssorte angeben.

4.2 Mikrovermehrung:
Das Pflanzenmaterial wurde mit Hilfe der Mikrovermehrung erzeugt

                                ja   [ ]
                                nein   [ ]

4.3 Andere Informationen

    i) Verwendete Unterlage: ....

    ii) Andere

5. Anzugebende Merkmale der Sorte: Die Ausprägungsstufe, die der Sorte am nächsten kommt, bitte ankreuzen [X].

Merkmale	Beispielssorten		Note	
5.1 Pflanze:	Wuchsform (Klettersorten ausgeschlossen)			
	Korpriva	schmal buschig	1	[ ]
	Meipoque	buschig	3	[ ]
	Fairy Prince	breit buschig	5	[ ]
	Meicoursol	flach buschig	7	[ ]
	Korimro	kriechend	9	[ ]

BSA - V 114 / 1093

5.2	Blüte:	Typ			
		Korgosa	einfach	1	[ ]
		Meilanodin	halbgefüllt	2	[ ]
		Red Queen	gefüllt	3	[ ]
5.3	Blüte:	Durchmesser			
		Starina	sehr klein	1	[ ]
		Meiburenac	klein	3	[ ]
		Kolima	mittel	5	[ ]
		Pink Wonder	groß	7	[ ]
		Meinatac	sehr groß	9	[ ]

<u>Klassifizierung gemäß Kapitel V der Prüfungsrichtlinien</u>

5.4 Blütenfarbgruppe

Korbin, Pascali, Youki San	weiß oder annähernd weiß	1	[ ]
Goldilocks, Bit O'Sunshine, Korfou	mittelgelb	2	[ ]
Allgold, Buccaneer, Grandpa Dickson	dunkelgelb	3	[ ]
Masquerade, Peace, Diamond Jubliee	gelb gemischt (einschl. Sorten, die vorwiegend gelb sind, aber einige Tönungen von rosarot enthalten)	4	[ ]
Circus, Korgo, Woburn Abbey, Macel	aprikosenfarben gemischt (einschl. Sorten, die vorwiegend aprikosenfarben sind, aber einige andere Farbtöne enthalten)	5	[ ]
Korp, Tanorstar, Zorina	orange und orange gemischt (einschl. Sorten, die vorwiegend orange sind, oder orange mit anderen Farbtönen enthalten)	6	[ ]
Spartan, Meirabande, Meteor	orangerot	7	[ ]
Bridal Pink, Madame Caroline Testout	hellrosa	8	[ ]
Meichim, Meibil, Majorette	mittelrosa	9	[ ]
Johnago, Gail Borden, President Herbert Hoover	rosa gemischt (Sorten die vorwiegend rosa sind, aber ähnliche Farbtönungen enthalten, gelb, orange usw.	10	[ ]
Tanellis, Buisman's Triumph, Prima Ballerina	hellrot und dunkelrosa	11	[ ]
Ama, Meilie	mittelrot	12	[ ]
Europeana, Crimson Glory, Meicesar	dunkelrot	13	[ ]
Tanol, Traviata, Gel	rot gemischt (Sorten die vorwiegend rot sind, aber andere Farbtönungen enthalten, gelb, orange usw.)	14	[ ]
Lady X, Lilac Charm, Fissan	fliederfarbig (Sorten die vorwiegend lavendelfarben und purpurfarben sind)	15	[ ]
Cafe, Mojave, Korval	rostbraun (Sorten die vorwiegend braun oder gelbbraun sind)	16	[ ]

5.5	Pflanzenwuchstyp		
	Zwergrose (selten mehr als 60 cm hoch und breit)	1	[ ]
	Beetrose (gedrungener Wuchs, normalerweise zwischen 60 cm und 150 cm hoch)	2	[ ]
	Strauchrose (Wuchs dicht und locker, Höhe oft über 150 cm)	3	[ ]
	Kletterrose (Wachstum normalerweise über 200 cm)	4	[ ]
	Bodendeckerrose	5	[ ]

6. Ähnliche Sorten und Unterschiede zu diesen Sorten

Bezeichnung der ähnlichen Sorte	Merkmal, in dem die ähnliche Sorte unterschiedlich ist	Ausprägungsstufe ähnliche Sorte	Kandidatensorte

7. Zusätzliche Informationen zur Erleichterung der Unterscheidung der Sorte

7.1 Resistenzen gegenüber Schadorganismen

7.2	Besondere Bedingungen für die Prüfung der Sorte			
	i) Gruppe	– im Freiland	1	[ ]
		– unter Glas	2	[ ]
		– Topfrose	3	[ ]
		– Unterlage	4	[ ]
	ii) Andere Bedingungen			

7.3 Andere Informationen

22. Verordnung (EG) Nr. 1238/95 der Kommission zur Durchführung der Verordnung (EG) Nr. 2100/94 des Rates im Hinblick auf die an das Gemeinschaftliche Sortenamt zu entrichtenden Gebühren

vom 31. 5. 1995
(ABl. L 121/31)

DIE KOMMISSION DER EUROPÄISCHEN GEMEINSCHAFTEN –

gestützt auf den Vertrag zur Gründung der Europäischen Gemeinschaft,
gestützt auf die Verordnung (EG) Nr. 2 100/94 des Rates vom 27. Juli 1994 über den gemeinschaftlichen Sortenschutz[1105], insbesondere auf Artikel 113,
in Erwägung nachstehender Gründe:

Die Verordnung (EG) Nr. 2100/94 (nachstehend „Grundverordnung" genannt) wird durch das Gemeinschaftliche Sortenamt („das Amt") durchgeführt. Die Einnahmen des Amtes sollen grundsätzlich zur Deckung aller Haushaltsausgaben des Amtes ausreichen und sich aus Gebühren zusammensetzen, die für die in der Grundverordnung und in der Verordnung (EG) Nr. 1239/95 der Kommission vom 31. 5. 1995 zur Durchführung der Verordnung (EG) Nr. 2100/94 des Rates im Hinblick auf das Verfahren vor dem Gemeinschaftlichen Sortenamt[1106] (nachstehend „Verfahrensordnung" genannt) vorgesehenen Amtshandlungen sowie aus Jahresgebühren, die während der Dauer eines gemeinschaftlichen Sortenschutzes zu zahlen sind.

Innerhalb der in Artikel 113 Absatz 3 Buchstabe b) der Verordnung vorgesehenen Übergangszeit können die Ausgaben im Rahmen der Anlaufphase des Amtes durch einen Zuschuß aus dem Gesamthaushaltsplan der Europäischen Gemeinschaften gedeckt werden. Nach derselben Bestimmung ist eine Verlängerung dieser Übergangszeit um ein Jahr möglich.

Eine solche Verlängerung der Übergangszeit sollte in Betracht gezogen werden, wenn die bisherigen Erfahrungen nicht ausreichen, um die Höhe der Gebühren so zu bemessen, daß der Grundsatz der Selbstfinanzierung und die Attraktivität der gemeinschaftlichen Sortenschutzregelung gewährleistet sind. Diese Erfahrungen können nur anhand der Anzahl der Anträge auf gemeinschaftlichen Sortenschutz, der an die Prüfungsämter zu zahlenden Gebühren und der tatsächlichen Dauer des gewährten Sortenschutzes gewonnen werden.

Die Höhe der Gebühren sollte auf den Grundsätzen einer soliden Kostenhandhabung durch das Amt beruhen, insbesondere dem der Sparsamkeit und der Kosten/Nutzen-Verhältnisse.

Aus Gründen der vereinfachten Handhabung für das Personal des Amtes sollten die Gebühren in derselben Währungseinheit, die für das Budget des Amtes zu verwenden ist, festgesetzt, aber auch erhoben werden und zu zahlen sein.

Bei der Antragsgebühr sollte es sich um eine einheitliche Gebühr handeln, die nur die Bearbeitung eines beim Amt in bezug auf eine bestimmte Pflanzenart eingereichten Antrags auf gemeinschaftlichen Sortenschutz abdeckt.

Die Frist für die Zahlung der Antragsgebühr nach Artikel 51 der Grundverordnung sollte sich nach dem Zeitraum richten, der zwischen den für die Ausführung der Zahlung erforderlichen Handlungen und dem tatsächlichen Eingang dieser Zahlung beim Amt liegt; dadurch würde insbesondere der Notwendigkeit Rechnung getragen, daß einerseits die Auslagen des Amtes so schnell wie möglich erstattet werden und anderseits auch bei möglicherweise großen Entfernungen zwischen einem Antragsteller und dem Amt eine effiziente Antragstellung erleichtert wird.

[1105] ABl. Nr. L 227 vom 1. 9. 1994, S. 1.
[1106] Nr. 691.

Der Gesamtbetrag der Prüfungsgebühren, die für die Durchführung einer technischen Prüfung erhoben werden, entsprechen im Prinzip dem Gesamtbetrag der vom Amt an alle Prüfungsämter zu zahlenden Gebühren. Die Kosten für die Unterhaltung des Referenzbestands sollten nicht zwangsläufig nur aus den erhobenen Prüfungsgebühren bestritten werden. Die Höhe der Prüfungsgebühr sollte unterschiedlich bemessen werden und sich unter Berücksichtigung der im Rahmen der bestehenden nationalen Sortenschutzregelungen gewonnenen Erfahrungen an drei Gruppen von Pflanzenarten ausrichten.

Die jedes Jahr während der Dauer des gemeinschaftlichen Sortenschutzes anfallenden Gebühren stellen zusätzliche Einnahmen des Amtes dar, sollten aber unter anderem zur Deckung von Kosten für die technische Prüfung von Sorten nach der Erteilung des gemeinschaftlichen Sortenschutzes dienen und sich infolgedessen nach der für die Prüfungsgebühren aufgestellten Gruppeneinteilung richten.

Bei der Beschwerdegebühr sollte es sich um einen einheitlichen Betrag handeln, der einen Großteil der Kosten im Zusammenhang mit einem Beschwerdeverfahren, mit Ausnahme der Kosten für eine technische Prüfung gemäß den Artikeln 55 und 56 der Verordnung oder der Kosten für jede andere Beweiserbringung, deckt. Zwei unterschiedliche Zahlungstermine für die Beschwerdegebühr sollen bewirken, daß der Beschwerdeführer seine Beschwerde im Licht der vom Amt gemäß Artikel 70 Absatz 2 der Grundverordnung getroffenen Entscheidungen überdenkt.

Die in bezug auf spezifische Anträge erhobenen sonstigen Gebühren sollen im Prinzip die Kosten decken, die bei der Bearbeitung dieser Anträge durch das Amt, einschließlich der diesbezüglichen Entscheidungsfindung, anfallen.

Um eine Flexibilität in der Handhabung der Kosten sicherzustellen, sollte der Präsident des Amtes ermächtigt werden, die Gebühren festzulegen, die für Prüfungsberichte, die bereits am Antragstag vorhanden sind und nicht zur freien Verfügung des Amtes stehen, und für bestimmte erbrachte Dienste zu entrichten sind.

Entstehen dem Amt aufgrund mangelnder Zusammenarbeit seitens bestimmter Antragsteller oder Inhaber eines gemeinschaftlichen Sortenschutzes unnötige Kosten, so können zu ihrer Reduzierung Zuschlagsgebühren erhoben werden. Im Hinblick auf Artikel 117 der Grundverordnung sollte die vorliegende Verordnung so schnell wie möglich in Kraft treten.

Der Verwaltungsrat des Amtes wurde gehört.

Die in dieser Verordnung vorgesehenen Maßnahmen entsprechen der Stellungnahme des Ständigen Ausschusses für Sortenschutz

– HAT FOLGENDE VERORDNUNG ERLASSEN:

Art. 1
Anwendungsbereich

(1) Die an das Amt zu entrichtenden Gebühren gemäß der Grundverordnung und gemäß der Verfahrensordnung werden nach Maßgabe dieser Verordnung erhoben.

(2) Die an das Amt zu entrichtenden Gebühren werden in Ecu festgesetzt, erhoben und sind in Ecu zu zahlen.

(3) Die Absätze 1 und 2 gelten sinngemäß für jede Zuschlagsgebühr, die an das Amt zu entrichten ist.

(4) Einzelheiten der Gebühren, die von den Behörden der Mitgliedstaaten kraft der Grundverordnung oder dieser Verordnung erhoben werden können, werden durch die einschlägigen einzelstaatlichen Vorschriften des betroffenen Mitgliedstaats festgelegt.

(5) Sofern der Präsident des Amtes ermächtigt ist, Entscheidungen über die Höhe von Gebühren und die Art und Weise ihrer Entscheidung zu treffen, sind solche Entscheidungen im Amtsblatt des Amtes zu veröffentlichen.

Art. 2
Allgemeine Bestimmungen

(1) Die für jeden einzelnen Gebührentatbestand anfallenden Gebühren und Zuschlagsgebühren sind von einem Verfahrensbeteiligten, so wie es in der Verfahrensordnung festgelegt ist, zu zahlen. Im Fall von mehreren Verfahrensbeteiligten, die gemeinsam handeln oder in deren Namen gemeinsam gehandelt wird, haftet jeder von ihnen als Gesamtschuldner für die Zahlung.

(2) Sofern diese Verordnung keine anderslautenden Bestimmungen enthält, gelten die in der Grundverordnung und in der Verfahrensordnung festgelegten Bestimmungen über das Verfahren vor dem Amt, einschließlich derer in bezug auf Sprachen.

Art. 3
Zahlungsweise

(1) Die an das Amt zu entrichtenden Gebühren und Zuschlagsgebühren sind durch Überweisung auf ein Bankkonto des Amtes zu bezahlen.

(2) Der Präsident des Amtes kann die folgenden anderen Zahlungsweisen für Gebühren und Zuschlagsgebühren an das Amt in Übereinstimmung mit Vorschriften über die Arbeitsmethoden, die gemäß Artikel 36 Absatz 1 Buchstabe d) der Grundverordnung festzulegen sind, zulassen:
a) Aushändigung oder Zustellung von auf das Amt in Ecu ausgestellten und beglaubigten Schecks;
b) Überweisungen in Ecu auf ein Postscheckkonto des Amtes; oder
c) Einzahlung auf Konten, die in Ecu beim Amt gehalten werden.

Art. 4
Maßgebender Zahlungstag

(1) Als Tag des Eingangs der Zahlung von Gebühren und Zuschlagsgebühren beim Amt gilt der Tag, an dem der Betrag der Überweisung gemäß Artikel 3 Absatz 1 auf einem Bankkonto des Amtes gutgeschrieben wird.

(2) Werden vom Präsidenten nach Artikel 3 Absatz 2 andere Zahlungsweisen zugelassen, so wird von ihm unter denselben Bedingungen gleichzeitig der Zeitpunkt festgelegt, der als Eingangsdatum für die Zahlung gilt.

(3) Gilt eine Zahlung binnen einer erforderlichen Frist als beim Amt nicht eingegangen, so gilt die Frist gegenüber dem Amt als eingehalten, wenn innerhalb der betreffenden Frist ausreichende schriftliche Nachweise erbracht werden, daß der Einzahler die für die Zahlung erforderlichen Schritte unternommen hat.

(4) Im Sinne von Absatz 3 ist es erforderlich, daß der Einzahler einem Bankinstitut oder einem Postamt formgerecht den Auftrag erteilt hat, den Zahlungsbetrag in Ecu auf das Bankkonto des Amtes zu überweisen.

(5) Der schriftliche Nachweis gilt im Sinne von Absatz 3 als ausreichend, wenn der Beleg eines Bankinstituts oder gegebenenfalls eines Postamtes, aus dem die Erteilung des Überweisungsauftrags hervorgeht, beigebracht wird.

Art. 5
Name des Einzahlers und Verwendungszweck

(1) Bei der Zahlung von Gebühren oder Zuschlagsgebühren sind der Name des Einzahlers und der Zweck der Zahlung schriftlich anzugeben.

(2) Ist es dem Amt nicht möglich, den Zweck der Zahlung zu ermitteln, so bittet es den Einzahler der Zahlung, diesen innerhalb von zwei Monaten schriftlich mitzuteilen. Wird der Verwendungszweck nicht innerhalb dieses Zeitraums mitgeteilt, so gilt die Zahlung als nicht geleistet und wird an den Einzahler zurückerstattet.

Art. 6
Nicht ausreichender Gebührenbetrag

Die Frist für die Zahlung von Gebühren oder Zuschlagsgebühren gilt grundsätzlich nur dann als eingehalten, wenn der volle Betrag der Gebühr oder Zuschlagsgebühr rechtzeitig gezahlt wurde. Bei nicht vollständiger Zahlung der Gebühren oder Zuschlagsgebühren wird der gezahlte Betrag nach Ablauf der möglichen Zahlungsfrist zurückerstattet. Das Amt kann jedoch in Fällen, in denen dies begründet erscheint, ohne Beeinträchtigung der Rechte des Einzahlers über kleine Fehlbeträge hinwegsehen.

Art. 7
Antragsgebühr

(1) Der Antragsteller für einen gemeinschaftlichen Sortenschutz („der Antragsteller") zahlt gemäß Artikel 113 Absatz 2 Buchstabe a) der Grundverordnung eine Antragsgebühr in Höhe von 1 000 Ecu für die Bearbeitung des Antrags.

(2) Der Antragsteller unternimmt vor oder an dem Tag, an dem er den Antrag direkt beim Amt oder bei einer der gemäß Artikel 30 Absatz 4 der Grundverordnung eingerichteten Dienststellen oder der beauftragten nationalen Einrichtungen einreicht, die für die Zahlung der Antragsgebühr gemäß Artikel 3 erforderlichen Schritte; Artikel 4 Absatz 4 gilt sinngemäß.

(3) Gilt die Zahlung der Antragsgebühr zum Zeitpunkt des Eingangs des Antrags beim Amt als noch nicht eingegangen, so setzt das Amt in Übereinstimmung mit Artikel 51 der Grundverordnung eine zweiwöchige Frist fest, in der jeder angegebene Antragstag unberührt bleibt. Eine erneute Zahlungsaufforderung nach Artikel 83 Absatz 2 der Grundverordnung wird dem Antragsteller nicht vor Ablauf dieser Frist zugestellt.

(4) Gilt die Zahlung der Antragsgebühr innerhalb der gemäß Absatz 3 festgesetzten Frist als nicht eingegangen, so gilt das Eingangsdatum der Zahlung als Antragstag im Sinne von Artikel 51 der Grundverordnung.

(5) Absatz 4 findet keine Anwendung, wenn für die Zahlung der Antragsgebühr ein ausreichender schriftlicher Nachweis bei der Antragstellung erbracht wurde; Artikel 4 Absatz 5 gilt sinngemäß.

(6) Solange die Zahlung der Antragsgebühr als nicht beim Amt eingegangen gilt, wird der betreffende Antrag nicht veröffentlicht und die Durchführung der technischen Prüfung zurückgestellt.

Art. 8
Gebühren für technische Prüfungen

(1) Die Gebühren für die Veranlassung und die Durchführung der technischen Prüfung einer Sorte, für die ein Antrag auf Erteilung des gemeinschaftlichen Sortenschutzes gestellt wird, sind nach Maßgabe des Anhangs I für jede begonnene Vegetationsperiode zu zahlen (Prüfungsgebühren). Bei Sorten, bei denen zur Erzeugung von Material fortlaufend Material bestimmter Komponenten verwendet werden muß, ist die im Anhang I festgesetzte Prüfungsgebühr für eine solche Sorte und für jede der Komponenten, für die eine amtliche Beschreibung nicht verfügbar ist und die gleichfalls geprüft werden muß, zu entrichten; die Gebühr darf auf jeden Fall 3 000 Ecu nicht überschreiten.

(2) Die Prüfungsgebühr für die erste Vegetationsperiode ist vor Ablauf eines Monats nach dem Stichtag für das Einreichen des Materials für die technische Prüfung zu zahlen.

(3) Die Prüfungsgebühr für jede folgende Vegetationsperiode ist spätestens einen Monat vor Beginn einer solchen Periode zu zahlen, sofern das Amt nichts anderes beschließt.

(4) Der Präsident des Amtes veröffentlicht die in diesem Artikel genannten Zahlungstermine im Amtsblatt des Amtes.

(5) Im Fall eines Prüfungsberichts über die Ergebnisse einer gemäß Artikel 27 der Verfahrensordnung bereits vor dem Antragstag im Sinne von Artikel 51 der Grundverordnung durchgeführten technischen Prüfung ist eine Verwaltungsgebühr binnen einer vom Amt festzusetzenden Frist zu entrichten.

Art. 9
Jahresgebühr

(1) Das Amt verlangt vom Inhaber eines gemeinschaftlichen Sortenschutzes, nachstehend „Inhaber" genannt, für jedes Jahr der Dauer eines gemeinschaftlichen Sortenschutzes eine in Anhang II festgesetzte Gebühr (Jahresgebühr).

(2) Die Jahresgebühr ist am letzten Tag des auf den Kalendermonat der Erteilung des gemeinschaftlichen Sortenschutzes folgenden Kalendermonats und in jedem folgenden Jahr an dem entsprechenden Tag zu zahlen.

(3) Das Amt richtet eine Aufforderung an den Inhaber, aus der der Zweck der Zahlung, der fällige Betrag und der Zahlungstermin hervorgeht sowie auf die etwaige Erhebung einer Zuschlagsgebühr gemäß Artikel 13 Absatz 2 Buchstabe a) hingewiesen wird.

(4) Das Amt leistet keine Rückzahlungen für Beträge, die für die Aufrechterhaltung des erteilten Rechts gezahlt worden sind.

Art. 10
Gebühren für die Bearbeitung spezifischer Anträge

(1) Für die Bearbeitung von Anträgen sind vom Antragsteller folgende Gebühren zu entrichten:
a) für einen Antrag auf ein Zwangsnutzungsrecht einschließlich der Eintragungen in die Register, für einen Antrag auf ein vom Amt gemäß Artikel 100 Absatz 2 der Grundverordnung zu erteilendes Nutzungsrecht oder für einen Antrag auf Änderung eines solchen erteilten Nutzungsrechts (Zwangslizenzgebühr), mit Ausnahme der Kommission oder eines Mitgliedstaats in den in Artikel 29 Absatz 2 der Grundverordnung erwähnten Fällen: 1 500 Ecu;
b) für einen Antrag auf folgende Eintragungen in das Register für gemeinschaftliche Sortenschutzrechte (Registergebühr):
   – Rechtsübergang des gemeinschaftlichen Sortenschutzes,
   – vertragliches Nutzungsrecht,
   – Kennzeichnung von Sorten als Ursprungssorten und im wesentlichen abgeleitete Sorten,
   – Einreichung von Klagen in bezug auf die in Artikel 98 Absätze 1 und 2 und in Artikel 99 der Grundverordnung genannten Ansprüche,
   – Eintragung einer Verpfändung oder eines sonstigen dinglichen Rechts an dem gemeinschaftlichen Sortenschutzrecht,
   – jede Zwangsvollstreckung nach Artikel 24 der Grundverordnung: 300 Ecu;
c) für einen nicht unter die Buchstaben a) und b) fallenden Antrag auf Eintragung in das Register für die Anträge auf gemeinschaftlichen Sortenschutz oder das Register für gemeinschaftliche Sortenschutzrechte: 100 Ecu;
d) für einen Antrag auf Festlegung der Höhe der Kosten gemäß Artikel 85 Absatz 5 der Grundverordnung: 100 Ecu.

(2) Die in Absatz 1 genannten Gebühren sind an dem Tag zu entrichten, an dem der Antrag, für den die betreffenden Gebühren anfallen, eingeht. Geht die Zahlung nicht rechtzeitig ein, gilt Artikel 83 Absatz 2 der Grundverordnung.

Art. 11
Beschwerdegebühr

(1) Der Beschwerdeführer zahlt für die Bearbeitung einer Beschwerde gemäß Artikel 113 Absatz 2 Buchstabe c) der Grundverordnung eine Beschwerdegebühr in Höhe von 1 500 Ecu.

(2) Ein Drittel der Beschwerdegebühr ist an dem Tag zu zahlen, an dem die Beschwerde beim Amt eingeht; auf dieses Drittel findet Artikel 83 Absatz 2 der Grundverordnung Anwendung. Die restlichen zwei Drittel der Beschwerdegebühr sind auf Aufforderung des Amtes innerhalb eines Monats zu zahlen, nachdem die zuständige Stelle des Amtes den Fall der Beschwerdekammer vorgelegt hat.

(3) Sind die Voraussetzungen von Artikel 83 Absatz 4 der Grundverordnung erfüllt, so wird im Fall einer Abhilfe vom Präsidenten des Amtes und in anderen Fällen von der Beschwerdekammer eine Rückerstattung der Beschwerdegebühr angeordnet.

(4) Absatz 1 findet keine Anwendung auf die Kommission oder einen Mitgliedstaat, die als Beschwerdeführer gegen eine nach Artikel 29 Absatz 2 der Grundverordnung getroffene Entscheidung auftreten.

Art. 12
Vom Präsidenten des Amtes festgesetzte Gebühren

(1) Der Präsident des Amtes setzt die Höhe der Gebühren für folgende Tatbestände fest:
a) die in Artikel 8 Absatz 5 genannte Verwaltungsgebühr;
b) Gebühren für die Erstellung von beglaubigten oder einfachen Kopien, wie insbesondere in Artikel 84 Absatz 3 der Verfahrensordnung genannt; und
c) Gebühren im Hinblick auf das Amtsblatt des Amtes (Artikel 89 der Grundverordnung; Artikel 87 der Verfahrensordnung) und jede andere vom Amt herausgegebene Veröffentlichung.

(2) Der Präsident des Amtes kann die unter Absatz 1 Buchstaben b) und c) genannten Dienstleistungen von einer Vorschußzahlung abhängig machen.

Art. 13
Zuschlagsgebühren

(1) Das Amt kann eine Zuschlagsgebühr zur Antragsgebühr erheben, wenn es feststellt, daß
a) eine vorgeschlagene Bezeichnung nach Artikel 63 der Grundverordnung wegen Übereinstimmung mit der Bezeichnung einer anderen Sorte oder aufgrund einer Abweichung von einer Bezeichnung derselben Sorte nicht genehmigt werden kann;
b) ein Antragsteller für einen gemeinschaftlichen Sortenschutz für eine Sortenbezeichnung einen neuen Vorschlag einbringt, sofern er dazu nicht vom Amt aufgefordert worden ist oder er in Übereinstimmung mit Artikel 21 Absatz 3 der Verfahrensordnung einen Antrag auf einen gemeinschaftlichen Sortenschutz gestellt hat.
Ehe die Zahlung der gemäß Unterabsatz 1 fälligen Zuschlagsgebühr nicht erfolgt ist, wird ein Vorschlag für eine Sortenbezeichnung vom Amt nicht veröffentlicht.

(2) Das Amt kann eine Zuschlagsgebühr zur Jahresgebühr erheben, wenn es feststellt, daß
a) der Inhaber die Jahresgebühr nach Artikel 9 Absätze 2 und 3 nicht entrichtet hat;
b) die Sortenbezeichnung wegen eines älteren entgegenstehenden Rechts eines Dritten gemäß Artikel 66 Absatz 1 der Grundverordnung geändert werden muß.

(3) Die in den Absätzen 1 und 2 genannten Zuschlagsgebühren sind im Einklang mit den Vorschriften über die Arbeitsmethoden, die gemäß Artikel 36 Absatz 1 Buchstabe d) der Grundverordnung festzulegen sind, erhoben; sie belaufen sich auf 20 % des Betrags der betreffenden Gebühr, mindestens aber auf 100 Ecu, und sind innerhalb eines Monats nach dem Datum der Aufforderung des Amtes zu zahlen.

Art. 14
Ausnahmebestimmungen

(1) Abweichend von Artikel 7 bleibt ein im Sinne von Artikel 51 der Grundverordnung angegebener Antragstag für die gemäß Artikel 116 Absätze 1 und 2 der Grundverordnung eingereichten Anträge gültig, wenn spätestens am 30. September 1995 ein ausreichender schriftlicher Nachweis erbracht wurde, daß der Antragsteller die für die Zahlung der Antragsgebühr erforderlichen Schritte unternommen hatte.

(2) Abweichend von Artikel 8 Absatz 5 ist eine Verwaltungsgebühr von 100 Ecu zu entrichten, wenn die technische Prüfung einer Sorte gemäß Artikel 116 Absatz 3 der Grundverordnung auf der Grundlage der verfügbaren Ergebnisse von Verfahren zur Erteilung eines nationalen Sortenschutzes vorgenommen wird.

(3) Abweichend von Artikel 8 Absatz 5 können Behörden, bei denen Verfahren zur Erteilung eines nationalen Sortenschutzrechts stattfanden, für die Überlassung von Unterlagen unter den in Artikel 93 Absatz 3 der Verfahrensordnung genannten Bedingungen eine Gebühr erheben. Eine solche Gebühr darf die Gebühr nicht überschreiten, die in jenem Mitgliedstaat für die Überlassung eines Prüfungsberichts durch eine Prüfbehörde eines anderen Landes erhoben wird; die Zahlung der Gebühr erfolgt unbeschadet der gemäß den Absätzen 1 und 2 zu leistenden Zahlungen.

(4) Abweichend von Artikel 8 ist eine Berichtsgebühr von 300 Ecu für den in Artikel 94 der Verfahrensordnung genannten Prüfungsbericht innerhalb einer vom Amt festzulegenden Frist zu entrichten.

Art. 15
Inkrafttreten

Diese Verordnung tritt am Tag ihrer Veröffentlichung im *Amtsblatt der Europäischen Gemeinschaften* in Kraft.

Anhang I

Die für jede Vegetationsperiode gemäß Artikel 8 zu entrichtende Prüfungsgebühr wird wie folgt festgesetzt:

Gruppe A 1 000 Ecu
Gruppe A umfaßt folgende landwirtschaftliche Arten:
Betarüben, Getreide, Baumwolle, Kartoffeln/Erdäpfel,
Raps, Sojabohnen, Sonnenblumen

Gruppe B 800 Ecu
Gruppe B umfaßt
1. landwirtschaftliche Arten (einschließlich Gräsern), die nicht von der Gruppe A umfaßt sind;
2. folgende Gemüsearten:
   Aubergine/Melanzani, Zucchini, Gurke, Endivie, Gartenbohne, Kopfsalat, Kürbis, Melone, Zwiebel, Paprika, Tomate, Erbse, Wassermelone;
3. folgende Zierpflanzen:
   alstroemeria, anthurium, azalea, begonia (elatior), chrysanthemum, dianthus, euphorbia pulcherrima, fuchsia, gerbera, impatiens, kalanchoe, lilium, orchidaceae, pelargonium, pentas, petunia, rosa, saint-paulia, spathiphyllum.

Gruppe C 700 Ecu
Gruppe C umfaßt alle Gattungen und Arten, die weder in der Gruppe A noch in der Gruppe B genannt sind.

Anhang II

Die gemäß Artikel 11 für jedes Jahr der Dauer des gemeinschaftlichen Sortenschutzes zu zahlende Jahresgebühr richtet sich nach der Gruppeneinteilung in Anhang I und hat folgende Höhe:

(in Ecu)

Jahr	Gruppe		
	A	B	C
1.	400	400	400
2.	600	500	500
3.	800	600	600
4.	1 000	700	700
5.	1 100	800	800
6.	1 200	1 000	900
7. und folgende Jahre	1 300	1 100	1 000

23. Verordnung (EG) Nr. 1239/95 der Kommission zur Durchführung der Verordnung (EG) Nr. 2100/94 des Rates im Hinblick auf das Verfahren vor dem Gemeinschaftlichen Sortenamt

vom 31. 5. 1995
(ABl. L 121/37, geändert durch VO v. 12. 3. 1996, ABl. L 62/3)

DIE KOMMISSION DER EUROPÄISGHEN GEMEINSCHAFTEN –
gestützt auf den Vertrag zur Gründung der Europäischen Gemeinschaft,
gestützt auf die Verordnung (EG) Nr. 2100/94 des Rates vom 27. Juli 1994 über den gemeinschaftlichen Sortenschutz[1107], insbesondere auf Artikel 114,
in Erwägung nachstehender Gründe:
Durch die Verordnung (EG) Nr. 2100/94 (nachstehend „Grundverordnung" genannt) wird eine neue Gemeinschaftsregelung geschaffen, die einen gemeinschaftsweit geltenden Sortenschutz ermöglicht.

Für die effiziente Anwendung des gemeinschaftlichen Sortenschutzes ist das Gemeinschaftliche Sortenamt zuständig, das bei der technischen Prüfung der betreffenden Pflanzensorten von Prüfungsämtern unterstützt wird bzw. nationale Einrichtungen mit der Prüfung beauftragen oder eigene Dienststellen für diese Zwecke einrichten kann. Dies setzt voraus, daß das Verhältnis zwischen dem Amt und seinen eigenen Dienststellen, den Prüfungsämtern und den nationalen Einrichtungen geklärt wird.

Gegen Entscheidungen des Amts kann Beschwerde eingelegt werden. Hierzu ist eine Beschwerdekammer einzurichten, für die eine Verfahrensordnung festgelegt werden muß. Der Verwaltungsrat kann erforderlichenfalls weitere Beschwerdekammern einrichten.

In den Artikeln 23, 29, 34, 35, 36, 42, 45, 46, 49, 50, 58, 81, 85, 87, 88 und 100 der Grundverordnung ist bereits ausdrücklich vorgesehen, daß zu ihrer Durchführung detaillierte Vorschriften zu erlassen sind oder erlassen werden können. Weitere Durchführungsvorschriften können erlassen werden, wenn es einer Präzisierung bedarf.

Wann die rechtsgeschäftliche Übertragung eines gemeinschaftlichen Sortenschutzrechts oder eines Sortenschutzanspruchs wirksam wird, bestimmt sich nach den für die Registereinträge geltenden Vorschriften.

Der Verwaltungsrat des Gemeinschaftlichen Sortenamts ist gehört worden.

Die in dieser Verordnung vorgesehenen Maßnahmen entsprechen der Stellungnahme des Beratenden Sortenschutzausschusses –
HAT FOLGENDE VERORDNUNG ERLASSEN:

[1107] ABl. Nr. L 227 vom 1. 9. 1994, S. 1.

Erster Titel
Verfahrensbeteiligte, Amt und Prüfungsämter

Kapitel 1 Verfahrensbeteiligte

Art. 1
Verfahrensbeteiligte

(1) Folgende Personen können Beteiligte eines Verfahrens vor dem Gemeinschaftlichen Sortenamt, im folgenden „Amt" genannt, sein:
a) die Person, die einen Antrag auf gemeinschaftlichen Sortenschutz gestellt hat;
b) der Einwender im Sinne von Artikel 59 Absatz 2 der Grundverordnung;
c) der oder die Inhaber des gemeinschaftlichen Sortenschutzes, im folgenden „Inhaber" genannt;
d) jede Person, deren Antrag oder Begehr Voraussetzung für eine Entscheidung des Amts ist.

(2) Das Amt kann andere als die in Absatz 1 genannten Personen, die unmittelbar und persönlich betroffen sind, als Verfahrensbeteiligte zulassen.

(3) Als Person im Sinne der Absätze 1 und 2 gelten alle natürlichen und juristischen Personen sowie Körperschaften, die nach dem für sie geltenden Recht als juristische Personen angesehen werden.

Art. 2
Angaben zur Person

(1) Jeder Verfahrensbeteiligte hat Namen und Anschrift anzugeben.

(2) Bei natürlichen Personen sind Familienname und Vornamen anzugeben. Bei juristischen sowie bei Personengesellschaften ist die amtliche Bezeichnung anzugeben.

(3) Die Anschrift muß sämtliche relevanten Verwaltungsangaben einschließlich der Angabe des Staats enthalten, in dem der Verfahrensbeteiligte seinen Wohnsitz, seinen Sitz oder seine Niederlassung hat. Es sollte für jeden Verfahrensbeteiligten möglichst nur eine Anschrift angegeben werden. Bei mehreren Anschriften wird nur die zuerst genannte berücksichtigt, sofern der Verfahrensbeteiligte nicht eine der anderen Anschriften als Zustellungsanschrift angibt.

(4) Handelt es sich bei einem Verfahrensbeteiligten um eine juristische Person, so sind Name und Anschrift der natürlichen Person anzugeben, die den Verfahrensbeteiligten nach dem geltenden innerstaatlichen Recht vertritt. Für diese natürliche Person gilt Absatz 2 entsprechend.

Das Amt kann Ausnahmen von den Bestimmungen des vorstehenden Unterabsatzes erster Satz zulassen.

(5) Ist die Kommission oder ein Mitgliedstaat Verfahrensbeteiligter, so ist für jedes Verfahren, an dem die Kommission oder der Mitgliedstaat beteiligt ist, ein Vertreter zu benennen.

Art. 3
Sprachen der Verfahrensbeteiligten

(1) Der Verfahrensbeteiligte benutzt die Amtssprache der Europäischen Gemeinschaften, in der das dem Amt zuerst vorgelegte und zur Vorlage unterzeichnete Schriftstück abgefaßt worden ist, bis eine abschließende Entscheidung des Amts ergeht.

(2) Legt ein Verfahrensbeteiligter ein von ihm zu diesem Zweck unterzeichnetes Schriftstück in einer anderen Amtssprache vor als derjenigen, die er nach Absatz 1 hätte benutzen müssen, so gilt das

Schriftstück als zu dem Zeitpunkt eingegangen, an dem das Amt über eine von anderen Dienststellen angefertigte Übersetzung verfügt.

Das Amt kann Ausnahmen von dieser Bestimmung zulassen.

(3) Benutzt ein Verfahrensbeteiligter in einem mündlichen Verfahren eine andere Sprache als die nach Absatz 1 zu verwendende Amtssprache, so sorgt er für die Simultanübertragung aus dieser anderen Sprache in die von den zuständigen Mitgliedern des Amts und den anderen Verfahrensbeteiligten verwendeten Sprachen.

Art. 4
Sprachen in mündlichen Verfahren und bei der Beweisaufnahme

(1) Verfahrensbeteiligte, Zeugen oder Sachverständige, die zur Beweisaufnahme mündlich vernommen werden, können eine der Amtssprachen der Europäischen Gemeinschaften benutzen.

(2) Ist ein Verfahrensbeteiligter, Zeuge oder Sachverständiger bei einer von einem Verfahrensbeteiligten beantragten Beweisaufnahme nach Absatz 1 nicht in der Lage, sich in einer der Amtssprachen der Europäischen Gemeinschaften angemessen auszudrücken, so kann diese Person nur gehört werden, wenn der Verfahrensbeteiligte, der den Beweisaufnahmeantrag gestellt hat, für die Übertragung in die Sprachen sorgt, die von allen Verfahrensbeteiligten gemeinsam oder in Ermangelung dessen von den zuständigen Mitgliedern des Amts benutzt werden.

Das Amt kann Ausnahmen von dieser Bestimmung zulassen.

(3) Äußerungen von Mitgliedern des Amts, Verfahrensbeteiligten, Zeugen oder Sachverständigen in mündlichen Verfahren oder bei der Beweisaufnahme in einer Amtssprache der Europäischen Gemeinschaften werden in dieser Sprache zu Protokoll genommen. Äußerungen in anderen Sprachen werden in der Sprache zu Protokoll genommen, die von den Mitgliedern des Amts benutzt wird.

Art. 5
Übersetzung von Schriftstücken der Verfahrensbeteiligten

(1) Reicht ein Verfahrensbeteiligter Schriftstücke in einer anderen Sprache als einer Amtssprache der Europäischen Gemeinschaften ein, so kann das Amt von dem Verfahrensbeteiligten eine Übersetzung dieser Schriftstücke in die Sprache verlangen, die von diesem Verfahrensbeteiligten zu benutzen ist oder die von den zuständigen Mitgliedern des Amts benutzt wird.

(2) Hat ein Verfahrensbeteiligter eine Übersetzung vorgelegt oder muß er eine solche vorlegen, so kann das Amt verlangen, daß innerhalb einer vom Amt festzusetzenden Frist eine Bescheinigung vorgelegt wird, daß die Übersetzung mit dem Urtext übereinstimmt.

(3) Wird die Übersetzung nach Absatz 1 und die Bescheinigung nach Absatz 2 nicht vorgelegt, so gilt das Schriftstück als nicht eingegangen.

Kapitel 2 Das Amt

Erster Abschnitt
Ausschüsse des Amts

Art. 6
Qualifikation der Ausschußmitglieder

(1) Den Ausschüssen nach Artikel 35 Absatz 2 der Grundverordnung gehören dem Ermessen des Präsidenten des Amts zufolge entweder Mitglieder mit technischer oder rechtlicher Qualifikation oder Mitglieder beider Fachrichtungen an.

(2) Ein technisches Mitglied muß über einen Hochschulabschluß im Bereich der Pflanzenkunde oder über anerkannte Erfahrungen in diesem Bereich verfügen.

(3) Ein rechtskundiges Mitglied muß über ein abgeschlossenes rechtswissenschaftliches Studium oder über anerkannte Erfahrungen im Bereich des gewerblichen Rechtsschutzes oder des Sortenwesens verfügen.

Art. 7
Entscheidungen der Ausschüsse

(1) Außer den in Artikel 35 Absatz 2 der Grundverordnung genannten Entscheidungen treffen die Ausschüsse Entscheidungen über
– die Nichtaussetzung einer Entscheidung nach Artikel 67 Absatz 2 der Verordnung,
– die Abhilfe nach Artikel 70 der Grundverordnung,
– die Wiedereinsetzung in den vorigen Stand nach Artikel 80 der Grundverordnung und
– die Verteilung der Kosten nach Artikel 85 Absatz 2 und Artikel 75 der vorliegenden Verordnung.

(2) Entscheidungen der Ausschüsse werden von der Mehrheit der Ausschußmitglieder getroffen.

Art. 8
Befugnisse der Ausschußmitglieder

(1) Jeder Ausschuß bestimmt eines seiner Mitglieder als Berichterstatter.

(2) Der Berichterstatter
a) nimmt insbesondere die in Artikel 25 genannten Aufgaben wahr und sorgt für die Vorlage der Prüfungsberichte;
b) achtet auf den ordnungsgemäßen Ablauf des Verfahrens vor dem Amt einschließlich der Mitteilung von Mängeln, denen die Verfahrensbeteiligten abzuhelfen haben, und der Fristsetzung;
c) sorgt für eine enge Verbindung zu den Verfahrensbeteiligten und für den Austausch von Informationen.

Art. 9
Aufgabe des Präsidenten

Der Präsident des Amts gewährleistet die Kohärenz der unter seiner Verantwortung getroffenen Entscheidungen. Er bestimmt, unter welchen Voraussetzungen Entscheidungen über Einwendungen nach

Artikel 59 der Grundverordnung zusammen mit Entscheidungen nach den Artikeln 61, 62, 63 oder 66 der Grundverordnung getroffen werden.

Art. 10
Informationstag

Das Personal des Amts kann die Räumlichkeiten der beauftragten nationalen Einrichtungen nach Artikel 30 Absatz 4 der Verordnung sowie der Prüfungsämter kostenlos für die regelmäßige Veranstaltung von Informationstagen für Verfahrensbeteiligte und Dritte nutzen.

Zweiter Abschnitt
Die Beschwerdekammer

Art. 11
Die Beschwerdekammer

(1) Für Entscheidungen über Beschwerden gegen die in Artikel 67 der Grundverordnung genannten Entscheidungen wird eine Beschwerdekammer gebildet. Der Verwaltungsrat kann erforderlichenfalls auf Vorschlag des Amts mehrere Beschwerdekammern einrichten. In diesem Fall legt der Verwaltungsrat einen Geschäftsverteilungsplan fest.

(2) Jeder Beschwerdekammer gehören fachkundige und rechtskundige Mitglieder an; Artikel 6 Absätze 2 und 3 gelten entsprechend. Der Vorsitzende ist ein rechtskundiges Mitglied.

(3) Der Vorsitzende der Beschwerdekammer beauftragt ein Mitglied der Kammer als Berichterstatter mit der Prüfung einer Beschwerde. Hierzu gehört gegebenenfalls auch die Beweisaufnahme.

(4) Die Beschwerdekammer trifft ihre Entscheidungen mit der Mehrheit ihrer Mitglieder.

Art. 12
Die Geschäftsstelle

(1) Der Präsident des Amts richtet eine Geschäftsstelle bei der Beschwerdekammer ein. Mitglieder des Amts, die an Verfahren im Zusammenhang mit der angefochtenen Entscheidung beteiligt waren, dürfen an dem Beschwerdeverfahren nicht teilnehmen.

(2) Die Geschäftsstelle ist insbesondere zuständig für:
- die Protokollierung der mündlichen Verhandlungen und Beweisaufnahmen nach Artikel 63;
- die Kostenfeststellung nach Artikel 85 Absatz 5 der Grundverordnung und Artikel 76;
- die Bestätigung der Vereinbarung über die Kostenverteilung nach Artikel 77.

Kapitel 3
Prüfungsämter

Art. 13
Beauftragung eines Prüfungsamts nach Artikel 55 Absatz 1 der Grundverordnung

(1) Beauftragt der Verwaltungsrat das zuständige Amt eines Mitgliedstaats mit der technischen Prüfung von Sorten, so gibt der Präsident des Amts die Beauftragung des betreffenden Amts, im folgenden „Prüfungsamt" genannt, bekannt. Die Übertragung der Prüfungsbefugnis wird am Tag der Bekanntmachung durch den Präsidenten des Amts wirksam. Diese Bestimmung gilt vorbehaltlich von Artikel 15 Absatz 6 entsprechend für die Rücknahme der Prüfungsbefugnis eines Prüfungsamts.

(2) Den an der technischen Prüfung beteiligten Mitgliedern des Prüfungsamts ist es nicht erlaubt, Sachverhalte, Schriftstücke und Informationen, von den sie während oder in Verbindung mit der technischen Prüfung Kenntnis erlangt haben, widerrechtlich zu nutzen oder Unbefugten zur Kenntnis zu bringen. Sie bleiben auch nach Abschluß der technischen Prüfung, nach ihrem Ausscheiden aus dem Dienst und nach Rücknahme der Prüfungsbefugnis des Prüfungsamts an diese Verpflichtung gebunden.

(3) Die Vorschriften von Absatz 2 gelten entsprechend für das Material der Sorte, das der Antragsteller dem Prüfungsamt zur Verfügung gestellt hat.

(4) Das Amt wacht über die Einhaltung der Vorschriften der Absätze 2 und 3 und entscheidet über die Ausschließung oder Ablehnung von Mitgliedern der Prüfungsämter nach Artikel 81 Absatz 2 der Grundverordnung.

Art. 14
Beauftragung eines Prüfungsamts nach Artikel 55 Absatz 2 der Grundverordnung

(1) Beabsichtigt das Amt, nach Artikel 55 Absatz 2 der Grundverordnung, eine Einrichtung mit der technischen Prüfung von Sorten zu beauftragen, so wird dem Verwaltungsrat eine entsprechende Mitteilung mit einer Begründung der fachlichen Eignung dieser Einrichtung als Prüfungsamt zur Genehmigung vorgelegt.

(2) Beabsichtigt das Amt, eine eigene Dienststelle zur Prüfung von Pflanzensorten einzurichten, so wird dem Verwaltungsrat eine entsprechende Mitteilung mit einer Begründung der sachlichen und wirtschaftlichen Zweckmäßigkeit einer solchen Dienststelle sowie der Ortswahl zur Genehmigung vorgelegt.

(3) Stimmt der Verwaltungsrat den obengenannten Mitteilungen zu, so kann der Präsident des Amts die Beauftragung der Einrichtung nach Absatz 1 bzw. der Dienststelle nach Absatz 2 im *Amtsblatt der Europäischen Gemeinschaften* bekanntmachen. Die Erteilung der Prüfungsbefugnis kann nur mit Zustimmung des Verwaltungsrats zurückgenommen werden. Artikel 13 Absätze 2 und 3 gelten entsprechend für das Personal der in Absatz 1 genannten Einrichtung.

Art. 15
Einzelheiten der Prüfungsbefugnis

(1) Die Prüfungsbefugnis des Prüfungsamtes ist Gegenstand einer schriftlichen Vereinbarung zwischen dem Amt und dem Prüfungsamt, in der Einzelheiten über die technische Prüfung von Pflanzensorten durch das Prüfungsamt und die Zahlung der in Artikel 58 Absatz 2 der Grundverordnung genannten Gebühr durch das Amt festgelegt sind. Handelt es sich um eine Dienststelle nach Artikel 14 Absatz 2, so erläßt das Amt eine entsprechende Verfahrensordnung.

(2) Die schriftliche Vereinbarung verleiht den Handlungen, die Mitglieder des Prüfungsamts nach Maßgabe dieser Vereinbarung vornehmen oder vornehmen sollen, gegenüber Dritten die Wirkung von Handlungen des Amts.

(3) Beabsichtigt das Prüfungsamt, die Dienste anderer fachlich geeigneter Stellen nach Artikel 56 Absatz 3 der Verordnung in Anspruch zu nehmen, so sind diese Stellen bereits in der schriftlichen Vereinbarung namentlich zu bezeichnen. Artikel 81 Absatz 2 der Grundverordnung und Artikel 13 Absätze 2 und 3 gelten entsprechend für das beteiligte Personal, das sich schriftlich zur Geheimhaltung verpflichten muß.

(4) Das Amt zahlt dem Prüfungsamt die Gebühr nach den Sätzen, die nach Maßgabe von Artikel 93 Absatz 1 bis zum 31. Dezember 1999 im Rahmen dieser Durchführungsverordnung festzulegen sind. Die Gebührensätze können nur in Verbindung mit einer Änderung der Verordnung (EG) Nr. 1238/95 betreffend die Gebührenordnung geändert werden.

(5) Das Prüfungsamt legt dem Amt in regelmäßigen Abständen einen Bericht über die Kosten der vorgenommenen technischen Prüfungen und der Unterhaltung der erforderlichen Vergleichssammlungen vor. In dem in Absatz 3 genannten Fall legt das Prüfungsamt dem Amt einen gesonderten Bericht über die mit der Prüfung beauftragten Stellen vor.

(6) Wird einem Prüfungsamt die Prüfungsbefugnis entzogen, so wird der Entzug der Prüfungsbefugnis erst an dem Tag wirksam, an dem der Widerruf der schriftlichen Vereinbarung nach Absatz 1 wirksam wird.

Zweiter Titel
Verfahren vor dem Amt

Kapitel 1
Antrag auf Gemeinschaftlichen Sortenschutz

Erster Abschnitt. Der Antrag

Art. 16
Einreichung des Antrags

(1) Der Antrag auf gemeinschaftlichen Sortenschutz ist beim Amt in zweifacher Ausfertigung oder bei den Dienststellen des Amts und nationalen Einrichtungen nach Artikel 30 Absatz 4 der Verordnung in dreifacher Ausfertigung zu stellen.

(2) Die Unterrichtung des Amts nach Artikel 49 Absatz 1 Buchstabe b) der vorliegenden Verordnung schließt folgende Angaben ein:
– Angaben zur Person des Antragstellers und gegebenenfalls des Verfahrensvertreters,
– die nationale Einrichtung oder Dienststelle, bei der der Antrag auf gemeinschaftlichen Sortenschutz gestellt worden ist, und
– die vorläufige Bezeichnung der Sorte.

(3) Das Amt stellt folgende Vordrucke, die vom Antragsteller auszufüllen und zu unterzeichnen sind, gebührenfrei zur Verfügung:
a) ein Antragsformular und einen technischen Fragebogen für die Beantragung des gemeinschaftlichen Sortenschutzes;

b) einen Vordruck für die nach Absatz 2 mitzuteilenden Angaben mit einer Belehrung über die Folgen, die eine unterlassene Mitteilung nach sich zieht.

Art. 17
Eingang des Antrags

(1) Geht bei einer nationalen Einrichtung oder einer Dienststelle im Sinne von Artikel 30 Absatz 4 der Verordnung ein Antrag ein, so leitet die betreffende Einrichtung bzw. Dienststelle nach Artikel 49 Absatz 2 der Grundverordnung den Antrag zusammen mit einer Eingangsbestätigung an das Amt weiter. In der Eingangsbestätigung ist zumindest das Aktenzeichen der nationalen Einrichtung sowie die Zahl der vorgelegten Schriftstücke und der Tag ihres Eingangs bei der nationalen Einrichtung oder Dienststelle anzugeben. Die nationale Einrichtung oder Dienststelle übermittelt dem Antragsteller eine Kopie der Eingangsbestätigung.

(2) Erhält das Amt einen Antrag direkt vom Antragsteller oder über eine eigene Dienststelle oder eine nationale Einrichtung, so vermerkt es unbeschadet sonstiger Bestimmungen auf den Antragsunterlagen das Aktenzeichen und das Datum des Eingangs beim Amt und stellt dem Antragsteller eine Eingangsbestätigung aus. In dieser Eingangsbestätigung ist zumindest das vom Amt erteilte Aktenzeichen, die Zahl der eingegangenen Schriftstücke, das Eingangsdatum und der Antragstag im Sinne von Artikel 51 der Grundverordnung anzugeben. Wurde der Antrag von einer nationalen Einrichtung oder einer Dienststelle an das Amt weitergeleitet, so erhält diese eine Kopie der Eingangsbestätigung.

(3) Erhält das Amt einen Antrag über eine eigene Dienststelle oder nationale Einrichtung, nachdem die Frist von einem Monat nach Antragstellung abgelaufen ist, so darf als Antragstag im Sinne von Artikel 51 der Grundverordnung kein Tag bestimmt werden, der dem Tag des Antragseingangs beim Amt vorausgeht, es sei denn, das Amt stellt anhand ausreichender schriftlicher Nachweise fest, daß der Antragsteller das Amt nach Artikel 49 Absatz 1 Buchstabe b) und Artikel 16 Absatz 2 unterrichtet hat.

Art. 18
Die in Artikel 50 Absatz 1 der Grundverordnung genannten Voraussetzungen

(1) Stellt das Amt fest, daß der Antrag nicht die Voraussetzungen des Artikels 50 Absatz 1 der Grundverordnung erfüllt, so teilt es dem Antragsteller die festgestellten Mängel unter Hinweis darauf mit, daß als Antragstag im Sinne von Artikel 51 der Verordnung erst der Tag gilt, an dem ausreichende Angaben eingehen, die den mitgeteilten Mängeln abhelfen.

(2) Ein Antrag entspricht nur dann den Voraussetzungen des Artikels 50 Absatz 1 Buchstabe i) der Grundverordnung, wenn Datum und Land der ersten Abgabe der Sorte im Sinne von Artikel 10 Absatz 1 der Grundverordnung angegeben werden oder erklärt wird, daß eine solche Abgabe noch nicht stattgefunden hat.

(3) Ein Antrag entspricht nur dann den Voraussetzungen des Artikels 50 Absatz 1 Buchstabe j) der Grundverordnung, wenn der Antragsteller nach bestem Wissen das Datum und das Land früherer Anträge für die betreffende Sorte hinsichtlich der
– Beantragung eines Schutzrechts für die betreffende Sorte und
– der Beantragung der amtlichen Zulassung zur Anerkennung und zum Verkehr der Sorte, sofern diese amtliche Zulassung eine amtliche Beschreibung der Sorte einschließt,
in einem Mitgliedstaat oder in einem Verbandsstaat des internationalen Verbands zum Schutz von Pflanzenzüchtungen angibt.

Art. 19
Die in Artikel 50 Absatz 2 der Grundverordnung genannten Voraussetzungen

(1) Stellt das Amt fest, daß der Antrag nicht die in den Absätzen 2, 3 und 4 oder in Artikel 16 genannten Einzelheiten enthält, so findet zwar Artikel 17 Absatz 2 Anwendung, doch ist der Antragsteller aufzufordern, die festgestellten Mängel innerhalb einer vom Amt gesetzten Frist abzustellen. Werden die Mängel nicht rechtzeitig behoben, so weist das Amt den Antrag nach Artikel 61 Absatz 1 Buchstabe a) der Grundverordnung unverzüglich zurück.

(2) Der Antrag muß folgende Einzelheiten enthalten:
a) die Staatsangehörigkeit des Antragstellers, sofern es sich um eine natürliche Person handelt, und die Angaben, die der Antragsteller nach Artikel 2 als Verfahrensbeteiligter mitzuteilen hat, sowie Namen und Anschrift des Züchters, sofern er nicht selbst der Züchter ist.
b) die lateinische Bezeichnung der Gattung, Art oder Unterart, zu der die Sorte gehört, und den Gattungsnamen;
c) eine präzise Beschreibung der Merkmale der Sorte, die sich nach Ansicht des Antragstellers deutlich von anderen Sorten unterscheiden; diese anderen Sorten können als Referenzsorten für die technische Prüfung angegeben werden;
d) Züchtung, Erhaltung und Vermehrung der Sorte, einschließlich von Angaben insbesondere über:
  – die Merkmale, die Sortenbezeichnung, oder, falls eine solche nicht vorliegt, die vorläufige Bezeichnung und Informationen über den Anbau einer oder mehrerer anderer Pflanzensorten, wenn Material dieser anderen Sorten regelmäßig zur Erzeugung der Sorte verwendet werden muß, oder
  – genetisch veränderte Merkmale, wenn es sich bei der betreffenden Sorte um einen genetisch veränderten Organismus im Sinne von Artikel 2 Absatz 2 der Richtlinie 90/220/EWG des Rates[1108] handelt;
e) das Gebiet und das Land, in dem die Sorte gezüchtet oder entdeckt und entwickelt worden ist;
f) Zeit und Land der ersten Abgabe von Sortenbestandteilen oder Erntegut der Sorte zur Beurteilung der Neuheit nach Artikel 10 der Grundverordnung oder in Ermangelung dessen eine Erklärung, daß eine solche Abgabe noch nicht stattgefunden hat;
g) das Amt, bei dem die Anträge nach Artikel 18 Absatz 3 gestellt worden sind, sowie deren Aktenzeichen;
h) bestehende nationale Sortenschutzrechte oder in der Gemeinschaft bestehende Patente an der betreffenden Sorte.

(3) Das Amt kann alle erforderlichen Informationen und Unterlagen sowie gegebenenfalls für die technische Prüfung hinreichende Zeichnungen oder Photographien innerhalb einer von ihm gesetzten Frist anfordern.

(4) Handelt es sich bei der betreffenden Sorte um einen genetisch veränderten Organismus im Sinne von Artikel 2 Absatz 2 der Richtlinie 90/220/EWG, so fordert das Amt den Antragsteller auf, eine Abschrift der schriftlichen Bestätigung der zuständigen Behörden vorzulegen, wonach die nach Artikel 55 und 56 der Grundverordnung vorgesehene technische Prüfung der Sorte nach Maßgabe der vorerwähnten Richtlinie kein Risiko für die Umwelt darstellt.

Art. 20
Inanspruchnahme des Zeitvorrangs

Nimmt der Antragsteller einen Zeitvorrang für einen in Artikel 52 Absatz 2 der Grundverordnung genannten Antrag in Anspruch, der nicht der früheste der nach Artikel 18 Absatz 3 erster Gedankenstrich

---
[1108] ABl. Nr. L 117 vom 8. 5. 1990, S. 15.

anzugebenden Anträge ist, so teilt das Amt mit, daß der Zeitvorrang nur für den frühesten Antrag gilt. Hat das Amt eine Empfangsbescheinigung ausgestellt, in der das Eingangsdatum eines Antrags vermerkt ist, der nicht der früheste der anzugebenden Anträge ist, so gilt der angegebene Zeitvorrang als nichtig.

Art. 21
Geltung des Rechts auf den gemeinschaftlichen Sortenschutz im Verfahren

(1) Das Amt kann das Antragsverfahren aussetzen, wenn im Register für die Anträge auf gemeinschaftlichen Sortenschutz die Geltendmachung eines Anspruchs gegen den Antragsteller nach Artikel 98 Absatz 4 der Grundverordnung eingetragen worden ist. Das Amt kann für die Wiederaufnahme des schwebenden Verfahrens eine Frist setzen.

(2) Das Amt nimmt das Antragsverfahren wieder auf, wenn im Register für gemeinschaftliche Sortenschutzrechte aktenkundig geworden ist, daß in dem in Absatz 1 genannten Verfahren eine abschließende Entscheidung ergangen oder das Verfahren in sonstiger Weise beendet worden ist. Das Amt kann das Antragsverfahren auch zu einem früheren Zeitpunkt wiederaufnehmen, jedoch nicht vor Ablauf der nach Absatz 1 gesetzten Frist.

(3) Geht das Recht auf gemeinschaftlichen Sortenschutz mit Wirkung für das Amt auf eine andere Person über, so kann diese Person den Antrag des ersten Antragstellers als eigenen Antrag weiterverfolgen, sofern er dies dem Amt innerhalb eines Monats nach Eintragung des abschließenden Urteils in das Register für die Anträge auf gemeinschaftlichen Sortenschutz mitgeteilt hat. Die von dem ersten Antragsteller bereits gezahlten Gebühren nach Artikel 83 der Verordnung gelten als vom nachfolgenden Antragsteller entrichtet.

Zweiter Abschnitt
Durchführung der technischen Prüfung

Art. 22
Prüfungsrichtlinien

(1) Der Verwaltungsrat legt auf Vorschlag des Präsidenten des Amts die Prüfungsrichtlinien fest. Das Datum der Prüfungsrichtlinien und das betreffende Taxon werden in dem in Artikel 87 genannten Amtsblatt veröffentlicht.

(2) Solange der Verwaltungsrat keine Prüfungsrichtlinien erlassen hat, kann der Präsident des Amts vorläufige Prüfungsrichtlinien festlegen. Diese treten an dem Tag außer Kraft, an dem der Verwaltungsrat die Prüfungsrichtlinien erläßt. Von etwaigen Abweichungen zwischen den vorläufigen Prüfungsrichtlinien des Präsidenten des Amts und denen des Verwaltungsrats bleibt eine technische Prüfung, die vor Erlaß der Prüfungsrichtlinien durch den Verwaltungsrat begonnen hat, unberührt. Der Verwaltungsrat kann anders entscheiden, wenn die Umstände dies erfordern.

Art. 23
Ermächtigung des Präsidenten des Amts

(1) Erläßt der Verwaltungsrat Prüfungsrichtlinien, so ist darin eine Ermächtigung des Präsidenten des Amts vorzusehen, zusätzliche Merkmale einer Sorte und ihre Ausprägungen in die Prüfungsrichtlinien aufzunehmen.

(2) Macht der Präsident des Amts von der Ermächtigung nach Absatz 1 Gebrauch, so gilt Artikel 22 Absatz 2 entsprechend.

Art. 24
Unterrichtung der Prüfungsämter durch das Amt

Nach Artikel 55 Absatz 3 der Verordnung übermittelt das Amt den Prüfungsämtern zu der betreffenden Sorte Abschriften folgender Unterlagen:
a) das Antragsformular, den technischen Fragebogen sowie alle zusätzlich vom Antragsteller vorgelegten Unterlagen mit den für die Durchführung der technischen Prüfung notwendigen Informationen;
b) die vom Antragsteller nach Artikel 86 ausgefüllten Vordrucke;
c) die Unterlagen einer Einwendung, die auf die Behauptung gestützt ist, daß die Voraussetzungen der Artikel 7 bis 9 der Grundverordnung nicht erfüllt sind.

Art. 25
Zusammenarbeit zwischen dem Amt und den Prüfungsämtern

Das für die technische Prüfung zuständige Personal des Prüfungsamts und der nach Artikel 8 Absatz 1 bestellte Berichterstatter arbeiten bei der technischen Prüfung in allen Teilen des Prüfungsverfahrens zusammen. Die Zusammenarbeit bezieht sich mindestens auf folgende Verfahrensabschnitte:
a) Überwachung der technischen Prüfung einschließlich der Überprüfung der Versuchsfelder und der Testmethoden durch den Berichterstatter;
b) Mitteilung des Prüfungsamts über eine etwaige frühere Vermarktung der Sorte unbeschadet weiter Nachprüfungen des Amts;
c) Vorlage von Zwischenberichten des Prüfungsamts über jede Vegetationsperiode.

Art. 26
Form der Prüfungsberichte

(1) Der Prüfungsbericht nach Artikel 57 der Grundverordnung ist vom zuständigen Mitglied des Prüfungsamts zu unterzeichnen und mit dem Vermerk zu versehen, daß die Ergebnisse der technischen Prüfung der alleinigen Verfügungsbefugnis des Amts nach Artikel 57 Absatz 4 der Grundverordnung unterliegen.

(2) Absatz 1 gilt entsprechend für die dem Amt vorzulegenden Zwischenberichte. Das Prüfungsamt übermittelt dem Antragsteller direkt eine Abschrift des Zwischenberichts.

Art. 27[1109]
Sonstige Prüfungsberichte

(1) Das Amt kann einen Bericht über die Ergebnisse einer technischen Prüfung, die für amtliche Zwecke in einem Mitgliedstaat durch eines der für die betreffende Art nach Artikel 55 Absatz 1 der Grundverordnung zuständigen Ämter durchgeführt wurde oder deren Durchführung im Gange ist, als ausreichende Entscheidungsgrundlage ansehen, sofern
- das für die technische Prüfung vorgelegte Material hinsichtlich der Menge und Beschaffenheit den gemäß Artikel 55 Absatz 4 der Grundverordnung festgelegten Bedingungen entspricht;
- die technische Prüfung in einer Weise durchgeführt worden ist, die mit dem Prüfungsauftrag des Verwaltungsrats nach Artikel 55 Absatz 1 der Grundverordnung und den Prüfungsrichtlinien oder allgemeinen Anweisungen nach Artikel 56 Absatz 2 der Grundverordnung und Artikel 22 und 23 der vorliegenden Verordnung im Einklang steht;

1109 Art. 27 Abs. 4 eingefügt durch VO v. 12. 3. 1996 (ABl. L 62/3).

— das Amt die Gelegenheit hatte, die Durchführung der betreffenden technischen Prüfung zu überwachen, und
— die Zwischenberichte über jede Vegetationsperiode vor dem Prüfungsbericht vorgelegt werden, soweit die Prüfungsberichte nicht sofort verfügbar sind.

(2) Hält das Amt den Prüfungsbericht nach Absatz 1 als Entscheidungsgrundlage für unzureichend, so kann es nach Rücksprache mit dem Antragsteller und dem betreffenden Prüfungsamt gemäß Artikel 55 der Grundverordnung verfahren.

(3) Das Amt und jedes zuständige Sortenamt eines Mitgliedstaats leisten einander Amtshilfe in der Form, daß sie Prüfungsberichte über eine Sorte, die zur Beurteilung der Unterscheidbarkeit, Homogenität und Beständigkeit derselben Sorte dienen, auf Antrag zur Verfügung stellen. Ein bestimmter und von den betreffenden Ämtern vereinbarter Betrag wird vom Amt oder von dem zuständigen nationalen Sortenamt für die Vorlage eines solchen Berichts an den jeweils anderen erhoben.

(4) Das Amt kann einen Bericht über die Ergebnisse einer technischen Prüfung, die für amtliche Zwecke in einem Drittland, das Mitglied des Internationalen Verbandes zum Schutz von Pflanzenzüchtungen (UPOV) ist, durchgeführt wurde oder deren Durchführung im Gange ist, als ausreichende Entscheidungsgrundlage ansehen, sofern die technische Prüfung den Bedingungen entspricht, die in einer schriftlichen Vereinbarung zwischen dem Amt und der zuständigen Behörde des betreffenden Drittlandes festgelegt sind. Diese Bedingungen umfassen mindestens folgendes:
— die in Absatz 1 erster Gedankenstrich genannten Bedingungen für das vorgelegte Material;
— daß die technische Prüfung im Einklang mit den Prüfungsrichtlinien oder allgemeinen Anweisungen nach Artikel 56 Absatz 2 der Grundverordnung durchgeführt worden ist;
— daß das Amt die Gelegenheit hatte, die Eignung der Einrichtungen zur Durchführung einer technischen Prüfung für die betreffenden Arten in dem Drittland zu beurteilen und die Durchführung der betreffenden technischen Prüfung zu überwachen;
— die in Absatz 1 vierter Gedankenstrich genannten Bedingungen für die Verfügbarkeit der Berichte.

Dritter Abschnitt
Sortenbezeichnung

Art. 28
Vorschlag für eine Sortenbezeichnung

Der vom Antragsteller unterzeichnete Vorschlag für eine Sortenbezeichnung ist beim Amt in zweifacher Ausfertigung einzureichen oder, wenn der Vorschlag dem Antrag auf Erteilung des gemeinschaftlichen Sortenschutzes bei einer nationalen Einrichtung oder einer Dienststelle nach Artikel 30 Absatz 4 der Grundverordnung beigefügt ist, in dreifacher Ausfertigung. Das Amt stellt hierfür gebührenfrei Vordrucke zur Verfügung.

Art. 29
Prüfung des Vorschlags

(1) Ist der Vorschlag dem Antrag auf gemeinschaftlichen Sortenschutz nicht beigefügt oder wird die vorgeschlagene Sortenbezeichnung vom Amt nicht genehmigt, so teilt das Amt dies dem Antragsteller unverzüglich mit und fordert ihn unter Hinweis auf die Folgen, die sich aus der Nichtbefolgung dieser Aufforderung ergeben, auf, einen Vorschlag bzw. einen neuen Vorschlag vorzulegen.

(2) Stellt das Amt bei Eingang der Ergebnisse der technischen Prüfung nach Artikel 57 Absatz 1 der Grundverordnung fest, daß der Antragsteller keinen Vorschlag für die Sortenbezeichnung vorgelegt hat,

so weist es den Antrag auf gemeinschaftlichen Sortenschutz unverzüglich nach Artikel 61 Absatz 1 Buchstabe c) der Grundverordnung zurück.

Art. 30
Leitlinien für Sortenbezeichnungen

Der Verwaltungsrat erläßt Leitlinien, in denen einheitliche, definitive Kriterien für Hinderungsgründe festgelegt werden, die nach Artikel 63 Absätze 3 und 4 der Grundverordnung der Festsetzung einer allgemeinen Sortenbezeichnung entgegenstehen.

Kapitel 2
Einwendungen

Art. 31
Erhebung von Einwendungen

(1) Bei Einwendungen nach Artikel 59 der Grundverordnung ist folgendes anzugeben:
a) Name des Antragstellers und Aktenzeichen des Antrags, gegen den die Einwendung erhoben wird;
b) die Angaben zur Person des Einwenders als Verfahrensbeteiligter nach Artikel 2;
c) Name und Anschrift des Verfahrensvertreters, sofern der Einwender einen solchen bestellt hat;
d) eine Begründung der Einwendung im Sinne von Artikel 59 Absatz 3 der Grundverordnung sowie die Einwendung stützende Tatsachen, Beweismittel und sonstige Argumente.

(2) Werden mehrere Einwendungen gegen denselben Antrag auf gemeinschaftlichen Sortenschutz erhoben, so kann das Amt diese Einwendungen in einem Verfahren zusammenfassen.

Art. 32
Zurückweisung der Einwendung

(1) Stellt das Amt fest, daß die Einwendung nicht den Voraussetzungen des Artikels 59 Absätze 1 und 3 der Grundverordnung oder Artikel 31 Absatz 1 Buchstabe d) der vorliegenden Verordnung entspricht oder nicht hinreichend kenntlich macht, gegen welchen Antrag sich die Einwendung richtet, so weist es die Einwendung als unzulässig zurück, sofern diesen Mängeln nicht innerhalb einer vom Amt gesetzten Frist abgeholfen worden ist.

(2) Stellt das Amt fest, daß die Einwendung nicht den übrigen Bestimmungen der Grundverordnung oder dieser Verordnung entspricht, so weist es die Einwendung als unzulässig zurück, sofern diesen Mängeln nicht vor Ablauf der Einwendungsfrist abgeholfen worden ist.

Kapitel 3
Aufrechterhaltung des Gemeinschaftlichen Sortenschutzes

Art. 33
Pflichten des Inhabers nach Artikel 64 Absatz 3 der Grundverordnung

(1) Der Inhaber ist verpflichtet, eine Überprüfung des Materials der betreffenden Sorte und desjenigen Ortes zuzulassen, an dem die Identität der Sorte aufrechterhalten wird, damit die für die Beurtei-

lung des unveränderten Fortbestehens der Sorte erforderlichen Auskünfte nach Artikel 64 Absatz 3 der Grundverordnung gewährleistet sind.

(2) Der Inhaber hat schriftliche Aufzeichnungen zu führen, um die Nachprüfung der geeigneten Maßnahmen nach Artikel 64 Absatz 3 der Grundverordnung sicherzustellen.

Art. 34
Technische Nachprüfung

Unbeschadet von Artikel 87 Absatz 4 der Grundverordnung wird eine technische Nachprüfung der geschützten Sorte nach Maßgabe der bei Erteilung des gemeinschaftlichen Sortenschutzes ordnungsgemäß angewandten Prüfungsrichtlinien durchgeführt. Die Artikel 22 und 24 bis 27 gelten für das Amt, das Prüfungsamt und den Inhaber entsprechend.

Art. 35
Anderes Material für die technische Nachprüfung

Hat der Inhaber nach Artikel 64 Absatz 3 der Grundverordnung Material der Sorte vorgelegt, so kann das Prüfungsamt mit Zustimmung des Amts das vorgelegte Material durch eine Kontrolle anderen Materials prüfen, das Anbauflächen entnommen wurde, auf denen Material vom Inhaber oder mit dessen Zustimmung angebaut wird, oder das Material entnommen wurde, welches vom Inhaber oder mit dessen Zustimmung in Verkehr gebracht worden ist, oder das von amtlichen Stellen in einem Mitgliedstaat im Rahmen ihrer Befugnisse entnommen wurde.

Art. 36
Änderung der Sortenbezeichnung

(1) Ist eine Änderung der Sortenbezeichnung nach Artikel 66 der Grundverordnung erforderlich, so teilt das Amt dem Inhaber die Gründe hierfür mit und setzt eine Frist, innerhalb deren der Inhaber einen geeigneten Vorschlag für eine geänderte Sortenbezeichnung vorlegen muß, mit dem Hinweis, daß der gemeinschaftliche Sortenschutz nach Artikel 21 der Grundverordnung aufgehoben werden kann, wenn der Inhaber der Aufforderung nicht nachkommt. Jeder Vorschlag ist vom Inhaber in zweifacher Ausfertigung beim Amt einzureichen.

(2) Kann der Vorschlag für eine geänderte Sortenbezeichnung vom Amt nicht genehmigt werden, so teilt das Amt dies dem Inhaber unverzüglich mit und setzt eine neue Frist, innerhalb deren der Inhaber einen geeigneten Vorschlag vorlegen muß, mit dem Hinweis, daß der gemeinschaftliche Sortenschutz nach Artikel 21 der Grundverordnung aufgehoben werden kann, wenn der Inhaber der Aufforderung nicht nachkommt.

(3) Die Artikel 31 und 32 gelten entsprechend für Einwendungen nach Artikel 66 Absatz 3 der Grundverordnung.

Kapitel 4
Erteilung von Nutzungsrechten durch das Amt

Erster Abschnitt
Zwangsnutzungsrechte

Art. 37
Antrag auf Erteilung eines Zwangsnutzungsrechts

(1) Der Antrag auf Erteilung eines Zwangsnutzungsrechts muß folgende Angaben enthalten:
a) Angaben zur Person des Antragstellers und des Inhabers der Sorte als Verfahrensbeteiligte;
b) die Sortenbezeichnung und das Taxon der betreffenden Sorte(n);
c) die Art der Handlungen, die vom Zwangsnutzungsrecht erfaßt werden sollen;
d) eine Begründung des öffentlichen Interesses unter Angabe relevanter Tatsachen, Beweismittel und Argumente;
e) bei einem Antrag nach Artikel 29 Absatz 2 der Grundverordnung, einen Vorschlag, welcher Kategorie von Personen das Zwangsnutzungsrecht erteilt werden soll, sowie gegebenenfalls die von diesen Personen zu erfüllenden spezifischen Anforderungen.

(2) Dem Antrag nach Artikel 29 Absatz 1 oder Absatz 5 der Grundverordnung sind Unterlagen beizufügen, aus denen ihr erfolgloses Bemühen um die Einräumung eines vertraglichen Nutzungsrechts durch den Inhaber hervorgeht.

(3) Dem Antrag nach Artikel 29 Absatz 2 der Grundverordnung sind Unterlagen beizufügen, aus denen das erfolglose Bemühen der Personen um die Einräumung eines vertraglichen Nutzungsrechts durch den Inhaber hervorgeht. Beantragt die Kommission oder ein Mitgliedstaat die Erteilung eines Zwangsnutzungsrechts, so kann das Amt im Falle höherer Gewalt von dieser Bestimmung absehen.

(4) Das Bemühen um ein vertragliches Nutzungsrecht gilt als erfolglos im Sinne der Absätze 2 und 3, wenn
a) der Inhaber nicht innerhalb einer angemessenen Frist verbindlich geantwortet hat;
b) der Inhaber die Einräumung eines vertraglichen Nutzungsrechts abgelehnt hat;
c) der Inhaber das vertragliche Nutzungsrecht zu offenkundig unbilligen Bedingungen unter anderem in bezug auf die zahlende Nutzungsgebühr oder sonstige Bedingungen, die in ihrer Gesamtheit offenkundig unbillig sind, angeboten hat.

Art. 38
Prüfung des Antrags auf Erteilung eines Zwangsnutzungsrechts

(1) Für die mündliche Verhandlung und die Beweisaufnahme wird grundsätzlich nur eine gemeinsame Verhandlung angesetzt.

(2) Ein Antrag auf eine weitere mündliche Verhandlung oder Verhandlungen ist während oder nach einer Verhandlung nur dann zulässig, wenn sich die Sachlage während oder nach der Verhandlung geändert hat.

(3) Vor seiner Entscheidung fordert das Amt die Verfahrensbeteiligten zu einer einvernehmlichen Einigung über das vertragliche Nutzungsrecht auf. Das Amt unterbreitet gegebenenfalls einen Vorschlag für eine solche einvernehmliche Einigung.

Art. 39
Inhaberschaft am gemeinschaftlichen Sortenschutz im Verfahren

(1) Ist im Register für gemeinschaftliche Sortenschutzrechte die Erhebung einer Klage zur Geltendmachung eines Anspruchs im Sinne von Artikel 98 Absatz 1 der Grundverordnung eingetragen worden, so kann das Amt das Verfahren zur Erteilung eines Zwangsnutzungsrechts aussetzen. Das Verfahren wird erst dann wieder aufgenommen, wenn die Erledigung der Klage in Form einer abschließenden Entscheidung oder in einer anderen Form im Register eingetragen worden ist.

(2) Bei einer gegenüber dem Amt wirksamen rechtsgeschäftlichen Übertragung des gemeinschaftlichen Sortenschutzes tritt der neue Inhaber auf Antrag des Antragstellers dem Verfahren als Verfahrensbeteiligter bei, wenn der Antragsteller innerhalb von zwei Monaten, nachdem ihm vom Amt mitgeteilt worden ist, daß der Name des neuen Inhabers in das Register für gemeinschaftliche Sortenschutzrechte eingetragen worden ist, den neuen Inhaber erfolglos um ein vertragliches Nutzungsrecht ersucht hat. Dem Antrag des Antragstellers sind ausreichende schriftliche Nachweise seiner fruchtlosen Bemühungen und gegebenenfalls von Handlungen des neuen Inhabers beizufügen.

(3) Im Falle eines Antrags nach Artikel 29 Absatz 2 der Grundverordnung tritt der neue Inhaber dem Verfahren als Verfahrensbeteiligter bei. Absatz 1 findet keine Anwendung.

Art. 40
Entscheidung über den Antrag

Die Entscheidung ist vom Präsidenten des Amts zu unterzeichnen. Die Entscheidung enthält:
a) die Feststellung, daß sie durch das Amt ergangen ist;
b) das Datum, an dem die Entscheidung erlassen worden ist;
c) die Namen der Ausschußmitglieder, die am Verfahren teilgenommen haben;
d) die Namen der Verfahrensbeteiligten und ihrer Verfahrensvertreter;
e) den Bezug auf die Stellungnahme des Verwaltungsrats;
f) die Anträge der Verfahrensbeteiligten;
g) eine kurze Darstellung des Sachverhalts;
h) die Entscheidungsgründe;
i) die Entscheidungsformel, gegebenenfalls unter Angabe der vom Zwangsnutzungsrecht erfaßten Handlungen, der hierfür geltenden besonderen Bedingungen und der Kategorie der Personen einschließlich der für sie geltenden spezifischen Anforderungen.

Art. 41
Erteilung eines Zwangsnutzungsrechts

(1) Der Entscheidung über die Erteilung eines Zwangsnutzungsrechts ist eine Begründung des öffentlichen Interesses beizufügen.

(2) Als öffentliches Interesse gelten unter anderem:
a) der Schutz des Lebens und der Gesundheit von Menschen, Tieren und Pflanzen;
b) der Bedarf des Markts an Material, das bestimmte Merkmale aufweist;
c) die Erhaltung des Anreizes zur fortlaufenden Züchtung verbesserter Sorten.

(3) Das Zwangsnutzungsrecht ist kein ausschließliches Recht.

(4) Das Zwangsnutzungsrecht kann nicht rechtsgeschäftlich übertragen werden, außer wenn es sich um den Teil eines Unternehmens handelt, der von dem Zwangsnutzungsrecht Gebrauch macht oder um eine im wesentlichen abgeleitete Sorte nach Artikel 29 Absatz 5 der Grundverordnung.

Art. 42
Vom Nutzungsberechtigten zu erfüllende Voraussetzungen

(1) Unbeschadet der übrigen Voraussetzungen des Artikels 29 Absatz 3 der Grundverordnung muß die Person, der das Zwangsnutzungsrecht erteilt worden ist, über die geeigneten finanziellen und technischen Voraussetzungen verfügen, um von dem Zwangsnutzungsrecht Gebrauch machen zu können.

(2) Die Erfüllung der mit dem Zwangsnutzungsrecht verbundenen Voraussetzungen, die in der Entscheidung über die Erteilung für das Zwangsnutzungsrecht festgelegt sind, gilt als Umstand im Sinne von Artikel 29 Absatz 4 der Grundverordnung.

(3) Das Amt sieht vor, daß die Person, der ein Zwangsnutzungsrecht erteilt worden ist, keine Klage wegen Verletzung des gemeinschaftlichen Sortenschutzes erheben kann, es sei denn, der Inhaber hat es innerhalb von zwei Monaten, nachdem er dazu aufgefordert worden ist, abgelehnt oder versäumt, Klage zu erheben.

Art. 43
Kategorie von Personen, die spezifische Anforderungen erfüllen

(1) Personen, die von einem Zwangsnutzungsrecht Gebrauch machen wollen und einer Kategorie von Personen zuzuordnen sind, die spezifische Anforderungen nach Artikel 29 Absatz 2 der Grundverordnung erfüllen, teilen dies dem Amt und dem Inhaber durch Einschreiben mit Rückschein mit. Die Mitteilung muß insbesondere enthalten:
a) Name und Anschrift der Person nach den gemäß Artikel 2 für Verfahrensbeteiligte geltenden Voraussetzungen;
b) den Nachweis der spezifischen Anforderungen;
c) eine Beschreibung der vorgesehenen Nutzungshandlungen;
d) eine Versicherung, daß die Person über ausreichende finanzielle Mittel verfügt, sowie die Angabe der technischen Voraussetzungen zur Wahrnehmung des Zwangsnutzungsrechts.

(2) Das Amt trägt die Person, die die Voraussetzungen des Absatzes 1 erfüllt hat, auf Antrag in das Register für gemeinschaftliche Sortenschutzrechte ein. Von dem Zwangsnutzungsrecht kann erst nach der Eintragung Gebrauch gemacht werden. Die Eintragung wird dem Nutzungsberechtigten und dem Inhaber mitgeteilt.

(3) Artikel 42 Absatz 3 gilt entsprechend für Personen, die nach Absatz 2 in das Register eingetragen worden sind. Das Ergebnis einer Verletzungsklage gilt auch für die anderen eingetragenen oder einzutragenden Personen.

(4) Die Eintragung nach Absatz 2 kann nur aus dem Grund gelöscht werden, daß bei den spezifischen Anforderungen, die in der Entscheidung über die Erteilung des Zwangsnutzungsrechts festgelegt sind, oder bei den finanziellen und technischen Voraussetzungen nach Absatz 2 ein Jahr nach Erteilung des Zwangsnutzungsrechts im Rahmen der möglichen zeitlichen Begrenzung Änderungen eingetreten sind. Die Löschung der Eintragung wird der eingetragenen Person und dem Inhaber mitgeteilt.

Zweiter Abschnitt
Nutzungsrechte nach Artikel 100 Absatz 2 der Grundverordnung

Art. 44
Nutzungsrechte nach Artikel 100 Absatz 2 der Grundverordnung

(1) Der Antrag auf Einräumung eines vertraglichen, nicht ausschließlichen Nutzungsrechts durch den neuen Inhaber nach Artikel 100 Absatz 2 der Grundverordnung muß im Fall des früheren Inhabers innerhalb von zwei Monaten oder im Fall eines Nutzungsberechtigten innerhalb von vier Monaten nach Erhalt der Mitteilung des Amts gestellt werden, nach welcher der Name des neuen Inhabers in das Register für gemeinschaftliche Sortenschutzrechte eingetragen worden ist.

(2) Dem Antrag auf Erteilung eines Nutzungsrechts nach Artikel 100 Absatz 2 der Grundverordnung sind Unterlagen beizufügen, aus denen das erfolglose Bemühen um ein vertragliches Nutzungsrecht nach Absatz 1 hervorgeht. Artikel 37 Absatz 1 Buchstaben a), b) und c) sowie Absatz 4, Artikel 38, Artikel 39 Absatz 3, Artikel 40 außer Buchstabe f), Artikel 41 Absätze 3 und 4 sowie Artikel 42 gelten entsprechend.

Dritter Titel
Verfahren vor der Beschwerdekammmer

Art. 45
Inhalt der Beschwerde

Die Beschwerde muß enthalten:
a) Angaben zur Person des Beschwerdeführers als Verfahrensbeteiligter nach Maßgabe von Artikel 2;
b) das Aktenzeichen der Entscheidung, gegen die Beschwerde eingelegt wird, und eine Erklärung darüber, in welchem Umfang eine Änderung oder Aufhebung der Entscheidung beantragt wird.

Art. 46
Eingang der Beschwerde

Das Amt versieht jede Beschwerde mit dem Eingangsdatum und einem Aktenzeichen und teilt dem Beschwerdeführer die Frist für die Begründung der Beschwerde mit. Ein Unterlassen dieser Mitteilung kann dem Amt nicht entgegengehalten werden.

Art. 47
Teilnahme am Beschwerdeverfahren als Verfahrensbeteiligter

(1) Das Amt übermittelt den Personen, die an dem Verfahren vor dem Amt beteiligt waren, umgehend eine Abschrift der mit dem Aktenzeichen und dem Eingangsdatum versehenen Beschwerde.

(2) Die in Absatz 1 genannten Verfahrensbeteiligten können innerhalb von zwei Monaten nach Übermittlung der Abschrift der Beschwerde dem Beschwerdeverfahren beitreten.

Art. 48
Aufgaben des Amts

(1) Die Dienststelle des Amts im Sinne von Artikel 70 Absatz 1 der Grundverordnung und der Vorsitzende der Beschwerdekammer sorgen durch interne vorbereitende Maßnahmen dafür, daß die Beschwerdekammer den Fall unmittelbar nach seiner Vorlage prüfen kann. Der Vorsitzende wählt vor Überweisung des Falls nach Maßgabe von Artikel 46 Absatz 2 der Grundverordnung zwei weitere Mitglieder aus und bestellt einen Berichterstatter.

(2) Vor Überweisung des Falls übermittelt die Dienststelle des Amts im Sinne von Artikel 70 Absatz 1 der Grundverordnung den am Beschwerdeverfahren Beteiligten umgehend eine Kopie der bei ihr eingegangenen Schriftstücke der anderen Verfahrensbeteiligten.

(3) Der Präsident des Amts sorgt dafür, daß die in Artikel 89 genannten Informationen vor Überweisung des Falls veröffentlicht werden.

Art. 49
Zurückweisung der Beschwerde als unzulässig

(1) Stimmt die Beschwerde nicht mit den Bestimmungen der Grundverordnung, insbesondere den Artikeln 67, 68 und 69, oder den Bestimmungen der vorliegenden Verordnung, insbesondere Artikel 45, überein, so teilt die Beschwerdekammer dies dem Beschwerdeführer mit und fordert ihn auf, die festgestellten Mängel, sofern dies möglich ist, innerhalb einer bestimmten Frist abzustellen. Wird die Beschwerde nicht rechtzeitig berichtigt, so wird sie von der Beschwerdekammer als unzulässig zurückgewiesen.

(2) Wird eine Beschwerde gegen eine Entscheidung des Amts eingelegt, gegen die eine Klage nach Artikel 74 der Grundverordnung erhoben worden ist, so legt die Beschwerdekammer die Beschwerde mit Zustimmung des Beschwerdeführers umgehend dem Gerichtshof der Europäischen Gemeinschaften als direkte Beschwerde vor. Stimmt der Beschwerdeführer nicht zu, so wird die Beschwerde als unzulässig zurückgewiesen. Wird die Beschwerde dem Gerichtshof vorgelegt, so gilt die Beschwerde beim Gerichtshof als an dem Tag erhoben, an dem sie beim Amt nach Artikel 46 der vorliegenden Verordnung eingegangen ist.

Art. 50
Mündliche Verhandlung

(1) Nach Überweisung des Falls werden die am Beschwerdeverfahren Beteiligten vom Vorsitzenden der Beschwerdekammer unter Hinweis auf Artikel 59 Absatz 2 unverzüglich zu einer mündlichen Verhandlung nach Artikel 77 der Grundverordnung geladen.

(2) Für die mündliche Verhandlung und die Beweisaufnahme wird grundsätzlich nur eine gemeinsame Verhandlung angesetzt.

(3) Anträge auf eine weitere Verhandlung oder Verhandlungen sind nach Überweisung des Falls an die Beschwerdekammer unzulässig außer bei Anträgen, denen Umstände zugrunde liegen, bei denen während oder nach der Verhandlung Änderungen eingetreten sind.

Art. 51
Prüfung der Beschwerde

Soweit nichts anderes bestimmt ist, gelten die Vorschriften für Verfahren vor dem Amt für Beschwerdeverfahren entsprechend. Verfahrensbeteiligte gelten insoweit als am Beschwerdeverfahren Beteiligte.

Art. 52
Entscheidung über die Beschwerde

(1) Die Entscheidung über die Beschwerde geht den am Beschwerdeverfahren Beteiligten innerhalb von drei Monaten nach Abschluß der mündlichen Verhandlung schriftlich zu.

(2) Die Entscheidung wird von dem Vorsitzenden der Beschwerdekammer und dem nach Artikel 48 Absatz 1 bestellten Berichterstatter unterzeichnet. Sie enthält:
a) die Feststellung, daß sie von der Beschwerdekammer erlassen ist;
b) das Datum, an dem sie erlassen worden ist;
c) die Namen des Vorsitzenden und der übrigen Mitglieder der Beschwerdekammer, die am Beschwerdeverfahren teilgenommen haben;
d) die Namen der am Beschwerdeverfahren Beteiligten und ihrer Verfahrensvertreter;
e) die Anträge der Beteiligten;
f) eine Zusammenfassung des Sachverhalts;
g) die Entscheidungsgründe;
h) die Entscheidungsformel einschließlich, soweit erforderlich, der Entscheidung über die Verteilung der Kosten oder über die Erstattung der Gebühren.

(3) In der Entscheidung der Beschwerdekammer ist unter Angabe der Rechtsmittelfrist darauf hinzuweisen, daß gegen die Entscheidung die Rechtsbeschwerde zulässig ist. Die am Beschwerdeverfahren Beteiligten können aus der Unterlassung der Rechtsmittelbelehrung keine Ansprüche herleiten.

Vierter Titel
Allgemeine Verfahrensvorschriften

Kapitel 1
Entscheidungen, Mitteilungen und Unterlagen

Art. 53
Entscheidungen

(1) Jede Entscheidung des Amts ist mit der Unterschrift und dem Namen des Bediensteten zu versehen, der nach Artikel 35 der Grundverordnung unter der Weisung des Präsidenten des Amts für die Entscheidung verantwortlich ist.

(2) Findet eine mündliche Verhandlung vor dem Amt statt, so können die Entscheidungen verkündet werden. Später sind die Entscheidungen schriftlich abzufassen und den Beteiligten zuzustellen.

(3) In den Entscheidungen des Amts, die mit der Beschwerde oder der direkten Beschwerde nach Artikel 67 bzw. 74 der Grundverordnung angefochten werden können, ist unter Angabe der Rechtsmittelfrist darauf hinzuweisen, daß gegen die Entscheidung die Beschwerde oder die direkte Beschwerde zulässig ist. Die Beteiligten können aus der Unterlassung der Rechtsmittelbelehrung keine Ansprüche herleiten.

(4) Sprachliche Fehler, Schreibfehler und offenbare Unrichtigkeiten in Entscheidungen des Amts werden berichtigt.

Art. 54
Bescheinigung des gemeinschaftlichen Sortenschutzes

(1) Erteilt das Amt den gemeinschaftlichen Sortenschutz, so wird mit der entsprechenden Entscheidung als Nachweis eine Bescheinigung über den gemeinschaftlichen Sortenschutz ausgestellt.

(2) Das Amt stellt die Bescheinigung je nach der (den) vom Inhaber beantragten Amtssprache(n) der Europäischen Gemeinschaften aus.

(3) Auf Antrag kann das Amt dem Berechtigten eine Zweitschrift ausstellen, wenn es feststellt, daß die Urschrift verlorengegangen oder vernichtet worden ist.

Art. 55
Mitteilungen

Soweit nichts anderes bestimmt ist, ist in jeder Mitteilung des Amts oder der Prüfungsämter zumindest der Name des zuständigen Bediensteten anzugeben.

Art. 56
Rechtliches Gehör

(1) Stellt das Amt fest, daß eine Entscheidung nicht antragsgemäß erlassen werden kann, so teilt es dem betreffenden Verfahrensbeteiligten die festgestellten Mängel mit und fordert ihn auf, diesen Mängeln innerhalb einer bestimmten Frist abzuhelfen. Werden die festgestellten und mitgeteilten Mängel nicht rechtzeitig behoben, so erläßt das Amt seine Entscheidung.

(2) Erhält das Amt Schriftsätze eines Verfahrensbeteiligten, so übermittelt es diese den anderen Verfahrensbeteiligten und fordert sie, wenn es dies für notwendig hält, auf, sich innerhalb einer bestimmten Frist dazu zu äußern. Nicht fristgerechte Erwiderungen werden vom Amt nicht berücksichtigt.

Art. 57
Schriftstücke der Verfahrensbeteiligten

(1) Als Eingangsdatum der von Verfahrensbeteiligten eingereichten Schriftstücke gilt das Datum, an dem die Schriftstücke tatsächlich am Sitz des Amts, der beauftragten nationalen Einrichtung oder der Dienststelle nach Artikel 30 Absatz 4 der Grundverordnung eingegangen sind.

(2) Alle von den Verfahrensbeteiligten eingereichten Schriftstücke außer den Anhängen müssen von ihnen oder ihrem Verfahrensvertreter unterzeichnet sein.

(3) Mit Zustimmung des Verwaltungsrats kann das Amt Schriftstücke eines Verfahrensbeteiligten zulassen, die über Telegraph, Fernschreiber, Telekopierer oder andere Einrichtungen der Nachrichtenübermittlung eingehen, und die Bedingungen für ihre Benutzung festlegen.

(4) Wurde ein Schriftstück nicht ordnungsgemäß unterzeichnet oder wurde eine Übermittlung des Schriftstücks nach Maßgabe von Absatz 3 zugelassen, so fordert das Amt den betreffenden Verfahrensbeteiligten auf, innerhalb eines Monats das nach Absatz 2 unterzeichnete Originalschriftstück vorzulegen. Wird das Original fristgerecht vorgelegt, so wird das Eingangsdatum des früheren Schriftstücks beibehalten. Andernfalls gilt es als nicht eingegangen.

(5) Das Amt kann von der in Absatz 4 genannten Frist abweichen, wenn der betreffende Verfahrensbeteiligte das Schriftstück nur direkt beim Amt einreichen kann. Die ursprüngliche Frist darf nicht um mehr als zwei Wochen verlängert werden.

(6) Schriftstücke, die den anderen Verfahrensbeteiligten und dem zuständigen Prüfungsamt übermittelt werden müssen oder die zwei oder mehr Anträge auf gemeinschaftlichen Sortenschutz oder auf Erteilung eines Nutzungsrechts betreffen, müssen in einer ausreichenden Zahl von Kopien eingereicht

werden. Fehlende Kopien werden auf Kosten des betreffenden Verfahrensbeteiligten zur Verfügung gestellt.

Art. 58
Urkundsbeweis

(1) Andere Endurteile oder Entscheidungen als die des Amts gelten als ausreichender Urkundsbeweis, wenn eine von dem Gericht oder von der Behörde, die das Urteil oder die Entscheidung erlassen hat, beglaubigte Abschrift vorgelegt wird.

(2) Andere von den Verfahrensbeteiligten vorgelegten Schriftstücke gelten als ausreichender Urkundsbeweis, wenn das Originalschriftstück oder eine beglaubigte Abschrift vorgelegt wird.

Kapitel 2
Mündliche Verhandlung und Beweisaufnahme

Art. 59
Ladung zur mündlichen Verhandlung

(1) Die Verfahrensbeteiligten werden zur mündlichen Verhandlung nach Artikel 77 der Grundverordnung unter Hinweis auf Absatz 2 geladen. Die Ladungsfrist beträgt mindestens einen Monat, sofern die Verfahrensbeteiligten und das Amt nicht eine kürzere Frist vereinbaren.

(2) Ist ein zu einer mündlichen Verhandlung ordnungsgemäß geladener Verfahrensbeteiligter vor dem Amt nicht erschienen, so kann das Verfahren ohne ihn fortgesetzt werden.

Art. 60
Beweisaufnahme durch das Amt

(1) Hält das Amt die Vernehmung von Verfahrensbeteiligten, Zeugen oder Sachverständigen oder eine Augenscheinseinnahme für erforderlich, so erläßt es einen Beweisbeschluß, in dem das betreffende Beweismittel, die rechtserheblichen Tatsachen sowie Tag, Uhrzeit und Ort der Beweisaufnahme angegeben werden. Hat ein Verfahrensbeteiligter die Vernehmung von Zeugen oder Sachverständigen beantragt, so wird im Beweisbeschluß die Frist festgesetzt, in der der Verfahrensbeteiligte, der den Beweisantrag gestellt hat, dem Amt Namen und Anschrift der Zeugen und Sachverständigen mitteilen muß, die er vernehmen zu lassen wünscht.

(2) Die Ladungsfrist für Verfahrensbeteiligte, Zeugen und Sachverständige zur Beweisaufnahme beträgt mindestens einen Monat, sofern das Amt und die Geladenen nicht eine kürzere Frist vereinbaren. Die Ladung enthält:
a) einen Auszug aus dem Beweisbeschluß nach Absatz 1, aus dem insbesondere Tag, Uhrzeit und Ort der angeordneten Beweisaufnahme sowie die Tatsachen hervorgehen, zu denen die Verfahrensbeteiligten, Zeugen und Sachverständigen vernommen werden sollen;
b) die Namen der Verfahrensbeteiligten sowie die Ansprüche, die den Zeugen und Sachverständigen nach Artikel 62 Absätze 2, 3 und 4 zustehen;
c) einen Hinweis darauf, daß der Verfahrensbeteiligte, Zeuge oder Sachverständige seine Vernehmung durch ein Gericht oder eine zuständige Behörde in seinem Wohnsitzstaat beantragen kann, sowie eine Aufforderung, dem Amt innerhalb einer von diesem festgesetzten Frist mitzuteilen, ob er bereit ist, vor dem Amt zu erscheinen.

(3) Verfahrensbeteiligte, Zeugen und Sachverständige werden vor ihrer Vernehmung darauf hingewiesen, daß das Amt das zuständige Gericht oder die zuständige Behörde in ihrem Wohnsitzstaat um Wiederholung der Vernehmung unter Eid oder in anderer verbindlicher Form ersuchen kann.

(4) Die Verfahrensbeteiligten werden von der Vernehmung eines Zeugen oder Sachverständigen durch ein Gericht oder eine andere zuständige Behörde unterrichtet. Sie haben das Recht, der Vernehmung beizuwohnen und entweder direkt oder über die Behörde Fragen an die aussagenden Verfahrensbeteiligten, Zeugen und Sachverständigen zu richten.

Art. 61
Beauftragung von Sachverständigen

(1) Das Amt entscheidet, in welcher Form das Gutachten des von ihm beauftragten Sachverständigen zu erstellen ist.

(2) Der Auftrag an den Sachverständigen muß enthalten:
a) die genaue Umschreibung des Auftrags;
b) die Frist für die Erstattung des Gutachtens;
c) die Namen der Verfahrensbeteiligten;
d) einen Hinweis auf die Ansprüche, die ihm nach Artikel 62 Absätze 2 bis 4 zustehen.

(3) Das Amt kann das Prüfungsamt, das die technische Prüfung der betreffenden Sorte durchgeführt hat, auffordern, für das Gutachten des Sachverständigen Material entsprechend den Anweisungen zur Verfügung zu stellen. Das Amt kann erforderlichenfalls auch Material von Verfahrensbeteiligten oder Dritten anfordern.

(4) Die Verfahrensbeteiligten erhalten eine Abschrift und gegebenenfalls eine Übersetzung des Gutachtens.

(5) Die Verfahrensbeteiligten können den Sachverständigen ablehnen. Artikel 48 Absatz 3 und Artikel 81 Absatz 2 der Grundverordnung gelten entsprechend.

(6) Artikel 13 Absätze 2 und 3 gelten entsprechend für den vom Amt beauftragten Sachverständigen. Das Amt weist den Sachverständigen bei Erteilung des Auftrags auf die Pflicht zur Geheimhaltung hin.

Art. 62
Kosten der Beweisaufnahme

(1) Das Amt kann die Beweisaufnahme davon abhängig machen, daß der Verfahrensbeteiligte, der sie beantragt hat, beim Amt einen Vorschuß hinterlegt, dessen Höhe vom Amt durch Schätzung der voraussichtlichen Kosten bestimmt wird.

(2) Vom Amt geladene und erschienene Zeugen und Sachverständige haben Anspruch auf Erstattung angemessener Reise- und Aufenthaltskosten. Sie können einen Vorschuß erhalten.

(3) Zeugen, denen nach Absatz 2 ein Erstattungsanspruch zusteht, haben Anspruch auf eine angemessene Entschädigung für Verdienstausfall; Sachverständige haben Anspruch auf Vergütung ihrer Tätigkeit, es sei denn, sie gehören einem der Prüfungsämter an. Diese Entschädigung oder Vergütung wird den Zeugen und Sachverständigen gezahlt, nachdem die Beweisaufnahme abgeschlossen ist bzw. nachdem sie ihre Pflicht oder ihren Auftrag erfüllt haben.

(4) Das Amt zahlt die nach den Absätzen 2 und 3 fälligen Beträge entsprechend den im Anhang festgelegten Bestimmungen und Gebührensätzen aus.

Art. 63
Niederschrift über mündliche Verhandlungen und Beweisaufnahmen

(1) Über eine mündliche Verhandlung oder Beweisaufnahme wird eine Niederschrift aufgenommen, die den wesentlichen Gang der mündlichen Verhandlung oder Beweisaufnahme, die rechtserheblichen Erklärungen der Verfahrensbeteiligten und die Aussagen der Verfahrensbeteiligten, Zeugen oder Sachverständigen sowie das Ergebnis der Augenscheineinnahme enthält.

(2) Die Niederschrift über die Aussage eines Zeugen, Sachverständigen oder Verfahrensbeteiligten wird diesem vorgelesen oder zur Durchsicht vorgelegt. In der Niederschrift wird vermerkt, daß dies geschehen und die Niederschrift von der Person, die ausgesagt hat, genehmigt worden ist. Wird die Niederschrift nicht genehmigt, so werden die Einwendungen vermerkt.

(3) Die Niederschrift wird von dem Bediensteten, der die Niederschrift aufnimmt, und von dem Bediensteten, der die mündliche Verhandlung oder Beweisaufnahme leitet, unterzeichnet.

(4) Die Verfahrensbeteiligten erhalten eine Abschrift und gegebenenfalls eine Übersetzung der Niederschrift.

Kapitel 3
Zustellung

Art. 64
Allgemeine Vorschriften über Zustellungen

(1) Handelt es sich in den Verfahren vor dem Amt um die Sortenschutzbescheinigung, so wird entweder das Originalschriftstück oder eine vom Amt beglaubigte Abschrift des Originalschriftstücks zugestellt. Abschriften von Schriftstücken, die von anderen Verfahrensbeteiligten eingereicht werden, bedürfen keiner solchen Beglaubigung.

(2) Wurde von den Verfahrensbeteiligten ein Verfahrensvertreter bestellt, so erfolgt die Zustellung an den Verfahrensvertreter nach Maßgabe von Absatz 1.

(3) Die Zustellung erfolgt:
a) durch die Post nach Artikel 65;
b) durch Übergabe im Amt nach Artikel 66;
c) durch öffentliche Bekanntmachung nach Artikel 67.

Art. 65
Zustellung durch die Post

(1) Zustellungsbedürftige Schriftstücke oder Abschriften davon im Sinne von Artikel 79 der Grundverordnung werden durch eingeschriebenen Brief mit Rückschein zugestellt.

(2) Zustellungen an Empfänger, die weder Wohnsitz noch Sitz noch eine Niederlassung in der Gemeinschaft haben und keinen Verfahrensvertreter nach Artikel 82 der Grundverordnung bestellt haben, werden dadurch bewirkt, daß die zuzustellenden Schriftstücke als gewöhnlicher Brief unter der dem Amt bekannten letzten Anschrift des Empfängers zur Post gegeben werden. Die Zustellung wird mit der Aufgabe zur Post als bewirkt angesehen, selbst wenn der Brief als unzustellbar zurückkommt.

(3) Bei der Zustellung durch eingeschriebenen Brief mit oder ohne Rückschein gilt dieser mit dem zehnten Tag nach der Aufgabe zur Post als zugestellt, sofern der Brief nicht oder an einem späteren Tag zugegangen ist. Im Zweifel hat das Amt den Zugang des eingeschriebenen Briefs und gegebenenfalls den Tag des Zugangs nachzuweisen.

(4) Die Zustellung durch eingeschriebenen Brief mit oder ohne Rückschein gilt auch dann als bewirkt, wenn der Empfänger die Annahme des Briefs oder die Empfangsbestätigung verweigert.

(5) Soweit die Zustellung durch die Post durch die Absätze 1 bis 4 nicht geregelt ist, ist das Recht des Staates anzuwenden, in dessen Hoheitsgebiet die Zustellung erfolgt.

Art. 66
Zustellung durch Übergabe im Amt

Die Zustellung kann in den Dienstgebäuden des Amts durch Aushändigung des Schriftstücks an den Empfänger bewirkt werden, der den Empfang zu bestätigen hat. Die Zustellung gilt auch dann als bewirkt, wenn der Empfänger die Annahme des Schriftstücks oder die Bestätigung des Empfangs verweigert.

Art. 67
Zustellung durch öffentliche Bekanntmachung

Kann die Anschrift des Empfängers nicht festgestellt werden oder hat sich die Zustellung nach Artikel 65 Absatz 1 auch nach einem zweiten Versuch des Amts als unmöglich erwiesen, so wird die Zustellung durch öffentliche Bekanntmachung in den regelmäßig erscheinenden Veröffentlichungen des Amts nach Artikel 89 der Grundverordnung bewirkt. Die Einzelheiten der öffentlichen Bekanntmachung werden vom Präsidenten des Amts festgelegt.

Art. 68
Heilung von Zustellungsmängeln

Hat der Empfänger das Schriftstück erhalten und kann das Amt die formgerechte Zustellung nicht nachweisen oder ist das Schriftstück unter Verletzung von Zustellungsvorschriften zugegangen, so gilt das Schriftstück als an dem Tag zugestellt, den das Amt als Tag des Zugangs nachweist.

Kapitel 4
Fristen und Unterbrechung des Verfahrens

Art. 69
Berechnung der Fristen

(1) Die Fristen werden nach vollen Tagen, Wochen, Monaten oder Jahren berechnet.

(2) Bei der Fristberechnung wird mit dem Tag begonnen, der auf den Tag folgt, an dem das Ereignis eingetreten ist, aufgrund dessen der Fristbeginn festgelegt wird; dieses Ereignis kann eine Handlung oder der Ablauf einer früheren Frist sein. Besteht die Handlung in einer Zustellung, so ist das maßgebliche Ereignis der Zugang des zugestellten Schriftstücks, sofern nichts anderes bestimmt ist.

(3) Unbeschadet von Absatz 2 wird bei einer öffentlichen Bekanntmachung nach Artikel 67, einer Entscheidung des Amts, soweit sie nicht der betreffenden Person zugestellt wird, oder einer bekanntzumachenden Handlung eines Verfahrensbeteiligten mit der Fristberechnung am 15. Tag, der auf den Tag folgt, an dem die Handlung bekanntgemacht worden ist, begonnen.

(4) Ist als Frist ein Jahr oder eine Anzahl von Jahren bestimmt, so endet die Frist in dem maßgeblichen folgenden Jahr in dem Monat und an dem Tag, die durch ihre Benennung oder Zahl dem Monat und

Tag entsprechen, an denen das Ereignis eingetreten ist. Hat der betreffende nachfolgende Monat keinen Tag mit der entsprechenden Zahl, so läuft die Frist am letzten Tag dieses Monats ab.

(5) Ist als Frist ein Monat oder eine Anzahl von Monaten bestimmt, so endet die Frist in dem maßgeblichen folgenden Monat an dem Tag, der durch seine Zahl dem Tag entspricht, an dem das Ereignis eingetreten ist. Hat der betreffende nachfolgende Monat keinen Tag mit der entsprechenden Zahl, so läuft die Frist am letzten Tag dieses Monats ab.

(6) Ist als Frist eine Woche oder eine Anzahl von Wochen bestimmt, so endet die Frist in der maßgeblichen Woche an dem Tag, der durch seine Benennung dem Tag entspricht, an dem das Ereignis eingetreten ist.

Art. 70
Dauer der Fristen

Setzt das Amt nach Maßgabe der Grundverordnung oder dieser Verordnung eine Frist, so darf diese nicht weniger als einen Monat und nicht mehr als drei Monate betragen. In besonders gelagerten Fällen kann die Frist vor Ablauf auf Antrag um bis zu sechs Monate verlängert werden.

Art. 71
Verlängerung der Fristen

(1) Läuft eine Frist an einem Tag ab, an dem das Amt zur Entgegennahme von Schriftstücken nicht geöffnet ist oder an dem gewöhnliche Postsendungen aus anderen als den in Absatz 2 genannten Gründen am Sitz des Amts nicht zugestellt werden, so erstreckt sich die Frist auf den nächstfolgenden Tag, an dem das Amt zur Entgegennahme von Schriftstücken geöffnet ist und an dem gewöhnliche Postsendungen zugestellt werden. Vor Beginn eines jeden Kalenderjahrs werden die in Satz 1 genannten Tage in einer Mitteilung des Präsidenten des Amts bekanntgegeben.

(2) Läuft eine Frist an einem Tag ab, an dem die Postzustellung in einem Mitgliedstaat oder zwischen einem Mitgliedstaat und dem Amt allgemein unterbrochen oder im Anschluß an eine solche Unterbrechung gestört ist, so erstreckt sich die Frist für Verfahrensbeteiligte, die in diesem Staat ihren Wohnsitz, Sitz oder ihre Niederlassung haben oder einen Verfahrensvertreter mit Sitz in diesem Staat bestellt haben, auf den ersten Tag nach Beendigung der Unterbrechung oder Störung. Ist der betreffende Mitgliedstaat der Sitzstaat des Amts, so gilt diese Vorschrift für alle Verfahrensbeteiligten. Die Dauer der Unterbrechung der Störung der Postzustellung wird in einer Mitteilung des Präsidenten des Amts bekanntgegeben.

(3) Die Absätze 1 und 2 gelten entsprechend für die nationalen Einrichtungen oder Dienststellen nach Artikel 30 Absatz 4 der Grundverordnung sowie für die Prüfungsämter.

Art. 72
Unterbrechung des Verfahrens

(1) Das Verfahren vor dem Amt wird unterbrochen:
a) im Fall des Todes oder der fehlenden Geschäftsfähigkeit des Antragstellers oder Sortenschutzinhabers, der Person, die ein Zwangsnutzungsrecht beantragt hat oder besitzt, oder des Vertreters dieser Verfahrensbeteiligten oder
b) wenn einer dieser Verfahrensbeteiligten aufgrund eines gegen sein Vermögen gerichteten Verfahrens aus rechtlichen Gründen verhindert ist, das Verfahren vor dem Amt fortzusetzen.

(2) Nach Eintragung der notwendigen Angaben zur Person desjenigen, der zur Fortsetzung des Verfahrens als Verfahrensbeteiligter oder Verfahrensvertreter befugt ist, in das entsprechende Register teilt

das Amt dieser Person und den anderen Verfahrensbeteiligten mit, daß das Verfahren nach Ablauf der vom Amt festgesetzten Frist wieder aufgenommen wird.

(3) An dem Tag, an dem das Verfahren wieder aufgenommen wird, beginnen die Fristen von neuem zu laufen.

(4) Die technische Prüfung oder Überprüfung der Sorte durch das Prüfungsamt wird ungeachtet der Unterbrechung des Verfahrens fortgesetzt, soweit die betreffenden Gebühren bereits entrichtet worden sind.

Kapitel 5.
Verfahrensvertreter

Art. 73
Bestellung eines Verfahrensvertreters

(1) Die Bestellung eines Verfahrensvertreters ist dem Amt mitzuteilen. In der Mitteilung sind Name und Anschrift des Verfahrensvertreters anzugeben; Artikel 2 Absätze 2 und 3 gelten entsprechend.

(2) Unbeschadet von Artikel 2 Absatz 4 ist in der Mitteilung nach Absatz 1 anzugeben, wenn der Verfahrensvertreter ein Angestellter des Verfahrensbeteiligten ist. Ein Angestellter kann nicht als Verfahrensvertreter im Sinne von Artikel 82 der Grundverordnung benannt werden.

(3) Werden die Bestimmungen der Absätze 1 und 2 nicht eingehalten, so gilt die Mitteilung als nicht eingegangen.

(4) Ein Vertreter, dessen Vertretungsmacht erloschen ist, gilt weiter als Vertreter, bis das Erlöschen der Vertretungsmacht dem Amt angezeigt worden ist. Sofern die Vollmacht nichts anderes bestimmt, erlischt sie gegenüber dem Amt mit dem Tod des Vollmachtgebers.

(5) Handeln mehrere Verfahrensbeteiligte gemeinsam, die dem Amt keinen Verfahrensvertreter mitgeteilt haben, so gilt als bestellter Verfahrensvertreter des oder der anderen Verfahrensbeteiligten derjenige, welcher in einem Antrag auf gemeinschaftlichen Sortenschutz oder auf Erteilung eines Zwangsnutzungsrechts oder in einer Einwendung als erster genannt ist.

Art. 74
Vollmacht des Verfahrensvertreters

(1) Wird dem Amt die Bestellung des Verfahrensvertreters mitgeteilt, so ist die unterzeichnete Vollmacht für diesen Vertreter, soweit nicht anderes bestimmt ist, innerhalb einer vom Amt bestimmten Frist zu den Akten einzureichen. Wird die Vollmacht nicht fristgemäß eingereicht, so gelten die Handlungen des Vertreters als nicht erfolgt.

(2) Vollmachten können für ein oder mehrere Verfahren erteilt werden und sind in der entsprechenden Zahl von Abschriften einzureichen. Zulässig sind auch Generalvollmachten, die einen Verfahrensvertreter zur Vertretung in allen Verfahren eines Verfahrensbeteiligten bevollmächtigen. Für die Generalvollmacht ist eine einzige Urkunde ausreichend.

(3) Der Präsident des Amts kann den Inhalt der Vollmacht bestimmen und für die Erteilung der Vollmacht einschließlich der Generalvollmacht nach Absatz 2 Vordrucke gebührenfrei zur Verfügung stellen.

Kapitel 6
Kostenverteilung und Kostenfestsetzung

Art. 75
Kostenverteilung

(1) Die Kostenverteilung wird in der Entscheidung über die Rücknahme oder den Widerruf des gemeinschaftlichen Sortenschutzes oder in der Entscheidung über die Beschwerde angeordnet.

(2) Bei der Kostenverteilung nach Artikel 85 Absatz 1 der Grundverordnung weist das Amt in der Begründung der Entscheidung über die Rücknahme oder den Widerruf des gemeinschaftlichen Sortenschutzes oder in der Entscheidung über die Beschwerde auf die Kostenverteilung hin. Die Verfahrensbeteiligten können aus der Unterlassung dieses Hinweises keine Ansprüche herleiten.

Art. 76
Kostenfestsetzung.

(1) Der Antrag auf Kostenfestsetzung ist nur dann zulässig, wenn die Entscheidung, für die die Kostenfestsetzung beantragt wird, ergangen ist und wenn im Fall einer Beschwerde gegen diese Entscheidung die Beschwerdekammer über diese Beschwerde entschieden hat. Dem Antrag sind eine Kostenaufstellung und entsprechende Belege beizufügen.

(2) Zur Festsetzung der Kosten genügt es, daß sie glaubhaft gemacht werden.

(3) Trägt ein Verfahrensbeteiligter die Kosten eines anderen Verfahrensbeteiligten, so kann er nicht zur Deckung anderer Kosten als der in Absatz 4 genannten herangezogen werden. Ist der obsiegende Verfahrensbeteiligte von mehreren Bevollmächtigten, Beiständen oder Anwälten vertreten worden, so hat der unterlegene Verfahrensbeteiligte die in Absatz 4 genannten Kosten nur für einen Vertreter zu tragen.

(4) Die für die Durchführung des Verfahrens notwendigen Kosten umfassen:
a) die Kosten für Zeugen und Sachverständige, die vom Amt gezahlt worden sind;
b) die Reise- und Aufenthaltskosten eines Verfahrensbeteiligten und eines Bevollmächtigten, Vertreters oder Rechtsanwalts, der ordnungsgemäß als Verfahrensvertreter vor dem Amt bevollmächtigt worden ist, im Rahmen der im Anhang genannten für Zeugen und Sachverständige geltenden Gebührensätze;
c) die Vergütung eines Bevollmächtigten, Beistands oder Rechtsanwalts, der ordnungsgemäß als Vertreter vor dem Amt bevollmächtigt worden ist, im Rahmen der im Anhang aufgeführten Gebührensätze.

Art. 77
Kostenregelung

Die Kostenregelung nach Artikel 85 Absatz 4 der Grundverordnung wird vom Amt in einem Bescheid an die betreffenden Verfahrensbeteiligten bestätigt. Wird in diesem Bescheid auch eine Einigung über die Höhe der zu zahlenden Kosten bestätigt, so ist ein Antrag auf Kostenfestsetzung unzulässig.

Fünfter Titel
Unterrichtung der Öffentlichkeit

Kapitel 1
Register, Einsichtnahme und Veröffentlichungen

Erster Abschnitt
Register

Art. 78
Registereinträge über Verfahren und gemeinschaftliche Sortenschutzrechte

(1) In das Register für die Anträge auf gemeinschaftlichen Sortenschutz werden folgende „sonstige Angaben" nach Artikel 87 Absatz 3 der Grundverordnung eingetragen:
a) Tag der Veröffentlichung, wenn die Veröffentlichung ein für die Berechnung der Fristen maßgebendes Ereignis ist;
b) Einwendungen unter Angabe des Datums der Einwendung, des Namens und der Anschrift des Einwenders und seines Verfahrensvertreters;
c) Zeitvorrang (Datum und Staat des früheren Antrags);
d) die Einleitung eines Verfahrens zur Geltendmachung des Rechts auf den gemeinschaftlichen Sortenschutz nach Artikel 98 Absatz 4 und Artikel 99 der Grundverordnung sowie die abschließende Entscheidung oder sonstige Beendigung dieses Verfahrens.

(2) Auf Antrag werden folgende „sonstige Angaben" nach Artikel 87 Absatz 3 der Grundverordnung in das Register für gemeinschaftliche Sortenschutzrechte eingetragen:
a) die Übertragung des gemeinschaftlichen Sortenschutzes als Sicherheit oder als Gegenstand eines sonstigen dinglichen Rechts oder
b) die Einleitung eines Verfahrens zur Geltendmachung des Rechts auf den gemeinschaftlichen Sortenschutz nach Artikel 98 Absätze 1 und 2 und Artikel 99 der Grundverordnung sowie die abschließende Entscheidung oder sonstige Beendigung dieses Verfahrens.

(3) Der Präsident des Amts legt die Einzelheiten der Einträge fest und kann im Interesse der Verwaltung des Amts bestimmen, daß weitere Angaben in die Register eingetragen werden.

Art. 79
Eintragung des Rechtsübergangs

(1) Jeder Übergang eines gemeinschaftlichen Sortenschutzrechts wird im Register für gemeinschaftliche Sortenschutzrechte nach Vorlage der Übertragungsurkunde, amtlicher Schriftstücke zur Bestätigung des Rechtsübergangs oder von Auszügen aus der Übertragungsurkunde oder aus amtlichen Schriftstücken, aus denen der Rechtsübergang hervorgeht, eingetragen. Das Amt nimmt eine Abschrift dieser Unterlagen zu den Akten.
(2) Die Eintragung des Rechtsübergangs kann nur abgelehnt werden, wenn die Voraussetzungen des Absatzes 1 und des Artikels 23 der Grundverordnung nicht erfüllt sind.
(3) Die Absätze 1 und 2 gelten auch für die Übertragung des Rechts auf den gemeinschaftlichen Sortenschutz, für den ein Antrag gestellt wurde, der im Register für die Anträge auf gemeinschaftlichen Sortenschutz eingetragen ist. Der Verweis auf das Register für gemeinschaftliche Sortenschutzrechte gilt als Verweis auf das Register für die Anträge auf gemeinschaftlichen Sortenschutz.

Art. 80
Allgemeine Voraussetzungen für Registereinträge

Unbeschadet sonstiger Bestimmungen der Grundverordnung oder dieser Verordnung kann jeder Beteiligte einen Eintrag in die Register oder die Löschung eines Eintrags beantragen. Der Antrag ist schriftlich unter Beifügung entsprechender Nachweise zu stellen.

Art. 81
Voraussetzungen für besondere Registereinträge

(1) Ist ein beantragtes oder erteiltes gemeinschaftliches Sortenschutzrecht Gegenstand eines Konkursverfahrens oder konkursähnlichen Verfahrens, so wird dies auf Antrag der zuständigen nationalen Behörde gebührenfrei in das Register für gemeinschaftliche Sortenschutzrechte eingetragen. Dieser Eintrag wird ebenfalls auf Antrag der zuständigen nationalen Behörde gebührenfrei gelöscht.

(2) Absatz 1 gilt entsprechend für die Einleitung von Verfahren zur Geltendmachung von Ansprüchen nach den Artikeln 98 und 99 der Grundverordnung sowie für die abschließende Entscheidung oder sonstige Beendigung eines solchen Verfahrens.

(3) Handelt es sich um die Kennzeichnung der Sorten als Ursprungssorten und im wesentlichen abgeleitete Sorten, so können alle Verfahrensbeteiligten die Eintragung gemeinsam oder getrennt beantragen. Beantragt nur ein Verfahrensbeteiligter die Eintragung, so sind dem Antrag ausreichende Unterlagen nach Artikel 87 Absatz 2 Buchstabe h) der Grundverordnung beizufügen, die den Antrag des anderen Verfahrensbeteiligten entbehrlich machen.

(4) Wird die Eintragung eines ausschließlichen vertraglichen Nutzungsrechts oder einer Übertragung des gemeinschaftlichen Sortenschutzes als Sicherheit oder dingliches Recht beantragt, so sind dem Antrag ausreichende Belege beizufügen.

Art. 82
Einsichtnahme in die Register

(1) Jedermann kann am Sitz des Amts Einsicht in die Register nehmen.

(2) Auszüge aus den Registern werden auf Antrag nach Entrichtung einer Verwaltungsgebühr angefertigt.

(3) Der Präsident des Amts kann eine Einsichtnahme am Sitz der nationalen Einrichtungen oder Dienststellen nach Artikel 30 Absatz 4 der Grundverordnung vorsehen.

Zweiter Abschnitt
Aufbewahrung von Unterlagen, Einsichtnahme in Unterlagen und in den Anbau einer Sorte

Art. 83
Aufbewahrung von Akten

(1) Verfahrensunterlagen werden in Akten mit dem Aktenzeichen des betreffenden Verfahrens aufbewahrt mit Ausnahme der Unterlagen, die die Ausschließung oder Ablehnung von Mitgliedern der Beschwerdekammer, des Amts oder des Prüfungsamts betreffen und gesondert aufbewahrt werden.

(2) Das Amt bewahrt eine Zweitschrift der in Absatz 1 genannten Akte auf („Aktenzweitschrift"), die als echte und vollständige Zweitschrift der Akte gilt. Die Prüfungsämter können eine Abschrift der

Verfahrensunterlagen („Prüfungszweitschrift") aufbewahren, müssen jedoch jederzeit Originalschriftstücke, über die das Amt nicht verfügt, weiterleiten.

(3) Der Präsident des Amts bestimmt, in welcher Form die Akten aufbewahrt werden.

Art. 84
Akteneinsicht

(1) Die Akteneinsicht ist schriftlich beim Amt zu beantragen.

(2) Die Akten werden am Sitz des Amts eingesehen. Auf Antrag kann die Einsichtnahme auch am Sitz der nationalen Einrichtungen oder Dienststellen nach Artikel 30 Absatz 4 der Grundverordnung im Hoheitsgebiet des Mitgliedstaats erfolgen, in dem die antragstellende Person ihren Wohnsitz, Sitz oder ihre Niederlassung hat.

(3) Auf Antrag gewährt das Amt Akteneinsicht durch Anfertigung von Kopien für die antragstellende Person. Für solche Kopien können Gebühren verlangt werden. Auf Antrag kann die Akteneinsicht auch durch schriftliche Mitteilung der in den Unterlagen enthaltenen Angaben erfolgen. Das Amt kann jedoch verlangen, daß die Unterlagen selbst eingesehen werden, wenn sich dies aufgrund des Umfangs der angeforderten Informationen als zweckmäßig erweist.

Art. 85
Einsichtnahme in den Anbau einer Sorte

(1) Die Einsichtnahme in den Anbau einer Sorte ist schriftlich beim Amt zu beantragen. Das Prüfungsamt gewährt mit Zustimmung des Amts Zugang zum Versuchsgelände.

(2) Unbeschadet von Artikel 88 Absatz 3 der Grundverordnung wird der allgemeine Zugang zum Versuchsgelände für Besucher von den Vorschriften der vorliegenden Verordnung nicht berührt, sofern alle angebauten Sorten kodiert sind, das beauftragte Prüfungsamt geeignete, vom Amt genehmigte Maßnahmen gegen die Entfernung von Material getroffen hat und alle notwendigen Schritte zum Schutz der Rechte des Antragstellers oder des Sortenschutzinhabers unternommen worden sind.

(3) Der Präsident des Amts kann bestimmen, in welcher Form die Einsichtnahme in den Anbau von Sorten und die Kontrolle der Schutzvorkehrungen nach Absatz 2 erfolgen.

Art. 86
Vertrauliche Angaben

Zur vertraulichen Behandlung von Angaben stellt das Amt der Person, die die Erteilung des gemeinschaftlichen Sortenschutzes beantragt, gebührenfrei Vordrucke zur Verfügung, mit denen der Ausschluß aller Angaben über Komponenten von der Einsichtnahme nach Artikel 88 Absatz 3 der Grundverordnung beantragt werden kann.

Dritter Abschnitt
Veröffentlichungen

Art. 87
Amtsblatt

(1) Die vom Amt mindestens alle zwei Monate herauszugebende Veröffentlichung nach Artikel 89 der Verordnung erhält die Bezeichnung „Amtsblatt des Gemeinschaftlichen Sortenamts", nachstehend Amtsblatt genannt.

(2) Das Amtsblatt enthält auch die nach Artikel 78 Absatz 1 Buchstaben c) und d), Absatz 2 sowie Artikel 79 in die Register eingetragenen Angaben.

Art. 88
Veröffentlichung der Anträge auf Erteilung von Nutzungsrechten und der diesbezüglichen Entscheidungen

Im Amtsblatt veröffentlicht werden das Eingangsdatum des Antrags auf Erteilung eines Nutzungsrechts durch das Amt und das Datum der diesbezüglichen Entscheidung, die Namen und Anschriften der Verfahrensbeteiligten sowie deren Anträge. Bei einer Entscheidung über die Erteilung eines Zwangsnutzungsrechts wird auch der Inhalt der Entscheidung veröffentlicht.

Art. 89
Veröffentlichung von Beschwerden und diesbezüglichen Entscheidungen

Im Amtsblatt veröffentlicht werden das Eingangsdatum von Beschwerden und das Datum der diesbezüglichen Entscheidungen, die Namen und Anschriften der am Beschwerdeverfahren Beteiligten sowie deren Anträge oder die Entscheidungen hierüber.

Kapitel 2
Amts- und Rechtshilfe

Art. 90
Erteilung von Auskünften

(1) Die Erteilung von Auskünften nach Artikel 90 der Grundverordnung erfolgt unmittelbar zwischen den in diesen Bestimmungen genannten Behörden.

(2) Die Erteilung von Auskünften nach Artikel 91 Absatz 1 der Grundverordnung durch oder an das Amt kann gebührenfrei über die zuständigen Sortenämter der Mitgliedstaaten erfolgen.

(3) Absatz 2 gilt entsprechend für die Erteilung von Auskünften nach Artikel 91 Absatz 1 der Grundverordnung durch oder an das Prüfungsamt. Das Amt erhält eine Kopie dieser Mitteilung.

Art. 91
Akteneinsicht durch Gerichte und Staatsanwaltschaften der Mitgliedstaaten oder durch deren Vermittlung

(1) Die Einsicht in die Akten nach Artikel 91 Absatz 1 der Grundverordnung wird in die Aktenzweitschrift gewährt, die das Amt ausschließlich für diesen Zweck ausstellt.

(2) Gerichte und Staatsanwaltschaften der Mitgliedstaaten können in Verfahren, die bei ihnen anhängig sind, Dritten Einsicht in die vom Amt übermittelten Schriftstücke gewähren. Die Akteneinsicht wird nach Maßgabe von Artikel 88 der Grundverordnung gewährt; das Amt erhebt für diese Akteneinsicht keine Gebühr.

(3) Das Amt weist die Gerichte und Staatsanwaltschaften der Mitgliedstaaten bei der Übermittlung der Akten auf die Beschränkungen hin, die nach Artikel 88 der Grundverordnung für die Einsicht in die Unterlagen über ein beantragtes oder erteiltes Sortenschutzrecht gelten.

Art. 92
Verfahren bei Rechtshilfeersuchen

(1) Jeder Mitgliedstaat bestimmt eine Stelle, die die Rechtshilfeersuchen des Amts entgegennimmt und an das zuständige Gericht oder die zuständige Behörde zur Erledigung weiterleitet.

(2) Das Amt faßt Rechtshilfeersuchen in der Sprache des zuständigen Gerichts oder der zuständigen Behörde ab oder fügt den Rechtshilfeersuchen eine Übersetzung in dieser Sprache bei.

(3) Vorbehaltlich der Absätze 4 und 5 haben das zuständige Gericht oder die zuständige Behörde bei der Erledigung eines Ersuchens in den Formen zu verfahren, die ihr Recht vorsieht. Sie haben insbesondere geeignete Zwangsmittel nach Maßgabe ihrer Rechtsvorschriften anzuwenden.

(4) Das Amt ist von Zeit und Ort der durchzuführenden Beweisaufnahme oder der anderen vorzunehmenden gerichtlichen Handlungen zu benachrichtigen und unterrichtet seinerseits die betreffenden Verfahrensbeteiligten, Zeugen und Sachverständigen.

(5) Auf Ersuchen des Amts gestattet das zuständige Gericht oder die zuständige Behörde die Anwesenheit von Mitgliedern des Amts und erlaubt diesen, vernommene Personen unmittelbar oder über das zuständige Gericht oder die zuständige Behörde zu befragen.

(6) Für die Erledigung von Rechtshilfeersuchen dürfen keine Gebühren und Auslagen irgendwelcher Art erhoben werden. Der ersuchte Mitgliedstaat ist jedoch berechtigt, von dem Amt die Erstattung der an Sachverständige und Dolmetscher gezahlten Entschädigung sowie der Auslagen zu verlangen, die durch das Verfahren nach Absatz 5 entstanden sind.

Sechster Titel
Schlußbestimmungen

Art. 93
Übergangsbestimmungen

(1) Nach Artikel 15 Absatz 4 zahlt das Amt dem Prüfungsamt für die Durchführung der technischen Prüfung eine Gebühr, die sämtliche Auslagen des Prüfungsamts deckt. Der Verwaltungsrat legt vor dem 27. April 1997 einheitliche Methoden zur Berechnung der Kosten und einheitliche Kostenelemente fest, die für alle beauftragten Prüfungsämter gelten.

(2) Der Verwaltungsrat erläßt bis zum 27. Oktober 1996 die Prüfungsrichtlinien nach Artikel 22 für Pflanzenarten, für deren Sorten der gemeinschaftliche Sortenschutz nach Artikel 116 Absatz 2 der Grundverordnung beantragt wird; der Präsident des Amts legt bis zum 27. April 1996 einen Vorschlag für

die Prüfungsrichtlinien vor, der die Prüfungsberichte berücksichtigt, die Teil der in Artikel 116 Absatz 3 der Grundverordnung genannten Verfahren sind.

(3) Der Antragsteller für einen gemeinschaftlichen Sortenschutz nach Artikel 116 Absätze 1 oder 2 der Grundverordnung legt bis zum 30. November 1995 eine beglaubigte Abschrift der Ergebnisse nach Artikel 116 Absatz 3 der Grundverordnung vor. Diese Abschrift umfaßt die Unterlagen, die für die Verfahren zur Erteilung eines nationalen Sortenschutzes relevant sind, und ist von der für diese Verfahren zuständigen Behörde zu beglaubigen. Wird diese beglaubigte Abschrift nicht rechtzeitig vorgelegt, so findet Artikel 55 der Verordnung Anwendung.

Art. 94
Ausnahmebestimmungen.

Abweichend von Artikel 27 Absatz 1 kann das Amt Prüfungsberichte über die Ergebnisse einer in einem Mitgliedstaat amtlichen Zwecken dienenden technischen Prüfung dieser Sorte berücksichtigen, vorausgesetzt die Prüfung hat vor dem 27. April 1996 begonnen, es sei denn, daß der Verwaltungsrat eine Entscheidung über die betreffenden Prüfungsrichtlinien vor diesem Datum getroffen hat.

Art. 95
Inkrafttreten.

Diese Verordnung tritt am Tag ihrer Veröffentlichung im *Amtsblatt der Europäischen Gemeinschaften* in Kraft.
Art. 27 gilt bis zum 30. Juni 1998.

Anhang

1. Die Entschädigung für Zeugen und Sachverständige für Reise- und Aufenthaltskosten nach Artikel 62 Absatz 2 ist wie folgt zu berechnen:
1.1. Reisekosten
   Reisekosten für die Hin- und Rückfahrt zwischen dem Wohnort oder dem Geschäftsort und dem Ort der mündlichen Verhandlung oder der Beweisaufnahme
   a) in Höhe des Eisenbahnfahrpreises 1. Klasse einschließlich der übrigen Beförderungszuschläge, falls die Gesamtentfernung bis 800 Eisenbahnkilometer einschließlich beträgt;
   b) in Höhe des Flugpreises der Touristenklasse, falls die Gesamtentfernung mehr als 800 Eisenbahnkilometer beträgt oder der Seeweg benutzt werden muß.
1.2. Aufenthaltskosten in Höhe der in Artikel 13 des Anhangs VII zum Statut der Beamten der Europäischen Gemeinschaften festgelegten Tagegelder für Beamte der Besoldungsgruppen A4 bis A8.
1.3. Wird ein Zeuge oder Sachverständiger zu einem Verfahren vor dem Amt geladen, so erhält er mit der Ladung einen Reiseauftrag, aus dem die zahlbaren Beträge nach Ziffer 1.1 und 1.2 hervorgehen, zusammen mit einem Vordruck, mit dem ein Vorschuß auf die Auslagen beantragt werden kann. Bevor ein Vorschuß an einen Zeugen oder Sachverständigen ausgezahlt werden kann, muß dessen Berechtigung von dem Mitglied des Amts, das die Beweisaufnahme angeordnet hat, oder bei Beschwerdeverfahren vom Vorsitzenden der zuständigen Beschwerdekammer bestätigt werden. Das Antragsformular muß deshalb zur Bestätigung an das Amt zurückgeschickt werden.
2. Die den Zeugen für Verdienstausfall zu zahlende Entschädigung nach Artikel 62 Absatz 3 wird wie folgt berechnet:
2.1. Wird einem Zeugen eine Abwesenheit für insgesamt zwölf Stunden oder weniger auferlegt, so beläuft sich die Entschädigung für Verdienstausfall auf 1/60 des monatlichen Grundgehalts eines Bediensteten des Amts der niedrigsten Besoldungsstufe der Besoldungsgruppe A4.

2.2. Wird einem Zeugen eine Abwesenheit für insgesamt mehr als zwölf Stunden auferlegt, so hat der Zeuge Anspruch auf Zahlung einer weiteren Entschädigung in Höhe von 1/60 des in Ziffer 2.1 genannten Grundgehalts für jeden weiteren angefangenen Zwölf-Stunden-Zeitraum.
3. Die einem Sachverständigen nach Artikel 62 Absatz 3 zu zahlende Vergütung wird von Fall zu Fall unter Berücksichtigung des von dem betreffenden Sachverständigen vorgeschlagenen Betrags festgesetzt. Die Verfahrensbeteiligten können vom Amt aufgefordert werden, zu dem vorgeschlagenen Betrag Stellung zu nehmen. Die Vergütung kann dem Sachverständigen erst dann ausgezahlt werden, wenn er nachweist, daß er keinem Prüfungsamt angehört.
4. Die Entschädigung für Verdienstausfall bzw. die Vergütung für Sachverständige nach den Ziffern 2 und 3 wird erst dann ausgezahlt, wenn das Mitglied des Amts, das die Beweisaufnahme angeordnet hat, oder bei Beschwerdeverfahren der Vorsitzende der zuständigen Beschwerdekammer den Anspruch des Zeugen oder Sachverständigen bestätigt hat.
5. Die Vergütung eines Bevollmächtigten, Beistands oder Rechtsanwalts, der einen Verfahrensbeteiligten vertritt, wird nach Artikel 76 Absätze 3 und 4 Buchstabe c) von dem anderen Verfahrensbeteiligten auf der Grundlage folgender Höchstsätze getragen:
    a) für Beschwerdeverfahren außer für Beweisaufnahmen in Form einer Zeugenvernehmung, Begutachtung durch Sachverständige oder einer Einnahme des Augenscheins: 500 ECU;
    b) für Beweisaufnahmen in Beschwerdeverfahren in Form einer Zeugenvernehmung, Begutachtung durch Sachverständige oder Einnahme des Augenscheins: 250 ECU;
    c) für Verfahren zur Nichtigerklärung oder Aufhebung des gemeinschaftlichen Sortenschutzes: 250 ECU.

24. Verordnung (EG) Nr. 1768/95 der Kommission über die Ausnahmeregelung gemäß Artikel 14 Absatz 3 der Verordnung (EG) Nr. 2100/94 über den gemeinschaftlichen Sortenschutz

vom 24. 7. 1995
(ABl. L 173/14)

DIE KOMMISSION DER EUROPÄISCHEN GEMEINSCHAFTEN –

gestützt auf den Vertrag zur Gründung der Europäischen Gemeinschaft,
gestützt auf die Verordnung (EG) Nr. 2100/94 des Rates vom 27. Juli 1994 über den gemeinschaftlichen Sortenschutz[1110] („Grundverordnung"), insbesondere auf Artikel 14 Absatz 3,
in Erwägung nachstehender Gründe:

Artikel 14 der Grundverordnung sieht eine Abweichung vom gemeinschaftlichen Sortenschutz zur Sicherung der landwirtschaftlichen Erzeugung (landwirtschaftliche Ausnahme) vor.

Die Bedingungen für die Wirksamkeit dieser Ausnahmeregelung sowie für die Wahrung der legitimen Interessen des Pflanzenzüchters und des Landwirts sind in einer Durchführungsverordnung gemäß den Kriterien des Artikels 14 Absatz 3 der Grundverordnung festzulegen.

Diese Verordnung regelt diese Bedingungen, insbesondere hinsichtlich der sich aus den vorgenannten Kriterien ergebenden Pflichten des Landwirts, des Aufbereiters und des Sortenschutzinhabers.

Diese Pflichten beziehen sich im wesentlichen auf die vom Landwirt zu zahlende angemessene Entschädigung an den Sortenschutzinhaber für die Inanspruchnahme der Ausnahmeregelung, auf die zu übermittelnden Informationen, die Sicherstellung der Übereinstimmung des zur Aufbereitung übergebenen Ernteguts mit dem aus der Aufbereitung hervorgegangenen Erzeugnis sowie auf die Überwachung der Erfüllung der Bestimmungen der Ausnahmeregelung.

Auch die Begriffsbestimmung für den „Kleinlandwirt", der von der Entschädigungspflicht gegenüber dem Sortenschutzinhaber für die Inanspruchnahme der Ausnahmeregelung freigestellt ist, soll insbesondere im Hinblick auf Landwirte, die bestimmte Futterpflanzen und Kartoffeln anbauen, ergänzt werden.

Die Kommission wird die Auswirkungen der in der Grundverordnung verankerten Begriffsbestimmung für den Kleinlandwirt gemeinschaftsweit gründlich prüfen, insbesondere hinsichtlich der Auswirkungen auf die Flächenstillegung – im Fall von Kartoffeln – auf die Höchstfläche im Hinblick auf die Rolle der Entschädigung gemäß Artikel 5 Absatz 3 dieser Verordnung und wird erforderlichenfalls geeignete Vorschläge machen für geeignete Maßnahmen zur Verwirklichung der gemeinschaftsweiten Kohärenz hinsichtlich des Verhältnisses zwischen der Lizenznutzung von Vermehrungsmaterial und der Verwendung des nach der Ausnahmeregelung gemäß Artikel 14 der Grundverordnung gewonnenen Ernteguts.

Es war allerdings noch nicht möglich festzustellen, inwieweit gemäß dem geltenden Recht der Mitgliedstaaten vergleichbare Ausnahmeregelungen in Anspruch genommen werden im Hinblick auf die Gebühren für die Erzeugung von Vermehrungsmaterial in Lizenz von nach diesen einzelstaatlichen Rechtsvorschriften geschützten Sorten.

Daher ist die Kommission gegenwärtig außerstande, im Rahmen des durch Artikel 14 Absatz 3 der Grundverordnung gewährten Ermessensspielraums des Gemeinschaftsgesetzgebers die Höhe der angemessenen Entschädigung festzusetzen, die deutlich niedriger sein muß als der Betrag, der für die Erzeugung von Vermehrungsmaterial in Lizenz verlangt wird.

Jedoch sollten die Anfangshöhe sowie die Regelung für spätere Anpassungen so bald wie möglich und spätestens bis zum 1. Juli 1997 festgelegt werden.

[1110] ABl. Nr. L 227 vom 1. 9. 1994, S. 1.

Darüber hinaus dient diese Verordnung der Regelung des Zusammenhangs zwischen dem gemeinschaftlichen Sortenschutzrecht und den aus Artikel 14 der Grundverordnung abgeleiteten Rechten einerseits und der dem Landwirt und seinem Betrieb erteilten Ermächtigung andererseits.

Abschließend soll geregelt werden, wie bei Verletzung der betreffenden Vorschriften zu verfahren ist. Der Verwaltungsrat wurde gehört.

Die in dieser Verordnung vorgesehenen Bestimmungen entsprechen der Stellungnahme des Ständigen Ausschusses für Sortenschutz –
HAT FOLGENDE VERORDNUNG ERLASSEN:

Kapitel 1
Allgemeine Bestimmungen

Art. 1
Geltungsbereich

(1) Diese Verordnung enthält die Durchführungsbestimmungen hinsichtlich der Bedingungen für die Wirksamkeit der Ausnahmeregelung gemäß Artikel 14 Absatz 1 der Grundverordnung.

(2) Diese Bedingungen gelten für die Rechte und Pflichten des Sortenschutzinhabers im Sinne des Artikels 13 Absatz 1 und für deren Ausübung bzw. Erfüllung sowie für die Ermächtigung und Pflichten des Landwirts und für deren Inanspruchnahme bzw. Erfüllung, sofern diese Rechte, Ermächtigung und Pflichten aus den Bestimmungen des Artikels 14 der Grundverordnung abgeleitet sind. Sie gelten ferner für Rechte, Ermächtigungen und Pflichten anderer, die aus den Bestimmungen des Artikels 14 Absatz 3 der Grundverordnung abgeleitet sind.

(3) Sofern in dieser Verordnung nicht anderslautend bestimmt, richtet sich die Ausübung der Rechte, die Inanspruchnahme der Ermächtigung und die Erfüllung der Pflichten nach dem Recht und dem internationalen Privatrecht des Mitgliedstaats, in dem der die Regelung in Anspruch nehmende Betrieb liegt.

Art. 2
Wahrung der Interessen

(1) Die in Artikel 1 genannten Bedingungen sind von dem Sortenschutzinhaber, der insoweit den Züchter vertritt, und von dem Landwirt so umzusetzen, daß die legitimen Interessen des jeweils anderen gewahrt bleiben.

(2) Die legitimen Interessen sind dann als nicht gewahrt anzusehen, wenn eines oder mehrere Interessen verletzt werden, ohne daß der Notwendigkeit eines vernünftigen Interessenausgleichs oder der Verhältnismäßigkeit der effektiven Umsetzung der Bedingung gegenüber ihrem Zweck Rechnung getragen wurde.

Kapitel 2
Sortenschutzinhaber und Landwirt

Art. 3
Der Sortenschutzinhaber

(1) Die aus den Bestimmungen des Artikels 14 der Grundverordnung abgeleiteten Rechte und Pflichten des Sortenschutzinhabers, wie sie in dieser Verordnung verankert sind, sind nicht übertragbar, mit Ausnahme des Rechts auf eine bereits bestimmbare Bezahlung der angemessenen Entschädigung gemäß Artikel 5. Sie können allerdings den Rechten und Pflichten beigeordnet werden, die mit der Übertragung des gemeinschaftlichen Sortenschutzrechts gemäß den Bestimmungen des Artikels 23 der Grundverordnung einhergehen.

(2) Die in Absatz 1 genannten Rechte können von einzelnen Sortenschutzinhabern, von mehreren Sortenschutzinhabern gemeinsam oder von einer Vereinigung von Sortenschutzinhabern geltend gemacht werden, die in der Gemeinschaft auf gemeinschaftlicher, nationaler, regionaler oder lokaler Ebene niedergelassen ist. Eine Organisation von Sortenschutzinhabern kann nur für diejenigen ihrer Mitglieder tätig werden, die sie dazu schriftlich bevollmächtigt haben. Sie wird entweder durch einen oder mehrere ihrer Vertreter oder durch von ihr zugelassene Sachverständige im Rahmen ihrer jeweiligen Mandate tätig.

(3) Ein Vertreter des Sortenschutzinhabers oder einer Vereinigung von Sortenschutzinhabern sowie ein zugelassener Sachverständiger müssen
a) ihren Wohnsitz, ihren Sitz oder ihre Niederlassung in der Gemeinschaft haben;
b) vom Sortenschutzinhaber oder von der Vereinigung schriftlich bevollmächtigt sein und
c) die Erfüllung der Bedingungen a und b entweder durch Verweis auf entsprechende, vom Sortenschutzinhaber veröffentlichte oder von ihm den Vereinigungen der Landwirte mitgeteilte Informationen oder in anderer Form nachweisen und auf Anforderung jedem Landwirt, gegenüber dem er die Rechte geltend macht, eine Kopie der schriftlichen Ermächtigung gemäß Buchstabe b vorlegen.

Art. 4
Der Landwirt

(1) Die aus den Bestimmungen des Artikels 14 der Grundverordnung abgeleiteten Rechte und Pflichten des Landwirts, wie sie in dieser Verordnung oder in nach dieser Verordnung erlassenen Bestimmungen verankert sind, sind nicht übertragbar. Sie können allerdings den Rechten und Pflichten beigeordnet werden, die mit der Übertragung des Betriebs des Landwirts einhergehen, sofern in der Betriebsübertragungsakte hinsichtlich der Zahlung einer angemessenen Entschädigung gemäß Artikel 5 nichts anderes vereinbart wurde. Die Übertragung der Ermächtigung und der Pflichten wird zum selben Zeitpunkt wirksam wie die Betriebsübertragung.

(2) Als „eigener Betrieb" im Sinne des Artikels 14 Absatz 1 der Grundverordnung gilt jedweder Betrieb oder Betriebsteil, den der Landwirt pflanzenbaulich bewirtschaftet, sei es als Eigentum, sei es in anderer Weise eigenverantwortlich auf eigene Rechnung, insbesondere im Fall einer Pacht. Die Übergabe eines Betriebs oder eines Teils davon zum Zwecke der Bewirtschaftung gilt als Übertragung im Sinne des Absatzes 1.

(3) Wer zum Zeitpunkt der Einforderung einer Verpflichtung Eigentümer des betreffenden Betriebs ist, gilt als Landwirt, solange kein Nachweis dafür erbracht wurde, daß ein anderer der Landwirt ist und gemäß den Bestimmungen der Absätze 1 und 2 die Verpflichtung erfüllen muß.

Kapitel 3
Entschädigung

Art. 5
Höhe der Entschädigung

(1) Die Höhe der dem Sortenschutzinhaber zu zahlenden angemessenen Entschädigung gemäß Artikel 14 Absatz 3 vierter Gedankenstrich der Grundverordnung kann zwischen dem Betriebsinhaber und dem betreffenden Landwirt vertraglich vereinbart werden.

(2) Wurde ein solcher Vertrag nicht geschlossen oder ist ein solcher nicht anwendbar, so muß der Entschädigungsbetrag deutlich niedriger sein als der Betrag, der im selben Gebiet für die Erzeugung von Vermehrungsmaterial in Lizenz derselben Sorte der untersten zur amtlichen Zertifizierung zugelassenen Kategorie verlangt wird.

Gibt es in dem Gebiet des Betriebs des Landwirts keine Erzeugung von Vermehrungsmaterial in Lizenz der betreffenden Sorte und liegt der vorgenannte Betrag gemeinschaftsweit nicht auf einheitlichem Niveau, so muß die Entschädigung deutlich niedriger sein als der Betrag, der normalerweise für den vorgenannten Zweck dem Preis für Vermehrungsmaterial der untersten zur amtlichen Zertifizierung zugelassenen Kategorie beim Verkauf derselben Sorte in derselben Region zugeschlagen wird, sofern er nicht höher ist als der vorgenannte, im Aufwuchsgebiet des Vermehrungsmaterials übliche Betrag.

(3) Die Höhe der Entschädigung gilt als deutlich niedriger im Sinne des Artikels 14 Absatz 3 vierter Gedankenstrich der Grundverordnung und des vorstehenden Absatzes, wenn sie nicht den Betrag übersteigt, der erforderlich ist, um als ein das Ausmaß der Inanspruchnahme der Ausnahmeregelung bestimmender Wirtschaftsfaktor ein vernünftiges Verhältnis zwischen der Lizenznutzung von Vermehrungsmaterial und dem Nachbau des Ernteguts der betreffenden, dem gemeinschaftlichen Sortenschutz unterliegenden Sorten herbeizuführen oder zu stabilisieren. Dieses Verhältnis ist als vernünftig anzusehen, wenn es sicherstellt, daß der Sortenschutzinhaber insgesamt einen angemessenen Ausgleich für die gesamte Nutzung seiner Sorte erhält.

Art. 6
Individuelle Zahlungspflicht

(1) Unbeschadet der Bestimmungen des Absatzes 2 entsteht die individuelle Pflicht des Landwirts zur Zahlung einer angemessenen Entschädigung zum Zeitpunkt der tatsächlichen Nutzung des Ernteguts zu Vermehrungszwecken im Feldanbau.

Der Sortenschutzinhaber kann Zeitpunkt und Art der Zahlung bestimmen. Er darf jedoch keinen Zahlungstermin bestimmen, der vor dem Zeitpunkt der Entstehung der Pflicht liegt.

(2) Im Falle eines nach Artikel 116 der Grundverordnung gewährten gemeinschaftlichen Sortenschutzrechts entsteht die individuelle Pflicht des Landwirts, der die Bestimmungen des Artikels 116 Absatz 4 zweiter Gedankenstrich der Grundverordnung geltend machen kann, zum Zeitpunkt der tatsächlichen Nutzung des Ernteguts zu Vermehrungszwecken im Feldanbau nach dem 30. Juni 2001.

Art. 7
Kleinlandwirte

(1) Anbauflächen im Sinne des Artikels 14 Absatz 3 dritter Gedankenstrich der Grundverordnung sind Flächen mit einem regelmäßig angebauten und geernteten Pflanzenbestand. Als Anbauflächen gelten insbesondere nicht Forstflächen, für mehr als 5 Jahre angelegte Dauerweiden, Dauergrünland und vom Ständigen Ausschuß für Sortenschutz gleichgestellte Flächen.

(2) Anbauflächen des landwirtschaftlichen Betriebs, die in dem am 1. Juli beginnenden und am 30. Juni des darauffolgenden Jahres endenden Jahr („Wirtschaftsjahr"), in dem die Entschädigung fällig ist, vorübergehend oder auf Dauer stillgelegt wurden, gelten weiterhin als Anbauflächen, sofern die Gemeinschaft oder der von der Stillegung betroffene Mitgliedstaat Prämien oder Ausgleichszahlungen für diese Stillegungsflächen gewährt.

(3) Unbeschadet der Bestimmungen des Artikels 14 Absatz 3 dritter Gedankenstrich erster Untergedankenstrich gelten als Kleinlandwirte im Falle anderer Kulturarten (Artikel 14 (3), 3, Gedankenstrich, zweiter Untergedankenstrich) diejenigen Landwirte, die

a) im Falle von unter die letztgenannte Bestimmung fallenden Futterpflanzen; ungeachtet der Fläche, die mit anderen als Futterpflanzen bebaut werden, diese Futterpflanzen für einen Zeitraum von höchstens 5 Jahren nicht auf einer Fläche anbauen, die größer ist als die Fläche, die für die Produktion von 92 Tonnen Getreide je Ernte benötigt würde;

b) im Falle von Kartoffeln:
ungeachtet der Fläche, die mit anderen Pflanzen als Kartoffeln bebaut werden, Kartoffeln nicht auf einer Fläche anbauen, die größer ist als die Fläche, die für die Erzeugung von 185 Tonnen Kartoffeln pro Ernte benötigt würde.

(4) Die Berechnung der Flächen gemäß den Absätzen 1, 2 und 3 erfolgt für das Hoheitsgebiet eines jeden Mitgliedstaats und richtet sich

– im Fall von unter die Verordnung (EWG) Nr. 1765/92 des Rates[1111] fallenden Pflanzen sowie anderer Futterpflanzen als jenen, die ohnehin unter die vorgenannte Verordnung fallen, nach Maßgabe der Bestimmungen der Verordnung (EWG) Nr. 1765/92, insbesondere Artikel 3 und 4, oder nach den Bestimmungen, die gemäß der Verordnung (EWG) Nr. 1765/92 erlassen werden, und

– im Fall von Kartoffeln unter Zugrundelegung des in dem betreffenden Mitgliedstaat ermittelten Durchschnittsertrags pro Hektar nach Maßgabe der statistischen Informationen, die gemäß der Verordnung (EWG) Nr. 959/93 des Rates vom 5. April 1993 über die von den Mitgliedstaaten zu liefernden statistischen Informationen über pflanzliche Erzeugnisse außer Getreide[1112] vorgelegt werden.

(5) Ein Landwirt, der sich darauf beruft, „Kleinlandwirt" zu sein, muß im Streitfall den Nachweis dafür erbringen, daß er die Anforderungen an diese Kategorie von Landwirten erfüllt. Die Voraussetzungen für einen „Kleinerzeuger" im Sinne von Artikel 8 Absätze 1 und 2 der Verordnung (EWG) Nr. 1765/92 sind für einen solchen Zweck nicht anwendbar, es sei denn, der Sortenschutzinhaber stimmt dem Gegenteil zu.

Kapitel 4
Information

Art. 8
Information durch den Landwirt

(1) Die Einzelheiten zu den einschlägigen Informationen, die der Landwirt dem Sortenschutzinhaber gemäß Artikel 14 Absatz 3 Unterabsatz 6 der Grundverordnung übermitteln muß, können zwischen dem Sortenschutzinhaber und dem betreffenden Landwirt vertraglich geregelt werden.

(2) Wurde ein solcher Vertrag nicht geschlossen oder ist ein solcher nicht anwendbar, so muß der Landwirt auf Verlangen des Sortenschutzinhabers unbeschadet der Auskunftspflicht nach Maßgabe an-

---

[1111] ABl. Nr. L 181 vom 1. 7. 1992, S. 12.
[1112] ABl. Nr. L 98 vom 24. 4. 1993, S. 1.

derer Rechtsvorschriften der Gemeinschaft oder der Mitgliedstaaten eine Aufstellung relevanter Informationen übermitteln. Als relevante Informationen gelten folgende Angaben:
a) Name des Landwirts, Wohnsitz und Anschrift seines Betriebs;
b) Verwendung des Ernteerzeugnisses einer oder mehrerer dem Sortenschutzinhaber gehörenden Sorten auf einer oder mehreren Flächen des Betriebs des Landwirts;
c) im Falle der Verwendung solchen Materials durch den Landwirt, Angabe der Menge des Ernteguts der betreffenden Sorte(n), die der Landwirt gemäß Artikel 14 Absatz 1 der Grundverordnung verwendet hat;
d) im gleichen Falle Angabe des Namens und der Anschrift derjenigen, die die Aufbereitung des Ernteguts zum Anbau in seinem Betrieb übernommen haben;
e) für den Fall, daß die nach den Buchstaben b, c oder d übermittelten Angaben nicht gemäß den Bestimmungen des Artikels 14 bestätigt werden können, Angabe der Menge des verwendeten lizenzgebundenen Vermehrungsmaterials der betreffenden Sorten sowie des Namens und der Anschrift des Lieferanten und
f) im Falle eines Landwirts, der die Bestimmungen des Artikels 116 Absatz 4 zweiter Gedankenstrich der Grundverordnung geltend macht, Auskunft darüber, ob er die betreffende Sorte bereits für die Zwecke des Artikels 14 Absatz 1 der Grundverordnung ohne Entschädigungszahlung verwendet hat und zutreffendenfalls, seit wann.

(3) Die Angaben gemäß Absatz 2 Buchstaben b, c, d und e beziehen sich auf das laufende Wirtschaftsjahr sowie auf ein oder mehrere der drei vorangehenden Wirtschaftsjahre, für die der Landwirt auf ein Auskunftsersuchen hin, das der Sortenschutzinhaber gemäß den Bestimmungen der Absätze 4 oder 5 gemacht hatte, nicht bereits früher relevante Informationen übermittelt hatte.
Jedoch soll es sich bei dem ersten Wirtschaftsjahr, auf das sich die Information beziehen soll, um das Jahr handeln, in dem entweder erstmals ein Auskunftsersuchen zu der betreffenden Sorte gestellt und an den betreffenden Landwirt gerichtet wurde, oder alternativ in dem Jahr, in dem der Landwirt Vermehrungsmaterial der betroffenen Sorte oder Sorten erwarb, wenn beim Erwerb eine Unterrichtung zumindest darüber erfolgte, daß ein Antrag auf Erteilung von gemeinschaftlichem Sortenschutz gestellt oder ein solcher Schutz erteilt wurde, sowie über die Bedingungen der Verwendung dieses Vermehrungsmaterials.
Im Fall von Sorten, die unter die Bedingungen des Artikels 116 der Grundverordnung fallen, sowie für Landwirte, die berechtigt sind, sich auf die Bestimmungen des Artikels 116 Absatz 4 zweiter Gedankenstrich der Grundverordnung zu berufen, gilt das Jahr 2001/2002 als das erste Wirtschaftsjahr.

(4) Der Sortenschutzinhaber nennt in seinem Auskunftsersuchen seinen Namen und seine Anschrift, den Namen der Sorte, zu der er Informationen anfordert, und nimmt Bezug auf das betreffende Sortenschutzrecht. Auf Verlangen des Landwirts ist das Ersuchen schriftlich zu stellen und die Sortenschutzinhaberschaft nachzuweisen. Unbeschadet der Bestimmungen des Absatzes 5 wird das Ersuchen direkt bei dem betreffenden Landwirt gestellt.

(5) Ein nicht direkt bei dem betreffenden Landwirt gestelltes Auskunftsersuchen erfüllt die Bestimmungen des Absatzes 4 dritter Satz, wenn es an die Landwirte mit deren vorherigem Einverständnis über folgende Stellen oder Personen gerichtet wurde:
– Vereinigungen von Landwirten oder Genossenschaften im Hinblick auf alle Landwirte, die Mitglied dieser Vereinigungen oder Genossenschaften sind,
– Aufbereiter im Hinblick auf alle Landwirte, für die sie im laufenden Wirtschaftsjahr und in den drei vorangegangenen Wirtschaftsjahren, von dem in Absatz 3 genannten Wirtschaftsjahr an gerechnet, die Aufbereitung des betreffenden Ernteguts zur Aussaat übernommen haben, oder
– Lieferanten für lizenzgebundenes Vermehrungsmaterial von Sorten des Sortenschutzinhabers im Hinblick auf alle Landwirte, die sie im laufenden Wirtschaftsjahr und in den drei vorangegangenen Wirtschaftsjahren, von dem in Absatz 3 genannten Wirtschaftsjahr an gerechnet, mit diesem Vermehrungsmaterial versorgt haben.

(6) Bei einem die Bestimmungen des Absatzes 5 erfüllenden Auskunftsersuchen ist die Angabe einzelner Landwirte entbehrlich. Die Vereinigungen, Genossenschaften, Aufbereiter oder Versorger können von den betreffenden Landwirten ermächtigt werden, dem Sortenschutzinhaber die angeforderte Auskunft zu erteilen.

Art. 9
Information durch den Aufbereiter

(1) Die Einzelheiten zu den einschlägigen Informationen, die der Aufbereiter dem Sortenschutzinhaber gemäß Artikel 14 Absatz 3 Unterabsatz 6 der Grundverordnung übermitteln muß, können zwischen dem Sortenschutzinhaber und dem betreffenden Aufbereiter vertraglich geregelt werden.

(2) Wurde ein solcher Vertrag nicht geschlossen oder ist ein solcher nicht anwendbar, so muß der Aufbereiter auf Verlangen des Sortenschutzinhabers unbeschadet der Auskunftspflicht nach Maßgabe anderer Rechtsvorschriften der Gemeinschaft oder der Mitgliedstaaten eine Aufstellung der relevanten Informationen übermitteln. Als relevante Informationen gelten folgende Auskünfte:
a) Name des Aufbereiters, Wohnsitz und Anschrift seines Betriebs,
b) Aufbereitung des Ernteguts einer oder mehrerer dem Sortenschutzinhaber gehörenden Sorten durch den Aufbereiter zum Zwecke des Anbaus, sofern die betreffende Sorte dem Aufbereiter angegeben wurde oder auf andere Weise bekannt war,
c) im Falle der Übernahme dieser Aufbereitung, Angabe der Menge des zum Anbau aufbereiteten Ernteguts der betreffenden Sorte und der aufbereiteten Gesamtmenge,
d) Zeitpunkt und Ort der Aufbereitung gemäß Buchstabe c und
e) Name und Anschrift desjenigen, für den die Aufbereitung gemäß Buchstabe c übernommen wurde mit Angabe der betreffenden Mengen.

(3) Die Angaben gemäß Absatz 2 Buchstaben b, c, d und e beziehen sich auf das laufende Wirtschaftsjahr sowie auf ein oder mehrere der drei vorangehenden Wirtschaftsjahre, für die der Sortenschutzinhaber nicht bereits ein früheres Auskunftsersuchen gemäß den Bestimmungen der Absätze 4 oder 5 angefordert hat. Jedoch soll es sich bei dem ersten Jahr, auf das sich die Information beziehen soll, um das Jahr handeln, in dem erstmals ein Auskunftsersuchen zu der betreffenden Sorte und dem betreffenden Aufbereiter gestellt wurde.

(4) Die Bestimmungen des Artikels 8 Absatz 4 gelten sinngemäß.

(5) Ein nicht direkt bei dem betreffenden Aufbereiter gestelltes Auskunftsersuchen erfüllt die Bestimmungen des Artikels 8 Absatz 4 dritter Satz, wenn es an die Aufbereiter mit deren vorherigem Einverständnis über folgende Stellen oder Personen gerichtet wurde:
– auf gemeinschaftlicher, nationaler, regionaler oder lokaler Ebene niedergelassene Vereinigungen von Aufbereitern im Hinblick auf alle Aufbereiter, die Mitglied dieser Vereinigungen oder darin vertreten sind,
– Landwirte im Hinblick auf alle Aufbereiter, die für diese im laufenden Wirtschaftsjahr und in den drei vorangegangenen Wirtschaftsjahren, von dem in Absatz 3 genannten Wirtschaftsjahr an gerechnet, die Aufbereitung des betreffenden Ernteguts zu Anbauzwecken übernommen haben.

(6) Bei einem die Bestimmungen des Absatzes 5 erfüllenden Auskunftsersuchen ist die Angabe einzelner Aufbereiter entbehrlich. Die Vereinigungen oder Landwirte können von den betreffenden Aufbereitern ermächtigt werden, dem Sortenschutzinhaber die angeforderte Auskunft zu erteilen.

Art. 10
Information durch den Sortenschutzinhaber

(1) Die Einzelheiten zu den einschlägigen Informationen, die der Sortenschutzinhaber dem Landwirt gemäß Artikel 14 Absatz 3 vierter Gedankenstrich der Grundverordnung übermitteln muß, können zwischen dem Sortenschutzinhaber und dem betreffenden Sortenschutzinhaber vertraglich geregelt werden.

(2) Wurde ein solcher Vertrag nicht geschlossen oder ist ein solcher nicht anwendbar, so muß der Sortenschutzinhaber auf Verlangen des Landwirts, von dem der Sortenschutzinhaber die Zahlung der Entschädigung gemäß Artikel 5 verlangt hat, unbeschadet der Auskunftspflicht nach Maßgabe anderer

Rechtsvorschriften der Gemeinschaft oder der Mitgliedstaaten dem Landwirt eine Reihe maßgeblicher Informationen übermitteln. Als relevante Informationen gelten folgende Auskünfte:
- der für die Erzeugung von Vermehrungsmaterial in Lizenz derselben Sorte der untersten zur amtlichen Zertifizierung zugelassenen Kategorie in Rechnung gestellte Betrag oder,
- falls es in dem Gebiet des Betriebs des Landwirts keine Erzeugung von Vermehrungsmaterial in Lizenz der betreffenden Sorte gibt und der vorgenannte Betrag gemeinschaftsweit nicht auf einheitlichem Niveau liegt, Angabe des Betrags, der normalerweise für den vorgenannten Zweck dem Preis für Vermehrungsmaterial der untersten zur amtlichen Zertifizierung zugelassenen Kategorie beim Verkauf derselben Sorte in derselben Region zugeschlagen wird.

Art. 11
Information durch amtliche Stellen

(1) Ein an amtliche Stellen gerichtetes Auskunftsersuchen bezüglich der tatsächlichen pflanzenbaulichen Verwendung von Vermehrungsmaterial bestimmter Arten oder Sorten oder bezüglich der Ergebnisse dieser Verwendung ist schriftlich zu stellen. In diesem Ersuchen nennt der Sortenschutzinhaber seinen Namen und seine Anschrift, die betreffende Sorte, zu der er Informationen anfordert, und die Art der angeforderten Information. Ferner hat er die Sortenschutzinhaberschaft nachzuweisen.

(2) Die amtliche Stelle darf unbeschadet der Bestimmungen des Artikels 12 die angeforderten Informationen verweigern, wenn
- sie nicht mit der Überwachung der landwirtschaftlichen Erzeugung befaßt ist oder
- sie aufgrund von gemeinschaftlichen oder innergemeinschaftlichen Rechtsvorschriften, die das allgemeine Ermessen im Hinblick auf die Tätigkeiten der amtlichen Stellen festlegen, nicht befugt ist, den Sortenschutzinhabern diese Auskünfte zu erteilen, oder
- es gemäß den gemeinschaftlichen oder innerstaatlichen Rechtsvorschriften, nach denen die Informationen gesammelt wurden, in ihrem Ermessen steht, solche Auskünfte zu verweigern, oder
- die angeforderte Information nicht mehr verfügbar ist oder
- diese Information nicht im Rahmen der normalen Amtsgeschäfte der amtlichen Stellen beschafft werden kann oder
- diese Informationen nur unter zusätzlichem Aufwand und zusätzlichen Kosten beschafft werden kann oder
- diese Informationen sich ausdrücklich auf Vermehrungsmaterial bezieht, das nicht zu der Sorte des Sortenschutzinhabers gehört.

Die betreffenden amtlichen Stellen teilen der Kommission mit, in welcher Weise sie den im vorstehenden dritten Gedankenstrich genannten Ermessensspielraum zu nutzen gedenken.

(3) Bei ihrer Auskunftserteilung treffen die amtlichen Stellen keine Unterschiede zwischen den Sortenschutzinhabern. Zur Erteilung der gewünschten Auskunft können die amtlichen Stellen den Sortenschutzinhabern Kopien von Unterlagen zur Verfügung stellen, die von Dokumenten stammen, die über die den Sortenschutzinhaber betreffenden sortenbezogenen Informationen hinaus weitere Informationen enthalten, sofern sichergestellt ist, daß keine Rückschlüsse auf natürliche Personen möglich sind, die nach den in Artikel 12 genannten Bestimmungen geschützt sind.

(4) Beschließt die amtliche Stelle, die angeforderten Informationen zu verweigern, so unterrichtet sie den betreffenden Sortenschutzinhaber schriftlich unter Angabe der Gründe von diesem Beschluß.

Art. 12
Schutz personenbezogener Daten

(1) Wer nach den Bestimmungen der Artikel 8, 9, 10 oder 11 Informationen erteilt oder erhält, unterliegt hinsichtlich personenbezogener Daten den gemeinschaftlichen oder innerstaatlichen Rechtsvor-

schriften zum Schutz natürlicher Personen bei der Verarbeitung personenbezogener Daten und zum freien Datenverkehr.

(2) Wer nach den Bestimmungen der Artikel 8, 9, 10 oder 11 Informationen erhält, ist ohne vorherige Zustimmung des Informanten nicht befugt, jedwede dieser Informationen anderen zu jedweden anderen Zwecken weiterzugeben als zur Ausübung des gemeinschaftlichen Sortenschutzrechts bzw. zur Inanspruchnahme der Ermächtigung gemäß Artikel 14 der Grundverordnung.

Kapitel 5
Andere Pflichten

Art. 13
Pflichten für den Fall der Aufbereitung außerhalb des landwirtschaftlichen Betriebs

(1) Unbeschadet der von den Mitgliedstaaten gemäß Artikel 14 Absatz 3 zweiter Gedankenstrich der Grundverordnung vorgenommenen Beschränkungen darf das Erntegut einer dem gemeinschaftlichen Sortenschutz unterliegenden Sorte nicht ohne vorherige Genehmigung des Sortenschutzinhabers von dem Betrieb, in dem es erzeugt wurde, zum Zwecke der Aufbereitung für den Anbau verbracht werden, sofern der Landwirt nicht folgende Vorkehrungen getroffen hat:
a) Er hat geeignete Maßnahmen dafür getroffen, daß das zur Aufbereitung übergebene Erzeugnis mit dem aus der Aufbereitung hervorgegangenen Erzeugnis identisch ist.
b) Er sorgt dafür, daß die eigentliche Aufbereitung von einem Aufbereiter durchgeführt wird, der die Durchführung der Aufbereitung des Ernteguts für den Anbau eigens als Dienstleistung übernimmt und der
 – nach den betreffenden, im öffentlichen Interesse erlassenen innerstaatlichen Rechtsvorschriften zugelassen ist oder sich gegenüber dem Landwirt verpflichtet hat, diese Tätigkeit im Falle von unter den gemeinschaftlichen Sortenschutz fallenden Sorten der von dem Mitgliedstaat eigens dafür gegründeten, bezeichneten oder bevollmächtigten Stelle zu melden und zwar entweder über eine amtliche Stelle oder über eine Vereinigung von Sortenschutzinhabern, Landwirten oder Aufbereitern zwecks Eintragung in eine von der genannten zuständigen Stelle aufgestellten Liste und
 – sich gegenüber dem Landwirt verpflichtet hat, ebenfalls geeignete Maßnahmen dafür zu treffen, daß das zur Aufbereitung übergebene Erzeugnis mit dem aus der Aufbereitung hervorgegangenen Erzeugnis identisch ist.

(2) Zur Aufstellung der Liste der Aufbereiter gemäß Absatz 1 können die Mitgliedstaaten Qualifikationsanforderungen festlegen, die von den Aufbereitern zu erfüllen sind.

(3) Die Aufstellungen und Listen der Aufbereiter gemäß Absatz 1 soll veröffentlicht oder den Vereinigungen der Sortenschutzinhaber, Landwirte bzw. Verarbeiter übermittelt werden.

(4) Die Listen gemäß Absatz 1 sind spätestens am 1. Juli 1997 zu erstellen.

Kapitel 6
Überwachung durch den Sortenschutzinhaber

Art. 14
Überwachung der Landwirte

(1) Damit der Sortenschutzinhaber überwachen kann, ob die Bestimmungen des Artikels 14 der Grundverordnung nach Maßgabe dieser Verordnung erfüllt sind, soweit es sich um die Erfüllung der Pflichten des betreffenden Landwirts handelt, muß dieser Landwirt auf Verlangen des Sortenschutzinhabers
a) Nachweise für die von ihm übermittelten Aufstellungen von Informationen gemäß Artikel 8 erbringen, so durch Vorlage der verfügbaren einschlägigen Unterlagen, wie Rechnungen, verwendete Etiketten oder andere geeignete Belege, wie sie gemäß Artikel 13 Absatz 1 erster Gedankenstrich verlangt werden, und die sich beziehen sollen
   – auf die Erbringung von Dienstleistungen zwecks der Aufbereitung des Ernteerzeugnisses einer dem Sortenschutzinhaber gehörenden Sorte durch Dritte oder
   – im Falle des Artikels 8 Absatz 2 Buchstabe e auf die Belieferung mit Vermehrungsmaterial einer dem Sortenschutzinhaber gehörenden Sorte
   oder durch den Nachweis von Anbauflächen oder Lagerungseinrichtungen;
b) den gemäß Artikel 4 Absatz 3 oder gemäß Artikel 7 Absatz 5 vorgeschriebenen Nachweis.

(2) Unbeschadet anderer Rechtsvorschriften der Gemeinschaft oder der Mitgliedstaaten sind die Landwirte verpflichtet, alle diese Unterlagen bzw. Belege gemäß Absatz 1 für mindestens den in Artikel 8 Absatz 3 genannten Zeitraum aufzubewahren, vorausgesetzt, daß im Falle der Verwendung von Etiketten die vom Sortenschutzinhaber übermittelte Information gemäß Artikel 8 Absatz 3 Unterabsatz 2 die Anweisungen für die Aufbewahrung des Etiketts des betreffenden Vermehrungsguts enthielt.

Art. 15
Überwachung der Aufbereiter

(1) Damit der Sortenschutzinhaber überwachen kann, ob die Bestimmungen des Artikels 14 der Grundverordnung nach Maßgabe dieser Richtlinie erfüllt sind, soweit es sich um die Erfüllung der Pflichten des betreffenden Aufbereiters handelt, muß der Aufbereiter auf Verlangen des Sortenschutzinhabers Nachweise für die von ihm übermittelte Aufstellung von Informationen gemäß Artikel 9 erbringen, so durch Vorlage der verfügbaren einschlägigen Unterlagen, wie Rechnungen, geeigneten Unterlagen zur Identifizierung des Materials oder anderen geeigneten Unterlagen, wie sie gemäß Artikel 13 Absatz 1 zweiter Gedankenstrich zweiter Untergedankenstrich verlangt werden, oder Proben des aufbereiteten Materials, die sich auf die von ihm durchgeführte Aufbereitung des Ernteguts der dem Sortenschutzinhaber gehörenden Sorte für Landwirte zum Zweck des Anbaus beziehen, oder durch den Nachweis von Aufbereitungs- und Lagerungseinrichtungen.

(2) Unbeschadet anderer Rechtsvorschriften der Gemeinschaft oder der Mitgliedstaaten sind die Aufbereiter verpflichtet, alle diese Unterlagen bzw. Belege gemäß Absatz 1 für mindestens den in Artikel 9 Absatz 3 genannten Zeitraum aufzubewahren.

Art. 16
Art der Überwachung

(1) Die Überwachung erfolgt durch den Sortenschutzinhaber. Es steht ihm frei, geeignete Vereinbarungen zu treffen, damit die Unterstützung durch Vereinigungen von Landwirten, Aufbereitern, Genossenschaften oder anderen landwirtschaftlichen Verbänden sichergestellt ist.

(2) Die Bedingungen für die Methoden der Überwachung, wie sie in Vereinbarungen zwischen Vereinigungen von Sortenschutzinhabern und Landwirten oder Verarbeitern verankert sind, die auf gemeinschaftlicher, staatlicher, regionaler oder bzw. lokaler Ebene niedergelassen sind, sollen als Leitlinien verwendet werden, sofern diese Vereinbarungen der Kommission schriftlich durch bevollmächtigte Vertreter der betreffenden Vereinigungen übermittelt und in der „Official Gazette" des Gemeinschaftlichen Sortenamtes veröffentlicht wurden.

Kapitel 7
Verletzung und privatrechtliche Klage

Art. 17
Verletzung

Der Sortenschutzinhaber kann seine Rechte aus dem gemeinschaftlichen Sortenschutzrecht gegen jedermann geltend machen, der gegen die in dieser Verordnung verankerten Bedingungen bzw. Beschränkungen hinsichtlich der Ausnahmeregelung gemäß Artikel 14 der Grundverordnung verletzt.

Art. 18
Besondere privatrechtliche Klage

(1) Der Sortenschutzinhaber kann den Verletzer gemäß Artikel 17 auf Erfüllung seiner Pflichten gemäß Artikel 14 Absatz 3 der Grundverordnung nach den Bestimmungen dieser Verordnung verklagen.

(2) Hat der Betreffende im Hinblick auf eine oder mehrere Sorten desselben Sortenschutzinhabers wiederholt vorsätzlich die Pflicht gemäß Artikel 14 Absatz 3 vierter Gedankenstrich der Grundverordnung verletzt, so ist er gegenüber dem Sortenschutzinhaber zum Ersatz des weiteren Schadens gemäß Artikel 94 Absatz 2 der Grundverordnung verpflichtet; diese Ersatzpflicht umfaßt mindestens einen Pauschalbetrag, der auf der Grundlage des Vierfachen des Durchschnittsbetrages der Gebühr berechnet wird, die im selben Gebiet für die Erzeugung einer entsprechenden Menge in Lizenz von Vermehrungsmaterial der geschützten Sorten der betreffenden Pflanzenarten verlangt wird, unbeschadet des Ausgleichs eines höheren Schadens.

Kapitel 8
Schlußbestimmungen

Art. 19
Inkrafttreten

Diese Verordnung tritt am Tag ihrer Veröffentlichung im *Amtsblatt der Europäischen Gemeinschaften* in Kraft.

25.

Resolución del Consejo de Administración de la Oficina Comunitaria de Variedades Vegetales, relativa a las directrices para la realización de las pruebas

Afgørelse, som EF-sortsmyndinghedens administrationsråd har truffed om vjeldende principper for afprøvning

Entscheidung des Verwaltungsrates des Gemeinschaftlichen Sortenamtes über Prüfungsrichtlinien

Απψάαση του διοικητικού συμβουλίου του Κοινοτικού Γραψείου Φυτικών Ποικιλιών σχετικά με τις κατευθυντήριες αρχές για τη διεξαγωγή δοκιμών

Decision of the Administrative Council of the Community Plant Variety Office on test guidelines

Décision du conseil d'administration de l'Office communautaire des variétés végétales concernant les principes directeurs pour l'examen technique

Decisione del consiglio di amministrazione dell'Ufficio comunitario delle varietà vegetali concernente le linee direttrici per l'esame tecnico

Beslissingen van de raad van bestuur van het Communautair Bureau voor Planterasen

Decisão do Conselho de Administração do Instituto Communitário das Variedades Vegetais relativa às orientações sobre os exames técnicos

Yhteisön kasvinlajlkeviraston hellintoneuvoston päätöss testauksen suuntaviivoista

Beslut av förvaltningsrådet vid Gemenskapens växtsortsmyndighet om riktlinjer för provning

Las pruebas técnicas para las que la Oficina Comunitaria de Variedades Vegetales debe adoptar disposiciones de ejecución o que la Oficina ha de aprobar deberán llevarse a cabo de acuerdo con las directrices adoptadas por el Consejo de Administración. No se verán afectadas las pruebas técnicas iniciadas antes de la resolución, salvo indicaciones contrarias.
Se publicarán en el Boletín Oficial de la Oficina el nombre de la especie vegetal en cuestión y la fecha de la resolución. Los protocolos técnicos podrán ser enviados por la Oficina previa petición.
Se han adoptado resoluciones respecto a las expecies vegetales siguientes:

Teknisk afprøvning, som er foranlediget af, eller som skal godkendes af EF-sortsmyndigheden, skal foretages i overensstemmmelse med de vejledende principper for afprøvning, som administrationsrådet har vedtaget.
Teknisk afprøvning, der er påbegyndt inden afgørelsen, berøres ikke heraf, memindre andet meddeles. De berørte plantearter og datoen for afgørelsen offentliggøres i EF-sortsmyndighedens Officielle Tidende. Den tekniske protokol kan fremsendes efter anmodning herom til sortsmyndigheden.
Der er truffet afgørelser vedrørende følgende plantearter:

Technische Prüfungen, die von dem Gemeinschaftlichen Sortenamt veranlaßt werden oder zu billigen sind, müssen im Einklang mit den technischen Prüfungsrichtlinien stehen, die vom Verwaltungsrat genehmigt worden sind.
Prüfungen, die bereits vor der Entscheidung begonnen haben, bleiben davon unberührt, es sei denn, daß gegenteiliges angegeben wird.
Die betroffene Kulturart sowie das Datum der Entscheidung werden entsprechend im Amtsblatt des Amtes bekannt gemacht. Auf Anfrage kann das technische Protokoll übersandt werden. Für folgende Kulturarten wurden Entscheidungen getroffen:

Οι τεχνικές εξετάσεις για τις οποίες το Γραψείο έχει λάβει όλα τα μέτρα για την εκτέλεσή τους και οι οποίες πρέπει να εγκριθούν από το Κοινοτικό Γραψείο Φυτικών Ποικιλιών πρέπει να διεξάγονται σύμψωνα με τις κατευθυντήριες αρχές που ορίζει το διοικητικό συμβούλιο.

Οι τεχνικές εξετάσεις που έχουν αρχίσει πριν από την απόψαση δεν υιοθετούνται, εκτός εάν ορίζεται διαψορετικά.
Τα σχετικά είδη ψυτών καθώς επίσης και η ημερομηνία της απόψασης δημοσιεύονται στην Επίσημη Εψημερίδα του Γραψείο δύναται να διαβιβάσει το τεχνικό πρωτόκολλο.
Ελήψθησαν αποψάσεις σχετικά με τα ακόλουθα είδη ψυτών:

Technical examinations which are initiated or are to be approved by the Community Plant Variety Office must be performed in accordance with the test guidelines which have been adopted by the Administrative Council.
Technical examinations started prior to the decision are not affected unless otherwise announced.
The plant species concerned as well as the date of the decision are accordingly published in the Official Gazette of the Office. On request, the technical protocol can be transmitted by the Office.
Decisions were taken in respect of the following plant species:

Les examens techniques dont l'Office communautaire des variétés végétalès doit prendre des dispositions pour leur exécution ou qui sont assujettis à l'accord de l'Office doivent être menés conformément aux principes directeurs ayant été arrêtés par le conseil d'administration.
Tout examen technique entamé avant la décision n'est pas affecté à moins que le contraire soit indiqué.
L'espèce végétale concernée ainsi que la date de la décision sont publiées au Bulletin officiel de l'Office. Sur demande, les protocoles techniques peuvent être transmis par l'Office.
Des décisions ont été arrêtées par rapport aux espèces végétales suivantes:

Gli esami tecnici disposti dall'Ufficio comunitario delle varietà vegetali o soggetti alla sua approvazione devono essere eseguiti in conformità con le linee direttrici per i test adottate dal consiglio di amministrazione.
Salvo disposizione contraria, rimangono impregiudicati gli esami tecnici intrapresi prima della decisione.
La specie vegetale di cui trattasi e la data della decisione sono pubblicate nel bollettino ufficiale dell'Ufficio. L'Ufficio può trasmettere, a richiesta, la relazione tecnica.
Sono state adottate decisioni riguardo alle specie seguenti:

Technische onderzoeken die worden ingesteld door of moeten worden goedgekeurd door het Communautair Bureau voor Planterassen, moeten worden uitgevoerd overeenkomstig de testrichtsnoeren die door de raad van bestuur zijn vastgesteld.
Technische onderzoeken waarmee reeds is begonnen voordat de beslissing wordt genomen, kunnen gewoon worden voortgezet, tenzij anders bepaald.
De betrokken plantesoort en de datum van de beslissing worden bekendgemaakt in he Mededelingenblad van het Bureau. Op verzoek kan het technisch protocol door het Bureau worden toegezonden.
Beslissingen zijn genomen met betrekking tot de volgende plantesoorten:

Os exames técnicos que sejam inciados ou que tenham de ser aprovados pelo Instituto das Variedades Vegetais devem ser realizados de acordo com as orientaçoes relativas aos exames adoptadas pelo Conselho de Administração.
Salvo indicação em contrário, os exames técnicos iniciados antes da decisão nã afectados.
A espècie vegetal em causa, assim como a data da decisão, são publicadas na Gazeta Oficial do Instituto. O Instituto poderá transmitir, a pedido, o protocolo técnico.
Foram tomadas decisões relativamente às seguintes espécies vegetais:

Tekniset turkimukset, jotka tedhdään yhteisön kasvinlajikeviraston aloitteesta tai jotka yhteisön kasvinlajikevirasto hyväksyy, on suoritettava hallintoneuvoston hyväksymien testauksen suuntaviivojen mukaisesti.
Ellei toisin ilmoiteta, tämä ei koske teknisiä tutkimuksia, jotka on aloitettu ennen hallintoneuvoston tekemää päätöstä.
Kyseiset kasvilajit sekä päätöksen päivämäärä julkaistaan viraston virallisessa lehdessä. Virasto voi pyynnöstä toimittaa teknisen protokollan.
Seuraavista kasvilajeista on tehty päätös:

Entscheidung über Prüfungsrichtlinien

Tekniska provningar som Gemenskapens växtsortsmyndighet genomför eller godkänner måste utföras i enlighet med de riktlijner som har antagits av förvaltningsrådet.

Tekniska provningar som har inletts före beslutet påverkas inte om inte annat anges.

Berördä växtsorter offentliggörs i myndighetens officiella tidskrift tillsammans med beslutsdatum. Det tekniska protokollet kan beställas från myndigheten.

För följande växtsorter har beslut tagits:

11.4.1195	**Chrysanthemum spec.**
11.4.1195	**Impatiens L.**
11.4.1995	**Lycopersicon lycopersicum (L.) Karst. ex. Farw.**
11.4.1995	**Pelargonium zonale hort. non (L.) L'Hérit. ex. Ait., P. peltatum hort. non (L.) L'Hérit. ex. Ait**
11.4.1995	**Triticum aestivum L. emend. Fiori et Paol.**
11.4.1995	**Zea mays L.**

26. Vorläufiger Beschluß des Verwaltungsrates über die Beauftragung der zuständigen Ämter in den Mitgliedstaaten der Europäischen Union mit der technischen Prüfung

Der Verwaltungsrat des Gemeinschaftlichen Sortenamtes hat mit einem vorläufigen Beschluß die technische Prüfung von Sorten, für die der gemeinschaftliche Sortenschutz beantragt wurde, für die nachfolgenden Pflanzenarten den jeweils angegebenen zuständigen Ämtern in den Mitgliedstaaten der Europäischen Union übertragen:

Pflanzenarten	Prüfungsamt
Aeschynanthus	Bundessortenamt, Hannover, D
Allium ascalonicum	GEVES, La Minière, F
Alstroemeria	CPRO-DLO, Wageningen, NL
Anthurium	CPRO-DLO, Wageningen, NL
Astilbe chinensis	CPRO-DLO, Wageningen, NL
Begonia elatior	Bundessortenamt, Hannover, D
Bougainvillea glabra	Institute of Plant and Soil Science, Tystofte, DK
Brassica oleracea conv. capitata var. alba	CPRO-DLO, Wageningen, NL
Brassica oleracea conv. botytis var. cymosa	CPRO-DLO, Wageningen, NL
Chrysanthemum fructescens	Bundessortenamt, Hannover, D
Clematis	Plant Variety Rights Office, Cambridge, UK
Dendranthema	CPRO-DLO, Wageningen, NL
Euphorbia milii	Bundessortenamt, Hannover, D
Forsithia intermedia	GEVES, La Minière, F
Gerbera	CPRO-DLO, Wageningen, NL
Gladiolus	CPRO-DLO, Wageningen, NL
Hibiscus rosa sinensis	Bundessortenamt, Hannover, D
Iris	CPRO-DLO, Wageningen, NL
Kalanchoë blossfeldiana	Bundessortenamt, Hannover, D
Lactuca sativa	GEVES, La Minière, F
Lilium	CPRO-DLO, Wageningen, NL
Linum usitatissimum	GEVES, La Minière, F
Myosotis	Plant Variety Rights Office, Cambridge, UK
Osteospermum ecklonis	Bundessortenamt, Hannover, D
Pelargonium peltatum	Bundessortenamt, Hannover, D
Pelargonium zonale	Bundessortenamt, Hannover, D
Saintpaulia	Bundessortenamt, Hannover, D
Scaevola	Bundessortenamt, Hannover, D
Solanum tuberosum	CPRO-DLO, Wageningen, NL
Spathiphyllum	CPRO-DLO, Wageningen, NL
Tulipa	CPRO-DLO, Wageningen, NL

Es wird darauf hingewiesen, daß vom Gemeinschaftlichen Sortenamt festgelegt wird, wann, wo und in welcher Menge und Qualität das Material für die technische Prüfung sowie die Vergleichssorten einzureichen sind.

Alle Vereinbarungen, die direkt mit dem Prüfungsamt, jedoch ohne Zustimmung des Gemeinschaftlichen Sortenamtes getroffen werden, können daher die späteren Prüfungsergebnisse in Frage stellen.

Die Endergebnisse der technischen Prüfung und die Sortenbeschreibung werden dem Antragsteller durch das Gemeinschaftliche Sortenamt übermittelt. Angesichts des gedrängten Zeitplans zwischen den Vegetationsperioden erhält der Antragsteller direkt vom zuständigen Prüfungsamt einen Zwischenbericht.

b) 6 planter fra planteskole, barrod.
   Indleveringsdato: 1.–15. december

Bundessortenamt
Prüfstelle Rethmar, Hauptstraße 1, D-31319 Sehnde.
Ansøgningerne skal være CPVO i hænde senest: 15. februar.
Krav for bedroser:
6 etårige planter med mindst tre skud eller odede planter på en hårdfør, rodstok.
Indleveringsdato: inden 31. marts.
Krav for busk – og klateroser:
3 etårige planter medmindst tre skud eller podede planter på en håardfør rodstok.
Indleveringsdato: inden 31. marts.

Rodstokke, afhængigt af ansøgersortens oprindelse
GEVES
Sophia Antipolis, ZAC Saint Philippe, Route des Colles, F-06410 Biot.
Ansøgningerne skal være CPVO i hænde senest: a) 1. januar
                                                 b) 1. november.

Krav:
a) 6 planter, 6–24 måneder gamle, med 2–3 stængler. Plantener bør indeleveres i 25 cm-potter fyldt med perlit (én plante pr potte) eller barrod.
   Indleveringsdato: 1.–15. februar

b) 6 planter fra planteskole, barrod.
   Indleveringsdato: 1.–15. december.

Raad voor het Kwekersrecht
CPRO-DLO forsøogsstation „Nergena", Bornsesteeg 10, NL-6721 NG Bennekom.
Ansøgningerne skal være CVPO i hænde senest: 31. december
Krav: 10 afhærde buske af handelsstandard.
Indeleveringsdato: 1.–15. marts.

Bemærk venligst, at EF-Sortsmyndigheden har vedtaget, at den i en overgangsperiode på tre åe (indtil den 31. december 2000) fortsat vil godkende prøvningsresultater fra prøvningsmyndigheder, der arbejder på Sortmyndighedens vegne, men som ikke er udpeget af Sortsmyndigheden til at afprøve den pågældende roseart efter ovennævnte ordning.
Sådanne prøvningsresultater vil dog kun blive godkendt af Sortsmyndigheden, såfremt de pågældende prøvningsmyndigheder har udvekslet oplysninger om de relevante ansøgersorter (og i påkommende tilfælde plantemateriale).

27. Bekanntmachung Nr. 2/98 des Gemeinschaftlichen Sortenamtes bezüglich der technischen Prüfung von Rosen

Rosensorte, für welche der gemeinschaftliche Sortenschutz beantragt wurde, werden bei den folgenden Prüfungsämtern im Auftrag des Gemeinschaftlichen Sortenamts geprüft.
Antragsteller werden darauf hingewiesen, daß die Entscheidung über den Ort der Prüfung einer Sorte allein vom Gemeinschaftlichen Sortenamt getroffen wird. Durch direkte Absprachen mit dem Prüfungsamt, die ohne vorherige Zustimmung durch das Gemeinschaftliche Sortenamt getroffen werden, können spätere Prüfungsergebnisse in Frage gestellt werden.

Topfrosen
Bundessortenamt
Prüfstelle Rethmar, Hauptstraße 1, D-31319 Sehnde
Stichtag für den Eingang der Anträge beim Gemeinschaftlichen Sortenamt: 15. Februar
Erforderliches Pflanzenmaterial: 6 Pflanzen mit eigenen Wurzeln
Vorlagetermin: vor dem 31. März (Nach Aufforderung durch das Gemeinschaftliche Sortenamt)

Gewächshausrosen zur Produktion von Schnittblumen
Raad voor het Kwekersrecht
CPRO-DLO Experimentalstation „Nergena", Bornsesteeg 10, NL-6721 NG Bennekom
Stichtag für den Eingang der Anträge beim Gemeinschaftlichen Sortenamt: 31. Dezember
Erforderliches Pflanzenmaterial: 10 Pröpflinge auf R. canina (Sämlinge)
            20 Veredelungen auf R. canina (Mutationen)
Vorlagetermin: 1. bis 15. Februar (Nach Aufforderung durch das Gemeinschaftliche Sortenamt)

Gartenrosen, entsprechend den Umweltanforderungen der Sorte, für die der Antrag gestellt wird.
NIAB
Ornamental Plants Section, Huntingdon Road, Cambridge, CB3 OLG, UK
Stichtag für den Eingang der Anträge beim Gemeinschaftlichen Sortenamt: 28. Februar
Erforderliches Pflanzenmaterial: 6 Pflanzen (3 für Kletterrosen), zum Auspflanzen für den Winter geeignet
Vorlagetermin: 31. März (Nach Aufforderung durch das Gemeinschaftliche Sortenamt)

GEVES
Sophia Antipolis, ZAC Saint Philippe, Route des Colles, F-06410 Biot
Stichtag für den Eingang der Anträge beim Gemeinschaftlichen Sortenamt: a) 1. Januar
                           b) 1. November
Erforderliches Pflanzenmaterial:

a) 6 Pflanzen, 6 bis 24 Monate alt, mit 2–3 Trieben, und zwar je 1 Pflanze in mit Perlit gefüllten 25-cm-Töpfen, oder aber mit gereinigten Wurzeln
   Vorlagetermin: zwischen dem 1. und 15. Februar (Nach Aufforderung durch das Gemeinschaftliche Sortenamt)

b) 6 Pflanzen aus dem Pflanzgarten, mit gereinigten Wurzeln
   Vorlagetermin: zwischen dem 1. und 15. Dezember (Nach Aufforderung durch das Gemeinschaftliche Sortenamt)

Bundessortenamt
Prüfstelle Rethmar, Hauptstraße 1, D-31319 Sehnde
Stichtag für den Eingang der Anträge beim Gemeinschaftlichen Sortenamt: 15. Februar

Erforderliches Pflanzenmaterial für Beetrosen:
6 einjährige Pflanzen mit mindestens drei Trieben als einjährige Veredelungen auf frostharter Unterlage oder wurzelecht.
Vorlagetermin: vor dem 31. März (Nach aufforderung durch das Gemeinschaftliche Sortenamt)
Erforderliches Pflanzenmaterial für Strauch- und Kletterrosen
3 einjährige Pflanzen mit mindestens drei Trieben als einjährige Veredelungen auf frostharter Unterlage oder wurzelecht.
Vorlagetermin: vor dem 31. März (Nach Aufforderung durch das Gemeinschaftliche Sortenamt)

Unterlagen, entsprechend dem geographischen Ursprung der Sorte, für die der Antrag gestellt wird.

GEVES
Sophia Antipolis, ZAC Saint Philippe, Route des Colles, F-06410 Biot
Stichtag für den Eingang der Anträge beim Gemeinschaftlichen Sortenamt: a) 1. Januar
b) 1. November

Erforderliches Pflanzenmaterial:
a) 6 Pflanzen, 6 bis 24 Monate alt, mit 2–3 Trieben, und zwar je 1 Pflanze in mit Perlit gefüllten 25-cm-Töpfen, oder aber mit gereinigten Wurzeln.
Vorlagetermin: zwischen dem 1. und 15. Februar (Nach Aufforderung durch das Gemeinschaftliche Sortenamt)

b) 6 Pflanzen aus der Pflanzschule, mit gereinigten Wurzeln
Vorlagetermin: zwischen dem 1. und 15. Dezember (Nach Aufforderung durch das Gemeinschaftliche Sortenamt)

Raad voor het Kwekersrecht
CPRO-DLO Experimentalstation „Nergena", Bornsesteeg 10, NL-6721 NG Bennekom
Stichtag für den Eingang der Anträge beim Gemeinschaftlichen Sortenamt: 31. Dezember
Erforderliches Pflanzenmaterial: 10 Büsche nach dem handelsüblichen Standard, abgehärtet
Vorlagetermin: zwischen dem 1. und 15. März (Nach Aufforderung durch das Gemeinschaftliche Sortenamt)

Es wird darauf hingewiesen, daß das Gemeinschaftliche Sortenamt beschlossen hat, während einer Übergangsperiode von drei Jahren (bis zum 31. 12. 2000) weiterhin die Ergebnisse von Prüfungen zu übernehmen, die von einem der obengenannten Prüfungsämtern durchgeführt wurden, ohne eigens vom Gemeinschaftlichen Sortenamt damit beauftragt worden zu sein, diesen spezifischen Rosentyp nach dem obengenannten System zu prüfen.

Dieses „Übernahme"-Verfahren wird jedoch vom Gemeinschaftlichen Sortenamt nur dann befolgt, wenn die Daten zu den jeweiligen Sorten, für die der Sortenschutz beantragt wurde, (und gegebenenfalls Pflanzenmaterial, soweit benötigt) zwischen den betreffenden Prüfungsämtern ausgetauscht wurden.

Ανακοίνωση αριθ. 2/98 του Κοινοτικού Γραψείου Φυτικών Ποικιλιών αναψορικά με την τεχνική εξέταση τριανταψυλλιών

Οι ποικιλίες τριανταψυλλιών, για τις οποίες έχει εψαρμοστεί κοινοτική προστασία ψυτικών ποικιλιών, εξετάζονται για λογαριασμό του Κοινοτικού Γραψείου Φυτικών Ποικιλιών στις κατωτέρω υπηρεσίες εξετασης.

Εψιστάται η προσχή των αιτούντων στο γεγονός ότι μόνο το Κοινοτικό Γραψείο Φυτικών Ποικιλιών καθορίζει τον τόπο στον οποίο πρόκειται να εξεταστεί μια υποψήψια ποικιλία. Οποιεσδήποτε ρυθμίσεις, οι οποίες πραγματοποιούνται απευθείας με την υπηρεσία εξέτασης, αλλά χωρίς τη συναίνεση του Γραψείου, μπορούν, κατά συνέπεια, να θέσουν σε κίνδυνο αργότερα τα αποτελέσματα της εξέτασης.

Τριανταψυλλιές γλάστρας
Bundessortenamt
Prüfstelle Rethmar, Hauptstraße 1, D-31319 Sehnde
Προθεσμία παραλαβής των αιτήσεων στο Κοινικό Γραψείο Φυτικών Ποικιλιών: 15 Φεβρουαρίου
Απαιήσεις: 6 ψυτά με τις ρίζες τους
Ημερομηνία υποβολής: 31 Μαρτίου

Τριανταψυλλιές θερμοκηπίου για παραγωγή ανθέων
Raad vor het Kwekersrecht
Προθεσμία σταθμός CPRO-DLO „Nergena", Bornsesteeg 10, 6721 Bennekom, Nederland
Προθεσμία παραλαβής των αιτήσεων στο Κοινικό Γραψείο Φυτικών Ποικιλιών: 31 Δεκεμβρίου
Απαιήσεις: 10 εμβολιασμένα ψυτά σε R canina (δενδρύλλια)
            20 εμβολιασμένα ψυτα σε R canina (μεταλλάξεις)
Ημερομηνία υποβολής: 1 έως 15 Φεβρουαρίου

Τριανταψυλλιές κήπου, ανάλογα με τις περιβαλλοντικές απαιτήσεις της υποψήψιας ποικιλίας:
NIAB
Ornamental Plants Section, Huntingdon Road, Cambridge, CB3 OLG, United Kingdom
Προθεσμία παραλαβής των αιτήσεων στο Κοινικό Γραψείο Φυτικών Ποικιλιών: 28 Φεβρουαρίου
Απαιήσεις: 6 ψυτά (3 για αναρριχητικά) κατάλληα για χειμερινή ψύτευση
Ημερομηνία υποβολής: 31 Μαρτίου

GEVES
Sophia Antipolis, ZAC Saint Philippe, Route des Colles, F-06410 Biot
Προθεσμία παραλαβής των αιτήσεων στο Κοινικό Γραψείο Φυτικών Ποικιλιών: α) 1 Ιανουαρίου
                                                                                       β) 1 Νοεμβρίου

α) 6 ψυτά ηλικίας μεταξύ 6 ή 24 μηνών με 2 ή 3 στελέχη. Τα ψυτά πρέπει βρίσκονται σε γλάστρες των 25 cm που να περιέχουν περλίτη, με ένα ψυτό ανά γλάστρα, ή. σε διαψορετική περίπτωση, με ρίζες εκτός χώματος
    Ημερομηνία υποβολής: μεταξύ 1 και 15 Φεβρουαρίου
β) 6 ψυτά από το ψυτώριο με ρίζες χωρίς χώμα
    Ημερομηνία υποβολής: μεταξύ 1 και 15 Δεκεμβρίου

Bundessortenamt
Prüfstelle Rethmar, Hauptstraße 1, D-31319 Sehnde
Προθεσμία παραλαβής των αιτήσεων στο Κοινικό Γραψείο Φυτικών Ποικιλιών: 15 Φεβρουαρίου
Απαιήσεις για τις τριανταψυλλιές „bed roses": 6 ψυτά ηλικίας ενός έτους με τρεις τουλάχιστον βλαστον ή εμβολασμένα ψυτά σε ανθεκτικό ρίζωμα
Ημερομηία υποβολής: πριν από 31 Μαρτίου

28. Änderung der Verfahrensordnung des Gerichts erster Instanz der europäischen Gemeinschaften

vom 6. Juli 1995

DAS GERICHT ERSTER INSTANZ DER EUROPÄISCHEN GEMEINSCHAFTEN –

aufgrund des Artikels 168 a des Vertrages zur Gründung der Europäischen Gemeinschaft,

aufgrund des Artikels 32 d des Vertrages über die Gründung der Europäischen Gemeinschaft für Kohle und Stahl,

aufgrund des Artikels 140a des Vertrages zur Gründung der Europäischen Atomgemeinschaft,

aufgrund des am 17. April 1957 in Brüssel unterzeichneten Protokolls über die Satzung des Gerichtshofes der Europäischen Gemeinschaft, insbesondere des Artikels 46 in der Fassung des Beschlusses des Rates vom 6. Juni 1995 (ABl. Nr. L 131 vom 15. 6. 1995, S. 33),

aufgrund des Beschlusses 88/591/EGKS, EWG, Euratom des Rates vom 24. Oktober 1988 zur Errichtung eines Gerichts erster Instanz der Europäischen Gemeinschaften (ABl. Nr. L 319 vom 25. 11. 1988, S. 1) in der Fassung des Beschlusses 93/350/Euratom, EGKS, EWG des Rates vom 8. Juni 1993 (ABl. Nr. L 144 vom 16. 6. 1993, S. 21) und geändert durch den Beschluß 94/149/EGKS, EG des Rates vom 7. März 1994 (ABl. Nr. L 66 vom 10. 3. 1994, S. 29) sowie die Akte über den Beitritt Österreichs, Finnlands und Schwedens,

im Einvernehmen mit dem Gerichtshof,

mit einstimmiger Genehmigung des Rates, die am 6. Juni 1995 erteilt worden ist,

in Erwägung nachstehender Gründe:

Den Besonderheiten der Rechtsstreitigkeiten über die Rechte des geistigen Eigentums, für deren Entscheidung das Gericht insbesondere nach Artikel 63 der Verordnung (EG) Nr. 40/94 des Rates vom 20. Dezember 1993 über die Gemeinschaftsmarke (ABl. Nr. L 11 vom 14. 1. 1994, S. 1) und nach Artikel 73 der Verordnung (EG) Nr. 2100/94 des Rates vom 27. Juli 1994 über den gemeinschaftlichen Sortenschutz (ABl. Nr. L 227 vom 1. 9. 1994, S. 1), zuständig ist, sollte durch besondere Verfahrensvorschriften Rechnung getragen werden.

Der Bereich des geistigen Eigentums weist die Besonderheit auf, daß es sich um Streitigkeiten zwischen privaten Beteiligten handelt; daher sind besondere Vorschriften für die prozessualen Rechte der Streithelfer und die Verwendung der Sprachen durch die privaten Beteiligten im Verfahren vor dem Gericht unter Einhaltung der allgemeinen Sprachenregelung der Gemeinschaft festzulegen –

ERLÄSST FOLGENDE ÄNDERUNGEN SEINER VERFAHRENSORDNUNG:

Artikel 1

Die Verfahrensordnung des Gerichts erster Instanz der Europäischen Gemeinschaften, erlassen am 2. Mai 1991 (ABl. Nr. L 136 vom 30. 5. 1991, S. 1) und geändert am 15. September 1994 (ABl. Nr. L 249 vom 24. 9. 1994, S. 17) sowie am 17. Februar 1995 (ABl. Nr. L 44 vom 28. 2. 1995, S. 64), wird wie folgt geändert:
1. Nach Artikel 129 wird folgender neuer Titel eingefügt:

Vierter Titel
Rechtsstreitigkeiten betreffend die Rechte des geistigen Eigentums

Artikel 130

§ 1

Vorbehaltlich der besonderen Bestimmungen dieses Titels gelten für Klagen gegen das Harmonisierungsamt für den Binnenmarkt (Marken, Muster und Modelle) und gegen das Sortenamt der Gemeinschaft (nachstehend: Amt), die die Anwendung der Vorschriften im Rahmen einer Regelung über das geistige Eigentum betreffen, die Bestimmungen dieser Verfahrensordnung.

§ 2

Die Bestimmungen dieses Titels gelten nicht für Klagen gegen das Amt, denen kein Verfahren vor einer Beschwerdekammer vorausgegangen ist.

Artikel 131

§ 1

Die Klageschrift ist in einer der in Artikel 35 § 1 genannten Sprachen abzufassen, die vom Kläger gewählt wird.

§ 2

Die Sprache, in der die Klageschrift abgefaßt ist, wird Verfahrenssprache, wenn der Kläger die einzige Partei des Verfahrens vor der Beschwerdekammer war oder wenn dem keine andere Partei dieses Verfahrens innerhalb einer vom Kanzler nach Einreichung der Klageschrift hierfür gesetzten Frist widerspricht.
Teilen die Parteien des Verfahrens vor der Beschwerdekammer dem Kanzler innerhalb dieser Frist mit, daß sie sich auf eine der in Artikel 5 § 1 genannten Sprachen als Verfahrenssprache geeinigt haben, so wird diese Sprache Verfahrenssprache vor dem Gericht.

Im Falle eines Widerspruchs gegen die vom Kläger gewählte Verfahrenssprache innerhalb der vorerwähnten Frist und in Ermangelung einer Einigung zwischen den Parteien des Verfahrens vor der Beschwerdekammer wird diejenige Sprache Verfahrenssprache, in der die in Frage stehende Anmeldung beim Amt eingereicht worden ist. Stellt der Präsident auf den begründeten Antrag einer Partei hin und nach Anhörung der anderen Parteien jedoch fest, daß bei Gebrauch dieser Sprache nicht alle Parteien des Verfahrens vor der Beschwerdekammer dem Verfahren folgen und ihre Verteidigung wahrnehmen können und daß nur durch Verwendung einer anderen der in Artikel 35 § 1 genannten Sprachen hierfür Abhilfe geschaffen werden kann, so kann er diese Sprache als Verfahrenssprache bestimmen; der Präsident kann das Gericht mit dieser Frage befassen.

§ 3

In den Schriftsätzen und sonstigen Schreiben, die beim Gericht eingereicht werden, sowie während der mündlichen Verhandlung können sich der Kläger der von ihm gemäß § 1 gewählten Sprache und jede andere Partei einer Sprache bedienen, die sie unter den in Artikel 35 § 1 genannten Sprachen wählt.

§ 4

Wird nach § 2 eine andere Sprache als diejenige, in der die Klageschrift abgefaßt ist, Verfahrenssprache, so veranlaßt der Kanzler die Übersetzung der Klageschrift in die Verfahrenssprache.
Jede Partei hat innerhalb einer dafür vom Kanzler gesetzten angemessenen Frist Übersetzungen der von ihr gemäß § 3 in einer anderen Sprache als der Verfahrenssprache eingereichten sonstigen Schriftsätze oder Schreiben in die Verfahrenssprache einzureichen. Die Zuverlässigkeit dieser Übersetzungen, die im Sinne von Artikel 37 verbindlich sind, muß von der Partei, die sie vorlegt, beglaubigt werden. Werden die Übersetzungen nicht fristgerecht eingereicht, so ist der Schriftsatz oder das Schreiben aus der Akte zu entfernen.
Der Kanzler sorgt dafür, daß alle mündlichen Äußerungen während der mündlichen Verhandlung in die Verfahrenssprache und auf Antrag einer Partei in eine andere von ihr gemäß § 3 verwendete Sprache übersetzt werden.

Artikel 132

§ 1

Unbeschadet des Artikels 44 muß die Klageschrift die Namen aller Parteien des Verfahrens vor der Beschwerdekammer und die Anschriften enthalten, die diese Parteien für die Zwecke der in diesem Verfahren vorzunehmenden Zustellungen angegeben haben.
Die angefochtene Entscheidung der Beschwerdekammer ist der Klageschrift beizufügen. Das Datum der Zustellung dieser Entscheidung an den Kläger ist anzugeben.

§ 2

Entspricht die Klageschrift nicht § 1, findet Artikel 44 § 6 entsprechende Anwendung.

Artikel 133

§ 1

Der Kanzler unterrichtet das Amt und alle Parteien des Verfahrens vor der Beschwerdekammer von der Einreichung der Klageschrift. Er stellt die Klageschrift nach Festlegung der Verfahrenssprache gemäß Artikel 131 § 2 zu.

§ 2

Die Klageschrift wird dem Amt als Beklagtem und den neben dem Kläger am Verfahren vor der Beschwerdekammer beteiligten Parteien zugestellt. Die Zustellung erfolgt in der Verfahrenssprache.
Die Zustellung der Klageschrift an eine Partei des Verfahrens vor der Beschwerdekammer erfolgt auf dem Postweg durch Einschreiben mit Rückschein an die Anschrift, die die betroffene Partei für die Zwecke der im Verfahren vor der Beschwerdekammer vorzunehmenden Zustellungen angegeben hat.
Unmittelbar nach Zustellung der Klageschrift übermittelt das Amt dem Gericht die Akten des Verfahrens vor der Beschwerdekammer.

Artikel 134

§ 1

Die Parteien des Verfahrens vor der Beschwerdekammer mit Ausnahme des Klägers können sich als Streithelfer am Verfahren vor dem Gericht beteiligen.

§ 2

Die in § 1 bezeichneten Streithelfer verfügen über dieselben prozessualen Rechte wie die Parteien.
Sie können die Anträge einer Partei unterstützen, und sie können Anträge stellen und Angriffs- und Verteidigungsmittel vorbringen, die gegenüber denen der Parteien eigenständig sind.

§ 3

Ein in § 1 bezeichneter Streithelfer kann in seiner gemäß Artikel 135 § 1 eingereichten Klagebeantwortung Anträge stellen, die auf Aufhebung oder Abänderung der Entscheidung der Beschwerdekammer in einem in der Klageschrift nicht geltend gemachten Punkt gerichtet sind, und Angriffs- und Verteidigungsmittel vorbringen, die in der Klageschrift nicht geltend gemacht worden sind.
Derartige in der Klagebeantwortung gestellte Anträge oder vorgebrachte Angriffs- und Verteidigungsmittel werden gegenstandslos, wenn die Klage zurückgenommen wird.

§ 4

Abweichend von Artikel 122 gelten die Bestimmungen über das Versäumnisverfahren nicht, wenn ein in § 1 des vorliegenden Artikels bezeichneter Streithelfer die Klageschrift form- und fristgerecht beantwortet hat.

Artikel 135

§ 1

Das Amt und die in Artikel 134 § 1 bezeichneten Streithelfer können innerhalb einer Frist von zwei Monaten nach Zustellung der Klageschrift Klagebeantwortungen einreichen.
Artikel 46 findet auf die Klagebeantwortungen entsprechende Anwendung.

§ 2

Die Klageschrift und die Klagebeantwortungen können durch Erwiderungen und Gegenerwiderungen der Parteien, einschließlich der in Artikel 134 § 1 bezeichneten Streithelfer, ergänzt werden, wenn der Präsident dies auf einen begründeten Antrag hin, der binnen zwei Wochen nach Zustellung der Klagebeantwortungen oder der Erwiderungen gestellt wird, für erforderlich hält und gestattet, um es der betroffenen Partei zu ermöglichen, ihren Standpunkt zu Gehör zu bringen.
Der Präsident bestimmt die Frist für die Einreichung dieser Schriftsätze.

§ 3

Unbeschadet der vorstehenden Bestimmungen können in den Fällen des Artikels 134 § 3 die anderen Parteien innerhalb einer Frist von zwei Monaten nach Zustellung der Klagebeantwortung an sie einen Schriftsatz einreichen, der auf die Beantwortung der Anträge und Angriffs- und Verteidigungsmittel beschränkt ist, die erstmals in der Klagebeantwortung eines Streithelfers gestellt und vorgebracht worden sind. Die Frist kann vom Präsidenten auf begründeten Antrag der betreffenden Partei hin verlängert werden.

§ 4

Die Schriftsätze der Parteien können den vor der Beschwerdekammer verhandelten Streitgegenstand nicht ändern.

Artikel 136

§ 1

Wird einer Klage gegen eine Entscheidung einer Beschwerdekammer stattgegeben, so kann das Gericht beschließen, daß das Amt nur seine eigenen Kosten trägt.

§ 2

Die Aufwendungen der Parteien, die für das Verfahren vor der Beschwerdekammer notwendig waren, sowie die Kosten, die durch die Einreichung der in Artikel 131 § 4 Absatz 2 vorgesehenen Übersetzungen der Schriftsätze oder Schreiben in die Verfahrenssprache entstehen, gelten als erstattungsfähige Kosten.
Werden fehlerhafte Übersetzungen eingereicht, so findet Artikel 87 § 3 Absatz 2 Anwendung.

2. Artikel 130 wird Artikel 137.

Artikel 2

Diese Änderungen sind in den in Artikel 35 § 1 genannten Sprachen verbindlich und werden im *Amtsblatt der Europäischen Gemeinschaften* veröffentlicht. Sie treten am ersten Tag des zweiten Monats nach ihrer Veröffentlichung in Kraft.

Geschehen zu Luxemburg am 6. Juli 1995.

Der Kanzler   *Der Präsident*
H. JUNG   J.L. DA CRUZ VILAÇA

29. Antragsformular für gemeinschaftliche Sortenschutzanmeldung

EUROPÄISCHE UNION

GEMEINSCHAFTLICHES SORTENAMT

ANTRAG AUF GEMEINSCHAFTLICHEN SORTENSCHUTZ
AN DAS GEMEINSCHAFTLICHE SORTENAMT

Nur zum Gebrauch der nationalen Dienststelle	
Nationale Dieststelle:	....
Aktenzeichen:	....

Nur für den Amtsgebrauch	
Antragstag:	....
Datum eines Zeitvorrangs:	....
Aktenzeichen:	....
Eingang der Antragsgebühren am:	....

	Für den Amtsgebrauch
1.- **Antragsteller: Name(n):** .... Telefon: .... Fax: .... ☐ Natürliche Person, bitte Staatsangehörigkeit und Anschrift angeben: .... ☐ Juristische Person, Personengesellschaft, bitte Anschrift des Sitzes oder der Niederlassung angeben: .... Name und Anschrift der natürlichen Person, der gesetzlicher Vertreter der juristischen Person/Personengesellschaft ist: .... Telefon: .... Fax:	
2.- **Ist ein Verfahrensvertreter bestimmt worden, bitte Name und Anschrift angeben und die unterzeichnete Vollmacht beifügen:** (Antragsteller, die weder Wohnsitz, Sitz oder Niederlassung im Gebiet der Europäischen Union haben, müssen einen Verfahrensvertreter mit einem solchen Wohnsitz, Sitz oder Niederlassung benennen) .... Telefon: .... Fax:	
3.- **Anschrift, an die jeder Schriftwechsel zu richten ist, falls abweichend von 1 oder 2.** .... Telefon: .... Fax:	
4.- **Botanisches Taxon:** Lateinische Bezeichnung der Gattung, Art oder Unterart, zu welcher die Sorte gehört, und landesübliche Bezeichnung	

	Für den Amtsgebrauch
5.- a) Gegebenenfalls Vorschlag für eine Sortenbezeichnung (in DRUCKBUCHSTABEN): .... b) Vorläufige Bezeichnung der Sorte (Die Anmeldebezeichnung ist in jedem Fall anzugeben, bitte in DRUCKBUCHSTABEN):	
6.- Ursprungszüchter ist (sind) ☐ der (die) Antragsteller. ☐ die folgende(n) Person(en): Name(n) und Anschrift(en): .... Telefon: .... Fax: .... Ist der Ursprungszüchter nicht der Antragsteller, ist die Sorte auf den/die Antragsteller übergegangen durch: ☐ Vertrag .... ☐ Erbfolge .... ☐ sonstwie (bitte angeben) .... Entsprechender urkundlicher Nachweis ist vorzulegen oder das beigefügte Formular "Übertragung" auszufüllen.	

	Für den Amtsgebrauch
7.- Einzelheiten aller bisherigen Anträge in einem Mitgliedsstaat der Europäischen Union oder einem Verbandsmitglied des Internationalen Verbandes zum Schutz von Pflanzenzüchtungen (UPOV):	

	Antrag Staat/ Datum	Behörde	Akten-zeichen	Stand	Sortenbezeichnung oder Anmeldebezeichnung
Sortenschutz:					
Amtliche Sortenliste:					
Patent:					

(wenn nötig auf gesondertem Blatt fortfahren)

8.- Für den Antrag wird der **Zeitvorrang** des frühesten Antrages auf ein Schutzrecht geltend gemacht, der eingereicht wurde:

    in (Staat) ....

    am (Antragstag) ....

9.- a) Wurde die Sorte bereits in Verkehr gebracht oder auf andere Weise zur Nutzung an andere abgegeben?

- Innerhalb des Gebietes der Europäischen Union ❏ Ja ❏ Nein. Wenn ja, bitte Staat und Datum der erstmaligen Nutzung der Sorte und Sortenbezeichnung angeben

    ....

- Außerhalb des Gebietes der Europäischen Union ❏ Ja ❏ Nein. Wenn ja, bitte Staat und Datum der erstmaligen Nutzung der Sorte und Sortenbezeichnung angeben

    ....

b) Für den Fall daß eine Sorte wiederholt zur Erzeugung von einer oder mehreren Hybridsorten verwendet wurde, bitte für jede Hybridsorte die unter a) geforderten Informationen angeben.

    ....

	Für den Amtsgebrauch
c) Wurde die Sorte unter anderen Bedingungen als die unter a) oder b) genannten durch den Züchter oder mit Zustimmung des Züchters genutzt? Bitte geben Sie Einzelheiten an.	

10.- Eine technische Prüfung der Sorte für amtliche Zwecke
    ☐ wurde bereits durchgeführt
    ☐ wird derzeit durchgeführt
in	

11.- Stellt die Sorte einen **genetisch veränderten** Organismus im Sinne von Artikel 2 Absatz 2 der Richtlinie 90/220/EWG des Rates vom 23.04.90 dar? ☐ Ja ☐ Nein	
12.- Im Falle der Erteilung des gemeinschaftlichen Sortenschutzes soll die Bescheinigung in folgenden Amtssprachen der Gemeinschaft ausgestellt werden:	
Antragsgebühren: Ist die Zahlung der Antragsgebühren bereits erfolgt: ☐ Ja ☐ Nein Bitte füllen Sie beiliegenden Vordruck "Angaben zur Zahlung von Gebühren" aus.	
Folgende Formulare oder Dokumente sind diesem Antrag beigefügt: ☐ 1 ☐ 2 ☐ 3 ☐ 4 ☐ 5 ☐ 6 ☐ 7 ☐ 8 ☐ 9 Der technische Fragebogen und die Vollmacht eines eventuellen Verfahrenvertreters sind Bestandteil dieses Antrags.	

	Für den Amtsgebrauch
- Ich (wir) beantrage(n) hiermit die Erteilung des gemeinschaftlichen Sortenschutzes. - das Gemeinschaftliche Sortenamt wird hiermit ermächtigt mit den Prüfungsämtern und anderen zuständigen Behörden alle notwendigen die Sorte betreffenden Informationen und Materialien auszutauschen unter der Voraussetzung daß die Rechte des Antragstellers gewahrt bleiben. - Ich (wir) erkläre(n), daß nach meinem (unserem) besten Wissen, die für die Prüfung dieses Antrages notwendigen Informationen im Vordruck und den Anhängen vollständig und richtig dargelegt sind. - Ich (wir) erkläre(n) hiermit ,daß keine weitere(n) als die in diesem Antrag genannte(n) Person(en) an der Züchtung oder Entdeckung und Entwicklung der Sorte beteiligt war(en). Ort: .... Datum: .... Unterschrift: SIEHE ERLÄUTERUNGEN	

EUROPÄISCHE UNION

Gemeinschaftliches Sortenamt

TQ-D-011

TECHNISCHER FRAGEBOGEN

(Ist in Verbindung mit dem Antrag auf gemeinschaftlichen Sortenschutz auszufüllen)

Nur für den Amtsgebrauch: ....

ANTRAGSTAG: ....

AKTENZEICHEN: ....

1. Botanisches Taxon: Lateinischer Name der Gattung, Art oder Unterart zu welcher die Sorte gehört und landesübliche Bezeichnung:

    011   <u>Rosa</u> L.
             ROSE (vegetatively propagated varieties)
             ROSIER (variétés à multiplication végétative)
             ROSE (vegetativ vermehrte Sorten)

2. a) Antragsteller: Name(n) und Anschrift(en) und gegebennenfalls Name und Anschrift des Verfahrensvertreters:

b) Ursprungszüchter wenn nicht der Antragsteller: Name(n) und Anschrift(en)

3. a) Gegebenenfalls Vorschlag für eine Sortenbezeichnung:

   b) Vorläufige Bezeichnung (Anmeldebezeichnung):

---

4. Information über:

4.1 Geographischen Ursprung der Sorte:

4.2 Züchtung, Erhaltung und Vermehrung der Sorte
    Hierzu ist der beigefügte UPOV-Vordruck unter Punkt 4 auszufüllen

4.2.1 Sind die Angaben bezüglich der Komponenten von Hybridsorten einschließlich ihres Anbaus vertraulich zu behandeln?

    Ja   Nein

Wenn ja, sind diese Angaben auf beigefügtem Vordruck zu machen

Wenn nein, sind nachstehend Angaben über die Komponenten von Hybridsorten einschließlich ihres Anbaus zu machen:

Zuchtschema (weibliche Komponente zuerst)

UPOV EXTRACT

4. Information on origin, maintenance and reproduction of the variety
   Renseignements sur l'origine, le maintien et la reproduction ou la multiplication de la variété
   Informationen über Ursprung, Erhaltung und Vermehrung der Sorte

4.1 Origin/Origine/Ursprung

   i) Seedling/Plante de semis/Sämling (indicate parent varieties/préciser les variétés   [ ]
   parentes/Elternsorten angeben)
   ....

   ii) Mutation/Mutation/Mutation (indicate parent variety/préciser la variété parente/   [ ]
   Ausgangssorte angeben)
   ....

   iii) Discovery/Découverte/Entdeckung (indicate where and when/préciser le lieu et   [ ]
   la date/wo und zu welchem Zeitpunkt)
   ....

4.2 Micropropagation/Micropropagation/Mikrovermehrung:

   The plant material has been obtained by micropropagation   yes [ ] no [ ]
   Le matériel végétal a été obtenu par micropropagation   oui [ ] non [ ]
   Das Pflanzenmaterial wurde mit Hilfe der Mikrovermehrung erzeugt   ja [ ] nein [ ]

4.3 Other information/Autres renseignements/Andere Informationen

   i) Rootstock used/Port-greffe utilisé/Verwendete Unterlage
   ....

   ii) Other/Autres/Andere

UPOV EXTRACT (CONT'D)

5. Characteristics of the variety to be given (the number in brackets refers to the corresponding characteristic in the Test Guidelines; please mark the state of expression which best corresponds).

Caractères de la variété à indiquer (le chiffre entre parenthèses renvoie au caractère correspondant dans les principes directeurs d'examen; prière de marquer d'une croix le niveau d'expression approprié).

Anzugebende Merkmale der Sorte (die in Klammern angegebene Zahl verweist auf das entsprechende Merkmal in den Prüfungsrichtlinien; die Ausprägungsstufe, die der der Sorte am nächsten kommt, bitte ankreuzen).

	Characteristics Caractères Merkmale	English	français	deutsch	Example Varieties Exemples Beispielssorten	Note
5.1 (1)	Plant: growth habit (excluding climbing varieties) Plante: port (à l'exclusion des variétés grimpantes) Pflanze: Wuchsform (Klettersorten ausgeschlossen)	narrow bushy	buissonnant étroit	schmal buschig	Korpriva	1[ ]
		bushy	buissonnant	buschig	Meipoque	3[ ]
		broad bushy	buissonnant large	breit buschig	Fairy Prince	5[ ]
		flat bushy	buissonnant plat	flach buschig	Meicoursol	7[ ]
		creeping	rampant	kriechend	Korimro	9[ ]
5.2 (21)	Flower: type Fleur: type Blüte: Typ	single	simple	einfach	Korgosa	1[ ]
		semi-double	demi-double	halbgefüllt	Meilanodin	2[ ]
		double	double	gefüllt	Red Queen	3[ ]
5.3 (23)	Flower: diameter Fleur: diamètre Blüte: Durchmesser	very small	très petit	sehr klein	Starina	1[ ]
		small	petit	klein	Meiburenac	3[ ]
		medium	moyen	mittel	Kolima	5[ ]
		large	grand	gross	Pink Wonder	7[ ]
		very large	très grand	sehr gross	Meinatac	9[ ]

Classification according to chapter V of the Test Guidelines
Classification selon le chapitre V des principes directeurs d'examen
Klassifizierung gemäss Kapitel V der Prüfungsrichtlinien

5.4 _Flower color group/Groupe de couleur de la fleur/Blütenfarbengruppe_

white or near white	blanc ou presque blanc	weiss oder annähernd weiss	Korbin, Pascali, Youki San	Gr. 1 [ ]
medium yellow	jaune moyen	mittelgelb	Goldilocks, Bit O' Sunshine, Korfou	Gr. 2 [ ]
deep yellow	jaune foncé	dunkelgelb	Allgold, Buccaneer, Grandpa Dickson	Gr. 3 [ ]
yellow blend (includes varieties that are primarily yellow, but yet show some tones of pink-red)	mélange de jaune (inclut les variétés de couleur jaune dominantes, mais également teintées de rouge rosé)	gelb gemischt (einschliesslich Sorten, die vorwiegend gelb sind, aber einige Tönungen von rosarot enthalten)	Masquerade, Peace, Diamond Jubilee	Gr. 4 [ ]

UPOV EXTRACT (CONT'D)

apricot blend (includes varieties that are primarily apricot, but show tones of some other hues)	mélange d'abricot (inclut les variétés de couleur abricot dominante, mais également teintées d'autres couleurs)	aprikosenfarben gemischt (einschliesslich Sorten, die vorwiegend aprikosenfarben sind, aber einige andere Farbtöne enthalten)	Circus, Korgo, Woburn Abbey, Macel	Gr. 5 [ ]
orange and orange blend (includes varieties primarily orange or orange with some other hues)	orange et mélange d'orange (inclut les variétés de couleur orange, teintées ou non d'autres couleurs)	orange und orange gemischt (einschliesslich Sorten, die vorwiegend orange sind oder orange mit anderen Farbtönen enthalten)	Korp, Tanorstar, Zorina	Gr. 6 [ ]
orange-red	rouge orangé	orangerot	Spartan, Meirabande, Meteor	Gr. 7 [ ]
light pink	rose clair	hellrosa	Bridal Pink, Madame Caroline Testout	Gr. 8 [ ]
medium pink	rose moyen	mittelrosa	Meichim, Meibil, Majorette	Gr. 9 [ ]
pink blend (varieties primarily pink, but show tones of other hues, yellow, orange, etc.)	mélange de rose (inclut les variétés de couleur rose dominante, mais également teintées d'autres couleurs, jaune, orange, etc.)	rosa gemischt (Sorten, die vorwiegend rosa sind, aber ähnliche Farbtönungen enthalten, gelb, orange, usw.)	Johnago, Gail Borden, President Herbert Hoover	Gr.10 [ ]
light red and deep pink	rouge clair et rose foncé	hellrot und dunkelrosa	Tanellis, Buisman's Triumph, Prima Ballerina	Gr.11 [ ]
medium red	rouge moyen	mittelrot	Ama, Meilie	Gr.12 [ ]
dark red	rouge foncé	dunkelrot	Europeana, Crimson Glory, Meicesar	Gr.13 [ ]
red blend (varieties primarily red, but with tones of other hues, yellow, orange, etc.)	mélange de rouge (inclut les variétés de couleur rouge dominante, mais également teintées d'autres couleurs, jaune, orange, etc.)	rot gemischt (Sorten, die vorwiegend rot sind, aber andere Farbtönungen enthalten, gelb, orange, usw.)	Tanol, Traviata, Gal	Gr.14 [ ]
mauve (varieties primarily lavender and purple)	mauve (inclut les variétés principalement de couleur lavande et violette)	fliederfarbig (Sorten, die vorwiegend lavendelfarben und purpurrot sind)	Lady X, Lilac Charm, Fissan	Gr.15 [ ]
russet (varieties primarily brown or tan in color)	brun rouge (inclut les variétés de couleur brune ou havane)	rostbraun (Sorten, die vorwiegend braun oder gelbbraun sind)	Cafe, Mojave, Korval	Gr.16 [ ]

5.5 Plant Growth Type/Plante: type de croissance/Pflanzenwuchstyp

dwarf rose (rarely exceeding 60 cm in height and spread)	rosier nain (dépassant rarement 60 cm en hauteur et en largeur)	Zwergrose (selten mehr als 60 cm hoch und breit)	Ty. 1 [ ]
bed rose (compact growth, normally between 60 and 150 cm in height)	rosier de massif (croissance compacte, normalement comprise entre 60 et 150 cm de hauteur)	Beetrose (gedrungener Wuchs, normalerweise zwischen 60 cm und 150 cm hoch)	Ty. 2 [ ]
shrub rose (growth dense to lax, height often exceeds 150 cm)	rosier en buisson (croissance dense à lâche, la hauteur dépasse souvent 150 cm)	Strauchrose (Wuchs dicht bis locker, Höhe oft über 150 cm)	Ty. 3 [ ]
climbing rose (growth normally exceeds 200 cm)	rosier grimpant (la croissance dépasse généralement 200 cm)	Kletterrose (Wachstum normalerweise über 200 cm)	Ty. 4 [ ]

5. Information zu gentechnische veränderten Sorten

Stellt die Sorte einen genetisch veränderten Organismus im Sinne von Artikel 2 Absatz 2 der Richtlinie 90/220/EWG des Rates vom 23.04.1990 dar.

          Ja   Nein

6. Anzugebende Merkmale der Sorte

Hierzu ist der beigefügte UPOV-Vordruck Punkt 5 auszufüllen.
(die in Klammern angegebene Zahl verweist auf das entsprechende Merkmal in den Prüfungsrichtlinien, die Ausprägungsstufe die der Sorte am nächsten kommt, bitte ankreuzen).

Zahl	Merkmal	Beispielsorten	Note

7. Ähnliche Sorte(n) und Unterschiede zu diese(r)(n) Sorte(n):

Bezeichnung der	Merkmale in welchen	Ausprägungsstufen
ähnlichen Sorte(n)	sich die ähnliche(n)	der ähnlichen Sorte(n)
	Sorte(n) unterscheide(t)(n)	und der Kandidatensorte

8. Zusätzliche Angaben zur Erleichterung der Unterscheidung der Sorte
   8.1 Resistenzen gegenüber Schadorganismen

   8.2 Besondere Bedingungen für den Anbau der Sorte

   8.3 Weitere Informationen (Zeichnungen, Fotos, usw..)

Ich/wir erklären hiermit, daß nach meinem/unserem besten Wissen die in diesem Vordruck gegebenen Angaben sachlich richtig und vollständig sind.

....
            Datum   Unterschrift

EUROPAISCHE UNION Gemeinschaftliches Sortenamt	Eingangstag (nur für den Amtsgebrauch)
VORSCHLAG FÜR EINE SORTENBEZEICHNUNG	

1. Antragsteller: Name und Anschrift:

2. Vorläufige Sortenbezeichnung (Anmeldebezeichnung):

3. Botanisches Taxon: Lateinischer Name der Gattung, Art oder Unterart zu der die Sorte gehört und landesübliche Bezeichnung:

4. Aktenzeichen, soweit bereits bekannt:

5. Vorschlag für eine Sortenbezeichnung:

   (Nur ein Vorschlag ist anzugeben, bitte in GROSSBUCHSTABEN)

6. Gegebenenfalls, den vorangegangenen, an das Gemeinschaftliche Amt gemachten Vorschlag für eine Sortenbezeichnung angeben:

7. In anderen Mitgliedsstaaten der EU oder Verbandsstaaten von UPOV vorgeschlagene oder eingetragene Sortenbezeichnung

Staat	Stand	Sortenbezeichnung (wenn anders als unter 5.)

8. ☐ Die vorgeschlagene Sortenbezeichnung ist für dieselben oder ähnliche Waren im Sinne des Warenzeichengesetzes für den/die Antragsteller in der EU oder einem Verbandsstaat der UPOV oder beim Internationalen Büro der Weltorganisation für geistiges Eigentum (WIPO) als Warenzeichen eingetragen oder zur Eintragung angemeldet.

Staat und/ oder WIPO	Antragstag	Datum der Eintragung	Nummer der Eintragung

Ich/wir erklären hiermit, daß nach meinem/unserem besten Wissen, die in diesem Vordruck gemachten Angaben vollständig und korrekt sind.

(Ort)   (Datum)

Unterschrift (en)

Stichwortverzeichnis

(Die Zahlen bedeuten Randnummern)

A

Abgeleitete Sorte 321 ff
Abgrenzung Sortenschutz/Patentschutz 10 ff, 107 ff
Abhängigkeit
– bei Erhaltungszüchtung 334
– bei Weiterzüchtung 349 ff
Abtretungsvertrag 405
Äquivalenzbereich des Sortenschutzes 306
Akteneinsicht im Gemeinschaftlichen Sortenschutzrecht 1145
Akteneinsicht im SortG 943 ff
Aktivlegitimation in der EGSVO 1352 ff
Altsorten 322, 332
Amtshilfe 611 ff
Amtspflichtverletzungen 550
Anbauprüfung 761 ff
– Anmelde- und Vorlagetermin für das Prüfungsmaterial 774 ff
– Austausch von Prüfungsergebnissen 798 f
– Beginn 774
– Durchführung 784 ff
– Prüfungsbericht 792 ff
– Verwaltungsvereinbarungen 764 ff
– Vorlage des Prüfungsmaterials 768 ff
Anerkennung, Saatgut/Vermehrungsmaterial 40 ff
Anhörung Beteiligter 631
Anschlußbeschwerde 844 ff
Anschlußrechtsbeschwerde 889
Anspruch auf Erteilung 49
Antrag im deutschen Recht 637, 656 ff
– Antragsgebühr 912
– formelle Erfordernisse 656 ff
– sachlicher Inhalt 660 ff
– Schriftlichkeit 638, 658 f
Antrag im gemeinschaftlichen Recht 1010 ff
– Antragsgebühr 1028
– Zeitrang begründender Antrag 1016
– Zeitvorrang 1029
Antragsberechtigung 69
– Vermutung der 76 f
Antragsformular 638; Teil III Nr. 21
Antragsgebühr 911, 1028

Antragssteller
– berechtigter 69 ff
– mehrere Berechtigte 58
– nichtberechtigter 78 ff
– Vermutung der Anmeldeberechtigung 76 f
Antragstag 687 ff, 1010 ff
Arbeitnehmer als Züchter 62 ff
Arbeitnehmererfindungsgesetz 64 ff
Arten (Pflanzenarten) 100 ff
Artenverzeichnis 33, 94
Aufbewahrung von Pflanzen(material) 339
Aufhebung des gemeinschaftlichen Sortenschutzes 1184 ff s.a. Widerruf
Aufschiebende Wirkung
– der Beschwerde 846 f, 1077 f
– der Klage zum EuGH 1096
– der Rechtsbeschwerde 897
Ausfuhrverbot in Länder ohne Sortenschutz 338
Ausgeschlossene Personen 548 f
Auskunftsanspruch
– über Dritte 1292 ff
– zur Bemessung des Schadensersatzanspruches 1276 ff
Ausprägung eines wichtigen Merkmals 135
– Änderung in der Sortenschutzrolle 143
– Eintragung in die Sortenschutzrolle 142
Ausschüsse des Bundessortenamtes 54 ff
Ausschließliche Lizenz 419 ff
Austausch von Prüfungsergebnissen 763 ff, 797 f
Ausübungspflicht des Lizenznehmers 444

B

Basissaatgut 38
Beendigung des Sortenschutzes
– Aufhebung siehe Widerruf
– Fakultative Aufhebungs-/Widerrufsgründe 1190 ff
– Nichtigerklärung des Sortenschutzes siehe Rücknahme
– Rücknahme des Sortenschutzes 1171 ff
– Rücknahmegrund: Fehlende Unterscheidbarkeit oder Neuheit 1175 ff
– Rücknahmewirkung 1172, 1181
– Umfang des Verzichts 1181

- Verfahrenseinleitung 1178 ff
- Vermögensausgleich 1181 f
- Verzicht 1164
- Verzichtsberechtigung 1165
- Verzichtserklärung 1166
- Widerruf 1184 ff
- Widerruf bei fehlender Homogenität oder Beständigkeit 1185 ff

Begründungspflicht 650
Befangenheit, Besorgnis der 550
Beistand 632 f, 669 ff
Bekanntmachung des Sortenschutzantrages 715 ff
Bekanntmachung Nr. 3/88 des Bundessortenamtes über Sortenbezeichnungen und vorläufige Bezeichnungen; Teil III Nr. 12
Benutzungszwang der Sortenbezeichnung
- nach dem SaatG 47
- nach dem SortG 384 ff

Berechtigung
- Antragstellung 6 ff
- Entdecker 54 ff
- materielle 69 ff
- mehrere Berechtigte 58 ff
- Rechtsnachfolger 57
- Vermutung der Anmeldeberechtigung 76 f

Berechtigte aus dem Sortenschutz 393 ff
Berichtigung der Sortenschutzrolle 939 ff
Beschwerdekammer des Gemeinschaftlichen Sortenamtes 573 ff
Beschwerdeverfahren 824 ff, 1079 ff
- Abhilfe der Beschwerde 849 ff
- Anschlußbeschwerde 844 ff
- aufschiebene Wirkung 846 f, 1077 f
- Beschwerdeberechtigung 828, 1070
- Beschwerdegebühr 841 ff, 1073
- Verfahren vor dem Gericht in I. Instanz 1097 ff
- Einlegung der Beschwerde 831 ff, 1071 ff
- Entscheidung 863 ff
- Frist zur Einlegung 838 ff, 1072
- Inhalt der Beschwerdeschrift 835 ff
- Kostenentscheidung 872 ff, 1104 ff
- Kostenfestsetzungsverfahren 879 ff, 1110 ff
- mündliche Verhandlung 858 ff
- Prüfungsumfang 854 ff
- Verfahrensbeteiligte 853
- Zuständigkeit 825, 1067
- Zustellung 852

Beseitigungsanspruch 1286 ff

Beständigkeit 167 ff
- Begriff 167 ff
- Erhaltungszüchtung 170
- Prüfung 171 ff

Beteiligte 628 ff
Betriebsgeheimnisse
- Ausnahme von der Einsichtnahme 946 ff, 1144 f

Bevollmächtigte 632 f, 669 ff
Beweislast und -führung im Verletzungsprozeß 1379 ff
Beweismittel
- im Verfahren vor dem Bundessortenamt 635 ff
- im Verfahren vor dem Gemeinschaftlichen Sortenamt 968
- im Verletzungsverfahren 1409

Biotechnologie-Richtlinie 14 ff, 107 ff
Bruchteilsübertragung 403, 508
Buchprüfungsrecht des Lizenzgebers 443
Budapester Vertrag (BV) (Auszug aus dem); Teil III Nr. 6
Bundessortenamt
- Aufgaben des Bundessortenamtes 517
- Stellung des Bundessortenamtes 514, 517

D

Dauer des Sortenschutzes 1151 ff
- Ausnahmen zur regulären Schutzdauer 1157 ff
- im Normalfall 1154 ff
- Zahlung der Jahresgebühren 925, 1115, 1154 f

Doppelschutzverbot 13, 94
Doppelzüchtungen 68
Drittauskunft 1292 ff

E

Einfache Lizenz 422 ff
Einsendetermine für Prüfmaterial 776 ff
Einsichtnahme in die Akten 942 ff
- Betriebsgeheimnisse 945
- Erbkomponenten von Hybridsorten 947
- formelle Voraussetzungen 948
- freie Einsichtnahme 943
- Zweck der Vorschrift 943

Einsichtnahme in die Sortenschutzrolle 943
Einstweilige Verfügung 1420 ff

Eintragungen in die Sortenschutzrolle 930 ff
Eintragungen in das Sortenregister 1127 ff
Einwendungen 725 ff
– Begründetheitsprüfung 753
– Begründung der Einwendung 741 ff
– Beteiligte des Einwendungsverfahrens 745
– Einwendungsgründe 730
– Einwendungsrecht 729
– Einwendungsverfahren 743
– Entscheidung 753
– Form der Einwendung 733
– Frist 734 ff
– Prioritätsverlangen im Einwendungsverfahren 758
– Verfahrensstellung des Einwendenden 746
– Zulässigkeitsprüfung 750
– Zuständigkeit 745
Ende der Linzenz 448 ff
Entdecker 54 ff
Entdeckergemeinschaft 58 ff
Entschädigungsanspruch 1269 ff
Entscheidung
– Begründung 650
– Rechtsbehelfsbelehrung 653
– Schriftform 649 ff
– Zustellung 652
Entscheidungsgrundlagen 648 ff
Entwicklung des Sortenschutzes 3 ff
Erbkomponenten 947
Erfindergrundsatz 50 ff
Erhaltungszüchtung 334
Erlöschen des Sortenschutzes 1161 ff
Erntegut 317
Erschöpfung des Sortenschutzes 373 ff
Erteilungsbeschluß
– als Verwaltungsakt 394
Erzeugnisse, aus Pflanzen und Pflanzenteilen 311 ff
Erzeugung von Vermehrungsmaterial 336
Europäisches Patentübereinkommen (Auszüge); Teil III Nr. 4
Export 338

F

Förmliches Verwaltungsverfahren 619, 621 ff
Formulare des Bundessortenamtes; Teil III Nr. 21
Formulierung von Sortenbezeichnungen 232 ff

Forschungsvorbehalt, siehe Weiterzüchtungsvorbehalt
Fortbestehen der Sorte 1208
Fortlaufende Verwendung der geschützten Sorte 334
Fortpflanzung 336
Fragebogen, technischer 663; Teil III Nr. 21
Fristen
– bei Festsetzung einer Sortenbezeichnung 1193
– für Beschwerde 838 ff, 1072
– für Einwendungen 734 ff, 1057
– für Rechtsbeschwerde 895
– für Übertragungsklage 81, 84
– im nationalen Anmeldeverfahren (Übersicht)

G

Geborenes Saatgut 310
Gebühren, siehe Kosten
Gegenseitigkeit 74
Gehilfe bei Züchtung 53
Gekorenes Saatgut 310
Geltendmachungsverbot von Rechten aus einer Marke gegenüber einer Sortenbezeichnung 390 f
Gemeinschaftlicher Sortenschutz, VO allgemein 9
Gemeinschaftliches Sortenamt 551 ff
– Ausschüsse 569 ff
– Beschwerdekammern 573 ff
– Einrichtung der Gemeinschaft 551 ff
– Geschäftsfähigkeit 553
– Haftung 561 f
– juristischer Person des öffentlichen Rechts 553
– Präsident 563 ff
– Rechtsaufsicht 594 ff
– Status des Personals 559
– Übertragung von Aufgaben an nationale Ämter 598 ff
– Vertretung der Gemeinschaft gegenüber Drittstaaten/internationalen Verbänden 557 ff
– Verwaltungsrat 584 ff
– Zusammenarbeit mit den nationalen Ämtern 598 ff
Genetische Komponenten, Pflanzenmaterial 107 ff
Genotyp 101
Gentechnologische Erfindungen 15 ff

Gerichtsstandsregelungen 1328 ff
Gesamtheit von Planzen und Pflanzenteilen 100
Gewährleistung
- des Lizenzgebers 438 ff
- des Verkäufers eines Sortenschutzrechts 411 f
Gewerbsmäßigkeit 189 ff, 341 ff
Grenzbeschlagnahme 1465 ff
Grüne Technologie 51
Grundlage des Züchterrechts 49
Gruppenfreistellungsverordnung Technologietransfer 378

H

Handelssaatgut 38
Heimaturkunde 705, 1033
Herausgabeanspuch bei Verletzungen 1266 ff, 1314 ff
Historische Entwicklung des Sortenschutzes 3 ff
Homogenität 160 ff
- Begriff 162
- Prüfung 163 ff
Hybrid
- sorten 946 ff, 948
- züchtung 51

I

Identitätsprüfung
- bei Inanspruchnahme einer Auslandspriorität 699, 1029
- im Verletzungsverfahren 1231
Import 338
Inlandsvertreter für Angehörige fremder Staaten 669
Inländerprinzip 72 f
Internationales Übereinkommen zum Schutz von Pflanzenzüchtungen; Teil I
Inverkehrbringen 337

J

Jahresgebühren 925 ff

K

Kartellrechtliche Fragen 451 ff
Klage gegen Entscheidungen der Beschwerdekammern des Gemeinschaftlichen Sortenamtes 1088 ff
Klage wegen Sortenschutzverletzung 1328 ff
Klagebefugnis 1352 ff
Koexistenz von nationalem und gemeinschaftlichem Sortenschutz 27 ff
Konkurs 510
Konsumgut 12, 311
Konzentration von Sortenschutzstreitigkeiten 1332 ff
Kooperationsabkommen Nachbau 366
Kosten des Bundessortenamtes 906 ff
- Antragsgebühren 683 ff
- Erhebung von Auslagen 919
- Erhebung von Jahresgebühren 925 f
- Ermächtigung für den Erlaß einer Rechtsverordnung 908
- Erstattung der Widerspruchsgebühr 922
- Gebührenverzeichnis 909 ff; Teil III Nr. 9
- Prüfungsgebühren 913 ff
- Prüfungsgebühren, Ermäßigung 916
- Prüfungsgebühren in besonderen Fällen 915
- Widerspruchsgebühr 920 ff
Kosten des Gemeinschaftlichen Sortenamtes 1115 ff
Kostenentscheidungen
- des Bundespatentgerichtes 872 ff
- des Bundessortenamtes 1104
- des Gemeinschaftlichen Sortenamtes 1104
- des Gerichtes I. Instanz 1101
- im Verletzungsstreit 1424

L

Landeskultureller Wert 7, 41
Landwirtevorbehalt 18, 356 ff, 371
- priviligierte Pflanzenarten 359 f
- Vergütung 362 ff
Legitimationswirkung der Registereintragung 407
Leitung des Bundessortenamtes 523
Leitung des Gemeinschaftlichen Sortenamtes 563 ff
Lizenz siehe Nutzungsrechte
- Lizenzarten 418 ff
- Lizenzende 448
Lizenzverträge 416 ff

M

Marke und Sortenbezeichnung 210 ff
Maßgebende Merkmale 135 ff
Material (Sortenbestandteile und Erntegut) 315 ff
Materielle Berechtigung auf Sortenschutz 49
Materielle Schutzvoraussetzungen (Übersicht) 88
Mehrere Berechtigte auf Sortenschutz 58
Meistbegünstigung bei Lizenzverträgen 447
Merkmale zur Unterscheidung 135 ff
– qualitative Merkmale 136
– quantitative Merkmale 137
Mitglieder des Bundessortenamtes
– allgemeine Rechtsstellung 547
– Amtspflichtverletzungen 550
– Anmeldeverbot 549
– ausgeschlossene Personen 548
– Besorgnis der Befangenheit 548
– Präsident 523
– weitere Mitglieder 544
– Zusammensetzung des Bundessortenamtes 519
Mitglieder des Gemeinschaftlichen Sortenamtes 559
Mitgliedsstaat
Mündliche Verhandlung 639 ff
Mutation, sponante (Sports) 447

N

Nachbau, siehe Landwirtevorbehalt
Nachprüfung des Fortbestehens der Sorte 1208
Negative Lizenz 425
Neuheit
– neuheitsschädliche Tatsachen im Prioritätsintervall 201 f
– Neuheitsschonfristen 181 ff
Nichtberechtigter
– Übertragungsanspruch des Berechtigten gegen den nichtberechtigten Antragsteller 80 ff
– Übertragungsanspruch des Berechtigten gegen den nichtberechtigten Sortenschutzinhaber 83 ff
Nichtigerklärung des Sortenschutzes 1172 ff
Nichtzulassungsbeschwerde 890 ff
Nutzungsrechte, Lizenzen 413 ff
– Aktivlegitimation 420, 1354, 1358
– Aufrechterhaltung des Schutzrechtes 445

– ausschließliche Lizenz 419 ff
– Benutzungslizenz 240
– Beschränkung der Lizenz 427 ff, 456 ff
– Betriebslizenz 249
– Bezirkslizenz siehe Gebietslizenz
– einfache Lizenz 422 ff
– Exportlizenz 249
– Gebietslizenz 429
– Haftung des Lizenzgebers 438 f
– Importlizenz 249
– kartellrechtliche Fragen 451 ff
– Kennzeichnung und Werbung
– Konzernlizenz 249
– Lizenzgebühren 442 f
– Meistbegünstigung 437
– Mitteilungspflicht bei Mutationen 446
– negative Lizenz 425
– partiarischer Lizenzvertrag 442
– persönliche Lizenz 249
– Pflichten des Lizenzgebers 435 ff
– Pflichten des Lizenznehmers 442 ff
– Preisbindungen 495
– Preisempfehlungen 495
– Qualitätsüberwachung 447
– Quotenlizenz 249
– Rechtsnachfolge, translative 414, 419
– Rechtsnatur von Lizenzverträgen 416
– Sortenbezeichnung und Marke 447
– spontane Mutation (Sports) 446 f
– Stichwortliste bei Lizenzverträgen 447
– Sukzessionsschutz bei ausschließlicher Lizenz 420
– Verletzungsverfahren 420, 1354, 1358
– Vermehrungsmaterial 310
– Vertragsdauer 448
– Vertragsgegenstand 447
– Vertragsumfang 447
– Zeitliche Dauer 429
Niederschrift 638

O

Öffentliche Druckschriften 153
Öffentlich-rechtliche Verkehrsregelung für Saatgut 6, 32
Örtliche Zuständigkeit des Verletzungsgerichtes 1337
Offenkundige Vorbenutzung durch Anbau 176, 196
Ordnungswidrigkeiten 1458 ff

Organisation des Bundessortenamtes   519 ff
Organisation des Gemeinschaftlichen Sortenamtes   563 ff

P

Patent, Verhältnis des Sortenschutzes zum   10 ff
– Ausnahme vom Patentierungsverbot   10, 13
– für biotechnologische Erfindungen   14 ff
Patentanwaltsgebühren, Erstattung   1426 ff
Patentgesetz
– Verweisung auf das Patentgesetz   848
– Verweisung auf die Verfahrenskostenhilfe
Patentgesetz, Auszüge aus dem; Teil III Nr. 3
Patentrechtliche Abhängigkeit   12
Patentschutz für Pflanzenzüchtungen   4, 10 ff
Partiarischer Lizenzvertrag   442
Persönlicher Anwendungsbereich des SortG   69 ff
Persönlichkeitsrecht des Züchters
– Rechtsnachfolge   401
– Übertragbarkeit   401
Pflanzen und Pflanzenteile   100 ff
Pflichten, bei Lizenz   442 ff
Preisbindung in Nutzungsverträgen   495
Priorität s. Zeitrang
Prioritätserklärung   85 ff
Privater Bereich zu nicht gewerblichen Zwecken   341
Privatrechtsschutz von Pflanzenzüchtern   4
Prüfabteilungen des Bundessortenamtes   533 ff
– Besetzung   533, 534
– Zuständigkeit   535 ff
Prüfabteilungen des Gemeinschaftlichen Sortenamtes (Ausschüsse)
– Besetzung   569 ff
Prüfung der angemeldeten Sorte
– Anbauprüfung   761 ff, 1044 ff
– Auslagenerhebung   918
– Austausch von Prüfungsergebnissen   763 ff, 797
– Beginn der Anbauprüfung   773 ff
– Beständigkeit   171 ff
– Bindung an das erstmals vorgelegte Vermehrungsmaterial bei Prioritätsbeanspruchung   778
– Durchführung der Anbauprüfung   761 ff, 1044 ff
– Grundsätze für die Durchführung der Anbauprüfung   788 ff; Teil III Nr. 11
– der Homogenität   163 ff
– Prüfungsbericht   791 ff
– Prüfungsgebühren   912 ff
– Prüfungsrichtlinien   1048
– Prüfungsziel   759, 1044
– Vergleichsobjekt
– Vorlage des Vermehrungsmaterials   768 ff
Prüfung der angemeldeten Sortenbezeichnung   802 ff
Prüfungsämter
– Beauftragung anderer geeigneter Prüfungseinrichtungen   1041
– Beauftragung eines nationalen Prüfungsamtes   598 ff, 1044
– Zusammenarbeit des Gemeinschaftlichen Sortenamtes mit   606 ff
Prüfungsgebühren   913 ff
Prüfungsrichtlinien   135 ff, 610
Prüfungsverfahren vor dem Gemeinschaftlichen Sortenamt   1034 ff
Publizitätswirkung der Sortenschutzrolle   927

Q

Qualitatives Merkmal   136
Quantitatives Merkmal   137

R

Rechnungslegung im Prozeß
Recht auf Sortenschutz   49 ff
– als Vermögensgegenstand
– Arbeitnehmer   62 ff
– Doppelzüchtungen   68
– Entdecker   54 ff
– mehrere Berechtigte   58 ff
– Nachprüfung der Sortenschutzberechtigung   77
– Rechtsnachfolger   57
– Sortenschutzberechtigter   49 ff
– Ursprungszüchter   50 ff
– Vermutung der Anmeldeberechtigung   76 f
– Vorrang des ersten Antragstellers   677 ff
– Züchterprinzip   49
Rechtfertigung des Sortenschutzes   22, 1153
Rechtsbehelfsbelehrung   653, 1068
Rechtsbeschwerde zum BGH   883 ff

- aufschiebende Wirkung 897
- Beschwerdeberechtigung 894
- Einlegung der Beschwerde 831 ff
- Entscheidung 900
- Entscheidungsform, Begründung 900
- Kosten 902 ff
- Nichtzulassung 888
- Statthaftigkeit 884 ff
- Verfahren 893 ff
- Vertretung 896
- Zulassung der Beschwerde 883 ff
- Zulassungsfreie Beschwerde 900 ff

Rechtsbeschwerde zum EuGH 1103 ff
Rechtshilfe 611 ff
Rechtsmittel
- gegen Entscheidungen der Prüfungsabteilungen 820 ff
- gegen Entscheidungen der Widerspruchsausschüsse 826 f
- im Erteilungsverfahren vor dem Bundessortenamt 819 ff
- im Erteilungsverfahren vor dem Gemeinschaftlichen Sortenamt 1067 ff
- im Verletzungsverfahren 1415
- Rechtsbeschwerde 883 ff
- Rückzahlung der Widerspruchsgebühren 921

Rechtsnachfolge 397 ff
- Abtretungsvertrag 405
- Eintragung in das Register des Gemeinschaftlichen Sortenamtes 407, 1131
- Eintragung in die Sortenschutzrolle des Bundessortenamtes 407, 932
- Grundgeschäft 410
- Haftung 411 f
- Kauf 410
- Konkurs 510 ff
- Nießbrauch 507
- Recht auf Sortenschutz 57
- Stellung im Eintragungsverfahren/Erteilungsverfahren 402
- treuhänderische Übertragung 509
- Übertragung 399 ff
- Vererbung 501
- Vermögensrecht
- Verpfändung 508
- Zwangsvollstreckung 510 ff
- Zweckübertragung 404

Rechtssystem (Sortenschutz) 25 f
Rechtsstellung der Angehörigen des Bundessortenamtes 574 ff

Rechtsstellung der Angehörigen des Gemeinschaftlichen Sortenamtes 559 f
Rechtsübergang
- Eintragung in das Register des Gemeinschaftlichen Sortenamtes 407, 1131
- Eintragung in die Sortenschutzrolle des Bundessortenamtes 407, 932

Rechtsverletzungen 1217 ff
- Aktivlegitimation 1352 ff
- als Straftat 1430 ff
- Ansprüche des angeblichen Verletzers 1324 ff
- Ansprüche wegen unerlaubter Handlung 1314 f
- Auskunfts- und Rechnungslegung 1276 ff
- Aussetzung des Verfahrens 1410 ff
- Behauptungs- und Beweislast 1380 ff
- Bereicherungsansprüche 1316
- Besichtigungsanspruch 1408 ff
- Beweislast 1347 ff
- Beweismittel 1409
- Beweissicherung 1398 ff
- Drittauskunft 1277, 1292 ff
- Einwendungen des Beklagten 1232
- Einstweilige Verfügung 1420 ff
- Entschädigungsanspruch 1269 ff
- Erstbegehungsgefahr 1243
- Folgen der Rechtsverletzung 1236 ff
- Fortfall der Wiederholungsgefahr 1244 ff
- Klageanträge 1370 ff
- Kosten 1424 ff
- ordnungsrechtliche Folgen 1458 ff
- Passivlegitimation 1367 ff
- Rechtswidrigkeit 1234
- rückwirkender Vergütungsanspruch 1271 ff
- Schaden und Schadensberechnung 1260 ff
- Schadensersatzanspruch 1248 ff
- unerlaubte Handlung 1337
- Unterbrechung des Verfahrens 1415
- Unterlassungsanspruch 1239 ff
- Urteil 1416 ff
- Verjährung, Verwirkung 1316 ff
- verletzte Rechte 1123 ff
- Verletzungshandlungen 1229 ff
- Vernichtungsanspruch 1286 ff
- Verschulden 1251 ff
- Vertragsverletzung 1313
- Wiederholungsgefahr 1241 ff
- Zwangsmittel 1419

Register für gemeinschaftliche Sortenschutzrechte 1127 ff
- Eintragung des Rechtsübergangs 1134 ff

Registerprüfung s. Anbauprüfung
Revision des UPOV-Übereinkommens 8 f
Richtlinien für die Durchführung der Prüfung auf Unterscheidbarkeit, Homogenität und Beständigkeit von neuen Pflanzensorten 791 Teil
Rücknahme des Sortenschutzes 1171 ff
Rückwirkender Vergütungsanspruch 1271

S

Saatgut, Kategorien 38 ff
Saatgutgesetz 6, 33
Saatgutverkehrsgesetz 7, 32 ff
Sachschutz für die Züchtung 8
Säumnis 811 ff
Schadensersatzanspruch im Verletzungsprozeß 1248 ff
„schlafende" Gebühren 924
Schriftlichkeit des Verfahrens
– vor dem Bundessortenamt 638, 800
– vor dem Gemeinschaftlichen Sortenamt 953
Schutzbereich
– der Sortenbezeichnung 213
– des Sortenschutzes 301 ff
Schutzdauer s. Dauer des Sortenschutzes
Schutzerteilungsverfahren 514 ff
Schutzgegenstand und Sortenschutz 309 ff
Schutzinteressen des Züchters 1 ff
Schutzrechtsformen nach dem UPOV-Übereinkommen 13, 94
Schutzumfang des Sortenschutzes 12
Schutzvoraussetzungen, s. Voraussetzungen des Sortenschutzes
Selbstbindung der Verwaltung 127
Sofortige Vollziehung des Erteilungsbeschlusses 847
Sonstige Pflanzen und Pflanzenteile 311 ff
Sorte, Bedeutung des Begriffs 96
– Definition 99
– materielle Voraussetzungen 88 ff
Sortenamt 514 ff
Sortenbestandteile 315 ff
Sortenbezeichnung 204 ff
– Abgrenzung zur Marke 213 ff
– Angabe im Antrag 230, 678
– Funktion 211 f
– Inanspruchnahme einer Markenpriorität 710 ff
– Prüfung 802
– Schutzumfang 213 ff

– vorläufige 679 ff
– Zeitrangbegründung durch die Anmeldung 688 ff
Sortenkatalog, gemeinsamer 151, 156
Sortenregister 1126 ff
Sortenschutz, deutscher und europäischer 27 ff
Sortenschutzantrag 637, 656 ff
Sortenschutzbeschränkungen 340 ff
Sortenschutzdauer 1150 ff
– Ausnahmen zur normalen Schutzdauer 1156 ff
– Beendigung 1161 ff
– im Normalfall 1153 ff
– Übergangsregelung für gemeinschaftlichen Sortenschutz 1160
Sortenschutzgesetz 1968 7, 34
Sortenschutzgesetz 1985 7, 35
Sortenschutzgesetz/Saatgutverkehrsgesetz, Verhältnis der beiden Gesetze zueinander 7
Sortenschutzrechtliche Abhängigkeit 321 ff
Sortenschutzrolle 926 ff
– Berichtigung 938
– Legitimationswirkung der Eintragung 407, 927
Sortenschutzstreitsachen 1330
Sortenverzeichnis 151, 156
Sprachenregelung im Gemeinschaftlichen Sortenamt 1005 ff
Spürbarkeit, kartellrechtlich relevante 452
Standartsaat-/pflanzgut 38
Sukzessionsschutz 420

T

Taxon 100
Technische Prüfung
– im gemeinschaftlichen Sortenschutz 1044 ff
– im nationalen Sortenschutz 759 ff
Technischer Fragebogen 663; Teil III Nr. 21
Technologietransfervereinbarung 477 ff
Telefax-Anmeldung 638, 659, 954 ff
Telegrafische Anmeldung 638, 659, 954 ff
Treuhandübertragung 509

U

Übereinkommen, internationales zum Schutz von Pflanzenzüchtungen; Teil I

Übernahme von ausländischen Prüfungs-
    ergebnissen 763 ff
Übersicht über den Stand der Mitglieder (Ver-
    bandsstaaten) des internationalen Überein-
    kommens zum Schutz von Pflanzenzüch-
    tungen Teil III Nr. 18
Übertragung
– des Anspruchs auf Erteilung des Sorten-
    schutzrechtes 57, 400
– des erteilten Sortenschutzrechts 57, 400
– Form 406
– Publizität der Übertragung 407
– Rechtskauf 410
– Rechts- und Sachmängelhaftung 411 f
Übertragungsanspruch gegen Nichtberechtigte
    80 ff
Übertragungsvertrag 405 ff
Überwachung, Nachbau 367 ff
Umwandlung des gemeinschaftlichen Sorten-
    schutzes in ein nationales Recht 1216
Unlauterer Wettbewerb 724 f
Unterlassungsanspruch 1239 ff
Unterscheidbarkeit 106, 118 ff, 147
Untersuchungsgrundsatz 856
Unvollständigkeit bekanntzumachender Angaben
UPOV-Übereinkommen 1991 9
UPOV-Musterverwaltungsvereinbarung für die
    internationale Zusammenarbeit bei der Prüfung
    von Sorten; Teil III Nr. 17
Ursprungssorte 322, 327
Ursprungszüchter 50

V

Verbrauch des Sortenschutzes 374
Vererblichkeit
– des Sortenschutzrechts 501
– des Züchterpersönlichkeitsrechts 503
– von Lizenzen 504
Verfahren vor dem Bundessortenamt 618 ff
Verfahren vor dem Gemeinschaftlichen Sorten-
    amt 949 ff
– Allgemeine Verfahrensgrundsätze 953 ff
– Amtsermittlung 958
– Antragsgebühr 1028
– Begründungszwang 960
– Beweisaufnahme 968 ff
– Einwendungen 1057
– Entscheidungen 1058 ff
– Fristen 987 ff

– Mündlichkeit 963 ff
– Prüfungsbericht 1052 ff
– rechtliches Gehör 961
– Sachverständig 977 ff
– Sprachenregelung 1005 ff
– Technische Prüfung 1044 ff
– Unterbrechung des Verfahrens 991
– Untersuchungsgrundsatz 959
– Verfahrensvertreter 1000 ff
– Wiedereinsetzung 992 ff
– Zustellungen 981 ff
Verfahren vor dem Gericht erster Instanz
    1047 ff
Verfahren vor den Ausschüssen 655
Verfahrensbeteiligte 628 ff
Verfahrensrecht, anwendbares nationales
Verfahrensvertreter 1000 ff
Vergleichsobjekte bei der Prüfung 149 ff
Vergütung, Nachbau 362 ff
Verhältnis
– Sortenschutzgesetz zum Saatgutverkehrsgesetz
    32 ff
– Privatinteresse zum Allgemeininteresse 23, 24
Verletzung s. Rechtsverletzung
Vermehrung 19, 336
Vermehrungsmaterial 310
Vermehrungsverträge, s. Nutzungsrechte
Vermögensausgleich bei Rücknahme des Sorten-
    schutzes 1182 ff
Vermutung der Anmeldeberechtigung 76, 77,
    1041
Veröffentlichung des Gemeinschaftlichen Sorten-
    amtes 1126 ff, 1142 f
Verordnung über das Verfahren vor dem Bundes-
    sortenamt; Teil III Nr. 23
Verordnung (EG) über den gemeinschaftlichen
    Sortenschutz 9
Versuche mit geschütztem Material 346 f
Versuchszwecke, Handlungen zu 346 ff
Vertretung vor dem Bundessortenamt 633
Vertretung vor dem Gemeinschaftlichen Sorten-
    amt 1000 f
Verwaltungsgerichtsordnung, Auszüge aus der
    Teil III Nr. 2
Verwaltungskostengesetz Teil III Nr. 7
Verwaltungsrat 584 ff
Verwaltungsvereinbarungen 764 ff
Verwaltungsverfahrensgesetz, Auszüge aus dem;
    Teil III Nr. 1
Verwendung der Sortenbezeichnung 381 ff
Verzicht auf das Sortenschutzrecht 1164 ff

Vindikationsanspruch 78 ff
- Eintragung im gemeinschaftlichen Register 1136
- Frist zur Stellung der Vindikationsklage 84
- gegen nichtberechtigte Antragsteller 80 ff
- gegen nichtberechtigte Sortenschutzinhaber 83 ff
- Geltendmachung im Einwendungsverfahren 81, 82
- Geltendmachung im zivilrechtlichen Verfahren 81
Vollmacht des Vertreters 671
Voraussetzungen des Sortenschutzes, materielle 88 ff
Vorbehaltene Handlungen 335 ff
Vorlage des Materials für die Anbauprüfung 768 ff
- bei Beanspruchung eines Zeitvorranges 777
Vorläufiger Rechtsschutz 1422 ff
Vorwiegende Ableitung 325

W

Warenzeichen s. Marke
Weiterzüchtungsvorbehalt 303, 349 ff
Werbung mit Sortenschutzanträgen 724 f
Weltneuheit 155
Wertprüfung 41
Wettbewerbsbeschränkungen 451 ff
- Deutsches Recht 455 ff
- Europäisches Recht 472 ff
Widerruf der Vollmacht 674
Widerruf des nationalen Sortenschutzes 1182 ff
s.a. Aufhebung
Widerspruch 820 ff
Widerspruchsausschüsse des Bundessortenamtes 541 ff, 820, 823
Widerspruchsfrist 821
Widerspruchsgebühr 822, 920 ff

Wiedereinsetzung in den vorigen Stand 636
Wirkung des Sortenschutzes 307 ff

Z

Zahlen als Sortenbezeichnung 243, 246 f
Zeitrang
- der angegebenen Sortenbezeichnung 688 ff
- des Sortenschutzantrags 686
Zeitvorrang des Sortenschutzantrags 690, 1029 ff
Züchter 49
Züchtergemeinschaft 58
Züchterprinzip 49
Züchterrecht, Entstehung 21
Züchtervorbehalt 12, 304, 322
Züchtungsmethoden 2, 51, 946
Zulassung, Saatgut/Vermehrungsmaterial 40 ff
Zusammensetzung der Prüfabteilungen 533 ff
Zuschlag bei verspäteter Zahlung 1121
Zuständigkeit bei Verletzungshandlungen 1328 ff
- ausschließliche 1332 ff
- bei Verletzung gemeinschaftlicher Sortenschutzrechte 1339 ff
- internationale 1338
- örtliche 1336 f
- Sortenschutzsache 1330 ff
Zustellung von Entscheidungen des Bundessortenamtes 652
Zwangsnutzungsrecht 498
- bei Abhängigkeit zu einem Patent 20, 355
Zwangsvollstreckung 510
- im gemeinschaftlichen Verfahren 1112 ff
- in Lizenzen 512
- zur Kostenentscheidung im nationalen Verfahren 881 f
Zweckübertragung 404
Zwischenstaatlichkeitsklausel 452